Eva Winter

Zeitzeichen

Urban Spaces

Edited by
Susanne Muth, Jennifer Trimble and Ulrike Wulf-Rheidt

Band 2

Eva Winter

Zeitzeichen

Zur Entwicklung und Verwendung antiker Zeitmesser

Band 1

DE GRUYTER

Gedruckt mit finanzieller Unterstützung der VG Wort und des Mentoring-Programms der LMU München.

ISBN 978-3-11-028552-9
e-ISBN 978-3-11-028931-2
ISSN 2194-4857

Library of Congress Cataloging-in-Publication Data
A CIP catalog record for this book has been applied for at the Library of Congress.

Bibliografische Information der Deutschen Nationalbibliothek
Die Deutsche Nationalbibliothek verzeichnet diese Publikation in der Deutschen Nationalbibliografie; detaillierte bibliografische Daten sind im Internet über http://dnb.dnb.de abrufbar.

Satz: Medien Profis GmbH, Leipzig
Druck und Bindung: Hubert & Co. GmbH Co. KG, Göttingen
Gedruckt auf säurefreiem Papier
Umschlagabbildung: Sonnenuhr Leptis Magna (siehe Kat. 3.1)
Printed in Germany

MIX
Papier aus verantwortungsvollen Quellen
FSC® C016439
FSC www.fsc.org

www.degruyter.com

Vorwort

Zeit ist eine Dimension, die alle Bereiche des Lebens durchdringt. Abhängig von Situation und Umfeld werden unterschiedliche zeitliche Qualitäten – oft unbewusst – erlebt und erfahren. Diese können sich konkret auf biologische Rhythmen wie den Wechsel der Jahreszeiten oder das allmähliche Ergrauen der Haare beziehen, aber auch auf Zeitpunkte wie beispielsweise Brotzeit, Schulzeit und Öffnungszeiten, für die innerhalb von sozialen Gemeinschaften zeitliche Konventionen ausgebildet werden, die auch für öffentliche Institutionen und Einrichtungen einen Zeittakt vorgeben. Zur Normierung von zeitlichen Qualitäten wurden in antiken Kulturen unterschiedliche Systeme der Zeitmessung eingeführt – entweder, um den Zeitraum eines Jahres kalendarisch zu erfassen bzw. den Tag zu gliedern oder um eine Zeitspanne festzulegen.

Wie Zeitmesser konkret in die Lebenswelt von der Klassik bis in die Spätantike eingebunden worden sind, wird hier von einem archäologischen Standpunkt aus untersucht: Welche technischen Möglichkeiten der normierten Zeitmessung standen in der Antike zur Verfügung? In welchen Situationen wurden sie entwickelt? Und in welche Abläufe und Handlungen wurden die Instrumente einbezogen? Wie verbreitet waren Zeitmesser im Alltagsleben griechisch-römischer Gesellschaften? Der Versuch, auf diese kulturgeschichtliche Fragestellung Antworten zu formulieren, erforderte zunächst, empirische Daten zur typologischen wie kontextuellen Verbreitung von antiken Zeitmessern in einem systematischen Katalog zu erfassen. Die anschließende Strukturierung des archäologischen Materials nach technologischen, ästhetischen, funktionalen sowie kontextuellen Kriterien zielt darauf ab, die Leistungen des Instruments als Zeitmesser, seine Nutzung und Einsatzgebiete sowie seine Wertigkeit und Wertschätzung in antiken Gesellschaften zu ermitteln.

Gleichwohl ist diese Arbeit auch Teil zahlreicher persönlicher Zeiterfahrungen:

Bei ersten Recherchen stellte sich heraus, dass die Dokumentation der Zeitmesser häufig ebenso mangelhaft wie ihre Aufbewahrung ist. Zwar liegt eine wissenschaftsgeschichtlich ausgerichtete Monografie über antike Sonnenuhren aus den 1970er Jahren vor, zur Datierung und Herkunft der Instrumente war in der Regel jedoch nur ansatzweise etwas bekannt. So gestaltete sich die Materialaufnahme als aufwendig und dadurch wesentlich zeitintensiver, doch quantitativ deutlich ertragreicher als erwartet.

Im Laufe der Zeit haben zahlreiche Kollegen Informationen bzw. Abbildungen zu einzelnen Objekten beigesteuert: Dafür danke ich P. Adam-Veleni, P. Arnaldi, V. Barlou, P. Cambon, F. Daubner, K. Farmakidou, J. Friedel, N. Hanel, R. von den Hoff, H. Kienast, S. Ladstätter, S. Markoulaki, Z. Papadopoulou, H. Philipps, U. Quatember, S. Ritter, C. B. Rose, K. Schaldach, S. G. Schmid, R. Talbert und W. Raeck. In Museen und Sammlungen halfen darüber hinaus bei der Beschaffung von weiteren Angaben und Abbildungen: M. Langenberg (Neuss, Clemens-Sels Museum), P. Haag-Kirchner (Landesmuseum Speyer), C. Speroni (Museum Strassbourg), G. Grabher (Bregenz, Vorarlbergmuseum), U. Klotter (Stuttgart, Landesmuseum Württemberg), O. Rimon (Haifa, Hecht Museum), K. Kazek (Museum Metz), G. Plattner (Wien, Kunsthistorisches Museum), S. Faust (Trier, Rheinisches Landesmuseum), G. Mietke (Berlin, Skulpturensammlung und Museum für Byzantinische Kunst), N. Maheo (Amiens, Stadtmuseum), D. Stutzinger (Archäologisches Museum, Frankfurt am Main) und E. Riemer (Mainz, Landesmuseum). Weitere Impulse verdankt das Buch den Hinweisen und der vielfältigen Unterstützung von Kollegen und Freunden, die bereitwillig Einzelbefunde bzw. methodische Probleme mit mir diskutierten. Während der Vorbereitung zur Drucklegung haben mich die Korrekturen von B. Noeske-Winter, H.-C. Noeske und M. Vetters vor mehr als manchem Fehler bewahrt.

Der vorliegende Band ist die überarbeitete Fassung meiner Habilitationsschrift, die im Wintersemester 2009/2010 an der Fakultät für Kulturwissenschaften der Ludwig-Maximilians-Universität München eingereicht wurde. Als weiterführende Hilfe erwiesen sich insbesondere die kritischen Kommentare und Anmerkungen von C. Schuler, R. M. Schneider förderte die Arbeit in jeder erdenklichen Weise. Beiden bin ich über die Drucklegung hinaus dankbar.

Die folgenden Überlegungen zusammenzustellen wurde im Wesentlichen durch ein Forschungsstipendium der Fritz-Thyssen-Stiftung ermöglicht. Weitere finanzielle Förderung wurde mir von

Seiten des Mentees-Programms der LMU München sowie des Freistaats Bayern in Form eines BGF-Stipendiums durch die Vermittlung von I. Götz und M. Weber zuteil. Dafür bin ich auch über die Entstehungszeit dieser Arbeit hinaus allen Verantwortlichen sehr dankbar.

Die Aufnahme der Arbeit in die Reihe ‚Urban Spaces' des Verlags De Gruyter geht auf die gemeinsame Initiative von S. Muth und S. Vogt zurück. Der Umsicht und Sorgfalt der für die Reihe Verantwortlichen M. Vonderstein und K. Prüfer verdankt der Band seine Form.

Inhalt

I Einleitung

Im Rahmen einer Untersuchung zu antiken Zeitmessern treffen unterschiedliche wissenschaftliche Disziplinen aufeinander: Vorarbeiten sind neben einem philologisch geprägten Ansatz v. a. in naturwissenschaftlichen Fächern angesiedelt, in denen gegenüber den Altertumswissenschaften aufgrund abweichender Traditionen und Fragestellungen andere methodische Ansätze entwickelt und sprachlich umgesetzt werden.[1] Der folgende Versuch, die forschungsgeschichtliche Einbindung antiker Zeitmesser nachzuzeichnen, soll aufzeigen, unter welchen Aspekten die Instrumente bislang behandelt wurden und wo in der Forschung Defizite bestehen.

Diese Rückschau legt auch den hier verfolgten kulturwissenschaftlichen Zugang offen und hilft, die weitere methodische Vorgehensweise innerhalb der Altertumswissenschaften zu verorten. Die Untersuchung basiert auf einem regional und chronologisch weit gefassten Rahmen, dessen spezifische Ursachen und Chancen für die angeschlossenen Fragen anschließend diskutiert werden.

1 Zeitmesser und ihr Platz in der Wissenschaftsgeschichte

Antike Zeitmesser fanden erstmals im Rahmen von Fragestellungen zur Philosophiegeschichte Beachtung: In München wurde Albert Rehm 1896 mit einer Schrift über „Mythographische Untersuchungen über griechische Sternsagen" zum Klassischen Philologen promoviert.[2] Während sein Interesse zunächst den unterschiedlichen Formen der literarischen Überlieferung astronomischer Phänomene galt, wandte er sich in den Folgejahren stärker den epigraphischen Zeugnissen zu – und somit den Materialien zur Messung astronomischer und meteorologischer Daten, also vorrangig Sonnenuhren und Windrosen. Die Verlagerung seiner Interessen wurde auch von eigenen zeitgeschichtlichen Erfahrungen vor dem Hintergrund der Industrialisierung im ersten Drittel des 20. Jhs. angeregt. Diese Entwicklungen lösten in den Altertumswissenschaften die Frage nach dem Ursprung griechischer Wissenschaft aus – und in diesem Zusammenhang wurde die Objektgruppe der antiken Zeitmesser erstmalig verstärkt wahrgenommen und dokumentiert.[3] Rehm bereiste fortan mehrfach das westliche Kleinasien und machte durch zahlreiche Artikel auf Neufunde aufmerksam. Seine Erkenntnisse führte er in dem umfangreichen Lemma ‚horologium' in Paulys Realencyclopädie der classischen Altertumswissenschaft und einem philosophiegeschichtlich, von Homer bis Poseidonios ausgerichteten Beitrag unter dem Titel „Griechische Windrosen" zusammen.[4]

1 J. S. Petöfi, Einige allgemeine Aspekte der Analyse und Beschreibung wissenschaftssprachlicher Texte, in: T. Bungarten (Hrsg.), Wissenschaftssprache. Beiträge zur Methodologie, theoretischen Fundierung und Deskription (München 1981) 140–168.

2 A. Rehm, Mythographische Untersuchungen über griechische Sternsagen (München 1896).

3 P. Gendolla, Zeit. Geschichte der Zeiterfahrung (Köln 1992) 23–48; das Ausmaß dieser Entwicklung beschreibt M. Vec, Recht und Normierung in der industriellen Revolution (Frankfurt a. Main 2006) 165–179. Ähnliche Beobachtungen macht T. Pommerenning, Die altäygptischen Hohlmaße (Hamburg 2005) 10–12 für das Gebiet der Metrologie, vgl. auch E. Schilbach, Byzantinische metrologische Quellen (Thessaloniki 1982) 35 f.

4 Vgl. RE 8,2 (1913) 2416–2433 s. v. horologium (A. Rehm), der auf dem gleichnamigen Lemma des 1900 erschienenen Daremberg-Saglio aufbaut, vgl. Ardaillon 1900. Den Grundstock des von beiden Enzyklopädien herangezogenen archäologischen Materials wie der literarischen Quellen greift auf mehrere monographische Arbeiten des seit 1876 in Stuttgart tätigen Gymnasiallehrers Gustav Adolf Bilfinger zurück, der seit 1858 in Tübingen Klassische Philologie studiert hatte, vgl. Bilfinger 1886 und G. Bilfinger, Die antiken Stundenangaben (1888) sowie ders., Die babylonische Doppelstunde (Stuttgart 1888). Rehm arbeitet in diesen Jahren außerdem an der Vorlage bedeutender Einzelfunde mit, vgl. Bendorff – Weiss – Rehm 1903 zu Iuvavum 1 und dem umfangreichen Lemma der RE 8,4 (1949) 1295–1366 s. v. Parapegma (A. Rehm).

Sein philologisch geprägter Ansatz zur Erfassung antiker astronomischer Zeugnisse führte 1904 zur Zusammenarbeit mit dem 23 Jahre älteren Diels, während derer sie u. a. die neu aufgefundenen Parapegmata-Fragmente in Milet gemeinsam aufnahmen und publizierten.[5] Die Summe dieser meist in Form von Artikeln vorgelegten Einzelfunde diente Diels als Materialgrundlage für seine siebentechnikgeschichtlichen Vorträge, die er 1914 erstmals als Sammelschrift veröffentlichte.[6] Erst in der fünf Jahre später vorgelegten zweiten Ausgabe fügte er ein Kapitel über die antiken Zeitmesser hinzu. Diels zielte in diesen philologisch fundierten Einzelstudien darauf ab, die technischen Errungenschaften der Antike sowohl einem breiteren Publikum zu vermitteln als auch die Vorreiterrolle seiner Disziplin gegenüber den Naturwissenschaften zu stärken.[7] Eine Verknüpfung seiner Einzelstudien zur antiken Technik mit der Philosophiegeschichte strebte er jedoch nicht an.[8] Seine Arbeiten bilden bis heute den Ausgangspunkt für jede weitere altertumswissenschaftliche Beschäftigung mit antiken Zeitmessern.

Einen empirischen Zugang verfolgte Ludwig Borchardt mit seiner im selben Jahr veröffentlichten Monografie zur altägyptischen Zeitmessung.[9] Borchardt, selbst Ägyptologe und Architekt, legt gegenüber Diels einen stärkeren Akzent auf die archäologische Dokumentation und typologische Systematisierung der technischen Instrumente und der Darstellung von astronomischen Zeitkonstellationen, die er unterschiedlichen Funktionskontexten zuordnet. Die gleichzeitige Beschäftigung der beiden Forscher mit dem Themenkreis legt offen, wie präsent im Rahmen des neuhumanistischen bzw. positivistischen Wissenschaftsverständnisses jener Jahre der Diskurs um die antike Technik geführt wurde: Beide gehörten einem Zirkel Berliner Altertumswissenschaftler um den Ägyptologen Adolf Erman an – Diels als Freund und Mentor,[10] Borchardt als Schüler.[11] Persönliche Verbindungen wie im Fall Adolf Erman, der als Sohn des Physikers Georg Erman, als Schwiegersohn des Astronomen Friedrich Bessel und als enger Freund von Max Planck Kontakte mit Naturwissenschaftlern unterhielt, haben in diesen Jahren den regelmäßigen Austausch unter den Disziplinen zusätzlich angeregt und gefördert.

Die Ursprünge altertumswissenschaftlicher Forschungen zur antiken Zeitmessung liegen also überwiegend auf dem Gebiet der in jenen Jahrzehnten positivistisch geprägten Klassischen Philologie und werden von ihr nur eingeschränkt als Beitrag zur Geschichte der Philosophie ver-

---

Frühere Arbeiten von Kaibel 1885, Stengel 1881 und 1900 bildeten die Grundlage für A. Rehm, Griechische Windrosen, SB Bayerische Akademie der Wissenschaften. Philosophisch-philologische und historische Klasse. 3. Abhandlung (München 1916) 1–104. Von dieser Zeit an wandte sich Rehm stärker chronologischen bzw. annalistischen Fragestellungen zu, die den Ausgangspunkt für seine Arbeiten in Milet und Didyma in den Folgejahren bildeten: A. Rehm, Milesische Chronologie von Sulla bis Tiberius (München 1939); ders., Die großen Bauberichte von Didyma (München 1944) und die Mitarbeit an A. v. Gerkan, Die Stadtmauern. Milet 2, 3 (Berlin 1935).

5 H. Diels – A. Rehm, Parapegmatafragmente aus Milet, *AbhBerlin 23, 1904, 92–111.

6 Diels 1920 passim, außerdem beschäftigt er sich in mehreren Akademieschriften mit antiken Zeitmessern, vgl. O. Kern, Meine Lehrer: Erinnerungen (hrsg. M. Hillgruber) (Hildesheim 2008) 45–50 und ders., Nachruf auf H. Diels, Gnomon 7, 1931, 557–560.

7 S. Rebenich, Mommsen ist er niemals näher getreten. Theodor Mommsen und Hermann Diels, in: W. M. Calder (Hrsg.), Hermann Diels (1848–1922) et la science de l'antiquité: huit exposés suivis de discussion (Genf 1999) 85–142. Den Stellenwert der antiken Zeitmesser in ihrem systematischen Zusammenhang ermittelt Kubitschek 1928 für das HdA, in dem die antike Zeitrechnung aber ebenfalls den Hilfsdisziplinen und nicht der in der fünften Sektion erfassten Philosophiegeschichte bzw. Geschichte der Naturwissenschaften zugeordnet wird.

8 Zusammenfassend: H. Wilsdorf, Hermann Diels in seiner Bedeutung für die Geschichte der antiken Technik, Philologus 117.2, 1973, 284–293.

9 Borchardt 1920.

10 Diels beantragte 1896 die Aufnahme Ermans in die Berliner Akademie und 1905 seine Teilnahme am Berliner Zirkel der Graeca, vgl. S. Rebenich, Adolf Erman und die Berliner Akademie der Wissenschaften, in: B. U. Schipper (Hrsg.), Ägyptologie als Wissenschaft. Adolf Erman in seiner Zeit (Berlin 2006) 340–370, bes. 342 f.

11 W. M. Calder, Hermann Diels: What kind of fellow was he?, in: W. M. Calder (Hrsg.), Hermann Diels (1848–1922) et la science de l'antiquité: huit exposés suivis de discussion (Genf 1999) 1–36.

standen.[12] Obwohl die Spezialisierung und Trennung der altertumswissenschaftlichen Disziplinen in den 20er Jahren des 20. Jhs. keineswegs dem heutigen Grad entsprach, so wird doch deutlich, dass diese Materialgruppe nicht der Klassischen Archäologie zugeordnet wurde: Deren Vertreter verfolgten vorrangig kunsthistorisch-ästhetisch orientierte Fragestellungen und unterhielten zu dieser Zeit kaum Querverbindungen zu den Naturwissenschaften. Die Publikation von 25 Sonnenuhren aus delischen Befunden durch den Schweizer Archäologen Waldemar Deonna, der die Zeitmesser gemeinsam mit anderen Ausstattungsobjekten vorlegte, stellt eine der wenigen Ausnahmen dar.[13] Sein Beitrag lässt erstmals die hohe Anzahl an Sonnenuhren im Befund einer Stadt erkennen, ebenso wie die formalen Zusammenhänge der für Zeitmesser gewählten Dekormotive mit Mobilar und Gerät. Für ihn stellen Uhren einen Bestandteil der antiken Alltagskultur dar, deren Rekonstruktion er über die Inventare delischer Wohnhäuser verfolgt.[14] Eine zweite Ursache für das geringe Interesse von Seiten der Klassischen Archäologie an Zeitmessern war wohl auch, dass die Instrumente de facto und im allgemeinen Bewusstsein untrennbar mit den auf ihnen befindlichen Bei- bzw. Inschriften verbunden waren und somit als epigraphisches Zeugnisse und demzufolge als Forschungsfeld der Philologen bzw. der Althistoriker wahrgenommen wurden. Eine Trennung von archäologischem Objekt und zugehöriger Inschrift, wie es für andere Denkmälergruppen über weite Strecken der archäologischen Wissenschaftsgeschichte praktiziert worden ist, erfolgte hier (zunächst) nicht.[15]

Ein wesentlicher Impuls für die Forschungen zur antiken Zeitmessung geht in dieser Phase von Otto Neugebauer aus:[16] Nach Aufnahme des Studiums der Elektrotechnik und der Physik 1919 in Wien und Graz, sowie nach einem einjährigen Aufenthalt an der Universität München erweiterte er 1922 mit dem Wechsel an die Universität Göttingen sein Fächerspektrum um das Studium angewandten Mathematik bei Richard Courant und der Ägyptologie bei Kurt Sethe, letzterer Schüler und später Nachfolger von Adolf Erman in Berlin.[17] Hier in Göttingen wurde Neugebauer 1926 mit einer Arbeit über „Die Grundlagen der ägyptischen Bruchrechnung“, die von der Zahlentabelle im ersten Teil des Papyrus Rhind ausgeht, im Fach Mathematik promoviert. Neugebauers Ziel galt v. a. der Rekonstruktion einer Geschichte der Mathematik bzw. der Astronomie, für die er auf ägyptische und seit etwa 1927 auch auf babylonische Quellen zurückgriff. Nicht von den erhaltenen Instrumenten, sondern ausgehend von der schriftlichen Überlieferung leitete er Aussagen zum vorgriechischen mathematischen bzw. astronomischen Wissensstand und dessen kon-

---

12 So z. B. auch H. Diels, Die Fragmente der Vorsokratiker (hrsg. von W. Kranz) Bd. 1 [18](Hildesheim 1989) und Bd. 2 [17](Hildesheim 1989), und J. Salzwedel (Hrsg.), Hermann Diels, Griechische Philosophie – Vorlesungsschrift aus dem WS 1897/1898 (Stuttgart 2010) passim, in denen er mit keinem Wort die antiken Zeitmesser einbindet. Zur Zeitvorstellung der Vorsokratiker zusammenfassend Gloy 2008, 15–35, die ebenfalls die praktische Realisierung der naturphilosophischen Beobachtungen ausblendet.
Einen stärker empirisch geprägten Ansatz verfolgte der Münchener Kunsthistoriker Ernst von Bassermann-Jordan, der aus einer Bankiersfamilie stammend selbst Uhren sammelte und der seine diachronen, objektbezogenen Studien erstmals in Die Geschichte der Räderuhr (München 1905) vorlegte. In den Folgejahren initiierte er das mehrbändig angelegte Projekt „Die Geschichte der Zeitmessung und der Uhren“, von dem aufgrund der Geldentwertung nur drei Bände – Borchardt 1920, Bassermann-Jordan 1925 und Drecker 1925 – erschienen, vgl. Allgemeine Deutsche Biographie 1953, 623–624 s. v. E. von Bassermann-Jordan (E. Zinner).

13 Deonna 1938. Auf die ungewöhnlich hohe Funddichte von Zeitmessern in Aquileia weist bereits Kenner 1880 hin.

14 Auch ausführlich zur Methode W. Deonna, Les méthodes archeologiques (Paris 1912) und zur Einordnung der Ausstattung ders., La vie privée des Deliens (Paris 1948) passim.

15 Vgl. beispielsweise die Rezensionen zu S. v. Thüngen, Die freistehende griechische Exedra (Mainz 1994) von M.-C. Hellmann, RA 1998, 125–126; C. Ratté, AJA 101, 1997, 181–182 und F. Fless, Gnomon 70, 1998, 541–545.

16 N. M. Swerdlow, Otto E. Neugebauer (26 May 1899 – 19 February 1990), JHistA 24, 1993, 289–299; D. Pingree, Eloge: Otto Neugebauer, Isis 82, 1991, 87–88; N. M. Swerdlow, Otto E. Neugebauer, ProcAmPhilSoc 137, 1993, 137–165.

17 Sethe selbst war nicht nur über seine enge Zusammenarbeit mit Ermann am Altägyptischen Wörterbuch dem Themengebiet gegenüber grundsätzlich aufgeschlossen, sondern leistete auch umfassende eigene Arbeiten: K. Sethe, Von Zahlen und Zahlwörtern bei den alten Ägyptern und was für andere Völker und Sprachen daraus zu lernen ist: Ein Beitrag zur Rechenkunst und Sprache (Strassburg 1916).

tinuierlich anhaltender Rezeption ab.[18] Im Rahmen dieses entwicklungshistorischen Ansatzes, der 1975 in dem dreibändigen Werk „History of Ancient Mathematical Astronomy“ mündete, war jeweils der früheste Nachweis der jeweiligen Kenntnisse entscheidend, so dass in seinen Arbeiten den griechisch-römischen Texten – auch aufgrund ihrer disparaten Überlieferung – eine deutlich untergeordnete Bedeutung zufällt. Zur Etablierung und eigenständigen institutionellen Verankerung dieses Wissenschaftszweigs trugen Neugebauers Gründung und aktive Herausgeberschaft von mehreren Zeitschriften und Reihen bei, die er in den Jahren seiner Anstellung in Göttingen begann, während seines Aufenthalts in Kopenhagen fortsetzte und nach seiner Übersiedlung in die Vereinigten Staaten intensivierte.[19] Die zahlreichen Stationen seines von den Ereignissen des zweiten Weltkriegs geprägten Lebenswegs und die dadurch entstandenen persönlichen Kontakte zu zahlreichen führenden Wissenschaftlern dieser Zeit förderten maßgeblich die interdisziplinäre Forschung zur Geschichte der Naturwissenschaften.

In Fortsetzung des von Neugebauer begründeten Forschungszweigs zur Geschichte der antiken Naturwissenschaften wurden seit der Nachkriegszeit auch die literarischen Quellen zur griechisch-römischen Epoche einbezogen: Als einer der ersten Schüler Neugebauers aus dessen Göttinger Zeit[20] trug v. a. Barthel van der Waerden zur Rekonstruktion der antiken mathematischen bzw. astronomischen Kenntnisse und der von ihnen abgeleiteten Rückschlüsse auf eine Philosophiegeschichte der Zeit bei: Unter Einbeziehung der zahlreichen kalendarischen Systeme der griechischen Antike[21] führt er den Ursprung der Anwendung und die Weiterentwicklung von früherem mathematischem Wissen in Griechenland auf die pythagoreische Lehre zurück, der er ursächlich Impulse sowohl für die Entstehung der griechischen Wissenschaft als auch für die Ideengeschichte zuschreibt.[22]

Erst im Zuge dieser, in den 1960er Jahren erneut auflebenden Diskussion um den Ursprung der griechischen Wissenschaft wurden wieder Zeitmesser und andere astronomische Instrumente der griechisch-römischen Antike als eigenständiger Zweig der Überlieferung begriffen. Vor diesem Hintergrund entstanden die Arbeiten zur Wissensgeschichte von Derek De Sola Price, der zunächst 1946 an der Universität London in Experimentalphysik und vier Jahre später an der University of Cambridge in ‚History of Science‘ promoviert wurde, bevor er in die Vereinigten Staaten übersiedelte und dort nach Forschungsaufenthalten am Smithsonian Institute in Washington und Institute

---

18 Eine Übersicht der Publikationen Neugebauers wurde von J. Sachs – G. J. Toomer, Otto Neugebauer. A Bibliography 1925–1979, Centaurus 22.4, 1978/79, 258–280 zusammengestellt.

19 Gemeinsam mit Julius Stenzel und Otto Toeplitz gab er seit 1929 die Reihe „Quellen und Studien zur Geschichte der Mathematik, Astronomie und Physik“ heraus. Als regelmäßig erscheinende Rezensions- bzw. Referateorgane gründete Neugebauer 1931 das „Zentralblatt für Mathematik und ihre Grenzgebiete“, das er von 1934 an von Kopenhagen aus führte und dem er bis 1939 vorstand, und das heute als „Zentralblatt MATH“ weitergeführt wird. Als Mitglied des Vorstands der American Mathematical Society initiierte er seit 1939 die Herausgabe der Mathematical Reviews.

20 Für die entscheidenden Impulse der Göttinger Jahre vgl. B. L. van der Waerden, Meine Göttinger Lehrjahre, Mitteilungen des Deutschen Mathematischen Vereins 2, 1997, 20–27 und J. P. Hogendijk, B. L. van der Waerden's Detective Work in Ancient and Medieval Mathematical Astronomy, Nieuw Archief voor Wiskunde 12.4, 1994, 145–158.

21 Waerden 1984 und 1985.

22 So bereits in: B. L. van der Waerden, Die Arithmetik der Pythagoreer I und II, Mathematische Annalen 120, 1947/1949, 127–154 bzw. 676–700, ders., Astronomie der Pythagoräer (Amsterdam 1951). In ders., Die Pythagoräer (Zürich 1979) nimmt er eine vermittelnde Stellung zwischen den früheren Arbeiten Diels und der Position von Burkert 1962 ein. So auch zusammenfassend in: B. L. van der Waerden, Die Astronomie der Griechen (Darmstadt 1988) passim; eine Zusammenstellung seiner Schriften findet sich unter: J. Top – L. Walling, Bibliography of B. L. van der Waerden, Nieuw Archief voor Wiskunde 12.4, 1994, 179–193. Burkerts Zurückhaltung gegenüber Diels technikgeschichtlichen Arbeiten wird besonders deutlich in seinem Vorwort zu H. Diels, Kleine Schriften zur Geschichte der antiken Philosophie (Darmstadt 1969) ed. W. Burkert VII-XIII, in denen er a. O. XIII „die Selbstversponnenheit einer Wissenschaft, die sich selbst als Höchstzweck empfand“ erkannte; das Verhältnis der technik- zu den philosophiegeschichtlichen Arbeiten Diels charakterisiert er a. O. XI als: „(...) sie verweisen ihn auf verschiedene und doch komplementär sich ergänzende Gebiete, auf die Religionswissenschaft und die Technik.“

for Advanced Study in Princeton als Wissenschaftshistoriker 1960 nach Yale berufen wurde.[23] Ihm waren, wie auch van der Waerden, aus der schriftlichen Überlieferung zahlreiche Namen bedeutender Astronomen der Antike und punktuelle Hinweise auf deren Leistungen bekannt, aufgrund der mangelhaften Überlieferung von entsprechender antiker Fachliteratur aber weder der zugehörige konkrete Kenntnisstand noch seine apparative Umsetzung.[24] Zog van der Waerden zur Verdichtung der Überlieferung die verschiedensten Gattungen von schriftlichen Zeugnissen heran, wählte der stärker angelsächsischen Wissenstraditionen verpflichtete De Sola Price methodisch einen anderen Zugang, indem er die antiken Zeitmesser auf ihre astronomische Qualität hin prüfte.[25] Die Rekonstruktion jener Berechnungen, auf deren Grundlage Sonnenuhren konstruiert wurden, erlaubt theoretisch sowohl konkrete Rückschlüsse auf den antiken Stand der Kenntnisse von geometrischen Körpern als auch auf deren Verhalten im Raum sowie von der Sonne und anderen Fixsternen. Auf diese Weise trägt die mathematische Analyse astronomischer Instrumente Teilinformationen bei zur Rekonstruktion sowohl des antiken Wissens von der Beziehung zwischen Erde und Sonne – und damit von der Stellung der Erde im Rahmen eines naturwissenschaftlich-kosmologischen Weltbildes – als auch der Rezeption dieser Kenntnisse.[26] Weil De Sola Price die kleinformatigen astronomischen Instrumente aus Bronze als wissenschaftliches Gerät[27] verstand und ihnen aufgrund ihrer präzisen Fertigung besonders hohe Aussagekraft zusprach, wählte er als Grundlage für seine Überlegung den Mechanismus von Antikythera und eine Untergruppe der Reiseuhren.[28]

Für diesen Ansatz ist die Untersuchung der verschiedenen Typen von Sonnenuhren insofern von Belang, als es ihren technologischen Stellenwert innerhalb der wissenschaftsgeschichtlichen Entwicklung zu beurteilen gilt, indem jeweils nach dem frühesten Nachweis der Anwendung eines Konstruktionsprinzips in der schriftlichen Überlieferung bzw. unter den materiellen Hinterlassenschaften gefragt wird. Hier setzt die bis heute einzige und damit grundlegende Arbeit über antike Sonnenuhren von Sharon Gibbs an, einer Schülerin von De Sola Price.[29] In ihrer 1976 veröffentlichten Dissertation trägt sie Messwerte von über 300 antiken Sonnenuhren zusammen, systematisiert deren Zifferblätter typologisch nach geometrischen Formen, wertet diese im Hinblick auf ihre mathematische Qualität hin aus und versucht das technologische Typenspektrum mit den überlieferten Bezeichnungen, v. a. mit der Überlieferung Vitruvs zu korrelieren. Bedeutend ist die Arbeit bis heute v. a. deshalb, weil sie erstmals eine Vorstellung von der weiten regionalen Verbreitung und der hohen Anzahl der antiken Sonnenuhren vermittelt, sowie die Funktion einiger Uhren als kalendarische Anzeige aufdeckt. Gibbs legt für die Mehrheit der Stücke Skizzen bzw. Fotografien vor, die zum ersten Mal eine ungefähre Vorstellung von dem Zeitmesser liefern, jedoch ohne seine ästhetische Qualität zu berücksichtigen. Und obwohl sie die zugehörigen Inschriften in ihrem Katalog in Verbindung mit dem Einzelobjekt erwähnt, wertet sie die daraus resultierenden Informationen nicht aus. Gibbs interessieren ausschließlich die mathematische Qualität und die terminologische Zuordnung der Sonnenuhren und nicht Aspekte, die deren quantitative chronologische Verteilung, regionale Verbreitung oder kontextuelle Einbindung betreffen.[30]

---

23 De Sola Price 1959. Seine Vorstellungen zur Rekonstruktion einer Wissensgeschichte legte er erstmals zusammenfassend 1977 vor: D. de Sola Price, Science, Technology and Society: a Cross-Disciplinary Perspective (London 1977); zur Einordnung seiner Arbeit, v. a. im Hinblick auf die Erforschung des sog. Antikythera-Mechanismus, zusammenfassend: Marchand 2011, 93–125.

24 Russo 2005, 307–374.

25 Gibbs 1976.

26 Jüngst erneut Goldstein 2008b mit früherer Literatur.

27 L. Taub, On Scientific Instruments, Studies in History and Philosophy of Science 40, 2009, 337–343 mit weiterer Literatur zur Definition und Wahrnehmung von wissenschaftlichem Gerät im Rahmen von wissenschaftsgeschichten Studien.

28 De Sola Price 1959 und 1969.

29 Vgl. Nachruf De Sola Price (1922–1983), Social Studies of Science 13.4, 1983, ii-iv.

30 So schon Gibbs 1976 und erneut Schaldach 2006: archäologische Kriterien werden von ihnen in der Regel nicht zur Datierung herangezogen.

Von archäologischer Seite wurden in der Zwischenzeit punktuell Neufunde bekannt gemacht:[31] In diese Phase fallen die frühesten Arbeiten zu antiken Zeitmessern von Edmund Buchner, der als Althistoriker den in der Geschichte der Naturwissenschaften angesiedelten Diskurs zu wissenschaftlichem Gerät aufgriff. Er ging wie zwei Jahre zuvor De Sola Price als Materialbasis für seine Überlegungen von einigen kleinformatigen Reiseuhren aus Bronze aus, die er innerhalb der literarisch überlieferten Wissenschaftsgeschichte zu verorten suchte.[32] Somit auch durch eigene Arbeiten mit dem Themengebiet der antiken Zeitmessung vertraut, legte er erstmals 1976 eine Rekonstruktion des Obelisken auf dem Marsfeld vor, den er als Gnomon einer monumentalen augusteischen Sonnenuhr interpretierte.[33] Dem Befund leitete er weitreichende Rückschlüsse auf die konzeptionelle Gestaltung des Marsfeldes und der damit formulierten politischen Inhalte ab. Die bis heute anhaltend weite Verbreitung seiner Thesen in den Altertumswissenschaften ist u. a. auch auf seine wissenschaftliche Autorität zurückzuführen: zunächst, seit 1969, als Direktor der Kommission für Alte Geschichte und Epigraphik des Deutschen Archäologischen Instituts in München, dann als dessen Präsident von 1980 bis 1988. Im Rahmen dieses Amtes nahm er sowohl die Gelegenheit wahr mehrere Grabungskampagnen im Bereich des Marsfeldes zu veranlassen, als auch seine Thesen in zahlreichen Publikationsorganen zu verbreiten. Während Buchners Arbeiten zum sog. Horologium Augusti in den Altertumswissenschaften hinsichtlich der historischen Bedeutung von Formen und Inhalten augusteischer Repräsentation in vielfältiger Weise aufgenommen wurden, verhielten sich die Wissenschafts- bzw. Technikgeschichte ihnen gegenüber zunächst zurückhaltend und zeitversetzt ablehnend.[34]

Überblickt man die wissenschaftliche Einbindung von antiken Zeitmessern seit der zweiten Hälfte des 20. Jhs., so wird deutlich, dass mit der zunehmenden Autonomisierung und Spezialisierung der beteiligten Wissenschaftszweige – den verschiedenen Disziplinen der Altertumswissenschaften und der Geschichte der Naturwissenschaften, der Wissenschaftsgeschichte, sowie der Wissens- und der Philosophiegeschichte – in der Summe des archäologisch wie literarisch überlieferten Materials einzelne Teilgruppen dennoch weiterhin isoliert betrachtet wurden:

War für Fragestellungen zur angewandten Mathematik ausschließlich die Typisierung von Sonnenuhren relevant, so wurden die Berechnungen an wenigen, exemplarisch gewählten Beispielen durchgeführt.[35] Als Beiträge zur Geschichte der Mathematik und Astronomie verfolgt im Anschluss an Gibbs u. a. der Mathematiker Karlheinz Schaldach einen Ansatz, der deutlich mehr Gewicht auf die Autopsie und detaillierte Dokumentation von antiken Sonnenuhren und somit auch ihrer formalen Gestaltung und chronologischen Einordnung legt.[36] Seine Erfassung verfolgt v. a. das Ziel der Rekonstruktion jener Rechenwege, die zur Konstruktion der Zifferblätter angewandt wurden. Über die wertvolle Sicherung des erhaltenen Bestandes hinaus sind seine Ausführungen deshalb dann besonders aufschlußreich, wenn sie gut erhaltene, präzise gearbeitete Zifferblätter wie beispielsweise das der äquinoxialen Sonnenuhr aus Oropos – hier Oropos 3 –, die des Turmes der Winde – hier Athen 4° –, Meridiane – hier Chios 1 und Rom 2 – oder kleinformatige Reiseuhren –

---

31 Basch 1969; Tölle 1969 a und 1969 b; Armstrong-Camp 1977; Kotsaki 1980.

32 Buchner 1971. 1973. 1976, hier Rom 2.

33 Buchner 1982 = Nachdruck aus RM 83, 1976, 319–365 und 87, 1980, 355–373.

34 Bis heute maßgeblich: Schütz 1990. Der aufgrund des raumgreifenden Entwurfs des Meridians in vielen Details und Maßen ungeklärte und lückenhaft publizierte archäologische Befund eignet sich nur bedingt als Ausgangspunkt für weiterführende mathematische Fragestellungen. Darüber hinaus wiederholt der hier ins Monumentale gesteigerte technologische Typus den aus anderen Quellen bekannten, bereits früher entwickelten mathematischen Entwurf horizontaler Zifferblätter zur Jahresgliederung und stellt keine Neuerfindung dar.

35 So bereits Drachmann 1954; Dolan 1972; Archinard 2005 sowie 2007; als Beitrag zur Astronomiegeschichte: Evans 1999 und 2004; für einzelne Neufunde auch Locher 1989. 1993. 1995a. 1995b; Ionescu-Carligel 1970, Hüttig 1999 und 2000, Alberi 2005.

36 Schaldach – Arnaldi 1997; Schaldach 2003. 2004. 2006 sowie www. antike-sonnenuhren.de (zuletzt gesichtet 21. 11. 2011). Von britischer Seite verfolgt eine vergleichbare Fragestellung A. A. Mills, vgl. Mills 1993. 2000a. 2000b.

Ateste 1 – betreffen. Viele der von ihm erfassten Zifferblätter festlandsgriechischer Sonnenuhren lassen sich jedoch keiner geometrischen Hohlform, also einem konischem oder sphärischem Zuschnitt, eindeutig zuweisen, so dass dank seiner Arbeiten auch das mit diesen Instrumenten erzielte weite Spektrum der Anzeigepräzision erstmalig erkennbar wird.

Über den Zugriff auf die Sonnenuhren und die wenigen Globen und Sternkarten[37] hinaus wurde der Blickwinkel der Geschichte der Mathematik und Astronomie erst dank der erneuten Untersuchungen zum sog. Mechanismus von Antikythera – hier Antikythera 1 – und dessen Funktion als Mechanik zur Synchronisation mehrerer kalendarischer Systeme wieder auf die literarischen Quellen gelenkt: Konnte dank des Einsatzes moderner bildgebender Techniken die Funktionsweise des Mechanismus seit den 1980er Jahren sukzessive geklärt und seine Bei- und Inschriften größtenteils wiedergewonnen werden, so entsprach die wissenschaftsgeschichtliche Stellung des Geräts, für das als Teil der Ladung eines gesunkenen Frachtschiffs ein terminus ante quem vorlag, der eines Solitärs.

Auf der Suche nach der wissenschaftsgeschichtlichen Einordnung des Antikythera-Mechanismus erwies sich in erster Linie der von Neugebauer aufgezeigte methodische Zugang als wegweisend, der die magere unmittelbare Überlieferung der griechischen und lateinischen Texte über die Einbeziehung ihrer späteren Rezeption in anderen literarischen Traditionen wesentlich verdichtete.[38] Indem nun assyrische, demotische, hebräische und v. a. arabische Quellen[39] in die Diskussion einbezogen wurden, gelang es, den mathematischen bzw. astronomischen Wissensstand zu rekonstruieren und auf das Werk einzelner Astronomen zurückzuführen.[40] Einen Überblick zur Entwicklungsgeschichte aller Naturwissenschaften lieferte u. a. Lucio Russo 1996 unter dem Titel „La rivoluzione dimenticata“, der aufgrund der rasant fortschreitenden Forschungen bereits für die englisch- bzw. deutschsprachigen Ausgabe „Die vergessene Revolution oder die Wiedergeburt des antiken Wissens“ 2005 inhaltlich wesentlich erweitert wurde. Er wie auch Serafina Cuomo[41] bemühen sich in wesentlich stärkerem Maße als frühere Arbeiten zur Geschichte der Naturwissenschaften die Relevanz des erlangten Wissens für die beteiligte Gesellschaft zu ermitteln – da beiden Autoren jedoch primär die schriftliche Überlieferung als Grundlage ihrer Überlegungen dient, wird der kulturgeschichtliche Stellenwert der materiellen Hinterlassenschaften kaum berücksichtigt.[42]

Im Zuge der erneuten Erforschung des Antikythera-Mechanismus wurde außerdem die wesentliche Bedeutung von Sternlisten, der sog. Parapegmata, deutlich – bargen sie doch ebenso wie andere kalendarische Systeme sowohl Informationen zum astronomischen Kenntnisstand als auch zu Einsatz und Verbreitung zyklischer Jahresgliederungen in griechisch-römischen Gesellschaften. Galten ihrer Erforschung von naturwissenschaftlicher Seite die bereits genannten Arbeiten van der Waerdens, die u. a. von der Zusammenarbeit des Wissenschaftshistorikers Bernard Goldstein mit

---

37 Zusammenfassend: Aujac 1974, Arnauld 1984 und Künzel 2005.

38 Vgl. Goldstein – Bowen 1983 und http://www.pitt.edu/~brg/pdfs/brg_autobio.pdf (zuletzt gesichtet 3. 11. 2011), in dem Bernard R. Goldstein auf die impulsgebende Funktion seines Doktorvaters Neugebauer und seiner Kontakte zu De Sola Price hinweist.

39 Zusammenfassend King 2004.

40 Wohl auch aufgrund der Schwierigkeit einer einheitlichen Darstellung der komplexen Überlieferungsgeschichte steht eine Zusammenführung der in jüngster Zeit vorgelegten Beiträge von wissenschaftsgeschichtlicher Seite bislang aus. Auf ihrer Grundlage lässt sich ansatzweise die bereits früh einsetzende hohe Verbreitung und Anwendungsorientiertheit astronomischer Kenntnisse in der Spätklassik und im Hellenismus rekonstruieren: Freyburger-Galland 1996 zu Thales; Dekker 2008 zu Eudoxos; Aboav 2008 und Acerbi 2008 zu Euklid; Berggren – Sidoli 2007 zu Aristarchos; Neugebauer 1941 und Bowden 2008 zu Kleomedes; Duke 2005 und Macfarlane – Mills 2005 zu Hipparchos, sowie Edwards 1984 und Jones – Duke 2005 sowie Jones 2006 zu Ptolemaios.

41 Cuomo 2001 und 2007.

42 So nimmt die Vorstellung aller Arten von technologischem Gerät in Russos Übersicht weniger als 50 Seiten ein, Russo 2005, 109–157, für die er primär auf die literarische Überlieferung zu den Objekten zurückgreift.

dem Philologen Alan C. Bowen ergänzt und fortgeführt wurden,[43] so setzten hier in jüngster Zeit auch mehrere altertumswissenschaftliche Arbeiten an:

In den vergangenen 20 Jahren wurde aus drei sehr unterschiedlichen, durchwegs aber kulturgeschichtlich geprägten Perspektiven versucht, die Bedeutung von zyklischen Jahresgliederungen in antiken Gesellschaften zu erfassen; die Arbeiten wählen jeweils als Ausgangspunkt die literarische Überlieferung zu griechischen bzw. römischen Kalendarien. Während der Philologe Jörg Rüpke in seiner 1995 erschienenen Habilitationsschrift „Kalender und Öffentlichkeit" verschiedene schriftliche Medien mit Datumsbezug – v. a. die fasti – zu rekonstruieren versucht und sie im Hinblick auf geistes- und insbesondere religionsgeschichtliche Bezüge hin prüft, stellt Robert Hannah im 2005 erschienen „Greek and Roman Calendars: Constructions of Time in Classical Antiquity" die literarischen Überlieferungsstränge den technologischen und astronomischen Kenntnissen der jeweiligen Epoche gegenüber.[44] Beide Arbeiten zeigen die Auswirkung von Kalendern auf und ihre Bedeutung für zahlreiche soziale Bereiche, sowie ihre zunehmend überregionale, institutionell gesteuerte Gültigkeit seit dem 2. Jh. v. Chr. Beiden Autoren gelingt die Rückführung kalendarischer Neuerungen auf Einzelpersonen, die Rüpke aufgrund abweichender Perspektive, indem er der Einführung bzw. Durchsetzung von römischen fasti nachgeht, in der Gruppe der politischen Handlungsträger ansiedelt, während Hannah, der v. a. die zyklischen Regelwerke Griechenlands auf ihre mathematischen Grundlagen hin untersucht, ihren Ursprung in der Gruppe der Astronomen sieht. Schwierigkeiten entstehen jeweils dann, wenn über die Gruppen der Entwickler bzw. Initiatoren von Kalendern der Kreis der Rezipienten und somit die öffentliche Wahrnehmung dieser zeitlichen Regelwerke ermittelt werden soll. Rüpke baut in den Folgejahren seine Forschungen zu den verschiedenen Qualitäten von sozialer Zeit in Form von zahlreichen Artikeln und der Monographie „Zeit und Fest" 2006 aus und präzisiert bzw. ergänzt so die Bedeutung von zeitlichen Terminen im Rahmen religionswissenschaftlicher Diskurse.[45] Die dritte Arbeit, die 2007 unter dem Titel "Astronomy, Weather and Calendars in the Ancient World: Parapegmata and Related Texts in Classical and Near Eastern Societies" erschienene Dissertation des Kanadiers Daryn Lehoux, ist gegenüber den beiden anderen Arbeiten deutlich stärker wissenschaftshistorisch ausgerichtet und weist außerdem einen abweichenden inhaltlichen wie regionalen Schwerpunkt auf:[46] Er stellt die epigraphischen und literarischen Quellen zu zeitlichen Zyklen von Mond- und Sterndaten der griechisch-römischen Kultur in Form der sog. Parapegmata der Überlieferung von (astro)meteorologischen Daten sowohl der vorderasiatischen als auch der ägyptischen Kultur gegenüber, um eine diachrone Wissensgeschichte der regelhaften Auflistung von Naturdaten zu rekonstruieren. Trotz des immensen Einflusses der babylonischen Astronomie auf die Griechen erkennt Lehoux die Parapegmata insofern als kulturell definierte Zeitkonstrukte, als dass sie den individuellen klimatischen und astronomischen Verhältnissen sowie den landwirtschaftlichen und kulturellen Terminen des jeweiligen Kulturraums entsprechen.

Obwohl die genannten Arbeiten antike Zeitmesser kaum oder gar nicht einbeziehen,[47] sind sie für deren Beurteilung wiederum wesentlich, weil sie aus verschiedenen Blickwinkeln aufzeigen wie sich abweichende Definitionen von sozialer Zeit auf die Genese und Verbreitung von zeitlichem Regelwerk der Antike auswirken. Die Überlieferung von Kalendern erfolgt überwiegend über sekundäre Texte, nur äußerst selten sind die ursprünglich auf Steinstelen und Wandgemälden

---

43 Van der Waerden 1984 und 1984; Goldstein – Bowen 1989. 1995. 2008a.

44 Rüpke 1995; Hannah 2006.

45 Rüpke 2006, der hier auch die forschungsgeschichtliche Position ausführt: Rüpke 2006, 7–12.

46 Lehoux 2005 und 2007, der u. a. auf der früheren Arbeit der Wissenschaftshistorikerin L. Taub, Greek Meteorology (London 2003) aufbaut.

47 Die drei exemplarisch herausgegriffenen Monografien ergänzen zahlreiche Artikel, unter denen v. a. Bennett 2003 und 2004 wesentliche Aspekte zum Verständnis der augusteischen Kalenderordnung beisteuert, auch Magnini 2001 und Freeney 2007; vgl. außerdem: Hannah 2001a und 2001b. Zu zyklischen Jahresgliederungen Ägyptens: Clagett 1995 und Depuydt 1997.

fixierten Listen überhaupt und erst recht nicht in ihrem ursprünglichen Kontext erhalten, so dass wenig über ihre öffentliche Verbreitung, sowie die Wahrnehmung und Rezeption der auf ihnen geführten Daten bekannt ist. Diese Lücke kann mit den Zeitmessern und ihren Inschriften als primäres Medium geschlossen werden, weil ihr Aufstellungsort in vielen Fällen bekannt ist.

Diese Welle von Untersuchungen zu Kalendern und kalendarischen Regelwerken wurde von Fragen nach der Einordnung des sog. Antikythera-Mechanismus ausgelöst und von Buchners Arbeiten zur sog. Sonnenuhr des Augustus noch verstärkt, weil der freigelegte Abschnitt der Skala eine zyklische Jahresgliederung offenbarte und Buchner den Schattenwerfer als zentrales Element der komplexen astronomischen Beziehungen unter der Bebauung des nördlichen Marsfeldes verstand. Als unmittelbare Reaktion entstanden in den Folgejahren von altertumswissenschaftlicher Seite zahlreiche Arbeiten, die dem Verhältnis von Astrologie und Politik nachgingen: Dabei reichten die Fragestellungen von der Rekonstruktion verschiedener astrologischer Systeme und deren Verortung als Teil der griechischen Philosophie,[48] über das Verständnis der mit den Tierkreiszeichen verbundenen Eigenschaften[49] bis hin zur metaphorischen Verwendung von Sternbildern – nicht zuletzt im Horizont der kaiserlichen Propaganda[50]. Mit Ausnahme des sog. Horologium Augusti wurden Zeitmesser bislang in diese Diskurse nicht einbezogen, so dass hier zu prüfen sein wird, inwiefern abweichende Auffassungen von Astrologie sich auf die Gestaltung ihrer Zifferblätter konkret auswirken.

Ausgehend von Forschungen zu prähistorischen Kulturen verbreiteten sich in den vergangenen Jahren Ansätze der Archäoastronomie, die nun auch für die Ausrichtung von griechisch-römischen Baubefunden der Antike astronomische Bezüge nachzuweisen versuchen.[51] Problematisch ist diese überwiegend von Wissenschaftshistorikern verfolgte Richtung für die historische Zeit dann, wenn die Ausrichtung eines Befundes an dem rechnerisch nachgewiesenen Auf- oder Untergang eines Stern(bilde)s weder eindeutig ist noch durch literarische Nachrichten abgesichert werden kann. Obschon es für einige kaiserzeitliche Bauten möglich erscheint, dass astronomische Daten in den architektonischen Entwurf einbezogen wurden,[52] steht der eindeutige Nachweis für die Ausrichtung eines Gebäudes auf eine stellare Konstellation bislang aus.[53] Zyklische Jahresglie-

---

48 Aujac 1980. Hübner 1982. 1989 und im Überblick W. Hübner, Die Astrologie der Antike, Berichte zur Wissenschaftsgeschichte 8.1, 1985, 7–24; außerdem Baccani 1992 und Brack-Bernsen 2000.

49 Gundel 1992 und Bakhouche – Morceau – Turpin 1996.

50 Zuletzt mit umfassender Literatur Schmid 2005, bes. 203–304, der für seine Überlegungen zur Funktion der Astrologie innerhalb der kaiserlichen Repräsentation vom Horoskop des Augustus ausgeht.

51 Zu Entwicklung und Fragestellungen vgl. C. Ruggles, Archaeoastronomy – the way ahead, in: ders. (Hrsg.), Archaeoastronomy in the 1990s (Loughborough 1993) 1–15 und ders., Pushing back the frontiers or still running around the same circles? ‚Interpretative Archaeoastronomy' thirty years on, in: ders. (Hrsg.), Archaeoastronomy and Ethnoastronomy: Building Bridges Among Cultures. Proceedings of the International Astronomical Union 7 (Cambridge 2011) 1–18; ferner: Frangoulis 2005 und zuletzt L. Ferro – G. Magli, The Astronomical Orientation of the Urban Plan of Alexandria, OxfJA 31.4, 2012, 381–389 mit weiterer Literatur. Sie führen die Ausrichtung des Straßenrasters von Alexandria auf die Sternkonstellation am Geburtstag Alexanders des Großen zurück.

52 So Hannah 2009, 145–156 und R. Hannah – G. Magli, The Role of the Sun in the Pantheon's Design and Meaning, Numen 58, 2011, 486–513 zu den astronomischen Bezügen des durch das Opaion des Pantheon gelenkten Sonnenstrahls, dazu auch Martines 2000, außerdem Hannah 2011 mündlich zum Baubefund der Domus Aurea; eher zurückzuweisen: Liritzis 2001a und b, Liritzis – Vassiliou 2002 a und b. Die grundsätzliche Bindung von Festtagen an astronomische Konstellationen lässt sich davon unabhängig seit archaischer Zeit nachweisen, vgl. stellvertretend: Salt – Boutsikas 2005.
Die Fragestellung ist für die Entwicklung der Ausrichtung von Kultbauten – und somit ihrer Relation zu kosmologischen Ordnungen – wesentlich: So nehmen einige ägyptische Tempel auf stellare Konstellationen nachweislich Bezug, vgl. zuletzt Belmonte 2007 und 2008, und wird dieses Element im Kirchenbau seit der Renaissance wiederholt aufgegriffen, vgl. zusammenfassend Camerota 2007. Bislang beschränken sich die Untersuchungen für die griechisch-römische Zeit auf wenige Einzelbauten. Für das bessere Verständnis von regelhaften Bezügen unter den Hauptachsen von Kultbauten und einzelnen astronomischen Ereignissen wäre u. a. eine serielle Datenerfassung erforderlich.

53 Aveni – Romano 2000 zur Orientierung von Tempelbauten in Unteritalien und Sizilien.

derungen wurden, wenn überhaupt, nur im Ausnahmefall in funktionale Architektur übertragen, so dass die regelhafte Verwendung von Architekturen als Zeitmesser sich in antiken Befunden des Mittelmeerraums nicht abzeichnet.

Während der Sammelbegriff ‚horologium' alle Typen von antiken Zeitmessern einschließt,[54] die deshalb vom philologisch geprägten Ansatz in der ersten Hälfte des 20. Jhs. noch als funktionale Einheit begriffen wurden, beschränkt sich die Forschung seit der Nachkriegszeit vorrangig auf die antiken Sonnenuhren. Die Ursache für diese Entwicklung liegt einerseits im dominierenden Verständnis von Zeitmessern als astronomische – und weniger als mechanische – Instrumente, sowie in der bruchstückhaften Überlieferung der Wasseruhren. Obwohl im Material der griechisch-römischen Antike nur ein einziges Exemplar der Kurzzeitmesser, der sog. Klepsydren, erhalten ist, sind aufgrund der begrifflichen und situativen Differenzierung in den Schriftquellen zu ihnen durchaus Informationen verfügbar. Demgegenüber erweist sich die Lage für die übrigen Typen von Wasseruhren auf beiden Strängen der Überlieferung als durchwegs schlecht – auch deswegen, weil die archäologischen und epigraphischen Quellen für die griechisch-römische Kultur noch nie im Zusammenhang behandelt wurden.

Im Rahmen einer Geschichte der antiken Mechanik wurde bislang nur eine Untergruppe der Wasseruhren vorrangig bearbeitet:[55] Von altertumswissenschaftlicher Seite versuchte zuletzt Astrid Schürmann in ihrer 1991 erschienenen Dissertation „Griechische Mechanik und antike Gesellschaft. Studien zur staatlichen Förderung einer technischen Wissenschaft" die Entwicklung der Mechanik vor dem Hintergrund der hellenistischen Herrscherhäuser historisch einzuordnen. Ihren für die Beurteilung von Wasseruhren nachhaltig wirksamen technikgeschichtlichen Ansatz verfolgte sie seitdem in mehreren Aufsätzen, u. a. in dem 2005 erschienenen Sammelband zur „Geschichte der Mathematik und Naturwissenschaften in der Antike: Physik, Mechanik".[56] Wie im Katalog zu der italienischen Ausstellung „Eureka" aus dem Jahr 2005 und in den Arbeiten Rita Amedicks[57] werden hier moderne Modelle – Zeichnungen, Animationen bzw. dreidimensionale Nachbauten – zur Überbrückung dieser Lücke der archäologischen Überlieferung eingesetzt, indem sie eine konkrete Vorstellung von der Funktionsweise der verlorenen Objekte zu vermitteln versuchen. Ein Abgleich gegenüber der formalen Gestaltung anderer, im Befund erhaltener Gerätschaften erfolgt dabei nicht. Da gemessen an anderen technischen Leistungen der Antike – beispielsweise auch an den kleinformatigen mechanischen Kunstwerken[58] – jedoch die erforderlichen technologischen Kenntnisse zum Bau von Wasseruhren als relativ gering eingeschätzt werden, bleibt es meist dabei, ihre verschiedenen Funktionsweisen vorzustellen, wohingegen der archäologischen Befund kaum geprüft wird.

Für die wissenschaftliche Aufarbeitung von antiken Zeitmessern spielt ein weiterer Aspekt eine wesentliche Rolle: Im Vergleich zu anderen altertumswissenschaftlichen Themenbereichen überrascht angesichts der Komplexität des Themas Zeitmessung zunächst, wie breit das Interesse insbesondere für Sonnenuhren innerhalb der europäischen Bevölkerung gestreut ist: Kaum ein Land, in dem sich nicht ein Verein oder einzelne Privatpersonen als Gnomonisten betätigen, wovon nicht nur zahlreiche Seiten im Internet,[59] sondern auch eine ganze Reihe von monographischen Publika-

54 Hier Kapitel IV 1.4.

55 Zusammenfassend Schneider 1989 und 1992.

56 Schürmann 1991; A. Schürmann, Die Wasseruhr im Turm der Winde als gegenständliche Quelle für die Technikgeschichte der Antike, Dresdner Beiträge zur Geschichte der Technikwissenschaften 26, 1999, 14–34.

57 Amedick 2003 und E. Lo Sardo (Hrsg.), Eureka: il genio degli antichi. Ausstellung Neapel 11.6.2005–6.1.2006 (Neapel 2005).

58 Hesberg 1987.

59 Umbrien: www.astronomiaubria.org; Frankreich: http://laluz.free.fr/cadransv1/presentation.html; Venetien: http://digilander.libero.it/rossi7871/; Italien: http://quadrantisolari.uai.it/index.htm; Niederlande: http://www.dezonnewijzerkring.nl/eng/index.htm; Katalonien: http://www.gnomonica.cat; Großbritannien: http://www.sundials.co.uk/comprogs.htm; http://www.sundialsoc.org.uk/ (zuletzt gesichtet 25.11.2011).

tionen und Zeitschriften Zeugnis ablegen. Dabei reicht der Kenntnisstand der Akteure von begeisterten Sammlern bis hin zu einer (pseudo)wissenschaftlichen Beschäftigung. Über im Zuge der Jahrtausendwende angestossene Diskussionen hinaus regt das Themenfeld offenbar zu individuellen Überlegungen zum Thema Zeit und Raum an, vielleicht gerade aufgrund der unmittelbaren Anschaulichkeit kosmologischer Vorgänge anhand von Sonnenuhren.[60] Für die vorliegende Arbeit spielt dieses öffentliche Interesse insofern eine Rolle, als über diese Seiten Neufunde bekannt gemacht und Abbildungen sowie Abmessungen der Stücke zugänglich wurden. Besonders die enthusiastische Beschäftigung mit antiken Sonnenuhren von Nicola Severino erwies sich für die Zeitmesser des italischen Raums als fruchtbar.[61]

2 Fragestellung

Die vorgestellte Einbindung von antiken Zeitmessern in den wissenschaftlichen Diskurs zeigt, dass sie bislang v. a. als Zeugnis für wissenschaftsgeschichtliche Fragestellungen begriffen wurden. Dabei fällt einerseits die vorrangige Untersuchung der antiken Sonnenuhren auf, von denen andererseits nur eine begrenzte Auswahl des erhaltenen Bestandes berücksichtigt wurde: Denn nur wenige Objekte sind so vollständig erhalten und ausreichend präzise gearbeitet, dass von ihrer mathematischen Analyse weiterführende Aussagen abzuleiten sind. Die bisher vorgenommene Auswahl des Materials entspricht deshalb weder den gemeinsamen Zeitfunktionen von Sonnen- und Wasseruhren, noch der antiken Terminologie oder der recht dichten archäologischen Überlieferung, so dass in der vorliegenden Untersuchung alle Formen von Zeitmessern einbezogen worden sind.

Bislang kaum beachtet wurden die Modalitäten der Aufstellung bzw. die räumliche Positionierung von Zeitmessern sowie ihre regionale Verbreitung, so dass im Folgenden ein Schwerpunkt der Untersuchung auf dieser kontextuellen Einbindung der Instrumente in die antike Lebenswelt liegt. Aufgrund der hohen Anzahl der erhaltenen Zeitmesser eröffnet dieser Zugang die Möglichkeit, Aussagen über ihre regelhafte Verbreitung und Verwendung im Alltag zu formulieren.

Außerdem sind v. a. Sonnenuhren unmittelbar von ihrer Umgebung abhängig: Werden sie im Schatten aufgestellt, funktionieren sie nicht. So zeigte sich aufgrund der Positionierung und Ausführung von einigen Sonnenuhren im Laufe der Untersuchung frühzeitig, dass das ursprünglich als Normgerät konstruierte Instrument in bestimmten Situationen nur eingeschränkt zur regelhaften Messung von Zeiträumen gedient haben kann. Der hier verfolgte kontextuelle Ansatz, der die antiken Zeitmesser den unterschiedlichen Lebensräumen ihrer Aufstellung zuweist, soll die Ursachen dieses Paradoxons offen legen und klären, welche Inhalte mit dieser symbolischen Funktion von Zeitmessern verbunden worden sind. Damit greift die hier vorgelegte Untersuchung über die parallel entstandene und bereits 2009 von Robert Hannah vorgelegte Arbeit „Time of Antiquity“ hinaus: Zwar verfolgt auch er einen kulturhistorischen Ansatz und setzt sich zum Ziel, „the human facet of time-keeping and time-measurement“[62] darzustellen, erkennt also die Bedeutung der Zeitmesser als Alltagsgerät an, legt aber im Gegensatz zu der vorliegenden Untersuchung seinen Schwerpunkt auf die schriftliche Überlieferung. Weil Hannah auch andere Formen von zyklischer Zeiteinteilung behandelt, um Fragen nach der Wahrnehmung von normativer Zeitordnung im Alltag griechisch-römischer Kulturen nachzugehen, bezieht er die antiken Zeitmesser v. a. in

---

60 Eine Folge dieses immensen Interesses an Zeitmessern spiegelt sich auch in der Zahl von Überblickswerken zu dem Thema wider, vgl. stellvertretend: A. Borst, Computus. Zeit und Zahl in der Geschichte Europas 3 (Berlin 2004) und G. Dohrn-van Rossum, Die Geschichte der Stunde: Uhren und moderne Zeitordnungen (München 1992).

61 N. Severino: http://www.nicolaseverino.it/.html; K. Schaldach: http://www.antike-sonnenuhren.de/fotos.htm; www. Scheidt: http://www.wrs-sonnenuhren.de/navi.html (zuletzt gesichtet 26. 11. 2011).

62 Hannah 2009, 3.

zwei von sieben Kapiteln ein. Seine Beobachtungen werden von der hier verfolgten kontextuellen Analyse zur Zeitmessung ergänzt und im Hinblick auf die symbolische Funktion von Zeitmessern erweitert.

So galt es zunächst Kriterien zur Erfassung aller Arten von antiken Zeitmessern zu entwickeln, um die heterogene Überlieferung des Materials – als Befund, als einzelnes Fundstück und als (isolierte) Inschrift – für weitere Fragestellungen aufzuarbeiten. Diesem Zweck dient der topographisch aufgebaute Katalog, in dem die Zeugnisse ihren Fundorten zugewiesen werden. Stammen von einem Ort mehrere Zeitmesser, so werden sie in der chronologischen Abfolge ihrer Entstehung aufgeführt. Der Katalog dient über die Rekonstruktion der im Vorfeld der Untersuchung weitgehend ungeklärten chronologischen Entwicklung der Zeitmesser hinaus auch zur Bestimmung jener strukturellen Parameter, die ihre technologische Typisierung und formale Gestaltung betreffen, sowie v. a. der Ermittlung ihrer quantitativen Verteilung im Hinblick auf ihre regionale und kontextuelle Verbreitung.

Die archäologische Forschung entwickelte in den vergangenen 20 Jahren verschiedene quantitative Methoden zur Strukturierung und statistischen Auswertung von Materialien,[63] die sich immer dann als besonders aussagekräftig erwiesen, wenn sie auf eine zeitlich und regional eng begrenzte Materialgruppe angewandt wurden.[64] Obschon beide Voraussetzungen für antike Zeitmesser nicht gegeben sind und auch der Stand von Überlieferung wie Forschung zu den berücksichtigten Fundorten erheblich voneinander abweicht, wurden die relevanten Zeugnisse für die jeweilige Fragestellung tabellarisch zusammengestellt. Da die Qualitäten der Zeitmesser auf unterschiedlichen strukturellen Ebenen liegen – nämlich technologischen, funktionalen, ästhetischen und symbolischen – und nicht jedes der im Katalog geführten Zeugnisse für jeden Aspekt aussagekräftig ist, soll diese Vorgehensweise den Überblick erleichtern. Dem sollen auch die als Diagramme umgesetzten Zahlenwerte in den einzelnen Kapiteln dienen, die sich jeweils auf die absolute Anzahl der hinzugezogenen Objekte beziehen.[65]

Im Anschluss an eine auf diesen Vorarbeiten aufbauende technologische und funktionale Systematisierung des zusammengestellten Materials (Kapitel II) soll das als Instrument definierte Objekt im Hinblick auf seine funktionale Leistung geprüft werden. Ist in der Numismatik zunächst davon auszugehen, dass Münzen als Zahlungsmittel fungieren und nur in bestimmten Situationen einem erweiterten Funktionsspektrum dienen, gilt gleiches für die Bindung von Instrumenten an ihre Primärfunktion bzw. ihren vorrangig zweckgebundenen Charakter:[66] Ist im gewählten Beispiel zunächst der Gewichtstandard des Zahlungsmittels Münze zu bestimmen, so ist für Zeitmesser elementar, ihre primären Anzeigefunktionen und deren Normierung zu ermitteln (Kapitel III). Innerhalb dieses Systems normierter Zeitabschnitte gilt es außerdem, das Spektrum der funktionalen Leistungen von Zeitmessern gegenüber anderen Formen der Zeiterfassung und -anzeige wie Kalendern und Sternlisten abzugrenzen.

Jenseits dieser technisch-funktionalen Merkmale von Normgerät werden Zeitmesser auch von ihrer ästhetischen Qualität gekennzeichnet: So sind manche Objekte reich verziert und andere völlig dekorlos. In Anlehnung an jüngere archäologische Arbeiten zu antiker Keramik- und Möbelprodukion[67] wurden wiederkehrende Gestaltungselemente der Zeitmesser isoliert und v. a. im Hin-

63 A. Zimmermann, Zur Anwendung der Korrespondenzanalyse in der Archäologie, in: J. Müller (Hrsg.), Archäologie und Korrespondenzanalyse (Rahden 1997) 9–15.

64 S. G. Schmid, Die Feinkeramik der Nabatäer. Typologie, Chronologie und kulthistorische Hintergründe (Mainz 2000) 5–17 zur gewählten Methode.

65 J. Bortz, Statistik für Human- und Sozialwissenschaftler (Heidelberg 2005) 15–45 zu den Methoden der deskriptiven Statistik.

66 M. Nick, Gabe, Opfer, Zahlungsmittel: Strukturen keltischen Münzgebrauchs im westlichen Mitteleuropa I (Rahden 2006) 15–27.

67 Beispielhaft mit weiterer Literatur: Stefanidou-Tiberiou 1993, 11–18 und S. Ladstätter, Griechisch oder römisch? Ein Teller als Beispiel der Komplexität gegenseitiger Beeinflussungen in der frühkaiserzeitlichen Keramik von Ephesos,

blick auf ihre chronologische Aussagekraft untersucht. Für diesen Ansatz erwiesen sich aufgrund der Dichte ihrer materiellen Überlieferung in erster Linie die Sonnenuhren als geeignet, während die vereinzelt nachgewiesenen anderen technologischen Typen nur eingeschränkt in die Überlegungen einbezogen werden konnten.

Um die terminologische Zuordnung von literarisch überlieferten Informationen zu Zeitmessern und dem archäologischen bzw. epigraphischen Bestand zu gewährleisten, wurden zunächst die zu den Instrumenten gehörenden (Stiftungs-)Inschriften auf ihren Wortgebrauch hin untersucht (Kapitel V).[68] Die chronologische Verteilung der für die Zeitmesser verwendeten Bezeichnungen führt über die typologische Zuordnung von Begriff und Objekt hinaus zum Entwurf einer Begriffsgeschichte für die Horologia. Erst dann wurde es möglich, die in den Texten erwähnten zeitlichen Qualitäten mit dem erhaltenen Bestand abzugleichen (Kapitel VI).

Ein Schwerpunkt archäologischer Forschungen lag in den vergangenen 25 Jahren auf der Analyse funktional gebundener Räume in antiken Städten.[69] Dieser Ansatz legt u. a. offen, dass sowohl die architektonische Gestaltung des jeweiligen städtischen Raums als auch seine weitere Ausstattung nicht nur die Ausübung der unmittelbar mit diesem Ort verbundenen Funktionen gewährleistet sondern auch für die mit dem Ort verbundenen Personengruppen einen spezifischen Rahmen individueller Selbstdarstellung bietet.[70] Wie Zeitmesser als genuin praktisches Gerät in diese jeweils epochenspezifischen Funktionen und Handlungen eingebunden, aber auch als Zeichen ortsgebundener ideologischer Konzepte einer Gesellschaft verstanden werden, soll anschließend über die Fundkontexte der Zeitmesser untersucht werden (Kapitel VII). Zur Ermittlung des möglichen Einsatzes von Zeitmessung in verschiedenen urbanen Räumen werden ergänzend Aussagen der literarischen Quellen einbezogen.[71]

Vor diesem Hintergrund und angesichts der zahlreichen mit Zeitmessern verbundenen (Stiftungs-)Inschriften liegen ungewöhnlich viele Informationen über die mit den Instrumenten im Kontakt stehenden Personengruppen vor (Kapitel VIII). Wurde das mit ihnen verbundene Stiftungs- bzw. Weihverhalten in den vergangenen Jahren an anderen Objektgruppen umfassend untersucht[72], so können nun auch Zeitmesser in diese Überlegungen einbezogen werden. Darüber hinaus wird für Zeitmesser dank der Inschriften auch die Ebene von Hersteller und Wartungspersonal greifbar, die für andere archäologische Objekte oft nur schwer zu rekonstruieren ist[73].

Für einige wenige Städte wird der antike Bestand von Zeitmessern zukünftig in einer Zusammenführung der archäologischen, epigraphischen und literarischen Quellen relativ umfassend zu ermitteln sein. Dies gilt für Athen, Delos und Pergamon ebenso wie für Pompeji, Rom und Aquileia. Welche Aussagen einer Topologie der Zeitmesser abzuleiten sind, also ihrer diachronen räumlichen Verteilung innerhalb einer Stadt, wurde exemplarisch an den Befunden in Athen und Rom geprüft. An welchen Orten kamen die Bewohner einer Stadt mit Zeitmessung bzw. anderen, von den Instru-

---

in: G. Grabherr – B. Kainrath – A. Larcher – B. Welte (Hrsg.), Vis Imaginum. Festschrift E. Walde (Wien 2005) 200–207.

68 Dies kann der Archäologe nur eingeschränkt leisten, so dass es vorrangig darum geht Begriffe zusammenzustellen und Wortbedeutungen einzugrenzen. Als methodisches Vorbild für diese Sichtung des antiken Wortgebrauchs diente: A. Orlandos, Λεξικόν αρχαίων αρχιτεκτονικών όρων (Athen 1986) und M.-C. Hellmann, Recherches sur le vocabulaire de l'architecture grecque, d'après les inscriptions de Délos (Athen 1992).

69 Dazu die Zusammenstellung der einschlägigen Literatur des von der DFG geförderten SFB „Die hellenistische Polis als Lebensform" unter http://www.poliskultur.de/127_Literaturspiegel%20-%20Bibliography.html und die Reihe des Kopenhagener Polis-Zentrums: http://www.igl.ku.dk/POLIS/publicat.html (zuletzt gesichtet Juli 2011).

70 Zur Ausstattung spezifischer, funktional definierter Räume entstanden in den 1980er und 1990er Jahren des eine Vielzahl von Studien, wegweisend war hier beispielsweise: H. Manderscheid, Die Skulpturenausstattung der kaiserzeitlichen Thermenanlagen (Berlin 1981) passim.

71 T. Hölscher, Öffentliche Räume in frühen griechischen Städten (Heidelberg 1998) 4–11 zum Raumbegriff.

72 G. Alföldy – M. Panciera (Hrsg.), Inschriftliche Denkmäler als Medien der Selbstdarstellung in der römischen Welt (Stuttgart 2001) 5–11.

73 Vgl. beispielsweise: S. Nolte, Steinbruch – Werkstatt – Skulptur: Untersuchungen zu Aufbau und Organisation griechischer Bildhauerwerkstätten (Göttingen 2005) 4–9.

menten symbolisierten Inhalten in Berührung? Welchen historischen bzw. geistesgeschichtlichen Entwicklungen lassen sich die unterschiedlichen strukturellen Merkmale und Verwendungshorizonte von Zeitmessern zuordnen? Sind am Material überhaupt Wechselwirkungen zwischen epochengebundener Zeitphilosophie und dem Umgang mit Zeitmessern nachzuvollziehen?[74] Indem an jüngere Untersuchungen zur Geschichte einer Philosophie der Zeit angeknüpft wird, sollen abschließend am Beispiel von Athen und Rom die in früheren Kapiteln erzielten Ergebnisse chronologisch zusammengeführt und erste Antworten auf diese Fragen formuliert werden.[75]

3 Das Material und sein chronologischer und regionaler Rahmen

Ausgangspunkt für die hier verfolgte kulturgeschichtliche Fragestellung stellen antike Zeitmesser dar. Doch welche Instrumente messen in der Antike überhaupt zeitliche Abschnitte? Bei der Beantwortung dieser Frage zeigt sich schnell, dass die Zuordnung von schriftlich überlieferter Bezeichnung und archäologischem Objekt häufig problematisch ist: Welches Instrument ist beispielsweise gemeint, wenn von Platons Nachtuhr die Rede ist, und zur Messung welcher Zeitabschnitte wird dieses Instrument eingesetzt?[76] Deshalb wurde zunächst eine Zusammenstellung des archäologischen bzw. des epigraphischen Materials vorgenommen, das in einem zweiten Schritt nach technologischen und zeitfunktionalen Gesichtspunkten sortiert und erst anschließend der literarischen Überlieferung gegenübergestellt wird.

In die vorliegende Untersuchung werden also alle im archäologischen Bestand greifbaren Instrumente einbezogen, die eine bestimmte Zeitspanne messen bzw. anzeigen – unabhängig davon, wie lang der Zeitraum ist, welchem technologischen Typus der Zeitmesser angehört oder aus welchem Material er gefertigt wurde. Vor diesem Hintergrund verteilen sich die Objekte zunächst auf zwei Gruppen, die der Wasseruhren und eine zweite, quantitativ umfangreichere, der Sonnenuhren. Diese beiden Gruppen werden wiederum untergliedert in Instrumente, die der Messung von kurzen zeitlichen Abschnitten – wie festgelegte Zeitspannen, Stunden oder Tage – sowie der zyklischen Jahresgliederung dienen.

Die Verwendung einiger Typen von Zeitmessern belegen ausschließlich literarische Quellen: So weist u. a. Plinius nat. 33, 96–97 darauf hin, dass auch Tonlampen als Kurzzeitmesser genutzt wurden; sie zeigen eine Zeitspanne an, indem das Öl in der Lampe abbrennt.[77] Diese Praxis entspricht dem Einsatz von Lampen als Leuchtmittel, so dass theoretisch jede Lampe nachts als Zeitmesser dienen kann – eine speziell auf normierte Zeiträume geeichte Uhrenlampe ist aber bislang archäologisch nicht nachgewiesen. Gleiches gilt für jene literarisch überlieferten Kurzzeitmesser, bei denen der Ausfluss von Sand den Ablauf einer Zeitphase anzeigt.[78] Diese Befundlücke ist im Rahmen einer zeitfunktionalen Analyse insofern unerheblich, als dass zur Messung kurzer Zeitspannen eine Untergruppe der Wasseruhren, die Klepsydren, besser bekannt sind. In quantitativer Hinsicht gilt jedoch auch für sie, dass einer hohen Zahl von literarischen Belegen nur wenige erhaltene Exemplare gegenüberstehen, so dass die Häufigkeit des Einsatzes von Kurzzeitmessern bei Tag wie bei Nacht letztlich nur anhand der Texte nachvollzogen werden kann.

---

74 Schmid 2005, 19–53 zum Einsatz von Horoskop und Astralsymbolik im Prinzipat.

75 Gloy 2008, passim.

76 Die Schwierigkeit erkannte erstmals Diels 1915, 824–830.

77 Die Hinweise werden oft irrtümlich mit dem von Philon von Byzanz, Kap. 20, entworfenen technischen Regelwerk einer dauerbrennenden Öllampe verbunden; Hinweise auf hellenistische Zeitlampen geben auch arabische Quellen: E. S. Kennedy – W. Ukashah, The Chandelier Clock of Ibn Yunis, Isis 60.4, 1969, 543–545.

78 Hier Kapitel V 1.

Resultiert in den zuvor genannten Fällen die ungesicherte materielle Überlieferung eines Typus' auf dessen Herstellung aus ephemerem Material bzw. auf unterschiedlichen Verwendungshorizonten eines Geräts, so dass aus dem archäologischen Befund keine Rückschlüsse auf die ursprüngliche Nutzungsfrequenz von Kurzzeitmessern zu ziehen sind, so ist grundsätzlich nicht zu ermitteln wie häufig individuelle Erfahrungswerte zur Zeitbestimmung wie der eigene Körper[79] oder spezifische Landschafts- und Architekturkonstellationen[80] eine Rolle spielten. Diese Unwägbarkeiten werden insofern relativiert, dass der Nutzungsgrad dieser Formen von Zeitmessung abhängig ist vom grundsätzlichen Bedürfnis einer Gesellschaft nach normierter Zeittaktung, und somit der quantitativen Verteilung des erhaltenen Materialbestandes abzuleiten ist.[81]

Die vorgestellten Beispiele sollen die Möglichkeiten und Einschränkungen umreißen, denen eine archäologische Untersuchung zum Thema Zeitmessung grundsätzlich unterliegt. Vor diesem Hintergrund wurde versucht, einen für die verfolgte Fragestellung aussagekräftigen Querschnitt des erhaltenen Bestandes[82] zusammenzustellen. Dieser Katalog bildet die Grundlage für alle weiteren Überlegungen und soll eine Orientierungshilfe zur Beurteilung zukünftiger Neufunde bieten.

Der weit gefasste chronologische Rahmen der Untersuchung ist der bisherigen Unsicherheit in der Zuordnung und chronologischen Abfolge der Typen und somit auch der Datierung des Einzelobjekts geschuldet: Er reicht deshalb von den ersten, auch materiell greifbaren Anfängen der Zeitmessung im Griechenland des ausgehenden 5. Jhs. v. Chr. bis zum deutlichen Rückgang der Uhrenproduktion in der Spätantike[83]. Auch, um über geräteimmanente Merkmale hinaus[84] gesicherte Kriterien für die chronologische Einordnung des Einzelobjekts zu gewinnen, liefert der Fundort weiterführende Hinweise, so dass ein Zeitmesser nur dann im Katalog erfasst wurde, wenn sein Fundort bekannt ist. Die in der Rubrik ‚Fundort unbekannt' geführten wenigen Ausnahmen von dieser Regel betreffen Instrumente aus der Gruppe der Wasser- und Reiseuhren, die zwar aus dem Kunsthandel stammen, aber den Informationsstand zum jeweiligen Typus wesentlich bereichern.

Diesem Vorgehen entspricht der geographische Rahmen der Untersuchung, der über die Kerngebiete der griechisch-römischen Kultur hinausgreift: Nur so ließen sich über die Verbreitung der für die Konstruktion von Zeitmessern erforderlichen Kenntnisse ebenso Aussagen treffen wie über deren regelhaften Einsatz im Alltag. Dies ist insofern von Belang, als die literarischen Quellen

---

79 Aristoph. Eccl. 652; Hannah 2009, 75–77.

80 So berichtet beispielsweise Plin. nat. 7, 212, dass der Amtsdiener den Mittag ausruft, wenn von der Curie aus gesehen die Sonne zwischen Rednertribüne und Graecostasis stand. Zum archäometeorologischen Ansatz, den v. a. J. Liritzis verfolgt und demzufolge zahlreiche Gebäude bewusst nach bestimmten Konstellationen ausgerichtet worden sein sollen, vgl. Liritzis 2001a; Liritzis – Vassiliou 2002a. 2002b. 2006 und hier S. 16.

81 Dies legen ethnologische Untersuchungen nahe, vgl. T. Ehlert (Hrsg.), Zeitkonzeptionen, Zeiterfahrung, Zeitmessung (Paderborn 1997) 25–32. Demnach nimmt die Anzahl von Zeitmessern in einer Gesellschaft zu, wenn auch andere Formen der normierten Zeiterfahrung verstärkt genutzt werden.

82 Damit ist in diesem Zusammenhang gemeint, dass mit rund 480 in den Katalog aufgenommenen Zeugnissen zu antiken Zeitmessern in quantitativer Hinsicht eine Materialgrundlage erreicht wurde, innerhalb derer sich für die jeweilige Fragestellung aussagekräftige Teilgruppen zusammenstellen lassen. Weil nicht jedes Objekt zu jedem Aspekt Informationen beizutragen vermag, weicht die Summe der in den Diagrammen aufgeführten Zeugnisse von deren Gesamtzahl im Katalog ab. Die Materialaufnahme strebt keine Vollständigkeit an, sondern soll einen repräsentativen Überblick bieten.

83 Die Gruppe der spätantiken Zeitmesser bildet sicherlich einen lohnenden Ausgangspunkt für eine gesonderte Untersuchung: So hat es den Anschein, als seien sehr viel mehr Zeitmesser aus diesem Zeitraum erhalten, als bislang vermutet. Ihre Funktionen im Spannungsfeld von politischer Neuordnung und aufstrebendem Christentum zu ermitteln und der Fortführung der spätantiken Traditionen im arabischen Kulturkreis nachzugehen, wäre sicherlich vielversprechend.

84 Weil technisches Gerät in der Regel der Kleinkunst zugerechnet wird, wurden seine stilistischen und typologischen Bezüge zu anderen Materialgattungen nur punktuell verfolgt. Hingegen fand undekoriertes Alltagsgerät stärkere Beachtung in der Prähistorischen und Provinzialrömischen, als in der Klassischen Archäologie, und wurde dann häufig nach typologischen Kriterien und nicht im Kontext bearbeitet, vgl. als eine der wenigen Ausnahmen: E. Künzl, Medizinische Instrumente aus Sepulkralfunden der römischen Kaiserzeit, BJb 182, 1982, 1–131.

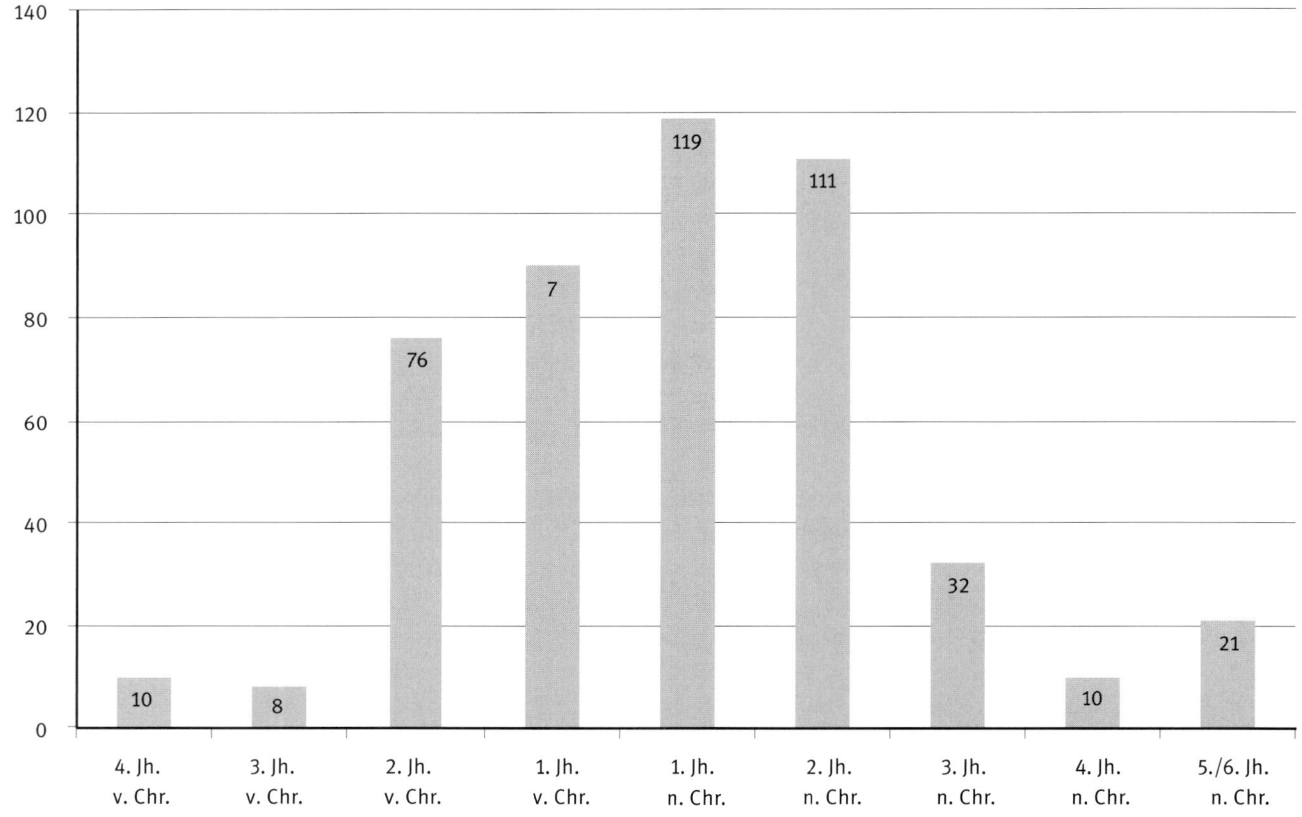

Abb. 1: Chronologische Verteilung der im Katalog erfassten Zeugnisse zu antiken Zeitmessern

vorrangig Nachrichten überliefern, welche die Verwendung von Zeitmessern in den Zentren der antiken Welt betreffen, über deren Verbreitung und Nutzung in den Randgebieten bislang jedoch nur wenig bekannt war. Obwohl die Erfassung von Zeitmessern auch vom Forschungsstand der jeweiligen Landschaft abhängig ist, zeichnen sich auf diese Weise tendentiell statistische Schwerpunkte für die Verbreitung von technischem Wissen ab.

Zahlreiche der Instrumente tragen Inschriften: Mal weisen Beischriften zeitfunktionale Leistungen des Zeitmessers, mal Inschriften Stifter und Adressat aus. Insofern tragen die Inschriften nicht nur erheblich zum Verständnis des Instruments und seiner chronologischen Einordnung bei, sondern liefern zusätzlich Informationen für die verfolgte Fragestellung. Allein die häufige Positionierung von Schrift auf dem Schattenkreis von Sonnenuhren lässt erkennen, dass im antiken Verständnis Zeitmesser und Inschrift eine mediale Einheit bildeten.[85] Ob die Inschrift sich unmittelbar auf dem Instrument oder auf einem getrennt gearbeiteten Werkstück befindet, ist vielmehr Folge der handwerklichen Umsetzung und somit auf Praktikabilität bzw. regionale und chronologische Präferenzen zurückzuführen.[86] So entspricht es dem Zufall der Überlieferung, wenn zwar der separat gearbeitete Inschriftenstein, aber kein zugehöriges Instrument erhalten ist. Deshalb wurden auch Inschriften im Katalog aufgenommen, die allein einen Zeitmesser erwähnen. Diese

---

85 In den Altertumswissenschaften besteht immer noch die Tendenz, antike Objekte getrennt nach ihren medialen Qualitäten zu untersuchen anstatt sie als materialgebundene Einheit zu begreifen. Das ist nicht nur aus Sicht des Herstellers eines Objektes problematisch, vgl. am Beispiel moderner Kommunikationsformen: P. Dongas, Medien als Strukturen und Akteure: Kommunikationswissenschaftliche Theoriediskurse zwischen System- und Handlungstheorie, in: S. Dietz (Hrsg.), Mediale Markierungen: Studien zur Anatomie medienkultureller Praktiken (Bielefeld 2007) 329–344.

86 Die Beobachtung betrifft auch zahlreiche andere Objektgruppen, vgl. W. Eck, Befund und Realität. Zur Repräsentativität unserer epigraphischen Quellen in der römischen Kaiserzeit, Chiron 37, 2007, 49–64.

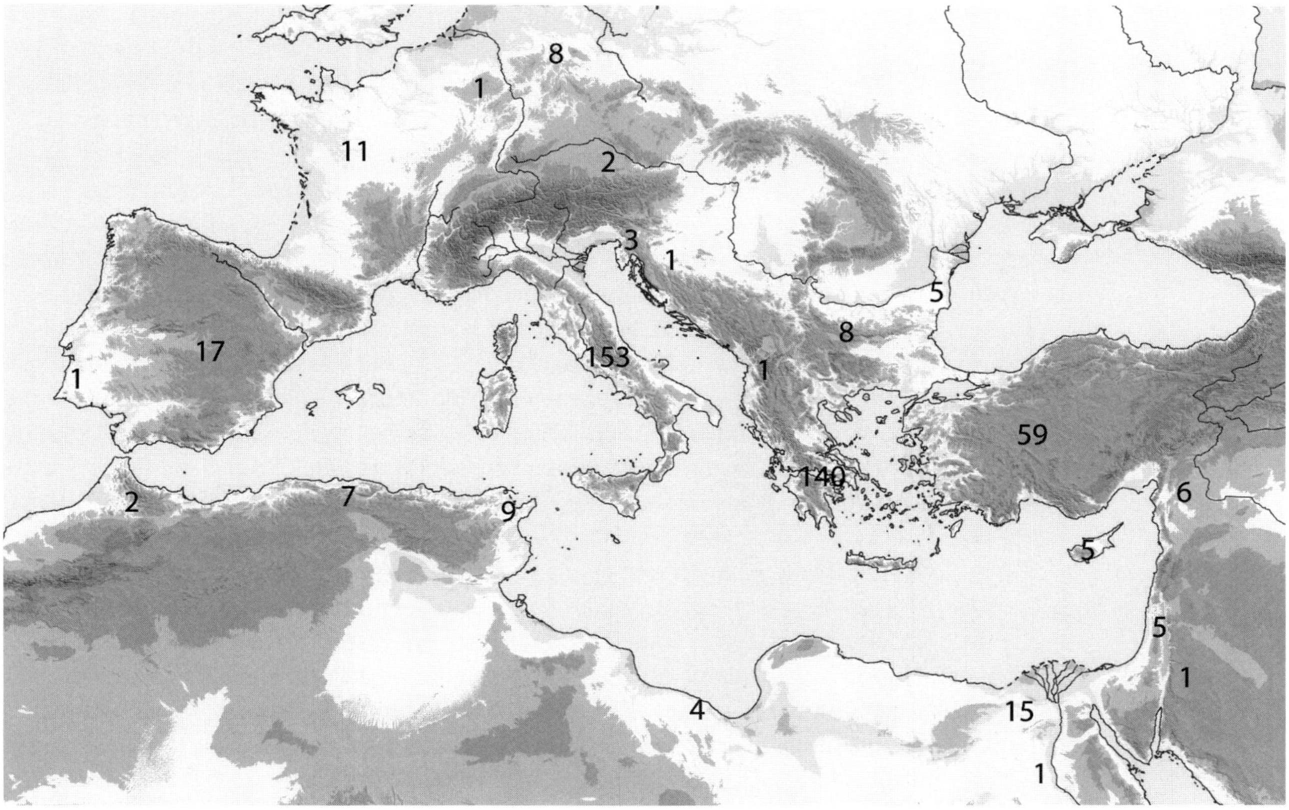

Abb. 2: Regionale Verteilung der im Katalog erfassten Zeugnisse zu antiken Zeitmessern

werden nach denselben Kriterien ausgewertet wie die erhaltenen Instrumente und liefern u. a. ergänzende Hinweise für angeschlossene kontextuelle und funktionale Fragestellungen.

Doch warum wurde dieses umfangreich überlieferte und reichhaltige Material von archäologischer Seite bislang nur punktuell berücksichtigt?

Ein Grund sind sicherlich abweichende Traditionen innerhalb der europäischen Wissenschaftsgeschichte: Ist im angelsächsisch geprägten Raum die aus der Mitte des 19. Jhs. stammende Tradition lebendig, die technische Errungenschaften als Motor für individuelle Erfindungen ansieht, so erkennt die kontinentaleuropäische Forschung als Ursache von Veränderungen wechselnde geistesgeschichtliche Impulse.[87] Auf die Untersuchung der antiken Zeitmesser wirkt sich dieses Verständnis derart aus, dass nicht wie im angelsächsischen Raum das jeweilige technologische Funktionsspektrum und die Verwendungshorizonte der Instrumente im Zentrum der Überlegungen stehen, sondern die Frage, inwiefern sie materielle Anzeichen veränderter philosophischer Sichtweisen sind.[88] Liefert gerade die deutsche und französische Forschungstradition grundsätzliche Überlegungen in dieser Richtung, so ist die (scheinbare) Gleichförmigkeit der Mehrheit der antiken Zeitmesser mit diesem Anspruch unvereinbar, erst recht angesichts ihrer ungeklärten Chronologie und Verwendung.[89] Problematisch wirkt sich in dieser Hinsicht auch die chronologische Verteilung

87 O. Mayr, Adam Smith und das System der Regelung, ökonomisches Denken und Technik in Großbritannien im 18. Jh., in: U. Troitzsch – G. Wohlauf (Hrsg.), Technikgeschichte (Frankfurt a. Main 1980) 241–268; W. Weber, Streit um die Technikgeschichte in Deutschland 1945–1965 (Berlin 2000) 52–104.

88 W. C. Zimmerli (Hrsg.), Klassiker der modernen Zeitphilosophie (Darmstadt 1993) 178–212; J.-L. Nancy, Zeit gegen Raum, in: D. Köveker – A. Niederberger (Hrsg.), Texte zur französischen Zeitphilosophie des 20. Jhs. (Darmstadt 2000) 227–235.

89 Das Verhältnis von Uhren zur Zeitphilosophie des 4. bis 2. Jhs. v. Chr. setzt die Kenntnis voraus, wann und in welchem Umfeld ein Zeitmesser entstand. Da diese Parameter bislang nicht bestimmt worden sind, konnten ausschließlich die Schriftquellen als Ausgangspunkt für die Rekonstruktion von zeitphilosophischen Überlegungen her-

des erhaltenen Bestandes aus, die anzeigt, dass für manche philosophiegeschichtliche Fragestellungen nur eine Minderheit der Zeugnisse primär aussagekräftig ist. Vielmehr zeugt die Mehrheit der Zeitmesser von ihrer Bedeutung als Alltagsgerät – für das erst im Anschluss an seine detaillierte Erfassung zu klären sein wird, inwiefern es zu diesen Diskursen überhaupt beitragen kann.

Eine weitere Ursache für die ausstehende Aufarbeitung von antiken Zeitmessern liegt deshalb auch in der langjährigen Vernachlässigung von Gerätschaften der Alltagskultur durch die Klassische Archäologie: Obwohl zu Beginn des 20. Jhs. Instrumentarien zur Typisierung und strukturellen Systematisierung von Materialien entwickelt und v. a. im Rahmen umfangreicher Corpora vorgelegt wurden,[90] sind diese Materialgruppen nach dem Zweiten Weltkrieg an zeitgenössische Diskurse kaum angeschlossen worden.[91] Problematisch wirkt sich in dieser Hinsicht insbesondere die häufig praktizierte Zuordnung von Materialien an ‚Gattungen' aus, deren geforderte formale Einheitlichkeit nicht nur für die Zeitmesser aufgrund der heterogenen materiellen Überlieferung – als Sonnenuhr, als Baubefund bzw. als Inschrift – die gemeinsame Funktion in den Hintergrund treten ließ. Gerade für technisches Gerät bestimmt aber der funktionale Aspekt die Form, so dass auch aus diesem Grund im Folgenden alle Typen von Zeitmessern in die Untersuchung einbezogen worden sind.

In den folgenden Unterkapiteln werden die im Katalog erfassten Zeugnisse jeweils einer eingangs definierten Gruppe zugewiesen, deren Vertreter jeweils chronologisch geordnet aufgelistet werden. Dadurch ergeben sich je nach im Objektbestand verfügbaren Angaben abweichende Zusammensetzungen und Zahlen der Belege für jede Teilgruppe. Diese werden anschließend für den jeweils gefragten Aspekt auf ihre chronologische und regionale Verteilung hin untersucht. Für die statistische Erfassung und Darstellung wurde als chronologische Skalierung eine Aufteilung in Jahrhunderte zugrunde gelegt, die allgemeine zeitliche Tendenzen der Entwicklung anzeigen soll. Dabei erwiesen sich die unterschiedlichen, in der Archäologie gebräuchlichen Datierungsmethoden von Objekten als problematisch: Obwohl es sich für den einzelnen Zeitmesser bewährte, ihn je nach Informationslage gemäß stilistischen, historischen oder kontextuellen Kriterien zu datieren – so ergeben sich dadurch in der Regel relativchronologische Zeitansätze, die nur bedingt auf die absolute Skalierung einer Statistik übertragbar sind. Um trotzdem allgemeine Entwicklungstendenzen abbilden zu können, wurde zur Überwindung dieses chronologischen Dilemmas eine pragmatische Lösung gewählt:[92] Entstand beispielsweise die Uhr Aletrium 1* im Zeitraum zwischen 149 und 90 v. Chr., so wurde sie in der Statistik dem 2. vorchristlichen Jahrhundert zugeordnet, stammen zwei Vertreter eines Typus aus dem 2./3. Jh. n. Chr., so wird einer dem 2. und der andere dem 3. Jh. n. Chr. zugewiesen. Gleiches gilt für Epochenbegriffe, unter denen die stilistische

---

angezogen werden. Welchen Niederschlag diese Vorstellungen in der materiellen Kultur fanden, wurde bislang nicht untersucht, vgl. zuletzt Gloy 2008, 7–13.

90 G. Koch, 125 Jahre Sarkophag-Corpus. Ein großes deutsches Forschungsunternehmen feiert Jubiläum, AntW 26, 1995, 365–377.

91 D. Graepler, Kunst – Bilderwelt – materielle Kultur. Über das ungeklärte Verhältnis der Klassischen Archäologie zu ihrer kunstwissenschaftlichen Vergangenheit, in: S. Altekamp (Hrsg.), Posthumanistische klassische Archäologie (München 2001) 337–374, vgl. auch den von Hesberg 1987 gewählten Titel – die hier zur Disposition stehenden Materialien sind aufgrund ihrer häufig geringen ästhetischen Qualität allein als ‚Kunstwerk' nicht erklärbar.
Völlig anders stellt sich die Situation in der prähistorischen und provinzialrömischen Archäologie dar, vgl. beispielsweise G. Jacobi, Werkzeug und Gerät aus dem Oppidum von Manching (Wiesbaden 1974) 12–31; K. D. White, Farm Equipment of the Roman World (Cambridge 1975) 11–21.

92 Zum Problem der statistischen Auswertung archäologischer Daten vgl. P. Ihm, Statistik in der Archäologie. Probleme der Anwendung, allgemeinen Methoden, Seriation und Klassifikation (Köln 1978) 24–33. Durch die zunehmende Bedeutung von Statistiken für die prähistorische Forschung und die Einführung von Datenbanken zur Materialerfassung wird von höheren Datenmengen ausgegangen, vgl. R. Drennan, Statistics for Archaeologists: a Commonsense Approach 2 (2009) 199–222, wodurch die Problematik der Zusammenführung von relativen und absoluten chronologischen Systemen jedoch nicht aufgehoben wird. Dazu auch: M. T. Starzmann, Archäologie des Raumes: soziale Praxis und kulturelle Bedeutung am Beispiel der Wohnarchitektur von Fara Bd. 1 (Münster 2007) 244–246.

Bezeichnung ‚hellenistisch' sich hier de facto auf das 2. und 1. Jh. v. Chr. beziehen muss und unter ‚kaiserzeitlich' – im Gegensatz zu ‚frühkaiserzeitlich' – der Zeitraum von der Ermordung Domitians bis zum Beginn der Spätantike verstanden wird. Das jeweilige zeitliche Spektrum der Diagramme entspricht der Laufzeit des jeweiligen Typus und reicht vom 4. bzw. 3. Jh. v. Chr. bis ins 3. nachchristliche Jahrhundert; nachfolgende Entwicklungen wurden unter der Rubrik ‚später' zusammengefasst.[93]

Ergänzend zeigen Verbreitungskarten im Überblick die regionale Streuung von Typen.

Um die jeweilige Überlieferung eines Zeugnisses in den Tabellen übersichtlich anzuzeigen, wurde eine Reihe von Zeichen eingeführt: Alle mit * markierten Zeugnisse sind Inschriftenblöcke, die sich auf die Aufstellung eines Zeitmessers beziehen, während bei den mit ° markierten Zeugnissen der Zeitmesser selbst als Inschriftenträger dient. Ferner gibt das Zeichen ~ an, dass die so gekennzeichnete Aussage aus der Summe der vorliegenden Informationen zum Einzelobjekt erschlossen wurde. Der Buchstabe W steht für Wasseruhr, S für Sonnenuhr.

93 Dieses Vorgehen ist dadurch begründet, dass zu Beginn der Untersuchung die chronologische Entwicklung der Zeitmesser bis zur Spätantike nicht feststand, so dass spätantike Zeitmesser aufgenommen wurden, weil die Datierung mancher Objekte zunächst völlig ungeklärt war. Somit zeigt die Rubrik „später" nur eine Tendenz der Entwicklung an, müsste aber für eine Geschichte der spätantiken Zeitmessung sicherlich erneut differenziert untersucht werden.

II Zeitmesser nach Typen

Von der Forschung wurde wiederholt versucht, die überlieferten Begriffe für Zeitmesser als technologische Kategorien auf den erhaltenen Bestand zu übertragen. Diese Methode erwies sich als nur eingeschränkt für die Typisierung geeignet, weil die antiken Autoren weder durchwegs technische Termini bezeichnen bzw. diese nicht immer einer Teilgruppe des Materials eindeutig zuzuordnen sind, noch manche Zeitmesser – wie beispielsweise die Wasseruhren – sprachlich differenziert werden und weil drittens die chronologische Einordnung der erhaltenen Zeitmesser oft unklar war.[94]

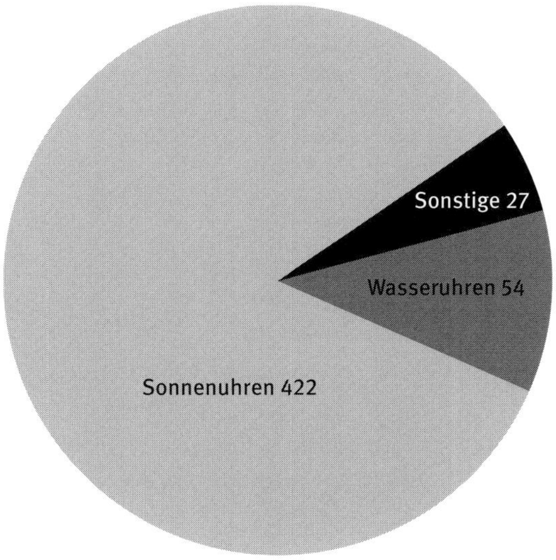

Abb. 3: Typologische Verteilung der im Katalog erfassten Zeugnisse auf Sonnen- bzw. Wasseruhren

Hier wird ein anderer Weg eingeschlagen, indem Zeitmesser ausgehend von den im Katalog zusammengestellten Objekten nach technologischen Gesichtspunkten gruppiert werden. Für die Wasseruhren bedeutet dies, dass sie nach dem angewandten technischen Verfahren, und für die Sonnenuhren, dass sie entsprechend der geometrischen Grundform ihrer Zifferblätter eingeteilt werden. Diese Strukturierung des Materials soll über die Erfassung des technologischen Spektrums der Zeitmesser hinaus auch die chronologische Entwicklung der Typen klären und deren quantitative Verteilung im Bestand offen legen. Ferner werden strukturelle Merkmale eines Typus geprüft, um erste Hinweise auf seinen allgemeinen Verwendungshorizont zu erhalten. Außer diesen allgemeinen strukturellen Aspekten eines Typus spielen für die Beurteilung auch Fragen der ästhetisch-formalen Gestaltung eine entscheidende Rolle. Sind diese unterschiedlichen Ebenen von technologischer und ästhetisch-formaler Gestaltung bei den Wasseruhren so eng miteinander verwoben, dass sie auch gemeinsam diskutiert werden, so zeichnet sich v. a. für die Gruppe der Sonnenuhren ab, dass sich die technologische Ebene unabhängig von der formal-ästhetischen entwickelt, die deshalb getrennt behandelt wird.[95] Erst in einem nachfolgenden Schritt werden die am materiellen Bestand definierten Typen den schriftlich überlieferten Begriffen gegenübergestellt.[96]

Ausgeklammert werden von der typologischen Übersicht weitgehend die von den Zeitmessern angezeigten Daten, da wiederum vom technologischen Typus die zeitfunktionale Leistung eines Instruments nur nachrangig abhängig ist. Sie ist vielmehr die Folge seiner intendierten funkti-

94 Aus diesem methodischen Ansatz ergeben sich eine Reihe von Schwierigkeiten vgl. dazu hier Kapitel IV 2.2.
95 Vgl. Kapitel III.
96 Vgl. Kapitel IV.

onalen Konzeption, so dass theoretisch sowohl Wasser- als auch Sonnenuhren beispielsweise Stunden- und Zodiakaldaten anzeigen können.[97]

Den technologischen Typen wurden drei Gruppen von Zeitmessern angeschlossen, die als ‚Sonderformen' bezeichnet werden. Obwohl diese Instrumente zwar einem der vorgestellten technologischen Typen entsprechen, trennen sie doch spezielle strukturelle Eigenschaften von der Mehrheit aller Zeugnisse: So charakterisiert die erste Gruppe die Kombination von mehreren Zifferblättern in einem Instrument, während die zweite, die der Miniatur- und Reiseuhren, ihr kleines Format eint. Himmelsgloben und mechanische Zeitwerke sind Instrumente, die spezielle zeitfunktionale Anzeigen leisten, so dass zu diskutieren sein wird, ob sie überhaupt den Zeitmessern zuzurechnen sind.

1 Wasseruhren

Wasseruhren sind im Gegensatz zu Sonnenuhren vom Sonnenstand und somit vom Tagesverlauf unabhängig, so dass sie sich theoretisch für die Zeitmessung bei jedem Wetter sowie bei Tag und Nacht eignen. Ferner können sie theoretisch präzise kurze Zeitspannen und gleichmäßige Zeitintervalle anzeigen.[98] Ein dritter grundsätzlicher Unterschied von Wasser- gegenüber Sonnenuhren ist der hohe personelle und damit verbundene finanzielle Aufwand, den ihr Unterhalt erfordert: Ob Einfüllen, Ablassen, Reinigen oder Reparieren – Wasseruhren erfordern ständige Wartung und Pflege; erfolgt diese nicht, ist das Instrument außer Betrieb und somit nutzlos.[99] Dementsprechend wird eine Wasseruhr nur solange betrieben, wie die ihr zugewiesene Funktion es erfordert – wohingegen eine Sonnenuhr nach einmaliger Konzeption, Herstellung und Aufstellung möglicherweise sogar über den Bestand ihres ursprünglichen funktionalen Zusammenhangs hinaus langfristig die Zeit anzeigt. Auf diese grundsätzlichen Unterschiede zwischen temporärem und stationärem Medium wird im Zuge der folgenden typologischen Analyse wiederholt zurückzukommen sein.[100]

Die antike Praxis, den Tag in zwölf gleichlange Stundenabschnitte einzuteilen, die naturgemäß im Sommer länger ausfallen als im Winter, bzw. sich in umgekehrter Weise auf die Nachtstunden verteilen,[101] hat für die Konstruktion von Wasseruhren erhebliche Konsequenzen: Da mit ihnen die Zeit gemessen wird, indem Flüssigkeit in einen Behälter einläuft oder ausfließt, und physikali-

---

97 Deshalb wird dieser Aspekt in Kapitel V ausgelagert und für alle Uhrentypen gemeinsam untersucht.

98 Hier Kapitel V 1.

99 Die erforderliche Wartung weist unmittelbar die Stiftung eines zugehörigen Bediensteten nach, vgl. Boutae 1. Dass mit der Instandhaltung von Wasseruhren diverse Schwierigkeiten verbunden waren, zeigt ihre mehrmalige Reparatur und Erneuerung: vgl. Bronzeklammern an der Tischplatte Aquileia 14, kaiserliche Bauinschrift Sulci 1*, Abarbeitungen im Innenraum des Turms der Winde, Athen 4°, dazu hier Kapitel VI 3.

100 Der Aspekt der Dauerhaftigkeit archäologischer Medien wurde bislang in der Forschung nur am Rande diskutiert und soll hier am konkreten Fallbeispiel nachgeholt werden. Was bedeutet im antiken Alltag eine langfristige Aufstellung/Errichtung und was ist kurzfristig? Für welche Zeitspannen werden Denkmäler konzipiert? Zu verweisen ist in diesem Zusammenhang auf die kurzfristige Sichtbarkeit vieler Medienformen der Kleinkunst, die kurze Zeit nach ihrer Stiftung bereits wieder abgeräumt und in Bothroi gesammelt wurden, vgl. beispielsweise F. Rumscheid, Die figürlichen Terrakotten von Priene (Wiesbaden 2006) 355 f. gegenüber der langfristigen Aufstellung anderer Stiftungen und Weihungen, die sogar mehrfach repariert wurden, vgl. beispielsweise C. Keesling, Early Hellenistic portrait statues on the Athenian Acropolis: survival, reuse, transformation, in: P. Schultz – R. von den Hoff (Hrsg.), Early Hellenistic Portraiture: Image, Style, Context (Cambridge 2007) 141–160. Innerhalb dieses Zeitspektrums gehören Zeitmesser in der Mehrheit zu den besonders dauerhaften Aufstellungen, für die zahlreiche Reparaturen und Umzüge nachweisbar sind. Sie sind deswegen ein wichtiger Bestandteil innerhalb der lokalen Erinnerungskultur, weil sie als Ortsbezeichnung in den alltäglichen Sprachgebrauch eingehen: vgl. hier Kap. VII 3 und VI 3.

101 Von *νυκτερινά ὡρολόγια* spricht Athen. IV 174 c und Vitruv IX 8, 8 erwähnt *horologia hiberna*. Zunächst merkwürdig erscheint der Begriff *solarium* im Zusammenhang mit Wasseruhren, vgl. Cic. nat. deor. II 87: *solarium vel ex aqua*. Zur Diskussion hier Kapitel V 1.4.

sche Gesetzmäßigkeiten einen konstanten Wasserfluss bedingen, wäre die Wasseruhr theoretisch eher zur Anzeige von gleichlangen Zeitabschnitten geeignet.[102] Tatsächlich spielen diese Voraussetzungen bei der Erfindung der Wasseruhren zur präzisen Messung von Sternbeobachtungen im babylonischen Raum eine gewisse Rolle,[103] jedoch nur eingeschränkt für ihre Übernahme im griechisch-römischen Kulturraum: Denn dort wird der jahreskonforme Verlauf von wasserbetriebenen Ganztagsuhren über die Skalierung der Zifferblätter ausgeglichen.[104] Dies hat zur Folge, dass in Griechenland Wasseruhren nur eingeschränkt ortsunabhängig funktionieren. Beide Vorgaben – gleichmäßiger Wasserfluss einerseits und saisonal definierte Zifferblätter andererseits – werden als zwei technologische Grundtypen umgesetzt: in Auslauf- und Einlaufuhren.[105] Auf diese beiden Typen verteilen sich die 59 in den Katalog aufgenommenen Zeugnisse von Wasseruhren folgendermaßen:

1.1 Auslaufuhren

Bei Auslaufuhren wird eine zuvor festgelegte Füllmenge des Tanks über ein Loch in Bodennähe abgelassen. Somit misst dieser Uhrentypus prinzipiell einen konstruktiv festgelegten Zeitabschnitt, funktioniert also nach dem Prinzip eines heutigen Kurzzeitweckers, einer sog. ‚Eieruhr'. Je nach Länge des gemessenen Zeitabschnittes lassen sich die Zeugnisse für diesen Uhrentyp in drei zeitfunktionale Untergruppen aufteilen: Die der Halbtagsmesser (Gruppe 1.1) ist für einen zwölfstündigen Zyklus ausgelegt und ihre Skalen zeigen Stunden an, während die Geräte der sog. Kurzzeitmesser (Gruppe 1.2) skalenlos eine kurze Zeitspanne von weniger als 30 Minuten messen. Langzeitmesser (Gruppe 1.3) wurden für die Messung von Zeiträumen über 30 Minuten konstruiert. Werden die Übersichten zur typologischen Verteilung der Auslaufuhren um Merkmale erweitert, die stilistische Kriterien bzw. das Material betreffen, so überrascht zunächst die eindeutige regionale Verteilung der Gruppen auf unterschiedliche Kulturräume:

1.1.1 Halbtagsmesser

Fundort	Kontext	Material	Tradition	Datierung
Leontopolis 2	Heiligtum ?	Diorit	ägyptisch	331/323 v. Chr.
FO unbekannt 1	unbekannt	Diorit	ägyptisch	331/323 v. Chr.
Leontopolis 1	Heiligtum ?	Diorit	ägyptisch	323/317 v. Chr.
Ephesos 6	Heiligtum, Isis	Diorit	ägyptisch	280 v. Chr.
Rom 7	Heiligtum, Iseum Campense	Diorit	ägyptisch	282/246 v. Chr. bzw. 80/90 n. Chr. (?)
Rom 8	Heiligtum, Iseum Campense	roter Granit	ägyptisch	282/246 v Chr. bzw. 80/90 n. Chr.
Rom 9	Heiligtum, Iseum Campense	Diorit	ägyptisch	282/246 v. Chr. bzw. 80/90 n. Chr.
FO unbekannt 2		Diorit	ägyptisch	280 v. Chr. (?)

Fortsetzung auf der nächsten Seite.

102 Lewis 2000, 361–369.
103 Steele 2007, 154–161; Michel-Nozière 2000.
104 Zur Nutzung Temporalstunden vgl. hier Kapitel V 2.1.
105 Einen Überblick vermittelt anschaulich Amedick 2003.

Abb. 4: (Ägyptische) Halbtagsmesser der Gruppe II 1.1.1

Fundort	Kontext	Material	Tradition	Datierung
Rhodos 1, 2, 3	Heiligtum, ägyptischer Götter	lartisch Marmor	ägyptisch, Imitation?	2. Jh. v. Chr.
Rom 10	Heiligtum, Isis, Regio III	Diorit	ägyptisch	1. Jh. n. Chr. (?)
Rom 11	Heiligtum, Fortuna, P. Praeneste	Diorit, unfertig	ägyptisch, Imitation?	1. Jh. n. Chr
FO unbekannt 12	Heiligtum, Borvo	Bronze	römisch	späteres 2. Jh. n. Chr.

Während die Produktion und Verbreitung Auslaufuhren der Gruppen 1.2 und 1.3 terminologisch, formtypologisch und materialtechnisch eindeutig auf den griechischen Kulturraum beschränkt sind, liegt der Ursprung der Mehrzahl der Stücke der umfangreicheren Gruppe 1.1 in Ägypten.[106] Obwohl die vorgestellte quantitative Verteilung zum Teil eine Folge von langer Haltbarkeit und hohem Wiedererkennungswert des häufig für diesen Uhrentypus gewählten Materials Diorit ist, wird dennoch die Aussagekraft der regionalen wie chronologischen Tendenzen der Gruppe durch weitere Indizien bestätigt:

Abb. 5: Wiederaufstellung von ägyptischen Halbtagesuhren

Fundort	Kartusche	Datierung	1. Aufstellung	2. Aufstellung	2. kalendar. Angabe
FO unbekannt 1	Alexander III.	331–323 v. Chr.	Osiris - T.	–	–
Leontopolis 2			Leontopolis		–
Leontopolis 1	Philipp III.	323–317 v. Chr.	Leontopolis		OCT(ober) N(ovember)
Ephesos 6	Ptolemaios II.	282–246 v. Chr.	Krokodilopolis	Ephesos, Isis	–
Rom 7				Iseum Campense	–
Rom 8				Iseum Campense	–
Rom 9			Alexandria	Iseum Campense	–
FO unbekannt 2					AP(rilis), neue Skalen
Rhodos 1, 2, 3	–	2. Jh. v. Chr. (?)	keine (?)	Hlgt. ägypt. Götter	–
Rom 10	–	1. Jh. n. Chr. (?)		Regio III, Isis	φαρμενούθι, ἰχθύες, ἰσημερινή
Rom 11	–			Fortunatempel	–
FO unbekannt 12	–			Borvo	–

Alle Zeugnisse dieser Teilgruppe sind bis zu 60 cm hohe Steingefäße, die wenig oberhalb ihrer Standfläche eine kleine Durchbohrung in der Wandung aufweisen, die als Ausfluss dient.[107] Soweit entspricht diese Grundform dem Typus 1.2. Der maximale Füllstand wird von einer waagerechten Linie dicht unterhalb des inneren Randes angezeigt, und zwölf Punktskalen mit jeweils zwölf senkrecht übereinander angeordneten Markierungen sind den Saisonalstunden im Jahresverlauf zugeordnet. Die äussere Gefäßwandung ist in der Regel mit einem Hauptfries dekoriert, der den

106 Zusammenfassend Hölbl 1986.

107 Borchardt 1920, 6–10 vermutete, dass ein Bronzeröhrchen in den Ausfluss eingesetzt war, um den regelmäßigen Ausfluss zu garantieren. An der Mehrzahl der Stücke ist diese Vorrichtung jedoch nicht nachzuweisen.

Pharao in sechs getrennten Szenen bei Opferhandlungen vor den ägyptischen Monatsgöttern zeigt. Weitere Inschriften- und Dekorbänder können diesen Hauptfries ergänzen.[108]

Diese kanonische Aufteilung begegnet bereits an der frühesten erhaltenen ägyptischen Wasserauslaufuhr, die aus einer Abraumgrube des Tempels in Karnak stammt.[109] Wie an allen datierbaren Beispielen dieser Gruppe gibt die Namenskartusche des Pharaos, hier Amenophis III. (1402–1364 v. Chr.), Auftraggeber und Entstehungszeit der Uhr an; manchmal wird der Herrschername auch in den Inschriftenbändern wiederholt.[110] Als ‚Erfinder' dieses Uhrentyps bezeichnet eine fragmentarisch überlieferte Grabinschrift einen gewissen Amenemhet (1556–1515 v. Chr.), einen Beamten am thebanischen Hof: Er habe jene berühmte Wasseruhr für Amenhotep I. (1546–1526 v. Chr.) entwickelt, die anders sei als alle vorherigen. Da weder frühere Uhren nachgewiesen sind noch die von Amenenhet eingeführten Veränderungen näher benannt werden, ist der frühere gegenüber dem späteren Typus nicht zu unterscheiden. Offenbar handelt es sich bei dem 150 Jahre jüngeren Stück aus Karnak um eine Wiederholung dieser Uhr Amenenhets.

Es überrascht bei Durchsicht der chronologischen Verteilung des erhaltenen Bestandes, dass auf die genannten Zeugnisse aus der Mitte des 2. Jts. v. Chr. unmittelbar die in der Tabelle aufgelisteten hellenistischen Belege folgen: Aus dem Zeitraum von über 1000 Jahren zwischen den Pharaonen Amenophis III. und Alexander III. sind keine weiteren Auslaufuhren dieser Art überliefert, und die vereinzelt später entstandenen Beispiele scheinen ausnahmslos außerägyptische Nachahmer zu sein, die diese Tradition punktuell bis in das 1. Jh. n. Chr. fortführen.[111] Somit bestätigt die chronologische Verbreitung den zeitlichen Schwerpunkt des späteren Typus während der frühen Ptolemäerzeit.[112]

Die zwölfschrittige Stundenskala aller Vertreter dieser Gruppe eignet die Uhren nur zur Stundenmessung einer Tageshälfte – des Tages oder der Nacht. Wäre die Messung eines ganztägigen Zyklus erwünscht, so hätten entweder die Skalen auf 24 Marken erweitert oder zwei gegengleich geeichte Gefäße eingesetzt werden müssen. Wie die Durchsicht des erhaltenen Bestandes und der textlichen Quellen zeigt, ist weder eine vom Standard abweichende Skalierung noch ein paarweises Vorkommen dieser Gruppe von Auslaufuhren belegt.[113] Somit liegt die Vermutung nahe, dass der Typ 1a nur während einer Tageshälfte zum Einsatz kam. Dass es sich dabei um Nachtstunden bzw. nachrangig um Tage mit schlechter Witterung handelt, zeigen die Formulierungen in den Inschriftenbändern der Uhren Leontopolis 2 und Ephesos 6 an, in denen von „Nachtstunden" bzw. von „bewölktem Himmel" die Rede ist. Diesen Schluss bestätigen die Berechnungen Borchardts, der v. a. aufgrund der ungenauen Ausführung der Mittagsskalen vermutet, dass bei regelhaftem Einsatz tagsüber die erheblichen Messfehler zu offensichtlich gewesen wären.[114]

Die nächtliche Lesung der Stundenanzeige im Innern des großen Gefäßes aus schwarzem Gestein muss die Aufgabe einer Person gewesen sein, die auch das (Mess-)Ergebnis verkündete: Denn alle aufgeführten ägyptischen Wasserauslaufuhren des Typs 1a werden an ihrer Innenwandung abgelesen, so dass die maximale Höhe der Aufstellung auf etwa 1.50 m festlegt ist.[115] Von

---

108 Zu den kanonischen Darstellungen der Monatsgottheiten vgl. Bomhard 1999, 54–89; Depuydt 1998, 18–24; Quack 2002.

109 Pogo 1936; Gallo 1998, 125–129.

110 Cotterell – Dickson – Kamminga 1986.

111 V. a. die für diese Stücke verwendeten Materialien zeigen an, dass sie außerhalb Ägyptens entstanden: So sind alle rhodischen Auslaufuhren des ägyptischen Typs aus einheimischen lartischen Marmor hergestellt und auch die beiden anderen Exemplare sind nicht aus Diorit gearbeitet. Der Wechsel von ägyptischem Diorit in Verbindung mit seinen spezifischen inhaltlichen Implikationen zu anderen Gesteinsarten wird für andere Materialgruppen als Wechsel des Produktionsortes interpretiert, vgl. stellvertretend: U. Höckmann, Ägyptisierende Motive an den zyprisch-griechischen Kourosstatuetten aus Naukratis, StädelJb 19, 2004, 71–84.

112 J. Mogenet, Le système astronomique de Ptolemée, EtCl 41, 1973, 273–282.

113 Cotterell – Dickson – Kamminga 1986.

114 Borchardt 1920, 17–21.

115 Damit gehören alle Auslaufuhren dieses Typs zur Gruppe jener Zeitmesser, die der Kategorie der mittelhohen Aufstellung zuzuordnen sind, vgl. hier Kapitel III 4. 2.

der Praxis der frühen Beispiele, deren Stundenlöcher erhaben gebildet sind, wurde allmählich zu gebohrten Stundenpunkten übergegangen. Diese sind leichter herstell- und ablesbar, eine Tendenz der Ökonomisierung, die sich in geritzten Stundenlinien als weiteren Entwicklungsschritt fortsetzt.[116] Diese letzte Stufe ist erst an Stücken seit der Zeitenwende zu beobachten und wohl als Folge des Umgangs mit nordmediterranen Handwerkstraditionen zu verstehen, in denen aufgrund der weicheren anstehenden Gesteine Schneiden, Ritzen und Drechseln vertraute Techniken sind.[117] Mit dieser Beobachtung fällt zusammen, dass alle Uhren mit geritzter Skala in Imitation der ägyptischen Vorbilder wahrscheinlich außerhalb Ägyptens produziert wurden.

An allen Vertretern dieses Typs wird deutlich, dass die mit der Viskosität von Wasser und dessen spezifischem Gewicht verbundenen Probleme den Entwicklern bewusst waren.[118] Neuzeitliche mathematische Untersuchungen weisen nach, dass der innere Querschnitt eines Gefäßes möglichst einer Parabel vierter Ordnung angenähert werden muss, um einen gleichmäßigen Ausfluss des Wassers – und die Verteilung gleichlanger Stunden auf die gemessene Tageshälfte – zu gewährleisten. Obwohl das Profil dieser Wasseruhren bislang nur selten publiziert wurde, beobachtete bereits Borchardt, dass erst mit den hellenistischen Uhren zur Überwindung dieses Problems ein Näherungswert erreicht wird, der fortan eingehalten wird.[119]

Ein mit Wasser gefüllter Behälter aus Diorit wiegt fast 2 t und ist selbst im leeren Zustand für den wiederholten Transport ungeeignet.[120] Daraus folgt, dass das ungeheuer schwere Gerät an einen permanenten Standort und dessen Funktionsspektrum gebunden ist. Nur unter Aufwand ist die Uhr von dort zu entfernen und somit ihre spontane Nutzung andernorts oder ihr kurzfristiges Versetzen ausgeschlossen. Ausnahmslos stammen die bekannten Beispiele aus Heiligtümern. Tatsächlich wurde für die im ägyptischen Umfeld aufgefundenen Stücke vermutet, dass sie offenbar mit einer dem Mundöffnungsritual verwandten Zeremonie zur Einweihung eines neuen Tempels in Verbindung stehen.[121] Dafür spricht, dass die bekannten Exemplare entweder in einer Abfallgrube des jeweiligen Tempels gefunden oder in außerägyptischen Kontexten (wieder)verwendet wurden – im ursprünglichen Kultgeschehen wurden sie nicht mehr gebraucht.[122]

In dieselbe Richtung könnte weisen, dass der Jahresbeginn dem ersten Monat der Stundenskalen von Leontopolis 1, 2 und Ephesos 6 nur für einen kurzen Zeitraum von zwanzig Jahren zutreffend berechnet wurden,[123] so dass nur während dieser Zeitspanne die Uhr korrekt lief. Wenig später verschiebt sich der Jahresanfang bereits um einen Monat, ein Fehlerquotient, der alle 170 Jahre um einen Monat zunimmt. Innerhalb von knapp 300 Jahren wären diese Uhren um drei Monate nachgegangen, nur die Uhr Rom 10 wurde für das sog. alexandrinische Jahr konzipiert.

Das schwere und extrem harte Material ist – zumal bei einer Wandungsstärke von bis zu 6 cm wie am Exemplar Leontopolis 2 – äußerst bruchsicher, zumal ein zufälliges Umstoßen des Gefäßes nicht möglich ist. Diese Materialeigenschaften bilden die Voraussetzung für die über 300 Jahre währende Nutzung einiger Exemplare. Besonders bei der Wiederaufstellung der Uhren in römischen Kontexten muss dieser Aspekt des dort exotischen Materials gegenüber dem vergleichsweise temporären Charakter der dort üblichen (Uhren-)Materialien wie ein alle Zeiten überdauernder Garant der Ewigkeit gewirkt haben.[124]

---

116 So auch bereits Borchardt 1920, 15 sowie Hölbl 1986, 59.

117 Vgl. am Beispiel der Architektur zusammenfassend W. Koenigs, Bauen in Stein, in: H. Beck – P. C. Bol – M. Bückling (Hrsg.), Ägypten – Griechenland – Rom. Abwehr und Berührung. Katalog der Ausstellung Städel (Frankfurt a. Main 2005) 55–64.

118 Dazu schon Borchardt 1920, 17 f.

119 Borchardt a. O. 21.

120 Spezifisches Gewicht von Diorit: M. G. Best, Igneous and Metamorphic Petrology (San Fransisco 1982) 33–54.

121 Cotterell – Dickson – Kamminga 1986, 40 f.

122 Die Vermutung liegt deshalb nahe, weil alle innerägyptischen Beispiele aus Abfallgruben stammen und bislang keine Neuaufstellungen nach Ptolemaios II. aus ägyptischen Befunden bekannt sind.

123 Hölbl 1986, 55 f.; Dorner 1993.

124 So auch Parker 2007 zur Wirkung der ägyptischen Obelisken in Rom.

Die Summe dieser gruppenimmanenten Merkmale des Typus 1.1 führt zu dem besonderen Stellenwert der Stücke innerhalb der römischen Kultur, der an anderer Stelle zu diskutieren sein wird.[125] Hier bleibt auf die Besonderheit zu verweisen, dass zwei Drittel aller ägyptischen Wasseruhren mit bekanntem Fundort aus Italien bzw. dem römischen Osten stammen. Im Zuge ihrer Wiederaufstellung wurden drei der Uhren überarbeitet: Boten vormals die ägyptischen Monatsnamen am Fuß der Stundenskalen sowie die Darstellungen der Monatsgottheiten auf dem Hauptfries eine Orientierung, welche Skala im entsprechenden Moment zu benutzen sei, werden nun nachträglich Abkürzungen von koptischen – so bei Rom 10 – oder lateinischen – am Beispiel Fundort unbekannt 2 und Leontopolis 1 – Monatsnamen auf dem Randbereich mit nach aussen gewandter Schrift ergänzt. Aus diesem Grund können die Uhren erneut nicht besonders hoch aufgestellt gewesen sein, und da die Wasseruhr selbst nicht zur Messung der astronomischen Position im Jahr geeignet ist, muss ihre korrekte Handhabung mit astronomischen Messmethoden – zu denken ist hier an eine Stern- oder eine Sonnenuhr – kombiniert worden sein.[126] An einer der spätesten Uhren der Gruppe – dem Beispiel Fundort unbekannt 2 – wurde sogar die beobachtete Verschiebung der Stundenskalen im Jahresverlauf kompensiert, indem die Stundenskalen der frühhellenistischen Erstnutzung rasiert und neue eingetieft wurden.

Das letzte aufgeführte Stück der Gruppe 1.2 – Fundort unbekannt 12 – ist deutlich später als die anderen Vertreter entstanden und setzt sich aufgrund seines Materials und seiner Form klar von diesen ab: Der Frankfurter Bronzekessel, der wohl in enger Abhängigkeit zu Metallarbeiten aus stadtrömischen Werkstätten der Zeitenwende entstand, ist wie seine ägyptischen Vorläufer ein Gefäß, auf dessen Innenwandung zwölf Skalen zur Messung der Stunden graviert wurden. Hier gelten diese Messungen aber den Tages- und nicht den Nachtstunden. Die bereits an einigen ägyptischen Uhren beobachteten sekundär angebrachten Monatsnamen auf der Randzone werden an diesem Zeitmesser durch weitere Kerntage des römischen Kalenders ergänzt, sowie ferner astronomische Daten und Einzeltage aufgeführt. Ägyptische Uhrentechnik und römische Zeitfunktion werden hier in einem Instrument vereinigt, das die flexible Anpassung früherer technologischer Entwicklungen an zeitgebundene Anforderungen an Normzeit erkennen lässt.

Ein Hinweis auf das deutlich fortgeschrittene Entwicklungsstadium dieses Zeitmessers ist zudem die akustische Anzeige einzelner Zeitstufen: Sie erweitert den räumlichen Funktionsradius des Instruments erheblich und bezieht somit einen größeren Kreis von Rezipienten ein. Die technologische Abstammung von ägyptischen Vorläufern hinsichtlich der hydraulischen Messtechnik verschmilzt hier mit den kombinierten Kenntnissen der späthellenistischen Kinetik zur Anzeige von astronomischem wie sozialem Kalender im Kanon römischen Formguts zu einem kulturellen Amalgam der mittleren Kaiserzeit.[127]

1.1.2 Kurzzeitmesser

Fundort	Kontext	Form/Bezeichnung	Material	Datierung
Athen 1	Agora ?	Skyphos	Ton	um 400 v. Chr.
Iasos 1*	auf Agora	κεράμιον μετρητιαῖον	Ton	330–325 v. Chr.
Delos 1*, 2*	Heiligtum, Apollon	κλεψύδρα	Metall	313–302 v. Chr.
Delos 7*	Heiligtum, Isis	ὡρολόγιον τὸ ἐπὶ τοῦ ἔξ[ω] κεράμου	Ton	vor 145/4 v. Chr.

Abb. 6: Griechische Kurzzeitmesser der Gruppe II 1.1.2

125 Vgl. Kapitel VII 1.

126 Clagett 1995, 23 f.; Depuydt 1998, 54 f.; Gallo 1998, 23 f.

127 Vgl. Kapitel VIII 2.

Die vier Belege für Kurzzeitmesser der Gruppe 1.2 im ägäischen Raum liegen zeitlich nah beieinander: Ihre Nutzung ist in den Poleis Athen, Delos und Iasos für das ausgehende 4. bzw. im Laufe des frühen 3. Jhs. v. Chr. nachweisbar. Die Geräte in Athen und Iasos verbindet das Material: Beide sind aus Keramik gefertigt, also leicht und damit transportabel. Delos 2*, wahrscheinlich kein Kurzzeitmesser sondern ein Stechheber aus Metall, wird in dem Inventar mit einem Gewicht geführt, das ungefähr 200 g entspricht.[128] In der Inschrift aus Iasos wird sogar ausdrücklich darauf hingewiesen, dass das Gerät an jedem 6. des Monats zur Versammlung mitgebracht und für alle sichtbar aufstellt werden soll. Offenbar befindet sich der Kurzzeitmesser während der übrigen Zeit in der Obhut eines Verantwortlichen, vielleicht eines Agoranomen. Für die Uhr in Form eines Skyphos, die als Brunnenfund von der Athener Agora stammt, belegen Versuche, dass die Auslaufzeit ihres auf der Aussenwandung testierten Inhalts von zwei Choen knapp sechs Minuten betrug. In Iasos war die Laufzeit wahrscheinlich vergleichbar kurz, denn sonst wäre der funktionale Einsatz des Normgeräts, mit dem der pünktliche Beginn von Sitzungen gewährleistet werden sollte, zwecklos gewesen. Doch auch formale Gründe legen nahe, dass dieser Uhrentypus nur zur Messung relativ kurzer Zeitspannen eingesetzt wurde: Wie für Skyphoi üblich, liegen die beiden waagerechten Henkel des Athener Kurzzeitmessers einander in Randnähe gegenüber. Diese Formgebung ist nur für ein mit Flüssigkeit gefülltes Gefäß sinnvoll, wenn dessen Gewicht und Füllmenge die Belastungsgrenze der keramischen Henkel nicht überschreitet.[129] Für größere Gefäße bzw. eine längere Laufzeit ist hingegen diese keramische Form ungeeignet – und tatsächlich gibt es im zeitgleichen Befund Attikas unter den als Trinkschalen genutzten Skyphoi keinen größeren Vertreter als den der Athener Uhr.[130]

Obwohl offenbar auch andere Gefäßformen als Zeitmesser genutzt wurden,[131] weisen physikalische Regeln der Auslaufgeschwindigkeit von Flüssigkeiten darauf hin, dass eine zu diesem Zweck genutzte Form einem paraboloiden Querschnitt möglichst nahe kommen sollte. Diese Voraussetzung erfüllen unter den spätklassischen Gefäßformen mit weiter regionaler Streuung nur die Profile von Skyphoi und Amphoren.[132] Dieses konstruktive Detail zeigt auch die technologische Abhängigkeit unter den Gruppen 1.1 und 1.2 an: Denn zur plötzlich aufkommenden Parabel-Form des Uhren-Skyphos fehlen im griechischen Raum jegliche Vorläufer, während für Ägypten – wie angedeutet – zumindest punktuell die wissensgeschichtliche Entwicklung greifbar ist.[133]

Von der früheren ägyptischen Uhren-Technologie wird für den Typus 1b also nur ein Teilaspekt übernommen, und zwar der einen stetigen Ausfluss garantierende spezielle Querschnitt eines Gefäßes mit einer unteren Öffnung, nicht aber das differenzierte System zur Anzeige von Saiso-

---

128 Zur Diskussion der unterschiedlichen Verwendung des Begriffs Klepsydra hier Kapitel IV 1.3.

129 A. Winter, Die Technik der griechischen Töpfer in ihren Grundlagen, in: M. Thomas (Hrsg.), Hiems fecit – Praktische Untersuchungen zur antiken Keramik (Remshalden 2003) 169–222.

130 S. Batino, Lo skyphos attico dall'iconografia alla funzione (Neapel 2002) 145 f.

131 Nur diese Form ist im archäologischen Befund bislang als Kurzzeitmesser nachgewiesen. Die schriftlichen Quellen legen nahe, dass auch Amphoren diesen Zweck erfüllten, vgl. Kapitel V 1. Metrologische Aspekte spielen für die Keramikproduktion auch in anderer Hinsicht eine maßgebliche Rolle, so dass die Übertragung der Zeitmessfunktion auf jene Gattung, die zuvor schon auf standardisierte Hohlmaße geeicht war, eine logische Konsequenz wäre, vgl. F. Beltov, Metrological Aspects of Greek Vases. An Examination of Measurements and Capacities Compiled from Jaap Hemelrijk's Publication „Caeretan hydriae", Hephaistos 1985/86, 125–151; für Amphoren besonders am Beispiel der SOS-Amphoren nachzuvollziehen: R. F. Docter, Athena vs. Dionysos. Reconsidering the Contents of SOS Amphorae, BABesch 66, 1991, 45–50.

132 Skyphoi und Amphoren sind die im archäologischen Befund quantitativ am weitesten verbreiteten Gefäßformen, sowohl aufgrund ihrer regionalen Verbreitung als auch ihrer Laufzeit. Die Entwicklung spezifischer Gefäßtypen für den Einsatz als Messgefäß zeichnet sich weder am Befund noch in der literarischen Überlieferung ab. Die lokale Produktion von Messgefäßen dieser Art wäre demzufolge theoretisch überall innerhalb des Verbreitungsgebietes von Skyphoi und Amphoren möglich.

133 So Borchardt 1920, 21 f.

nalstunden.[134] So liegt mit den griechischen Messbechern in technologischer Hinsicht ein Derivat der ägyptischen Vorbilder vor. Ursache für diese partielle Adaption könnte die in klassischer Zeit enge Bindung des Instruments an seine Funktion sein:[135] Während die ägyptischen Uhren offenbar durchwegs zur zeitlichen Ordnung im Kultgeschehen eingesetzt worden sind, werden die griechischen Exemplare zur Normierung demokratischer Abläufe in Zeitphasen verwendet. Übereinstimmend mit dieser spezifischen Funktion wurde der dafür zweckmäßige Aspekt der zeitgenössisch verfügbaren Technologie ausgewählt, und nicht – wie bei neuzeitlichen technologischen Prozessen häufig[136] – unabhängig vom Bedarf alle Faktoren des verfügbaren Wissens übernommen und weiterentwickelt. Entscheidend für die technische Gestaltung der Kurzzeitmesser ist ihre Anwendung, mit der ein konkretes praktisches Problem gelöst wird – und offenbar nicht die Veranschaulichung des theoretisch verfügbaren Wissens.[137]

Ton ist ein preisgünstiger und weit verbreiteter Werkstoff, der ausschließlich für diesen Uhrentypus, also zur Herstellung von Kurzzeitmessern eingesetzt wird.[138] Da weder aus dem babylonischen noch dem ägyptischen Kulturraum Zeitmesser aus Ton überliefert sind, muss die Übertragung dieses Uhrentypus in den alltäglichen Werkstoff Ton wohl als griechische Errungenschaft angesehen werden. Die materialimmanenten Eigenschaften prägen in Verbindung mit der weit verbreiteten Grundform dieser Messzeitbecher ihren geringen repräsentativen Stellenwert. Darin könnte eine Ursache dafür liegen, dass der sicherlich weit verbreitete Gegenstand nur einmal archäologisch und zweimal epigraphisch nachgewiesen ist. Dieser quantitativ magere Befund lässt sich nicht in Deckung bringen mit der dichten literarischen Überlieferung, die den spezifischen Einsatz des Instruments zur Normierung bestimmter Handlungen und Abläufe innerhalb der demokratischen Selbstverwaltung der Polis belegt.[139] Zu diesem Zweck wurde das Gerät bereits seit dem 5. Jh. v. Chr. eingesetzt. Innerhalb solcher Prozesse der demokratischen Organe ist der Zeitmessbecher jedoch ein Gerät unter anderen und erfährt als Objekt keine besondere Wertschätzung.[140] Zerbrach das fragile Gerät beispielsweise beim Transport, konnte es kommentarlos und kostengünstig ersetzt werden.

Im Fall des Athener Brunnenfundes ist es allein dem Zufall der archäologischen Überlieferung geschuldet, dass das Stück insbesondere im Bereich der Bodenöffnung nahezu vollständig erhalten ist, andernfalls würde im Befund ein (überwiegend) tongrundiger Skyphos nicht als Zeitmesser erkannt.[141] Außerdem begünstigte in diesem Beispiel die Aufschrift des Phylennamens *Ἀντιοχίδος*, dass die Bearbeiter auf die besondere Funktion des Gefäßes aufmerksam wurden. Bedenkt man den gemeinhin üblichen Weg zerbrochener Gebrauchskeramik – sie endet als Kopros, als Material für Aufschüttungen, in Deponierungen o. ä.[142] – so ist die vermehrte Auffindung von Zeitmessbe-

134 Hier Kapitel V 2.1a.

135 Hier Kapitel V 1 und VI 2.

136 T. Wölfel, Marken- und Produktpiraterie: eine Studie zu Erscheinungsformen und Bekämpfungsmöglichkeiten (Stuttgart 2003) 21- 68.

137 Auf die anwendungsorientierten Auslöser für die Einführung von Zeitmessern in den großen Poleis der klassischen Welt wird an verschiedenen Stellen zurückzukommen sein, vgl. zusammenfassend: Kapitel VIII.

138 M. Vickers, Was ist Material wert? Eine kleine Geschichte über den Stellenwert griechischer Keramik, AW 35, 2004, 63–69.

139 Hier Kapitel VI 2.

140 Das gilt für alle Normierungsgeräte dieser Zeit sowie für die Entwicklung der Standardgewichte, vgl. am Beispiel der Beziehungen zwischen Hohlmaß, Gewicht und Münzfuß: F. Heinigmann, Mass, Gewicht, Zahl, MusHelv 32, 1975, 183–196.

141 Charakteristisch für die bis vor einigen Jahren vorherrschende Situation ist die Stellungnahme von K. Tuchelt, Zum Problem der hellenistischen und römischen Gebrauchskeramik in Milet und Didyma. Notizen zur Situation der Fundbearbeitung der Didyma-Grabung, in: W. Müller-Wiener (Hrsg.), Milet 1988–1980. Ergebnisse, Probleme und Perspektiven einer Ausgrabung. IstMitt Beiheft 31 (Tübingen 1986) 151–155. Mittlerweile ändert sich die Situation an verschiedenen Grabungsplätzen, v. a. Ioniens, deutlich.

142 B. A. Ault, Oikos and oikonomia. Greek houses, households and the domestic economy, in: R. Westgate – N. Fisher chern wohl auch zukünftig nicht zu erwarten. Wahrscheinlich ist mit diesem Typus auch die Stiftung eines gewissen Poseidonios aus Rhamnous zu verbinden – hier Delos 7* – , der um die Mitte des 2. Jhs. v. Chr. ein *ὡρολόγιον τὸ ἐπὶ τοῦ ἐξ[ω] κεράμου* nach Delos stiftet.

Niedriger Materialwert, simple Technologie, mangelnde ästhetische und formale Gestaltung sowie die entsprechend geringe Wertschätzung im Bewusstsein der Zeitgenossen definiert den Stellenwert der Zeitmesser in der (spät)klassischen und hellenistischen Gesellschaft. Hier dient das Normgerät als ein praktisches Hilfsmittel unter anderen dem regelhaften Vollzug demokratischer Prozesse. Um den hier geforderten Gleichheitsgrundsatz zu gewährleisten, werden nun verschiedene metrische Maßnahmen eingeführt, wie die gleichzeitig erfolgte Normierung und Standardisierung anderer Maßsysteme – beispielsweise von Gewichten, Längenmaßen und Münzfuß – anzeigt.[143] Sie kommen immer dann zur Anwendung, wenn viele Personen beteiligt sind – so auch im Fall der Uhren Athen 1 und Iasos 1*, die beide mit Vorgängen der Volksversammlung, dem zahlenmäßig größten demokratischen Gremium der Polis zu verbinden sind.

Zurück zu den nachweisbaren Exemplaren: Diese beide Gefäße sind jeweils auf eine festgelegte (Kurz-)Zeitspanne geeicht und entweder gefüllt oder leer; es ist nicht möglich, an ihnen Zwischenzeiten abzulesen, weil Skalen auf der Innenwandung fehlen. Diese Zeitfunktion veranschaulicht der für das Gerät in Iasos gewählte Begriff des *κεράμιον μετρητιαῖον*, also Maßgefäß, das in Athen eine vorab festgelegte Zeitspanne beliebig häufig misst, die bereits vor dem Brand auf der Aussenwandung testiert wird. Die Bedienung dieses Instruments erfordert keinerlei spezielle technologische Kenntnisse.

Das Ablesen dieser spätklassischen Kurzzeitmesser ist ein kollektiver Vorgang: Dank der erhöhten Aufstellung konnten alle Anwesenden sehen, dass aus dem kleinen Ausguss in Bodennähe kein Wasser mehr austrat, und somit die vorgesehene Zeitspanne abgelaufen war. Das Dekret aus Iasos legt fest, dass die Uhr im Rahmen der Ekklesia genutzt wurde. Für diese Klepsydra und alle weiteren Vertreter dieses Typs ist eine Aufbewahrung im Innenraum anzunehmen, um den Behälter vor Verunreinigungen zu schützen, die schnell das kleine Ausflussloch des exponiert aufgestellten Gefäßes verstopft hätten.[144]

Für Kurzzeitmesser in der Art des Typus 1b gibt es weder im ägyptischen noch im babylonischen Raum unmittelbare Parallelen.[145]

1.1.3 Langzeitmesser

Abb. 7: Gebaute Auslaufuhren der Gruppe II 1.1.3

Kat. Nr.	Kontext	Form	Material	Tradition	Datierung
Athen 2	vor Heliaia	Architektur	Kalkstein, Bronze	griechisch	320/310–ca. 250 v. Chr.
Oropos 1	Heiligtum, Amphiaraos	Architektur	Kalkstein, Bronze	griechisch	320/300 v. Chr.

Der Befund der Gruppe 1.2 wird von den beiden gebauten Auslaufuhren in Attika ergänzt, die hier als Gruppe 1.3 geführt werden: Denn trotz annähernd identischer Technologie und Entstehungszeit sind sie abweichend von den zuvor vorgestellten Wasseruhren konzipiert und erfüllen außerdem gegenüber den anderen Typen deutlich abweichende Funktionen. Welche Zeitspannen beide

(Hrsg.), Building Communities. House, Settlement and Society in the Aegean and Beyond. Kongress Cardiff 2001 (London 2007) 259–265.

143 Beispielsweise H. R. Goette – J. Hammerstaedt, Das antike Athen – ein literarischer Stadtführer (Athen 2004) 107 mit Abb. 22 eines Maßziegels aus Marmor.

144 Die Durchmesser dieser Ausflusslöcher liegen teilweise unter 1 mm.

145 Steele 2007, 222 f.

gemessen haben – die Stunden eines Tages oder wiederholt kurze Zeiträume – ist aufgrund ihrer fehlenden Skalierung letztendlich nicht zu ermitteln.[146] Die relativ großen Wassertanks, die diesen Uhren angeschlossen sind, weisen auf längere gemessene Zeitspannen hin – zu denken ist entweder an 12 Stunden oder gar einen Tag.

Mit den ägyptischen Vorbildern teilen die zwei erhaltenen Exemplare ihren statischen Charakter: Die bei einer Seitenlänge von knapp 6 m gebauten attischen Großuhren sind ortsgebunden und somit intentionell mit der spezifischen Funktion ihres Aufstellungsortes permanent verknüpft. Allein aufgrund ihres Formats sind sie in einem verhältnismäßig weiten räumlichen Umkreis präsent und sichtbar; auch ihre Ablesung wird leichter zu handhaben gewesen sein als die der ägyptischen Exemplare und war somit ein kollektiver Prozess. Ihr gegenüber den ägyptischen Wasseruhren der Gruppe 1.1 um das Zehnfache gesteigerte Format war einem vielfach größeren Personenkreis zugänglich, ohne dass dadurch der Wartungsaufwand proportional gesteigert wird.[147] Die regionale Beschränkung der beiden einzigen gesicherten Exemplare auf Attika veranlasste die amerikanischen Bearbeiter sogar, ein und denselben Erfinder zu vermuten. Wie jedoch anhand der Gruppe der Einlaufuhren zu sehen sein wird, sind diese gebauten Uhren im archäologischen Befund derart unspezifisch und kaum von anderen hydraulischen Installationen zu trennen, so dass sie vielerorts sicher schlichtweg nicht erkannt wurden.[148]

Obwohl der für die Gruppe 1.3 investierte materielle Aufwand – sie bestehen aus unterschiedlichen Gesteinen und hydraulischem Mörtel – höher zu veranschlagen ist als für die kleinen Messbecher der Gruppe 1.2, wird auf ihre ästhetische Ausformung ebenfalls kein gesteigerter Wert gelegt.[149] Ihre Bedeutung wird nun durch den erhöhten Platzbedarf an einem permanenten Standort angezeigt. Diese Merkmale setzten voraus, dass mit dem Ort dauerhaft spezifische Funktionen verbunden sind – im Fall der Auslaufuhr Athen 2 muss dieser Bereich der Agora also bereits frühzeitig normativen Ordnungsfunktionen vorbehalten gewesen sein.

1.2 Einlaufuhren

Die Einlaufuhren stellen eine technologische Weiterentwicklung der früheren Auslaufuhren dar und dienen ausnahmslos zur Messung längerer Zeitspannen. Theoretisch ist dieser Uhrentypus erstmals für den Dauerbetrieb geeignet.[150] Ob diese Instrumente ganztägig in Betrieb waren, ist aufgrund des mangelhaften Erhaltungszustandes des archäologischen Bestandes und des Fehlens aller Skalen nicht zu beurteilen. Da ihre Errichtung zwangsläufig mit aufwendigen baulichen Maßnahmen für den Hauptwassertank einhergeht sowie mit dessen Anschluss an eine Wasserzufuhr, sind diese Zeitmesser immer ortsgebunden und in hohem Maß wartungsbedürftig. Obwohl allen

146 Unsicher ist, ob das von S. A. Koumaroudis, AEphem 1862/62, 24 mit Zeichnung Taf. IX 2–5 publizierte Fragment mit einer Folge von zwölf Horizontalstrichen tatsächlich auf eine Wasseruhr dieses Typs zu beziehen ist. Es stammt aus der Umgebung der Hadriansbibliothek und gehört sicher nicht zu den hier vorgestellten gebauten Uhren.

147 Hier Kapitel VI 3.

148 Das Problem ist evident: Nur anhand der epigraphischen Quellen lässt sich ablesen, wie umfangreich der Befund der Wasseruhren eigentlich gewesen sein muß. Da Stundenskala und Bronzeelemente jedoch an allen erhaltenen Beispielen fehlen, ist anhand des archäologischen Befundes allein meistens nicht zu entscheiden, wann es sich um einen Einlaufbrunnen und wann um eine Uhr handelt. So dient die Häufung von funktional unerklärbaren Installationen in Verbindung mit relativ kleinen Wasserbecken als Indiz, den Befund als Zeitmesser zu interpretieren, vgl. Radt 2005. Es wäre dringend erforderlich, die gebauten ‚Brunnen'befunde auf der jetzt vorliegenden Materialgrundlage erneut vor Ort zu überprüfen.

149 Diese Tatsache erstaunt angesichts der Ausformung der gleichzeitig entstandenen Brunnenbauten und ist wahrscheinlich Folge der Befundsituation, vgl. F. Glaser, Antike Brunnenbauten in Griechenland (Wien 1983) 12 f. und C. Reinholdt, Das Brunnenhaus der Arsinoe in Messene (Wien 2009) 183–197.

150 Ihr Einsatz setzt somit erstmals die Definition sozial verbindlicher Zeitpunkte für bestimmte Aktionen im Tagesverlauf voraus, während es zuvor um die zeitliche Taktung einer einzelnen Handlung ging, vgl. hier Kapitel V.

Zeitmessern dieser Gruppe dasselbe technologische Prinzip zugrunde liegt, nach dem Wasser zunächst in einen Druckbehälter mit angeschlossenem Überlauf und erst von dort bei gleichmäßigem Wasserdruck in einen Messtank weitergeleitet wird,[151] ist die technische Umsetzung und ästhetische Gestaltung dieser Uhren so unterschiedlich, dass hier die erhaltenen Zeugnisse in zwei Untergruppen aufgeteilt wurden:

1.2.1 Wasserbecken

Abb. 8: Einlaufuhren mit Wasserbecken der Gruppe II 1.2.1

Fundort	Kontext	Maße Wasserbecken	Datierung
Athen 2	vor Heliaia, Phase 2	0,97 x 0,97 m	ca. 250–175 v. Chr.
Rom 1	Forum Romanum, Taberna der Basilika Aemilia	?	159 v. Chr.
Pergamon 3	Gymnasium	1,60 x 1,00 m	150 v.–200 n. Chr.

Trotz aller Unsicherheiten, die sich aus der terminologischen Unschärfe (s. u.) und dem unsignifikanten archäologischen Befund dieser Gruppe ergeben, hat es den Anschein, als würden seit der zweiten Hälfte des 3. Jhs. v. Chr. Auslaufuhren des Typus II 1.1.3 allmählich von Einlaufuhren abgelöst: Sie bestehen nun aus einem Wasserbecken und weiteren Anzeige-Elementen, die gemeinsame Fundamentierung und Aussenmauern zu einer Baustruktur verbinden. Außerdem zeugen Bettungen und diverse Einarbeitungen davon, dass der Wasserfluss über meist verlorene Blei- oder Bronzerohre reguliert wurde. Von aussen erscheint die Struktur als undekorierter, mannshoher Kubus mit einer Seitenlänge von bis zu 6 m, der entweder einer Architektur vorgeblendet – wie bei Athen 2 und Pergamon 3 – oder vielleicht auch in sie integriert war. Charakteristisches Merkmal dieser Gruppe im Befund ist ein größerer (Haupt-)Wassertank und Verbindung zu einem zweiten Becken bzw. Behältnis, das bislang nur die Konstruktion Athen 2 zweifelsfrei belegt. In keinem Fall ist ein Zifferblatt erhalten, so dass dessen Rekonstruktion einzig auf schriftlichen Quellen beruht.[152]

Allein aufgrund der sichtbaren Größe der Struktur und ihrer prominenten Positionierung auf den Platzanlagen großer Städte müssen diese Uhren im öffentlichen Bewusstsein weithin wahrgenommen worden sein. Als Standort von zwei der archäologisch greifbaren Beispiele ist das jurisdiktionelle Zentrum der jeweiligen Stadt nachgewiesen, so dass der Einsatz dieses Uhrentyps zur Normierung der Abläufe bei Gericht nahezuliegen scheint. Für diese Annahme spricht auch, dass diese Uhren auf öffentlichem Baugrund stehen, so dass zumindest öffentliche Zustimmung für ihre Errichtung vorauszusetzen ist.[153] Auch in dieser Hinsicht sind also Uhren der Gruppe II 1.2.1 den früheren Kurzzeitmessern der Gruppe II 1.1.2 und den Langzeitmessern der Gruppe II 1.1.3 anzuschließen. Während diese jedoch nach Bedarf temporär am Ort aufgestellt wurden, sind die vorgestellten Einlaufuhren ein permanentes, stationäres Medium. Da als Ursache für diese strukturelle Entwicklung der Zeitmesser überregional einheitlich eingeführte Neuerungen der politischen Praxis auszuschließen sind – die Abläufe des späteren 3. Jhs. v. Chr. und des 2. Jhs. v. Chr. entsprechen wohl weitgehend denen des frühen 3. Jhs. v. Chr.[154], – so muss die Anzahl der Verwaltungsverfahren, die eine zeitliche Normierung erforderten, ebenso dauerhaft zugenommen zu haben wie ihre Ortsgebundenheit. Denn mit den gebauten Wasserbecken wird ganztägig die ununter-

151 Dazu: Amedick 2003.

152 Hier Kapitel IV 1.3.

153 Die Kontinuität der Athener Uhr als Anbau der sog. Heliaia legt diese Annahme innerhalb einer griechischen Polis ebenso nahe wie der Einbau der Uhr auf dem Forum Romanum, vgl. hier Kapitel VI. 2.

154 Zur hochhellenistischen politischen Ordnung zusammenfassend: P. Green, From Alexander to Actium (Berkeley 1990) 113–146.

brochene Aufeinanderfolge von zeitlich normierten Vorgängen erstmals möglich, da nun das für Auslaufuhren erforderliche Nachfüllen entfällt. Ununterbrochene Funktionsfähigkeit und dauerhafte architektonische Anbindung machen die normative Ordnungsfunktion der Zeitmesser nun auch permanent öffentlich sichtbar und erfahrbar. Gegenüber früheren Zeiten, als ausschließlich mobile Messbecher und Langzeitmesser zum Einsatz kamen, zeigt die Errichtung dieser Einlaufuhren, dass sich zeitliche Normierung, die zunächst nur in wenigen spezifischen Handlungsabläufen eine Rolle spielte, nun zu einem allgemein verbindlichen System etabliert hat. Gerade mit diesem Entwicklungsschritt ist auch die erste gebaute Wasseruhr in Rom zu verbinden.

1.2.2 Druckleitungen und mechanische Komponenten

Fundort	Kontext	Formulierung	Datierung
Samos 2*	Agora, Nähe des Archivs	δελ]φῖνος ὕδωρ χάριν τοῦ σημαίνειν τὴν [ὥραν	1. H. 2. Jh. v. Chr.
Delos 6*	Gymnasium	ὡρολόγιον τριτονίσκον	vor 156/55 v. Chr.
Pergamon 1*	obere Agora, Nymphen-Nische, Nähe Altar	μανύσει τακτοῦ τέρμα χυθεῖσα χρόνου	um 150 v. Chr.
Priene 2°	Theater	–	um 140 v. Chr.
Athen 4°	Turm der Winde	–	um 120 v. Chr.
Ephesos 3	vor Eingang zur Agora, überdacht, Monopteros	–	Mitte 1. Jh. v. Chr.
Tyros 2*	auf Agora (?)	ὑδρολόγ[ιον] [δι]ά (?) τε τὴν τέχν[ην]	1. Jh. n. Chr.
Pergamon 8*	Asklepios-Tempel	τὸ ὡρολόγιο συν τῆ [μηχα]νοποιία	1. H. 2. Jh. n. Chr. (?)
Iuvavum 1	Forum ~	–	2. Jh. n. Chr.

Abb. 9: Einlaufuhren mit Druckleitungen und mechanischen Komponenten der Gruppe II 1.2.2

Seit dem 2. Jh. v. Chr. mehren sich im Befund Hinweise auf eine zweite Gruppe von Einlaufuhren: Die Beispiele reichen chronologisch deutlich über die Belege der früheren Gruppe II 1.2.1 hinaus, deren Technologie sie in mehrfacher Hinsicht weiterentwickeln: Nun werden das als Druckwasserbehälter dienende Wasserbecken und der Anzeigemechanismus räumlich voneinander getrennt – mal beträgt die Entfernung wie bei Athen 4° nur wenige Meter, mal ist im Befund der näheren Umgebung gar kein Wasserspeicher nachweisbar, so beispielsweise für Priene 2° und Ephesos 3. Weil der unmittelbare Anschluss dieser Einlaufuhren an das städtische Leitungsnetz aufgrund häufiger Druckschwankungen[155] auszuschließen ist, müssen die Zeitmesser über eine separate Leitung mit einem zugehörigen Druckbehälter verbunden gewesen sein. Im archäologischen Befund ist diese Konstruktion, die fortgeschrittene hydrologische Kenntnisse voraussetzt, zwar in keinem Fall unmittelbar nachweisbar, aber indirekt naheliegend:

Häufig sind die Zeitmesser in Baustrukturen einbezogen, die an Druckwasserleitungen angeschlossen sind. Als überdachte Aufstellungsorte dienen konkret die Vorhallen oder rückwärtigen Räume von Stoen, Nischen oder Kleinarchitekturen. Uhr und Architektur bilden nun zum ersten Mal eine architektonische Einheit.[156] In Einzelfällen, wie Athen 4° und Ephesos 3, führt dieses neue

155 Für das Beispiel der hellenistischen Druckleitungen Pergamons vgl. G. Garbrecht, Stadt und Landschaft. Die Wasserversorgung von Pergamon. AvP I 4 (Berlin 2001) 89–131 mit weiterer Literatur.

156 Eine zunehmend stärkere Verschränkung von Architektur und Aufstellungsmodalitäten lässt sich generell für diese Zeit beobachten, vgl. H. Lauter, Architektur des Hellenismus (Darmstadt 1986) 134–140.

Konzept zur Aufstellung von Zeitmessern in eigens dafür entworfenen schatzhausartigen Kleinarchitekturen. Indem nun konstruktive Elemente der Wasseruhr in die Architektur integriert werden, wie beispielsweise Leitungen und Druckwasserbehälter, verringert sich die sichtbare Größe der Uhr gegenüber den Vertretern der Gruppe 2.1 erheblich: Soweit der erhaltene Bestand eine Beurteilung zulässt, handelt es sich bei den Anzeigen um Bronzeaufsätze, die auf Basisblöcken mit Grundmaßen von etwa 1qm errichtet wurden. Während nun für den Betrachter die angewandte Technik kaum mehr zu sehen ist, wird die Uhr als ästhetisches Objekt aufgewertet:

Sowohl die Fragilität als auch der Materialwert des Bronzeaufsatzes zogen in der Regel wohl die geschützte Aufstellung dieser Zeitmesser im Innern von Gebäuden nach sich. Dafür spricht auch, dass er figürlich gestaltet sein konnte – als Aufsatzfiguren sind Delphin, Triton und Hermes inschriftlich belegt. Obwohl sich im archäologischen Befund keine einzige dieser Figuren erhalten hat, weisen die Einlassspuren von Priene 2° und Athen 4° darauf hin, dass diese Aufsätze nicht sehr groß gewesen sein können:[157] In Priene nehmen mehrere, mit der Wasseruhr gleichzeitig aufgestellte Ausstattungselemente des Theaters – Ehrensitze im Koilon und Ehrenstatuen – Rücksicht auf die veränderte Spielpraxis, indem sie nicht die Höhe von 2,10 m als Obergrenze überschreiten. Überträgt man diese Maßgabe auf die Uhr mit einer Basishöhe von 1,21 m, so muss der Aufsatz von Priene 2° ungefähr 0,90 m hoch gewesen sein. Die offenbar vollplastische Gestaltung der Aufsätze und ihre Unterbringung in eigens dafür errichteten Gebäuden – hier Athen 4° und Ephesos 3 – sind Hinweise darauf, dass von Zeitmessern dieser Gruppe mehrere Zeitfunktionen – wahrscheinlich Stunden- und kalendarische Anzeigen – miteinander kombiniert wurden. In dieselbe Richtung könnte auch die Aufstellung des Instruments im delischen Gymnasion deuten. Für diese Zeitmesser sind also nicht nur erweiterte mechanische Kenntnisse, sondern auch umfassendes astronomisches Wissen erforderlich, das es in ästhetisch befriedigender Weise umzusetzen galt. Die Konzentration der frühen Befunde auf einen Zeitraum von wenigen Jahren und den inselionischen und westkleinasiatischen Raum könnte auf die Zusammenführung der entsprechenden Kenntnisse in diesem Bereich hinweisen.[158] Für die praktische Herstellung dieser Instrumente sind Kenntnisse der Uhrentechnologie mit Erfahrungen im Bronzeguss und auf dem Gebiet der Architektur zu kombinieren und deshalb ein arbeitsteiliger Prozess unter Beteiligung mehrerer Handwerkszweige naheliegend.

Im Befund überwiegen nun Aufstellungskontexte, in denen Zeitmesser nur von einer Seite aus zu betrachten waren.[159] Somit verringert die Summe der strukturellen Eigenschaften dieser Gruppe – Einansichtigkeit, kleinteilige und möglicherweise glänzende Zifferblätter – ihren Wahrnehmungsradius gegenüber dem der früheren Einlaufuhren erheblich: Nur im Einzelfall konnten wohl mehr als vier Personen gleichzeitig die Zeit ablesen, die Uhr wird hier zu einem Medium Weniger.[160] Die Ausschöpfung der konstruktiven und ästhetischen Möglichkeiten der Instrumente drängt die gemeinschaftliche Erfahrbarkeit von Normzeit in den Hintergrund. Möglicherweise trug

157 Sie gehören damit zur Gruppe der mittelgroßen hellenistischen Bronzearbeiten, die gerade in dieser Zeit weit verbreitet war: vgl. D. Pinkwart, Drei späthellenistische Bronzen vom Burgberg in Pergamon, in: Pergamon. Gesammelte Aufsätze (Berlin 1972) 115–139.

158 In dieselbe Richtung weist auch die vermutete Herkunft von Antikythera 1°; möglicherweise ist diese Entwicklung unmittelbar mit der Vertreibung von Astronomen aus Alexandria durch Ptolemaios VIII. Euergetes II. im Jahr 145/144 v. Chr. zu verbinden, die sich anschließend in diesen Regionen niederließen; die literarischen Quellen, die von der Maßnahme berichten, wurden von P. M. Fraser, Ptolemaic Alexandria Bd. 2 (Oxford 1998) 216–218 zusammengestellt.

159 Die Aufstellung von Skulptur oder anderen ausgestellten Objekten in Nischen und andere Formen umgebender Architektur führt zu einer Beschränkung der Ansichtsseiten; vgl. B. S. Ridgway, Hellenistic Sculpture II. The Styles of ca. 200–100 B. C. (Madison 2000) 50–85 und A. Stewart, Narration and allusion in Hellenistic barocque, in: P. J. Holliday (Hrsg.), Narrative and Event in Ancient Art (Cambridge 1993) 130–174.

160 Diese Entwicklung ist in ähnlicher Weise für zahlreiche Inszenierungen von Skulptur innerhalb von Kleinarchitekturen zu beobachten, vgl. als eines der frühesten Beispiele dieses Konzepts den Dionysos des Lysikrates-Monumentes: W. Erhardt, Der Fries des Lysikratesmonuments, in: *AntPl 22 (Berlin 1993) 7–67.

diese Entwicklung auch zum Einsatz von akustischen bzw. optischen Signalen bei, auf die in dieser Zeit erstmalig schriftliche Quellen wiederholt hinweisen.[161]

Die erhaltenen Basisblöcke dieser Uhren sind dekorierte Werkstücke aus Marmor, die mit Aufsätzen aus andersartigem Material – wohl meistens Bronze – verbunden werden. Das Gerät unterliegt aufgrund von Material, formaler Gestaltung und den Modalitäten seiner Aufstellung denselben Regeln wie die zeitgleiche Skulptur, der es in seiner objektspezifischen Wertschätzung angenähert wird. Nun hat das Medium Uhr zahlreiche Anforderungen zu erfüllen: Stand für die Konstruktion der Uhren der Gruppe 1.2 allein der funktionale Aspekt und dessen technologische Umsetzung im Vordergrund, so spielen nun darüber hinaus zahlreiche weitere Kriterien – wie Material, Ästhetik und Inszenierung – eine wesentliche Rolle. Als Folge dieser Entwicklung ist jeder dieser Zeitmesser einzigartig, was sich in der formalen Heterogenität der archäologischen und epigraphischen Beispiele dieser Gruppe äußert.[162]

Mit der ideellen Wertsteigerung der Zeitmesser geht einher, dass in der Gruppe 2.2 die Anzahl jener Inschriften erheblich zunimmt, die diese Objekte explizit als Stiftungen oder Inventar der Heiligtümer ausweisen. Sogar der Umzug der wertvollen Instrumente ist mit Delos 6* bezeugt. Die Summe dieser Merkmale kennzeichnt Zeitmesser dieser Gruppe als plötzlich weithin im allgemeinen gesellschaftlichen Bewusstsein vertretene Objekte, deren funktionale Einsatzfelder wesentlich breiter gestreut sind als zuvor.

Das Fragment eines scheibenförmigen Zifferblatts aus Bronze – Iuvavum 1 – belegt die kaiserzeitliche Weiterentwicklung der Anzeigen dieser Einlaufuhren: Die große, auf eine Ansichtsseite hin konzipierte Scheibe dient der kombinierten Anzeige von Sterndaten, Tierkreis, Stundenmessung und Tagesanzeige. Messung und Anzeige astronomischer wie sozialer Zeitdaten werden hier in einem Instrument zusammengeführt, dessen gravierte Ziffernblätter ein hydraulischer Antrieb über eine entsprechende Mechanik in Gang setzte. Die Anzeige der Kalendertage stellte Wartungspersonal von der Rückseite des Instruments täglich nach, indem mobile Steckköpfe tagesgenau positioniert wurden.

Obwohl außer Bruchstücken des Zifferblatts nichts weiter erhalten und der ursprüngliche Aufstellungskontext des Fragments unbekannt ist, führt außer der komplexen Kombination verschiedener Zeitangaben die rekonstruierte Größe und das Gewicht – Iuvavum 1 muß bei mehr als 1,20 m im Durchmesser ein Gewicht von über 20 kg gehabt haben – dieser Blätter dazu, dass sie in der Forschung mit dem von Vitruv überlieferten Typus der sog. anaphorischen Zeitmesser verbunden wurden. Nur aufgrund der Verbindung mit dieser Textstelle ergibt sich eine abweichende Konstruktion gegenüber den zuvor beschriebenen Einlaufuhren der Gruppe II 1.2.2, deren Merkmale ansonsten weitgehend übertragbar sind:[163]

Voraussetzung für die senkrechte Lagerung derartiger großer und schwerer Zifferblätter ist ihre exakte Justierung, die ihre stationäre Installation innerhalb eines Gebäudes nach sich zieht. Ihre permanente Wartung durch täglich verfügbares Personal, das den Stift für die Tagesanzeige korrekt umzusteckt, lässt erkennen, dass der Aufstellungsort zumindest von zwei Seiten aus zugänglich gewesen sein muss: Während sich vor dem Zifferblatt eine begrenzte Anzahl von Personen zur Ablesung des Mechanismus versammeln konnte, war für sie der rückwärtige Teil der Scheibe, also der Bedienungs- und Wartungsbereich, in der Regel weder zugänglich noch einsehbar. Obwohl am Befund nicht unmittelbar nachzuweisen ist, wie derartige Zeitmesser aufgestellt gewesen sind, müssen ausreichend Platz und getrennte Zugänge von zwei Seiten gewährleistet gewesen sein. Diese strukturellen Merkmale in Verbindung mit der erforderlichen stetigen Wasserzufuhr und

161 Darauf weisen zahlreiche Nachrichten in den Schriftquellen hin, vgl. hier Kapitel V 2.2.

162 Hier Kapitel V 1 und V 3.3.

163 Sollte diese Verbindung zutreffen, dann wäre der Typus bereits für das ausgehende 1. Jh. v. Chr. belegt. Eine typologische Abgrenzung gegenüber den früheren, unter II 1.2.2 geführten Einlaufuhren ist aufgrund der Anwendung gemeinsamer technologischer Grundlagen kaum möglich. Hierzu auch ausführlich unter Kapitel IV 2.

-speicherung legen nahe, dass anaphorische Uhren kaum in bereits bestehende Gebäude integriert werden konnten, sondern diese Anforderungen eher in einer eigens errichteten, freistehenden Architektur zu gewährleisten sind.

Aus diesen Beobachtungen folgt für die Inbetriebnahme einer anaphorischen Uhr zweierlei: Erstens erfüllt am ehesten eine Platzanlage im öffentlichen Raum die für diesen Uhrentypus erforderlichen Voraussetzungen und zweitens stellt ihre Errichtung mit der Finanzierung von Grundstück, (Klein-)Architektur und Zeitmesser, sowie regelmäßigen Personalkosten dauerhaft einen erheblichen finanziellen Aufwand dar. Dieser wird für den Betrieb des Geräts nur so lange aufgewendet worden sein, wie ökonomisch bzw. funktional erforderlich – als Folge geriet die Uhr selbst mit der Zeit außer Betrieb, der Uhrenbau jedoch blieb lange präsent.

Diese Schlussfolgerungen werden durch die Vielzahl v. a. der epigraphischen Hinweise auf Wasseruhren bestätigt: Obwohl es für den Einzelfall nicht gelingt, die gewählte Gestaltung näher zu bestimmen, kennzeichnet die Summe der Merkmale und die Zeitstellung der Zeugnisse sie typologisch als Vertreter der Gruppe II 1.2.2:

Fundort	Bezeichnung	Kontext	Datierung
Kyrene 1*	ὡροσκόπειον	Agora ~	Mitte 2. Jh. v. Chr.
Arsenoites N. 1*	ὡρολόγιον	Heiligtum	2./1. Jh. v. Chr.
Ephesos 2*	ὡρολόγιον	Agora	kurz nach 66 v. Chr.
Marruvium 1*	horologium	Forum	Mitte 1. Jh. v. Chr.
Curubis 1*	horologium	Forum ~	20 v. Chr.
Igaeditani 1*	orarium	Forum ~	16. v. Chr.
Salvia 1*	horolog(ium)	Forum ~	20/10 v. Chr.
Sulmo 3	-	Herkules-H.	1. Jh. v. Chr.
Sulmo 4	-	Herkules-H.	1. Jh. v. Chr.
Veleia 1*	horologium	Forum? ~	vor 1. Jh. n. Chr.
Puteoli 1*	horologium	Forum ~	14–37 n. Chr.
Sulci 1*	horolocium	Forum ~	48 n. Chr.
Ephesos 5	-	Agora	Mitte 1. Jh. n. Chr.
Nomentum 1*	horologium	Forum ~	Mitte 1. Jh. n. Chr.
Laebactium, Pagus 1*	horilogium	öffentlich	54–55 n. Chr.
Antiocheia O. 1*	ὡροσκόπειον	Agora	vor 73/74 n. Chr.
Surrentum 1*	horologium	Forum	vor 80–81 n. Chr.
Bagacum 1*	horologium	Forum	75–100 n. Chr.
Boutae 1*	horologium	Forum ~	1. Jh. n. Chr.
Vienna 1*	horologium	Forum ~	1. Jh. n. Chr.
Numlulis 1*	horologium	Forum ~	150–193 n. Chr.
Mayen 1*	horologium	Forum ~	2. H. 2. Jh. n. Chr.
Tucci 1*	horologium	Circus ~	2. Jh. n. Chr.
Apulum (Alba Iulia) 1*	horologiarium	Forum	212–213 n. Chr.
Rigomagus 1*	horologium	Kastell ~	vor 218 n. Chr.

Fundort	Bezeichnung	Kontext	Datierung
Uchi Maius 1*	horologium	Forum	150–230 n. Chr.
Nikaia 1*	ὡρολογιάρχης	Forum ~	287/288 n. Chr.
Aquae Sextiae 1*	horologium	Forum ~	5. Jh. n. Chr.

Abb. 10: Epigraphische Hinweise auf Wasseruhren der Gruppe II 1.2.2

So zeichnet sich trotz aller mit den Einzelbefunden verbundenen Unsicherheiten ab, dass dieser Uhrentypus nach seinen Ursprüngen im griechischen Osten im Laufe des 1. Jhs. v. Chr. im italischen Raum eingeführt und in den römischen Provinzen erst punktuell, dann regelhaft seit der Mitte des 1. Jhs. n. Chr. verbreitet worden ist. Überwiegend wurden diese Zeitmesser auf den Fora der Städte errichtet, so dass überwiegend wohl städtische Magistrate für die Errichtung und Wartung der Uhren verantwortlich sind.[164] Der epigraphische Befund legt erstmals offen, wie verbreitet Einlaufuhren in der Kaiserzeit gewesen sein müssen. Keine Aussagen sind über ihre äussere Form verfügbar; die Tatsache, dass sich alle Belege für mit den Instrumenten verbundene Figuren auf das 2. Jh. v. Chr. beschränken und auch ansonsten keinerlei Dekorelemente erwähnt werden, könnte auf eine eher schlichte Gestaltung dieser Norminstrumente hinweisen.

1.3 Laufzeiten

Wird die chronologische Verteilung aller bekannten Wasseruhren unabhängig von ihrer typologischen Entwicklung betrachtet, so zeigt sich, dass sie in Befunden des 4. Jhs. v. Chr. bis in die Spätantike vertreten sind. Außerdem legt die Statistik offen, dass im Verhältnis zu allen anderen Typen von Zeitmessern Wasseruhren im archäologischen Befund die am frühesten nachweisbaren Instrumente sind: Kein anderer Uhrentypus ist im 4. Jh. v. Chr. bereits mit acht Belegen vertreten.

Auffällig ist zunächst die scheinbar konstante statistische Verteilung der Belege über die Jahrhunderte, die mit den ersten Anfängen der regelhaften Nutzung von Zeitmessung einsetzt. In der statistischen Darstellung schlagen sich jedoch aufgrund von guter materialbedingter Erhaltung und hohem Wiedererkennungswert jene Auslaufuhren, die in ägyptischer Tradition stehen, in besonderer Weise nieder. Bedenkt man jedoch, dass sich hinter den in der Statistik zugewiesenen Zeiträumen der Aufstellung tatsächlich nur wenige Jahre verbergen, nämlich die Jahre Alexanders III. bis zum Ende der Regierungszeit Ptolemaios II. sowie v. a. die domitianische Zeit und wenige Folgejahre, so relativiert sich der vom Diagramm vermittelte Eindruck einer relativ gleichmäßigen Verteilung der Zeugnisse. Ihre Aufstellung ist ist vielmehr ein Phänomen von wenigen Jahren. Anhand der Befundverteilung der ägyptischen Wasserauslaufuhren wird stärker als für alle anderen Typen von Zeitmessern die enge Abhängigkeit der griechisch-römischen Technologie von früheren ägyptischen Traditionen greifbar. Dass sich diese Beziehung immer dann besonders deutlich im archäologischen Befund niederschlägt, wenn auch die allgemeinen historischen Rahmenbedingungen intensive Kontakte zwischen den beiden Kulturräumen erkennen lassen, bestätigen entsprechende Beobachtungen an anderen Materiagruppen.[165]

164 Zum Einsatz dieser Instrumente auf den Fora vgl. hier Kapitel VII 2, zu den mit ihnen zu verbindenden Personengruppen Kapitel VI, besonders VI 2.
165 Beispielsweise Parker 2007.

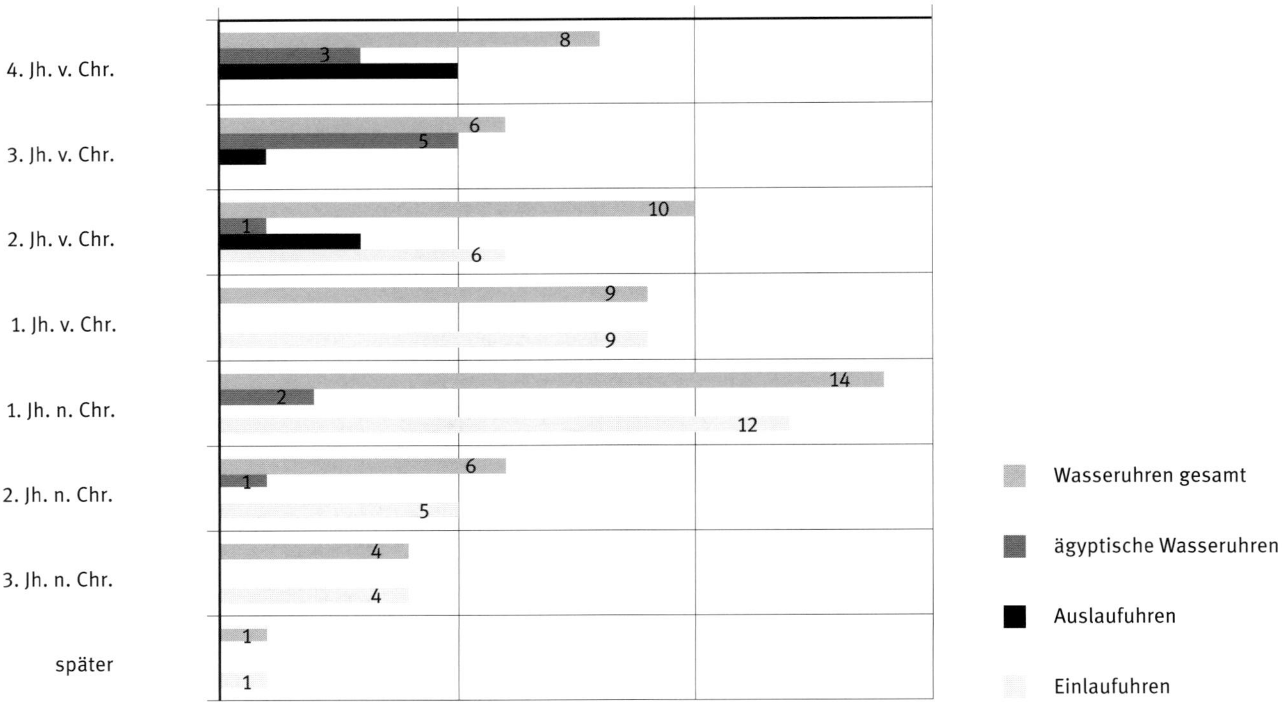

Abb. 11: Chronologische Entwicklung der vier Typen von Wasseruhren

Die chronologische Verteilung legt offen, dass Einlauf- die Auslaufuhren ablösen und nur im 2. Jh. v. Chr. beide Typen gleichzeitig im Befund vertreten sind. Auf den archäologischen und epigraphischen Befund wirkt sich hingegen nicht die Nutzung von Kurzzeitmessern aus, die offenbar aufgrund ihres ephemeren Materials weder erhalten sind noch aufgrund ihrer dauerhaft geringen Wertschätzung in den Texten erwähnt werden.[166] Obwohl abgesehen von der allgemeinen Herleitung dieses Typus aus dem Ägyptischen deshalb die Verbreitung der erforderlichen konstruktiven Kenntnisse anhand der überlieferten Zeugnisse im Einzelnen nicht ermittelt werden kann, legt die für Kurzzeitmesser gewählte überaus gewöhnliche Form des Skyphos und der außerhalb Ägyptens weithin verfügbare Werkstoff Ton ihre frühzeitig weite Verbreitung nahe.

Die Kombination von verschiedenen Wissensgebieten – von Astronomie, Mathematik, Hydraulik und Mechanik – wird an einigen, besonders ausgefallenen Wasseruhren des 2. Jhs. v. Chr. greifbar. Der mit dieser Phase einhergehende hohe ästhetische Anspruch an die äussere Form der Wasseruhren scheint jedoch von kurzer Dauer gewesen zu sein und beschränkt sich fortan auf das Zifferblatt bzw. die umgebende Kleinarchitektur. Konzentrieren sich die Zeugnisse anfangs auf den inselionischen und westkleinasiatischen Raum, so scheint seit dem 1. Jh. v. Chr. das zum Bau einer Einlaufuhr erforderliche Wissen nicht nur in Italien, sondern auch in Nordafrika und den Westprovinzen verfügbar gewesen zu sein. Könnten die wenigen Belege aus der ersten Hälfte des 2. Jhs. v. Chr. noch auf vereinzelte, reisende Konstrukteure zurückzuführen sein, so lässt sich die dichte Folge von Uhrenstiftungen seit der Mitte des 1. Jhs. v. Chr. bei gleichzeitig weiter regionaler Streuung nur mit der Vorlage von schriftlichen Anleitungen erklären.

Erst im Verlauf des 3. Jhs. n. Chr. lässt die Errichtung von (gebauten) Wasseruhren v. a. im Westen nach. Wahrscheinlich ist dieser Niedergang auf die durchwegs enge Bindung dieser Zeitmesser an die öffentliche Verwaltung zurückzuführen. An dieser Stelle ist bemerkenswert, dass die

166 Hier Kapitel IV 1.3.

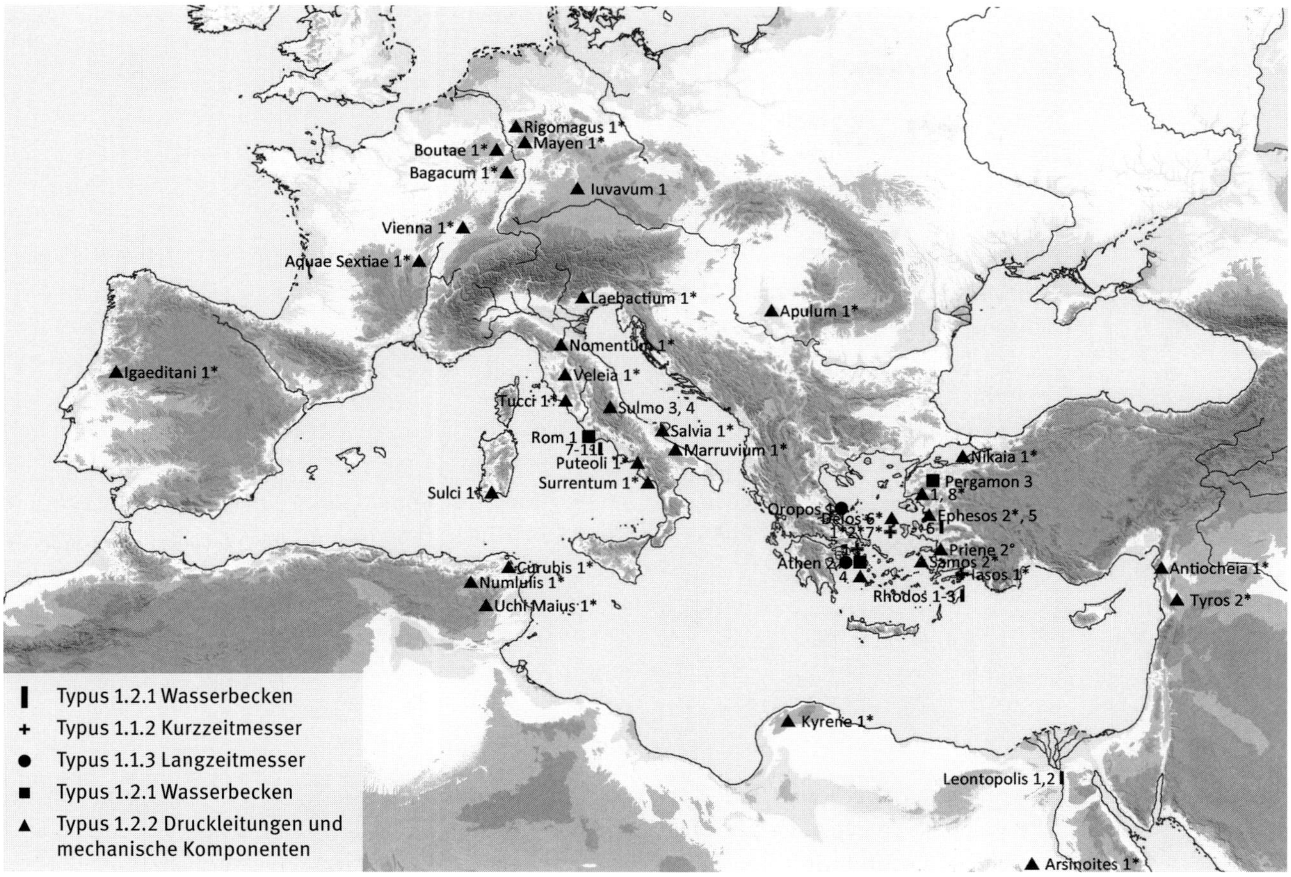

Abb. 12: Regionale Verteilung der vier Typen von Wasseruhren

Errichtung bzw. der Unterhalt von Regelwerk zur Normierung zeitlicher Abschnitte im römischen Osten seine öffentlich anerkannte Bedeutung offenbar lange beibehält, denn ein Abbruch der Tradition ist in der diese Regionen betreffenden schriftlichen Überlieferung nicht abzulesen.[167]

2 Sonnenuhren

Sonnenuhren unterscheiden sich von Wasseruhren unabhängig vom ihrem jeweiligen technologischen Typus in einigen grundsätzlichen Merkmalen: Werden für letztere hydraulische Mechanismen zur Zeitanzeige angewendet, so bilden erstere den Verlauf der Sonne ab, spiegeln also unmittelbar astronomische Gesetzmäßigkeiten wider. Dabei wird der Tagesverlauf des leuchtenden Himmelskörpers als Wegstrecke seines Schattens auf eine in zwölf gleiche Teile geeichte Skala projiziert.[168] Als Folge dieser Projektionslogik sind Sonnenuhren nur während der Sichtbarkeit dieses Gestirns nutzbar – also tagsüber und bei klarem Himmel – und steht ihr Aufstellungsort in einem spezifischen Winkelverhältnis zur Sonne. Es handelt sich bei der Sonnenuhr also um ein stationäres Medium: Soll eine hohe Ganggenauigkeit erzielt werden, so muss eingangs die geographische Breite des zukünftigen Standorts möglichst genau bestimmt werden, bevor das Zifferblatt ortskon-

167 Dies gilt ebenso für andere Typen der Zeitmesser, insbesondere der vertikalen Zifferblätter II 2.2.2 und der Reiseuhren.

168 Um eine Einordnung der Sonnenuhr als Bildmedium in der Interaktion von Schatten und Schattenkreis bemüht sich jetzt Bogen 2005.

form konstruiert werden kann.[169] Ist diese Voraussetzung erfüllt, funktioniert das Instrument am Ort annähernd wartungsfrei und zeitlich unbegrenzt – die sukzessive Verschiebung der Ekliptik wirkt sich gegenüber der erreichbaren Anzeigegenauigkeit nicht gravierend aus.[170] Während Wasseruhren insbesondere als Zeitmesser für kurze Zeitspannen präzise Ergebnisse liefern, so sind mit Sonnenuhren Zeiträume unter einer halben Stunde nur eingeschränkt erfassbar. Tatsächlich weisen alle erhaltenen Zifferblätter eine Stundeneinteilung auf; die einzige Ausnahme – Athen 11 – könnte die Folge einer neuzeitlichen Überarbeitung sein.

Nach einmaliger Berechnung und Herstellung ist die Sonnenuhr ein Instrument für jedermann, vom ‚Nutzer' sind keine spezifischen technischen Kenntnisse Voraussetzung, um nun für Tätigkeiten und Handlungen konkrete Tageszeiten zu bestimmen – er muss vielmehr vertraut sein mit den kulturell definierten Umgang mit Zeit.[171] Diese benutzerfreundlichen Eigenschaften des Instruments sind sicherlich auch ein Grund für die weitreichende Akzeptanz des Mediums Sonnenuhr, welche von der quantitativen Verteilung und regionalen Verbreitung der im Katalog aufgeführten Zeugnisse widergespiegelt wird.[172] Aufgrund der annähernd fünfmal höheren Anzahl der Belege ist die Ausgangslage für die Untersuchung von Sonnenuhren eine grundsätzlich andere als für Wasseruhren, so dass hier die statistische Erfassung von technologischen und ästhetischen Typen wesentlich sicherere Aussagen zulässt.

Das Zifferblatt einer Sonnenuhr ist in der Regel in zwölf saisonale Tagesstunden aufgeteilt, die sich im Winter über einen Zeitraum von 9' 31'' und im Sommer von 14' 49'' erstrecken, so dass die Länge der Einzelstunde je nach Jahreszeit zwischen 47' 35'' und 74' 5'' schwankt.[173] Dieser jahreszeitliche Lauf der Sonne schlägt sich auch in der Länge des angezeigten Schattens nieder: Steht die Sonne zur Sommerwende am höchsten, wirft sie einen erkennbar kürzeren Schatten als im Winter. Somit werden von einer Sonnen- gegenüber einer Wasseruhr auch unmittelbar astronomische Kalenderdaten erfasst, die sie zur Anzeige der Tage im Jahresverlauf geeignet machen.[174]

Um diese Eigenschaft mit allgemein verbindlichen Terminen zu verknüpfen, weisen die Zifferblätter von 90 Prozent aller im Katalog geführten Sonnenuhren drei Datumslinien auf. Sie beziehen sich in der Regel auf die Termine von Sonnenwenden und Tagundnachtgleichen, die sich je nach Zeitpunkt ihrer Berechnung[175] im modernen Kalender auf folgende Termine verteilen:

Frühjahrsäquinoktium	19.–21. März	95–93 Tage bis zur
Sommersonnenwende	21. Juni	93–94 Tage bis zum
Herbstäquinoktium	22./23. September	90–93 Tage bis zur
Wintersonnenwende	21./22. Dezember	88–91 Tage bis zum

Die kalendarische Anzeige der Mehrheit aller Sonnenuhren teilt das Jahr in vier annähernd gleichlange Zeitintervalle auf, gibt also eine Quartalsgliederung vor. Gegebenenfalls können diese Kalenderlinien von Beischriften benannt oder durch weitere Daten ergänzt werden. Für die Zuweisung des Zeitmessers an einen technologischen Typus, also an eine hohle oder plane geometrische Grundform, ist die von ihm geleistete Anzeige von Stunden oder Jahresterminen unabhängig.[176] Da die Mehrheit aller Sonnenuhren auch Jahrestermine anzeigt, werden deshalb Meridiane hier

169 Zu den Konstruktionsprinzipien von Sonnenuhren vgl. Schaldach 2001, 53–56 und allgemein A. Zenkert, Faszination Sonnenuhr [5](Frankfurt am Main 2009) passim mit weiterführender Literatur.

170 A. Guthmann, Einführung in die Himmelsmechanik und Ephemeridenrechnung (Mannheim 1994) 15–22.

171 Vgl. A. Assmann, Abendländische Zeit-Konstruktionen. Versuch einer Übersicht, in: Assmann 1997, 5–24.

172 Unter Sonstige werden hier summarisch jene epigraphischen Zeugnisse geführt, die sich auf die Aufstellung eines Zeitmessers beziehen, dessen Typus nicht bestimmbar ist, sowie das mechanische Zeitwerk von Antikythera.

173 Matzarakis – Katsoulis 2006.

174 Schaldach 2001, 5–16.

175 Ebenda 14–16; Hannah 2009, 5–26 unter Einbeziehung der Fixsterne.

176 Vgl. Schaldach 2001, 71–93 für die Beispiele Aquae Mattiacorum 1 und Rom 3. Zu Zeitfunktionen hier Kapitel V.

typologisch gemeinsam mit den planen Formen geführt, und die Anzeigeleistung von Zeitmessern im Kapitel V untersucht.

Eine Sonnenuhr setzt sich im Regelfall aus den drei Elementen von Schattenkreis, Uhrenkörper und Basis zusammen. Für die Zuweisung an einen technologischen Typus ist die Bestimmung der geometrischen (Teil-)Form des Schattenkreises wesentlich. Aufgrund der Vorarbeiten von Gibbs und Schaldach ist die Einteilung und Zuweisung des archäologischen Bestandes an die einzelnen technologischen Typen vorgeprägt:[177] Ihrer Gliederung nach geometrischen Grundformen wird hier weitgehend gefolgt und Neufunde der jeweiligen Gruppe zugewiesen. Bereits Gibbs wie Schaldach weisen darauf hin, dass die technologische Einordnung eines Stücks, zumal eines Fragments, ohne Autopsie immer dann schwer fällt, wenn sein Schattenkreis sphärisch oder konisch zugeschnitten wurde. Während Gibbs den Bestand zuversichtlich auf die eine oder die andere geometrische Form verteilt, bezeichnet Schaldach unspezifische Stücke allgemein als „Hohlform". Seine Klassifizierung wird im Folgenden deshalb übernommen, um irrtümlichen Zuweisungen vorzubeugen und die hohe Anzahl formtypologisch unspezifischer Objekte offen zu legen.[178] So sollen im Rahmen der hier verfolgten kontextuellen und funktionalen Fragestellung die in früheren Arbeiten vorgeschlagenen typologischen Zuweisungen jeweils die Formtendenz einer Sonnenuhr anzeigen, ersetzen aber nicht die zukünftig für astronomische Fragestellungen erforderliche präzise mathematische Formanalyse. Auf der Grundlage der im Katalog für den Einzelbeleg aufgearbeiteten Kriterien wird im Folgenden versucht, die grundsätzlichen strukturellen Merkmale des jeweiligen technologischen Typus herauszuarbeiten. Dies bedeutet u. a. seinen quantitativen Anteil am Bestand zu ermitteln, seine Laufzeit und seine chronologische Verteilung zu definieren und über die Aufstellungskontexte zu prüfen, ob sich am Material Schwerpunkte für den funktionalen Einsatz des jeweiligen Typus abzeichnen. Nach den möglichen Ursachen für die hier festgestellten Muster der Verteilung wird anschließend in nachfolgenden Kapiteln gefragt.

2.1 Hohle Formen

Unter den im Katalog aufgeführten Sonnenuhren überwiegen Zifferblätter, die der Fläche einer geometrischen Hohlform entsprechen: Steht am einen Ende des am Bestand nachvollziehbaren Formenspektrums mit dem sphärischen Typus II 2.1.1 ein Schattenkreis, dessen Fläche einer eingetieften Teilkugel entspricht und am anderen Ende der kegelförmig geschnittene, konische Typus II 2.1.2, so treten im Material unzählige Varianten von diesen idealen Grundformen auf, die hier unter II 2.1.3 geführt werden.[179] Die eindeutige Bestimmung der dem jeweiligen Zifferblatt zugrunde liegenden geometrischen Form sowie deren Ausrichtung setzt die mathematische Analyse einer jeden Sonnenuhr voraus, die nur für eine Minderheit der Zeugnisse bislang vorliegt und die im Rahmen dieser Arbeit nicht verfolgt wird.

177 Gibbs 1976, 3–32 und Schaldach 2006, 31–42. Zu den Schwierigkeiten, die sich aus der unpräzisen handwerklichen Ausführung für die mathematischen Analyse ergeben: ebenda, 147. 155.

178 Vgl. Schaldach 2006, 85–144, der für seinen Katalog der Einzelfunde häufig die Umschreibung „Hohlform" wählt, weil die eindeutige Zuordnung an eine geometrische Grundform nicht gelingt. Anhand von Fotografien die Form des Zifferblatts zu bestimmen ist oft unmöglich, so dass hier der von früheren Bearbeitern nach Autopsie eines Stücks vorgeschlagene Typus meist übernommen wurde.

179 Zu den möglichen Ursachen dieser Abweichungen vgl. Schaldach 2006, 36, der sie auf die unpräzise handwerkliche Ausführung zurückführt.

2.1.1 sphärisch geschnittene Zifferblätter

Den sphärisch geschnittenen Zifferblättern wird eine Sonnenuhr dann zugeordnet, wenn ihr Schattenkreis einer (Teil-)Fläche der Kugelform entspricht und die Gnomonspitze im Zentrum der Hohlkugel steht.[180] Trotz gemeinsamer geometrischer Grundlagen wird im Hinblick auf ihre speziellen strukturellen Merkmale, die sich erheblich auf die Modalitäten ihrer Aufstellung auswirken, eine Untergruppe der sphärischen Zifferblätter später als Sonderform erneut aufgegriffen: Dazu zählen jene Instrumente, die mehrere (hemi-)sphärisch geschnittene Zifferblätter in einem Block vereinigen.[181] Um zunächst jedoch die Entwicklung der sphärischen Zifferblätter als technologischen Typus nachzuvollziehen, werden hier alle Belege gemeinsam aufgeführt.

Fundort	Aufbewahrungsort	I	Art der I	Kontext	Datierung
Istros 1	Bukarest, NM L 2023	g	Datum	–	Anfang 3. Jh. v. Chr. ?
Delos 4	Delos, B 2929-8545	–	–	–	frühes 2. Jh. v. Chr.
Samothrake 1	Samothrake, Mus. 70.894	g	Datum	Heiligtum	frühes 2. Jh. v. Chr.
Ai Khanoum 1	Kabul, Arch. Mus.	–	–	Gymnasium	vor 150 v. Chr.
Delos 5	Delos, B 4367	g	Datum, Aufsatz Wind; Stiftung, 2 Zifferblätter	Gymnasion GD 76	1. H. 2. Jh. v. Chr.
Tenos 1°	Tinos, Arch. Mus. A 139	g	Datum; Lehrgedicht, Hersteller; 4 Zifferblätter: sphä, sphäV, 2 vert	Poseidon-H.	2. H. 2. Jh. v. Chr.
Delos 9	Delos, 133	g	Datum	Agora Delier	2. Jh. v. Chr
Delos 10	Delos o. Nr.	–	2 Zifferblätter	Italiker Agora	2. Jh. v. Chr.
Delos 13	Delos, o. Nr.	–	–	–	2. Jh. v. Chr.
Delos 17	o. Nr.	–	–	–	2. Jh. v. Chr.
Delos 18	Delos B 115-6243	–	–	Dionysos-H. ~	2. Jh. v. Chr.
Ilion 1	Troia, Grabungsdepot I 53	g	Datum	–	2. Jh. v. Chr.
Ioulis 1	–	g	Datum, 2 Zifferblätter	öffentlich	2. Jh. v. Chr.
Maroneia 1	Maroneia, Arch. Smlg. AKM 451	g	Datum	Wohnhaus	2. Jh. v. Chr.
Naukratis 1	London, Brit. Mus. 1909 2-16 10	g	Stunden	Miniatur	2. Jh. v. Chr.
Naukratis 1		–	–	Miniatur	2. Jh. v. Chr.

180 Zu den mathematischen Grundlagen dieser Form vgl. Schaldach 2006, 161 f.

181 Dazu zählen in der folgenden Aufstellung Tyndaris 1, Herculaneum 1, Delos 5, Ioulis 1, Side 1, Seleukia/K. 1 und Tenos 1°, die ausnahmslos in den beiden vorchristlichen Jahrhunderten entstanden. Wird in der Tabelle nur die Anzahl der Zifferblätter geführt, so handelt es sich um mehrere Zifferblätter desselben Typus, ansonsten wird die typologische Zusammensetzung der Typen genannt.

Fundort	Aufbewahrungsort	I	Art der I	Kontext	Datierung
Pergamon 2	Bergama, Arch. Mus. 1539	–	2 Zifferblätter	öffentlich	2. Jh. v. Chr.
Side 1	in situ	–	4 Zifferblätter: 2 sphä, 2 v-vertikal	Stadtgebiet	2. Jh. v. Chr.
Rhodos 6	Rhodos, Ephorie o. Nr.	–	–	Heiligtum	hellenistisch
Rhodos 8	Rhodos, Ephorie o. Nr.	–	–	–	hellenistisch
Rhodos 14	Rhodos, Ephorie A 1112	–	–	–	helllenistisch
Lindos 1	Lindos, Depot Akro-polis	–	–	Athena-H.	hellenistisch
Rhodos 10	Rhodos, Ephorie A 1104	–	–	Wohnhaus	(spät-) hellenistisch
Vulci 1	Vulci, Mus.	–	–	Stadtgebiet	2./1. Jh. v. Chr.
Pompeji 33	Granario	–	–	Villa	1. H. 1. Jh. v. Chr.
Teanum Apulum 1°	AE 1975, 232	l	Stiftung	Prätorium ~	frühes 1. Jh. v. Chr.
Delos 24	Delos, o. Nr.	–	–	–	1. Jh. v. Chr.
Delos 27	Delos B 4669	–	–	Synagoge	1. Jh. v. Chr. ?
Delos 28	Delos o. Nr.	–	–	Synagoge	1. Jh. v. Chr.
Herculaneum 1	Rom, NM	–	2 Zifferblätter: sphä, kon	Villa Scipio	1. Jh. v. Chr.
Ialysos 2	Rhodos, Magazin A 914	–	–	Heiligtum	1. Jh. v. Chr.
Milet 1	Berlin SK 1594	g	Datum	Agora	1. Jh. v. Chr.
Palmyra 1°	unbekannt	g	Datum, Monat, 3 Zifferblätter	Heiligtum	1. Jh. v. Chr.
Pompeji 2	Granario, 34219	–	–	–	1. Jh. v. Chr.
Pompeji 3	Granario	–	–	–	1. Jh. v. Chr.
Pompeji 29	Pompeji, Mus. 6100	–	–	Villa	1. Jh. v. Chr.
Riano 1	Rom, NM 12 55 96	–	–	Stadtgebiet	1. Jh. v. Chr.
Tyndaris 1	Palermo, Nat. Mus. 5587	–	4 Zifferblätter: 2 kon, 2 sphä	–	1. Jh. v. Chr.
Pompeji 6	in situ	–	–	Villa, Garten	80 v.–14 n. Chr.
Patras 1	Patras, Arch. Mus. L 2481	l	–	Wohnhaus	10 v. / 10 n. Chr.
Pompeji 12	in situ	–	–	Villa	30 v.–32 n. Chr.
Seleukia/ K. 1	Istanbul, Arch. Mus.	g	Stunden, 5 Ziffer-blätter: 3 sphä, 2 vert	–	späthellenistisch?
Augusta Emerita 1	Merida, 37405	–	–	Theater	augusteisch
Rom 4	Rom, Vat. Mus. II 90 24 39	g	Monat, Zodiakos	Villa	nach 8 v. Chr.

Fortsetzung auf der nächsten Seite.

Fundort	Aufbewahrungsort	I	Art der I	Kontext	Datierung
Vetera 1	Bonn, Rheinisches Landesmus. 33568	–	–	Kastell	14–70 n. Chr.
Oplontis 1	Oplontis, in situ Nr. 1257	–	–	Villa	um 50/60 n. Chr.
Pompeji 23	Pompeji, Mus. 1171	–	–	Villa	Mitte 1. Jh. n. Chr.?
Ostia 7	Ostia, Museum 14463	–	–	–	frühkaiserzeitlich
Rhodos 19	Rhodos, Ephorie A 1108	–	–	–	frühkaiserzeitlich
Rhodos 20	Rhodos, Ephorie A 1109	–	–	–	frühkaiserzeitlich
Tibur 2	Tivoli	–	–	–	frühkaiserzeitlich
Tibur 3	Privatsammlung	–	–	–	frühkaiserzeitlich
Herculaneum 4	in situ	–	–	Villa, Garten	vor 79 n. Chr.
Pompeji 5	Pompeji, Mus. 20495	–	–	–	vor 79 n. Chr.
Pompeji 14	Granario	–	–	–	vor 79 n. Chr.
Pompeji 16	Granario	–	–	–	vor 79 n. Chr.
Pompeji 17	Granario	–	–	–	vor 79 n. Chr.
Pompeji 18	Granario	–	–	–	vor 79 n. Chr.
Pompeji 19	in situ	–	–	Villa	vor 79 n. Chr.
Pompeji 31	Granario, 44295	–	–	–	vor 79 n. Chr.
Caesaraugusta 1	Zaragoza, Arch. Mus.	–	–	Theater	1. Jh. n. Chr.
Cherchel 1	–	–	–	Nekropole ?	1. Jh. n. Chr.
Hegra 1°	Istanbul, Inv. Nr. 7664	nabat	Stiftung	Stadtgebiet	1. Jh. n. Chr.
Herdonia 1	Ordonia, 79-OR-167	–	–	Nekropole	1. Jh. n. Chr.
Larium 1	Larino, Kathedrale	–	–	–	1. Jh. n. Chr.
Leptis Magna 1°	Tripolis, Arch. Mus.?	neopu	Stiftung	–	1. Jh. n. Chr.
Leptis Magna 2	Leptis, Archäologisches Museum	–	–	Stadtgebiet	1. Jh. n. Chr.
Milet 2	Milet, Mus.	–	–	Nekropole ~	1. Jh. n. Chr.
Ostia 2	Ostia, Mus. 1447	–	–	Therme	1. Jh. n. Chr.
Olympia 1	Olympia, Arch. Mus	–	–	–	1. Jh. n. Chr.
Altinum 2	Altino, Mus. AL 14009	–	–	Nekropole	2. H. 1. Jh. n. Chr.
Licenza 1	Tivoli, Magazin SAL 270	–	–	Villa	2. H. 1. Jh. n. Chr.
Novaesium 1	Neuss, Clemens-Sels-Museum 2783	–	–	Militärlager	vor 100 n. Chr

Fundort	Aufbewahrungsort	I	Art der I	Kontext	Datierung
Ostia 6	unbekannt	–	–	Nekropole ~	spätes 1. Jh. n. Chr.
Aphrodisias 1	InsAPh 8.502 a + b	g	Datum	Theater, Tetrastoon	1.–2. Jh. n. Chr.
Lunel-Viel 1	Quarante, Mus. Arch.	–	–	–	50–150 n. Chr.
Dmeir 1	Paris, Louvre AO 3025	naba	Stiftung	auf Altar, Hlgt.	nach 106 n. Chr.
Bettwiller 2	Strassburg, MAS 2409	–	–	–	Anfang 2. Jh. n. Chr.
Athen 20	Athen, NM 13366	–	–	–	Mitte 2. Jh. n. Chr.
Pergamon 10	Bergama, Steindepot 387	–	–	Spolie	2. Jh. n. Chr. ?
Cannstatt 1°	Württembergisches LM R 193.3	l	Hersteller?	–	2. Jh. n. Chr.
Kephalos 1	Thirrion, 98	–	–	–	2. Jh. n. Chr.
Kourion 1	Kourion, Mus. 150	–	–	Agora	2. Jh. n. Chr.
Lambaesis 3	Paris, Louvre MA 1775	–	–	Stadtgebiet	2. Jh. n. Chr.
Praeneste 3	Liverpool Mus. 1959.148.128	–	–	–	2. Jh. n. Chr.
Salona 1	Split, Mus. o. Nr.	–	–	–	2. Jh. n. Chr.
Tibur 4	–	–	–	–	2. Jh. n. Chr.
Aphrodisias 3°	Selcuk, Mus. 375	g	Stunden; Stiftung	Forum ~	196–198 n. Chr.
Aquileia 5	Wien, KH Mus. Ad I 225	–	–	–	kaiserzeitlich
Traianopolis 1°	Komotini, Arch. Mus. 1358	g	Stiftung	–	kaiserzeitlich
Tusculum 1	Rom, Thermenmuseum	–	–	Villa	kaiserzeitlich
Volubilis 2	Volubilis o. Nr.	–	–	–	kaiserzeitlich
Volubilis 3	Volubilis, in situ	–	–	Forum ?	kaiserzeitlich
Ostia 8	Rom, Vat. Mus. 2534	–	–	–	kaiserzeitlich?
Aphrodisias 5	InsAPh 8.214	g	Datum	Theater	2.–3. Jh. n. Chr.
Athen 19	Athen, Agora ST 589	–	–	Agora	hochkaiserzeitlich
Enserune 2	Quarante	–	–	Villa rustica	3.–4. Jh. n. Chr.
Konstantinopel 1	Istanbul, Topkapi	–	–	Irenenkirche	6. Jh. n. Chr.
Paestum 1	Paestum, Magazin	–	–	Kirche	spätantik
Sparta 3	Sparta, Arch. Mus. 7628	–	–	Villa	spätantik
Isthmia 2	Isthmia, Arch. Mus. IM 2124	–	–	–	spätantik ?

Abb. 13: Sonnenuhren mit sphärischem Zifferblatt der Gruppe II 2.1.1

Von den 101 im Katalog geführten sphärischen Sonnenuhren entstand mehr als ein Drittel aller Stücke im 1. Jh. n. Chr. Ob die Einschätzung der Bearbeiter für Istros 1 zutrifft, die sie aufgrund von paleographischen Argumenten – es sind fünf Buchstaben der Beischriften erhalten – ins ausgehende 4. bzw. ins 3. Jh. v. Chr. setzen, ist aufgrund des schlechten Erhaltungszustands des Stücks und seines unbekannten Fundkontextes nicht zu klären. Durchgesetzt hat sich der Typus jedenfalls erst im Verlauf des 2. Jhs. v. Chr., während dessen er jeweils mehrfach in ägyptischen, rhodischen und delischen Befunden vertreten ist. Deutlich zeichnet sich für das 1. Jh. v. Chr. ab, dass der Typus nun in Italien angekommen ist – fast die Hälfte aller Belege stammen aus mittel- und unteritalischen Kontexten. Da über die Hälfte aller in vorchristlicher Zeit entstandenen sphärischen Sonnenuhren aus Unterägypten, Rhodos, Delos oder den Vesuvstädten bekannt geworden sind, und manche der Uhren eines Orts nahezu identisch aussehen, zeigt diese Verteilung wohl frühe Zentren der (seriellen) Uhrenproduktion an.

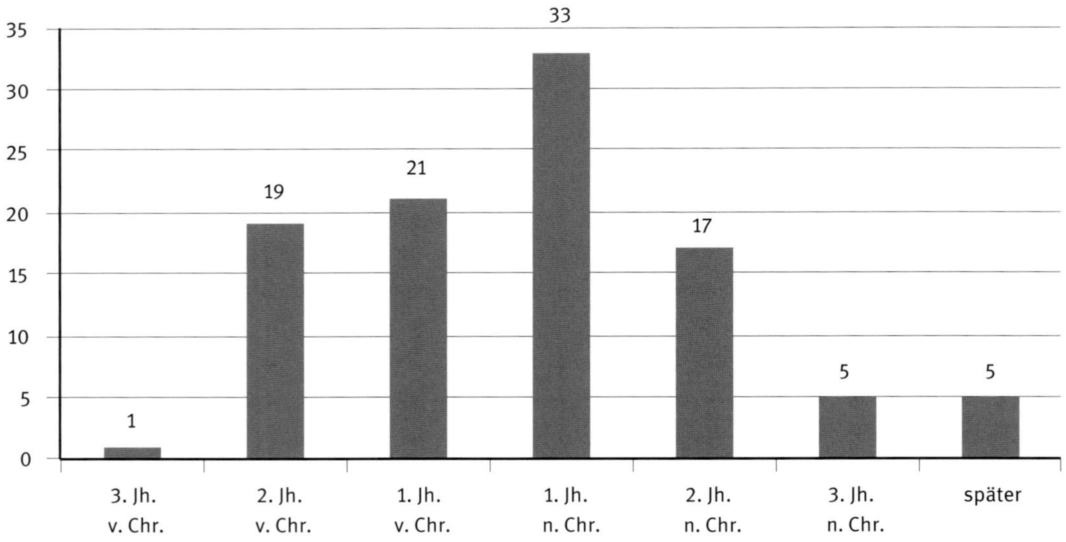

Abb. 14: Chronologische Verteilung der sphärischen Sonnenuhren

Das Bild ändert sich mit dem sprunghaften Anstieg der bekannten Uhren dieses Typus im 1. Jh. n. Chr., mit dem eine deutlich weitere regionale Streuung und höhere formale Varianz einhergeht. Während der technologische Stand des sphärischen Typus gleich bleibt, legt das Verteilungsmuster nahe, dass ab jetzt andere Mittel zur Verbreitung der erforderlichen Kenntnisse eingesetzt werden: Ist die Herstellung dieser Uhren zuvor Aufgabe von wenigen spezialisierten Werkstätten, so scheinen nun Vorlagen existiert zu haben, die überregional zum Bau von Sonnenuhren anleiteten. Es fällt auf, dass die entsprechenden Befunde des 1. Jhs. n. Chr. überwiegend aus Hafenstädten stammen, die offenbar in dieser Phase eine wesentliche Rolle für die Verbreitung von technischem Wissen spielten. Deutlich zeichnet sich ab, dass im 2. Jh. n. Chr. Neuaufstellungen von Zeitmessern mit sphärischem Zifferblatt zwar nachlassen, aber weder völlig abbrechen noch signifikant unter den Stand des ersten vorchristlichen Jahrhunderts fallen. Von Einzelstücken abgesehen, nimmt seitdem aber die erzielte Genauigkeit der Anzeige sukzessive ab.

Auslöser für die zuvor beobachtete exponentielle Zunahme der Aufstellungen im 1. Jh. n. Chr. muss in spezifischen Entwicklungen dieser Zeit zu suchen sein. Punktuell werden nun sphärische Zifferblätter auch in Gallien und transalpinen Gebieten aufgestellt, wie die Beispiele Lunel-Viel 1 und Bettwiller 2 anzeigen. Als ein Zentrum der Uhrenherstellung kristallisiert sich für das 2. Jh. n. Chr. Aphrodisias heraus, wo besonders große, freistehende Sonnenuhren entwickelt werden, deren rückwärtige Kontur die sphärische Form des Schattenkreises aufnimmt. Diese Merkmale, die innerhalb eines nur begrenzten Zeitraums die Uhren Aphrodisias 1, 3° und 5 teilen, könnten auf eine lokale Werkstatt hinweisen. Trotz erheblicher Schwierigkeiten hinsichtlich der präzisen chronologischen Einordnung der hochkaiserzeitlichen Zeugnisse, lässt der Bestand für das 3. Jh. n. Chr. und die Folgezeit erkennen, dass weiterhin Zeitmesser hergestellt werden. Regional verlagert sich nun die Neuaufstellung von Instrumenten dieses Typus auf die griechischen und östlich anschließenden Gebiete des römischen Reiches.

In der Tabelle werden auch jene Sonnenuhren aufgelistet, deren Zifferblatt als horizontal gelagerte Halbkugel, also schalenförmig in den Werkstein eingetieft wurde.[182] Sie sind eine Variante der Sphären und erfordern dieselben astronomischen und mathematischen Kenntnissen.[183] Diese Sonderform der kugelförmigen Hohlsonnenuhren vereinen einige strukturelle Merkmale: So wird erstens für die Herstellung dieser Zeitmesser ein relativ großer, qualitativ hochwertiger Block benötigt, mit dem ein verhältnismäßig hoher finanzieller Aufwand verbunden ist. Zweitens verlangt die unter freiem Himmel aufgestellte Steinschale eine gegenüber anderen Typen höhere Wartung. Da drittens der Schattenkreis einsehbar sein muss, können diese Instrumente nur bis zu einer maximalen Höhe von 1.40 m aufgestellt gewesen sein, so dass ihr Standort noch weiter als für andere Typen erforderlich von der umgebenden Bebauung entfernt sein muss. Ihre geringe Anzahl im archäologischen Befund zeigt deutlich, dass sie innerhalb der antiken Aufstellungspraxis stets eine Besonderheit darstellten. Unter ihnen begegnen Beischriften und Mehrfachzifferblätter besonders häufig, außerdem konzentrieren sich die Befunde auf das 2. Jh. v. Chr.

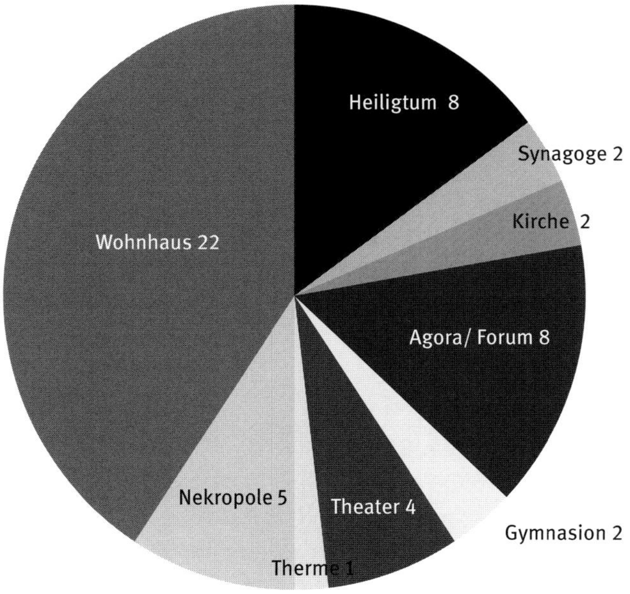

Abb. 15: Kontextuelle Verteilung der sphärischen Sonnenuhren

Aufs Ganze gesehen stammen zwei Fünftel aller bekannten sphärischen Sonnenuhren aus dem italischen Raum, mit einem deutlichen chronologischem Schwerpunkt im 1. Jh. n. Chr., so dass auch in diesem Umfeld nach den Ursachen für den exponentiellen Anstieg der Uhrenproduktion zu suchen sein wird.

Für immerhin etwas mehr als die Hälfte aller vorgestellten sphärischen Sonnenuhren konnte der Kontext ihrer Aufstellung ermittelt werden. Wiederum knapp die Hälfte dieser Zeitmesser stammt aus Wohnhäusern, während sich die öffentlichen Aufstellungen zu annähernd gleichen

182 Einige Bearbeiter wenden den Begriff der Hemisphäre auch auf nicht horizontal gelagerte halbkugelförmige Zifferblätter an, die hier jedoch aufgrund gemeinsamer struktureller Merkmale unter den sphärischen Zifferblättern geführt werden. Als hemisphärische Zifferblätter werden hier Delos 4. 10. 24, Samothrake 1, Pergamon 2, Palmyra 1°, Rom 4, Novaesium 1, Dmeir 1 und Canstatt 1 aufgelistet.

183 Gibbs 1976, 12–14.

Anteilen auf Kultbezirke und Platzanlagen verteilen. Liegt der Schwerpunkt der Aufstellung von Sphären während des Hellenismus und der Spätantike auf sakralen Kontexten, entsteht dieser Eindruck v. a. aufgrund der zahlreichen hellenistischen Hemisphären.

Demgegenüber wurde bislang keine kaiserzeitliche Sphäre in einem Heiligtum gefunden: Jedoch sind möglicherweise die Inschriften der Uhren Leptis Magna 1° und Traianopolis 1° als Stiftungen von Privatpersonen in lokale Heiligtümer zu interpretieren, weil jeweils die persönliche Leistung des Stifters in einer Weise hervorgehoben wird, wie sie für Uhrenstiftungen in anderen kontextuellen Zusammenhängen unüblich ist. In der Regel werden während der Kaiserzeit Sphären überwiegend in stärker ‚privat' konnotierten Räumen aufgestellt – in Wohnhäusern und Nekropolen. Die nachrangige Bedeutung der Sphären für den öffentlichen Raum könnte auch die geringe Anzahl von Stiftungen innerhalb dieser Gruppe bestätigen.[184] An anderer Stelle wird den ideologischen Konzepten nachzugehen sein, die von alters her mit den sphärischen Zeitmessern – möglicherweise aufgrund ihrer frühen Verbreitung in zahlreichen Heiligtümern – verbunden wurden, und die in einer spezifisch italischen Umdeutung zu einer erhöhten Akzeptanz des Typus führten.[185]

2.1.2 konisch geschnittene Zifferblätter

Der Gruppe der konisch geschnittenen Zifferblätter lässt sich eine Sonnenuhr dann zuweisen, wenn ihr Schattenkreis der Teilform eines Hohlkegels entspricht und die Gnomonspitze in der Kegelachse liegt.[186] Wie auch für die sphärisch geschnittenen Mehrfachzifferblätter werden die entsprechenden konischen Vertreter hier im Hinblick auf ihre technologische Zugehörigkeit gemeinsam behandelt, während ihre strukturellen Merkmale als Sonderform getrennt diskutiert werden. Die konischen Zifferblätter bilden im archäologischen Bestand die umfangreichste technologische Gruppe unter den Zeitmessern, deren chronologische Verteilung innerhalb des Untersuchungszeitraums auf der statistischen Grundlage von 148 Vertretern beurteilt werden kann.

Fundort	Aufbewahrungsort	I	Art der I	Kontext	Datierung
Herakleia/ Latmos 1°	Paris, Louvre MNB 694	g	Stiftung; Hersteller; 2 Zifferblätter	Agora	2. H. 3. Jh. v. Chr.
Athen 3	in situ	–	–	Theater	230–200 v. Chr.
Paphos 1°	Nea Paphos, Arch. Mus. 1997	g	Hersteller	Villa	um 200 v. Chr.
Pompeji 30	Neapel, Arch. Mus. 23825	–	–	Villa Peristyl	200–80 v. Chr.
Klaros 1	Izmir, Archäologisches Museum	g	Stiftung	Apollon-H.	frühes 2. Jh. v. Chr.
Samos 1°	Samos, Arch. Mus. 322	g	Datum; Hersteller; Stiftung	Agora	1. H. 2. Jh. v. Chr.
Tyndaris 1	Palermo, Nat. Mus. 5587	–	4 Zifferblätter: 2 kon, 2 sphä	–	1. H. 2. Jh. v. Chr.

184 Hier Kapitel VII 2.

185 Den Ursachen für die spezifische Verwendung des Typus wird im Einzelnen in Kapitel VII nachgegangen, zum letztgenannten Aspekt vgl. insbesondere Kapitel VII 7.

186 Zu den mathematischen Grundlagen dieser Form vgl. Schaldach 2006, 163 f.

Fundort	Aufbewahrungsort	I	Art der I	Kontext	Datierung
Dion 1°	Dion, Mus. 35	l	Stiftung	Dionysos-H.	nach 169 v. Chr.
Sparta 1	Sparta, Arch. Mus. 6193	–	2 Zifferblätter; Winde	öffentlich	Mitte 2. Jh. v. Chr
Oum el Ahmed 1°	Paris, Louvre AO 4823	phö	Datum; Stiftung	Stadtgebiet	150–100 v. Chr.
Alexandria 2	Alexandria, Mus. 15735	–	–	Nekropole; Miniatur	2. Jh. v. Chr.
Alexandria 3	Alexandria, Mus. 17483	–	–	–	2. Jh. v. Chr.
Delos 8	Delos, B 117–7810	–	–	Artemis-T.	2. Jh. v. Chr.
Delos 12	Delos, B 1001–5941	–	–	Agora Theophrast	2. Jh. v. Chr.
Delos 14	Delos, 5394	–	–	–	2. Jh. v. Chr.
Delos 15	Delos, o. Nr.	–	–	–	2. Jh. v. Chr.
Dimale 1	Tirana Mus. Inv. Nr. 1478	g	Hersteller, 2 Zifferblätter: kon, vert	Agora	2. Jh. v. Chr. ?
Ephesos 1	Wien, KH I 1639	g	Datum	Agora	
Kamiros 1	in situ	–	–	Heiligtum	2. Jh. v. Chr.
Kos 1	Kos, Arch. Mus.	–	–	–	2. Jh. v. Chr.
Kos 2	Kos, Arch. Mus.	–	–	–	2. Jh. v. Chr.
Kos 3	Kos, Arch. Mus.	–	–	–	2. Jh. v. Chr.
Melos 1	Milos, Arch. Mus.	–	–	–	2. Jh. v. Chr.
Mytilene 1	Mytilene, Arch. Mus.	–	–	–	2. Jh. v. Chr.
Petres 1	Florina, Arch. Mus.	–	–	Zeus-H.	2. Jh. v. Chr.
Pompeji 1°	Neapel, Arch. Mus. 2541	osk	Stiftung	Therme	2. Jh. v. Chr.
Priene 1	in situ	g	Datum	Gymnasion	2. Jh. v. Chr.
Rhodos 13	Rhodos, Ephorie A 1111	–	–	–	hellenistisch
Rhodos 15	Rhodos, o. Nr.	–	–	Wohnhaus	hellenistisch
Rhodos 16	Rhodos, Arch. Mus.	–	–	–	hellenistisch
Imbros 1°	Athen, Epigraph. Mus. 2922	g	Stiftung	H. Theois Megalois ~	2./1. Jh. v. Chr.
Darro 1	Vilanova i Geltru	–	–	Villa; Miniatur;	1. H. 1. Jh. v. Chr.
Jerusalem 1	Haifa, Hecht-Mus. IAA 1986–243	–	–	Wohnhaus; Miniatur	2. H. 1. Jh. v. Chr.
Jerusalem 2	Jerusalem, Hebrew University 3018	–	–	Spolie	2. H. 1. Jh. v. Chr.
Jerusalem 3	Jerusalem, Hebrew University 684B	–	–	Spolie	2. H. 1. Jh. v. Chr.
Rhodos 11	Rhodos, Ephorie A 1105	–	–	–	(spät-) hellenistisch

Fortsetzung auf der nächsten Seite.

Fundort	Aufbewahrungsort	I	Art der I	Kontext	Datierung
Samos 3	Samos, Arch. Mus. 323	–	–	Nekropole ? ~	späthellenistisch
Delos 23	Delos, 1046–6047	–	–	Agora Theophrast	1. Jh. v. Chr.
Delos 22	Delos, B 3652–11023	–	–	Wohnhaus ~	1. Jh. v. Chr.
Delos 25	Delos, 7683	g	Stiftung ?	–	1. Jh. v. Chr.
Delos 26	Delos, o. Nr.	–	–	–	1. Jh. v. Chr.
Erythrai 1	Erythrai, Museum Inv. Nr. 9373	g	Datum	Stadtgebiet	1. Jh. v. Chr.
Herculaneum 1	Rom, NM	–	2 Zifferblätter: kon, hemi	Villa Scipio	1. Jh. v. Chr.
Ialysos 1	in situ	–	–	Athena-H.	1. Jh. v. Chr.
Korinth 1	Korinth, Arch. Mus. A 866	–	–	–	1. Jh. v. Chr.
Megara 1	Megara, Arch. Mus. 42	–	–	Stadtgebiet	1. Jh. v. Chr.
Naga 1	in situ	–	2 Zifferblätter: kon, vert	Amun-H.	1. Jh. n. Chr.
Ostia 1	Ostia, Mus. 15903	–	–	Heiligtum	1. Jh. v. Chr.
Paphos 2	Paphos, Mus. MTT 1504	–	–	–	1. Jh. v. Chr.
Paros 3	Paros, Museum	–	–	Wohnhaus	1. Jh. v. Chr.
Paros 2	Paros, Mus.	g	Datum	Stadtgebiet	1. Jh. v. Chr.
Pergamon 5	Pergamon, Arch. Mus.	–	–	–	1. Jh. v. Chr.
Pompeji 4		–	–	–	1. Jh. v. Chr.
Pompeji 32	Granario, 14330	–	–	Therme	1. Jh. v. Chr.
Pompeji 36	Pompeji, Mus. 24544	–	–	Villa Peristyl	1. Jh. v. Chr.
Rhodos 5	Rhodos, Mus. A 426	–	2 Zifferblätter	–	1. Jh. v. Chr.
Sulmo 1	Chieti, Mus. 36291	–	–	Herkules-H.	1. Jh. v. Chr.
Sulmo 2	Chieti, Mus. 36292	–	–	Herkules-H.	1. Jh. v. Chr.
Todi 1	Perugia	–	–	–	1. Jh. v. Chr.
Oropos 6°	Piräus, Arch. Mus. 584	g	Stiftung	Heiligtum	letztes V. 1. Jh. v. Chr.
Tanis 1	London, Brit. Mus. EA 68475	g	Datum	Miniatur; Wohnhaus	spätes 1. Jh. v. Chr.
FO unbekannt 5	Berlin, Pergamon-Mus. 1048	–	–	Theater ?, Athen?	späteres 1. Jh. v. Chr.
Athen 6	Athen, Agora ST 780	–	–	Agora	augusteisch
Athen 7	Athen, NM 3156	–	–	Theater	augusteisch
Ephesos 4	Ephesos, Mus.	–	–	Wohnhaus	augusteisch
Athen 8	Athen, Agora ST 147	–	–	Agora	frühes 1. Jh. n. Chr.
Athen 10	Athen, NM 3158	–	–	Theater	frühes 1. Jh. n. Chr.

Fundort	Aufbewahrungsort	I	Art der I	Kontext	Datierung
Piräus 1	Piräus, Meletopoulos Smlg	–	–	–	frühes 1. Jh. n. Chr.
Pompeji 22	Pompeji, Mus. 20588	–	–	Villa Peristyl	30/40 n. Chr.
Stabiae 1	Stabiae, Villa San Marco 62405	–	–	Villa	40/50 n. Chr.
Athen 9	Athen, NM 3157	–	–	Theater	1. H. 1. Jh. n. Chr.
Pergamon 6	Berlin, Staatl. Mus., Pergamonmus. ArD 2; AvP VII, 441	–	–	–	1. H. 1. Jh. n. Chr.
Palmyra 2°	Tetrapylon, Diokletianskastell	g, pal	Stiftung	Forum	64 n. Chr.
Rhodos 17	Rhodos, Ephorie A 1106	–	–	–	frühkaiserzeitlich
Rhodos 18	Rhodos, Ephorie A 1107	–	–	–	frühkaiserzeitlich
Herculaneum 3*	CIL XIV 713	g	Lehrgedicht	Villa	vor 79 n. Chr.
Herculaneum 5	in situ	–	–	Villa, Garten	vor 79 n. Chr.
Pompeji 13	Pompeji, Mus. 49744	x	Rasur	–	vor 79 n. Chr.
Pompeji 20	Granario, 49729	–	–	–	vor 79 n. Chr.
Pompeji 21	Forum in situ	–	–	–	vor 79 n. Chr.
Pompeji 24	Pompeji, Mus. 49786	–	–	–	vor 79 n. Chr.
Pompeji 27	Pompeji, Mus. 44295	–	–	–	vor 79 n. Chr.
Bettwiller 1	Aix les Bains	–	–	Therme	1. Jh. n. Chr.
Bosquet 1	Sant Pere de Ribes (?)	–	–	Villa rustica	1. Jh. n. Chr.
Ephesos 7	Selcuk, 374	–	–	Villa ?	1. Jh. n. Chr.
Ephesos 8	Selcuk, 1391	–	–	Nekropole	1. Jh. n. Chr.?
Isthmia 1	Isthmia, Magazin IM 70.39	–	–	H.	1. Jh. n. Chr.
Knidos 1	in situ	–	–	Dionysos-H.	1. Jh. n. Chr.
Korinth 2	Korinth, Arch. Mus. A 924	–	–	–	1. Jh. n. Chr.
Korinth 3	Korinth, Arch. Mus. A 930	–	–	–	1. Jh. n. Chr.
Lanuvium 1	London, Brit. Mus. 2547	–	–	Villa ~	1. Jh. n. Chr.
Melos 3	Milos, Arch. Mus.	–	–	–	1. Jh. n. Chr. ?
Milet 3	Milet, Mus.	–	–	Nekropole ~	1. Jh. n. Chr.
Modena 1	Modena, Mus.	–	–	Villa rustica	1. Jh. n. Chr.
Olympia 2	Olympia, Arch. Mus.	–	Stunden	–	1. Jh. n. Chr.
Ostia 3	Ostia, Mus. 1498	–	–	Forum ~	1. Jh. n. Chr.
Paphos 3	Palaio Paphos, in situ	–	–	Heiligtum	1. Jh. n. Chr.
Praeneste 2	Rom, Vat. Mus. 949	–	–	–	1. Jh. n. Chr.

Fortsetzung auf der nächsten Seite.

Fundort	Aufbewahrungsort	I	Art der I	Kontext	Datierung
Sparta 2	Sparta, Arch. Mus. 10632	–	–	–	1. Jh. n. Chr.
Tomis 1	Constanza, Mus.	–	–	Nekropole	1. Jh. n. Chr.
Velitrae 1	Velletri, Mus. 596	–	–	–	1. Jh. n. Chr.
Altinum 4	Altino, Mus. AL 11	–	–	Nekropole	1./2. Jh. n. Chr.
Delos 30	Delos, 261	–	–	–	1./2. Jh. n. Chr.
Memphis 1	unbekannt	–	–	Nekropole ~	1./2. Jh. n. Chr.
Perge 1°	Perge, Depot	g	Hersteller	Villa	1./2. Jh. n. Chr.
Kisamos 1	Kissamos, Arch. Mus.	–	–	Villa	frühes 2. Jh. n. Chr.
Aspira 1	Izmir, Arch. Mus. 5404	g	Datum	–	2. Jh. n. Chr.
Casalnuovo 1	–	–	–		2. Jh. n. Chr.
Chios 2	Chios, Mus.	–	–	–	2. Jh. n. Chr.
Guimera 1	–	–	–	Villa rustica	2. Jh. n. Chr.
Kabyle 1	in situ	–	–	Kastrum	2. Jh. n. Chr.
Milet 4°	Berlin, Staatl. Mus. SK 1593	g	Stiftung; Hersteller	Theater	2. Jh. n. Chr.
Olsipio 1	Freiria	–	–	Villa rustica ~	2. Jh. n. Chr.
Salacia Imp. 1	in situ	–	–	Villa rustica	2. Jh. n. Chr.
Thessaloniki 1	Thessaloniki, Mus.	–	–	–	2. Jh. n. Chr.
Aphrodisias 4	Aphrodisias, Grabung Nr. 92/53	g	Stiftung	Forum	Ende 2. Jh. n. Chr.
Athen 11	Leiden, RO III 65	–	–	Akademie ?	kaiserzeitlich
Athen 13	Athen, Agora 1870	–	–	Agora	kaiserzeitlich
Athen 12	Athen, Agora ST 209	–	–	Agora	kaiserzeitlich
Athen 14	Athen, Attalos-Stoa A 1769	–	–	Agora	kaiserzeitlich
Eretria 1	Eretria, Mus. 18910	–	–	Villa ~	kaiserzeitlich
Espelt 1	Igualada, Museu Comarcal	–	–	Villa rustica	kaiserzeitlich
Karthago 3	Karthago, Mus. o. Nr.	–	–	–	kaiserzeitlich
Montagnana 1	Merlara	–	–	Nekropole	kaiserzeitlich
Ostia 9	Ostia, Mus. 14382	–	–	–	kaiserzeitlich?
Paphos 4	Palaio Paphos	–	–	Heiligtum	kaiserzeitlich
Pergamon 7	Paris, Louvre MA 2880	–	–	–	kaiserzeitlich
Philippeville 1	Philippeville, Arch. Mus.	–	–	öffentlich	kaiserzeitlich
Rabat 1	Rabat, Mus.	–	–	–	kaiserzeitlich
Rhodos 9	Rhodos, Ephorie A 947	–	–	Wohnhaus	kaiserzeitlich
Rom 12	unbekannt	–	–	Nekropole	kaiserzeitlich

Fundort	Aufbewahrungsort	I	Art der I	Kontext	Datierung
Side 2	Side, Arch. Mus. 1391	–	–	Stadtgebiet	kaiserzeitlich?
FO unbekannt 7	Genf, Mus. 1931	–	–	–	kaiserzeitlich
Tarracina 1°	Terracina, Mus. Civico	l	Stiftung	Jupiter-H. ~	spätes 2. Jh. n. Chr.?
Brigantium 1	Vorarlberger Landesmuseum	–	–	Forum, Basilika	spätes 2./3. Jh. n. Chr.
Rubi 1	Rubi, Mus. 14003	–	–	Therme, Villa Rustica	2./3. Jh. n. Chr.
Rubi 2	Rubi, Mus.	–	–	–	spätes 2./3. Jh. n. Chr.
Vastrua 1	in situ?	–	–	–	2./3. Jh. n. Chr.
Athen 18	Athen, Epigraph. Mus. 9818	g	Stiftung	–	hochkaiserzeitlich
Thamugadi 2	Forum, in situ	–	–	Heiligtum ~	frühes 3. Jh. n. Chr.
Palmyra 3	Palmyra, Mus. 25/92 G 1982 914	g	Datum	Karawanserei	220–270 n. Chr.
Montanensium 1	Montana	–	–	Villa rustica	3. Jh. n. Chr. ?
Tarracina 2		–	–	–	spätkaiserzeitlich
Abu Mina 1	Alexandria, Mus. P 127	–	–	Forum	4. Jh. n. Chr.
Mylasa 1°	Mylasa 625	g	Stiftung	Kirche ?	6. Jh. n. Chr.
Athen 22	Athen, Agora ST 148	–	–	Agora	spätantik?
Kallipolis 1	Lidoriki, Arch. Mus. 19834	–	–	Therme	spätantik
Priene 3	in situ	–	–	Gymnasion	spätantik

Abb. 16: Sonnenuhren mit konischem Zifferblatt der Gruppe II 2.1.2

Unabhängig von zahlreichen anderen Faktoren ist die Beliebtheit dieses technologischen Typus wohl v. a. darauf zurückzuführen, dass seine Flächen im Gegensatz zu der Kugelform der sphärischen Zifferblätter und der Fragilität der horizontalen und vertikalen Platten geringere Anforderungen an den Steinmetz stellen bei gleichzeitig relativ geringem Materialaufwand.[187] Diese Einschätzung der generellen Merkmale konischer Zeitmesser wird dadurch bestätigt, dass in dieser Gruppe der Anteil der summarisch, wenn nicht sogar nachlässig gearbeiteten Stücke am höchsten ausfällt, deren Übergang zu den hier unter II 2.1.3 als unbestimmbare Hohlformen geführten Stücken fließend ist.

Obwohl einzelne konische Sonnenuhren wie Athen 3 und Klaros 1 überaus präzise gearbeitet sind, überwiegen die nachlässig gefertigten Stücke besonders im 2. Jh. n. Chr. Noch deutlicher als für die sphärischen Zifferblätter zeichnet sich als chronologische Tendenz grundsätzlich ab, dass im Laufe der Zeit die Genauigkeit der Anzeige abnimmt. Zwar begegnen im Befund noch bis ins ausgehende 2. Jh. n. Chr. weiterhin einzelne besonders präzise Instrumente wie Knidos 1 und Milet 4°, diese sind dann aber durchwegs öffentlichen Kontexten zuzuordnen.

187 Gibbs 1976, 42–46.

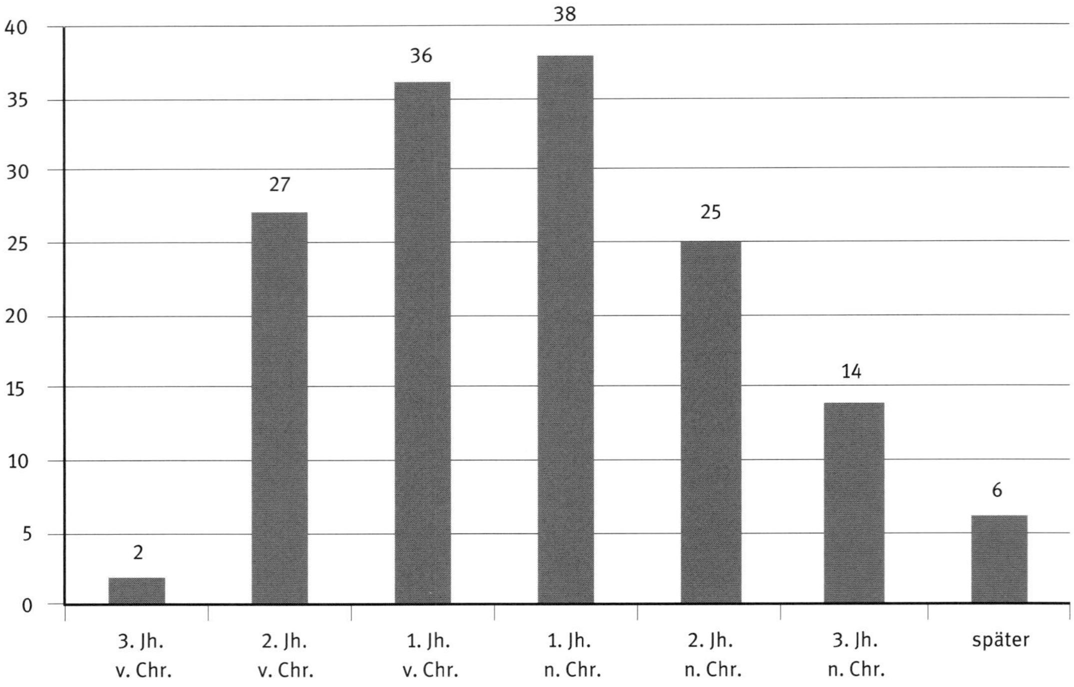

Abb. 17: Chronologische Verteilung der konischen Sonnenuhren

Im archäologischen Befund treten die Vertreter der konisch geschnittenen Zifferblätter überwiegend gleichzeitig mit dem sphärischen Typus in der ersten Hälfte des 2. Jhs. v. Chr. auf, doch offenbar entstanden einige dieser Instrumente vereinzelt bereits im 3. Jh. v. Chr.:[188] Darauf weist die Stiftungsinschrift von Herakleia am Latmos 1° hin, die einen ansonsten unbekannten Alexandriner namens Themistagoras, Sohn des Meniskos, als Konstrukteur einer Sonnenuhr ausweist, die Apollonios, Sohn des Apollodotos, in Herakleia zu Ehren des Ptolemaios als Basileus aufgestellen ließ. Die Formulierung *Βασιλεῖ Πτολεμάιῳ* sichert die Datierung des Instruments in die zweite Hälfte des 3. Jhs. v. Chr.[189] Ferner liegt mit dieser Stiftungsinschrift ein früher Beleg für die Konstruktion dieses Uhrentypus durch einen Alexandriner vor, der den Zeitmesser für Herakleia schuf, Astronomen in dieser Phase also überregional tätig waren. Die gemeinsame Verbindung dieser Stiftung und der Wasseruhren Fundort unbekannt 1 und 2, Leontopolis 1 und 2, Ephesos 6 sowie Rom 7–9 mit den Ptolemäern könnte den Weg offen legen, den die Entwicklung und Verwendung der Zeitmesser von Ägypten nach Griechenland nahm. Die Datierung des zweiten Instruments, der großen Sonnenuhr Athen 3, ins ausgehende 3. Jh. v. Chr. legt ihr außergewöhnlicher Standort oberhalb der Cavea des Dionysos-Theaters nahe. Obwohl auch hier ein gewisser Spielraum in der Datierung besteht, fällt ihre Aufstellung ungefähr mit dem Umbau der Wasseruhr Athen 2 vor den Heliaia zur Einlaufuhr zusammen. Auf verschiedenen technologischen Sektoren treffen in dieser Zeit in Griechenland Neuerungen aufeinander: Als der Einsatz von zeitlichen Norminstrumenten im öffentlichen Raum erforderlich wird, werden technologische Kenntnisse offenbar auf verschiedenen Gebieten gleichzeitig eingeführt, um anwendungsorientierte Lösungen zu entwickeln.[190]

Der sprunghafte Anstieg des Materials im Verlauf des 2. und 1. Jhs. v. Chr. bei gleichzeitig weiter regionaler Streuung ist wohl Anzeichen dafür, dass in dieser Phase Zeitmesser in immer mehr

188 Vgl. Dolan 1972.

189 D. Edwards, Ptolemy's Peri analemmatos: An Annotated Transcription of Moerbeke's Latin Translation and of the Surveying Greek Fragments with an English Version and Commentary. (nichtveröffentlichte Dissertation Brown University, Providence R. I. 1984) 10.

190 Vgl. auch die für die unter II 1.2b formulierten Beobachtungen für die Druckleitungen und mechanischen Komponenten von Einlaufuhren, die für dieselbe Zeit in eine ganz ähnliche Richtung weisen.

Lebensbereichen Einzug halten; nun ist Zeit wichtig. Die bereits an den Wasseruhren und den sphärischen Zifferblättern beobachtete erneute quantitative Steigerung während des 1. Jhs. n. Chr. wird durch die Verteilung der konisch geformten Schattenkreise zwar bestätigt, fällt jedoch gegenüber den sphärischen Zifferblättern weniger gravierend aus. So ist der Anteil konisch geschnittener Zifferblätter am Bestand des 2. und 3. Jhs. n. Chr. um ein Drittel höher als die Zahl der sphärischen Neuaufstellungen bei gleichzeitig weiter regionaler Verbreitung in allen Reichsprovinzen: Die konischen Zeitmesser sind nun der Typus der überall eingeführten Normaluhr. Seine dauerhaft weite geographische Verbreitung wird von der Beobachtung bestätigt, dass nur auf diesem Typus Inschriften in lokalen Dialekten bzw. Sprachen auftreten: Dazu zählt neben Oskisch und Umbrisch auf den Stücken Pompeji 26 und Bevagna 1 auch Palmyrenisch und Neuphönizisch auf den Uhren Palmyra 2 und Oum el Ahmed 1. Damit einher geht die v. a. mit diesem technologischen Typus verbundene hohe Flexibilität in der Verwendung lokaler Gesteinsarten: Viele dieser unschwer zu fertigenden Zeitmesser wurden nicht aus Marmor, sondern aus vor Ort verfügbaren, oft auch qualitativ minderwertigem Material hergestellt. Sie sind deshalb im archäologischen Befund bzw. als Spolie oft nur schwer erkennbar, so dass ihre bereits jetzt hohe Anzahl wahrscheinlich noch deutlich nach oben korrigiert werden muss. Stückzahl, Verbreitung, Produktionsorte und Fertigungsweise deuten darauf hin, dass die lokale Herstellung dieser Zeitmesser v. a. abseits der Zentren spätestens seit dem 1. Jh. v. Chr. anhand von Vorlagen erfolgte. Hier bestätigt sich die bereits an den sphärischen Zifferblättern beobachtete veränderte Übertragung von technologischen Kenntnissen: Ausgehend von wenigen Zentren der Produktion im 2. Jh. v. Chr., wird das statistische Muster nun von einer plötzlichen Zunahme der regionalen Streuung und der quantitativen Produktionssteigerung gekennzeichnet. Dieser Wechsel ist nur auf einen wesentlich höheren Verbreitungsgrad des bereits früher verfügbaren Wissens zurückzuführen, der die Existenz von schriftlichen Anleitungen zur Konstruktion seit dieser Zeit voraussetzt.[191]

Den Charakter der überall präsenten Alltagsuhr spiegelt auch die Verteilung des Typus auf die verschiedenen funktionalen Räume seiner Aufstellung wider, die für 87 der konischen Zeitmesser ermittelt werden kann.

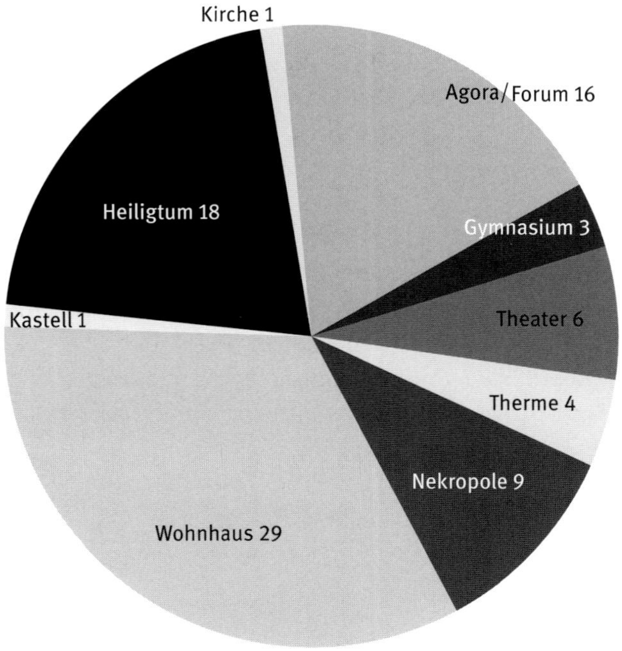

Abb. 18: Kontextuelle Verteilung der konischen Sonnenuhren

191 Vgl. M.-T. Cam, Cetius Faventinus. Abrégé d'architecture privée (Paris 2001) 160–162, der eine Bauanleitung für eine konische Sonnenuhr zu rekonstruieren versucht.

Die annähernd gleiche Anzahl von konischen Uhren, die aus einem Heiligtum, von einem öffentlichen Platz oder aus einem häuslichen Kontext stammen, zeigt deutlich, dass dieser Typus flexibel und funktional unspezifisch eingesetzt wird. Dieses Ergebnis wird von dem Gleichgewicht unter den Summen jener Stücke, die aus einem öffentlichen bzw. einem häuslich-privaten Zusammenhang stammen, bestätigt. Obwohl auch bei den konischen Sonnenuhren die Anzahl der nichtöffentlich aufgestellten Zeitmesser dieselbe Tendenz widerspiegelt, verteilen sich die Instrumente über die Jahrhunderte hinweg auf die unterschiedlichsten Kontexte: Eine spezifische Bindung von technologischem Typus und jeweiligem Handlungsraum lässt sich hier nicht nachvollziehen; eingesetzt wird, was technologisch verfügbar und finanziell praktikabel ist.

Die Aufstellung der verhältnismäßig vielen konischen Uhren in Theatern geht vorrangig auf ihren speziellen funktionalen Einsatz in Athen zurück, der an anderer Stelle zu diskutieren sein wird.[192]

2.1.3 unbestimmbare Hohlform

Dieser Kategorie wird eine Sonnenuhr dann zugeordnet, wenn ihr Schattenkreis zwar als Hohlform gebildet ist, aber keiner geometrischen Grundform eindeutig entspricht.

Fundort	Aufbewahrungsort	I	Art I	Kontext	Datierung
Delos 16	Delos o. Nr.	–	–	Wohnhaus	2. Jh. v. Chr.
Mevania 1°	Perugia, Mus.	umbrisch	Stiftung	öffentlich ~	150–90/89 v. Chr.
Alexandria 4	London, Brit. Mus. 1936, 0309.1	g	Stunden	Kleop. Nadel	spätes 2. Jh. v. Chr.
Athen 5	Athen, NM 3159	–	–	Theater	hellenistisch
Compsa 1	Conza	–	–	Villa rustica	spätes 1. Jh. n. Chr.
Aquileia 1	Aquileia, Mus. o. Nr.	–	–	–	1. Jh. n. Chr.
Helvia Ricina 1°	Ancona, Mus. Inv. Nr. 24898	l	Stiftung	Isis-H. ~	101 n. Chr.
Obachs 1	–	–	–	Villa rustica	2. Jh. n. Chr.
Aphrodisias 2	Aphrodisias, Grabung Nr. 1964, 64/415	g	Datum	Stadtgebiet	spätes 2. Jh. n. Chr.
Athen 16	Hadriansbibliothek BA 1400	–	–	röm. Agora ~	kaiserzeitlich
Athen 17	Athen, NM 3220	–	–	–	kaiserzeitlich
Ocriculum 1	–	–	–		kaiserzeitlich
Smitthus 1	Chemtou, Museum	–	–	–	kaiserzeitlich
Aisepos 1*	IMT Aisep	g	Datum	Heiligtum	3. Jh. n. Chr.?
Diluntum 1	Sarajevo Mus. Inv. Nr. 327	–	–	Stadtgebiet	3. Jh. n. Chr.
Guissona 1	Museu Eduard Camps	–	–	Villa rustica	3. Jh. n. Chr.
Herdade da O. 1	–	–	–	Villa rustica	3. Jh. n. Chr.
Vibium 1	Bovino, Mus.	–	–	Villa rustica	spätes 3. Jh. n. Chr.

192 Vgl. hier Kapitel VII 5 zu der Aufstellung von Zeitmessern in Theatern und VIII 1 zu den Zeitmessern in Athen.

Fundort	Aufbewahrungsort	I	Art I	Kontext	Datierung
Mampsis 1	Mampsis, Arch. Mus. 5001	–	–	Ostkirche	2. V. 4. Jh. n. Chr.
Diokletianopolis 1	Hisarya	–	–	Therme	4.–6. Jh. n. Chr.
Shoumen 1	in situ?	–	–	Kastell	4.–6. Jh. n. Chr.

Abb. 19: Sonnenuhren mit hohlförmigem Zifferblatt der Gruppe II 2.1.3

Schaldach wies bereits darauf hin,[193] dass für die zuverlässige mathematische Analyse eines Zifferblatts dessen geometrische Form der zugrunde gelegten geometrischen Gestalt möglichst nahe kommen sollte. Von dieser idealen Vorstellung weicht der archäologische Befund jedoch häufig in einem Maß ab, dass die Berechnung jener Paramater schwer fällt, nach denen eine Sonnenuhr konstruiert wurde. Die hier zusammengestellten Instrumente verbindet also nicht ihr gemeinsamer technologischer Kenntnisstand, sondern ihre nachlässige Fertigung: Sie sind so unpräzise gearbeitet, dass die von ihnen geleistete Zeitanzeige nur Näherungswerte geliefert haben kann. Da Sonnenuhren von der früheren Forschung insbesondere als Medien verstanden wurden, deren mathematische Analyse einen Beitrag zur Geschichte der Naturwissenschaften zu leisten vermag, war das Ziel immer die positive Zuordnung an die eine oder andere Grundform. Erst Schaldachs erneute sorgfältige Autopsie des festlandgriechischen Materials zeigte, dass etwa ein Drittel des zuvor der einen oder anderen Grundform zugewiesenen Materials vielmehr einer unbestimmbaren Hohlform entspricht, so dass zukünftig diese Kategorie sicherlich zulasten der sphärischen und konischen Zifferblätter noch an Umfang gewinnen wird. Die früheren zuversichtlichen Zuordnungen schränken nicht nur die Aussagekraft – beispielsweise einiger Berechnungen von Gibbs – erheblich ein,[194] sondern versperren den Blick auf die kulturgeschichtliche Perspektive des Phänomens, die mit der Herstellung und Aufstellung von unpräzise arbeitendem Normgerät verbunden ist.

Die Durchsicht des Bestandes zeigt, dass in allen Phasen der Produktion von Sonnenuhren auch unpräzise Zifferblätter hergestellt wurden. Gegenläufig zur quantitativen Verbreitung von Zeitmessern nehmen diese Stücke jedoch im 2. und 3. Jh. n. Chr. zu. Stammen die frühen Beispiele noch überwiegend aus den Zentren der hellenistischen Welt, so vergrößert sich der Herstellungsradius von unpräzisen Uhren zunehmend auch regional, so dass sich diese Entwicklung mit der für die sphärischen und konischen Zifferblätter deckt. Mangelnde Präzision ist also nicht zwangsläufig eine Folge dessen, dass ein Zeitmesser in einer Region mit unzureichendem Kenntnisstand hergestellt wurde, sondern spielte offenbar wie im Fall der Stiftung Helvia Ricina 1° ins lokale Isis-Heiligtum keine Rolle. Gestiftet wurde hier das dreidimensionale Abbild einer Sonnenuhr, das aber nicht primär zur Zeitmessung dient.

Für 15 Zeitmesser dieser Gruppe waren die Kontexte der Aufstellung zu ermitteln, unter denen die Einbindung der Uhr in die Komplexe von hoch- und spätkaiserzeitlichen Villae rusticae mit 12 Belegen deutlich überwiegt. Abseits jener Städte, die in den Fundmustern anderer Typen dominieren, begegnen insbesondere in diesen ländlichen Zusammenhängen minderwertig ausgeführte Zeitmesser. Möglicherweise ist das auf die individuelle Fertigung dieser Instrumente vor Ort zurückzuführen, wofür auch in den entsprechenden Fällen die Verwendung von lokal verfügbaren Materialien spricht.

Ob es sich im Einzelfall um die bewusst symbolische Verwendung eines Zeitmessers oder um eine sukzessiv flüchtigere handwerkliche Ausführung handelt, ist anhand der Form des Zifferblatts allein oft nicht zu entscheiden.[195]

193 Vgl. Schaldach 2006, 155 f.; so auch Hannah 2009, 92.
194 Gibbs 1976, 75 verweist selbst auf das Problem, dass für einige unpräzise gearbeitete Sonnenuhren je nach Messung abweichende Werte gewonnen werden, die sich erheblich auf die auf ihnen aufbauenden Berechnungen auswirken.
195 So soll der symbolischen Verwendung von Sonnenuhren in der Zusammenführung aller Informationen zu die-

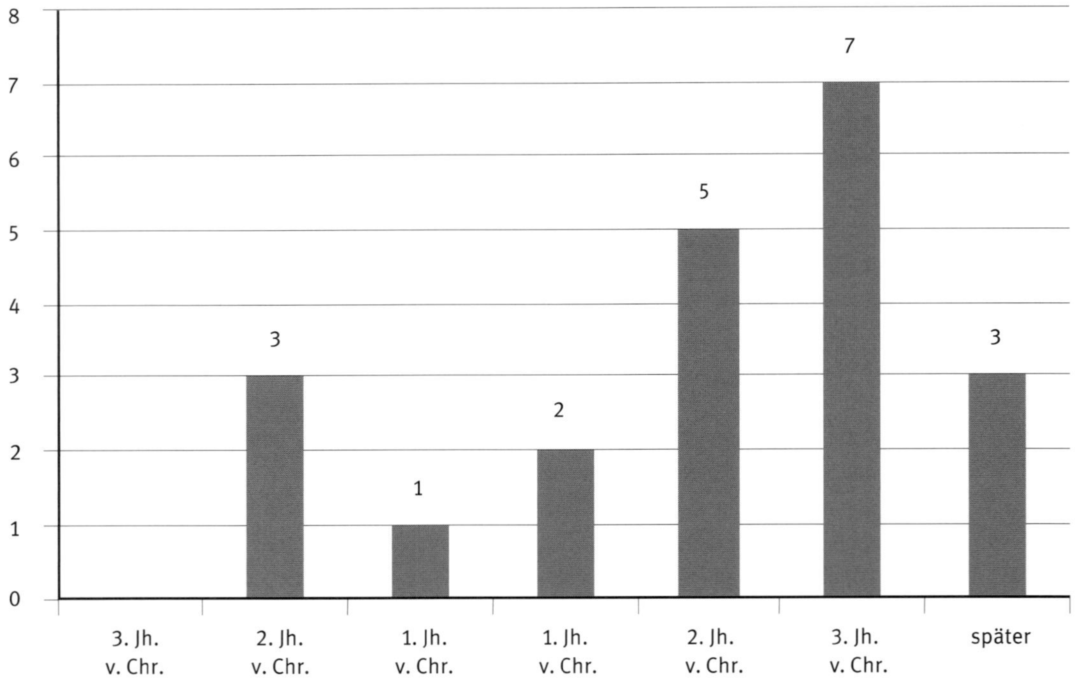

Abb. 20: Chronologische Verteilung der hohlförmigen Zifferblätter

2.1.4 sphärische Variante (Aquileia-Typus)

Als sphärische Variante bezeichnete erstmalig Gibbs jene Zeitmesser, deren Schattenkreis eine (Hemi)Sphäre bildet,[196] in deren Scheitelpunkt meist ein Loch – seltener ein Schlitz – gebrochen wurde, durch das der Sonnenstrahl auf das Zifferblatt fällt. Entsprechend dem Sonnenverlauf wandert der Lichtpunkt über die Linien von Stunde und Datum. Auf der Oberseite von mehreren dieser Zeitmesser – so Baelo Claudia 1, Concordia Sagittaria 1 und Karthago 1 – sind Einarbeitungen erhalten, die darauf hinweisen, dass eine aus Bronze gefertigte Blende die Kontur des Punktlichtes zusätzlich schärfte. Ob zur Bündelung des Lichtstrahls in diese Blende außerdem eine Linse eingesetzt war, ist aufgrund des Erhaltungszustandes der entsprechenden Partien nicht zu entscheiden.[197] Die durchwegs erhöhte Aufstellung dieser Instrumente führt dazu, dass das Zifferblatt sich über Kopfhöhe befindet, so dass es sich als dunkles Rund gegenüber dem hellen Hintergrund des Himmels absetzt. Gleich der Sonne, leuchtet im hoch gelegenen Scheitelpunkt des hemisphärischen Zifferblatts das Loch, durch das der Lichtstrahl einfällt. Die Zeitanzeige wird hier zum Abbild kosmologischer Vorgänge, deren logische apparative Umsetzung im unmittelbaren Vergleich von Sonnenstand und Projektion für den Betrachter nachvollziehbar und nachprüfbar wird.

Die Herstellung dieser durchwegs relativ großformatigen Zeitmesser stellt mit der Kalkulation ihrer Proportionen, sowie der Herstellung der großen Hohlform und des präzisen Durchbruchs des Sphärenscheitels hohe Anforderungen an den ausführenden Steinmetz. Diese Eigenschaften charakterisieren den Typus als eine ökonomisch besonders aufwendige Sonderform der sphärischen Zifferblätter.

Die chronologische Verteilung dieses Uhrentyps zeigt, dass er in der zweiten Hälfte des 2. Jhs. v. Chr. und somit erst etwa 100 Jahre später als der sphärische und der konische Typus im archäologischen Befund einsetzt. Den frühesten zeitlichen Ansatz für diesen Typus liefert die Stif-

sem Aspekt nachgegangen werden: vgl. Kapitel VII 6.

196 Gibbs 1976, 23–27; Alberi 2005.

197 Zum Zeitpunkt des Aufkommens dieses Uhrentyps ist die Folge der Bündelung von Lichtstrahlen durch den Einsatz von Linsen bekannt, vgl. Russo 2005, 307–311.

tung Tenos 1° ins Heiligtum des Poseidon und der Amphitrite auf Tinos. Dieser außergewöhnliche Zeitmesser, dem in der Argumentation mehrfach eine Schlüsselrolle zufällt, kombiniert vier Zifferblätter des sphärischen und vertikalen Typs mit dieser Sonderform. Er setzt die stereometrische Berechnung der Projektion des Sonnenstrahls auf die Kugelform voraus und ist der erste Nachweis für die Anwendung dieser Kenntnisse überhaupt.[198]

Fundort	Aufbewahrungsort	I	Art der I	Kontext	Datierung
Tenos 1°	Tinos, Arch. Mus. A 139	g	Datum, Epigramm, Herstller, 4 Zifferblätter	Poseidon-H.	2. H. 2. Jh. v. Chr.
Karthago 1	Paris, Louvre MNE 1178	g	Datum, Monat	–	8 v. Chr.–50 n. Chr.
Baelo Claudia 1	Madrid, NM 33.185	–	–	Villa	frühes 1. Jh. n. Chr.
Aquileia 1	Udine, Mus. 174	–	–	Nekropole	1. H. 1. Jh. n. Chr.
Aquileia 3	Aquileia, Mus. 3497	–	–	Nekropole	2. H. 1. Jh. n. Chr.
Pompeji 15	Granario	–	–	–	vor 79 n. Chr.
Aquileia 4	Aquileia, Mus. 1088	–	–	Nekropole	spätes 1. Jh. n. Chr.
Ravenna 1	Ravenna, Museo Nazionale	–	–	–	1. Jh. n. Chr.
Durostorum 1	Silistra Inv. Nr. 517	–	–	Nekropole ~	um 200 n. Chr.
Altinum 3	Altino, Mus. AL 10	–	–	Nekropole	frühes 2. Jh. n. Chr.
Ravenna 2	Ravenna, zerstört	l	Stiftung	Forum ~	frühes 2. Jh. n. Chr.
Aquileia 13	Aquileia, Mus. 844	–	–	Villa ? ~	2. Jh. n. Chr.
Ariminum 1	Verucchio Mus.	–	–	–	2. Jh. n. Chr. ?
Concordia S. 1	Portogruaro	–	–	Nekropole	2. Jh. n. Chr.
Rom 15	Rom, Palatin	–	–	–	2. Jh. n. Chr.
Tergeste 1	Triest, Mus. o. Nr.	–	–	–	2. Jh. n. Chr.
Volaterrae 1°	Volterra, Mus.	l	Stiftung	öffentlich ~	2. Jh. n. Chr.
FO unbekannt 10	Bologna	–	–	–	2. Jh. n. Chr.
Aquileia 15	Aquileia, Mus. 1052	–	–	–	Ende 2.–Anfang 3. Jh. n. Chr.
Aquileia 16	in situ	–	Winde	Nekropole	Ende 2.–Anfang 3. Jh. n. Chr.
Aquinum 1	Aquino, Mus. o. Nr.	–	–	–	2.–3. Jh. n. Chr.
Aquileia 6	Aquileia, Mus. 1097	–	–	Nekropole	kaiserzeitlich
Aquileia 7	Aquileia, Mus. 47848	–	–	–	kaiserzeitlich
Aquileia 8	Aquileia, Mus. o. Nr.	–	–	–	kaiserzeitlich
Aquileia 9	Aquileia, Mus. 53625	–	–	Nekropole	kaiserzeitlich
Pola 1	Pula, Arch. Mus.	–	–	Nekropole ~	kaiserzeitlich
Pola 2	Pula, Arch. Mus.	–	–	Nekropole ~	kaiserzeitlich
Serdica 1	–	–	–	Villa rustica	Mitte 3. Jh. n. Chr.

Abb. 21: Sonnenuhren mit Zifferblättern der sphärischen Variante (Aquileia-Typus) der Gruppe II 2.1.4

198 Alberi 2005.

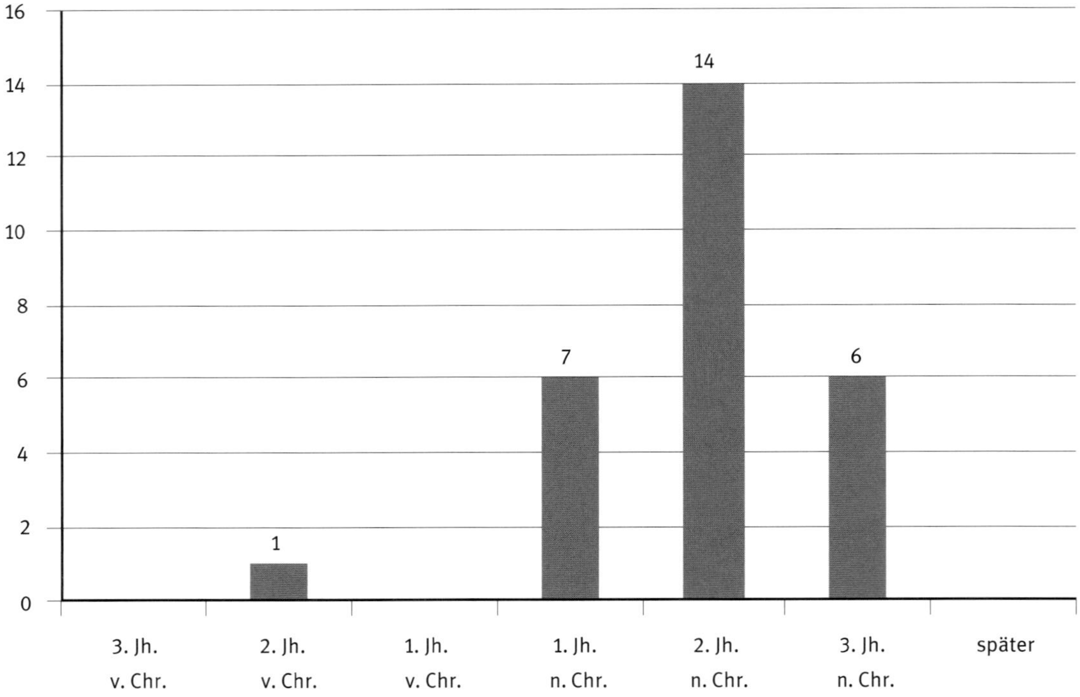

Abb. 22: Chronologische Verteilung der Sonnenuhren der sphärischen Variante

Die Fundlücke von mehr als 100 Jahren lässt erkennen, dass dieser aufwendig zu berechnende und kompliziert herzustellende Uhrentypus sich nur zögerlich verbreitete. Mit 19 von 28 Instrumenten überwiegen die Belege im nordadriatischen Raum, wo offenbar seit der ersten Hälfte des 1. Jhs. n. Chr. eine Werkstatt in Aquileia auf diese sphärische Sonderform spezialisiert war. Zu der Etablierung dieses Produktionszentrums könnten die besonderen Materialeigenschaften des aurisinischen Kalksteins beigetragen haben, der in großen Blöcken gebrochen werden kann und sich im Gegensatz zu Marmor trotz seiner relativen Härte splitterfrei verarbeiten lässt.

Im Gegensatz zu allen anderen technologischen Typen zeigt dieser zwar auch einen Anstieg im 1. Jh. n. Chr., der Höhepunkt seiner Verbreitung fällt aber eindeutig ins 2. Jh. n. Chr. Obwohl die Gesamtzahl aller im Katalog vertretenen Exemplare dieser Variante mit 28 Stücken um mehr als zwei Drittel geringer ausfällt als die der Sphären, ist in der Kaiserzeit für beide Typen dieselbe Anzahl belegt. Es scheint eine kurzfristige Mode gewesen zu sein, die zu diesem ‚Boom' des Typs führte: Aus dem anschließenden 3. Jh. n. Chr. sind nur noch fünf Vertreter bekannt, dann verschwindet er völlig aus dem archäologischen Befund.

Eindeutig ist die regionale Verbreitung dieses Typus: Trotz der überdurchschnittlich guten archäologischen Überlieferung für Aquileia wird deutlich, dass der Typus hier tatsächlich die höchste Akzeptanz fand. Nur jeweils ein Exemplar stammt aus den Vesuvstädten und aus Rom, alle übrigen Beispiele könnten aufgrund des verwendeten Materials aus Aquileia importiert worden sein. Die Dominanz, wenn nicht sogar das Monopol der nordadriatischen Werkstätten äussert sich auch darin, dass die bislang einzige Uhr der sphärischen Variante aus Pompeji – hier Pompeji 15 – für die Ortsbreite von Ravenna konstruiert wurde. Für die Beurteilung der Frage wie dieser Typus Italien erreichte, wäre die nähere Kenntnis von Karthago 1 weiterführend: Für das außergewöhnliche Instrument wurde eine ansonsten in der stadtrömischen Toreutik verbreitete Becherform verwendet, seine Herkunft lässt sich aber auf Umwegen im Kunsthandel angeblich nach Karthago zurückverfolgen. Möglicherweise gelangte der Uhrentypus also im Verlauf des 1. Jhs. v. Chr. erst nach Rom, und wurde anschließend in Aquileia erneut aufgegriffen. Der erstmalige Entwurf dieses Typus geht aber mit Tenos 1° auf einen hellenistischen Konstrukteur zurück und zwar vielleicht auf dieselbe Person, die mit dem Entwurf des Turms der Winde – hier Athen 4° – zu verbinden ist.

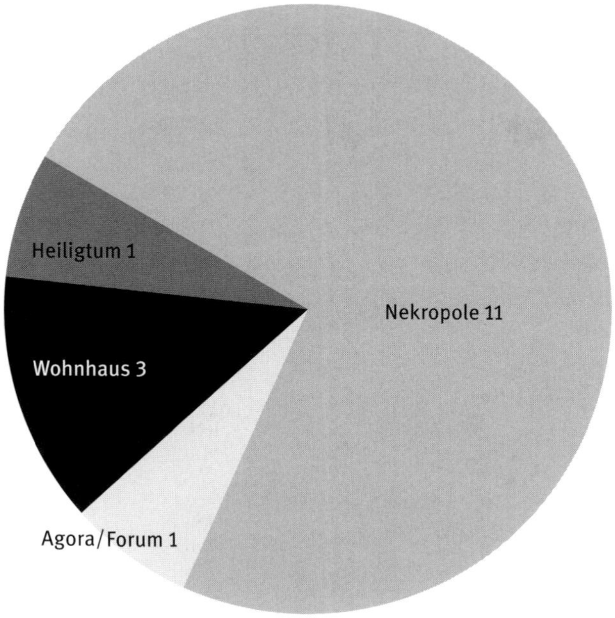

Abb. 23: Kontextuelle Verteilung der Sonnenuhren der sphärischen Variante

Werden die Aufstellungskontexte in die Überlegung einbezogen, so wird deutlich, dass Uhren der sphärischen Variante kein Medium des öffentlichen Raumes waren: Zwei Drittel des Bestands stammen aus Nekropolen entlang der großen kaiserzeitlichen Gräberstrassen. Zunächst als außergewöhnliches Weihgeschenk in ein hellenistisches Heiligtum gestiftet, setzt sich dieser Typus als Zeitmesser in nordadriatischen Nekropolen durch. Wie dominant diese Konvention in der Region war, zeigt sich daran, dass zwar auch sphärische und konische Uhren aus sepulkralen Kontexten stammen – jedoch nicht in den Gebieten rings um die nördliche Adria. Damit bleibt an dieser Stelle festzuhalten, dass technische Gerätetypen überhaupt chronologisch und regional begrenzte Entwicklungen anzeigen und mit sehr spezifischen Funktionen verbunden werden können. Auf welche Ursachen die beobachteten Entwicklungen zurückzuführen sind wird an anderer Stelle zu diskutieren sein.[199]

2.1.5 zylindrische Zifferblätter

Zylindrische Zifferblätter stellen eine weitere Sonderform der Hohlsonnenuhren dar, die im Befund äußerst selten vertreten ist. Innerhalb dieser technologischen Gruppe treten Varianten auf, die sich in der gewählten Ausrichtung der Zylinderachse unterscheiden:[200] Das Spektrum reicht von erdachsenparallelen Zylinderuhren wie Thessaloniki 1 bis hin zu Athen 4° und Ateste 1, deren Zifferblätter senkrecht gelagert sind.

Fundort	Aufbewahrungsort	I	Art der I	Kontext	Datierung
Ai Khanoum 2	Kabul, Arch. Mus.	–	–	Gymnasion	vor 150 v. Chr.
Athen 4°	in situ, Turm der Winde	g	Winde, 9 Zifferblätter: 8 vert 1 zyl	Agora	150–100 v. Chr.
Ateste 1	Este, Mus.	l	Monate	Nekropole, Miniatur	kurz nach 8 v. Chr.
Thessaloniki 2	Thessaloniki, Mag.	–	–	–	spätantik

Abb. 24: Sonnenuhren mit zylindrischem Zifferblatt der Gruppe II 2.1.5

199 Vgl. hier ausführlich Kapitel VII 7.
200 Vgl. Schaldach 2006, 165.

Die chronologische Verteilung der vier Zifferblätter, die dieser Gruppe mit Sicherheit zuzuordnen sind, zeigt an, dass der Typus wahrscheinlich bereits im 3. Viertel des 2. Jhs. v. Chr. entwickelt wurde. Als mögliche Ursache für die wenigen Belege für diesen Typus verweist Schaldach auf die Schwierigkeit, ihn am Fragment von den konischen Zifferblättern zu unterscheiden.[201] Hinzu kommt für die senkrechten Zylinderuhren, dass die zylindrische Rundform besonders materialintensiv und herstellungstechnisch anspruchsvoll ist. Die Stunden- und insbesondere die ellipsoid verlaufenden Datumslinien auf der Fläche korrekt zu positionieren ist handwerklich umso schwieriger, je größer die Zylinderfläche ist. Schaldach beobachtete für die Sonnenuhr an der zylinderförmigen Aussenfassade des Druckwassertanks am Turm der Winde – hier Athen 4° –, dass die Linienführung mehrfach korrigiert worden ist.

2.1.6 kugelförmige Zeitmesser

Nur mit zwei Exemplaren ist eine Sonderform der Sonnenuhren überliefert, deren Zifferblatt sich über die Aussenfläche einer Kugel erstreckt: Als Gnomon dient der Schatten der oberen Kugelhälfte, der im Tagesverlauf über die Hauptseite des Instruments wandert.

Abb. 25: Sonnenuhren mit kugelförmigem Zifferblatt der Gruppe II 2.1.6

Fundort	Aufbewahrungsort	I	Art der I	Dm	Kontext	Datierung
Prosymna 1°	Nauplia, Arch. Mus.	g	Stunden, Zodiakos, Stiftung	53 cm	Hera-H.	2. Jh. v. Chr.
Matilica 1*	Macerata	g	Stunden, Datum, Zodiakos	29,3 cm	Forum	2./1. Jh. v. Chr.

Die beiden ungewöhnlichen Instrumente werden außer ihrer Kugelform dadurch charakterisiert, dass sie die Stundenanzeige mit einer Gliederung in die Tierkreiszeichen kombinieren, die offenbar bei Prosymna 1° um weitere Termine ergänzt wird. Der Entwurf legt für beide Zeitmesser fest, dass sie relativ niedrig und auf einer freien Fläche aufgestellt worden sein müssen – der eine also in exponierter Lage im Heraion von Argos, der andere auf dem Forum von Matilica.

Form, Material und die Einbeziehung von Gestirnkonstellationen rücken die beiden Zeitmesser in die Nähe von Himmelsgloben: Ausgelöst von dem Neuzugang eines Miniaturglobus im Römisch-Germanischen Zentralmuseum in Mainz, der wahrscheinlich aus einem kleinasiatischen Grabkontext stammt und zwischen 150–220 n. Chr. entstand, stellte zuletzt Ernst Künzl die Belege für dreidimensionale Sternkarten zusammen.[202] Er führt die Darstellungen der auf diesen Objekten abgebildeten Sternbilder – also auch der Tierkreise – und Fixsterne auf die Entwicklung von Fixsternkatalogen zurück.[203] Obwohl die materielle Überlieferung entsprechender Objekte mehr als lückenhaft und der früheste Beleg aus späthellenistischer Zeit erneut ein Miniaturglobus ist,[204] wird deutlich, dass sie den Sternhimmel darstellen, indem der Betrachter vom Innern der Kugel auf den Sternhimmel blickt. Im vergleichenden Sehen von Himmelskarte und Sternhimmel ist es dem Nutzer so u. a. möglich, die Sternbilder zuzuordnen. Scheint die Einführung dieser Darstellungsweise von Sternkarten auf Eudoxos zurückzuführen sein und wird vermutet, dass sie sich diese Anschauungsobjekte deshalb nicht erhalten haben, weil sie überwiegend aus Holz gefertigt waren,[205] so wird die Nähe der mit diesen Objekten verbundenen Diskurse zu den kugelförmigen

201 Schaldach, ebenda.

202 Künzl 2005, 80–86; ausführlich zum Mainzer Miniatur-Globus: ders., Ein römischer Himmelsglobus der mittleren Kaiserzeit, JbRGZM 47, 2000, 496–594.

203 Künzl 2005, 57 f. und A. Stückelberger, Sterngloben und Sternkarten, MusHelv 47, 1990, 70–81 bes. 79 f.

204 Zu dem ägyptischen Neufund vgl. H. Cuvigny, Une sphère céleste antique en argent ciselé, in: H. Harrauer – R. Pinaudi (Hrsg.), Gedenkschrift für U. Horak (Florenz 2004) 345–383.

205 Der Vorteil von zweidimensionalen Sternkarten, sog. Planisphären, liegt in ihrer leicht zu transportierenden

Zeitmessern deutlich: Ziel der Instrumente ist bei abweichendem funktionalen Einsatz die Visualisierung von astronomischen Gesetzmäßigkeiten und deren Übertragung auf die Kugelform; beide setzen denselben astronomischen und mathematischen Kenntnisstand voraus. Sowohl die Abweichungen unter den Sternkonstellationen auf den erhaltenen Globen als auch die individuell gewählten Jahrestermine der Zeitkugel aus Prosymna lassen erkennen, dass die überregionale Kanonisierung entsprechender Datenzyklen im 2. Jh. v. Chr. (noch) nicht abgeschlossen war. Dient das eine Instrument zur Erfassung der taghellen Stunden und von Tagesterminen im Jahresverlauf, so ermöglicht das andere die nächtliche Positionsbestimmung.[206]

Offenbar setzen sich aber v. a. die Sterngloben aufgrund ihrer unmittelbaren Anschaulichkeit astraler Phänomene am Übergang vom 3. zum 2. Jh. v. Chr. durch; darauf lässt u. a. der Bericht des Cicero über die aus dem Besitz des Archimedes nach der Eroberung von Syrakus nach Rom gebrachten Sphären schließen, die noch zu seiner Zeit zu Lehrzwecken verliehen wurden.[207] Diese Verknüpfung der Kugelform mit Sternkarten und ihren astrologischen Bedeutungsebenen führte letztlich auch zum Verständnis der Globen als Zeichen symbolischer Botschaften.

Die kugelförmigen Zeitmesser bleiben jedoch eine Ausnahmeerscheinung: So wird der kompliziert herzustellende Zeitglobus aus Prosymna mehr als 200 Jahre nach seiner Entstehung (erneut) geweiht. Die Wiederaufstellung der argivischen Kugel im 2. Jh. n. Chr. fällt zeitlich mit der höchsten Verbreitung der Zifferblätter der sphärischen Variante und der Mehrheit der erhaltenen Sterngloben zusammen und könnte auf die Wiederaufnahme der mit der Projektion astraler Gesetzmäßigkeiten auf die Kugelform verbundenen Diskurse hindeuten.[208] Außerdem lässt die Neuaufstellung in Prosymna die besondere Wertschätzung von diesen Objekten erahnen, die seit dem Späthellenismus im Befund fehlen, so dass von der allgemeinen Seltenheit dieser Art von Zeitmessern ausgegangen werden muss. Zur Anzeige der Zeitfunktionen der kugelförmigen Instrumente setzen sich die leichter herstell- und ablesbaren planen Zifferblätter durch.

2.2 Plane Formen

Außer jenen Sonnenuhren, deren Schattenfläche als Teil einer Hohlform gearbeitet ist, kann der Zeigerschatten auch auf eine ebene Fläche projiziert werden, die entweder für eine senkrechte oder eine waagerechte Aufstellung konzipiert ist. Archäologisch sind diese Zeitmesser meistens nur dann nachweisbar, wenn das Messnetz auf einer einzigen Platte ausgeführt wurde. Plane Großuhren, die sich über mehrere Werkstücke erstreckten, wurden hingegen nur im Einzelfall erkannt und sind im Katalog deshalb mit nur fünf Beispielen vertreten: Als horizontales Zifferblatt sind sie dann Teil einer Pflasterung, als vertikales werden sie in die Aussenfassade einer Architektur integriert.[209] Wie

Form, die außerdem anwendungsgenaue Ausschnitte des Sternhimmels darzustellen vermag. Außerdem ist es möglich von ihnen kostengünstig Kopien anzufertigen. Deshalb ist in der Praxis von ihrer höheren Verbreitung gegenüber den statischen dreidimensionalen Sterngloben auszugehen. Ihr besonders bildhafter Charakter förderte sicherlich maßgeblich die Übertragung des Globus-Motivs als ikonographische Chiffre, die in unterschiedlichen Bildzusammenhängen eingesetzt wird, vgl. zusammenfassend Aujac 1974 und bereits A. Schlachter – F. Gisinger, Der Globus. Seine Entstehung und Verwendung in der Antike (Leipzig 1929) 540–554, welche die Form als Zeichen der universellen Herrschaft über Raum und Zeit verstehen. Auf die relativ hohe Verbreitung derartiger Globen im ausgehenden 1. Jh. v. Chr. lassen zahlreiche Anleitungen zu ihrer breitenkonformen Aufstellung in Arat-Kommentaren schließen, vgl. A. Stückelberger, Sterngloben und Sternkarten, MusHelv 47, 1990, 73.

206 Aujac 1974; Arnauld 1984; Borhy 2006.

207 Cicero re p. 1, 22 ff. für die Jahre 54–52 v. Chr. vgl. hier auch Kapitel IV 3.

208 Offenbar stammen alle bislang bekannten Miniaturgloben aus Grabkontexten, vgl. zu dem Phänomen der Sphären am Grab hier Kapitel VII 7.

209 Hier ist sicherlich mit einer hohen Dunkelziffer im Befund zu rechnen: Sind die Linien nicht geritzt – wie an den Beispielen Athen 4° und Praeneste 1 – oder nur einzelne Blöcke des aufgehenden Mauerwerks eines Gebäudes bekannt, so ist der Zeitmesser verloren.

häufig in der Antike Fassaden oder gepflasterte Flächen mit Uhren ausgestattet gewesen sind, kann aufgrund des mangelhaften Erhaltungszustandes der entsprechenden Zonen nicht ermittelt werden. In der Regel werden im Befund nur in Stein geritzte Zifferblätter erkannt, so dass ihre Ausführung in anderen Materialien überhaupt nur einmal nachgewiesen werden konnte. Es ist insbesondere für den vertikalen Typus aufgrund seiner engen Bindung an Architekturen naheliegend, dass diese heute verlorenen Zifferblätter im Fassadenbereich kostengünstig aufgemalt oder in Putzflächen eingeritzt wurden.[210]

Diese eingeschränkte Überlieferung ist wahrscheinlich auch der Grund dafür, dass die Summe der planen Zifferblätter so weit hinter die als Hohlform gearbeiteten Sonnenuhren zurückfällt. Die negative Bilanz wird dadurch verstärkt, dass plane Zifferblätter in der Mehrheit aus Marmor gefertigt wurden. Die universalen Einsatzmöglichkeiten solcher flachen Marmorplatten führten sicherlich zu ihrer häufigen Wiederverwendung. Eine Form von sekundärer Nutzung kann beispielsweise an Rom 4 nachvollzogen werden, dessen Platte zunächst als Zeitmesser und anschließend die Unterseite als Spieltisch diente.

Über die besonderen Bedingungen für die Überlieferung von planen Zifferblättern hinaus wird in der Übersicht auch deutlich, dass die Größenkategorien der in dieser Gruppe zusammengeführten Zeitmesser erheblich stärker schwanken als die der Hohlformen: So nehmen einige der Instrumente ganze Platzanlagen ein während andere als Handgerät dienen. Trotz konstruktiver Gemeinsamkeiten ist das Material unter den planen Zeitmessern also in formaler Hinsicht grundsätzlich heterogener strukturiert als das der zuvor vorgestellten Hohlformen.

2.2.1 horizontale Zifferblätter

Die Zuordnung eines Zeitmessers an diese Gruppe erfolgt, wenn sein ebenes Zifferblatt horizontal gelagert ist. Werden für alle anderen Typen von Sonnenuhren entweder prismatisch oder als Rundstab geformte Bronze- und Eisenzeiger verwendet, so begegnen in Verbindung mit horizontalen Messnetzen sehr unterschiedliche Arten von Gnomones: Zwar kommen auch für diesen Typus überwiegend Metallzeiger zum Einsatz, die in Relation zum Messnetz proportioniert und meist wenig oberhalb der Sommerwendlinie angebracht sind, wie der seltene Fall eines erhaltenen, prismatisch geschnittenen Bronzegnomons am Beispiel Pompeji 8 zeigt. Je größer das Messnetz ausfällt, desto höher und weiter entfernt muss der zugehörige Gnomon positioniert werden. Eine sogar räumlich getrennte Aufstellung von großformatigem Zeiger und Messnetz ist für alle horizontalen Zeitmesser auf Platzanlagen – hier Rom 3, Lambaesis 1 und Thamugadi 1 – nachweisbar und für den großen Zeittisch im Circus von Aquileia – hier Aquileia 14 – wahrscheinlich. Offenbar diente dieser Tisch über die Zeitmessung hinaus noch weiteren Funktionen, die ein auf der Tischplatte montierter Gnomon behindert hätte.[211]

Die Anordnung dieser Sonnenuhren in der Horizontalen führt auch dazu, dass nur für diesen Typus keine Mehrfachzifferblätter bekannt sind. Aufgrund der spezifischen Positionierung des Messnetzes wird dieser Typus hingegen besonders häufig mit Windrosen kombiniert, die in der Regel das Zifferblatt kreisförmig umgeben.

---

210 Diese Form ist bis heute die im Aussenbau üblichste Sonnenuhr, vgl. R. J. Rohr, Die Sonnenuhr. Geschichte, Theorie, Funktion (München 1994) 123–138 und A. Zenkert, Faszination Sonnenuhr [5](Frankfurt am Main 2009) 71–89.

211 Aufgrund der lokalen Werkstatt-Tradition, die hauptsächlich Zifferblätter der sphärischen Variante mit Lochgnomon herstellte, wurde möglicherweise auch für Aquileia 14 ein horizontales Zifferblatt mit einem Lochgnomon kombiniert.

Fundort	Aufbewahrungsort	I	Art der I	Kontext	Datierung
Rhodos 4	Rhodos, Ephorie A 1113	–	–	Miniatur; Wohnhaus	2. Jh. v. Chr.
Delos 19	Delos, o. Nr.	g	Datum	Wohnhaus	2./1. Jh. v. Chr.
Rom 3°	Rom, Piazza Montecitorio	g, l, ä	Zodiakos, Winde; Stiftung	Marsfeld	10/9 v. Chr.
Pompeji 7	Neapel, Arch. Mus.	g	Datum, Zodiakus	öffentlich ? ~	2. H. 1. Jh. v. Chr.
Pompeji 8	Pompeji, Mus. 14131	–	–	Therme	(früh)augusteisch
Pompeji 9	Pompeji, Mus. 53946	–	–	–	(früh)augusteisch
Pompeji 10	in situ	–	–	Villa	(früh)augusteisch
Pompeji 11	Pompeji, Mus. 49725	–	–	–	(früh)augusteisch
Tibur 4°	CIL XIV 3660	l	Stiftung	Forum	1. Jh. v. Chr.
Rom 4	Mausoleion Augustus	l	Monat, Datum, Zodiakos; Winde	Wohnhaus	spätes 1. Jh. v. Chr.
Pompeji 25	–	–	–	–	vor 79 n. Chr.
Evelette 1	–	–	–	Villa	1. Jh. n. Chr. ?
Modena 2	Modena, Mus. 92261	–	–	Villa	1. Jh. n. Chr.
Enserune 1	Nissan-lez-Enserune	l	Stunden	Stadtgebiet	1. Jh. n. Chr.
Aquae Mattiacorum 1	Landesmuseum Wiesbaden Inv. Nr. 386	–	–	Therme	späteres 1. Jh. n. Chr.
Mons Claudianus 1	in situ	–	–	–	um 100 n. Chr.
Lambaesis 1	in situ	–	–	Forum	1./2. Jh. n. Chr.
Rom 13	Rom, Vat. Mus. 10446	g	Datum, Winde	Nekropole	138 n. Chr.
Rom 14	Rom, NM 40621.40642	g	Datum, Winde	–	138 n. Chr.
Aquileia 14	Aquileia, Mus. 1359	l	Winde; Hersteller	Circus	175–200 n. Chr.
Thamugadi 1	in situ	l	Stunden, Zodiakos	Forum	175–225 n. Chr.
Zarai 1*	CIL VIII 4515	l	Stiftung für h orilegium	Forum ~	237 n. Chr.
Aquileia 10	Aquileia, Mus. o. Nr.	–	–	–	kaiserzeitlich
Sardis 1	in situ	–	–	Thermen-gymnasium	1. D. 3. Jh. n. Chr.
Aphrodisias 7	Aphrodisias, InsAPh 8.409	g	Datum	Theater, Tetrastoon	5.–6. Jh. n. Chr.

Abb. 26: Sonnenuhren mit horizontalem Zifferblatt der Gruppe II 2.2.1

Die Mehrheit aller 25 bekannten horizontalen Sonnenuhren befindet sich auf der Oberfläche einer Marmorplatte, die im Alltag als Tischplatte dienen konnte. Diese typische Form wird mit Delos 19, Evelette 1, Pompeji 8. 9. 11. 25 und Aquae Mattiacorum 1 greifbar, bei denen sich das Messnetz über die gesamte Fläche einer Platte erstreckt, die maximal 0,50 m breit ist. Nur wenige Exemplare belegen die großformatige Umsetzung dieses Typs auf weiträumigen Platzanlagen, wo entweder wie für Rom 14 die Mittagslinie aus Bronze eingelegt oder wie in Lambaesis 1 und Thamugadi 1 das Zifferblatt unmittelbar auf das Plattenpflaster übertragen wurde.

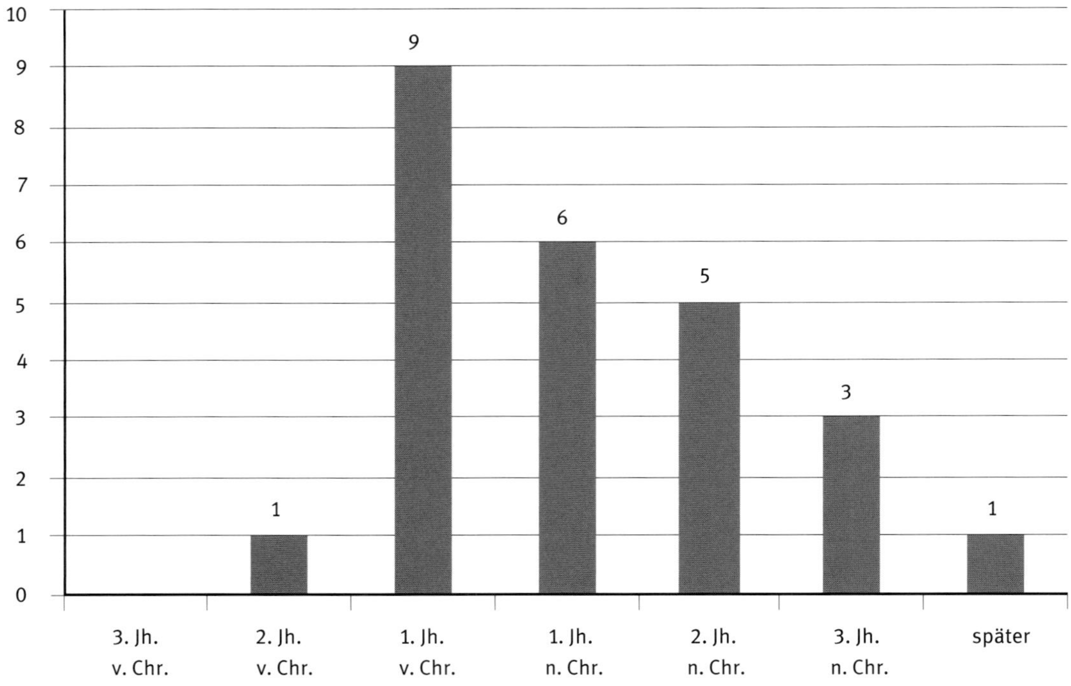

Abb. 27: Chronologische Verteilung der horizontalen Sonnenuhren

Die frühesten archäologischen Belege für ein horizontales Zifferblatt stammen aus einem rhodischen bzw. delischen Kontext des 2. Jhs. v. Chr. Auf diese beiden Vertreter folgt, nach einer Fundlücke von mehr als 50 Jahren, eine dichte Folge von horizontalen Zeitmessern im italischen Raum, die gleichzeitig den quantitativen Höhepunkt der Aufstellung markiert: Die plötzlich rege Produktion dieses Typus fällt zeitlich mit der Errichtung des Obelisken auf dem Marsfeld – hier Rom 3° – als Gnomon eines Meridians zusammen. Die Vorbildfunktion dieses monumentalen Zeitmessers verdeutlichen auch die unter den horizontalen Zifferblättern gegenüber anderen Typen besonders häufigen Zodiakaleinteilungen und Windrosen. Es werden also alle normativen Funktionen in der Nachfolge des monumentalen Zeitmessers Rom 3° fortgeführt. Der Fundzusammenhang von Pompeji 10 belegt, wie schnell von einer pompejianischen Werkstatt dieser neue Typus aufgegriffen und im kleineren Format realisiert wurde. Die Produktion von mehreren nahezu identischen Zeitmessern weist außerdem auf die unmittelbare hohe Akzeptanz dieser Zeitmesser hin. Obwohl die Aussagekraft der Statistik von der geringen Anzahl der Befunde eingeschränkt wird, legt die enge Bindung dieses Typus an stadtrömische Verhältnisse offen, dass fünf bzw. sechs der 25 Vertreter aus Rom bzw. Pompeji stammen. Der regionale Schwerpunkt auf den Vesuvstädten scheint keine Folge der besonderen Überlieferungssituation zu sein sondern die tatsächlichen Verhältnisse abzubilden, weil kein anderer Uhren-Typus dort so zahlreich vertreten ist. Hier sowie in einigen Verwaltungsstädten setzt sich dieser Trend in den nachchristlichen Jahrhunderten nachhaltig fort, bevor im 3. Jh. n. Chr. ein deutlicher Rückgang der Produktion einsetzt.

Werden die horizontalen Zifferblätter hinsichtlich ihres kontextuellen Zusammenhangs hinterfragt, so wird deutlich, dass diese Zeitmesser sowohl in Wohnhäusern verbreitet waren, als auch

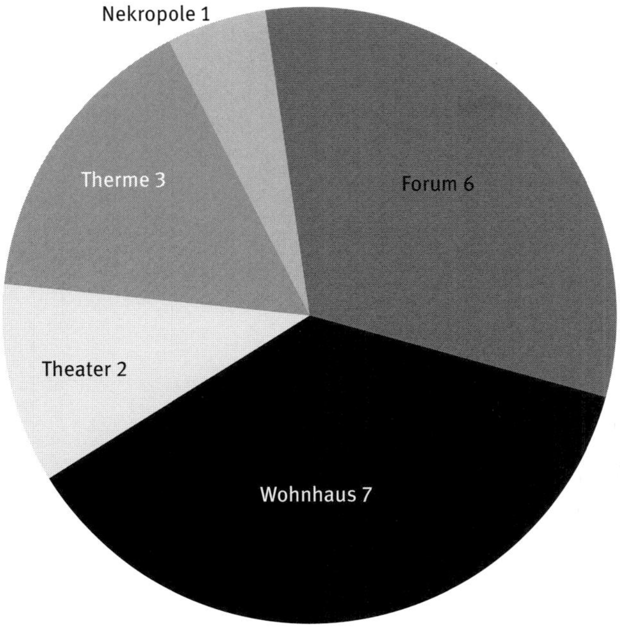

Abb. 28: Kontextuelle Verteilung der horizontalen Sonnenuhren

recht häufig auf Fora aufgestellt wurden. Entsprechend zeigen die Horizontalblätter auf den beiden nordafrikanischen Fora – in Lambaesis 1 und Thamugadi 1 –, die mit dem augusteischen Horologion die drei grössten überhaupt bekannten Instrumente sind, hier erneut einen Zusammenhang auf: Offenbar entwickelten sich horizontale Zeitmesser aufgrund der vom Meridian auf dem Marsfeld repräsentierten Funktionen zum Sinnbild der mit diesem speziellen Normgerät verbundenen Aussagen – sowohl im privaten als auch im öffentlichen Bereich.[212] Diese typologische Abhängigkeit wird dadurch noch verstärkt, dass keines der bekannten Instrumente dekoriert ist, alle bekannten Beispiele besonders sorgfältig geritzt sind und kalendarische Beischriften auf diesen Uhren besonders häufig auftreten.

Außerhalb von Rom und Pompeji ist die regionale Streuung dieses Typus nicht besonders hoch und außerdem unsignifikant, so dass aufs Ganze gesehen zu vermuten ist, dass der Typus im 2. Jh. v. Chr. ausgehend von Griechenland den italischen Raum erreichte und sich als eine Folge seiner hohen Akzeptanz zur Zeitenwende erst anschließend verbreitete. In der Levante und in Ägypten ist der Typus nicht oder erst sehr spät nachgewiesen, so dass hier möglicherweise eine genuin griechische Entwicklung greifbar wird, die vielleicht mit den speziellen Eigenschaften des dort verfügbaren Materials Marmor zu verbinden ist.

2.2.2 vertikale Zifferblätter

Den vertikalen Zifferblättern werden jene Sonnenuhren zugeordnet, deren Messnetz sich auf einer senkrechten, ebenen Fläche befindet. Knapp zwei Drittel aller vertikalen Zifferblätter sind den sog. Reiseuhren zuzuordnen, unter denen dieser technologische Typus mit 20 Vertretern die Mehrheit aller Belege darstellt, und die aufgrund ihrer formatbedingten besonderen Eigenschaften unter II 2.3.2 zusammengeführt worden sind.

Der Einsatz von vertikalen Zifferblättern als Bestandteil von Fassaden wie am Turm der Winde, Athen 4°, und Praeneste 1 sowie als Messnetz von Miniaturen wie den sog. Reiseuhren macht die erheblichen Formatunterschiede unter den Vertretern dieser Gruppe offensichtlich. Wie bereits an

212 Vgl. hier erneut Kapitel VII 2.

den horizontalen Zifferblättern beobachtet, erfordert die jeweilige Dimensionierung individuelle Lösungen hinsichtlich der Materialwahl und der Anordnung von Messnetz zu Gnomon. Deshalb sind in formaler Hinsicht diese Typen besonders heterogen, auch deshalb, weil die erheblichen Formatschwankungen während des gesamten untersuchten Zeitraums auftreten. Trotz der damit einhergehenden, sehr unterschiedlichen Einsatzgebiete werden alle Vertreter des Typus hier gemeinsam besprochen, um generelle Entwicklungen des zu Grunde liegenden technologischen Prinzips zu erfassen.

Im Gegensatz zu horizontalen treten vertikale Zifferblätter auch kombiniert auf: Die in unterschiedliche Himmelsrichtungen weisenden Mehrfachblätter von drei frühen Vertretern dieser Gruppe veranschaulichen insbesondere die mathematische Versiertheit im Umgang mit astronomischen Gesetzmäßigkeiten.

Fundort	**Aufbewahrungsort**	**I**	**Art der I**	**Kontext**	**Datierung**
Athen 4°	in situ TdW	g	Winde, 9 Zifferblätter: 8 vert, 1 zyl	Agora	150–100 v. Chr.
Tenos 1°	Tinos, Arch. Mus. A 139	g	Datum, Epigramm, Hersteller, 4 Zifferblätter: sphä, sphäV, 2 vert	Poseidon-H.	2. H. 2. Jh. v. Chr.
Paros 1	Paros, Mus.	–	–	–	2. H. 2. Jh. v. Chr.
FO unbekannt 3	London, Brit. Mus. 2546	–	–	–	2. Jh. v. Chr.
Lykao Savatra 1°	MAMA 8, 233	g	Datum, 3 Zifferblätter	–	2. Jh. v. Chr.
Delos 21	Paris, Cabinet	–	–	Apollon-T.	Anfang 1. Jh. v. Chr.
Rom 6	Rom, NM verschollen	–	–	–	Anfang 1. Jh. v. Chr.
Praeneste 1	Palestrina, St. Agapio	–	–	Forum	Mitte 1. Jh. v. Chr.
Samaria 1	Sebaste?	–	–	Heiligtum	nach Mitte 1. Jh. v. Chr.
Chios 2	IG XI Chios 508	g	Datum, Zodiakos, 3 Zifferblätter	–	2. H. 1. Jh. v. Chr.
Seleukia /K. 1	Istanbul, Arch. Mus.	g	Stunden; 5 Zifferblätter 3 sphä, 2 vert	–	späthellenistisch?
Herculaneum 2	Neapel, NM Reiseuhr 25494	l	Monat	Reise; Stadtgebiet	27 v.– 79 n. Chr.
Pompeji 26		–	–	–	vor 79 n. Chr.
Altinum 1	Altino, Mus. o. Nr.	–	–	Nekropole	2. H. 1. Jh. n. Chr.
Naga 1	in situ	–	2 Zifferblätter: kon, vert	Amun-H.	1. Jh. n. Chr.
Ostia 5	Ostia, Mus. 1892	–	–	Therme	1. Jh. n. Chr.
Volubilis 1	Volubilis, Mus.	–	–	–	1. Jh. n. Chr.
FO unbekannt 8	Privatbesitz	g	Monate, Legende, Hersteller	Reise	nach 134 n. Chr.
FO unbekannt 9	Mailand, Castel Sforzesco	l	Monate, Legende	Reise	nach 134 n. Chr.

Fundort	Aufbewahrungsort	I	Art der I	Kontext	Datierung
Aquileia 12	Wien, Inv. Nr. VI, 4098	l	Monat, Orte	Reise	nach 140–143 n. Chr.
Aquileia 11	Privatsammlung	l	Monat, Ortsliste	Reise	Mitte 2. Jh. n. Chr.
Metz 1	Metz, Arch. Mus 2767	l	Monat	Reise; Nekropole ?	Mitte 2. Jh. n. Chr.
Rom 16	Rom, NM 651_65	l	Monat	Reise	kurz nach 189 n. Chr.
Augusta Treverorum 1	Trier, Rheinisches Landesmuseum EV 1971, 25	l	Datum; Orte	Reise; Nekropole	2. H. 2. Jh. n. Chr.
Korinth 4	Korinth, in situ	–	–	Odeion	2. Jh. n. Chr.
Narbo Martius, Colonia 1	Musée Lapidaire 869-I09-I	–	–	Nekropole	2. Jh. n. Chr.
Rom 17	–	l	Datum; Orte, BG	Reise; Nekropole ?	3. Jh. n. Chr.
FO unbekannt 11	Oxford, History of Science 51358	l	Datum, Monate; Orte, BG	Reise	250 n. Chr.
FO unbekannt 13		l	Datum; Orte, BG	Reise	Mitte 3. Jh. n. Chr.
Augusta Emerita 2	Merida	l	Datum; Orte, BG	Reise	2. H. 3. Jh. n. Chr.
Mogontiacum 2	Mainz, Landesmus. R 2321	l	Monat	Reise; Nekropole	3./4. Jh. n. Chr.
Philippi 2	Arch. Mus.	g	Monate; Orte	Reise	300–350 n. Chr.
Memphis 2	St. Petersburg, Ermitage	g	Monat; Orte, BG,	Reise; Nekropole	4. Jh. n. Chr.
Samos 4	Samos, Arch. Mus. 328	g	Stunden, Monat; Orte, BG	Reise	4. Jh. n. Chr.
FO unbekannt 14	Privatbesitz, ehemals Rockford, Time Mus.	g	Monate, Datum; Orte, BG	Reise	4. Jh. n. Chr.
Athen 23	Athen, Agora A 1869	g	Stunden	Agora	spätantik
Athen 24	Athen, NM 13365	–	–	Kirche ?	spätantik
Ostia 10	Ostia, Piccolo Mercato (?)	–	–	–	spätantik?
Syrakus 1	Syrakus, Arch. Mus. 45870	g	Stunden	Stadtgebiet	spätantik
Aphrodisias 6	Aphrodisias, Mus Inv. 63-400	g	Ortsliste, BG	Reise; Wohnhaus	um 500 n. Chr.
FO unbekannt 15	London, Brit. Mus. MNE 1997, 3-3,1	g	Monate; Orte, BG	Reise	um 500 n. Chr.
FO unbekannt 16	London, Science Mus. 1983-1393	g	Monate, Zodiakos; Orte, BG	Reise	um 500 n. Chr.
Delos 31	verschollen	–	–	Wohnhaus	mittelbyzantinisch

Abb. 29: Sonnenuhren mit vertikalem Zifferblatt der Gruppe II 2.2.2

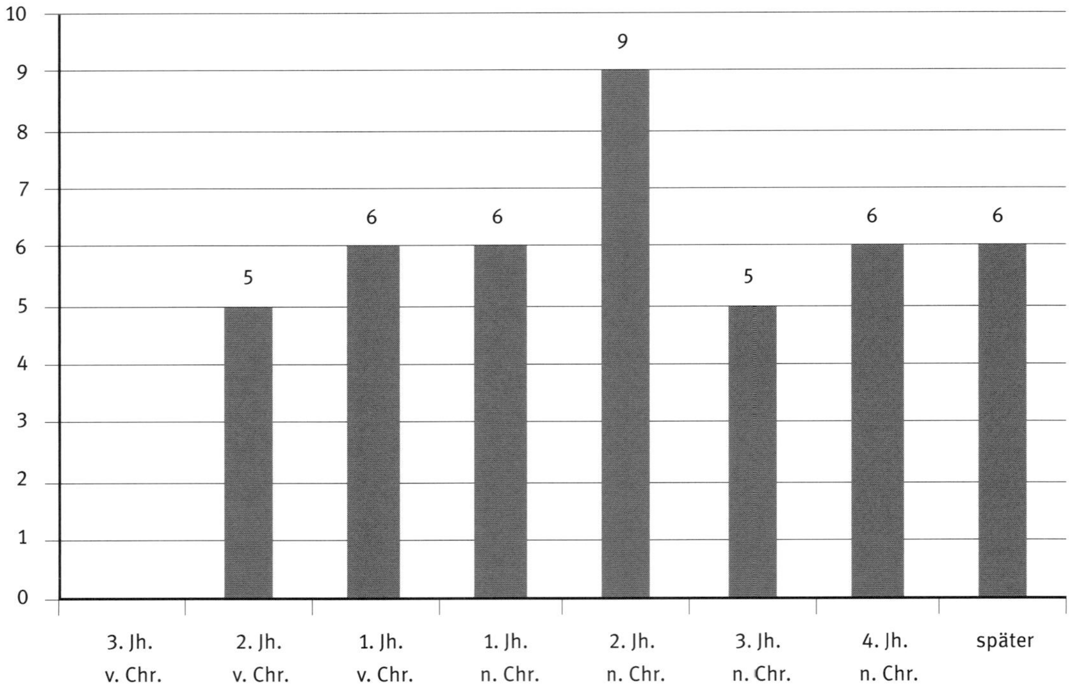

Abb. 30: Chronologische Verteilung der vertikalen Sonnenuhren

Die chronologische Verteilung des Typus zeigt, dass er in der zweiten Hälfte des 2. Jhs. v. Chr. in griechischen Befunden erstmals auftritt. Für seine Entwicklung in diesem Gebiet spricht, dass ausgerechnet für diesen Typus wahrscheinlich eine (fehlgeschlagene) Vorzeichnung – hier Paros 1 – bekannt ist. Unter den frühen Belegen fällt die hohe Zahl von Mehrfachzifferblättern auf, die darauf hinweisen könnten, dass die anschauliche Darstellung von astronomischen Gesetzmäßigkeiten in verschiedene Himmelsrichtungen für die Entwicklung dieses Typus zunächst maßgeblich war. Diese besonders flexibel zu handhabende Ausrichtung ist also seit Einführung dieses Typus bekannt und unterscheidet ihn von allen anderen Sonnenuhren, die in der Regel nach Süden orientiert waren. Somit sind vertikale Zifferblätter besonders gut für ihre Positionierung an Fassaden jeglicher Ausrichtung geeignet und gerade dieser Einsatz wird auch an einem seiner frühesten Vertreter, dem Turm der Winde – hier Athen 4° – , anschaulich bezeugt. Obwohl überwiegend frei aufgestellte vertikale Mehrfachzifferblätter erhalten sind, ist dieser Befund v. a. den schlechten Überlieferungsbedingungen für Fassadenuhren geschuldet, sollte aber über die grundlegende Bedeutung dieses Typus im architektonischen Zusammenhang nicht hinwegtäuschen. Vorausgesetzt, dass die Verschattung durch angrenzende Bebauung im Vorfeld berücksichtigt wurde, dann zeigten diese hoch an Fassaden installierten Zeitmesser für besonders viele Personen gleichzeitig die Zeit an. Der überraschend gute Erhaltungszustand der Aussenuhren am Turm der Winde zeigt, wie nachhaltig ihre Installation sein kann. Diese Merkmale könnten auch die überwiegende Nutzung dieser Großuhren im öffentlichen Raum bedingt haben, deren Zeitmessfunktion häufig von erklärenden Beischriften begleitet wird.

In dieselbe Richtung scheint auch die quantitative Verteilung dieses Typus in der Folgezeit zu weisen: Während für andere Typen regelhaft eine kontinuierliche Zunahme der Aufstellungen seit dem 1. vor- bzw. nachchristlichen Jh. festzustellen war, stagniert die Anzahl der im Befund nachweisbaren, überwiegend frei aufgestellten vertikalen Zifferblätter in dieser Zeit. Erst mit dem deutlichen Produktionsanstieg von Reiseuhren seit dem 2. Viertel des 2. Jhs. n. Chr. ist im Bestand die weite quantitative Verbreitung dieses Typus zu verbinden. Reiseuhren tradieren diesen Uhrentypus nachweislich über die Spätantike hinaus: Keine andere Gruppe ist im Befund der Spätantike mit so vielen Beispielen vertreten, so dass es sogar den Anschein hat, als habe sich die Uhrenproduktion weitgehend auf das kleine Format verlagert.

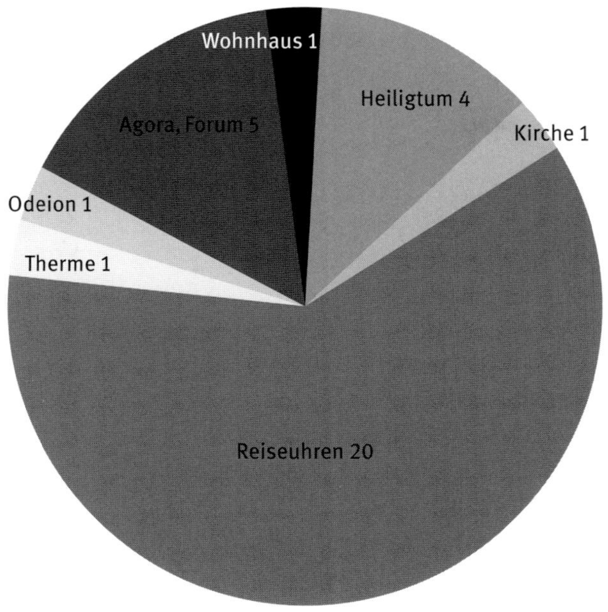

Abb. 31: Kontextuelle Verteilung der vertikalen Sonnenuhren

Die regionale Verteilung des Typus zeigt schon früh seine weite Verbreitung, v. a. auch im östlichen Mittelmeerraum an. Gegenüber anderen Uhrentypen erreicht er im 1. Jh. v. Chr. gleichzeitig mit Rom den italischen Raum und auch den Osten. Vielleicht ist dieses Phänomen ebenso wie der Nachweis einer solchen Uhr im weit entfernten Naga ein erneuter Hinweis auf die Existenz von schriftlichen Vorlagen zu diesem Zeitpunkt. Auf die Herkunft aus einer gemeinsamen Werkstatt könnte die Ähnlichkeit zwischen Delos 21 und Rom 6 hinweisen: Die beiden annähernd gleich großen Tischuhren sind nicht nur die einzigen Vertikaluhren mit rundem Zifferblatt, sondern auch die einzigen, bei denen die Zeit von einem Lichtstrahl angezeigt wird. Wie bei den Uhren der sphärischen Variante, für deren früheste Vertreter diese Projektion bereits im 2. Jh. v. Chr. eingesetzt wird, wandert der Lichtstrahl im Tagesverlauf über das Zifferblatt.[213]

Tendentiell kennzeichnet die Summe der Eigenschaften die großen Vertikalblätter als Medium des öffentlichen Raumes. Das wird von der Verteilung auf die funktionalen Räume ihrer Aufstellung bestätigt: Über die Hälfte des Bestandes ist mit öffentlichen Bauten zu verbinden. Obwohl nicht zu ermitteln ist, wie viel gerade im Bereich der Wohnhäuser von den in Putz und Farbe ausgeführten Zifferblättern verloren gegangen ist, sind die Vertikaluhren der einzige Typus, von dem nur ein Exemplar diesem Kontext zugeordnet werden kann. Außerdem sind vertikale Zifferblätter ebenso wie horizontale durchwegs undekoriert. Diese von der Einführung des Typus an definierte öffentliche Konnotation wird zäsurlos bis in byzantinische Zeit beibehalten und führt in der Spätantike zur Installation dieser Uhren an den Aussenwänden zahlreicher Kirchen.[214]

2.2.3 vertikale Variante (sog. v-vertikale Zifferblätter)

Mit nur wenigen Exemplaren wird eine Variante der vertikalen Zifferblätter greifbar: Ihre Messnetze erstrecken sich über zwei senkrechte gestellte Platten, die im Winkel bündig aufeinander treffen. Die Naht fällt dabei mit dem Verlauf der Mittagslinie zusammen, so dass sich über die linke

213 Zu den möglichen Ursachen für die Verschleppung von Rom 6 vgl. Kapitel VIII 2.

214 Für Beispiele vgl. Schaldach 2006, 41–57.

Seite die Vormittags- und über die rechte die Nachmittagsstunden erstrecken. In der Regel bilden zwei hochrechteckig geschnittene Steinplatten das Zifferblatt, nur im Fall von Delos 11 und Athen 21° könnte die Uhr als ein Werkstück gearbeitet worden sein.

Abb. 32: Sonnenuhren mit Zifferblatt der vertikalen Variante (sog. v-vertikale Zifferblätter) der Gruppe II 2.2.3

Fundort	Aufbewahrungsort	I	Art der I	Kontext	Datierung
Delos 11	Delos, B 594	–	–	Dionysos-H. ~	2. Jh. v. Chr. ?
Oropos 4, 5	Oropos (2 Frgte)	–	–	Heiligtum	2. Jh. v. Chr.
Side 1	in situ	–	3 Zifferblätter: 2 sphä, 1 v-vert	Stadtgebiet	2. Jh. v. Chr.
Herakleia/Lynkestis 1*	IG X 2,2 111	l	Stiftung	Forum ~	10 n. Chr.
Karthago 2	Karthago, Lavigerie 1899	l	Datum, Monat	Nekropole	1. Jh. n. Chr. ?
Ostia 4	Ostia, Piccolo Mercato	–	–	–	1. Jh. n. Chr.
Pautalia 1*	IG Bulg V 5779	g	Stiftung ὡροσκόπιον	Forum	um 200 n. Chr.
Athen 21°	London, Brit. Mus. 2544	g	Hersteller, 2 Zifferblätter	Theater	um 300 n. Chr.

Erneut begegnen die frühesten Vertreter für diesen Typus in griechischen Befunden des 2. Jhs. v. Chr. Ihr zeitliches Verhältnis gegenüber der Standardform der vertikalen Zifferblätter ist anhand der erhaltenen Exemplare zwar nicht mehr näher zu bestimmen, wahrscheinlich setzen ihre aufwendigeren Berechnungen und die komplizierte Konstruktion aber den Normaltypus entwicklungsgeschichtlich voraus. Bis auf das späte Stück Athen 21° sind alle Vertreter dieser Gruppe für eine freie Aufstellung konzipiert; die bekannten Kontexte weisen mehrheitlich auf die Platzierung dieser Sonderform im öffentlichen Raum hin. Dazu passt, dass alle Exemplare aus Marmor gearbeitet und ihre Linien überaus präzise ausgeführt worden sind. Bislang liegt nur für Oropos 4, 5 eine mathematische Analyse vor; sie bescheinigt diesem Instrument eine hohe Ganggenauigkeit.[215]

Diese Variante der vertikalen Zifferblätter wird hier als eigener Typus geführt, weil er die mathematischen Kenntnisse besonders flexibel einsetzt, mit ihm die genannten besonderen strukturellen Merkmale zu verbinden sind und er durchgängig von der Einführung des Typus bis in die späte Kaiserzeit vertreten ist.

2.3 Laufzeiten

Führt man die Laufzeiten und Quantitäten aller technologischen Typen des erhaltenen Bestandes von Sonnenuhren in einem Diagramm zusammen, so zeichnen sich einige Tendenzen recht deutlich ab.

Konische und sphärische Zifferblätter sind offenbar jene technologischen Typen, die am frühesten – kurz nach der Mitte des 3. Jhs. v. Chr. – eingeführt wurden und die auch in der Folgezeit den höchsten Anteil unter den Sonnenuhren stellen. Sie sind die Träger der im Verlauf des 2. Jhs. v. Chr. einsetzenden überregional weiten Verbreitung von Instrumenten zur Zeitmessung. Als Leitform etablieren sich die leichter herzustellenden konischen Zifferblätter, deren Anzahl die der sphärischen v. a. in dieser Frühphase deutlich übertrifft. Der quantitative Höhepunkt für Neuaufstellung dieser Sonnenuhren wird im Verlauf des 1. Jhs. n. Chr. erreicht: Für beide Typen ist in der Folgezeit ein nahezu parallel verlaufender Rückgang zu verzeichnen, der sich zur Spätan-

215 Schaldach 2006, 195.

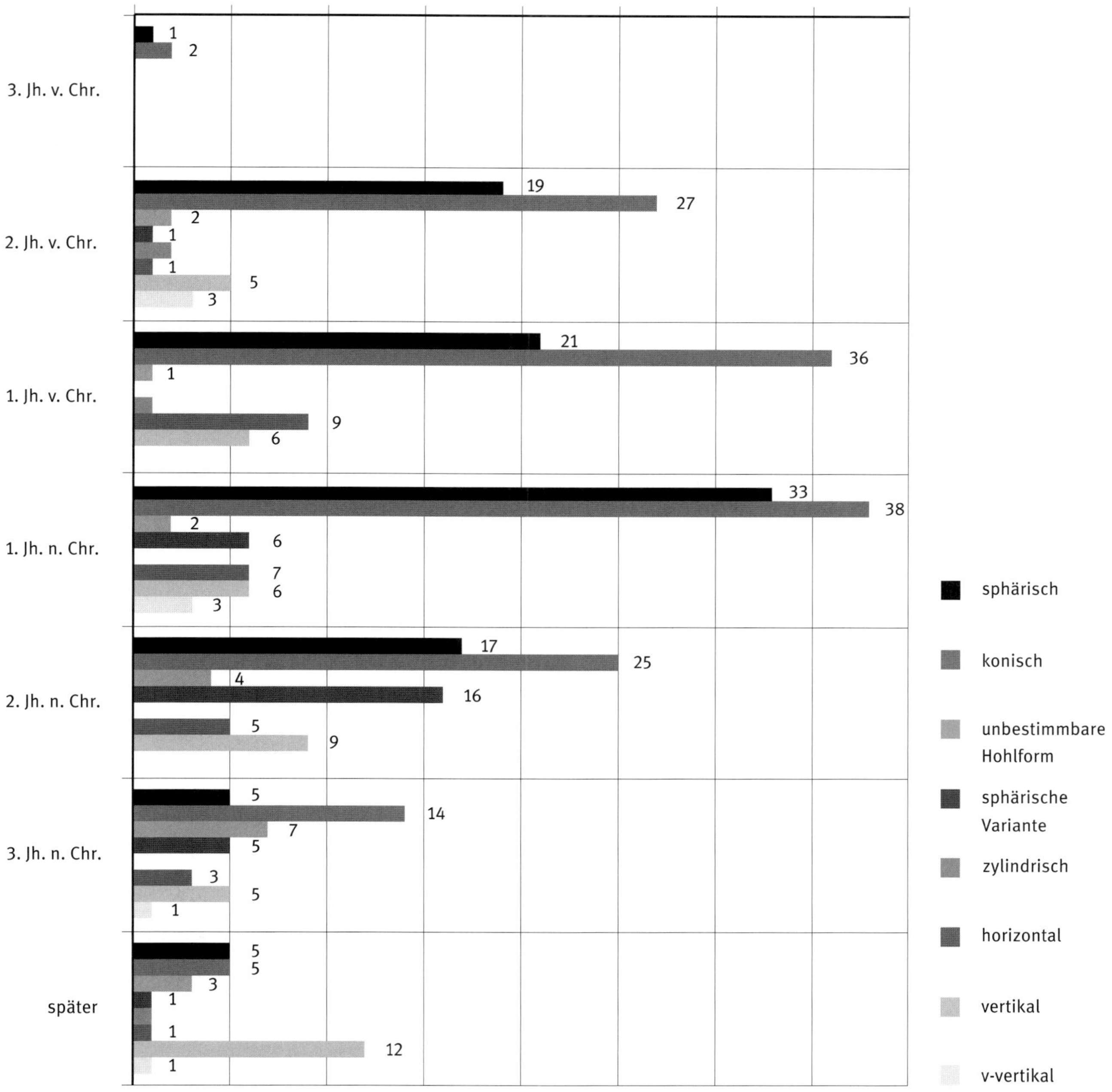

Abb. 33: Chronologische Verteilung der acht Typen von Sonnenuhren

tike hin auf einem gleichbleibend niedrigen Niveau einpendelt. Die Entwicklung wird zusätzlich dadurch abgeschwächt, dass seit dem 1. Jh. n. Chr. die Gruppe der unbestimmbaren Hohlformen bis ins 3. Jh. n. Chr. stetig zunimmt. Der annähernd gleichförmige Verlauf der Entwicklung von sphärischen und konischen Zeitmessern lässt auf den vergleichbaren Einsatz dieser Instrumente schließen.

Alle anderen Typen von Sonnenuhren sind seit der Mitte bzw. spätestens seit der zweiten Hälfte des 2. Jhs. v. Chr. im Befund vertreten: Innerhalb von weniger als 100 Jahren müssen die mit Zeit und Zeitmessung verbundenen Diskurse so intensiv geführt worden sein, dass die Möglichkeiten des Mediums Sonnenuhr innerhalb von relativ wenigen Jahren technologisch voll ausgeschöpft worden sind: Alle später entstandenen Uhren greifen auf den in dieser Zeit erreichten Wissensstand zurück. Auf diese Phase der Entwicklung folgt verblüffend schnell – teilweise sogar gleichzeitig mit der ersten Phase – die flächendeckende überregionale Verbreitung der erforderlichen Kenntnisse zum Bau von Sonnenuhren.

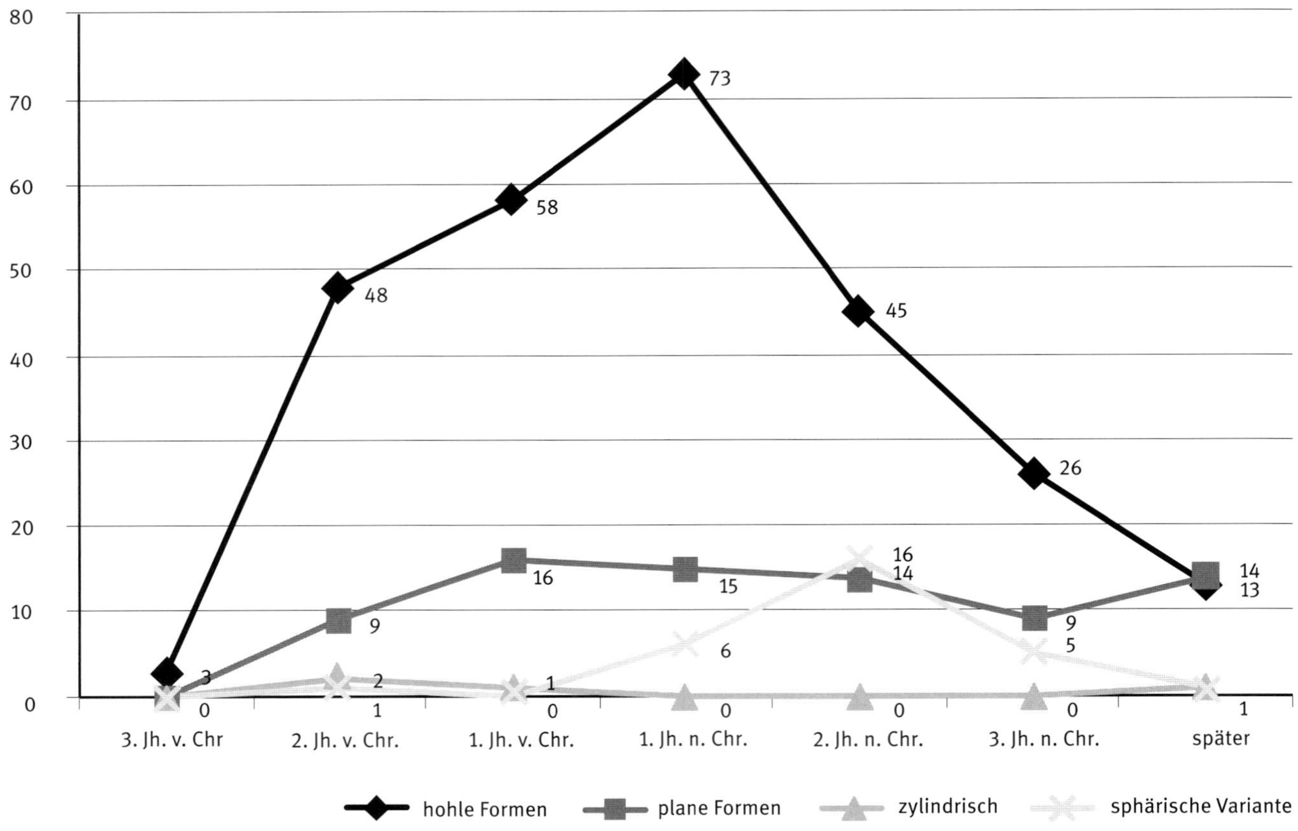

Abb. 34: Chronologische Entwicklung der vier Haupttypen von Sonnenuhren

Dies gilt nicht nur für die Hohlformen, sondern auch für die planen Zifferblätter: Trotz der eingeschränkten Überlieferung von planen Formen wird deutlich, dass sie leicht zeitversetzt im fortgeschrittenen 2. Jh. v. Chr. eingeführt werden, fortan aber sofort recht gut belegt sind. Diese Verteilung zeigt erneut, dass die Entwicklung und Verbreitung von Sonnenuhren in Griechenland typologisch nicht unmittelbar frühere Vorläufer aufgreift. Denn in ägyptischen und levantinischen Befunden sind gerade die vertikalen Zifferblätter mit Zwölfteilung mindestens seit dem 13. Jh. v. Chr. vertreten.[216] Im Gegensatz zu den hohlen Zifferblättern nehmen die planen bis in die Spätantike einen gleichbleibenden Anteil am Bestand ein, so dass sich hier ein grundlegend abweichender Verwendungshorizont abzubilden scheint, den bereits die veränderte kontextuelle Fundverteilung nahelegte: Ist der Schwerpunkt für den am Befund nachvollziehbaren Einsatz von planen Uhren im öffentlichen Bereich angesiedelt, so konzentrieren sich die Hinweise auf hohle Formen stärker in privat konnotierten Befunden.

Zeitmesser der sog. sphärischen Variante wurden zwar auch während des Höhepunktes der Uhrentechnologie im 2. Jh. v. Chr. entwickelt, setzten sich aber erst über 100 Jahre später und dann nur für relativ kurze Zeit in Verbindung mit einem sehr speziellen Einsatzgebiet durch: Etwa zwei Drittel der erhaltenen Zeitmesser dieses Typus stammen aus Nekropolen.

Zylindrische Zifferblätter sind eine Rarität. Vermutlich waren sie aufgrund der schwierigen Herstellung der Form und der Übertragung des Messnetzes tatsächlich nur relativ selten. Erprobt wurde der Typus auch bereits im 2. Jh. v. Chr. und sein später Vertreter im Anschluss an eine Fundlücke von mehreren Jahrhunderten könnte darauf hinweisen, dass auch für seltene Typen dauerhaft Anleitungen verfügbar waren.

216 E. J. Pilcher, Portable Sundial from Gezer, PEQ 55, 1923, 85–89 und Borchardt 1920, 48 B mit Abb. 22 und Schaldach 2006, 20.

3 Sonderformen

Unabhängig von auf den bisher vorgestellten geometrischen Grundformen treten im Befund Zeitmesser auf, die aufgrund ihres besonderen Formats, ihres Materials oder ihrer Funktion sich deutlich vom restlichen Fundgut absetzen und die wegen dieser spezifischen Eigenschaften als strukturelle Sonderformen geführt werden. Sie stellen keine eigenständigen technologischen Typen dar, weil sie keine von den technologischen Typen abweichenden mathematischen bzw. astronomischen Kenntnisse voraussetzen, sondern diese nur auf spezielle Weise anwenden. So werden hier einige Zeitmesser erneut, nun nach strukturellen Kriterien gruppiert, die zuvor auf technologische Aspekte hin untersucht wurden.

3.1 kombinierte Zifferblätter

Wiederholt wurden zwei oder mehrere Zifferblätter kombiniert aufgestellt. Jedes Messnetz für sich entspricht dabei einer der zuvor vorgestellten geometrischen Grundformen, aufgrund ihrer Mehrgliedrigkeit ergeben sich aber für Aufstellung und Nutzung spezifische Modalitäten, welche dazu führen, die kombinierten Zifferblätter als Sonderform zu behandeln.

Fundort	Aufbewahrungsort	I	Art der I	Zifferblätter	Kontext	Datierung
Herakleia/ Latmos 1°	Paris, Louvre MNB 694	g	Stiftung; Hersteller	S kon 2	Agora	2. H. 3. Jh. v. Chr.
Delos 5	Delos, B 4367	g	Datum, Aufsatz Wind; Stiftung	S sphä 2	Gymnasion GD 76	1. H. 2. Jh. v. Chr.
Sparta 1	Sparta, Arch. Mus. 6193	–	Winde	S kon 2	öffentlich	Mitte 2. Jh. v. Chr.
Tenos 1°	Tinos, Arch. Mus. A 139	g	Datum; Epigramm, Hersteller	S sphä, sphäV, vert 2	Poseidon-H.	2. H. 2. Jh. v. Chr.
Athen 4°	in situ TdW	g	Winde	S vert 8, zyl, W	Agora	150–100 v. Chr.
Delos 10	Delos o. Nr.	–	–	S hemi 2	Italiker Agora	2. Jh. v. Chr.
Dimale 1	Tirana Mus. Inv. Nr. 1478	g	Hersteller	S kon, vert	Agora	2. Jh. v. Chr.
Ioulis 1		g	Datum	S sphä 2	öffentlich	2. Jh. v. Chr.
Lykao Savatra 1°	MAMA 8, 233	g	Datum	S vert 3	–	2. Jh. v. Chr.
Pergamon 2	Bergama, Arch. Mus. 1539	–	–	S hemi 2	öffentlich	2. Jh. v. Chr.
Side 1	in situ	–	–	S sphä 2, v-vert	Stadtgebiet	2. Jh. v. Chr.
Herculaneum 1	Rom, NM	–	–	S kon, S hemi	Villa Scipio	1. Jh. v. Chr.
Palmyra 1°	unbekannt	g	Datum, Monat	S hemi 3	Heiligtum	1. Jh. v. Chr.
Rhodos 5	Rhodos, Mus. A 426	–	–	S kon 2	–	1. Jh. v. Chr.
Tyndaris 1	Palermo, Nat. Mus. 5587	–	–	S kon 2, sphä 2	–	1. Jh. v. Chr.

Fortsetzung auf der nächsten Seite.

Abb. 35: Sonnenuhren mit kombinierten Zifferblättern der Gruppe II 3.1

Fundort	Aufbewahrungsort	I	Art der I	Zifferblätter	Kontext	Datierung
Seleukia/ K. 1	Istanbul, Arch. Mus.	g	Stunden	S sphä 3, vert 2		späthellenistisch?
FO unbekannt 6	Rom, Museo C. Romana	–	–	S hemi S 4	–	1. H. 1. Jh. n. Chr.
Naga 1	in situ	–	–	S kon, S vert	Amun-H.	1. Jh. n. Chr.
Athen 21°	London, Brit. Mus. 2544	g	Hersteller	S v-vert3	Theater	um 300 n. Chr.

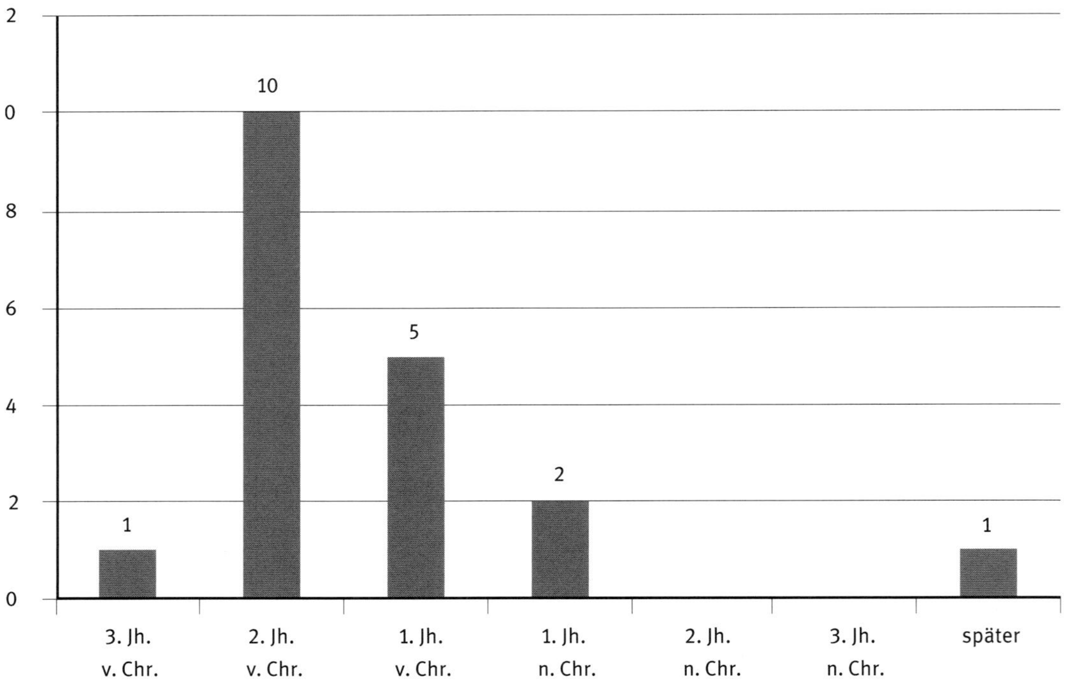

Abb. 36: Chronologische Verteilung der Sonnenuhren mit kombinierten Zifferblättern

Die chronologische Übersicht zeigt, dass Mehrfachzifferblätter eine spezifische Denkmälergruppe des 2. Jhs. v. Chr. sind: Aus dieser Zeit stammen diese exzeptionellen Instrumente, an denen das astronomische und mathematische Wissen der Epoche von Zeit im öffentlichen Raum vorgeführt und ausgestellt wurde. Bis auf das Exemplar aus Naga, dessen zwei Zifferblätter vielleicht zeitlich versetzt entstanden sind und das deshalb von der hier vorgestellten Gruppe zu trennen ist, sind alle Vertreter aus Marmor und mit hohem handwerklichen wie ästhetischen Anspruch gearbeitet. Diese Gruppe stellt das Maximum dessen dar, was an kombinatorischer Eleganz auf dem Sektor der Sonnenuhren erreicht werden konnte, danach war die Gattung technologisch ausgereizt.[217] Alle denkbaren geometrischen Formtypen waren nun erprobt und konnten in einem Werkstein in jeder Lagerung und Ausrichtung, einzeln und kombiniert umgesetzt werden. Indem mehrere Zifferblätter in einem Zeitmesser zusammengeführt werden, wird anschaulich die erreichte Präzision der Berechnung gezeigt. Die chronologische Verteilung der Mehrfachzifferblätter bestätigt die frühere Beobachtung, dass die Hohlformen in der zweiten Hälfte des 3. Jhs. v. Chr. einsetzen und somit etwa 100 Jahre früher als die planen Formen, die etwa gleichzeitig mit den Zifferblättern der sphärischen Variante vertreten sind. Mit Ausnahme einiger Reiseuhren, die auf einen erweiterten

217 Das gilt auch für das maximale Maß ihrer astronomischen Anzeige, vgl. hier Kapitel V 3.3..

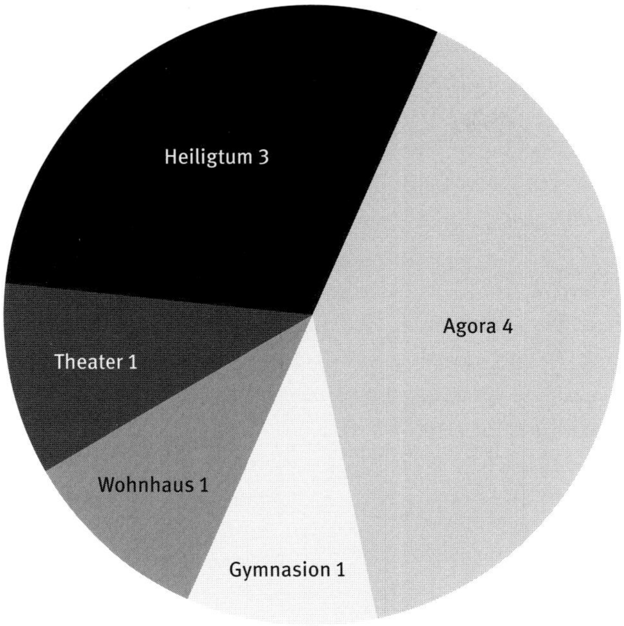

Abb. 37: Kontextuelle Verteilung der Sonnenuhren mit kombinierten Zifferblättern

Stand der Kenntnisse schließen lassen, sind alle späteren Instrumente eine Wiederholung und Vervielfältigung dieses hochhellenistischen Wissensstandes.[218]

Nicht zufällig wird wohl auf zwei dieser Uhren der Architekt genannt und kann er für eine dritte – hier Athen 4° – indirekt erschlossen werden. Wie weit innerhalb dieses Personenkreises sowohl mathematische, als auch astronomische und ferner meteorologische Kenntnisse verbreitet waren, äussert sich auch in der hohen Anzahl von Windrosen, die mit diesen speziellen Zeitmessern kombiniert wurden.[219] Sie verknüpft die Stiftung aus Herakleia am Latmos wissensgeschichtlich mit den Arbeiten am Alexandriner Museion. Anhand der erhaltenen Zeitmesser wird v. a. greifbar, wie schnell sich die Anwendung dieser Kenntnisse ausbreitete.

Die chronologische Verteilung der Mehrfachzifferblätter zeigt jedoch auch, dass ihre Produktion um die Zeitenwende weitgehend eingestellt wurde. Während in den hellenistischen Städten der Zeitdiskurs anhand dieser Normgeräte primär auf den Agorai und in den Heiligtümern geführt wurde, wird er im italischen Raum nicht fortgeführt. So sind die zwei späteren Beispiele jeweils offenbar als bewusste Rückgriffe zu verstehen: Die außergewöhnliche Vielfachuhr Fundort unbekannt 6 könnte möglicherweise in Rom wiederaufgestellt worden sein, während Athen 21° an die spezifische lokale Tradition der Zeitmesser im Dionysos-Theater anknüpft.[220]

3.2 Miniatur- und Reiseuhren

Der Gruppe der Miniatur- und Reiseuhren lässt sich eine Sonnenuhr einzig aufgrund ihres Formats zuweisen: Alle Vertreter sind kleiner als 15 cm – einige sogar erheblich – und schließen sich als Gruppe zu einer Größenkategorie zusammen, die sich eindeutig von allen anderen Instrumenten

218 Vgl. beispielsweise die erforderlichen Berechnungen für die unterschiedlich ausgerichteten Vertikaluhren am Turm der Winde, Schaldach 2006, 147–164, gegenüber jenen für die späten Reiseuhren, De Sola Price 1969.

219 Vgl. hier Kapitel V 3.3.

220 Vgl. für Fundort unbekannt 6 Kapitel VIII 2 zu den Zeitmessern in Rom, sowie Kapitel VII 5 zu den Aufstellungen im Dionysos-Theater in Athen.

absetzt. Somit lassen sich die tragbaren eindeutig von den stationären Zeitmessern trennen. Miniatur- und Reiseuhren werden in der Hand gehalten – man kann sie mitnehmen. Deshalb sind sie vergleichbar einer modernen Taschen- oder Armbanduhr besonders eng mit der Person ihres Besitzers verbunden: Nur eine Person kann eine Reiseuhr tragen, nur eine sie ablesen – eine kollektive Zeiterfahrung wie bei manchen Großuhren ist von Vornherein ausgeschlossen. Prinzipiell ist eine Sonnenuhr abhängig von der Ortsbreite und ihrer Ausrichtung am Standort, so dass sie grundsätzlich für den stationären Gebrauch geeignet ist. Je höher der Aktionsradius des Besitzers einer Reiseuhr ist, desto deutlicher wirken sich auf die Anzeige einer Sonnenuhr wechselnde Ortsbreiten aus – ein Problem, dem mit den Zifferblättern dieser Zeitmesser auf unterschiedliche Weise entgegen gewirkt wird, so dass unter den Vertretern dieser Materialgruppe eine hohe technologische Variabilität herrscht. Diese erwies sich für die Erforschung der Reiseuhren als folgenreich: Aufgrund ihrer Seltenheit, ihrer zeitfunktionalen und technologischen Heterogenität und oft problematischen Überlieferungsgeschichte wurden sie häufig als solitäres Einzelobjekt bzw. in Kleingruppen untersucht. Der Blick auf die Bedeutung dieser Gruppe als Ganzes blieb auch deshalb verstellt, weil er von der unsicheren Zuordnung des Materials an die schriftlich überlieferten Bezeichnungen verstärkt wurde.

Fundort	Aufbewahrungsort	M	I	Art der I	Typ	Kontext	Datierung
Naukratis 2	–	K	–	–	S sphä	Miniatur	2. Jh. v. Chr.
Alexandria 2	Alexandria, Mus. 15735	K	–	–	S kon	Miniatur; Nekropole	2. Jh. v. Chr.
Rhodos 4	Rhodos, Ephorie A 1113	K	–	–	S horiz	Miniatur; Wohnhaus	späteres 2. Jh. v. Chr.
Darro 1	Vilanova i Geltru	K	–	–	S kon	Miniatur; Villa	1. H. 1. Jh. v. Chr.
Jerusalem 1	Haifa, Hecht-Mus. IAA 1986–243	K	–	–	S kon	Miniatur; Wohnhaus	2. H. 1. Jh. v. Chr.
Tanis 1	London, Brit. Mus. EA 68475	E	g	Datum	S kon	Miniatur	spätes 1. Jh. v. Chr.
Ateste 1	Este, Mus.	E	l	Monat	S zylin	Reise, Nekropole	kurz nach 8 v. Chr.
Herculaneum 2	Neapel, NM Reiseuhr 25494	B	l	Monat	S vert	Reise; Stadtgebiet	27 v.- 79 n. Chr.
FO unbekannt 8	Privatbesitz	B	g	Monate, Legende, Hersteller	S vert	Reise	nach 134 n. Chr.
FO unbekannt 9	Mailand, Castel Sforzesco	B	l	Monate, Legende	S vert	Reise	nach 134 n. Chr.
Aquileia12	Wien, Inv. Nr. VI, 4098	B	l	Monat, Orte	S vert	Reise	nach 140–143 n. Chr.
Aquileia 11	Privatsammlung	B	l	Monat, Ortsliste	S vert	Reise	Mitte 2. Jh. n. Chr.
Metz 1	Metz, Arch. Mus 2767	B	l	Monat	S vert	Reise; Nekropole ?	Mitte 2. Jh. n. Chr.
Augusta Treverorum1	Trier, Rheinisches Landesmuseum EV 1971, 25	B	l	Datum; Orte	S vert	Reise; Nekropole	2. H. 2. Jh. n. Chr.

Fundort	Aufbewahrungsort	M	I	Art der I	Typ	Kontext	Datierung
Rom 16	Rom, NM 651_65	B	l	Monat	S vert	Reise	kurz nach 189 n. Chr.
FO unbekannt 13		B	l	Datum; Orte, BG	S vert	Reise	Mitte 3. Jh. n. Chr.
FO unbekannt 11	Oxford, History of Science 51358	B	l	Datum, Monate; Orte, BG	S vert	Reise	250 n. Chr.
Augusta Emerita 2	Merida	B	l	Datum; Orte, BG	S vert	Reise	2. H. 3. Jh. n. Chr.
Rom 17	–	B	l	Datum; Orte, BG	S vert	Reise; Nekropole ?	3. Jh. n. Chr.
Mogontiacum 1	Mainz, Landesmus. R 2321	E	l	Monat	S vert	Reise; Nekropole	3./4. Jh. n. Chr.
Philippi 2	Arch. Mus.	B	g	Monate; Orte	S vert	Reise	300–350 n. Chr.
Memphis 2	St. Petersburg, Ermitage	B	g	Monat; Orte, BG,	S vert	Reise; Nekropole	4. Jh. n. Chr.
Samos 4	Samos, Arch. Mus. 328	B	g	Stunden, Monat; Orte, BG	S vert	Reise	4. Jh. n. Chr.
FO unbekannt 14	Privatbesitz, ehemals Rockford, Time Mus.	B	g	Monate, Datum; Orte, BG	S vert	Reise	4. Jh. n. Chr.
Aphrodisias 6	Aphrodisias, Mus Inv. 63-400	B	g	Ortsliste, BG	S vert	Reise; Wohnhaus	um 500 n. Chr.
FO unbekannt 15	London, Brit. Mus. MNE 1997, 3-3,1	B	g	Monate; Orte, BG	S vert	Reise	um 500 n. Chr.
FO unbekannt 16	London, Science Mus. 1983-1393	B	g	Monate, Zodiakos; Orte, BG	S vert	Reise	um 500 n. Chr.

Abb. 38: Kleinformatige Sonnenuhren der sog. Miniatur- und Reiseuhren der Gruppe II 3.2

Mit den vorangestellten Beobachtungen geht einher, dass die Gruppe der Reiseuhren besondere materielle Eigenschaften auszeichnen: Sind 95 Prozent aller Sonnenuhren aus Stein gearbeitet, so fallen die Miniatur- und Reiseuhren unter die restlichen 5 Prozent der Zeugnisse. Für sie wird Bein oder Bronze verwendet – also besonders Materialien, die gegenüber Stein zumindest theoretisch eine präzisere Bearbeitung erlauben.

Wie so vieles in der Erforschung von astronomischem Gerät der Antike wird auch die Erkenntnis der Bedeutung dieser Sondergruppe Derek De Sola Price verdankt.[221] Erstmalig stellte er 1969 anlässlich eines Neufundes aus Aphrodisias alle ihm bekannten Zeugnisse vertikaler Kleinzeitmesser zusammen, in denen er „scientific instruments“ erkannte. Seine Einschätzung als wissenschaftliches Präzisionsgerät wurde in der Zwischenzeit v. a. durch die Arbeiten von Judith V. Field und Michael T. Wright korrigiert:[222] Zwar entsteht für den modernen Betrachter in der

221 De Sola Price 1969. Eine Monografie, welche die Neuvorlage aller Reiseuhren und die Diskussion der mit dieser Sondergruppe verbundenen Diskurse erschließen soll, befindet sich kurz vor dem Abschluss: R. Talbert/E. Winter, Time, Space, and Culture in Portable Sundials (in Vorbereitung).
222 Field – Wright 1985 und J. V. Field, What Is Scientific About a Scientific Instrument?, Nuncius 3, 1988, 3–26.

Gegenüberstellung der Miniaturuhren mit konventionellen Sonnenuhren sowie in Kenntnis der späteren Instrumentengeschichte schnell der Eindruck von hoher Genauigkeit und wissenschaftlicher Exklusivität.[223] Hier kündigt sich bereits das Potential dieses technologischen Grundtyps an, der für Astrolabien und andere astronomische Gerätschaften im Laufe des 9. und 10. Jhs. n. Chr. Pate stand.[224] Dennoch beruht die Vorstellung von De Sola Price wohl auf einem modernen Trugschluss, der durch die Seltenheit von Miniatur- und Reiseuhren im archäologischen Befund, und das gewählte Material – Bein oder Bronze – und die damit verbundenen Möglichkeiten der Gravur komplexer Linienführungen verursacht ist: Denn den beiden britischen Forschern gelang der Nachweis, dass diese Linien häufig redundant bzw. manchmal ästhetischen statt astronomischen Kriterien folgen.[225] Ziel des mit diesen Instrumenten überlieferten Konzepts ist also weniger die für wissenschaftliches Gerät erforderliche hohe Ganggenauigkeit, die aufgrund der in dieser Zeit theoretisch verfügbaren mathematischen Kenntnisse durchaus hätte erreicht werden können. Vielmehr wird eine zwar manchmal komplexe, aber v. a. in ihrer graphischen Symmetrie als ästhetisch befriedigend empfundene Aufteilung des Zifferblatts verfolgt. Außerdem führt die Handhabung der leichten kleinen Geräte in der Praxis allein schon zu erheblichen Ungenauigkeiten.[226] Diese Gewichtung der Kriterien weist diese Sonderform der Sonnenuhr als exklusives Gerät mit einem repräsentativen Stellenwert aus. Die Bindung dieser Uhren an bestimmte Berufsbilder ist deshalb auch aus den genannten Gründen auszuschließen.[227]

Verfolgt man diesen materialimmanenten strukturellen Ansatz weiter, so lassen sich die überlieferten Objekte Untergruppen zuordnen: Die erste Gruppe bilden Kleinuhren wie die zylindrische Uhr Ateste 1 und der sog. Schinken von Herculaneum, hier Herculaneum 2. Beide verbindet außer dem handlichen Format ihre Anzeigefunktionen, die Stunden- und Monatsanzeige für einen Standort kombiniert. Die Gruppe setzt eine Tradition fort, die bereits im 2. Jh. v. Chr. mit Miniaturuhren einsetzt, welche dieselben strukturellen Eigenschaften aufweisen: Sie stellen jeweils keine Neuerfindung eines Uhrentyps dar, sondern die Übertragung von bekannten technologischen Typen ins kleine Format – nämlich der vertikalen, zylindrischen, sphärischen, horizontalen oder konischen. Diese frühen Miniaturen waren innerhalb eines begrenzten räumlichen Radius nutzbar: Aufgrund des von der Ekliptik bedingten abweichenden Einfallswinkels der Sonne garantieren diese Uhren eine relativ hohe Ganggenauigkeit auf einer Nord-Südachse von etwa 50 km, je weiter entfernt sie vom Ausgangsort genutzt werden, also dem Ort für den sie geeicht worden sind, desto ungenauer zeigen sie die Zeit an.[228] Die Notwendigkeit des mobilen Einsatzes von Zeitmessern scheint also bis in das 1. Jh. n. Chr. mit einem relativ geringen Radius des Aktionsraums verbunden gewesen zu sein.

---

223 Zur wissenschaftsgeschichtlichen Diskussion, die heute den kulturwissenschaftlichen Stellenwert der Instrumente zu erfassen versucht und sie nicht als reine Hilfsmittel innerhalb eines Prozesses versteht, vgl. zusammenfassend L. Taub, On Scientific Instruments, Studies in History and Philosophy of Science 40, 2009, 337–343 und im Hinblick auf antike Instrumente A. J. Turner, Interpreting the history of scientific instruments, in: R. G. W. Anderson – J. A. Bennett – W. F. Ryan (Hrsg.), Making Instruments Count. Essays on Historical Scientific Instruments Presented to G. L'Estrange Turner (Aldershot 1993) bes. 19–20.

224 Vgl. als Überblick King 2004 und Salbia 1999.

225 Wright 2000.

226 So wiegen manche dieser Uhren weniger als 20 g (Fundort unbekannt 8: 16,56 g, die Uhren aus Bein werden wesentlich leichter sein): Wird das Instrument nicht mit äußerst ruhiger Hand geführt oder weht ein leichter Windhauch, so ist überhaupt kein zuverlässiges Messergebnis zu erwarten, so auch R. J. A. Talbert, The Roman worldview: Beyond recovery?, in: K. A. Raaflaub – R. J. A. Talbert (Hrsg.), Geography and Ethnography. Perceptions of the World in Pre-Modern Societies (Oxford 2010) 252–272 bes. 265.

227 So verstand auch W. Hübner (Hrsg.), Geographie und verwandte Wissenschaften (Stuttgart 2000) 14 f. in Folge von De Sola Price 1969, 256 diese Instrumente als Bestandteil der Ausstattung von Agrimensoren. Sie lassen sich jedoch nicht als Kompass nutzen, so dass diese Funktion mit Sicherheit auszuschließen ist, vgl. ausführlich M. J. T. Lewis, Surveying Instruments of Greece and Rome (Cambridge 2001) 228–230 und hier erneut S. 83.

228 Vgl. Schaldach 2001, 14–16.

Eine zweite Gruppe umfasst jene Zeitmesser, bei denen in einer kleinen Dose mehrere Ortsscheiben aufbewahrt werden – beispielsweise Fundort unbekannt 8, 9 und Rom 16.[229] Wird die jeweils aktuelle Ortsbreite zuoberst gelegt, so fällt durch ein kleines Loch im Dosenrand der Lichtstrahl auf die vertikal gehaltene Zeitleiste, die Uhrzeit und Monat anzeigt. Hier liegt die verkleinerte Kombination von zwei früher eingeführten Uhrentypen vor, indem eine Vertikaluhr mit der Lichtlenkung durch eine Lochblende kombiniert wird – ein Typus, der bereits mit den späthellenistischen Tischuhren Delos 21 und Rom 6 begegnet.

Mit den Möglichkeiten der Projektion des Lichtstrahls auf eine Zeitleiste wird in dieser Phase für Reiseuhren vielfach gespielt und in der Folge werden zahlreiche Varianten entwickelt: Als Beispiel für die vertikale Aufhängung sind je ein Beispiel aus Mogontiacum und in Metz bekannt, als raffinierte Übertragung auf ineinander gestaffelte Ringzylinder eine Uhr aus Philippi: Wie eine Sonnenuhr aus dem um 150 v. Chr. zerstörten Gymnasion von Ai Khanoum zeigt, hier Ai Khanoum 2, ist die Projektion des Sonnenschattens auf das Innere einer zylindrischen Fläche bereits viel früher umgesetzt worden. Erneut handelt es sich um eine miniaturisierte Variante bekannter technologischer Typen und keine Neuentwicklung im eigentlichen Sinn.

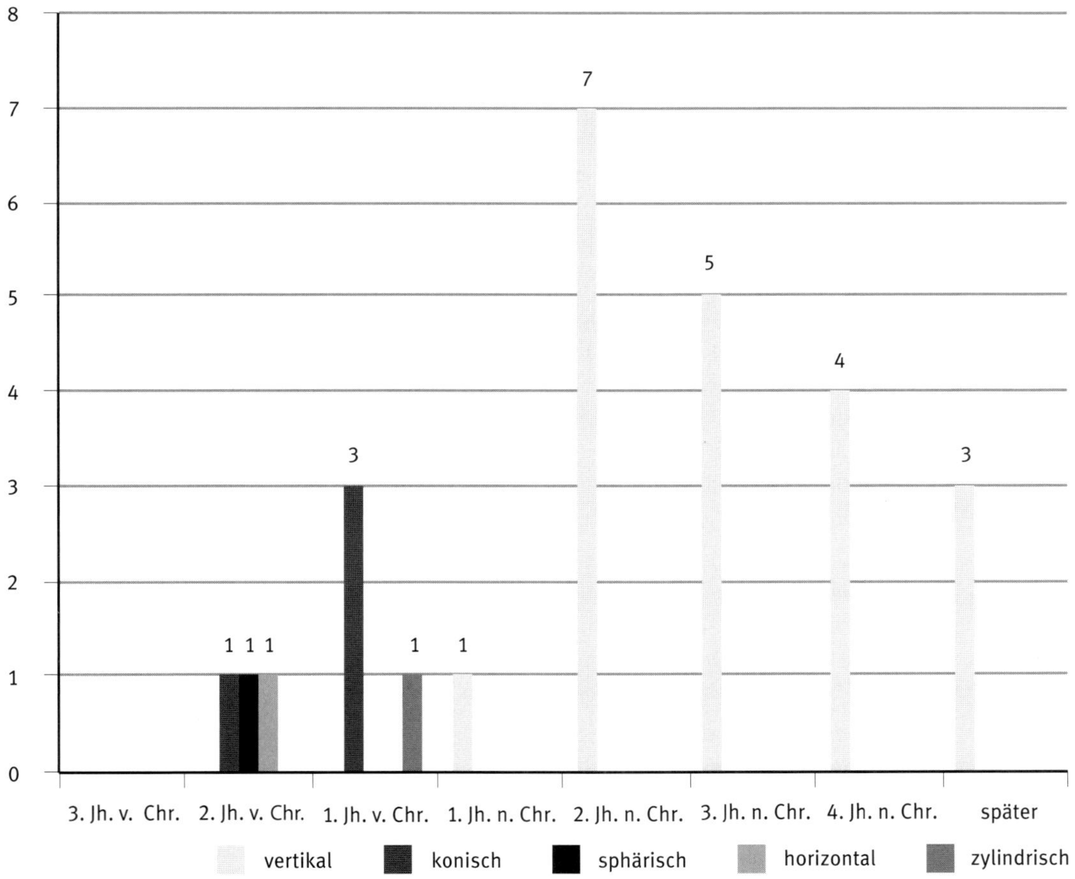

Abb. 39: Chronologische Verteilung der verschiedenen Typen der sog. Miniatur- und Reiseuhren

Die bronzenen Zeitscheiben Aphrodisias 6 und Augusta Emerita 2, denen ein besser erhaltenes Beispiel in Oxford – Fundort unbekannt 11 – an die Seite zu stellen ist, bilden eine dritte Gruppe von Reiseuhren: Ihr Drehschieber wird gemäß der Gravuren auf einer Bronzescheibe orts- und monatskorrekt positioniert und das Instrument so in der Vertikalen gehalten, dass der Gnomonschatten

229 Wright 2000.

an seiner aufgebogenen Spitze ortsgenau Stundenzeit und Jahresposition weist.[230] Im Gegensatz zu den früheren Gruppen liegt hier erstmals eine echte Neuentwicklung vor, welche die Charakteristika des mobilen Instruments zur Geltung bringt: In Entsprechung zu wechselnden Ortsbreiten und somit in nachvollziehbarer Projektionslogik des Sonnenstandes wird Uhrzeit und kalendarisches Datum angezeigt.[231] Dieser vertikale Uhrentypus, der in mehreren Varianten überliefert ist, setzt sich in der Folgezeit durch.

Eine Weiterentwicklung dieses Typus stellt die Uhr aus dem Londoner Science-Museum dar – Fundort unbekannt 16 – , deren Anzeigefunktion gegenüber den anderen Gruppen um Monddaten erweitert wurde. Obwohl manches Detail der Funktionsweise dieses Instruments noch nicht abschließend geklärt werden konnte,[232] zeigt sich, dass hier das Konzept der dritten Gruppe mit einem mechanischen Getriebe kombiniert wurde. Dieses wurde nicht erstmalig für diesen Uhrentypus entwickelt – erinnert sei nur an Antikythera 1 – sondern hier für andere Funktionsweisen eingesetzt.

Der insbesondere bei Miniatur- und Reiseuhren zu beobachtende eklektische Umgang in der Verwendung unterschiedlicher mathematischer und technologischer Prinzipien erschwerte häufig frühere Versuche ihrer typologischen Ordnung:[233] Die erforderlichen mathematischen Kenntnisse sind im Uhrenbau mindestens seit dem 2. Jh. v. Chr. theoretisch verfügbar; interessant ist aus kulturwissenschaftlicher Sicht vielmehr, warum sie erst so spät und dann auf diese Weise kombiniert angewendet wurden.

In Hinblick auf die typologische Verteilung wird sichtbar, dass die Tendenz von einer hohen Variabilität hin zu ausschließlich vertikalen Zeitmessern geht. Zunächst sind im Bestand Kleinuhren vertreten, die für einen Breitengrad gearbeitet sind und die Stundenanzeige mit drei Datumslinien, bzw. im späten 1. Jh. v. Chr. auch mit dem iulianischem Kalender kombinieren. Zur Mitte des 2. Jhs. n. Chr. begegnen überhaupt erstmalig Uhren, die für mehrere Breitengrade gearbeitet sind und deren allgemeine Verbreitung erst im Verlauf des 2. Jhs. n. Chr., also nach Claudius Ptolemaios einsetzt.[234] Diese neue Anforderung gibt den Ausschlag für die fortan ausschließliche Weiterentwicklung des vertikalen Typus. Gleichzeitig nimmt das Spektrum der Anzeigefunktionen zu – nicht nur im Hinblick auf die Anzahl der aufgeführten Standorte sondern auch auf die kalendarischen Anzeigen.

In früheren Arbeiten wurde mehrfach versucht, den Besitz von Reiseuhren mit spezifischen Berufsbildern zu verknüpfen:[235] Bereits das Fehlen jeglicher Hinweise in diese Richtung in den antiken Schriftquellen und auf den sog. Berufsbildern macht stutzig. Und auch eingedenk ihrer nur relativen Ganggenauigkeit fällt es schwer, hier Verbindungen zu erkennen. Hinzu kommt, dass die auf den Reiseuhren geführten Ortslisten kein einheitliches geographisches Muster aufweisen, so dass weder für die lateinischen noch für die griechischen Ortslisten der Uhren eine kanonisierte Auswahl der Städtenamen festzustellen ist oder sie gar mit den in anderen Quellen überlieferten Ortsketten übereinstimmen.[236] So sind die frühen Kleinuhren zunächst auf einen Standort/eine Stadt geeicht – überwiegend auf Rom – dann werden Regionen bzw. Provinzen hinzugefügt (was in der Praxis zu besonders ungenauen Messungen führt) und erst in der letzten Gruppe überwiegen präzise Stadt-Standorte.

230 Gut zu erkennen auf den Zeichnungen von Wright 2000.

231 Field – Wright 1985 und Field 1990; Wright 2000.

232 Field 1990.

233 Buchner 1971. 1976.

234 Zuletzt zusammenfassend: A. Kleineberg – C. Marx – E. Knobloch – D. Lelgemann (Hrsg.), Germania und die Insel Thule. Die Entschlüsselung von Ptolemaios' „Atlas der Oikumene" (Darmstadt 2010) 23–28 mit weiterer Literatur.

235 Vgl. Anm. 227.

236 Zu den Ortsketten der Itinerarien: K. Brodersen, Terra Cognita. Studien zur römischen Raumerfassung. Spudasmata (Hildesheim 1995) passim und B. Salway, The perception and description of space in Roman itineraries, in: M. Rathmann (Hrsg.), Wahrnehmung und Erfassung geographischer Räume in der Antike. Kongress Bonn 2005 (Mainz 2007) 181–210.

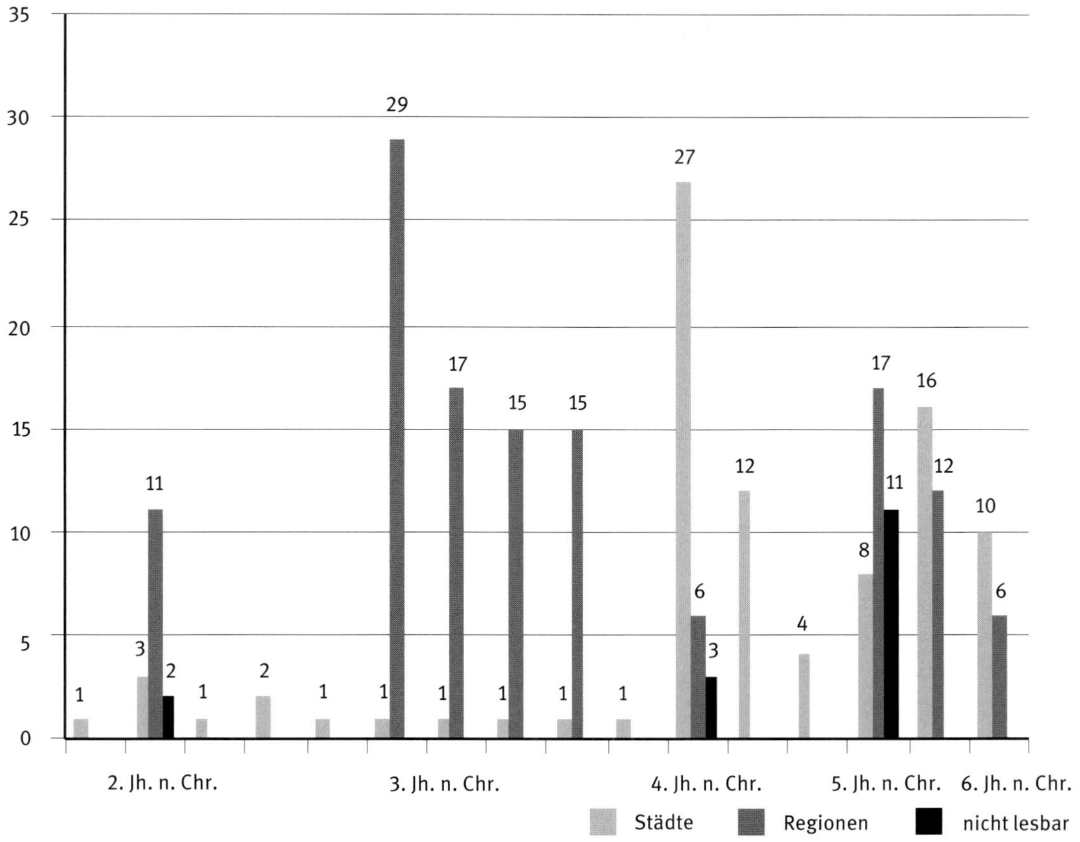

Abb. 40: Anzahl der auf den sog. Miniatur- und Reiseuhren vermerkten Ortsbreiten

Wie für Objekte der Kleinkunst häufig – und zu dieser Gattung zählen letztlich auch die Miniatur- und Reiseuhren – stammt über die Hälfte aller Exemplare aus dem Kunsthandel. Aufgrund der wenigen bekannten Fundkontexte zeichnet sich jedoch ab, dass die Mehrheit der Uhren in Wohnhäusern bzw. v. a. in Gräbern gefunden wurde – also aus ‚privat' konnotierten Kontexten stammt. Diese Beobachtung trifft ungeachtet der chronologischen bzw. typologischen Einordnung des Zeitmessers zu – es gilt für die Zylinderuhr aus Ateste ebenso wie für die aus Philippi wie auch für die Mainzer Dose. Miniaturen und Reiseuhren stehen in einer unmittelbareren Beziehung zu ihrem Besitzer als alle anderen Uhrentypen: Er trägt die Uhr mit sich, er muss sie korrekt ausrichten und ablesen, und er entscheidet sich für den Erwerb einer solchen Uhr. Diese besondere Beziehung zwischen Uhr und Besitzer – denn keines der kleinen Zifferblätter erlaubte je mehr als einer Person das Ablesen der Zeit – zeigt sich darin, dass mehrere dieser Uhren aus Nekropolen stammen, wo sie als Beigabe ins Grab gelangten.[237]

Die Verteilung des Griechischen und des Lateinischen auf den Beischriften der Zifferblätter der Reiseuhren erweckt den Anschein, als sei der Impuls für die erhöhte Produktion von Kleinuhren mit dosenförmigen Medaillons von Rom ausgegangen. Ob hier die Fortsetzung der italischen Tradition der früheren mobilen Uhren greifbar wird und diese Entwicklung vielleicht außerdem eine Folge der besonderen Beliebtheit des repräsentativen horizontalen Uhrentypus widerspiegelt, ist aufgrund der geringen Anzahl der Belege nur zu vermuten. Der Wechsel zum Griechischen im Verlauf des 4. Jhs. n. Chr. geht mit der Konzentration der Fundorte in den oströmischen Reichsge-

---

237 Diese Besonderheit wird im Zusammenhang mit den funktionalen Verwendungshorizonten von Zeitmessern erneut aufgegriffen: vgl. Kapitel VII 7. Unabhängig vom Kulturkreis ist eine mittel- oder unmittelbare Beziehung zwischen Grabbeigabe und Grabinhaber zu erschließen; vgl. zahlreiche Beispiele in: J. de La Genière (Hrsg.), Nécropoles et sociétés antiques: Grèce, Italie, Languedoc. Kongress Lille 1991 (Paris 1994) passim.

bieten einher und könnte erneut auf die enge Bindung an Reichszentren hinweisen, in denen auch die weitere Entwicklung der vertikal gelagerten Instrumente angesiedelt war. Dafür spricht auch, dass nur Konstantinopel in allen griechischen Ortslisten geführt wird und dass von hier die spätere Entwicklung der islamischen Instrumente ihren Ausgang nimmt.[238]

3.3 mechanische Zeitwerke

Als mechanische Zeitwerke werden jene Instrumente bezeichnet, deren Konstruktion ein Räderwerk einbezieht. Bereits im Zusammenhang mit jenen Einlaufuhren, deren Konstruktion Druckleitungen und mechanische Komponenten kombiniert, wurde darauf hingewiesen, dass die Verbindung von hydraulischem Antrieb und großer, wohl oft scheibenförmiger Anzeige theoretisch auch über den partiellen Einsatz eines Räderwerks erfolgt sein könnte.[239] Weder im archäologischen Befund noch in den Schriftquellen ist dieses Zusammenspiel der verschiedenen technologischen Sektoren aufgrund des durchwegs schlechten Erhaltungszustandes von Wasseruhren unmittelbar nachvollziehbar. Denn selbst wenn wie im Fall von Iuvavum 1 größere Fragmente eines Zifferblatts aus Bronze erhalten sind, fehlen immer jene Partien, an denen die Aufhängung erfolgte bzw. die Übertragung der Kräfte ansetzte.

Bislang beruht die Beurteilung von mechanischen Zeitwerken archäologisch einzig auf dem sog. Mechanismus von Antikythera und der Reiseuhr Fundort unbekannt 16, also einem Befund aus dem 2. Jh. v. Chr. und einem zweiten, über 600 Jahre später entstandenen Instrument. Obwohl auf dieser Grundlage die Rekonstruktion der Entwicklung von mechanischem Zeitwerk unmöglich ist,[240] zeigt sie dennoch, wofür Getriebe grundsätzlich im Zusammenhang mit Instrumenten eingesetzt wurden.

Die Kenntnis von Antikythera 1° verdanken wir einem vor der Insel gekenterten und 1904 wiederentdeckten Schiff, das den Mechanismus als Frachtgut an Bord hatte. Betrachtet man die Fragmente in der Bronzeabteilung des Athener Nationalmuseums, so überrascht zunächst ihr geringes Format, das zur Rekonstruktion des Objekts auf die Maße von ungefähr 31,5 auf 19 cm bei einer Tiefe von weniger als 10 cm führt:[241] Nur mithilfe moderner bildgebender Techniken gelang es in den vergangenen Jahren, die winzigen Beschriftungen der verschiedenen Elemente, also von den äusseren ‚Klappentexten' der Parapegmata-Tafeln und von den als Glyphen ausgeführten Beischriften der Zifferblätter, sichtbar zu machen. Format, Beschriftungen und das störempfindliche Getriebe des Mechanismus machen deutlich: Das Instrument ist für die Benutzung durch eine (kompetente) Person konzipiert, die keinen finanziellen Aufwand für die Anschaffung scheute und ferner ist das gleichzeitige Ablesen von mehreren Personen unmöglich.

Die erneute Untersuchung der Bronzefragmente erwies u. a., dass der Mechanismus unterschiedliche zeitliche Systeme zur kalendarischen Jahresgliederung korreliert – vielmehr also zur Zeitanzeige denn zur Zeitmessung dient. Die Leistung des Geräts besteht u. a. darin, die Beziehung von astronomischen zu sozialen Terminen langfristig als logischen Zusammenhang darzustellen. Kalendarische Logik und ihre praktische Anwendung sind hier in einem Gerät vereint. Angetrieben wird der Mechanismus von einer Handkurbel, mit der die tagesaktuelle Position im Jahr einzustellen ist und von der aus die Kräfte auf alle nachfolgenden Zahnräder und Anzeigeblätter übertragen

---

238 King 2004. Die Erforschung dieses Aspekts machte sich v. a. das Institut für die Geschichte der arabisch-islamischen Wissenschaften in Frankfurt am Main um seinen Gründer F. Sezgin zur Aufgabe, vgl. http://web.uni-frankfurt.de/fb13/igaiw/ (zuletzt gesichtet 11.3.2012), dort mit weiterer Literatur.

239 Vgl. Kapitel II 1.2.2.

240 Freeth 2002a.

241 Zu den folgenden Ergebnissen des Antikythera-Projektes s. weiterführende Literatur im Katalog unter Antikythera 1°.

werden. Einstellung und Nutzung des Geräts setzen also voraus, dass es in Kombination mit einer Wasseruhr aufgestellt wurde – beide, Mechanismus wie Wasseruhr, sind Geräte des Innenraums. Obwohl der Mechanismus einen immens hohen sowohl mechanischen als auch astronomischen Kenntnisstand offenbart und angesichts von Dimensionierung und Präzision seiner Ausführung, die eine routinierte handwerkliche Umsetzung erkennen lassen, wird hier offensichtlich, welche Schwierigkeiten sich infolge des Fehlens eines langfristig gleichmäßigen Antriebs, einer Gangautomatik, ergeben.[242]

Dasselbe gilt für die Reiseuhr Fundort unbekannt 16, bei der in den Raum zwischen zwei Zifferblättern ein Getriebe eingefügt wurde, das offenbar ebenfalls über einen Handbetrieb auf die tagesaktuelle Mondphase eingestellt werden konnte. Beide Instrumente werden deshalb hier als Zeitwerke bezeichnet: Sie sind keine Uhrwerke im modernen Sinn, differenzierte Zeitanzeige und -messung werden hier in der Kombination mehrerer Techniken überwunden. Sind diese bei Antikythera 1° noch räumlich voneinander getrennt, so werden sie für Fundort unbekannt 16 in Form einer kleinformatigen Reiseuhr zusammengeführt. Nur diese Art von Zeitmessern bietet die Möglichkeit, ohne mechanische Gangautomatik Zeitwerk und Zeitmesser zu einem Instrument zu verschmelzen. Die erforderlichen Kenntnisse sind also bereits im 2. Jh. v. Chr. auf den jeweiligen Wissenssektoren verfügbar, werden aber in der Folgezeit offenbar kaum weiterentwickelt – ihre enge räumliche Verbindung erfolgte erst in Folge jenes kaiserzeitlichen Konzepts, das zunehmend mehr Anzeigefunktionen in einem Gerät zusammenführte.[243] Überschneidungen von mechanischem Zeitwerk und Zeitmessern treten theoretisch immer dann auf, wenn verschiedene Anzeigen auf engem Raum kombiniert werden.

Nur eingeschränkt kann beurteilen werden, in welchen kontextuellen Zusammenhängen diese Geräte aufgestellt waren: Für den sog. Antikythera-Mechanismus wurde bereits darauf verwiesen, dass seine kombinierte Nutzung mit einer Einlaufuhr als Aufstellungsort einen überdachten Bereich nahelegt, da die in dieser Zeit üblichen Typen von Wasseruhren überwiegend aus den Zentren der hellenistischen Welt und dort aus öffentlichen Kontexten bekannt wurden.[244] Obwohl der erhaltene Bestand des Mechanismus weniger als 1 kg wiegt und somit auch das zu rekonstruierende Gerät transportabel war, muss seine Nutzung im Umkreis einer solchen räumlichen Situation angesiedelt gewesen sein. Diese Rahmenbedingungen werden nur von wenigen Orten der antiken Welt des 2. Jhs. v. Chr. erfüllt; dazu zählen neben Alexandria Rhodos, Delos und Athen. Weisen die korinthischen Monatsnamen und die Wegstrecke des vor Antikythera gesunkenen Frachters auf einen Abnehmer im italischen Raum, so wäre dort der Betrieb eines derartigen Geräts kaum außerhalb von Syrakus und Rom vorstellbar. Auf diese Orte verweist auch die bereits im Zusammenhang mit den kugelförmigen Zifferblättern erwähnte Nachricht Ciceros, der von der Überführung von Globen aus dem Besitz des Archimedes von Syrakus nach Rom nach 212 v. Chr. berichtet. Hier waren also in der Wende vom 2. zum 1. Jh. v. Chr. jene Personen ansässig, welche die erforderlichen Kenntnisse und Möglichkeiten besaßen, um eine differenzierte Zeitanzeige wie den Mechanismus von Antikythera zu nutzen, die astronomische mit sozialen Zeitangaben verknüpft.[245]

Aufgrund der erforderlichen kombinierten Aufstellung von mechanischem Zeitwerk und Einlaufuhr hängt auch für die Folgezeit die Beurteilung der Frage nach möglichen Aufstellungszusammenhängen an der kontextuellen Verteilung von Einlaufuhren. Der langfristig hohe finanzielle Aufwand im Unterhalt derartiger Anlagen legt grundsätzlich einen öffentlichen Aufstellungsort nahe, was die seit der Zeitenwende zunehmende Errichtung von Einlaufuhren auf Fora zu bestätigen scheint.

---

242 De Sola Price 1959.

243 Vgl. Kapitel V 3.

244 Vgl. Pinotsis 2007. Letztlich nicht auszuschließen ist als Ort der Aufstellung auch der Bereich der hellenistischen Basileia, für den aber bislang weder die schriftlichen Quellen noch der archäologische Befund eindeutige Hinweise für die Installation einer Einlaufuhr liefern.

245 Vgl. Kapitel VIII 2 und zur Aufstellung von Zeitmessern in Villen vgl. Kapitel VII 6.

4 Laufzeiten

Wird der archäologische und epigraphische Bestand von Sonnen- und Wasseruhren im Hinblick auf seine chronologische und quantitative Verteilung zusammengeführt, so fällt zunächst auf, dass vom 2. Jh. v. Chr. bis in die Spätantike etwa ein Drittel weniger Belege für Wasser- als für Sonnenuhren vorliegen. Dabei verläuft die zeitliche Verteilung beider Gruppen quantitativ weitgehend proportional: So scheint es trotz einer hohen Dunkelziffer dem tatsächlichen Verhältnis zu entsprechen, dass es in der antiken Lebenswelt immer deutlich mehr Sonnen- als gebaute Wasseruhren gab. Der Höhepunkt der Neuaufstellungen wird in beiden Gruppen von Zeitmessern im 1. Jh. n. Chr. erreicht. Obwohl beide Arten von Zeitmessern in der Spätantike deutlich seltener neu aufgestellt werden, wirkt sich dieser Trend auf die wartungsintensiven Wasseruhren später als auf die Sonnenuhren aus – unter denen außerdem der Anteil noch funktionierender Altstücke deutlich höher veranschlagt werden muss.[246] Nicht ermittelbar ist hingegen die Anzahl von Kurzzeitmessern aus Ton und Glas, deren tagtäglicher Einsatz in schriftlichen Quellen bis in die Spätantike zwar gut bezeugt ist, die jedoch aufgrund der speziellen Bedingungen ihrer Überlieferung nicht erhalten sind.[247]

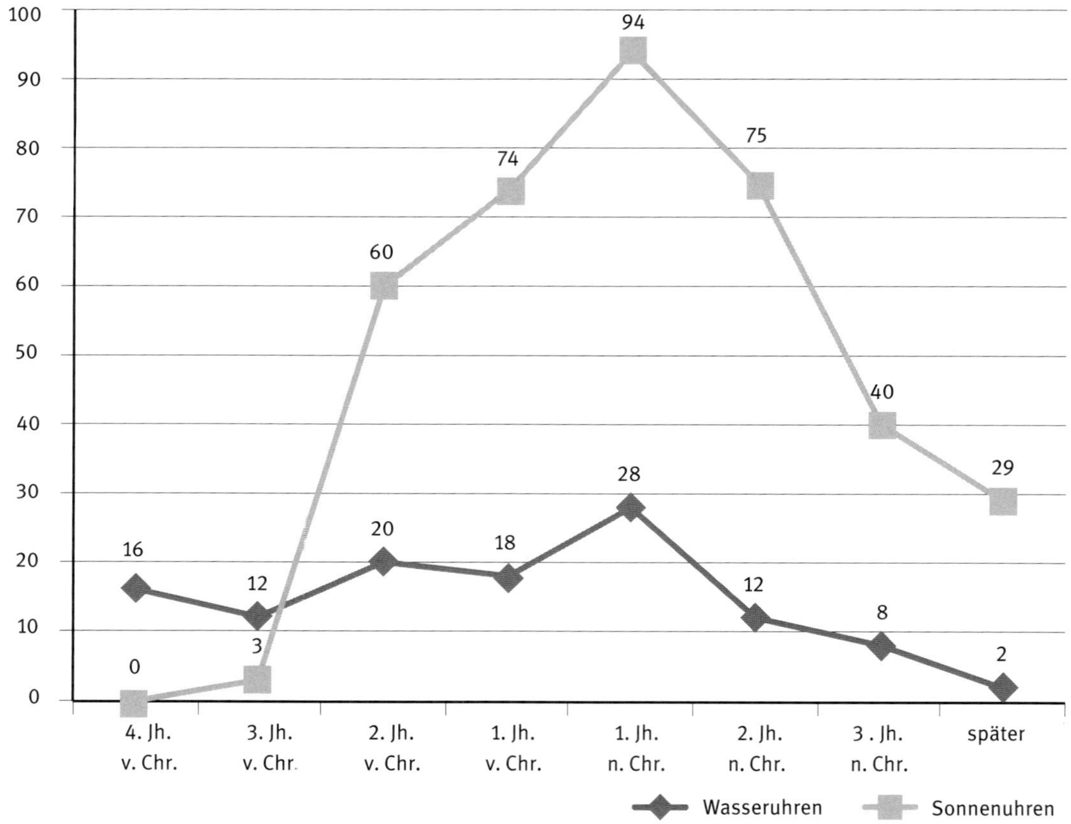

Abb. 41: Chronologische Entwicklung der Wasser- gegenüber den Sonnenuhren

Ohne den Ursachen für die zeitlichen Entwicklungen an dieser Stelle nachzugehen, wird anhand der Graphik auch sichtbar, dass Wasseruhren wesentlich früher im Befund vertreten sind als Sonnenuhren: Beschränken sich diese in der zweiten Hälfte des 3. Jhs. v. Chr. auf Einzelstücke, so nimmt ihre Produktion v. a. seit der Mitte des 2. Jhs. v. Chr. rasant zu. Spätestens in Befunden des letzten Viertels des 2. Jhs. v. Chr. sind schlagartig alle Typen von Sonnenuhren vertreten – auf

246 Stärker noch als für die Wasseruhren scheint ihre Tradition im byzantinischen Kirchenbau fortgeführt worden zu sein: Coulson 2000 und hier Kapitel VII 1 und Aufstellung Abb. 74.
247 Vgl. Kapitel IV.

diesen Stand der technologischen Kenntnisse wird in der Folgezeit stets zurückgegriffen, echte Neuentwicklungen sind in der Folgezeit kaum mehr zu beobachten. Für die Einführung der neuen Technologie in der zweiten Hälfte des 3. Jhs. v. Chr. spricht auch eine Gruppe von Epigrammen wie Amastris 1* und Samothrake 1*, in denen die vom Nutzer erforderlichen Kenntnisse als Lehrgedicht vermittelt werden.

Im Gegenzug sind Wasseruhren bereits für das ausgehende 5. Jh. v. Chr. archäologisch belegt – also etwa 170 Jahre früher als die erste Sonnenuhr. Dabei bestimmen Kurzzeitmesser das Bild, die einen Handlungszeitraum messen. Der Einsatz von Wasseruhren zur Tagesgliederung hängt mit der Entwicklung von Einlaufuhren zusammen, deren Auftreten mit der zweiten Bauphase von Athen 2 zeitlich mit der Einführung der ersten Sonnenuhr aus Herakleia am Latmos 1 ungefähr einher geht. Trotz Unsicherheiten bei der absoluten Datierung dieser beiden Befunde hat es den Anschein, als würde die Nutzung von Wasseruhren zur Tagesgliederung die vermehrte Entwicklung von Sonnenuhren mit einer Verzögerung von etwa einer Generation nach sich ziehen. Gegenüber anderen Normierungmaßnahmen werden Geräte zur zeitlichen Strukturierung des Tages bemerkenswert spät, erst im 2. Jh. v. Chr., überregional regelhaft eingeführt.[248]

Der Anteil Alexandrias an dieser Entwicklung kann aus archäologischer Sicht zwar nur eingeschränkt beurteilt werden, doch weisen mehrere besonders frühe Belege gerade auf diesen Ursprung. Dazu zählen die zahlreichen ptolemäischen Wasseruhren und die Herkunft des Konstrukteurs der Sonnenuhr Herakleia am Latmos 1°. Während diese Indizien Alexandria für relativ kurze Zeit eine Führungsrolle in den Entwicklungen des 3. Jhs. v. Chr. zuweisen, so geht diese bereits im 2. Jh. v. Chr. auf andere Zentren der hellenistischen Welt über: Denn nun konzentrieren sich die Befunde regional auf Delos, Rhodos, Athen und Pergamon, bzw. auf nicht weit davon entfernte Fundorte. Obwohl den auf unterschiedlichen Ebenen liegenden Ursachen für diese Verlagerung an anderer Stelle nachzugehen sein wird, bleibt festzuhalten, dass die Entwicklung sicherlich auch mit der Vertreibung bestimmter Bevölkerungsgruppen aus Alexandria im ersten Viertel des 2. Jhs. v. Chr. in Zusammenhang steht, mit deren Ankunft v. a. auf Rhodos die gleichzeitige Zunahme von alexandrinischen Elementen in dortigen Befunden zu verknüpfen ist.[249] Diese Tendenz gilt sowohl für die Wasser- als auch für die Sonnenuhren und ferner für die im Befund kaum aufspürbaren mechanischen Zeitwerke; die moderne Zuordnung der Gruppen an unterschiedliche Wissensgebiete, an Hydraulik, Mechanik bzw. Mathematik – und ihre daraus abgeleitete getrennte Erforschung – lässt sich am Befund ebenso wenig wie in den Schriftquellen nachvollziehen: Im Gegenteil werden alle technologischen Typen in einigen wenigen Orten entwickelt und wird auch die zunehmende Aufstellung von Zeitmessern ebenda vorangetrieben. Die Entwicklung aller Typen von Zeitmessern und die Auseinandersetzung mit den mit Zeitmessung verbundenen Diskursen liegen in dieser Phase offenbar in einer Hand.

Ist die Aufstellung von Zeitmessern im 3. Jh. v. Chr. weitgehend auf Agorai und Heiligtümer beschränkt und würden somit auch hier die mit Zeitmessung verbundenen Diskurse ausgetragen, so sind Uhren wenig später in zahlreichen kontextuellen Zusammenhängen anzutreffen: Zwar kennzeichnet die erforderliche permanente Wasserversorgung große Auslauf- und erst recht die Einlaufuhren als Medium des öffentlichen Raumes, und werden Sonnenuhren zunächst auch nur in diesen Bereichen aufgestellt – so ist aber keine spezifische Bindung eines technologischen

---

248 Zu den Normierungen von Hohlmaßen, Gewichten und Münzfuß in der zweiten Hälfte des 5. Jhs. in Athen vgl. R. Meiggs – D. Lewis, A Selection of Greek Historical Inscriptions to the End oft he Fifth Century B. C. (Oxford 1988) 111–117.

249 Eine zusammenfassende Darstellung der entsprechenden Befunde fehlt, vgl. bislang exemplarisch für die Architektur in rhodischen Nekropolen: V. Patsiada, Ροδιακή ταφική αρχιτεκτονική, in: G. Konstaninopoulos u. a. (Hrsg.), Ρόδος 2400 χρόνια. Η πόλη της Ρόδου από την ιδρυσή της μέχρι την κατάλυψη από τους Τούρκους. Kongress Rhodos 1993 (Athen 1999) 127–136; H. Lauter, Hellenistische Sepulkralarchitektur auf Rhodos. Rhodisch-koische Nikealtäre und die Bildhauerwerkstatt des Turmes der Winde zu Athen, in: S. Dietz (Hrsg.), Architecture in the Dodecanese. Kongress Kopenhagen 1986 (Kopenhagen 1988) 155–163.

Typus an einen Aufstellungsort feststellbar. In den genannten Städten sind überall öffentlich Zeitmesser sichtbar – auch besonders anspruchsvolle Vertreter wie die Mehrfachzifferblätter oder die kugelförmigen Zeitmesser, die später nicht mehr hergestellt werden.

Besonders die Verteilung der konischen und sphärischen Zifferblätter auf die einzelnen Kontexte lässt erkennen, dass der sprunghafte Anstieg der Aufstellung von Zeitmessern im Verlauf des 1. Jhs. v. Chr. mit ihrem Eingang in stärker ‚privat' konnotierte Lebensbereiche zu verbinden ist. Obwohl diese Entwicklung punktuell bereits in delischen Wohnhäusern greifbar wird,[250] steht sie v. a. mit der Verbreitung von Zeitmessern im italischen Raum in Verbindung: Hier gehört die Sonnenuhr spätestens seit der zweiten Hälfte des 1. Jhs. v. Chr. zum festen Bestandteil der Ausstattung von Wohnhäusern der municipalen Oberschicht.

Erst seit dieser Zeit scheint sich die Bindung von einzelnen Uhrentypen an spezifische Kontexte durchzusetzen: So sind die gebauten Wasseruhren v. a. auf den Fora angesiedelt, sind Vertikaluhren oft an öffentlichen Gebäuden angebracht, wird das konische Zifferblatt zum Typus der Normaluhr im Haus und sind die Zeitmesser der sphärischen Variante überwiegend in Nekropolen anzutreffen. Für einzelne Typen wird in den nachfolgenden Kapiteln die Frage nach den jeweiligen Ursachen dieser kontextuellen Verteilung erneut aufzugreifen sein, grundsätzlich ist sie jedoch offensichtlich als Folge der Praktikabilität der Aufstellung zu verstehen: So setzen Einlaufuhren dauerhaften Wasserzufluss voraus, Vertikaluhren großflächige freistehende Fassaden und sind konische Zifferblätter relativ kostengünstig herstellbar.

Deutlich wird anhand der Übersicht zu den einzelnen Typen auch, dass der erforderliche Kenntnisstand im 2. Jh. v. Chr. erreicht und sehr schnell überall verfügbar war. Nach dieser Entwicklungsphase lassen sich überhaupt nur noch in Einzelfällen Schwerpunkte der Produktion von Zeitmessern am Befund nachvollziehen: Die Konstruktion und Aufstellung von Zeitmessern ist fortan ein überregionales Phänomen, offensichtlich liegt in jeder Stadt das erforderliche technische und mathematische Wissen vor und wird fortan der Zeitdiskurs überall geführt. Die sehr schnelle Produktionssteigerung bei gleichzeitig weiter regionaler Streuung und gleichbleibendem technologischen Spektrum in Befunden seit dem ausgehenden 2. Jh. v. Chr. lässt sich nicht mehr auf die Tätigkeit einzelner, reisender Konstrukteure zurückführen. Da dreidimensionale Modelle kaum geeignet sind dem standortkonformen Entwurf von Zeitmessern Rechnung zu tragen, müssen schriftliche Anleitungen zum Uhrenbau existiert haben.[251]

Der Überblick zur typologischen Entwicklung von Zeitmessern zeigt deutlich, dass ihre technologische Entwicklung zwar bereits im 2. Jh. v. Chr. abgeschlossen ist – ihre überregionale Verbreitung jedoch erst in dieser Zeit einsetzt. Während die Entwicklung von Zeitmessern, also die Übertragung astronomischer Gesetzmäßigkeiten auf geometrische und mechanische Strukturen eine hellenistische Errungenschaft ist, erfasst die zeitliche Normierung aller Zeiten des Tages, also die Zeitmessung, erst in der römischen Welt alle Lebensbereiche.

---

250 Auf die in mehrfacher Hinsicht impulsstiftende Funktion delischer Wohnhäuser für den republikanischen Hausbau wurde bereits in verschiedenen Zusammenhängen hingewiesen; vgl. zusammenfassend L. C. Nevett, Domestic Space in Classical Antiquity (Cambridge 2010) 63–88.

251 Vgl. Kapitel IV.

III Zeitmesser und ihre formale Gestaltung

Bislang wurden antike Zeitmesser vorrangig auf ihre technologische Entwicklung und die damit verbundenen zeitfunktionalen Qualitäten hin untersucht.[252] Deutlich nachrangig behandelt wurde demgegenüber die formal-ästhetische Gestaltung der Normgeräte: Dabei liefert diese aufgrund der bewussten Auswahl von Material, Format, Dekoration, Proportion und Qualität der handwerklichen Ausführung sowie des Aufstellungsmodus nicht nur für Sonnenuhren zahlreiche Kriterien, die helfen Aussagen zu Entstehungszeit, Verwendungshorizonten, regionalen Besonderheiten und allgemeiner Wertschätzung der Objekte zu formulieren. Obwohl die Form eines Instruments vorrangig von seiner normativen Funktion bestimmt wird,[253] kann diese innerhalb jenes formal-ästhetischen Rahmens umgesetzt werden, den Funktionsraum und Zeitstil vorgeben. Unter bestimmten Voraussetzungen dominieren diese Rahmenbedingungen die Gestaltung eines Zeitmessers derart, dass sie dessen normative Funktion sogar überlagern. Als Folge wird das Instrument zum Symbol für abstrakte Inhalte, die mit seiner ursprünglichen Funktion – der Zeitmessung – verbunden sind. So sollen im Folgenden jene Elemente ermittelt werden, welche die formale Gestaltung von Zeitmessern im Einzelnen prägen und in welchen situativen Zusammenhängen sie ausschließlich als Normgerät und wann eher als Symbol eingesetzt wurden.

1 Material und Format

Zur Herstellung von antiken Zeitmessern wurden verschiedene Materialien verwendet, so dass der heute greifbare Objektbestand u. a. auf deren jeweilige Erhaltungsbedingungen zurückzuführen ist. Diese prägen einerseits unmittelbar den heutigen Zustand des Einzelobjekts: So wurde die bronzene Reiseuhr Herculaneum 4 aufgrund ihrer ungewöhnlichen Kontur, die als Folge von Korrosionsprozessen entstand, als „Schinken" bezeichnet und von dieser Form irrtümlich weitreichende Rückschlüsse auf ihre Funktionsweise abgeleitet. Außerdem wirken sich die materialimmanenten Eigenschaften auf die archäologische Überlieferung aus, indem das Fragment einer Sonnenuhr aus Marmor, das als Spolie wiederverwendet wurde, noch als Zeitmesser erkannt werden kann, am Bruchstück einer Uhr aus weicheren Gestein in der Regel jedoch keine Linienführungen erhalten sind. Auch deshalb sind im erhaltenen Bestand mehr Sonnenuhren aus Marmor vertreten als aus anderen Gesteinsarten.[254]

Doch welche Materialeigenschaften wurden für die Herstellung von Zeitmessern besonders geschätzt? Trotz der genannten Einschränkungen lässt die statistische Verteilung der gewählten Materialien bestimmte Merkmale der Instrumente deutlich hervortreten:

Mit über zwei Dritteln des erhaltenen Bestandes nehmen die aus Marmor gefertigten Instrumente den höchsten Anteil unter den Zeitmessern ein. Marmor weist in geradezu idealer Weise jene

---

252 Vgl. hier Kapitel I 1.

253 Anm. 498. Die hier genannten Phänomene werden v. a. im Produktdesign diskutiert: So wurden nicht für jede Sonnenuhr die Dekorationstypen individuell entworfen, sondern ihre Auswahl erfolgt auf der Grundlage eines verfügbaren Typenspektrums. Die Trennung zwischen Kunst und dem negativ besetzten Begriff des Kunstgewerbes (im Gegensatz zu dem englischen Begriff der crafts), gepaart mit der Vorstellung von einem geringen Grad der Seriation in antiken Handwerksprozessen führt dazu, dass dieser Aspekt antiker Produkte wenig untersucht wurde, so dass methodische Annäherungen kaum erprobt sind; vgl. B. Schneider, Design – eine Einführung: Entwurf im sozialen, kulturellen und wirtschaftlichen Kontext (Berlin 2005) 193–212; C. McDermott, Design: the Key Concepts (Abingdon 2007) 15–21.

254 Im archäologischen Befund hebt sich ein Objekt umso besser ab, je deutlicher das verwendete Material vom lokal üblichen Spektrum abweicht. Wohl auch deswegen wurden aus italischen Befunden zwar mehrere ägyptische Wasseruhren aus Diorit bekannt, aber kaum lokale Imitationen dieses Uhrentyps.

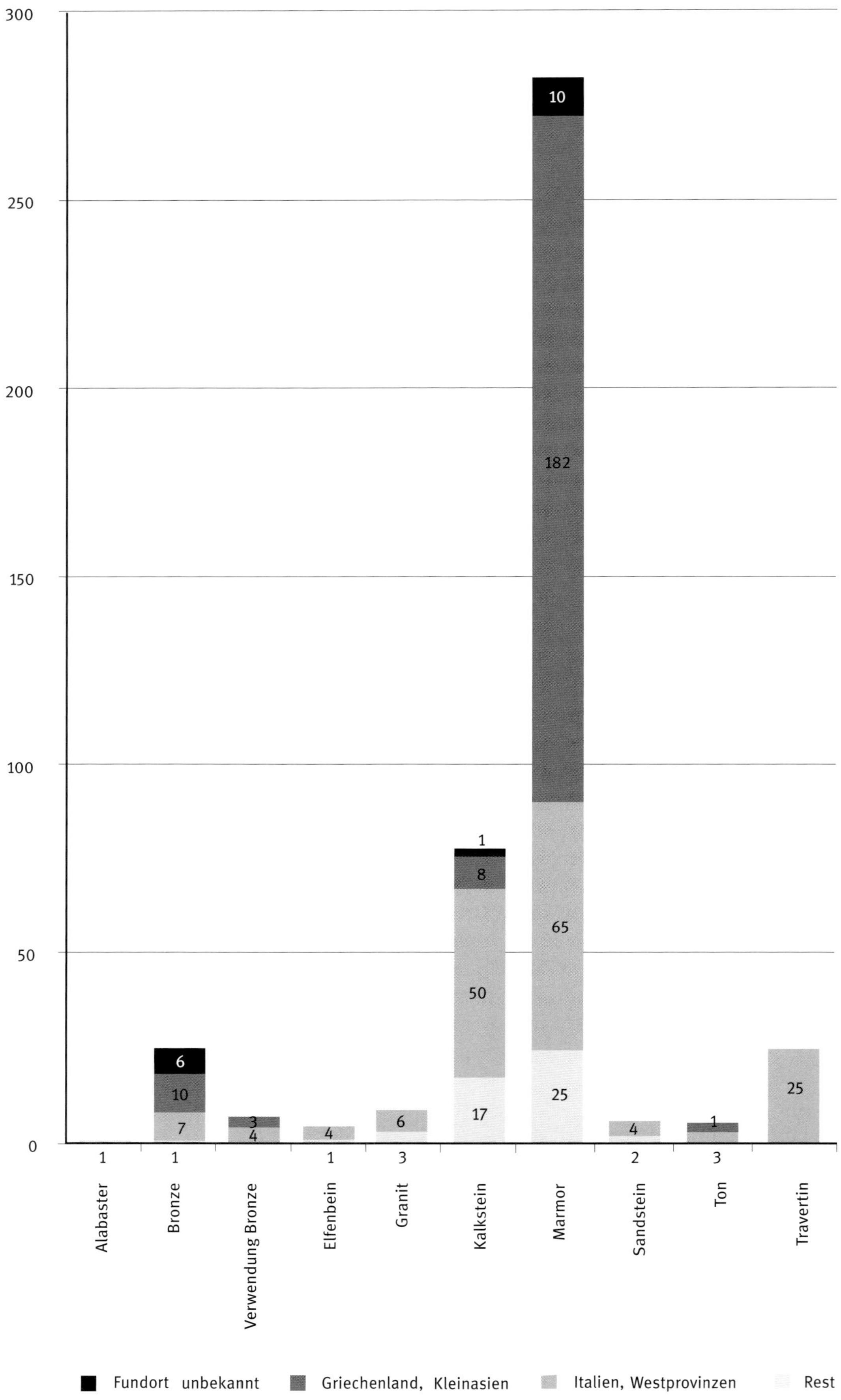

Abb. 42: Regionale Verteilung der zum Uhrenbau verwendeten Materialien

Qualitäten auf, die insbesondere für die Herstellung von Sonnenuhren erforderlich sind: Er ist für die Aufstellung im Aussenraum und für die Zurichtung von geometrischen Grundformen ebenso gut geeignet wie für die präzise Gravur des Zifferblatts.

Bis auf wenige Ausnahmen wurden alle bekannten Sonnenuhren als ein Werkstück gearbeitet,[255] so dass der Quader entsprechend der späteren Uhrengröße ausgewählt wurde. Im Material überwiegen Blöcke mit einer Kantenlänge zwischen 20–30 cm, also von einem relativ kostengünstigen Standardformat. Während für kleinere Uhren auch auf andere Materialien zurückgegriffen wird, sind größere Sonnenuhren nur vereinzelt bekannt. Diese stammen wie Athen 3 und Aphrodisias 3° aus dem öffentlichen Raum. Die Seltenheit von großen Hohlformen könnte zum Einen darauf hinweisen, dass mit Athen 3 der frühe Versuch greifbar wird Uhren für einen großen Betrachtungsabstand herzustellen. Für diese Anforderung setzten sich in der Folgezeit offenbar plane Zifferblätter wie am Turm der Winde, Athen 4°, Praeneste 1 oder die großen Horizontalblätter auf Platzanlagen wie Rom 3, Lambaesis 1 und Thamugadi 1 durch, für die das öffentliche Platzangebot der jeweiligen baulichen Situation ausgenutzt wird. Zum anderen scheint nur in jenen Fällen wie der Stiftung der großen Uhr Aphrodisias 3° an Caracalla und Julia Domna mit der Größe Instruments eine repräsentative Wirkung angestrebt worden zu sein. So sind Großuhren fast ausschließlich ein Phänomen der Kaiserzeit. Sie sind überwiegend auf Fora anzutreffen und auf diese Gruppe entfällt der höchste Anteil von kaiserlichen Baustiftungen.[256] Sie stellen die wenigen Ausnahmen von der Regel dar, dass der für Sonnenuhren eingesetzte materielle Aufwand überschaubar ist.

Die statistische Verteilung der Materialien auf die einzelnen Regionen legt auch offen, dass Marmoruhren überwiegend aus Griechenland und Kleinasien stammen – eben jenen Regionen, in denen dieser Werkstoff verfügbar ist und eine lange handwerkliche Tradition hat. Da die Sonnenuhren des 3. und 2. Jhs. v. Chr. ausnahmslos aus diesem Material hergestellt sind, kennzeichnet diese Verteilung auch, dass Zeitmessung wohl in diesen Regionen eingeführt wurde.

Obwohl auch außerhalb Griechenlands und Kleinasiens Zeitmesser aus Marmor hergestellt wurden, überwiegt in der Summe aller italischen Befunde die Verwendung von lokalen Gesteinsarten – wie Kalkstein, Travertin und Sandstein – und das trotz der genannten Einschränkungen ihrer Überlieferung. Der Einsatz lokaler Gesteinsarten bedingen dieselben Regeln, die auch an anderen Objektgruppen beobachtet werden können: Genutzt wird was kostengünstig verfügbar ist.[257] Der Objektbestand weist darauf hin, dass die Instrumente überwiegend lokal gearbeitet wurden, so dass ortsübliche handwerkliche Verfahren auf die Herstellung von Zeitmessern übertragen worden sind: So ist im 1. Jh. v. Chr. in Befunden aus den Vesuvstädten keine zeitliche Abfolge unter den wenigen Sonnenuhren aus Marmor und den vielen aus stuckiertem und anschließend bemaltem Travertin feststellbar[258] – die Zeitmesser sind von Steinmetz-Betrieben als ein Artikel unter anderen für den lokalen Markt hergestellt worden. Diese Handwerker waren von anderen Arbeitsprozessen auch damit vertraut, den Gnomon aus Eisen oder Bronze in ein Zapfloch einzusetzen und mit Blei zu vergießen.[259]

---

255 Die Ausnahmen finden sich besonders häufig unter der Gruppe der vertikalen Zifferblätter, deren größte Vertreter entweder in die Aussenflächen eines Gebäudes geritzt wurden – Athen 8 und Praeneste 2 – oder sich bei den v-vertikalen Stücken auf zwei Marmorplatten verteilen. Eine solche Aufteilung begegnet außerdem bei den besonders großen Horizontalblättern wie Rom 7, Lambaesis 2 und Thamugadi 1.

256 Dazu hier ausführlich Kapitel VI 2.

257 Diese Regel wiederholt sich beispielsweise in der Produktion von Möbeln, Basen und anderem Gerät, so dass sie auch noch im modernem Möbeldesign nachvollzogen werden kann, vgl. A. Votteler – K. Dittert (Hrsg.), Innenarchitektur und Möbeldesign (Stuttgart 1991) 15–23.

258 Vgl. die Produktion in Pompeji mit Nr. 1–33: Dort halten sich die Sonnenuhren aus Travertin und Marmor ungefähr die Waage, zwei wurden aus Kalkstein gearbeitet. Marmor wird ausnahmslos für die horizontalen Zifferblätter verwendet, so dass diese allein aufgrund der Materialwahl als hochwertige Untergruppe charakterisiert werden.

259 Nur wenige Gnomones sind im Original erhalten, dazu zählen Delos 22, Enserune 2 und Pompeji 8.

Aufgrund des verwendeten Materials kann nur für wenige späthellenistische Zeitmesser eine Produktion fernab von ihrem Fundort erschlossen werden: So wurde die Gruppe von Uhren aus Diorit ebenso von Ägypten nach Rom verschleppt wie einige Uhren aus Griechenland.[260]

Aus Bronze bzw. aus Elfenbein gefertigte Zeitmesser gehören in der Regel der Gruppe der Reiseuhren und der mechanischen Zeitwerke an. Für diese kleinformatigen Instrumente wurde ein geringes Gewicht bzw. eine besonders kleinteilige Gravur in Verbindung mit präziser Fertigung und hoher Stossfestigkeit angestrebt. Dass diese Materialien im archäologischen Befund besonders selten vertreten sind und die meisten Stücke aus dem Kunsthandel stammen, ist auf diese Materialpräferenz zurückzuführen.[261] Nur eine Wasseruhr – unbekannter Fundort 6 – stammt aus einem Hortfund und ist ganz aus Bronze gearbeitet.[262] Diese Wasseruhr besaß wahrscheinlich ursprünglich einen Aufsatz, der akustische oder optische Signale gab. Für zahlreiche andere Uhren konnte eine entsprechende Vorrichtung wahrscheinlich gemacht werden, weil nur so die an den Geräten beobachtete Stiftlöcher konstruktiv zu erklären sind.[263] Keiner dieser Aufsätze ist erhalten. Da sie sich jedoch nur an besonders sorgfältig und aufwendig gearbeiteten Stücken finden, wäre hier sogar die Verwendung von Edelmetallen denkbar. Darauf weist im Befund punktuell der Auslaufmund aus Gold der Wasseruhr unbekannter Fundort 6 und Silberauflagen an Reiseuhren hin, so dass es nicht auszuschließen ist, dass auch für weitere Uhrenmodelle auf diese Materialien zurückgegriffen wurde.

Obwohl die lückenhafte archäologische Überlieferung es nur eingeschränkt erlaubt, die zum Bau von Wasseruhren verwendeten Materialien zu beurteilen, lässt sich am Befund dennoch nachvollziehen, dass zur Herstellung von Langzeitmessern bzw. Einlaufuhren häufig verschiedene Materialien kombiniert wurden. Zwar ist von den verwendeten Metallen nur im Ausnahmefall etwas erhalten, da nur selten Bleireste der Zuleitungen und Muffen sowie Fragmente der wohl meist aus Bronze gefertigten Anzeigevorrichtung bekannt wurden, doch muss der erforderliche ökonomische Aufwand für Errichtung und Betrieb von großen Auslauf- und allen Einlaufuhren grundsätzlich hoch veranschlagt werden.[264]

Die geringe Anzahl von bekannten Zeitmessern aus Ton zeigt, dass es Instrumente aus diesem Material gab, sie aber heute weitgehend verloren sind. Die wenigen erhaltenen Beispiele entstanden in großem zeitlichem wie regionalem Abstand und verteilen sich außerdem auf Sonnen- und Wasseruhren. Allen Vertretern gemein ist, dass sie immer besonders schlicht gestaltet sind: sowohl die Klepsydra Athen 1 als auch die Sonnenuhr Vetera 1 sind undekorierte, tongrundige Geräte – einfach und kostengünstig in der Herstellung. Wird der geringe Bestand von erhaltenen Klepsydren den zahlreichen Hinweisen auf diesen Uhrentypus in den Schriftquellen gegenüber gestellt,[265] so wird deutlich, dass er allein auf die ungünstigen Überlieferungsbedingungen der unscheinbaren Keramik zurückzuführen ist. Gleiches gilt für Auslaufuhren aus Glas, die im Befund bisher gar nicht nachgewiesen sind. Schlichte Kurzzeitmesser müssen in beiden Materialien weit verbreitet gewesen sein, wie v. a. die schriftliche Überlieferung nahelegt.

---

260 Zur Verschleppung von Zeitmessern als Beutegut hier ausführlich Kapitel VIII 2.

261 Es hat den Anschein, als habe man für die Produktion der Reiseuhren zunächst mit unterschiedlichen Materialien experimentiert, bevor dann seit dem 2. Jh. n. Chr. ausschließlich Bronze verwendet wurde. Diese Materialpräferenz hängt wahrscheinlich mit der typologischen Entwicklung der Reiseuhren zusammen, die seit dieser Zeit meist als vertikal hängende Zifferblätter mit zahlreichen integrierten Funktionen gefertigt wurden und deren Funktionstüchtigkeit u. a. ein möglichst hohes Eigengewicht voraussetzt, vgl. Kapitel II 3. 2.

262 Die in der Inventarliste Delos 1* bzw. 2* geführte Klepsydra aus Bronze ist hingegen wohl auf ein Schöpfgefäß zu beziehen, vgl. hier Kapitel IV 1.3.

263 Vgl. zu akustischen Signalen zusammenfassend hier Kapitel V.

264 Auf die Verwendung von Bleirohren weisen bereits Oropos 1 und Athen 2 hin, Einlassungen für Bronzeelemente finden sich beispielsweise in Priene 2°, Pergamon 3 und Ephesos 3.

265 Zu den Klepsydren vgl. hier Kapitel IV 1.3.

Nicht auszuschließen ist v. a. für die südlichen Randzonen der antiken Welt die Herstellung von Sonnenuhren aus Holz bzw. Fayence. Obwohl solche Instrumente für frühere Zeiten aus ägyptischen und levantinischen Kontexten belegt sind, wurden sie für die historische Zeit bislang nicht nachgewiesen.[266]

Genuin griechisch scheint die Verwendung von Ton und Marmor für Zeitmesser zu sein: Diese Materialien werden dort zu diesem Zweck erstmals eingesetzt und sind dort auch am häufigsten nachgewiesen.

Die Übersicht der zur Herstellung von Zeitmessern verwendeten Materialien und angewandten Formate offenbart die Heterogenität der aufgrund von gemeinsamen zeitfunktionalen Merkmalen zusammengeführten Objektgruppe: Kaum ein Material, das für den einen oder anderen technologischen Typus nicht eingesetzt wurde. Chronologische Schlussfolgerungen lassen sich aufgrund der Materialverwendung für keinen einzigen technologischen Typus ableiten. Obwohl das Spektrum der Instrumente von sehr schlichten, kleinen und kostengünstigen Geräten bis hin zu repräsentativen Großuhren reicht – für die Mehrheit aller Kurzzeitmesser und Sonnenuhren wurde möglichst wenig Materialaufwand betrieben. Von diesem Gesamtbild weichen Einlaufuhren, mechanische Zeitwerke und Reiseuhren ab, die in Konstruktion, Material und Produktion alle anderen Typen deutlich übertreffen.

2 Proportionierung und Limbus

Für hohle Sonnenuhren lässt sich der Proportionierung des Zifferblatts gegenüber Uhrenkörper bzw. -basis eine chronologische Tendenz ableiten, die tendentiell auch auf ein verändertes Verständnis dieser Zeitmesser als Normgerät schließen lässt: Nimmt unter den frühen Sonnenuhren der Schattenkreis den größten Anteil des Werkstücks ein und wird dieser von einer tief eingezogenen horizontalen Schattenfuge kontrastreich gegenüber der Basis abgesetzt, so entfällt auf diesen unteren Bereich seit dem 1. Jh. v. Chr. zunehmend mehr Fläche zulasten eines immer kleineren Zifferblatts. Außerdem ist die anfänglich besonders plastische Schattenfuge zunehmend flacher gestaltet, manchmal wird sie sogar aufgegeben, so dass sich nun unterhalb des Zifferblatts eine ebene, frontparallele Fläche anschließt.

Diese überregional regelhafte Entwicklung veranschaulicht die Reihe aus Athen 3, Pompeji 26 und Traianopolis 1°: Tritt zunächst der Schattenkreis besonders plastisch hervor, indem er mehr als zwei Drittel der Höhe des Werkstücks einnimmt und die Schattenfuge die einzelnen Elemente optisch deutlich voneinander trennt, verlagert sich bei Pompeji 26 die Gewichtung, indem nun auf beide Zonen annähernd gleiche Anteile entfallen. Traianopolis 1 ist dann gegenüber Athen 3 umgekehrt proportioniert: Nun entfallen zwei Drittel der Höhe auf den Uhrenkörper, der nicht mehr in Körper und Basis unterschieden wird. Zeitlich sind diese Schritte mit frühhellenistischen Objekten, Stücken aus der Zeitenwende bzw. mit Sonnenuhren im ausgehenden 2. Jh. n. Chr. zu verbinden. Parallel zu dieser Entwicklung nimmt die Breite und Tiefe des Zeitmessers gegenüber seiner Höhe zunehmend ab – wird für frühe Uhren ein kubischer Block benötigt, liegen den spätantiken flache, hochrechteckige Quader zugrunde. Ausnahmen von dieser Entwicklung der sphärischen und konischen Zifferblätter sind so selten, dass Aphrodisias 1–3 wohl als Zeugnisse einer lokalen Werkstatttradition anzusehen sind.

Mit dieser Entwicklung hängt ein weiteres Gestaltungselement von Sonnenuhren in Form eines flachen Gurtbogens zusammen, der in der Literatur häufig als Limbus bezeichnet wird.[267]

---

266 Vgl. E. J. Pilcher, Portable Sundial from Gezer, PEQ 55, 1923, 85–89.

267 Vgl. beispielsweise Schaldach 2006, 94. 97. Während der Terminus im Zusammenhang mit Astrolabien und anderen technischen Instrumenten die Skala zur Winkelmessung bezeichnet, wird er hier in seiner ursprünglichen Wortbedeutung als Rand oder Saum verstanden.

Er kann den Schattenkreis von allen Typen hohler Sonnenuhren säumen und wird später auch für die Gestaltung von planen Zifferblättern aufgegriffen. Während der Uhrenkörper früherer Zeitmesser unmittelbar unterhalb des Schattenkreises anschließt und im Querschnitt bis an die Schattenfuge deutlich gegenüber der Vorderkante des Zifferblatts zurück weicht, ist seit dem 1. Jh. v. Chr. zu beobachten, dass ein zunehmend breiterer Gurtbogen Schattenkreis und Basis trennt. Je höher die Basis gegenüber dem Schattenkreis ausfällt und je weniger die Schattenfuge ausgeprägt ist, desto breiter wird der Limbus, der die beiden Elemente nun optisch trennt. Die Reihe aus Athen 3, Pompeji 26 und Traianopolis 1° verdeutlicht erneut stellvertretend die zeitliche Abfolge. Wenn nur ein Fragment vom Limbus eines Schattenkreises erhalten ist, erlaubt diese überregional gültige Tendenz auch diese Stücke ungefähr chronologisch einzuordnen, obwohl ihre Proportionierung nicht mehr beurteilt werden kann.

Als Folge dieser Entwicklung seht zunehmend mehr Fläche für Inschriften bzw. dekorative Elemente zur Verfügung, so dass der streng normative Charakter des Instruments demgegenüber abgeschwächt wird. Außerdem wird die Blockgröße auf diese Weise zunehmend ökonomischer ausgenutzt. Dieser Prozess der Anpassung an Ökonomisierung und Zeitgeschmack lässt sich an der mit Abstand quantitativ umfangreichsten Gruppe der antiken Zeitmesser nachvollziehen, so dass zukünftig zu fragen sein wird, ob diese Beobachtungen auf deren spezifische Funktion oder nicht eher auf allgemeine entwicklungsgeschichtliche Tendenzen zurückzuführen sind.

3 Plastische Elemente

Mit der veränderten Proportionierung von Schattenkreis gegenüber Uhrenkörper geht einher, dass einige der im Katalog aufgeführten Zeugnisse Schmuckelemente aufweisen: Während die Gestaltung der meisten Wasseruhren und der epigraphisch überlieferten Zeitmesser nicht ermittelt werden kann, weist der Körper von knapp der Hälfte aller Sonnenuhren[268] Profile, Löwenfüße, geometrische Embleme, vegetabile Motive und figürliche Reliefs auf. Dabei ist zwischen Elementen, die zur formalen Gliederung des Uhrenkörpers beitragen und rein dekorativen Motiven zu unterscheiden. Ob die plastischen Elemente farblich gefasst waren, lässt sich bislang nur am Befund der Vesuvstädte mit ihren besonders günstigen Überlieferungsbedingungen beurteilen: Hier hat es den Eindruck, als seien alle – Pompeji 23 – oder mehrere – Pompeji 29 und 36 – Stundenlinien ebenso wie die Inschriften mit roter Farbe akzentuiert worden und außerdem auch einige Schmuckelemente, so an Pompeji 9 und 36. Da außer diesen roten Farbresten bislang kein anderer Farbwert beobachtet wurde und dieser Ton auch in anderen Zusammenhängen den hohen Informationsgehalt des Dargestellten kennzeichnet,[269] könnte das ein Hinweis darauf sein, dass Zeitmesser wohl eher selten mehrfarbig bemalt waren.

Die statistische Verteilung der dekorierten gegenüber den undekorierten Sonnenuhren legt offen, dass bei Einführung der Zeitmesser im 3. bzw. im 2. Jh. v. Chr. die Mehrheit nicht dekoriert war. Erst im Verlauf des 2. Jhs. v. Chr. steigt die Anzahl der dekorierten Zeitmesser rapide an und übertrifft kurzzeitig sogar die der undekorierten. Obwohl die Anzahl der undekorierten Neuaufstellungen bis in das 2. Jh. n. Chr. leicht überwiegt, stellt sich erst mit dem 3. Jh. n. Chr. eine Trendwende mit einer deutlichen Abnahme der dekorierten Instrumente ein. Besonders im späteren 1. Jh. v. Chr. fällt die Wahl eher auf einen dekorierten als einen undekorierten Zeitmesser. Es wird sichtbar, dass in bestimmten Phasen der funktionale Charakter der Stücke stärker herausgestellt wurde als in

268 Von den 370 in den Katalog aufgenommenen Sonnenuhren sind 149 dekoriert, also etwa 40 Prozent.

269 Bei der Durchsicht verschiedener kürzlich vorgelegter Arbeiten zur Farbgebung antiker Objekte fällt auf, dass Inschriften auf unterschiedlichen Medien durchweg in diesem dunkelroten Farbton angegeben sind. Offenbar wurde dadurch ein hoher Informationsgehalt gekennzeichnet, vgl. beispielsweise die Stele der Paramythion: U. Koch-Brinkmann, Die Grabstele der Paramythion, in: Bunte Götter. Katalog München 2003 (München 2003) 155 Abb. 257.

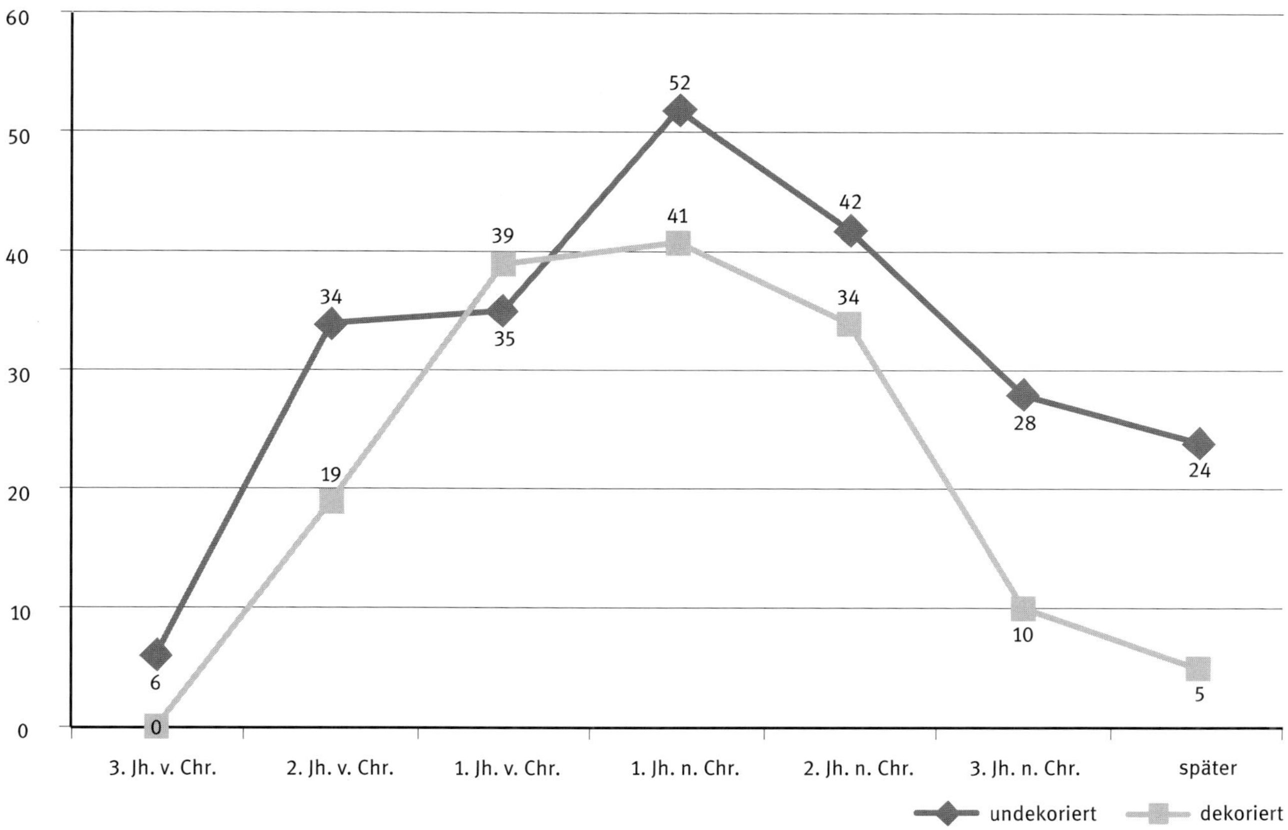

Abb. 43: Chronologische Entwicklung der dekorierten gegenüber den undekorierten Sonnenuhren

anderen, während derer das Instrument vielmehr als Schmuckträger zu einem repräsentativen Bestandteil der ambientalen Ausstattung eines Raums wird.[270] Diese Entwicklung wird nicht von allen technologischen Typen der Sonnenuhren gleichermaßen getragen: Während in der Gruppe der planen Zifferblätter erst in byzantinischer Zeit Dekormotive überhaupt eingesetzt werden, sind konische und sphärische Sonnenuhren oft reich dekoriert. Obwohl überwiegend Standardformen wie Profile und verschiedene Ausformungen von Löwentatzen eingesetzt werden, treten vereinzelt auch individuelle Lösungen mit vegetabilen und figürlichen Motiven im Befund auf. Offenbar war gerade die Gestaltung dieser weit verbreiteten Normaluhren individuellen Vorstellungen gegenüber besonders offen.

Signifikant für diese Entwicklung ist eine kleine Untergruppe der dekorierten Zeitmesser: Obwohl für alle Sonnenuhren mit einem Zifferblatt dieses die Hauptansichtsseite des Instruments bestimmt, greifen bei knapp fünf Prozent aller Uhren die Schmuckformen sogar auf die ansonsten nur grob geglätteten Seitenflächen über. Die regionale und chronologische Verbreitung dieser Uhren fällt mit der der Mehrfachzifferblättern zusammen: Mit leichter zeitlicher Verzögerung werden die Seitenflächen v. a. dann dekoriert, wenn die Uhr im öffentlichen Raum von griechischen, kleinasiatischen und hellenisierten italischen Städten aufgestellt ist. Während die Produktion von komplizierten Mehrfachzifferblättern um die Zeitenwende eingestellt wird, werden die Seitenflächen weiterhin geschmückt. Diese Beobachtung könnte bedeuten, dass die an kombinierten Zifferblättern entwickelte Sehgewohnheit mit qualitativ hochwertigen Zeitmessern Mehransichtigkeit zu verbinden, allmählich auf Uhren mit dekorierten Seitenflächen übertragen wird: Statt des hohen technologischen Kenntnisstandes wird die vergleichbare Konzeption der hochent-

270 Mit diesem Phänomen sind vergleichbare Entwicklungen in anderen Materialgruppen zu verbinden, vgl. beispielsweise D. Grassinger, Römische Marmorkratere (Mainz 1991) 28 f.

wickelten Vorbilder zitiert. Die wenigen Inschriften und das völlige Fehlen von Datumsbeischriften auf Uhren mit dekorierten Seitenflächen im Gegensatz zu den kombinierten Zeitmessern verstärken diese Tendenz der Profanisierung. Konnte zuvor die Aufstellung der kombinierten Zeitmesser im Umkreis der hellenistischen Residenzstädte verortet werden[271] und weisen Inschriften ihre Konstrukteure mehrfach aus, so wird mit den profanisierten Instrumenten zwar repräsentativer Anspruch und primäre Zeitfunktion gewahrt, nicht aber das komplexe System der allansichtigen Anzeigen und der von Beischriften ausgewiesenen komplexen Datumsfunktionen übernommen.[272] Somit wird der zeitfunktionale Aspekt gegenüber dem dekorativen gemindert bei gleichbleibend hoher repräsentativer Qualität des Zeitmessers. Da die Seitenflächen von Sonnenuhren insbesondere in der Zeit dekoriert werden, als die Anzahl der dekorierten Zeitmesser die der undekorierten übertrifft, ist dieses Merkmal wohl Anzeichen einer generellen Entwicklung: In dem Moment, als Zeitmesser auch als repräsentatives Objekt wertgeschätzt wurden, können Dekorelemente auch die Seitenflächen bedecken.

3.1 Motive der formalen Gliederung

Betrachtet man die ausschließlich im Bereich von Uhrenkörper bzw. -basis eingesetzten Dekormotive, so zeigt sich, dass naturalistisch bzw. stilisiert gestaltete Füße und über die gesamte Breite verlaufende Profilleisten sich gegenseitig ausschließen, jedoch mit Teilprofilen, vegetabilen Motiven wie Ranken und Voluten sowie Palmetten kombiniert werden können.

Nach Aufgabe der tiefen Schattenfuge der frühen Sonnenuhren werden am häufigsten horizontale Profile eingesetzt, um den Schattenkreis optisch von der Uhrenbasis zu trennen. Sie wurden in der Architektur entwickelt und bereits in zahlreichen anderen Zusammenhängen verwendet,[273] bevor sie zur Gliederung von Sonnenuhren übernommen wurden. Hier reicht das Formspektrum von schlichten Rundstäben wie Pompeji 30 bis hin zu mehrfach gestaffelten Abfolgen wie Megara 1 und Samos 3. Diese erheblichen formalen Unterschiede von im Uhrenbau verwendeten Profilen sind eine Folge regionaler und zeitspezifischer Typenbildung, wie sie auch für andere Verwendungshorizonte von Profilen wiederholt erkannt wurde.

Ebenso wie die Profile wurden jene Elemente, welche die Basis seitlich begrenzen und die hier als Löwentatzen bzw. stilisierte ‚Füße' bezeichnet werden, nicht erst für Zeitmesser entwickelt, sondern aus anderen Objektgruppen übernommen. Die regionale Verteilung des Motivs im Uhrenbau zeigt, dass es insbesondere im griechischen und kleinasiatischen Raum beliebt war. Zwar sind auch einzelne Vertreter aus Italien bekannt, diese Beispiele stehen aber quantitativ deutlich hinter den griechischen an. In den Provinzen, sowie in Nordafrika und Ägypten ist das Motiv im Zusammenhang mit Zeitmessern hingegen überhaupt nicht belegt, wofür wahrscheinlich die Qualität einheimischer Gesteinsmaterialien den Ausschlag gibt, die sie für eine kleinteilige Bearbeitung ungeeignet macht. Die mit ‚Füßen' dekorierten Basen folgen weder einem eindeutigen regionalen noch kontextuellen Muster, um als intendiertes, inhaltlich konnotiertes Zeichen verstanden zu werden,[274] so dass auszuschließen ist, dass mit ihnen ikonographisch im Uhrenbau auf die spezifische Bedeutung des Löwen als Begleittier der Sonne angespielt werden sollte.[275] Vielmehr werden

271 Vgl. Kapitel II 3.1.

272 Eine weitere Eingrenzung der Personengruppe wird im Rahmen der Aufstellungskontexte dieser Uhren weiter zu verfolgen sein, vgl. Kapitel VII 2.

273 B. Wesenberg, Kymation und Astragal, *MarbWPr 1971/1972, 1–13, W.-D. Heilmeyer, Korinthische Normalkapitele. Studien zur Geschichte der römischen Architekturdekoration. RM-EH 16 (Heidelberg 1970), H. v. Hesberg – W. Eck, Tische als Statuenträger, RM 111, 2004, 143–439.

274 RE I 13.1 (1926) 968–990 s. v. Löwe (A. Steier).

275 Diese ikonographische Bedeutung spielt besonders im Mithras-Kult eine Rolle, vgl. R. Beck, In the place of the lion. Mithras in the tauroctony, in: J. R. Hinnels (Hrsg.), Studies in Mithraism. Papers Associated with the Mithraic

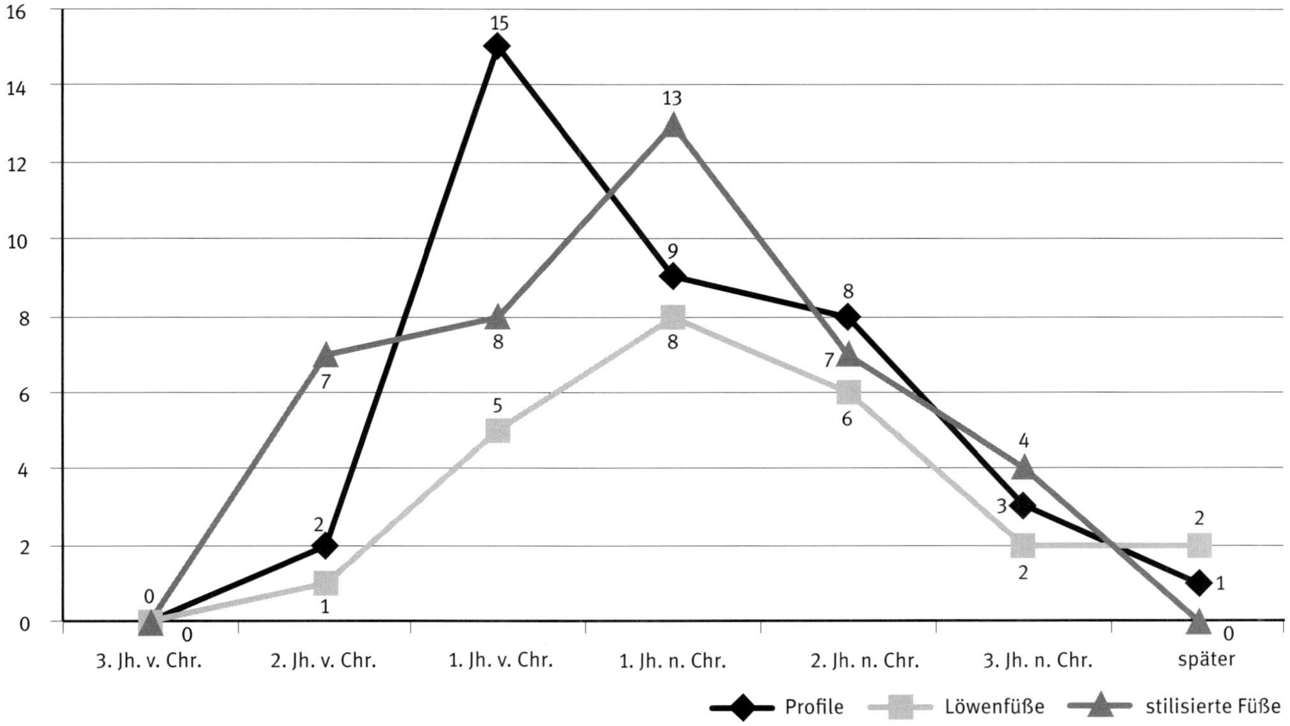

Abb. 44: Chronologische Entwicklung der Dekormotive an Sonnenuhren

die Motive von stilisierter Löwentatze und ‚Fuss' allgemein zur symmetrischen Begrenzung von Sitz- und Tischmöbeln eingesetzt und sind deshalb oft im Kontext von Theatern erhalten, so dass ihre Ursprünge im Möbelbau nahe liegen.[276] Varianten der Ausführung, die auch unter den Zeitmessern von naturalistisch – Ai Khanoum 1 – über stärker ornamental aufgefasste Beispiele – Athen 9, 17, 20 – bis hin zu Verkürzungen des Motivs – Aspira 1 und Baelo Claudia 1 – reichen, sind wiederum eine Folge zeit- und regionaltypischer Entwicklungen, sowie der handwerklichen Qualität.

Die seitlichen Begrenzungen der Uhrenfront in Form von Löwentatzen sind aufgrund des mit ihnen verbundenen relativ hohen Arbeitsaufwandes und materialtechnischer Einschränkungen verhältnissmäßig selten und werden oft von blockhaft geschnittenen ‚Füßen' ersetzt. Diese sind wie die schlichten Profile dann besonders häufig, wenn sehr viele Neuaufstellungen von Sonnenuhren auf eine serielle Produktion hinweisen. Außerdem wird diese graphische Form mit sorgfältig gearbeiteten Zeitmessern wie Samos 1 sowie Paros 1 und 2 kombiniert – Uhren, die oft auf Agorai und in Heiligtümern aufgestellt werden und häufig als Inschriftenträger dienen – in der Summe Faktoren, die den normativen Charakter des Instruments betonen. Tatsächlich ist die Anzahl der Inschriften in dieser Gruppe unter allen dekorierten Uhren die höchste. Wieder handelt es sich um keine speziell für Sonnenuhren entwickelte Lösung: Vergleichbare ‚Füße' begegnen u. a. auf Delos an Möbeln und besonders an Bänken[277] und sind eng verwandt mit Wandabschlüssen von Anten in der Architektur.

Panel Organized on the Occasion of the XVIth Congress of the International Association for the History of Religions. Kongress Rom 1990 (Rom 1994) 29–50.

276 V. Kockel, Die Grabbauten vor dem Herculaner Tor in Pompeji (Mainz 1983) 18–22 bzw. 57–59 trug die entsprechenden Beispiele für Pompeji zusammen.

277 Zusammenfassend: R. H. Cohon, Greek and Roman Stone Table Supports with Decorative Reliefs (Ann Arbour 1985) passim und C. F. Moss, Roman Marble Tables (Ann Arbour 1988); einen guten Überblick vermittelt jetzt mit weiterer Literatur: J. Lang, Exempla römischen Wohnluxus: Zu einigen löwenköpfigen Tischfüßen in der Antikengalerie Gustavs III. in Stockholm, OpRom 31/32, 2006/2007, 167–188.

Offenbar wurden die drei Elemente zur stärkeren Gliederung der Uhrenfront – Horizontalprofil, stilisierte Löwentatze und ‚Füße' – annähernd gleichzeitig im Uhrenbau eingeführt. Eine Verknüpfung an bestimmte Aufstellungskontexte lässt sich durchwegs nicht feststellen. Vielmehr scheint die lokale Werkstatttradition die Auswahl bestimmt zu haben: So werden auf Delos überwiegend blockhafte Füße verwendet – Delos 12. 15–18. 22. 24 und 25[278] –, werden in Athen und Umgebung häufig Löwentatzen eingesetzt – Athen 6.–9. 17. 20[279] –, und sind horizontale Profile in pompejianischen und nordafrikanischen Werkstätten üblich – Pompeji 18. 29. 30. 32. 36 und Cherchel 1, Leptis Magna 1 und 3.[280] Somit sind diese Elemente eingeschränkt Indikatoren zur regionalen bzw. chronologischen Einordnung eines Zeitmessers, erlauben aber keinen Rückschluss auf den Kontext seiner Aufstellung.

3.2 figürliche und vegetabile Dekormotive

Nur eine kleine Gruppe der dekorierten Zeitmesser weist figürlichen Schmuck auf. Obwohl sich die entsprechenden Beispiele über einen langen Zeitraum erstrecken, entfällt die Mehrheit der gewählten Motive auf drei Themenkreise, während der Rest entweder als reine dekorative Zutat – wie im Fall der Rankenfrau von Rhodos 5 – oder als individuelle Auftragsarbeit gelten muss – so wohl die ungewöhnliche Dekoration von Fundort unbekannt 5, die Athena, Dionysos und Helios zeigt. Obwohl die quantitative Verteilung der Belege annähernd der allgemeinen Produktionsentwicklung von Zeitmessern folgt, zeichnet sich ein zeitlicher Schwerpunkt für die Wahl von Figurenschmuck an Uhren für das 1. Jh. n. Chr. ab.

Fundort	Aufbewahrungsort	Typus	Dekoration	Kontext	Datierung
Delos 6*	Delos ID 1417	W 2 ~, S	Triton	Gymnasion	vor 156/155 v. Chr.
Mytilene 1	Mytilene, Arch. Mus.	S kon	Delphin	–	2. Jh. v. Chr.
Sparta 1	Sparta, Arch. Mus. 6193	S kon 2	Schiff, Triton	öffentlich	Mitte 2. Jh. v. Chr.
Athen 4°	in situ, Turm der Winde	S mehrfach, W	Windfiguren	Agora	150–100 v. Chr.
Tenos 1°	Tinos, Arch. Mus. A 139	S sphä, sphäV, vert 2	Delphin	Poseidon-H.	2. H. 2. Jh. v. Chr.
Rhodos 5	Rhodos, Mus. A 426	S kon 2	weibl. Figur, Polos, R	–	1. Jh. v. Chr.
Herculaneum 1	Rom, NM	S kon, S hemi	Genien, V	Villa Scipio	spätes 1. Jh. v. Chr.
FO unbekannt 5	Berlin, Pergamon-Mus. 1048	S kon	Athena, Dionysos, Helios?	Theater ?, Athen?	späteres 1. Jh. v. Chr.
Aquileia 1	Udine, Mus. 174	S sphäV	Blume, Figur	Nekropole	1. H. 1. Jh. n. Chr.

278 Im Überblick für Delos: W. Deonna, Le mobilier delien. Délos 18 (Paris 1938) und zur Datierung: P. Bruneau, Contribution à l'histoire urbaine de Délos à l'époque hellénistique et à l'époque impériale, BCH 92, 1968, 633–709.
279 D. Adrianou, Furnished Interiors in Hellenistic Greece, Hesperia 75, 2006, 219–266.
280 Vergleiche in anderen Materialgruppen nennt für Pompeji: P. E. Allison, Pompejian Households. An Analysis of the Material Culture (Los Angeles 2004) und S. T. A. Mols, Wooden Furniture in Herculaneum. Form, Technique and Function (Amsterdam 1999) sowie für Nordafrika K.-U. Mahler, Die Architekturdekoration der frühen Kaiserzeit in Lepcis Magna. LibyaAnt Supp. 8 (Worms 2005) mit weiterer Literatur.

Fundort	Aufbewahrungsort	Typus	Dekoration	Kontext	Datierung
FO unbekannt 6	Rom, Museo C. Romana	S 4	Genien	–	1. H. 1. Jh. n. Chr.
Milet 2	Milet, Mus.	S sphä	R, Kithara, Vögel, Pa > Orpheus	Nekropole ~	1. Jh. n. Chr.
Sparta 2	Sparta, Arch. Mus. 10632	S kon	Fische	–	1. Jh. n. Chr.
Tomis 1	Constanza, Mus.	S kon	Stierkopf	Nekropole	1. Jh. n. Chr.
Pergamon 5	Pergamon, Arch. Mus.	S kon	Stützfigur	–	spätes 1. Jh. n. Chr.
Ostia 6	unbekannt	S sphä	Stützfigur	Nekropole ~	spätes 1. Jh. n. Chr.
Durustorum 1	Silistra Inv. Nr. 517	S sphäV	Orpheus, Isis-Serapis	Nekropole ~	um 200 n. Chr.
Altinum 3	Altino, Mus. AL 10	S sphäV	PDL, Schiff	Nekropole	frühes 2. Jh. n. Chr.
Bettwiller 2	Strassburg, MAS 2409	S sphä	Stützfiguren	–	Anfang 2. Jh. n. Chr.
Ravenna 2	Ravenna, zerstört	S sphäV	Stützfigur	Forum ~	frühes 2. Jh. n. Chr.
Iuvavum 1	Salzburg Nr. 3985	W	Figuren, Tierkreis	Forum ~	2. Jh. n. Chr.
Aquileia 16	in situ	S sphä V	Windfiguren	Nekropole	Ende 2.–Anfang 3. Jh. n. Chr.
Thamugadi 2	Forum, in situ	S kon	bärtiger Kopf	Heiligtum ~	frühes 3. Jh. n. Chr.
Serdica1	–	S sphärV	Stützfigur	Villa rustica	Mitte 3. Jh. n. Chr.
Sparta 3	Sparta, Arch. Mus. 7628	S sphä	Delphin	Villa	spätantik

Abb. 45: Sonnenuhren mit figürlichen und vegetabilen Motiven der Gruppe III 3.2

Die umfangreichste Motivgruppe bilden 14 Zeitmesser, deren Dekoration eine Meeresthematik aufgreift bzw. auf meteorologische Bezüge anspielt: So zeigen Delos 6* und Sparta 1 aus der ersten Hälfte bzw. der Mitte des 2. Jhs. v. Chr. Tritone[281], werden für Mytilene 1, Tenos 1°, Sparta 2 und 3 Fischmotive gewählt und sind die hellenistischen Zeitmesser Sparta 1 und Delos 5 in Schiffsform gearbeitet, bzw. wird auf Altinum 3 ein Frachtschiff dargestellt. Der Gruppe anzuschließen sind Athen 4° und Aquileia 16, auf denen Personifikationen von Winden abgebildet werden. Nicht unbedingt sind als solche auch die geflügelten Genien von Herculaneum 1 und Fundort unbekannt 6 zu verstehen.[282] Da die Motive nie im szenischen Zusammenhang auftreten, wird deutlich, dass mit den Darstellungen nicht auf konkrete inhaltliche Bezüge der einzelnen Motive angespielt werden soll, sondern sie vielmehr als allgemein formulierte ikonographische Chiffren verwendet werden, die auf den engen Zusammenhang von Zeitmessung und Seefahrt verweisen.[283] Dieser Verweis wird überwiegend dann im Bild umgesetzt, wenn auch die Zeitfunktion des Instruments die Anzeige von meteorologischen Daten einschließt. Bei allen hellenistischen Vertretern der Gruppe treffen spezi-

281 LIMC VIII.1 (1997) 73–85 Nr. 97. 114. 115 s. v. Tritones (N. Icard-Gianolio).

282 Vgl. Kapitel V 5. Zur Einbettung von Meerwesen in hellenistischer Zeit vgl. K. Junker, Meerwesen in Pergamon, IstMitt 53, 2003, 425–443. Zu den Windgöttern: K. Neuser, Anemoi. Studien zur Darstellung der Winde und der Windgottheiten in der Antike (Rom 1982) 58 f.

283 Dieser Aspekt spielt im Zusammenhang der kalendarischen Anzeigen von Zeitmessern und ihrer Funktion als Windzeiger eine maßgebliche Rolle, so dass diesem Aspekt unter Kapitel V 3 nachgegangen wird.

elle Anzeigefunktion und Bild zusammen, so dass die Darstellung visuell auf den erweiterten Funktionsumfang des Normgeräts verweist. Diese didaktische Funktion wird sowohl als Relief – Tenos 1° und Sparta 1 – als auch vollplastisch – Delos 6*, Sparta 1 und Delos 5 – umgesetzt und unabhängig vom technologischen Typus sowohl für Wasseruhren – Delos 6* – als auch für Sonnenuhren – Delos 5 – verwendet. Als Aufstellungsorte dieser Uhren überwiegen öffentliche Kontexte, so dass auch hier die entsprechenden zeitfunktionalen Diskurse anzusiedeln sind. Von dieser Regel weichen nur die kaiserzeitlichen Zeitmesser Altinum 3 und Sparta 3 ab; da beide Uhren wahrscheinlich in Nekropolen aufgestellt waren und überaus durchschnittliche Zeitanzeige erfüllen, sollten ihre Darstellungen wohl eher auf die unmittelbare Beziehung des Grabinhabers zur See verweisen.

Eine zweite Motivgruppe wird von Pergamon 5, Ostia 6, Ravenna 2, Bettwiller 2 und Serdica 1 gebildet, deren Schattenkreis jeweils von einer männlichen Figur gestützt wird. Das Motiv verweist auf die Figur des knienden Atlas Farnese, der über Kopf einen Sternglobus stützt.[284] Der Vergleich ruft die gleichzeitige Entwicklung von Sterngloben und bestimmten sphärischen Zifferblättern in Erinnerung, auf die im Zusammenhang mit den technologischen Typen der Schattenkreise bereits hingewiesen wurde.[285] Unabhängig von dem von der Forschung kontrovers beurteilten Verhältnis des Atlas Farnese zu seinem Urbild und dessen zeitlicher Einordnung[286] wurde das statuarische Motiv offenbar in der Wende vom 1. zum 2. Jh. n. Chr. als Träger einer Sonnenuhr umgebildet, denn mit Ausnahme von Serdica 1 entstanden alle Zeitmesser in diesem Zeitraum, die dieses Motiv mehr oder weniger eng zitieren und deren Zifferblätter immer als Hohlform gebildet sind. Trotz der mangelhaften archäologischen Überlieferung von Ravenna 2 scheint hier besonders eng an das rundplastische Vorbild angeschlossen worden zu sein, während es häufiger im Relief – z. T. nahezu maßgleich – umgesetzt wurde. Wenn Atlas seine ihm von Zeus zugewiesene Aufgabe nun erfüllt, indem er an Stelle des als Sternglobus dargestellten Himmelsgewölbes eine Sonnenuhr stützt, ersetzt die dynamische Bewegung des taghellen Sterns über das Zifferblatt die statische Darstellung von nächtlichen Konstellationen, wird die Sonnenuhr aufgrund ihrer Projektionslogik als Symbol der Ewigkeit des Universums verstanden.

Eine dritte, stärker lokalspezifische Ikonographie wurde offensichtlich in jenen nordadriatischen Werkstätten ausgebildet, die Sonnenuhren der sphärischen Variante herstellten: Unter diesen großen Uhren, die wohl entlang von Gräberstrassen aufgestellt wurden, begegnen zwei Beispiele – Aquileia 1 und 4 – , die möglicherweise beide den Mythos der ewig suchenden Klythia im Bild umsetzen: Für den einen Zeitmesser wurde die Form der Sonnenblume gewählt, während das andere Instrument in Blütenform mit einer weiblichen Gewandfigur kombiniert wird. Wie bei den hellenistischen Zeitmessern mit Meeresthematik beziehen die möglichen Lesarten der gewählten Darstellung die dauerhafte, zyklische Anzeige des Zeitmessers in die Aussage ein, die außerdem in Beziehung zum Kontext der Aufstellung als Teil eines Grabmonuments steht. Im sepulkralen Kontext wird mit Orpheus ein zweites Thema aufgegriffen, das Aquileia 1, Milet 2 und Durustorum 1 belegen: So wie die Bewegung der Sonnenblume ewig an den Tod der Verstorbenen erinnert, dient hier der Gesang des Orpheus als memento mori.[287]

Während diese Motivgruppen im Gegensatz zu den formalen Dekorationen unmittelbar die Anzeigefunktion der Sonnenuhren in die Aussage einbeziehen, begegnen Personifikationen von Zeit – beispielsweise Aion, Chronos und Kairos – auf Zeitmessern kein einziges Mal. Es handelt

---

284 Vgl. Arnauld 1984, 61 mit weiterer Literatur und U. Hamm – M. Meier, Herakles in den Phainomena des Arat, WürzbJb 21, 1997, 161–168 und P. R. Hardie, Atlas und Axis, ClQ N. S. 33.1, 1983, 220–228.

285 Vgl. Kapitel II 2.1.6 zur Entwicklung der kugelförmigen Zeitmesser.

286 Vgl. zuletzt zusammenfassend: R. M. Schneider, Kniefälliger Atlas trägt den Zodiacus, in: P. C. Bol (Hrsg.), Forschungen zur Villa Albani: Katalog der antiken Bildwerke IV (Berlin 1984) 372–384 Nr. 510 sowie M. Tinazzi, Le ricerche di Francesco Bianchini sul globo (Atlante) Farnesiano, in: M. T. Fulco (Hrsg.), V. Congresso nazionale di Archeoastronomia, storia dell'Astronomia antica, Astronomia culturale e Astronomia storica. Kongress Brera 2005 (Neapel 2006) 69–85; außerdem LIMC III (1986) 9 Nr. 32 s. v. Atlas (J. Arce – L. J. Bulmaseda).

287 Vgl. dazu ausführlich hier Kapitel VI 7.

sich also um medial völlig getrennte Bildwelten – jene der von astronomischen Gesetzmäßigkeiten abhängigen Zeitmessung und -anzeige und deren Einsatzbereichen einerseits und andererseits die der abstrakten, auch mythologisch definierten Zeitkonzepte. Diese Trennung der beiden gleichzeitig verfügbaren Bilderwelten ist auch ein Anzeichen für die weitgehende Trennung der ihnen angeschlossenen Diskurse.[288]

In dieselbe Richtung weist, dass in anderen Zusammenhängen die Zodiakalzeichen recht häufig als figürliche Personifikationen dargestellt werden[289] – diese jedoch im Zusammenhang mit Zeitmessern nur vereinzelt auftreten, wie die Bronzescheibe der anaphorischen Uhr Iuvavum 1 zeigt. Statt dessen werden auf Zeitmessern die zwölf Stationen des Zodiakus bzw. die Namen der Monate im Regelfall schriftlich ausgewiesen:[290] Typisches Beispiel ist das Zifferblatt der Horizontaluhr Pompeji 7, auf dem die Beischriften abgekürzt angegeben werden, seltener begegnen ausgeschriebene Zodiakal- oder Monatsnamen wie an Karthago 1 und 2. Diese Praxis wird besonders gut am Mechanismus von Antikythera nachvollziehbar: Hier benennt eine als Glyphen ausgeführte Kurzschrift die vielfältigen Funktionen des Zeitwerks – dekorative oder figürliche Elemente finden sich jedoch nirgends, obwohl auf den äusseren Zifferblättern theoretisch ausreichend Raum zur Verfügung gestanden hätte. Somit war nicht Platzmangel für den Vorzug der Schrift gegenüber dem Bild ausschlaggebend, sondern entspricht die Verwendung von Schriftzeichen bis in späthellenistische Zeit eher dem Verständnis von technischem Instrument. Dieses schließt den Einsatz von figürlichen Bildelementen offenbar weitgehend ebenso aus wie die Ausprägung einer eigenständigen Dekortradition: In der hellenistischen Wahrnehmung sind Zeitmesser primär Normgerät, das erst seit dem ausgehenden 1. Jh. v. Chr. parallel auch als Träger abstrakter ideologischer Botschaften eingesetzt wird.

4 Modalitäten der Aufstellung

Für die Aufstellung von Sonnenuhren sind aufgrund ihrer Abhängigkeit vom Sonnenstand mehrere Faktoren zu berücksichtigen: Um ganzjährig eine ganztägige Zeitanzeige zu gewährleisten, muss eine Sonnenuhr möglichst frei positioniert werden bzw. ihr Standort so weit von der umgebenden Architektur, von Bewuchs und von anderen erhöht aufgestellten Objekten entfernt sein, dass sie von diesen nicht verschattet wird.

Zur Lösung dieses Problems trägt die erhöhte Aufstellung von Sonnenuhren innerhalb von eng begrenzten Räumlichkeiten bei, die zudem zahlreichen Betrachtern gleichzeitig das Ablesen der Zeit erlaubt und eventuellen Beschädigungen vorbeugt. Andererseits darf die Uhr wiederum nicht so hoch aufgestellt sein, dass die Anzeige oder die mit ihr verbundenen Beischriften von Datumslinien nicht mehr lesbar sind. Daraus folgt, dass je größer der Abstand zwischen Betrachter und Instrument ist das Zifferblatt umso größer ausfallen muss. Intendierte Zeit-Funktion und eine im Vorfeld festzulegende Anzahl von Nutzern führt also zur Auswahl des Aufstellungsmodus. Die Faktoren lösen Wechselwirkungen zwischen dem Standort des Zeitmessers, seiner Dimensionierung und Typenwahl sowie seiner Aufstellungshöhe aus, die wiederum auf seine ästhetische Gestaltung Einfluss nehmen. Der Umgang mit diesen Faktoren der Aufstellung führt hinsichtlich der Erschließung der Höhendimension und der Ansichtsseiten des Instruments zu individuellen Lösungen, die weniger als bei anderen Objektgruppen eine Folge zeitbedingter ästhetischer Entwicklungen als vielmehr der funktionsgebundenen Eigenschaften ist.

---

288 Im spätrepublikanischen und kaiserzeitlichen Haus treffen beide Aspekte aufeinander: Stand der Zeitmesser im Garten, so kann nebenan ein Mosaik mit der Darstellung des Aion verlegt sein, vgl. Zaccariu Ruggiu 2006, 50–54; vgl. hier Kapitel VII 6.

289 Gundel 1992, 74–89, die Entwicklung der bildlichen Darstellungen des ganzen Zodiakos stehen in Griechenland offenbar im Zusammenhang mit der Erfindung der Himmelsgloben im 3. Jh. v. Chr.

290 Zur Frage, wann Zodiakal- und wann Monatsnamen eingesetzt werden vgl. Gundel 1992, 55 f. und hier Kapitel V 3.2.

4.1 niedrige Aufstellung

Wird die niedrige stationäre Aufstellung einer Sonnenuhr angestrebt, also ihre Errichtung in einer Höhe von bis zu 0.90 m, so fällt die Wahl überwiegend auf horizontale Zifferblätter. Sie sind – entweder ebenerdig oder auf Tischhöhe installiert – von allen Seiten aus einsehbar. Damit das Zifferblatt zu keiner Zeit verschattet wird, erfordert seine Aufstellung ringsum einen großen Freiraum, so dass sie eher für den öffentlichen Raum und nur eingeschränkt für häusliche Kontexte geeignet ist. Dieses Merkmal verstärkt den besonders repräsentativen Charakter dieser Form der Aufstellung, die außerdem für die Dauer der Nutzung des Zeitmessers eine gelenkte Bebauung am Standort voraussetzt. Gleiches gilt für die vertikalen Tischuhren Delos 21 und Rom 6 als einer Sonderform dieser Gruppe, für die der repräsentative Anspruch der Aufstellung mit einer außergewöhnlichen technologischen Umsetzung verknüpft wird. Da die enge Verwandtschaft zwischen diesen beiden Zeitmessern wohl als Hinweis auf ihre gemeinsame Herkunft aus Delos zu verstehen ist, und sie sicherlich früher als die pompejianischen Horizontaluhren entstanden sind, scheinen sie eine bereits in hellenistischer Zeit entwickelte Aufstellungkonvention aufzugreifen.

Stärker noch als für die in Tischhöhe aufgestellten Sonnenuhren wirken sich diese Faktoren auf Zifferblätter in Bodenhöhe aus: Im Fall von Rom 3, Lambaesis 2 und Thamugadi 1 war die Fläche des Zifferblatts direkt betretbar. An ihnen konnte jeder Einwohner gleichermaßen die Zeit an zentraler Stelle der Stadt erfassen. Die verhältnismäßig kleinen Beischriften entlang der Skalen dieser Uhren verlangen, dass der Nutzer sich zum Ablesen der Zeit an den Ort der Schattenspitze begeben muss, so dass die Bewegung des Zeit-Schattens als eigene Bewegung im Raum unmittelbar erfahrbar wird: Alle drei Beispiele befinden sich auf öffentlichen Plätzen; nimmt in Rom der Meridian eine Fläche von 31 m^2 ein, so sind es in Thamugadi über 400 m^2. Die technologische Voraussetzungen dieser monumentalen Horizontaluhren unterscheidet sich nicht von den kleineren, so dass ihre besonders repräsentative Wirkung einzig eine Folge der Formatsteigerung und im Fall von Rom 3 außerdem der Materialwahl ist. Ort der Aufstellung, Dimensionierung und Wirkungsradius dieser Uhren lassen – wie für das Horologium des Augustus verbürgt – auch im Fall von Lambaesis 1 und Thamugadi 1 einen öffentlichen Auftraggeber vermuten.

Obwohl also bereits im 2. Jh. v. Chr. die mit der niedrigen Aufstellung verbundene repräsentative Wirkung eines Zeitmessers erkannt und umgesetzt wurde, verbreitet sich dieser Aufstellungsmodus im italischen Raum erst nach der Errichtung des Obelisken auf dem Marsfeld. Die hier gewählte Inszenierung wird v. a. um die Zeitenwende aufgegriffen und sowohl im Kleinen in Form von horizontalen Tischuhren als auch im Großen als Zeitmesser auf Platzanlagen umgesetzt.

Eine relativ geringe Aufstellungshöhe ist auch für die beiden kugelförmigen Zeitmesser – die Globen Matelica 1 und Prosymna 1 – vorauszusetzen. Obwohl der Aufstellungskontext beider Stücke unbekannt ist, ermöglicht einzig die Aufstellung innerhalb dieser Höhenkategorie das Ablesen aller Anzeigefunktionen.

Eine niedrige Einsatzhöhe verbindet auch alle Arten von Reiseuhren: Ihre ‚Aufstellung' entspricht ihrer Handhabung, indem der Besitzer sie an einem sonnigen Standort je nach technologischem Typus auf Hüft- oder Brusthöhe hält. Dieses Merkmal macht Reiseuhren besonders für den Einsatz außerhalb von Städten, in freiem Gelände geeignet.

Allen niedrig aufgestellten Zeitmessern ist gemein, dass sie undekoriert sind: Da die Uhr nur aus dem Zifferblatt besteht und weder Uhrenkörper noch Basis vorhanden sind, fehlen Flächen für dekorative Elemente. Das prägt den besonders funktional-technischen Charakter dieser Zeitmesser, der von der hohen Anzahl von funktionalen Beischriften entlang der Datumslinien verstärkt wird. Die Anzahl der am Prozess des Ablesens beteiligten Personen reicht innerhalb der Gruppe der niedrig aufgestellten Zeitmesser von einem Nutzer bis hin zu einer Menschenmenge.

Es ist sicherlich nicht zufällig, dass die Fundorte der Belege den entsprechenden Personenkreis in den Zentren der römischen Reichsaristokratie verorten. Treten zunächst Stücke auf, die mehreren Personen das gleichzeitige Ablesen erlauben, so engt sich das Feld derer gegen Ende des 3. Jhs. n. Chr. mit den Reiseuhren auf einen Nutzer ein.

4.2 Basen und Sockel

In der Regel wurden Zeitmesser so aufgestellt, dass sich der Schattenkreis einer Sonnenuhr bzw. die Anzeige einer Wasseruhr in Blickhöhe des Betrachters befindet, also zwischen 0.90 m und 1.70 m. Wieder entscheidet die funktionale Vorgabe, dass das Zifferblatt gut abzulesen sein soll, die Auswahl des technologischen Typus und Höhe seiner Aufstellung. Das trifft für die Mehrheit der Sonnenuhren mit konischem, sphärischem und v-vertikalem Zifferblatt sowie die Einlaufuhren mit mechanischen Komponenten zu. Die Aufstellung in Augenhöhe des Betrachters erlaubt es diesem, nah an das Instrument heranzutreten und die Zeit aus unmittelbarer Nähe abzulesen.

In der Tabelle wurden Beispiele zusammengestellt, die Rückschlüsse auf die ungefähre Aufstellungshöhe zulassen.[291]

Fundort	Typus	Höhe	Kontext	Datierung
Pergamon 1*	W Einl ~	H Basis für W: 48 cm	Agora	3./2. Jh. v. Chr.
Samos 1°	S kon	H Uhr 33 + H Sockel 139 = 172 cm	Agora	1. H. 2. Jh. v. Chr.
Priene 2°	W-Uhr	H Basis 91,5 + Sockel 29,5 = 121 cm	Theater	Mitte 2. Jh. v. Chr.
Pergamon 6	S kon	H Uhr mit Basis 78,5 cm	–	1. Jh. v. Chr.
Melos 2	S	H Kapitell mit Säule 77 cm	–	1. H. 1. Jh. n. Chr.
Aquileia 3	S sphäV	H Uhr 69,5 + Basis 44,5 = 101 cm	Nekropole	2. Jh. n. Chr.
Bettwiller 2	S sphä	H Uhr mit Basis ca. 80 cm	Spolie	2. Jh. n. Chr.
Pergamon 7	S kon	H Basis ca. 140 cm	–	kaiserzeitlich
Pautalia 1*	S v-vert	H Basis 51 cm	Forum	Ende 2./Anfang 3. Jh. n. Chr.
Sardis 1	S horiz	ca. 120 cm	Thermen-gymnasium	1. Drittel 3. Jh. n. Chr.

Abb. 46: Übersicht zur Aufstellungshöhe von Zeitmessern

Da nur selten Sonnenuhr und Sockel als ein Werkstück gearbeitet wurden – Ausnahmen sind beispielsweise Aquileia 5, 12 und Pergamon 2 – bzw. nicht gemeinsam überliefert sind, weist oft nur ein Zapfloch im Zentrum des Unterlagers darauf hin, dass sich unterhalb der Uhr ein weiterer Block anschloss. Im Regelfall besteht eine Sonnenuhr aus der Abfolge von Schattenkreis, Fuge und Basis, die häufig mit einer Standleiste abschließt. Darunter folgt als zweites Werkstück die Basis, die wiederum auf einem Sockel oder einer Standplatte aufliegt. Daraus folgt, dass Sonnenuhren sich in der Regel aus drei Werkstücken – Zeitmesser, Basis und Sockel – und einer leichten Fundamentierung zusammensetzen.[292] Weist eine Inschrift Stifter oder Anlass der Aufstellung aus, so befindet sich diese überwiegend im oberen Drittel des Sockels. Die Breite seines Oberlagers gibt die maximale Dimensionierung des Schattenkreises der Uhr vor.

Ausgestaltung und Proportionierung der drei Elemente von Uhr, Sockel und Basis entsprechen zeitspezifischen Vorlieben: Die etwa gleichzeitig in der Mitte des 2. Jhs. v. Chr. entstandenen Uhren Samos 1° und Priene 2° wurden jeweils auf einem schlichten hochrechteckigen (Marmor-)Schaft

291 Bei den drei oben genannten Beispielen ist diese unterste Zone jeweils nicht erhalten, so dass ihre Aufstellungshöhe jeweils höher liegen muss als die in der Tabelle angegebenen Maße.

292 Der Aufbau ist auch für andere hellenistische Objektgruppen geläufig, vgl. zur Entwicklung von Statuenbasen: I. Schmidt, Hellenistische Statuenbasen (Frankfurt am Main 1995) 43–59 zum Haupttypus der zusammengesetzten Quaderbasen, die auch zunehmend höher und schmaler proportioniert werden, vgl. ebenda 54 f. und M. Jacob-Felsch, Die Entwicklung der griechischen Statuenbasis und die Aufstellung der Statuen (Waldsassen 1969) 91–93.

aufgestellt, der im Fall der Wasseruhr mit Kopf- und Fussprofil endet. Den etwa 300 Jahre später entstandenen Sockel der Uhr Aquileia 3 bildet ein Kubus, dessen Vorder- und Seitenflächen dekoriert sind.

Auf die Gruppe der auf Basen und Sockeln aufgestellten Sonnenuhren wirkt sich erheblich die Entwicklung der Proportionierung von Schattenkreis und Uhrenkörper aus:[293] Füllt bei frühen Sonnenuhren – beispielsweise Athen 3 und Klaros 1° – der Schattenkreis etwa vier Fünftel der Blockhöhe und ist dieser zunächst annähernd als Kubus proportioniert, so nimmt die Größe des Zifferblatts in der Folgezeit kontinuierlich zugunsten von höherem Uhrenkörper und Basis ab – wie am Beispiel Milet 4° zu beobachten. Als eine Folge dieser Entwicklung wird nun ein hochrechteckiger Quader als Werkstein ausgewählt, aus dem zu annähernd gleichen Teilen Zifferblatt und Basis gearbeitet werden. Die Entwicklung mündet im Laufe des 2. Jhs. n. Chr. in Sonnenuhren, deren Zifferblatt nur noch das obere Drittel eines hochrechteckigen Schaftes einnimmt – beispielsweise An Brigantium 1, Durostorum 1, Herdade da Oliva 1, Kabyle 1, Pergamon 6, Rubi 1, Traianopolis 1. Die Verbreitung der entsprechenden Vertreter macht deutlich, dass diese Beobachtung keine regionale, sondern eine zeittypische Entwicklung widerspiegelt. Wurde zunächst die abweichende Funktion von Instrument und Ständer bzw. von Basis und Sockel in Form von separaten Werkstücken angezeigt, wird diese strukturelle Trennung mit der Zeit aufgehoben zugunsten einer ökonomischen Ausnutzung des Werksteins.[294]

4.3 Säulen, Pfeiler und Wandinstallationen

Zahlreiche Zeitmesser waren über Kopfhöhe, also höher als 1.70 m aufgestellt. Dies trifft auf alle Sonnenuhren zu, die dem Typus der sog. sphärischen Variante angehören: Ihre Zifferblätter erstrecken sich derart über die Fläche einer Teilkugel, die in einen Block eingetieft wurde, dass sie nur in deutlicher Unteransicht ablesbar sind – insbesondere die frühen und späten Stunden des lichthellen Tages sowie die Sonnenwendlinie wären sonst für den Betrachter nicht einsehbar. Auf die erhöhte Aufstellung dieser Uhren weist außerdem hin, dass ihre Flächen nur auf der Vorderseite bearbeitet sind. Trotz der zahlreichen Nekropolenbefunde konnte den Sonnenuhren der sphärischen Variante bislang kein einziger zugehöriger Untersatz zugeordnet werden. Da dieser Typus dort hergestellt wird, wo relativ weiche Gesteinsmaterialien verwendet werden – im nordadriatischen Raum, den Vesuvstädten und in Nordafrika – und in diesen Gebieten häufig Ziegelwerk eingesetzt wird, ist es wahrscheinlich, dass oft in der Art der neuzeitlichen Aufstellung des Stücks Aquileia 16 ein verputzter Ziegelpfeiler als Sockel diente. Eine Sonderform der in Augenhöhe positionierten Zeitmesser stellen die Sonnenuhren Pergamon 5, Ostia 6, Bettwiller 2 und Serdica 1 dar, deren Zifferblatt eine Figur stützt. Die annährend maßgleichen Stücke Pergamon 5 und Bettwiller 2 könnten ein Hinweis auf eine gemeinsame Vorlage sein.[295]

Dass es jedoch bereits im Hellenismus und dann häufiger in der Kaiserzeit üblich war, Sonnenuhren auf mehr oder minder hohen Säulen aufzustellen, belegt der Befund Delos 5 und Rom 6* ebenso wie eine Reihe von bildlichen Darstellungen:[296] In diesem Zusammenhang erlaubt die häufig attributive Verwendung der Uhren jedoch in der Regel keinen Rückschluß auf das reale Größenverhältnis zwischen Uhr und Säule. Eine Ausnahme könnte ein Friesabschnitt des Pulpitum im Theater von Sabratha sein: Hier zeigt die parataktische Reihung von mehreren gleichhohen Anti-

293 Vgl. hier S. 94.

294 Eine vergleichbare Aufhebung eingangs als getrennte Faktoren verstandener und als einzelne Werkstücke umgesetzter Elemente ist auch an anderen Materialgruppen zu beobachten, vgl. zur Entwicklung des Kapitells U.-W. Gans, Korinthisierende Kapitelle der römischen Kaiserzeit (Köln 1992) 22–34.

295 Zum Motiv vgl. hier S. 100.

296 Zu diesen zählt die Sonnenuhr im Hintergrund des sog. Philosophenmosaiks aus Pompeji wie die auf einem hochkaiserzeitlichen Sarkophag aus Rom, vgl. hier Anm. 684 und 713.

Abb. 47: Darstellung einer sphärischen Sonnenuhr auf ionischer Säule am Pulpitumfries im Theater von Sabratha

quaria, dass zwar die realen Größenverhältnisse zwischen Schriftpult, Ablage und Sonnenuhr nicht berücksichtigt worden sind, doch ihre jeweilige Proportionierung im Relief stimmig dargestellt wurde. Das Bild der Sonnenuhr ist bis zum unteren Drittel des Schattenkreises erhalten, die Partie oberhalb des hier verlaufenden horizontalen Bruches wurde am Stein in Gips zu einer kreisrunden

Form ergänzt. Ob ein Zeitmesser des sphärischen Typus oder aufgrund des nach oben hin stärker aus dem Bruchschatten auf der linken Seite heraustretenden Zifferblatts eher ein Instrument der sphärischen Variante gemeint war, erlaubt der Erhaltungszustand nicht mit letzter Sicherheit zu entscheiden. Diese 84 cm hohe Darstellung einer Sonnenuhr auf einer ionischen Säule setzt sich aus Sockel, Basis, Schaft und Kapitell zusammen, wobei die Uhr etwa ein Viertel der Gesamthöhe einnimmt.[297] Auf die besonders im italischen Raum lange Tradition von Zeitmessern auf Säulen weist auch Plinius nat. 7, 214 hin, wenn er von der 262 v. Chr. auf dem Forum aufgestellten Sonnenuhr als *secundum rostra in columna* berichtet.[298]

Eine zweite Art der Aufstellung wird u. a. von Karthago 1 überliefert, bei der ein angearbeiteter Keil auf der Rückseite darauf hinweist, dass die Uhr in eine Wand eingezapft war. Auch für andere Typen von Sonnenuhren war diese Variante der erhöhten Aufstellung durchaus üblich, wie entsprechende Vorrichtungen an Pergamon 2, Herculaneum 1 und Milet 1, aber auch die geringe Tiefe einiger Uhren erkennen lassen.[299] Indem Sonnenuhren in die Fassadengestaltung integriert werden, wird offenbar ein an vertikalen Zifferblättern erprobter Modus aufgegriffen, der mehreren Personen gleichzeitig das Ablesen der Zeit ermöglicht welcher und der Verschattung des Zifferblatts vorbeugt. Treten spätestens zur Mitte des 2. Jhs. v. Chr. mit Athen 4° und Praeneste 1 die ersten vertikalen Uhren im Befund auf, so werden andere Uhrentypen bereits im frühen 2. Jh. v. Chr. erhöht aufgestellt. Letztlich wird diese Aufstellung auch schon mit Athen 3 praktiziert. Auf diese Weise den Kreis der Betrachter zu erweitern, ist eine Lösung, die schon im ausgehenden 4. Jh. v. Chr. für Auslaufuhren gewählt wurde: So wird in der Inschrift Iasos 1* bestimmt, dass die Wasseruhr in 7 Fuss Höhe, also in einer Höhe von 1.80 m, und somit über den Köpfen der Teilnehmer der Versammlung positioniert werden sollte.

Warum welche Form der erhöhten Aufstellung für Zeitmesser im jeweiligen räumlichen Kontext gewählt wurde, ist nicht zu ermitteln; welche Varianten in Form von Säulen und Pfeilern gebräuchlich waren, deutet jedoch das Spektrum der unten aufgeführten Lösungen an:

Fundort	Aufstellung	Höhe	Kontext	Datierung
Iasos 1*	–	in 7 Fuss Höhe = 182 cm	Ekklesia	330–325 v. Chr.
Athen 3	in Felsbettung	ca. 20 m über Orchestra	Theater	letztes D. 3. Jh. v. Chr.
Delos 5, 6	ὡρολόγιον ἐπὶ κιονίου	dor. Kapitell B 45 cm	Gymnasion	vor 156/55 v. Chr.
Ephesos 1	groß, Pfeileransatz	97,7 cm (erhalten)	–	2. Jh. v. Chr.
Keramos 1*	Säule (Inschriftenträger)	Säule W 69 cm Dm 60 cm	Nekropole	hellenistisch
Rom 6*	columellam sub horologio Tiburtina(m) |	–	Nekropole ?	nach 16 n. Chr.
Melos 2*	Säule (Inschriftenträger)	68 cm (Säulenfragment)	öffentlich	1. H. 1. Jh. n. Chr.
Palmyra 2	Säule, S angearbeitet	Höhe Uhr ca. 300 cm	Portikus, öffentlich	64 n. Chr.
Pompeji 34	Säule (Inschriftenträger)	–	Forum	vor 79 n. Chr.

297 Umgerechnet auf die Breite einer durchschnittlichen Sonnenuhr von 29 cm läge die Oberkante des Schattenkreises auf einer Höhe von ca. 140 cm, also in Augenhöhe des Betrachters.

298 Mit Bezug auf dieselbe Uhr formuliert Cens. 23: *ad rostra in columna*.

299 Dazu zählen Aquileia 2. 13, Athen 21. 24, Compsa 1, Delos 12. 15, Eretria 1, Patras 1, Pompeji 29, Side 2, Velitrae 1 und Fundort unbekannt 6. Jeweils liegt der Schwerpunkt der Uhr im Verhältnis zu ihrer geringen Tiefe so weit vorn, dass nur im architektonischen Verbund eine stabile Aufstellung möglich ist. Die Rückseiten dieser Sonnenuhren sind durchwegs unbearbeitet.

Fundort	Aufstellung	Höhe	Kontext	Datierung
Keramos 2*	κίονα καὶ τὸ ἐπ'αὐτοῦ ὡρολόγιον	–	öffentlich	1. D. 2. Jh. n. Chr.
Nikopolis 1*	τὸ ὡρολόγιον καὶ τὸν κείονα καὶ τὴν βάσιν Säule (Inschriftenträger)	170 cm (Säulenfragment)	Heiligtum	1. H. 2. Jh. n. Chr.
Aphrodisias 3°	groß, Pfeileransatz	58 cm (erhalten)	öffentlich	196–198 n. Chr.
Rabat 1	Säule (Uhrenbasis)	–	–	kaiserzeitlich

Abb. 48: Varianten der Aufstellungshöhe von Zeitmessern

Abgesehen von den großen Vertikaluhren wie Athen 4° und Praeneste 1 wurden Zeitmesser nur relativ selten in mehr als 2 m Höhe aufgestellt, offenbar, weil im Verhältnis zur beschränkten Größe des Zifferblatts ansonsten die Lesbarkeit eingeschränkt wurde. Die Tabelle listet mehrere Beispiele für die Aufstellung von Sonnenuhren auf Säulen; obwohl deren Höhe oft nicht präzise bestimmt werden kann, zeigen die Maße der erhaltenen Partien von Delos 5, 6, Keramos 1* und Melos 2*, dass es sich wohl oft um etwa mannshohe Ständer handelt. Mit Athen 3, Palmyra 2 und Nikopolis 1* begegnen jedoch auch einzelne deutlich höher aufgestellte Zeitmesser. Damit gehören Sonnenuhren zu den antiken Medien, die abgesehen von Architektur überhaupt diese Höhendimension erschließen: Der Blick des Betrachters wird weg vom alltäglichen Blickfeld der horizontalen Sehachse nach oben gelenkt. Diese Form der exponierten Aufstellung wird beispielsweise für Säulenmonumente oder Großplastik dann gewählt, wenn ein Objekt besonders repräsentativ inszeniert werden soll[300] und hat zur Folge, dass der Himmel den Hintergrund für das Objekt bildet. Wird diese Wirkung für bestimmte thematische Zusammenhänge bewusst in die Konzeption einbezogen,[301] so könnte er auch zu der sehr hohen Positionierung mancher Uhren geführt haben, die dem Betrachter Bild und Abbild astronomischer Gesetzmäßigkeiten vor Augen führte.

5 Werkstattfragen

Vor dem Hintergrund des typologischen und formalen Spektrums der Zeitmesser wird nun deutlich, dass einige Instrumente einander so ähnlich sehen, dass ein Werkstattzusammenhang wahrscheinlich ist.[302] So lassen sich Instrumente dann einer Werkstatt zuordnen, wenn sie – trotz möglicher geringfügiger Abweichungen – grundsätzlich mehrere der Kriterien von Fundort, mathematischem Kenntnisstand, verwendetem Material, Aufbau, Proportionierung und Auswahl der Dekorelemente teilen:[303]

---

300 Zu hellenistischen Säulenmonumenten mit weiterer Literatur D. Wannagat, Säule und Kontext (München 1995) 34 f.

301 Vgl. u. a. die wahrscheinlich im 2. Jh. n. Chr. entstandene Sonnenuhr in Form eines Adlers mit ausgebreiteten Schwingen, hier S. 142.

302 Für Gerät wurden Werkstattfragen bislang selten gestellt – offenbar, weil in der Forschung stillschweigend von einem hohen Grad der Seriation ausgegangen wird. Diese Voraussetzung trifft aber nur dann zu, wenn das Gerät seine Funktion im Gebinde erfüllt. Ob sich dahinter nicht vielmehr ein neuzeitliches Verständnis verbirgt und ob dieses überhaupt für antikes Gerät zutrifft, wäre zu prüfen – auf antike Zeitmesser sind diese Mechanismen nicht übertragbar. Für andere Objektgruppen wurde mehrfach versucht, die Relationen unter ähnlichen Stücken konzeptionell zu erfassen, vgl. stellvertretend: K. Junker – A. Stähli (Hrsg.), Original und Kopie: Formen und Konzepte der Nachahmung in der antiken Kunst. Akten des Kolloquiums in Berlin, 17.-19. Februar 2005 (Wiesbaden 2008) 22–58.

303 Im Katalog kennzeichnet die Werkstattbeziehung unter Stücken die Angabe eines ^ in der zugehörigen Kopfzeile.

Werkstatt	zugehörige Beispiele	gemeinsame Elemente	Datierung
Athen/Tenos	Athen 4°, Tenos 1°	lit. Überlieferung zu Andronikos, Material, math. Kenntnisse, Kombination mehrerer Zifferblätter	2. Hälfte 2. Jh. v. Chr.
Delos vertikal	Delos 21, Rom 6	Material, math. Kenntnisse, Proportionierung, Aufbau	Anfang 1. Jh. v. Chr.
Paros	Paros 2, 3	Material, math. Kenntnisse, Proportionierung, Aufbau	1. Jh. v. Chr.
Pompeji horizontal	Pompeji 8–11	Material, math. Kenntnise, Proportionierung, Aufbau	frühaugusteisch
Pompeji/Riano/Todi	Pompeji 29, 30, 32, 36, Riano 1; Todi 1	Material, math. Kenntnisse, Proportionierung, Aufbau, Dekoration (Zwickelrossetten, Winkel)	vor 79 n. Chr.
Pompeji Ranken	Pompeji 31, 33	Material, math. Kenntnisse, Proportionierung, Aufbau, Dekoration (Ranken)	vor 79 n. Chr.
Aquileia	Aquileia 6, 15, 616	Material, math. Kenntnisse, Proportionierung, Aufbau	2. Jh. n. Chr.
Aphrodisias	Aphrodisias 1,3°, 5	Material, math. Kenntnisse, Proportionierung, Aufbau	Ende 2. Jh. n. Chr.
Sparta	Sparta 1, 2, 3	Material, Thematik der Dekoration	unterschiedlich
! Athen, Agora	Athen 9, 12, 13, 14, 15	Fundort: Athener Agora, Spolie	1. Jh. v. Chr. !

Abb. 49: Übersicht der Werkstattbeziehungen unter Sonnenuhren

Die beiden parischen Stücke sind kaum zu unterscheiden: Beide wurden nicht nur aus demselben Material gearbeitet und gehören demselben technologischen Typus an, sondern sind auch in Abmessungen und Proportionierung nahezu identisch. Aufgrund dieser Merkmale schließen sich auch die Gruppen Delos vertikal, Pompeji/Riano/Todi, Pompeji Ranken, Pompeji horizontal, Aquileia und Aphrodisias zusammen.

Während in diesen Gruppen vorrangig die übereinstimmende handwerkliche Ausführung für einen gemeinsamen Ursprung spricht, legt für die Gruppe Athen-Tenos die Kombination von literarischer und epigraphischer Überlieferung einen Konstrukteur nahe: Varro benennt einen Andronikos aus Kyrrhos als Verantwortlichen für die Errichtung des Turmes der Winde und offensichtlich wird dieselbe Person im Epigramm der Sonnenuhr Tenos 1° geehrt. Obwohl diese ursprünglich wohl hellenistischen Tradition die an der Aufstellung beteiligten Personen namentlich auszuweisen mehrfach belegt ist und ihr hier an anderer Stelle nachgegangen werden soll,[304] sind nur im Fall der Gruppe Athen-Tenos zwei Arbeiten desselben Konstrukteurs bekannt, so dass es möglich wäre, die gemeinsamen Konstruktionsprinzipien dieser Gruppe zu ermitteln. Die räumliche Entfernung der Aufstellungsorte sowie die deutlich abweichenden handwerklichen Anforderungen, die während der Ausführung einer Architektur wie dem Turm der Winde und der monolithen Doppeluhr aus Tenos entstehen, machen es hingegen unwahrscheinlich, dass sie von derselben Werkstatt ausgeführt worden sind.

Wie viel Vorsicht bei der Zusammenführung von Sonnenuhren zu Werkstattgruppen geboten ist, zeigt die „Werkstatt" der Athener Agora: In verschiedenen Publikationen wird auf diese Stücke als Beispiel für eine auf der Agora angesiedelte Werkstatt hingewiesen.[305] Schon Schaldach kam

304 Vgl. hier Kapitel VII 3.
305 So auch Gibbs 1976, 89 f.

im Rahmen seiner mathematischen Analyse dieser Stücke, die zudem über einen weiten Zeitraum hinweg entstanden, zu dem Schluss, dass ihre Entstehung in einer Werkstatt ausgeschlossen ist.[306] Diese Einschätzung bestätigen ihre abweichenden Typen, Dekorformen und Materialien. Die einzige Gemeinsamkeit aller Stücke dieser Gruppe besteht in ihrer flüchtigen Zurichtung als unregelmäßige Blöcke, die eine Folge ihrer sekundären Nutzung in einem der spätantiken Spolienbauten der Athener Agora ist.

Dass im Rahmen der vorliegenden Materialerfassung überhaupt für einige städtische Zentren Werkstattzusammenhänge greifbar werden, zeigt zum Einen erneut, dass kein breit gefächertes Formvokabular für Zeitmesser entwickelt wurde und zum Anderen, dass offenbar von verhältnismäßig vielen Produktionsorten auszugehen ist. Nur in den regionalen städtischen Zentren lohnte es sich für einen Steinmetzen Uhren seriell herzustellen, so dass diese im regionalen Umkreis seiner Werkstatt im archäologischen Befund erscheinen und als Gruppe überhaupt erkannt werden können. In der Regel wurden Sonnenuhren wohl in lokalen Werkstätten gearbeitet, die auch andere Gebrauchsgegenstände und Architekturteile herstellten, wie die enge Verwandtschaft der für Uhren gewählten Schmuckformen mit Möbel- und Baudekor erkennen lassen.

Das enge technologische Spektrum unter jenen Stücken, die in kaiserzeitlichen Werkstätten entstanden, macht deutlich, dass im Regelfall Zeitmesser nicht für jeden Auftrag individuell berechnet und konstruiert wurden. Stattdessen wird offensichtlich auf Vorlagen zurückgegriffen und diese anschließend vor Ort vervielfältigt und ästhetisch variiert. Ein anderes Vorgehen legt das hellenistische Beispiel Paros 1 nahe: Obwohl für das auf eine Marmorplatte geritzte Messnetz bislang noch keine mathematische Analyse vorgelegt wurde, macht die Ausführung und Anlage der Linien wie das Fehlen des Gnomons deutlich, dass es sich um das frühe Produktionsstadium eines Zifferblattes handelt. Diese Vorzeichnung wurde aber im Verhältnis zum gewählten Block zu groß angelegt und wohl deshalb nicht weiter ausgeführt. Könnte diese Arbeit im 2. Jh. v. Chr. entstanden sein – also noch in der Frühphase der Herstellung von Zeitmessgeräten im ägäischen Raum – so wird hier die Unsicherheit in der Umsetzung der erforderlichen Kenntnisse deutlich. Doch auch wesentlich später entstandene Beispiele weisen darauf hin, dass die Schritte von Berechnung und Herstellung von Uhren weiterhin getrennt waren:

Die große Horizontaluhr, die Teilbereiche der monolithen Tischplatte im Circus von Aquileia bedeckt – hier Aquileia 14 –, wurde für den Breitengrad von Ravenna berechnet. Selbst ein derart prominent positioniertes Instrument, für das sicherlich ein öffentlicher Auftrag erteilt wurde, ging also seit seiner Aufstellung falsch.[307] Das Stück ist innerhalb des Befundes von Aquileia die einzige Horizontaluhr, während andere Typen hier mehrfach belegt sind. Dieser und der Befund anderer kaiserzeitlicher Sonnenuhren wie Abu Mina 1, die für Alexandria gearbeitet wurde, lässt schlussfolgern, dass es an manchen Orten zumindest für einen Typus korrekt berechnete Vorlagen gab, auf die auch in der Umgebung zurückgegriffen wurde. Dabei musste sich der Auftraggeber entweder mit dem Typenspektrum zufrieden geben, das als Vorlage greifbar war, oder auf die Kenntnisse des lokalen Steinmetzen vertrauen – eine geringe Ganggenauigkeit wurde im einen wie im anderen Fall offenbar hingenommen. Von der Übertragung der Grundmaße von Vorlagen auf die Sonnenuhr zeugen auch verschiedentlich bezeugte Konstruktionsmarken: Zwar wurden diese wohl meistens in einem abschließenden Arbeitsgang entfernt, sind aber beispielsweise an den Stücken Abu Mina 1, Aphrodisias 4, Isthmia 1, Palmyra 3 und Samos 3 gut erkennbar. Sie legen häufig die Lage des

306 Schaldach 2006, 107–109.
307 Diente auf Paros als Vorlage die Konstruktionszeichnung auf einer Marmorplatte und ist keine weitere solche Zeichnung aus späterer Zeit erhalten, so könnte dies auf die Nutzung anderer Materialien zu diesem Zweck hinweisen. Die Verwendung von Lineal und Zirkel für Konstruktionslinien in der Architektur ist für das frühe 3. Jh. v. Chr. belegt, vgl. B. Weber, Die römischen Heroa von Milet. Milet I. 10 (Berlin 2004) 17 mit Anm. 92.
Die Abweichungen, die sich aus der Nutzung einer für Ravenna erstellten Berechnung ergaben, scheinen in Aquileia nicht gestört zu haben, denn dort war das Stück bis zur Aufgabe des dortigen Circus unkorrigiert an seinem Platz.

Schattenkreises und die Achse des Meridians fest, Maße, die theoretisch von einer zweidimensionalen Vorlage hätten übertragen werden können.

Diese Beispiele machen deutlich, dass für die Mehrheit aller Zeitmesser davon auszugehen ist, dass Konstrukteur und Produzent verschiedene Personen waren.[308] Mit Ausnahme der früh- und hochhellenistischen Stücke, hier die Gruppe Athen-Tenos, stellt sich eine ‚Meisterfrage', in diesem Fall die der Zuordnung einer Sonnenuhr an einen Astronomen, in der Regel nicht. Stattdessen ist von einer weitgehend seriellen Umsetzung nach einem einmalig berechneten Urtypus auszugehen.[309] Die Gruppenzugehörigkeit zeigt stilistische Tendenzen an, die Informationen über den produktionstechnischen Umgang mit Zeitmessern als einem Objekt unter zahlreichen anderen liefern und chronologische Rückschlüsse erlauben. Nur im Ausnahmefall liefern Werkstattfragen für Zeitmesser Hinweise auf den technologischen Kenntnisstand des Konstrukteurs.

Darüber hinaus ist aufschlussreich, dass Werkstattgruppen im Befund zunächst punktuell in der zweiten Hälfte des 2. Jhs. v. Chr., dann mehrfach seit dem ausgehenden 1. Jh. v. Chr. überhaupt zu erkennen sind. Erst seit dieser Zeit wurden also offensichtlich Sonnenuhren seriell hergestellt, so dass es sich zunehmend für einzelne Werkstätten lohnte, sich auf diese Produkte zu spezialisieren. Erst jetzt wird der Zeitmesser ein Medium, das in höheren Quantitäten gefragt wird. Ohne an dieser Stelle anschließenden Diskussionen um die Ursachen für diese Beobachtung vorzugreifen, zeigt sich hier erstmals, dass in dieser Zeit die zunehmende Seriation und damit einhergehend die funktionale ‚Profanisierung' von Sonnenuhren einsetzt.[310]

---

308 Vgl. Kapitel VIII 2.

309 Die Notwendigkeit eine Zeichnung anzufertigen, auf deren Grundlage dann das kleine Modell erstellt wird, das anschließend im Großen umgesetzt wird, führt Philon für mechanische Objekte aus, vgl. H. Diels – E. Schramm (Hrsg.), Philons Belopoiika. Mechanik Buch IV/V (Leipzig 1970) 18 Absatz 13 bzw. 14 Absatz 9.

310 Vgl. hier Kapitel VI 6 und VI 7.

IV Zeitmesser in der schriftlichen Überlieferung

Um die Schriftquellen in die Untersuchung einzubeziehen, ist die Frage grundlegend wie Zeitmesser im antiken Sprachgebrauch benannt worden sind. Deshalb wurden die für Zeitmesser in den Inschriften verwendeten Termini zusammengestellt und deren jeweiliges Bedeutungsspektrum zu ermitteln.[311] Auf welche Qualität eines Zeitmessers bezieht sich der benutzte Ausdruck, spielt er auf den technologischen Typus, die Form oder das Spektrum der zeitfunktionalen Anzeige an? Den epigraphisch überlieferten Begriffen wird der entsprechende Wortgebrauch in anderen Textgattungen unmittelbar angeschlossen, um weitere Informationen einbeziehen zu können bzw. Abweichungen im Sprachgebrauch aufzuspüren. Da einige der griechischen Ausdrücke in den lateinischen Wortschatz eingehen, werden die äquivalenten griechischen und lateinischen Termini gemeinsam behandelt. Ihre Verteilung folgt den üblichen Sprachgrenzen, so dass bis in hochhellenistische Zeit der griechischsprachige Anteil der Zeugnisse überwiegt, während er in der Folgezeit auf Griechenland und die östlich anschließenden Gebiete begrenzt ist.

Außer jenen Schriftzeugnissen, in denen Zeitmesser beiläufig in unterschiedlichen Zusammenhängen Erwähnung finden, bilden vier kaiserzeitliche Texte einen inhaltlichen Schwerpunkt der Überlieferung von Zeitmessern; für diese wird zu prüfen sein, mit welcher Aussageabsicht die Instrumente dort behandelt werden bzw. in welchem Verhältnis die Schriften zur weitgehend verlorenen Fachliteratur stehen: Grundlegend in diesem Zusammenhang ist das IX. Buch von Vitruvs *De Architectura*, in das er das Konstruktionsprinzip einer Sonnenuhr sowie die Auflistung verschiedener Uhrentypen einbindet. Außerdem erwähnt er in seinen Ausführungen zu Wasseruhren relativ detailliert einzelne Bauteile und deren konstruktive Zusammenhänge. Die Beurteilung von Vitruvs Zielsetzung bzw. seines quellengeschichtlichen Stellenwerts ist Voraussetzung für die Berücksichtigung seiner Aussagen in der weiteren Argumentation.

Außerdem werden Wasseruhren in mehreren arabischen Handschriften beschrieben, die auf Texte des Archimedes von Syrakus bzw. Philon von Byzanz zurückgehen, und in denen verschiedene Entwicklungsstadien von Wasseruhren überliefert werden.

Nur kurz wird an dieser Stelle auf die von Plinius überlieferte Geschichte der Uhren Roms einzugehen sein, die detailliert in Kapitel VIII zur Rekonstruktion der stadtrömischen Verhältnisse herangezogen wird.

311 Das epigraphische Material wurde folgendermaßen erfasst: Im Laufe der Bearbeitung des Themas wurde deutlich, dass zahlreiche Zeitmesser als Träger von Stiftungsinschriften dienen. Während der Text Eingang in die epigraphischen Corpora fand, fehlten häufig die Angaben zum Schriftträger, so dass die archäologische und epigraphische Dokumentation des Materials oft erst zusammengeführt werden musste. Deshalb wurde begonnen, systematisch nach Inschriften zu suchen. Dafür wurde aus Zeitgründen vorrangig auf elektronisch verfügbare Datenbanken zurückgegriffen, also für die griechischen Inschriften auf http://epigraphy.packhum.org/inscriptions/ und die lateinischen auf http://compute-in.ku-eichstaett.de:8888/pls/epigr/epigraphik_de bzw. http://www.epigraphische-datenbank-heidelberg.de/ (jeweils zuletzt gesichtet am 1.10.2012). Darüber hinaus wurden in größerem Umfang die Inschriftenbände von Grabungspublikationsreihen berücksichtigt, sowie vollständig die Reihen Forma Italiae, Inschriften griechischer Städte aus Kleinasien, sowie die Bände des SEG und die AE durchgesehen, so dass das epigraphische Material sicherlich nicht vollständig, aber in einer repräsentativen Auswahl erfasst wurde. Zur Notwendigkeit der gemeinsamen Betrachtung von Inschrift und Schriftträger u. a.: R. Haensch, Einleitung, in: ders. (Hrsg.), Selbstdarstellung und Kommunikation. Die Veröffentlichung staatlicher Urkunden auf Stein und Bronze in der Römischen Welt. Kongress München 2006 (München 2009) 4–8.
Den antiken Sprachgebrauch für die archäologischen Medien zu prüfen, wurde u. a. angeregt durch die Arbeit von M.-Ch. Hellmann, Recherches sur le vocabulaire de l'architecture grècque, d'après les inscriptions de Délos (Athen 1992) bes. 15–22, an der sich hier das weitere Vorgehen orientiert, vgl. auch die Rezension von M. Brunet, REA 96, 1994, 661–663.

In enger Abhängigkeit zu Vitruv entstand das Kapitel über die antiken Zeitmesser des Cetius Faventinus in seiner Schrift *De diversis fabricis architectonicae*[312] aus dem 3. Jh. n. Chr., so dass anhand dessen der Grad der hochkaiserzeitlichen Rezeption von Vitruvs Ausführungen erkennbar werden.

Eine Vorstellung von der Bedeutung von Zeitmessern in der Spätantike und im frühen Byzanz geben die vor 529 n. Chr. entstandenen Ausführungen des Prokopios von Gaza zur Uhr seiner Heimatstadt und eine Nachricht des Niketas Choniates über eine Sonnenuhr in Konstantinopel.

In einem letzten Schritt werden die Informationen aus archäologischen, epigraphischen und literarischen Quellen zusammengeführt, um eine Entwicklungsgeschichte der Zeitmesser zu rekonstruieren. Aufbauend auf früheren Überlegungen wird zu entscheiden sein, seit wann die konzeptuelle Systematisierung der Zeitmesser im Medium Sprache vollzogen wird und wie diese zeitlich zur Ausbildung der im Bestand greifbaren technologischen Typen steht.

1 Terminologische Zuordnung

Etwa 15 Prozent der Zeugnisse, die in den Katalog aufgenommen wurden, benennen einen Zeitmesser:[313] Diese Inschriften verteilen sich formal auf zwei Kategorien, indem entweder ein separat gearbeiteter Werkstein oder die Uhr selbst als Träger dient. Die abweichende Befundsituation wird anhand der Katalognummer kenntlich gemacht, indem Inschriftenblöcke mit einem * und die nur selten beschrifteten Uhren mit einem ° ausgewiesen werden.[314] Während im letzteren Fall die Verbindung von Objekt und Inschrift die eindeutige Zuordnung von Zeitmesser und Begriff sichert, lassen sich auch den separat gearbeiteten Inschriftensteinen häufig Aussagen zur Art des Zeitmessers ableiten.[315] Die epigraphischen Belege werden in chronologischer Folge jeweils vor der anschließenden Diskussion tabellarisch aufgelistet.

Einen Sonderfall bilden die hieroglyphischen Inschriften jener Wasseruhren, die in der ägyptischen Tradition stehen, da auf ihnen nie das Instrument selbst benannt wird, so dass sie nicht zu der hier verfolgten Fragestellung beitragen können.[316] Gleiches gilt für die nur vereinzelt bekannten Stiftungen in lokalen Sprachen und Dialekten des untersuchten geographischen Raumes, die nur aufgrund ihrer Positionierung auf einem Zeitmesser diesem zugeordnet werden können.[317]

---

312 M.-T. Cam, Cetius Faventinus. Documentation bibliographique, lexicale et grammaticale (Hildesheim 2002) passim.

313 Es handelt sich um 71 der 480 Zeugnisse.

314 Im Gegensatz zu den recht häufigen Beischriften, die spezielle Zeitfunktionen der Zifferblätter ausweisen, sind Inschriften auf Zeitmessern nur von sechs Exemplaren bekannt: Teanum Apulum 1°, Kos 4°, Helvia Ricina 1°, Mylasa 1°, Oropos 2° und Milet 3°.

315 So gibt das Zeichen ~ an, dass der Typus des Zeitmessers aus der Summe der vorliegenden Informationen erschlossen wurde.

316 Vgl. Hölbl 1986 und hier Kapitel II 1.1.1.

317 Dazu zählen die im Folgenden aufgeführten Inschriften; ihnen gemein ist, dass meistens der Stifter und Anlass der Stiftung ausgewiesen werden, aber nicht das Instrument selbst benannt wird: Mevania 1° (umbrisch), Dmeir 1° und Hegra 1° (nabatäisch), Leptis Magna 1° und Oum el Ahmed 1° (neopunisch), Pompeji 1° (oskisch).

1.1 γνώμον

Nur vier epigraphische Zeugnisse, die sich auf den Zeitraum von der Mitte des 4. Jhs. v. Chr. bis in das 2. Jh. n. Chr. verteilen, belegen den Begriff γνώμον:

Fundort	Aufbewahrungsort	Art der I	Begriff	Typus	Kontext	Datierung
Oropos 2°	Piräus, Arch. Mus. 235	Lehrgedicht	γνώμον	S äqui	Heiligtum	350–322 v. Chr.
Samothrake 2*	IG XII 8 240	Stiftung; Lehrgedicht; Hersteller	γνώμον	S ~	Heiligtum ~	frühes 2. Jh. v. Chr.
Amastris 1*	–	Lehrgedicht	γνώμον	S ~	öffentlich	2. Jh. v. Chr.
Oinoanda 1*	SGO 17/06/07	Grabinschrift	γνώμον	S	Nekropole ?	2. Jh. n. Chr.

Abb. 50: Epigraphische Zeugnisse zum Begriff γνώμον

Bereits die Formulierung *τοῦ ἐγγὺς τοῦ γνώμονος ἡ σκιά πορεύηται* des frühesten epigraphischen Belegs, des Epigramms auf der großen Äquatorialuhr im Amphiareion von Oropos aus der Mitte des 4. Jhs. v. Chr., versteht Gnomon als den Schattenzeiger einer Sonnenuhr. Dieselbe Wortbedeutung wird von *τοῦ γνώμονος ἡ σκιὰ* im Lehrgedicht Samothrake 2* bzw. als *ὁ πρὸς ὀρθὰς ἀνατείνων γνώμων λόγον ἔχει* umschrieben. Obwohl die Grabinschrift Oinoanda 1* in der entsprechenden Passage unvollständig ist, wird an diesem Text des 2. Jhs. n. Chr. deutlich, dass Gnomon nun als pars pro toto für Sonnenuhr steht.

πόλον μὲν γὰρ καὶ γνώμονα καὶ τὰ δυώδεκα μέρεα τῆς ἡμέρης παρὰ Βαβυλωνίων ἔμαθον οἱ Ἕλληνες überliefert Herodot II 109. Dieser früheste Beleg[318] des Begriffs verweist auf die Übernahme der mit Polos und Gnomon sowie der Zwölfteilung des Tages verbundenen Kenntnisse aus Babylonien. Während die Babylonier den Volltag, also Tag und Nacht, in zwölf, als beru bezeichnete Einheiten teilten, wurde die Zwölfteilung des lichthellen Tages bzw. der Nacht in Ägypten entwickelt.[319] Außerdem macht die sprachliche Form der Aufzählung in der Passage deutlich, dass es sich bei Polos und Gnomon um zwei verschiedene Elemente handeln muss. Die Deutung des Begriffs Gnomon als Schattenstab ist in der Forschung unumstritten, weil sein Einsatz sich gut mit assyrischen Texten wie dem MUL.APIN verbinden lässt, der in einer Kopie des 7. Jhs. v. Chr. erhalten ist und u. a. Listen von Schattenlängen überliefert.[320] Nach van der Waerden bauen diese Listen mit Schattenlängen auf gleichlangen Stunden auf, die wohl auch mit Herodots Nachricht zu verbinden sind.[321] Problematisch ist hingegen das Verständnis des Ausdrucks Polos:[322] Während

318 Zur zeitlichen Einordnung des Geschichtswerks vgl. R. Bichler – R. Rollinger, Herodot ^{2}(Hildesheim 2001) 155–157.
319 Hannah 2008, 749.
320 Zum Inhalt und zur Datierung der erhaltenen Fragmente des MUL.APIN, dessen älteste von 40 bekannten Kopien aus dem Jahr 687 v. Chr. stammt und der bis ins 3. Jh. v. Chr. vervielfältigt wurde, vgl. J. H. Rogers, Origins of the Ancient Constellations: The Mesopotamian Traditions, Journal of the British Astronomical Association 108, 1998, 9–28; B. E. Schaefer, The Origin of the Greek Constellations, Scientific American 295.5, 2006, 96–101: Die Mehrheit der Beobachtungen des MUL.APIN wurde in der Nähe von Assur im Zeitraum von 1200–1000 v. Chr. vermerkt. Während von Homer und Hesiod nur die wichtigsten Sternbilder erwähnt werden, lassen sich weitgehende Überschneidungen zwischen in babylonischen und griechischen Texten genannten Sternbildern für die Zeit seit 500 v. Chr. nachweisen. Sicher auf den MUL.APIN griff Eudoxos für sein 336 v. Chr. fertiggestelltes Werk zurück, vgl. H. Hunger – D. Pingree, Astral Sciences in Mesopotamia (New York 1999), welche die Einführung des babylonischen Zodiakus, also der Zwölfteilung des Jahres nach den Tierkreiszeichen, in die Wende vom 5. zum 4. Jh. v. Chr. ansetzen.
321 B. van der Waerden, Die Anfänge der Astronomie. Erwachende Wissenschaft II (Groningen 1973) 80–83; zusammenfassend zu den weiteren vorgeschlagenen Lesarten der Listen Schaldach 2006, 7–10, der die Angaben auch auf gleichlange Stunden bezieht.
322 Zu den Unsicherheiten der Interpretation vgl. Diels 1920, 157: „Wie sich der Gnomon vom Polos, die beide Sonnen-

frühere Forscher ihn häufig als kugelförmige Projektionsfläche des Zeigerschattens verstanden,[323] wies Schaldach in der Folge von Turner zutreffend darauf hin, dass weder in Babylonien ein kugelförmiges Weltbild verbreitet war noch die Griechen vor den Erkenntnissen des Eudoxos im 4. Jh. v. Chr. Berechungen an der Himmelssphäre kannten.[324] Herodots sprachliche Reihung von Polos, Gnomon und Zwölfteilung des Tages weist auf eine logische Beziehung unter den drei Faktoren hin, so dass Polos nicht als zweites, separates Gerät, sondern wohl vielmehr als plane, kreisförmige Projektionsfläche des Gnomonschattens zu verstehen ist.

Unter Polos und Gnomon werden also in Griechenland Elemente einer Konstruktion verstanden, mit deren Hilfe die Tageszeit, die Höhe des Sonnenstandes im Jahr – also auch Wendepunkte und Äquinoktien – und somit auch die geographische Breite eines Standorts bestimmt werden kann.[325] Die normierte Erfassung des Verlaufs des Sonnenschattens auf einer planen Fläche wurde in Ägypten bereits seit der Mitte des 2. Jts. v. Chr. in Form der sog. Linealsonnenuhren apparativ umgesetzt[326]. Diese werden in Griechenland nicht übernommen, sondern erst die mit der babylonischen Tradition des Schattenstabes verbundenen Kenntnisse erreichten noch vor den Perserkriegen Griechenland und waren dort seitdem verfügbar.[327] Das seit der Mitte des 4. Jhs. v. Chr. mit Oropos 2° belegte Verständnis von Gnomon als Zeiger einer Sonnenuhr, die hier verteilt auf Sommer- und Winterseite gleichlange Stunden misst, erklärt die Unsicherheit späterer Autoren, was in der Frühzeit mit dem Begriff benannt worden ist. Dazu zählen auch die Nachrichten des Diogenes Laertius II 1–2 und der Suda s. v. Anaximandros, die jeweils die Erfindung des Gnomon[328] und die Konstruktion von Zeitmessern auf Anaximander zurückführen, die Diogenes Laertios als *ὡροσκοπεῖα* und *σφαῖρα* bzw. die Suda als *ὡρολογεῖα* und *σφαῖρα* bezeichnet. Während aufgrund des zuvor ermittelten Wissenstransfers die Erfindung des Schattenwerfers durch Anaximander auszuschließen ist, scheint es hingegen zuzutreffen, dass er das Utensil in Griechenland einführte. Uhren im Sinne der Wörter Horologeion, Horoskopeion und Sphaira, deren Wortstämme bereits eine Stundeneinteilung bzw. ein kugelförmiges Weltbild voraussetzen, konstruierte er mit Sicherheit nicht.

Der Begriff des Gnomon wird im Lateinischen übernommen und überwiegend in der Bedeutung von ‚Zeiger' verwendet.[329] Als Fachausdruck für die Mittagslinie wird Gnomon u. a. von Vitruv 9, 7, 2 dann aufgefasst, wenn er von *linea describatur in planitia et e media <alia> erigatur προς ορθας quae dicitur gnomon* spricht. Mehrdeutig scheint auch Plinius den Begriff aufgefasst zu haben, wenn er in nat. 36, 15 von *de eo (obelisco), qui pro gnomone in Campo Martio est* spricht – also dem Obelisken, der als Zeiger/Zeitanzeiger/Meridian auf dem Marsfeld errichtet wurde, während er in nat. 36, 72 f. die ungenaue Anzeige des Obelisken auf die Verrückung des Gnomon – hier muss der schattenwerfende Zeiger gemeint sein – auf Veränderungen im Untergrund zurückführt. Als Synonym für Sonnenuhr wie in Oinoanda 1* ist der Begriff Gnomon hingegen ungewöhnlich.

---

uhr bedeuten, unterscheidet, ist nicht klar."

323 So auch A. Szabó – E. Maula, Enklima – Untersuchungen zur Frühgeschichte der griechischen Astronomie (Athen 1982) 33–38 und A. Szabó, Das geometrische Weltbild (München 1992) 138–141, der Polos und Skaphe gleichsetzt.

324 A. J. Turner, Mathematical Instruments in Antiquity and the Middle Ages (London 1994) 27–31 und Schaldach 2006, 3–10 mit weiterer Literatur.

325 Zu den Anwendungsmöglichkeiten dieser einfachen Mittel vgl. ausführlich: D. L. Couprie, The discovery of space: Anaximander's astronomy, in: D. L. Couprie – R. Hahn – G. Naddaf, Anaximander in Context (New York 2003) 167–237 und zusammenfassend A. Stückelberger, Bild und Wort. Das illustrierte Fachbuch in der antiken Naturwissenschaft, Medizin und Technik (Mainz 1994) 51.

326 Vgl. L. Borchardt, Altägyptische Sonnenuhren, ZÄS 48, 1910/11, 9–17.

327 Die Passage über die Sonnenuhr findet sich bei Herodot im II. Buch in einem Zusammenhang, in dem es ausschließlich um Ägypten geht. Das zeigt wahrscheinlich die Vorstellung Herodots an, nach der zwar die mathematischen Grundlagen aus Babylonien stammten, sich für ihn aber erste konkrete und praktische Kontakte mit Zeitmessern in Ägypten ergaben.

328 Diog. Laert. I 1: *εὗρεν δὲ καὶ γνώμονα πρῶτος*.

329 Vgl. TLL VI.2 (1932) 2124 lin. 42. 81 (Krohn) s. v. Gnomon.

1.2 ἡλιοτρόπιον

Der Begriff *ἡλιοτρόπιον* begegnet in griechischen Inschriften mit Delos 3* nur ein Mal und ist im lateinischen Sprachgebrauch nicht belegt:

Fundort	Aufbewahrungsort	Art der I	Begriff	Typus	Kontext	Datierung
Delos 3*	IG XI, 2 287	Lohnliste	ἡλιοτρόπιον	S ~	Apollon-H.	vor 250 v. Chr.

Abb. 51: Epigraphisches Zeugnis zum Begriff ἡλιοτρόπιον

Auf der delischen Liste steht der Begriff im Zusammenhang mit einer Lohnauszahlung an einen Handwerker, der das Heliotropion mit einer hölzernen Balustrade umzäunte. Der Typus der Inschrift, ihr Fundort im nahen Umkreis des Apollon-Heiligtums sowie die umfangreichen weiteren aufgeführten Baumaßnahmen weisen darauf hin, dass wohl verschiedene öffentliche Aufträge abgerechnet wurden, deren Standorte jedoch nicht genannt werden. Der Begriff begegnet erneut auf Abrechnungsurkunden des 1. und 2. Jhs. n. Chr. aus Theben bzw. aus Hermoupolis,[330] in denen jeweils *ξύλα ἡλιοτροπίου* aufgeführt werden. In Sb 8 9699 legt der Textzusammenhang nahe, dass das Heliotropion ungewöhnlicherweise auf dem Grund eines privaten Gutshofes errichtet wurde. Die Abrechnungen lassen erkennen, dass die bauliche Ausführung eines Heliotropions zu den üblichen Arbeiten eines Zimmermanns gehörte und offenbar kein astronomisches Wissen voraussetzte. Doch was ist unter dieser hölzernen Konstruktion zu verstehen? Wird sprachlich als Heliotropion eine Sonnenuhr (aus Holz) charakterisiert?[331]

Das Kompositum setzt sich aus den Bestandteilen *ἥλιος-τρόπος* zusammen, von *τρέπω* ‚drehen', ‚wenden'. Beide Stammwörter begegnen erneut in dem Ausdruck *τρέπεται ὁ ἥλιος* – es ist Sonnenwende, so dass als ursprüngliche Wortbedeutung für *ἡλιοτρόπιον* das zu verstehen ist, um das die Sonne im Jahresverlauf zyklisch kreist. Diese Bewegung charakterisiert auch die gleichnamige blühende Heilpflanze,[332] auf die der Begriff im 4. Jh. v. Chr. übertragen wird.

Die literarischen Belege für den Begriff ergänzen das Verständnis der Konstruktion: So zitiert ein Scholiast zu Aristophanes Philochoros, einem Historiker des ausgehenden 4. bzw. frühen 3. Jhs. v. Chr., folgendermaßen:[333] „Philochoros berichtet, dass er (gemeint ist hier der berühmte Astronom Meton) nichts auf dem Kolonos aufgestellt habe. Während Apseudes Archon war, der vor Pythodoros im Amt war, stellte er aber ein Heliotropion am jetzigen Versammlungsort der Ekklesia in der Nähe der Mauern zur Pnyx auf." Die Erwähnung des Archonten Apseudes verweist die Errichtung des Heliotropion in das Jahr 433/432 v. Chr. Erstmals schlugen Kourouniotis und Thompson in den 1930er Jahren vor, mit der Nachricht ein Felsfundament in unmittelbarer Nachbarschaft des Altars des Zeus Agoraios zu verbinden.[334] Obwohl der heute nur rudimentär erhaltene Felssockel an allen Tagen des Jahres unverschattet in der Sonne liegt, sprechen seine strukturellen Merkmale

330 Die Erwähnungen verteilen sich auf Ostraka und Papyri: O. Bodl. 2 ist eine Urkunde aus Theben oder Hermoupolis aus dem Zeitraum 101–200 n. Chr., das O. Theb. 144 aus Theben aus dem 1. Jh. n. Chr. und der stark fragmentierte Sb 18 13286, der ebenfalls aus Theben aus dem Zeitraum 1–400 n. Chr. stammt. In Sb 8 9699, der Abrechnung des Verwalters Didymos über die Arbeiten eines Jahres vom 10.5.79 n. Chr. auf einem Gut des hermoupolitanischen Gaus, werden in Z. 329 die Hölzer des Heliotropions aufgeführt, vgl. A. Swiderek, La proprieté foncière privée dans l'Égypte de Vespasien et sa technique agricole d'après P. Lond 131 recto (Wroclaw 1960) 31–56.

331 Als Sonnenuhr wurde der Begriff auch von K. Kourouniotes – H. A. Thompson, The Pnyx at Athens, Hesperia 1, 1932, 207 verstanden.

332 Mehrfach in der Zeitenwende beispielsweise bei Dioscorides Pedanius, De materia medica 4, 191 und Theophr. h. plant. 7,3. Bei ihm ist wie im 4. Jh. n. Chr. bei Oreib. Collectiones medicae 11 E 4 von einem *ἡλιοτρόπιον το μικρόν* dann die Rede, wenn jene Pflanze gemeint ist, die auch unter dem Namen *σκορπίουρον* geführt wird. Mit der doppelten Wortbedeutung spielt Athen. Deipnosophistai 2, 2 152.

333 Philochorus hist. frag. 99, Frag. gr. hist. I 400 (=schol. in Aristoph. Eccl. 997) bzw. Philochorus hist. frag. 122. 8.

334 K. Kourouniotes – H. A. Thompson, The Pnyx at Athens, Hesperia 1, 1932, 90–217 bes. 207–211.

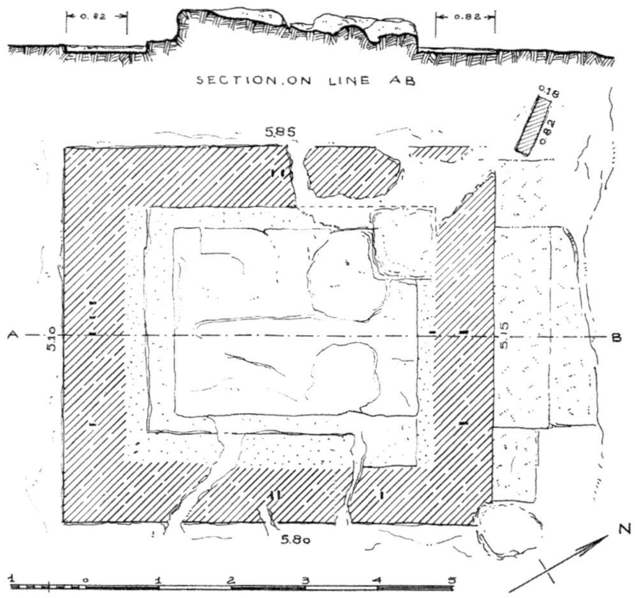

Abb. 52: Steinplan des Felsfundaments auf der Pnyx

jedoch dagegen, ihn als Aufstellungsort einer Sonnenuhr zu interpretieren:[335] So ist das Fundament mit den Aussenmaßen von 5.80 auf 5.10 m deutlich zu groß und um 45° gegenüber der Nord-Südachse gedreht. Die Struktur kennzeichnen außerdem etwa 70 cm breite Glättungen entlang der Aussenkanten, die darauf hinweisen, dass hier ursprünglich weitere Blöcke auflagen. Die Breite der Glättungen entspricht der üblichen Mauerstärke von Wohnbauten und könnte somit Indiz für eine relativ hohe Aufmauerung sein, die wie in Delos eine Brüstung erfordert. Weil im Innern des Kubus der unbearbeitete Felskern ansteht, ist wahrscheinlich, dass dieser Bereich ursprünglich bis auf Oberkante der Aussenmauern verfüllt war. Abarbeitung des Felsens auf der Nordseite des Sockels zeigen an, dass hier weitere Quader angeschoben waren, die vielleicht stufenförmig den Aufstieg erleichterten. Es handelt sich also vielmehr um ein erhöhtes, begehbares Podium als um den Sockel eines Instruments.

Dadurch, dass Philochoros das Heliotropion auf Meton zurückführt, muss seine Konstruktion und Platzwahl zu der Arbeitsweise des Astronomen in Beziehung stehen. Obwohl deren Beurteilung dadurch erschwert wird, dass von Metons eigenen Schriften nichts erhalten ist,[336] wird aus dem wenigen Bekannten deutlich, dass auf ihn die Definition jener regelmäßigen Zyklen zurückzuführen ist, welche u. a. die exakte Vorhersage von Sonnen- und Mondfinsternissen erlauben. Diese Leistungen setzen jedoch keine Sonnenuhr, sondern vielmehr die ganzjährige Beobachtung des Sonnenverlaufs und des nächtlichen Sternhimmels voraus. Dafür ist eine Beobachtungsstation in Form des hohen Athener Kubus bestens geeignet, eine gleichartige hölzerne Konstruktion gut vorstellbar und eine Brüstung gleichsam unerlässlich.

Eine vergleichbare Beobachtungsstation auf der Agora (?) in der Achradine von Syrakus diente Athenaios 5, 203c–209e zufolge als Vorbild für das Heliotropion auf dem Prunkschiff Hierons II.: Er überliefert, dass im dortigen Pentaklinon „(...) die Wände und Türen aus Buchsbaum gefertigt (waren). In ihm befand sich eine Bibliothek, die Decke bildete ein Gewölbe, das dem Heliotropion

335 Zu den üblichen Aufstellungsmodi von Sonnenuhren vgl. hier Kapitel III 4.

336 L. Taub, Aetna and the Moon: Explaining Nature in Ancient Greece and Rome (Corvallis 2008) 15–26 zur allgemein schlechten direkten Überlieferungslage und dies., Presenting a ‚life' as a guide to living: Ancient accounts of the life of Pythagoras, in: T. Söderqvist (Hrsg.), The History and Poetics of Scientific Biography (Aldershot 2007) 17–36 zu dem Ursprung des Genre der in anderen Epochen so zahlreichen Biographien von antiken Wissenschaftlern.

der Achradine nachgebildet war."[337] Die umfassende Neugestaltung der Agora von Syrakus unter Dionysios I. und die Nachricht des Plutarch in den Vitae parallelae, Dion 29.2, der Dionysios die Errichtung eines *ἡλιοτρόπιον καταφανές καὶ ὑψηλόν* zuschreibt, weisen darauf hin, dass die Syrakusaner Station nur kurze Zeit später als die auf dem Kolonos in Athen entstand.[338] Wieder Plutarch überliefert für das Jahr 357 v. Chr., dass Dion von diesem Gerüst aus eine Rede gehalten habe. Zur Mitte des 3. Jhs. v. Chr. stand das Achradiner Heliotropion dann offenbar Pate für die schwimmende Beobachtungsstation auf der Syrakusa, die später in den Besitz Ptolemaios III. überging und deren Bau zumindest indirekt auf Archimedes zurückzuführen ist. Erneut tut sich hier die Verbindung eines Heliotropions mit einem Astronomen auf, dessen Leistungen auf dem Gebiet der Astronomie primär die dauerhafte Beobachtung der Gestirne betreffen.[339]

Dieser Bezug ist wohl auch Hintergrund der Nachricht des Diogenes Laertius I 119, der über Pherekydes von Syros berichtet: „(...) Bis heute ist von (Pherekydes) auf der Insel Syros außerdem ein Heliotropion erhalten."[340] Dass ein von Pherekydes, dessen Geburt auf der Kykladeninsel in das Jahr 584 v. Chr. fällt, konstruiertes Heliotropion noch im 3. Jh. n. Chr. zur Gestirnbeobachtung genutzt wurde, ist aus astronomischer Sicht ausgeschlossen. Vielmehr wurde offenbar erst in späterer Zeit ein Doppelvers der homerischen Odyssee[341], in dem die Wenden der Sonne auf einer Insel namens Syria besungen werden, mit dem berühmten Inselbewohner verknüpft. Deshalb ist die von Kirk vorgeschlagene Erklärung wohl zutreffend, dass „(...) für einen alexandrinischen Gelehrten beispielsweise es dann geradezu unvermeidlich (war), eine historische Verbindung zwischen den beiden einzigen augenscheinlich wissenschaftlichen Produkten von Syros herzustellen, (...)."[342] Während für den Vorsokratiker unbekannt ist, ob er als praktischer Wissenschaftler tätig war und falls ja, welche Gerätschaften er benutzte, spiegelt die hochkaiserzeitliche Überlieferung des Doxographen vielmehr die zeitgenössische Kenntnis von derartigen Beobachtungsstationen wider.

Die punktuelle Überlieferung lässt zusammenfassend darauf schließen, dass unter dem Begriff Heliotropion spätestens seit dem letzten Drittel des 5. Jhs. v. Chr. stationäre, erhöhte Plattformen zur Gestirnbeobachtung verstanden wurden, die eigens zu diesem Zweck errichtet wurden. Ihre Aufstellungsorte im 5. und 4. Jh. v. Chr. konzentrieren sich auf öffentliche Standorte in Athen, Delos und Syrakus – also auf die städtischen Zentren dieser Zeit. Die Wortbedeutung blieb mindestens bis in das 3. Jh. n. Chr. lebendig, war jedoch immer auf Griechenland und Ägypten beschränkt und findet offenbar im Römischen keine Fortsetzung.

---

337 G. Kaibel, Athenaeus, Dipnosophistai Vol. I (1983, Nachdruck von 1923).

338 Im archäologischen Befund ist von dem Heliotropion nichts bekannt. Zur Agora in diesem Bereich vgl. Diod. 14, 41,6. Die Altstadt Achradine wurde unter Dionysios I. großflächig als städtisches Zentrum ausgebaut, wie Plut. Dion. 29,2 berichtet. Ob eine Teilfläche dieses Platzes der Altstadt mit der Agora des Timoleonteion gleichzusetzen ist, die wahrscheinlich das weitläufige Gymnasion beherbergte, ist umstritten, vgl. Plut. Tim. 39. Zur Entwicklung vgl. zusammenfassend: H.-P. Drögemüller, Syrakus. Zur Topographie und Geschichte einer griechischen Stadt (Heidelberg 1969) passim; C. Lehmler, Syrakus unter Agathokles und Hieron II. (Frankfurt a. Main 2005) 226, die fälschlich davon ausgeht, dass dem Heliotropion auf dem Schiff keine funktionale, sondern eine rein ambientale Bedeutung zukam. Die Einrichtung der astronomischen Beobachtungsstation in Syrakus unter Dionysios I. fällt zusammen mit der Nachricht, er habe Wissenschaftler zahlreicher Disziplinen an seinem Hof angesiedelt, vgl. v. a. im Hinblick auf mechanische Errungenschaften Cuomo 2007, 43–46.

339 Vgl. K. Geus, Mathematik und Biografie: Anmerkungen zu einer Vita des Archimedes, in: M. Erler – S. Schorn (Hrsg.), Die griechische Biographie in hellenistischer Zeit. Kongress Wüzburg 2006. Beiträge zur Altertumskunde 245 (Berlin 2007) 319–333.

340 ...*σῴζεται δὲ καὶ ἡλιοτρόπιον ἐν Σύρῳ τῇ νήσῳ*. Zu Pherekydes vgl. zusammenfassend: RE 19.2 (1932) 2025–2033 s. v. Pherekydes 4 (K. v. Fritz), außerdem zur chronologischen Einordnung G. S. Kirk, Pherekydes von Syros, in: G. S. Kirk – J. E. Raven – M. Schofield (Hrsg.), Die vorsokratischen Philosophen (Stuttgart 1994) 59–61 mit weiterer Literatur. Zur Beurteilung der Arbeiten des Pherekydes: H. S. Schibli, Pherekydes of Syros (Oxford 1990) 1–13.

341 Hom. Od. XV 403–404: *νῆσός τις Συρίη κικλήσκεται, εἴ που ἀκούεις,/ Ὀρτυγίης καθύπερθεν, ὅθι τροπαὶ ἠελίοιο*. Auf welche Orte die Verse konkret zu beziehen sind, ist umstritten vgl. Kirk a. O. 60 Anm. 40; abzulehnen ist sicherlich H. L. Lorimer, Homer and the Monuments (London 1950) 80–82, die Συρίη auf Syrien bezog.

342 Kirk a. O. 61.

1.3 κλεψύδρα / κεράμιον / ὕδωρ

Der Begriff *κλεψύδρα* ist im epigraphischen Befund auf zwei Abschriften eines delischen Inventars beschränkt. Um diese Wortbedeutung besser gegenüber anderen Ausdrücken für Wasseruhren abgrenzen zu können, wurde die Liste um diese erweitert.

Abb. 53: Epigraphische Zeugnisse zu den Begriffen κλεψύδρα / κεράμιον / ὕδωρ

Fundort	Aufbewahrungsort	Art der I	Begriff	Typus	Kontext	Datierung
Iasos 1*	Iasos 77	Dekret	κεράμιον μετρητιαῖον	W	Agora ~	330–325 v. Chr.
Delos 1*, 2*	IG XI, 2 154	Inventar	κλεψύδρα	W	Apollon-H.	vor 313–302 v. Chr.
Samos 2*	Tigani 507	Dekret	δελφίνος ὕδωρ	S ~, W ~	Agora ~	1. H. 2. Jh. v. Chr.
Pergamon 6*	Bergama, AiP 183	Stiftung	μανύσει τάκτου χρόνου	W ~	Agora	2./1. Jh. v. Chr.

Der Begriff Klepsydra, der sich aus *κλέπτω* und *ὕδωρ* zu dem zusammensetzt, das Wasser stiehlt, begegnet zwei Mal in delischen Inventarlisten. Da er dort in einer Passage gemeinsam mit Gefäßstiftungen aus Metall aufgeführt wird, ist wahrscheinlich, dass auch dieser Eintrag auf ein Bronzeobjekt zu beziehen ist. Von einer Klepsydra aus Bronze ist auch in einem Lehrgedicht des Empedokles die Rede,[343] der von *ὥσπερ ὅταν παῖς κλεψύδρῃ παίζουσα διειπετέος χαλκοῖο* spricht. Wenn das Mädchen hier mit der Klepsydra spielt, indem sie in das Gerät bläst und mit ihrer Atemluft einen Wasserschwall auslöst, wird deutlich, dass der Begriff nicht auf eine Wasseruhr, sondern auf ein pipettenförmiges Gerät mit engem Hals und perforiertem Boden zu beziehen ist, das in der Regel dazu diente, siebgleich Verunreinigungen aus Flüssigkeiten fern zu halten.[344]

Der früheste Beleg für Klepsydra im Sinne von Wasseruhr findet sich in einem Chorgesang der alten Acharner der 425/4 v. Chr. uraufgeführten Komödie des Aristophanes. Hier heisst es in Zeile 692: *ταῦτα πῶς εἰκότα, γέροντ᾽ ἀπολέσαι πολιὸν ἄνδρα περὶ κλεψύδραν,(...)*. In dieser Passage, wie auch in den drei Jahre später entstandenen Wespen 93 f. wird mit der Formulierung *ἢν δ᾽ οὖν καταμύσῃ κἂν ἄχνην, ὅμως ἐκεῖ ὁ νοῦς πέτεται τὴν νύκτα περὶ τὴν κλεψύδραν* der Begriff in Zusammenhang mit Abläufen am Athener Gericht gestellt. In Athen muss die Wortbedeutung immerhin so bekannt gewesen sein, dass der Wortwitz von Aristophanes 567 D erfasst wurde, wenn er Klepsydra als Spitznamen einer Hetäre verwendet. Die regelhafte Nutzung der Kurzzeitmesser zur Normierung von Redezeiten in juristischen Prozessen bezeugen die Texte der attischen Redner seit dem ausgehenden 5. Jh. v. Chr. vielfach:[345] Erstmals begegnet mit Lysias XXIII 4, 8, 11, 14, 15 der Ausspruch *καί μοι ἐπίλαβε τὸ ὕδωρ*, der die synonyme Verwendung der Begriffe Klepsydra und Hydor anzeigt. Hydor, in der ursprünglichen Bedeutung allgemein Wasser oder Regen,[346] wird über die konkrete Bedeutung hinaus auch in zahlreichen Redewendungen verwendet wie von Demosthenes gegen Leochares 45 – *ἂν ἐγχωρῇ τὸ ὕδωρ* – und von Aischines 18, 139 – *ἐν τῷ ἐμῷ ὕδατι*.[347] Auf den Einsatz der Redezeitmesser im Unterricht verweist Platons Frage im Theaitet 201 b: *ὥστε*

343 Emp. Fragm. 100, 6–21; Aristot. spir. 7, 473b14: Zur Doppeldeutigkeit des Begriffs, der primär in der Bedeutung eines Stechhebers verwendet wird, vgl. K. Wilkens, Wie hat Empedokles die Vorgänge in der Klepsydra erklärt?, Hermes 95, 1967, 129–140; J. U. Powell, The Smile of the Clepsydra in Empedocles, CLQ 17, 1923, 172–174; H. Last, Empedocles and his Clepsydra Again, ClQ 18, 1924, 169–173. Er nennt a. o. 171 zahreiche archäologische Belege. Eine hohe Anzahl derartiger Geräte befindet sich in der Sammlung Robinson in Baltimore: CVA Baltimore (3) (Cambridge/Mass. 1938) 12–14.

344 Zu weiteren Experimenten des Anaxagoras mit diesem Objekt vgl. Aristot. probl. XVI 8, 914b9.

345 Als Zusammenstellung der Quellen vgl. Young 1939, 276.

346 Beispielsweise Hom. Od. III 300 und Hdt. I 87.

347 Demosth. or. 45. 47; 18. 139, 57. 61, 27. 12 und 45. 8.

οἷς μὴ παρεγένοντό τινες ἀποστερουμένοις χρήματα ἢ τι ἄλλο βιαζομένοις, τούτοις δύνασθαι πρὸς ὕδωρ σμικρὸν διδάξαι ἱκανῶς τῶν γενομένων τὴν ἀλήθειαν;

Als *ὕδωρ* werden Kurzzeitmesser in ägyptischen Papyri mehrfach bezeichnet,[348] in denen das griechische Kompositum hingegen nicht verwendet wird. Nicht auszuschließen ist, dass erst nach dem Tod des Empedokles um das Jahr 435 v. Chr. der Begriff Klepsydra auf Kurzzeitmesser übertragen wurde, die im 5. Jh. v. Chr. noch allgemein als Hydor bezeichnet wurden.[349]

Während in Athen also spätestens seit dem letzten Viertel des 5. Jhs. v. Chr. Kurzzeitmesser in der Art von Athen 1 Klepsydra[350] genannt wurden, die in Ägypten weiterhin unter dem früheren Begriff *ὕδωρ* verbreitet waren, belegt die um 330 v. Chr. entstandene Inschrift Iasos 1*, in der mit *κεράμιον μετρητιαῖον* ein vergleichbares Instrument angesprochen wird, dass andernorts auch noch lange paraphrasierende Ausdrücke üblich waren.

Die Formulierung in Iasos sowie der Athener Brunnenfund sind jeweils auf Kurzzeitmesser aus Ton zu beziehen, während die sog. Stechheber offenbar überwiegend aus Bronze gefertigt waren. Sollte sich diese punktuell nachvollziehbare Materialverteilung als regelhaft erweisen, so muss auch das Objekt in den delischen Listen Delos 1* und 2* als ein solches siebartiges Geschirr erkannt werden. Die geringe Wertigkeit der Kurzzeitmesser aus Ton aufgrund ihres niedrigen Materialwerts könnte dadurch bestätigt werden, dass keine Stiftung eines solchen Instruments belegt ist.

Obwohl in hellenistischer Zeit der Begriff Hydor flexibel auf neue technologische Typen von Wasseruhren übertragen wird, und deshalb wohl auch der Hydor Samos 2* als Einlaufuhr zu verstehen ist und Klepsydren funktional vielfältig eingesetzt werden, erscheinen beide Wörter fortan seltener als in den Texten der attischen Redner. Demgegenüber begegnen Auslaufuhren nun in zahlreichen inhaltlichen Zusammenhängen: Aineias Taktikos, Poliorketik 22, 24 berichtet bereits für die erste Hälfte des 4. Jhs. v. Chr. von ihrem Einsatz zur Einteilung von Nachtwachen, Platon benutzt ihn als Wecker und didaktisches Mittel im Unterricht, von dem Alexandriner Arzt Herophilos bis hin zu Galen werden sie als Pulsmesser verwendet, die im 2. Jh. n. Chr. auch aus Glas hergestellt wurden.[351]

Ob als astronomisches oder medizinisches Instrument oder zur Erfassung anderer regelhafter Abläufe – auch nach Eingang des Fremdworts in den lateinischen Wortgebrauch in republikanischer Zeit werden Klepsydren bis in die Spätantike[352] überwiegend eingesetzt, um einheitliche Zeitspannen zu erfassen. Diese reichen oft über relativ kurze Phasen, können aber auch wie schon

---

348 Vgl. An. Pap. 05; I Herm; O. Berl. 02; O. Claud. 02; O. Krak. 01; P. Berl. Salm.; P. Hever; P. Horak; P. Köln 10; P. Köln 11; P. London 1177; P. Petra 03; P. Tebt. 05; PSI 15; SB 21; Sb 23; SB 25. Wie im Ägyptischen Wasseruhr bezeichnet wurden, ist nicht mit letzter Sicherheit geklärt: Im Eingangsbereich ptolemäischer Tempel wird in den Texten ein Kultgerät namens Sb.t bzw. Wnšb erwähnt, dass auf eine Wasseruhr zu beziehen sein könnte, vgl. E. Graefe, Das Ritualgerät schebet/wnscheb/wtetsch, in: E. Graefe (Hrsg.), Studien zu Sprache und Religion Ägyptens. Festschrift W. Westendorf 2 (Göttingen 2005) 895–905 und C. Sambin-Nivet, L'offrande de la soi-disant „clepsydre": le symbol sbt – wnsb. Studia Aegyptiaca 11 (Budapest 1988) 23–31.

349 Diese zeitliche Abfolge der Begriffe vermutet auch D. M. Bailey, A dandy dipper: the ambleteuse clepsydra, Empedocles, and wine-thieves I have known, in: C. Entwistle (Hrsg.), Through a Glass Brightly. Festschrift D. Buckton (Exeter 2003) 1–9.

350 In der bei den Lenäen des Jahres 411 v. Chr. uraufgeführten Lysistrata 910–913 des Aristophanes wird der Begriff erstmals mit einer jener Karstquellen verknüpft, die auf der Südseite der Athener Akropolis austreten und für die A. W. Parsons, Klepsydra and the Paved Court of the Pythion, Hesperia 12, 1943, 191–267 bes. 204–205. 264–267 die literarischen Testimonia zusammenstellte. Diese Wasserbecken werden aus unterirdischen Wasserreservoiren gespeist, so dass am *κλεψύδρα* genannten Austritt keine Quelle sprudelt, sondern sich das Wasser abhängig von der Jahreszeit in einem tiefen Felsenbecken sammelt. Der Begriff könnte deshalb auf dieses Naturphänomen übertragen worden sein, weil das Becken wie ein Steigrohr mit der unterirdischen Quelle verbunden ist. Dieser Wortgebrauch ist für tiefe Steigquellen nicht allein auf Attika beschränkt, sondern begegnet ebenfalls in einer vergleichbaren hydrologischen Situation in Messene, vgl. Paus. IV 31. 6, ebenda 33. 1.

351 Takt. 22. 24, zur Diskussion der praktischen Umsatzung dieser Maßgabe vgl. Hannah 2009, 108 mit weiterer Literatur; Prokl. hyp. 474. Zu der medizinischen Verwendung: Amm. p. 463 und Gal. Anim. Pass. 2. 5 zur Glasklepsydra.

352 Noch in byzantinischer Zeit werden die Redezeiten auf diese Weise begrenzt, vgl. Lyd. mag. 2,16: *πρὸς ὕδωρ*.

Platons Wecker anzeigt über den Zeitraum einer ganzen Nacht bzw. wie u. a. Cassius Dio 40, 52 überliefert, zur Stundengmessung eingesetzt werden. Der Begriff umfasst also alle Arten der hier unter II 1.1 zusammengeführten Auslaufuhren.

So wird besonders in der literarischen Überlieferung deutlich, dass Auslaufuhren in Griechenland seit der Mitte des 5. Jhs. v. Chr. vorrangig mit den normierten Abläufen im Gericht der demokratisch organisierten Poleis wahrgenommen wurden. Frühere Anwendungen des aus ägyptischen und babylonischen Kontexten bereits seit der Mitte des 15. Jhs. v. Chr. bekannten Instruments für astronomische Beobachtungen in Griechenland sind nicht nachweisbar[353] – in den entsprechenden Passagen der Vorsokratiker handelt es sich durchwegs um den homonymen Stechheber, der auch für physikalische Experimente eingesetzt wird. Erst mit den Leistungen eines Eudoxos[354] und Heron[355] wird der wissenschaftliche Einsatz von Kurzzeitmessern in den Texten sicher greifbar und von Zeitgenossen[356] mit ihren Namen verbunden. Nicht nur die dichte literarische Überlieferung des Begriffs durch die attischen Redner, sondern die offenbar weitverbreitete Wahrnehmung des schlicht gestalteten Alltagsgeräts als konstituierender Bestandteil der Redekultur prägt dementsprechend auch die Vielzahl der republikanischen und kaiserzeitlichen Nachrichten[357].

1.4 ὡρολόγιον / horologium

Mit 48 Belegstellen im epigraphischen Befund ist der Ausdruck *ὡρολόγιον* bzw. dessen latinisierte Form seit dem 2. Jh. v. Chr. bis in die Spätantike der am häufigsten verwendete Sammelbegriff für Zeitmesser:

Fundort	Aufbewahrungsort	Art der I	Begriff	Typus	Kontext	Datierung
Delos 6*	Delos ID 1417	Inventar	ὡρολογίον	W 2~, S	Gymnasion GD 67	vor 156/155 v. Chr.
Delos 7*	Delos ID 1442	Inventar Stiftungen	ὡρολόγιον	W	Isis-H.	vor 146/145 v. Chr.
Aletrium 1*	CIL X 5807	Stiftung	horologium	-	Macellum	149/90 v. Chr.
Delos 20*	Delos ID 2087	Inventar Stiftungen	ὡρολόγιον	-	Serapeion C	Anf. 1. Jh. v. Chr.
Arsenoites N. 1*	verschollen	Stiftung	ὡρολόγιον	W ~	Heiligtum	2./1. Jh. v. Chr.
Teanum Apulum 1°	AE 1975, 232	Stiftung	horologium	S sphä	Prätorium ~	frühes 1. Jh. v. Chr.

353 Aus Mesopotamien ist bislang kein entsprechender Kurzzeitmesser archäologisch belegt, begrifflich werden die Instrumente mit akkadisch ‚dibdibbu' verbunden, einem Ausdruck, der lautmalerisch das Tropfen des Wassers nachzeichnet; ob der Wasserstand wie bei den ägyptischen Kurzzeitmessern auslief oder ein leeres Gefäß mit Bodenloch in ein zweites, mit Wasser gefülltes, eingestellt wurde und sich innerhalb einer bestimmten Zeitspanne füllte, ist unklar, vgl. O. Neugebauer, The Water-Clock in Babylonian Astronomy, Isis 37, 1947, 37–43; D. Brown, The Cuneiform Conception of Celestial Space and Time, CambrAJ 10, 2000, 103–121; nur wenig mit der konkreten Umsetzung beschäftigen sich H. Hunger – D. Pingree, MUL.APIN – an Astronomical Compendium in Cuneiform. AfO 24 (Horn 1991) passim.

354 Eudoxos frag. 128 Z. 4 und Ars astr. col 14 Z. 13.

355 Heron Pneum. 2, 27: zwischen Absatz 18 und 39 erscheint der Begriff allein sieben Mal, zu seiner zeitlichen Einordnung N. Sidoli, Heron of Alexandria's Date, Centaurus 53, 2011, 55–61, der die in den Dioptra 35 erwähnte Mondfinsternis auf das Ereignis des 13.3.62 v. Chr. bezieht; auch Fragmenta horoscopiis 1.5.

356 Aristot. probl. 914 b 8; ebenda 914 b 22. 26 und 915 a 1 (Bekker) er verwendet den Begriff in beiden Wortbedeutungen.

357 Von Cicero de orat. 3, 34 und Sen. epist. 24, 19.

Fundort	Aufbewahrungsort	Art der I	Begriff	Typus	Kontext	Datierung
Pergamon 4*	IGR 4, 293	Dekret, Ortsangabe	σκιακόν ὡρολογίον	S ~	Gymnasion	vor 75–50 v. Chr.
Ephesos 2*	IEph 3004	Stiftung	ὡρολόγιον	W ~	Agora	kurz nach 66 v. Chr.
Marruvium 1*	CIL I 3209 a	Stiftung	horologium	W ~	Forum	Mitte 1. Jh. v. Chr.
Curubis 1*	CIL VIII 978	Stiftung	horologium	W ~	Forum ~	20 v. Chr.
Pompeji 34*^35*	CIL X 802	Stiftung	horologium	S ~	Forum	20/10 v. Chr.
Pompeji 35*^34*	CIL X 831	Stiftung	horologium	S ~	Forum	20/10 v. Chr.
Salvia 1*	AE 2000, 487	Stiftung	horolog(---)	W ~	Forum ~	20/10 v. Chr.
Kos 4°	Weihinschrift	Stiftung	ὡρολόγιον	S ~	Nekropole ~	1. Jh. v. Chr.
Lemnos 1*	Limnos, Arch. Mus.	Stiftung	ὡρολόγιον	S ~	Heiligtum	1. Jh. v. Chr.
Delos 22*	Delos ID 1770	Stiftung	ὡρολόγιον		Agora der Komp.	1. Jh. v.– 1. Jh. n. Chr.
Veleia 1*	Parma, Mus., CIL XI 1187	Stiftung	horologium	W ~	Forum? ~	vor 1. Jh. n. Chr.
Herakleia/ Lynkestis 1*	IG X 2,2 111	Stiftung	horologium	S v-vert ~	Forum ~	10 n. Chr.
Rom 5*	Stockholm NM SK 237	Stiftung	horologium	S ~	Nekropole ~	kurz nach 10 n. Chr.
Puteoli 1*	CIL IX 2324	Stiftung	horologium	W ~	Forum ~	14–37 n. Chr.
Melos 2*	IG XII, 3 1101	Stiftung	ὡρολόγιον	S ~	Agora ~	1. H. 1. Jh. n. Chr.
Nomentum 1*	CIL XIV 3947	Stiftung	horologium	W ~	Forum ~	Mitte 1. Jh. n. Chr.
Bagacum 1*	Bavai, ILTG 362	Stiftung	horologium	W ~	Forum	75–100 n. Chr.
Surrentum 1*	SIP Surrentum 4	Stiftung	horologium	W ~	Forum	vor 80–81 n. Chr.
Allifae 1*	CIL IX 2324	Stiftung	horologium	S ~	Forum ~	1. Jh. n. Chr.
Boutae 1*	CIL XII 2522	Stiftung	horologium	W ~	Forum ~	1. Jh. n. Chr.
Bulla Regia 1*	CIL VIII 25532	Stiftung	horologium	-	Forum ~	1. Jh. n. Chr.
Empurias 1*	I Ampuritanas 76	Stiftung	horologium	S ~	H. ?	1. Jh. n. Chr.
Nemausus 1*	Nimes, Stiftung CIL XII 3100	Stiftung	horologium	S ~	Heiligtum ~	1. Jh. n. Chr.
Vienna 1*	CIL XII 1893	Stiftung	horologium	W ~	Forum ~	1. Jh. n. Chr.
Tire 1*	Tire, Mus.	Grabinschrift	ὡρολόγιον	S ~	Nekropole	Ende 1. Jh. n. Chr.
Helvia Ricina 1°	Ancona, Mus. Inv. Nr. 24898	Stiftung	horologium	S hohl	Isis-H. ~	101 n. Chr.
Keramos 2*	in situ?	Stiftung	ὡρολόγιον	S ~	öffentlich	100–130 Jh. n. Chr.

Fortsetzung auf der nächsten Seite.

Fundort	Aufbewahrungsort	Art der I	Begriff	Typus	Kontext	Datierung
Nikopolis 1*	CIG 1947	Stiftung	ὡρολόγιον	S ~	Artemis-H. ~	1. H. 2. Jh. n. Chr.
Pergamon 8*	Bergama, Mus. 1929.23	Stiftung	ὡρολόγιον σὺν τῃ μηχανοποιία	W ~	Asklepios-H.	1. H. 2. Jh. n. Chr.
Numlulis 1*	verschollen	Stiftung	horologium	W ~	Forum ~	150–193 n. Chr.
Sillyon 1*		Grab-epigramm	ὡρολόγιον	S ~	Nekropole	50–200 n. Chr.
Mayen 1*	Mayen, Eifelmuseum 62, 202	Stiftung	horologium	W	Forum ~	2. H. 2. Jh. n. Chr.
Lambaesis 2*	CIL VIII 3294	Stiftung	horologium	–	–	2. Jh. n. Chr.
Tralles 1*	ITralles 162	Stiftung	ὡρολόγιον	S ~	Forum	2. Jh. n. Chr.
Tucci 1*	CIL II 1685, Stiftung	Stiftung	horologium	W ~	Circus ~	2. Jh. n. Chr.
Uchi Maius 1*	-	Stiftung	horologium	W ~	Forum	150–230 n. Chr.
Rigomagus 1*	Bonn, Rheinisches Landesmus 15880	Bauinschrift; Stiftung	horologium	W ~	Kastell ~	vor 218 n. Chr.
Nikaia 1*	Ik Iznik 726	Dekret	ὡρολογιάρχης	W ~	Forum ~	287/288 n. Chr.
Philippi 1*		Ortsangabe	ὡρολόγιον	S	Agora	vor Ende 2.–Mitte 3. Jh. n. Chr.
Milet 5*	Milet, Inv. Nr. 193	Stiftung	ὡρολόγιον	S ~	–	kaiserzeitlich
Aquae Sextiae 1*	CIL XII 535	–	horologium	W ~	Forum ~	5. Jh. n. Chr.
Thessaloniki 3*	Berlin, Byz. Mus. 4773	Stiftung	ὡρολόγιον	S ~	Kirche	5./6. Jh. n. Chr.
Mylasa 1°	Mylasa 625	Stiftung	ὡρολόγιον	S kon	Kirche ?	6. Jh. n. Chr.

Abb. 54: Epigraphische Zeugnisse zum Begriff ὡρολόγιον/horologium

Der Terminus *ὡρολόγιον* ist ein aus den Wörtern *ὥρα* und *λόγος* gebildetes Kompositum, mit dem das bezeichnet wird, was die Stunde ansagt. Die Wortbildung setzt voraus, dass der Begriff *ὥρα* im Sinn von Stunde verstanden wird. Vereinzelte Belege für diese Verwendung stammen bereits aus dem Anfang des 4. Jhs. v. Chr., die sich jedoch erst im weiteren Verlauf des Jahrhunderts durchsetzt.[358]

358 So muss Hdt. II 109 den Begriff noch umschreiben vgl. hier Kapitel IV 1.1, während Aristot. Ath. pol. 30, 6 ihn im Wortsinn von Stunde verwendet, vgl. RE 8. 4 (1949) 2418 s. v. horologium (A. Rehm). Der früheste literarischer Beleg findet sich bei Kall. fr. 550; vgl. V. Langholf, Hora = Stunde: Zwei Belege aus dem Anfang des 4. Jhs. v. Chr., Hermes 101, 1973, 382–384. Zusammenfassend auch Hannah 2009, 75.

Im 2. Jh. v. Chr. könnten die frühesten epigraphischen Belege durchwegs auf Formen von Wasseruhren zu beziehen sein, so dass im zweiten Viertel des 1. Jhs. v. Chr. mit Pergamon 4* sprachlich die Konkretisierung als *σκιακὸν ὡρολογίον* erforderlich ist. Die Formulierung von Pergamon 8* *ὡρολόγιον σὺν τῇ μηχανοποιίᾳ* zeigt an, dass der Begriff auch Uhren mit mechanischen Elementen einschließt. Soll der Typus des Zeitmessers näher gekennzeichnet werden, so wird dieser durch attributive Zusätze ausgedrückt: So nennt Athenaios ein *ὡρολόγιον ὑδραυλικόν*[359] und kennt Achilleus Tatios 22, 24–25 *μηχανικὰ ὡρολόγια* des Arat.[360] Zumindest im 3. Jh. n. Chr. schließt der Begriff auch Kurzzeitmesser ein, wenn in der Konstruktionsanleitung für eine Klepsydra mit Stundenskala von einem *ὡρολόγιον* die Rede ist.[361] Somit wird der Ausdruck spätestens mit seiner Übernahme in den lateinischen Sprachgebrauch bis in die Spätantike für alle Arten von Stundenmessern in unterschiedlichen kontextuellen Zusammenhängen verwendet und entspricht im modernen Sprachgebrauch dem Begriff Uhr.

Mit der Sonnenuhr Teanum Apulum 1° fällt der früheste epigraphische Beleg für *horologium* ungefähr mit dem Zeitpunkt seiner frühesten literarischen Erwähnung in Ciceros Briefen an seine Freunde 16, 18, 3 zusammen: *horologium mittam et libros, si erit sudum*. Während Geminus in den Elementa astronomicae 2, 38 wohl mit *τὸ ἄκρον τοῦ γνώμονος ἐν τοῖς ὡρολογίοις* auf eine Sonnenuhr anspielt, verwendet Plinius den Ausdruck für Sonnen- wie Wasseruhren.[362] Ein fester technologischer bzw. funktionaler Uhrentypus scheint mit dem Begriff weder in der Literatur noch den Inschriften verbunden worden zu sein. Dafür spricht auch Plinius nat. 2, 187, der von einem *horologium quod apellant sciotherion* des Anaximenes berichtet – also irgendeiner Form von schattenwerfender Anzeige – und der PHaw 81, der die Aufstellung einer Uhr im Hafen Zea des Piräus für das 3. Jh. v. Chr. belegt. In diesen Texten wie auch im Passus des Achilleus Tatios wird der allgemein gebräuchliche Terminus verwendet, ohne dass sprachlich eine technologische Bestimmung erfolgt, erst aus dem Zusammenhang ist zu erschließen, dass Anaximenes eine Sonnenuhr bzw. Arat eine Einlaufuhr mit mechanischen Komponenten verwendet hat.[363] Ähnlich verhält es sich mit der späten Überlieferung des attischen Komödiendichters Baton für das 3. Jh. v. Chr.,[364] wenn es Baton fr. 2, 14 heisst *ἔπειθ' ἕωθεν περιάγεις τὴν λήκυθον, καταμανθάνων τοὔλαιον, ὥστε περιφέρειν ὡρολόγιον δόξει τις, οὐχὶ λήκυθον*. Diese Praxis veranschaulicht auch der Eintrag zum Lemma Heliotropion der Suda, die erneut mit Bezug auf Anaximander folgende Definition anbietet: *ὡρολογεῖον. ὅτι γνώμων ἐστὶ τὸ ἐν τοῖς ἡλιοτροπίοις πηγνύμενον, ὅπερ ἐφεῦρεν Ἀναξίμανδρος καὶ ἔστησεν ἐπὶ τῶν σκιοθήρων*.

So lassen die literarischen Zeugnisse und die zahlreichen Stiftungsinschriften erkennen, dass mit der Verbreitung von Zeitmessern seit dem späten 1. Jh. v. Chr. der weitgehende Verlust einer sprachlichen Differenzierung der einzelnen Typen im Alltag einhergeht und vielmehr nun alle Instrumente im allgemeinen Sprachgebrauch unter dem Sammelbegriff Horologion/-ium subsumiert wurden.

---

359 Aristokl. ap. Athen. 4.174c, in ähnlicher Verwendung Plin. nat. 7, 213.

360 Ach. Tat. Arat 25. 6.

361 Vgl. Borchardt 1920, 10B-14.

362 Auf eine Wasseruhr bezieht sich sicherlich seine Formulierung nat. 7, 215, dass Scipio Nasica der Stadt ein *horologium sub tecto* gegeben habe, während in nat. 7, 213 von der Aufstellung eines *solarium horologium* die Rede ist.

363 Hier bezieht Plinius wohl irrtümlich eine Nachricht auf Anaximenes, die ansonsten mit Anaximander verbunden wird, vgl. Kirk a. O. 113 mit Anm. 6. Bei dem von Anaximander verwendeten Instrument muss es sich um einen Schattenstab, einen Gnomon handeln, während im frühen 3. Jh. v. Chr. Arat eine Auslaufuhr benutzt hat, deren von Achilleus erwähnten mechanischen Komponenten nicht näher zu fassen sind.

364 R. Kassel – C. Austin, Poetae Comici Graeci IV (Berlin 1983) 28–35.

1.5 ὡροσκόπειον/ὡροσκόπιον

Für den Begriff *ὡροσκόπ(ε)ιον* liegen unter den in den Katalog aufgenommenen Zeugnissen fünf epigraphische Belege vor, die von der Mitte des 2. Jhs. v. Chr. bis in die hohe Kaiserzeit reichen:

Abb. 55: Epigraphische Zeugnisse zum Begriff ὡροσκόπειον/ὡροσκόπιον

Fundort	Aufbewahrungsort	Art der I	Begriff	Typus	Kontext	Datierung
Kyrene 1*	in situ?	Stiftung	ὡροσκόπειον	W ~	Agora ~	Mitte 2. Jh. v. Chr.
Antiocheia O. 1*	AE 1986, 694	Bauinschrift, Ortsangabe	ὡροσκόπιον	W ~	Agora	vor 73/74 n. Chr.
Pergamon 9*	AvP III 30	Dekret	ὡροσκόπιον	–	Forum	120–215 n. Chr.
Milet 3°	Berlin, Staatl. Mus. SK 1593	Stiftung; Hersteller	ὡροσκόπιον	S kon	Theater	2. Jh. n. Chr.
Pautalia 1*	IG Bulg V 5779	Stiftung	ὡροσκόπιον	S v-vert	Forum	um 200 n. Chr.

Als Kompositum der Wörter *ὥρα* und *σκοπέω* beobachtet das Instrument (weithin) die Zeit, setzt also wie das *ὡρολόγιον* die Verwendung des Wortes *ὥρα* für Stunde voraus. Der Zeitmesser, das *ὡροσκοπεῖον*, in den Inschriften meist *ὡροσκόπιον*, ist eigentlich das Instrument, mit dem ein *ὡροσκόπος*, ein aufgehendes Sternzeichen, zu beobachten ist. In der eigentlichen Wortbedeutung erweitert das Horoskopion also den Funktionumfang des Heliotropions auf alle Gestirne. Während P. M. Fraser den frühesten epigraphischen Beleg Kyrene 1* noch in der Mitte des 2. Jhs. v. Chr. ansetzt, begegnet der Begriff in den literarischen Quellen erstmals in den Elementa astronomicae des Geminus 2, 35 (...), *καὶ ἐν τοῖς ὡροσκοπίοις αἱ ὑπὸ τῶν γνωμόνων γραφόμεναι γραμμαί*.

Heron von Alexandria kündigt im Vorwort zu den Pneumatika 1 an: *ἀκόλουθον δὲ εἶναι νομίσαντες τῇ τῶν ὑδρίων ὡροσκοπείων ἕξει*, denen er also ein eigenes Buch widmet, während Strabon 2.5.14 unter Horoskopion erneut eine Sonnenuhr versteht: *συμφωνεῖν γὰρ καὶ τὰ ὡροσκπεῖα καὶ τοὺς ἀνέμους φασὶ τοὺς ἑκατέρωσε φοροὺς καὶ τὰ μήκη τῶν μεγίστων ἡμερῶν τε καὶ νυκτῶν.* Demnach umfasst der Ausdruck Horoskopion zumindest seit der Zeitenwende nicht nur Sonnenuhren. Vielmehr als auf einen technologischen Typus scheint der Begriff auf ein erweitertes funktionales Spektrum der Datumsanzeige hinzudeuten.

Die häufigere Verwendung des Begriffs in griechischen Inschriften des 2. Jhs. n. Chr. scheint von seiner mehrfachen literarischen Verwendung in dieser Zeit beeinflusst worden zu sein: Besonders in der Geographia des Claudios Ptolemaios begegnet das Horoskopion als Instrument zur Sternbeobachtung;[365] er setzt den Ausdruck sogar zu (1, 3) *μετεωροσκοπίου* zusammen, was auf die kombinierte Anzeige von meteorologischen und zeitlichen Zyklen schließen lässt. Das weite technologische Spektrum der mit dem eigentlich zeitfunktional konnotierten Begriff bezeichneten Zeitmesser wird deutlich, wenn er in Antocheia 1* als Ortsangabe in einer kaiserlichen Bauinschrift verwendet wird, die auf die aufwendige bauliche Struktur einer Wasseruhr hinweist, während er

365 Die Schlüsselpassage Ptol. Tetr. 108 könnte auf frühere hellenistische Quellen zurückzuführen sein und beschreibt die Verwendung detailliert: „*Ἐπειδὴ περὶ τοῦ πρώτου καὶ κυριωτάτου, τουτέστι τοῦ μορίου τῆς κατὰ τὴν ἐκτροπὴν ὥρας, ἀπορία γίγνεται πολλάκις, μόνης μὲν ὡς ἐπίπαν τῆς δι' ἀστρολάβων ὡροσκοπείων κατ' αὐτὴν τὴν ἔκτεξιν διοπτεύσεως τοῖς ἐπιστημονικῶς παρατηροῦσι τὸ λεπτὸν τῆς ὥρας ὑποβάλλειν δυναμένης, τῶν δὲ ἄλλων σχεδὸν ἁπάντων ὡροσκοπείων, οἷς οἱ πλεῖστοι τῶν ἐπιμελεστέρων προσέχουσι, πολλαχῇ διαψεύδεσθαι τῆς ἀληθείας δυναμένων, τῶν μὲν ἡλιακῶν παρὰ τὰς τῶν θέσεων καὶ τῶν γνωμόνων ἐπισυμπιπτούσας διαστροφάς, τῶν δὲ ὑδρολογίων παρὰ τὰς τῆς ῥύσεως τοῦ ὕδατος ὑπὸ διαφόρων αἰτιῶν καὶ διὰ τὸ τυχὸν ἐποχάς τε καὶ ἀνωμαλίας, ἀναγκαῖον ἂν εἴη προπαραδοθῆναι, τίνα ἄν τις τρόπον εὑρίσκοι τὴν ὀφείλουσαν ἀνατέλλειν μοῖραν τοῦ ζῳδιακοῦ κατὰ τὸν φυσικὸν καὶ ἀκόλουθον λόγον προυποτεθείσης τῆς κατὰ τὴν διδομένην σύνεγγυς ὥραν διὰ τῆς τῶν ἀναφορῶν πραγματείας εὑρισκομένης.*“

in den Stiftungen Milet 3° und Pautalia 1* auf Sonnenuhren zu beziehen ist. In diesem Zusammenhang soll wohl sprachlich der besondere Präzisionsgrad von Konstruktion und Ausführung hervorgehoben werden.

Obwohl die ursprüngliche Wortbedeutung Horoskopeia als Instrumente zur Beobachtung von Sternaufgängen ausweist und der Begriff literarisch im Kontext der zeitfunktionalen Anzeige einiger Wasseruhren verwendet wird, setzt er sich im allgemeinen Gebrauch des griechischen Sprachraums bald als Synonym für hochwertige Horologia durch. In lateinischen Inschriften begegnet der Begriff nicht.

1.6 ὑδρολόγιον

Fundort	Aufbewahrungsort	Art der I	Begriff	Typus	Kontext	Datierung
Tyros 1*	Tyros, Inschriften 72	Stiftung	ὑδρολόγιον	W	Forum ~	1. Jh. n. Chr.?

Abb. 56: Epigraphisches Zeugnis zum Begriff ὑδρολόγιον

Ein *ὑδρολόγιον* wie in Tyros 1* wird erstmals von Poseidonios von Rhodos erwähnt, der die Bedeutung des Instruments für seine astronomischen Beobachtungen an mehreren Stellen anführt. Die zu *ὡρολόγιον* analoge Wortbildung *ὑδρολόγιον* lässt erkennen, dass es sich um eine Wasseruhr handelt, die als Langzeitmesser dient, und der Begriff somit Bezug auf die technologische Form des wasserbetriebenen Zeitmessers nimmt. Besonders deutlich wird dieser dauerhafte Einsatz, wenn Poseidonios in Frag. 290a Z 176–179[366] beschreibt, dass *Ἐλέγχεται δὲ καὶ διὰ τῶν ὑδρολογίων τὸ εὔηθες τοῦ λόγου. δείκνυται γὰρ δι' αὐτῶν, ὅτι, ἂν ᾖ ποδιαῖος ὁ ἥλιος, δεήσει τὸν μέγιστον τοῦ οὐρανοῦ κύκλον ἑπτακοσίων πεντήκοντα ποδῶν εἶναι. διὰ γὰρ τῶν ὑδρολογίων καταμετρούμενος εὑρίσκεται μέρος ἑπτακοσιοστὸν καὶ πεντηκοστὸν τοῦ οἰκείου κύκλου.* Bis in die byzantinischen Texte bleibt der Ausdruck sporadisch nachweisbar, wird jedoch nicht latinisiert.

Als Schlüssel zum Verständnis eines Hydrologion erweist sich die Erwähnung im P. Lond. III. 1177 aus dem Jahr 113 n. Chr.:[367] Im Zusammenhang dieser Abrechnungen aus Ptolemais Euergetis wird deutlich, dass das Hydrologion an das städtische Wasserversorgungssystem angeschlossen war und dass das *θύριον* der Wasseruhr von einem Handwerker repariert wurde. Obwohl im Text nicht präzisiert wird, was mit dem Begriff Thyrion genau gemeint ist, ob es sich um ein Ventil oder einen verschlossenen Zugang handelt,[368] könnte die nach 314 n. Chr. entstandene Passage im CPR 8/22 Zeile 49 aus dem Nomos Hermopolites eher auf letzteres hinweisen: In dieser Abrechnungsurkunde werden u. a. Arbeiten aufgelistet, die *εἰς ὑδρολογίαν*, also offenbar innerhalb eines Hydrologion, durchgeführt worden sind.

Demnach ist Hydrologion spätestens seit dem Ende des 2. Jhs. v. Chr. die technologische Bezeichnung für dauerhaft betriebene Wasseruhren in der Art der hier unter II 1.2.2 beschriebenen Druckleitungen und mechanischen Komponenten, deren Betrieb wohl überwiegend in öffentlicher Hand lag. Diese Situation vermutet Habermann auch für die Wasseruhr in der Metropole des Arsinoites Nomos. Für diesen Verwaltungsbezirk belegt die heute verschollene Inschrift Arsinoites Nomos 1* die Stiftung eines Horologions durch den Hegemon Eleazaros Nikolaos und seine Frau Eirene. Da von dem Ehepaar gemeinsam mit dem Zeitmesser ein *φρέαρ* gestiftet wird, ist dieser wohl als Wasseruhr anzusprechen. Aus prosopographischen Gründen wird diese Stiftung in die Wende des 2. zum 1. Jh. v. Chr. datiert. Die Seltenheit derartiger Instrumente im griechisch-römischen Ägypten,

366 Poseidonios. Die Fragmente hrsg. von W. Theiler (Berlin 1982).
367 W. Habermann, Zur Wasserversorgung einer Metropole im kaiserzeitlichen Ägypten. Neuedition von P. Lond. III 1177. Vestigia 53 (München 2000) 237–240.
368 Habermann a. O. Anm. 497 verweist auf Preisigke WB s. v. „kleines Schleusentor" und T. Derda, Θύριον. A New Occurence of a Rare Word, JJP 20, 1990, 41–45, die beide Wortbedeutungen in diesem Zusammenhang möglich halten.

der Aufwand ihrer Installation sowie die Tatsache, dass sich beide Nachrichten auf denselben Ort beziehen, könnte nahelegen, dass Inschrift und Papyrus mit demselben Instrument zu verknüpfen sind, das dementsprechend um 100 v. Chr. errichtet und 113 n. Chr. einer Reparatur bedurfte.

Wird hier das Verhältnis des technologischen Ausdrucks Hydrologion zum Sammelbegriff Horologion greifbar, so könnte Antiocheia am Orontes 1* aus dem Jahr 73/74 n. Chr. die Relation zum stärker zeitfunktional geprägten Horoskopion offen legen: Der Text erwähnt ein Horoskopion im Zuge des Streckenverlaufs der von Vespasian gestifteten städtischen (Druck-)Wasserleitung. Die Nennung des Horoskopions als Ortsangabe und der inhaltliche Zusammenhang lassen auch hier technologisch ein Hydrologion als Abnehmer vermuten, das als Horoskopion möglicherweise über eine erweiterte zeitfunktionale Anzeige verfügte.

Heron von Alexandreia widmet in den Pneumatika ein Buch den *ὑδρία ὡροσκοπεία*. Der Fachtitel des 1. Jhs. n. Chr. verweist nicht nur erneut auf den engen Zusammenhang von Hydrologeia und Horoskopeia, sondern auch, dass die aufgrund des technologischen Fortschritts nun erforderliche Differenzierung der Wasseruhren in Kurz- und Langzeitmesser von dem neu eingeführten Begriff *ὑδρολόγιον* eindeutig angezeigt wird, nachdem zuvor bereits der Ausdruck *ὕδωρ* für Kurzzeitmesser in Ägypten verbreitet, aber unspezifisch verwendet wurde.

1.7 Varianten

Fundort	Aufbewahrungsort	Art der I	Begriff	Typus	Kontext	Datierung
Igaeditani 1*	Idanha-a-Velha HAE 1063	Stiftung	orarium	W	Forum ~	16. v. Chr.
Nola 1*	CIL X 1236	Stiftung	solarium	W ~	Forum ~	1. Jh. v. Chr.
Sulci 1*	CIL X 7515	Stiftung	horolocium	W ~	Forum ~	48 n. Chr.
Laebactium, Pagus 1*	CIL V 2035	Stiftung	horilogium	W? ~	öffentlich	54–55 n. Chr.
Tarragona 1*	CIL II 4316	Stiftung	horilegium		Forum ~	1. Jh. n. Chr.
Apulum (Alba Iulia) 1*	IDR III 5 193	Stiftung	horologiarium	W ~	Forum	212–213 n. Chr.
Zarai 1*	CIL VIII 4515	Stiftung	horilegium	S hor ~	Forum ~	237 n. Chr.

Abb. 57: Varianten der in den Inschriften verwendeten Ausdrücke

Der Begriff Solarium wird in Inschriften nur selten verwendet, für die hier stellvertretend ein Beispiel des 1. Jhs. v. Chr. aus Nola steht.[369] Der Ausdruck erscheint in dieser und 13 weiteren Inschriften, von denen allein sechs aus Rom stammen[370]. Die Hälfte der Belegstellen begegnet im Kontext von Gebäudestiftungen oder -erneuerungen, wenn etwa von *et solarium tectum (!) iunctum*[371] oder von *sub solarium aediculam (!)*[372] die Rede ist, so dass offenbar eine spezielle Vorrichtung innerhalb eines Gebäudes gemeint ist.[373] Wenn Cicero nat. deorum II 87 ein *solarium descriptum vel*

369 Die Inschrift wurde deshalb ausgewählt, weil es sich um einen recht frühen Vertreter der Gruppe handelt und der Inschriftenträger, eine schlichte Marmorplatte, in Form und Format dem zahlreicher Stiftungsinschriften der unter Kapitel II 1.2.2 geführten Wasseruhren entspricht. Dieses Kriterium ist jedoch typisch für die zeitspezifische Form der Träger und nicht allein indikativ, um in der Stiftung einen Zeitmesser zu erkennen.

370 Außer der Inschrift aus Nola und den beiden unten aufgeführten Belegen aus Rom erscheint der Begriff in den folgenden Zeugnissen: CIL II 6251,1; CIL VI 1585b; CIL VI 5797; CIL VI 17042; CIL VI 39097; CIL VIII 24106; CIL IX 1027; CIL XII 5388; CIL XIV 1708. In keinem der Fälle ist sicher zu entscheiden, ob es sich um einen Raumbereich oder eine Uhrenstiftung handelt, so dass diese Inschriften nicht in den Katalog aufgenommen wurden.

371 CIL VI 10234.

372 CIL VI 10275 = CIL V 436, 3.

373 Darauf könnte auch der Begriff *θερμὸς περίηαρος* in IGRR IV, 860 und einer lydischen Inschrift zu beziehen sein:

ex acqua erwähnt und Plinius nat. 7, 213 für das Jahr 292 v. Chr. berichtet, dass *princeps solarium horologium statuisse ante xii annos quam cum Pyrro bellatum est ad aedem quirini L. Papirius Cursor, cum eadem dedicaret a patre suo votam, a fabio vestale proditur* bzw. in 7, 215 ein *solarium sub tecto* nennt, so wird der Begriff gleichermaßen auf Sonnen- wie auf Wasseruhren bezogen und somit synonym zum horologium verwendet. Die mehrfache Verwendung des Ausdrucks bei Plinius im Zusammenhang mit seiner Entwicklungsgeschichte der Zeitmessung in Rom könnte die Konzentration der Belege erklären. Die Bedeutung des Begriffes wird erneut deutlich, wenn Censorinus De die nat. 23, 7 berichtet, dass *deinde aliquando post P. Cornelius Nasica censor ex aqua fecit horarium, quod et ipsum ex consuetudine noscendi a sole horas solarium coeptum vocari*. In diesem Sinne wird der Ausdruck auch im Uhrenfluch des Plautus verwendet, der wohl auf eine Vorlage der mittleren oder neueren Komödie zurückzuführen ist und auf die Allmacht der weit verbreiteten Zeitmesser (in Rom) anspielt.[374] Der Begriff lässt sich nach dem 1. Jh. n. Chr. abgesehen von der zitierten Aussage des Censorinus, die auf republikanische Verhältnisse anspielt, nicht mehr eindeutig auf Zeitmesser beziehen. So ist Buchners eingängige Bezeichnung Solarium Augusti[375] für den Meridian auf dem Marsfeld zwar denkbar, aber nicht überliefert.

Die Übernahme des griechischen Fremdworts *ὡρολόγιον* in den lateinischen Sprachgebrauch führt einerseits zu Schreibfehlern, die wohl die Ursache dafür sind, dass aus horologium in Sulci 1* *horolocium* und im Pagus Laebactium 1* *horilogium* wurde. Latinisierte Wortbildungen des vom griechischen Fremdwort *ὥρα* abgeleiteten Begriffs begegnen außerdem in Randgebieten des Römischen Reiches, zu denen die Nennung eines *horologiariums* in Apulum 1* ebenso zählt wie das von Tarragona 1* und Zarai 1* belegte Kompositum *horilegium*, das sprachlich auf den offiziellen Charakter des Normgeräts verweist.

In der oben zitierten Passage des Censorinus begegnet erneut der Ausdruck *(h)orarium*, der früh bereits durch die Inschrift Igaeditani 1* belegt ist und der v. a. in hochkaiserzeitlichen Texten synonym zu Horologium verwendet und als Fremdwort *ὁράριον* bzw. *ὡραρίων* erst spät ins Griechische eingeht, aber nicht im Sprachgebrauch der Inschriften begegnet.

2 Zeitmesser in der Literatur

In den vergangenen Jahren wurde in der altertumswissenschaftlichen Forschung wiederholt nach Entstehung, Tradierung, Zielsetzung und Stellenwert antiker Fachliteratur gefragt[376] – u. a., um Formen des antiken Wissenstransfers besser zu verstehen.[377] Grundsätzlicher Konsens besteht darin, dass nur ein ganz geringer Bruchteil dieser Textgattung direkt schriftlich überliefert wurde, so dass etwa Alexander Podossinov davon ausgeht, dass 99 Prozent der von Plinius benutzten Fachtexte verloren sind,[378] eine Einschätzung, die Lisa Taub für die mathematisch-astronomischen

H. Malay – M. Ricl, Two new inscriptions recording constructions in Dioshieron or Hypaia, in: O. Tekin (Hrsg.), Ancient History, Numismatics and Epigraphy in the Mediterranean World. Festschrift für C. E. Bosch, S. Atlan und N. Baydur (Istanbul 2009) 227–229, Nr. 1.

374 Plaut. Boeot. frgt 1 Leo; Wolkenhauer 2011, 126 f., die das Grundkonzept des Uhrenfluchs der Mittleren oder Neuen Komödie zuschreibt.

375 Buchner 1976.

376 Zum Forschungsstand vgl. B. Meissner, Die technologische Fachliteratur der Antike (Berlin 1999) 178–193 (zu Vitruv), 209–217 (zu Plinius), 246–254 (zu Cetius Faventinus) und W. Krenkel, Sprache und Fachsprache, in: M. Horster – C. Reitz (Hrsg.), Antike Fachschriftsteller: Literarischer Diskurs und sozialer Kontext. Kongress Rostock 2001 (Stuttgart 2003) 11–30 und H. M. Hine, Subjectivity and objectivity in Latin scientific and technical literature, in: L. Taub (Hrsg.), Authorical Voices in Graeco-Roman Technical Writing (Trier 2009) 13–30.

377 Zu den theoretischen Ansätzen vgl. zusammenfassend A. Reckwitz, Die Transformation der Kulturtheorien: zur Entwicklung eines Theorieprogramms (Weilerwist 2000) bes. 84–91 und 153–161.

378 A. Podossinov, Antike Geographen über sich selbst und ihre Schriften, in: Horster – Reitz a. O. 89.

Texte teilt.[379] Vor diesen Hintergrund sind die wenigen Schriften zu beurteilen, in denen Zeitmesser nicht nur kurz erwähnt werden, sondern die Instrumente zentrales Thema der Ausführungen sind:[380]

Zu Beginn des 6. Jhs. v. Chr. wurde in Griechenland der Schattenstab eingeführt und offenbar zeitnah Zeiger und Auffangfläche mit griechischen Bezeichnungen versehen, indem man die früheren Begriffe Polos und Gnomon um diese neuen Bedeutungen erweiterte. Im 5. Jh. v. Chr. werden mit den Komposita Klepsydra und Heliotropion Ausdrücke greifbar, die auch mittels attributiver Zusätze die Funktion eines Geräts umschreiben. Obwohl spätestens seit dem 5. Jh. v. Chr. babylonische Schattenlisten in Griechenland kopiert wurden, liegen aus dieser Phase unmittelbar keine schriftlichen Abhandlungen über die apparative Ausstattung vor.[381]

Erstmals begegnen literarische Hinweise zur Optimierung von Klepsydren in der ersten Hälfte des 4. Jhs. v. Chr. bei Aineias Taktikos: Selbst an militärischen Einsätzen aktiv beteiligt, vertritt er aufgrund von eigenen Erfahrungswerten in der Poliorketik 22, 24 eine praxisorientierte Haltung, die er seinen Lesern vermittelt. Entscheidend für ihn ist die Genauigkeit der Anzeige der Kurzzeitmesser, so dass er grundsätzliche Ratschläge erteilt, wie eine Klepsydra zu optimieren sei, die er aus Sicht eines Anwenders, nicht eines Konstrukteurs beschreibt.

Diese anwendungsorientierte Sichtweise charakterisiert auch die weiteren punktuell überlieferten hellenistischen Stellungnahmen zu Zeitmessern: Ob Eudoxos, Aristarchos oder Aristoteles betreffend,[382] immer wird davon ausgegangen, dass zwar in dieser Phase Zeitmesser im Zuge verschiedener Erkenntnisprozesse eingesetzt wurden aber weder Nachrichten über ihre Funktionsweise noch ihre Herstellung erhalten sind. Eine Wende kündigt sich erst gegen Ende des 4. Jhs. v. Chr. mit den Titeln verlorener Werke des Arat und Eratosthenes an, zu denen dann wohl auch das Kapitel über die Wasseruhren in Ktesibios Pneumatik zu zählen ist.[383] Obwohl einzelne Entwicklungsschritte nicht rekonstruiert werden können und diese deshalb auch nicht mit Namen zu verbinden sind, wird eine übliche Form der Wissensvermittlung als Lehrgedicht[384] mit den Inschriften Oropos 2°, Amastris 1* und Samothrake 1* für Zeitmesser punktuell greifbar. Sie ergänzen die didaktische Veranschaulichung astronomischer Vorgänge am dreidimensionalen Modell[385] und bereiten somit die mit diesen Sonnenuhren verbundenen astronomischen Gesetzmäßigkei-

379 L. Taub, Aetna and the Moon: Explaining Nature in Ancient Greece and Rome (Corvallis 2008) 15 f. und zusammenfassend Schneider 2007, 116–120.

380 In den vergangenen Jahren zeigte sich, dass v. a. von Seiten der Papyrologie hier auch zukünftig neue Ergebnisse zu erwarten sind: vgl. beispielsweise O. Primavesi, Empedokles Physika I (Berlin 2008) 11–18; F. Reiter, Anatomie der Welt. Wissenschaft und Kunst auf dem Artemidor-Papyrus. Begleitheft zur Ausstellung Berlin 2008 (Berlin 2008) 8–11; L. Canfora – L. Bossina, Wie kann das ein Artemidor-Papyrus sein?, in: L. Canfora (Hrsg.), Wie kann das ein Artemidor-Papyrus sein? (Bari 2008) 41–64.

381 H.-J. Waschkies, Mündliche, graphische und schriftliche Überlieferung von geometrischem Wissen im Alten Orient und bei den Griechen, in: W. Kullmann – J. Althoff (Hrsg.), Vermittlung und Tradierung von Wissen in der griechischen Kultur. Kongress Freiburg 1992 (Tübingen 1993) 39–70, bes. 58: Seit 450 v. Chr. konnten mathematische Verhältnisse im Griechischen präziser ausgedrückt werden als in der Keilschrift, beispielsweise durch die Einführung von Begriffen für Winkel und Parallele.

382 F. Sezgin – C. Ehrig-Eggert (Hrsg.), Archimedes and Philo in the Arabic Tradition: Text and Studies (Frankfurt am Main 2001) Einleitung; C. A. Anderson, Philo of Alexandria's Views of the Physical World (Tübingen 2011).

383 Vgl. hier S. 133.

384 G. Wöhrle, Bemerkungen zur lehrhaften Dichtung zwischen Empedokles und Arat, in: W. Kullmann – J. Althofff – M. Asper (Hrsg.), Gattungen wissenschaftlicher Literatur in der Antike. Kongress Freiburg 1996 (Tübingen 1998) 279–286. Die nicht erhaltenen φαινόμενα des Arat von Soloi, die in der ersten Hälfte des 3. Jhs. v. Chr. im Auftrag des Antigonos Gonatas entstanden, waren als Lehrgedicht in Hexametern abgefasst; vgl. M. Erren, Arat und Aratea 1966–1992, Lustrum 36, 1994, 299–301; B. Kramer, Arat. Phainomena 542–550, ZPE 49, 1982, 69–71 und zusammenfassend: Netz 2004; zum Umfeld der Schriften: Schürmann 1991, 22–37.

385 Die Produktion von Sonnenuhren setzt die Entwicklung von maßstabsgerechten Modellen voraus, vgl. A. M. Tamassia, Ancora sui typoi di Timotheos, ArchCl 13, 1961, 124–131 und W. Posch, Die typoi des Timotheos, AA 1991, 69–73.

ten für ein öffentliches Publikum visuell auf. Mit der Notwendigkeit, komplexe wissenschaftliche Theorien am Modell zu vermitteln, gehen in dieser Zeit überhaupt die frühesten Nachrichten von entsprechenden Gerätschaften einher: So ist die Verwendung von Sphären – gemeint sind Sterngloben – für Eratosthenes, Archimedes und Hipparch überliefert.[386] In dieser Tradition steht auch die Entwicklung der sphärischen Sonnenuhren, wohl deshalb, weil die Projektionslogik des Gnomonschattens sich in besonders anschaulicher Weise dazu eignet, tagsüber ihre Ursachen offen zu legen.

Nur geringfügig zeitversetzt greift im 2. Jh. v. Chr. die praktische Funktion der Zeitmesser im Zuge der Organisation hochhellenistischer Gesellschaften auf immer mehr Lebensbereiche über, so dass eine erhöhte Produktion von Instrumenten erforderlich wird.[387] Mit dieser Phase der Produktionssteigerung und regionalen Verbreitung außerhalb der Zentren der hellenistischen Welt in der ersten Hälfte des 2. Jhs. v. Chr. müssen die Instrumente die Werkstätten von Experten verlassen haben: Betont Cicero, dass noch zu seiner Zeit eine Sphäre zu Lehrzwecken verliehen wurde, die Marcellus 212 v. Chr. in der Werkstatt des Archimedes erbeutet hatte, so schreibt u. a. Philon von Byzanz eine Synaxis, also ein didaktisches Handbuch[388]. In diese Phase fällt wohl auch der Fixsternkatalog des Hipparch[389], dem nun die zur Konstruktion einer Sonnenuhr erforderlichen Grundwert abzuleiten waren, so dass eigene astronomische Beobachtungen überflüssig wurden.

Auf diese Arbeiten greift auch Vitruv zurück, der in der Vorrede seines IX. Buches ankündigt: *(...) in hoc de gnomonicis rationibus, quemadmodum de radiis solis in mundo sunt per umbras gnomonis inventae quibusque rationibus dilatentur aut contrahantur, explicabo*", sein Ziel sei demnach „im vorliegenden Buch die Gnomonik (zu) besprechen, wie sie aus den Sonnenstrahlen im All mit Hilfe der Schatten des Gnomons erfunden wurde und nach welchen Gesetzmäßigkeiten die Schatten länger und kürzer werden."

Offenbar verfolgt er mit seinem Buch keine Typologie des Uhrenbaus im engen Sinn: So gelang es zuletzt Günther Fischer und Anja Wolkenhauer[390] nachzuweisen, dass Vitruv vielmehr einen erweiterten Begriff von *architectura* verfolgt, zu dem neben Architekturtheorie und Baupraxis auch Nachbardisziplinen wie Mechanik und Gnomonik gehören. Als *ars liberalis* basiert Architektur für ihn auf breiter Bildung, als deren Krönung und höchste Stufe er die Astronomie versteht. Im Sinne dieses hierarchischen Systems augusteischer Zeit[391] und nicht im Zuge eines logisch-systematischen Diskurses zählt er unterschiedliche Uhrentypen ohne jede weitere Charakterisierung auf.

Vitruvs IX. Buch ist in acht Kapitel unterteilt; könnten die zitierten Sätze der Einleitung zunächst so verstanden werden, dass seine Ausführungen ausschließlich Sonnenuhren betreffen, so zeigt sich wenig (IX 8) später, dass er hier – anstatt gemeinsam mit den Wasserwerken im VIII. Buch – auch Wasseruhren behandelt. Damit entspricht seine Zuordnung dem anwendungs-

---

386 Eratosthenes verwendete etwa 255 v. Chr. bereits eine Armillarsphäre, von den erbeuteten Sphären aus der Werkstatt des Archimedes berichtet Cicero in De re pub. I 21, die στερεὰ σφαῖρα des Hipparch kennt Ptolemaios, Synt. 8, 13, vgl. R. Nadal – J.-P. Brunet, Le ‚Commentaire' d'Hipparque. I La sphère mobile, ArchHistExactSci 29.3, 1984, 201–236. Zusammenfassend auch A. Stückelberger, Sterngloben und Sternkarten, MusHelv 47, 1990, 70–91, der a. O. 73 von einer weiten Verbreitung dieser Objekte in augusteischer Zeit ausgeht, weil in den Arat-Kommentaren Anleitungen zur breitenkonformen Aufstellung erteilt werden; zu Geminos, der Himmelsgloben und Armillarsphären einsetzte, vgl. Geminos elem. astr. 16. 12 und J. Evans – J. L. Berggren, Geminos's Introduction to the Phenomena. A Translation and Study of a Hellenistic Survey of Astronomy (Princeton 2006) 27–43.

387 Diese Entwicklung wird an verschiedenen Stellen gut im archäologischen Befund sichtbar: vgl. Zu dem deutlichen Poduktionsanstieg hier Kapitel II 4 und zur kontextuellen Einbindung der Zeitmesser Kapitel VI.

388 Cic. rep. I 22 f. für das Jahr 55/54 v. Chr. und die Philon betreffende Überlieferung in F. Sezgin – C. Ehrig-Eggert (Hrsg.), Archimedes and Philo in the Arabic Tradition: Text and Studies (Frankfurt am Main 2001) passim.

389 R. Nadal – J.-P. Brunet, Le ‚Commentaire' d'Hipparque II. Position des 78 étoiles, ArchHistExactSci 40.4, 1989, 305–354.

390 Wolkenhauer 2011, 99 f.

391 Zu Vitruv vgl. B. Baldwin, The Date, Identity and Career of Vitruvius, Latomus 49, 1990, 425–434 und jetzt G. Fischer, Vitruv neu oder Was ist Architektur? (Gütersloh 2009) 29 f.

orientierten Verständnis, das bereits anhand der Wortbildungen deutlich wurde und demzufolge Wasseruhren auch unter den Sammelbegriff Horologion fallen.

Im Anschluss an die Vorstellung der Fixsterne, ihres Verlaufs im Tierkreis und ihrer Bedeutung für die kalendarische Jahresgliederung wendet er sich dem Verhältnis von Mond zu Sonne und Erde zu. Im dritten Kapitel werden die Veränderungen der Tageslänge in ihrer Abhängigkeit vom Lauf der Sonne erklärt. Stellt Vitruv in diesen drei Kapiteln die astronomischen Grundlagen vor, so sind die folgenden stärker deskriptiv und anwendungsorientiert: Im vierten und fünften Kapitel wird die Lage der Sterne der nördlichen und südlichen Hemisphäre beschrieben, das sechste geht über die Astrologie, die er als ‚Auswirkungen der Sterne auf den Verlauf des menschlichen Lebens' bezeichnet. Astronomie und Astrologie werden hier untrennbar zu einem Paket verschnürt, zu dessen Veranschaulichung die Horologia dienen.

Gegen Ende des siebten Kapitels resümiert Vitruv *(...)habebitur analemmatos deformatio*. Das lateinische Fremdwort, das auf das Kompositum *ἀναλαμβάνω* im Sinn von ‚sich erinnen', ‚auswendig lernen' zurückzuführen ist, wird von Vitruv auf die Anleitung zur Konstruktion eines horizontalen Zeitmessers und der Einteilung seiner Anzeige in die zwölf Tierkreiszeichen bezogen. Er betont, dass dieses Konstruktionsprinzip auch zur Herstellung aller Arten von Sonnenuhren geeignet sei, führt dies aber nicht aus. Die Konstruktion setzt die Kenntnis der Ortsbreite des Aufstellungsorts voraus, die Vitruv für Rom, Athen, Rhodos, Tarent und Alexandria anführt. Da seine Auflistung der Städte keiner mathematisch logischen Abfolge entspricht, wird zweierlei deutlich: Erstens wählt Vitruv fünf Städte aus einer ihm vorliegenden Ortsliste aus, die er zweitens nach eigener Wahrnehmung ordnet. Die geographische Breite wird von ihm jeweils als Verhältnis von der Höhe des Gnomons zur Länge seines Mittagsschattens an den Äquinoktien angegeben.

Die Konstruktionsanleitung vollzog Schaldach vor einigen Jahren schlüssig nach:[392] Ihm folgend wird das Analemma gebildet, indem der Kreis der Himmelskugel auf eine als Gerade gezeichnete Horizontebene gestellt wird. Der Radius des Kreises entspricht der Höhe des Gnomons. Nachdem auf dem horizontalen Meridian der Punkt der Schattenspitze an den Äquinoktien markiert wurde, wird eine Linie durch diesen und den Mittelpunkt bis an den äusseren Schnittpunkt mit dem Kreis gelegt. Wenn nun beiderseits des Kreismittelpunktes die Winkel der Ortbreiten abgetragen werden, liegen in der Verlängerung der zwei Winkelgeraden auf die Horizontale die Punkte von Sommer- und Winterwendlinie.

Ihre Schnittpunkte mit dem Kreisradius geben den Durchmesser eines zweiten Kreises vor, den Vitruv als *manaeus* bezeichnet und welcher der Lage des Zodiacus entspricht. Da Sommersonnenwende und der Anfang des Tierkreiszeichen Krebs zusammenfallen, bzw. die Wintersonnenwende mit dem Beginn des Schützen, kann von diesen Punkten ausgehend eine Zwölfteilung vorgenommen werden. Nun ist konstruktiv die mathematische Ableitung eines jeden Datumspunktes des Mittagsschattens auf dem horizontalen Meridian möglich. Erstaunlicherweise wird nicht beschrieben, wie die Stundenmarkierungen anzulegen sind – die Anleitung bezieht sich also strenggenommen auf einen horizontalen Meridian mit Zodiakaleinteilung.

Vitruv führt weder aus, woher seine Kenntnis der Ortsbreiten oder des Analemma stammen noch wie dieses auf andere Arten *(genera)* von Zeitmessern zu übertragen ist. Er begründet letzteres damit, dass statt „mit einer umfangreichen Darstellung Anstoß zu erregen", er nun verschiedene Arten von Horologia und ihre Erfinder vorstellen wolle.

So schließt er diesem Konstruktionsprinzip im achten und letzten Kapitel seines Buches die Entwicklung der Zeitmesser in Form eines hierarchischen Modells an. Im Zuge dessen weist er einzelnen Uhrentypen ihre Erfinder zu, mit denen er punktuell auch Leistungen auf dem Gebiet der Astronomie verbindet, und resümiert zu Ende des Kapitels (VIII 242): *Quae sunt in horologi-*

392 Zum Folgenden Schaldach 2001, 29–31; auch J. Evans, The History and Practise of Ancient Astronomy (Oxford 1998) 132–135.

orum descriptionibus rationes et adparatus, ut sint ad usum expeditiores, quam apertissime potui, perscripsi.

Da Vitruv manchen Erfindern Uhrentypen zuweist und deren mal griechische, mal lateinische Termini aber nicht näher erläutert, fällt heute deren Verknüpfung mit dem archäologischem Befund schwer: Weder sind die von ihm genannten Ausdrücke einem bekannten Uhrentypus eindeutig zuweisbar, noch ist manchmal mehr als der Name des ‚Erfinders' bekannt. Im Gegensatz zu den von Vitruv überlieferten Gebäudetypen, denen immerhin ein weitgehend kohärentes Begriffssystem zugrunde liegt,[393] sind die Ausdrücke für die Zeitmesser extrem selektiv und sind anscheinend auf geometrische Grundformen, die Form des Zifferblatts bzw. die Zeitfunktion des Instruments zu beziehen.

Werden die Informationen des achten Kapitels nach Begriff und Wortbedeutung bzw. zugeordnetem Erfinder[394] und dessen zeitlicher Einordnung aufgeschlüsselt, so ergibt sich folgende Übersicht:

Begriff Vitruv	**sprachliche Charakterisierung**	**Erfinder, zeitliche Einordnung**
hemicyclium excavatum	kugelförmig eingetieft	Berosus (von Kos), um 2. V. 3. Jh. v. Chr.
scaphem sive hemisphaerium	?, schalenförmig, halbkugelig	Aristarchos von Samos, 1. H. 3. Jh. v. Chr.
discum in planitia	?, scheibenförmig?	
arachne	?, spinnenartig	Eudoxos (von Knidos), Mitte 4. Jh. v. Chr. oder Apollonios (von Perge), 2. H. 3. Jh. v. Chr.
plinthium sive lacunar	?, im Circus Flaminius	Scopinas von Syrakus, ?
πρὸς τὰ ἱστορούμενα	für alle erforschten	Parmenion ?
πρὸς πᾶν κλίμα	für alle Klima, Kugelschnitte	Theodosios (von Bithynien) 1. H. 2. Jh. v. Chr., und Andrias ?
pelecinum[395]	?, πέλεκυς = Doppelaxt	Patrocles ?
conum	konisch	Dionysodoros (von Melos? oder von Amisene?) 1. H. 2. Jh. v. Chr.?
pharetra	?, Kegelschnitte	Apollonios von Perge, 2. H. 3. Jh. v. Chr.
conarachne	?	–
conicum plinthium	?	–
antiboreum	?, nach Norden ausgerichtet	–
viatoria pensilia	Reiseuhren	–
horologia ex aqua	Wasseruhren	Ktesibios von Alexandria, 1. H. 3. Jh. v. Chr.

Abb. 58: Aufstellung der von Vitruv für Sonnenuhren verwendeten Begriffe, ihrer sprachlichen Charakterisierung sowie ihrer chronologischen Einordnung

Vitruvs eigene Unsicherheit im Umgang mit der Begrifflichkeit der Uhrentypen offenbart sich u. a. darin, dass er zunächst die *πρὸς τὰ ἱστορούμενα*, die ‚für alle erforschten', und die *πρὸς πᾶν κλίμα*, die ‚für alle Klima' nennt – Ausdrücke, die wohl auf für mehrere Ortsbreiten gearbeitete Zeitmesser

393 H. Knell – B. Wesenberg (Hrsg.), Vitruv-Kolloquium des DArV. Darmstadt 1982 (Darmstadt 1984) 5 f.; H. Knell, Vitruvs Architekturtheorie ²(Darmstadt 1991) 44–55; zusammenfassend Fischer a. O. 41–50 mit weiterer Literatur, ebenda 57–59 zum IX. Buch.

394 Zu den genannten Astronomen, den ihnen zuweisbaren Schriften und ihrer zeitlichen Einordnung vgl. W. v. Christ – W. Schmid, Geschichte der griechischen Literatur II. Die nachklassische Periode der griechischen Literatur ⁶(München 1976) 446–448.

395 Diels 1920, 179-185; Gibbs 1971, 61.

zu beziehen sind – und anschließend Schriften zur Herstellung von Reiseuhren erwähnt *item ex his generibus viatoria pensilia uti fierent, plures scripta reliquerunt*. Hier zeigt sich bereits, dass er nicht eindeutig nach technologischen und funktionalen Termini trennt, so dass er für manche Typen zwei Begriffe anbietet.

Price und Gibbs[396] bemühten sich u. a. darum, die von Vitruv überlieferten Begriffe mit dem archäologischen Befund zu korrelieren. Der erste Typus, den Vitruv nennt, ist das *hemicyclium excavatum ex quadrato ad enclimaque succisum*, das von der Forschung einhellig mit den sphärischen Zifferblättern verbunden wird, die Gibbs mit den Tätigkeiten des Berosos' in den 270er Jahren v. Chr. auf Kos verbindet.[397] Doch wie unterscheidet sich dieser Uhrentypus von dem als hemisphaericum oder als *σκαφή* benannten, den Vitruv Aristarchos von Samos zuschreibt, der in der ersten Hälfte des 3. Jhs. v. Chr. lebte?[398] Als *σκαφή*, als ‚Ausgehöhlte, Ausgegrabene', werden im Sprachgebrauch der Inschriften nicht nur (Sonnen-)Uhren bezeichnet: Wenn in der Athener Stiftungsinschrift CIL II2 3199 aus der Mitte des 1. Jhs. n. Chr., in der von der Weihung einer *σκαφή* durch eine Priesterin der Athena Polias die Rede ist und ein Gerät mit einem Fassungsvermögen von umgerechnet 9 l angeführt wird, dann kann hier keine Uhr, sondern nur eine große Wanne gemeint sein. Diese Wortbedeutung wiederholt sich in Inschriften aus Halikarnassos und Samos, wo auf einer Inventarliste aus dem Jahr 346/5 v. Chr. *ἐνέλειπεν σκαφῆς χαλῆς* vermerkt wird.[399] Auch die literarische Überlieferung bei Plut. Vit. orat. 852 B bezeichnet *σκαφή* als einen großen Waschtrog, der in der Prozession der Großen Panathenäen mitgetragen wurde. Vitruvs Begrifflichkeit ist also nicht auf einen im Allgemeinen Sprachgebrauch verbreiteten Uhrentypus zurückzuführen, sondern vielmehr auf die auch für die Konstruktion von Sonnenuhren grundlegenden Leistungen von Berosos und Aristarchos in der mathematischen Erforschung von Kugelschnitten zu beziehen.

Ähnlich verhält es sich mit dem metaphorischen Ausdruck der Arachne, die Vitruv Eudoxos von Knidos zuschreibt, dem frühesten Astronomen seiner Liste. Erneut könnte kein spezieller Uhrentypus sondern vielmehr das grundlegende Konstruktionsprinzip spinnennetzartig verlaufender Linien gemeint sein: Dieses graphische Muster entsteht immer dann, wenn Stunden- und Datumslinien kombiniert dargestellt werden, verlangt also die Erfassung von Sonnenstunden.[400] Der Stundenbegriff setzte sich tatsächlich zu Lebzeiten des Eudoxos durch, mit dem auch die erforderlichen mathematischen Erkenntnisse zur Kugelform der Erde verbunden werden.[401] Demnach wäre also die Konstruktion der frühesten Sonnenuhren in dieser Zeit denkbar; diese Entwicklung trifft im archäologischen Befund zusammen mit der Äquinoktialuhr Oropos 2°, die gleichlange Stunden anzeigt. Die Neuartigkeit dieser Technologie verdeutlicht in Oropos ein Lehrgedicht, das wie in Amastris 1* und Samothrake 1* die Funktionsweise der Uhr erklärt, indem das Projektionsverhalten des hier altertümlich als Gnomon bezeichneten Instruments im Jahresverlauf beschrieben wird. Gemessen werden gleichlange Stunden, also jene Zeiteinteilung, die aufgrund der Zwölfteilung des Tages durch eine Wasseruhr entsteht. Ob der nächste Schritt der technologischen Entwicklung hin zu Sonnenuhren mit saisonalen Stunden und sphärischer Form Aristarchos von Samos[402] zuzuschreiben ist, wäre aufgrund seiner Verwendung von trigonometrischen

---

396 Price 1969, 242-266; Gibbs 1976, 59-65 mit Verweis auf frühere Literatur.

397 Gibbs 1976, 63 nennt als Beispiele für diesen Typus Pompeji 16, 19, 31 und 33.

398 Gibbs 1976, 64 führt als Beispiele Rom 5, Delos 4, 5 und 24, sowie Ioulis 1 auf.

399 Die Inschrift aus Halikarnassos erscheint in CIG 2656 Z. 29 ff., zur Liste aus Samos vgl. IG XII 6,1 261. Da es sich bei keinem der bekannten epigraphischen Belege um einen Zeitmesser handelt, wurden Inschriften, in denen der Begriff *σκαφή* erscheint, nicht in den Katalog aufgenommen.

400 Zur Einführung des Begriffs der Stunde im Verlauf des 4. Jhs. v. Chr. vgl. hier Anm. 358.

401 Dazu Evans 1999 passim und hier Anm 320.

402 Zur Datierung in die Jahre zwischen 310 und 230 v. Chr. vgl. A. H. Batten, Aristarchus of Samos, Journal of the Royal Astronomical Society of Canada 75, 1981, 29–34. Auch Russo 2005, 90–93 zur Unsicherheit in der Frage, ob bereits Aristarchos seine Vorstellungen in Form eines dreidimensionalen Modells umsetzte oder dieses Mittel Archimedes zuzuschreiben ist.

Methoden für seine Theorie des heliozentrischen Weltbildes grundsätzlich möglich[403]. Trotz der nur punktuell erhaltenen Überlieferung der astronomischen Schriften des ausgehenden 4. und frühen 3. Jhs. v. Chr. hat es den Anschein, als läge der Schwerpunkt von Aristarchos' Arbeit eher auf der Konzeptualisierung der Gestirne und ihrer Bewegungen als auf der Erforschung der mit geometrischen Körpern verbundenen mathematischen Gesetzmäßigkeiten. An die Erkenntnisse des Eudoxos auf Grundlage der zusammenfassenden Arbeiten des Euklid[404] schloss offenbar insbesondere Apollonios von Perge mit seiner in Alexandria entstandenen Schrift über Kegelschnitte in der ersten Hälfte des 3. Jhs. v. Chr. an,[405] so dass in diesem Umfeld wohl auch die Einführung von Saisonalstunden zu verorten ist.

Alle weiteren Typenbezeichnungen von Sonnenuhren und Zuschreibungen Vitruvs sind unklar und führten bereits Gibbs zu dem resignierten Kommentar „If anything, dial types show signs of degeneration with time", dessen Aussage von Schaldach geteilt wird.[406]

Vitruv schließt an seine Ausführungen zur Gnomonik die Wasseruhren an, die er summarisch als *horologia hiberna* bezeichnet.[407] Der Ausdruck legt offen, dass diese Uhren entwickelt wurden, um auch im Winter (d. h. in Zeiten mit kurzer Tageslänge und während Schlechtwetterphasen) die Zeit anzuzeigen. Die Erfindung von Uhrentypen dieser Art führt er auf Ktesibios von Alexandria zurück, dem er an anderer Stelle (I 1. 7) wie Archimedes Lehrschriften zuweist. Um eine Vorstellung von der Arbeitsweise des Ktesibios zu vermitteln, wählt Vitruv eingangs eine Andekdote, in welcher die kombinierte Anwendung von hydraulischen und mechanischen Kenntnissen besonders herausgestellt wird. Dem folgen Vitruvs etwas „unklare"[408] Ausführungen zu verschiedenen Wasseruhren: Anstatt nach technologischen Typen zu trennen, werden verschiedene Lösungsansätze für das Problem einen gleichmäßigen Wasserfluss zu garantieren und dadurch saisonale Stunden anzuzeigen vorgestellt. Möglicherweise geht diese anwendungsorientierte Darstellungsweise an der evolutionären Schwelle von der Auslauf- zur Einlaufuhr auf Vitruvs Quellen zurück, die ihren Ursprung in Ktesibios' Schriften hatten, der wiederum der peripathetischen Schule nahe standen.

In der Folge referiert Vitruv in IX 8. 4 verschiedene Möglichkeiten, Auslaufuhren um mechanische Getriebe zu erweitern, um akustische Signale und anderes Beiwerk an die Zeitmesser anzuschließen. Deren Ganggenauigkeit sei außerdem durch Vorrichtungen zu erhöhen, die einen gleichmäßigen Wasserausfluss gewährleisteten. In diesem Zusammenhang beschreibt Vitruv als eine geeignete Methode die Veredlung der Auslaufkanüle, die exakt dem Befund der Frankfurter Auslaufuhr unbekannter Fundort 6° entspricht. Als zweiten problematischen Aspekt diskutiert Vitruv die Notwendigkeit, dass diese Auslaufuhren Saisonalstunden anzuzeigen haben und rät zur Übertragung des für Sonnenuhren entwickelten Konstruktionsprinzips – des Analemma – auf die Zifferblätter von Auslaufuhren.

Überwunden werden diese Schwierigkeiten aber erst mit der Einführung von Einlaufuhren, *quae anaphorica dicuntur*. Bereits Diels führte den Begriff auf den Ausdruck *ἀναφορά* für Sternaufgang zurück, der bei den hellenistischen Astronomen häufig verwendet wird.[409] Vitruvs Aus-

403 Den abweichenden Abstraktionsgrad und die nun nicht mehr ausschließlich empirische Beobachtung des Aristarchos sondern die darauf aufbauende Übertragung in ein regelhaftes Modell weisen A. C. Bowen – R. Goldstein, Aristarchus, Thales und Heraclitus on Solar Eclipses, Physis. Rivista internazionale di storia della scienza N. S. 31.3, 1994, 689–729 am Beispiel der Vorhersagen von Sonnenfinsternissen nach.

404 Zu den Elementa des Euklid vgl. J. Evans, The History and Practise of Ancient Astronomy (Oxford 1998) 305–312 und J. Schönbeck, Euklid (Basel 2003) bes. 63–67, die beide versuchen den Kenntnisstand der Zeit in systematischer Form zu rekonstruieren, auch: Russo 2005, 56–64.

405 M. N. Fried (Hrsg.), Apollonius of Perga's Conica: Text, Context, Subtext (Leiden 2001) 364–388.

406 Gibbs 1976, und Schaldach 2001, 31.

407 A. W. Sleeswyk – B. Huldén, The Three Waterclocks Described by Vitruvius, History and Technology 8.1, 1991, 25–50.

408 So Diels 1920, 204.

409 Diels a. O. 214 Anm. 3; so auch RE VIII.4 (1945) 2431 s. v. horologium (A. Rehm).

führungen machen trotz einiger Unsicherheiten, welche die Funktionsweise der Hydraulik dieser aus mehreren miteinander kommunizierenden Druckbehältern zusammengesetzten Instrumente im Einzelnen betreffen, deutlich, dass die Zifferblätter dieser Uhren kombiniert Stunden, Zodiakal- und Sternbilder sowie Monatsbezeichnungen anzeigten. Die beschriebene Vielgliedrigkeit lässt ferner darauf schließen, dass diese recht große Konstruktionen – wie das erhaltene Fragment einer solchen Uhr Iuvavum 1 – nur innerhalb eines Gebäudes aufgestellt worden sein können. Drittens läßt die von Vitruv beschriebene Staffelung von mehreren scheibenförmigen Anzeigezyklen und kompliziertem Mechanismus erkennen, dass der Konstruktion eine stereographische Projektion zugrunde liegt – ein Prinzip, das erstmals durch Hipparch von Nikaia im 2. Jh. v. Chr. erkannt wurde und sicher nicht mit Ktesibios in der ersten Hälfte des 3. Jhs. v. Chr zu verbinden ist.[410] Somit ist die Abfolge von Vitruvs Schilderung – Vorstellung von Wasseruhren, Anekdote zu Ktesibios und anschließende Beschreibung verschiedener Typen – kein Indiz für die Zuschreibung aller genannten technologischen Typen an den Alexandriner.

Obwohl Aufbau, Vokabular und detailreiche Schilderung in dieser Textpassage darauf hinweisen, dass Vitruv hier unmittelbar auf frühere Fachtexte zugreift, wird es sich bei diesem also nicht allein um Kopien der Schriften des Ktesibios, sondern auch um ins Lateinische übertragene Texte über hydraulische Kenntnisse gehandelt haben. Diese Vermutung wird von Vitruvs gemischter Verwendung von griechischen und lateinischen Termini gestützt:[411] Wird auf dem Wissensgebiet der Astronomie bzw. der Gnomonik weitgehend der griechische Sprachgebrauch im Lateinischen übernommen, so nennt Vitruv den Schwimmer einer Wasseruhr *phellos* bzw. eine hohle Trommel *tympanum*, während das erforderliche Gegengewicht als *sacoma saburale*, die Drehung als *versatio* und die Steckköpfe für die Tagesanzeige als *bulla* bezeichnet werden. Somit könnte die vitruvianische Überlieferung zu den Wasseruhren darauf hinweisen, dass auf den Sektoren der Mechanik und Hydraulik im 1. Jh. v. Chr. bereits partiell eine eigenständige lateinische Terminologie entwickelt worden war.[412]

Unabhängig von der Schwierigkeit den Text mit dem materiellen Bestand zu verknüpfen, belegt er für das ausgehende 1. Jh. v. Chr., dass es zahlreiche Uhrentypen gab – Vitruv erwähnt allein 18 in dem Kapitel. Diese quantitative Qualität – die Vielzahl von Uhren – kennzeichnet die chronologisch ungeordnete Auflistung, deren Einträge weder einer technologischen Entwicklungslinie noch der historischen Abfolge ihrer Erfinder entsprechen. Die teils berühmten, teils nur aus dieser Textpassage bekannten Astronomen und Mathematiker sind dem 4. bis 2. Jh. v. Chr. zuzuordnen, also jenem Zeitraum, in dem auch archäologisch die meisten Uhrentypen erstmals belegt sind. Während die spezielle Leistung der meisten aufgelisteten Astronomen unbekannt ist, stellen Eudoxos von Knidos und Aristarchos von Samos insofern Ausnahmen dar, als dass ihre Arbeiten sich tatsächlich grundlegend auf die Konstruktion von Sonnenuhren ausgewirkt haben müssen. In der Summe weist das differenzierte Begriffsspektrum Vitruvs, das überlieferte Analemma und die aufgeführten fünf Ortsbreiten punktuell auf die von ihm verwendete Fachliteratur hin: Im 1. Jh. v. Chr. müssen also schriftliche Anleitungen sowohl für das Konstruktionsprinzip von Zeitmessern, unter denen Vitruv die Meridiane auswählt, wie auch Listen der benötigten Ortsbreiten vorgelegen haben. Während sich in Ägypten eine fehlerhaft berechnete Ortsbreite aufgrund der geographischen Nähe zum Äquator kaum gravierend auf die Anzeige einer Uhr auswirkt, sind Orts-

---

410 O. Neugebauer, The Early History of the Astrolabe, Isis 40, 1949, 240–256 und A. G. Drachmann, Ktesibios, Philon and Heron. A Study in Ancient Pneumatics (Kopenhagen 1948) 21 f.

411 Ähnlich beurteilen J. Evans – J. L. Berggren, Geminos's Introduction to the Phenomena. A Translation and Study of a Hellenistic Survey of Astronomy (Princeton 2006) 12–22 die Hintergründe für Geminos' nahezu zeitgleich entstandene Schrift, vgl. a. O. 12: „Of the astronomical writers, Geminos names Euktemon, Kallippos, Philippos, Eratosthenes, and Hipparchos, though he may not have known the works of all these people firsthand."

412 Dass über den Sprachgebrauch reflektiert wurde, zeigt Cic. ac. 1, 25 an, der Atticus zu Varro sagen lässt, er könne ruhig die griechischen Begriffe verwenden, wenn die lateinischen fehlen.

listen mit zugeordneten Breitengraden die Voraussetzung für die weite regionale Verbreitung von Zeitmessung in dem römischen Weltreich.

Zwischen Vitruvs recht willkürlicher Auflistung der Typen von Sonnenuhren bzw. deren Erfindern und seiner relativ präzisen und stringenten Beschreibung des Analemma bzw. der Wasseruhren zeigt sich ein deutlicher Gegensatz: Offenbar rekonstruierte Vitruv das eine nach dem Hörensagen, während er für das auf astronomischen Erkenntnissen basierende Konstruktionsprinzip und die mechanischen Uhren auf Textvorlagen zurückgriff. Hier wird ein grundsätzlicher Unterschied in der Übermittlung des jeweils erforderlichen Wissens greifbar: Während Steinmetze eine Sonnenuhr auf der Grundlage von Ortslisten und der – wohl beschrifteten – Konstruktionszeichnung des Analemma anfertigten, lagen für Wasseruhren offenbar schriftliche Bauanleitungen vor.

Bemerkenswert ist, dass Vitruv in seiner dem Augustus gewidmeten Schrift ausgerechnet zur Konstruktion eines horizontalen Meridians in Verbindung mit einer Zodiakalteilung ausführlich anleitet – sind doch Horizontaluhren im archäologischen Befund extrem selten bis Augustus den Obelisken als Zeiger eines monumentalen Meridians mit Zodiakaleinteilung auf dem Marsfeld aufstellen ließ.[413] Erst in der Folge von dieser kaiserlichen Stiftung ist im archäologischen Befund ein deutlicher quantitativer Anstieg von horizontalen Zifferblättern zu verzeichnen.[414] Möchte man diese Koinzidenz nicht als zufällig ansehen,[415] dient das siebte Kapitel von Vitruvs IX. Buch bewusst der praktischen Verbreitung von Augustus' Zeitpolitik und kann deshalb erst nach der Aufstellung des Obelisken auf dem Marsfeld entstanden sein. Die in dessen Basisinschrift aufgeführte Titulatur des Augustus weist die Stiftung in den Zeitraum zwischen dem 10.12.10 und dem 9.12.9 v. Chr., so dass dieser Teil der *De Architectura* erst knapp vor Vitruvs Tod abgeschlossen worden sein kann.[416] Vor dem Hintergrund der augusteischen Politisierung von Zeitmessung wird der nachrangige technikgeschichtliche Stellenwert des IX. Buchs der Architectura von seiner Bedeutung als historische Quelle aufgewogen, deren zentrale Aussage zugespitzt formuliert lauten müsste: ‚Es gibt viele verschiedene Zeitmesser, sie sind das Ergebnis langfristiger Forschungen – und notwendig für eine Tag wie Nacht gültige Zeitanzeige. Aufgrund des vom Kaiser als Pontifex gestifteten Meridians mit Zodiakaleinteilung ist die Aufstellung dieses Uhrentyps besonders nachahmenswert, so dass ich dafür eine Konstruktionsanleitung liefere.' Vor diesem historischen Zusammenhang ist auch Vitruvs detaillierte Beschreibung der horologia hiberna zu lesen, deren konkretem Hintergrund an anderer Stelle nachzugehen sein wird.[417]

Vitruvs Schrift stellt kein Handbuch, kein ‚building manual' dar, wie es von der früheren Forschung verstanden wurde[418], sondern dient der dezidierten Propaganda der augusteischen Baupolitik, die aus früheren Entwicklungen hergeleitet und als höchstmöglicher Entwicklungsstand begriffen wird. In dieses Verständnis fügt sich auch das IX. Buch über die Zeitmesser ein, als der ranghöchsten Form der Architectura. Die Schrift ist als Bestandteil der augusteischen Zeitpolitik zu lesen, zu deren praktischer Verbreitung sie beizutragen beabsichtigt und zwar innerhalb des

---

413 Hier Rom 3° und Kapitel VIII 2.

414 Vgl. hier Kapitel II 2.2.1.

415 Ein Zufall ist m. E. insofern auszuschließen, da es Vitruv im Vorwort zu Buch 1, 2 als sein angestrebtes Ziel bezeichnet, die Würde des Reiches durch die von Augusts geförderten öffentlichen Baumaßnahmen darzustellen. Obwohl der Obelisk im Text nicht ausdrücklich erwähnt wird, ist es aufgrund dieser Zielsetzung der augusteischen Propagandaschrift unwahrscheinlich, dass ausgerechnet dieses repräsentative, hochgradig politisierte Zeitdenkmal dem Autor entging, der zur Fertigstellung seiner Schrift eine lebenslange Rente vom Princeps erhielt, vgl. dazu A. König, From architect to imperator: Vitruvius and his addressee in De Architectura, in: L. Taub (Hrsg.), Authorical Voices in Graeco-Roman Technical Writing (Trier 2009) 31–52.

416 Vgl. Vitruv, De Architectura hrsg. v. C. Fensterbusch [5](Darmstadt 1991) 5, der den Schluss zieht, dass „dann also Buch X vor 22 v. Chr. fertig vorgelegen haben und damit das Gesamtwerk zu diesem Zeitpunkt vollendet gewesen sein muss." Auch Fischer 2009, 30 geht von einem Abschluss des Manuskripts in den 20er Jahren des 1. Jhs. v. Chr. aus.

417 Vgl. Kapitel VI 2 und VIII 2.

418 H. Plommer, Vitruvius and Later Roman Building Manuals (Cambridge 1973) 5–17.

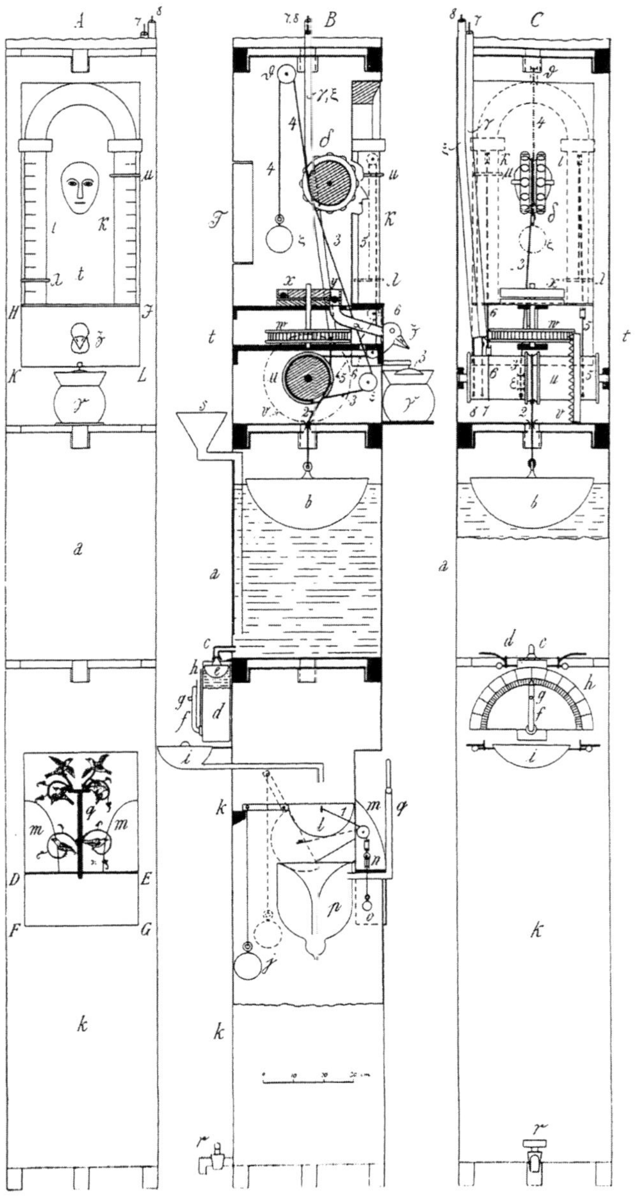

Abb. 59: Rekonstruktion der Uhr des Archimedes nach Wiedemann und Hauser

anhand von Beispielen aus Rom, Athen, Rhodos, Tarent und Alexandria skizzierten geographischen Raums – also innerhalb des gesamten römischen Imperiums.[419]

Zur Beurteilung der verlorenen mechanischen Fachtexte, auf die offenbar auch Vitruv zurückgriff, wäre die Neu- bzw. Erstedition einiger arabischer Handschriften des 9. und 10. Jhs. aufschlussreich, die bislang nur eingeschränkt in die Überlegungen einbezogen werden können: Während keine Abschriften von Arbeiten zur Mechanik aus der griechischen und lateinischen Tradition bekannt sind, lassen Übereinstimmungen von Text und Illustrationen unter den verschiedenen arabischen Manuskripten gemeinsame hellenistische Quellen vermuten. Zwar erlaubt die lückenhafte Überlieferung und der Publikationsstand der Schriften nicht einzelne Uhrentypen zu rekonstruieren, gleichwohl sind diesem Strang der literarischen Überlieferung Informationen hinsichtlich

419 Diesem Ziel dient mit abweichendem Blickwinkel auch die Schrift des Geminos, vgl. J. Evans – J. Berggren, Geminos's Introduction to the Phainomena. A Translation and Study of a Hellenistic Survey of Astronomy (Princeton 2006) 15–22.

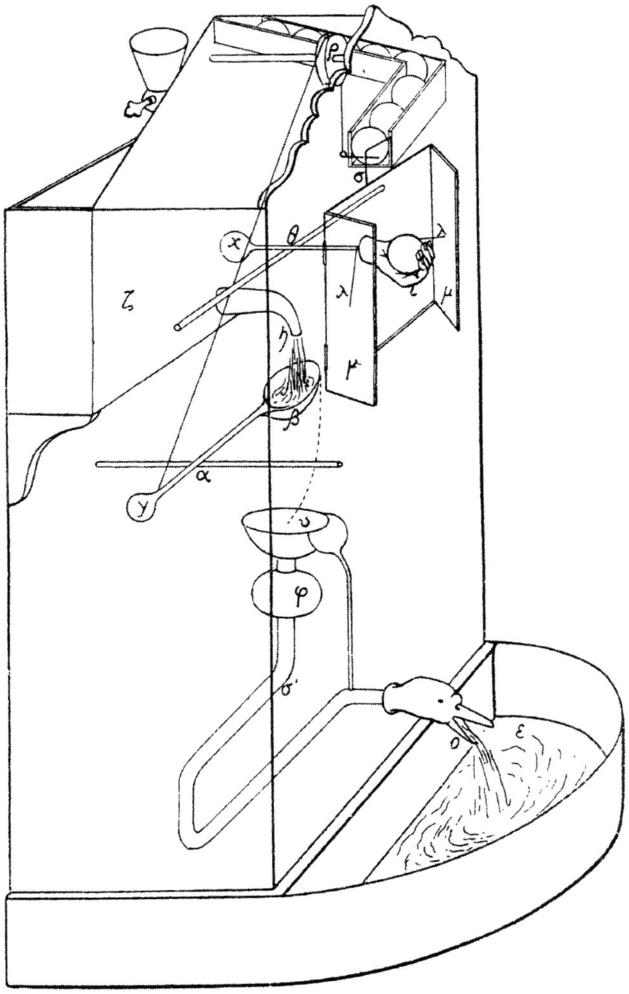

Abb. 60: Rekonstruktion des von Philon von Byzanz entwickelten Waschtisches

zweier Aspekte zu entnehmen, welche die Nachrichten des Vitruv ergänzen: die sog. Uhr des Archimedes und die Arbeiten des Philon von Byzanz.

Die arabische Überlieferung zur sog. Uhr des Archimedes machten Eilhard Wiedemann und Friedrich Hauser erstmals 1918 bekannt:[420] Ihre Textfassung beruht auf zwei einander ergänzenden arabischen Handschriften, einer älteren in Paris und einer jüngeren in London, deren Anfang sich mit einem dritten Manuskript in Oxford deckt. Auf Grundlage dieser drei Manuskript fertigten die beiden Forscher eine deutsche Übersetzung an, die entsprechend dem Titel der Londoner Handschrift ‚Das Werk des Archimedes über die Herstellung der Uhren' lautet. Die Bearbeiter betonen, dass „eine textkritische Ausgabe Philologen überlassen bleiben (muss)." Beide Handschriften begleiten zehn Zeichnungen, die Details der Konstruktion widergeben.

Auf dieser Grundlage rekonstruieren Wiedemann und Hauser eine mehr als 4 m hohe Auslaufuhr (vgl. Abb. 59). Ihre Zeitanzeige wird auf vielfältige Weise akustisch und optisch umgesetzt, so dass unter Ausnutzung verschiedener mechanischer Gesetzmäßigkeiten hydraulische Techniken mit einem Räderwerk sowie verschiedenen Schwimm- und Hebevorrichtungen kombiniert

420 E. Wiedemann – F. Hauser, Uhr des Archimedes und zwei andere Vorrichtungen. Nova Acta. Abh. der Kaiserlich-Leop.-Carol. Deutschen Akademie der Naturforscher 103. 2 (Halle 1918); Handschrift in Paris: G. de Slane Nr. 2468 S. 437, in London: C. Rieu, Catalogue of the Persian Manuscripts in the British Museum (London 1879) 1336 S. 619; in Oxford: MS Bodl. 954 S. 95. Zum Umfeld der Entstehung der Handschriften vgl. F. Charette, The Locales of Islamic Astronomic Instrumentation, History of Science 44.2, 2006, 123–138. Zur Rekonstruktion: Lewis 1990, 357 mit Anm. 25. 364 f.

werden. Obwohl auf Grundlage der Handschriften Einzelheiten der Konstruktion unklar bleiben und von den Bearbeitern frei ergänzt wurden, machen die überlieferten Angaben folgende Punkte deutlich: Zum einen wurde das Füllen und Ablassen der Haupttanks manuell geregelt, indem einmal am Tag Wasser in den Haupttank eingefüllt wurde, das im Tagesverlauf ausläuft. Es war also kein Anschluss an eine permanente Wasserzufuhr erforderlich. Zum anderen liefern die Texte genaue Maßangaben für die einzelnen Bauteile, die sprachlich und zeichnerisch zueinander in Bezug gesetzt werden; es handelt sich also um eine konkrete Bauanleitung, kein allgemein gültiges Konstruktionsprinzip. Diese Einschätzung wird von der Vielzahl der verwendeten Fachbegriffe bestätigt. Drittens ist das Instrument für die Anzeige von saisonalen Stunden bei einer maximalen Laufzeit von einem Tag vorgesehen. Die manuelle Bedienung bedingt die klare Trennung der Aussenflächen der Uhr in Anzeige- und Wartungsseite und gibt strukturell die rechteckige Grundform der Uhr vor.

Zur vollen Stunde singen Vögel, fallen Kugeln in einen Auffangbehälter und wechselt die Augenfarbe einer Figur: Diese mehrfache Anzeige derselben Zeitqualität an einem Instrument offenbart viertens, dass die Uhr des Archimedes weniger der normativen Ordnungsfunktion von Zeitmessung sondern als Anschauungsobjekt der angewandten mechanischen Gesetzmäßigkeiten dient. Dieser Eindruck bestätigt sich dadurch, dass im Gegensatz zu der von Vitruv beschriebenen anaphorischen Uhr keine kalendarische Anzeige integriert wurde: Vielmehr muss das Wartungspersonal den Wasserzufluss manuell zur Anzeige monatskonformer saisonaler Stunden regeln. Das setzt voraus, dass parallel zur Wasseruhr ein Kalendarium bereit stand – die von Vitruv überlieferte Entwicklungsstufe der Zusammenführung beider Funktionen in einem Gerät ist hier noch nicht erreicht. Im Hinblick auf die zeitliche Qualität der Anzeige weichen die Angaben der drei Handschriften untereinander nicht ab; Varianten begegnen aber in mechanischen Details bzw. der figurativen Umsetzung der Anzeige: mal galoppieren zur vollen Stunde Reiter, wird ein Gefesselter enthauptet oder erscheint eine Schlange oder ein Flötenspieler. Unsicher ist, ob überhaupt eines dieser bewegten Bilder mit der ursprünglichen Uhr des Archimedes zu verbinden ist oder ob nicht vielmehr die Visualisierung der Anzeige als zeitgemäße Zutat gelten muss.

Von den Schriften des Philon von Byzanz, der auf den Arbeiten des Ktesibios aufbauend um die Mitte des 3. Jhs. v. Chr. seine *Σύνταξις τὴς μηχανικής* in Koine verfasste, sind von den ursprünglich neun vier Bücher erhalten.[421] Dazu zählt auch das 5. Buch der *Πνευματικά*, von dessen ersten 16 Kapiteln bereits im 19. Jh. die lateinische Übersetzung[422] einer arabischen Version bekannt war und von der Bernard Carra de Vaux 1903 eine vollständige französischsprachige Fassung auf Grundlage von drei arabischen Handschriften erstellte.[423] Zu den zahlreichen Apparaten, die Philon modellhaft als Anwendungsbeispiele der Pneumatik vorführt, zählt auch ein automatischer Waschtisch, zu dem er eingangs bemerkt (V 31), dass dessen Konstruktionsweise derjenigen von Uhren entspräche (vgl. Abb. 60): Dabei fließt Wasser permanent auf einen kleinen Löffel, der absinkt, sobald er gefüllt ist. Diese Bewegung löst einen Mechanismus aus, der ein Fenster im Giebel des Waschtisches öffnet, aus dem eine kleine Hand dem Benutzer einen kugelförmigen Bimsstein reicht und gleichzeitig Wasser aus dem Hahn am Fuß des Geräts ausläuft. Nun kann der Benutzer seine Hände mithilfe des Bimssteins reinigen, den er nach Abschluss des Vorgangs wieder auf dem Dach des Geräts in einer Rinne

421 Zur problematischen Datierung von Philon vgl. Cuomo 2007, 51 f. mit weiterer Literatur und D. F. Prager, Philo of Byzantium: Pneumatica. The First Treatise on Experimental Physics: Western Version and Eastern Version (Wiesbaden 1974) 3-18; Er geht davon aus, dass Philon um 200 v. Chr. in Alexandria tätig war, ebenda 14 f., während Lewis 1990, 354 die Entstehung der Pneumatik um 230 v. Chr. ansetzt.

422 V. Rose, in: Anecdota graecae et graecolatina II (Berlin 1870) 297–314.

423 B. Carra de Vaux, Les livres des appareils pneumatiques et des machines hydrauliques, par Philon de Byzance, édité d'après les versions arabes d'Oxford et de Constantinople et traduit en francais, Notices et extraits des mauscrits de la Bibliothèque Nationale et autres bibliothèques 38, 1903, 27–235; wiederabgedruckt in: F. Sezgin, Archimedes and Philon in the Arabic Tradition (Frankfurt am Main 2001) 101–229. Zwei der Handschriften befinden sich in der Bibliothek der Haghia Sophia: A. S. 2755 und 3713, die dritte in Oxford MS Bodl. 954. Vgl. grundlegend mit neuer Übersetzung: Hill 1976, D. F. Prager, Philo of Byzantium: Pneumatica. The First Treatise on Experimental Physics: Western Version and Eastern Version (Wiesbaden 1974) 35–57 und Ergänzungen von Sleeswyk 1990.

ablegt. Philo betont, dass ‚die ganze Welt' sich auf diese Weise die Hände reinigen könne, der Vorgang also unbegrenzt häufig wiederholbar sei. Diese Aussage setzt den Anschluss an einen Druckwassertank voraus, dessen permanenter Zulauf kombiniert mit der hier in Löffelform zum ersten Mal in der Technikgeschichte nachgewiesenen Hemmung die Konstruktion eines dauerbetriebenen Zeitwerks theoretisch zuließe. Trotz des ungeklärten zeitlichen Verhältnis von Archimedes' zu Philons Uhr muss letztere aufgrund der genannten Merkmale entwicklungsgeschichtlich als jünger gelten. Mit ihr liegen im ausgehenden 3. Jhs. v. Chr. theoretisch alle technologischen Voraussetzungen für eine dauerhaft betriebene Stundenuhr vor, die als eine Vorstufe des von Vitruv beschriebenen anaphorischen Zeitmessers mit verschiedenen Zeitfunktionen anzusehen ist.

Im Gegensatz zu den anwendungsorientierten frühen Quellen wird mit Plinius nat. 7, 212–215 der Versuch greifbar, Zeitmesser als Teil eines gesellschaftlichen Prozesses zu verstehen. Liegt Vitruvs vordergründiges Ziel in der Darstellung einer technologischen Entwicklungslinie, die im Meridian des Augustus gipfelt, so ordnet Plinius Zeitmesser als letzten Punkt jenen Aspekten zu, über die 7, 210 *gentium consensus tacitus primus omnium conspiravit*. Zu diesen zählt er die Übernahme des griechischen Alphabets, die Gewohnheit sich zu rasieren und die Einführung von Zeitmessern in Rom.[424] Hier werden Zeitmesser als Indikatoren für kulturgeschichtliche Entwicklungsstadien verstanden, ihre zeitfunktionalen Leistungen genannt und ihnen statt ihrer Erfinder durchwegs der für die öffentliche Aufstellung (politische) Verantwortliche zuordnet. So zeichnet Plinius die Geschichte von zeitlichen Normen auf dem Forum Romanum als dem politischen Zentrum Roms von der Aufstellung des Zwölftafelgesetzes in der Mitte des 5. Jhs. v. Chr. bis zur Einrichtung der ersten permanent betriebenen Wasseruhr im Jahr 158 v. Chr. nach. Mit dieser verlässlichen, dauerhaften Zeitanzeige ist für ihn die Entwicklung abgeschlossen, so dass mit ihr seine Ausführungen abbrechen. An einer fachspezifischen Auseinandersetzung ist er also nicht interessiert, was auch seine undifferenzierte Wortwahl – für ihn sind Zeitmesser immer Horologia – anzeigt.

Dass es auch für andere Typen von Wasseruhren schriftliche Anleitungen gegeben haben muss, belegt der Zufallsfund eines Papyrus aus dem mittelägyptischen Oxyrhynchos:[425] Erstmals erkannte Borchardt, dass es sich bei dem zweiseitigen Text des 3. Jhs. n. Chr. um die Abschrift einer hellenistischen Konstruktionsanleitung für eine Klepsydra handelt. Trotz zahlreicher Schreib- und Lesefehler im Dokument wird ersichtlich, dass die Maße in ägyptischem Fuß ein Gefäß mit einem oberen Durchmesser von umgerechnet 45 cm, einem unteren von 22,5 cm und einer Höhe von knapp 34 cm definieren, das in seinen Dimensionen also recht genau der 600 Jahre früher entstandenen hellenistischen Diorituhr Rom 9 entspricht. Im Text wird anschließend die Einteilung der Stundenskalen entlang der inneren Gefäßwandung erklärt, deren Abstände proportional in Kubikfingern statt im üblichen ägyptischen Hohlmaß angegeben werden. Sollte Borchardts Lesung dieser Angaben zutreffen, so entsprechen sie erneut der Aufteilung der erhaltenen hellenistischen Klepsydren, die durchwegs für eine Aufstellung im Delta geeicht sind.

Der hochkaiserzeitliche Text leitet zur Herstellung einer hier als Horologion bezeichneten Klepsydra in anwendungsorientierter Weise so an, dass keine eigenständige Rechenleistung vom ausführenden Handwerker erforderlich ist. Dass dieser wahrscheinlich ein griechischsprachiger, im Baugewerbe tätiger Steinmetz war, zeigt die Verwendung ausschließlich branchenüblicher Längenmaße an. In technologischer Hinsicht vermittelt der Text den Wissensstand hellenistischer Zeit, so dass Verderbtheiten, die v. a. Zahlenwerte der Stundenskalen betreffen, wahrscheinlich auf die wiederholte Abschrift der wesentlich älteren Inhalte zurückzuführen sind.

Ganz anders werden Zeitmesser in der annähernd zeitgleich[426] entstandenen Schrift *Artis architectonicae privatis usibus abbreviates liber* des M. Cetius Faventinus behandelt, die von der

---

424 Vgl. dazu ausführlich Wolkenhauer 2011, 74–92 und hier Kapitel VIII 2.

425 B. P. Grenfell – A. S. Hunt, The Oxyrhynchus Papyri Bd. 3 (London 1903) 143–145 Nr. 470; Borchardt 1920, 10B-14.

426 Die Zuordnung der Schrift an Faventinus gelang der Forschung erst in der zweiten Hälfte des 19. Jhs. Über seine Lebensdaten und die Datierung seiner Schrift herrscht noch weitgehend Unsicherheit vgl. M. T. Cam (Hrsg.), Abrégé d'architecture privée ²(Paris 2002) 17 f. gegenüber Pattenden 1979, 203, der mit Verweis auf Plommer a. O. 2 für eine Datierung in das frühe 3. Jh. n. Chr. plädiert.

modernen Forschung vielfach als vulgarisierte Überlieferung der vitruvianischen Bücher verstanden wird[427]. Faventinus führt darin die technischen und typologischen Varianten im privaten Wohnungsbau auf, denen er im Rahmen des 29. und letzten Kapitels einen Exkurs über Uhrentypen anschließt: *Multa variaque genera sunt horologiorum, sed pelecini et hemicyclii magis aperta et sequenda ratio videtur.* Wie bei Vitruv erscheint hier die Gnomonik als höchste Form der Baukunst. Abweichend vom augusteischen Vorbild hebt er jedoch aus pragmatischen Gründen zwei Uhrentypen – Pelecinum und Hemicyclium – hervor, weil deren Konstruktionsprinzip leichter umzusetzen seien. Obwohl beide Begriffe bereits von Vitruv erwähnt werden, ergänzen die Beschreibungen des Faventinus dessen listenartige Aufzählung. Deshalb versuchte u. a. P. Pattenden die Überlieferung des Faventinus mit dem archäologischen Befund abzugleichen:[428] In der Folge von Diels und Gibbs erkennt auch Pattenden im metaphorischen Wortbild des Ausdrucks *πέλεκυς*, der Doppelaxt, das Linienmuster horizontaler Zifferblätter wieder. Zwar versteht Faventinus als Pelekinum tatsächlich einen planen Uhrentypus, wenn er erwähnt, dass zwei Marmorplatten benötigt werden, doch verunklären weitere Details seiner Ausführungen die Zuschreibung: So soll die zehnte Stunde der Uhr nach Osten ausgerichtet sein und das erste und letzte Stundenintervall nur halbe Stunden anzeigen. Weder macht diese Beschreibung in ihrer astronomischen Aussage Sinn noch ist eine gleichartig konstruierte Uhr im archäologischen Befund bekannt.[429]

Abb. 61: Rekonstruktion der von Prokop überlieferten Marktuhr von Gaza

427 Beispielsweise °HAW. Handbuch der lateinischen Literatur der Antike Bd. 4 (München 1997) s. v. Cetius Faventinus (K. Sallmann) 265 f.

428 Pattenden 1979.

429 Indem Pattenden a. O. mehrere Angaben interpretativ ausdeutet, obwohl noch nicht einmal wirklich klar ist, welche Bereiche Faventinus als superior und welche als inferior bezeichnet werden, will er in der Beschreibung eine Horizontaluhr erkennen. Allerdings räumt er ein, dass, falls andere Angaben ‚korrigiert' würden, ein anderes Ergebnis die Folge wäre.

Faventinus' Beschreibung des Hemicyclium verbindet Pattenden mit den Sonnenuhren der sphärischen Variante. Ausschlaggebend für diese Zuordnung ist die Erwähnung eines fingerbreiten Lochs im Scheitelpunkt der Sphäre, das den Lichtstrahl präzise auf das Zifferblatt lenkt. Damit weicht Faventinus' Verständnis vom Hemicyclium von dem Vitruvs ab, der so eine schalenförmig eingetiefte Uhrenform beschreibt. Erneut zeigt sich, dass die von beiden Autoren überlieferten (Fach-)Begriffe auf die allgemeine Formgebung eines Zeitmessers anspielen – hier konkret ihren halbkreisförmigen Querschnitt – aber nicht unbedingt einen spezifischen Uhrentypus im engeren technologischen Sinn benennen.

Eine *ἔκφρασις ὡρολογίου* formulierte Prokopios von Gaza vor 529 n. Chr. Die Abhandlung gilt der Marktuhr seiner Heimatstadt und ist hier im Zusammenhang wichtig, weil sie die Fortdauer der Aufstellung aufwendiger städtischer Uhrenmonumente und deren literarische Reflexion in der Spätantike gleichermaßen belegt. Diels folgert in seiner Edition des Textes, dass dieser Zeitmesser innerhalb eines Gebäudes, wohl in Form eines kleinen Naiskos, auf dem Forum von Gaza gestanden haben muss (Abb. 61);[430] hier begegnen erneut Wasseruhren im architektonischen Zusammenhang, wie er für eine ganze Reihe der archäologisch bzw. epigraphisch belegten Zeugnisse der Gruppe II 1.2.2 naheliegend ist.

Prokopios informiert seine Leser nicht über die technologischen Hintergründe des städtischen Wunderwerks, sondern der Sophist beschreibt die vielfältigen mythologischen Figuren, von denen die Zeitdaten mechanisch gesteuert angezeigt werden. Mit dem Uhrwerk war außerdem ein weithin hörbares Schlagwerk verbunden, das die Stundenzahl anschlug, deren Zählung jeweils von eins bis sechs in Vor- und Nachmittag aufgeteilt war.[431]

Der Zeitmesser, dessen vielgliedrigen Figurenschmuck des Dodekathlos Diels anschaulich von Krischen innerhalb einer hochkaiserzeitlichen Architektur zeichnerisch umsetzen ließ,[432] dient Prokopios als Prospekt, um den dauerhaft gültigen Bildungsanspruch seiner Stadt zum Ausdruck zu bringen: Hier werden durch die metrische Analogie von Stundenzahl und Heraklestaten zu jeder Tageszeit die Mythen der griechischen Vergangenheit lebendig. Seinen Ausführungen liegt also kein technologisches Fachwissen zugrunde, sondern das technische Meisterwerk dient als weithin sicht- und hörbarer Beleg – indem es Tag und Nacht funktioniert – städtischer Repräsentation.[433]

Ein weiteres städtisches Uhrendenkmal führt Niketas Choniates in seiner Schrift De Signis unter den bei der Plünderung Konstatinopels im Jahr 1204 zerstörten Bauwerken auf:[434] So zählt zur reichen Ausstattung des Hippodrom[435] auch ein Kunstwerk, das einen Adler mit ausgebreiteten Schwingen zeigt, der in seinen Fängen eine Schlange hält. In die Vogelflügel waren derart Stundenlinien eingeritzt, dass der ausgestreckte Hals des Tieres als Gnomon diente. Die Aufstellung der außergewöhnlichen Sonnenuhr führt Niketas auf die Initiative der Byzantiner zurück, die den ‚Magier' Apollonios von Tyana[436] bei der Bekämpfung einer Schlangenepidemie um Hilfe baten.

---

430 H. Diels, Über die von Prokop beschriebene Kunstuhr von Gaza. Ed. und Übersetzung der ἔκφρασις ὡρολογίου. *AbhSBBerlin 7, 1917 und Diels 1920, 220 mit Abb. 76. Archäologisch ist über das spätantike Forum von Gaza wenig bekannt, vgl. zusammenfassend mit weiterer Literatur: C. Saliou, Gaza dans l'antiquité tardive, in: M.-A. Haldimann (Hrsg.), Gaza, à la croisée des civilisations Bd. 1 Contexte archéologique et historique (Neuchâtel 2007) 141–160 und B. Britton-Ashkelony – A. Kofsky (Hrsg.), Christian Gaza in Late Antiquity (Leiden 2004) passim.

431 Diels a. O. 224.

432 Diels a. O. 220 Anm. 1 und 222 f. Abb. 77. 78.

433 Vgl. D. Renault, La récitation d'ekphraseis: une réalité vivante à Gaza au IVe siècle, in: C. Saliou (Hrsg.), Gaza dans l'antiquité tardive (Salerno 2005) 197–220 und ders., The influence of Alexandria on the intellectual live of Gaza, in: T. Derda (Hrsg.), Alexandria: Auditoria of Kom el-Dikka and Late Antique Education. Kongress Alexandria 2005 (Warschau 2007) 169–176.

434 ed. I. Bekker 1835, CSHB 854–856; I. A. Van Dieten 1975 CFHB XI, 1 und Übersetzung F. Grabler, Byzantinische Geschichtsschreiber (hrsg. E. von Ivanka) XI (Graz 1958) 236 f.

435 Zur angeblichen Ausstattung des Hippodroms, vgl. S. Bassett, The Urban Image of Constantinople (Cambridge 2004) 212–231.

436 Zur Datierung der schillernden Figur des Apollonios von Tyana vgl. M. Dzielska, Apollonios von Tyana in Legend and History (Rom 1986) 9–17 und seinen Wundertaten F. C. Baur, Apollonios von Tyana und Christus (Hildesheim

Der Zeitmesser diente über die mit den Funktionen des Hippodrom im Zusammenhang stehende Zeitanzeige hinaus also auch dauerhaft als apotropäischer Schutz für die Stadt Konstantinopel.[437]

Wann das Objekt aufgestellt wurde, ist nur annähernd zu ermitteln: Die ikonographischen Bezüge des Adlers mit ausgebreiteten Schwingen verweisen das Monument in den Umkreis kaiserzeitlicher Repräsentationskunst, in der das Motiv häufig begegnet. Die Einbindung des Instruments in eine figürliche Darstellung erinnert an seine attributive Funktion in allegorischen Kompositionen wie dem Atlas Farnese oder der Nemesis Oinoanda 2, in denen jeweils eine funktionierende Sonnenuhr zum authentischen Garant der andauernden Gültigkeit der formulierten Aussage wird.[438] Die konzeptuelle Nähe des Adlermonumentes zu den Zeugnissen des 2. Jhs. n. Chr. läßt die Rückführung des Werks auf die Lebenszeit Apollonios von Tyana zumindest denkbar erscheinen. Sollte diese zeitliche Einordnung das Richtige treffen, dann würde mit der Überlieferung des Niketas das Verständnis von Sonnenuhren als authentisches Sinnbild ewiger Dauer über 1000 Jahre hinweg greifbar.

3 Entwicklungsgeschichte der Zeitmesser

Der Versuch, auf Grundlage der schriftlichen Zeugnisse eine Entwicklungsgeschichte der Zeitmesser zu rekonstruieren, unterliegt aufgrund der lückenhaften direkten Überlieferung zahlreichen Einschränkungen, wie bereits die Untersuchung der Einzelbegriffe erkennen ließ. Als besonders gravierend erweist sich für die Instrumentengeschichte der weitgehende Verlust der antiken Fachliteratur. Diese Lücke wird auch von den punktuell erhaltenen literarischen Ausführungen, die Zeitmesser thematisieren, aufgrund ihrer abweichenden Aussageabsichten nicht geschlossen. So fügen sich die aus unterschiedlichen Textgattungen gewonnenen Informationen nur skizzenhaft zu folgendem Bild zusammen:

Wohl zu Anfang des 6. Jhs. v. Chr. erreichten die mit dem als Gnomon bezeichneten Schattenstab und der als Polos benannten Schattenfläche verbundenen Kenntnisse Ionien.[439] Diesen Wissenstransfer von Vorderasien nach Griechenland bestätigen sowohl Herodots Nachricht von der Übernahme der Kenntnisse aus Babylonien, als auch die Schattenlisten der mesopotamischen Tradition. Er fällt in eine Phase intensiver Kontakte Ioniens mit dem Osten, die auf verschiedenen Ebenen der materiellen Kultur Ioniens angezeigt werden.[440] Obwohl die Doxographen die Einführung des Gnomons mit Anaximander verbinden,[441] ist es aufgrund der dem wenig älteren Thales zugeschriebenen astronomischen Leistungen wahrscheinlicher, dass bereits dieser einen Schattenstab nutzte[442]: So setzt seine Vorhersage der nach moderner Rechnung auf den 28. Mai 585 v. Chr.

1966) 34–45. Die von Niketas überlieferte Hilfe des Apollonios bei der Schlangenepidemie von Konstantinopel greift wahrscheinlich das von Phil. IV 4 überlieferte Wunder der Rettung von Ephesos von der Pest auf.

437 Zu den Funktionen des Hippodrom vgl. G. Dagron, L'hippodrome de Constantinople. Jeux, peuples et politique (Paris 2011) passim.

438 S. hier S. 99.

439 B. Snell, Zur naturwissenschaftlichen Begriffsbildung im Griechischen, Philosophischer Anzeiger 4, 1929, 243–259, außerdem ders., Die Entdeckung des Geistes. Studien zur Entstehung des europäischen Denkens bei den Griechen [8](Göttingen 2000) bes. 217–235.

440 Vgl. zuletzt die Beiträge zu zahlreichen Objektgruppen der materiellen Kultur archaischer Zeit in: J. Cobet (Hrsg.), Frühes Ionien. Eine Bestandsaufnahme. Kongress Güzelçamlı 1999 (Mainz 2007) passim.

441 Vgl. hier Anm. 321.

442 G. Wöhrle, Die Milesier: Thales (Berlin 2009) 27 ff.; zu dem Schluss kommt aus anderem Blickwinkel auch H. J. Gehrke, Die Geburt der Erdkunde aus dem Geist der Geometrie, in: W. Kullmann – J. Althoff – M. Asper (Hrsg.), Gattungen wisssenschaftlicher Literatur in der Antike. Kongress Freiburg 1996 (Tübingen 1998) 163–192 zu Thales 169; bes., 173 f.: „Mit dem kleinen Gnomon ließ sich die Welt konstruieren, welche Ordnung war – ein Universum aus der Messlatte."

fallenden Sonnenfinsternis, seine Beobachtung von Sonnenwenden und leichten Abweichungen der Sonnenzyklen die langfristige Beobachtung des Gestirnes mit Hilfe eines Schattenstabes voraus. Grundlage für diese Leistungen des auch als Ingenieur tätigen Milesiers sind regelmäßige empirische Naturbeobachtungen und keine theoretischen Überlegungen. Ob ihm zudem das Verständnis des babylonischen Wissens durch seine von Herodot I 170.3 ausgewiesene phönizische Abstammung erleichtert wurde, ist aufgrund des karischen Vatersnamens ungewiss.[443] Anaximander verwendete ebenfalls für seine Beobachtungen des Sonnengestirns regelmäßig den Schattenstab.[444] Möglicherweise ist die Zuschreibung des Gnomons an ihn mit jener Nachricht der Doxographen zu verknüpfen, dass er einen Schattenwerfer in Sparta errichtet habe. Unabhängig davon, was unter dem etwas obskuren Ausdruck *ἐπὶ τῶν σκιοτήρων* apparativ genau zu verstehen ist[445], zeigt die getrennt voneinander mehrfach überlieferte Information an, dass Anaximander tatsächlich in Sparta tätig war und somit die in Ionien bereits verfügbaren Kenntnisse ins griechische Kernland brachte.[446]

Herodot zufolge erreichte Griechenland in einem Wissensbündel mit dem Gnomon auch die Zwölfteilung des Tages. Trotz zahlreicher Probleme die babylonischen Schattenlisten einem kohärenten System zuzuordnen, scheint doch immer noch van der Waerdens Interpretation der Daten als Angaben gleichlanger Stundenzeiten zutreffend. Dieses System zwölf gleichlanger Zeitabschnitte des Tages muss somit auch mit Herodots Nachricht verbunden werden.

Neue Erkenntnisse sind mittels eines Gnomons nur durch die dauerhaft ortsgetreue Beobachtung des Himmelsgestirns zu gewinnen, also der ephemeren apparativen Ausstattung in Form eines immer gleich hohen Schattenstabes. Die langfristige Kontrolle der Sonnenstände und erst recht der nächtlichen Gestirne wird jedoch durch die stationäre Installation des Stabes wesentlich erleichtert und präzisiert. Diese Entwicklungsstufe ist mit der Einführung des Heliotropions abgeschlossen, das namentlich mit Pherekydes von Syros oder Meton zu verbinden ist und somit schon in die Mitte bzw. erst das dritte Viertel des 5. Jhs. v. Chr. fällt. Wichtig ist jedoch, dass mit diesen permanenten öffentlichen Stationen die Notwendigkeit langfristiger Beobachtungen in der Stadt nun sichtbar und gleichzeitig entpersonalisiert wird: Denn mit diesen Gerüsten wird ein Referenzpunkt geschaffen, an dem von mehreren Personen bzw. über die Lebenszeit eines einzelnen Astronomen hinaus langfristig Datenserien erstellt werden können. Zeitlich fällt diese Neuerung mit der Zusammenstellung von sog. Parapegmata zusammen, auf denen Sternbewegungen im Jahresverlauf geordnet auflistet werden. Auf diese Weise wird die aktuelle Tagesposition im Jahr angezeigt, indem zumindest seit hellenistischer Zeit Agoranomen täglich eine tageskonforme Markierung positionieren.[447] Für die Heliotropia legen Aufstellungsort und Abrechnungen ebenfalls einen öffentlichen Auftraggeber nahe, eine Voraussetzung, die erst mit der Konsolidierung und Neuordnung der griechischen Staatenwelt nach den Perserkriegen erfüllt wird.[448] Aufgrund der engen Bezüge von Sternbeobachtung und Kalendarien sind diese schlichten, wohl oft hölzernen Konstruktionen der Dreh- und Angelpunkt der offiziellen städtischen Zeitordnung des Jahres – und wurden offenbar häufig auf Agorai bzw. dem Zentrum des politischen Lebens einer Stadt errichtet. Auf die mit den individuellen griechischen Kalendarien einhergehende identitätsstiftende Funk-

---

443 Während die ältere Forschung mit Herodot von einer phönizischen Herkunft ausging, wird diese zunehmend in Zweifel gezogen, vgl. N. Ehrhardt, Die karische Bevölkerung Milets, in: R. Biering – V. Brinkmann u. a. (Hrsg.), Maiandros. Festschrift für Volkmar von Graeve (München 2006) bes. 83 mit Anm. 35.

444 Vgl. hier zur Begriffsgeschichte des Gnomon, Kapitel IV 1.

445 Diog. Laert. II 1, auch Plin. nat. 2, 187, hier wohl irrtümlich auf Anaximenes bezogen.

446 Vgl. hierzu und zum Folgenden: Anm. 363.

447 Lehoux 2005, 14–17.

448 C. Ulf, Gemeinschaftsbezug, soziale Stratifizierung, Polis – drei Bedingungen für das Entstehen aristokratischer und demokratischer Mentalität im archaischen Griechenland, in: D. Papenfuss – V. M. Strocka (Hrsg.), Gab es das griechische Wunder? (Mainz 2001) 163–187.

tion wurde in früheren Forschungen bereits mehrfach hinwiesen[449] – sichtbar wurde dieses neue Verständnis von Zeit für die Bürger in Form der Parapegmata und der Heliotropia. Die bereits seit über 150 Jahren bekannten Schattenstäbe wurden also erst dann institutionalisiert, als sie Teil der normativen Jahresgliederung der Gemeinschaft werden.

Problematisch ist es zunächst, die Einbindung der Klepsydren in die Entwicklung zu beurteilen: In der Überlieferung schlägt sich insbesondere ihre normative Funktion innerhalb der Organe der demokratischen Polis Athen seit dem letzten Drittel des 5. Jhs. v. Chr. nieder, von der ihre öffentliche Wahrnehmung nachhaltig geprägt wird. Bereits die babylonischen Schattenlisten basieren jedoch auf einem System, nach dem die Schattenlänge im Verhältnis zu der seit Sonnenaufgang verstrichenen Zeit steht. Diese wurde in Babylon seit dem 8. Jh. v. Chr. gestaffelt in drei Zeiteinheiten gemessen, die sich über den Tag hinweg auf zwölf gleichlange Abschnitte verteilen. Im 6. Jh. v. Chr. war für die ionischen Beobachter des jahreszeitlichen Verlaufs der Sonne und die Länge ihres Mittagsschattens offenbar der Einsatz eines Schattenstabes allein ausreichend. Seit 500 v. Chr. fallen zunehmend die regelmäßig beobachteten babylonischen und griechischen Sternbilder zusammen, eine Entwicklung, die um 410 v. Chr. in der Übernahme des babylonischen Zodiakos mündet.[450] Ob in diesem Zeitraum auch in Griechenland Klepsydren zur Messung der zeitlichen Relation von Sternauf- und -untergängen im Verhältnis zum Sonnenauf- bzw. -untergang eingesetzt wurden, ist nicht nachweisbar. Eher wahrscheinlich ist die deutlich zeitversetzte Übernahme der babylonischen Kenntnisse und der Klepsydra; dafür spricht nicht nur die durchgängige Verwendung des Ausdrucks bei den Vorsokratikern als Stechheber, sondern auch, dass die griechische Klepsydra in Form einer keramischen Leitform, dem Skyphos, offenbar eher an die ägyptischen Vorbilder anschließt.

Der einzige Hinweis auf die Verwendung von Klepsydren im nächtlichen Athen ist der Bericht über Platons Nachtuhr, deren Beschreibung nur auf diesen technologischen Typus der Auslaufuhr zu beziehen sein kann.[451] Unabhängig von der Frage, ob die Technologie der Klepsydren erst zur Reglementierung von demokratischen Verfahren und somit nach der Mitte des 5. Jhs. v. Chr. eingeführt wurde, bewirkt diese Funktion zumindest die erstmalige öffentliche Wahrnehmung und weite Verbreitung dieser Instrumente. Die Klepsydra hängt also wie das gleichzeitig eingeführte Heliotropion maßgeblich mit der Normierung von sozialen Zeiten zusammen und nicht wie der Gnomon mit der empirischen Erfassung von Naturzyklen. Erst in diesem Zusammenhang wird der Diskurs um Zeit öffentlich. Darauf verweist außer ihrer Verwendung als Wecker für Platon auch die Positionierung der großen Marktuhr in Athen sowie die Nachricht des Aineias Taktikos von ihrer Verwendung zur gerechten Einteilung der Nachtwachen. Erst nachdem in der ersten Hälfte des 4. Jhs. v. Chr. ein Bewusstsein für die regelhafte zeitliche Tageseinteilung entstand, das von der Entwicklung des Wortes *ὥρα* im Sinne von Stunde angezeigt wird, begegnen in den Quellen auch Hinweise auf den Einsatz von Klepsydren in wissenschaftlichen Experimenten.

Untersuchungen zur systematischen Erfassung der mathematischen Eigenschaften geometrischer Körper treffen in dieser Zeit mit Versuchen zusammen, Bewegungen im Raum zu definieren und führen u. a. im dritten Viertel des 4. Jhs. v. Chr. zur Entwicklung von Sonnenuhren. Aufgrund der Tatsache, dass mit Oropos 2° die einzige äquinoktiale Sonnenuhr im Bestand ausgerechnet in dieser Phase greifbar wird, und der Verwendung von gleichlangen Zeiteinheiten innerhalb der mit den Kurzzeitmessern verbundenen Handlungen hat es den Anschein, als wären in dieser Phase mit dem Stundenbegriff gleichlange Stunden bezeichnet worden.[452]

449 C. Trümpy, Untersuchungen zu den altgriechischen Monatsnamen und Monatsfolgen (Heidelberg 1997) 282–289.
450 Vgl. hier Anm. 320 und Lehoux 2005, 92–97.
451 Diese angeblich von Platon selbst konstruierte Weckvorrichtung wird von Athen. IV 174c als Klepsydra bezeichnet, vgl. Lewis 2000, 363.
452 Dazu und zum Folgenden ausführlich in Kapitel V 1 und V 2.

Die Entwicklung unterschiedlicher Uhrentypen seit dem ausgehenden 3. Jh. v. Chr. sowie ihre darauffolgend zunehmend höhere Dichte und Verbreitung ist jedoch mit der Verwendung von Saisonalstunden zu verknüpfen. Dieser Wechsel ist nicht ursächlich auf einen nun wesentlich erweiterten mathematischen Kenntnisstand zurückzuführen: Obwohl er zwar die Umsetzung der Projektionslogik auf verschiedene Hohlformen förderte, entsprach diese Zeitordnung vielmehr aber besser der sozialen Praxis, die weitgehend den lichthellen Tages nutzt. Sollen im Alltag Sonnenuhren als Regulativ eingesetzt werden, müssen sie der Dauer der jahreszeitlichen Lichtverhältnisse Rechnung tragen – die Zeitmesser sind ein Mittel zum Zweck, kein Selbstzweck.

Sowohl die fortschreitenden naturwissenschaftlichen Kenntnisse als auch die Bindung von Handlungen an bestimmte Tageszeiten setzen vieles voraus, so dass die Zeitspanne von mehr als vier Generationen zwischen den ersten Tagesuhren und der Entwicklung der ersten saisonalen Sonnenuhren nach der Mitte des 3. Jhs. v. Chr. relativiert wird. Ihre Konstruktion verzögert sich u. a. dadurch, dass aufgrund der Nähe zum Äquator sich in Ägypten die unpräzise Berechnung der Ekliptik nur geringfügig auswirkt, sie in Griechenland jedoch zu erheblichen Fehlern führt. So stellen Sonnenuhren mit gleichlanger Stundenanzeige gleichsam den modellhaft umgesetzten Endpunkt des naturwissenschaftlichen Verständnisses des Kosmos dar. Ihre Konstruktion bestimmen mehrere astronomische und mathematische Parameter – Projektionsverhalten, Sonnenstand im Jahr, Ekliptik und Kenntnisse um geometrische Körper sowie deren Abbildung im verkleinerten Modell.[453] Die voraussetzungsreiche Konstruktion von Zeitmessern schließt ein, dass keine ‚Zwischenschritte' im Sinne einer kontinuierlichen Entwicklung greifbar sind. Diese Aussage trifft ebenso wie für die Sonnen- auch für alle Arten von Wasseruhren zu, die mit Ausnahme einiger Auslaufuhren immer saisonale Stunden anzeigen.

Die Entwicklung von Wasseruhren setzt grundsätzlich denselben astronomischen Kenntnisstand wie für Sonnenuhren voraus. Fallen für letztere jene Wissensfelder zusammen, die für die Beobachtung der astronomischen Grundlagen und die Konstruktion erforderlich sind, so müssen für den Bau von Wasseruhren die Kenntnisse auf die Gebiete von Hydraulik und Mechanik erweitert werden. Diese abweichenden Voraussetzungen erklären sowohl, warum Wasser- gegenüber Sonnenuhren mit leichter zeitlicher Verzögerung entwickelt werden, als auch warum auf beiden Sektoren die Ausprägung von technologischen Typen im Verlauf des 2. Jhs. v. Chr. weitgehend abgeschlossen wird. In dieser Zeit jagt die Entwicklung eines Typus den nächsten derart,[454] dass anhand der lückenhaften Überlieferung die Einführung neuer Typen zeitlich kaum zu trennen ist: Werden für Sonnenuhren Konstruktionsprinzipien (zeichnerisch?) überliefert, so wird zur Herstellung von komplexen Wasseruhren offenbar schriftlich angeleitet. Geht Archimedes für seine Apparatur vom Typus der Auslaufuhr aus, so sind Philon Einlaufuhren bekannt. Beide Instrumente zeigen saisonale Stunden an, weitere kalendarische Zeitfunktionen werden offenbar erst im Verlauf des 2. Jhs. v. Chr. in einem Gerät zusammengeführt, worauf auch die Entstehung von Sonnenuhren mit mehreren Zifferblättern in dieser Zeit hinweisen könnte. Voraussetzung für die Herstellung der sog. anaphorischen Uhren, die mehrere zeitliche Qualitäten in Form übereinander gestaffelter Zifferblätter anzeigen, ist ferner die Einbeziehung von Gesetzen der Optik in Form der stereographischen Projektion, die bereits mit der Konstruktion des späthellenistischen Zifferblatts von Tenos 1° zur Anwendung kommt.

Vitruvs Abhandlung zu den antiken Zeitmessern propagiert unter dem Vorwand einer Entwicklungsgeschichte der Zeitmesser de facto die apparative Umsetzung der augusteischen Zeitpolitik. Der Schwerpunkt seines als ambivalentes Format zwischen Handbuch und Propagandaschrift angelegten Werkes verlagert sich im IX. Buch hin zu letzterem, indem er die unterschiedlichen Zeitmesser und ihre Erfinder in ungeordneter Folge auflistet und zugleich für die eigene Zeit maßgebliche, politisch motivierte Entwicklungen ausführt. Seine Schrift gilt somit der technologischen

453 Zu den Voraussetzungen für Himmelsmodelle: Goldstein 2008a.
454 Vgl. hier Kapitel II 4.

Seite der auf verschiedenen Ebenen angesiedelten und in diesen Jahren intensiv propagierten Einbindung von Zeitaspekten in das augusteische Herrschaftskonzept.[455]

Während die metaphorische Verwendung von Zeitmessern u. a. bei Plinius greifbar wird und bis in die Spätantike mit den überlieferten Instrumenten in Konstantinopel und Gaza zu verfolgen ist, stagniert nach der Zeitenwende die technologische Weiterentwicklung von Zeitmessern.

Ausnahmen von dieser Regel lassen sich nur indirekt greifen: Während weitgehend im Dunkeln bleibt, welchen Einfluss die Arbeiten Herons auf die Entwicklung von Wasseruhren unmittelbar nahmen, wirkten sich die Schriften des Claudius Ptolemaios maßgeblich sowohl auf die Entwicklung als auch die quantitative Verbreitung von Zeitmessern aus: Obwohl nicht bekannt ist, ob er selbst neue Uhrentypen entwickelte, ist seine auf Hipparch aufbauende Erweiterung der Ortslisten Voraussetzung für die in der Folgezeit sprunghaft ansteigende quantitative wie regionale Verbreitung von Instrumenten in provinzialrömischen Kontexten. Außerdem setzt die Entwicklung der sog. Reiseuhren seinen Kenntnisstand voraus, die seit der zweiten Hälfte des 2. Jhs. n. Chr. auf zunehmend mehr geographische Ortsbreiten geeicht sind. Ihre im Einzelnen weitgehend unsichere technologische Entwicklung hin zu ihrer Ergänzung um mechanische Komponenten reicht über die Spätantike hinaus und zeigt die grundsätzliche Weiterführung des technologischen Diskurses an.

455 Zur Einbindung von astrologischen Diskursen in augusteischer Zeit vgl. zusammenfassend Schmid 2005, 19–64; wissenschaftstheoretische Grundlage für diese Entwicklung sind die Arbeiten Geminos, vgl. J. Evans – J. L. Berggren, Geminos's Introduction to the Pheinomena. A Translation and Study of a Hellenistic Survey of Astronomy (Princeton 2006) 15–22 und hier Kapitel VIII 2.

V Zeitmesser und Anzeige

Sowohl Sonnen- als auch Wasseruhren werden zur Messung verschiedener Zeiträume eingesetzt: Erstreckt sich die von einer Klepsydra gemessene Zeit über die Spanne von wenigen Minuten bis hin zu einem Tag, teilen andere Uhren den Tag ausschließlich in Stunden und dienen manche Instrumente zur Jahresgliederung.[456] In wieder anderen Fällen werden mehrere dieser zeitlichen Qualitäten miteinander oder mit einer Windfahne kombiniert. Unter Berücksichtigung der schriftlichen Überlieferung hilft die chronologische Verteilung dieser Zeitkategorien innerhalb des Materials aufzuzeigen, wann und in welchen Bereichen des antiken Alltagslebens welche Form der Zeit gemessen wurde. Der jeweilige Umgang einer Gesellschaft mit gemessener Zeit erlaubt wiederum Rückschlüsse auf den Grad der Normierung einzelner Abläufe und auf verbindliche Regeln des sozialen Zusammenlebens.[457]

1 Stoppuhren

Den Stoppuhren sind jene Wasseruhren griechischer Tradition zuzurechnen, die ein eingangs festgelegtes, dann stets gleichlanges Zeitintervall messen. Diese wurden hier in der technologischen Gruppe II 1.1.2 zusammengefasst. Angezeigt werden Anfang und Ende einer Zeitspanne, so dass das Instrument zur Normierung von Abläufen mit einheitlicher Dauer eingesetzt werden kann. Vorrangig legt es für einen einphasigen Handlungsstrang ein Zeitmodul fest, das in Relation zur Tageslänge steht. Diese Verbindung der zyklischen Zeitform der Vorsokratiker mit einer linearen beschreibt Karen Gloy als typisches Merkmal der platonischen Übergangstheorie.[458] Mit der gleichförmigen Taktung der seit dem frühen 4. Jh. v. Chr. als Klepsydren bezeichneten Wasseruhren, die im Gegensatz zu den ägyptischen Diorit-Gefäßen zunächst nicht zur zeitlichen Gliederung des Tages in Stunden dienen, wird dieses Zeitverständnis apparativ umgesetzt.

Bereits im Zusammenhang mit der Geschichte des Begriffs Klepsydra wurde aufgrund der zahlreichen Nachrichten der attischen Redner die regelhafte Einbindung der Wasseruhren in die Rechtsprechung der demokratischen Polis Athen seit dem letzten Drittel des 5. Jhs. v. Chr. festgestellt; die Dichte der Überlieferung erlaubt den Einsatz für Zeitmesser in der Art von Athen 1° vor Gericht zu rekonstruieren:[459]

In Relation zum Streitwert des Prozesses wird ein Messgefäß mit so viel Wasser gefüllt, wie den drei Parteien von Ankläger, Verteidiger und Richtern Redezeit zugebilligt wird.[460] Schöpfte eine Partei das Zeitmaß nicht voll aus, so wurde das Gefäß geleert und vor aller Augen neu gefüllt. Wurden Urkunden oder Zeugenaussagen verlesen, so unterbricht der *ἐφ' ὕδωρ* den Wasserfluss,

---

456 Zu den sprachlichen Termini, hier Kapitel IV. Die überlieferten Instrumente werden an dieser Stelle nicht erneut aufgelistet, weil sie sich mit den in Kapitel II 1.1 genannten decken.

457 Grundlegend zum kulturellen Parameter Zeit vgl. N. Elias, Über die Zeit (Frankfurt am Main 1988) 5–15; R. Bormann, Raum, Zeit, Identität: sozialtheoretische Verortungen kultureller Prozesse (Opladen 2001) passim. Der Rekonstruktion von Handlungsabläufen im Kult dienen in den letzten Jahren auch Ansätze zur Ritualdynamik, für die gemessene Zeit jedoch keine Rolle spielt; vgl. stellvertretend mit weiterer Literatur: A. Chaniotis, The dynamics of rituals in the Roman empire, in: O. Hester (Hrsg.), Ritual Dynamics and Religious Change in the Roman Empire. Proceedings of the Eighth Workshop of the International Network ‚Impact of Empire', Kongress Heidelberg 2007 (Leiden 2009) 3–32.

458 Zur Zuordnung dieser Kurzzeitmesser an den Begriff der Klepsydra vgl. hier Kapitel IV 1.3, zu den erhaltenen Beispielen Kapitel II 1.1.2.
Zum vorsokratischen, zyklischen Zeitverständnis: Gloy 2009, bes. 21–24 gegenüber Platons Übergangstheorie ebenda 37–42, der Gloy anhand von Plat. Tim. 37c-39e, Parm. 151e ff. und polit. 268d ff. nachgeht; vgl. auch zur literarischen Umsetzung dieser Zeitgestalt: K. A. Morgan, Plato, in: DeJong – Nünlist 2007, 345–369.

459 Dazu ausführlich Hannah 2009, 100–102.

460 Aristot. pol. 67, 2; vgl. zum Folgenden zusammenfassend: Hannah 2009, 100–101; Lewis 2000, 361–369.

indem er die Öffnung mit dem Daumen verschloss oder einen stiftförmigen Verschluss einsetzte.[461] Während die grundsätzliche Handhabung des für alle sicht- wie nachvollziehbaren Geräts und der Einsatz des egalitären Prinzips anerkannt und Klepsydren derart verbreitet waren, dass der Begriff zumindest in Athen als Synonym für die Gerichtshöfe verwendet wurde,[462] war die Füllmenge Auslöser für Auseinandersetzungen: So überliefert Aristoteles pol. 67, dass einem Streitwert von 5000 Drachmen der Füllstand von zehn Choen entspricht und sieben Choen die Standardmenge bei einen niedrigen Streitwert seien. Demosthenes beklagt im Prozess gegen Makartatos 8, dass ihm nur ein Viertel der Zeit der Anklage – drei Choen statt einer Amphora – zugewiesen worden sei.

Abb. 62: Aufstellung des **überlieferten Füllstandes** einer Auslaufuhr gegenüber Streitwert und empirisch ermittelter Zeitspanne

Chous	**Amphora/Metretes**	**Streitwert**	**Zeit**
1	1/12	500 Dr.	ca. 4' 16"
7 ‚Standard'	7/12	3500 Dr.	ca. 29' 58"
10	5/6	**5000 Dr.**	ca. 42' 48"
12	**1**	6000 Dr.	ca. 51' 22"
132	**11**	**11 Tal.**	**9 h 25 min**

Der Prozess findet innerhalb des Amtstages statt, der nach Aristoteles pol. 67. 4 an die Länge des kürzesten Tages im Jahr geknüpft ist: So wird gewährleistet, dass die Verhandlungen ganzjährig innerhalb des lichthellen Tages stattfinden und im Sommer nicht länger als im Winter ausfallen. Diese Zeitspanne setzt Aischines in der Rede gegen die Truggesandtschaft 126 mit elf Amphoren gleich. Werden die von Aischines und Aristoteles genannten Werte unter Voraussetzung einer regelmäßigen Proportionalität[463] kombiniert, so entsteht ein Zeittakt für juristische Abläufe in Athen von umgerechnet folgenden Intervallen: Beläuft sich der kürzeste lichthelle Tag des attischen Jahres auf 9 h 25 min, so würde die von Aristoteles genannte Standardredezeit bei einem niedrigen Streitwert ungefähr eine halbe Stunde betragen. Während Standardverfahren mit niedrigem Streitwert unter Beteiligung aller Parteien theoretisch in etwa anderthalb Stunden abgehandelt werden konnten, erstreckte sich ein Schauprozess, in dem Aischines sprach, über mehrere Tage: Bei einer Prozessdauer von elf Amphoren verteilt sich die reine Redezeit einer Partei ohne Sachaufnahme auf umgerechnet mehr als drei Stunden – somit schwankte die Länge der Prozesse allein aufgrund der Redezeit um mehr als das Vierfache. Gemessen wurde der Zeittakt, nicht der lange Zeitraum – was aufgrund der vielfachen Unterbrechungen auch technisch kaum möglich gewesen wäre. Für die Stoppuhren bedeutet diese Beobachtung, dass mehrere Messtöpfe für unterschiedliche Zeitspannen verfügbar gewesen sein müssen, da die Redezeit je nach Prozess stark schwankte. Obwohl viele Belege für die Verwendung der Gerichtsuhren vorliegen, so fehlen Nachrichten zu ihrer Form und Funktionsweise, von der einzig Aristoteles in der pol. 67. 2 beiläufig erwähnt: *Εἰσὶ δὲ κλεψύδραι αὐλίσκους ἔχουσαι ἔκρους, εἰς ἃς τὸ ὕδωρ ἐγχέουσι πρὸς ὃ δεῖ λέγειν καὶ τὰς δίκας.* „Es gibt Klep-

461 Poll. VIII 113. 5: *ἐπιμελητὴς δέ τις κληρωτὸς ἐγίνετο, ὃς καὶ ἐκαλεῖτο ὁ ἐφ' ὕδωρ, ὁ παραφυλάττων τὴν ἰσότητα τῆς κλεψύδρας*. Mehrfach fordert Demosthenes zur Unterbrechung des Redeflusses auf: Demosth. or. Euboulides 21; Konon 36; Stephanos I 8.

462 Aristoph. Vesp. 93; Ach. 694.

463 Zumindest für die Relation von Chous zu Amphora ist das proportionale Verhältnis von 12 : 1 gesichert; der attische Chous entspricht 3.28 l, vgl. E. Schilbach, Byzantinische metrologische Quellen (München 1982) 5–11. Ob der Streitwert sich regelmäßig proportional entwickelt oder nicht vielmehr Wertkategorien gebildet wurden, wird von der Forschung unterschiedlich beurteilt: vgl. P. Papakonstatinou, Lawmaking and Adjudication in Archaic Greece (London 2008) 11 f.; zu Redezeiten vgl. Ch. Neumeister – W. Raeck (Hrsg.), Rede und Redner. FarS 1 (Möhnesee 2000) 18–31.

sydren mit einem kleinen Wasserabflussrohr, man gießt dort das Wasser ein, dementsprechend müssen die Prozesse geführt werden."

Wird diesen metrisch rekonstruierten Daten die empirisch ermittelte Auslaufzeit[464] des Skyphos Athen 1° von 6 min für die auf der Aussenwandung attestierten Füllmenge von zwei Choen gegenübergestellt, so ergibt sich in der Praxis eine Abweichung von 30 Prozent gegenüber der theoretischen Sollzeit! Diese Differenz wirkt sich umso deutlicher aus, je höher der zu Grunde gelegte Streitwert bzw. Füllstand ist.

Chous	Amphora	Streitwert	Zeit, metr.	Zeit, empir.	Athen 1°	Abweichung
1	1/12	500 Dr.	ca. 4' 16"	3'	1	1' 16"
2	1/6	1000 Dr.	ca. 8' 34"	**6'**	**2**	**1' 26"**
7 ‚Standard'	7/12	3500 Dr.	ca. 29' 58"	21'	7	8' 58"
10	5/6	**5000 Dr.**	ca. 42' 48"	30'	10	12' 48"
12	**1**	6000 Dr.	ca. 51' 22"	36'	12	15' 21"
132	**11**	**11 Tal.**	**9 h 25'**	**6 h 36'**	132	2 h 49'

Abb. 63: Abweichung der **empirisch** und **metrisch** ermittelten Zeitspanne des Auslaufs am Beispiel Athen 1° (alle anderen Werte: erschlossen)

Der archäologische und der epigraphische Befund belegen, dass mit Hilfe dieser Instrumente auch der Tagungsbeginn der Ekklesia festgelegt wurde: War es von alters her üblich, die Volksversammlung bei Sonnenaufgang mit dem Hahnenschrei oder einem anderen akustischen Signal beginnen zu lassen,[465] so überliefern Aristoteles pol. 30. 6 und Iasos 1* eine veränderte Praxis für das letzte Drittel des 4. Jhs. v. Chr.: Von nun an stand ein Messgefäß für alle Beteiligten sichtbar am Versammlungsort, aus dem von Sonnenaufgang an Wasser abgelassen wurde: Wer bis zum Leerlauf nicht eintraf, erhielt kein Sitzungsgeld. Hier legt die gemessene Zeitspanne den Beginn einer Aktion fest; eine Binnenstruktur ist für diese zeitliche Sanktion nicht erforderlich. Der in der Inschrift Iasos 1* überlieferte Begriff *κεράμιον μετρητιαῖον* verweist auf das verwendete Hohlmaß von einem *μετρητής* hin, das der Füllmenge von einer Amphora entspricht. Ursache für die Einführung dieser strengen Normierung in Athen war das verspätete Eintreffen aller Stimmberechtigten, das sich dort v. a. aus der ungewöhnlichen Größe des zugehörigen Territoriums und der daraus resultierenden umfangreichen athenischen Bürgerschaft ergab. Außerdem gingen im Prozess der Ausformung einer athenischen Verfassung nach 462/461 v. Chr. alle juristischen Entscheidungen in die Hand von Volksversammlung und Volksgericht bzw. des Rates der 500 über, so dass seitdem regelmäßig ca. 6000 stimmberechtigte Bürger an den Entscheidungsprozessen beteiligt waren.[466]

War der Einsatz von Stoppuhren zur Normierung der Versammlungszeiten der Ekklesia eindeutig – die Tagung beginnt, wenn das Instrument leer ist –, so steht die Regulierung der Redezeiten vor Gericht im Verhältnis zum Streitwert, der innerhalb eines gesellschaftlich definierten Wertesystems festgesetzt wird. Dieses wird von den Rednern diskutiert, seine ganzjährig nutzbare apparative Umsetzung jedoch nicht. Obwohl der Einsatz von Normgerät zur Aufrechterhaltung der demokratischen Ordnung als elementar notwendig empfunden wurde, und seine Skalierung theoretisch genau definiert war, weicht die Anzeige in der Praxis um ein Drittel vom angestrebten

464 Young 1939, 281 geht von einer Füllmenge des Skyphos von 6,4 l aus, vgl. auch F. A. Seely, The Development of Time-Keeping in Greece and Rome, American Anthropoligist 1, 1888, 25–50, bes. 36 f.

465 Aristoph. Ach. 19–20; Eccl. 30–31, 82–85, 289–292, 390–391; Thesm. 277–288; Vesp. 689–690.

466 Zur Entwicklung der athenischen Verfassung vgl. K.-J. Hölkeskamp, Schiedsrichter, Gesetzgeber und Gesetzgebung im archaischen Griechenland. Historia Einzelschriften 131 (Stuttgart 1999) 18–43 sowie W. Eder – K.-J. Hölkeskamp (Hrsg.), Volk und Verfassung im vorhellenistischen Griechenland. Festschrift K.-W. Welwei (Stuttgart 1997) 31 f.

Zeitmaß ab: Dies wurde wohl nicht als störend empfunden, weil erstens kein direkter Vergleich möglich war, zweitens der Auslauf des Wassers mehrfach unterbrochen wurde und sich drittens die zeitliche Abweichung in der Mehrheit der Standardfälle nur geringfügig auswirkte. So war es in Iasos belanglos, ob die Sitzung nach umgerechnet 51' 22'' oder nach 36' begann – nicht der absolute Zeitwert, sondern der Einsatz der zeitlichen Sanktion war entscheidend. In der Praxis des ausgehenden 5. und frühen 4. Jhs. v. Chr. war die Abweichung eines vom Gerät angezeigten absoluten Zeitmaß nachrangig gegenüber seiner Funktion als Garant der demokratischen Normierungsabsicht. Diese Gewichtung wird durch weitere Beobachtungen bestätigt: Wäre tatsächlich eine regelzeitliche Normierung angestrebt worden, dann verwundert, dass erstens überhaupt nur Ton, der sich beim Brand verzieht, statt formstabiler Bronze als Material für das Normgerät gewählt wurde, zweitens keine Deckel für die Gefäße verwendet wurden und dass drittens Unterbrechungen der Verhandlung zeitlich nicht normiert werden, so dass die zeitliche Ordnung auf den Hauptstrang der Handlung beschränkt bleibt.

Dieses für beide Einsatzfelder von Zeitmessung im klassischen Athen gleichartige Zeitverständnis erklärt, warum sich trotz der scheinbar komplexeren Einbindung von Zeitmessern bei Gericht gegenüber der Volksversammlung unter ihnen keine zeitliche Abfolge abzeichnet.[467]

In Athen muss bereits in der ersten Hälfte des 4. Jhs. v. Chr. diese Form der zeitlichen Rhythmisierung derart bekannt gewesen zu sein, dass allgemein die von Athenaios 13. 567 c–d überlieferte Parodie des Komödiendichters Eubulos verstanden wurde, der einer Hetäre namens Metiche den Spitznamen Klepsydra verlieh.

Zuletzt führte Robert Hannah anhand zahlreicher Textbelege aus, dass Stoppuhren auch in der Kaiserzeit alltäglich in juristische Abläufe eingebunden waren:[468] In prominenten Prozessen blieb die Redezeit nach Plinius epist. 2. 11. 14 zu urteilen mit 16 Klepsydren gleich der von Aischines bezeugten von umgerechnet mehr als drei Stunden. Wie eng die römische Praxis zwar an die griechische anschloss, jedoch wesentlich stärker ausdifferenziert war, verdeutlicht die Lex Coloniae Iuliae Genetivae Ursonensis aus dem Jahr 44 v. Chr.: Das Gesetz legt die Dauer einer Hauptanklage auf maximal vier Stunden fest. Indem ein Teil dieser Zeitspanne anderen Anklägern überlassen werden kann, wird die Redezeit der Hauptanklage gegenüber der auf zwei Stunden begrenzten Nebenklage verlängert bzw. entsprechend verkürzt, muss aber innerhalb der Amtszeiten abgeschlossen werden.[469] Während die Bemessung der Redezeit abhängig vom Delikt festgelegt wurde, erließ 52 v. Chr. Pompeius ein Gesetz, nach dem Verhandlungen von Gewaltverbrechen und Wahlbestechung drei Stunden nicht überschreiten durften.[470] Abweichend gegenüber der griechischen Praxis werden hier Rahmenzeiten für die nun in Prozesskategorien geordneten Straftaten vorgeschrieben. Außerdem beziehen sich die Zeitangaben auf Stundenzeiten, so dass zur Umsetzung dieser Regelungen also eine Stoppuhr mit Stundenskalierung eingesetzt worden sein muss. Im Hinblick auf das Normgerät liegt der wesentliche Unterschied zwischen der spätklassischen und der republikanischen Praxis darin, dass das verwendete Zeitmaß nun in überprüfbarer Relation zur Tageslänge steht – Normierungsabsicht und Messrealität also nun konform gehen. Die Klepsydra wird zur Stundenuhr.

Dass zeitliche Präzision spätestens seit republikanischer Zeit als rhetorische Fähigkeit galt, lassen die Nachrichten Ciceros erkennen, der die Länge seiner Reden einübte,[471] worauf auch Seneca epist. 24, 20 hinweist. Zu lange Redezeit vor Gericht wird im späten 1. Jh. n. Chr. von Martial

467 Demosth. or. Polykles 2; Truggesandtschaft 57. Zu den Folgen dieser Entwicklungen für die hellenistische Zeit vgl. C. Habicht, Athen. Die Geschichte der Stadt in hellenistischer Zeit (München 1995) bes. 129–153.

468 Hannah 2009, 103–105.

469 Vgl. ebenda 104 und hier Kapitel V 2 mit Anm. 634 und 643.

470 Cic. Mil. 31 vgl. A. Lincott, Legal procedure in Cicero's time, in: J. Powell – J. Patterson (Hrsg.), Cicero the Advocate (Oxford 2004) 63–78. Auf abweichende Redezeiten weist auch die Länge der überlieferten Reden Ciceros hin, vgl. Hannah 2009, 105 ermittelte Vortragszeiten zwischen 35 min (Archias) und 3 h 30 min (Sestius).

471 Cic. orat. 3, 138 und Tusc. 2, 67.

6. 35 parodiert, wenn er dem Anwalt Caecilianus ob seiner ausschweifenden Ausführungen rät, das Wasser aus der Klepsydra anstatt aus einem Glas zu trinken. Auch Herodes Atticus besaß nach Philostrat soph. II 10.1 eine Wasseruhr, um die Dauer seiner Vorträge zu kontrollieren.[472]

Wurde den Athener Gerichtsuhren als Maß der kürzeste Lichttag des Jahres zugrunde gelegt, so erschwerten die ungleichen Nachtlängen im Jahresverlauf auch die Verwendung von Klepsydren während dieser Tageshälfte: Das Problem stellte sich bereits Aineias Taktikos 22, 24–25 bei der Einteilung von Nachtwachen, weshalb er zum regelmäßigen Austausch der Instrumente rät, deren Innenprofil entsprechend der Nachtdauer mit Wachs zu überziehen sei. Trotz Unsicherheiten hinsichtlich der praktischen Umsetzung dieser Maßnahme[473], weist die Aussage Caesars Gall. 5. 13. 4, dass er die Nachtlängen in Britannien ‚mit Wasser' gemessen habe und Vegetius' Bemerkung in den gegen Ende des 4. Jhs. n. Chr. entstandenen *epitoma rei militaris* zur Vierteilung von Nachtwachen anhand einer Wasseruhr darauf hin, dass Klepsydren bis in die Spätantike beim Militär zu verschiedenen Zwecken in Gebrauch waren.[474] Eine weitere militärische Verwendung der Messgefäße führt Polybios in seiner Universalgeschichte 10. 44 erneut auf Aineias Taktikos zurück:[475] Um Lichtsignale zwischen zwei Stellungen während einer Schlacht zu übermitteln, werden an beiden Orten Gefäße aufgestellt, deren einheitliche Skalierung Nachrichtentexten entspricht. Nun wird gleichzeitig auf ein Lichtsignal hin an beiden Orten Wasser zunächst abgelassen und mit einem zweiten Lichtsignal gestoppt, wenn der Wasserstand der Markierung des zu übermittelnden Nachrichtentextes entspricht.

Außer auf juristischem und militärischem Sektor kamen Stoppuhren für jedermann sichtbar offenbar auch im griechischen Theater zum Einsatz: So wurden zahlreiche Sonnenuhren aus dem Dionysostheater bekannt.[476] Unabhängig davon, ob der Befund mit der Funktion dieses Theaters als Ort der Volksversammlung oder als Spielstätte zu verknüpfen ist – offenbar wurden hier Stoppuhren auch eingesetzt, um die einheitliche Spiellänge der am Agon teilnehmenden Parteien festzulegen und so Chancengleichheit zu gewährleisten. Möglicherweise wurde außerdem die Dauer von Lied- gegenüber Spielvers zeitlich geregelt, indem ein synchroner Anteil auf Chor wie Dialog entfiel.[477]

Auf den seit dem frühen 3. Jh. v. Chr. üblichen Gebrauch von Stoppuhren in der Medizin weist die späte Nachricht bei Ammianus Marcellinus p. 463, der von der tragbaren Klepsydra des Alexandriner Arztes Herophilos berichtet, die ihm allerorts den Puls seiner Patienten zu messen erlaube.[478] Wieder gibt der Kurzzeitmesser die Basisgröße vor, zu der ein anderer Wert in Bezug gesetzt wird. Die entsprechenden Nachrichten reichen mit Galen Anim. Pass. 2. 5 über die Kaiserzeit bis in die Spätantike.[479]

---

472 J. Tobin, Herodes Atticus and the City of Athens: Patronage and Conflict Under the Antonines (Amsterdam 1997) 111–123.

473 Hannah 2009, 108 f. und Pol. 10, 43. 2: Nun spiele Zeitmessung überall eine bedeutende Rolle, aber besonders in militärischen Angelegenheiten.

474 Veg. mil. 3, 8 8 p 85.2 in quattuor partes ad clepsydram sunt divisae vigiliae; umgerechnet auf die kürzeste Nacht dauert demnach eine Wache ungefähr 2 h 21 min. Dazu zusammenfassend: P. Pattenden, When did Guard Duty End? The Regulation of the Night Watch in Ancient Armies, RhM 130, 1987, 164–174.

475 Dazu auch Hannah 2009, 107.

476 Aristot. poet. 1451 a 7–9 und zum Befund hier Kapitel VI 5.

477 C. Meier, Die politische Kunst der griechischen Tragödie (München 1988) 23–54; B. Zimmermann, Die griechische Tragödie (München 1992) 112; R. Krumeich – N. Pechstein - B. Seidensticker (Hrsg.), Das griechische Satyrspiel (Darmstadt 1999) 88–93.

478 H. von Staden, Herophilus. The Art of Medicine in Early Alexandria. Edition, Translation and Essays (Cambridge 1989) 282–284.

479 Für welche medizinischen Anwendungen Klepsydren außer die Pulsmessung eingesetzt wurden, ist oft unklar; kritisch zu den Zeitangaben im Corpus Hippocratium: O. Wenkus, Astronomische Zeitangaben von Homer bis Theophrast (Stuttgart 1990) 93–95. Zum Zusammenhang von Medizin und Astrologie: G. J. Toomer, Galen on the Astronomers and Astrologers, ArchHistExactSci 32, 1985, 193–206.

Für astronomische Zwecke wird die Verwendung von Stoppuhren zur Berechnung der Umlaufzeiten von Sonne (Kleom. II 1. 184–191), Mond (Mart. Cap. 8, 860) und Fixsternen (Mart. Cap. 8, 847) direkt überliefert, und lässt sie sich indirekt für Hipparch, Geminos (6, 10–11) und Ptolemaios (Almagest 6. 14) erschließen.[480] Mit den Instrumenten wurden auch Listen der Tages- und Nachlängen erstellt, von denen Geminos 6, 7–8, Strabon 2. 5. 38–42, Plinius nat. 2. 186 und Kleomedes II 1 438–451 berichten. Letzterer setzt in II 1 184–191 im 1. oder 2. Jh. n. Chr. einen Umlauf der Sonne mit 750 Kyathoi gleich, so dass hier ein kürzerer Grundtakt als für die Gerichtsuhren zugrunde liegen muss. Ob bereits vor Hipparch in Griechenland Klepsydren für astronomische Messungen verwendet wurden, ist aufgrund der Quellenlage schwer zu beurteilen: Obwohl die bereits im Zusammenhang mit den Gerichtsuhren zitierte Nachricht des Aristoteles pol. 67. 4, dass die Skalierung von Klepsydren sich am kürzesten Tag des Jahres zu orientieren habe die Tageslänge in Relation zur Laufzeit setzt, liegen für das ausgehende 4. Jh. v. Chr. keine unmittelbaren Hinweise auf eine regelhafte Verwendung zu astronomischen Zwecken vor: Ausreichend ist beispielsweise für Eratosthenes die Schattenlänge des Gnomon zur Ermittlung des Erdumfangs.[481]

Stoppuhren werden im ausgehenden 5. Jh. v. Chr. also zunächst in den exekutiven und iudikativen Organen der Polis eingesetzt, anschließend allgemein mit der Redekunst verbunden und in der ersten Hälfte des 4. Jhs. v. Chr. auf den militärischen Sektor übertragen, bevor sie im 3. Jh. v. Chr. auch zu wissenschaftlichen Zwecken auf den Feldern der Medizin und Astronomie genutzt wurden. Während sich die frühen Hinweise auf Wasseruhren in der Polis Athen beschränken, ist ihre rasche überregionale Verbreitung wahrscheinlich Folge ihrer militärischen Nutzung, die noch vor dem Alexanderzug einsetzt. Auf allen Sektoren wird der Einsatz von Klepsydren bis in die Spätantike beibehalten. Dieses Verwendungsmuster bestätigt zwar die aufgrund der strukturellen Merkmale getroffene Charakterisierung der Stoppuhren als Alltagsgerät, die schriftlichen Quellen grenzen ihre Nutzung jedoch weitgehend auf den öffentlichen Raum ein.[482] Nur selten wird der ‚private' Einsatz einer Stoppuhr im Wohnhaus erwähnt: Ausnahmen bilden die Nachricht des Athenaios IV 174 über die sog. Nachtuhr Platons und Hinweise auf Cicero und Herodes Atticus, die offenbar auch zu Hause Redezeiten einübten, und zielen durchwegs darauf ab das besonders vorbildhafte Verhalten einer Person des öffentlichen Lebens herauszustellen.

Die Instrumente messen Einheiten, die in Abhängigkeit zur Tageslänge stehen: Gilt Aristoteles der kürzeste Tag als Grundmaß, so legt Kleomedes der Skalierung einen Umlauf der Sonne zugrunde. Ist der Handlungsraum des einen der lichthelle Tag, bezieht sich der andere auf ganztägige astronomische Beobachtungen. Jeweils ergibt ein Bruchteil der Zeiteinheit das verwendete Grundmodul, das für wissenschaftliche Zwecke um etwa ein Drittel kürzer ausfallen kann als in anderen Zusammenhängen. Jeweils ist das Gerät auf ein Modul geeicht, das als Hohlmaß dargestellt wird und für das unter den attischen Choen und Amphoren ein definiertes Zeitverhältnis bestand. Die Stoppuhren messen also Zeitphasen, die von wenigen Minuten bis zur Summe aller Grundmodule einen Tag reichen können: Als Halbtagsuhr ist die von Athenaios IV 174 überlieferte Nachtuhr Platons zu verstehen, während im archäologischen Befund eine längere Laufzeit bereits für die Auslaufuhren Oropos 1 und Athen 2 naheliegend ist. Doch erst die Stundenskalierung der kaiserzeitlichen Bronzeuhr Fundort unbekannt 6° ist auf die Zeitspanne eines Tages zu beziehen. Während die Skalierung in Stunden bereits für die republikanischen Gerichtsuhren wahrscheinlich ist, könnte die Übertragung dieser Einteilung auf ganzjährig Saisonalstunden anzeigende kleinformatige Klepsydren – eine Leistung, die bislang den großen Diorit-Uhren der ägyptischen

480 Zur Beurteilung der astronomischen Aussagen von Kleomedes und dessen Datierung ins frühe 3. Jh. n. Chr.: Bowden – Todd 2003, 1.8 Nr. 16; die Zählung der Kapitel erfolgt nach R. B. Todd, Cleomedis caelestia (Leipzig 1990) passim.

481 Bowden 2008, bes. 200 und unten zum Einsatz von Stundenuhren in Alexandria für das Jahr 293 v. Chr. s. Kapitel V 2. 2.

482 Vgl. Kapitel II 1.1 und Hannah 2009, 99–100.

Tradition vorbehalten war – mit der Wiederverwendung dieser Stundenuhren im frühkaiserzeitlichen Rom zu verbinden sein.

Die geringe Genauigkeit der Maßtöpfe um 400 v. Chr., die Übertragung des Begriffes Klepsydra auf diese Geräte im beginnenden 4. Jh. v. Chr., die Formulierung der zeittheoretischen Voraussetzungen für die Angleichung von Tageszeit und Maßzeit um 370 v. Chr. und ihre erst im Verlauf des 3. Jhs. v. Chr. einsetzende Verwendung zu wissenschaftlichen Zwecken weist darauf hin, dass diese Geräte im Zuge der Demokratisierung Athens nach den Perserkriegen zur Normierung linearer Handlungen eingeführt wurden. Sie erreichen Griechenland also offenbar nicht in einem Wissenspaket mit Polos und Gnomon, obwohl die entsprechenden Kenntnisse bereits zu diesem frühen Zeitpunkt im Vorderen Orient theoretisch verfügbar gewesen wären.[483] Für die praktische Nutzung gleichartiger Zeittakte, die abhängig von einer zyklisch wiederkehrenden Größe – dem Tag – anhand der Nachrichten von Aischines und Aristoteles metrisch definiert werden, ist abgesehen vom konkreten Bedarf ein Zeitverständnis Voraussetzung, das erstmals um 370 v. Chr. mit Platon pol. 268 d ff. greifbar wird. Für die Folgezeit wird eine zunehmend stärkere Bindung der von den Stoppuhren gemessenen Zeitmodule an die Tageszeit deutlich, so dass die Stunde im 1. Jh. v. Chr. selbstverständlich als Referenzwert für den mit einer Stoppuhr erfassten Zeitraum genannt wird. Entsprechend geeichte Geräte bleiben bis zur Spätantike im Gebrauch. Gleichzeitig führt die Anpassung der Skalierung der Kurzzeitmesser an die Stundendauer dazu, dass die zeitfunktionale Leistung der Kurzzeit- hin zu Langzeitmessern erweitert wird, die spätestens mit der Uhr des Archimedes gegen Ende des 3. Jhs. v. Chr. ganztägig Saisonalstunden messen.

2 Stundenuhren

Als Stundenuhren werden jene Instrumente bezeichnet, die eine Skalierung in Stunden aufweisen. Dazu zählen in technologischer Hinsicht unterschiedliche Typen von Wasser- bzw. Sonnenuhren, die begrifflich mit den vom Wortstamm *ὥρα* gebildeten Komposita bzw. als Hydrologion bezeichnet werden. Wie zuvor festgestellt, können seit spätrepublikanischer Zeit auch Klepsydren als Stundenuhren dienen. Im Gegensatz zu Stoppuhren rhythmisieren diese Instrumente keine lineare Aktion bzw. Handlung, sondern ihr Grundmaß ist eine Skalierung der Tageshälften in zwölf Teile, die von den Griechen laut Herodot II 109 von den Babyloniern übernommen wurde.[484] Obwohl die erforderlichen Kenntnisse also spätestens seit den Perserkriegen in Griechenland verfügbar waren, setzt die regelhafte apparative Umsetzung dieser Skalierung das Verständnis der Grundeinheit im Sinne von Stunde voraus, dessen Abschluss von der Entwicklung des Wortes *ὥρα* von ‚Jahreszeit' und ‚Augenblick' hin zu ‚Stunde' im frühen 4. Jh. v. Chr. angezeigt wird.[485] Derek de Sola Price sieht in dem Phänomen der Stundenzählung sicherlich zutreffend auch einen Hinweis auf die gesteigerte konkrete Bedeutung der Zeitmessung im Alltagsleben, die bereits anhand der Entwicklung der Stoppuhren deutlich wurde.[486] Im Bewusstsein um die mittels Gnomon und Heliotropion empirisch erfassten astronomischen Gesetzmäßigkeiten stehen sich zwei Systeme der Stundenzählung gegenüber: Die *ὧραι ἰσημεριναί*, die gleich langen Äquinoktialstunden, deren Zwölfteilung die Länge jener zwei Tage im Jahr zugrunde liegt, an denen Tag und Nacht gleich lang sind, und die *ὧραι καιρικαί*, die ungleich langen Saisonal- oder Temporalstunden. In welchen Zusammenhängen die beiden Stundensysteme jeweils angewendet wurden, soll im Folgenden nachgegangen werden.

483 Vgl. Kapitel IV 1.3.
484 Vgl. hier Kapitel IV 1.1.
485 Auch Hannah 2009, 75: Der früheste literarische Beleg findet sich bei Kallimachos fr. 550 Pfeiffer; vgl. V. LanghoIf, Hora = Stunde: Zwei Belege aus dem Anfang des 4. Jhs. v. Chr., Hermes 101, 1973, 382–384.
486 Price 1964, 13.

Mit der Einführung dieser Zwölfteilung wird zeitlich Anfang und Ende einer Handlung benennbar, so dass nicht nur wie mit den Stoppuhren die Dauer von Handlungssträngen sondern auch ihr Zeitpunkt im Tagesverlauf festgelegt werden kann. Die definierte Bindung von Handlungen an Zeiträume des Tages ist Voraussetzung für einen überregional verbindlichen Tagesablauf, dessen Normierung umso wichtiger ist, je mehr Personen an dem sozialen Netzwerk beteiligt sind. Somit führt die zeitliche Definition des Tagesablaufs theoretisch auch in höherem Maß als die Stoppuhren zur kulturellen Abgrenzung gegenüber dem Fremden: Diese Anforderung einer überregional zeitlichen Definition stellte sich offenbar erst in der Folge des Alexanderzugs und trug fortan zur Formulierung der eigenen kulturellen Identität bei.[487]

2.1 Äquinoktialstunden

Werden Stoppuhren zur Messung gleichlanger zeitlicher Perioden eingesetzt, so ist eine Übertragung dieses Prinzips auf die Einteilung von Tag und Nacht in 24 gleich lange Stunden nur zwei Mal im Jahr zu den Äquinoktien möglich. An allen anderen Tagen des Jahres verschiebt sich die Länge des Tages gegenüber der Nacht und umgekehrt, so dass wechselnde Stundenlängen die Folge sind. Diese astronomisch definierten *ὧραι ἰσημεριναί* spielen im Alltag für den gesamten untersuchten Zeitraum eine untergeordnete Rolle, da sie nur in wenigen speziellen Kontexten angewendet werden.

So liefert die Sonnenuhr Oropos 3° den einzigen archäologischen Hinweis auf dieses Maßsystem: Sie wurde von Schaldach als Fragment einer Äquinoktialuhr erkannt, die er aufgrund ihrer Inschrift in die zweite Hälfte des 4. Jhs. v. Chr. datierte.[488] Offenbar spielten im extraurbanen Heiligtum des Amphiaraos und dem dort angesiedelten Kurbetrieb Zeittakte von alters her eine wichtige Rolle; darauf weist auch die Installation von einer der zwei überhaupt bekannten frühen gebauten Auslaufuhren hin. Auf welches Stundensystem diese geeicht war und ob sie vergleichbar dem Parallelbefund Athen 1° zu einem späteren Zeitpunkt zu einer Einlaufuhr umgebaut wurde, kann aufgrund des fehlenden Zifferblatts nicht entschieden werden. Die vier weiteren Sonnenuhren, die aus dem Heiligtum stammen und die sicherlich später als die Wasser- und die Äquatorialuhr entstanden, folgen der Einteilung in Saisonalstunden. Alle Fragmente der Uhr Oropos 3° wurden im Tempelbereich gefunden, so dass Fundort und Inschriftentext die Deutung der Uhr als Weihgeschenk nahelegen.

Die Uhr aus Oropos ist die einzige Sonnenuhr, die Äquinoktialstunden anzeigt und zählt zu den frühesten bekannten Sonnenuhren überhaupt.[489] Dieser Befund sowie strukturelle Übereinstimmungen dieses Maßsystems, das gleichlange Zeiträume hintereinander schaltet, mit den früher verwendeten Stoppuhren, könnte darauf hinweisen, dass dieses System der Stundenzählung unmittelbar aus den Stoppuhren hervorging und früher als das der ungleichen Saisonalstunden entwickelt wurde.

Hipparch fordert die Anwendung dieses Systems für astronomische Messungen, wenn er in Arat III 5.1 a-2 formuliert, dass es unabhängig vom Studium von parallelen Sternauf- und -untergängen nützlich sei, die Entfernung der Fixsterne zu untersuchen und diese in aufeinanderfolgenden Intervallen von einer Äquinoktialstunde zu messen.[490] Inwiefern vor der Mitte des 2. Jhs. v. Chr. Äqui-

487 Die zeitliche Definition der eigenen Lebenswelt stellt einen Parameter zur Formulierung einer kulturellen Identität dar, weiteren Elementen geht T. Hölscher, Einführung, in: T. Hölscher (Hrsg.), Gegenwelten zu den Kulturen Griechenlands und Roms in der Antike (Leipzig 2000) 9–18 nach, identitätsstiftende Kriterien in der hellenistischen Kunst formuliert A. Stewart, Self-definition in Hellenistic art. Introduction, in: A. Bulloch (Hrsg.), Images and Ideologies: Self-Definition in the Hellenistic World (Berkeley 1993) 199–202.

488 Schaldach 2006, 166–121. Zum Kontext der Uhr hier Kapitel VII 1.

489 Schaldach 2004.

490 Vgl. C. Manitius, Hipparchi in Arati et Eudoxi phaenomena commentatorium libri III (Leipzig 1894) 270. 10–274. 4 und Goldstein – Bowen 1991a, Appendix 3, 128 f.

noktialstunden in der griechischen Astronomie genutzt wurden, lässt sich nicht sicher bestimmen. Spätere Hinweise fallen mit den hier unter den Stoppuhren aufgeführten Hinweisen zusammen.

2.2 Saisonalstunden

Indem der Lichttag in zwölf Temporalstunden gegliedert wird, schwankt die Länge der als *ὧραι καιρικαί* bezeichneten Saisonalstunden erheblich.[491] Dadurch verschiebt sich der absolute Zeitpunkt von Handlungsbeginn und -ende sowie die Handlungsdauer im Jahresverlauf, bleibt aber stets an dieselbe Tageshälfte gebunden.

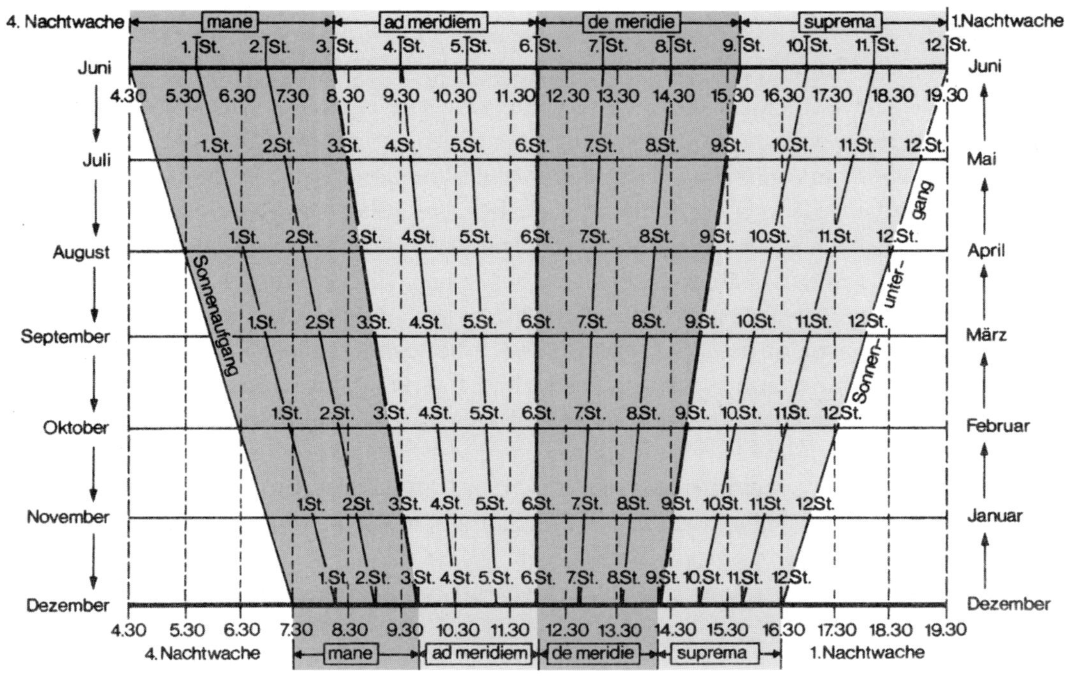

Abb. 64: Die römische Stundeneinteilung des Tages im Jahresverlauf

Bis auf Oropos 3° sind die Zifferblätter aller Sonnenuhren sowie mit Ausnahme einiger Stoppuhren die Mehrheit der Wasseruhren auf dieses Stundensystem geeicht. Diese eindeutige quantitative Verteilung des Materials zeigt, dass die ungleich langen Saisonalstunden über den gesamten untersuchten Zeitraum hinweg die allgemein übliche Zeiteinteilung waren.

Gegenüber Stoppuhren bzw. Äquinoktialstunden setzen die Belege für die Nutzung von Saisonalstunden zeitlich versetzt mit dem 3. Jh. v. Chr. ein: Anhand von 35 von Claudios Ptolemaios für die Zeit vor Hipparch überlieferten astronomischen Daten wiesen Bernard R. Goldstein und Alan C. Bowen nach, dass die früheste Verwendung von Saisonalstunden für diese Beobachtungen mit den griechischen Astronomen Timocharis und Aristyllos zu verbinden ist.[492] Von beiden ist wenig mehr bekannt, als dass sie in Alexandria tätig waren und die genannten Daten umgerechnet auf den Zeitraum von 294 bis 274 v. Chr. zu beziehen sind.

491 Vgl. hier Kapitel II 2.

492 Goldstein – Bowen 1989, frühere Nennungen des Stundenbegriffs wie Aristot. Ath. pol. 30. 6 sind auf Äquinoktialstunden zu beziehen.

Goldstein und Bowen erkennen im Aufbau der Datenlisten der beiden alexandrinischen Astronomen Parallelen zu früheren babylonischen Beobachtungen.[493] Da keine entsprechenden Vergleiche aus der ägyptischen Tradition vorliegen, vermuten sie für die Listenform der Beobachtungen einen Wissenstransfer aus dem Vorderen Orient, wobei die Art und Weise der Übermittlung von ihnen nicht rekonstruiert werden kann. Ptolemaios überliefert nicht, zu welchem Zweck Timocharis und Aristyllos die Messungen von Deklinationen, also Positionen von Himmelskörpern, durchführten. Auszuschließen ist, dass ihre Zielsetzung jener Haltung entsprach, aus der Hipparch ihre Daten nutzte und fortführte, um Hinweise auf die Präzession zu ermitteln. Vielmehr vermuten Goldstein und Bowen, dass die beiden Alexandriner eine präzise, quantitative Beschreibung des Himmels anstrebten, indem sie Sternauf- und -untergänge festhielten, um so Daten zur Herstellung eines Himmelsglobus bzw. eine zeitlich und räumlich präzise Vorstellung vom Zodiakos zu erhalten.[494] Sollte diese Vermutung das Richtige treffen, so wäre die Einführung von Saisonalstunden im griechischen Kulturraum letztlich auf die Anforderung kalendarische Zyklen astronomisch zu definieren zurückzuführen.

Betrachtet man die 35 Datensätze zu den datierbaren griechischen astronomischen Beobachtungen vor Hipparch genauer im Hinblick auf die Stundenangaben, so wurde nur für die Hälfte aller Einträge eine Uhr verwendet, während die restlichen Angaben auf Sonnenauf- bzw. -untergang bezogen werden. Zu den Daten mit Stundenangaben zählen die frühen babylonischen Einträge, unter denen erstmals für das Jahr 382 v. Chr. ein Halbstunden-Wert aufgelistet wird. Konkretisieren die alexandrinischen Einträge für die Jahre 293 bzw. 282 v. Chr. die Zeitangabe auf Anfang bzw. Ende der genannten Stunde, so wird 282 v. Chr. auch ein Halbstundenwert erwähnt. Erst drei Zeitangaben aus Alexandria im Jahr 199 v. Chr. dritteln die Stunde.

Diese Entwicklung könnte erstens bedeuten, dass die alexandrinischen Astronomen mit der Übernahme von Listengliederung und dem Referenzwert der Saisonalstunde die babylonische Tradition aufgegriffen, in ihrer apparativen Ausstattung jedoch (weiterhin) die ägyptischen Wasseruhren genutzt haben, deren Skalierung seit Mitte des 2. Jts. v. Chr. saisonalen Vollstunden entsprach. Mit der Übernahme der Saisonalstunden im Griechischen werden also zwei unterschiedliche frühere Wissensstränge am alexandrinischen Mouseion zusammengeführt. Die grundsätzliche Verwendung von Saisonalstunden messenden Instrumenten belegt eine Reihe von Auslaufuhren: Diese in ägyptischer Tradition stehenden Diorit-Gefäße, deren Fries den als Sonnengott verehrten Pharao makedonischer Abstammung bei Kulthandlungen zeigt, werden nur in diesen ersten Jahrzehnten des 3. Jhs. v. Chr. hergestellt. Er ist der Herr der neuen Zeit.[495] Zweitens wird für die griechische Tradition in spezifischen funktionalen Zusammenhängen das Bemühen um eine höhere Genauigkeit der Maßangaben greifbar, deren Folge die Einführung von Fraktionen der Vollstunde sind, so dass höhere Ansprüche an die Präzision der Wasseruhren gestellt werden.[496]

Dass die Einführung der Nutzung von Stoppuhren mit saisonalem Stundenmaß im Ägypten der ersten Hälfte des 3. Jhs. v. Chr. anzusiedeln ist, lässt auch der P. Hibeh I 110 erkennen:[497] Das Fragment eines Tagebuchs von einer ptolemäischen Poststation in Mittelägypten aus den Jahren 259–253 v. Chr. listet die Stundenzeiten ein- und ausgehender Sendungen eines Courierdienstes von und nach Alexandria auf. Diese können nur mit Hilfe eines Zeitmessers ermittelt worden sein, der über den lichthellen Tag hinweg in Betrieb war. Im Briefwechsel zwischen Apollonios und Zenon nimmt dieser im P. Lond. VII 1973 vom 21.09.254 v. Chr. eine Sendung zur zehnten Stunde entgegen, so dass diese Nachricht vielleicht auf einen Zeitmesser in einem Privathaus schließen lässt.

493 Goldstein – Bowen 1991 a, bes. 94. 105.

494 Die Konstruktion von Himmelsgloben ist für Archimedes gesichert, vgl. hier S. 66 und Anm. 716, frühere Verwendungen im 3. Jh. v. Chr. möglich, aber nicht nachweisbar, vgl. Goldstein 2008.

495 Zur kontextuellen Einbindung dieser Instrumente vgl. Kapitel VII 1.

496 Lewis 2000, 363.

497 Editio Princeps: F. Preisigke, Die ptolemäische Staatspost, Klio 7, 1907, 245 und S. R. Llewelyn, Did the Ptolemaic Postal System Work to a Timetable?, ZPE 99, 1993, 41–56.

Im P. Oxy. IV 710, der um 111 v. Chr. entstand, zeichnet ein *ὡρογράφος* als Verantwortlicher für die Lieferungen. Beziehen sich die genannten Uhrzeiten immer auf Tagesstunden, so verweist Sueton, Augustus 50.1 *ad epistulas omnis horarum quoque momentan ec diei modo sed noctis, quibus datae significarentur, addebat* auf die stundengenaue Ausfertigung von kaiserlichen Briefen bei Tag und Nacht, so dass in diesem Zusammenhang der Einsatz einer ganztägigen Stundenuhr vorauszusetzen ist.[498]

Außer den Diorit-Uhren wird die früheste apparative Umsetzung von Stundenuhren zur Messung einer Tageshälfte erst in der zweiten Hälfte des 3. Jhs. v. Chr. mit der Sonnenuhr Herakleia am Latmos 1° und der Wasseruhr des Archimedes sicher greifbar:[499] Weist die Inschrift in Herakleia auf die Konstruktion des Zeitmessers durch einen alexandrinischen Astronomen,[500] so liegt der Ursprung des Mechanismus in Syrakus. Ist das eine Instrument eine private Stiftung in den öffentlichen Raum, so dient das andere der Veranschaulichung von mechanischen Gesetzmäßigkeiten – eine konkrete praktische Anwendung ist für beide Instrumente nicht bestimmbar. Im Gegensatz zu den Stoppuhren, deren Einsatz in unterschiedlichen Lebensbereichen gut belegt ist, fehlen entsprechende Nachrichten für Saisonalstunden in der hellenistisch-griechischen Lebenswelt weitgehend. Die Uhren veranschaulichen im Alltag vorrangig die mit ihnen verbundenen Kenntnisse, sie zeigen Zeit, gegenüber dieser visuellen Funktion ist ihr praktischer Nutzen als Zeitmesser deutlich nachrangig. Diese Gewichtung betrifft v. a. die auch in technologischer Hinsicht als experimentell charakterisierte Phase des 3. und frühen 2. Jhs. v. Chr. und eingeschränkt die Zeit der zahlreichen Neuaufstellungen im weiteren Verlauf des 2. Jhs. v. Chr.:[501]

Während die schriftlichen Nachrichten den Rückschluss erlauben, dass Saisonalstunden für astronomische Beobachtungen verwendet wurden,[502] und in der Regel erkennen lassen, dass sich das Alltagsleben zwischen den zeitlichen Terminen von Sonnenaufgang – *πρωίας* – und Sonnenuntergang – *ἑῷος* – abspielte,[503] aber sind Hinweise auf Öffnungszeiten von Gymnasien und Märkten und der Einsatz von Stundenmessern zur Festlegung von Bewässerungszeiten die einzigen Ausnahmen von der Regel. Während der Einführung von Öffnungszeiten anhand der jeweiligen Kontexte nachzugehen sein wird,[504] begegnete der Einsatz von Stundenmessern für die Zuteilung von Wassermengen zuvor im Zusammenhang mit dem Begriff Hydrologion.[505] Während diese Verwendung archäologisch nur indirekt erschlossen werden kann,[506] lässt die schriftliche Überlieferung punktuell seine hohe Bedeutung einerseits für die Bewässerung in der Landwirtschaft v. a. im Delta und andererseits für die Organisation des Fernleitungsnetzes erkennen. Dio-

---

498 Ansonsten werden im römischen Nachrichtenwesen Uhrzeiten offenbar nicht regelhaft verwendet, vgl. allgemein zu Briefformularen: C. Drecoll, Nachrichten in der Römischen Kaiserzeit (Freiburg 2006) 21–32; zum cursus publicus A. Kolb, Transport und Nachrichtentransfer im Römischen Reich (Berlin 2000) 152–206, dort finden sich auch selten Angaben über die Geschwindigkeit von Nachrichtenzustellungen, die nie auf Stundenzeiten bezogen werden: ebenda 23 mit Anm. 7. Unter den erforderlichen Gerätschaften für Amtsreisen, die Liv. 42, 1, 9 für das Jahr 173 v. Chr. nennt, begegnen keine Zeitmesser. Zu Abweichungen kaiserzeitlicher Amtspraktiken in Ägypten R. Haensch, Quelques observations générales concernant la correspondance conservée des préfets d'Égypte, in: J. Desmulliez (Hrsg.), L'étude des correspondances dans le monde romain. Kongress Lille 2008 (Lille 2010) 95–114 und ders., Typisch römisch? Die Gerichtsprotokolle der in Aegyptus und den übrigen östlichen Reichsprovinzen tätigen Vertreter Roms, in: H. Börm – N. Ehrhardt – J. Wiesehöfer (Hrsg.), Monumentum et instrumentum inscriptum. Festschrift P. Weiß (Stuttgart 2008) 117–126.

499 Dazu hier Kapitel IV 2. Aufgrund der mangelhaften Dokumentation ist dieser Gruppe nur eingeschränkt das Stück Istros 1° zuzurechnen.

500 Zur Entstehung der Uhr aus Herakleia vgl. auch S. 58.

501 Vgl. hier Kapitel II 4.

502 Kleomedes I 7, 111–120 erwähnt im Zusammenhang mit der Berechnung des Erdumfangs ausdrücklich Sonnenuhren, vgl. Bowen 2008, 200 mit Übersetzung.

503 Zum Mittag vgl. Hannah 2009, 136. Goldstein 1985, 117 und Goldstein – Bowen 1991 a, 120. 122 f.

504 Diese Überlegungen betreffen v. a. Aufstellungen in Gymnasien und Thermen, hier Kapitel VII 3 und VII 4.

505 Vgl. zu den Märkten Kapitel VII 1, den Gymnasien Kapitel VII 3 und zum Hydrologion Kapitel IV 1.6.

506 Vgl. zu den Uhren in Villae rusticae hier Kapitel VII 6.

genes Laertios 43, 20.5 und Plinius nat. 18, 188 berichten von der Oasenstadt Takape, dem heutigen Gabes, in deren Umkreis von umgerechnet 5 km trotz einer sprudelnden Quelle nur deshalb Anbau möglich sei, weil die Bewässerung stundenweise geregelt würde. Für die Umgebung Roms im frühen Prinzipat belegt CIL VI 1261 Wasserentnahmerechte eines Gutshofes aus einem öffentlichen Aquädukt. In dieselbe Richtung weisen auch ILS 5793 und 5796, zwei Wassergesetze aus der Mitte des 1. Jhs. v. Chr., anhand derer Emilio Rodriguez-Almeida den Verlauf und Betrieb von Wasserleitungen rekonstruierte.[507] Die mehrfachen Abzweigungen im Verteilernetz dieser und anderer Fernleitungen machen die zeitliche Normierung der Zuweisungen zwingend erforderlich, welche die Aufstellung von Zeitmessern in den Wasserkastellen – und in den abnehmenden Gutshöfen – voraussetzt. Ihre Verbreitung steht in Verbindung mit dem Ausbau des öffentlichen Leitungsnetzes und dessen Administration während der mittleren Kaiserzeit und erklärt auch die in dieser Zeit zu beobachtende Zunahme von Instrumenten auf dem Land.[508]

Doch nicht erst in diesen Verwendungshorizonten – Postlieferungen, Öffnungszeiten öffentlicher Einrichtungen und zeitlich normierten Zuteilung von Wasserrationen – erreicht die Stundenmessung den italischen Raum, für den zuletzt Anja Wolkenhauer die literarischen Quellen zur Zeitmessung zusammenstellte und auf ihre Entwicklung und Bedeutungshorizonte hin untersuchte.[509] So ist die Einführung von Saisonalstunden in Rom mit jener Sonnenuhr zu verbinden, die L. Papirius Cursor auf dem Quirinal aufstellen ließ. Anlass war die Einweihung eines großen Kultbaus, der an Stelle des alten *sacellum Quirinum* errichtet worden war.[510] Wolkenhauers Rekonstruktion der Ereignisse führt in die Jahre 295/294 v. Chr. – also genau in jene Zeit, für die auch im ptolemäischen Ägypten erstmalig die Einbindung von Saisonalstunden in Astronomie und (Herrscher-) Kult nachvollziehbar wird – es besteht also nur ein marginaler zeitlicher Abstand zwischen der Einführung von Saisonalstunden in Griechenland und Rom. Diese Schlussfolgerung wird von der Nachricht über die wenig später aufgestellte zweite Sonnenuhr in Rom erhärtet, die als Beutegut nach dem ersten Punischen Krieg aus Catania verschleppt, im Triumph des M. Valerius Messalla am 17. 3. 262 v. Chr. mitgeführt und anschließend in der Nähe der Rostra auf dem Forum Romanum aufgestellt wurde.[511]

Beide Sonnenuhren gelangten isoliert als Beutestücke nach Rom, überliefert wird die Aufstellung des Objekts und im zweiten Fall seine praktische Nutzung, dessen Abweichung von der römischen Realzeit aufgrund seiner Konstruktion für das weiter südlich gelegene Catania mangels Vergleichsmöglichkeit offenbar nicht empfunden wurde. Mit dem Transfer der Einzelobjekte nach Rom geht also zwar das Bewusstsein für ihre praktische Verwendung einher, nicht jedoch für die ihnen zugrunde liegenden astronomischen Kenntnisse. Werden in Alexandria des frühen 3. Jhs. v. Chr. Saisonalstunden eingeführt, um die Bewegung von Himmelskörpern zeitlich und räumlich präziser zu erfassen, dafür geeignete Instrumente (weiter-)entwickelt und in lokaler Tradition als Kultgerät benutzt, werden zeitgleich in Rom die geraubten Instrumente im Rahmen politischer Repräsentation eingesetzt. Hier steht dem astronomischen der sozial definierte Zugang zu den Instrumenten gegenüber, der sich in der Folgezeit maßgeblich auf die praktische Bedeutung von Stundenmessern im römischen Alltag auswirkt, und dem hier anhand der archäologischen Kontexte nachzugehen sein wird.[512]

---

507 E. Rodriguez-Almeida, Breve nota sulla lex di una furcatio aquaria, MEFRA 112.1, 2000, 231–236 zu Dessau ILS II, 2 Nr. 5792.

508 Vgl. C. Bruun, The Water Supply of Ancient Rome. A Study of Roman Imperial Administration (Helsinki 1991) passim und ders., „Medius fidius...tantam pecuniam Nicomedenses perdiderint!“ Roman water supply, public administration, an private contractors, in: J.-J, Aubert (Hrsg.), Tâches publiques et entreprise priveé dans le monde romain (Neuchatel 2003) 305–326.

509 Wolkenhauer 2011, 67–150.

510 Wolkenhauer 2011, 80 mit Verweis auf F. Coarelli, Quirinus aedes in LTUR 4 (1999) 185–187.

511 Wolkenhauer 2011, 87 zur Nachricht des Plin. nat. 7, 214.

512 Kapitel VII. Wolkenhauer 2011, 105 verweist auf die bereits im Zwölftafelgesetz genannte soziale Zeitangabe, die sich auf die letzte Nachmittagsstunde bezieht, die suprema, zu der noch bei Gericht verhandelt werden kann.

Dass der zeitliche *ordo* des Tagesverlaufs seit republikanischer Zeit als verbindliche soziale Norm empfunden wurde, zeichnete Anja Wolkenhauer anhand von Beispielen aus unterschiedlichen Lebensbereichen nach.[513] Wenn sie die Anfänge der Uhrenkritik verfolgt, erkennt sie mit Adrian S. Gratwick deren Ursprung in Vorlagen aus dem Athen des 4. Jhs. v. Chr., die von Plautus aufgegriffen und von Gellius überliefert werden:[514] Hier wird die zeitliche Normierung des Tagesablaufs der natürlichen Zeitordnung der ‚Magenuhr' des Parasiten parodistisch gegenübergestellt, die von *venter* und *sol* bestimmt wird. Wenn Sol in Form der Sonnenuhren den Parasiten beherrscht, erkennt Wolkenhauer, dass in diesem Sprachbild Präsenz und Macht der Uhren zusammenfallen, somit die Macht (wie auch im hellenistischen Ägypten) bei demjenigen liegt, der über die Zeitmessung bestimmt. Während der ursprüngliche Adressat dieser Kritik in Athen schwer zu benennen ist und sie eher wohl als allgemeine Skepsis gegenüber der unnatürlichen Zeitordnung verstanden werden muss, zielt die Wiederaufnahme des Motivs bei Plautus gegen die Magistrate – im konkreten Fall gegen die Macht der Ädilen im Rom des 2. Jhs. v. Chr.

Fällt die athenische Kritik zeitlich mit dem Einsatz der ersten Stoppuhren zusammen, war Rom 200 Jahre später zwar sicherlich noch kein *oppidum opletum est solariis*, doch lässt die räumliche Verteilung von Zeitmessern in beiden Städten erkennen, dass sie zu diesem Zeitpunkt jeweils das öffentliche Bewusstsein erreicht haben müssen.[515]

Wie eng diese Zeitordnung mit dem Kaiserhaus verbunden war, drückt als *locus classicus* das Epigramm des Martial 4, 8, das sog. Stundengedicht, aus:[516]

Prima salutantes atque altera continent hora,
exercet raucos tertia causidicos,
in quintam varios extendit Roma labores,
sexta quies lassis, septima finis erit,
sufficit in nonam nitidis octava palaestris,
imperat extructos frangere nona toros:
hora libellorum decuma est, Eupheme, meorum,
temperat ambrosias cum tua cura dapes
et bonus aetherio laxatur nectare Caesar
ingentique tenet pocula parca manu,
tunc admitte iocos: gressu timet ire licenti
ad matutinum nostra Thalia Iovem.

„Die erste und zweite Stunde des Tages schließen die grüssenden Klienten in sich. Die dritte übt die dröhnenden Stimmen der Anwälte. Bis zur fünften geht Rom verschiedenen Tätigkeiten nach. Die sechste bietet den Erschöpften Ruhe; die siebte wird diese beenden. Die achte dient dem schweißglänzenden Sport, bis zur neunten; die neunte fordert dazu auf die [im Triclinium] aufgebauten Liegen zu benutzen. Die Stunde meiner Büchlein ist die zehnte, Euphemos, wenn deine Fürsorge göttliche Speisen reicht, der gute Kaiser sich beim himmlischen Nektar entspannt und einen bescheiden bemessenen Becher in der machtvollen Hand hält. Dann lass' die scherzhafte Dichtung zu ihm kommen: denn mit ihrem lockeren Schritt zum morgendlichen Jupiter zu gehen, fürchtet meine Thalia nicht."

Dass der in dem Epigramm, das dem Kaiser gewidmet ist, nachgezeichnete ideale Tagesablauf nicht wörtlich zu nehmen ist, macht der Blick auf Amtszeiten, Badezeiten und Mahlzeiten in anderen Quellen deutlich, die auf in der Praxis wesentlich weiter gefasste Zeitspannen für einzelne Tätigkeiten hinweisen.[517] Am Beispiel der Uhrzeiten für das Gastmahl deckte jedoch Elke

---

513 Zum Folgenden: Wolkenhauer 2011, 104–150; bes. 130. 136.

514 A. S. Gratwick, Sundials, Parasites, and Girls from Boeotia, ClQ 29, 1979, 308–323.

515 Kapitel VIII.

516 Text und Übersetzung nach Wolkenhauer 2011, 109 f.

517 Hier Kapitel VII 1 und VII 4. Zum Gastmahl hier im Zusammenhang des Wohnhauses Kapitel VII 6 mit Anm. 692. Auch: U. Walter, Soziale Normen in den Epigrammen Martials, in: F. Grewing (Hrsg.), Todo notus in orbe. Perspektiven der Martial-Interpretation. Palingenensia 65 (Stuttgart 1998) 220–242.

Stein-Hölkeskamp auf, wie auf Verstöße gegen die Stundenordnung reagiert wurde, die als verbindlicher sozialer Verhaltenskodex galten. An den von ihr zusammengetragenen Textstellen wird exemplarisch deutlich, wie eng soziale Zeitnormen an das vorbildliche Verhalten des Princeps gebunden waren: Die Nachrichten beschränken sich nicht allein auf Mahlzeiten, sondern betreffen auch Zeiten des Aufstehens, Briefeschreibens, des Bades, des Dienstes. So mokiert sich Seneca De brevitate vitae 12. 6 über diejenigen, die daran erinnert werden müssen, wann sie sich waschen, schwimmen gehen oder essen sollen, wohingegen Plinius nat. 7. 182 Spurinna bewundert, der sich die Badezeit sogar ansagen lässt.

Der Alltag römischer Amtsträger war spätestens seit dem frühen 1. Jh. v. Chr. in eine engmaschige Stundenordnung eingespannt, deren praktische Umsetzung durch die von der seit der 2. Hälfte des 2. Jhs. v. Chr. rapide im öffentlichen und seit dem 1. Jh. v. Chr. auch in privaten Kontexten steigenden Anzahl von Zeitmessern angezeigt wird.

Fundort	Aufbewahrungsort	M	Typus	Dekor	Kontext	Datierung
Naukratis 1	London, Brit. Mus. 1909 2–16 10	K	S sphä	–	Miniatur	2. Jh. v. Chr.
Alexandria 4	London, Brit. Mus. 1936, 0309.1	K	S hohl	horizontale Streifen	Kleop. Nadel	spätes 2. Jh. v. Chr.
Matilica 1*	Macerata	M	S kugel	–	Forum	um 100 v. Chr.
Enserune 1	Nissan-lez-Enserune	T	S horiz ?	–	Stadtgebiet	1. Jh. n. Chr.
Traianopolis 1°	Komotini, Arch. Mus. 1358	M	S sphä	1/3 H, LT	–	kaiserzeitlich
Aphrodisias 3	Selcuk, Mus. 375	M	S sphä	– groß	Forum ~	196–198 n. Chr.
Syrakus 1	Syrakus, Arch. Mus. 45870	K	S vert	–	Stadtgebiet	spätantik

Abb. 65: Sonnenuhren mit Stundenzählung zwischen den Stundenlinien

Die numerische Zählung von Saisonalstunden ist auf den Zeitraum der abgelaufenen Stunde zu beziehen, wie bereits Bilfinger zutreffend anhand zahlreicher Textstellen erkannte (vgl. Abb. 64).[518] An manchen Zeitmessern wird diese Einteilung ausgewiesen, indem Stundenzeichen zwischen die Stundenlinien eingestellt werden.

Offenbar war diese Stundenzählung anfangs im 2. Jh. v. Chr. in Ägypten üblich, bis sie sich in der zweiten Hälfte des 1. Jhs. v. Chr. auf andere Gebiete ausgeweitet wurde. Bis auf das Grafitto aus Enserune werden an dieser Stelle wie auch in den literarischen Texten ausschließlich alphanumerische Zahlzeichen verwendet. Regelhaft wird diese Nummerierung bei Zeitmessern aber erst in der Spätantike und in der byzantinischen Zeit: Offenbar in Verbindung mit der hohen Bedeutung der Stundengebete weisen fast alle byzantinischen Vertikalsonnenuhren diese numerische Kennzeichnung auf.[519]

518 Die Ableitung des Begriffs von hora erklärt Cens. 23, 8; Saisonalstunden werden u. a. von Manil. 3, 306; Plin. nat. 2, 77, 186; Colum. 11, 2, 91 erwähnt; vgl. Wolkenhauer 2011, 106 mit Anm. 318. Außerdem ist diese Markierung auf weiteren Stücken zu beobachten, die nicht in den Katalog aufgenommen wurden, weil ihr Fundort nicht bekannt ist: Gibbs 1976, 1056. 2023. 3080.
519 Schaldach 2006, 221 und hier Kapitel VII 1.

Fundort	Aufbewahrungsort	M	Typus	Dekor	Kontext	Datierung
Pompeji 29	Pompeji, Mus. 6100	M	S sphä	PDL, R; Wa	Villa	1. Jh. v. Chr.
Pompeji 32	Granario, 14330	K	S kon	PDL, R; KM	Therme	1. Jh. v. Chr.
Riano 1	Rom, NM 12 555 96	M	S sphä	LT	Stadtgebiet	1. Jh. v. Chr.
Olympia 2	Olympia, Arch. Mus.	M	S kon	PDL, R	–	1. Jh. n. Chr.
Rom 12	–	M	S kon	PDL, Mondsichel	Nekropole	kaiserzeitlich
Durostorum 1	Silistra Inv. Nr. 517	K	S sphäV	H1/3; Büsten, Relief, Säulen	Nekropole ~	um 200 n. Chr.
Aquinum	Aquino, Mus. o. Nr.	Tr	S sphäV	–	–	2.–3. Jh. n. Chr.

Abb. 66: Sonnenuhren mit hervorgehobener dritter, sechster und neunter Stundenlinie

Bei einer zweiten Gruppe von Sonnenuhren ist die dritte, sechste und neunte Stunde hervorgehoben, indem diese farblich oder mit einem Symbol markiert wurden. Dadurch wird der Tag in vier Abschnitte geteilt, denen die jeweiligen Tätigkeiten innerhalb einer gewissen Toleranz zuzuordnen sind. Demnach werden auf diesen Instrumenten, die in Abhängigkeit zu astronomischen Gesetzmäßigkeiten konstruiert wurden, sozial definierte Zeiten angezeigt wie auch am Mechanismus von Antikythera 1°, der Zeitpunkte der panhellenischen Spiele ausweist. Im erhaltenen Material ist diese Praxis eng mit der Werkstatt Pompeji-Riano zu verbinden, aus der knapp die Hälfte aller Belege stammt. Obwohl die Häufigkeit dieser Einteilung in vier Tagesabschnitte auch deswegen nicht ermittelt werden kann, weil farbliche Akzente heute oft nicht mehr sichtbar sind, scheint sie erst im ausgehenden 1. Jh. v. Chr. und vornehmlich im italischen Raum üblich geworden zu sein.

3 Datumsuhren

Bereits im Zusammenhang mit den technologischen Typen der Sonnenuhren war zu beobachten, dass der Schatten des Gnomon oft innerhalb eines Liniennetzes über das Zifferblatt verläuft, das nicht nur in Stunden eingeteilt ist, sondern auch Datumslinien aufweist. Somit dient das Instrument auch als kalendarische Anzeige, die den jeweiligen Zeitpunkt im Jahr zu bestimmen erlaubt. Die Projektionslogik des Schattens bildet den Kreislauf des Gestirns im Jahresverlauf ab, der in den Linienfächer der Stundengliederung eingeschrieben ist. Auf dem Zifferblatt von Sonnenuhren wird das astronomische Verhältnis der beiden Zeitzyklen in nachvollziehbarer Weise visualisiert und häufig sogar zusätzlich durch Beischriften ausgewiesen. Die Sonnenuhren zeigen also seit ihrer Einführung in der Mehrheit zwei zeitliche Qualitäten an, die Stunden- und die Jahresgliederung, dienen als Uhr und Kalender zugleich.

Sind Datumslinien mehrheitlich auf die Anzeige der Elementardaten des griechisch-römischen Kulturraums – also die Äquinoktien und die Wendemarken – beschränkt, so werden diese manchmal um Sonderdaten erweitert und ergänzen diese zusätzlich Windzeiger. Erst allmählich kristallisiert sich die fortan kanonische Zwölfteilung des Jahres als Einteilung heraus, die sich zunächst auf die Stationen des Zodiakos und dann auch auf die Monatsnamen des iulianischen Kalenders bezieht.[520] Ziel der folgenden Überlegungen ist keine Rekonstruktion der Geschichte des Kalenders

520 Zu den religiösen Aspekten vgl. besonders Rüpke 2006, 19–28 und ders., Funktionen eines Kalenders. Ansätze zu einer kulturwissenschaftlichen Analyse der religiösen Qualifikation von Zeit am Beispiel der römischen fasti, in: Assmann 1997, 87–102 und Hannah 2005, 42–70.

und seiner Anwendungsgebiete, sondern die Einbindung der kalendarischen Jahresgliederung an Zeitmessern zu prüfen.

Die folgenden Überlegungen gehen in erster Linie vom umfangreichen Bestand der Sonnenuhren aus, weil nur wenige Zifferblätter von Wasseruhren erhalten sind. Dennoch lassen die vereinzelten Belege erkennen, dass deren kalendarische Anzeige grundsätzlich nicht von der der Sonnenuhren abweicht, der mangelhafte Stand der Überlieferung es jedoch nur eingeschränkt erlaubt, die konkrete Umsetzung für diese technologische Gruppe zu ermitteln.

3.1 Elementardaten: Äquinoktien und Wendemarken

Wie eng die Aufteilung des Jahres in vier annähernd gleichlange Abschnitte mit Zeitmessern im gesamten untersuchten Zeitraum verknüpft ist, zeigt sich darin, dass über 90 Prozent der Sonnenuhren mindestens drei Datumslinien aufweisen.[521] Obwohl die Qualität ihrer Ausführung erheblich schwankt, wird diese Zeitfunktion unabhängig von Entstehungszeit und -ort des Instruments angezeigt und ist von der Einführung von Sonnenuhren im griechischen Kulturraum an konstitutiver Bestandteil eines Zeitmessers. Dieses Verständnis von Kalender und Uhr als apparative Einheit kennzeichnet den grundsätzlichen Unterschied gegenüber den ägyptischen Sonnenuhren, deren Anzeige ausschließlich der zeitlichen Tagesgliederung dient.[522]

Besonders aufschlussreich sind jene Sonnenuhren, bei denen Beischriften die Datumslinien ergänzen: Üblicherweise wird die Äquinoktiallinie als *ἰσημερία* ausgewiesen, während die Wendemarken als *τροπὴ χειμερινή bzw. τροπὴ θερινή* bezeichnet werden.

Fundort	Aufbewahrungsort	I	Art der I	Typus	Dekor	Kontext	Datierung
Istros 1	Bukarest, NM L 2023	g	Datum	S sphä	–	–	3. Jh. v. Chr. (?)
Samos 1°	Samos, Arch. Mus. 322	g	Datum; Hersteller; Stiftung	S kon	F	Agora	1. H. 2. Jh. v. Chr.
Delos 5	Delos, B 4367	g	Datum, Aufsatz Wind; Stiftung	S sphä 2	–	Gymnasion GD 76	1. H. 2. Jh. v. Chr.
Priene 1	in situ	g	Datum	S kon	F	Gymnasion	2. Jh. v. Chr.
Ioulis 1		g	Datum	S sphä 2	–	öffentlich	2. Jh. v. Chr.
Lykao Savatra 1°	MAMA 8, 233	g	Datum	S vert 3	–	–	2. Jh. v. Chr.
Delos 9	Delos, 133	g	Datum	S sphä	–	Agora Delier	2. Jh. v. Chr.
Delos 19	Delos, o. Nr.	g	Datum	S horiz	–	Wohnhaus	2./1. Jh. v. Chr.
Tenos 1°	Tinos, Arch. Mus. A 139	g	Datum; Lehrgedicht, Hersteller	S sphä, sphäV, vert 2	Delphin	Poseidon-H.	2. H. 2. Jh. v. Chr.
Ephesos 1	Wien, KH I 1639	g	Datum	S kon	Rhodos	Agora	2. Jh. v. Chr. ?

521 Zur Verteilung dieser Termine über das Jahr vgl. hier S. 49.

522 Zu den ägyptischen Uhren vgl. zusammenfassend Schaldach 2006, 11–16 mit weiterer Literatur und grundlegend L. Borchardt, Altägyptische Sonnenuhren, ZÄS 48, 1910/1911, 9–17.

Fundort	Aufbewahrungsort	I	Art der I	Typus	Dekor	Kontext	Datierung
Oum el Ahmed 1°	Paris, Louvre AO 4823	phö	Datum; Stiftung	S kon	–	Stadtgebiet	150–100 v. Chr.
Matilica 1°	Macerata	g	Stunden, Datum, Zodiakos	S kugel	–	Forum	um 100 v. Chr.
Palmyra 1°	unbekannt	g	Datum, Monat	S hemi 3	–	Heiligtum	1. Jh. v. Chr.
Chios 1	IG XI Chios 508	g	Datum, Zodiakos	S vert3	–	–	2. H. 1. Jh. v. Chr.
Tanis 1	London, Brit. Mus. EA 68475	g	Datum	S kon	PDL	Miniatur; Wohnhaus	spätes 1. Jh. v. Chr.
Rom 4	Mausoleion Augustus	l	Monat, Datum, Zodiakos; Winde	S horiz	–	Wohnhaus	spätes 1. Jh. v. Chr.
Pompeji 7	Neapel, Arch. Mus.	g	Datum, Zodiakus	S horiz	–	öffentlich ? ~	2. H. 1. Jh. v. Chr.
Rom 14	Rom, NM 40621.40642	g	Datum, Winde	S horiz	–	–	138 n. Chr.
Aphrodisias 1	InsAPh 8.502 a + b	g	Datum	S sphä	–	Theater, Tetrastoon	1.-2. Jh. n. Chr.
Aspira 1	Izmir, Arch. Mus. 5404	g	Datum	S kon	F	–	2. Jh. n. Chr.
Aphrodisias 2	Aphrodisias, Grabung Nr. 1964, 64/415	g	Datum	S hohl	–	Stadtgebiet	spätes 2. Jh. n. Chr.
Aphrodisias 5	InsAPh 8.214	g	Datum	S sphä	–	Theater	2.-3. Jh. n. Chr.
Palmyra 3	Palmyra, Mus. 25/92 G 1982 914	g	Datum	S kon	–	Karawanserei	220–270 n. Chr.
Aisepos 1	IMT Aisep	g	Datum	S hohl	–	Heiligtum	3. Jh. n. Chr.?
Aphrodisias 7	Aphrodisias, InsAPh 8.409	g	Datum	S horiz	–	Theater, Tetrastoon	5.–6. Jh. n. Chr.

Abb. 67: Sonnenuhren mit von Beischriften ausgewiesenen Datumslinien; *kursiv* angegeben sind jene Zeitmesser, deren Datumslinien sich nicht nur auf die vier Elementardaten beziehen

Während zwei Drittel aller Datumslinien unbezeichnet sind, begegnen Beischriften überhaupt auf knapp 16 Prozent des gesamten Materials. Deren chronologische Verteilung ist ebenso eindeutig – aus (spät)hellenistischer Zeit sind doppelt so viele Stücke bekannt wie aus allen darauffolgenden Jahrhunderten – wie das Muster ihrer regionalen Verbreitung, das von der Sprachenverteilung der Beischriften bestätigt wird: Demnach wurden Sonnenuhren mit Datumslinien im 2. Jh. v. Chr. in der Zentralägäis eingeführt und verbreiten sich von hier aus über den gesamten griechischsprachigen Raum. In den italischen Gebieten und anderen Reichsregionen setzt sich hingegen die schriftliche Ausweisung der vier astronomisch definierten Elementardaten nie durch. Obwohl auch hier das Liniensystem übernommen wurde, bestand offenbar kein Bedürfnis, auf dessen kalendarische Funktion hinzuweisen. So wurde bislang mit Rom 4° nur eine lateinische Beischrift dieser Art überhaupt bekannt. Da kaum vorauszusetzen ist, dass sich jedem Nutzer die kalendarische Funktion der Linien erschloss und außerdem die Datumslinien seit dem 1. Jh. n. Chr. zunehmend nachlässig ausgeführt wurden, liegt vielmehr der Schluss nahe, dass den astronomischen Eckdaten im Alltag bzw. ihrer Ermittlung anhand von Uhren eine zunehmend geringere Bedeutung beigemessen wurde – die drei Linien jedoch weiterhin zum Standarddesign einer Sonnenuhr gehörten.[523]

Die Beischriften prägen den didaktischen Charakter der frühen Uhren, der in dieser Phase auch auf andere Weise zum Ausdruck kommt:[524] Denn auf diesen Stücken werden die Beischriften immer ausgeschrieben, Glyphen oder Kurzschriften kommen in dieser Gruppe, die mehrheitlich in den öffentlichen Raum gestiftet wurde, nicht vor.[525] Hier werden die neuen astronomischen Kenntnisse einer städtischen Öffentlichkeit vorgeführt und erklärt.[526] In dieselbe Richtung weist auch die formale Gestaltung dieser Zeitmesser, die immer undekoriert sind – nichts lenkt von der Projektionslogik des Gnomonschattens ab.

Diese Vorstellung wird von einigen recht großen, wieder durchwegs öffentlich aufgestellten Zeitmessern im 2. Jh. n. Chr. aufgegriffen: Mit regionalem Schwerpunkt in einer (?) Werkstatt in Aphrodisias entstehen nun wieder sehr sorgfältig gearbeitete Zifferblätter. Da in diesem Gebiet faktisch dieselbe Kalenderordnung wie im übrigen Reich gilt, müssen diese Stücke eher als intendierter Verweis auf die frühere Tradition verstanden werden.[527] Dass dieser auf die normative Funktion des Kaiserhauses anspielt, könnte die enge formale Verwandtschaft dieser Stücke mit Aphrodisias 3° anzeigen, die zwischen den Jahren 197–214 n. Chr. Caracalla und seiner Mutter Julia Domna gestiftet wurde.

Das Bild ergänzt die Einbeziehung von weiteren Aspekten der kalendarischen Zeitfunktion von Sonnenuhren in die Überlegung:[528]

3.2 Sonderdaten

Eine kleine Gruppe schließt sich um zehn Sonnenuhren zusammen, die über die drei Elementardaten hinaus weitere astronomisch definierte Termine ausweisen, die immer von Beischriften benannt werden. Diese Termine werden als Sonderdaten bezeichnet. Ausnahmslos handelt es sich um hochwertig gearbeitete Zeitmesser des 2. Jhs. v. Chr.. Hier werden erstmals materiell Versuche greifbar, unabhängig von den lokalen Mondkalendern eine engmaschige zeitliche Jahresgliederung von überregionaler Gültigkeit zu schaffen.

Fundort	Aufbewahrungsort	I	Art der Inschrift	Typus	Dekor	Kontext	Datierung
Istros 1	Bukarest, NM L 2023	g	Datum	S sphä	–	–	Anfang 3. Jh. v. Chr. (?)
Prosymna 1°	Nauplia, Arch. Mus.	g	Stunden, Zodiakos; Stiftung	S kugel	–	Hera-H.	2. Jh. v./ 2. Jh. n. Chr.

523 Daten der Äquinoktien nennt z. B. für das Jahr 37 v. Chr. Varro rust. 1, 28; sie finden Erwähnung bei Plinius nat. 18, 246 sowie Columella 9. 4.

524 Vgl. Kapitel II 3.1.

525 Im Gegensatz dazu vgl. hier Kapitel V 3.3 und Antikythera 1.

526 Zu den Hintergründen dieser Stiftungen im öffentlichen Raum vgl. hier Kapitel VII 1 und VII 2.

527 Möglicherweise ist diese Entwicklung, die im 2. Jh. n. Chr. einsetzt und noch im 3. Jh. n. Chr. anhält auf die in dieser Zeit in den östlichen Reichsteilen äußerst starken Normierungsbestrebungen zurückzuführen, vgl. C. Marek, Geschichte Kleinasiens in der Antike (München 2010) 397 mit Amn. 9. 400. 869 s. v. 23. 9. 9 v. Chr..

528 Zur Kombination der Datensysteme vgl. Aujac 1980; Brack-Bernsen 2000.

Fundort	Aufbewahrungsort	I	Art der Inschrift	Typus	Dekor	Kontext	Datierung
Tenos 1°	Tinos, Arch. Mus. A 139	g	Datum; Lehrgedicht, Hersteller	S sphä, sphäV, vert 2	Delphin	Poseidon-H.	2. H. 2. Jh. v. Chr.
Delos 9	Delos, 133	g	Datum	S sphä	–	Agora Delier	2. Jh. v. Chr.
Ioulis 1	–	g	Datum	S sphä 2	–	öffentlich	2. Jh. v. Chr.
Delos 19	Delos, o. Nr.	g	Datum	S horiz	–	Wohnhaus	2./1. Jh. v. Chr.
Kamiros 1	in situ	–	–	S kon	–	Heiligtum	2. Jh. v. Chr.
Antikythera 1°	Athen, NM	g	Z, Dat, Parap, ...	mech	–	–	vor 120 v. Chr.
Matilica 1°	Macerata	g	Stunden, Datum, Zodiakos	S kugel	–	Forum	um 100 v. Chr.
Rom 3°	Rom, Piazza Montecitorio	g, l, ä	Zodiakos, Winde; Stiftung	S horiz	–	Marsfeld	10.12.10–9.12.9 v. Chr.

Abb. 68: Sonnenuhren mit inschriftlich ausgewiesenen Sonderdaten

Weil ihre mathematische Analyse bislang aussteht, sind die 13 zusätzlichen Strichmarken entlang des Meridians der planen Uhr Istros 1 und die Stiftlöcher von Kamiros 1 nicht zu deuten. Bei den Zeitmessern Delos 19, Prosymna 1° und Matelica 1 zeigt ein Dreieck die Verschiebungen der Tageslänge im Jahresverlauf an.

Einen anderen Ansatz der Systematisierung verfolgten die Konstrukteure der Uhren Delos 9, Ioulis 1 und Tenos 1°, die zusätzliche astronomische Daten wie den Frühjahrspunkt – *ἑῴα ἐπιτολή* – und den Sirius-Aufgang – *κύων ἐκφανής* – einbeziehen. Die Auswahl dieser Daten, die auch auf den Parapegmata aufgelistet werden und auf dem Antikythera-Mechanismus begegnen, zeigt, dass diese Stücke in Abhängigkeit zur ptolemäischen Astronomie entstanden sind. Werden die kalendarischen Daten der Uhr Tenos 1° auf ihre heutigen Werte übertragen, so ergeben sich übers Jahr verteilt Zeitintervalle, deren Länge zwischen 30 und 90 Tagen schwankt.

Die Fundorte dieser Dreiergruppe scheinen den alexandrinischen Ursprung dieser astronomischen Messnetze zu bestätigen, da es sich ausnahmslos um Orte handelt, die zur Entstehungszeit der Zeitmesser unter ptolemäischem Einfluss standen.[529]

3.3 Windzeiger

Die Windrichtung wechselt rings um das Mittelmeer je nach Jahreszeit, so dass diese meteorologischen Gesetzmäßigkeiten einen weiteren Ansatz zur Jahresgliederung bieten.[530] Insbesondere aufgrund ihrer Bedeutung für die Seefahrt waren diese empirischen Erfahrungen von alters her im

529 Zur unmittelbaren ptolemäischen Präsenz in Griechenland zusammenfassend E. Winter, Formen ptolemäischer Präsenz in der Ägäis, in: F. Daubner (Hrsg.), Militärsiedlungen und Formen dauerhafter Präsenz in Griechenland und Kleinasien. Kongress Berlin 2008 (Berlin 2011) 65–77 mit weiterer Literatur.

530 P. Lionello, Mediterranean Climate: Trends, Variability and Change (Amsterdam 2008) 18–34; A. Mellouki, Regional Climate Variability and its Impacts in the Mediterranean Area. NATO Science Series 79 (Dordrecht 2007) 11–18; L. Hempel, Kalte und warme Regionalwinde über dem östlichen Mittelmeer und der Ägäis zwischen Griechenland und Nordafrika (Münster 1998) 44–58.

Bewusstsein und werden bereits bei Homer mehrfach erwähnt.[531] Obwohl keine verbindliche Jahresgliederung ausschließlich anhand dieser Daten jemals erstellt wurde, treten Windrichtungen vielmehr kombiniert mit anderen Systemen auf. Darauf weist u. a. eine Gruppe von Sonnenuhren, auf denen eine Windfahne montiert war und auf deren Zifferblatt die Namen der Winde der jeweiligen Richtung zugeordnet sind:

Fundort	Aufbewahrungsort	I	Art der Inschrift	Typus	Dekor	Kontext	Datierung
Delos 5	Delos, B 4367	g	Datum, Aufsatz Wind; Stiftung	S sphä 2	–	Gymnasion GD 76	1. Hälfte 2. Jh. v. Chr.
Sparta 1	Sparta, Arch. Mus. 6193	–	Winde	S kon 2	Schiff, Triton	öffentlich	Mitte 2. Jh. v. Chr.
Athen 4°	in situ TdW	g	Winde	S vert 8, zyl, W	Reliefs	Agora	150–100 v. Chr.
Ioulis 1	–	g	Datum	S sphä 2	–	öffentlich	2. Jh. v. Chr.
Side 1	in situ	–	–	S sphä 2, v-vert	–	Stadtgebiet	2. Jh. v. Chr.
Rom 3°	Rom, Piazza Montecitorio	g, l, ä	Zodiakos, Winde; Stiftung	S horiz	–	Marsfeld	10.12.10–9.12.9 v. Chr.
Rom 4	Mausoleion Augustus	l	Monat, Datum, Zodiakos; Winde	S horiz	–	Wohnhaus	spätes 1. Jh. v. Chr.
Rom 13	Rom, Vat. Mus. 10446	g	Datum, Winde	S horiz	–	Nekropole	138 n. Chr.
Rom 14	Rom, NM 40621.40642	g	Datum, Winde	S horiz	–	–	138 n. Chr.
unbekannt FO 12 °	FfM	l	Datum, Monate; Stiftung Aufsatz Wind	W	–	Therme	späteres 2. Jh. n. Chr.
Aquileia 14	Aquileia, Mus. 1359	l	Winde; Hersteller	S horiz	–	Circus	175–200 n. Chr.

Abb. 69: Zeitmesser mit Windzeiger

Die Windfahne leistet die Anzeige der Windrichtung, die Schlussfolgerung, welcher Termin im Jahr dem entspricht, bleibt dem Nutzer überlassen. Wieweit die erforderlichen Kenntnisse im Alltag verbreitet waren, ist schwer zu beurteilen, doch zumindest in Personenkreisen mit nautischer Erfahrung sind diese wohl vorauszusetzen. Die enge Beziehung v. a. der hellenistischen Zeitmesser zur Seefahrt deutete sich bereits anhand der ikonographischen Bezüge der Dekormotive an.[532] Auf die

531 Rehm 1916, 5–9 und D. Coppola, Anemoi: morfologia dei venti nell'immaginario della Greca antica (Neapel 2010) 73–94.

532 Vgl. hier S. 100.

früh realisierte Beziehung zwischen Seefahrt und Zeitmessern verweist auch die Nachricht im P. Hawara 81, der bereits für das frühe 3. Jh. v. Chr. von der Aufstellung einer Sonnenuhr im Kantharos-Hafen des Piräus berichtet. Als Windzeiger fungierten in der Regel aus Bronze gefertigte Aufsätze, von denen zwar kein einziger erhalten ist, deren Position aber Stiftlöcher bezeugen. In Ergänzung des nach Süden ausgerichteten Zifferblatts sind bei manchen Uhren die Winde entweder namentlich ausgewiesen oder wie beim Turm der Winde, Athen 4°, zusätzlich figürlich ausgeführt.

Die Durchsicht des Materials zeigt, dass mit den Windmessern wieder eine Tradition greifbar wird, die im hellenistischen Griechenland ihren Ausgang nahm, im augusteischen Rom aufgegriffen und erst wieder im fortgeschrittenen 2. Jh. n. Chr. mehrfach belegt ist. Galt es ursprünglich, klimatische Wechsel zu systematisieren,[533] um sie in eine zeitliche Jahresgliederung einzubeziehen und wurde zur Zeitenwende dieser Versuch weiter verfolgt, so zitiert der späte Rückgriff bewusst die frühere Tradition.[534] Die Aufstellung entsprechender Stücke im Theater von Side bzw. im Circus von Aquileia belegen, dass an diesen Orten besonders mit Verweisen gespielt wurde. Charakteristisch ist ferner, dass diese späten Stücke ihren Vorbildern häufig so ähnlich sehen, dass es schwer fällt, sie voneinander zu trennen: So entstanden wohl die Uhren Sparta 1 und Delos 19 in enger Abhängigkeit, und für Aquileia 14 und Rom 14 wurde sogar eine gemeinsame Urheberschaft vermutet. Es liegt also keine Wiederaufnahme oder Weiterentwicklung einer früheren Idee vor, sondern die früheren Instrumente werden so eng kopiert, dass der Anschein entsteht, als handele es sich tatsächlich um einen alten Zeitmesser. Dadurch wird die Sonnenuhr über ihre konkrete Funktion der kombinierten Messung mehrerer Zeitebenen hinaus auch bildhaft zum Symbol für eine andere Zeit.

3.4 Zodiakaleinteilung

Auf etwa einem weiteren Fünftel des Materials teilen Linien das Jahr in zwölf gleichmäßige Abschnitte, deren Beischriften sich auf zwei kalendarische Systeme beziehen: auf die Einteilung des Jahres in die Stationen des Zodiakos bzw. auf die Gliederung in die zwölf Monatsnamen des iulianischen Kalenders. Während der eine Zyklus abhängig ist von der um 400 v. Chr. in Griechenland eingeführten astronomischen Gliederung des Jahres gemäß dem Kreislauf der Fixsterne und Plinius nat. 18, 212 die Beteilung des Astronomen Sosigenes an der Entwicklung des Caesarischen Kalenders überliefert, folgt deren Benennung einem sozialen Konstrukt.

Fundort	Aufbewahrungsort	Material		Art der I	Typus	Kontext	Datierung
Chios 1	IG XI Chios 508	M	g	Datum, Zodiakos	S vert3	–	2. H. 1. Jh. v. Chr.
Prosymna 1°	Nauplia, Arch. Mus.	M	g	Stunden, Zodiakos; Stiftung	S kugel	Hera-H.	2. Jh. v. / 2. Jh. n. Chr.
Matilica 1°	Macerata	M	g	Stunden, Datum, Zodiakos	S kugel	Forum	um 100 v. Chr.

Fortsetzung auf der nächsten Seite.

533 So bereits Kaibel 1885 und Rehm 1916. Weitere Konsequenzen zeigt Haselberger 1999 auf.

534 L. Taub, Ancient Meteorology: Astronomy and weather prediction in the Roman period, in: J. Renn – G. Castagnetti (Hrsg.), Homo Faber. Studies in Nature, Technology and Science at the Time of Pompeji. Kongress München 2000 (Rom 2000) 143–152.

Fundort	Aufbewahrungsort	Material		Art der I	Typus	Kontext	Datierung
Rom 3°	Rom, Piazza Montecitorio	B, M, Dio	g, l, ä	Zodiakos, Winde; Stiftung	S horiz	Marsfeld	10.12.10–9.12.9 v. Chr.
Pompeji 7	Neapel, Arch. Mus.	–	g	Datum, Zodiakus	S horiz	öffentlich ? ~	2. H. 1. Jh. v. Chr.
Iuvavum 1	Salzburg Nr. 3985	B	l	Zodiakos, Monat	W	Forum ~	2. Jh. n. Chr.
Thamugadi 1	in situ	K	l	Stunden, Zodiakos	S horiz	Forum	175–225 n. Chr.
Augusta Emerita 2	Merida	B	l	Datum; Orte, BG	S vert	Reise	2. H. 3. Jh. n. Chr.
Rom 4	Mausoleion Augustus	M	l	Monat, Datum, Zodiakos; Winde	S horiz	Wohnhaus	spätes 1. Jh. v. Chr.

Abb. 70: Zeitmesser mit Datumsskala der zwölf Tierkreiszeichen

Die Gruppe der Zeitmesser mit Zodiakaleinteilung schließt unmittelbar an die hellenistischen Instrumente mit astronomischen Sonderdaten an: Darauf weisen nicht nur die chronologische Verteilung des Materials, sondern auch Überschneidungen mit dieser früheren Gruppe durch Prosymna 1° und Matelica 1. Die hier noch zusätzlich aufgeführten Sonderdaten entfallen in der Folgezeit; es setzt sich seit der zweiten Hälfte des 2. Jhs. v. Chr. die Aufteilung in die zwölf Fixsterne als kanonische Jahresgliederung durch. Daran, dass diese Kanonisierung mit den ca. 50 Jahre zuvor entwickelten Himmelsgloben, den sog. Sphären, zusammenhängt,[535] erinnert die nur mit diesen beiden Zeitmessern belegte Kugelform.

Mit der Übernahme des Zodiakos für das kalendarische Datennetz der Zeitmesser geht einher, dass erst jetzt einige Instrumente ausschließlich zur Jahresgliederung eingesetzt werden: So begegnen in dieser Gruppe erstmals sog. Meridiane, d. h. Instrumente ohne Stundenskala, an denen entlang ihrer Mittagslinie das Datum abzulesen ist. Muss bis auf weiteres der Meridian Chios 1 als frühester Vertreter dieser Art von Datumsuhren gelten, so wurde diese offenbar an planen Formen entwickelt – und somit an einem archäologisch schwer nachweisbaren technologischen Typus –, mit dem Obelisken auf dem Marsfeld, Rom 3°, von Augustus aufgegriffen und in der Folge dieses monumentalen (An-)Zeigers seiner Zeitpolitik von den horizontalen Zifferblätter Pompeji 7, Thamugadi 1 und Rom 4 zitiert.[536] Auf die enge Abhängigkeit von den hellenistischen Vorbildern und auf das Verhältnis zu dem erst in dieser Zeit abgeschlossenen Prozess der kanonischen Zwölfteilung des Jahres verweisen beim Meridian auf dem Marsfeld die griechischen Beischriften seiner Datumsangaben sowie die Nennung einzelner astronomischer und meteorologischer Sonderdaten, die nach diesem monumentalen zeitlichen Maßstab, der eng mit der augusteischen Kalenderreform verbunden ist, nicht mehr belegt sind.[537] Außerdem werden entlang seiner Mittagslinie die Bezeichnungen der Sternzeichen abgekürzt, wie es zuvor nur vom Mechanismus von Antikythera bekannt ist. Der Herleitung dieser Zodiakalgliederung aus der Tradition der in Griechenland (und Sizilien) entwickelten Himmelsgloben[538] schließt zwar die Annahme eines ägyptischen Vorbildes

535 Vgl. hier S. 66.
536 Zur Vorbildfunktion des Obelisken für die Entwicklung der horizontalen Zifferblätter vgl. Kapitel II 2.2.1.
537 Vgl. Bennett 2003, 230, der in dem 9 v. Chr. auf dem Marsfeld aufgestellten Obelisken die Kalibration des reformierten Kalenders sieht, der ein Jahr später eingeweiht wurde.
538 Zur Datierung der Himmelsgloben vgl. S. 67.

für den augusteischen Meridian nicht aus, ist aber angesichts seiner wissenschaftsgeschichtlichen Einbindung nicht zwingend.[539] Vielmehr wurde mit der Monumentform des Obelisken das mit ihm verbundene ideologische Bedeutungsspekturm übernommen, während für seine kalendarische Nutzung auf die griechische Wissenstradition zurückgegriffen wurde. Darauf verweist auch die Verteilung der unterschiedlichen Schriftsysteme, der lateinischen Stiftungsinschrift, der griechischen Beischriften entlang des Meridians und der Hieroglyphen des Obeliken. Hier werden die aus verschiedenen Reichsregionen übernommenen Wissenstränge von Augustus für jedermann sichtbar zum maximal erreichbaren Kenntnisstand in Rom zusammengeführt.

Einerseits hängt die Kanonisierung der Jahresgliederung in der technologischen Praxis mit der Entwicklung von ganzjährig betriebenen Wasseruhren zusammen, die Saisonalstunden anzeigen: Mit ihnen stellt sich die Anforderung, dass der jahreszeitbedingten Tageslänge die Auslaufmenge anzupassen war. Bereits mit der (Auslauf-)Uhr des Archimedes wurde diese Problematik behoben, indem ein Regler manuell auf das entsprechende Zodiakalzeichen eingestellt werden konnte.[540] Möglicherweise steht damit auch die Anzeige der Tageslänge auf einigen der Sonnenuhren mit Sonderdaten in Verbindung. Wichtig war in diesem Zusammenhang jedenfalls die Datenintervalle möglichst gleichmäßig über das Jahr zu verteilen, um Abweichungen der Stundenlänge – denn Archimedes' Uhr diente nicht als kalendarische Anzeige – möglichst gering zu halten. So zeigt die Erfindung der sog. anaphorischen Wasseruhr, die Tages- und Jahresgliederung kombinierte und die vielleicht mit dem Namen Heron zu verbinden ist, den Endpunkt dieser technologischen Entwicklung an, der im 1. Jh. v. Chr. kurz vor der Aufstellung des Obelisken auf dem Marsfeld erreicht wurde.

Ein zweiter Faktor, der sich auf die kanonische zodiakale Jahresgliederung sicherlich förderlich auswirkte, ist die intensive Einbindung der Astrologie in die Repräsentation des Princeps.[541] So eignet sich der Zodiakos in besonderer Weise, um die vom Kaiserhaus geprägte normative und ideologische Zeitordnung miteinander so zu verschränken, dass die eine als naturgegebene Folge der anderen erscheint. Die Aktualität des Themas Zodiakos und seiner verschiedenen Bedeutungsebenen wird in dieser Zeit u. a. von den vielfältigen Umsetzungen dieses Themas im Bild angezeigt.[542]

3.5 Monatsnamen

Eine letzte Gruppe von 15 Sonnenuhren, deren Datumslinien das Jahr in zwölf gleiche Abschnitte aufteilen, verbindet diese kalendarische Funktion mit Monatsnamen.

Fundort	Aufbewahrungsort	I	Art der I	Typus	Dekor	Kontext	Datierung
Palmyra 1°	unbekannt	g	Datum, Monat	S hemi 3	–	Heiligtum	1. Jh. v. Chr.
Ateste 1	Este, Mus.	l	Monat	S zylin	–	Reise, Nekropole	kurz nach 8 v. Chr.
Karthago 1	Paris, Louvre MNE 1178	g	Datum, Monat	S sphäV	R	–	8 v. Chr.–50 n. Chr.

Fortsetzung auf der nächsten Seite.

539 Dazu zuletzt mit früherer Literatur: G. Alföldy, The Horologium of Augustus and its Model at Alexandria, JRA 24, 2011, 96–98, der vermutet, dass bereits im Jahr 31 v. Chr. während eines Besuchs von Augustus in Alexandria ein Obelisk als Meridian von Gaius Cornelius Gallus als *praefectus fabrum* eingeweiht wurde. Zu den wiederholten Kalenderkorrekturen dieser Jahre, die erst in der Reform des Jahres 8 v. Chr. ihren Abschluss fanden vgl. Bennett 2003.

540 Vgl. hier S. 138.

541 Schmid 2005, 183–202. 305–335.

542 RE 10.A (1972) 626–667 s. v. Zodiakos (H. G. Gundel).

Fundort	Aufbewahrungsort	I	Art der I	Typus	Dekor	Kontext	Datierung
Herculaneum 2	Neapel, NM Reiseuhr 25494	l	Monat	S vert	–	Reise; Stadtgebiet	27 v.–79 n. Chr.
Rom 10	Rom, Kapiteol. Museen	ä, g	Datum, Monat; Stiftung	W	ägypt. Typus	Isis-Heiligtum	1. Jh. n. Chr. ?
Fundort unbekannt 2	Paris, Louvre N 664	ä, l	Monat; Stiftung	W	ägypt. Typus	–	280 v. Chr. / 1. Jh. n. Chr. (?)
Karthago 2	Karthago, Lavigerie 1899	l	Datum, Monat	S v-vert	–	Nekropole	1. Jh. n. Chr. ?
Iuvavum 1	Salzburg Nr. 3985	l	Zodiakos, Monat	W	Figuren	Forum ~	2. Jh. n. Chr.
Rom 15	Rom, Palatin	–	–	S sphäV	R, V	–	2. Jh. n. Chr.
Aquileia 11	Privatsammlung	l	Monat, Ortsliste	S vert	–	Reise	Mitte 2. Jh. n. Chr.
Aquileia 12	Wien, Inv. Nr. VI, 4098	l	Monat, Orte	S vert	Medaillon	Reise	nach 140–143 n. Chr.
unbekannt FO 12°	FfM	l	Datum, Monate; Stiftung Aufsatz Wind	W	–	Therme	späteres 2. Jh. n. Chr.
Mogontiacum 1	Mainz, Landesmus. R 2321	l	Monat	S vert	–	Reise; Nekropole	3./4. Jh. n. Chr.
Samos 4	Samos, Arch. Mus. 328	g	Stunden, Monat; Orte, BG	S vert	–	Reise	4. Jh. n. Chr.
unbekannt FO 15°	London, Brit. Mus. MNE 1997, 3–3,1	g	Monate; Orte, BG	S vert	–	Reise	um 500 n. Chr.

Abb. 71: Zeitmesser mit Datumsskala mit Monatsnamen

Unabhängig davon, ob die Beischriften auf Griechisch – wie in den Beispielen Karthago 3, Palmyra 1, Rom 1 und 16 sowie Fundort unbekannt 9 – oder wie in der Mehrheit auf Lateinisch ausgeführt wurden, immer beziehen sie sich auf den zivilen römischen Kalender nach der augusteischen Reform.[543] Diese öffentlich propagierte Neuordnung schlägt sich mit Ateste 1 unmittelbar nieder, indem die Beischriften deutliche Unsicherheiten in der korrekten Benennung der Sommermonate verraten. Ferner scheint die Monatseinheit im 2. Jh. n. Chr. synonym zu der Zodiakalteilung gebraucht worden zu sein, wie das Fragment Iuvavum 1 erkennen lässt, auf dessen Vorderseite Tierkreiszeichen eingraviert sind, denen auf der Rückseite Monatsnamen entsprechen. Für die synonyme Verwendung von Tierkreiszeichen und Monatsnamen auf den Zeitmessern spricht auch, dass sich im Material keine eindeutigen Muster im Hinblick auf regionale oder kontextuelle Verbreitung des einen oder anderen Systems abzeichnen.

Auf eine weitere Besonderheit ist in diesem Zusammenhang aufmerksam zu machen: Bereits im Zusammenhang mit der Konstruktion von Auslaufuhren des ägyptischen Typus, von denen zahlreiche Stücke aus italischen Fundkontexten bzw. anderen Städten des römischen Reiches

543 Zu den Neuerungen vgl. Bennett 2003.

stammen, wurde erwähnt, dass sich auf der Aussenwandung dieser Diorit-Gefäße Darstellungen der ägyptischen Monatsgötter befinden, denen im Innern die jeweils gültigen Stundenlinien zugeordnet wurden. Im Zuge der Übernahme dieser wohl durchwegs in Ägypten hergestellten Uhren in den italischen Raum wurden die dort ungebräuchlichen und fehlerhaften ägyptischen Monatsangaben ersetzt, indem auf Griechisch – wie am Beispiel Rom 10 – oder Lateinisch – in Fundort unbekannt 2 – die Namen der Monate des iulianischen Kalenders in die harten Wandung geritzt wurden. Offenbar wurde im Zug des Kulturtransfers von Ägypten nach Rom nicht nur das Steingefäß als Symbol spezifischer Inhalte übernommen, sondern war damit auch die Einhaltung bestimmter Handlungen verbunden, deren korrekte Terminierung ein wichtiges Element darstellte.[544]

Die Gegenüberstellung der unterschiedlichen Zeitkonzepte zur Jahresgliederung, die sich auf den Zeitmessern niederschlagen, macht mehreres deutlich: Die Uhren, welche in zunehmendem Maße Elemente der alltäglichen Lebenswelt sind, spiegeln die hellenistischen Versuche wider, unabhängig von den unzähligen Lokalkalendern eine überregional einheitliche Jahresgliederung unter Einbeziehung astronomischer und klimatischer Gesetzmäßigkeiten herbeizuführen. Die Gründe für den Abbruch dieser Entwicklung liegen auf verschiedenen Ebenen: Mit der Einführung des iulianischen Kalenders, eines von Anfang an hochpolitisierten Mediums, das eng an die auf mythologische Ursprünge zurückgeführten lunaren römischen Kalender anknüpfte,[545] ging eine Alltagsgliederung nach Tagen, nicht nach jahreszeitlichen Phasen einher.[546] Im Rahmen einer römisch geprägten Gesellschaft lief das Leben unter Einhaltung des zeitlichen *ordo* ab – die somit zu einem elementaren Bestandteil der Romanisierung wurde. Die Ausbreitung und Akzeptanz dieser Zeitordnung zeigt auch das Verschwinden der Zeitmesser mit astronomischen Daten an. Es wird an anderer Stelle erneut darauf einzugehen sein, in welch hohem Grad somit Zeitmesser zu einem politischen Medium wurden, so dass sie in der hohen Kaiserzeit als Symbol für die römische Lebenswelt eingesetzt werden konnten.[547]

---

544 Dazu hier Kapitel VII 1.
545 Rüpke 2006, 21 f.
546 Hannah 2005, 98–130.
547 Hier Kapitel VIII 2.

VI Zeitmesser und Personen

Für antike Objekte sind die Personengruppen, die mit ihnen direkt in Kontakt standen, oft kaum zu ermitteln: Wenn überhaupt, kann in der Regel nur indirekt erschlossen werden, wer ein Objekt aus welchem Grund aufstellte, nutzte bzw. in Stand hielt. Dies gilt insbesondere dann, wenn die Ebene der Herrschenden und der von ihnen gestifteten Gegenstände oder initiierten Bauprojekte verlassen und versucht wird, den Umgang anderer gesellschaftlicher Gruppen mit dem jeweiligen Medium zu erfassen.[548] Zeitmesser stellen in dieser Hinsicht insofern eine Ausnahme dar, weil zahlreiche Inschriften über die näheren Umstände der Aufstellung informieren: Sie erlauben nach Stifter, Hersteller und Nutzer zu fragen, um zu klären, in welchen Bevölkerungsgruppen der unmittelbare Umgang mit den Instrumenten angesiedelt und somit auch ein Bewusstsein für Normzeit verbreitet war.

1 Auftraggeber und Stifter

Etwa 13 Prozent aller in den Katalog aufgenommenen Zeugnisse benennen den Auftraggeber bzw. den Stifter. Unter diesen werden zwei Drittel aller Personen unter Angabe ihrer Amtsbezeichnung ausgewiesen:

Fundort	Aufbewahrungsort	Stifter Name	Stifter Amt	Typus	Kontext	Datierung
Athen 1	Athen, Agora P 2084	keine Stiftung; Besitzer: Ἀντιοχ(ίδος)	Phyle	W	Agora	um 400 v. Chr.
Klaros 1°	Izmir, Archäologisches Museum	?	Agoranom	S kon	Apollon-H.	frühes 2. Jh. v. Chr.
Delos 5	Delos, B 4367	Ξενομήδης Ἀριστοδήμου	Gymnasiarch	S sphä 2	Gymnasion GD 76	1. H. 2. Jh. v. Chr.
Samos 1°	Samos, Arch. Mus. 322	Ἀριστομένης Ἀριστίππου	Agoranom	S kon	Agora	1. H. 2. Jh. v. Chr.
Priene 2°	in situ	Ἀθηνόπολις Κυδίμου	Priester Dionysos	W	Theater	140/130 v. Chr.
Prosymna 1	Nauplia, Arch. Mus.	Θάλεια	Priesterin Hera	S kugel	Hera-H.	2. Jh. v./ 2. Jh. n. Chr.
Arsenoites N. 1*	verschollen	Ἐλεάζαρος Νικολάου und Εἰρήνης τῆς γυναικὸς	Hegemon	W ~	öffentlich ~	2./1. Jh. v. Chr.
Pompeji 1°	Neapel, Arch. Mus. 2541	M(arcus) Atinius	Quästor	S kon	Therme	2. Jh. v. Chr.
Rom 1°		Publius Cornelius Scipio Nasica	Censor	W	Forum	159 v. Chr.

Fortsetzung auf der nächsten Seite.

548 Für die Schwierigkeit beispielsweise die Reihe H. v. Steuben – K. Bringmann (Hrsg.), Schenkungen hellenistischer Herrscher an griechische Städte und Heiligtümer Bd. 1–3.

Fundort	Aufbewahrungsort	Stifter Name	Stifter Amt	Typus	Kontext	Datierung
Aletrium 1*	CIL X 5807	L(ucius) Betilienus L(uci) f(ilius) Varus	Censor	–	Macellum	149/90 v. Chr.
Pergamon 1*	Bergama, AiP 183	Ἀπελλῆς	Agoranom	W ~	Agora	2./1. Jh. v. Chr.
Imbros 1°	Athen, Epigraph. Mus. 2922	Θέων Ἀλεξανδροεὺς	?	S kon	H. Theois Megalois ~	2./1. Jh. v. Chr.
Dion 1°	Dion, Mus. 35	Titus Granius Felix	Ädil	S kon	Dionysos-H.	nach 169 v. Chr.
Delos 20*	Delos ID 2087	Νίκιας (...) καὶ τῆς γυναικὸς Πατροφίλας	?	–	Serapeion C	Anf. 1. Jh. v. Chr.
Teanum Apulum 1°	AE 1975, 232	Euelpistus Aug(usti)	Dispensator	S sphä	Prätorium ~	frühes 1. Jh. v. Chr.
Mevania 1°	Perugia, Mus.	Nortinus und Aufidius	Magistrate	S hohl	öffentlich ~	150–90/89 v. Chr.
Kos 4°	Weihinschrift	Φίλιππος Αὐτοφώντος	?	S ~	Nekropole ~	1. Jh. v. Chr.
Lemnos 1*	Limnos, Arch. Mus.	Δέξιππος Παγχάρου Παιανεὺς	Kosmet	S ~	Heiligtum	1. Jh. v. Chr.
Nola 1*	CIL X 1236	C(aius) Catius M(arci) f(ilius)	Quattuorvir	S ~	Forum ~	1. Jh. v. Chr.
Tibur 1°	CIL XIV 3660	T(itus) Herennius L(ucius) f(ilius), T(itus) Herennius T(iti) f(ilius)	Triumviri	S horiz	Forum	1. Jh. v. Chr.
Ephesos 2*	IEph 3004	Τίμων Ἀρτεμιδώρου	Agoranomos	W ~	Agora	kurz nach 66 v. Chr.
Marruvium 1*	CIL I 3209 a	Q(uintus) Fadius T(iti) f(ilius), Q(uintus) Munantius N(umeri) f(ilius)	Quattuorviri	W ~	Forum	Mitte 1. Jh. v. Chr.
Curubis 1*	CIL VIII 978	L(ucius) Sertorius Alexan(der), L(ucius) Vitruvius Alexan(der)	Ädilen	W ~	Forum ~	20 v. Chr.
Igaeditani 1*	Idanha-a-Velha HAE 1063	Q(uintus) Tallius Sex(ti) f(ilius), Tribus Papiria	?	W	Forum ~	16. v. Chr.
Pompeji 34* ^35*	CIL X 802	L(ucius) Sepunius L(uci) f(ilius) Sandilianus, M(arcus) Herennius A(uli) f(ilius) Epidianus	Duumviri	S ~	Forum	20/10 v. Chr.

Fundort	Aufbewahrungsort	Stifter Name	Stifter Amt	Typus	Kontext	Datierung
Rom 3°	Rom, Piazza Montecitorio	Imp. Caesar divi f. Augustus	Kaiser, Pontifex maximus (...)	S horiz	Marsfeld	10.12.10–9.12.9 v. Chr.
Oropos 6°	Piräus, Arch. Mus. 584	Ἰάσων Ἰάσονος Ἀζηνιεύς	?	S kon	Heiligtum	letztes V. 1. Jh. v. Chr.
Delos 29*	Delos ID 1770	Κομπεταλιασταὶ	Kompeta-liasten-		Agora der Komp.	1. Jh. v. -1. Jh. n. Chr.
Veleia 1*	Parma, Mus., CIL XI 1187	? f(ilius) Sabinus	Pontifex, Duumvir, Militärtribun	W ~	Forum? ~	vor 1. Jh. n. Chr.
Herakleia/ Lynkestis 1*	IG X 2,2 111	L(ucius) Marius L(uci) f(ilius), Tribus Terentina	?	S v-vert ~	Forum ~	10 n. Chr.
Puteoli 1*	CIL IX 2324	Ti(berius) Caes(ar) Aug(ustus)	Kaiser	W ~	Forum ~	14–37 n. Chr.
Sulci 1*	CIL X 7515	L(ucius) Aemilius L(ucio) f(ilius) Saturninus an Kaiser Tiberius	?	W ~	Forum ~	48 n. Chr.
Melos 2*	IG XII, 3 1101	(?) Σωρεινιανὸς	Archon	S ~	Agora ~	1. H. 1. Jh. n. Chr.
Rom 6*	Stockholm NM Sk 237	T(itus) Cocceius Ga, T(itus) Cocceius Patiens	Quästoren	S ~	?	1. Hälfte 1. Jh. n. Chr.
Nomentum 1*	CIL XIV 3947	?	Procurator provincarum	W ~	Forum ~	Mitte 1. Jh. n. Chr.
Laebactium, Pagus 1*	CIL V 2035	Sex(tus) Paeticus Q(uinti) f(ilius) Tertius et Sex(tus) Paeticus Sex(ti) f(ilius) Firmus	?	W? ~	öffentlich	54–55 n. Chr.
Antiocheia O. 1*	AE 1986, 694	Vespasian ?	?	W ~	Agora	vor 73/74 n. Chr.
Surrentum 1*	SIP Surrentum 4	Imp(erator) Titus Caesar Vespasiani f(ilius) Vespasianus Aug(ustus)	Kaiser, Pontifex maximus (...)	W ~	Forum	vor 80–81 n. Chr.
Allifae 1*	CIL IX 2324	C(aius) Popilius Philodespotus	?	S ~	Forum ~	1. Jh. n. Chr.
Boutae 1*	CIL XII 2522	C(aius) Blaesius C(ai) fil(ius) Gratus, Tribus Voltinia	Legions-soldat	W ~	Forum ~	1. Jh. n. Chr.
Bulla Regia 1*	CIL VIII 25532	Livineius (?) (....), Tribus Quirinia	?	–	Forum ~	1. Jh. n. Chr.

Fortsetzung auf der nächsten Seite.

Fundort	Aufbewahrungsort	Stifter Name	Stifter Amt	Typus	Kontext	Datierung
Nemausus 1*	Nimes, Stiftung CIL XII 3100	Sex(tus) Utullius Perseus	?	S ~	Heiligtum ~	1. Jh. n. Chr.
Tarragona 1*	CIL II 4316	Q(uintus) Murrius Thales	?		Forum ~	1. Jh. n. Chr.
Vienna 1*	CIL XII 1893	?	Seviri Augustales	W ~	Forum ~	1. Jh. n. Chr.
Nikopolis 1*	CIG 1947	Σ(έξτος) Κομείνιος Σούπερβος καὶ Κλαυδία Νεικεφορίς	?	S ~	Artemis-H. ~	1. H. 2. Jh. n. Chr.
Pergamon 8*	Bergama, Mus. 1929.23	Π. Αἴλιος Ἰνγλενους	?	W ~	Asklepios-H.	1. H. 2. Jh. n. Chr.
Pergamon 9*	AvP III 30	Τιβ. Κλ. Νεικομήδους ὑιὸν Κυρείνᾳ Πῖον	Militärtribun	–	Forum	120–215 n. Chr.
Mayen 1*	Mayen, Eifelmuseum 62, 202	Marcius (?) Iucundus und Victoria Restitua an Kaiserhaus	?	W	Forum ~	2. H. 2. Jh. n. Chr.
Numlulis 1*	verschollen	Cornelio Antonino	?	W ~	Forum ~	150–193 n. Chr.
Aphrodisias 3°	Selcuk, Mus. 375	an Caracalla und Julia Domna	?	S sphä	Forum ~	196–198 n. Chr.
unbekannt FO 12°	FfM	Mapil(ius) Mapilianus	Subpraefectus aquarum	W	Therme	späteres 2. Jh. n. Chr.
Lambaesis 2*	CIL VIII 3294	?	Aedil	–	–	2. Jh. n. Chr.
Milet 4°	Berlin, Staatl. Mus. SK 1593	Ἐλπιδηφόρος Ἀγαθίου Μοσχίων	‚Architekt'	S kon	Theater	2. Jh. n. Chr.
Tralles 1*	ITralles 162	Μᾶρκος Σίτριος Θύρσος	Magistrat (?)	S ~	Forum	2. Jh. n. Chr.
Tucci 1*	CIL II 1685, Stiftung	M(arcus) Val(erius) M(arci) f(ilius), Tribus Quirinia	Duumvir	W ~	Circus ~	2. Jh. n. Chr.
Volaterrae 1°	Volterra, Mus.	Q(uintus) Poena Aper	Quattuorvir Aedil	S sphäV	öffentlich ~	2. Jh. n. Chr.
Traianopolis 1°	Komotini, Arch. Mus. 1358	Διογένης	Hausbesitzer	S sphä	–	kaiserzeitlich
Pautalia 1*	IG Bulg V 5779	Λαομέδων καὶ Γλαυκίας οἱ Στάτωνος	‚Architekten'	S v-vert	Forum	um 200 n. Chr.

Fundort	Aufbewahrungsort	Stifter Name	Stifter Amt	Typus	Kontext	Datierung
Apulum (Alba Iulia) 1*	IDR III 5 193	M(arcus) Ulp(ius) Mucianus an Antoninus Pius und Iulia Augusta	Legionssoldat	W ~	Forum	212–213 n. Chr.
Rigomagus 1*	Bonn, Rheinisches Landesmus 15880	Petronius Athenodorus	Kohortenpräfekt	W ~	Kastell ~	vor 218 n. Chr.
Uchi Maius 1*	–	? an Kaiser (Hadrian oder Antonius Pius)	Magister pagi	W ~	Forum	150–230 n. Chr.
Zarai 1*	CIL VIII 4515	C(aius) Iulius Maxim(i) filius Saturninus Messapanus, Q(uintus) Canneius Q(uinti) Cannei Gemmelini filius	‚als Mitbürger'	S hor ~	Forum ~	237 n. Chr.
Thessaloniki 3*	Berlin, Byz. Mus. 4773	Βιταλιανὸς	Dekan	S ~	Kirche	5./6. Jh. n. Chr.

Abb. 72: Epigraphische Zeugnisse zu Stiftern bzw. Auftraggebern von Zeitmessern

Als Stifter von Zeitmessern treten überwiegend Amtsinhaber öffentlich in Erscheinung, unter denen in hellenistischer Zeit Agoranomen und in der Kaiserzeit verschiedene städtische Magistrate überwiegen. Sie sind die Hüter der öffentlichen Zeitordnung und weisen sich als solche mit der Stiftung dieses Normgeräts meist an den Ort des politischen und wirtschaftlichen Zentrums der Stadt aus. Im Zuge dessen unterliegt die konkrete Verwendung des Zeitmessers am Ort[549] und die Zugehörigkeit der zeitlichen Ordnung zu einem bestimmten Amt zeitspezifischen lokalen Rahmenbedingungen: Im öffentlichen Dekret Samos 2* wird der Agoranom Aristomenes Aristippou deshalb geehrt, weil er mit der Stiftung von Agoranomion, Zeitmessern und zahlreichen repräsentativen Elementen der Ausstattung der Agora von Samos zur Aufrechterhaltung der exekutiven und der iudikativen Ordnung der Polis und außerdem zu ihrem Ansehen beigetragen hat. Seine Leistung als Euerget der Stadt wird hier auf spezielle, mit dem Amt verbundene Aufgabenbereichen zurückgeführt: Dass Amtsträger für die Ausstattung der ihnen zugeordneten Räumlichkeiten zuständig sind,[550] begegnet erneut mit Delos 5*, einer Uhrenstiftung des Gymnasiarchen Xenomedes Aristodemou ins örtliche Gymnasion.[551] Zu den Leistungen des Dionysos-Priesters Athenopolis Kydimou zählt in Priene die Aufstellung der Wasseruhr Priene 2° im heimischen Theater.

549 Vgl. dazu Kapitel VII.

550 Für Agoranomen vgl. P. V. Stanley, Agoranomoi and Metronomoi. Athenian Market Officials and Regulations, AncW 2, 1979, 13–19: In der Regel beziehen sich Stiftungen von Agoranomen allgemein auf Maßgerät, das häufig nicht näher spezifiziert wird: Typisch ist IG II2 2886 aus der Wende des 1. zum 2. Jh. n. Chr., in der der Agoranom Eupyrides während seiner Amtszeit „die Waage und die Maße als Weihgaben" aufstellt.

551 C. Schuler, Die Gymnasiarchie in hellenistischer Zeit, in: D. Kah (Hrsg.), Das hellensitsiche Gymnasion. Kongress Frankfurt am Main 2001 (Berlin 2007) 163–192.

Von diesen öffentlichen Amtsträgern setzt sich eine zweite Stiftergruppe ab, die exzeptionelle Einzelstücke signiert und diese in den öffentlichen Raum schenkt und der hier im anschließenden Kapitel nachgegangen wird.[552]

Für das frühe 1. Jh. v. Chr. mehren sich mit Altinum 1*, Teanum Apulum 1° und Mevania 1° die Zeugnisse dafür, dass nun auch im italischen Raum städtische Magistrate Uhren auf Fora stiften, eine Praxis, die in der zweiten Hälfte des 1. Jhs. v. Chr. rasch auch in den Provinzen – z. B. mit Igaeditani 1* und Curubis 1* – aufgegriffen wird. Während die frühen italischen Uhrenaufstellungen in hellenistischer Tradition stehen, und in der 159 v. Chr. von P. Cornelius Scipio Nasica während seiner Amtszeit als Censor eingerichteten Wasseruhr Rom 1° auf dem Forum Romanum ihr unmittelbares Vorbild finden, könnte die plötzlich überregional verbreitete Aufstellung von Zeitmessern in der zweiten Hälfte des 1. Jhs. v. Chr. von der caesarischen Kalenderreform des Jahres 45 v. Chr. ausgelöst worden sein:[553] Dafür spricht, dass nun in technischer und finanzieller Hinsicht aufwendige, theoretisch tagesgenau geeichte Wasseruhren von Kollegien auf den Fora errichtet werden. Die Vermutung könnte dadurch bestätigt werden, dass in Folge der erneuten Reformierung des Kalenders durch Augustus und der Aufstellung des Meridians auf dem Marsfeld – Rom 3° – die Stiftung von Zeitmessern mit 18 von 63 Belegen ihren statistischen Höhepunkt erreicht. Überwiegend auf Fora werden nun im gesamten Reich Zeitmesser aufgestellt.

An dieser Entwicklung sind neben Amtsträgern jetzt auch Privatpersonen beteiligt, die sich durch die in der Inschrift genannte Namensform als römische Bürger ausweisen. Dass von nun an der Kaiser als oberster Hüter der zeitlichen Ordnung des Reiches angesehen wird, lassen acht(!) Stiftungen von und an Kaiser erkennen, die bis in das 3. Jh. n. Chr. reichen: Hat es bislang aus anderen Quellen den Anschein, als seien die zahlreichen Neuerungen im Umgang mit Normzeit ausschließlich auf Cäsar und Augustus zurückzuführen,[554] so zeigt sich am Befund der Zeitmesser, dass die Umsetzung und Aufrechterhaltung dieser Regelungen als ein primäres politisches Anliegen aller Nachfolger des julisch-claudischen Kaiserhauses anzusehen ist.[555] Der Kaiser ist der Zeitgeber.

Augustus und Vespasian treten in Rom 3° und Surrentum 1* – und wohl auch Domitian mit der Reparatur von Rom 3° – jeweils in der Funktion als Pontifex Maximus auf, so dass die von ihnen vorgegebene Zeitordnung auch mittels ihrer religiösen Funktion legitimiert wird. Die allgemeine Akzeptanz dieser Vorgehensweise lassen die Stiftungen Mayen 1*, Aphrodisias 3° und Apulum 1* erkennen, die jeweils an das Kaiserhaus bzw. an das vergöttlichte Kaiserpaar gerichtet sind. Kaiserkult und Reichstreue werden nun mit der Stiftung eines Zeitmessers zum Ausdruck gebracht, der am Ort zur Einhaltung des vom Kaiser vorgegebenen *ordo* dient.

Auf die engen Wechselwirkungen zwischen Zeitmessung und dem neuen imperialen Anspruch, der durch die Einführung des kulturellen Parameters der gemessenen Zeit angezeigt und umgesetzt wird, wird im Zusammenhang mit der Zunahme der Aufstellungen in Rom und auf den Fora römischer Städte zurückzukommen sein.[556] In diesem urbanen Raum lassen sich die Radien erfolgreicher kultureller Romanisierung an der Aufstellung von Zeitmessern ablesen: Dies wird von den Stiftungsinschriften bestätigt, auf denen zunehmend neben zivilen Amtsträgern Militärs auftreten. So machen sich in den Provinzen Neubürger dieses hochpolitische Medium zu Eigen und demonstrieren durch die Stiftung eines Zeitmessers den erreichten Status ihrer Stadt als Municipium bzw. ihren eigenen als in kultureller und politischer Hinsicht vollwertigen Neubürger. Dementsprechend gehören die

---

552 Hier Kapitel VI 2.

553 Hannah 2005, 114–112.

554 Schmid 2005 passim mit einem recht summarischen Umgang mit der Chronologie der Denkmäler. Sie stehen auch nicht im Mittelpunkt der Untersuchung von Hannah 2005, 124–130, der seine Ausführungen zu den Kalendern Roms nach den augusteischen Reformen abbrechen lässt.

555 T. Hölscher, Claudische Staatsdenkmäler in Rom und Italien. Neue Schritte zur Festigung des Principats, in: V. M. Strocka (Hrsg.), Die Regierungszeit des Kaisers Claudius. Umbruch oder Episode? Kongress Freiburg 1991 (Mainz 1994) 91–102 und U. Walther, Kalender, Fasten und Annalen – die Ordnung der Erinnerung, in: E. Stein-Hölkeskamp (Hrsg.), Erinnerungsorte der Antike (München 2006) 40–58.

556 Kapitel VI 2.

Stiftungen Curubis 1* und Igaeditanorum 1* zu den frühesten bekannten nach der Erhebung der Siedlung in den Rang einer Civitas, und sind sie jeweils mit einer Ausbauphase des örtlichen Forums zu verbinden. Demzufolge muss die Stiftung von Zeitmessern per testamentarischer Verfügung in Numlulis 1*, Nemausus 1* und wohl auch Boutae 1* als schlüssige Konsequenz eines erfolgreichen Bürgerlebens verstanden werden. Mit diesem Prozess geht infolge der technologischen Entwicklung die sukzessive Steigerung der aufgewendeten finanziellen Mittel einher, wie an der Verlagerung der Stiftung von Sonnenuhren hin zu von Wasseruhren abzulesen ist – Zeitmesser auf Fora sind daher auch ein Medium, mit dem die kaiserzeitliche Städtekonkurrenz ausgefochten wird.

2 Konstrukteur und Hersteller

Bereits im Zusammenhang mit den Werkstattfragen wurde ermittelt, dass Konstruktion und Herstellung von Sonnenuhren mit unterschiedlichen Personengruppen zu verbinden sind. Diese Schlussfolgerung liegt für alle Typen von Zeitmessern nahe, weil die Arbeitsschritte abweichende Fertigkeiten erfordern und weil manche Stücke zwar untereinander in ihrer handwerklichen Ausführung stilistisch ähnlich sind, ihre Messnetze aber nicht individuell für ihren Aufstellungsort berechnet wurden.[557] Getrennte Produktionsstränge versuchte Michael Donderer anhand von elf bekannten Signaturen auf Sonnenuhren nachzuweisen, die er sie in eine Gruppe aufteilte, in der der Begriff des Architekten erwähnt wird, und in eine zweite, in der eine Form der Verben ‚*ποιέω*‘ bzw. ‚*facere*‘ begegnet.[558]

Fundort	Signatur	Kontext	Datierung
Herakleia am Latmos 1°	Βασιλεῖ Πτολεμάιῳ Ἀπολλώνιος Ἀπολλοδότου | Θεμισταγόρας Μενίσκου Ἀλεξανδρεὺς ἐποίει.	Agora	264 v. Chr.
Paphos 1°	[.............] ἐποίει.	–	Anfang 2. Jh. v. Chr.
Samos 1°	Βόϊθος Μηνοδώρου Ἀριαραθεὺς | ἐποίει.	Agora	150 v. Chr.
Samothrake 2*	[Στ]ῆσε Ὀδιός με Αἴ|σωνος ἔχοντα μέρη | δεκαπέντε, ἡ[ε]λιον δὲ [γρ]άφων | γνώμονα τόνδε δ[έκα].	Heiligtum	150 v. Chr.
Tenos 1°	[Ἀνδρόνικος] Κυρρήστ[ης] | [ἐποίησεν]	Heiligtum	150 v. Chr.
Athen 4°	IG II/III² 1035, Varro rust 3,5,17: (...) ut Athenis in horologio, quod fecit Cyrrestes (...)	Agora	150 v. Chr.
Dimale 1°	Φιλ[---] | ΠΟΛΟΘΕ[---] | [φυ]λαρχήσα[ς] | [--] Ταραντῖνος ἐποίησ[ε] | [---]ΑΛΟΝΗ μιμήται.	–	2. Jh. v. Chr.
Traianopolis 1°	[Πάσας ὥ]ρας Διο[γ]έν[ης ταῖς] | εννέα Μούσαις [τ] ό[νδ]ε του ἡμέριον, Νεικομή|δης, κάμνες Ἀρήτη, | [φ]ιλῶν, φίλε, ἐ | βίσκοπον | εὐγνώμονά | μ' ἠοῦς | εἴσατο Διο | γένης | οἷσι δόμοις | κτέ[α]ν[ου].	Villa	spätes 1. Jh. n. Chr.
Perge 1°	Σεξτείλιος ἀρχιτέκτων.	Villa	1./2. Jh. n. Chr.
Milet 4°	Ἐλπιδηφόρος Ἀγαθίου Μοσχίων | [ἀρ]χιτέκτων τὸ ὡροσκόπιον.	Theater	2. Jh. n. Chr.
Aquileia 14°	M(arcus) Antistius Euporus fecit.	Amphitheater	180–192 n. Chr.
Athen 21°	Φαῖδρος Ζοΐλου Παιανιεὺς ἐποίε[ι].	Theater	300 n. Chr.

Abb. 73: Epigraphische Zeugnisse zu Konstrukteuren bzw. Herstellern von Zeitmessern

557 Vgl. Kapitel III 4. Um der Diskussion nicht vorzugreifen, werden in den Tabellen im Anhang deshalb entsprechende Formulierungen in der jeweiligen Rubrik summarisch als ‚Signatur‘ bezeichnet.
558 Donder 1998, 165–182.

Tatsächlich gehörte dem Wortgebrauch zufolge seit der frühen Kaiserzeit die Konstruktion von Sonnenuhren zum Arbeitsfeld von Architekten, wie auch die Passage im IX. Buch von Vitruv belegt.[559] Spätestens seit dieser Zeit waren die zur Konstruktion von Zeitmessern benötigten mathematischen Parameter zugänglich, indem – wie u. a. Vitruvs Analemma erkennen lässt – [560] gnomonische Anleitungen vorlagen, auf deren Grundlage in mathematischen Dingen sachverständige Architekten Sonnenuhren anfertigen konnten. Sie werden von Plinius, nat. 36, 67 auch als *mathematici* bezeichnet. Die von Donderer vorgeschlagene strikte Trennung dieser Berufsgruppe gegenüber jener der Steinmetze, die einen Zeitmesser herstellten – *εποίει* oder *fecit* –, geben m. E. jedoch weder die Inschriften noch die literarischen Quellen her: So ist zwar nicht gesichert, wie die Signatur der Uhr auf Tenos zu ergänzen ist; dem üblichen Wortgebrauch der Zeit entspricht aber die Formulierung *εποίει*, die auch aus Platzgründen an dieser Stelle passend erscheint. So spricht auch Varro 3, 5, 17 Andronikos als denjenigen an, *quod fecit Cyrrestes*, und dass Andronikos nicht schlichtweg der ausführende Steinmetz des Turmes der Winde – hier Athen 4° – gewesen sein kann, sichert wiederum das Epigramm der Uhr auf Tenos, das ihn aufgrund seiner astronomischen Fähigkeiten ehrt, die denen des Arat gleich gesetzt werden. Die mehrfache Verwendung des Aorist im tenischen Epigramm sowie dessen Positionierung verweisen darauf, dass es nicht zu Lebzeiten des Andronikos, aber doch gleichzeitig mit dem Zeitmesser entstand, so dass Andronikos selbst nicht an der Ausführung beteiligt gewesen sein kann. In Herakleia am Latmos 1° legt die Herkunft des Stifters Themistagoras Meniskou aus Alexandreia nahe, ihn als den Konstrukteur der ungewöhnlichen Sonnenuhr anzusprechen. Allen signierten Sonnenuhren ist gemein, dass sie sich durch ihre überdurchschnittliche Ausführung auszeichnen – sowohl in konstruktiver als auch in herstellungstechnischer Hinsicht. Noch die wesentlich später entstandene Uhr Fundort unbekannt 12° wird vom Stifter ‚gemacht' (s. u.). Die Begriffe *εποίει* und *fecit* weisen also allgemein denjenigen aus, der das Stück maßgeblich initiierte; ob er es konstruierte, herstellte oder – zumindest in der mittleren Kaiserzeit – in Auftrag gab, wird damit nicht explizit ausgesagt.[561] Dasselbe gilt aber auch für die *ἀρχιτέκτων*-Inschriften.

Entscheidend für das Verständnis von Signaturen auf Sonnenuhren ist also der allgemein übliche Umgang mit Künstlersignaturen, und nicht die spezifischen, mit der Konstruktion von Uhren verbundenen Arbeitsschritte: Soll das Werk, hier der Zeitmesser, stellvertretend für die positiven Leistungen des Stifters stehen, dann weist darauf die Formulierung *εποίει* oder *fecit* hin. Angesichts der an frühen Uhren zu beobachtenden Tendenz, die Inschrift auf dem Zeitmesser selbst und nicht auf der Basis anzubringen, ist dies außerdem die knappest denkbare Form der persönlichen Stiftung. Diese Praxis wird grundsätzlich in der Kaiserzeit beibehalten – der Unterschied ist nun, dass diejenigen, die ihre Leistungen durch einen Zeitmesser repräsentiert sehen, nun auch als Architekt bezeichnet werden können.[562] Ob die individuelle Leistung in der Berechnung, Konstruktion oder Produktion eines Zeitmessers liegt, also eher auf die astronomischen, mathematischen oder handwerklichen Fähigkeiten des Stifters angespielt wird, sagt diese Formulierung nicht aus. Doch wie ist diese, im Gegensatz zu anderen Berufsgruppen unscharfe Kennzeichnung der Konstrukteure zu erklären?[563]

Zwei Drittel der Signaturen stammen aus hellenistischer Zeit und finden sich auf jener Gruppe von Uhren, deren experimenteller Charakter eine jede zu einem exzeptionellen Einzelstück werden

559 G. Fischer, Vitruv neu oder Was ist Architektur? (Berlin 2009) 57–59.

560 Hier S. 135.

561 Zu demselben Ergebnis kommt für Delos jetzt auch M. Trümper, Die „Agora des Italiens" auf Delos (Rahden 2009) 329–332.

562 M. – C. Hellmann, Les signatures d'architects en langue grecque. Essai de mise en point, ZPE 104, 1994, 151–178.

563 Vgl. H. Rose, Vom Ruhm des Berufs, Darstellungen von römischen Handwerkern und Händlern auf römischen Grabreliefs in Metz, in: T. Hölscher (Hrsg.), Römische Bilderwelten. Von der Wirklichkeit zum Bild und zurück (Heidelberg 2007) 145–180: offenbar wurden mit bestimmten Berufsgruppen immer spezifische Leistungen verbunden.

lässt.[564] Die Namen der Männer, die Vitruv als Konstrukteure mit diesen Objekten verbindet, sind aus anderen literarischen Texten als Philosophen bekannt. Es ist ein Phänomen, auf deren Ursachen und Folgen hier nur am Rande hinzuweisen ist, dass die ‚Berufsgruppe' der Astronomen weder im epigraphischen noch im archäologischen Befund erfasst werden kann: So ist aus Delphi zwar ein um das Jahr 29 v. Chr. erlassenes Dekret bekannt, in dem die Proxenie und andere Privilegien an einen römischen Astrologen verliehen werden,[565] doch ausdrückliche Stiftungen von oder Ehrungen an Astronomen sind nicht bekannt. Ein weiteres Anzeichen dieser geringen unmittelbaren Präsenz von Astronomen in öffentlichen Denkmälern ist außerdem, dass bislang keine Porträts namhafter Astronomen sicher zugewiesen werden konnten – stellvertretend dafür mag die Diskussion um das Bildnis des Arat stehen.[566]

Die Gründe für diese ‚Unsichtbarkeit' liegen sicherlich auf unterschiedlichen Ebenen: Einerseits war die Mehrheit der Astronomen in Alexandria tätig.[567] Weil von den dortigen Befunden aus dem Innenstadtgebiet, in dem das Mouseion angesiedelt war, archäologisch kaum etwas bekannt ist, entfällt dieses Zentrum der Beschäftigung vieler Astronomen als Informationsquelle.[568] Als zweiten Faktor beeinflussen jene historischen Ereignisse das heutige Bild, im Zuge derer Ptolemaios VIII. Euergetes II. alle Angehörigen der griechischstämmigen Oberschicht aus Alexandria verfolgen ließ.[569] Obwohl sich offenbar einige nach Griechenland retten konnten, führte diese Maßnahme des Jahres 145/144 v. Chr. zu einem zumindest vorübergehenden Abbruch der wissenschaftlichen Tradition vor Ort.[570] Demgegenüber zeigt die chronologische Verteilung der Zeitmesser an, dass erst in dieser Zeit die breitere öffentliche Wahrnehmung von Astronomen einsetzte und sie damit erst einen relevanten Grad der persönlichen Popularität erreichten, den Ehrungen voraussetzen[571] – und so stammt auch aus dieser Zeit die Inschrift für Andronikos auf Tenos. Also wurde in dem Moment, als astronomisches Gerät begann breitenwirksam zu werden – auch, weil öffentlich versucht wurde, sie als Alternative zu den lokalen Kalendersystemen zu etablieren – die Fortsetzung dieser Entwicklung durch die politischen Ereignisse unterbrochen.

Aufschlussreich sind in diesem Zusammenhang die von unterschiedlichen, v. a. kleinformatigen Trägermedien bekannten Bilder männlicher Sitzfiguren aus der Zeitenwende, die dem Figurentypus des Philosophen entsprechen, und die Attribute wie Globus und Sonnenuhr als Astronomen ausweisen:[572] Diese ikonographische Eingrenzung des früheren Philosophen-Bildes, die einen gewissen Bekanntheitsgrad der gezeigten Instrumente voraussetzt, scheint eine erst in dieser Zeit entwickelte Bildformel zu sein, während zuvor Astronomen und Mathematiker als Philosophen dargestellt wurden. In den Schriftquellen werden diese Personen je nach thematisierten individu-

---

564 Vgl. hier Kapitel V 3.3.

565 SIG3 III 771, H. Pomptow, Delphische Neufunde II. Neue delphische Inschriften, Klio 15, 1918, 1–77, bes. 38 f. Nr. 61 und aus Larisa stammt das Ehrendekret SEG 31. 576 für Antipatros von Hieropolis aus der Mitte des 2. Jhs. v. Chr. Zu Stiftungen für Philosophen, die im 3. Jh. v. Chr. im weiteren Sinn für politische Verdienste geehrt werden, während im 2. Jh. v. Chr. auch diejenigen als Philosoph geehrt werden können, die in ihrer Jugend *paideia* genossen haben, vgl. M. Haake, Der Philosoph in der Stadt. Untersuchungen zur öffentlichen Rede über Philosophen und Philosophie in den hellenistischen Poleis (München 2007) bes. 274 (mit weiterer Literatur).

566 J. Rostropowicz, Aratus and Astronomers, Eos 89, 2005, 55–60.

567 Russo 2005, 7–33 (mit weiterer Literatur).

568 H. Maehler, Alexandria, the Mouseion and cultural identity, in: A. Hirst (Hrsg.), Alexandria. Real and Imagined (Aldershot 2004) 1–14.

569 P. M. Fraser, Ptolemaic Alexandria II (Oxford 1972) 216–220.

570 W. Hoepfner, Antike Bibliotheken (Mainz 2002) 15–22.

571 Zu den Laufzeiten hier S. 88.

572 Dazu in Ankündigung: J. Lang, Mit Wissen geschmückt? Überlegungen zur bildlichen Rezeption griechischer Dichter und Denker in der römischen Lebenswelt am Beispiel kleinformatiger Bildwerke. Monumenta Artis Romanae 29 (Wiesbaden 2012).

ellen Leistungen entweder allgemein als Philosophen oder als Astronomen, Mathematiker oder Gnomonisten bezeichnet.[573]

Der gemeinsame Bildtypus entspricht insofern dem ‚Berufsbild', als dass bereits Platon eine Nachtuhr selbst konstruierte und sich auch ansonsten in den Texten keine scharfe Grenze zwischen Philosophie und Astronomie ziehen lässt: Nicht erst im hellenistischen Verständnis sind Fragen nach der kosmischen Ordnung so eng mit Forschungen zur naturwissenschaftlich begründeten Systematisierung des Kosmos verbunden, dass beide Felder untrennbar miteinander verwoben sind.[574] In vorchristlicher Zeit kann ein Philosoph Astronom sein und ist ein Astronom Philosoph. Entsprechend wurde das früher entwickelte Bildnis des Philosophen – wahrscheinlich im Verlauf des 3. Jhs. v. Chr., als sich immer mehr Astronomen an der zunehmend spezialisierten Erforschung kosmologischer Vorgänge beteiligten – auf diese Personengruppe übertragen. Der Praxis entspricht auch die Büste in der Sockelzone der kaiserzeitlichen Sonnenuhr Praeneste 1, die das Bildnis eines bärtigen Mannes zeigt, den eindeutige Alterzüge charakterisieren. Ein vom Philosophen-Bildnis unabhängiger und somit eindeutiger Bildtypus wurde hingegen für die Darstellung von Astronomen nicht formuliert. Für dieses spezifische ‚Berufsbild' wurde keine verbindliche Formel entwickelt – weder sprachlich noch im Bild.[575]

Unter Vorbehalt könnte noch ein dritter Aspekt formuliert werden, welcher der ‚Unsichtbarkeit' von Astronomen zuspielt und dessen Ursachen in den Mechanismen des griechischen Porträts selbst liegen: Spezifische Bildtypen wurden in diesem Medium offenbar nur dann entwickelt, wenn die Leistungen der Person und ihre Physiognomie für einen weiten Kreis von Rezipienten – v. a. im attischen Raum – bekannt waren.[576] Diese Voraussetzungen werden von Astronomen vor der Mitte des 2. Jhs. v. Chr. – also von einem Euklid oder Aristarchos – jedoch nicht erfüllt: Ihre theoretischen Leistungen und Erkenntnisse waren an den Herrschersitzen nur einem eingeschränkten Kreis zugänglich. Die konkrete apparative Umsetzung des astronomischen Wissens beschränkte sich auf wenige Ausnahmen, die nicht mit der Physiognomie, sondern mit der individuellen Leistung des Astronomen verbunden wurden. Und obwohl die steigende Zahl von öffentlichen Uhrenaufstellungen und Signaturen in dieser Zeit auch als Anzeichen einer höheren öffentlichen Präsenz der Astronomen gewertet werden muss, bleibt diese abweichende Wahrnehmung in ihren Anfängen stecken. Dazu führt sowohl, dass die Forschungstradition aufgrund veränderter historischer Rahmenbedingungen plötzlich abbricht, als auch, dass von dieser Forschergeneration ein Wissensstand erreicht wird, der fortan kaum noch übertroffen wird. Zur Formulierung individueller Merkmale kam es nicht, so dass im Epigramm von Tenos 1° topisch auf Klassiker – Andronikos ist so weise wie Arat – verwiesen wird.[577] In dieses Bild reiht sich auch die Person des Archimedes' ein, dessen Rezeption als einzigen dieser hellenistischen Astronomen von den praktischen Anwendungen seiner Erkenntnisse maßgeblich geprägt wird.[578] Doch auch in diesem Fall brach die

---

573 Dazu auch: P. Scholz, Institutionen, Ideen und Innovationen. Philosophieren und wissenschaftliches Forschen in hellenistischer Zeit, in: G. Weber (Hrsg.), Kulturgeschichte des Hellenismus (Stuttgart 2007) 158–176. C. Rapp – T. Wagner (Hrsg.), Wissen und Bildung in der antiken Philosophie (Berlin 2006) 37–58.

574 Vgl. J. - M. Morel, Method and evidence: on epicurean preconception, in: J. J. Cleary – G. M. Gurtler (Hrsg.), Proceeding of the Boston Area Colloquium in Ancient Philosophy 23, 2007 (Leiden 2008) 134–163.

575 Angesichts dieser Überlegungen und des Fundkontextes ist zu überlegen, ob es sich bei den von M. Bergmann, Philosophers and poets at the Serapeion at Memphis, in: R. von den Hoff – P. Schulz (Hrsg.), Early Hellenistic Portraiture: Image, Style, Context (Cambridge 2007) 246–263 nicht auch um Darstellungen von Astronomen handeln könnte.

576 E. D'Ambra, Kosmetai, the second sophistic and portraiture in the second century, in: J. M. Barringer (Hrsg.), Periklean Athens and its Legacy (Austin 2005) 201–232; W. Raeck, Über die Ähnlichkeit antiker Porträts, in: M. Şahin (Hrsg.), Ramazan Özgan'a armagan (Istanbul 2005) 291–296.

577 Zu vergleichbaren Tendenzen im zeitgleichen Porträt, vgl. P. Zanker, Die Maske des Sokrates (München 1995) 168–174.

578 Schürmann 1991,187–190 und Wegener Steeswyk 1990.

Forschungstradition aufgrund von politischen Entwicklungen abrupt ab, so dass Cicero beklagt, dass bereits 30 Jahre nach Archimedes' Tod sich niemand mehr an dessen Grabstätte erinnere.[579]

Die Ausbildung einer spezifischen Astronomen-Ikonographie in späthellenistischer Zeit in der Kleinkunst könnte hingegen ihren Ursprung in produktionstechnischen Zusammenhängen haben: So setzt die Herstellung differentialgetriebener Räderwerke in Art des Antikythera-Mechanismus und komplizierter Wasseruhren eine enge Zusammenarbeit zwischen Konstrukteur und Bronzehandwerker voraus, die auch eine räumliche Nähe beider nach sich zieht. Die Präzision, mit der die winzigen Zahnräder ineinander greifen, geht weit über die anderer Metallarbeiten hinaus und ist in technologischer Hinsicht das Ergebnis von in unmittelbarem Austausch gewonnenen empirischen Erkenntnissen. Die an den Metallhandwerker gestellten Anforderungen des Präzisionsgusses, des Drechselns sowie der Ziselierung und Gravur decken sich mit jenen Techniken, die auch zur Herstellung von Schmuck und anderen Preziosen zur Anwendung kommen. Obwohl die unmittelbaren Kontakte zwischen Astronom und Goldschmied auf diese Weise nur indirekt zu erschließen sind, könnten sie die Ursache dafür sein, dass gerade unter den kleinformatigen Trägermedien – Bildern auf Ringsteinen, wertvollen Silbertassen und -emblemen – in späthellenistischer Zeit Darstellungen von Zeitmessern so häufig begegnen: Diesem Personenkreis waren Uhren und die mit ihnen verbundenen Bedeutungsebenen bereits früh aus erster Hand bekannt, so dass in ihrem Umfeld eine mit Zeitmessern verbundene Ikonographie entwickelt wurde.

3 Nutzer und Pfleger

Über die konkret benennbare Personengruppe der Stifter hinaus müssen Zeitmesser aufgrund ihrer häufig öffentlichen Aufstellung weiten Kreisen bekannt gewesen sein: Ob in Attika der Angeklagte vor Gericht, der Teilnehmer der Dionysien, der Besucher spezieller Heiligtümer oder die Epheben im hellenistischen Gymnasion – spätestens seit dem 2. Jh. v. Chr. begegnen die Instrumente dem Polisbürger vielerorts.[580] Waren diese hellenistischen Aufstellungen noch an spezifische räumliche Situationen gebunden, so konnte man ihnen seit dem fortgeschrittenen 1. Jh. v. Chr. im Lebensalltag der großen Städte kaum noch entkommen: Ob auf Plätzen, Thermen, im Circus oder in der Villa des Patrons – überall begegnete man den Instrumenten – ob bewusst oder unbewusst. Diese Erfahrung spiegelt sich u. a. auch in der Notiz des Plautus wider, der sich über die hohe Anzahl von Uhren in Rom mokiert.[581]

Über die Ebene der allgemeinen öffentlichen Wahrnehmung von Zeitmessern hinaus lassen sich am Material auch Personengruppen bestimmen, die unmittelbar mit der Handhabung der Instrumente vertraut waren: Liegt in Iasos 1* die Verantwortung für die Bereitstellung in der Hand der *νεωποίαι*, so ist für deren sachgemäßen Bertieb während der Gerichtsverhandlungen in Athen der *ἐφ'ὕδωρ* zuständig,[582] und notiert um 111 v. Chr. im P. Oxy. IV 710 ein *ὡρογράφος* stundengenau den Eingang der Postsendungen.

Die etwa seit der Mitte des 1. Jhs. n. Chr. im Befund auftretenden, technologisch aufwendigen und großen öffentlichen Wasseruhren machen, über die allgemeine Zuständigkeit eines Amtsmannes hinaus, spezielles Wartungspersonal für die Uhr erforderlich: So stiftet der Auftraggeber der kaiserzeitlichen Uhr Boutae 1* gleich auch den Sklaven zur Wartung, aus Alba Iulia 1* ist für das Jahr 193 n. Chr. ein *horologiarius* bezeugt, ein Titel, der vielleicht in Nikaia 1* aus dem späten 3. Jh. n. Chr. mit *ὡρολογιάρχης* in einer Variation begegnet. Wasseruhren in der Art der Uhr des Archimedes müssen u. a. deshalb tagtäglich gewartet werden, um den Druckwassertank nachzu-

579 Zum Grab des Archimedes vgl. hier S. 224.
580 Dazu hier Kapitel VII.
581 Hier S. 129.
582 Vgl. dazu im Kapitel IV 1.3.

füllen und die Anzeige monatskonform einzustellen.[583] Außerdem lassen Iuvavum 1* und Fundort unbekannt 12° erkennen, dass an manchen Uhren tagtäglich Steckköpfe zur Datumsanzeige manuell umgesetzt werden mussten.

Die Ebenen der allgemeinen öffentlichen Wahrnehmung von Zeitmessern und des unmittelbaren Umgangs treffen aufeinander, wenn Reparaturen ausgeführt werden bzw. Hinweise auf die langfristige Nutzung des Instruments vorliegen: Letzteres ist dann der Fall, wenn wie in den Inschriften Ephesos 2*, Philippi 1* und Pergamon 4* Zeitmesser als Ortsangabe verwendet werden. Stiftungen von Reparaturen einer Uhr werden von Apulum 1* (?), Puteoli 1*, Rigomagus 1*, Sulci 1* und Vienna 1* belegt, und sind an den Zeitmessern Athen 4°, Athen 12, Athen 18, Ephesos 8 (?), Kallipolis 1, Priene 2°, Rom 3°, Pergamon 10, Aquileia 14° erkennbar. Eine Vorstellung von der langen Betriebsdauer einiger Instrumente lässt sich nicht nur für ägyptische Wasseruhren[584] punktuell gewinnen:[585]

Fundort	**Erstaufstellung**	**spätere Erwähnung/Reparatur**	**Betriebsdauer** (in Jahren)
Antiocheia 1*	73/74 n. Chr.	4. Jh. n. Chr.	ca. 300
Aquileia 14°	175–200 n. Chr.	350–375 n. Chr.	ca. 200
Arsinoites N. 1*	100 v. Chr.	113 n. Chr. (Reparatur)[585]	> 200
Athen 2	320/310 v. Chr.	ca. 175 v. Chr.	> 120
Athen 3	ca. 225–200 v. Chr.	Spätantike	ca. > 500
Athen 4°	um 120 v. Chr.	um 10 v. Chr. (Reparatur)	ca. > 100
Delos 5/6*	1. H. 2. Jh. v. Chr.	nach 90 v. Chr. (Umzug)	ca. > 100
Ephesos 2*/5*	kurz nach 66 v. Chr.	Mitte 1. Jh. n. Chr. (Neubau)	> 100
Keramos 1*	ca. 100 v. Chr.	ca. 200 n. Chr. (2. Inschrift)	ca. 300
Pergamon 4*	200–150 v. Chr. (?)	nach 70 v. Chr. (Umbau)	ca. > 100
Priene 2°	140/130 v. Chr.	Zeitenwende (Reparatur)	ca. > 150
Prosymna 1°	2. Jh. v. Chr.	ca. 2. Jh. n. Chr. (2. Inschrift)	ca. > 350
Fundort unbekannt 12°	frühes 1. Jh. n. Chr. (?)	späteres 2. Jh. n. Chr. (Stiftung)	ca. > 200

Abb. 74: Übersicht zur Betriebsdauer von Zeitmessern

In jedem der entsprechenden Fälle war es notwendig, öffentliche oder private Mittel aufzuwenden und Handwerker mit den Arbeiten zu beauftragen. Verzögert die Vielzahl der erforderlichen Kenntnisse in den Anfängen die Entwicklung und regelhafte Einführung von gebauten Wasseruhren, so wirkt sich gerade diese heterogene Struktur, verbunden mit den permanenten Anforderungen an tägliche Wartung und Instandhaltung langfristig auf ihre breite Wahrnehmung förderlich aus. Soweit am Material nachvollziehbar, beziehen sich die Reparaturen auf die grundsätzliche Instandhaltung des Instruments – nicht auf die Korrektur seiner Ganggenauigkeit: Nicht die Präzision der Anzeige, sondern der dauerhafte Betrieb eines (alten) Zeitmessers wird angestrebt und führt dazu, dass mancherorts – wohl nicht nur in Gaza – die Instrumente zum Wahrzeichen ihrer Stadt werden.[586]

583 Vgl. S. 139.
584 Dazu hier Übersicht S. 32.
585 Vgl. Diskussion unter Kapitel IV 1.6.
586 Vgl. hier S. 145.

VII Zeitmesser im städtischen Raum

Als wie hoch die Dichte von Zeitmessern in der antiken Lebenswelt veranschlagt werden muss, in welchen Lebensräumen Zeitmesser aufgestellt und welche Standorte für sie phasenweise besonders präferiert wurden, kann von den Fundmustern des archäologischen und epigraphischen Materials abgeleitet werden:[587] Knapp zwei Drittel der Instrumente wurden an Orten gefunden, die dem öffentlichen Raum von Städten zuzurechnen sind, und waren dort für jedermann sichtbar in dessen jeweils spezifische Funktionen eingebunden.[588] Die übrigen Zeitmesser waren in eher privat konnotierten Kontexten aufgestellt,[589] in denen stärker individuelle Vorstellungen der Besitzer zum Ausdruck kommen.

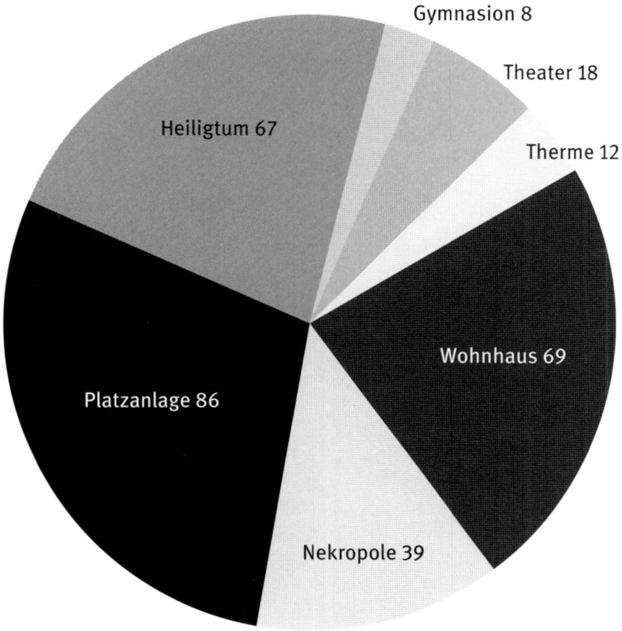

Abb. 75: Quantitative Verteilung der Zeitmesser auf sieben ausgewählte funktionale Räume

587 Methodische Einschränkungen dieser Vorgehensweise entstehen, weil der Fundort eines Objekts nicht unbedingt seinem Aufstellungsort entsprechen muss. Diese Situation ist im Einzelfall nicht immer erkennbar; um fehlerhaften Zuschreibungen vorzubeugen, wurde im Katalog bereits zwischen Fund- und Aufstellungsort getrennt und nicht eindeutige Fundkontexte der Rubrik ‚Stadtgebiet' bzw. ‚öffentlich' zugewiesen. Diese Stücke werden in die nachfolgenden Statistiken nicht einbezogen, die das Ziel verfolgen, allgemeine Tendenzen der Entwicklung aufzuzeigen.

588 Ausgegangen wird hier von einem absoluten Raumbegriff, der unterschiedliche, z. T. temporäre Handlungsräume umfassen kann: M. Schroer, Räume, Orte, Grenzen. Auf dem Weg zu einer Soziologie des Raums (Frankfurt am Main 2006) 174–181; M. Löw, Raumsoziologie (Frankfurt am Main 2001) 53–64 und dies. – S. Steets – S. Stoetzer (Hrsg.), Einführung in die Stadt- und Raumsoziologie (Opladen 2007) passim.

589 Zum unterschiedlichen Grad von Öffentlichkeit in Wohnhäusern vgl. stellvertretend: L. C. Nevett, House and Society in the Ancient Greek World (Cambridge 1999) 21–64; B. A. Ault – L. C. Nevett, Summing up: Whither the Archaeology of the Greek Household?, in: B. A. Ault (Hrsg.), Ancient Greek Houses and Households: Chronological, Regional and Social Diversity (Philadelphia 2005) 160–176; P. M. Allison, The Archaeology of Household Activities (London 1999) 31–42 und A. Winterling, ‘Öffentlich’ und ‘privat’ im kaiserzeitlichen Rom, in: T. Schmitt (Hrsg.), Gegenwärtige Antike – antike Gegenwarten. Kongress Bielefeld 2002 (München 2005) 223–243.

Innerhalb dieser zwei Kategorien verteilen sich die Aufstellungsorte konkret auf sieben funktionale Räume:[590] Sie schließen sich um Zonen der Lebenswelt in antiken Städten zusammen, deren spezifisches Funktionsspektrum sich u. a. in ihrer weitgehend einheitlichen bzw. geschlossenen architektonischen Form niederschlägt. So formieren sich Fundgruppen um die stärker öffentlich geprägten Bereiche Heiligtum, Agora bzw. Forum, Gymnasion, Theater und andere Spielstätten, Thermen – sowie um Wohnhaus und Grab.

Die Frage, welche chronologischen und inhaltlichen Präferenzen für Uhrenaufstellungen innerhalb des jeweiligen funktionalen Raumes erkennbar und welche Rückschlüsse daraus auf die Funktion des Instruments am jeweiligen Standort zu gewinnen sind, steht im Vordergrund der folgenden Ausführungen. Jeweils ist zu entscheiden, ob der Zeitmesser innerhalb von ortstypischen Abläufen eine normative Ordnungsfunktion erfüllt oder eher symbolhaft Teil einer ambientalen Ausstattung ist – also auf welcher Ebene der Diskurs um genormte Zeit geführt wird. Verschiebungen innerhalb dieser zeitfunktionalen bzw. zeitideologischen Qualitäten tragen dazu bei die Wahrnehmung des Alltagsgeräts am jeweiligen Standort näher zu bestimmen.

1 Heiligtum

Knapp ein Fünftel der Zeugnisse, die sich über den gesamten Untersuchungszeitraum erstrecken, stammt aus Heiligtümern:

Fundort	Aufbewahrungsort	Art der I	Begriff	Typus	Kontext	Datierung
Oropos 1	Oropos, in situ	–	–	W	Heiligtum	4. Jh. v. Chr.
Oropos 2°	Piräus, Arch. Mus. 235	Lehrgedicht, Stifter (Hersteller)	γνώμον	S äqui	Heiligtum	350–322 v. Chr.
Oropos 3	Oropos	–	–	S vert	Heiligtum	350–322 v. Chr.
FO unbekannt 1	Petersburg 2507 a	Stiftung	–	W	Heiligtum	331–323 v. Chr.
Leontopolis 1°	London, Brit. Mus. Reg. Nr. 1873, 0812.1	Stiftung	–	W	Heiligtum ~	323/317 v. Chr.; 1. Jh. v. Chr.
Leontopolis 2°	London, Brit. Mus. Reg. Nr. 1871, 0619.179	Stiftung, Hersteller	–	W	Heiligtum ~	331–323 v. Chr.
Didyma 1°	Inv. Nr. 72	Stiftung	–	–	Apollon-H.	frühes 2. Jh. v. Chr.
Klaros 1	Izmir, Archäologisches Museum	Stiftung	–	S kon	Apollon-H.	frühes 2. Jh. v. Chr.

590 C. Feldkeller, Der architektonische Raum: eine Fiktion. Annäherung an eine funktionale Betrachtung (Braunschweig 1989) 11–37; zu den theoretischen Grundlagen: A. Rapoport, History and Precedent in Enviromental Design (New York 1995) 18–54 und S. Kent, Analyzing Activity Areas: an Ethnoarchaeological Study of the Use of Space (Albuquerque 1984) 9–32 und die Fortführung ihrer Methode in: dies., Domestic Architecture and the Use of Space: an Interdisciplinary, Cross-Cultural Study (Cambridge 1990) 14–21.

Fundort	Aufbewah-rungsort	Art der I	Begriff	Typus	Kontext	Datierung
Samothrake 1	Samothrake, Mus. 70.894	Datum	–	S hemi	Heiligtum	frühes 2. Jh. v. Chr.
Samothrake 2*	IG XII 8 240	Stiftung; Lehrgedicht; Hersteller	γνώμον	S ~	Heiligtum ~	frühes 2. Jh. v. Chr.
Delos 7*	Delos ID 1442	Inventar Stiftungen	ὡρολόγιον	W	Isis-H.	vor 146/145 v. Chr.
Prosymna 1°	Nauplia, Arch. Mus.	Stunden, Zodiakos; Stiftung	–	S kugel	Hera-H.	2. Jh. v. / 2. Jh. n. Chr.
Tenos 1°	Tinos, Arch. Mus. A 139	Datum; Lehrgedicht, Hersteller	–	S sphä, sphäV, vert 2	Poseidon-H.	2. H. 2. Jh. v. Chr.
Dion 1°	Dion, Mus. 35	Stiftung	–	S kon	Dionysos-H.	nach 169 v. Chr.
Delos 8	Delos, B 117–7810	–	–	S kon	Artemis-T.	2. Jh. v. Chr.
Delos 10	–	–	–	S hemi 2	Italiker Agora	2. Jh. v. Chr.
Delos 11	Delos, B 594	–	–	S v-vert	Dionysos-H. ~	2. Jh. v. Chr. ?
Delos 18	Delos B 115–6243	–	–	S sphä	Dionysos-H. ~	2. Jh. v. Chr.
Kamiros 1	in situ	–	–	S kon	Heiligtum	2. Jh. v. Chr.
Oropos 4	Oropos	–	–	S v-vert	Heiligtum	2. Jh. v. Chr.
Oropos 5	Oropos	–	–	S v-vert	Heiligtum	2. Jh. v. Chr.
Petres 1	Florina, Arch. Mus.	–	–	S kon	Zeus-H.	2. Jh. v. Chr.
FO unbekannt 4	London, Brit. Mus. 1997, 0118.1	Stiftung ?	–	S Winkel	Heiligtum	2. Jh. v. Chr.
Imbros 1°	Athen, Epigraph. Mus. 2922	Stiftung	–	S kon	H. Theois Megalois ~	2./1. Jh. v. Chr.
Lindos 1	Lindos, Depot Akropolis	–	–	S sphä	Athena-H.	hellenistisch
Rhodos 6	Rhodos, Ephorie o. Nr.	–	–	S sphä	Heiligtum	hellenistisch
Delos 20*	Delos ID 2087	Inventar Stiftungen	ὡρολόγιον	–	Serapeion C	Anf. 1. Jh. v. Chr.
Delos 21^Rom 6	Paris, Cabinet	–	–	S vert	Apollon-T.	Anfang 1. Jh. v. Chr.
Delos 27	Delos B 4669	–	–	S sphä	Synagoge	1. Jh. v. Chr. ?
Delos 28	Delos o. Nr.	–	–	S sphä	Synagoge	1. Jh. v. Chr.
Samaria 1	Sebaste?	–	–	S vert	Heiligtum Altar	nach Mitte 1. Jh. v. Chr.

Fortsetzung auf der nächsten Seite.

Fundort	Aufbewahrungsort	Art der I	Begriff	Typus	Kontext	Datierung
Ialysos 1	in situ	–	–	S kon	Athena-H.	1. Jh. v. Chr.
Palmyra 1°	unbekannt	Datum, Monat	–	S hemi 3	Heiligtum	1. Jh. v. Chr.
Ialysos 2	Rhodos, Magazin A 914	–	–	S sphä	Heiligtum	1. Jh. v. Chr.
Lemnos 1*	Limnos, Arch. Mus.	Stiftung	ὡρολόγιον	S ~	Heiligtum	1. Jh. v. Chr.
Sulmo 1	Chieti, Mus. 36291	–	–	S kon	Herkules-H.	1. Jh. v. Chr.
Sulmo 2	Chieti, Mus. 36292	–	–	S kon	Herkules-H.	1. Jh. v. Chr.
Sulmo 3	in situ	–	–	W	Herkules-H.	1. Jh. v. Chr.
Sulmo 4	in situ	–	–	W	Herkules-H.	1. Jh. v. Chr.
Oropos 6°	Piräus, Arch. Mus. 584	Stiftung	–	S kon	Heiligtum	letztes V. 1. Jh. v. Chr.
Ostia 1	Ostia, Mus. 15903	–	–	S kon	Heiligtum	1. Jh. v. Chr.
Rom 7	Petersburg, Ermitage 2507b	Stiftung	–	W	Isis-H. ~	domitianisch
Rom 8	Turin, Ägypt. Museum	Stiftung	–	W	Isis-H. ~	domitianisch
Rom 9	Rom, Museo Barraco 27	Stiftung	–	W	Isis-H.	domitianisch
Ephesos 6	Selcuk, Museum	Stiftung	–	W	H. Ägyp. Götter	Mitte 1. Jh. n. Chr.
Rom 11	Berlin, Ägypt. Museum	–	–	W	Fortuna-H.	1. Jh. n. Chr. ?
Isthmia 1	Isthmia, Magazin IM 70.39	–	–	S kon	H.	1. Jh. n. Chr.
Naga 1	in situ	–	–	S kon, S vert	Amun-H.	1. Jh. n. Chr.
Knidos 1	in situ	–	–	S kon	Dionysos-H.	1. Jh. n. Chr.
Empurias 1*	I Ampuritanas 76	Stiftung	horologium	S ~	H. ?	1. Jh. n. Chr.
Paphos 3	Palaio Paphos, in situ	–	–	S kon	Heiligtum	1. Jh. n. Chr.
Nemausus 1*	Nimes, Stiftung CIL XII 3100	Stiftung	horologium	S ~	Heiligtum ~	1. Jh. n. Chr.
Rom 10	Rom, Kap. Mus.	Datum, Monat; Stiftung	–	W	Isis-H. ~	1. Jh. n. Chr. ?
Helvia Ricina 1°	Ancona, Mus. Inv. Nr. 24898	Stiftung	horologium	S hohl	Isis-H. ~	101 n. Chr.

Fundort	Aufbewahrungsort	Art der I	Begriff	Typus	Kontext	Datierung
Dmeir 1	Paris, Louvre AO 3025	Stiftung	–	S hemi	auf Altar, H.	nach 106 n. Chr.
Pergamon 8*	Bergama, Mus. 1929.23	Stiftung	ὡρολόγιον σὺν τη μηχανοποιία	W ~	Asklepios-H.	1. H. 2. Jh. n. Chr.
Nikopolis 1*	CIG 1947	Stiftung	ὡρολόγιον	S ~	Artemis-H. ~	1. H. 2. Jh. n. Chr.
Tarracina 1°	Terracina, Mus. Civico	Stiftung	–	S kon	Jupiter-H. ~	spätes 2. Jh. n. Chr.?
Paphos 4	Palaio Paphos	–	–	S kon	Heiligtum	kaiserzeitlich
Thamugadi 2	Forum, in situ	–	–	S kon	Heiligtum ~	frühes 3. Jh. n. Chr.
Aisepos 1	IMT Aisep	Datum	–	S hohl	Heiligtum	3. Jh. n. Chr.?
Paestum 1	Paestum, Magazin	–	–	S sphä	Kirche	spätantik
Athen 24	Athen, NM 13365	–	–	S vert	Kirche ?	spätantik
Mampsis 1	Mampsis, Arch. Mus. 5001	–	–	S hohl	Ostkirche	2. V. 4. Jh. n. Chr.
Thessaloniki 3*	Berlin, Byz. Mus. 4773	Stiftung	ὡρολόγιον	S ~	Kirche	5./6. Jh. n. Chr.
Konstantinopel 1	Istanbul, Topkapi	–	–	S sphä	Irenenkirche	6. Jh. n. Chr.
Mylasa 1°	Mylasa 625	Stiftung	ὡρολόγιον	S kon	Kirche ?	6. Jh. n. Chr.

Abb. 76: Übersicht der Zeitmesser in Heiligtümern

Für die Aufstellung von Zeitmessern in Heiligtümern zeichnen sich anhand der Verteilung des Materials aus der zweiten Hälfte des 4. Jhs. v. Chr. zwei regionale Schwerpunkte ab: Der eine ist mit dem Amphiareion von Oropos zu verbinden,[591] in dem zu dieser Zeit sowohl die Auslaufuhr Oropos 1 als auch eine äquinoktiale Sonnenuhr eingerichtet wurden. Weitere Fragmente könnten dieser oder weiteren Sonnenuhren zuzuordnen sein. Während die Anzeige von gleichlangen Stunden,[592] die Inschrift und die Positionierung in der Nähe des etwa eine Generation früher errichteten hexastylen Tempels die Sonnenuhr als Weihgeschenk ausweisen, lassen Lage und Typus der Wasseruhr erkennen, dass sie offenbar in den Heiligtumsbetrieb integriert war. Obwohl keine unmittelbaren Hinweise aus der schriftlichen Überlieferung auf die Messung von Zeit in diesem Zusammenhang vorliegen, spricht vieles dafür, diese bis zur Aufstellung weiterer Zeitmesser in griechischen Heilig-

591 Obwohl die archäologischen Befunde und die Schriftquellen für Oropos eine umfangreiche Materialgrundlage bieten, wurde bislang nicht versucht die rituellen Abläufe im Heiligtum zu rekonstruieren. Die Funktion des Amphiaraos als Heilgott verbindet ihn mit dem in Attika erst relativ spät eingeführten Asklepios-Kult. So decken sich zahlreiche strukturelle Komponenten ihrer Heiligtümer, zu deren konstituierenden Merkmalen Badehäuser, Unterkünfte und ein Theater zählen. Zu den Befunden zusammenfassend: B. C. Petrakos, Ο Ωροπός και το ιερόν του Αμφιαράου (Athen 1968) 23–44 und P. Karidas, Das Amphiareion von Oropos aus medizingeschichtlicher Sicht (Thessaloniki 1968) 12–32. Zu den Ursprüngen des Asklepios-Kultes in Athen: J. W. Riethmüller, Asklepios: Heiligtümer und Kulte (Heidelberg 1995) 241–250.

592 Schaldach 2006, 116–121, ebenda 120 zur Inschrift, die sich unmittelbar unterhalb des Zifferblatts befindet und ders., The Arachne at the Amphiareion and the Origin of Gnomonics in Greece, JHistA 34, 2004, 435–445.

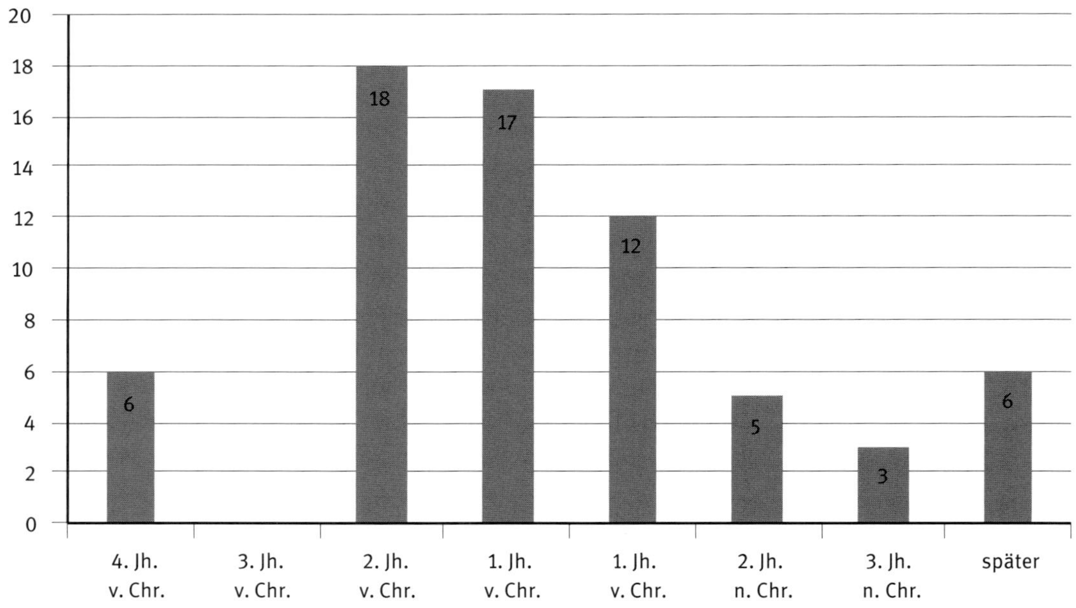

Abb. 77: Chronologische Verteilung der Zeitmesser in Heiligtümern

tümern über 150 Jahre anhaltende Sonderrolle des Amphiareions mit der Inkubation der Gläubigen im Heroenkult zu verbinden, dessen normierten, in mehrere Phasen gestaffelten Aufbau u. a. ein Kultgesetz des ausgehenden 4. Jhs. v. Chr. vorschreibt.[593] Vielleicht wurde das allgemeine Bewusstsein für die mit dem Gestirnverlauf verbundenen zeitlichen Abläufe auch durch die topographische Lage von Oropos an der äußersten Nordost-Spitze Attikas zusätzlich begünstigt.[594] Auf die Wasseruhr in Oropos, einem Heiligtum innerhalb des Athener Einzugsbereichs, wirkte sich in technologischer Hinsicht sicherlich der zeitgleiche Einsatz von Kurzzeitmessern in Athen vorbildlich aus.[595] Auf diese enge regionale Beziehung weist auch die athenische Bürgerschaft des ansonsten unbekannten Stifters namens Theophilos, auf den vielleicht auch die Konstruktion der Äquinoktialuhr zurückzuführen ist.

Offenbar nur geringfügig später als die Zeitmesser im Amphiareion ist die zweite Gruppe von Instrumenten anzusetzen, die sich um einige ägyptische Auslaufuhren zusammenschließt:[596] Ihnen gemeinsam sind Namenskartuschen der als Sonnengott verehrten Pharaonen makedonischer Abstammung Alexander III., seinem Halbbruder Philipp III. Arrhidaios und v. a. von Ptolemaios II. Philadelphos.[597] Obwohl die meisten Stücke aus sekundären italischen Kontexten stammen, weisen Material, Machart und Verwendung von ägyptischen Schriftzeichen und Bildmotiven darauf hin, dass sie ursprünglich in und für Ägypten hergestellt worden sind. Zwei der Uhren

593 E. Lupu, Sacrifice at the Amphiareion and a Fragmented Sacred Law, Hesperia 72.3, 2003, 321–340 zu einem neuen Fragment des Textes und mit Angabe der früheren Literatur.

594 Mit weiterer Literatur: J. Pedley, Sanctuaries and the Sacred in the Ancient World (Cambridge 2005) 39–56.

595 Hier Kapitel VII 1.

596 Ein kausaler Zusammenhang zwischen der Aufstellungspraxis im Amphiareion und den von den makedonischen Königen Ägyptens aufgestellten Zeitmessern in ägyptischer Tradidtion ist angesichts des zeitlichen Ansatzes der Befunde nicht auszumachen. Cotterell – Dickson – Kamminga 1986.

597 Bereits am Alexandersanktuar von Luxor wird Alexander III. in traditioneller Weise als Pharao abgebildet, vgl. M. Abd-ar-Raziq, Die Darstellungen und Texte des Sanktuars Alexander des Großen im Tempel von Luxor (Mainz 1984) 36 f. und vgl. Tempeltexte aus den ersten Jahren seiner Regentschaft über Ägypten, in denen er Amun Re genannt wird, vgl. W. Huss, Ägypten in hellenistischer Zeit (München 2001) 70–72; zur Religionspolitik Alexanders vgl. D. Schäfer, Alexander der Große. Pharao und Priester, in: S. Pfeiffer (Hrsg.), Ägypten unter fremden Herrschern zwischen persischer Satrapie und römischer Provinz (Frankfurt am Main 2007) 54–73. Zusammenfassend: R. S. Bagnall, Hellensitic and Roman Egypt: Sources and Approaches (Aldershot 2006) 19–54.

stammen aus einem Heiligtum in Leontopolis; die Szenen ihrer Friesbänder, die andere Stücken der Gruppe wiederholen, zeigen den als Sonnengott verehrten Pharao bei verschiedenen Kulthandlungen. Dass diese ägyptischen Riten mit der Einweihung eines Tempels in Verbindung stehen, legt die Inschrift Ephesos 6° nahe, in anderen Fällen könnten sie zur Einteilung der Nachtwachen im Osiris-Kult gedient haben.[598] Jan Quaegebeur führte an einer Uhr im Oriental Institute in Chicago aus, deren besonders gut erhaltener Hauptfries eng mit den Uhren Rom 7° und 9° verwandt ist, dass hier Ptolemaios II. als Pharao Opfer für Ptah und die seit ihrem Tod im Jahr 270 v. Chr. als *σύνναος θεά* verehrte Arsinoe II. darbringt. Somit stehen diese Kultgerät offenbar auch in enger Beziehung zu den rituellen Handlungen im Herrscherkult.[599] Der überaus gute Erhaltungszustand einiger Stücke spricht außerdem dafür, dass die großen Diorit-Gefäße in einigen Fällen zum Abschluss der Kulthandlung rituell vergraben wurden. Indem Alexander III. als Pharao an frühere ägyptische Bräuche anknüpft, verfolgt er das Ziel die makedonische Dynastie in Ägypten zu legitimieren. Zu den von ihm initiierten religionspolitischen Maßnahmen zählen auch die mit den Diorituhren verbundenen und vom Pharao vollzogenen Kulthandlungen, die aus der griechischen Ritualpraxis heraus nicht erklärt werden können. Erst nach der Etablierung der Dynastie unter Ptolemaios II. Philadelphos in der Mitte des 3. Jhs. v. Chr. ist ein Wechsel dieser innenpolitischen Strategie zu beobachten, der zeitlich mit dem Abbruch der Aufstellung von Klepsydren zusammenfällt.

In Griechenland wird ein plötzlicher Höhepunkt der Aufstellung von Zeitmessern in Heiligtümern im 2. und 1. Jh. v. Chr. erreicht: Mit deutlichem regionalen Schwerpunkt auf den griechischen Inseln – allen voran Delos – und dem westlichen Kleinasien werden nun in hoher Zahl Sonnenuhren und seltener Wasseruhren gestiftet. Nahmen die ägyptischen Diorit-Gefäße eine wichtige Funktion innerhalb von Kulthandlungen ein, so erweckt die hellenistische Aufstellung von Uhren in griechischen Heiligtümern den Anschein, als wären sie durchwegs als zeitgemäße Form des Weihgeschenks verstanden worden, dem in diesen Fällen das hellenistische Heiligtum als repräsentativer Rahmen dient:

Weder weichen die Formulare der Inschriften von denen anderer Stiftungen ab, noch lässt sich der räumlichen Verteilung innerhalb des Kultbezirks oder im Hinblick auf die Kultempfänger eine regelhafte Positionierung ableiten. So werden in Oropos, Delos, Tenos, Kamiros und Rhodos zwar Uhren an prominenter Stelle innerhalb von Heiligtümern aufgestellt, deren Ausrichtung weicht indes von den Kernstrukturen Altar und Tempel ab, so dass sich kein unmittelbarer Bezug zum Kultgeschehen abzeichnet. Dieser archäologische Befund deckt sich mit der schriftlichen Überlieferung, die ebenfalls keine apparativ genormten zeitlichen Abläufe für das Kultgeschehen erkennen lässt.[600] In griechischen Kulten bilden Zeitmesser also im Gegensatz zu Ägypten keinen integrativen Bestandteil.

Dementsprechend wird in der Inschrift Tenos 1° Andronikos aus Kyrrhos allein aufgrund seiner Leistungen als zweiter Arat geehrt; ein Verweis auf den lokalen Kult findet sich nicht. Vielmehr muss die Stiftung des in dieser Zeit neuartigen Objekts Sonnenuhr per se hohe Aufmerksamkeit auf sich gelenkt haben. Dieser Wirkung in diesen Raum waren sich offenbar insbesonders die Astronomen bewusst, die sich in dieser Zeit als Stifter besonders hervortun. Sowohl in den Formulierungen der Inschriften als auch durch die Mehrfachzifferblätter werden die errungenen astronomischen

---

598 Vgl. hier Anm. 610.

599 Inv. Nr. 16875, H: 52.5 cm, Dm: 67 cm. Die Kalkstein-Klepsydra wurde 1933 in Ägypten angekauft und stammt vermutlich aus Memphis, vgl. J. Quaegebeur, Documents Concerning a Cult of Arsinoe Philadelphos at Memphis, JNES 30.4, 1971, 239–270. Zum Pharao als Sonnengott: S. Quirk, The Cult of Ra: Sun-Worship in Ancient Egypt (London 1976) 12–18 (mit weiterer Literatur).

600 In den schriftlichen Quellen wird der Einsatz von Zeitmessern im Kult nicht überliefert: Im Gegensatz dazu wurden Feste zwar von alters her zu bestimmten Terminen gefeiert und diese auch kalendarisch definiert. vgl. am Beispiel: F. H. Gorman, The Ideology of Ritual. Space, Time and Status in Priestly Thought (Sheffield 1990) 8–22. Methodische Möglichkeiten für eine Untersuchung zeigt auf: I. Morley, Time, Cycles and Ritual Behaviour, in: D. A. Barrowclough – C. Malone (Hrsg.), Cult in Context. Reconsidering Ritual in Archaeology (Oxford 2007) 205–209.

Kenntnisse als besondere Leistung einzelner Personen dem Gott gestiftet und der Öffentlichkeit vorgeführt.[601] Diese Zurschaustellung der höchsten Kategorie erreichbaren Wissens in Form von Sonnenuhren muss in der Folge eine nachhaltig veränderte öffentliche Wertschätzung der Objekte, aber auch der Dimension Zeit überhaupt, nach sich gezogen haben.

Dass dem sakralen Raum aber grundsätzlich eine Vorstellung von Zeit vorbehalten war, die als unvereinbar mit der normativen Ordnungsfunktion der Zeitmesser galt, wird im archäologischen Befund auf verschiedenen Ebenen deutlich: So ist aus keinem der großen panhellenischen Heiligtümer ein Zeitmesser bekannt und ebensowenig von den alten Zentren griechischer Religiösität wie beispielsweise der Athener Akropolis. Das an diesen Orten präsente Verständnis von Zeit veranschaulichen u. a. eindrücklich die Giebelfiguren des Parthenon, wie Wolfgang Ehrhardt vor einigen Jahren herausstellte:[602] Hier begrenzen Helios und Selene als Rahmenfiguren die Giebelkomposition räumlich wie zeitlich, versinnbildlichen den ewigen Lauf des Kosmos, und zeigen die unendliche Gültigkeit dieser mythologisch definierten Zeitordnung an. Das revolutionär Neue der beiden verkürzt dargestellten Zwickelfiguren ist, dass mit ihnen erstmals die Vorstellung der Dimension Zeit überhaupt im Medium Bild formuliert wird – und das in denkbar kühner Weise an vorderster Stelle am grössten Gebäude der Zeit, Schatzhaus und Tempel der Stadtgöttin zugleich.[603] Die auf diese Weise dargestellte zyklische, in sich geschlossene Zeitgestalt, die sich aus zahlreichen gleichgearteten Binnentakten zusammensetzt, erkennt Karen Gloy als ein typisches Merkmal der vorsokratischen Zeitauffassung.[604] Sie ist konstituierendes Merkmal griechischer Kulte und schlägt sich dauerhaft auch in der zeitlichen Abfolge ihrer rituellen Handlungen nieder, deren Beginn und Dauer von Priestern bestimmt wird und nicht naturwissenschaftlich begründbaren Zeittakten unterliegt.

Diese traditionellen Vorstellungen scheinen noch in hellenistischer Zeit mancherorts präsenter als anderswo gewesen zu sein und sind ein Aspekt, der das Spektrum der in die jeweiligen Heiligtümer gestifteten Objekte vorgibt;[605] als Folge konzentrieren sich Stiftergruppen auf bestimmte Kultbezirke. Diese abweichenden lokalen Voraussetzungen wirken sich auch auf die Aufstellung von Zeitmessern in griechischen Heiligtümern aus, indem die Instrumente unter den Olympischen Gottheiten überhaupt nur an Athena, hier sehr wohl an die rhodische, nicht jedoch an die attische, an Apollon und Artemis sowie Dionysos gestiftet werden.[606] In allen entsprechenden Kontexten wirkt sich offenbar förderlich auf die Aufstellung einer Sonnenuhr aus, wenn auf den solaren Aspekt der Gottheit verwiesen werden konnte, worauf auch der Figurenschmuck der Sonnenuhr unbekannter Fundort 6 mit Athena, Dionysos und Helios (?) deutet.[607] Ein Schwerpunkt lässt sich in Heiligtümern für Heroen bzw. in Mysterienkulten feststellen: Doch mit Ausnahme der Wasseruhr Oropos 2 werden auch an diesen Orten, deren Riten wie in Oropos und Samothrake eine mehrstufige Initiation erfordern, die Zeitmesser nicht unmittelbar in den Kult einbezogen. Obwohl also für

---

601 Zum Stiftungsverhalten vgl. F. Graf, Bemerkungen zur bürgerlichen Religiösität im Zeitalter des Hellenismus, in: M. Wörrle – P. Zanker (Hrsg.), Stadtbild und Bürgerbild im Hellenismus. Kongress München 1993 (München 1993) 103–114.

602 W. Ehrhardt, Zu Darstellung und Deutung des Gestirngötterpaares am Parthenon, JdI 119, 2005, 1–39.

603 L. Giuliani, Weltbilder und Mythenbilder. Zum Aufkommen einer narrativen Ikonographie in der frühen griechischen Kunst. Eichstätter Universitätsreden 108 (Wolznach 2001) bes. 23–28 und F. Graf, Mythos, Natur und Technik in den frühen Hochkulturen, in: K. Gloy (Hrsg.), Natur- und Technikbegriff. Historische und systematische Aspekte: von der Antike bis zur ökologischen Krise von der Physik bis zur Ästhetik (Bonn 1996) 1–18.

604 Gloy 2008, 17–29 und U. Hölscher, Weltzeiten und Lebenszyklus. Eine Nachprüfung der Empedokles-Doxographie, Hermes 93, 1965, 7–33, so auch Dicks 1966.

605 J. G. Pedley, Sanctuaries and the Sacred in the Ancient Greek World (New York 2005) 145–173.

606 U. Bianchi, La dea di Lindos, Epigraphica 19, 1957, 10–24 und N. Massar, La "chronique de Lindos", Keros 19, 2006, 229–243.

607 P. Matern, Helios und Sol: Kulte und Ikonographie des griechischen und römischen Sonnengottes (Istanbul 2002) 59–63. Der Aspekt Apollons als solare Gottheit wird bereist früh formuliert und trägt offensichtlich zur Aufstellung von Zeitmessern bei. Den mythischen Ursprüngen dieser Tradition geht A. Moreau, Quand Apollon devint soleil, in: Bakhouche – Moreau – Turpin 1996 I, 11–36 nach.

die Ortswahl der Stiftung von Zeitmessern spezifische Aspekte der verehrten Gottheit bzw. zeitliche Rhythmen in rituellen Abläufen eine Rolle gespielt haben mögen, kann für diese Art des Weihgeschenks am Bestand keine kanonische Aufstellungskonvention abgeleitet werden.

Im italischen Raum findet diese in den hellenistischen Heiligtümern der griechischen Welt praktizierte Stiftungstradition so gut wie keinen Niederschlag; fraglich ist, ob mit ihr die zahlreichen Instrumente im Herakles-Heiligtum von Sulmo zu verbinden sind, oder ob diese nicht vielmehr auf einheimische Vorstellungen von dem den Kosmos stützenden Herakles[608] zurückgehen.

Zuvor wurde der Aufstellungstradition der großen Diorituhren nachgegangen, die in Ägypten nach der Mitte des 3. Jhs. v. Chr. abbricht. So entstand der Eindruck, als sei für spätere Zeit keine dieser Uhren mehr in Heiligtümern belegt. Dieser Schluss wird relativiert, wenn die vier in der Kaiserzeit erneut aufgestellten großen Diorit-Klepsydren Ephesos 6°, sowie Rom 7°, 8° und 9° berücksichtigt werden, die Inschriften ursprünglich als Stiftungen des Ptolemaios II. Philadelphos ausweisen.[609] Mit ihnen wird ein neuer, von Rom ausgehender Aspekt greifbar, wie Uhren seit der Zeitenwende in Kulte in Italien eingebunden wurden:

Von der Forschung wurde bereits in anderen Zusammenhängen diskutiert, welche Faktoren die Einführung des Isis-Kultes in der Hauptstadt verursacht haben[610] und wie der ägyptische Kult hier neu- bzw. uminterpretiert wurde.[611] Vor diesem Hintergrund gelangen auch ägyptische Auslaufuhren aus Diorit von Ägypten nach Rom. Die zum Zeitpunkt ihrer Aufstellung in Rom bzw. an wenigen anderen Orten des römischen Reiches bereits mehrere hundert Jahre alten Instrumente, für deren Transport weder Schwierigkeiten noch Kosten gescheut worden sind, müssen allein aufgrund ihres hohen Alters wie Symbole ewig wiederkehrender Zeitläufe gewirkt haben. Gaben die Instrumente im ägyptischen (Herrscher-)Kult Anfang und Ende bestimmter Handlungen vor und wurde diese Funktion offenbar bereits im 2. Jh. v. Chr. mit Delos 7* im Isis-Kult auf der Insel übernommen, so waren Kulttakte im italischen Raum etwas völlig Neues. Dass zumindest einige der hier gefundenen Uhren auch praktische Verwendung fanden, zeigen lateinische Monatsbeischriften wie auf dem Stück unbekannter Fundort 21° an.[612] Während frühere Bearbeiter diese Auslauf-Uhren in Zusammenhang mit dem Priesterdienst stellten, wies Joachim F. Quack ihre Funktion im Osiris-Kult nach: Im Verlauf der Nacht werden im Rhythmus von sog. Stundenwachen die verschiedenen Abschnitte des Osiris-Rituals vollzogen.[613] Die korrekte zeitliche Abfolge der Stationen garantieren wie im Text von Ephesos 6° formuliert Wasseruhren dann, wenn witterungsbedingt andere Typen von Zeitmessern nicht eingesetzt werden konnten. Dass die Monatsskalen der Wasseruhren z. T. Jahrhunderte früher für einen anderen Aufstellungsort konzipiert worden waren und somit nicht der zeitlichen Realität ihres neuen Einsatzortes entsprachen, spielte gegenüber der Einhaltung der Phasengliederung für die römische Übernahme des Ritus offenbar eine untergeordnete Rolle.

Bemerkenswert ist der Befund aus dem Iseum Campense, weil dort zwei, eventuell sogar vier Wasseruhren bekannt wurden, die vielleicht alle aus Memphis stammen und dort im Herrscherkult des hellenistischen Ägypten verwendet worden sind:[614] Aus praktischer Sicht ist der gleichzeitige

---

608 F. de Diez de Velasco Abellan, Marge, axe et centre. Iconographie d'Héracles, Atlas et l'arbre des Hespérides, in: V. Pirenne-Delforge (Hrsg.), Heros et heroines dans le mythe et les cultes grecs. Kongress Valladolid 1999. Kernos Supplement 10 (Liège 2000) 197–216

609 Aus der Zusammenstellung scheidet die in den Inventarlisten Delos 1* und 2* geführte Klepsydra aus, die hier zuvor als Stechheber identifiziert wurde. Ferner befindet sich der Fundort der Abrechnungsurkunde für Arbeiten am Heliotropion, Delos 3*, in der Umgebung des Apollon-Tempels und steht somit eher im Zusammenhang mit der Agora von Delos.

610 Quack 2002 mit weiterer Literatur.

611 K. Lembke, Das Iseum Campense in Rom (Heidelberg 1994) 11–37.

612 Hölbl 1986.

613 Lembke a. O. 247 und J. F. Quack, Zum ägyptischen Ritual im Iseum Campense in Rom, in: C. Metzner-Nebelsick (Hrsg.), Rituale in der Vorgeschichte, Antike und Gegenwart. Internationale Tagung FU Berlin 2002 (Rahden 2003) 63.

614 Darauf könnte die enge Verwandtschaft dieser Uhren mit der in Chicago aufbewahrten Uhr hinweisen, vgl. Anm. 599.

Einsatz von so vielen Uhren im selben Gebäude kaum zweckmäßig, zumal der gute Erhaltungszustand der Objekte ihren sukzessiven Ersatz wohl auszuschließen lässt. Vielmehr ist diese einmalig nachgewiesene Vielzahl von ägyptischen Wasseruhren ein Anzeichen dafür, dass über die praktische Funktion des Zeitmessers hinaus hier der symbolhafte Charakter der exotischen Instrumente eine wesentliche Rolle spielte. Ohne Zweifel ging dieser Schritt vom Princeps selbst aus: Schon in die (Wieder-)Aufnahme dieser Uhrentradition durch Alexander III. spielte hinein, dass sie ein eng mit der Funktion des Pharaos als Amun Re, als Sonnengott, verbundenes Medium waren und Alexander mit ihnen seine Herrschaft zu legitimieren suchte – eine in Ägypten bis Ptolemaios II. offenbar weithin verstandene und akzeptierte Praxis, wie die Häufigkeit der von den frühen Ptolemäern gestifteten Uhren anzeigt.[615] Während sich in dieser Phase die Verwendung von Uhren auf Kultbauten innerhalb Ägyptens beschränkt, so geht die römische Übernahme einen Schritt weiter, indem dieser Anspruch vor dem Hintergrund eines ägyptischen Kultes nun in Italien formuliert wird. Dort wird das Instrument, das für das irdische wie überirdische Selbstverständnis ägyptischer Herrschaft steht, im Rahmen einer rituellen wie ambientalen Inszenierung vorgeführt, und auf diese Weise indirekt auf den Aspekt des vergöttlichten Herrschers als legitimer Zeitgeber verwiesen. Gleichwohl wird es nicht unmittelbar mit dem Namen des Princeps verbunden, so dass kein einziges Beispiel mit der Namenskartusche eines römischen Herrschers bekannt ist. Die fremdartigen Kurzzeitmesser werden also im italischen Raum aufgrund ihrer eng mit dem Herrscherkult verbundenen rituellen Funktion nun zur Formulierung politischer Botschaften eingesetzt.[616] Diese wurden zunächst v. a. der stadtrömischen Bevölkerung vermittelt, und sind außerhalb der Hauptstadt nur punktuell zu fassen: So zeigt die Diorituhr in Ephesos, die wohl auch in einem Kultbau aufgestellt war, dass die importierten Kurzzeitmesser auch in den Verwaltungszentren des Römischen Reiches in den Kult der ägyptischen Götter integriert worden sind. Möglicherweise führen die in Helvia Ricina 1° bzw. in Tarracina 1° an Isis gestifteten Sonnenuhren diese Tradition weiter, denn die Wiederverwendung importierter ägyptischer Uhren mit Namenskartuschen findet mit Befunden des 1. Jhs. n. Chr. ihr Ende. Nun ist Rom 7° ein Anzeichen dafür, dass fortan sogar Uhren ohne Stundeneinteilung eingesetzt wurden, die zwar weiterhin die symbolische, nicht aber die normative Funktion eines Zeitmessers erfüllten. Außerhalb der Heiligtümer werden hingegen nun auf den Fora jene Uhren aufgestellt, mit deren Stiftung gleichzeitig der vergöttlichte Herrscher als Zeitgeber geehrt wird.[617]

Im Gegenzug nehmen Neuaufstellungen von Zeitmessern in Heiligtümern nach der Mitte des 1. Jhs. n. Chr. rapide ab, so dass den wenigen später gestifteten Stücken keine Gesetzmäßigkeiten abzuleiten sind: Wie mit der Aufstellung von Pergamon 8* könnte manchmal an hellenistische Traditionen angeknüpft worden sein, doch oft hat es den Anschein, als gehörten Uhren nun zum Repertoire jener Objekte, mit denen die Stifter individuelle Vorstellungen zum Ausdruck bringen.

Eine neue Perspektive für die Aufstellung von Zeitmessern in Kultbezirken eröffnet sich mit der zunehmenden Institutionalisierung neuer Kulte in der hohen Kaiserzeit und in der Spätantike: Bereits mit dem Gebet des Propheten Jesaja, das sich auf Verhältnisse der zweiten Hälfte des 8. Jhs. v. Chr. bezieht, wird die enge Bindung von Gebeten an Tageszeiten deutlich.[618] Dieser wird

615 Cotterell – Dickinson – Kamminga 1986 und hier Kapitel II 1.1.2.

616 Diese Idee wird besonders im Osten des Reiches aufgegriffen und in Form von zahlreichen Bauprojekten umgesetzt. Der Einsatz einer Diorituhr konnte bislang allein in Ephesos nachgewiesen werden, vgl. M. Bommas, Das Isisbuch des Apuleius und die Rote Halle in Pergamon: Überlegungen zum Kultverlauf in den Heiligtümern für ägyptische Gottheiten und seinen Ursprüngen, in: A. Hoffmann (Hrsg.), Ägyptische Kulte und ihre Heiligtümer im Osten des Römischen Reiches. Kongress Bergama 2003. Byzas 1 (Istanbul 2005) 227–246 und ders., Heiligtümer ägyptischer Gottheiten und ihre Ausstattung in hellenistischer und römischer Zeit, in: H. Beck – P. C. Bol – M. Bückling (Hrsg.), Griechenland – Ägypten – Rom. Abwehr und Berührung. Katalog Frankfurt am Main 2005/2006 (Frankfurt am Main 2005) 315–330 mit weiterer Literatur. Vgl. auch die Kombination dieser Aspekte an Rom 3°.

617 Vgl. hier S. 202.

618 J. van Dorp, The Prayer of Isaiah and the Sundial of Ahaz (2 Kgs 20:11), in: B. Becking – E. Peels (Hrsg.), Psalms and Prayers. Kongress Apeldoorn 2006 (Leiden 2007) 253–266.

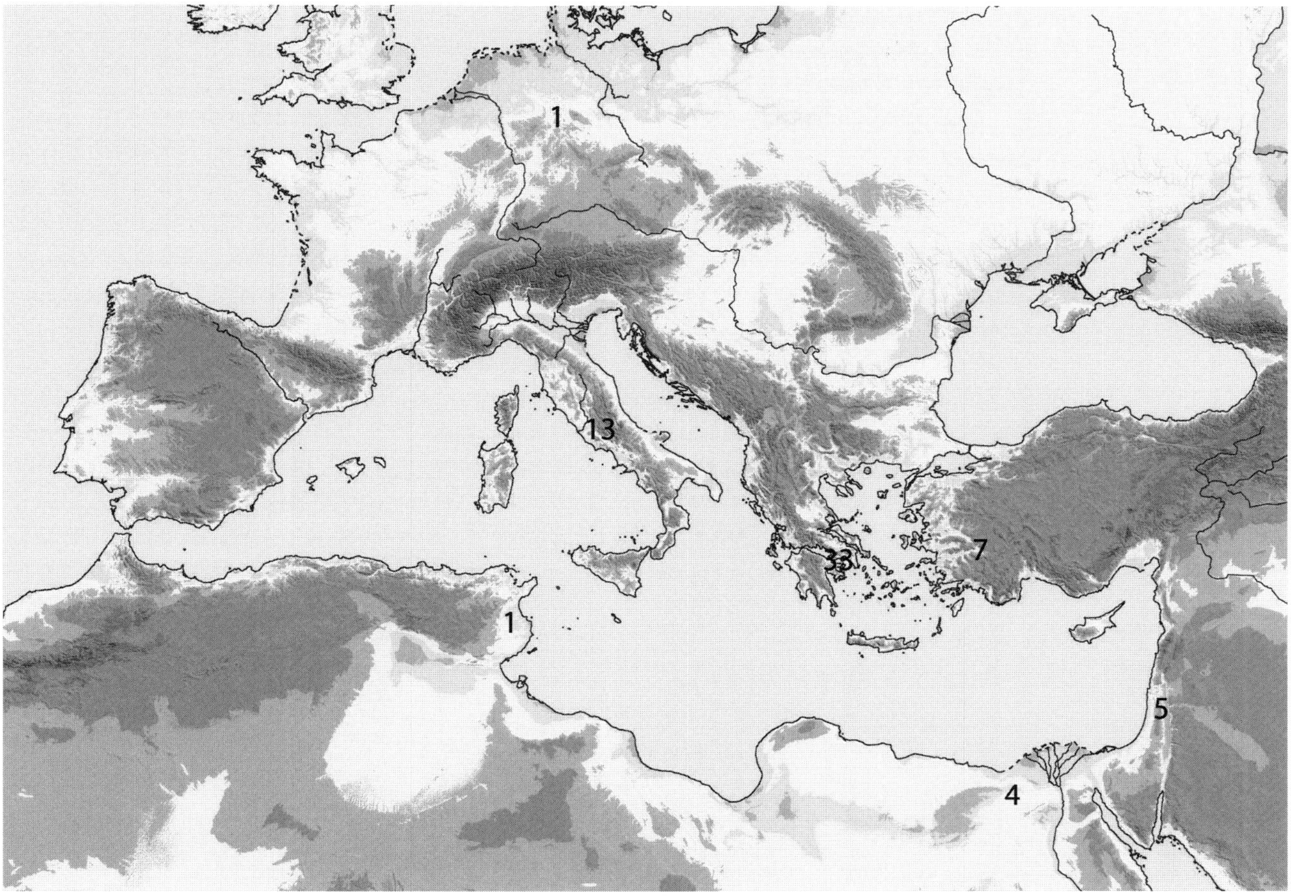

Abb. 78: Regionale Verteilung der Zeitmesser in Heiligtümern

archäologisch vielleicht punktuell mit der Aufstellung von Zeitmessern in kaiserzeitlichen Synagogen auf Delos und in der Levante greifbar.[619] Während sich diese Entwicklung im archäologischen Befund kaum niedergeschlagen hat, vielleicht in Form von Jerusalem 1, kommt nicht unabhängig von ihr seit dem zweiten Viertel des 4. Jhs. n. Chr. ausgehend vom Osten des Römischen Reiches eine neue Tendenz auf, die v. a. im Umkreis der großen Basiliken angesiedelt ist: Hier gehören Uhren bald zum festen Bestandteil der Fassadengestaltung von Kirchen, so dass bereits im 6. Jh. n. Chr. kaum ein Neubau entsteht, in den nicht ein Zeitmesser integriert ist.[620] Als frühe Vertreter sind Mamspsis 1, Mylasa 1 und Thessaloniki 3 zu erkennen, die jeweils mit Kreuzsymbolen dekoriert sind bzw. von einem Dekan geweiht wurden.

Auslöser für die hohe Dichte von Zeitmessern in diesen Kontexten könnte die Verteilung der Stundengebete über den Tag sein: Orientieren sich die drei jüdischen Gebetszeiten – Schacharit und Maariw an Sonnenauf- bzw. -untergang und fällt die Mincha in die Nachmittagsstunden – an den Eckdaten des Tages, so legen bereits im frühen 2. Jh. n. Chr. die Ordnungstexte der Didache die sechs christlichen Gebetszeiten schriftlich fest.[621] Wie bereits Tertullian de orat. für das ausgehende

619 N. Rubin, Time and Life Cycle in Talmud and Midrash: Socio-Anthropological Perspectives (Boston 2008) 176–185 mit weiterer Literatur.

620 Zu Hintergründen und mit zahlreichen Beispielen: Schaldach 2006, 51–57 und Coulson 2000; zur renaisssancezeitlichen Rezeption im Kirchenbau: J. P. Heilbron, The Sun in the Church: Cathedrals as Solar Observatories (Cambridge/Mass. 1999) und G. Quispel, Gnostica, Judaica, Catholica (Leiden 2008) 785–806.

621 Allgemein: RE V.1 (1903) 392–394 s. v. Didache (A. Jülicher) und K.-H. Bieritz, Liturgik (Berlin 2004) 58–85. Zur Überlieferung bzw. zeitlichen Regelungen: K. Niederwimmer, Die Didache (Göttingen 1993) 133–144. 167–173; T. O'Loughlin, The Didache: A Window on the Earliest Christians (Grand Rapids 2010) 66–84. Zu festgelegten Mahl-

2. Jh. n. Chr. belegt, sind sie entsprechend der überlieferten Tageszeiten des Leidensweg Christi über den Tag verteilt; ihre praktische Einhaltung erfordert den Einsatz eines Zeitmessers. Indem sich unmittelbar am Kirchenbau installierte Vertikaluhren seit dem 4. Jh. n. Chr. typologisch durchsetzen, wird auf die Verbindlichkeit dieser Zeitmesser für die Gemeinde hingewiesen. In bemerkenswertem Gegensatz zum offiziellen Charakter dieser Uhren steht ihre ungenaue Zeitanzeige, die mehrheitlich unpräzise berechnet und handwerklich nachlässig gefertigt sind. Sie dienen nicht zur präzisen Einhaltung astronomisch definierter Zeitpunkte, sondern der Visualisierung einer überregional gültigen kirchlichen Zeitordnung. Ihre Aufstellung fördert somit die Bindung des einzelnen Gläubigen und dessen täglichen Lebensrhythmus an die im Kirchenbau angesiedelte Institution und führt diese Tagesgliederung auf den dort verehrten Gott zurück.

Abschließend zeigt die regionale Verteilung der Zeitmesser in Heiligtümern (Abb. 78), dass ihre Aufstellung grundsätzlich eng mit den Funktionen des hellenistischen Heiligtums als repräsentative Plattform zur Selbstdarstellung der Stifter zu verbinden ist: fast zwei Drittel der Befunde stammen aus diesen Kontexten. Nur in außergriechischen und außeritalischen Kulten tragen Zeitmesser zur zeitlichen Taktung von Handlungen bei, so dass sich hier eine eindeutige kulturelle Trennung in der Verteilung des Materials abzeichnet. Wenn in bestimmten situativen Kontexten in der römischen Kaiserzeit bewusst auf diese fremden Bräuche verwiesen werden soll, dann begegnen Zeitmesser in den entsprechenden Befunden. Diese diachron einheitlichen Verwendungsmuster von gemessener Zeit im sakralen Raum berühren die Ebene der Zuordnung von kosmologischen Vorstellungen an die jeweilige Gottheit, die zu den Konstanten einer kulturellen Identität zählen.[622]

2 Platzanlage (Agora/Forum)

Die Aufstellung von etwa einem Drittel aller im Katalog erfassten Hinweise auf Zeitmesser ist auf Platzanlagen zu beziehen:

Fundort	**Aufbewahrungsort**	**I**	**Art der I**	**Begriff**	**Typus**	**Kontext**	**Datierung**
Athen 1	Athen, Agora P 2084	g	Maß, Besitzer	–	W	Agora	um 400 v. Chr.
Iasos 1*	Iasos 77	g	Dekret	κεραμίον	W	Agora ~	330–325 v. Chr.
Athen 2	Athen, Heliaia	–	–	–	W	Agora	320/310 v. Chr.
Delos 3*	IG XI, 2 287	g	Abrechnung	ἡλιοτρόπειον	S ~	Nähe Apollon-H.	vor 250 v. Chr.
Herakleia/ Latmos 1°	Paris, Louvre MNB 694	g	Stiftung; Hersteller	–	S kon 2	Agora	2. H. 3. Jh. v. Chr.
Alexandria 1*	verschollen	g	Lehrgedicht	–	S ~	öffentlich	3. Jh. v. Chr.
Samos 1°	Samos, Arch. Mus. 322	g	Datum; Hersteller; Stiftung	–	S kon	Agora	1. H. 2. Jh. v. Chr.

zeiten: J. Schwiebert, Knowledge and the Coming Kingdom: the Didache's Meal Ritual and its Place in Early Christianity (London 2008) 151–162. 183–207 und M. Klinghardt, Gemeinschaftsmahl und Mahlgebete (Tübingen 1996) 58–61 sowie zum Verhältnis zum Judentum: H. H. M. van de Sandt, The Didache: its Jewish Sources and its Place in Early Judaism and Christianity (Assen 2002) passim.

622 A. Assmann, Abendländische Zeit-Konstruktionen. Versuch einer Übersicht, in: Assmann 1997, 5–24.

Fundort	Aufbewahrungsort	I	Art der I	Begriff	Typus	Kontext	Datierung
Samos 2*	Tigani 507	g	Dekret	δελφίνος ὕδρωρ	S ~, W ~	Agora ~	1. H. 2. Jh. v. Chr.
Sparta 1	Sparta, Arch. Mus. 6193	–	Winde	–	S kon 2	öffentlich	Mitte 2. Jh. v. Chr.
Rom 1	Rom, Basilica Aemilia	–	–	–	W	Basilika, Forum	159 v. Chr.
Kyrene 1*	in situ?	g	Stiftung	ὡροσκόπειον	W ~	Agora ~	Mitte 2. Jh. v. Chr.
Aletrium 1*	CIL X 5807	l	Stiftung	horologium	–	Macellum	149/90 v. Chr.
Mevania 1°	Perugia, Mus.	umbrisch	Stiftung	–	S hohl	öffentlich ~	150–90/89 v. Chr.
Athen 4°	in situ TdW	g	Winde	–	S vert 8, zyl, W	Agora	150–100 v. Chr.
Amastris 1*	verschollen	g	Lehrgedicht	γνώμον	S ~	öffentlich	2. Jh. v. Chr.
Delos 9	Delos, 133	g	Datum	–	S sphä	Agora Delier	2. Jh. v. Chr.
Delos 10	–	–	–	–	S hemi 2	Italiker Agora	2. Jh. v. Chr.
Delos 12	Delos, B 1001–5941	–	–	–	S kon	Agora Theophrast	2. Jh. v. Chr.
Dimale 1	Tirana Mus. Inv. Nr. 1478	g	Hersteller	–	S kon, vert	Agora	2. Jh. v. Chr.
Ephesos 1	Wien, KH I 1639	g	Datum	–	S kon	Agora	2. Jh. v. Chr. ?
Ioulis 1	verschollen	g	Datum	–	S sphä 2	öffentlich	2. Jh. v. Chr.
Pergamon 2	Bergama, Arch. Mus. 1539	–	–	–	S hemi 2	öffentlich	2. Jh. v. Chr.
Arsinoites N. 1*	verschollen	g	Stiftung	ὡρολόγιον	W ~	öffentlich ~	2./1. Jh. v. Chr.
Pergamon 1*	Bergama, AiP 183	g	Stiftung	μανύσει τάκτου χρόνου	W ~	Agora	2./1. Jh. v. Chr.
Matilica 1*	Macerata	g	Stunden, Datum, Zodiakos	–	S kugel	Forum	um 100 v. Chr.
Ephesos 3	in situ	–	–	–	W	Platz	Mitte 1. Jh. v. Chr.
Marruvium 1*	CIL I 3209 a	l	Stiftung	horologium	W ~	Forum	Mitte 1. Jh. v. Chr.
Praeneste 1	Palestrina, St. Agapio	–	–	–	S vert	Forum	Mitte 1. Jh. v. Chr.
Ephesos 2*	IEph 3004	g	Stiftung	ὡρολόγιον	W ~	Agora	kurz nach 66 v. Chr.
Pompeji 7	Neapel, Arch. Mus.	g	Datum, Zodiakus	–	S horiz	öffentlich ? ~	2. H. 1. Jh. v. Chr.

Fortsetzung auf der nächsten Seite.

Fundort	Aufbewahrungsort	I	Art der I	Begriff	Typus	Kontext	Datierung
Delos 23	Delos, 1046–6047	–	–	–	S kon	Agora Theophrast	1. Jh. v. Chr.
Milet 1	Berlin SK 1594	g	Datum	–	S sphä	Agora	1. Jh. v. Chr.
Nola 1*	CIL X 1236	l	Stiftung	solarium	S ~	Forum ~	1. Jh. v. Chr.
Tibur 1°	CIL XIV 3660	l	Stiftung	–	S horiz	Forum	1. Jh. v. Chr.
Delos 29*	Delos ID 1770	g	Stiftung	ὡρολόγιον		Agora der Komp.	1. Jh. v. –1. Jh. n. Chr.
Athen 6	Athen, Agora ST 780	–	–	–	S kon	Agora	augusteisch
Curubis 1*	CIL VIII 978	l	Stiftung	horologium	W ~	Forum ~	20 v. Chr.
Igaeditani 1*	Idanha-a-Velha HAE 1063	l	Stiftung	orarium	W	Forum ~	16. v. Chr.
Pompeji 34*^35*	CIL X 802	l	Stiftung	horologium	S ~	Forum	20/10 v. Chr.
Pompeji 35* ^34*	CIL X 831	l	Stiftung	horologium	S ~	Forum	20/10 v. Chr.
Salvia 1*	AE 2000, 487	l	Stiftung		W ~	Forum ~	20/10 v. Chr.
Veleia 1*	Parma, Mus., CIL XI 1187	l	Stiftung	horologium	W ~	Forum? ~	vor 1. Jh. n. Chr.
Herakleia/ Lynkestis 1*	IG X 2,2 111	l	Stiftung	horologium	S v-vert ~	Forum ~	10 n. Chr.
Puteoli 1*	CIL IX 2324	l	Stiftung	horologium	W ~	Forum ~	14–37 n. Chr.
Athen 8	Athen, Agora ST 147	–	–	–	S kon	Agora	frühes 1. Jh. n. Chr.
Melos 2*	IG XII, 3 1101	g	Stiftung	ὡρολόγιον	S ~	Agora ~	1. H. 1. Jh. n. Chr.
Sulci 1*	CIL X 7515	l	Stiftung	horolocium	W ~	Forum ~	48 n. Chr.
Ephesos 5	in situ	–	–	–	W	Agora	Mitte 1. Jh. n. Chr.
Nomentum 1*	CIL XIV 3947	l	Stiftung	horologium	W ~	Forum ~	Mitte 1. Jh. n. Chr.
Laebactium, Pagus 1*	CIL V 2035	l	Stiftung	horilogium	W? ~	öffentlich	54–55 n. Chr.
Palmyra 2°	Tetrapylon, Diokletians-kastell	g, pal	Stiftung	–	S kon	Forum	64 n. Chr.
Antiocheia O. 1*	AE 1986, 694	g	Bauinschrift, Ortsangabe	ὡροσόπειον	W ~	Agora	vor 73/74 n. Chr.
Surrentum 1*	SIP Surrentum 4	l	Stiftung	horologium	W ~	Forum	vor 80–81 n. Chr.
Bagacum 1*	Bavai, ILTG 362	–	Stiftung	horologium	W ~	Forum	75–100 n. Chr.
Allifae 1*	CIL IX 2324	l	Stiftung	horologium	S ~	Forum ~	1. Jh. n. Chr.
Boutae 1*	CIL XII 2522	l	Stiftung	horologium	W ~	Forum ~	1. Jh. n. Chr.
Bulla Regia 1*	CIL VIII 25532	l	Stiftung	horologium	–	Forum ~	1. Jh. n. Chr.

Fundort	Aufbewah-rungsort	I	Art der I	Begriff	Typus	Kontext	Datierung
Ostia 3	Ostia, Mus. 1498	–	–	–	S kon	Forum ~	1. Jh. n. Chr.
Tarragona 1*	CIL II 4316	l	Stiftung	horilegium		Forum ~	1. Jh. n. Chr.
Tyros 1*	Tyros, Inschriften 72	g	Stiftung	ὑδρολόγιον	W	Forum ~	1. Jh. n. Chr.?
Vienna 1*	CIL XII 1893	l	Stiftung	horologium	W ~	Forum ~	1. Jh. n. Chr.
Lambaesis 1	in situ	–	–	–	S horiz	Forum	1./2. Jh. n. Chr.
Ravenna 2	Ravenna, zerstört	l	Stiftung	–	S sphäV	Forum ~	frühes 2. Jh. n. Chr.
Kourion 1	Kourion, Mus. 150	–	–	–	S sphä	Agora	2. Jh. n. Chr.
Tralles 1*	ITralles 162	g	Stiftung	ὡρολόγιον	S ~	Forum	2. Jh. n. Chr.
Keramos 2*	in situ?	g	Stiftung	ὡρολόγιον	S ~	öffentlich	100–130 Jh. n. Chr.
Pergamon 9*	AvP III 30	g	Dekret	*ὡροσκόπιον*	–	Forum	120–215 n. Chr.
Uchi Maius 1*	–	l	Stiftung	horologium	W ~	Forum	150–230 n. Chr.
Numlulis 1*	verschollen	l	Stiftung	horologium	W ~	Forum ~	150–193 n. Chr.
Mayen 1*	Mayen, Eifelmuseum 62, 202	l	Stiftung	horologium	W	Forum ~	2. H. 2. Jh. n. Chr.
Thamugadi 1	in situ	l	Stunden, Zodiakos	–	S horiz	Forum	175–225 n. Chr.
Aphrodisias 3°	Selcuk, Mus. 375	g	Stunden; Stiftung	–	S sphä	Forum ~	196–198 n. Chr.
Iuvavum 1	Salzburg Nr. 3985	l	Zodiakos, Monat	–	W	Forum ~	2. Jh. n. Chr.
Volaterrae 1°	Volterra, Mus.	l	Stiftung	–	S sphäV	öffentlich ~	2. Jh. n. Chr.
Pautalia 1*	IG Bulg V 5779	g	Stiftung	ὡροσκόπιον	S v-vert	Forum	um 200 n. Chr.
Aphrodisias 4	Aphrodisias, Grabung Nr. 92/53	g	Stiftung	–	S kon	Forum	Ende 2. Jh. n. Chr.
Philippeville 1	Philippeville, Arch. Mus.	–	–	–	S kon	öffentlich	kaiserzeitlich
Volubilis 3	Volubilis, in situ	–	–	–	S sphä	Forum ?	kaiserzeitlich
Philippi 2*		g	Ortsangabe	ὡρολόγιον	S	Agora	vor Ende 2.–Mitte 3. Jh. n. Chr.
Brigantium 1	Vorarlberger Landesmuseum	–	–	–	S kon	Forum, Basilika	spätes 2./3. Jh. n. Chr.
Apulum (Alba Iulia) 1*	IDR III 5 193	l	Stiftung	horologiarium	W ~	Forum	212–213 n. Chr.
Zarai 1*	CIL VIII 4515	l	Stiftung	horilegium	S hor ~	Forum ~	237 n. Chr.

Fortsetzung auf der nächsten Seite.

Fundort	Aufbewahrungsort	I	Art der I	Begriff	Typus	Kontext	Datierung
Nikaia 1*	Ik Iznik 726	g	Dekret	ὡρολογιάρχης	W ~	Forum ~	287/288 n. Chr.
Athen 19	Athen, Agora ST 589	–	–	–	S sphä	Agora	hochkaiserzeitlich
Abu Mina 1	Alexandria, Mus. P 127	–	–	–	S kon	Forum	4. Jh. n. Chr.
Aquae Sextiae 1*	CIL XII 535	l	–	horologium	W ~	Forum ~	5. Jh. n. Chr.

Abb. 79: Übersicht der Zeitmesser auf Platzanlagen

Die frühen Kontexte von Zeitmessern auf Platzanlagen bestätigen eindeutig ihre schon im Rahmen der Begriffsgeschichte[623] ermittelte Einbindung in die demokratischen Abläufe der Polis Athen:

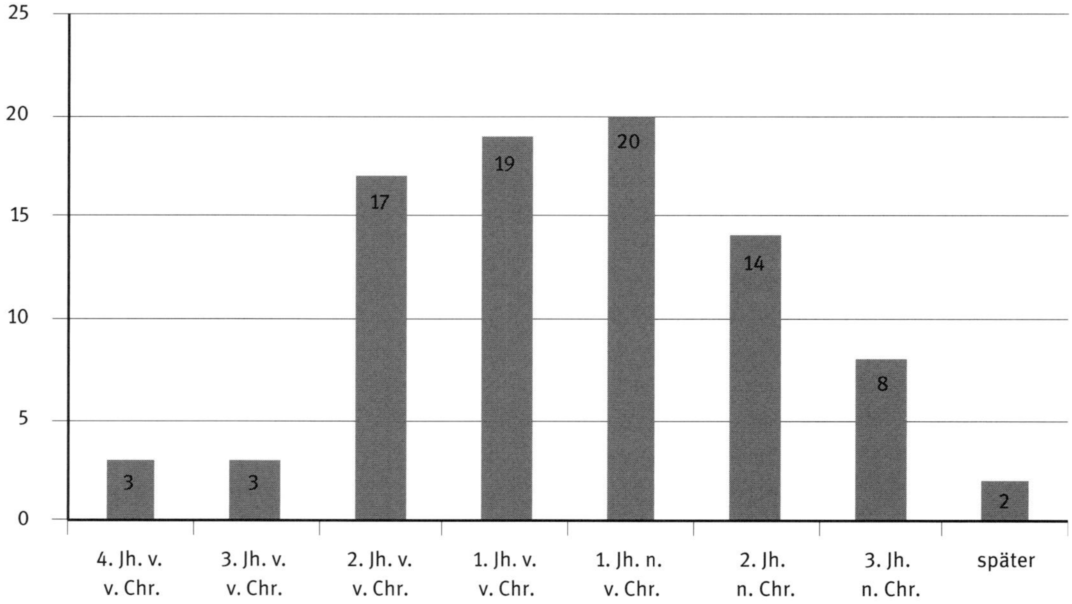

Abb. 80: Chronologische Verteilung der Zeitmesser auf Platzanlagen

Denn von hier stammen die frühesten Belege für diesen Einsatz von (Kurz-)Zeitmessern, sowohl mittels des Messgefäßes Athen 1* mit der Angabe des Phylennamens als auch in Form von Athen 2 als einem recht aufwendigen architektonischen Anbau im Eingangsbereich des Gerichts. Sowohl die literarischen Nachrichten als auch die strukturellen Merkmale des archäologischen Materials und auch das Epigramm Iasos 1* legen nahe, dass die mobilen Kurzzeitmesser in Sichtweite aller Beteiligter aufgestellt waren. Diese Voraussetzung wird nun nicht von der großen Auslaufuhr Athen 2 erfüllt, die aussen an die hofartige Umfriedung der Heliaia grenzt, so dass sie nicht zur Reglementierung der Redezeiten bei Gericht gedient haben kann. Ihre Ausrichtung, die auch in der zweiten Bauphase beibehalten wird, weist auf die Platzmitte hin, muss also mit der Funktion der Freifläche als Versammlungsort der Athener Bürgerschaft im Zusammenhang stehen – also entweder mit den Amtszeiten der (Gerichts-)Lokale, die an verschiedenen Stellen auf der Agora untergebracht waren[624] oder mit

623 Vgl. Kapitel V 1.

624 Zur Gerichtsfunktion der Agora und der möglichen Zuordnung an den erhaltenen Baubestand vgl. U. Kenzler, Studien zur Entwicklung und Struktur der griechischen Agora in archaischer und klassischer Zeit (Frankfurt am Main

jener Funktion, welche die Inschrift Iasos 1* überliefert: Hier wird das Ekklesiastikon jener Bürger einbehalten, die über die zeitliche Maßgabe hinaus verspätet erscheinen. Dass mangelnde Pünktlichkeit aller Beteiligten auch in Athen ein Problem der Ekklesia war, verdeutlicht die Parodie des Aristophanes in den 425/4 v. Chr. uraufgeführten Achanern 21–42, der den Bauer Dikaiopolis klagen lässt: „Oh Stadt, o Stadt! Demgegenüber gehe ich regelmäßig als allererster zur Versammlung und sitze hier rum; und dann – allein wie ich bin – stöhne ich, strecke mich, pfurze, weiss nicht weiter, zeichne, zupfe mir Härchen aus, mache Abrechnungen (...) Aber da kommen ja die Prytanen, wo es schon Mittag ist.“[625]

Wird die im Jahr 433/32 v. Chr. auf der Pnyx errichtete permanente Station zur Sonnen- und Sternbeobachtung in die Überlegung einbezogen,[626] so wird deutlich, dass im ausgehenden 5. Jh. v. Chr. plötzlich Zeitmesser in verschiedenen Abläufe der politischen Ordnung Athens alltäglich präsent gewesen sein müssen: Konkret dienen sie zur Jahresgliederung, zur Terminierung von Versammlungen und zur Bemessung von Redezeiten (bei Gericht). Für die Einführung dieser auf unterschiedlichen zeitlichen Ebenen angesiedelten Normierungen und der damit verbundenen Technologien ist keine chronologische Abfolge feststellbar – im Befund treten sie zeitgleich auf. Ungeachtet der überdurchschnittlich guten archäologischen wie literarischen Quellenlage für Athen, bestätigt sich Athens Vorreiterrolle für die Entwicklung der demokratischen Ordnung.

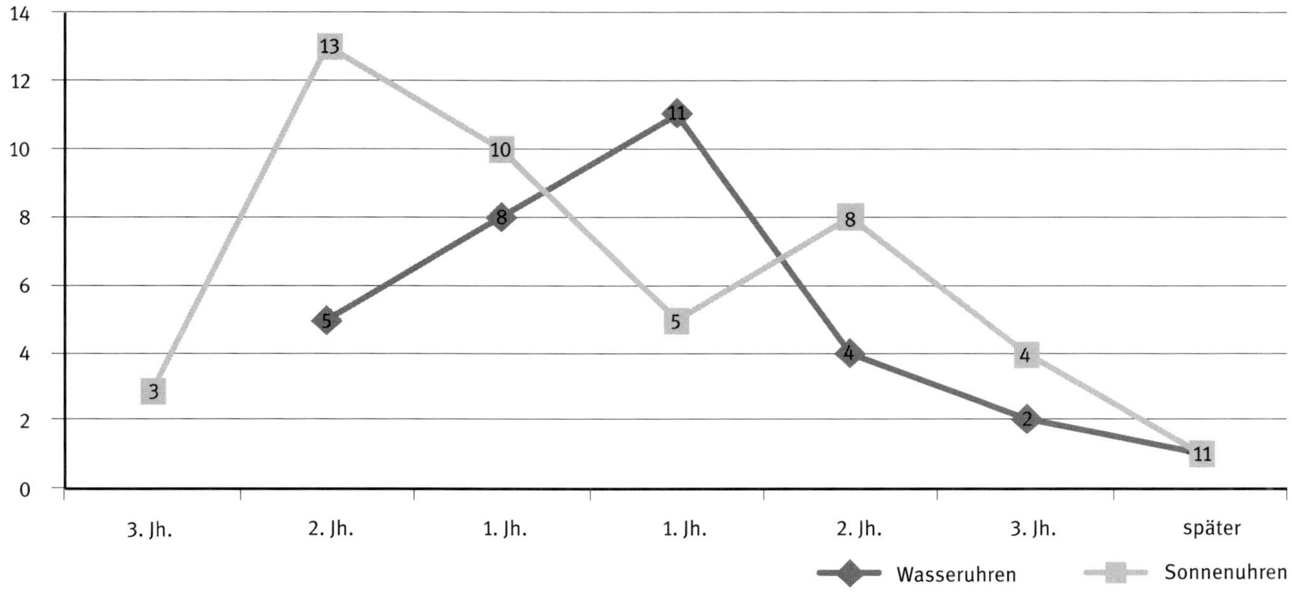

Abb. 81: Chronologische Entwicklung der Aufstellung von Sonnen- gegenüber Wasseruhren auf Platzanlagen

Erst zeitversetzt sind von anderen Orten Hinweise auf die zeitliche Normierung politischer Abläufe vereinzelt bekannt; und erst im Verlauf des 2. Jhs. v. Chr. werden Zeitmesser auch über die politische Ordnungsfunktion hinaus in anderen Bereichen des öffentlichen Lebens überregional regelhaft eingesetzt: So zeigt die Uhr Pergamon 1* die Spanne der Marktzeiten an und gibt Samos 2* das Zusammenspiel aus Sonnen- und Wasseruhr ausdrücklich verschiedene Zeitebenen von Stunden und kalendarischen Daten an. Jeweils sind Agoranomen für Aufstellung und Wartung der Uhren

1999) 250–269. Zurückzuweisen ist der Vorschlag von R. Stroud, The Sanctuary of Aiakos in the Athenian Agora, AJA 97, 1993, 308, das in der in der Forschung als Heliaia geführte Mauergeviert mit dem Aiakeion gleichzusetzen, da Hinweise auf einen Altar fehlen.

625 Übersetzung nach H. G. Goette – J. Hammerstaedt, Das antike Athen. Ein literarischer Stadtführer (München 2004) 168.

626 Zum Heliotropion des Meton hier Kapitel IV 1. 2.

und der angrenzenden Areale verantwortlich, wie u. a. die Stiftungsinschrift Ephesos 2* belegt.[627] Seit dieser Zeit zählt es zum Aufgabengebiet der Agoranomen nicht nur Terminierung und Dauer von spezifischen Abläufen zu regeln, sondern für alle Bürger eine zeitliche Verortung im Jahr zu gewährleisten. Das lässt auch die Fundverteilung der Parapegmata erkennen, die überwiegend von Agorai stammen.[628] Das Verständnis von Zeitmessern als mit dem Marktbetrieb verbundenes Normgerät zeigt u. a. auch die gleichzeitige Stiftung von Uhr und Maßtisch von Lambaesis 2*, sowie die auch andernorts benachbarte Aufstellung von Uhren und Gewichtsstationen an.[629] Im Befund lassen sich von dieser Verwendung jene Zeitmesser nur schwer trennen, die wie Pergamon 1* und Ephesos 2* die Öffnungszeiten der Agora anzeigten: Da die lockere Randbebauung dieser Platzflächen ihre periodische Absperrung wohl eher ausschließt,[630] zeigten die Instrumente hier wohl eher allgemeine Betriebszeiten für die auf der Agora angesiedelten politischen, juristischen und kommerziellen Tätigkeiten an.

Während das hellenistische Dekret Samos 2* belegt, dass diese Uhrenaufstellungen wie die frühen Zeitmesser in Athen Teil der normativen öffentlichen Ordnung sind, werden am selben Ort mit Samos 1° auch Uhren von Einzelpersonen – vornehmlich Konstrukteuren und Amtsleuten – gestiftet: Im griechischen Raum handelt es sich bei diesen Stücken überwiegend um ungewöhnliche Einzelanfertigungen, die wohl wie in Herakleia am Latmos 1° oder dem Turm der Winde, Athen 4°, als ausgefallenes Geschenk eines Euergeten an die Stadt zu verstehen sind; mit ihnen wird im öffentlichen Raum der Agorai ebenso wie in den Heiligtümern der maximale Kenntnisstand der Zeit demonstriert, so dass sie letztlich zu Schmuck und Ansehen der Stadt beitragen.[631] Naturwissenschaftlich begründete Zeit für alle Bürger didaktisch erfahrbar werden zu lassen, ist auch vorrangige Leistung des sog. Turmes der Winde: Der in hellenistischer Zeit ringsum zugängliche Uhrenturm bietet dem Bürger nicht nur aufgrund seiner Höhe und seiner ungewöhnlichen Form einen stationären Bezugspunkt im städtischen Raum, sondern ermöglicht Tag und Nacht die individuelle Wahrnehmung von gemessener Zeit. Indem der Besucher das Gebäude im Kreis umschreitet und den abweichenden Schattenwurf der acht Aussenuhren betrachtet, imitiert seine Bewegung den Lauf des Gestirns, so dass Zeitmessung unmittelbar in Relation zum eigenen Körper erfahren wird.

Überwiegen unter den frühen Befunden Wasseruhren, so begegnen seit dem 2. Jh. v. Chr. aufgrund der technologischen Weiterentwicklung auch Sonnenuhren. Im Gegensatz zu allen anderen Aufstellungskontexten stellen auf Platzanlagen Wasseruhren jedoch bis in die Spätantike einen wesentlichen Anteil (Abb. 81): Ihre dauerhaft präzise Zeitanzeige erfüllte wohl besonders gut die hier gestellten Anforderungen, die durch die Deckung der hohen Bau- und Wartungskosten dieser Instrumente aus der öffentlichen Hand garantiert wurde.

Im italischen Raum ist die Einrichtung der permanent betriebenen Wasseruhr Rom 1 im Jahr 159 v. Chr. durch den Censor P. Cornelius Scipio Nasica auf dem Forum Romanum wegweisend:[632] Obschon sowohl der technologische Typus als auch der genaue Aufstellungsort des Instruments

627 Vgl. Kapitel VII 3. Zu der abweichenden Anzahl und den wechselnden Aufgabengebieten von Agoranomen, vgl. P. V. Stanley, Ancient Market Regulations and Controls (Berkeley 1976) 197–251. Die Hinweise auf Uhren im Marktbetrieb konzentrieren sich regional auf den westkleinasiatischen und inselionischen Raum.

628 Zuletzt Lehoux 2005.

629 So beispielsweise auch auf dem Südmarkt von Milet, von dem zahlreiche öffentliche Gewichte bekannt sind: P. Weiß, Was Milet auch bietet – Zu Gewichten, Schleuderbleien und einem lydischen Sprachzeugnis, in: V. Biering – V. Brinkmann u. a. (Hrsg.), Maiandros. Festschrift für Volkmar von Graeve (München 2006) 279–281.

630 Von einer Schließung ist hingegen für Gymnasia und Thermen auszugehen, vgl. unten.

631 Wenn der Fundort nicht eindeutig ist, fällt deshalb für manche Stücke dieser Untergruppe die Entscheidung schwer, ob es sich um eine Stiftung in den öffentlichen Raum der Agora oder um ein Weihgeschenk handelt, vgl. Alexandria 1* und Amastris 1*, während das strukturell und chronologisch eng verwandte Stück Samothrake 1* wohl sicher aus dem Heiligtum stammt.

632 Kapitel VIII.

letztlich im Vagen bleiben, wurde hier wahrscheinlich der erst kurz zuvor in Griechenland entwickelte Typus der Einlaufuhr aufgegriffen. Diese Forumsuhr ist vorbildlich für alle späteren Aufstellungen in diesem Kontext, weshalb sie auch für Plinius nat. 7, 215 den Endpunkt der von ihm dargestellten Entwicklungslinie der Zeitmesser Roms bildet. Diese Bedeutung kennzeichnet für ihn außerdem ihr Stellenwert als erstmals ganztägig betriebener und dauerhafter Garant der politischen Ordnung Roms.

Werden im späteren 2. Jh. v. Chr. zunächst weiterhin Uhren nur auf griechischen und kleinasiatischen Platzanlagen aufgestellt, so greift diese Konvention nach der Mitte des 1. Jhs. v. Chr. auf zahlreiche italische Orte über: Offenbar als Reaktion auf die caesarische Zeitpolitik stiften nun Magistrate an vielen Orten des Reiches Uhren mit Datumsanzeige, denn mit der Einführung des iulianischen Kalenders wird dieser für jeden Römer verbindlich.[633] Eine Folge dieser Entwicklung ist auch, dass von nun an lateinische Inschriften im Befund überwiegen. Die in dieser Zeit ausgeführte bauliche Verbindung des Turmes der Winde mit Verwaltungsgebäuden auf der römischen Agora Athens zeigt, wie eng die Nähe von Zeitmesser und öffentlicher Verwaltung auch räumlich vollzogen wurde: Das vormals didaktisch so wichtige Umschreiten des Turmes ist fortan nicht mehr möglich, er dient nun als Zeitgeber für die auf dem Forum angesiedelten Funktionen. Nur mit leichter zeitlicher Verzögerung von einer Generation – also noch in voraugusteischer Zeit – springt diese von Italien ausgehende Entwicklung auf die iberischen und nordafrikanischen Gebiete über. Auch hier sind die Uhren unmittelbar mit der Rechtssprechung zu verbinden, wie das Gesetz des Jahres 44 v. Chr. aus der von Julius Caesar gegründeten Kolonie Urso belegt, das u. a. Öffnungszeiten der Amtslokale und Dauer von Prozessreden regelt.[634]

Ein immenser Aufschwung in der Errichtung von aufwendigen Wasseruhren setzt in augusteischer Zeit ein: Die mehrfach und nur auf Fora belegten kaiserlichen Bauinschriften – Rom, Puteoli, Antiocheia und Surrentum – und außerdem die häufige Beteiligung der munizipalen Führungsschicht an diesen Aufstellungen legen den engen Zusammenhang zwischen der vom Kaiserhaus ausgehenden Lenkung der Zeitordnung und ihrer öffentlich zur Schau gestellten apparativen Umsetzung offen. In einigen Siedlungen außerhalb der italischen Kernregionen – wie in Igaeditanorum 1*, Curubis 1* und Sulci 1* – ist der Zeitmesser die erste öffentlich errichtete Stiftung nach der Erhebung zum Municipium bzw. zur Civitas, so dass die Positionierung von Zeitmessern auf Fora zum Symbol für den erfolgreichen Abschluss der v. a. politischen Romanisierung ehemals fremder Gebiete wird. Diesen Anspruch zeigt in Bevagna bereits früh eine von zwei Quästoren auf umbrisch verfasste Stiftungsinschrift für einen Zeitmesser an. ‚Rom ist dort, wo Zeitmessung ist' könnte in Anspielung auf einen eingängigen Buchtitel formuliert werden.[635] Wie eng Zeitmesser auch mit dem vom Kaiserhaus ausgehenden römischen Anspruch auf Weltherrschaft verknüpft wurden, legt einerseits die ikonographische Einbindung von Sonnenuhren offen: So werden die auf Fora aufgestellten Uhren Pergamon 5, Ostia 6, Ravenna 2, Bettwiller 2 und Serdica 1 von einem knieenden Atlas im Typus des Atlas Farnese gestützt.[636] Außerdem wird mit diesen Uhrenstiftungen der vergöttlichte Kaiser als Zeitgeber geehrt, wie die Inschriften in Nomentum und Sulci an Tiberius, an Nero im Pagus Laebactium, an Titus in Surrentum, an Hadrian in Uchi Maius, an Antoninus Pius in Apulum, an Caracalla in Aphrodisias und an Macrinus in Rigomagus erkennen lassen.[637] Darüber hinaus stehen die Uhrenstiftungen in Knidos, Uchi Maius und Apulum im unmittelbaren Umfeld eines Tempels, der den Kaiserkult beherbergte.

---

633 Hannah 2005, 116–124.

634 Vgl. M. H. Crawford, Roman Statutes (London 1996) 393–445 und hier Kapitel V 1 und Anm. 643.

635 E. Meyer, Rom ist dort, wo der Kaiser ist (Mainz 2002).

636 Vgl. hier S. 101.

637 Diesen Beispielen sind außerdem wohl die Stiftungen Pergamon 9, Teanum Apulum 1 und Mayen 1 anzuschließen, in denen der Kaiser allgemein geehrt, aber nicht namentlich ausgewiesen wird.

Die mit Rom 1 begründete und mit Rom 3 erstmalig auf den Kaiser bezogene Aufstellungstradition weitet sich regional im 2. Jh. n. Chr. noch aus, wie der geographische Radius der (Neu-)aufstellungen und Reparaturen erkennen lässt: Kaum eine Civitas innerhalb des römischen Reiches, die in dieser Zeit nicht über eine Forumsuhr verfügt – es entsteht der Eindruck, als würden Zeitmesser nun überall als konstituierender Bestandteil der römischen kulturellen Identität verstanden.[638] So dient die Aufstellung von Zeitmessern in fernen Reichsgebieten gleichsam als Indikator für den sukzessiven räumlichen Fortschritt der politischen wie kulturellen Romanisierung.[639] Diese Rolle von Zeitmessern auf Platzanlagen in neu angegliederten Gebieten bestätigt das weit gestreute Verbreitungsmuster der Kontexte, die bis an die Grenzen des Römischen Reiches reichen. Ob Finanzgeschäfte oder Feiern, ob profane oder sakrale Handlungen bzw. Termine der öffentlichen oder der privaten Lebenswelt – die offizielle Zeitstruktur von Jahr und Tag durchdringt unwillkürlich alle Lebensbereiche eines jeden Einwohners des Einzugsbereichs.[640] So überrascht es nicht (mehr), dass die einzige bekannte große anaphorische Uhr, die mit diesen Entwicklungen zu verbinden ist, mit Iuvavum 1* aus dem heutigen Salzburg stammt. Die Einhaltung von Wochenrhythmus und von an spezielle Tage bzw. Tageszeiten gebundene Termine garantiert nun den Fortbestand der Reichseinheit.

Warum insbesonders Wasseruhren zum konstituierenden Merkmal der Fora werden, belegen indirekt die in den Tabulae Pompeianae Sulpiciorum überlieferten Zeitangaben:[641] Die mit einer Wachsschicht überzogenen Holztäfelchen, die auf einem Landgut der Sulpizier auf der Halbinsel Murecine vor Pompeji gefunden wurden, überliefern 128 zivilrechtliche Urkunden, die Rechtsgeschäfte und prozessuale Handlungen des Bankhauses betreffen. Diese schließen Datum und Uhrzeit von Vorladungen ein,[642] für die mit zwölf von 18 Fällen die dritte Stunde präferiert wird. In TPSulp 12 wird bereits zur ersten bzw. in TPSulp 18 zur zweiten Stunde verhandelt, in drei Fällen (TPSulp 13. 36. 38) wird das Treffen auf die vierte, in TPSulp 13 und 35 auf die fünfte Stunde festgelegt. Zwei Mal (TPSulp 10. 19) findet der Termin erst zur neunten Stunde am Abend statt, Treffen zur sechsten bis achten Stunde – also während der Mittagszeit – sind nicht bezeugt. Diese Angaben aus den 30er bis 50er Jahren des 1. Jhs. n. Chr. decken sich mit den im Stadtrecht des hispanischen Urso aus dem Jahr 44 v. Chr. festgelegten Amtszeiten der Richter und städtischen Magistrate, deren Lokale von der ersten bis zur elften Stunde geöffnet zu sein haben.[643] Als Ort der Verhandlungen dienen in den TPSulp Altäre bzw. genau bezeichnete Treffpunkte auf den Fora von Puteoli (TPSulp 1–10. 16–18. 35–40. 85), Capua (TPSulp 12) und dem Augustusforum in Rom (TPSulp 13–15, 19. 27). Bezieht man die aufgeführten, von Giuseppe Camodeca auf den heutigen Kalender umgerechneten Termine in die Überlegung ein, so wird deutlich, dass sie sich über das ganze Jahr verteilen – also auch über den Zeitraum schlechten Wetters von Oktober bis Februar, in dem Sonnenuhren nur eingeschränkt funktionieren würden.

---

638 Voraussetzung für diese Entwicklung ist die Erweiterung der Ortslisten durch Claudius Ptolemaios, vgl. hier Kapitel IV 3.

639 Zu anderen Indikatoren dieses Prozesses vgl. G. Schörner (Hrsg.), Romanisierung – Romanisation: theoretische Modelle und praktische Fallbeispiele (Oxford 2005) bes. 15–24 und 95–100.

640 Vgl. Rüpke 2006, 32 f.

641 Zum Folgenden: G. Camodeca, Tabulae Pompeianae Sulpiciorum. Edizione critica dell'archivio dei Sulpicii (Rom 1999) 51 mit Einträgen zu den einzelnen Urkunden. Zum Fundort und dem näheren Umständen der Grabung zusammenfassend mit früherer Literatur J. G. Wolf (Hrsg.), Neue Rechtsurkunden aus Pompeji. Tabulae Pompeianae Novae (Darmstadt 2010) 17 f. 22–24. Seine z. T. von Camodeca abweichenden Zuordnungen und Lesungen von Fragmenten betreffen durchweg nicht die Zeitangaben.

642 Uhrzeiten werden in den Vadimonia, also den Bürgschaften bzw. Gestellungsversprechen TPSulp 1–15, den testationes sistendi TPSulp 16–21, also den Zeugenaussagen über die Einhaltung der Vadimonia und in TPSulp 27, einer Conventio finiendae controversiae genannt.

643 Vgl. Lex Coloniae Iuliae Genetivae Ursonensis 102 = CIL 5439: *IIvir qui hac lege quaeret iudiciumve exercebit, quod iudicium uti uno die fiat hac lege praestitutum non est, ne quis eorum ante horam I neve post horam XI diei quaerito neve iudicium exerceto. Isque IIvir in singulos accusatores, qui eorum delator erit, ei horas IIII, qui subscriptor erit, horas II accusandi potestatem facito. Si quis accusator de suo tempore alteri concesserit, quot eius cuique concessum erit, eo amplius cui concessum erit dicendi potestatem facito. Qui de suo tempore alteri concesserit, quot eius cuique concesserit, eo minus ei dicendi potestatem facito. Quot horas omnino omnibus accusatoribus in singulas actiones dicendi potestatem fieri oportebit, totidem horas et alterum tantum reo quive pro eo dicet in singulas actiones dicendi potestatem facito.*

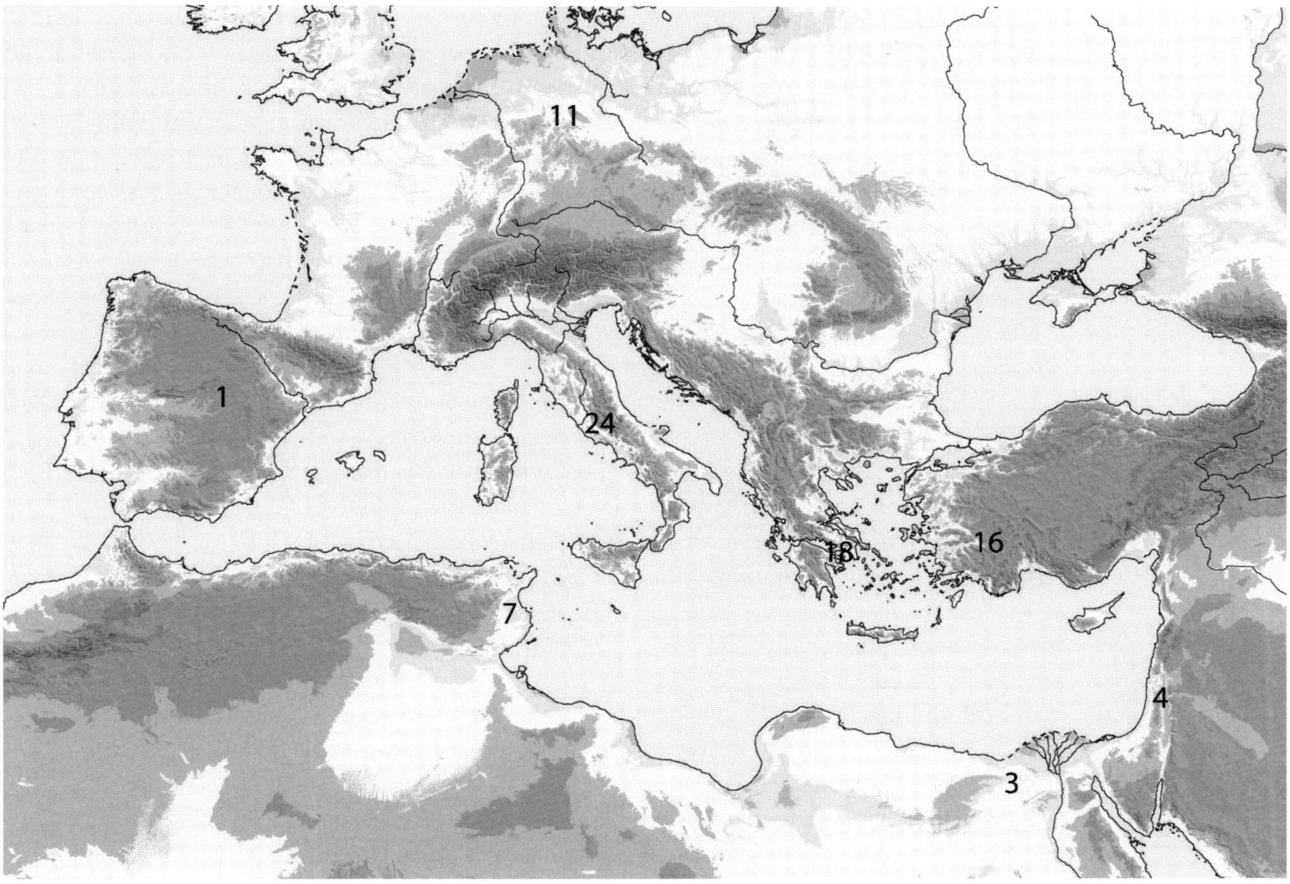

Abb. 82: Regionale Verteilung der Zeitmesser auf Platzanlagen

Mit der beobachteten Einbindung von Zeitmessung in zahlreiche zivile Lebensbereiche und der daraus resultierenden zunehmenden Bedeutung der öffentlichen Platzuhren geht deren veränderte räumliche Positionierung einher:

Erwecken die Aussagen der Inschrift Samos 2* ebenso wie die Überlieferung zu Rom 1 den Eindruck als seien die Instrumente in die Vorhalle einer bereits bestehenden Architektur der Randbebauung des Platzes integriert worden, so mehren sich seit dem 1. Jh. v. Chr. die Indizien, dass fortan diese multifunktionalen Wasseruhren in eigens zu diesem Zweck errichteten Kleinarchitekturen auf der Platzfläche untergebracht wurden: Trifft dies bereits für den Turm der Winde Athen 4° zu, so weist auf diese Art der Aufstellung beispielsweise auch das Fundament auf der ephesischen Tetragonos-Agora hin, ist das Hydrologion in Arsinoe für Reparaturarbeiten begehbar und dienen mancherorts Forumsuhren als Ortsangabe.[644] Obwohl die architektonische Gestaltung dieser Uhrenschreine archäologisch kaum nachweisbar ist, lässt doch die strukturelle Trennung von Uhr und Verwaltungsbau nun darauf schließen, dass Zeitmesser nicht mehr ausschließlich mit dessen Funktionen verknüpft wurden, sondern sich zu einem eigenständigen Element der Platzgestaltung etablierten. Für den öffentlichen Uhrenbau wird fortan sowohl ein höherer finanzieller Aufwand in Kauf genommen, als auch ein Teil der Platzfläche bereit gestellt – der Schutz der technologisch hochentwickelten, störungsanfälligen späthellenistischen Zeitmesser setzt also einen völlig anderen Grad ihrer Wertschätzung und Wahrnehmung voraus als der für die spätklassischen ermittelte. Ist diese Aufstellungskonvention im 1. Jh. v. Chr. noch eher der Sonder-, so wird sie seit der Zeitenwende wohl zum Regelfall: Mit Anschluss der Forumsuhren an das öffentliche Leitungssystem und ihrer erweiterten Anzeigeleistung hin zu den senkrecht aufgestellten Ziffer-

644 Zum Hydrologion hier Kapitel IV 5. 6.

blättern in der Art von Iuvavum 1*, die nun auch mit akustischen Signalen verbunden sind, werden auch die Uhrenbauten immer aufwendiger gestaltet. Als Beispiele für diese Entwicklung stehen der von Malalas 262. 3–4 erwähnte, wohl in vespasianischer Zeit errichtete Uhrenturm von Antiocheia am Orontes 1* und die Forumsuhr von Gaza. Für diese wird dank Prokopios detaillierter Beschreibung deutlich,[645] dass über die konkreten Funktionen als Zeitmesser hinaus diese repräsentativen Uhrenbauten auf den Fora noch in der Spätantike als Wahrzeichen für ein dauerhaft funktionierendes Gemeinwesen begriffen wurden, eine Wahrnehmung, die Nachrichten von Reparaturen alter Instrumente und über Neuaufstellungen auf Platzanlagen bestätigen.[646]

3 Gymnasion

Eine chronologisch besonders homogene Gruppe bilden jene sechs Zeitmesser, die mehrheitlich in der ersten Hälfte des 2. Jhs. v. Chr. in den Gymnasia hellenistischer Poleis aufgestellt wurden:

Abb. 83: Übersicht der Zeitmesser in Gymnasia

Fundort	Aufstellungsort	Art der I	Begriff	Typus	Kontext	Datierung
Delos 6*	Delos ID 1417	Inventar	ὡρολογίου	W 2~, S	Gymnasion GD 67	vor 156/155 v. Chr.
Ai Khanoum 1	Kabul, Arch. Mus.	–	–	S sphä	Gymnasium	vor 150 v. Chr.
Ai Khanoum 2	Kabul, Arch. Mus.	–	–	S zyl	Gymnasium	vor 150 v. Chr.
Pergamon 3	Pergamon, in situ	–	–	W	Gymnasion	150 v. oder 100 n. Chr.
Delos 5*	Delos, B 4367	Datum, Aufsatz Wind; Stiftung	–	S sphä 2	Gymnasion GD 76	1. H. 2. Jh. v. Chr.
Priene 1	in situ	Datum	–	S kon	Gymnasion	2. Jh. v. Chr.
Pergamon 4*	IGR 4, 293	Dekret, Ortsangabe	σκιακόν ὡρολογίον	S ~	Gymnasion	vor 75–50 v. Chr.

πρῶτον μὲν ἣν ὥραν προσήκει ἰέναι τὸν παῖδα τὸν ἐλεύθερον εἰς τὸ διδασκαλεῖον, ἔπειτα μετὰ πόσων παίδων εἰσιέναι, καὶ πηνίκα ἀπιέναι, berichtet Aischines in der Rede gegen Timarchos 1.9 über die gesetzliche Regelung von Schulzeiten der freigeborenen Jugend Athens. In der Fortsetzung der Passage wird der Zeitraum des Betriebs konkretisiert: *καὶ τοὺς διδασκάλους τὰ διδασκαλεῖα καὶ τοὺς παιδοτρίβας τὰς παλαίστρας ἀνοίγειν μὲν ἀπαγορεύει μὴ πρότερον πρὶν ἂν ἥλιος ἀνίσχῃ, κλῄειν δὲ προστάττει πρὸ ἡλίου δεδυκότος, τὰς ἐρημίας καὶ τὸ σκότος ἐν πλείστῃ ὑποψίᾳ ποιούμενος:* Um die Mitte des 4. Jhs. v. Chr. waren die Ausbildungstätten Athens also innerhalb des lichthellen Tages geöffnet, so dass zur Einhaltung nicht unbedingt ein Zeitmesser eingesetzt worden sein muss. Auf dieselbe Praxis, die deutlich verkürzte Betriebszeiten während der Wintermonate zur Folge hatte, weist u. a. das vor 148 v. Chr. entstandene Gymnasiarchengesetz von Beroia hin.[647] Öffnungszeiten wurden offenbar in Pergamon im 2. Jh. v. Chr. sowohl mittels eines optischen – wohl einer Fahne –

645 Hier S. 142.

646 Vgl. hier Kapitel IV 3 mit Abb. 74 S. 184.

647 P. Gauthier – M. B. Hatzopoulos, La loi gymnasiarchique de Beroia. Meletemata 16 (Athen 1993) 59–61, die als Ursache für die zeitliche Begrenzung die erforderliche Bereitstellung des Öls vermuten.

als auch eines akustischen Signals angezeigt. Die Kontrolle dieser und anderer Regelungen gehört zum Aufgabengebiet eines Gymnasiarchen, der auch die Aufstellung der Sonnenuhr Delos 5* veranlasste.[648] Die zunehmende Anzahl epigraphischer wie archäologischer Belege seit der ersten Hälfte des 2. Jhs. v. Chr. macht deutlich, dass man seit dieser Zeit um eine stärkere Normierung der Abläufe bemüht war, welche die Einführung von Zeitmessern nach sich zieht. Zeitlich geht diese Entwicklung mit der gesteigerten Bedeutung des Thermenbetriebs in den Gymnasia einher, die deshalb nun stärker als zuvor frequentiert werden.[649] Im archäologischen Befund charakterisiert hellenistische Gymnasia ihre nach aussen geschlossene Bauform mit recht schmalem verschließbaren Eingang, die bereits strukturell auf Zugangsbeschränkungen hinweist.[650] Wie die Zeitmesser innerhalb des Baukomplexes angeordnet waren, lassen die Befunde kaum rekonstruieren: Könnten die Sonnenuhren in Pergamon und Priene in Eingangsnähe aufgestellt gewesen sein, so befand sich die Wasseruhr Delos 6* wohl eher in einem der umlaufenden Peristyle.

Den Einsatz von Zeitmessern im Unterricht überliefert Platon indirekt, wenn er im Theaitet 201 b fragt, wie innerhalb der kurzen Zeit befriedigend gelehrt werden solle.[651] Ein Anzeichen für die Nutzung der Instrumente als didaktisches Hilfsmittel könnte im Befund sowohl die Aufstellung von mehreren Zeitmessern innerhalb eines Baukomplexes wie in Ai Khanoum, Delos bzw. Pergamon darstellen als auch der Nachweis von besonders ausgefallenen Uhrentypen an diesen Orten. Auf den pädagogischen Einsatz von Sonnenuhren als Anschauungsobjekt für astronomische Gesetzmäßigkeiten weist ferner die literarische Form der nur für diese Zeit belegten Epigramme in Amastris, Oropos und Samothrake hin, die durchwegs mit einer Sonnenuhr kombiniert im öffentlichen Raum aufgestellt waren. Hier wird Zeit gelehrt.

Auf andere Weise schlägt sich die in dieser Zeit hohe Wertschätzung von astronomischem Wissen in der Stiftungsinschrift Tenos 1° nieder, wenn dort die Leistung des Andronikos Kyrrhestes topisch mit der des *πάνσοφος* Arat gleichgesetzt wird.[652] In dieselbe Richtung weist die von dieser und anderen Inschriften überlieferte Nachricht, dass in diesen Jahren sogar Wettkämpfe um astronomisches Wissen ausgetragen wurden.[653] Mehrfach begegnen in den Schriftquellen Hinweise auf die rege Reisetätigkeit von Astronomen zu Lehrzwecken, die möglicherweise ebenfalls mit den Gymnasia zu verbinden sind.

Aufs Ganze gesehen vermittelt die Überlieferung den Eindruck, als gehörten nur an einigen Orten astronomische und mathematische Kenntnisse zum im Gymnasion vermittelten Wissenskanon. Das Verbreitungsmuster der entsprechenden Nachrichten könnte anzeigen, dass diese Ausrichtung der Erziehung der städtischen Jugend in erster Linie im inselionischen und kleinasiatischen Raum verbreitet war, während im festlandsgriechischen, besonders im makedonischen Raum in erster Linie die militärische Ausbildung im Vordergrund stand.[654]

648 Vgl. M. Wörrle, Gymnasion und Gymnasiarchie im hellenistischen Pergamon, Chiron 37, 2007, 501–516 und C. Schuler, Die Gymnasiarchie in hellenistischer Zeit, in: D. Kah (Hrsg.), Das hellenistische Gymnasion. Kongress Frankfurt am Main 2001 (Berlin 2007) 163–192.

649 Gauthier – Hatzopoulos a. O. 61.

650 H. v. Hesberg, Das Gymnasion im 2. Jh. v. Chr., in: M. Wörrle – P. Zanker (Hrsg.), Stadtbild und Bügerbild im Hellenismus. Kongress München 1993 (München 1993) 13–28. Zu Öffnungszeiten der bautypologisch dem Gymnasion nahestehenden Italiker-Agora auf Delos; dazu: M. Trümper, Die „Agora des Italiens" auf Delos. Baugeschichte, Architektur, Ausstattung und Funktion einer späthellenistischen Porticus-Anlage (Rahden 2009) 340–342.

651 Die Nachricht ist mit hoher Wahrscheinlichkeit auf die Verwendung einer Klepsydra zu beziehen, vgl. hier S. 118.

652 Zum Arat-Bildnis vgl. J. Bracker, Quellenkritik zur statuarischen Überlieferung Arats von Soloi, KölnJb 10, 1969, 76–81; L. Bacchielli, Arato o Crisippo? Nuove ipotesi per un vecchio problema, QuadALibya 10, 1979, 27–48; L. Bacchielli, La ricomposizione della statua dell'astronomo Arato, BNumRoma 4, 1987, 43–56. Arat von Soloi galt im 2. Jh. v. Chr. offenbar als Prototyp des Astronomen: J. Rostropowicz, Aratus and Astronomers, Eos 89, 2002, 55–60.

653 I. Weiler, Gymnastik und Agonistik im hellenistischen Gymnasion, in: D. Kah (Hrsg.), Das hellenistische Gymnasion. Kongress Frankfurt am Main 2001 (Berlin 2007) 25–46.

654 A. S. Chankowski, L'entraînement militaire des éphèbes dans les cités grecques d'Asie Mineure à l'époque hellenistique: nécessité practique ou tradition atrophiée?, in: J.-C. Couvenhes – H.-L. Fernoux (Hrsg.), Les cités grecques et

4 Therme

Dass Zeitmesser Öffnungszeiten anzeigten, könnte nicht nur auf die hellenistischen Gymnasia sondern auch auf römische Badeanlagen zu beziehen sein, aus denen zwölf Sonnenuhren stammen:

Fundort	Aufbewahrungsort	Art der I	Typus	Kontext	Datierung
Pompeji 1°	Neapel, Arch. Mus. 2541	Stiftung	S kon	Therme	2. Jh. v. Chr.
Pompeji 32^ 29, 36, Riano 1	Granario, 14330	–	S kon	Therme	1. Jh. v. Chr.
Pompeji 8^ 9, 10, 11	Pompeji, Mus. 14131	–	S horiz	Therme	frühaugusteisch
Aquae Mattiacorum 1	Landesmuseum Wiesbaden Inv. Nr. 386	–	S horiz	Therme	späteres 1. Jh. n. Chr.
Bettwiller 1	Aix les Bains	–	S kon	Therme	1. Jh. n. Chr.
Ostia 2	Ostia, Mus. 1447	–	S sphä	Therme	1. Jh. n. Chr.
Ostia 5	Ostia, Mus. 1892	–	S vert	Therme	1. Jh. n. Chr.
FO unbekannt 12°	Frankfurt a. M.	Datum, Monate; Stiftung Aufsatz Wind	W	Therme	späteres 2. Jh. n. Chr.
Rubi 1	Rubi, Mus. 14003	–	S kon	Therme, Villa Rustica	spätes 2./3. Jh. n. Chr.
Sardis 1	in situ	–	S horiz	Thermen-gymnasium	1. D. 3. Jh. n. Chr.
Kallipolis 1	Lidoriki, Arch. Mus. 19834	–	S kon	Therme	spätantik
Diokletianopolis 1	Hisarya	–	S hohl	Therme	4.–6. Jh. n. Chr.

Abb. 84: Übersicht der Zeitmesser in Thermen

Eine Reihe kaiserzeitlicher Nachrichten überliefern Badezeiten sowie Regelungen zur Aufteilung der Nutzungszeiten von öffentlichen Bädern nach Geschlechtern.[655] Im römischen Tagesablauf war das Bad derart eng mit dem Zeitraum nach der Mittagspause und vor dem Abendessen verbunden – ob Seneca epist. 10, 48 1–4 dem Badebesuch die sechste bis achte Tagesstunde vorbehält oder Plinius, Briefe 3,1 die Badezeit des Spurinna nach dem Mittagsschlaf ansiedelt –, dass Vitruv V 10, 1 mithin fordert, die Fenster von Warmbaderäumen nach Südosten auszurichten. Somit verbrachte man im Sommer die wärmsten Stunden des Tages im Bad, die auf unsere heutigen Uhrzeiten übertragen im Sommer in den Zeitraum zwischen ca. 12.30 und 15.30 Uhr fallen, während im Winter die Badezeit bereits etwa um 14.00 Uhr beendet war.

la guerre en Asie Mineure à l'époque hellénistique. Kongress Lyon 2003 (Tours 2004) 55–76 und zum Wissenskanon: P. Scholz, Elementarunterricht und intellektuelle Bildung im hellenistischen Gymnasion, in: D. Kah (Hrsg.), Das hellenistische Gymnasion. Kongress Frankfurt am Main 2001 (Berlin 2007) 103–128.

655 Hannah 2009, 139 f. Zu den Uhrzeiten im Jahresverlauf vgl. Abb. 64 S. 155.

Diese zeitliche Einbindung des Bades[656] in den römischen Tagesablauf findet sich mehrfach in den Epigrammen Martials wieder, die Stephan Busch im Rahmen seiner Arbeit zur römischen Badekultur näher untersuchte:[657] So läd ein gewisser Catull seinen Freund Iulius Cerialis zur achten Stunde ein mit ihm in den benachbarten Thermen zu baden, um anschließend gemeinsam zu speisen (Mart. 11, 52) und als Synonym für ein anstrengendes Arbeitsleben wird verstanden (Mart. 10, 51), wenn man erst zur zehnten Stunde Gelegenheit zum Baden findet bzw. umgekehrt als Anzeichen für Müßiggang (Juv. 11, 204), wenn bereits die fünfte Stunde in der Therme verbracht wird. Martial 10, 48 führt auch die zeitliche Abfolge der Beheizung von Thermenräumen auf: Die sechste Stunde koche wie der maßlose Nero, allzu heiße Dämpfe herrschten zur siebten Stunde, während zur achten Stunde die richtige Temperatur erreicht werde. Die Texte spiegeln ideale stadtrömische Verhältnisse wider, die mit bestimmten Uhrzeiten verbunden werden. So konnte auch Elke Merten nachweisen, dass einheitlich festgelegte Öffnungszeiten, von denen u. a. auch in der Historia Augusta berichtet wird, in der stadtrömischen Praxis nicht bezeugt sind.[658]

Überhaupt geben die Schriftquellen nur vereinzelt über den praktischen Bäderbetrieb Auskunft, so dass auch nur äußerst selten Informationen zu Öffnungszeiten vorliegen: Aus der zweiten Hälfte des 1. Jhs. n. Chr. stammt eine Inschrift aus dem iberischen Vipasca,[659] die u. a. die Pachtkonditionen der örtlichen Therme festschreibt. Die Verordnung regelt, dass das Bad Frauen an jedem Wochentag sowie von Tagesanbruch *(prima luce)* bis zur siebten Stunde und von der achten bis zur zweiten Nachtstunde *(horam secundam noctis)* Männern vorbehalten ist. Eine zweite kaiserzeitliche Inschrift aus dem kretischen Arkades[660] bezeugt erneut die nach Geschlechtern getrennte Nutzung des Bades, wohingegen die Angabe damit verbundener Uhrzeiten hier fehlt. Auch Lukian Hipp. 8 erwähnt eine Sonnenuhr unter den sonstigen nützlichen Einrichtungen auch eines privaten Bades. Zur Einhaltung von praktischen Regelungen können Zeitmesser in Thermen also nicht ungewöhnlich gewesen sein: Der Ordnung aus Vipasca, die ausdrücklich die zweite Nachtstunde erwähnt und den Nachrichten Martials 10, 51, sowie 11, 22 und 14, 60, mit denen jeweils auf spätes Baden während der dunklen Tagesstunden angespielt wird, ist der Einsatz von Wasseruhren abzuleiten, deren Aufstellung in Thermen schon aufgrund der dort bereits bestehenden hydraulischen Vorrichtungen naheliegend erscheint. Weitere Texte, die auf nächtliches Baden in öffentlichen und privaten Bädern hinweisen, trug Busch zusammen:[661] So berichtet Juvenal 6, 419–425 von nächtlichen Vergnügungen im Bad und kritisiert Seneca epist. 122, 15 f., dass Sextus Papirius zur achten Nachtstunde das Haus verlässt und erst zum Morgengrauen zurückkehrt – die Nachrichten sind also durchwegs auf normwidriges Verhalten zu beziehen, implizieren also nicht unbedingt die nächtliche Nutzung einer Wasseruhr.

Sind diese Nachrichten von zeitlichen Regelungen bzw. allgemeinen sozialen Konventionen überwiegend mit dem Aufkommen großer öffentlicher Badeanlagen im italischen Raum seit dem späten 2. Jh. v. Chr. zu verbinden, und mögen dafür die im Gymnasion entwickelten Regelungen wegweisend gewesen sein, so steht ihnen eine relativ geringe Anzahl von Zeitmessern im archäologischen Befund gegenüber: Die weite regionale wie chronologische Streuung des Materials könnte als Indiz dafür gewertet werden, dass hier eine Befundlücke vorliegt, wie sie generell für das mobile Gerät von Thermenanlagen zu beobachten ist, so dass Funktionsanalysen verschiedener Bereiche

---

656 Und auch anderer Tätigkeiten der Körperpflege: Rasur (Varro Frgt 279 B), Bad (erneut Seneca ep. 86, 12) und Nägelschneiden (Plinius nat. 28, 28).

657 Zum Folgenden: S. Busch, Versus balnearum. Die antike Dichtung über Bäder und Baden im römischen Reich (Stuttgart 1999) 400–427 (mit Angabe der früheren Literatur).

658 E. Merten, Bäder und Badegepflogenheiten in der Darstellung der Historia Augusta (Bonn 1983) 71–74.

659 ILS 6891 = CIL 2, 5181 vgl. Busch a. O. 408 f. und D. Flach, Die Bergwerksordnungen von Vipasca, Chiron 9, 1979, 399–448.

660 P. Ducrey – H. van Effenterre, Un règlement d'époque romaine sur les bains d'Arcades, KretChron 25, 1973, 281–290; SEG 26, 1976, 1044.

661 Busch a. O. 416 f.

dieser Komplexbauten oft einzig auf die Interpretation des Baubefunds angewiesen sind.[662] Ferner ist der Nachweis von Zeitmessern in diesen Kontexten sicherlich oft problematisch: Da wie in den Gymnasia davon auszugehen ist, dass die Instrumente durchwegs im Innern der Anlage aufgestellt gewesen sind, wurden in der Enge der jeweiligen räumlichen Situation Sonnenuhren sicherlich oft an der Wand angebracht – also in einer Mauerzone, die nur selten erhalten ist. Außerdem konnte wohl auch deshalb bis heute keine einzige Wasseruhr innerhalb einer Thermenanlage nachgewiesen werden, weil sich im Befund die für Wasseruhren erforderlichen Installationen nicht von denen des Badebetriebs abheben. Die Streuung der wenigen archäologischen Belege von Zeitmessern in Thermen mag ein Hinweis darauf sein, dass die Instrumente im kaiserzeitlichen Italien und den Provinzen mit Thermenanlagen verbunden wurden: In den Schriftquellen ist im Zusammenhang mit öffentlichen Bädern wiederholt von einem akustischen Signal die Rede, das offenbar zu bestimmten Zeiten ein Sklave manuell auslöste.[663] Auch diese weit verbreitete Gepflogenheit des *aes thermarum* könnte das Vorhandensein einer Uhr im Innern der Thermenanlage voraussetzen. Darüber hinaus lassen die inhaltlichen Zusammenhänge der schriftlichen Erwähnungen von Zeitmessern in Thermen aber auch erkennen, dass sie auf die Einhaltung eines für den römischen Bürger idealen zeitlichen ordo zu beziehen sind, der in der Alltagspraxis weniger als absoluter Zeitwert als vielmehr näherungsweise umgesetzt wurde.

Zeitmesser in kaiserzeitlichen Thermen scheinen also zwei Aspekte dieses funktionalen Raums zu bedienen: Einerseits werden so Öffnungs- bzw. Badezeiten praktisch geregelt. Die wenigen archäologischen Zeugnisse könnten mit der besonderen Befundsituation zu erklären sein. Andererseits gehört die Einhaltung von Badezeiten im Tagesverlauf zu jenen sozialen Konventionen, die ein Römer im Alltag zu befolgen hatte. Diese scheinen in der Therme im Rahmen ihres erweiterten Funktionsspektrums als Ort der Kommunikation und des kulturellen Lebens besonders streng sozial sanktioniert gewesen zu sein. Hingegen zeigen die technologisch anspruchslosen Typen und die handwerklich nachlässige Fertigung der erhaltenen Stücke, dass für die Aufstellung von Zeitmessern in Thermen deren Funktion als Ort von Rezitationen und wissenschaftlichem Disput keine Rolle gespielt zu haben scheint.

5 Theater, Circus, Amphitheater

Von den 18 Zeitmessern, die in Spielstätten gefunden wurden, stammen über zwei Drittel aus einem griechischen Theater:

Fundort	Aufstellungsort	Art der I	Typus	Kontext	Datierung
Athen 3	in situ	–	S kon	Theater	230–200 v. Chr.
Athen 5	Athen, NM 3159	–	S hohl	Theater	hellenistisch
Priene 2°	in situ	Stiftung	W	Theater	140/130 v. Chr.
FO unbekannt 5	Berlin, Pergamon-Mus. 1048	–	S kon	Theater ?, Athen?	späteres 1. Jh. v. Chr.
Athen 7	Athen, NM 3156	–	S kon	Theater	augusteisch

662 I. Nielsen, Thermae et balnea. The Architecture and Culture of Roman Public Baths (Aarhus 1990) 14–25.
663 Das Signal diente wahrscheinlich zur Anzeige des letzten möglichen Badedurchgangs des Tages vgl. Gaulthier – Hatzopoulos a. O. 59 f.; Nielsen a. O. 136, und Busch a. O. 408–427 mit ausführlicher Diskussion zur Art und Handhabung des zugehörigen Geräts, in dem er eher einen Gong als eine Schelle erkennt.

Fundort	Aufstellungsort	Art der I	Typus	Kontext	Datierung
Augusta Emerita 1	Merida, 37405	–	S sphä	Theater	augusteisch
Caesaraugusta 1	Zaragoza, Arch. Mus.	–	S sphä	Theater	1. Jh. n. Chr.
Athen 9	Athen, NM 3157	–	S kon	Theater	1. H. 1. Jh. n. Chr.
Athen 10	Athen, NM 3158	–	S kon	Theater	frühes 1. Jh. n. Chr.
Leptis Magna 3	Leptis, in situ	–	S sphä V	Theater	um 100 n. Chr.
Aphrodisias 1	InsAPh 8.502 a + b	Datum	S sphä	Theater, Tetrastoon	1.–2. Jh. n. Chr.
Milet 3°	Berlin, Staatl. Mus. SK 1593	Stiftung; Hersteller	S kon	Theater	2. Jh. n. Chr.
Tucci 1*	CIL II 1685, Stiftung	Stiftung	W ~	Circus ~	2. Jh. n. Chr.
Aquileia 14	Aquileia, Mus. 1359	Winde; Hersteller	S horiz	Circus	175–200 n. Chr.
Falerio 1	Ancona, Mus.	–	S kon.	Amphitheater ?	kaiserzeitlich
Aphrodisias 5	InsAPh 8.214	Datum	S sphä	Theater	2.–3. Jh. n. Chr.
Athen 21°	London, Brit. Mus. 2544	Hersteller	S vert 2, v-Vert	Theater	um 300 n. Chr.
Aphrodisias 7	Aphrodisias, InsAPh 8.409	Datum	S horiz	Theater, Tetrastoon	5.–6. Jh. n. Chr.

Abb. 85: Übersicht der Zeitmesser in Spielstätten

Über ein Drittel der innerhalb von Theatern gefundenen Zeitmesser stammt aus Athen. Dort wurde bereits früh eine Uhr oberhalb der Orchestra in den Fels gebettet und noch fast 600 Jahre später erneut ein Zeitmesser in die Fassadengestaltung der Skene integriert. Die Quantität der Aufstellungen und die Dauer der athenischen Tradition sind einzigartig, ihre Ursachen sind jedoch nur indirekt zu erschließen:

So diente das Dionysos-Theater in Athen wohl erstmals 343/2 v. Chr. und seit 318 v. Chr. mehrfach als Versammlungsort der Ekklesia, eine Entwicklung, die wahrscheinlich mit seiner lykurgischen Neugestaltung zu verbinden ist.[664] Die wichtige Funktion von Zeitmessern im Rahmen der Volksversammlung wurde bereits zuvor anhand der auf den Agorai von spätklassischen Poleis platzierten Instrumente deutlich.[665]

Darüber hinaus scheint sich diese in der Großpolis Athen jedem Bürger besonders präsente Funktion der Instrumente auf ihren Einsatz während der Dionysien ausgewirkt zu haben: Zwar sind für den Ablauf der Wettkämpfe keine Zeitangaben unmittelbar überliefert, der regelmäßige Ablauf in wiederkehrenden Zyklen von drei Tragödien, auf die ein Satyrspiel folgte, ist hingegen gut belegt. Auch die Abfolge von Tragödien und Komödien war eindeutig reglementiert. Alle mit dem Fest verbundenen Ereignisse fanden zwischen dem 10. und dem 13. Elaphebolion statt, ein straffes

664 Vgl. W. A. MacDonald, The Political Meeting Places of the Greeks (Baltimore 1943) 46–61 und ausführlich mit weiterer Literatur: M. H. Hansen – T. Fischer-Hansen, Monumental political architecture in Archaic and Classical Greek Poleis. Evidence and historical significance, in: D. Whitehead (Hrsg.), From Political Architecture to Stephanus Byzantius. Historia Einzelschriften 87 (Stuttgart 1994) bes. 44–46 zu Situation im Dionysos-Theater. Diese Nutzung des Theaters als Ort der Volksversammlung ist auch für andere Orte, beispielsweise für Priene, belegt.
665 Hier Kapitel VII 2.

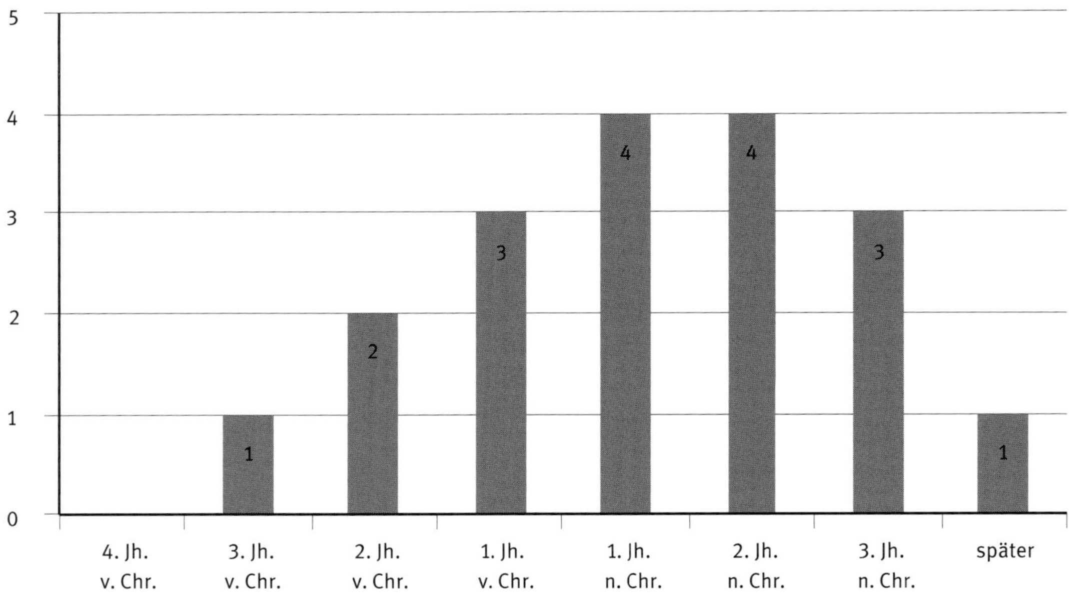

Abb. 86: Chronologische Verteilung der Zeitmesser in Spielstätten

Zeitmanagement des Festes, an dem unzählige Personen beteiligt waren, ist dementsprechend Voraussetzung für seinen erfolgreichen Ablauf.[666] Rechnet man mit Wolfgang Luppe zudem noch mit notwendigen Frühstückspausen für die Beteiligten, so mussten auch nach diesen Unterbrechungen alle Teilnehmenden und Besucher wieder rechtzeitig an Ort und Stelle sein.[667] Ferner stimmt strukturell der Charakter von normierten Handlungen im athenischen Theater wie der Auswahl der Preisrichter und der Art des Abstimmungsverfahrens mit den Abläufen vor Gericht überein, so dass auch eine gleichartige praktische Durchführung als naheliegend erscheint:[668] Die vorangestellten Überlegungen zeigen – und dies könnte eine viel diskutierte Passage bei Aristophanes, Vögel 785 ff. bestätigen –, dass zu bestimmten Zeitfenstern alle Beteiligten zur Stelle sein mussten. Diese Termine könnten von Zeitmessern verbindlich angezeigt worden sein. Die relativ einheitliche Länge der vollständig überlieferten Stücke könnte außerdem darauf hinweisen, dass die Dauer der einzelnen Aufführungen normiert war, so dass Klepsydren in der Art von Athen 1 eingesetzt worden sein könnten. In dieselbe Richtung führt auch die Bemerkung des Aristoteles in der Poetik VII, 1451a 7–9: *εἰ γὰρ ἔδει ἑκατὸν τραγῳδίας ἀγωνίζεσθαι, πρὸς κλεψύδρας ἂν ἠγωνίζοντο, ὥσπερ ποτὲ καὶ ἄλλοτέ φασιν*. Wenn nämlich 100 Tragödien miteinander in Wettkampf treten müßten, dann würde deren Dauer gewiss mit Hilfe einer Klepsydra bemessen. So zeichnet sich aufs Ganze ein Zusammenspiel von verschiedenen Uhrentypen ab, um gestaffelte Prozesse zu steuern.

---

666 Jetzt zusammenfassend zur athenischen Situation: M. Bressan, Il teatro in Attica e Peloponneso tra età greca ed età romana (Rom 2009) 28–56.

667 W. Luppe, Die Zahl der Konkurrenten an den komischen Agonen zur Zeit des Peloponnesischen Krieges, Philologus 116, 1972, 53–75, bes. 70 f. und zum Ablauf grundsätzlich: S. Moraw – E. Nölle (Hrsg.), Die Geburt des griechischen Theaters (Mainz 2002) 11–28 sowie zusammenfassend für die hellenistische Zeit T. Brüggemann, Überlegungen zum Theater im Hellenismus, ArchPF 57.2, 2011, 195–220 bes. zur Spielpraxis 206–216.

668 Anzeichen einer höheren Professionalisierung im Spielbetrieb ist die Einrichtung von Techniten-Vereinen, die S. Aneziri, Die Vereine der dionysischen Techniten im Kontext der hellenistischen Gesellschaft. Untersuchungen zur Geschichte, Organisation und Wirkung der hellenistischen Technitenvereine (Stuttgart 2003) 29 für Athen in die Zeit vor 279/278 v. Chr. ansetzt und die fortan a. O. 267–304 für den reibungslosen Ablauf verantwortlich sind. Doch weder ist im Zusammenhang mit Techniten von zeitlichen Terminen die Rede noch treten Techniten als Stifter von Uhren in Erscheinung.

Abb. 87: Ansicht der Wasseruhr Priene 2° im Orchestraumgang des Theaters

Doch warum begegnen in den Texten keine Hinweise auf Theateruhren? Die Nachrichten über die bei Gericht verwendeten Wasseruhren stammen ausnahmslos aus den zeitlich limitierten Prozessreden der attischen Redner, deren Wortlaut die spätere Überlieferung sichert. Demgegenüber legen die Theateruhren einen Zeittakt fest, der von den zuständigen Amtsträgern an die agierenden Personengruppen weitergegeben wird – die Überlieferung hat hier jedoch der Inhalt des Spiels zum Thema, und nicht jene operativen Prozesse, welche zur Steuerung der Abläufe eingesetzt wurden.

Es ist unbekannt, ob in allen griechischen Theatern in denen Uhren aufgestellt waren, dramatische Agone stattfanden oder die Ekklesia tagte – die Positionierung der Uhren Priene 2°, Augusta Emerita 1 und Aphrodisias 1 und 7 innerhalb der Fassade des Bühnengebäudes bzw. nahe des Eingangs legt nahe, auch sie mit der Terminierung der Abläufe im Theater zu verbinden.[669] In Priene fällt die Aufstellung der Wasseruhr Priene 2° um die Mitte des 2. Jhs. v. Chr. zeitlich mit der veränderten Spielpraxis zusammen, im Zuge derer die Schauspieler nun vom Dach des Proskenions aus agierten. Bereits Wiegand führte auf diese Verlegung der Bühne zurück, dass nun im Koilon auf Höhe der fünften Sitzreihe eine neue Ehrenbühne eingerichtet und vor dem Proskenion mehrere Ehrenmonu-

669 Zu den Funktionen der Scaenae Frons vgl. A. Monterroso, La scaenae frons en los teatros de Roma. Entre liturgia, formas e modelos, in: S. F. Ramallo Asensio – N. Röhrig (Hrsg.), La Scenae Frons en la arquitectura teatral romana. Kongress Cartagena 2009 (Murcia 2010) 15–56. Sowohl für griechische als auch für römische Theater ist die Einbindung von Zeitmessern in Kulthandlungen auszuschließen, da sie an verschiedenen Orten innerhalb des Baus angesiedelt sind. Zu den Orten von Kulthandlungen innerhalb von Theatern: J.-C. Moretti, Les lieux du culte ans les theâtres grecs, in: J.-C. Moretti (Hrsg.), Fronts de scenes et lieux de culte dans le theatre antique. Kongress Lyon 2007 (Lyon 2009) 23–52.

mente aufgestellt worden sind.[670] Die einheitlichen Höhenbeziehungen unter allen Elementen der neuen Ausstattung lassen auf ihre gemeinsame Einbindung in zeitlich normierte Abläufe schließen, die auf der Bühne stattfanden. Eine vergleichbare Funktion erfüllten offenbar auch Sonnenuhren in römischen Theatern: So legt für die Säkularspiele des Jahres 17 v. Chr. die stadtrömische Inschrift CIL VI 32323. 155–158 fest, wann die Aufführungen in welchem Theater begannen: Den Anfang machen die lateinischen Stücke im hölzernen Theater am Tiber zur zweiten Stunde, es folgen die im Pompeius-Theater zur dritten und die griechischen Dramen finden im Circus Flaminius von der vierten Stunde an statt.[671] In severischer Zeit werden in der westlichen Nische des Pulpitum im Theater von Sabratha nebeneinander eine Sonnenuhr auf einer Säule, ein Bündel Schriftrollen und ein Lesepult dargestellt.[672] Die Gegenstände sind einer sechsköpfigen Gruppe von Männern im Philosophen-Typus zuzuordnen, die im links angrenzenden Relief gezeigt werden. Reinhard Stupperich interpretierte die Figuren als Teilnehmer einer Akademie für Schauspieler und Rezitatoren,[673] da alle Reliefbilder des Pulpitum jedoch mit konkreten Handlungen im Theater zu verbinden sind, scheint auch eine Deutung als philosophische bzw. astronomische Lesung möglich, auf die wie auf dem sog. Philosophenmosaik aus Pompeji die Sonnenuhr verweist.[674]

Vitruv berichtet im IX. Buch, dass ein ansonsten unbekannter Skopinas aus Syrakus wohl im ausgehenden 2. oder in der ersten Hälfte des 1. Jhs. v. Chr. im Circus Flaminius eine Sonnenuhr aufgestellt habe, die er als *plinthium sive lacunar* bezeichnet.[675] Der Terminus, der vielleicht auf eine Horizontaluhr zu beziehen ist, wird als einziger in Vitruvs Liste mit einer Ortsangabe verbunden – dieses Instrument muss also allgemein bekannt gewesen sein. Als Horizontaluhr kann der Zeitmesser nur auf der Spina des Circus aufgestellt gewesen sein, so dass er vielleicht wie in CIL VI 32323 überliefert zur Festlegung der Spielzeiten diente. In dieser Weise ist auch die horizontale Sonnenuhr auf einer Tischplatte Aquileia 14° positioniert, die auf drei Seiten eine Sitzbank umgibt.[676] Auf diese bis in die Spätantike reichende Aufstellungskonvention ist wohl auch die Nachricht des Niketas Choniates zur Sonnenuhr in Form eines Adlers im Hippodrom von Konstantinopel zu beziehen.[677]

Über den normativen Einsatz von Zeitmessern hinaus sind die zahlreichen Inschriften von Konstrukteuren und die ausgefallenen Uhrenmodelle in dieser Gruppe auch allgemein dadurch zu erklären, dass römische Theater und Amphitheater im 2. Jh. n. Chr. Orte der städtischen Selbstdarstellung waren. Dazu trugen Uhren bei, indem mit ihnen technisches Wissen auf der Höhe der Zeit vorgeführt wurde: Hier wurde neueste Kriegs- und Waffentechnik in einem spezifisch römischen Ambiente vorgeführt, in dem imperiale Machtansprüche militärisch wie politisch öffentlich demonstriert wurden.[678] Da aus keinem Circus eine Wasseruhr bekannt ist, mag neben praktischen Gründen hier auch das u. a. von Tertullian, Über die Spiele 7, 2 – 10, 9 überlieferte Bewusstsein die Aufstellung von Sonnenuhren gefördert haben, demzufolge der Circus Sol geweiht war.[679] In

670 T. Wiegand – H. Schrader, Priene. Ergebnisse der Ausgrabungen und Untersuchungen in den Jahren 1895–1898 (Berlin 1904) 240–244. Zur Rekonstruktion der Höhenbezüge im Theater von Priene, hier S. 42

671 Vgl. M. Beard – J. North – S. Price, Religions of Rome (Cambridge 1998) 143 f.

672 Zum Befund: G. Caputo, Il teatro di Sabratha e l'architettura teatrale Africana. Monografie di Archeologia Libica 6 (Rom 1956) 16 f. und R. May, Apuleius and the Drama. The Ass on Stage (Oxford 2000) 22–26.

673 R. Stupperich, Dionysos in Comics: Mythologische Theaterbühnenfriese der Kaiserzeit im griechischen Osten, in: S. Gödde – Th. Heinze (Hrsg.), Skenika: Beiträge zum antiken Theater und seiner Rezeption. Festschrift H.-D. Blume (Darmstadt 2000) 215 f.

674 Dazu hier Anm. 684.

675 Vgl. hier Kapitel IV 2.

676 Möglicherweise war die Horizontaluhr Lambaesis 2* in einem vergleichbaren Kontext aufgestellt, deren Stiftungsinschrift nordwestlich des dortigen Amphitheaters gefunden wurde.

677 Vgl. hier S. 142.

678 Vgl. zuletzt zusammenfassend: T. Hufschmid, Amphitheatrum in provincia et Italia. Forschungen in Augst 43,3 (Augst 2009) 15–27 und hier Kapitel VIII 2.

679 J. Nélis-Clement – J.-M. Roddaz (Hrsg.), Le cirque romain et son image. Kongress Bordeaux 2006 (Bordeaux 2008) passim.

diesem Adresse musste die Stiftung solcher Zeitanzeiger offenbar als besonders passend erscheinen, wie auch frühere Uhrenweihungen in Apollon- und Helios-Heiligtümern bzw. die Stiftung des Meridians auf dem Marsfeld an Sol durch Augustus nahelegen.[680]

Die Inschrift IG III 1, 239 aus dem Dionysos-Theater belegt die Stiftung eines *βῆμα* durch den *ἀρχός* Phaidros Zoilos für die *φιλόργιε*, die Festfreudigen. Derselbe Phaidros Zoilos, der auch die Mehrfachuhr in die Fassade des Bühnenhauses integrieren ließ, stiftet als Amtsträger um 300 n. Chr. mehrere Ausstattungs-Elemente, um den geordneten Ablauf von Festen zu gewährleisten.[681] Diese Ordnungsfunktion bestimmt offensichtlich vorrangig die Aufstellung von Zeitmessern in Theatern und Spielstätten von der Spätklassik bis in die Spätantike.

6 Haus

Knapp ein Fünftel aller Zeitmesser stammen aus Häusern:

Fundort	Aufstellungsort	Art der I	Typus	Dekor	Kontext	Datierung
Delos 16	Delos o. Nr.	–	S hohl	F	Wohnhaus	2. Jh. v. Chr.
Maroneia 1	Maroneia, Arch. Smlg. AKM 451	Datum	S sphä	–	Wohnhaus	2. Jh. v. Chr.
Paphos 1°	Nea Paphos, Arch. Mus. 1997	Hersteller	S kon	?	Villa	um 200 v. Chr.
Rhodos 4	Rhodos, Ephorie A 1113	–	S horiz	–	Miniatur; Wohnhaus	späteres 2. Jh. v. Chr.
Delos 19	Delos, o. Nr.	Datum	S horiz	–	Wohnhaus	2./1. Jh. v. Chr.
Rhodos 15	Rhodos, o. Nr.	–	S kon	Rhodos	Wohnhaus	hellenistisch
Darro 1	Vilanova i Geltru	–	S kon	PDL	Miniatur; Villa	1. H. 1. Jh. v. Chr.
Pompeji 33 ^ 31	Granario	–	S sphä	–	Villa	1. H. 1. Jh. v. Chr.
Jerusalem 1	Haifa, Hecht-Mus. IAA 1986–243	–	S kon	PDL	Miniatur; Wohnhaus	2. H. 1. Jh. v. Chr.
Herculaneum 1	Rom, NM	–	S kon, S hemi	Figuren, V, Wa	Villa Scipio	spätes 1. Jh. v. Chr.
Tanis 1	London, Brit. Mus. EA 68475	Datum	S kon	PDL	Miniatur; Wohnhaus	spätes 1. Jh. v. Chr.
Rom 4	Mausoleion Augustus	Monat, Datum, Zodiakos; Winde	S horiz	–	Wohnhaus	spätes 1. Jh. v. Chr.
Rhodos 10	Rhodos, Ephorie A 1104	–	S sphä	PDL	Wohnhaus	(spät-) hellenistisch

Fortsetzung auf der nächsten Seite.

680 Vgl. hier Kapitel VI 1 und zur Stiftungsinschrift an Sol hier Rom 3.
681 = IG II2 5021 und hier Athen 21. A. B. Cook, Zeus I (Cambridge 1914) 708–711; A. W. Pickard-Cambridge, The Theatre of Dionysos at Athens (Oxford 1946) 259; S. Gogos, Das Dionysostheater von Athen (Wien 2008) 102 (mit früherer Literatur).

Fundort	Aufstellungsort	Art der I	Typus	Dekor	Kontext	Datierung
Pompeji 10^ 8, 9, 11	in situ	–	S horiz	–	Villa	frühaugusteisch
Ephesos 4	Ephesos, Mus.	–	S kon	PDL	Wohnhaus	augusteisch
Rom 5	Rom, Vat. Mus. II 90 24 39	Monat, Zodiakos	S hemi	–	Esquilin, Villa	nach 8 v. Chr.
Delos 22	Delos, B 3652–11023	–	S kon	F	Wohnhaus ~	1. Jh. v. Chr.
Paros 3^ 2	Paros, Museum	–	S kon	F	Wohnhaus	1. Jh. v. Chr.
Pompeji 6	in situ	–	S sphä	P, F	Villa, Garten	80 v.–14 n. Chr.
Pompeji 29^ 32, 36, Riano 1	Pompeji, Mus. 6100	–	S sphä	PDL, R, Wa	Villa	1. Jh. v. Chr.
Pompeji 36^ 29, 32, Riano 1	Pompeji, Mus. 24544	–	S kon	PDL, Winkel, Farbe	Villa Peristyl	1. Jh. v. Chr.
Patras 1	Patras, Arch. Mus. L 2481	–	S sphä	F, Wa	Wohnhaus	10 v. / 10 n. Chr.
Pompeji 12	in situ	–	S sphä	P ?	Villa	30 v.–32 n. Chr.
Pompeji 22	Pompeji, Mus. 20588	–	S kon	F	Villa Peristyl	30/40 n. Chr.
Pompeji 30^ 36	Neapel, Arch. Mus. 23825	–	S kon	PDL, Winkel	Villa Peristyl	200–80 v. Chr.
Baelo Claudia 1	Madrid, NM 33.185	–	S sphä V	LT, R	Villa	frühes 1. Jh. n. Chr.
Stabiae 1	Stabiae, Villa San Marco 62405	–	S kon	Blatt	Villa	40/50 n. Chr.
Licenza 1	Tivoli, Magazin SAL 270	–	S sphä	–	Villa	2. H. 1. Jh. n. Chr.
Oplontis 1^ Pompeji 5,17,29	Oplontis, in situ Nr. 1257	–	S sphä	–	Villa	um 50/60 n. Chr.
Herculaneum 4	in situ	–	S sphä	–	Villa, Garten	vor 79 n. Chr.
Herculaneum 5	in situ	–	S kon	LT	Villa, Garten	vor 79 n. Chr.
Herculaneum 3*	CIL XIV 713	Lehrgedicht	S kon	F	Villa	vor 79 n. Chr.
Pompeji 19	in situ	–	S sphä	–	Villa	vor 79 n. Chr.
Pompeji 23	Pompeji, Mus. 1171	–	S sphä	– Farbe	Villa	Mitte 1. Jh. n. Chr.?
Pompeji 28	Neapel, Arch. Mus.	–	S horiz	–	Villa, Laden	kurz vor 79 n. Chr.
Bosquet 1	Sant Pere de Ribes (?)	–	S kon	–	Villa rustica	1. Jh. n. Chr.
Ephesos 7	Selcuk, 374	–	S kon	LT	Villa ?	1. Jh. n. Chr.

Fundort	Aufstellungsort	Art der I	Typus	Dekor	Kontext	Datierung
Evelette 1	–	–	S horiz	–	Villa	1. Jh. n. Chr. ?
Lanuvium 1	London, Brit. Mus. 2547	–	S kon	–	Villa ~	1. Jh. n. Chr.
Modena 1	Modena, Mus. 92261	–	S horiz	–	Villa	1. Jh. n. Chr.
Compsa 1	Conza	–	S hohl	H 1/3, -, Wa	Villa rustica	spätes 1. Jh. n. Chr.
Perge 1°	Perge, Depot	Hersteller	S kon	–	Villa	1./2. Jh. n. Chr.
Kisamos 1	Kissamos, Arch. Mus.	–	S kon	–	Villa	frühes 2. Jh. n. Chr.
Aquileia 13	Aquileia, Mus. 844	–	S sphäV	–	Villa ? ~	2. Jh. n. Chr.
Guimera 1	–	–	S kon	–	Villa rustica	2. Jh. n. Chr.
Obachs 1	–	–	S hohl	–	Villa rustica	2. Jh. n. Chr.
Olsipio 1	Freiria	–	S kon	–	Villa rustica ~	2. Jh. n. Chr.
Salacia Imp. 1	in situ	–	S kon	–	Villa rustica	2. Jh. n. Chr.
Athen 12	Athen, Agora ST 209	–	S kon	–	Agora	kaiserzeitlich
Athen 13	Athen, Agora 1870	–	S kon	SLF	Agora	kaiserzeitlich
Athen 14	Athen, Attalos-Stoa A 1769	–	S kon	SLF, Pa	Agora	kaiserzeitlich
Athen 15	Hadrians-bibliothek BA 506	–	S	SLF	röm. Agora	kaiserzeitlich
Athen 16	Hadrians-bibliothek BA 1400	–	S hohl	SLF	röm. Agora ~	kaiserzeitlich
Eretria 1	Eretria, Mus. 18910	–	S kon	–, Wa	Villa ~	kaiserzeitlich
Rhodos 9	Rhodos, Ephorie A 947	–	S kon	–	Wohnhaus	kaiserzeitlich
Tusculum 1	Rom, Thermen-museum	–	S sphä	–	Villa	kaiserzeitlich
Espelt 1	Igualada, Museu Comarcal	–	S kon	–	Villa rustica	kaiserzeitlich
Rubi 1	Rubi, Mus. 14003	–	S kon	1/3 H, -	Therme, Villa Rustica	spätes 2./3. Jh. n. Chr.
Serdica 1	–	–	S sphärV	Stütz-figuren	Villa rustica	Mitte 3. Jh. n. Chr.
Guissona 1	Museu Eduard Camps	–	S hohl	F	Villa rustica	3. Jh. n. Chr.
Herdade da O. 1	–	–	S hohl	H 1/3, HD	Villa rustica	3. Jh. n. Chr.

Fortsetzung auf der nächsten Seite.

Fundort	Aufstellungsort	Art der I	Typus	Dekor	Kontext	Datierung
Montanensium 1	Montana	–	S kon	–	Villa rustica	3. Jh. n. Chr. ?
Vibium 1	Bovino, Mus.	–	S hohl	1/3 H, –	Villa rustica	spätes 3. Jh. n. Chr.
Enserune 2	Quarante	–	S sphä	–	Villa rustica	3.–4. Jh. n. Chr.
Athen 22	Athen, Agora ST 148	–	S kon	–	Agora	spätantik?
Athen 23	Athen, Agora A 1869	Stunden	S vert	–	Agora	spätantik
Sparta 3	Sparta, Arch. Mus. 7628	–	S sphä	Delphin	Villa	spätantik
Aphrodisias 6	Aphrodisias, Mus Inv. 63–400	Ortsliste, BG	S vert	–	Reise; Wohnhaus	um 500 n. Chr.
Delos 31	verschollen	–	S vert	–	Wohnhaus	mittelbyzantinisch

Abb. 88: Übersicht der Zeitmesser in Häusern

Seit dem ausgehenden 2. Jh. v. Chr. mehren sich im archäologischen Befund die Hinweise darauf, dass Zeitmesser nun auch in Wohnhäusern aufgestellt wurden. Diese neuartige Kontextualisierung der Instrumente setzt die Einführung des Peristylhauses und deren repräsentative Ausstattung voraus, die vorbildlich in den hellenistischen Residenzen entwickelt und erprobt worden war. Als Besitzer dieser ‚Wohnpaläste' vermutet Moritz Kiderlen wohlhabende Händler und Bürger, die jedoch so gut wie nie näher zu bestimmen sind.[682] Die frühesten Befunde dieser Art, aus denen Uhren bekannt wurden, stammen aus Delos, und wahrscheinlich sind ihnen weitere Beispiele aus Rhodos anzuschließen.[683] Durchwegs handelt es sich bei diesen hoch- und späthellenistischen Zeitmessern um Sonnenuhren, kein Befund sichert bislang die frühe Aufstellung einer Wasseruhr in einem privaten Kontext. Die genauen Fundumstände dieser Sonnenuhren sind nicht bekannt; wahrscheinlich waren die Uhren in Rhodos und Delos auf einer Säule oder auf einer (Tisch)platte inmitten des großzügig angelegten Peristyls aufgestellt.

Während aus dem griechischen Raum nur vereinzelt Belege für diesen Aufstellungsmodus bekannt sind, wird er im italischen Raum rasch aufgegriffen und begegnet im Laufe des 1. Jhs. v. Chr. in Atrien und Gärten zahlreicher spätrepublikanischer Villen Roms, Latiums und der Vesuvstädte.

Die Funktion und Einbindung dieser Instrumente in den Lebensalltag der republikanischen Aristokratie veranschaulicht das sog. Philosophenmosaik aus Pompeji, auf dem sieben Männer inmitten einer Gartenlandschaft dargestellt sind. Sie umringen ein astronomisches Instrument, während im Hintergrund eine Sonnenuhr auf einer Säule abgebildet ist.[684] Lucia Repici zeichnete anschaulich nach, welche Bedeutung Gärten als ein Stück Natur im Kleinen zufällt:[685] Ihren Ursprung hat diese Vorstellung in der 387 v. Chr. von Platon eingerichteten Akademie, auf deren Gelände sich auch ein kleiner Garten namens *ἀλσόδες* mit einem Musenbezirk befand. Epikur ersteht um 306 v. Chr. vor dem Dipylon-Tor den Kepos. Dieser wird als Ort des wissenschaftlichen

682 M. Kiderlen, Megale Oikia. Untersuchungen zur Entwicklung aufwendiger griechischer Stadthausarchitektur (Hürth 1993) 178 f.

683 M. Philemonos-Tsopotou, Ρόδο. 2500 χρόνια (Athen 1998) 134 f. mit kurzen Vorberichten zu den Grabungen im Stadtgebiet seit 1990.

684 Vgl. K. Gaiser, Das Philosophenmosaik in Neapel. Eine Darstellung einer platonischen Akademie, *AbhHeidelberg 1980; B. Andreae, Das Mosaik der sieben Weisen aus Sarsina in der Villa Albani in Rom und sein Verhältnis zum Philosophenmosaik im Nationalmuseum von Neapel, in: T. Ganschow (Hrsg.), Otium. Festschrift für V. M. Strocka (Remshalden 2005) 9–14.

685 L. Repici, Filosofi in giardino, in: G. di Pasquale – F. Paolucci (Hrsg.), Il giardino da Babilonia a Roma (Florenz 2007) 50–57 mit 53 Abb. 3.

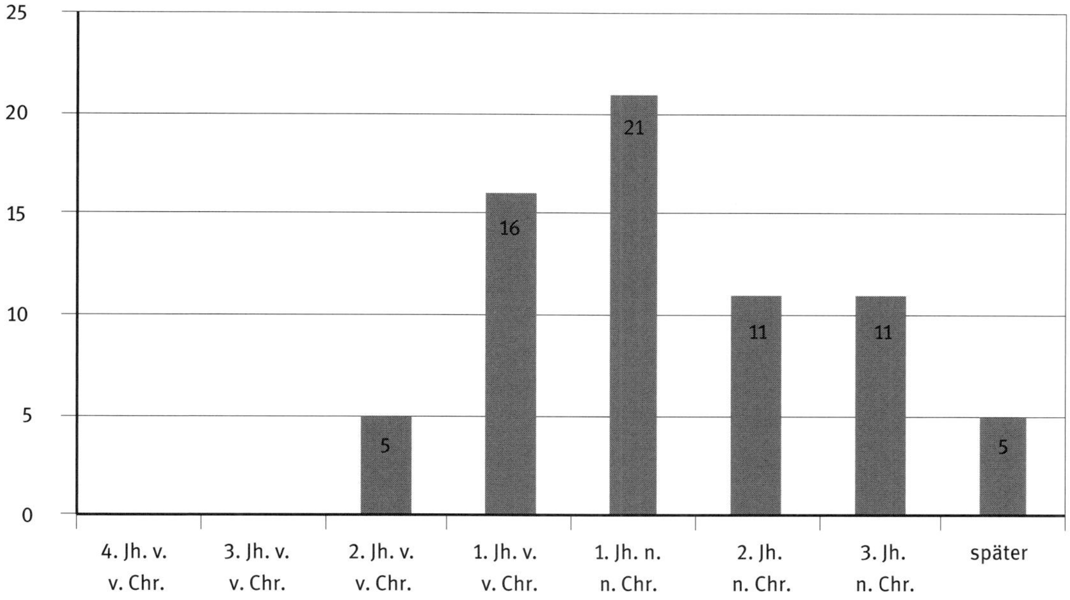

Abb. 89: Chronologische Verteilung der Zeitmesser in Häusern

Diskurses in republikanischer Zeit so untrennbar mit dieser philosophischen Richtung verbunden, dass für sie der Garten zum Symbol schlechthin wird. Cicero, dem von den Epikureern der Spitzname ‚*hortulus*' verliehen wurde,[686] nimmt selbst für seine 68 v. Chr. in Tusculum erstandene Villa das Motiv des ‚Philosophiergartens' auf, zu dessen Ausstattung er in ad fam. 16, 18, 3 ebenfalls eine Sonnenuhr zählt.[687]

Abb. 90: Rekonstruktion des Schattenstandes für die Uhr Licenza 1

Die im pompejianischen Mosaik dargestellte Ausstattung von Gartenanlagen mit astronomischem Gerät ist also Hinweis auf die Geisteshaltung des Hausbesitzers und Ausgangspunkt bzw. Anschauungsobjekt für gelehrte Gespräche unter den Gästen;[688] es dient im republikanischen Garten als Funktionsgerät und ideologisches Zeichen in einem. Auf diese doppelte Bedeutung von Sonnenuh-

686 E. Narducci, Cicerone e i suoi interpreti. Studi sull'opera e la fortuna (Pisa 2004) 38–49.
687 Vgl. Valerius Maximus I 4,6.
688 P. Zanker, Pompeji: Stadtbild und Wohngeschmack (Mainz 1995) 18–20.

ren und ihre Aussage im Hinblick auf die Person des Besitzers wird auch auf anderen Bildträgern angespielt: So stammt aus diesen Jahren eine Gruppe von Ringsteinen, die eine bärtige männliche Figur vor einer Sonnenuhr zeigen. Der Träger des Ringes wies sich mit diesem Sigel, welches das Bild von Philosoph und Sonnenuhr verband, also nachhaltig in Dokumenten als Befolger des zeitlichen ordo aus.[689] Scheint für die Aufstellung von Sonnenuhren im spätrepublikanischen Haus ihre Funktion als Normgerät und Anschauungsobjekt maßgeblich gewesen zu sein, so wird diese Einschätzung durch ihre meist recht präzise und undekorierte Ausführung, durch die nur in dieser Teilgruppe auftretenden Beschriftungen der Datumslinien sowie den Ausweis der Hersteller bestätigt.

Einen anderen Aspekt für die Kontextualisierung von Sonnenuhren im Wohnhaus überliefern die kaiserzeitlichen Befunde Licenza 1 und Oplontis 1: Hier wird der Zeitmesser an prominenter Stelle im Garten positioniert, so dass er auf jener Sichtachse liegt, die vom Eintretenden unmittelbar wahrgenommen wird.[690] Die Funktion dieser Instrumente ist wohl kaum mit den ganzjährigen, alltäglichen Aufgaben im Haushalt zu verbinden: Vielmehr zeigt die Aufstellung der Sonnenuhr in der Landvilla Licenza 1 an, dass die Sonne sie nur während der Sommermonate erreicht – also wenn sich der Besitzer überwiegend im Haus aufhielt.

Der zunehmenden Einbindung von Uhrzeiten in den idealen Tagesablauf des Domus, auf die u. a. Martial 4, 8 hinweist, wurde hier an anderer Stelle nachgegangen.[691] In der Umkehrung wurde der Verstoß gegen diese Zeitordnung des Tages bereits von spätrepublikanischen Aristokraten als nicht standesgemäß angesehen, wie Elke Stein-Hölkeskamp am Beispiel der Uhrzeiten für das Gastmahl nachvollzog.[692] Diese Regeln galten sowohl in der Stadt Rom als auch während des Aufenthalts auf dem Land. Auf die besondere Rolle von Zeitmessern beim Gastmahl – zur Einhaltung der Essenszeiten wie zum anschließenden gelehrten Disput – weist außer der Positionierung von Zeitmessern in der Nähe von Triclinia im archäologischen Befund auch die Nachricht des Titus Petronius 26. 9 hin, der sogar von einer Wasseruhr in der Nähe des Bankettraums des Trimalchio berichtet. Dass in den Triclinia aber auch Geschäftshandlungen vollzogen wurden, zeigt u. a. der Fundort der 128 Urkunden des Bankhauses der Sulpizier, die in einem Korb in einem der Triclinia der weitläufigen Anlage gefunden wurden.[693]

Die enge Bindung des zeitlich genormten Tagesablaufs an die nun vom Kaiserhaus vorgegebene Zeitordnung lässt auf materieller Ebene die Vorliebe für horizontale Zifferblätter in der Zeitenwende erkennen: Obwohl dieser im Befund grundsätzlich seltene technologische Typus aufgrund seiner strukturellen Eigenschaften zahlreiche Nachteile für die Aufstellung in beengten räumlichen Verhältnissen mit sich bringt, wird er in Pompeji 10 und 28, Rom 4, Evelette 1 und Modena 1 erstmals in Häusern aufgestellt.[694] Wohl als Folge des Obeliken auf dem Marsfeld wird die verkleinerte Form dieses Typus nun also auch im privaten Umfeld als besonders geeignet empfunden, um die eigene Verbundenheit mit dem kaiserlichen Vorbild vorzuführen. Liegt in republikanischer Zeit der Akzent auf der Einhaltung und Demonstration standesgemäßer Verhaltensweisen, so erreicht seit augusteischer Zeit die vorbildhafte Tagesgliederung des Kaiserhauses jeden Römer.

689 E. Zwierlein-Diel, Antike Gemmen und ihr Nachleben (Berlin 2007) 6–19 bes. 13 f.

690 A. Wallace-Hadrill, Houses and Society in Pompeji and Herculaneum (Princeton 1994) 78 f. zur Inszenierung entlang von Sichtachsen ders., The Villa as a cultural symbol, in: A. Frazer (Hrsg.), The Roman Villa. Kongress Philadelphia 1990 (Philadelphia 1998) 43–54.

691 Vgl. Kapitel V.

692 Vgl. E. Stein-Hölkeskamp, Tempestiva convivia – das Gastmahl und die Ordnung der Zeit, in: K. Vössing (Hrsg.), Das römische Bankett im Spiegel der Altertumswissenschaften. Kongress Düsseldorf 2005 (Stuttgart 2008) 143–155 und zusammenfassend dies., Das römische Gastmahl (München 2005) 112–116 und die sich in ganz ähnlicher Weise für das Bad erkennen lassen, vgl. oben Kapitel VII 6.

693 G. Camodeca, Tabulae Pompeianae Sulpiciorum. Edizione critica dell'archivio dei Sulpicii (Rom 1999) 11–14 und hier Kapitel VII 2.

694 Dem anzuschließen sind weitere horizontale Zifferblätter, deren Fundorte nicht bekannt sind und für die exemplarisch die als Mosaik gefertigte Tischuhr im Archäologischen Museum in Frankfurt am Main steht: K. Schaldach, Ein Mosaik: ein Auge und eine Sonnenuhr, Gnomonica Italiana 4. 18, 2009, 44–49.

Damit geht einher, dass nun mit der symbolischen Verwendung von Zeitmessern im häuslichen Kontext stärker gespielt wird: Sind diese Instrumente im 1. Jh. v. Chr. durchwegs schlicht gestaltet und setzt sich diese Tradition sicherlich noch bis in die Jahre um die Zeitenwende fort, so bildet sich im 1. Jh. n. Chr. eine neue Tendenz aus, indem der Uhrenkörper zunehmend dekoriert wird und demgegenüber die Qualität der Ausführung von Stunden- und Datumslinien in der Summe aber abnimmt.[695] Manche dieser Stücke sind auf Höhe der Schattenfuge nur 5 cm tief – sie müssen daher im Rahmen eines Architekturprospekts verbaut gewesen sein, weil sie ansonsten nach vorn umkippen würden. Auf einem Architrav der Casa della fontana piccola in Pompeji wird die Illusion perfekt, indem der Zeitmesser nur noch als Relief abgebildet wird und so endgültig als Symbol einer Sonnenuhr und nicht als Zeitanzeiger fungiert.[696] Sowohl die Zunahme der Dekorelemente als auch die illusionistische Inszenierung von Gegenständen sind auch auf anderen Ebenen typische Elemente des sog. Vierten Stils, in dem in besonders prachtvoller Weise das Ideal eines sorgenfreien römischen Bürgerlebens vorführt wird, das nun dauerhaft Sonnenuhren garantieren.

Die Einbindung von Zeitmessern in dieses Umfeld könnte neben ihrer allgemeinen Akzeptanz als Luxus-Objekt noch eine weitere Ursache haben: Bereits ein vergoldetes Silbermedaillon, dessen Entstehung die Bearbeiter in der ersten Hälfte des 2. Jhs. v. Chr. vermuten, zeigt die Darstellung einer als Aphrodite gedeuteten weiblichen Figur im Chiton vor idyllischer Landschaft mit Herme – und Sonnenuhr.[697] Diese utopische Vorstellung von einem landschaftlichen Idyll wird seit augusteischer Zeit auch mit den Gärten des privaten Wohnhauses verknüpft.[698] Sie bestimmen fortan die Modalitäten der Aufstellung von Sonnenuhren in Gärten mit, in dem sie die Dauerhaftigkeit des überirdischen Lebensideals anzeigen. Diesem mit den Uhren verbundene Verständnis wird in vielfältiger Weise Ausdruck verliehen, wie auch ein Silberbecher aus dem Hortfund von Neupotz zeigt, der heute im Württembergischen Landesmuseum in Speyer aufbewahrt wird (Abb. 91):[699] Die äußere Wandung des wertvollen Trinkgeschirrs, das im Typus der Boscoreale-Becher gearbeitet ist, umläuft ein plastischer Fries, der eine zwischen Kandelaber und Sonnenuhr tanzende Mänade darstellt. Spätestens dann, wenn die Gäste des üppigen Festmahls den zweiten derart dekorierten Becher geleert und den Blick durch den vergleichbar ausgestatteten Garten schweifen ließen, wird das inszenierte Ideal lebensnah erlebt worden sein. Für dieselbe Zeit tradiert die Anthologia Palatina IX 541 ein Gedicht des Antipatros von Thessaloniki, in dem das Geschenk zweier paarig gearbeiteter Silberbecher mit Darstellungen der Nord- bzw. der Südhemisphäre an L. Calpurnius Piso – wohl während dessen Amtszeit als Konsul, Pontifex oder Stadtpräfekt – einem Astronomen namens Theogenes erwähnt wird.[700] Im Umkreis dieser Personengruppe, die als Villenbesitzer anzusprechen sind, wurde also zur Zeitenwende auf der Ebene gelehrten Wissens wie übertragener Inhalte mit astronomischen Bezügen gespielt.

So lässt die im ausgehenden 1. Jh. v. Chr. einsetzende und bis in die Wende des 1. zum 2. Jh. n. Chr. anhaltende Dekoration von Sonnenuhren erkennen, dass sie nun als Bestandteil der ambientalen Ausstattung des Hauses aufgefaßt wurden. Im Zuge dieser ‚Profanisierung' wurde eine Entwicklung in Kauf genommen, die wider der normativen Funktion des Instruments verlief, die nun ggf. von der dekorativen sogar überlagert wurde.

---

695 Zur formalen Entwicklung vgl. Kapitel III 3.

696 T. Fröhlich, Casa della fontana piccola, Häuser in Pompeji 8 (München 1997) 42 Abb. 248–249.

697 A. Olivier Jr., Silver for the Gods. 800 Years of Greek and Roman Silver. Katalog Ohio 1977 (Toledo, Ohio 1977) Nr. 50; U. Gehrig, Zwei neue hellenistische Silberarbeiten im Antikenmuseum, JbBerlMus 9, 1977, 5–12; H. G. Horn – C. B. Rüger (Hrsg.), Die Numider. Katalog Bonn 1979 (Bonn 1979) 290. 618. 619 (Abb.).

698 H. Kotsidou, Landschaft im Bild: Naturprojektionen in der antiken Dekorationskunst (Worms 2007) 23–35.

699 M. M. Grewing (Hrsg.), Die Antikensammlung Bassermann-Jordan. Katalog Speyer 1999 (Speyer 1999) 138 f.

700 Eine zeitlich präzisere Zuweisung der Überlieferung ist nicht möglich, vgl. E. Künzl, Himmelsgloben und Sternkarten (Stuttgart 2005) 80 und zu Piso: I. Hofmann-Löbl, Die Calpurnii. Politisches Wirken und familiäre Kontinuität (Frankfurt am Main 1996) 206–217.

Abb. 91: Silberbecher aus dem Hortfund von Neupotz, Speyer, Württembergisches Landesmuseum Inv. Nr. E 97/751

Während nach dem 2. Jh. n. Chr. nur noch selten Uhren im Wohnbereich privater Stadt- und Landvillen aufgestellt werden, zeichnet sich eine andere Aufstellungsmodalität von Zeitmessern aufgrund der häufig mangelhaft vorgelegten Befunde aus Villae rusticae ab: Hier finden die Instrumente ihren Platz zwar auch im Umkreis von Wohnhäusern, aber nicht in den Gärten, sondern in der Nähe der Horrea großer Landgüter des 2. und 3. Jhs. n. Chr.[701] Lag für die Stadtvillen der regionale Schwerpunkt der Aufstellungen im italischen Raum, so sind nun die besonders intensiv agrarisch bewirtschafteten Regionen des Römischen Reiches führend.[702] Die Sonnenuhren dieser Gruppe werden dadurch gekennzeichnet, dass sie relativ nachlässig aus lokalen Gesteinsarten hergestellt wurden, und an ihnen oft kaum mehr als Sonnenauf- und -untergang ablesbar war. Keine der Uhren wird durch zusätzliche Inschriften in ihren kalendarischen Funktionen ausgewiesen und keine verweist auf ihren Hersteller.

Obwohl an den Arbeitsabläufen dieser großen Wirtschaftsbetriebe unzählige Personen beteiligt waren, wurden die Arbeitszeiten offenbar anhand eines morgendlichen und abendlichen Appells auf dem Gut festgelegt. So wird mit Bezug auf kaiserzeitliche Verhältnisse in der Anthologia Graeca VII 641 von dem Pfiff einer Wasseruhr berichtet, der die Arbeitszeiten signalisiert. Zeitliche Normierungen innerhalb des Tages, wenn die Mehrheit der Beteiligten auf den Feldern mit jahreszeitlich bedingten Arbeiten beschäftigt war, lassen sich der schriftlichen Überlieferung nicht entnehmen.[703] So kann über die verbindliche Anzeige von Arbeitsbeginn und -ende hinaus die Aufstellung von lokal gearbeiteten Zeitmessern in Villae rusticae auch dem Bedarf entsprochen haben, auf dem Gutshof die Zeiten der zugeteilten Wasserrationen bestimmen zu können. Darauf

701 J. T. Smith, Roman Villas. A Study in Social Structure (London 2003) 56–124.

702 P. Erdkamp, The Grain Market in the Roman Empire (Cambridge 2005) 12–54.

703 J. Carlsen, The vilica and Roman estate management, in: H. Sancisi-Weerdenburg (Hrsg.), De agricultura: in Memoria P. W. de Neeve (Amsterdam 1993) 197–205 und ders., The Vilica and Roman Estate Managers until AD 284 (Rom 1995) 27–42 mit weiterer Literatur. Generell sind Hinweise auf die Einbindung von Zeitmessern in Arbeitsabläufe, wie auch die auf zeitlich geregelte Schichtarbeit selten. Ausnahmen stellen Nachrichten über die Nutzung von Klepsydren zur Einteilung von militärischen Nachtwachen bei Ain. Takt. 22–24 dar sowie die von Plin. nat. 33, 96–97 erwähnte Regelung der Arbeitszeiten in den hispanischen Silberminen mit Hilfe von Öllampen.

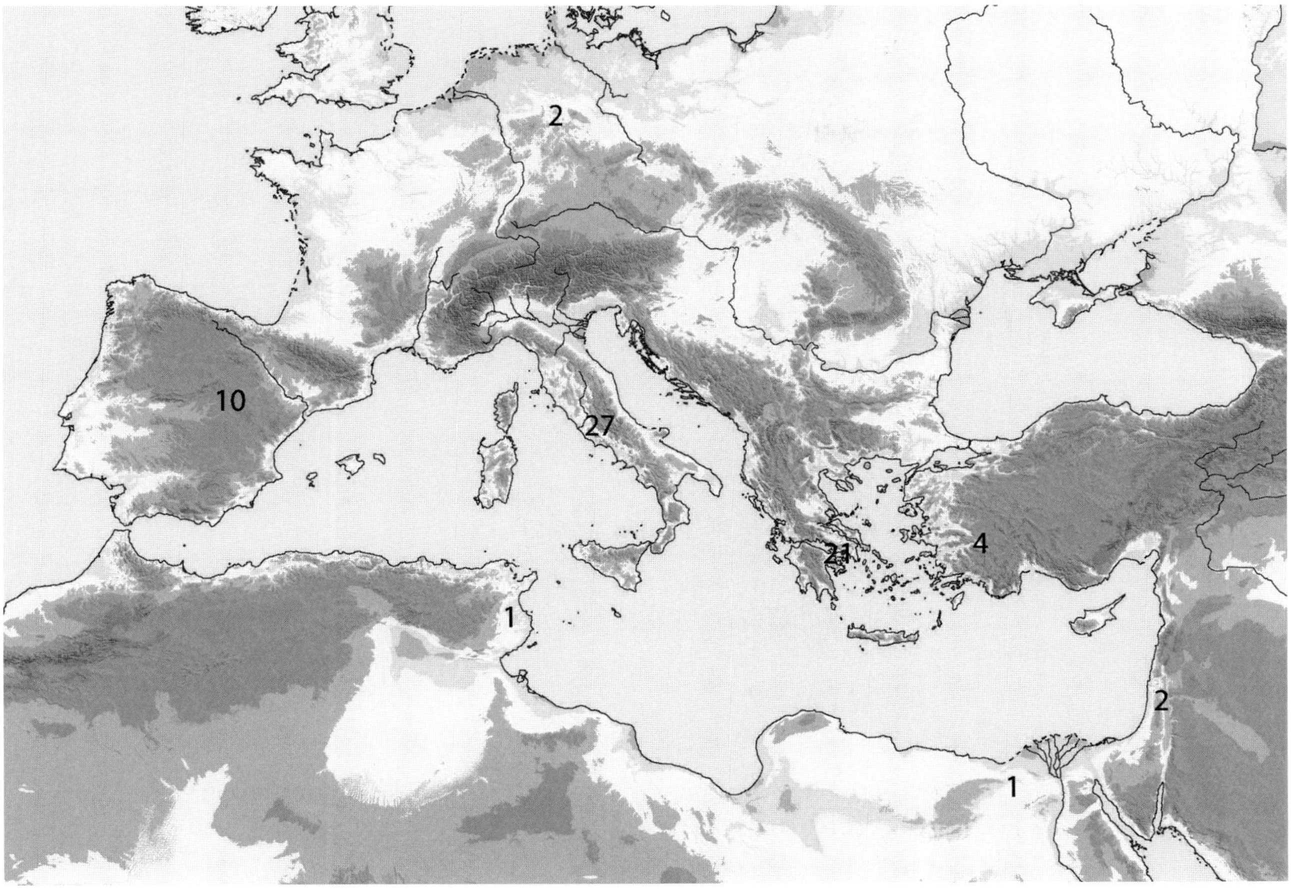

Abb. 92: Regionale Verteilung der Zeitmesser in Häusern

könnte gerade der Anstieg von entsprechenden Beispielen in der Kaiserzeit hinweisen.[704] Ferner mag auch erneut ihre symbolhafte Funktion eine Rolle gespielt haben, die an zentraler Stelle die theoretische Bindung an die vom Kaiserhaus definierte Zeitordnung anzeigt.

Die regionale Verteilung des Materials hat ihren eindeutigen Schwerpunkt für diesen Kontext im italischen Raum und verknüpft die Zeitordnung im privaten Raum des Wohnhauses anfangs mit der Reichsaristokratie, die seit augusteischer Zeit für alle römischen Bürger gültig ist. Dafür steht fernab Roms exemplarisch u. a. der Befund des Hanghauses 2 in Ephesos.[705] Das Verbreitungsmuster ist v. a. im Zusammenhang mit der chronologischen Entwicklung zu sehen, nach der die (Neu-)Aufstellung von Zeitmessern in städtischen Wohnhäusern nach der Mitte des 2. Jhs. n. Chr. rückläufig ist und gegen Ende des Jahrhunderts abbricht. Die Instrumente erreichen deshalb nicht die nordafrikanische Wohnlandschaft, sondern werden fortan nur noch in großen Landgütern aufgestellt. Offenbar bildet sich hier ein Wechsel der im Stadthaus repräsentierten Wertvorstellungen ab. Vielmehr schlägt sich im Material nieder, dass fortan die unterschiedlichen Bedeutungsebenen von Zeitmessern stärker räumlich getrennt wurden: Die vielen Zeitmesser auf den Fora der mittleren und späten Kaiserzeit könnten darauf hinweisen, dass Uhren hier nun primär als ein Medium des öffentlichen Raumes mit normativer Ordnungsfunktion verstanden wurden. Hingegen scheinen im ‚Privaten' die metaphorischen Bedeutungsebenen von Zeitmessern mit einem anderen Ort verbunden worden zu sein: dem Grab.

704 Vgl. hier S. 159.

705 Neueren Forschungen zufolge fällt der Befund in diesen Zeitraum, vgl. S. Ladstätter, Die Chronologie des Hanghauses 2, in: F. Krinzinger (Hrsg.), Das Hanghaus 2 in Ephesos (Wien 2002) 9–40.

7 Grab

Eine relativ hohe Anzahl von Sonnenuhren wurde innerhalb von Nekropolen, überwiegend entlang von Gräberstraßen gefunden. Obwohl in nur wenigen Fällen der Zeitmesser einem individuellen Grabbezirk zuweisbar ist, legt der Fundort für die aufgelisteten Stücke diesen Kontext nahe.

Fundort	Aufbewahrungsort	Art der I	Typus	Kontext	Datierung
Keramos 1*	in situ?	–	S ~	Nekropole	hellenistisch; kaiserzeitlich
Samos 3	Samos, Arch. Mus. 323	–	S kon	Nekropole ? ~	späthellenistisch
Kos 4°	Weihinschrift	Stiftung	S ~	Nekropole ~	1. Jh. v. Chr.
Ateste 1	Este, Mus.	Monat	S zylin	Reise, Nekropole	kurz nach 8 v. Chr.
Rom 5*	Stockholm NM SK 237	Stiftung	S ~	Nekropole ~	kurz nach 10 n. Chr.
Aquileia 1	Udine, Mus. 174	–	S sphäV	Nekropole	1. H. 1. Jh. n. Chr.
Aquileia 3	Aquileia, Mus. 3497	–	S sphäV	Nekropole	2. H. 1. Jh. n. Chr.
Altinum 1	Altino, Mus. o. Nr.	–	S ver	Nekropole	2. H. 1. Jh. n. Chr.
Altinum 2	Altino, Mus. AL 14009	–	S sphä	Nekropole	2. H. 1. Jh. n. Chr.
Aquileia 4	Aquileia, Mus. 1088	–	S sphäV	Nekropole	spätes 1. Jh. n. Chr.
Ostia 6	unbekannt	–	S sphä	Nekropole ~	spätes 1. Jh. n. Chr.
Ephesos 8	Selcuk, 1391	–	S kon	Nekropole	1. Jh. n. Chr.?
Herdonia 1	Ordonia, 79-OR-167	–	S sphä	Nekropole	1. Jh. n. Chr.
Karthago 2	Karthago, Lavigerie 1899	Datum, Monat	S v-vert	Nekropole	1. Jh. n. Chr. ?
Tomis 1	Constanza, Mus.	–	S kon	Nekropole	1. Jh. n. Chr.
Cherchel 1	–	–	S sphä	Nekropole ?	1. Jh. n. Chr.
Milet 2	Milet, Mus.	–	S sphä	Nekropole ~	1. Jh. n. Chr.
Milet 3	Milet, Mus.	–	S kon	Nekropole ~	1. Jh. n. Chr.
Tire 1*	Tire, Mus.	Grabinschrift	S ~	Nekropole	Ende 1. Jh. n. Chr.
Altinum 3	Altino, Mus. AL 10	–	S sphäV	Nekropole	frühes 2. Jh. n. Chr.
Altinum 4	Altino, Mus. AL 11	–	S kon	Nekropole	1./2. Jh. n. Chr.
Memphis 1	unbekannt	–	S kon	Nekropole ~	1./2. Jh. n. Chr.
Sillyon 1*		Grabepigramm	S ~	Nekropole	50–200 n. Chr.
Rom 13	Rom, Vat. Mus. 10446	Datum, Winde	S horiz	Nekropole	138 n. Chr.
Metz 1	Metz, Arch. Mus 2767	Monat	S vert	Reise; Nekropole ?	Mitte 2. Jh. n. Chr.
Concordia S. 1	Portogruaro	–	S sphäV	Nekropole	2. Jh. n. Chr.
Narbo Martius, Colonia 1	Musée Lapidaire 869-109-I	–	S vert	Nekropole	2. Jh. n. Chr.
Oinoanda 1*	SGO 17/06/07	Grabinschrift	S	Nekropole ?	2. Jh. n. Chr.
Durostorum 1	Silistra Inv. Nr. 517	–	S sphäV	Nekropole ~	um 200 n. Chr.

Fundort	Aufbewahrungsort	Art der I	Typus	Kontext	Datierung
Aquileia 6	Aquileia, Mus. 1097	–	S sphäV	Nekropole	kaiserzeitlich
Aquileia 9	Aquileia, Mus. 53625	–	S sphäV	Nekropole	kaiserzeitlich
Montagnana 1	Merlara	–	S kon	Nekropole	kaiserzeitlich
Rom 12	unbekannt	–	S kon	Nekropole	kaiserzeitlich
Pola 1	Pula, Arch. Mus.	–	S sphäV	Nekropole ~	kaiserzeitlich
Pola 2	Pula, Arch. Mus.	–	S sphäV	Nekropole ~	kaiserzeitlich
Aquileia 16	in situ	–	S sphäV	Nekropole	Ende 2.–Anfang 3. Jh. n. Chr.
Rom 17	–	Datum; Orte, BG	S vert	Reise; Nekropole ?	3. Jh. n. Chr.
Mogontiacum 1	Mainz, Landesmus. R 2321	Monat	S vert	Reise; Nekropole	3./4. Jh. n. Chr.
Memphis 2	St. Petersburg, Ermitage	Monat; Orte, BG,	S vert	Reise; Nekropole	4. Jh. n. Chr.

Abb. 93: Übersicht der Sonnenuhren am Grab

Der Befund Keramos 1* könnte auf den Ursprung dieser Aufstellungskonvention im hellenistischen Ägypten hinweisen: Der auf einem Feld beim karischen Keramos als Streufund aufgelesene Inschriftenblock wurde dort in der kaiserzeitlichen Nekropole wiederverwendet und stammt ursprünglich aus der Umgebung des Mons Kasius und somit wohl aus Pelusium. Legt der Fundort des Stücks seine sekundäre Aufstellung innerhalb eines sepulkralen Kontexts nahe, so ist der Zusammenhang seiner Erstverwendung weniger eindeutig: Die Inschrift der erhaltenen Basis, auf der wahrscheinlich eine kleine Hermesstatuette kombiniert mit einer Sonnenuhr aufgestellt war, sagt aus, das Stück sei „(...) als Bote des guten Gelingens für die frommen Wanderer" aufgestellt worden, da „von dieser Stelle der exakte Lauf der Tag- und Nachtgleiche beginnt, sobald der Strahl des Helios über dem Kasion(hügel) leuchtet." War es in Ägypten aufgrund der klimatischen Bedingungen in der Praxis üblich, nachts zu reisen und aufgrund der außerhalb des Nildeltas unspezifischen Topographie die Sterne als Wegweiser zu nutzen,[706] so wird das sprachliche Bild (nicht nur) als eine Reise über Land, sondern (auch) ins Jenseits zu verstehen sein. Auf dieses metaphorische Verständnis von Sonnenuhren im Hellenismus deutet ferner die Darstellung eines zur selben Zeit entstandenen ostgriechischen Grabreliefs, das Hermes Psychopompos vor einer Sonnenuhr zeigt.[707] Als Variante ist ein Grabrelief aus Nikomedeia anzuschließen, das eine Abschiedsszene vor einer Sonnenuhr zeigt.[708]

Die chronologische Verteilung der Befunde legt offen, dass die Aufstellung von Sonnenuhren in Nekropolen im Befund jedoch v. a. ein Phänomen der Kaiserzeit ist: Wieder ausgehend vom italischen Raum werden in der zweiten Hälfte des 1. Jhs. n. Chr. auch in den Provinzen Sonnenuhren in die Gestaltung des Grabbezirks einbezogen. Entlang der Gräberstrassen im nordadriatischen Raum

706 Clagett 1995, 123 f. Für die Tradition spielen auch spezifisch ägyptische eschatologische Vorstellungen von der Totenreise eine Rolle. So treten schon in den Gräbern des mittleren Reiches Belege für Sternuhren am häufigsten auf, vgl. Leitz 1995, 155 f. und J. Assmann, Der ägyptische Chronotroph. Zeit und Geschichte im alten Ägypten, in: Assmann 1997, 25–38.
Dass festgelegte Zeiten zur Abreise auch im republikanischen Italien üblich waren, belegt u. a. Cic. Att. 2, 10.
707 H. Pfuhl – E. Möbius, Ostgriechische Grabreliefs (Mainz 1977) I Nr. 1105. Jenseitsvorstellungen finden sich auch auf Sarkophagreliefs späterer Zeit wieder, vgl. D. Bielefeld, Stadtrömische Eroten-Sarkophage. Weinlese- und Ernteszenen ARV V.2 (Berlin 1997) 89–90.
708 Ebenda II Nr. 1831b, 440. 506 mit einem Beispiel aus Nikomedeia.

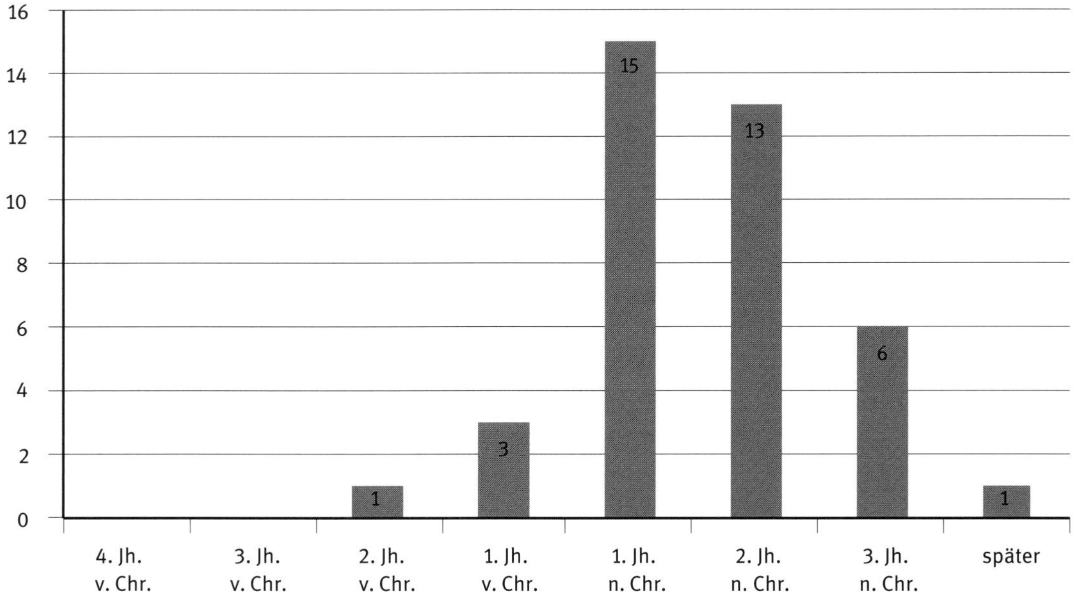

Abb. 94: Chronologische Verteilung der Sonnenuhren am Grab

waren v. a. Sonnenuhren vom Typus der sphärischen Variante aufgestellt, die in dieser Region zu einem spezifischen Typus der ‚Nekropolenuhr' ausgebildet werden.[709]

Seit der Mitte des 1. Jhs. v. Chr. erscheinen auch in der Literatur Hinweise auf Uhren am Grab: So wünscht sich beispielsweise Trimalchio in Petron. 71, 11: *horologium in medio, ut quisquis horas inspiciet, velit nolit, nomen meum legat.* Eine (Sonnen-)Uhr soll also im Zentrum der Aussenfassade seines Grabbaus aufgestellt werden damit jeder (Passant), der die Uhrzeit an ihr abliest, gleichzeitig Trimalchios Namen lese. Mit der Zeitanzeige für Reisende wird hier also der Aspekt des memento mori verknüpft. Anders setzt Seneca die auslaufende Wasseruhr als Zeichen für die abgelaufene Lebenszeit ein, wenn er an Lucilius in epist. 24 (=3,3), 20 schreibt: *quemadmodum clepsydram non extremum stillicidium exhaurit, sed quicquid ante defluxit, sic ultima hora, qua esse desinimus, non sola mortem facit, sed sola consummat: tunc ad illam pervenimus, sed diu venimus.* Nicht der letzte Tropfen leere die Klepsydra, sondern alles, was zuvor bereits ausgelaufen sei – und ebenso bereite nicht allein die letzte Stunde den Tod, sondern der lange Weg dorthin. Als Weg ins Jenseits versteht Seneca die gesamte Lebenszeit, die mit der Laufzeit der Uhr gleichgesetzt wird. Das Instrument erinnert also an die eigene Vergänglichkeit und hält gleichzeitig die Erinnerung an die Verstorbenen aufrecht. Demnach endet die Lebenszeit, sobald die Uhr defekt oder abgelaufen ist: Dass ebenso die Umkehrung dieser Aussage verstanden wurde, erkannte Anja Wolkenhauer kürzlich anhand eines um 30 n. Chr. entstandenen Kommentars des Valerius Maximus zum Tod Ciceros:[710] Ciceros sei sein bevorstehender Tod vorhergesagt worden, indem ein Rabe vor seinen Augen den Zeiger einer Sonnenuhr in seiner Villa in Caieta herausgerissen habe. Als Anzeichen für den besonders glücklichen, plötzlichen Tod des ehemaligen Praetors Gn. Baebius Tamphilus sieht Plinius nat 7, 182 an, dass dieser starb, nachdem er seinen Diener nach der Uhrzeit gefragt hatte. Hier werden mit dem Zeitmesser astrologische Vorhersagen des Geburtshoroskops verknüpft,

709 Die meisten dieser Uhren stammen aus Aquileia und Altinum, der Aspekt wird aber weder von L. Bertacchi, I monumenti sepolchrali lungo le strade di Aquileia, in: M. Mirabella Roberti (Hrsg.), Monumenti sepolcrali romani in Aquileia e nella Cisalpina. Kongress Aquileia 1995 (Triest 1997) 149–168 noch von M. Tirelli, Horti cum aedificiis sepulturis adiuncti: i monumenti funerari delle necropoli die Altinum, in: ebenda 169–174 aufgegriffen

710 Val. Max. 1, 4, 6 vgl. Wolkenhauer 2011, 144 f. mit weiterer Literatur zur Überlieferungslage, ebenda Anm. 433.

die seit dem 3. Jh. v. Chr. in Babylon verbreitet waren und über Ägypten im 2. oder spätestens im 1. Jh. v. Chr. Rom erreichten.[711]

Sowohl in der Aufstellungspraxis als auch im Bild werden in sepulkralen Kontexten ausnahmslos Sonnenuhren eingesetzt. Als Ursache für diese gegenüber den Schriftquellen eingeschränkte Typenwahl geben sicherlich in erster Linie praktische Gründe den Ausschlag: Wie soll in einer Nekropole eine Wasseruhr dauerhaft betrieben und wie soll diese im Medium Bild umgesetzt werden? Ausschlaggebend für die Auswahl der Sonnenuhr war außerdem deren visuelle Qualität, in unendlicher Wiederkehr den natürlichen Zyklus von Tag und Nacht bzw. den Weg der Sonne über den Himmel auf dem Schattenkreis abzubilden. Dieses repetitive Moment wird an den Uhren Aquileia 1 und 4 bildlich gesteigert, indem die Schattenfläche der Uhr dem Blütenkelch einer Sonnenblume nachempfunden wurde, deren heliotropes Vorbild ihren Kopf täglich nach dem Sonnenstand ausrichtet. Immerwährende Erinnerung fordert in der Inschrift Sillyon 1* aus dem 2. Jh. n. Chr. Kidramyas für seine verstorbene Ehefrau Zobalima ein, wenn er das Grabmal passierende Fremde wie Trimalchio dazu auffordert, ihrer laut zu gedenken. Und das Epigramm Oinoanda 1* legt nahe, dass mit einer Sonnenuhr die Darstellung der Nemesis kombiniert wurde. Dass zur dauerhaften Erinnerung an verstorbene Personen aber nicht nur Sonnenuhren aufgestellt wurden, könnte die Stiftungsinschrift im dakischen Apulum aus dem frühen 3. Jh. n. Chr. andeuten, in der von der Errichtung eines *horologiarium templum* – vermutlich einer Wasseruhr nun auf dem Forum des Ortes – zu Ehren der beiden verstorbenen Brüder des Stifters die Rede ist. Die verschiedenen Bedeutungsebenen von Zeitmessern im sepulkralen Kontext können im Einzelfall also unterschiedlich akzentuiert bzw. mit weiteren Aussagen kombiniert werden: Über ihren praktischen Nutzen als Zeitanzeige für Reisende hinaus lässt sich im Befund am häufigsten die Botschaft des immerwährenden *memento mori* sowie der vergänglichen Lebenszeit greifen. Die Nuancen in der bildlichen Umsetzung sind erneut Anzeichen für diese zeitlich und regional abweichenden Vorstellungen.[712] Der rückläufige epigraphische Befund sowie die zunehmend nachlässige Fertigung der Sonnenuhren in Nekropolen seit der Mitte des 2. Jhs. n. Chr. könnten darauf hinweisen, dass ihr metaphorischer Gebrauch gegenüber ihrem praktischen Zweck zunehmend an Bedeutung gewinnt.

In dieselbe Richtung weist noch eine weitere Beobachtung: Überwiegt zunächst die Aufstellung von realen Sonnenuhren, so ergänzen den Befund im Verlauf des 2. Jhs. n. Chr. szenische Darstellungen, in die sie eingebunden werden. Die Entwicklung fällt zeitlich zusammen mit dem deutlichen Rückgang der Neuaufstellungen von Zeitmessern im Haus. Die Bilder von Zeitmessern im sepulkralen Kontext verteilen sich auf drei thematische Gruppen, die erkennen lassen, welches Spektrum von Vorstellungen mit diesen Darstellungen verbunden wurde. Aufschlussreich ist besonders die Bilderwelt der Sarkophage, in der seit der Mitte des 1. Jhs. n. Chr. Darstellungen von Zeitmessern begegnen: So sitzt auf der Schmalseite eines Musensarkophags ein bärtiger Philosoph neben einer Sonnenuhr.[713] Das Motiv wird bis ins 4. Jh. n. Chr. auf zahlreichen Sarkophag-

711 R. Beck, A Brief History of Ancient Astronomy (Malden 2007) 9–14 (mit weiterer Literatur). Auffällig ist, das gleichzeitig – wieder ausgehend von Rom – zunehmend Stundenangaben in Grabinschriften genannt werden. Dass diese nicht als absolute Altersangaben, sondern offenbar auch im übertragenen Sinn zu verstehen sind, vgl. M. Clauss, Probleme der Lebensalterstatistiken aufgrund römischer Grabinschriften, Chiron 3, 1973, 395–417 und zur Gruppe der frühesten Belege aus spätrepublikanischer Zeit: L. Kajanto, A Study of the Greek Epitaphs of Rome (Helsinki 1963) 12. Zur Bedeutung des Geburtshoroskops zusammenfassend: Schmid 2005, 183–202.

712 D. Balch, From Endymion in Roman Domus to Jonah in Christian Tombs: From Houses of the Living to Houses for the Dead. Iconography and Religion in Transition. Texts and Artifacts in Context (Berlin 2008) 273–302 und M. Labahn – M. Lang (Hrsg.), Lebendige Hoffnung – ewiger Tod. Jenseitsvorstellungen im Hellenismus, Judentum und Christentum (Leipzig 2007) 81–97; zum Motiv des memento mori: C. Maratini, Pulvis et umbra: richiami al memento mori (I a. C. – I d. C.), in: F. Luciani (Hrsg.), Temporalia: itinerari nel tempo sul tempo (Padua 2009) 145–168. Zu den Darstellungsformen des Motivs: B. Delmotte, Esthéthique de l'agoisse: le ‚memento mori' comme thème esthétique (Paris 2010) 45–52.

713 ANSA I 171; M. Wegener, Die Musensarkophage ASR 5. 3 (Berlin 1966) 88 f.; B. C. Ewald, Der Philosoph als Leitbild. Ikonographische Untersuchungen an römischen Sarkophagreliefs. RM Ergh. 34 (Mainz 1999) 15–23.

Abb. 95: Musensarkophag, Schmalseite: Philosoph mit Sonnenuhr, Wien, Kunsthistorisches Museum ANSA I 171

bildern wiederholt, die fast ausnahmslos aus Rom stammen. Auf mehreren Riefelsarkophagen ist das Motiv auf der Hauptseite unmittelbar unterhalb des zentralen Tondobildes des Grabinhabers angeordnet, so dass der Verstorbene selbst als besonders gebildeter Bürger charakterisiert wird. Auf diese Weise wird am Grab jener metaphorische Aspekt von Zeitmessern aufgegriffen, auf den bereits in den Villengärten mit den Instrumenten als Symbol für die Kenntnisse und geistige Gesinnung des Besitzers angespielt wurde.[714]

Dieser Aspekt wird bereits für die republikanische Zeit in der schriftlichen Überlieferung zum Grab des Archimedes deutlich, von dem außer Cicero auch Livius und Plutarch berichten.[715] Nimmt man die Aussagen der Quellen zusammen, so wurde das Grabmal offenbar kurz nach dem Tod des Archimedes entweder unter Beteiligung oder zumindest mit Billigung des M. Claudius Marcellus errichtet. Im Jahr 75 v. Chr. ließ Cicero die Grabstätte während seiner Amtszeit als Quästor in Sizilien ausfindig machen und herrichten. Nach seiner Beschreibung umfasste der Bezirk ein Grabmal, das sich aus einer Sockelzone mit Inschrift und einer freistehenden Säule zusammensetzte. Auf der Säule war eine Sphäre „auf" einem Zylinder aufgestellt. Gemeint ist wahrscheinlich ein Himmelsglobus, wie er auf dem sog. Philosophenmosaik von Pompeji gezeigt wird. Plutarch führt diese Gestaltung des Grabbezirks auf den persönlichen Wunsch des Archimedes zurück, der ferner bestimmt haben soll, dass die den Berechnungen zugrunde liegende mathematische Formel als Epigramm niederzuschreiben sei. Weder die Formel noch die Beteiligung des Archimedes am Entwurf erwähnt Cicero, der immerhin ein Jahrhundert früher als Augenzeuge vor Ort war. Wohlmöglich ist diese Zutat als Versuch Plutarchs zu verstehen, die für ihn ungewöhnliche Grab-

714 Vgl. Kapitel VII 7 und B. C. Ewald, Myth and visual narrative in the second Sophistic – a comparative approach, in: J. Elsner (Hrsg.), Life, Death and Representation: Some new Work on Roman Sarkophagi (Berlin 2011) 261–308. Dass in der Kaiserzeit Darstellungen sitzender Philosophen kaum noch mit dem spezifischen Berufsbild, sondern vielmehr als generelles Symbol für musische und literarische (und wohl auch astronomische) Bildung verstanden wurden, zeigt H.-U. Cain, Ikonographie und Bedeutung der römischen Maskenreliefs, BJb 188, 1988, 173 mit Anm. 160 auf.

715 Vgl. Cic. Tusc. V 23, 64–66; Liv. XXV 31, 10–11 und Plut. Marcellus XVII 7. Dazu zusammenfassend Simms 1990 und K. Geus: Mathematik und Biografie: Anmerkungen zu einer Vita des Archimedes, in: M. Erler – S. Schorn (Hrsg.): Die griechische Biographie in hellenistischer Zeit: Akten des internationalen Kongresses vom 26.–29. Juli 2006 in Würzburg. Beiträge zur Altertumskunde 245 (Berlin 2007) 319–333.

form zu erklären und gleichzeitig topisch die Lebensleistung des Astronomen zu betonen.[716] Die inhaltliche Ambivalenz des Monuments – konkret im Hinblick auf die Lebensleistung des Verstorbenen sowie abstrakt zu seinem dauerhaften Gedächnis – wurde dabei in Kauf genommen; eine Aussage, die von Cicero und Livius noch verstanden und bewundert wurde, in der zweiten Hälfte des 1. Jhs. n. Chr. jedoch zusätzlicher Erklärung bedurfte.

Bereits in den Villenkontexten begegnete eine zweite von den Sarkophagbildern vermittelte Vorstellung, die nun in Form kleiner, pummeliger Eroten bildlich umgesetzt wird, die sich rund um eine Sonnenuhr tummeln.[717] Das Motiv interpretiert Doris Bielefeld als Sinnbild für die *felicitas temporum*, die, wenn nicht zu Lebzeiten, im Jenseits erreicht wird.[718] Dieselbe Vorstellung vermittelt Horaz in den Oden IV 7, 7–8, wenn er von *Inmortalia ne speres, monet annus et almum quae rapit hora diem* spricht. Eine andere bildliche Umsetzung dieser allgemeinen Vorstellung könnte ein wohl stadtrömischer Sarkophag aus der Mitte des 3. Jhs. n. Chr. anzeigen:[719] Hier führt ein mit einer Exomis bekleideter Mann zwei Ochsen, die einen randvoll mit Weinreben gefüllten Karren ziehen. Ein zweiter Mann treibt die beiden Tiere von hinten an. Im Hintergrund bewegt sich eine dritte Figur mit einer Weinkiepe auf den Schultern in Richtung eines Baumes und einer Sonnenuhr. Auch in diesem szenischen Zusammenhang dienen Sonnenuhren als allgemein verständliche Chiffre für den ewigen Bestand des idealen ländlichen Idylls.[720] An der Seite dieser beiden Motive, deren Ikonographie enge Bezüge zwischen der realen und der jenseitigen Welt erkennen lassen, steht ein drittes, dessen Vertreter Rita Amedick ins ausgehende 2. Jh. n. Chr. datiert und die eine Wagenfahrt vor einer Sonnenuhr abbilden.[721] Die dauerhafte Gültigkeit der am Grab formulierten Jenseitsvorstellungen zeigt in dieser Zeit auch dann eine Sonnenuhr an, wenn sie wie Aquileia 1, Milet 2 und Durostorum 1 als Bildträger von Szenen bzw. Motiven des Orpheus-Mythos eingesetzt wird.[722]

Ob Reisen oder hohe, an philosophischen und astronomischen Schriften geschulte Bildung – weder im archäologischen Befund noch in den Schriftquellen gehen diese situativen Qualitäten mit weiblichen Rollenschemata einher, sondern vielmehr werden mit Hilfe der Instrumente ausschließlich männliche Wertvorstellungen formuliert. So erwähnt Cicero beispielsweise keinen Zeitmesser in Verbindung mit der Ausstattung jenes Grabbezirks, den er für seine Tochter Tullia errichten lässt.[723] Erst im ausgehenden 1. Jh. n. Chr. wird in Kleinasien eine Abschwächung dieser ausschließlichen Zuordnung greifbar und ist möglicherweise auch mit der verstärkt metaphorisch geprägten Verwendung der Zeitmesser im Rahmen von repräsentativen Familiengrabstätten zu erklären: So installiert ein gewisser Peplos in der Umgebung von Ephesos die Inschrift Tire 1* zum

---

716 Die Vorstellung vom Sphärengrab blieb bis in die Spätantike lebendig, wie Ps. Plut. Vit. X or. 383D verdeutlicht, der von einer Sphäre auf dem Grab des Isokrates berichtet.

717 Wegner a. O. 110; P. Kranz, Die stadtrömischen Erotensarkophage mit Ausnahme der Weinlese- und Ernteszenen (Berlin 1999) 1.81, 106, 31, 64, 74.

718 Es hat den Anschein, als sei die Übernahme der Motive in die Bilderwelt der Sarkophage stets mit einer gewissen zeitlichen Verzögerung gegenüber ihrer Darstellung in anderen Medien erfolgt: So treten beispielsweise die Uhren auf den Eroten-Sarkophagen als Sinnbild für den idealen Lebensraum erst zwei Generationen später auf als die entsprechenden Prospekte in der Innenarchitektur der Häuser. Im Zusammenhang mit weinlesenden Eroten weist D. Bielefeld, Stadtrömische Eroten-Sarkophage. Weinlese- und Ernteszenen ASR V2 (Berlin 1997) 89 darauf hin, dass der in den Darstellungen versinnbildlichte Jenseitsbezug mit weit verbreiteten Hoffnungen auf ein vergnügtes, glückliches Leben nach dem Tode einhergeht, vgl. M. P. Nilsson, Geschichte der Griechischen Religion II2, HdArch V 2,2 (München 1961) 362.

719 Paris, Louvre Inv. Nr. MA 284 vgl. Bielefeld a. O. 113 Kat. Nr. 74 Taf. 63.2.

720 Vgl. Bielefeld a. O. 92.

721 R. Amedick, Die Sarkophage mit Darstellungen aus dem Menschenleben. 4. Teil: Vita privata (ASR I 4) (Berlin 1991) Nr. 83. 191. 244.

722 Vgl. J. Huskinson, Bad deaths, better memories, in: V. Hope – J. Huskinson (Hrsg.), Memory and Mourning: Studies in Roman Death (Oxford 2011) 113–125 mit weiterer Literatur.

723 Trotz der detailreichen Überlieferung zum Grabmal der Tullia wird dort kein Zeitmesser erwähnt, vgl. S. Treggiari, Terentia, Tullia and Publilia: the Women of Cicero's Family (London 2007) 118–142.

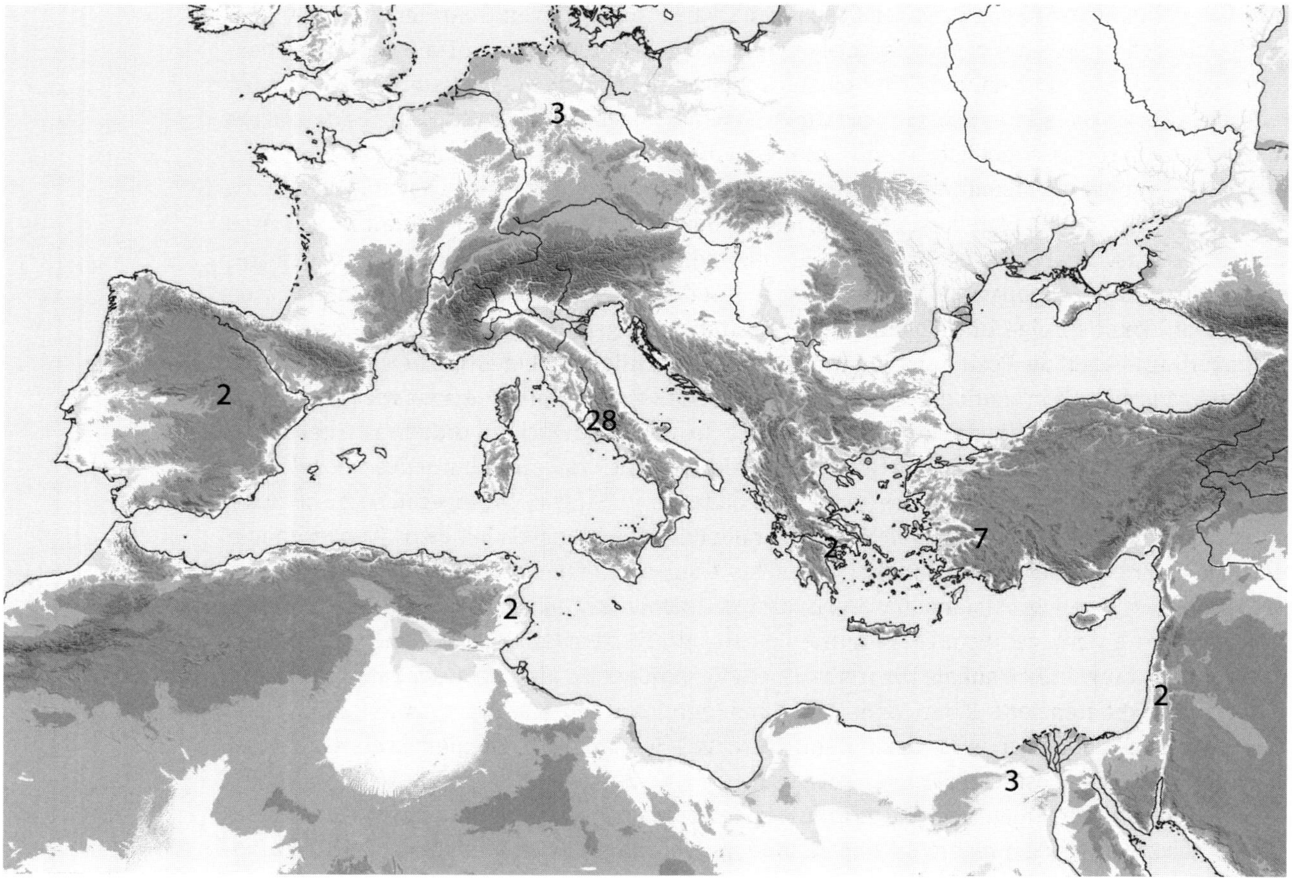

Abb. 96: Regionale Verteilung der Zeitmesser am Grab

Schutz des Grabmals seiner Ehefrau Nonnia Paula und errichtet Kidramyas im pamphylischen Sillyon ebenfalls eine Grabstätte mit Zeitmesser für seine Ehefrau Zobalima.

Die genannten Aspekte werden von weiteren Beobachtungen zu vier Uhren ergänzt, die von den oben beobachteten Mechanismen zu trennen sind: Es handelt sich um fünf Reiseuhren – Metz 1, Rom 12, Ateste 1, Augusta Treverorum 1 und Mogontiacum 1 –, die als Beigabe ins Grab gelangten.[724] Am Inventar des Grabes des sog. Physikers aus Ateste wird besonders deutlich, dass wissenschaftliches Gerät als Teil des persönlichen Besitzes dem Verstorbenen beigegeben wurde.[725] Da an anderer Stelle gezeigt werden konnte, dass Reiseuhren mit keinem Berufsbild zu verbinden sind,[726] weist der Besitz und die Verwendung der kleinformatigen Reiseuhren wohl eher wie die Uhrenaufstellungen in Villen erneut auf Personen mit hohem Bildungsanspruch. Die kleinformatigen Preziosen kennzeichnen demnach u. a. die gesellschaftliche Stellung des Verstorbenen, der wohl überwiegend aus der Gruppe der municipalen Amtsträger stammt, über den Tod hinaus und sind somit eng an seine Person gebunden.

724 Wahrscheinlich sind diesen Objekten, deren Herkunft aus Grabkontexten gesichert ist, noch weitere Stücke aus dem Kunsthandel anzuschließen. Auch alle bekannten Miniatur-Globen stammen aus Grabkontexten: E. Künzl, Ein römischer Himmelsglobus der mittleren Kaiserzeit, JbRGZM 47, 2000, 501 und H. Cuvigny, Une sphère céleste antique en argent ciselé, in: H. Harrauer – R. Pintaudi (Hrsg.), Gedenkschrift U. Horak (Florenz 2004) 345–383. Zu erinnern ist hier an die in anderem Zusammenhang behandelten Ringsteine, die Philosoph mit Sonnenuhr abbilden und die ebenfalls überwiegend aus Grabkontexten stammen.

725 Zahlreiche weitere Beispiele nennt E. Künzl, Medizinische Instrumente aus Sepulkralfunden der römischen Kaiserzeit, BJb 182, 1982, 1–131.

726 Kapitel II 3. 2.

Dass die mit den Sonnenuhren am Grab verbundenen Aussagen vom Zentrum des Römischen Reiches ausgehen, verdeutlicht die regionale Verbreitung der Befunde: Bis auf vereinzelte hellenistische Beispiele aus Ägypten und Griechenland stammen die Uhren entweder aus Italien oder den römischen Provinzen. Dieses Schema wird von den Darstellungen von Zeitmessern auf Sarkophagen bestätigt, die fast ausschließlich nur aus Rom bekannt sind. Ob in ein Grabmal eine Sonnenuhr integriert oder ob ihre Darstellung in einem szenischen Zusammenhang eingefügt wurde, entsprach offenbar nicht abweichenden Vorstellungen, die mit dem Zeitmesser verbunden wurden: Vielmehr sind für die Entscheidung Objekt oder Bild regionale mediale Vorlieben ausschlaggebend, die außer der Ausrichtung der Grabparzelle v. a. die formale Gestaltung des Grabmals beeinflussen.

Obwohl keine einzige Uhr einem erhaltenen Grabbau zugewiesen werden kann, lassen sich indirekt Hinweise auf die Positionierung der Zeitmesser erschließen: Bildete die freistehende Säule im hellenistischen Grabbezirk des Archimedes ebenso dessen zentrales Element wie die Uhr von Keramos 1*, so verweist die differenzierte plastische Gestaltung mancher nordadriatischer Uhren darauf, dass sie wohl gemeinsam mit anderen Objekten auf der vorderen Umfriedung des Bezirks aufgestellt waren. Die Zurichtung des kleinen Grabaltares aus Sillyon ist hingegen so zu interpretieren, dass hier Inschriftenstein und Sonnenuhr die Ecke des Grabmals bildeten. Demgegenüber muß die zitierte Passage zum Grab des Trimalchio ebenso wie alle Sonnenuhren des vertikalen Typs als Hinweis darauf verstanden werden, dass der Zeitmesser an zentraler Stelle in die Fassadengestaltung einbezogen war. Diese Aufstellungskonvention wirkte sich möglicherweise in formaler Hinsicht vorbildlich auf die Übernahme des Motivs auf die Hauptfläche der Sarkophage aus. Während die differenzierte ikonographische Einbindung der Zeitmesser v. a. auf stadtrömische Sarkophage beschränkt ist, wird die zur Chiffre verkürzte Sonnenuhr überregional verstanden und war besonders in den östlichen Provinzen beliebt.

Stärker als in anderen Aufstellungskontexten ist zu beobachten, dass nur dann eine Uhr am Grab errichtet wird, wenn mehrere Faktoren aufeinander treffen. Bedenkt man den für Nekropolen häufig schlechten Stand der Überlieferung, die weite regionale Streuung der Befunde sowie die Verteilung des Themas Sonnenuhr auf unterschiedliche Bildträger, so lässt sich erahnen, wie eng Zeitmesser im Bewusstsein des ausgehenden 1. bis 4. Jhs. n. Chr. mit dem Grab verbunden gewesen sein müssen. Sie sind nun Zeichen des memento mori und der felicitas temporum; die Projektion glückseliger Momente, die in der barocken Ausstattung pompejianischer Villen zur Mitte des 1. Jhs. n. Chr. inszeniert und im häuslichen Ambiente bald als unpassend empfunden wurde, konnte am Grab als private Jenseitshoffnung weiterhin formuliert werden. Frühere Lesarten der Metapher Uhr zur Visualisierung eines gesteigerten Bildungsanspruchs werden dabei ebenso einbezogen und ggf. überlagert wie die in den Hellenismus zurückreichende, und konkret wie im übertragenen Sinn verwendete Vorstellung von der Uhr als Hilfsmittel für Reisende.

8 Sonstiges: Zeitmesser im archäologischen Befund

Es überrascht, dass archäologisch außer den vorgestellten funktionalen Räumen aus anderen Zusammenhängen keine Hinweise auf die Aufstellung von Zeitmessern vorliegen. Aus der literarischen Überlieferung wäre beispielsweise die Nutzung von Uhren in römischen Kastellen zu erwarten gewesen, doch die entsprechenden Befunde beschränken sich auf drei Beispiele aus Vetera, Kabyle und Shoumen, wo jeweils der Zeitmesser weniger mit den spezifischen militärischen Funktionen des Standortes zu verbinden ist sondern eher zur Ausstattung der aufwendigeren Offiziersunterkünfte gehört. Bereits in Kapitel II 1.1 wurde festgestellt, dass diese Fundlücke durchwegs die Gruppe der wohl auch aus Ton hergestellten Wasseruhren betrifft.

Eine besondere Verwendung ist für die Uhr Palmyra 3 zu rekonstruieren, die offenbar vor einem knapp außerhalb der Stadt gelegenen Gebäude aufgestellt war. Dieses ist als weitläufige, im Grundriss quadratische Anlage konzipiert, deren vier Flügel als regelmäßige Raumfluchten einen ausgedehnten Hof begrenzen. Von außen führt nur ein Zugang zu diesem Hof, von dem aus alle angrenzenden Räume betretbar sind. Der Bau wird von den Ausgräbern in die Jahre zwischen 220–270 n. Chr. datiert und aufgrund der bautypologischen Nähe zu späteren Karawansereien als Herberge gedeutet. Der Zeitmesser der am Ende langer Reisestrecken gelegenen Unterkunft hätte eintreffenden Reisenden erstmals wieder römische Zeit angezeigt, sie somit auch im kulturellen Raum zeitlich verortet und ihre zeitlich konforme Abreise garantiert.

VIII Zeitmesser am Ort

Für einige wenige Orte ergänzen sich die im Katalog aufgeführten Zeugnisse und die literarischen Quellen zu einer relativ dichten Überlieferung. Diese günstige Ausgangslage erlaubt abschließend zu beurteilen, wo im urbanen Raum Zeitmesser platziert wurden. In der Gegenüberstellung von Athen und Rom werden dabei orts- bzw. zeittypische Spezifika deutlich, die dazu beitragen, eine Entwicklungsgeschichte der Zeitmesser zu rekonstruieren.[727]

Über die Frage hinaus, wie und wo Zeitmesser in urbane Strukturen integriert wurden, soll die topologische Untersuchung klären, welchen Zweck die Instrumente in der jeweiligen Situation erfüllten – ob normative oder metaphorische Aspekte von gemessener Zeit für die Aufstellung ausschlaggebend waren und welche Adressaten am jeweiligen Ort erreicht wurden.

Ein weiterer Aspekt betrifft formale Gesichtspunkte: Lassen sich bestimmte typologische bzw. ästhetische Vorlieben für Aufstellungen an einem Ort greifen, und sind diese eine Folge der lokalen Wissenstradition oder von funktionalen Anforderungen?

Um Überschneidungen mit früheren Kapiteln zu vermeiden und um abschließend zu versuchen, Zeitmessung stärker als Teil historischer Entwicklungen zu begreifen, wird exemplarisch die in Athen und Rom verfolgte Praxis einander diachron gegenübergestellt.

1 Athen

Auf Grundlage der Judeich-Karte[728] von Athen wurden die Fundorte der Zeitmesser innerhalb des Stadtgebiets eingetragen, die für das ausgehende 5. Jh. v. Chr. bis in die spätere Kaiserzeit überliefert sind. Die Ziffer der Markierung bezieht sich auf die Katalognummer der Aufstellung. Mit Ausnahme der Überlieferung zum Heliotropion des Meton, zahlreichen Hinweisen auf die Verwendung von Klepsydren und Nachrichten, die den Turm der Winde betreffen, liegen für Athen keine literarischen Zeugnisse zu Zeitmessern vor. Mag zunächst die Funddichte von 26 Instrumenten hoch erscheinen, so relativiert sich der Eindruck angesichts ihrer Verteilung über eine Zeitspanne von sieben Jahrhunderten.

In Athen wird der Einsatz von Zeitmessern überhaupt am frühesten greifbar, und zwar um Abläufe innerhalb der demokratischen Ordnung zu normieren: Ausschlaggebend für diese Vorreiterrolle ist sicherlich die Größe der Polis, in der sich die Missachtung von Anwesenheits- und Redezeiten besonders gravierend auswirkte. Zu ihrer Reglementierung werden seit dem ausgehenden 5. Jh. v. Chr. in den iudikativen und exekutiven Organen schlicht gestaltete Auslaufuhren eingesetzt, die räumlich eng an das politische Zentrum der Stadt, die Agora, gebunden sind.[729] Dieser Ortsbezug ist auch die Ursache dafür, dass hier wenig später die erste gebaute Wasseruhr errichtet wird, die über mindestens 120 Jahre hinweg in Betrieb war und die in der Bevölkerung als fester Bestandteil der Agora wahrgenommen worden sein muss. Für welche Abläufe diese Marktuhr die Zeitnorm vorgab, kann anhand der archäologischen und schriftlichen Zeugnisse nur indirekt erschlossen werden: Der architektonische Zusammenhang von Athen 2 als Anbau der sog.

---

727 Grundlegend dazu: N. Elias, Über die Zeit: Arbeiten zur Wissenssoziologie (Frankfurt am Main 1988) passim, R. K. Merton, Social Time: a Methodological and Functional Analysis, American Journal of Sociology 42, 1936/1937, 615–629 und P. A. Sorotkin, Sociocultural Causality, Space, Time: A Study of Referential Principles of Sociology and Social Science (New York 1964) passim.

728 W. Judeich, Topographie von Athen (München 1931).

729 Der Zeitpunkt der Einführung fällt in die letzten Jahre des Perikles: G. A. Lehmann, Perikles. Staatsmann und Stratege im klassischen Athen (München 2008) 134–162 und C. Meier, Athen. Ein Neubeginn der Weltgeschichte (Berlin 1993) 423.

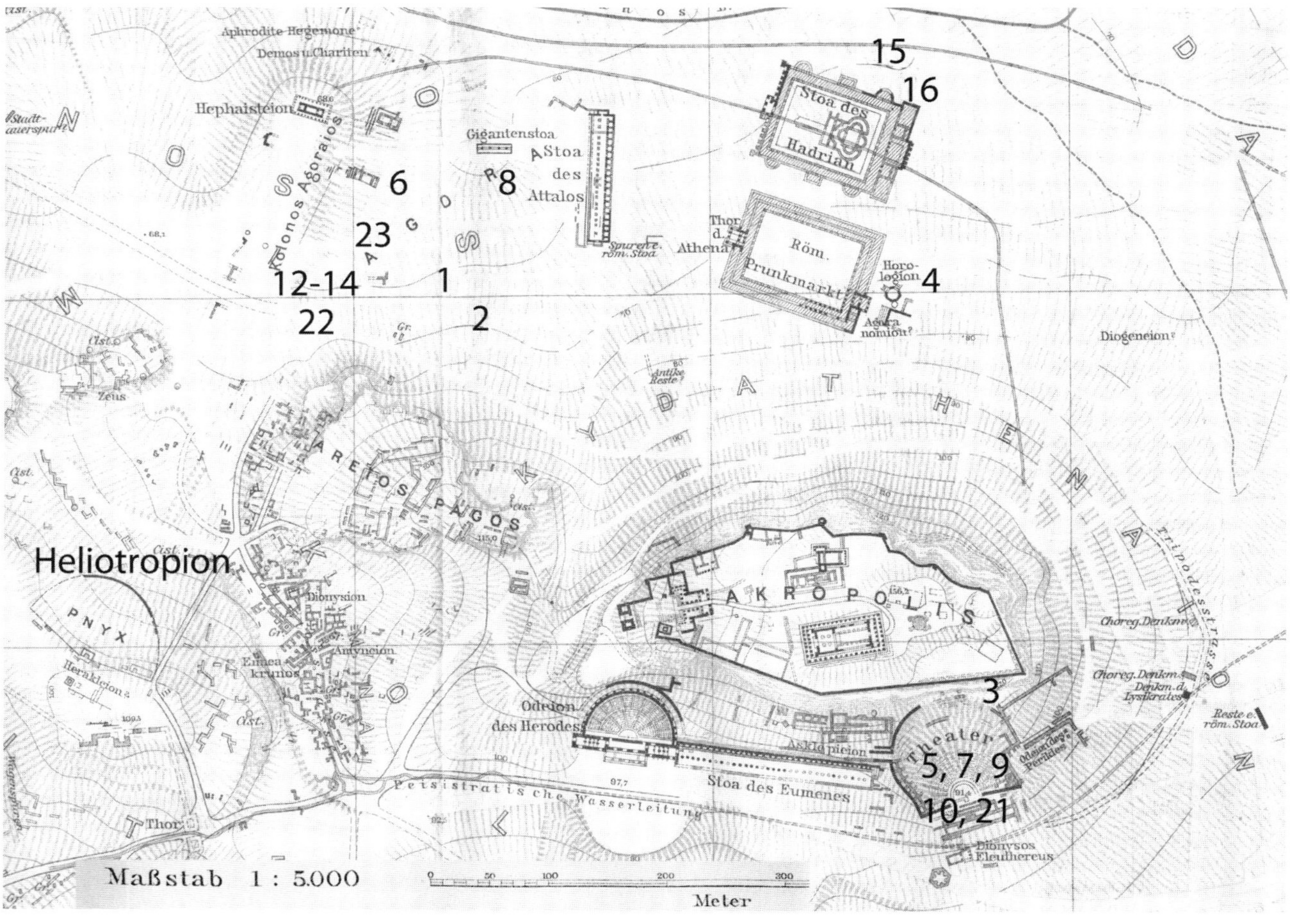

Abb. 97: Verteilung der Zeitmesser im Stadtgebiet von Athen

Heliaia, die Lage an einem der Hauptzugänge zum Platz, die Nähe zu Tholos[730] und Archivräumen sowie ihre täglich erforderliche Wartung spricht für die offizielle Funktion dieser Auslaufuhr. Sie diente offenbar weniger zur Festlegung von Amtszeiten, die in Athen grundsätzlich innerhalb der Grenzen des lichthellen Tages lagen; eher könnte ihre Ausrichtung auf die Platzmitte und das Dekret Iasos 1* generell auf die Verwendung von Zeitmessern im Rahmen der Volksversammlung hinweisen,[731] was die hohe Dichte von Zeitmessern im Dionysostheater zu bestätigen scheint: Aus keinem anderen Theater sind derart viele Uhren bekannt wie aus diesem. Über dessen Nutzung als Ort der Volksversammlung hinaus spielten genormte Abläufe für die Dionysien grundsätzlich eine gewisse Rolle: Demnach scheint das Dionysostheater, neben der Agora, der zweite Platz in der spätklassischen Polis gewesen zu sein, an dem Handlungen messbaren zeitlichen Normen unterlagen. Agora und Theater überraschen als Einsatzorte von Zeitmessern in Athen nicht, sind sie doch

730 Aus der Umgebung der Tholos stammen viele Funde, u. a. Gewichte, mit der Aufschrift ΔΗΜΟΣΙΟΝ, vgl. R. Wycherly, Literary and Epigraphical Testimonia. Agora 3 (Princeton 1957) 182 mit Nr. 605 (= IG II2 1013) aus dem späten 2. Jh. v. Chr. zu Marktordnung.

731 Für Athen sind keine zeitlichen Sanktionen für den Beginn der Volksversammlung oder Öffnungszeiten von Amtslokalen überliefert, so werden unter den von Wycherly a. O. zusammengetragenen Testimonia kein einziges Mal Uhrzeiten erwähnt. Um die konkrete Rekonstruktion der Abläufe im Zusammenhang mit der Volksversammlung bemüht sich M. Hansen, Die athenische Volksversammlung im Zeitalter des Demosthenes (Konstanz 1984) 38: Die Versammlungen waren vier Tage im Voraus anzukündigen und dauerten maximal von Sonnenauf- bis -untergang: Im November des Jahres 406 v. Chr. musste die Sitzung abgebrochen werden, weil es zu dunkel für Handabstimmungen geworden war: Xen. Hell. 1, 7, 7. Eine etwas engere Terminierung der Sitzungen innerhalb eines Monats rekonstruiert E. M. Harris, Democracy and the Rule of Law in Classical Athens (Cambridge 2006) 103–120.

auch in anderer Hinsicht als Orte der normativen Ordnung der demokratischen Polis bekannt.[732] Die Einführung von Zeitmessern in Athen bildet den Abschluss einer Entwicklung, im Rahmen derer unterschiedliche messbare Qualitäten normativ erfaßt wurden.[733] Ihnen wird erst als letzte die Dimension Zeit angeschlossen, obwohl die dafür benötigten Kenntnisse bereits seit den Perserkriegen in Griechenland theoretisch verfügbar gewesen wären. Auslöser für die Einbeziehung der Zeitmessung war die in dieser Phase zunehmende Institutionalisierung von demokratischen Organen und der mit ihnen verbundenen regelhaften Verfahren, die Voraussetzung für ihre weitere Nutzung der nicht vor der zweiten Hälfte des Jahrhunderts einsetzende theoretische Zeitdiskurs.[734]

Im Gegensatz zu Ephesos und Pergamon ist für das hellenistische Athen nicht gesichert, ob die Öffnungszeiten des Kaufmarkts nach Uhrzeiten geregelt waren: Erwähnt u. a. Lysias in der Rede gegen Pankleon 23, 6–7, dass Frischkäse am letzten Tag, und ein Scholiast zu Aristophanes, Ritter 43, dass Sklaven am ersten Tag des Monats angeboten wurden, so war in spätklassischer Zeit die Zuordnung von einigen Produkten zumindest an Kalendertage üblich. Die oben bereits am Beispiel der Amtslokale beobachtete Praxis, dass in Athen die täglichen Betriebszeiten offensichtlich allein von der Dauer des lichthellen Tages bestimmt wurden, lässt stellvertretend für andere öffentliche Einrichtungen auch die schriftliche Überlieferung zum Gymnasion erkennen.[735] Gemessen und in den schriftlichen Quellen thematisiert werden in Athen offenbar v. a. die Sprechzeiten vor Gericht, im Theater, im Gymnasion – also kurze, nicht an Zeitpunkte des Tages geknüpfte Zeiträume.[736] Wesentlich häufiger werden, ausgehend von dem dicht gestaffelten attischen Festkalender, manche öffentlichen Ereignisse an kalendarische Termine im Jahr geknüpft.[737] Im Gegensatz zu den kurzen gemessenen Zeitspannen unterstand der Kalender von alters her der Obhut von Priestern, in Athen dem jährlich gewählten Hieromnemones.[738]

Entgegen der frühen Einführung von Kurzzeitmessern in Athen werden dort in der Folgezeit und im Gegensatz zu anderen Städten also kaum Uhrzeiten verwendet: Das äussert sich nicht nur in der im Vergleich zu Rhodos und Delos geringen Anzahl von frühhellenistischen Zeitmessern im Befund, sondern auch im weitgehenden Fehlen entsprechender schriftlicher Nachrichten. Während zahlreiche Zeugnisse auf die Verwendung von Kurzzeitmessern innerhalb von Handlungssträngen vorliegen, die an anderer Stelle bereits als Ausdruck einer zyklischen Zeitgestalt erkannt wurden,

---

732 U. Kenzler, Studien zur Entwicklung und Struktur der griechischen Agora in archaischer und klassischer Zeit (Frankfurt am Main 1999) 250–269 zur Gerichtsfunktion der Agora und ebenda 239–243 zur Nutzung als Ekklesiasterion; H. A. Thompson, The Agora of Athens: the History, Shape and Uses of an Ancient City Centre. Agora 14 (Princeton 1971); S. Gogos, Das Dionysostheater von Athen: architektonische Gestalt und Funktion (Wien 2008), T. Hölscher, The city of Athens. Space, symbol, structure, in: K. A. Raaflaub u. a. (Hrsg.), Athens and Rome, Florence and Venice: City States in Classical Antiquity and Medieval Italy. Kongress Providence, R. I. 1989 (Ann Arbor 1991) 355–380.

733 H. Philipp, Zu Polyklets Schrift „Kanon“, in: H. C. Beck (Hrsg.), Polyklet. Katalog Frankfurt am Main 1990/1991 (Mainz 1990) 79–110 und M. Korres, Richtplatten: Akribie, Harmonie und Kanon, in: R. Zimmer – A. Delivorrias (Hrsg.), Die griechische Klassik. Katalog Berlin 2002 (Mainz 2002) 384–386.

734 G. J. Whitrow, Reflections on the history of the concept of time, in: J. T. Fraser – F. C. Haber – G. H. Müller (Hrsg.), The Study of Time. Proceedings of the First Conference of the International Society for the Study of Time. Kongress Oberwolfach 1969 (Heidelberg 1972) 1–11 und G. Böhme, Zeit und Zahl. Studien zur Zeittheorie bei Platon, Aristoteles, Platon und Kant (Frankfurt am Main 1974) 99–121. 144–158. C. Habicht, Athen: Die Geschichte der Stadt in hellenistischer Zeit (München 1995) passim.

735 Hier ausführlich Kapitel VII 3.

736 Genutzt wurden also v. a. die von Stoppuhren, den Klepsydren, angezeigten kurzen Zeiträume, vgl. hier Kapitel II 1.1.2, IV 1.3 und V 1.

737 Zur Entwicklung der Kalender in Athen: Hannah 2005, 42–45 mit weiterer Literatur, auch C. Trümpy, Untersuchungen zu den altgriechischen Monatsnamen und Monatsfolgen (Heidelberg 1997). Zu den Festkalendern: L. Deubner, Attische Feste (Darmstadt 1969); E. Simon, Festivals of Attica. An Archaeological Commentary (Madison 1983).

738 Grundlegend: G. Busolt, Griechische Staatskunde 2. Darstellungen einzelner Staaten und der zwischenstaatlichen Beziehungen, bearbeitet von H. Swoboda. HdA IV 1.1.2 3(München 1972) 1306, zum Urspung und Funktionen F. J. Frost, Faith, authority and history, in: ders., Politics and the Athenians. Essays on Athenian History and Historiography (Campbellvile 2005) 148–160.

sind in Athen Hinweise auf eine ganztägige stundenzeitliche Ordnung, die Ausdruck einer Einteilung in zeitliche Phasen ist, ausgesprochen gering.[739]

In diese Beobachtungen reihen sich auch die Nachrichten zum Heliotropion des Meton ein: Die bereits im Jahr 433/432 v. Chr. auf der Pnyx auf dauerhaftem Fundament errichtete (Holz)Konstruktion diente, wie zuvor der Schattenstab, weniger zur zeitlichen Gliederung des Tages, sondern der ganzjährigen empirischen Beobachtung von Sternauf- und -untergängen – die Voraussetzung für eine präzise kalendarische Jahresgliederung. Sein Standort an einem der höchstgelegenen Punkte innerhalb des Stadtgebiets – anstatt wie in Delos und Syracus üblich auf der Agora – könnte auch eine Reaktion auf die spezifischen Athener Verhältnisse sein, wo das Spannungsfeld zwischen den verschiedenen Zeitordnungen offenbar stärker als andernorts empfunden wurde.

In dieselbe Richtung weist eine weitere Beobachtung: Obwohl griechische Kulte generell keiner tageszeitlichen Norm unterliegen, überrascht in Athen im Gegensatz zu anderen Orten, dass Stiftungen von Zeitmessern im öffentlichen Raum völlig fehlen: Weder sind entsprechende Inschriften bekannt, noch liegen Hinweise aus der umfangreichen Literatur vor, und zudem stammt kein einziger Zeitmesser von der Akropolis, aber wohl auch aus keinem anderen Kultbezirk. Außerdem fehlen die v. a. in inselionischen und kleinasiatischen Heiligtümern im 2. Jh. v. Chr. verbreiteten Aufstellungen von exzeptionellen Sonnenuhren mit Mehrfachzifferblättern. Einzige Ausnahme von dieser negativen Bilanz ist der an funktional unbestimmter Stelle innerhalb des Stadtgebietes errichtete Turm der Winde, Athen 4°, der zudem wohl nicht zu den frühesten Vertretern dieser Entwicklung zu zählen ist.[740] Trotz grundsätzlicher Einschränkungen, denen die Überlieferung unterliegt, und der Tatsache, dass die Marktuhr Athen 2 seit ihrem Umbau vielleicht ganztägig betrieben wurde, verlangt das Gesamtbild der Abfolge von einer langwährenden, verbreiteten Nutzung von schlichten Kurzzeitmessern seit 420 v. Chr. und der plötzlichen Errichtung des aufwendigen Uhrenturms nach einer Pause von ca. 300 Jahren nach einer Erklärung:

Grundsätzlich hat es den Anschein, als hinke Athen der technologischen Entwicklung zeitlich hinterher. Liegt das Zentrum des astronomischen Wissens in frühhellenistischer Zeit in Alexandria, so finden andere Städte – wie Rhodos und Delos, aber auch Pergamon – daran wesentlich schnelleren Anschluss als Athen.[741] Mag dieser Verlauf einerseits Folge engerer politischer Kontakte und eines intensiven wirtschaftlichen Austauschs dieser Städte mit Ägypten – und somit manchmal auch direkt mit den beteiligten Astronomen sein –, so könnte die Ursache auch in der mit den Ereignissen des Jahres 307/306 v. Chr. verbundenen Vertreibung der Philosophen aus Athen liegen:[742] In dem Moment, als gerade auf diesem Feld entscheidende technologische Fortschritte erzielt wurden, setzt die Wissenstradition vor Ort aus.[743] Demgegenüber stellt die wissenschaftli-

739 Der Befund ist insofern bemerkenswert, als dass sich offenbar in Athen der aristotelische Zeitdiskurs nicht auf den praktischen Einsatz von gemessener Zeit auswirkt, sondern er die Grundlage für die Arbeit an den hellenistischen Herrschersitzen – allen voran Alexandria – darstellt. Neben Gloy 2008, 59–72 (mit weiterer Literatur); stärker zu den gesellschaftlichen Auswirkungen: A. Nassehi, Die Zeit der Gesellschaft. Auf dem Weg zu einer soziologischen Theorie der Zeit (Opladen 1993) bes. 19–24. Zur aristotelischen Zeitgestalt: Arist. Physik IV 10–14; vgl. H. Kuhlmann, „Jetzt"? Zur Konzeption des νυν in der Zeitabhandlung des Aristoteles, in: E. Rudolph (Hrsg.), Zeit, Bewegung, Handlung. Studien zur Zeitabhandlung des Aristoteles (Stuttgart 1988) 63–98 und T. Buchheim, Die Virtualität der Zeit nach Aristoteles, in: J. Klose – K. Morawetz (Hrsg.), Aspekte der Zeit. Zeit – Geschichte. Raum-Zeit. Zeit-Dauer. Kultur-Zeit (Münster 2004) 11–24.

740 Zum Standort: M. Korres, Αθεναϊκή πολεοδομία, αρχαίος οικιστικός χώρος. Αξία ορατών μαρτυρίων, in: H. R. Goette (Hrsg.), Ancient Roads in Greece. Kongress Athen 1998 (Hamburg 2002) 1–32.

741 H.-U. Wiemer, Krieg, Handel und Piraterie: Untersuchungen zur Geschichte des hellenistischen Rhodos (Berlin 2002) 13–36. 97–110.

742 C. Habicht, Athens and its Philosophers, in: ders., Athen in hellenistischer Zeit (München 1994) bes. 237 f.

743 Zwar wurde rasch versucht, wieder an die frühere Tradition anzuknüpfen, doch beschränken sich die Leistungen offenbar auf andere Wissensgebiete, vgl. das um 120 v. Chr. entstandene Dekret FD III 2.69 Z. 11–15 (= Syll3 704 E), das Athens Leistungen in Gericht, Erziehung, Getreide und als Erfinder von Tragödie und Komödie ausweist, vgl. Habicht a. O. 246. Zuletzt zusammenfassend: A. Schürmann, Einleitung, in: A. Schürmann (Hrsg.), Physik/Mechanik.

che Erforschung des Kosmos – ausgehend von Ägypten – einen wesentlichen Aspekt der Repräsentation der hellenistischen Könige dar, die als Herrscher und Gott beide Aspekte der Zeitmessung verbinden.[744]

Die zögerliche Verwendung von Uhrzeiten in Athen, die sowohl am eingeschränkten Materialbestand als auch den wenigen Erwähnungen von Uhrzeiten und Stundenuhren in den Schriftquellen greifbar wird, berührt somit v. a. die Ebene der mentalitätsgeschichtlichen Voraussetzungen, die sich als wesentlicher Faktor auf den Umgang mit genormter Zeit auswirken und die hier nur angedeutet werden können:

An anderer Stelle wurde bereits darauf hingewiesen, dass die am Turm der Winde angezeigten astronomischen Gesetzmäßigkeiten didaktisch durch das kreisförmige Umschreiten des Gebäudes erfahrbar werden. Mit dieser kreisförmigen Bewegung wird eine in Athen bereits früher entwickelte Form des räumlichen Bezugs von Zeit aufgegriffen: In diesem Zusammenhang wird u. a. die Beobachtung von Burkhard Wesenberg bedeutsam, der eine neue Lesung für den annähernd gleichzeitig mit dem Heliotropion entstandenen Parthenon-Fries vorschlug:[745] Statt den Fries als Handlungseinheit auf die Panathenäen zu beziehen, versteht er die Szenen als Darstellungen attischer Feste. Seine richtungsweisende Interpretation gibt den Weg frei, um die als Folge von Festen angezeigte religiöse Identität Athens wie am Heliotropion als zyklisch wiederkehrende zeitliche Momente zu begreifen und in der um das Gebäude führenden Prozession sogar räumlich zu erfahren. Auf diese Weise wird die (norm-)zeitliche Jahresordnung auf die attischen Mythen zurückgeführt, und bildet als Fries auf dem Innenarchitrav den statischen wie ideologischen Rahmen für den Sitz der Stadtgöttin. Das Thema eines immer wiederkehrenden, zyklischen Zeitverständnisses wird, wie Wolfgang Ehrhardt aufzeigte, im Ostfries des Parthenon erneut im Bild umgesetzt, indem die Geburt der Athena gerahmt wird von der täglichen Bewegung von Helios und Selene.[746] Die Qualitäten von Zeit und Raum werden am Bau als Bestandteile der göttlichen Ordnung vorgeführt: Unser Verständnis dieser abstrakten Bedeutungsebene der Parthenon-Bilder erschwert heute, dass hier, parallel zur zeitgleich entstandenen Literatur, die Dimension Zeit erstmalig thematisiert wird, so dass die gewählten Bildformeln neu und damit vergleichslos dastehen.[747]

Am sog. Kalenderfries, der vielleicht nur geringfügig später als der Turm der Winde entstand, ist die ikonographische Umsetzung zwar in wesentlich höherem Maße kanonisiert und in ihrer räumlichen Ordnung stärker rhythmisiert als am Parthenon, als Bezugssystem der Kalenderbilder dienen aber weiterhin die attischen Feste.[748] Mit diesen Personifikationen werden aber nun die Stationen des Tierkreises verschränkt, werden göttliche und astronomische Zeitordnung kombiniert.[749]

Geschichte der Mathematik und Naturwissenschaften 3 (Stuttgart 2005) 7–15 verweist zurecht darauf, dass diese Wissensgebiete in den Residenzstädten der hellenistischen Herrscher angesiedelt sind.

744 Schürmann 1991, 15–23.

745 B. Wesenberg, Auf dem Wege zu einem neuen Verständnis des Parthenonfrieses, NBlA 10, 1993/1994, 85–92 und ders., Panathenäische Peplosdedikation und Arrephorie. Zur Thematik des Parthenonfrieses, JdI 110, 1995, 149–178. In ganz anderem Zusammenhang verband E. Simon, Kybele und Attis im All. Zur Patera von Parabiago, in: R. M. Wilhelm (Hrsg.), The two Worlds of the Poet. New Perspectives on Vergil. Festschrift A. G. McKay (Detroit 1992) 335–342 auf den Zusammenhang der kreisförmigen Bewegung und dem zyklischen Zeitbegriff hin.

746 W. Ehrhardt, Zur Darstellung und Deutung des Gestirngötterpaares am Parthenon, JdI 119, 2004, 1–39.

747 Zuletzt zusammenfassend Zaccaria Ruggiu 2006 passim.

748 Die Lesung mancher Figuren ist auch in diesem Zusammenhang umstritten, vgl. E. Simon, Athen als civitas libera: Zum Kalenderfries an der Kleinen Metropolis, AA 2012, 1–19 gegenüber O. Palagia, The Date and Iconography of the Calendar Frieze on the Little Metropolis, Athens, JdI 123, 2008, 215–236, die von einer Entstehung des Frieses im 2. Jh. n. Chr. ausgeht. Athen beteiligt sich auch in deutlich geringerem Maße als andere Regionen an der Entwicklung überregional gültiger Kalendersysteme: E. Grzybek, Du calendrier macédonien au calendrier ptolémaique (Basel 1990) 35–58; R. A. Hazzard, The use of the Macedonian calendar under Ptolemies V and VI, in: M. Amandry (Hrsg.), Travaux de numismatique grecques offerts à George Le Rider (London 1999) 147–159; C. Bennett, Alexandria and the Ptolemaic Macedonian Calendar, AncSoc 39, 2009, im Druck.

749 Zu den Voraussetzungen für diesen Umgang mit Zodiakalzeichen: H. Hübner, Himmelspforten und Tierkreis. *SB Bayerische Akademie der Wissenschaften 3 (München 2006) 5–10 mit weiterer Literatur.

Zwar kann der in der sog. Kleinen Metropolis wiederverwendete Fries keinem bestimmten Gebäude zugeordnet werden, muss aber Teil der umlaufenden Gebälkzone einer freistehenden Kleinarchitektur gewesen sein: Wieder hatte der Betrachter den Bau zu umkreisen, um den dargestellten Jahreszyklus zu begreifen. Die Verschränkung beider Systeme – der religiös und der naturwissenschaftlich begründeten Ordnung – setzt einerseits das am Turm der Winde geübte astronomische Verständnis des Betrachters voraus. Im Bilderzyklus des kleinen Schreins bleibt aber die Rückführung der genormten Zeitordnung auf die mythische Ebene weiterhin gewahrt. Bereits diese punktuelle Betrachtung von Bildern der Zeit an attischen Gebäuden, die aus der öffentlichen Bilderwelt anderer Landschaften überhaupt nicht bekannt sind, weist für Athen auf einen zwar intensiven, aber besonders traditionell geprägten Zeitdiskurs in diesem materiellen Medium hin. Dieser wird in Bildern von Personifikationen einzelner zeitlicher Aspekte, und – wesentlich seltener – von der zeitlichen Jahresgliederung geführt, die im Bauzusammenhang auf die Wechselwirkung mit dem umgebenden Raum angelegt sind.[750] Stundenzeitliche Ordnung hingegen wird weder im bildlichen noch im sprachlichen Zusammenhang thematisiert, und spielt offenbar im attischen Lebensalltag bis zur Zeitenwende eine deutlich untergeordnete Rolle.

Die mit den attischen Festen auf unterschiedlichen Ebenen lebendig gehaltene Erinnerung an die mythischen Urväter und die unendliche Fortsetzung dieser Tradition als Garant für das eigene Bestehen stellt einen so wesentlichen Faktor der athenischen Identität dar,[751] dass wohl auch deshalb in Athen über die von Kalendarien und Kurzzeitmessern angezeigten Zyklen hinaus neuentwickelte Technologien zur naturwissenschaftlich begründeten Zeitordnung auf keine breite öffentliche Akzeptanz stießen – und in der Praxis aus dem sakralen Raum kategorisch ausgeschlossen wurden. Während andernorts die mit Zeitmessern verbundenen Kenntnisse früh auch in Heiligtümern ausgestellt und in Gymnasien gezeigt wurden, wird in Athen mit dem Turm der Winde erst dann von einem Ortsfremden der Anschluss gesucht, als die althergebrachte Ordnung angesichts veränderter historischer Rahmenbedingungen zunehmend von aussen in Frage gestellt wurde.

Dieser in Athen gegenüber anderen Regionen zögerliche bzw. verzögerte Umgang mit Zeitmessern zur Tagesgliederung könnte auch ein Grund für die so massive Ballung von Uhrensystemen am Turm der Winde sein: Hier sollte jedem – unter Beibehaltung des didaktisch gewohnten Umschreitens – die naturwissenschaftlich begründete Logik der astronomischen Zeitordnung und ihrer apparativen Umsetzung in überzeugender Weise verdeutlicht werden.

Aus Athen sind im Gegensatz zu anderen Orten auch keine Zeitmesser als repräsentatives Ausstattungselement von hellenistischen Wohnhäusern belegt: Die acht in sekundären Kontexten gefundenen, aber wahrscheinlich ehemals in Wohnhäusern aufgestellten Sonnenuhren Athen 12–16. 19. 22. 23 und vielleicht Fundort unbekannt 5 stammen erst aus einer Zeit, als Athen bereits unter römischer Herrschaft stand. Hier schlägt sich jene im römischen Kontext entwickelte Wahrnehmung von Zeitmessern nieder, die sie nun regelhaft zum Inventar römischer Villen werden ließ.[752]

Vor diesem historischen Hintergrund ist auch die räumliche Nähe des Turmes der Winde mit der Agora des Cäsar und des Augustus zu verstehen, die bereits Anlass dafür war eine gemeinsame Entstehung zu vermuten.[753] Hier steht der Turm der Winde jetzt im Kontext der Zeitmesser auf spätrepublikanischen Fora, und teilt deren Bedeutung als Anzeiger der vom Princeps vorge-

750 E. Simon, Zeit-Bilder der Antike, Feier zur Verleihung des Ernst Hellmuth Vits-Preises (Münster 1983) passim.

751 Zu unterschiedlichen Aspekten dieser Erinnerungs-Kultur vgl. T. Hölscher, Athen – die Polis als Raum der Erinnerung, in: E. Stein-Hölkeskamp – K.-J. Hölkeskamp (Hrsg.), Die griechische Welt. Erinnerungsorte der Antike (München 2010) 128–149 und R. von den Hoff, Theseus – Stadtgründer und Kulturheros, in: ebenda, 300–315.

752 Dazu: Kapitel VII 6. S. Walker, Athens under Augustus, in: M. C. Hoff (Hrsg.), Romanization of Athens: Proceedings of an International Conference Held at Lincoln, Nebraska (April 1996) (Oxford 1997) 67–80 zu den Veränderungen der Agora während der frühen Kaiserzeit.

753 Freeden 1982, 161–165 mit früheren Datierungsvorschlägen; zur Baugeschichte der sog. römischen Agora: M. Hoff, The early history of the Roman Agora at Athens, in: S. Walker – A. Cameron (Hrsg.), The Greek Renaissance in the Roman Empire. Kongress London 1986 (London 1989) 1–8.

gebenen Zeitordnung und der damit verbundenen konkreten Einsatzgebiete zu.[754] Dass in dieser Phase ausgerechnet die Druckwasseruhr im Innern wiederhergestellt wird, während von der neu errichteten, unmittelbar angrenzenden Bebauung die Funktionstüchtigkeit der Sonnenuhren der Aussenfassaden erheblich einschränkt wird, zeigt erneut die grundlegende Bedeutung des technologischen Typus der Wasseruhr für die Anzeige von Normzeit auf römischen Fora. Erst mit der Errichtung dieser, auf allen Seiten umfriedeten Platzanlage mit zwei verschließbaren Zugängen sind in Athen Öffnungszeiten zu verbinden. Indem auch für diesen Zweck ein bereits bestehendes Uhrengebäude eingebunden wird, gelingt formal der Anschluss an die frühere Ortstradition, die nun aber mit anderen, an Zeitmessern gezeigten und von Normzeit angezeigten Inhalten belegt ist.

Mit der politischen Neuordnung Athens erfolgt also unmittelbar sowohl im öffentlichen als auch im privaten Raum der Stadt die Übernahme der römischen Verwendungshorizonte von Zeitmessern: Dazu zählt sowohl ihre konkrete Verwendung als normatives Gerät wie auch ihr metaphorischer Einsatz, wohl nicht nur im Kontext der Villa. Abweichend von der italischen Praxis werden jedoch in Athen – und offenbar im festlandsgriechischen Bereich generell – keine Sonnenuhren am Grab aufgestellt: Zur ewigen Erinnerung an den Verstorbenen wird hier an Vorstellungen festgehalten, die mit den mit Zeitmessern verbundenen Assoziation nicht vereinbar waren. Die anhand der Zeitmesser greifbare politische und allgemeine kulturelle Romanisierung der ehemaligen griechischen Polis beschränkt sich auf Orte der Verwaltung und die Wohnsitze der mit ihr verbundenen Amtsträger. Auf Grab und (Toten-)Kult wird im Gegensatz zu den Städten Kleinasiens die politische Einflussnahme in Athen offenbar nicht ausgeweitet.[755]

2 Rom

Im Gegensatz zu Athen liegen für Rom außer dem archäologischen und epigraphischen Material (Abb. 98: Nr. 1–12) auch zahlreiche literarische Nachrichten (Abb. 98: I–X) über innerhalb des Stadtgebiets aufgestellte Zeitmesser vor. So wurden über die im Katalog geführten 17 Instrumente hinaus in der Karte weitere neun vermerkt, deren Aufstellungsort aus den Schriftquellen erschlossen werden konnte.

Die Frühphase der Einführung von Zeitmessern in Rom lässt sich nicht am Bestand der erhaltenen Denkmäler, sondern allein auf Grundlage der schriftlichen Nachrichten rekonstruieren. Unter diesen ist Plinius nat. 7, 212–215 die Hauptquelle, der versucht, alle ihm bekannten Nachrichten zur Zeitmessung in Rom in chronologischer Abfolge darzustellen.[756]

Den frühesten Hinweis auf eine zeitliche Gliederung des Tages in Rom liefert das Zwölftafelgesetz (Abb. 98: I), das um 450 v. Chr. auf dem Forum nahe dem Comitium aufgestellt wurde. In ihm wird zunächst nur Sonnenauf- und -untergang geführt – *ortus* und *occasus* – bevor Plinius zufolge wenig später die Mittagsstunde (*meridies*) und die letzte Stunde vor Sonnenuntergang (*suprema*) hinzugefügt wurden, was nach Censorinus 23,8 zu einer offiziellen Zweiteilung des Tages führte. Gleichzeitig wird hier ein Standbild des Griechen Hermodoros aus Ephesos aufgestellt, der bei der Abfassung der Gesetze Pate stand, so dass die Gültigkeit dieser ersten römischen Zeitordnung bewusst auf die griechische Wissenstradition zurückgeführt wird.

---

754 Zur Entwicklung: Kapitel VII 2.

755 D. Steuernagel, Wozu brauchen Griechen Tempel? Fragen und Perspektiven, in: H. Cancik – J. Rüpke (Hrsg.), Die Religion des Imperium Romanum. Koine und Konfrontation (Tübingen 2009) 115–138 und ders., Romanisierung und Hellenismos. Drei Fallstudien zur Gestaltung und Nutzung griechischer Tempel in den römischen Provinzen Achaia und Cyrenaica, JdI 124, 2009, 279–345.

756 Zur Zielsetzung und literarischen Bedeutung von Plinius jetzt v. a. im Hinblick auf die Geschichte der Zeitmesser: Wolkenhauer 2011, 70–93 und grundsätzlich: V. Naas, Le project encyclopédique de Pline l'ancien (Rom 2002) 5–10, sowie T. Fögen, Wissen, Kommunikation und Selbstdarstellung. Zur Struktur und Charakteristik römischer Fachtexte der frühen Kaiserzeit. Zetemata 134 (München 2009) 201–205.

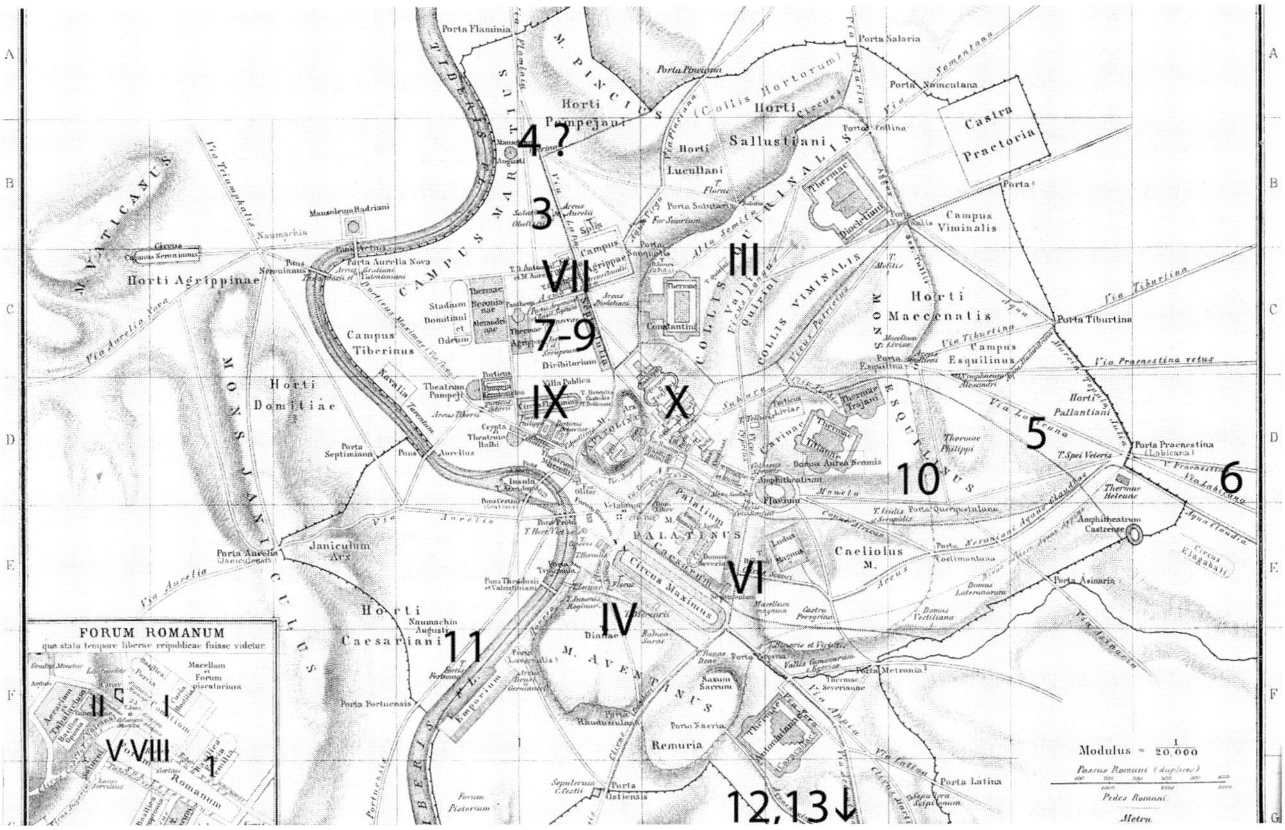

Abb. 98: Verteilung der Zeitmesser in Stadtgebiet von Rom (arabische Ziffern = archäologisch überlieferte Zeitmesser; römische Ziffern = literarisch überlieferte Zeitmesser und Kalendarien)

Plinius berichtet ferner für das ausgehende 5. Jh. v. Chr., dass der Tag nun auch akustisch angezeigt wurde, indem der Accensus von seinem Platz vor der Curia Hostilia aus bei Sonnenauf- und -untergang Tagesbeginn und -ende ausrief. Zur Bestimmung der Uhrzeit orientiert sich der Mitarbeiter des Konsuls an den architektonischen Strukturen des Platzes: So dient der enge Raum zwischen Comitium und Graecostasis der Bestimmung der Mittagszeit, während der Sonnenstand zwischen der Columna Maenia und dem Carcer das Ende des Tages definiert. Anja Wolkenhauer gelang es über die Baugeschichte der von Plinius genannten architektonischen Strukturen nachzuweisen, dass die Differenzierung des Tages über die Eckzeiten hinaus im Zeitraum von 318–305 v. Chr. erfolgt sein muss,[757] also zeitlich mit der Erweiterung des Begriffes *ὥρα* auf die Bedeutung im Sinne von Stunde zusammenfällt.[758]

Wie vehement in diesen Jahren, als Rom auch auf anderen Ebenen verstärkt unter griechischen Einfluss geraten war,[759] die konkrete Umsetzung einer normzeitlichen Ordnung vorangetrieben wurde, zeigt auch der Bau eines Concordia-Tempels (Abb. 98: II), den Cn. Flavius in seiner Funktion als kurulischer Ädil wohl im Jahr 304 v. Chr. über der früheren Graecostasis errichten lässt.[760] Die Aufstellung dieser Ädikula aus Erz wirkt sich auf verschiedenen Ebenen auf die normativen Funk-

757 Wolkenhauer a. O. 79.

758 Hier Kapitel V und zur Wortbedeutung: A. Mehl, Gefühlte, gedeutete und gemessene Zeit bei Griechen und Römern, in: H. Heller (Hrsg.), Gemessene Zeit – Gefühlte Zeit. Tendenzen der Beschleunigung, Verlangsamung und des subjektiven Zeitempfindens (Wien 2006) 139–177 bes. 140 f.

759 T. Hölscher, Die Anfänge der römischen Repräsentationskunst, RM 85, 1975, 315–357.

760 Eine räumliche Rekonstruktion der Verhältnisse ist anhand des archäologischen Befundes unmöglich: K. Thraede, Roms Concordia-Tempel: seit wann und wie viele?, in: N. Kreutz – B. Schweizer (Hrsg.), Tekmeria. Archäologische Zeugnisse in ihrer kulturhistorischen und politischen Dimension. Beiträge für H. Gauer (Münster 2006) 355–360; vgl. Plin. nat 33, 19 und Liv. 9, 46, 6 sowie Varro ling. 5, 155 f.

tionen des Forums aus: So erlaubt die gegenüber der Tribühne der Gesandten wohl höhere Konstruktion dem Accensus nun die Mittagsstunde und die daran gebundenen Amtszeiten präziser zu bestimmen. Auf den Wandflächen dieses Schreins befanden sich erstmals öffentlich ausgestellt die Fasten, die die Tage in *fasti* bzw. *nefasti*, in Feier- und Geschäftstage einteilten.[761] Somit wurde seit diesem Zeitpunkt die zeitliche Gliederung des Tages und die kalendarische Zeitordnung des Jahres überhaupt erstmals in Rom kombiniert auf dem Forum vollzogen und dieser öffentliche Raum der politischen Ordnung somit auch als Sitz der normativen Zeitordnung ausgewiesen. Der Zeitpunkt fällt historisch mit jener Phase zusammen, als der Stadtstaat sich hin zur Territorialmacht entwickelte.[762] Räumlich wird diese zeitliche Maßgabe an den ehernen Tempel der Eintracht gebunden, einem jener ideellen Leitbegriffe, die den ewigen Fortbestand der *res publica* garantieren.

Die erste Sonnenuhr erreicht Plinius zufolge Rom als Beute aus dem dritten Samnitenkrieg (Abb. 98: III): Die Nachricht ist sicherlich auf eine aus dem Osten nach Süditalien verschleppte Sonnenuhr zu beziehen, von der Plinius berichtet, L. Papirius Censor habe sie in den von ihm gestifteten Tempel auf dem Quirinal geweiht, von dem Livius 10, 46, 7 wiederum erwähnt, dass dessen Aussenfassade mit den Waffen der besiegten Samniten geschmückt war.[763] Quirinus wurde hier als Kriegsgott, aber auch als Schutzgott der Rechtsbeziehungen unter den Bürgern geehrt. Gemeinsam mit anderem Beutegut wurde die Uhr hier als besonders ausgefallenes, exotisches Objekt geweiht und möglicherweise gemeinsam mit anderen Spolia in der Vorhalle (?) des Tempels aufbewahrt. Mit der Aufstellung des Instruments in Rom geht also nicht zwangsläufig die Übernahme seiner funktionalen Nutzung einher, da diese im Zuge der Neuaufstellung der Sonnenuhr wenn überhaupt, dann nur nachrangig berücksichtigt wurde. Obwohl die beiden Ereignisse, mit denen Plinius die Aufstellung zeitlich verknüpft, chronologisch nicht exakt miteinander in Übereinstimmung zu bringen sind,[764] muss die Aufstellung des *solarium Papirianum* in die Jahre zwischen 290 und 285 v. Chr. fallen. Offenbar wurde zur selben Zeit noch eine zweite Uhr in Rom geweiht, von der Censorinus 23, 6–7 berichtet, sie sei im Dianatempel auf dem Aventin[765] aufgestellt gewesen ist (Abb. 98: IV). Eine dritte erbeutete Sonnenuhr bringt M. Valerius Messala aus dem ersten Punischen Krieg nach Rom. Nachdem er das Instrument in seinem Triumph des Jahres 262 v. Chr. mitführte,[766] wird die Uhr aus Catania auf dem Forum aufgestellt (Abb. 98: V). Die von Plinius, nat. 7, 214 mit *secundum rostra in columna* und Censorinus 23, 7 mit *ad rostra in columna posuit* gewählten Formulierungen legen nicht nur Aufstellungsort – neben den erbeuteten Schiffsspornen der Kriegsflotte von Antium am Comitium – und Typus – Sonnenuhr – des Beuteguts fest, sondern auch seine erhöhte und somit weithin sichtbare Platzierung auf einer Säule – gewissermaßen auf Augenhöhe u. a. auch mit den in der Nähe bereits um 300 v. Chr. aufgestellten Bildnisstatuen des Pythagoras und des Alkibiades.[767] Die Aufstellung dieser Sonnenuhr löste laut Plinius nat. 7, 212 *serius*, spät, die über 200 Jahre hinweg einzig anhand von architektonischen Orientierungspunkten gewonnene Zeiteinschätzung auf dem Forum ab. Plinius betont die wichtige politische Funktion dieses Zeitmessers und dessen Bedeutung als kulturelle Errungenschaft und macht so deutlich, dass für ihn die Ungenauigkeit

761 Hannah 2005, 102–106 und Rüpke 2006, bes. 49–51.

762 Zuletzt zusammenfassend: T. Hölscher, Das Forum Romanum – Die monumentale Geschichte Roms, in: E. Stein-Hölkeskamp – H.-J. Hölkeskamp (Hrsg.), Erinnerungsort der Antike: Die römische Welt (München 2006) 100–122 und ders., Die Alten vor Augen. Politische Denkmäler und öffentliches Gedächnis im republikanischen Rom, in: G. Melville (Hrsg.), Institutionalität und Symbolisierung. Verstetigung kultureller Ordnungsmuster in Vergangenheit und Gegenwart (Köln 2001) 183–211.

763 Zum Tempel auf dem Quirinal, der das ältere sacellum Quirini ersetzt vgl. F. Coarelli, Quirinius, aedes, in: LTUR 4 (1999) 185–187.

764 Vgl. Wolkenhauer a. O. 80 f.

765 L. Vendinelli, Diana Avenzina, aedes, in: LTUR 2, 1995, 11–13.

766 Zur Datierung des Triumphs auf den 17. März 262 vgl. J. Mothagen, Der Triumph des M. Valerius Messala und die Anfänge des ersten Punischen Krieges, Chiron 9, 1979, 53–72.

767 Plin. nat. 34, 26 und Plut. Num. 8, 20–21. Zu ihrer Funktion als ideelle Leitbilder: F. Zevi, Conziderazioni sull'elegio di Scipione Barbato, Studi Miscellanei 15, 1970, 63–73.

dieses sog. *horologium Valerianum*, die aus der gegenüber Catania abweichenden Ortsbreite Roms resultiert, im praktischen Gebrauch unbedeutend war. Wie im klassischen Athen geht es also vor allem um die Zurschaustellung des Bewußtseins für die Dimension Zeit und ihrer (theoretischen) Beherrschung – im Rom ihrer Eroberung – in Form von gemessener Zeit.

Die spätere lückenreiche Überlieferung lässt darauf schließen, dass im Verlauf des 3. Jhs. v. Chr. astronomische Instrumente weiterhin Rom erreicht haben: So überliefert Cicero De re pub. 1, 21–22, dass nach der Eroberung von Syrakus im Jahr 212 v. Chr. M. Claudius Marcellus zwei Globen aus der Werkstatt des Archimedes nach Rom gebracht habe. Beide wurden von ihm im Triumph[768] mitgeführt und der eine anschließend in den 205 v. Chr. eingeweihten und von ihm gestifteten Tempel der Virtus und des Honos geweiht (Abb. 98: VI), während der andere sich offenbar noch zu Ciceros Zeit in Familienbesitz befand.

Wahrscheinlich im Jahr 179 v. Chr. veranlasst M. Fulvius Nobilior (Macr. Sat. 1, 12, 16) während seiner Amtszeit als Censor die Aufstellung eines öffentlichen, kommentierten Kalenders im von ihm gestifteten Tempel des Herkules Musarum auf dem Marsfeld (Abb. 98: VII), der aus der *pecunia censorum* finanziert wurde.[769] Mit dieser Maßnahme findet in Rom erstmalig ein kalendarisches Regelwerk außerhalb des Forums nun auf dem Marsfeld seinen Platz. Wie auch in früheren Fällen ist ein politischer Amtsträger für die Bekanntgabe der Zeitordnung verantwortlich, die aus öffentlichen Geldern finanziert wird.

Diese Praxis begegnet mit der Aufstellung einer Sonnenuhr wieder, die Q. Marcius Philippus als Censor aus Senatsmitteln – Plinius nat. 7, 215: *censoria opera* – im Jahr 164 v. Chr. neben der Uhr aus Catania aufstellen ließ (Abb. 98: VIII). Beide Uhren – das vor 262 v. Chr. gearbeitete sizilische Beutestück und die über 100 Jahre jüngere römische Auftragsarbeit – standen fortan unmittelbar nebeneinander, ein Aufstellungsmodus, der auch für Uhren im Heiligtum von Sulmo archäologisch nachgewiesen ist. In beiden Fällen muss die Zeitanzeige der Instrumente erheblich voneinander abgewichen sein, indes wurde diese Diskrepanz offenbar nicht als störend, sondern einerseits als Beleg für die erzielte Verbesserung der römischen Zeitanzeige empfunden. Andererseits ließ der unmittelbare Vergleich der Anzeige von griechischem Beutestück gegenüber dem lokal produziertem Instrument die räumliche Entfernung Catanias und somit die Größe der eroberten Landstriche bewusst werden.

Wiederum in der Hand von Censoren lag wenige Jahre später die Einrichtung der ersten Wasseruhr auf dem Forum, von der sowohl Plinius nat. 7, 215 als auch Varro 6, 2, 4 berichten: So veranlassten P. Cornelius Scipio Nasica und M. Popilius Laenas wohl im Jahr 159 v. Chr. die Errichtung eines *solarium sub tecto* im Bereich der Basilica Aemilia et Fulvia, dem Amtssitz des Praetor Urbanus, also dem Ort der richterlichen Rechtsprechung. Plinius hebt ausdrücklich den wetterunabhängigen Einsatz dieses Zeitmessers hervor, der außerdem auch nachts nutzbar sei. Klaus Freyberger verband diese Nachricht vor einigen Jahren mit dem Befund in einer der Tabernae der Basilika, hier Rom 1:[770] In diesem Raum, dessen Wände und Böden mit hydraulischem Mörtel bedeckt sind, erkennt er das Wasserreservoir der von den Censoren eingerichteten Wasseruhr. Für Plinius endet mit diesem dauerhaft betriebenen Instrument die Geschichte der Zeitmesser in Rom, denn für ihn sind nun alle erforderlichen zeitfunktionalen Qualitäten erreicht, die in der Folgezeit nur noch quantitativ durch weitere Neuaufstellungen übertroffen werden.

Im Rahmen einer Aufzählung der verschiedenen Typen von Sonnenuhren und deren Erfindern berichtet Vitruv IX 9.1 von einem ansonsten unbekannten Skopinas aus Syrakus, der einen als *plinthium sive lacunar* bezeichneten Zeitmesser im Circus Flaminius aufgestellt habe (Abb. 98: IX). Liefert die Einweihung des Circus Flaminius im Jahr 221/220 v. Chr. bzw. die Zerstörung von Syrakus 212 v. Chr. erste zeitliche Anhaltspunkte, so könnte die Reihenfolge der von Vitruv aufge-

768 Plut. Marc. 1, 21. Zu den Sphairen: B. Poulle, Le théâtre de Marcellus et sa sphère, MEFRA 111, 1999, 257–272.

769 Rüpke, 2006, 331–345.

770 Diskussion unter Rom 1 und zusammenfassend in K. Freyberger, Das Forum Romanum. Spiegel der Stadtgeschichte des antiken Rom (Mainz 2009) 41 f.

listeten Astronomen, in der Skopinas zwischen dem 170 v. Chr. verstorbenen Apollonios von Perge und einem weiter unbekannten Parmenides steht, auf die Aufstellung der typologisch nicht näher bestimmbaren Sonnenuhr in der zweiten Hälfte des 2. Jhs. v. Chr. weisen. Dieser Zeitansatz würde auch erklären, warum Plinius, dessen Geschichte der Zeitmesser in Rom nach 159 v. Chr. abbricht, diese speziell für die Aufstellung im Circus Flaminius gearbeitete Uhr nicht erwähnt. Die drei innerhalb weniger Jahre in Rom und für Rom hergestellten Uhren machen deutlich, dass in der Mitte des 2. Jhs. v. Chr. die zum Uhrenbau erforderlichen Kenntnisse nun in vollem Umfang vor Ort verfügbar waren, sind die Dimensionen von Zeit und Raum in Rom beherrschbar.

Zieht man für den Zeitpunkt der späten Republik eine Zwischenbilanz, so wird am Bestand der Zeitmesser in Rom deutlich, dass die Mehrheit der vorhandenen Instrumente – durchwegs Sonnenuhren – die Stadt als Beute erreichte. Sie wurden in der *pompa Triumphalis* mitgeführt und anschließend an verschiedenen Orten im Stadtgebiet öffentlich ausgestellt.[771] Unter diesen kristallisieren sich zwei Schwerpunkte heraus: Über die Stadt verteilte Heiligtümer und das Forum Romanum.

Doch nicht die Tempel der altehrwürdigen Staatsgötter werden für die Aufstellung gewählt, sondern jene Heiligtümer, mit denen die Familie des Triumphators ein persönliches Verhältnis verband, das meistens durch die Gebäudestiftung angezeigt wird. Mag die Abweichung der Anzeige, die sich aus der Wiederverwendung einer für Catania oder Syrakus konstruierten Sonnenuhr ergab, in der römischen Praxis noch hingenommen worden sein, so macht der weite regionale Radius der erbeuteten und anschließend im Tempel geweihten Sonnenuhren – von denen zudem nicht klar ist, ob sie überhaupt außerhalb des Kultbaus oder nicht vielmehr mit anderen Beutestücken im Tempelinnern ausgestellt wurden – deutlich, dass in Rom Uhren im sakralen Kontext bewusst als Metapher eingesetzt worden sind: Sie zeigen nun dauerhaft durch den militärischen Sieg über den Gegner und die auf diese Weise erfolgreiche Aneignung von fremdem Wissen um Zeit und Raum die römische Überlegenheit über weit entfernte Gebiete an.[772]

Auf dem Forum verschränkt sich die übertragene Bedeutung der Zeitmesser indes mit ihrer praktischen Verwendung, indem die Verbindlichkeit der normativen Anzeige von ihrer Aufstellung durch Censoren garantiert wird. Im Bewusstsein um ihre – offenbar zeitlich früher einsetzende – Aufstellung im sakralen Raum, fällt ihnen hier eine soziale Ordnungsfunktion zu, die Rede- und Amtszeiten für die politischen Organe der Republik vorgibt. Auf dem Forum wird mit dem Ruf des Accensus der Lebensalltag eines römischen Bürgers bereits zu einer Zeit getaktet, als in Athen Zeitmesser ausschließlich zur Sanktionierung von Handlungssträngen eingesetzt werden. In Rom hingegen wird dieser tageszeitliche Grundtakt sukzessive verdichtet und präzisiert – und deshalb besteht auch ein grundsätzliches Interesse an der Übernahme fremden technologischen Wissens.

Erst im 2. Jh. v. Chr. – vielleicht als Folge der Eroberung von Syrakus und der Auswanderung der ehemals dort beschäftigten Astronomen – setzt die Produktion von Zeitmessern in Rom ein. Erst mit diesem Schritt ist die Aufstellung von ortskonform geeichten Wasseruhren, also der wetter- und tageszeitunabhängigen Zeitanzeige zu verbinden. Ein Teil der Produktion findet seinen festen Platz im öffentlichen Raum als eine von zahlreichen Gerätschaften im Rahmen der städtischen Verwaltung und Rechtsprechung. Sie unterstehen in Rom bis in die späte Republik öffentlichen Amtsträgern, und nicht wie der Kalender dem Pontifex Maximus.[773] Im 1. Jh. v. Chr. werden Uhren und astronomisches Gerät nun fester Bestandteil der Ausstattung im gehobenen Wohnbereich, für den an anderer Stelle[774] bereits gezeigt werden konnte, dass mit dem privaten Besitz eines solchen

771 W. Martini, Raum und Ritual im römischen Triumph. Die Wegstrecke des Triumphzuges, in: H. Krasser – D. Pausch – I. Petrovic (Hrsg.), Triplici invectus triumpho (Stuttgart 2008) 75–94; zum Ablauf: E. Künzl, Der römische Triumph. Siegesfeiern im antiken Rom (München 1988); T. Itgenhorst, Tota illa pompa. Der Triumph in der römischen Republik (Göttingen 2005) bes. 125–130. 142–147.

772 Zu ganz ähnlichen Mechanismen im Zusammenhang mit erbeuteten Bildnisstatuen vgl. C. Edwards, Incorporating the alien: The art of conquest, in: C. Edwards – G. Woolf (Hrsg.), Rome the Cosmopolis (Cambridge 2003) 44–70.

773 Rüpke 2006, 19 f.

774 Hier Kapitel VII 6.

Instruments anfangs v. a. der persönliche Anspruch auf intellektuelles Prestige formuliert wird. Obwohl die entsprechenden archäologischen Belege sich v. a. auf die Vesuvstädte und Ostia konzentrieren, zeigt u. a. die überzeichnete Nachricht bei Petron 26. 9,[775] dass sogar Wasseruhren in der zweiten Hälfte des 1. Jhs. v. Chr. Einzug in private Kontexte hielten: Er beschreibt im Triclinium des Hauses von Trimalchio eine Wasseruhr, neben der ein Bläser – *bucinator* – stand, der die volle Stunde mit einem akustischen Signal begleitete.

Das von dieser Zeit an nachhaltige römische Interesse an astronomischen und technologischen Wissen und seiner apparativen Umsetzung zeigt auch die bereits erwähnte Passage bei Cicero an, in der er den pädagogischen Wert der aus Syrakus erbeuteten Globen des Archimedes hervorhebt, die sich noch 120 Jahre nach ihrer Überführung nach Rom im Besitz der Familie der Marcelli befanden und zu Lehrzwecken verliehen wurden.

Außerdem erreichten weiterhin Zeitmesser Rom als Beutegut aus dem eroberten Osten: So berichtet u. a. Plinius nat. 37. 17 von einer Uhr, die Pompeius in seinem dritten, sagenhaften Triumph nach der Eroberung von Pontus im Jahr 62 v. Chr. mitführt.[776] Sie bildet die Spitze einer aus Perlen gefertigten Musengrotte und wird im selben Abschnitt des Zuges mitgeführt wie ein Globus mit der Aufschrift: „Über die ganze Welt“. Direkter als zuvor mit der Aufstellung der in Rom fehlerhaften Anzeige der Beuteuhren – ‚Sie kommen von so weit her, dass dort sogar die Sonne anders steht‘ – wird hier mit den Instrumenten der durch den militärischen Sieg legitimierte römische Herrschaftsanspruch über den Erdkreis formuliert. In der bizarren apparativen Umsetzung – was soll in der Praxis eine Sonnenuhr aus Perlen sein? – kennzeichnet die materielle Übersteigerung, welche die praktische Nutzung des Instruments überlagert, die unermessliche Wertschätzung des Symbols Sonnenuhr: Überall, wo die Sonne auf- und untergeht bzw. solange wie die Sonne auf- und untergeht, ist Rom. Zeigen früher erbeutete Uhren die zeitliche Andersartigkeit fremder, weit entfernter Orte an wie beispielsweise die ausgefallene Vertikaluhr Rom 2, deren einzige Parallele aus Delos bekannt ist – und werden auch im sog. Antikythera-Mechanismus verschiedenartige Kalender-Systeme synchronisiert, so bildet schon an diesen Zeitmessern die Ebene der konkreten, wissenschaftlich begründbaren Zeitanzeige in Rom die Voraussetzung für ihren Einsatz als Träger abstrakter Inhalte, die eng mit dem römischen Herrschaftsanspruch verbunden werden.

In diesem Zusammenhang lässt Ciceros Kommentar zu den Instrumenten des Marcellus erkennen, dass trotz der mittlerweile hohen Anzahl von astronomischen Instrumenten in Rom die von diesen alten Geräten veranschaulichten Kenntnisse hoch geschätzt und gelehrt wurden. Und noch in Vitruvs hierarchischer Ordnung der wissenschaftlichen Disziplinen nimmt die Astronomie bzw. Gnomonik den höchsten Stellenwert ein. Plinius hebt an der Wasseruhr auf dem Forum ausdrücklich die Präzision ihrer tagesgenauen Anzeige hervor, und ist das Interesse an astronomischen Gerät im 2. und frühen 1. Jh. v. Chr. auf die Schwierigkeit der Synchronisation des alten römischen lunaren Kalendersystems mit solaren Systemen zurückzuführen, die erst mit der caesarischen Kalenderreform des Jahres 46 v. Chr. weitgehend überwunden wurden.[777]

Wird in Athen der Zeitdiskurs in anderen Medien überwiegend auf theoretischer Ebene geführt, so dass Zeitmesser als dreidimensionale Modelle der Erkenntnisse zwar konstruiert, aber nur eingeschränkt zur Taktung von Handlungssträngen praktisch eingesetzt wurden, so ist im republikanischen Rom Zeitmessung als Garant städtischer Institutionen auch Anzeichen dauerhaft gültiger sozialer Normen. Wird in Athen in Form des Turmes der Winde naturwissenschaftlich begründete Zeitordnung noch vorgeführt, wird sie in Rom mit der Forumsuhr angewandt.

---

775 Diels 1920, 226.

776 Cass. Dio 37, 21, 1 und 37, 21, 2. Zu den Umständen des Triumphs vgl. K. Christ, Pompeius. Der Feldherr Roms (München 2004) 94–103.

777 Hannah 2005, 112–114. Die Maßnahme Caesars war nicht unumstritten, wie der Kommentar Ciceros zur Kalenderreform erkennen lässt, indem er fragt, ob Caesar nun auch noch den Sternen befehlen wollen. vgl. Rüpke 2006, 117 mit Verweis auf Plut. 59. 3.

Die in Rom bereits über 300 Jahre hinweg zu verfolgende Tradition der Stiftung von erbeuteten Zeitmessern erfährt ihre höchste Steigerung, Umdeutung und wohl auch ihren Abschluss mit der Aufstellung des Obelisken auf dem Marsfeld im Jahr 10/9 v. Chr. Laut der lateinischen Stiftungsinschrift weiht Augustus als Pontifex Maximus den Obelisken als Beute aus dem Sieg über Ägypten an Sol. Der aus seinem ursprünglichen Kontext herausgelöste, auf dem Marsfeld nun einzeln wiederaufgestellte Granitpfeiler wird nach Plinius, nat. 36, 72 von Augustus einem *mirabilis usus* zugeführt, indem er ihn als monumentalen Zeiger einer vom Mathematiker Novius Facundus – nun erstmals wohl kein griechischer Astronom – eigens für den neuen Standort berechneten, großflächigen kalendarischen Anzeige einsetzt. Die von diesem Staatsmonument geleisteten Aussagen liegen somit auf unterschiedlichen Ebenen: Einerseits knüpft die Aufstellung an die jahrhundertealte römische Tradition der Siegesmonumente an, die jedoch in Größe und Aufwand alle früheren Stiftungen dieser Art – selbst die Perlenuhr des Pompeius – in den Schatten stellt.[778] Außerdem untersteht die zeitliche Jahresgliederung in Rom nun unmittelbar dem Princeps in seiner Funktion als Pontifex Maximus. Auf diese Weise bezeugt der ewige Kreislauf der Sonne die somit naturgewollte römische Herrschaft über den Erdkreis, deren ewige Gültigkeit der Schattenlauf auf dem technologisch anspruchsvollen Meridian an jedem Tag des Jahres anzeigt. So stellt Augustus sich in diesen Jahren, in denen das lange Ringen um eine überregional gültige Kalenderordnung ihren Abschluss findet, als Hüter einer kosmischen Zeitordnung dar, die scheinbar auf aus Griechenland übernommenen, wissenschaftlichen Regeln basiert: So sind die Beischriften des Meridians wie auf den früh nach Rom verschleppten Zeitmessern auf griechisch verfasst, sind die für die römische Praxis bedeutungslosen Etesien ausgewiesen und folgt die Einteilung der Skala nicht den Tagen des bürgerlichen Kalenders, sondern der Aufteilung des solaren Jahres in 360 Grad. Die auf den ersten Blick eigenwillige Kombination von aus unterschiedlichen Zeitsystemen abgeleiteten Daten – astronomische, astrologische wie klimatische – zeigt hier in logischer Abhängigkeit zum Sonnengestirn die Vereinigung der bis dato in Rom wie auch vormals in Athen institutionell und räumlich streng geschiedenen zeitlichen Ordnungssysteme in der Person des Kaisers – Konsul und Pontifex zugleich – an. Unmittelbar wird damit die in diesen Jahren viel beachtete Unordnung des römischen Kalenders beendet und diese indirekt mit der vormaligen Trennung der Instanzen begründet. Die scheinbare Ambivalenz der vom Meridian angezeigten und von Augustus gestifteten Zeitordnung ist also bewusster Bestandteil eines Konzepts, das nicht nur für die moderne Forschung Ausdeutungen in verschiedene Richtungen zulässt, die zwischen den Polen von astronomischer und astrologischer – also politischer und religiöser Zeitordnung angesiedelt sind. Der damit verbundene, nur der Sonne unterstellte Herrschaftsanspruch wird nicht auf Rom beschränkt, sondern anschaulich in der Kombination von ägyptischen, griechischen und römischen Schriftsystemen, sowie von Granit, Bronze und Travertin auf den gesamten Erdkreis bezogen. Der Meridian (sic!) liegt aber in Rom, hier befindet sich das Zentrum dieser neuen Weltordnung.

Dient der Meridian auf dem Marsfeld als Scharnier an der Schnittstelle der von Augustus-Mausoleum und Pantheon definierten Achse mit der Ara Pacis, so ist er in ein Raumkonzept eingebunden, das reichsweit den dauerhaften Herrschaftsanspruch der iulisch-claudischen Dynastie demonstriert, der durch die Einbeziehung des Zeitweisers ganzjährig von der Sonne selbst legitimiert wird. Sollten weitere Untersuchungen die These Robert Hannahs bestätigen, dass der durch das Opaion des Pantheon einfallenden Sonnenstrahl innerhalb des Gebäudes bewusste astronomische Bezüge zum Geburtstag des Princeps schafft,[779] so wäre das von der Ara Pacis angezeigte goldene Zeitalter über Leben und Tod des Herrschers hinaus auf die von ihm als Sol ewig gelenkte Zeitordnung zurückgeführt, die konkret mit der Kalenderreform und deren reichsweiter Gültigkeit erzielt wurde. Hier wird die Welt in Ordnung gebracht, und diese Ordnung garantiert den dauerhaft friedlichen Bestand des Reiches – und diese Leistung ist dem gottgleichen Herrschers zu verdanken.

---

778 A. Wiersching, How the Obelisks Reached Rome: Evidence of Roman Double-Ships, IntJNautA 29.2, 2000, 273–283.
779 Hannah 2009, 145–156.

Wird allen römischen Bürgern auf dem Marsfeld die Funktion der Zeitmesser als Mittler zwischen politischer und religiöser Weltordnung vorgeführt, so wurden sie an anderer Stelle innerhalb des Stadtgebiets wesentlich konkreter als Garanten dieser normativen Ordnung erfahren: Konnte zuvor bereits anhand der Tabulae Pompeianae Sulpiciorum nachvollzogen werden,[780] wie eng Rechtsgeschäfte und prozessuale Handlungen auf Fora ganzjährig an Uhrzeiten gebunden waren, so beziehen sich einige der Urkunden dieser Sammlung auf Bürgschaften, die auf dem Augustusforum verhandelt wurden:

In vier Vadimonia Romam (TPSulp 13–15; TPSulp 27) und in der einzigen Testatio Sistendi (TPSulp 19) ist der gewählte Verhandlungsort das Augustusforum. Als Treffpunkte dienen dort Altäre und Bildnisstatuen: In drei Fällen befindet sich (TPSulp 13; 14; 27) der Ort der Verhandlung *ante statuam Cn. Senti Saturnini triumphalem*, also jener Ehrenstatue, die 44 n. Chr. für Cn. Sentius Saturninus, cos. ord. im Jahr 41 n. Chr., für seine bedeutende Rolle im Vorjahr während der Eroberung Britanniens errichtet wurde (vgl. Eutrop. 7. 13. 2); indes wird in TPSulp 15 *ante aram Martis Ultoris proxume gradus* verhandelt, also vor jenem Altar, der in die Treppenaufgänge des Mars-Ultor Tempels eingefügt ist. Schlussendlich wird in TPSulp 19 vom 30. Januar 40 n. Chr. *ante statuam Gracc(h)i ad columnam quartam proxume gradus* geurteilt. Hier wird eine jener zahlreichen Marmorstatuen der summi viri aus republikanischer Zeit erwähnt, genauer die des Ti. Sempronius Gracchus,[781] Konsul in den Jahren 177 und 163 v. Chr., der Vater der Gracchen, mit denen Augustus sein Forum als ideologische Zeichen schmückte.

Die Dokumente lassen darauf schließen, dass auf dem Augustusforum – und wahrscheinlich bereits auf dem Forum Iulium –[782] ein Zeitmesser vorhanden war, der technologisch in Form der von Vitruv so ausführlich beschriebenen anaphorischen Wasseruhr umgesetzt worden sein muss. Weder am einen noch am anderen Ort ist die Nachricht sicher mit einem archäologischen Befund zu verknüpfen: Grundsätzlich lassen die Stiftungen von Zeitmessern auf Fora erkennen, dass die Wasseruhren durchwegs innerhalb der Platzanlagen aufgestellt waren – in hellenistischer Zeit wohl überwiegend in den umgebenden Hallen, seit dem 1. Jh. v. Chr. zunehmend in separat zu diesem Zweck errichteten Anbauten bzw. freistehenden Kleinarchitekturen. Häufig sind sie in der Nähe der Zugänge anzutreffen. Überträgt man diese Maßgaben auf die räumliche Situation des Augustus-Forums,[783] so kommen als Aufstellungsort für die Wasseruhr nur zwei Bereiche in die engere Wahl: Entweder – und dafür spricht auch die Lage der Amtslokale der Richter in den seitlichen Exedren – sind mit ihr jene nicht näher bestimmten hydraulischen Installationen am Fuß beiderseits des Aufgangs zum Mars-Ultor-Tempel zu verbinden (Abb. 98: X) –[784] oder, weniger wahrscheinlich, sie befand sich innerhalb jenes Torbaus, der den Übergang zum Forum Iulium bildete. Jedenfalls gab die Uhr den zeitlichen Rahmen für alle auf dem Platz angesiedelten Amtsgeschäfte sowie für die Demonstration der reichhaltigen inhaltlichen Bezüge der architektonischen Gestaltung und statuarischen Ausstattung des Platzes vor. Indes werden auf dem Forum Romanum fortan keine Uhren mehr aufgestellt: Die Fasti (consulares) Capitolini und die Fasti triumphales

---

780 Hier Kapitel VII 2.

781 Zur Lage M. Sehlmeyer, Stadtrömische Ehrenstatuen der republikanischen Zeit (Stuttgart 1999) 150 f.: möglicherweise handelt es sich um dieselbe Statue, die vormals am Forum auf dem Weg zum Haus seines Sohnes Gaius aufgestellt war, vgl. Plut. CG 14, 4–5.

782 T. Hastrup, Forum Iulium as a Manifestation of Power, AnalRom 2, 1962, 45–61. Dafür sprechen auch die zahlreichen voraugusteischen Aufstellungen von Uhren auf Fora, vgl. Kapitel VII 2.

783 E. Carnabucci, Forma e funzione del foro di Augusto, in: R. Meneghini – R. Santangeli Valenzani (Hrsg.), Scavi di Fori Imperiali. I foro die Augusto (Rom 2010) 103–139. Zu der nach neueren Untersuchungen veränderten Eingangssituation: dies., I fori imperiali. Gli scavi del Comune di Roma (1991–2007) (Rom 2007) 92–99.

784 Zum Befund J. Ganzert, Der Mars-Ultor Tempel auf dem Augustusforum in Rom (Mainz 1996) passim und E. La Rocca, La nuova immagine die fori imperiali. Appunti in margine agli scavi, RM 108, 2001, 171–263 (mit weiterer Literatur). Zu zeitlichen Bezügen der Anlage auf anderen Ebenen: R. Hannah, The Temple of Mars Ultor and 12 May, RM 104, 1997, 527–535.

am Augustusbogen, die in lückenloser Folge alle Konsuln und Triumphatoren auflisten, verweisen im Jahr 19 v. Chr. deutlich auf den Abschluss der früheren Entwicklung, die sie in den Bereich der historischen Vergangenheit rücken.[785]

Bleibt die Konzeption auf dem Marsfeld einzigartig, so übernimmt das Augustusforum (möglicherweise auch schon das Forum Iulium) im Reich eine Vorbildfunktion für viele Platzanlagen –[786] und dies betrifft wohl auch die Aufstellung von Wasseruhren, die fortan zum festen Bestandteil römischer Fora in den Provinzen werden. Ihre enge Verbindung mit dem Herrscher als Zeitgeber äussert sich außerhalb Roms in mehreren kaiserlichen Baustiftungen bzw. Widmungen an den Kaiser. Dass sich diese Entwicklung zwar als Rezeption in der Provinz niederschlägt, in Rom hingegen nicht, liegt einerseits am archäologisch unspezifischen Befund der Wasseruhren, die auch in den Provinzstädten nur anhand von Stiftungsinschriften erkannt werden konnten: Übernehmen im Reich überwiegend Vertreter der munizipalen Führungsschicht die Aufgabe, Uhren zu errichten, zu betreiben und zu reparieren, so folgen sie damit dem Vorbild des Kaisers in Rom. Hier sind Zeitmesser jedoch Teil der großen kaiserlichen Bauprogramme und deshalb nicht unmittelbar greifbar –[787] und eben auch nicht archäologisch nachweisbar.

Die symbolgeladene Atmosphäre des Marsfeldes – mit dem Amalgam aus astronomischen und astrologischen Bezügen, mit denen wissenschaftliche, politische und religiöse Inhalte umgesetzt werden, ist Voraussetzung für die fortan vielfältigen, mit Zeitmessern verbundenen Assoziationen im privaten Raum. Diese werden typologisch besonders eng von den Sonnenuhren mit horizontalem Zifferblatt umgesetzt, die wie Rom 13 und 14 in eine Windrose eingeschrieben sein können. Dieses neue Verständnis von Zeitmessern erreicht um die Zeitenwende auch andere Reichsgebiete und überlagert dort v. a. im privaten Raum frühere mit den Instrumenten verbundene Inhalte. Diese Entwicklung führt zur dichten überregionalen Verbreitung von Uhren, mit der auch Senecas Kommentar in der Apocolocynthosis 2,2 zu verbinden ist: es sei leichter, Übereinstimmung zwischen zwei Philosophen als unter zwei Uhren zu erzielen.

In Rom lässt sich die weitere kaiserzeitliche Entwicklung von Zeitmessern nur punktuell erfassen:

Von der augusteischen Zeitpolitik wurde offenbar für den Umgang mit der Dimension Zeit ein Standard gesetzt, der als Garant für den Fortbestand des Reiches empfunden wurde – und wovon Maßnahmen zur Reparatur und zum dauerhaften Betrieb der Uhren zeugen. Dazu zählt auch die Reparatur des Meridians auf dem Marsfeld – wahrscheinlich unter Domitian: Der Zeitweiser sollte die Zeit weiterhin korrekt anzeigen. Mit Domitian sind möglicherweise auch die letzten Aufstellungen von erbeuteten Zeitmessern in Form der ptolemäischen Wasseruhren aus Diorit im Iseum Campense zu verbinden.[788] Hingegen wird der intensive, öffentlich geführte Diskurs um Zeitmessung

---

785 A. Degrassi, Inscriptiones Italiae vol XIII.2 (Rom 1963) 112.

786 P. Gros, Le ‚modèle' du forum d'Auguste et ses applications italiques où provencales. État de la question après les derniers découverts, in: M. Navarro-Caballero – J. M. Roddaz (Hrsg.), La transmission de la ideologie imperiale dans l'Occident Romain (Bordeaux 2001) 115–127 und am Beispiel: W. Trillmich, Gestalt und Ausstattung des „Marmorforums" in Merida: Kenntnisstand und Perspektiven, MM 36, 1995, 269–291.

787 Die erforderlichen hydraulischen Voraussetzungen liegen auf allen Kaiserfora und Märkten vor, die eindeutige Zuordnung eines Befundes an eine Wasseruhr gelingt hingegen bislang nicht: I. Köb, Rom – Ein Stadtzentrum im Wandel. Untersuchungen zur Funktion und Nutzung des Forum Romanum und der Kaiserfora in der Kaiserzeit (Hamburg 2007) passim. In diesem Zusammenhang sind mehrere Arbeiten aufschlussreich, die in den vergangenen Jahren die erforderliche Kommunikation zwischen Princeps und Senat, auch zur Umsetzung von repräsentativen Bauprogrammen differenziert darstellten: G. Weber – M. Zimmermann, Propaganda, Selbstdarstellung und Repräsentation. Die Leitbegriffe des Kolloquiums in der Forschung zur frühen Kaiserzeit, in: G. Weber – M. Zimmermann (Hrsg.), Propaganda – Selbstdarstellung – Repräsentation im römischen Kaiserreich des 1. Jhs. n. Chr. (Stuttgart 2003) 11–40 und zusammenfassend: M. Bergmann, Repräsentation, in: A. H. Borbein – T. Hölscher – P. Zanker (Hrsg.), Klassische Archäologie. Eine Einführung (Berlin 2000) 166–188, bes. 171–173.

788 Im Überblick: H. Knell, Bauprogramme römischer Kaiser (Mainz 2004) 125–167 und hier Übersicht zur Betriebsdauer Abb. 74 S. 184.

nach Augustus nicht fortgesetzt: Dieser findet mit der Kalenderreform des Jahres 9 v. Chr. und der Rolle des Princeps als Pontifex Maximus als Hüter der Zeit nun dauerhaft ihren Abschluss.

Außerhalb Roms wird in dieser Phase die von öffentlichen Amtsträgern getragene, weite regionale Verbreitung von Zeitmessern intensiv vorangetrieben:[789] So ist davon auszugehen, dass wohl in jedem Municipium des Reiches zu Ende des 1. Jhs. n. Chr. ein Zeitmesser aufgestellt war und sich häufig in Wohnhäusern von Mitgliedern der municipalen Führungsschicht ein Instrument befand. Wie präzise die Uhr ging, war dabei oft sekundär, wichtig war, dass die Wasseruhr auf dem Forum lief bzw. die Sonnenuhr im Garten des Patrons gesehen wurde und somit den von zeitlichen Normen garantierten Fortbestand der ewig gültigen Reichsordnung anzeigte. Der konkrete Einsatz von Zeitmessern war zur Wahrung der sozialen Normen fortan aus vielen Lebensbereichen nicht mehr weg zu denken. Voraussetzung für diese, über die Kerngebiete der antiken Welt weit hinausreichende Verbreitung der Instrumente sind die von Claudius Ptolemaios im Hauptteil der Geographica 2,2 – 7,4 vorgelegten Listen mit den Breitengraden von 8100 Orten, auf deren Grundlage die Konstruktion von Zeitmessern in Kombination mit den als Analemma verbreiteten Anleitungen erheblich erleichtert wurde.[790] Überhaupt hat es in der Summe der Zeugnisse den Anschein, als habe man vor Augustus eine Ordnung der Dimension Zeit angestrebt, verfolgte seitdem aber aufgrund des Anspruchs auf die Weltherrschaft zunehmend die Erfassung des (eroberten) Raumes: So initiierte schon M. Vipsanius Agrippa annähernd zeitgleich mit der Errichtung des Meridians auf dem Marsfeld, in der Nähe der Ara Pacis an der Via Flaminia den Bau der Porticus Vipsania, von der Plinius nat. 3, 17 berichtet, dass in ihr der gesamte Erdkreis gezeigt werde, und erwähnt Varro Res rust. 1, 2, 1 eine zweite Darstellung dieser Art in der Vorhalle des Tellus-Tempels. Ist für beide Fälle umstritten, in welcher Form diese Präsentationen zeichnerisch umgesetzt wurden,[791] liegt erst mit der severischen Forma Urbis, die öffentlich an den Wänden des Templum Pacis ausgestellt war, ein kartographisches Bild der Stadt im Maßstab 1:250 vor.[792] Die hier angewandte normierte Raumerfassung findet sich an Reiseuhren der mittleren und späteren Kaiserzeit wieder, die gemessene Zeit zu unterschiedlichen Orten in Beziehung setzen.[793]

Zeigten in republikanischer Zeit fremde Zeitmesser in Rom indirekt auch die räumliche Ausdehnung der Zeitordnung an, so werden in der mittleren und späteren Kaiserzeit an fernen Orten Instrumente gemäß der stadtrömischen Zeitordnung aufgestellt; wurde in der früheren Situation die Notwendigkeit von überregional gültiger Zeitordnung vor Augen geführt, wird sie in der späteren räumlich umgesetzt. Zeitmesser sind somit Indikatoren für den weitreichenden Einfluss der römischen Kultur, die vorbildhaft von der Person des Kaisers ausgeht: Als Pater Patriae erhebt er den Anspruch auf die Herrschaft über den gesamten Erdkreis, der in zeitlicher Ordnung vereint ist; sein Medaillon umschließt die überregional gültigen Zeitscheiben der Reisuhren Aquileia 12, Rom 8 und 9. Außerdem sind ihm die Uhren Aphrodisias 3°, Mayen 1*, Apulum 1* und Uchi Maius 1* gewidmet. Gegenüber dem von unterschiedlichen Bevölkerungsgruppen getragenen Bemühen um Verbreitung und Fortbestand der vom Herrscher ausgehenden, auch zeitlichen Reichsordnung

---

789 K.-J. Hölkeskamp, Herrschaft, Verwaltung und Verwandtes. Prolegomena zu Konzepten und Kategorien, in: R. Haensch (Hrsg.), Herrschen und Verwalten: der Alltag der Administration in der hohen Kaiserzeit (Köln 2007) 1–18.

790 F. Mittenhuber, Text und Kartentradition in der Geographie des Klaudios Ptolemaios. Eine Geschichte der Kartenüberlieferung vom ptolemäischen Original bis in die Renaissance. Bern Studies in the History and Philosophy of Science 10 (Bern 2009) und ders., The tradition of texts and maps in Ptolemy's Geography, in: A. Jones (Hrsg.), Ptolemy in Perspective. Use and Criticism of his Work from Antiquity to the Nineteenth Century. Archimedes 23 (New York 2010) 95–119.

791 Gegenüber stehen sich die Positionen von C. Hänger, Die Karte des Agrippa, in: M. Rathmann (Hrsg.), Wahrnehmung und Erfassung geographischer Räume in der Antike. Kongress Bonn 2005 (Mainz 2007) 135–142 und den Befürwortern der Itinerarien, vgl. Anm. 236.

792 E. Rodriguez-Almeida, Forma urbis marmorea; aggiornamento generale 1980 (Rom 1981) und die umfassenden bibliographischen Angbaen auf http://formaurbis.stanford.edu/docs/FURbiblio.html (zuletzt gesichtet 12.3.2012) und demnächst ausführlich J. Trimble.

793 Kapitel II 3.2.

werden Zeitmesser vom Kaiserhaus nicht länger zur Formulierung repräsentativer Inhalte eingesetzt; vielmehr hat es den Anschein, als seien dafür fortan andere Mittel gewählt worden.[794]

Wie grundlegend Zeitmessung das persönliche Bewusstsein eines römischen Bürgers prägte, lässt sich besonders gut am epigraphischen und archäologischen Material aus Rom ablesen, wo Zeitmesser – und zunehmend auch Bilder von Sonnenuhren – fortan im privaten Bereich verbreitet sind: Dienen sie im Haus konkret zur Einhaltung sozialer Normen und versinnbildlichen den Bildungsanspruch des Besitzers, werden mit ihnen am Grab zunächst Tugenden von Bildung und Weisheit, bald aber auch Vorstellungen von dauerhafter Erinnerung und ewiger Glückseligkeit formuliert. Besonders am Grab lässt sich an der Entwicklung von der Aufstellung von Sonnenuhren bis hin zu ihrer mehrheitlichen Abbildung auf Sarkophagen verfolgen, wie in der späten Kaiserzeit bewusst auf die dem Betrachter bekannten früheren inhaltlichen Bezüge der Zeitmesser verwiesen wird: Kann Bildung und ewige Glückseligkeit zu Lebzeiten nicht erlangt werden, so wird sie im Jenseits in Aussicht gestellt. Dass die meisten dieser ausschließlich stadtrömischen Bilder in der Zeit der Reichskrise entstehen, indes zeitgleich in Rom keine realen Instrumente mehr aufgestellt werden, während in Konstantinopel ihre Produktion fortgesetzt wird und sogar neue Typen entwickelt werden, muss wohl als eine unmittelbare Auswirkung dieser politischen Wende angesehen werden. Haben die hellenistischen städtischen Zentren als Orte der Entwicklung von Zeitmessern – also der naturwissenschaftlichen bzw. insbesondere der mathematischen Kenntnisse um die Dimension Zeit – und Rom als Stadt der Zeitmessung – somit als Ort der Beherrschung von Zeit – zu gelten, so ist diese hier sowohl unmittelbar als auch im metaphorischen Sinn derart eng mit dem Herrscher verbunden, dass die Instrumente in dem Moment in Rom an Bedeutung verlieren, als sich das Zentrum der Macht nach Konstantinopel verlagert. Hier wird fortan die frühere Tradition nahtlos fortgesetzt und liegt der Ausgangspunkt für die nachantike Instrumentengeschichte.

---

794 M. Bergmann, Der Koloss Neros, die domus aurea und der Mentalitätswandel im Rom der frühen Kaiserzeit, TrWPr 13 (Mainz 1994); dies., Die Strahlen der Herrscher: Theomorphes Herrscherbild und politische Symbolik im Hellenismus und der römischen Kaiserzeit (Mainz 1998) bes. 40–57.

Eva Winter

Zeitzeichen

Urban Spaces

Band 2

Eva Winter

Zeitzeichen

Zur Entwicklung und Verwendung antiker Zeitmesser

Band 2

DE GRUYTER

Gedruckt mit finanzieller Unterstützung der VG Wort und des Mentoring-Programms der LMU München.

ISBN 978-3-11-028552-9
e-ISBN 978-3-11-028931-2
ISSN 2194-4857

Library of Congress Cataloging-in-Publication Data
A CIP catalog record for this book has been applied for at the Library of Congress.

Bibliografische Information der Deutschen Nationalbibliothek
Die Deutsche Nationalbibliothek verzeichnet diese Publikation in der Deutschen Nationalbibliografie; detaillierte bibliografische Daten sind im Internet über http://dnb.dnb.de abrufbar.

Satz: Medien Profis GmbH, Leipzig
Druck und Bindung: Hubert & Co. GmbH Co. KG, Göttingen
Gedruckt auf säurefreiem Papier
Umschlagabbildung: Sonnenuhr Leptis Magna (siehe Kat. 3.1)
Printed in Germany

MIX
Papier aus verantwortungsvollen Quellen
FSC® C016439

www.degruyter.com

Inhalt

IX Zeitmesser im Einzelnen – Katalog

Der Katalog umfasst Materialien zur antiken Zeitmessung. Dazu zählen v. a. Instrumente, die Zeiträume von wenigen Minuten bis zu einem Jahr anzeigen und somit unterschiedlichen funktionalen bzw. technologischen Typen zuzuordnen sind. Ergänzend wurden außer diesen Objekten auch Inschriften in die Materialsammlung aufgenommen, die auf die Aufstellung eines Zeitmessers zu beziehen sind. Somit setzen sich die im Katalog zusammengestellten Primärzeugnisse aus Instrumenten und Inschriften zusammen, die in einheitlicher Form dokumentiert wurden.

Alle Zeugnisse sind in der alphabetischen Folge der in der Literatur gebräuchlichen antiken Namensgebung ihrer Fundorte geordnet. Ist der antike Ortsname unbekannt oder die Benennung des Fundorts innerhalb der historischen Topographie unsicher, so wird der Eintrag unter der modernen Bezeichnung geführt. Außerdem wurde der Fundort zur leichteren Übersicht aufgrund der diachronen Verteilung des Materials nicht einer antiken Landschaft, sondern einem modernen Staatsgebiet zugeordnet.

Die Lemmata folgen dem Aufbau von Inventarnummer, Typus, Material und Maßen, um das Stück eindeutig zu identifizieren. Wenn der Fundort nicht dem Aufstellungsort entspricht und somit kein kontextueller Zusammenhang direkt bekannt ist, sind beide getrennt aufgeführt. Ist ein Kriterium mit dem Zeichen ~ gekennzeichnet, so wurde es aufgrund der überlieferten Angaben erschlossen. Die Beschreibung stellt alle Merkmale des Zeitmessers vor, also sowohl die funktional-technischen wie die ästhetisch-stilistischen Kriterien. Eigene mathematische Untersuchungen wurden an den Instrumenten nicht durchgeführt.

Leerstellen innerhalb des Katalogs zeigen an, dass die jeweilige Information nicht vorliegt. In Ausnahmefällen erwiesen sich auch kontextlose Zeitmesser für die eine oder andere Fragestellung als so aussagekräftig, dass diese Objekte – vorrangig Reiseuhren und Klepsydren – in der Rubrik ‚Fundort unbekannt' geführt wurden.

Zahlreiche Instrumente dienen als Inschriftenträger bzw. sind isoliert aufgefundene Inschriften zweifelsfrei Uhrendenkmälern zuzuweisen, so dass diese entweder gemeinsam mit dem Zeitmesser bzw. als separater Eintrag erscheinen. Alle Inschriften werden im Originaltext zitiert und übersetzt. In einigen Fällen war es unmöglich, vollständige Angaben zu Format und Gestaltung des Inschriftenträgers zu leisten, weil von vielen Inschriften bislang ausschließlich der Text dokumentiert wurde.

Wenn nicht anders vermerkt, beziehen sich alle Angaben auf die Maßeinheit cm.

Aus der Summe aller Informationen zu einem Stück wird abschließend eine Datierung vorgeschlagen. Sind von einem Fundort mehrere Zeitmesser bekannt, so wurden sie innerhalb des Lemmas chronologisch geordnet.

Das jeweilige Zeugnis wird in den auswertenden Kapiteln mit der Katalognummer ausgewiesen, die sich aus Ortsnamen und Katalogziffer zusammensetzt. Werkstattzusammenhänge zwischen mehreren Uhren sind gekennzeichnet, indem auf die Katalogziffer das Zeichen ^ und eine weitere Katalognummer folgt.

Unter dem Stichwort ‚Literatur' werden jene Belegstellen aufgeführt, die sich unmittelbar auf das jeweilige Objekt beziehen. Dabei wurde versucht, sich auf die wichtigste bzw. zuletzt erschienene Literatur zu beschränken. In den auswertenden Kapiteln wird die Literatur zum Einzelstück nicht erneut genannt, sondern jeweils auf die Katalognummer verwiesen. Um die Handhabung des Katalogs zu erleichtern, wurde in diesem Teil auf Fußnoten verzichtet.

Die vorgelegte Materialsammlung strebt keine Vollständigkeit an, sondern soll zur Erschließung dieser Objektgruppe beitragen und als repräsentative Grundlage für die hier verfolgte Fragestellung dienen.

Abu Mina

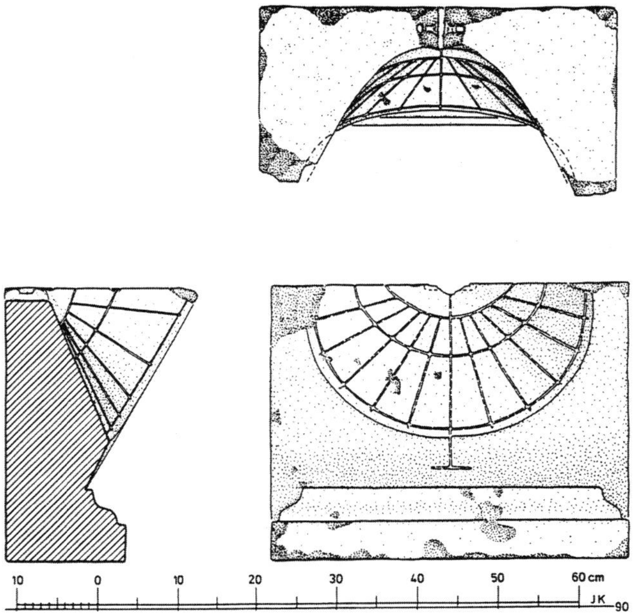

Abu Mina 1

1.

AO/Inv. Nr.: Alexandria, Museum Inv. Nr. P 127
Typ/Mat.: S konisch / Nummulith (Kalksandstein aus Oberägypten)
Maße: H 34,6 B 44,6 T ca. 25
FO: Nordwestseite des Hauptplatzes von Abu Mina, dort sekundär als Bogenstein in einem der Kellergewölbe gemeinsam mit einem Fragment des ursprünglichen Sockels verbaut; beide Steine können deshalb nicht von weither verschleppt worden sein.
Aufstellung: nahe des Eingangs zum großen Xenodocheion, Forum
B: Das Zifferblatt der gut erhaltenen Uhr ist in elf Stundenlinien unterteilt, die drei Bogenlinien kreuzen. Nur der Meridian wurde bis an das ausgebrochene Gnomonloch bzw. bis an den Rand des Schattenkreises heran verlängert, alle anderen Linien enden an den Wendelinien. Das konisch geformte Zifferblatt reicht noch etwa 1 cm über die Winterwendlinie hinaus, bevor der Uhrenkörper im Querschnitt als schräge Fläche zurücktritt. Ein kurzer Strich, der sich in diesem Bereich in der Verlängerung des Meridians befindet sowie eine kurze waagerechte Quermarke am Endpunkt der Linie unterhalb des Zifferblatts werden von J. Kosciuk als Konstruktionsmarken gedeutet.

Unterhalb des Uhrenkörpers schließt sich eine durchgängig profilierte Basis an, die mit einer ca. 5 cm breiten, glatten Standleiste abschließt. Kosciuk erwähnt, dass in der Nähe des Fundorts der Uhr ein separat gearbeiteter Block freigelegt wurde, den er aufgrund von übereinstimmenden Maßen und Material als Sockel der Uhr erkennt. Die gemeinsame Wiederverwendung von Uhr und Sockel als Baumaterial in einem sekundären Kontext wertet er ferner als Hinweis dafür, dass beide Blöcke ursprünglich in der unmittelbaren Umgebung des Fundorts aufgestellt waren, nämlich im Bereich des Haupteinganges des sog. Xenodocheions im Norden der Platzanlage.

Die Berechnungen von M. Hüttig und von Kosciuk ergeben, dass die Uhr nicht für die Breite von Abu Mina, sondern für das ca. 50 km entfernte Alexandria konstruiert war, also offenbar zuerst dort aufgestellt war, bevor sie anschließend nach Abu Mina gelangte. Diese Theorie würde auch erklären, warum die Form des Basisprofils auf eine Entstehung im Laufe des 4. Jhs. n. Chr. hinweist, während die Baugeschichte der Nordseite der Platzanlage von Abu Mina die dortige Aufstellung vor der zweiten Hälfte des 6. Jhs. n. Chr. ausschließt.
Inschrift: keine
Datierung: im Verlauf des 4. Jhs. n. Chr. in Alexandria hergestellt, in der zweiten Hälfte des 6. Jhs. in Abu Mina wiederverwendet, spätestens seit 619 n. Chr. außer Betrieb

Literatur: J. Kosciuk, A Conical Sundial from Abu Mina, BACopt 31, 1992, 43–54; Locher 1995, 163; M. Hüttig, The Conical Sundial from Abu Mina – a Second Analysis, BACopt 37, 1998, 135–141; R. Anselmi, La meridiana conica di Abu Mina, Gnomonica 7, 2000, 15–17.

Ai Khanoum

Ai Khanoum 1

1.
AO/Inv. Nr.: Kabul, Archäologisches Nationalmuseum
Typ/Mat.: S sphärisch (Hemisphäre) / acht an-passende Fragmente / brauner Kalkstein
Maße: H 37,3 B 52 T 45,8
FO: Gymnasium, nordöstliche Ecke des Hofes, aus Zerstörungsschicht
Aufstellung: s. FO
B: Das sphärische Zifferblatt der Uhr wurde so in einen breitrechteckigen Block eingetieft, dass es etwa dessen obere Hälfte einnimmt. Der Schattenkreis ist in elf Stunden- und sieben Datumslinien eingeteilt; von den Stundenlinien verlaufen alle zwischen der ersten und letzten Datumslinie, nur die Mittagslinie wurde bis dicht an das ausgebrochene Gnomonloch heran verlängert.

Im Querschnitt weicht der Uhrenkörper unterhalb des Schattenkreises als ebene Fläche bis an die Schattenfuge zurück und tritt anschließend wieder zur Basis hin vor. Dieser Bereich wird auf der Vorderseite von stilisierten Tierbeinen begrenzt, die in zweizehigen Tatzen enden. Deutlich sind anatomische Details wie Adern und Gelenke ausgearbeitet, wie sie beispielsweise auch an einem Tischfuß aus Apollonia zu sehen sind (vgl. H. von Hesberg, Apollonia – Tischfüße und Beckenränder, AA 2010.1, 128–130 mit 129 Abb. 14 aus dem 2. oder frühen 1. Jh. v. Chr.). Unterhalb der Tatzen sind die Fragmente bestoßen, ursprünglich schloss wohl eine etwa 5 cm hohe Standleiste den Uhrenkörper ab. Die Seitenflächen der Uhr sind undekoriert.

In Verlängerung der Meridianlinie befinden sich auf der Rückseite des Blocks strichförmige Kerben, die Veuve als Konstruktionsmarken deutet.

Die obere, mittlere und untere Datumslinie sind Winterwende, Äquinoktien und Sommerwende zuzuordnen, und gemeinsam mit vier weiteren Linien gliedern sie das Jahr in zwölf gleichlange Zeitabschnitte, die den zwölf Monaten entsprechen. Veuve weist nach, dass dieses Messnetz für den Breitengrad eines Standortes etwa 147 km südlich von Ai Khanoum berechnet wurde.
Inschrift: keine
Datierung: vor 150 v. Chr. (Zerstörung des Gymnasions)
Literatur: P. Bernard, CRAI 1975, 193; ders., CRAI 1976, 299; ders., BEFEO 63, 1976, 45 Taf. 17 Nr. 2; Veuve 1982, 23–51; S. Veuve, Fouilles de Ai Khanoum 6. Le gymnase, Mémoires de la délégation archéologique française en Afghanistan 30 (Paris 1987) 14–18 zusammenfassend zum Baubefund; Hannah 2009, 87.

Ai Khanoum 2

2.
AO/Inv. Nr.: Kabul, Archäologisches Nationalmuseum
Typ/Mat.: S Sonderform / vier anpassende Fragmente / grauer Kalkstein
Maße: H 44,6 B 34,3 T 15
FO: Gymnasium, Zimmer 3, westliche Exedra 4, aus Zerstörungsschicht
Aufstellung: unbekannt, s. FO
B: Der Zuschnitt der Uhr ist einzigartig: In einen als Parallelogramm geschnittenen Block wurde ein Loch mit einem Dm von 22 cm gearbeitet, dessen zylindrische Innenfläche das Messnetz der Uhr aufnimmt. Dieses besteht aus elf Stunden- und drei Datumslinien und legt fest, dass die schmucklose Hauptseite nach Norden ausgerichtet gewesen sein muss.

Auffällig ist die erhebliche Abweichung zwischen der Ortsbreite von Ai Khanoum von 37°10' und der Rechnungsgrundlage der Uhr von 23°: Da die Uhr aus lokalem Kalkstein gearbeitet ist, vermutet Veuve, dass als Vorbild für die Berechnung ein Zeitmesser aus Syene diente. Die langanhaltende astronomische Tradition dieser Stadt ist aus den Schriftquellen gut belegt.

Wie der nur in diesem Stück überlieferte Uhrentypus antik bezeichnet wurde, ist ungewiss: Zurückzuweisen ist der Veuves Vorschlag, ihn *πλινθίς* zu nennen, weil der Begriff mit der hier gewählten Form des Zifferblatts nicht zu vereinbaren ist.
Inschrift: keine
Datierung: vor 150 v. Chr. (Zerstörung des Gymnasions)
Literatur: P. Bernard, CRAI 1976, 299–302; L. Janin, Un cadran solaire grec à Ai Khanoum, L'astronomie 92, 1978, 357–362; R. R. Rohr, A Unique Greek Sundial Recently Discovered in Central Asia, AstronSocCanada 74, 1980, 271–278; Veuve 1982, 23–51; Hannah 2009, 87.

Aisepos

1.
AO/Inv. Nr.: Aisepos in situ?
Typ/Mat.: S konisch? / Marmor
Maße: unbekannt
FO: Aisepos = Kad Dere, Heiligtum der Artemis Thermaia, Legrand sah das Stück in Panderma
Aufstellung: Heiligtum Artemis Thermaia
B: Legrand beschreibt das Fragment als Sonnenuhr und erkennt auf dem Schattenkreis Stunden- und Datumslinien. Außerdem dokumentiert er Fragmente von Beischriften, welche die Datumslinien ausweisen. Über die Anordnung der Buchstaben und die weitere Gestaltung des Stückes ist

nichts bekannt. Sollte Legrand die zweite Zeile korrekt gelesen haben, dann könnte die Schreibweise τροπ]εί tendenziell ein Hinweis auf die eher späte Entstehung des Stücks.
Inschrift: [ἰ]σημερία | τροπ]εί θερι[νή]
Datierung: 3. Jh. n. Chr.?
Literatur: P.-E. Legrand, Inscriptions de Mysie et de Bithynie, BCH 17, 1893, 547 Nr. 39; IMT Aisep/Kad Dere 1175.

Aletrium

1.
AO/Inv. Nr.: Alatri, Museo Civico, CIL I² 1529 = ILS 5348 = ILLRP 528 = CIL X 5807
Typ/Mat.: Stiftung *horologium* / Kalkstein
Maße: unbekannt
FO: Alatri, Kirche St. Maria als Baustein
Aufstellung: Macellum
B: Aufgrund von zahlreichen Gebäudestiftungen des Lucius Betilienus an die Stadt Aletrium genehmigt der Senat die öffentliche Aufstellung einer Ehrenstatue.

Die Inschrift, die nach Lassère noch im 2. Jh. v. Chr. entstand, ist einer der frühesten Belege für die privaten Stiftung eines öffentlichen Horologiums. Der Zeitmesser erfüllte hier wahrscheinlich eine Ordnungsfunktion, am ehesten auf dem Forum der Stadt. Ob es sich in diesem Zusammenhang um eine Sonnen- oder Wasseruhr handelt, ist der Formulierung nicht zu entnehmen.
Inschrift: L(ucius) Betilienus L(uci) f(ilius) Varus | haec quae infera scripta | sont, de senatu sententia | facienda coi|ravit semitas | in oppido omnis porticum qua | in arcem eitur campum ubei | ludunt horolo|gium macelum, | basilicam calecandam seedes | [l]acum balinearium, lacum ad | [p]ortam aquam in opidum adqu(e) | arduom pedes CCCX fornicesq(ue) | fecit, fistulas soledas fecit. | Ob hasce res censorem fecere bis, | senatus filio stipendia mereta | ese iousit populusque | statuam donavit Censorino.

„L(ucius) Betilienus Varus, Sohn des L(ucius), hat die folgenden Maßnahmen bezahlt, die im Folgenden aufgelistet sind und die entsprechend dem Beschluss des Stadtrates auszuführen waren: die Wege innerhalb der Stadt, jene Portikus, die zur Burg (hinaufführt), das Feld, wo Spiele abgehalten werden, das Horologium, das Macellum, den neuen Verputz der Basilika, Sitze, die Badebecken (der Therme), das Becken am Stadttor, sowie die Wasserleitungen innerhalb der Stadt, die Bögen auf einer Strecke von 340 Fuß und die dauerhaften (Blei-)Rohre. Deshalb wurde er zwei Mal zum Censor ernannt, und der Stadtrat hat (seinem) Sohn dies als Dienstzeit angerchnet und die Volksversammlung liess ihm als ‚Censorinus' eine Ehrenstatue errichten."
Datierung: zwischen 149 und 90 v. Chr. (Inschrift nach Lassère), Zeitmesser: vor 90 v. Chr.
Literatur: CIL X 5807; J.-M. David, La romanisation d'Italie (Paris 1994) 145; J.-M. Lassère, Manuel d'épigraphie romaine I, 514 Nr. 306; L. Galli, Antichità Alatrensi (Alatri 2002) 41–43 Nr. 5.

Alexandria

1.
AO/Inv. Nr.: verschollen
Typ/Mat.: Epigramm / Marmor > S ~
Maße: unbekannt
FO: Alexandria
Aufstellung: öffentlich
B: Botti machte 1902 das Epigramm in Form eines 24zeiligen Lehrgedichts erstmalig bekannt. Der Stein war in sekundärer Verwendung zu einer Löwenkopfsima umgearbeitet worden und ist heute verschollen.

Die Inschrift, von der nur die mittlere von ursprünglich drei Kolumnen lesbar war, erklärt die kalendarischen Funktionen einer Sonnenuhr derart detailliert, dass erstmals Wilamowitz-Moellendorf ihre kombinierte Aufstellung mit einem Zeitmesser vorschlug. Diels setzte die Informationen der Inschrift zeichnerisch um und rekonstruierte den verlorenen Zeitmesser als sphärisches Zifferblatt mit elf Stunden- und sieben Datumslinien. Der von ihm vorgeschlagene Uhrentypus ist hypothetisch: Das hier zusammengestellte Material zeigt, dass bereits im 3. Jh. v. Chr. eine weite typologische Bandbreite bestand.

Der repetitiv-didaktische Charakter des Epigramms findet sich bei hellenistischen Mehrfachuhren in der Art von Tenos 1° wieder. Mit dieser hellenistischen Gruppe teilt der Text auch die Kombination von astronomischen und meteorologischen Daten, die in der Anzeigepraxis entweder zu dicht gestaffelten Messnetzen in Art von Ioulis 1, Prosymna 1 oder zur Installation eines Windzeigers bei Sparta 1 führte. Auffällig ist, dass hier statt der Äquinoktien die für die Seefahrt so wichtigen Termine von Frühlings- und Winteranfang zur Viertelung des Jahres dienen.

Inschrift: nach Wilamowitz: Διὰ περιφερειῶν τῶν [ἐ]φε[ξ]ῆς | τῶν διατεινουσῶν ἀπ'ἀνατολῶν ἐπὶ δύσεις | ἀπὸ τῆς ἑτέρας ἐπὶ τὴν ἑτέραν | μεθίσταται τὸ ἄκρον τῆς σκιᾶς | ἐν ἡμέραις τριάκοντα· | ἀπὸ χειμερινῶν δὲ τροπῶν | ἐπὶ θερινὰς τροπὰς μεθιστάμενον | τὸ ἄκρον τῆς σκιᾶς, δι'οὗ ἂμ φέρηται | τῶν πρὸ μεσημβρίας ζωιδίων. | ἐν τούτωι τῶι ζωιδίωι | σημαίνει τὸν ἥλιον εἶναι. | ἐπὶ τῶν ἰῶτα φερόμενον | σημαίνει ζεφύρου πνοήν· | ἀπὸ θερινῶν δὲ τροπῶν | ἐπὶ χειμερινὰς τροπὰς μεθιστάμενων | τὸ ἄκρον τῆς σκιᾶς, δι'οὗ ἂμ φέρηται | τῶν ἐγ μεσημβρίας ζωιδίων | ἐν τούτωι τῶι ζωιδίωι | σημαίνει τὸν ἥλιον εἶναι. | ἐπὶ τῶν ἰῶτα φερόμενον | σημαίνει πλειάδος δύσιν | ....της δὲ ἡμέρας | ..τὸ ἄκρον τῆς σκιᾶς | της [15] weitere fünf nicht lesbare Zeilen

Übersetzung nach Diels a. O. 170: „Durch die hintereinander folgenden Kreise, die vom Osten zum Westen durchlaufen, wendet sich die Schattenspitze vom einen zum anderen Kreise innerhalb von 30 Tagen. Indem die Schattenspitze von der Winterwende zur Sommerwende sich umwendet, zeigt sie an, dass, durch welches Tierkreiszeichen vor der Mittagslinie sie hindurchzieht, sich in diesem die Sonne befindet. Wenn sie sich auf der gestrichelten Linie bewegt, zeigt sie das Wehen des Zephyrs an (= Frühlingsanfang). Wenn sie sich aber von der Sommerwende zur Winterwende wendet, so zeigt sie an, dass, durch welches der Tierkreiszeichen hinter der Mittagslinie sie hindurchgeht, in diesem sich die Sonne befindet. Wenn sie sich auf der gestrichelten Linie befindet, zeigt sie den Untergang der Pleiaden an (= Winteranfang). (...)"

Datierung: 3. Jh. v. Chr.

Literatur: G. Botti, Una nuova iscrizione del nomo mareotico, Bulletin de la société archéologique d'Alexandrie IV (Alexandria 1902) 83; Wilamowitz, *SBBerlin 1902, 1096–1097; RE VIII 2425 s. v. horologium (A. Rehm); Diels 1920, 170–171 mit ebenda Abb. 53.

2.

AO/Inv. Nr.: Alexandria, Museum Inv. Nr. 157 35

Typ/Mat.: S konisch / Gips

Maße: unbekannt / Miniatur

FO: im Vorort Ibrahimiya an der Küste, außerhalb des Stadtgebietes von Alexandria, also östlich der Kanopike Phyle, Nekropole

Aufstellung: der FO liegt im Bereich der Kanopike Phyle, so dass die kleine Uhr wahrscheinlich aus einem Siedlungskontext stammt; vgl. Naukratis 1, Tanis 1.

B: Die recht kleine Uhr kennzeichnet, dass ihre Außenkontur der Form des Schattenkreises folgt, der in elf Stundenlinien unterteilt wurde. Unterhalb der vierten bis achten Stunde ist das Zifferblatt über einen angearbeiteten Steg mit der flachen, dekorlosen Basiszone verbunden.

Trotz der materialbedingten Unregelmäßigkeiten sind die Abstände der Stundenlinien untereinander einheitlich, und ihre Lage ist laut Locher präzise für die Breite von Alexandria berechnet. Die ungewöhnliche Form legt eine freie Aufstellung der Uhr nahe.

Inschrift: keine

Datierung: Die Genauigkeit von Berechnung und Ausführung, die Proportionierung eines dreifach höheren Zifferblatts gegenüber der flachen Basis sowie die Gestaltung des Zifferblatts als eigenständiges Element sind Merkmale, die für die relativ frühe Entstehung der Sonnenuhr sprechen. Sie stützen den von Locher aufgrund des Fundorts vorgeschlagenen zeitlichen Ansatz.
2. Jh. v. Chr.
Literatur: Locher 1993, 300–302 Abb. 1.

3.
AO/Inv. Nr.: Alexandria, Archäologisches Museum Inv. Nr. 17483
Typ/Mat.: S konisch / Marmor?
Maße: H 71 B_{rek} 71 T_{rek} 48 nach Kosciuk
FO: ursprünglich aus der Maryut?
Aufstellung: unbekannt
B: Das Zifferblatt nimmt über die Hälfte des Blocks ein, an das sich die abgeschrägte, dekorlose Fläche der Basis anschließt. Es fehlen Limbus und Standleiste. Die extrem große Uhr ist nach Angaben Kosciuks für die Breite von Alexandria berechnet.
Inschrift: keine (?)
Datierung: 2. Jh. v. Chr.
Literatur: J. W. Crawfoot, The Island of Meroe, Archaeological Survey of Egypt (London 1911) 18; J. Kosciuk, A Conical Sundial from Abu Mina, BACopt 31, 1992, 45 Anm. 9.

Alexandria 4

4.
AO/Inv. Nr.: London, Brit. Mus. Inv. Nr. 1936, 0309.1
Typ/Mat.: S konisch / Kalkstein?
Maße: H 40,4 B 42,9 T_{oben} 36,6 (Gibbs)
FO: 1852 am Fuß von Kleopatras Nadel
Aufstellung: s. o.
B: Die relativ steil angelegte Schattenfläche im oberen Bereich des als Würfel geschnittenen Blocks ist entlang der Außenkanten bestoßen. Erhalten sind die tief eingeritzten Überreste von elf Stundenlinien, die drei Bogenlinien schneiden. Oberhalb der unteren dieser Datumslinien wurden in die Felder zwischen den Stundenlinien griechische Ziffern eingestellt. Das ausgebrochene Gnomonloch ist ungewöhnlich breit und tief. Im Profil tritt der Uhrenkörper unterhalb des Limbus auf kurzer Strecke bis an die Schattenfuge zurück, von der an die Basis im Gegenwinkel vortritt. Diesen Bereich gliedern sechs horizontal verlaufende Abstufungen. Die Seitenflächen und die Rückseite sind undekoriert.

Hannah versuchte nachzuweisen, dass die Uhr für den Breitengrad von Alexandria berechnet wurde, jedoch nur die Äquinoktiallinie zur Datumsanzeige dient. Die obere und untere Bogenlinie sind seiner Meinung nach Hilfen zur Konstruktion der Stundenlinien, weil der Schatten des Gnomon zu keinem Zeitpunkt des Jahres den Linienverlauf gestreift hätte.
Inschrift: griechische alphanumerische Ziffern zwischen den Stundenlinien, von denen die der 3. bis 9. Stunde erhalten sind: Γ Δ Ε Σ Ζ Η Ι
Datierung: Die chronologische Einordnung dieser Uhr fällt schwer: Sprechen der große Schattenkreis, die schlichte Form der Basis und die recht präzise handwerkliche Ausführung für einen späthellenistischen Zeitansatz, so weist die Buchstabenform eher in die Spätantike, für die außerdem die tiefe und unregelmäßige Ausführung einiger Stundenlinien typisch ist. Die Summe dieser Merkmale legt nahe, dass das Stück spätantik überarbeitet wurde, worauf auch die ungewöhnliche Zurichtung des Gnomonloches hinweist. Bei dieser Gelegenheit wurde offenbar ein in Größe und Position abweichender Zeiger eingesetzt, der die von Hannah beobachteten Messfehler erklären würde, die wiederum untypisch für eine hellenistische Entstehung sind.

Diese Interpretation des Befundes hat zur Folge, dass der Fundort des Zeitmessers dessen Standort zum Zeitpunkt der Wiederaufstellung entspricht und demnach die benachbarte Aufstellung von Obelisk und Sonnenuhr keine Folge eines späthellenistischen Konzepts ist, sondern erst in der Spätantike gewählt wurde.

Herstellung: spätes 2. Jh. v. Chr.; 2. Aufstellung: spätantik
Literatur: Gatty 1900, 42–43; Löschner 1906, 31 mit Abb.; E. A. Wallis Budge (Hrsg.), A Guide to the Egyptian Collections in the British Museum (London 1909) 72 mit Foto, 273; Gibbs 1976, 3086 G, 304 mit Taf. 48; Hannah 2009, 127–131.

Allifae

1.
AO/Inv. Nr.: Alife, Museo archeologico (?)
Typ/Mat.: S ~ (?), Stiftung *horologium* / unbekannt
Maße: unbekannt
FO: 1775 aus neuzeitlicher Verbauung in Castello d'Allife
Aufstellung: Forum ~
B: Die Skizze des CIL zeigt einen in der Vorderansicht annähernd quadratischen, flachen Block, auf dessen Vorderseite die zweizeilige Inschrift verläuft. Sie belegt die Stiftung von einem Tisch und einem Zeitmesser des Gaius Popillius Philodespotus an Jupiter. Die gemeinsame Nennung von Tisch und Uhr weist wahrscheinlich darauf hin, dass es sich um die Stiftung eines Zeitmessers und einer mensa ponderaria handelt. Deshalb ist die Aufstellung beider Normgeräte auf dem Forum naheliegend.
Inschrift: nach ILS 5617: C(aius) Popillius Philodespotus | Iovi d(ono) d(edit) mensam et horolog(ium). „Caius Popillius Philodespotus hat dem Iupiter eine Mensa (ponderaria) und ein Horologium gestiftet."
Datierung: 1. Jh. n. Chr.
Literatur: CIL IX 2324 = ILS 5617; N. Mancini, Allifae (Piedimonte Matese 2005) Nr. 9.

Altinum

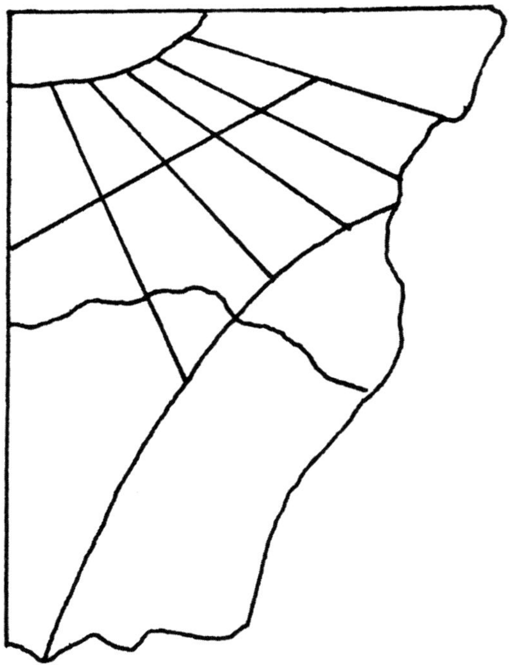

Altinum 1

1.

AO/Inv. Nr.: Altino, Museo di Altino o. Nr.
Typ/Mat.: S vertikal / aurisinischer Kalkstein
Maße: H 54 B 36 T 7,5 / zwei anpassende Fragmente
FO: 15. Oktober 1969 in der Nekropole an der Via Claudia Augusta
Aufstellung: Bereits Gibbs vermutet, dass die Uhr Bestandteil eines Grabmonumentes war.
B: Die beiden anpassenden Fragmente bilden die linke obere Ecke einer Vertikaluhr. Das schmucklose Zifferblatt besteht aus fünf tief eingekerbten Stunden- und drei Datumslinien. Die Stundenlinien enden jeweils an der Sommerwendlinie.
Inschrift: keine
Datierung: Gibbs nahm an, dass die Uhr zu einem Grabbau des 1. Jhs. n. Chr. gehört. Der Bau der Via Claudia wird 15 v. Chr. von Drusus begonnen und unter Claudius abgeschlossen. Die Bearbeiter gehen davon aus, dass erst in der Folgezeit hier die ausgedehnte Nekropole angelegt wurde, vgl. M. Tirelli, Il museo archeologico nationale e le aree archeologiche di Altino (Cittadella 1993) 11.
2. Hälfte 1. Jh. n. Chr.
Literatur: Gibbs 1976, 5011 G, 355 Skizze.

2.

AO/Inv. Nr.: Altino, Museo di Altino Inv. Nr. AL 14009
Typ/Mat.: S sphärisch / aurisinischer Kalkstein
Maße: H 33 B 23,5 T 17
FO: Altino, Localià Pastoria
Aufstellung: Nekropole
B: Die von Severino kurz erwähnte Uhr stimmt mit keinem der von Gibbs dokumentierten Zeitmesser überein. Offenbar ist die Nachricht auf eine weitere Sonnenuhr aus den Nekropolen von Altinum zu beziehen.
Inschrift: keine
Datierung: s. Altinum 1; 2. Hälfte 1. Jh. n. Chr.
Literatur: Severino s. v. Altino; B. M. Scarfi – M. Tombolani, Altino preromana e romana (Musile di Piave 1985).

Altinum 3

3.
AO/Inv. Nr.: Altino, Museo di Altino Inv. Nr. AL 10
Typ/Mat.: S sphärische Variante / veronesischer Marmor
Maße: H 68 B 41,5 T 27,5 (Gibbs)
FO: 1931 in der Umgebung von Quarto d'Altino bei landwirtschaftlichen Arbeiten
Aufstellung: Der FO liegt im Bereich der Nekropole von Altino.
Woher die Uhr stammt, ist unbekannt. Zu den Nekropolen von Altino zuletzt (aber nie im Hinblick auf Uhren): M. Tirelli, Horti cun aedificiis sepulturis adiuncti: i monumenti funerari delle necropole di Altinum, AquilNost 69, 1998, 137–204; V. Galliazzo (Hrsg.), Via Claudia Augusta. Un'arteria alle origini dell'Europa: ipotesi, problemi, prospettive. Kongress Feltre 1999 (Belluno 2002) bes. 125–136; M. S. Busana – F. Ghedini (Hrsg.), La via Annia e le sue infrastrutture. Kongress Treviso 2003 (Treviso 2004).
B: Das sphärische Zifferblatt nimmt die obere Hälfte des hochrechteckigen Blocks ein, von dem die sehr präzise gearbeiteten Linien der Stunden drei bis neun, sowie von drei Datumslinien erhalten sind. Das Gnomonloch ist ausgebrochen und die oberen Ränder des Schattenkreises sind bestoßen. Das Zifferblatt umgibt ein etwa 2 cm breiter, glatter Limbus.

Unterhalb des Schattenkreises schließt sich die Sockelzone an, die im Hochrelief in Rundstab, Kyma reversa und Abschlussleiste gegliedert ist.

Die Basis der Uhr ist in Form eines rechteckigen Pfeilers angearbeitet, dessen Vorderseite mit einem Bildfeld dekoriert ist. Es zeigt die Darstellung eines römischen Frachtschiffes, dessen Bug ein Medusenkopf schmückt. Hohlkehle und Standleiste schließen diese Zone ab. Das Thema ist in der Grabkunst in dieser Zeit weit verbreitet: Einen vergleichbaren Schiffstyp zeigt I. Pekary, Repertorium der hellenistischen und römischen Schiffsdarstellungen (Münster 1999) 150 I-A3 auf einem Relief aus Aquileia.
Inschrift: keine

Datierung: frühes 2. Jh. n. Chr.
Literatur: Gibbs 1976, 2001 G, 198 Abb. 19.

4.
AO/Inv. Nr.: Altino, Museo di Altino Inv. Nr. AL 11
Typ/Mat.: S konisch / heller Marmor
Maße: H 22 B 25 T 13,3
FO: Nekropole von Altino
Aufstellung: Vermutlich ist das Stück Teil eines Grabmonumentes. Nekropole ~
B: Auf dem Zifferblatt der schlichten konischen Sonnenuhr sah Gibbs noch dreizehn (!) Stunden- und zwei(?) Datumslinien, die deutlich flacher geritzt wurden als die Stundenlinien. Die Basis ist mehrfach profiliert.
Inschrift: keine
Datierung: 1./2. Jh. n. Chr.
Literatur: Gibbs 1976, 3083 G.

Amastris

1.
AO/Inv. Nr.: Amasra, in neuzeitlicher Mauer, 1976 von Marek nicht aufgefunden
Typ/Mat.: Basisblock / Marmor, S~
Maße: H 21 B 23 Buchstabenhöhe 1,5 / Fragment, oben und links Rand
FO: in einer Mauer in Amastris als Spolie
Aufstellung: öffentlich
B: Vergleichbar der Inschrift Alexandria 1* erklärt auch dieses Epigramm die kalendarischen Funktionen einer Sonnenuhr. Die Abmessungen des Blocks könnten darauf hinweisen, dass die zugehörige Sonnenuhr auf ihm aufgestellt war.
Inschrift: Ergänzungen in [ ] nach Wilhelm 138:
Ὁ πρὸς ὀρθὰς [ἀνατείνων γνώμων λόγον ἔχει] | πρὸς τὴν ἐν [τῆι θερινῆι τροπῆι σκιὰν] | ὄντα θ'προ[ς τρία]. | Ἡ μεγίστη ἡμέ[ρα ὡρῶν ἐστὶν ἰσημερινῶν ιέ καὶ] | δυεῖν πεντεκα[ιδεκάτων.] | ἐτηρ[ή]θ[η ?] ἐν τ[ῶι ἔτει]
Datierung: Wilhelm weist die Form der Buchstaben dem 2. Jh. v. Chr. oder dem beginnenden 1. Jh. v. Chr. zu; alle vergleichbaren Epigramme wie Alexandria 1* und Samothrake 1* stammen aus hochhellenistischer Zeit, so dass wahrscheinlich auch diese Uhr noch im 2. Jh. v. Chr. entstanden ist.
Literatur: E. Kalinka, ÖJh 30, 1917, 135–141; E. Kalinka, Aus Bithynien und Umgebung, ÖJh 28, 1933 Beiblatt, 74 Nr. 24; Wilhelm 1937, 135–141; Gibbs 1976, 8001; C. Marek, Stadt, Ära und Territorium in Pontus-Bithynia und Nord-Galatia (Tübingen 1993) 176 Nr. 78.

Antikythera

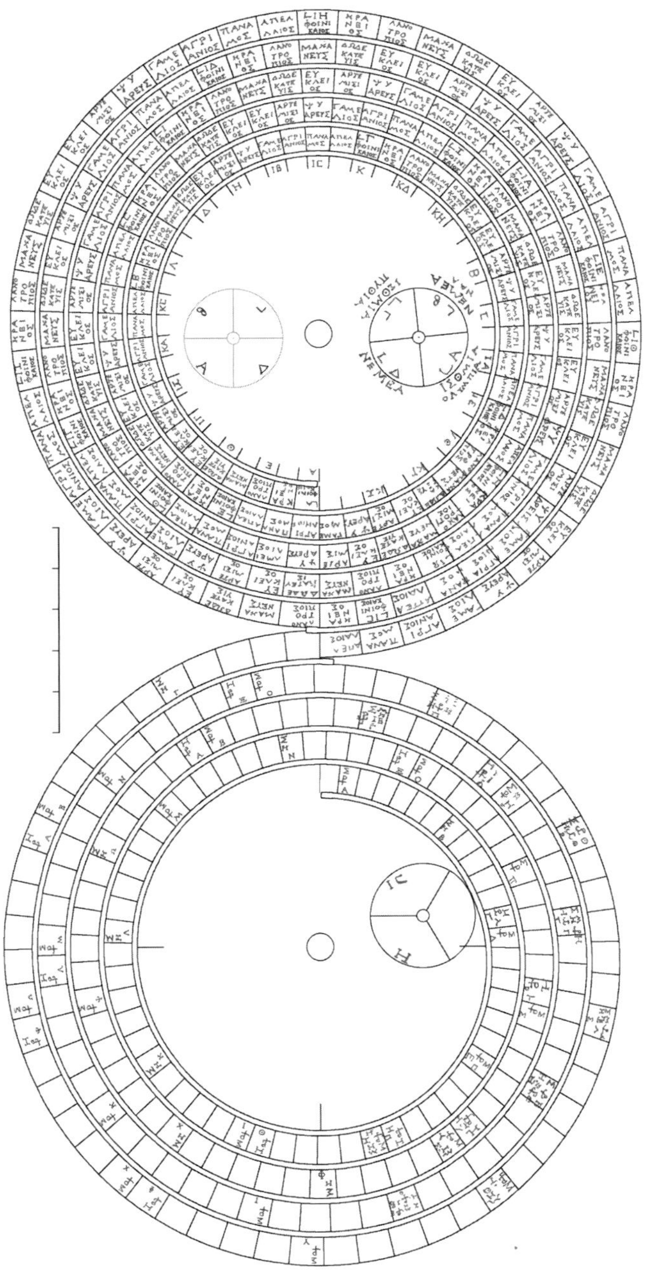

Antikythera 1.1

1.

AO/Inv. Nr.: Athen, Nationalmuseum

Typ/Mat.: mechanisches Zeitwerk / 7 größere, sowie etwa 75 kleine Fragmente / Bronze, äußeres Gehäuse Holz

Maße: Außenmaße des Holzgehäuses (rekonstruiert) H 31,5 B 19 T 10, Gewicht des erhaltenen Bestandes: 894,8 g

FO: Antikythera, Schiffswrack vor Küste

B: Zu der 1901 von symiotischen Schwammtauchern vor der NO-Küste Antikytheras geborgenen Fracht eines antiken Handelsschiffes gehörte ein Klumpen korrodierter Bronze, an dem sich einzelne Bruchstücke aus Holz befanden. Im Verlauf des Trocknungsprozesses zerbrach die Masse in zahlreiche Einzelteile und das Objekt entpuppte sich als ein über zahlreiche Zahnräder gesteuertes Triebwerk. Erst in den 1960er Jahren erkannte D. De Solla Price die Funktion des singulären Instru-

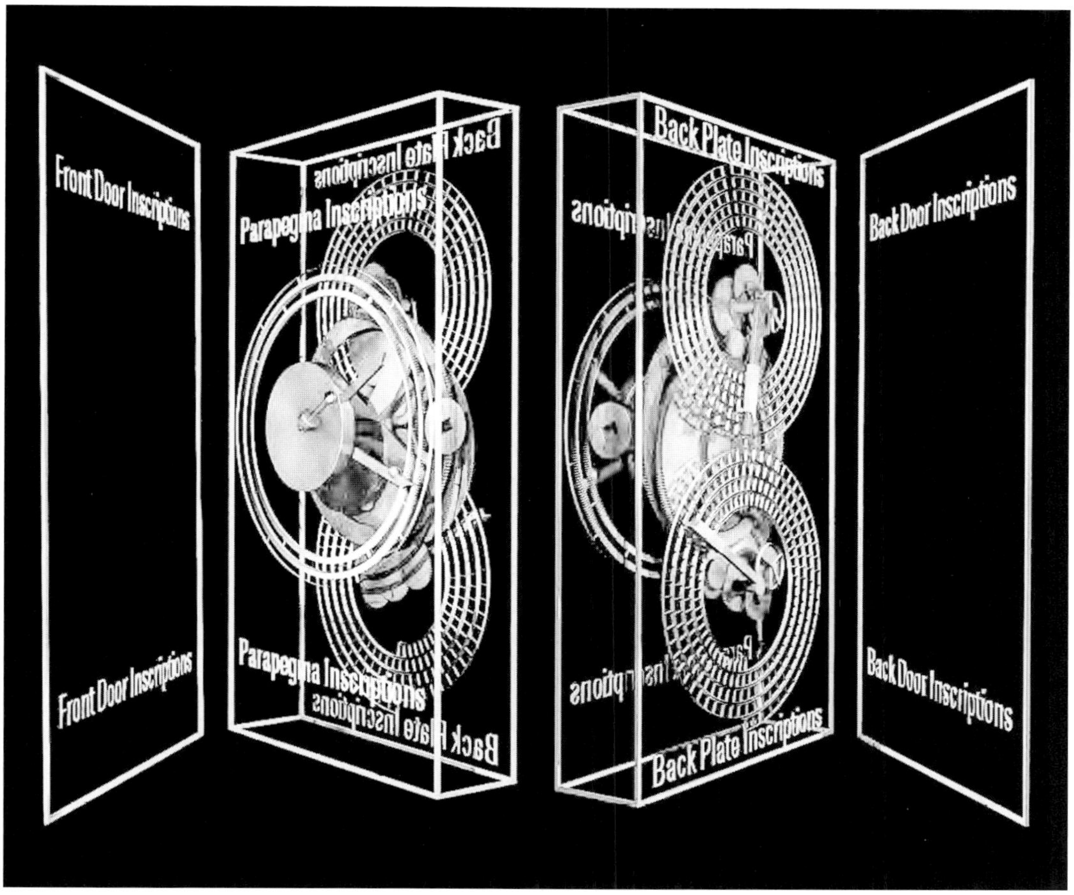

Antikythera 1.2

ments und seinen technikgeschichtlichen Stellenwert als differentialgetriebenes Kalendarium mit mehreren Anzeigeblättern.

De Solla Prices Untersuchung basierte auf Röntgen-Aufnahmen der stark korrodierten, mehrschichtigen Fragmente, so dass er weder die präzisen mechanischen Abläufe noch zahlreiche Inschriften und Marken – viele mit einer Schrifthöhe von unter 2 mm – lesen konnte. Der mangelhafte Erhaltungszustand der sieben größeren und etwa 75 kleinen bis winzigen Fragmente des stark korrodierten Mechanismus war die Ursache dafür, dass De Solla Price die Frontskala als Planetarium interpretierte. Die Skalen der Rückseite verstand er in der oberen Anzeige als einen lunisolaren Kalender nach dem metonischen System, sowie die untere als einen Saros-Kreislauf zur Vorhersage von Finsternissen. Außerdem waren auf den Außenseiten Bronzeklappen zum Schutz der Skalen angebracht, deren Innenflächen weitere ‚Klappentexte' bargen, die den Gebrauch des Geräts näher erläuterten.

Seit 2000 strebt eine internationale Gruppe von Wissenschaftlern unter Einsatz moderner Techniken im Rahmen des „Antikythera Mechanism Research Project" (AMRP) eine umfassende Dokumentation des fragilen Mechanismus und eine damit einhergehende Lesung und Interpretation aller Inschriften des Geräts und seiner Funktionsweise an. Ihre Ergebnisse bilden gegenüber früheren Überlegungen eine veränderte Grundlage, die im Folgenden kurz zusammengefasst wird: Ihnen zufolge befindet sich auf der Vorderseite eine konzentrische, bewegliche Skala, die in ägyptische Monatsnamen – geschrieben in griechischen Buchstaben – aufgeteilt war, also in ein System von 365 Tagen, in dem jeder Monat aus zwölf Monaten mit je 30 Tagen besteht und fünf Extra-Tage, die sog. epagomenai, hinzugefügt werden. Innerhalb dieses Systems ergibt sich gegenüber den Jahreszeiten eine Abweichung von einem Vierteltag pro Jahr, die korrigiert wurde, indem die Skala alle vier Jahre um einen Tag manuell vorgestellt werden konnte. Bislang ungeklärt ist, wie viele derartige Jahreszyklen angezeigt wurden.

Innerhalb dieser konzentrischen Anzeige befindet sich eine zweite mit 360 Einteilungen eines griechischen Zodiakus. Ein Almanach in Listenform mit den Konstellationsdaten zahlreicher Sterne – den sog. Parapegma-Inschriften – verläuft ober- und unterhalb dieses zentrierten Mehrfachblattes.

Auf der Rückseite des Mechanismus sind zwei (Primär-)Skalen übereinander angeordnet, deren Anzeigen jeweils im Uhrzeigersinn spiralförmig verlaufen:

Bereits De Solla Price erkannte, dass die obere Spirale einen lunisolaren Kalender nach dem metonischen System aus 235 Mondmonaten anzeigt, der sich von innen nach außen über fünf Spiralwindungen erstreckt. Jedes dieser 19 Jahre ist nach den neuen Untersuchungen in der Abfolge der zwölf korinthischen Monatsnamen aufgeteilt, beginnend mit dem ersten Monat des Jahres in Kombination mit dem Λ-Symbol für Jahr sowie der alphanumerisch geschriebenen Jahreszahl. Die Forscher erklären die einzigartige Spiralform der Anzeige als Korrektur der ellipsoiden Umlaufbahn des Mondes, die erstmals von Hipparch beobachtet wurde.

In das Zentrum dieser Spirale sind zwei weitere konzentrische Anzeigen eingeschrieben: Die rechte weist eine Aufteilung in Viertelkreise auf, indem in den Ring eine Jahreszählung und entlang seines äußeren Randes Inschriften mit den Namen der vier größten panhellenischen Festspiele – der in Olympia, Isthmia, Delphi und Dodona – eingeschrieben sind. Für das vierte Jahr ist nach Meinung der Forscher ein weiteres Fest zu ergänzen, dessen Lesung bislang noch aussteht. Im Zusammenspiel mit dem metonischen Zyklus erlaubt diese Anzeige festzustellen, in welchem Jahr welches Fest stattfindet – es werden hier also kulturell definierte soziale Termine angezeigt und keine astronomischen Daten.

Auf der linken Seite sind die schlecht erhaltenen Bogenlinien und Inschriften einer weiteren viergeteilten Kreislinie erkennbar. Die Mitarbeiter des AMRP vermuten, dass sie möglicherweise mit einer Beobachtung des Kallippos zusammenhängt: Derzufolge ist das metonische Jahr um 1/76 zu lang, so dass nach einem viermaligen Durchlauf des metonischen Kreislaufes die Zählung um einen Tag verringert werden muss. Die Anzahl der Tage, um die der angezeigte Wert der Hauptspirale zu korrigieren ist, zeigt die linke Skala an.

Unterhalb dieser Anzeigenkombination schließt sich eine zweite, vierläufige Spirale an. Wieder sind die Spiralbänder in kleine Einzelfelder unterteilt, in die Glyphen eingeschrieben sind. Die Wiederholungs- und Kombinationsrate dieser 18 lesbaren Markierungen lässt erkennen, dass es sich um eine Umsetzung des babylonischen Saros-Zyklus handelt. Demzufolge wiederholt sich aufgrund astronomischer Gesetzmäßigkeiten alle 223 synodischen Monate Zeit wie Ort aller Finsternisse, die nun anhand des Geräts präzise in ihrer Art (Sonnen- oder Mondfinsternis, partielle oder totale Finsternis) sowie ihrem Ort und Termin für den Zeitraum von 400 v. Chr. bis zur Zeitenwende vorhergesagt werden können.

Der Saros-Kreislauf liefert für das darzustellende Phänomen jedoch nur Näherungswerte, so dass Abweichungen sich insbesondere auf die Stunden- und Ortsvorhersage einer Finsternis auswirken. Zur Korrektur dieses Fehlers wurde an dieser Stelle eine konzentrische Skala in die Spirale eingeschrieben. Dieser Konstruktion liegt die Erkenntnis zugrunde, dass erst nach drei Durchläufen des Saros-Kreislaufes echte Wiederholungen der Finsternisse stattfinden, also erst nach einem Zeitraum von 54 Jahren. Diesem sog. Exeligmos-Zyklus gilt die dreigeteilte Anzeige, indem sie in der Kombination des Λ-Symbols für das Jahr und die Zählung Α-Γ das jeweilige Jahr des Durchlaufs zählt.

Die erneute Untersuchung erwies darüber hinaus, dass der Mechanismus von einer einzigen Handkurbel angetrieben wurde, deren Kräfte auf alle nachfolgenden Zahnräder übersetzt werden. Das AMRP legt in einer Grafik dar, wie nach der Auswertung der CTs die einzelnen, teilweise im Durchmesser weniger als 2 cm großen Räder hintereinandergeschaltet waren. Dieses Ergebnis belegt, dass dem Entwickler des Instruments nicht nur die angezeigten Phänomene selbst, sondern insbesondere die ihr zugrunde liegenden astronomischen Gesetzmäßigkeiten bekannt waren und er sie in ihrer räumlichen Konsequenz umzusetzen verstand.

Während frühere Publikationen Rhodos als möglichen Abfahrtshafen des vor Antikythera gesunkenen Schiffes sowie als Herstellungsort des Mechanismus in Betracht gezogen, weisen die im Rahmen des metonischen Zirkels nun eindeutig lesbaren korinthischen Monatsnamen nach Meinung des AMRP in eine andere Richtung: Verfolgt man das regionale Verbreitungsmuster der korinthischen Monatsnamen, so sind sie in Korinth selbst, im Gebiet seiner Kolonien im nordwestlichen Griechenland sowie im östlichen Sizilien belegt. Da die Buchstabenform auf eine Entstehung in der zweiten Hälfte des 2. Jhs. v. Chr. weist, erscheint die Verortung des Geräts aus historischen Gründen im festlandsgriechischen Raum unwahrscheinlich. Die Mitarbeiter des AMRP erwägen deshalb eine Herstellung unmittelbar in Syrakus, im Umkreis der Werkstatt des 212 v. Chr. verstorbenen Archimedes. Den langen Hiat zwischen dem Tod des Archimedes und der Entstehung des Mechanismus von mindestens 70 Jahren erklären sie mit der allgemeinen lokalen Wissenstradition, die andere Quellen jedoch nicht belegen.

Die Verwendung korinthischer Monatsnamen weist m. M. nach vorrangig darauf hin, dass diese dem *Nutzer* des Mechanismus – und nicht unbedingt seinem *Produzenten* – geläufig waren. Dass es sich bei diesem nicht um einen Astronomen, sondern vielmehr um einen interessierten Laien handelt, zeigen sowohl die „Klappentexte“ als auch die Anzeige der Festspiele an. Mit der in der Forschung weithin akzeptierten Rekonstruktion der Schiffsroute, die von Rhodos – möglicherweise mit Zwischenstop im Piräus – in Richtung Westen führte, bevor das Schiff vor Antikythera in Seenot geriet und sank, wäre die Verortung des Mechanismus auf Rhodos ebenso gut vereinbar wie auch das allgemeine kulturelle und technologische Umfeld der Insel.

Als Abnehmer dieser Auftragsarbeit wäre dann ein in astronomischen Dingen interessierter wohlhabender Römer anzusehen:

Cicero De Re pub. I 14 überliefert für die Entstehungszeit des Mechanismus, dass Geräte aus der Schule des Archimedes bereits nach der Plünderung von Syrakus im Jahr 212 v. Chr. nach Rom gelangten und dort noch zu seiner Zeit hoch im Kurs standen. Zu Lehrzwecken wurden die transportablen Geräte sogar verliehen. Möglicherweise war dadurch in Rom der korinthische Kalender im Kontext astronomischer Gerätschaften geläufig, zumal ein präziser römischer Kalender nicht existierte. Cicero waren außerdem die rhodischen Arbeiten aus der Werkstatt des Poseidonios spätestens seit seinem Besuch auf der Insel zwischen den Jahren 79–77 v. Chr. persönlich bekannt.

Des Weiteren ist die Zunahme (stadt-)römischer Teilnehmer an den panhellenischen Spielen im Verlauf des 1. Jhs. v. Chr. aus zahlreichen Quellen gut dokumentiert. Während die Bedeutung von Finsternissen im griechischen Raum eher allgemeiner Natur war, hat ihre Vorhersage im römischen Kulturraum eine lange Tradition.

Sollte diese These zutreffen, so wäre der Antikythera-Mechanismus eine zeitgenössische Auftragsarbeit – und damit im Gegensatz zu anderen Frachtgütern des Schiffs kein nach Rom überführtes Altstück – aus dem Kreis der stadtrömischen republikanischen Elite oder dem Senat selbst an eine rhodische Werkstatt, die mittel- oder unmittelbar mit Poseidonios in Verbindung steht.
Die auf dem Mechanismus auftretenden Uhrzeitangaben deuten darauf hin, dass seine Funktionen nur in Kombination mit einer präzisen Anzeige von Tages- und Nachtstunden voll ausgeschöpft werden konnten. Das setzt die kombinierte Aufstellung von Sonnen- und Wasseruhr an einem Ort voraus, wie sie bislang einzig am Turm der Winde – hier Athen 4° – bekannt ist. Diese Beobachtung weist tendenziell eher in die Richtung eines öffentlichen, denn privaten Auftraggebers.

Datierung: Untergang des Schiffes ca. 120 v. Chr. als t. a. q., Zeitwerk entstand nur wenig früher

Literatur: Für eine vollständige Bibliographie vgl. www.antikythera-mechanism.com (zuletzt gesichtet 23.3.2012)

Hier in Auswahl: D. De Solla Price, Gears from the Greeks, TransactAmPhilosSoc 64.7, 1974, 1–70; J. Marchant, In Search of Lost Time, Nature 444, 2006, 534–538; T. Freeth u. a., Decoding the Ancient Astronomical Calculator known as the Antikythera Mechanism, Nature 444, 2006, 587–591 incl. Supplementary Notes I-III S. 1–24; T. Freeth u. a., Calendars with Olympiad Display and Eclipse Prediction on the Antikythera Mechanism, Nature 454, 2008, 614–617 incl. Supplementary Notes doi:10.1038/nature07130 S. 1–42.

Antiocheia am Orontes

1.
AO/Inv. Nr.: AE 1986, 694; SEG 35, 1483
Typ/Mat.: Bauinschrift; legt den Verlauf Wasserkanals fest, das *ὡροσκόπιον* dient als Ortsangabe, zwei wortgleiche Stelen / Kalkstein, W ~
Maße: unbekannt
FO: unbekannt
Aufstellung: Agora ~
B: Die Inschrift weist den Bau eines Kanals innerhalb des Stadtgebietes von Antiocheia als Stiftung des Kaisers Vespasian aus. Im Text wird der Streckenverlauf der Wasserleitung festgelegt, der sich an der Bebauung innerhalb des Stadtgebiets von Antiocheia orientiert. Im Zuge dieser Ortsangaben wird in Z. 29 ein *ὡροσκόπιον* erwähnt.

In Kombination mit der von Malalas 262.3–4 überlieferten Nachricht, dass in vespasianischer Zeit ein Uhrenturm in der Nähe des Forums errichtet worden sei, ist die Rekonstruktion einer Wasseruhr in einem Gebäude naheliegend. Downey präzisiert überzeugend den Standort des Turms in Antiocheia: Er verbindet ihn mit der im Kodex Baroccianus überlieferten Nachricht von einem *horologion*, dass in valentinianischer Zeit in der Nachbarschaft von Kaisarion und Kommodion auf dem Forum stand. Auf diesen Standort des Uhrenturms deutet auch die Lage aller anderen in der entsprechenden Passage von Malalas erwähnten Gebäude hin.

Trotz der bruchstückhaften Informationen ist es m. E. zulässig das inschriftlich überlieferte Horoskopion mit dem von Malalas überlieferten Horologion gleichzusetzen, weil beide Texte auf die gleichzeitige Errichtung eines Zeitmessers im Stadtzentrum hinweisen. Die Annahme von zwei Uhrentürmen auf einem Forum wären hingegen unsinnig und ohne Parallele.

Die annähernd gleichzeitige Entstehung von Uhrenturm und Kanal sowie der Aufstellungsort spricht dafür, dass im Innern des Turms eine Wasseruhr aufgestellt war.
Inschrift: Uhrenaufstellung des Vespasian, die im Zusammenhang mit der kanalisierten Wasserversorgung der Stadt steht. Das Horoskopion wird erwähnt auf Stele B, Zeile 30–31:

Σελ[ε]ύκου μῆ(κος) πο(δῶν) ν1/2 , Ὡροσκοπίου μῆ(κος) | πο(δῶν) [–] | ...
Datierung: 73/74 n. Chr. (Inschrift), dient als t. a. q. für den Zeitmesser, der offenbar bis ins 4. Jh. n. Chr. in Betrieb war
Literatur: G. Downey, A History of Antioch in Syria (Princeton 1961) 207 mit Anm. 30. 634–639; D. Feissel, Deux listes de quartiers d’Antioche astreints au creusement d’un canal (73–74 après J.-C.), Syria 62, 1985, 77–103 mit Übersetzung; J. M. Lassère, Manuel d’épigraphie romaine I (Paris 2005) 405–407 Nr. 250 Stele B Zeile 30; Mastino – Porcheddu 2006, 158.

Aphrodisias

Aphrodisias 1.1–1.2

1.

AO/Inv. Nr.: Aphrodisias, Museum InsAph 8.502 a und b

Typ/Mat.: S sphärisch? / weißer Marmor

Maße: zwei nicht anpassende, vielleicht zugehörige Fragmente, hier a und b:
a) H 34 B 21 T 20 : b) H 52 B 26 T 17,5

FO: Tetrastoon, Portikus E des Theaters, Oberfläche, gefunden 1973 während der NYU Grabungen Inv. Nr. 73.58 a + b

Aufstellung: s. FO

B: Das Fragment a besteht aus zwei anpassenden Bruchstücken, die Abschnitte von fünf Stunden- und zweier Datumslinien zeigen. Oberhalb der Datumslinien befinden sich jeweils einzelne Buchstaben griechischer Beischriften. Alle Linien und Buchstaben sind sehr sorgfältig ausgeführt.

Die Oberfläche des Fragments b ist stark bestoßen. Beide Fragmente gehören zum unteren Rand des Schattenkreises einer sehr großen, freistehenden Uhr in der Art von Aphrodisias 3. Der Abschnitt einer Stundenlinie wurde bis an den Rand des Zifferblatts geführt, also noch über das erhaltene Segment einer Datumslinie hinaus. Diese wird von einer fragmentarischen Beischrift als Sommerwendlinie ausgewiesen.

Inschrift: a) [– – χ[ειμε]ρινή– –] | [– –]ιμε[– –], b) [– –] θε[ρινή ?]

Datierung: 1.–2. Jh. n. Chr. (Buchstabenform)

Literatur: InsAph 8.502.

2.

AO/Inv. Nr.: Aphrodisias, Depot des Grabungshauses Nr. 1964, 64–415

Typ/Mat.: S Hohlform / gräulicher lokaler Marmor

Maße: H 14,5 B 23 T 4 Fragment der oberen linken Ecke einer Sonnenuhr

FO: Stadtgebiet Aphrodisias

Aufstellung: unbekannt

B: Von dem Zeitmesser sind vier Stundenlinien und Abschnitte der durch Beischriften ausgewiesenen Äquinokial- und Sommerwendlinie erhalten. Wie bei Aphrodisias 3 folgt die Kontur der Rückseite der Rundung des Zifferblatts.

Inschrift: entlang der fragmentierten Datumslinien Überreste von Beischriften: ἰ[σ]ημερινή θερ[ινή]
Datierung: spätes 2. Jh. n. Chr.
Literatur: Gibbs 1976, 3050 G.

Aphrodisias 3

3.
AO/Inv. Nr.: Selçuk, Archäologisches Museum Nr. 375
Typ/Mat.: S sphärisch mit Stiftungsinschrift / weißer Marmor mit grauen Adern
Maße: H 58 B_{oben} 118 T_{oben} 45 (Gibbs)
FO: Während Gatty 1900, 32 als Fundort der Uhr als Aphrodisias in der Zeit vor 1877 angibt, vermerken die IEph 432, dass sie aus der Sammlung Purser stammt. Im Katalog zum Museum in Selçuk fehlt die Herkunftsangabe, so dass seitdem fälschlicherweise in der Literatur Ephesos als Fundort des Stücks genannt wird (vgl. A. Bammer u. a., Führer durch das Archäologische Museum in Selçuk – Ephesos (Wien 1974) 109–110). Schon L. Robert BE 1977, 429 vermutete, dass der Transport der großen Sonnenuhr auf der Trasse der osmanischen Eisenbahn erfolgt sei.
Aufstellung: öffentlich~, Forum ~?
B: Die sehr gut erhaltene, große sphärische Sonnenuhr ruht auf einem schmalen Pfeiler. Uhr und oberer, erhaltener Pfeileransatz sind aus einem Block gearbeitet. Verloren ist die weitere Fortsetzung des Pfeilers.

Das Zifferblatt gliedern elf radial verlaufende, tief eingekerbte Stunden- und zwei Datumslinien. In die Zwischenräume der Stundenlinien sind die Stundenzählungen als 12 cm hohe griechische Lettern eingestellt. Der Form des Zifferblatts folgt die rückwärtige Kontur des Zeitmessers. Ein 7,5 cm breiter Limbus verläuft ebenenparallel zur Front. Der Pfeiler, auf dessen Vorderseite sich die Stiftungsinschrift befindet, endet in einem Kopfprofil.

Eine Aufstellung der Uhrenstiftung im öffentlichen Raum ist aufgrund der Nennung des Caracalla als Adressaten und der Größe des Stücks wahrscheinlich.
Inschrift: Zwischen den Stundenlinien sind die Zahlzeichen A B Γ Δ E Σ Z H Θ I IA IB aufgeführt.
nach SEG XV 703; IEph 432:

Αὐτοκράτορι | Καίσαρι Μ(άρκῳ) Αὐρ(ηλίῳ) | Σεουήρῳ | Ἀντωνείνῳ | Σεβ(αστῷ) καὶ Ἰουλίᾳ | [Σ] ε[β]αστῇ μητρ[ὶ] | [κάστρων---------]

Datierung: Die Uhr ist Caracalla und seiner Mutter Julia Domna geweiht. Da Caracalla den Titel Augustus führt, wurde der Zeitmesser wahrscheinlich nach seiner Erhebung zum Augustus im Herbst 197 und vor seiner Ermordnung und Damnatio am 8.4.217 n. Chr. gestiftet.

Literatur: Gatty 1900, 32; F. Miltner, Vorläufiger Bericht über die Ausgrabungen in Ephesos, ÖJh Beiblatt 42, 1955, 56–58 Abb. 20; Gibbs 1976, 1055 G, 170 Abb. 10; Hannah 2009, 88–90 Abb. 4.4.

Aphrodisias 4

4.

AO/Inv. Nr.: Aphrodisias, Museum Grabungsinventar Nr. 92–53; InsAph 4.114

Typ/Mat.: S konisch / weißer Marmor

Maße: H 35 B 32 T 21

FO: in Spolienhaufen östlich des Agora-Tores, gefunden 1992 während der NYU Grabung Nr. 92.53

Aufstellung: Forum

B: Die ausgezeichnet erhaltene Uhr nimmt knapp die obere Hälfte des auf der Vorderseite ungefähr quadratischen Blocks ein. Ihr Zifferblatt ist in elf Stunden- und drei Datumslinien unterteilt, die tief und gleichmäßig geritzt sind. Alle Stundenlinien verlaufen ausgehend vom Gnomonloch über die Sommerwendlinie hinaus bis an den Rand des Schattenkreises. Unterhalb des Zifferblatts, von dem nur das äußerste Ende bestoßen ist, weicht der Uhrenkörper als schräge Fläche bis an die Schattenfuge zurück.

Unterhalb dieser Zäsur ist die Basis als eine Folge von mehreren, horizontal gestaffelten Profilen gearbeitet. Auf der schmalen Standleiste unterhalb einer breiten Hohlkehle verläuft die Inschrift.

Die erhaltenen Abschnitte einer senkrechten Liniengravur, die in der Verlängerung des Meridians an verschiedenen Stellen zu beobachten sind, könnten aufgrund ihrer Position Konstruktionsmarken sein.

Auf der rechten Seite wurde die Standleiste auf etwa einem Drittel ihrer Gesamtlänge antik geflickt.

Inschrift: Κλ(αύδιος) Δ[ ]

Datierung: 2.–3. Jh. n. Chr. (Buchstabenform), sehr ähnlich Aphrodisias 3, deshalb Ende 2. Jh. n. Chr.

Literatur: M.-H. Gates, Archaeology in Turkey, AJA 98, 1994, 267 Abb. 11; BE 1995, 136.

Aphrodisias 5

5.
AO/Inv. Nr.: Aphrodisias, Museum InsAph 8.214
Typ/Mat.: S konisch? / weißer Marmor / Fragment
Maße: H 48 B 36 T 20 (Fragment) Brek ca. 120
FO: Theater VII, gefunden während der NYU Grabungen 1968 Nr. 68.402
Aufstellung: Theater?; erhöht aufgestellt wie Aphrodisias 3
B: Das große Fragment ist ringsum gebrochen, erhalten ist nur ein Abschnitt des Meridians und der siebten Stundenlinie, sowie zweier Datumslinien. Die Oberfläche ist besonders sorgfältig geglättet und die Linien gleichmäßig und breit gezogen. Der Zeitmesser muss ursprünglich wie Aphrodisias 3 eine Spannweite von über 1,20 m aufgewiesen haben und gehört damit zur Gruppe der größten bekannten Uhren überhaupt.
Inschrift: [– –]ερ[– –] | [– –]ιν[– –]
Datierung: 2.–3. Jh. n. Chr. (Buchstabenform)
Literatur: InsAph 8, 214.

6.
AO/Inv. Nr.: Aphrodisias, Mus. Inv. 63–400
Typ/Mat.: S vertikal / Reiseuhr / Bronze
Maße: Dm Scheibe 7,55 T 0,2
FO: in frühbyzantinischem Komplex privater Wohnhäuser, NÖ der Stadtmauer 1963
Aufstellung: Handgerät
B: Die Reiseuhr besteht aus einer Bronzescheibe mit einer zentrierten Durchbohrung von 0,7 cm. Nur die Gravur auf der Rückseite der Scheibe ist lesbar: Hier wurde der Raum zwischen einem loch- und einem randnahen Kreis in 28 Felder aufgeteilt, in die von innen nach außen die Namen von 15 Städten und 13 Regionen in ihrer griechischen Schreibweise eingetragen wurden. Ihnen wurde jeweils der zugehörige Breitengrad in alphanumerischer Folge zugeordnet.

Die Auflistung beginnt mit Syene als südlichstem Punkt, dem im Uhrzeigersinn neun jeweils nördlicher gelegene Städte folgen, bevor dann das geographisch logische System durchbrochen und keine erkennbare Ordnung mehr eingehalten wird.

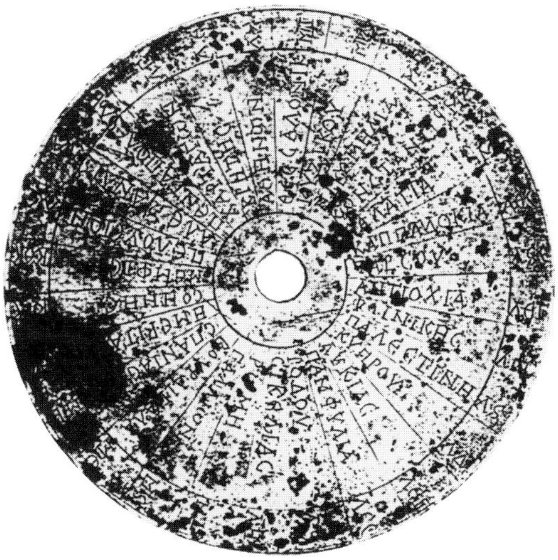

Aphrodisias 6

Inschrift: griechische Ortsnamen, nach De Solla Price a. O. 261:

COHNHC	ΚΓC	Syene	23 1/2
ΜΕΜΦΙC	ΚΘC	Memphis	29 1/2
ΠΕΛΟΥCΙΟΝ	ΛC	Pelusium	30 1/3
ΑΛΕΞΑΝΔΡc	ΛΑ	Alexandria	31
ΠΕΝΤΑΠΟΛΕc	ΛΒ	Pentapolis	32
ΧΑΡΤΑΓωΝ	ΛΓ	Karthago	33
ΚΡΗΤΗC	ΛΕ	Kreta	35
ΑΘΗΝΩΝ	ΛΖ	Athen	37
ΘΕCCΑΛΟΝΙΚ	ΜΓ	Thessaloniki	43
ΚΥΖΙΚΟΥ	ΜΑ	Kyzikos	41
ΝΙΚΟΜΗΔΙΑ	ΜΒ	Nikomedeia	42
ΚΩΝΣΤΑΝΤΙc	ΜΑ	Konstantinopel	41
ΓΑΛΑΤΙΑ	ΜΒ	Galatien	42
ΚΑΠΠΑΔΟΚΙΑ	ΛΘC	Kappadokien	39 1/2
ΤΑΡCΟΥ	ΛςC	Tarsus	36 1/2
ΑΝΤΙΟΧΙΑ	ΛΕΓ	Antiocheia	35 1/3
ΦΟΙΝΙΚΗC	ΛΓΓ	Phönizien	33 1/3
ΠΑΛΕCΤΙΝΗ	Λς	Palästina	36
ΚΥΠΡΟΥ	ΛΔ	Zypern	34
ΛΥΚΙΑC	ΛΕΓ	Lykien	35 1/3
ΠΑΜΦΥΛΙΑ	ΛςC	Pamphylien	36 1/2
ΡΟΔΟΥ	Λς	Rhodos	36
ΣΙΚΕΛΙΑc	ΛΗ	Sizilien	38
ΡΩΜΗ	ΜΑC	Rom	41 1/2
ΓΑΛΛΙΩΝ	Μς	Gallien	46
ΒΟΥΡΔΙΓΑΛΑ	ΜΕ	Burdigala	45
ΣΠΑΝΙΑC	ΜΒ	Spanien	42
ΗΜΕΡΙΤΑ	ΛΘC	Emerita	39 1/2

Datierung: nach 328 n. Chr., weil Konstantis für Konstantinopel; nach Field a. O. 123: um 500 n. Chr.
Literatur: De Solla Price 1969, 259–262; Field – Wright 1985, 105–135; Field 1990, bes. 117–120. 123.

Aphrodisias 7

7.
AO/Inv. Nr.: Aphrodisias, in situ InsAPh 8.409
Typ/Mat.: S horizontal / gräulicher Marmor aus Aphrodisias
Maße: H_{Basis} 40–50 $Oberfläche_{Basis}$ 88,5 (Ost-West) 78 (Nord-Süd)
FO: im Bereich des Tetrastoons hinter dem Theater
Aufstellung: s. FO
B: Die Uhr wurde in die Oberseite eines Rundsockels eingeritzt, der entlang seines oberen und unteren Abschlusses profiliert ist und der in seiner Erstverwendung als Altar diente. Alle Dekorelemente des Altars wurden intentionell entfernt, vielleicht, weil zu einem unbestimmten Zeitpunkt versucht wurde, den schweren Monolithen von seinem Standort zu entfernen. Diese Zurichtungen lassen jedenfalls erkennen, dass für die Wiederverwendung als Zeitmesser nicht die ursprüngliche religiöse Funktion ausschlaggebend war.

Das Zifferblatt der horizontalen Sonnenuhr ist in elf Stunden- und drei Datumslinien eingeteilt, deren Funktion griechische Beischriften ausweisen. Ein Stiftloch, das sich 3,2 cm oberhalb des Schnittpunktes von Meridian und Äquinoktiallinie befindet, zeigt die Position des Gnomon an. Auf der Nordseite des Schaftes, im Bereich seines oberen Endes befindet sich das Zeichen eines in einen Kreis eingeschriebenen Halbmondes.

Pattendens Berechnungen zufolge wurde die Uhr nicht für den Breitengrad von Aphrodisias – also 37° 40', sondern für die Breite von Nordägypten – den 31. Breitengrad – konstruiert. Diese Abweichung wirkt sich weniger auf die Stunden- als insbesondere auf die Datumsanzeige der Uhr aus, die v. a. im Winter erheblich fehlerhaft ist.

Im Zug der Errichtung des Tetrastoons während des 4. Jhs. n. Chr. wurde das Laufniveau in diesem Bereich angehoben. Aus ungeklärter Ursache verblieb der Altar aber in seiner ursprünglichen Position, so dass seine Unterkante nun etwa 55 cm unterhalb der neuen Pflasterung liegt. Der Befund steht dem in Sardis sehr nahe, an beiden Orten gehören die Zeitmesser zur spätantiken Ausstattung.
Inschrift: entlang der Datumslinien: χιμερινή | ἰσημερινή | θερ[ι]νή
Datierung: aufgrund von Buchstabenform und Fundkontext datieren Pattenden und Roueché die Uhr in den Zeitraum zwischen dem 5. und 6. Jh. n. Chr.
Literatur: Pattenden 1981, 101–112; SEG 31, 931; BE 1982, 360; Aphrodisias 868; C. Roueché, Gameboards and Pavement Markings at Aphrodisias, in: I. Finkel (Hrsg.), Ancient Board Games in Perspective (London 2007) 249.

Apulum

1.
AO/Inv. Nr.: verschollen
Typ/Mat.: Weihinschrift für *horologiarium* auf Marmorplatte / W ~
Maße: unbekannt, nach Skizze IDR III 5 193: Platte
FO: Alba Iulia, als Spolie in Kathedrale
Aufstellung: Forum? ~
B: Ein Soldat der legio XIII gemina stiftet einen Uhrentempel an Jupiter und Juno. Die gewählte Formulierung horologiarium templum weist wahrscheinlich darauf hin, dass ein Uhrengebäude gemeint ist, in dem dann eine Wasseruhr zu rekonstruieren wäre.
Inschrift: I(ovi) O(ptimo) M(aximo) et Iunoni Regin(ae) | pro sal(ute) Imp(eratoris) M(arci) Aur(elii) An|tonini pii Aug(usti) et | Iuliae Aug(ustae) matris Aug(usti) | M(arcus) Ulp(ius) Mucianus mil(es) leg(ionis) XIII Gem(inae) | horologiar(ium?) templum a solo de suo ex voto | fecit Falcone et Claro cons(ulibus).

„An Iupiter Optimus Maximus zum Wohl des Imperators Marcus Aurelius Antoninus Pius Augustus und der Iulia Augusta, Mutter des Kaisers. Marcus Ulpius Mucianus, Soldat der legio XIII Gemina, hat vom Fundament an einen Tempel, der als Horologium dient, aus eigenen Mitteln errichten lassen als (Q. Pompeius Sosius) Falco und (C. Iulius Erucius) Clarus (Vibianus) Konsuln waren.“
Datierung: 213 n. Chr. aufgrund der Amtszeit der genannten Konsuln
Piso macht darauf aufmerksam, dass die Erwähnung von Caracalla und seiner Mutter die Inschrift zwar in die Jahre 212–217 n. Chr. weist, die Amtszeit der beiden genannten Konsuln jedoch in das Jahr 213 fällt. Entweder wurde also wie Mommsen vorschlug ein früheres Gelübde erst später eingelöst oder die Inschrift wurde, wie Piso vermutet, zum Zeitpunkt einer Reparatur des Zeitmessers aufgestellt.
Literatur: IDR III 5 193 Zeichnung; CIL III 1070; ILS 5625.

Aquae Mattiacorum

Aquae Mattiacorum 1

1.
AO/Inv. Nr.: Wiesbaden, Hessisches Landesmuseum Inv. Nr. 386
Typ/Mat.: S horizontal / lokaler Kalkstein
Maße: H 53 B 48 T 12
FO: 1867 nahe der Schützenhofquelle
Aufstellung: Therme

B: Die auf ihrer Oberseite plane, annähernd rechteckige Platte ist entlang ihrer rechten Schmalseite sowie an der linken unteren Ecke leicht bestoßen. Auf der Rückseite der Platte wurden die Kanten zur Mitte hin unregelmäßig abgeschrägt und die Oberfläche nur wenig geglättet. Außerdem weisen Überreste von Mörtel nur auf dieser Seite darauf hin, dass der Block ursprünglich verbaut gewesen sein muss.

Den Schattenkreis der Horizontaluhr auf der Oberseite der Platte gliedern elf Stundenlinien, die drei Datumslinien schneiden. Während die Stundenlinien relativ präzise ausgeführt wurden, verbinden die Datumslinien deren Endpunkte so ungenau, dass die kalendarische Anzeige des Zeitmessers nur eingeschränkt funktionstüchtig gewesen sein kann. Der Meridian wurde bis an den Plattenrand verlängert. Etwas unterhalb des Schnittpunktes von Meridian und Sonnenwendlinie ist die Einlassung für den Gnomon sichtbar, in der sich noch Überreste des Bronzevergusses befinden. Schaldach a. O. 74 erkannte aufgrund einer um das Gnomonloch geschlagenen Kreislinie, dass die Horizontaluhr vor Ort konstruiert wurde.

In einigen Linien sind noch Überreste roter Farbe erkennbar.

Inschrift: keine

Datierung: späteres 1. Jh. n. Chr. Die Uhr wurde 1867 nahe der Schützenhofquelle innerhalb einer Thermenanlage gefunden, die offenbar im späten 1. Jh. n. Chr. entstand, vgl. W. Czysz, Wiesbaden in der Römerzeit (Stuttgart 1994) 68–70.

Literatur: A. v. Schlieben, Römische Sonnenuhren in Wiesbaden und Cannstatt, NassAnn 20, 1888, 316 mit Taf. 11; Diels 1920, 182; Gibbs 1976, 4014G; Scheid 1995, 71–73; Schaldach 2001, 71–78.

Aquae Sextiae

1.

AO/Inv. Nr.: Carpentras, Museum CIL XII 535 = AE 1988, 171

Typ/Mat.: Stiftung *horologium* / W ~ / Marmorplatte, oben und auf der linken und rechten Seite gebrochen

Maße: unbekannt

FO: Gascou bezweifelt aufgrund der häufigen Ungenauigkeiten der Erstpublikation der Inschrift die auch im CIL übernommene Herkunft der Platte aus einer sekundären Verbauung in der chemin de la Torse in Aix en Provence. Er vermutet vielmehr, dass das Stück aus dem italischen Raum stammt.

Aufstellung: Sollte die Ergänzung cum tectorio zutreffen, so würde es sich erneut um eine innerhalb eines Gebäudes aufgestellte Wasseruhr handeln, für die dann das Forum als Standort wahrscheinlich ist.

B: Trotz des fragmentierten Zustandes der Inschrift wird deutlich, dass sie sich auf die Stiftung (?) verschiedener baulicher Maßnahmen bezieht. Zu diesen zählt auch ein öffentlich aufgestellter Zeitmesser, wahrscheinlich eine Wasseruhr. Diesen Schluss legt das Format der Inschriftenplatte nahe, die sicher im architektonischen Verbund aufgestellt war und die häufiger im Zusammenhang mit Wasser- als mit Sonnenuhren belegt ist.

Inschrift: nach AE 1988, 171 : pariete]m(?) incrustavi[t] | [---]o et horolog(io) [---| --- exo]rnavit aditum | [pa]viment(um) cum t[ectorio(?)

Datierung: 5. Jh. n. Chr. (Gascou nach Buchstabenform)

Literatur: J. Gascou, Inscriptions conservées dans les musées de Provence, MEFRA 100, 1988, 189–191 mit Foto.

Aquileia

Aquileia 1.1–1.2

1.
AO/Inv. Nr.: Udine, Museo Civico Inv. Nr. 174
Typ/Mat.: S sphärische Variante / Kalkstein aus Carso (Aurisina)
Maße: H 93 B 34 T 28 (Gibbs) Dm Sphäre$_{rek}$ 58,2; fünf anpassende Fragmente
FO: Wie zahlreiche andere Stücke der Sammlung von F. di Toppo stammt auch dieses mit hoher Wahrscheinlichkeit aus einer der Nekropolen Aquileias.
Aufstellung: Nekropole. Es fehlt die Basis, in welche die sechseckige Plinthe eingepasst war. Die Ausrichtung des Stücks nach Süden wird von der Sonnenuhr vorgegeben, die leichte Verschiebung der Figur nach Westen könnte darauf hinweisen, dass die Vorderkante des Grabmonumentes – möglicherweise aufgrund der Orientierung der Gräberstrasse – leicht in diese Richtung verschoben war (vgl. C. Reusser, Gräberstrassen in Aquileia, in: H. v. Hesberg – P. Zanker (Hrsg.), Römische Gräberstrassen. Kolloquium München 1987 (München 1987) 239–249 zur Lokalisierung).
B: Die einzigartige Uhr setzt sich aus mehreren Elementen zusammen: Über einer flachen, sechseckigen Standplatte steht vor einem fächerartigen Hintergrund aus stilisierten Akanthusblättern eine ca. 50 cm hohe und zu drei Vierteln plastisch ausgearbeitete Frauenfigur auf einem flachen,

quadratischen Podest, das gegenüber der Mittelachse etwas zu ihrer rechten Seite verrückt ist. Um ihren Unterkörper ist lose ein Manteltuch geschlungen, während Oberkörper und Arme unbekleidet sind. Ihr rechtes Spielbein ist gegenüber dem Standbein leicht zurückgesetzt, ihr Oberkörper und Kopf frontal zum Betrachter ausgerichtet. Der rechte Arm ist auf Hüfthöhe leicht vor den Körper geführt und greift in den Mantelbausch, während der ausgestreckte linke auf einer kleinen Herme ruht.

Archaisierende Stilmittel, Figurentypus sowie die niedrige Basis weisen darauf hin, dass die Figur eine Göttin darstellt. Buora und Verzár-Bass verweisen auf Parallelen der Figur in der venetischen Plastik der ersten Hälfte des 1. Jhs. n. Chr.

Hinter der Göttin entwickelt sich auf Schulterhöhe eine flache Volute, die eine zur Vorderseite hin sphärisch gewölbte Scheibe stützt, deren äußeren Rand kleine Blütenblätter säumen. Die Innenfläche dieses Elements ist das Zifferblatt der Uhr, auf dem noch Überreste von vier Stunden- und zweier Datumslinien zu erkennen sind.
Inschrift: keine
Datierung: 1. Hälfte 1. Jh. n. Chr.
Literatur: Kenner 1880, 6–7 mit Abb.; Bracchi 1960, 49–51 Abb. 1. 2; Gibbs 1976, 2011 G; Severino 2003; P. Alberti Auber, L'orologio solare a semisfera del Museo di Udine, QuadFriulA 15, 2005, 15–23; M. Buora, Nota sull'orologio solare della collezione Toppo, QuadAFriulA 15, 2005, 25–29; M. Verzár-Bass, Buttrio. La collezione di Francesco di Toppo a Villa Florio, Corpus Signorum Imperii Romani Italia. Regio X: Friuli Venezia Giulia Bd. 3 (Rom 2007) 41. 43. 45.

2.
AO/Inv. Nr.: Aquileia, Archäologisches Museum o. Nr. Studienkollektion
Typ/Mat.: S Hohlform? / grober Kalkstein
Maße: H 23 B 30,2 T 13 (Gibbs)
FO: unbekannt
Aufstellung: Die geringe Tiefe des Stücks könnte darauf hinweisen, dass es nicht frei, sondern im Mauerverbund aufgestellt war.
B: Die Uhr, die aus einem Block von geringer Tiefe gearbeitet wurde, besteht aus einem flachen Schattenkreis, den elf Stundenlinien und die Äquinokiallinie gliedern. Gibbs vermutet, dass sein unterer Rand der Winterwendlinie entspricht. Nach dem Foto bei Gibbs zu urteilen, sind die Linien verhältnismäßig tief eingeritzt. Unterhalb des Limbus folgt eine kurze Schattenfuge, an die ein relativ hoher, schmuckloser Sockelbereich mit schmaler Standleiste anschließt. Nur die äußeren Enden des Limbus sind gebrochen, ebenso die vordere rechte Ecke der Standleiste.
Inschrift: keine
Datierung: 1. Jh. n. Chr.
Literatur: Gibbs 1976, 1007 G, 128 Taf. 2.

Aquileia 3

3.
AO/Inv. Nr.: Aquileia, Archäologisches Museum 3497 (bis 1921 Kunsthistorisches Museum Wien I 226, erworben 1828 aus der Sammlung Zanini)
Typ/Mat.: S sphärische Variante / weißer Marmor
Maße: H 69,5 B 44 T 43 (Gibbs) GesamtH mit Basis und Sockel 101, kubische Basis H 44,5 B 44 T 43
FO: Nekropole
Aufstellung: Bestandteil einer Grabanlage
B: Für Uhr, Basis und Sockel wurde ein hochrechteckiger Block ausgewählt, aus dessen oberer Hälfte der Zeitmesser und seine Basis gearbeitet sind. Auf dem ursprünglich in elf Stunden eingeteilten Zifferblatt haben sich Abschnitte der Linien der Stunden drei bis neun erhalten, welche die Äquinokiallinie schneidet. Ein im Bereich des Scheitels der Uhr ausgebrochenes Loch zeigt an, dass hier ursprünglich eine runde Lochblende aus Bronze eingesetzt war. Das Zifferblatt wird von einem knapp 2 cm breiten Limbus gerahmt.

Unterhalb des Schattenkreises schließt sich die dreiseitig reich dekorierte Basis an, die einen Pfeifenfries mit einem von hängenden Akanthus-Ranken überzogenen Profil kombiniert. Auf diese Zone folgt der angearbeitete, kubisch geschnittene Sockel: Drei seiner Seitenflächen sind mit gerahmten Bildfeldern dekoriert, auf der Front befindet sich im Zentrum ein Kantharos, während die Seiten ein Akanthusmotiv bedeckt. Die nächsten Parallelen zur Dekoration der Basis finden sich in Aquileia: Zur Mitte des 1. Jhs. n. Chr. begegnet das Motiv des Kantharos auf der Seitenfläche eines Altars (G. Lettich, Itinerari Epigrafici Aquileisi (Triest 2003) 216 Nr. 474). Während hier das geschlossene Gefäß von regelmäßig gebildeten Weinreben umgeben ist, steht der Dekoration der Sonnenuhr-Basis die auf den Seitenflächen eines Cippus (Lettich a. O. 283, Nr. 614) näher, der aufgrund der Buchstabenform der Inschrift ins 1. Jh. n. Chr. datiert wird. Ein ähnlicher Pfeifenfries begegnet erneut an einem Grabaltar, dessen Inschrift ebenfalls dem 1. Jh. n. Chr. zugeordnet wird (Lettich a. O. 291, 637)

Um das Gewicht des großen Blocks zu reduzieren, wurde dieser auf seiner nur flüchtig geglätteten Rückseite tief ausgehöhlt.
Inschrift: keine
Datierung: 2. Hälfte 1. Jh. n. Chr. (Dekoration)
Literatur: Kenner 1880, 2–3 Abb. 2; Bracchi 1960, 60–62; Gibbs 1976, 2004 G.

Aquileia 4

4.

AO/Inv. Nr.: Aquileia, Archäologisches Museum Inv. Nr. 1088
Typ/Mat.: S sphärische Variante / weißer Marmor
Maße: H 46 B 39 T 30 (Gibbs) Dm Zifferblatt 33–35
FO: an der Straße nach Belinga im Herbst 1881, auf dem Grundstück des Baron von Ritter-Zahony gegenüber des heutigen Museums, dort in einem Gebäude, in dem noch zahlreiche andere Spolien verbaut waren.
Aufstellung: Nekropole; Das Foto 22 von Gibbs könnte darauf hinweisen, dass die Uhr auf einer schmalen Säule, und somit etwa in Augenhöhe aufgestellt war.
B: Die Uhr besteht aus einem Teil einer Hohlkugel, der sich wie ein Blütenkelch zum Betrachter hin öffnet. Dieser Eindruck wird dadurch verstärkt, dass den Rand des Limbus ringsum Lanzettblätter säumen, die schmale, eingetiefte Blattrippen gliedern. Vom Zifferblatt sind drei Datums- und sieben Stundenlinien erhalten, von denen nur der Meridian etwa 0,5 cm über die Sonnenwendlinie hinausgeführt wurde. Kenner vermutete, dass diese Aufteilung eine Folge der ursprünglichen Konzeption und nicht der Erhaltung ist, so dass die Uhr nur von zehn Uhr vormittags bis drei Uhr am Nachmittag die Zeit anzeigte. Obwohl diese Aufteilung bislang einzigartig ist, bestätigte die Autopsie diese Einschätzung.

In der Seitenansicht entwickelt sich der Uhrenkörper aus einer säulenförmigen Standfläche und kragt weit über deren Mittelpunkt hinweg nach vorne vor. Während die Rückseite und die Säule relativ gleichmäßig fein gepickt sind, ist die Außenfläche des Kelches nur grob geglättet. Zur Standfläche – dem Stiel – hin sind Überreste weiterer Blätter zu erkennen. Ursprünglich war wohl die Außenfläche des Kelches vollständig mit anstukkierten (Blüten-) Blättern bedeckt.

Zugehörig ist die etwa 1m hohe, schlanke Säule aus grünlichem Porphyr, die als Basis den Stengel der Blume bildet.

Kenner bringt die einzigartige Sonnenuhr mit dem von Ovid (Metamorph. IV, 256 ff.) überlieferten Mythos der Klythia, einer von Apollon begehrten Nymphe in Verbindung: Nachdem Apollon Klythia mit Leukothea betrog, verrät diese das Verhältnis an deren Vater. Anschließend wartet Klythia neun Tage und Nächte unter freiem Himmel und wird schließlich in eine Sonnenblume verwandelt, die ewig ihre Blüte nach der Sonne richtet. Auf das Thema wird wohl auch mit Aquileia 1 angespielt.

Inschrift: keine
Datierung: spätes 1. Jh. n. Chr.
Literatur: F. Kenner, Sonnenuhr in Aquileia, Mitteilungen der KK Central- Comission zur Erforschung und Erhaltung der Kunst und Historischen Denkmäler 8, 1882, CIII; Gibbs 1976, 2006 G mit 202 Taf. 21. 22.

Aquileia 5

5.
AO/Inv. Nr.: Wien, Kunsthistorisches Museum Ad I 225
Typ/Mat.: S sphärisch / Kalkstein, wohl aurisinischer (?)
Maße: H 36,8 B 42,8 T 43,3 (Gibbs)
FO: Aquileia, 1828 aus der Sammlung Zanini erworben
Aufstellung: unbekannt
B: Der Block wurde derart aufgeteilt, dass das sphärisch geformte Zifferblatt ungefähr die obere Hälfte einnimmt. Den Schattenkreis gliedern elf Stundenlinien, die an der Winterwendlinie einsetzen, das Äquinoktium schneiden und bis an seinen unteren Rand heranreichen. Unterhalb des Schattenkreises tritt der Uhrenkörper ohne Limbus schräg bis an die Schattenfuge zurück.

Die Basis ist als undekorierte, schräg nach vorn verlaufende Fläche gearbeitet. Vielleicht befand sich hier ursprünglich eine Inschrift.
Inschrift: keine
Datierung: kaiserzeitlich
Literatur: Arneth 1866, 47 Nr. 216; Kenner 1880, 2, Abb. 1; Bracchi 1960, 60 f. Abb. 6; V. S. M. Scrinari, Catalogo delle sculture romane. Museo Archeologico di Aquileia (Rom 1972) 210 Abb. Appendix Nr. 9; Gibbs 1976, 1008 G; A. Bernhard-Walcher u. a., Schätze des österreichischen Kaiserhauses. Meisterwerke aus der Antikensammlung des Kunsthistorischen Museums in Wien (Mainz 1996) 33 Nr. 11.

Aquileia 6

6.
AO/Inv. Nr.: Aquileia, Archäologisches Museum Garten Inv. Nr. 1097
Typ/Mat.: S sphärische Variante / weißer Marmor
Maße: H 45,3 B 35 T 26 (Gibbs)
FO: Monastero, nahe Osttor der Villa Vincentina von Baron Ritter-Zahony
Aufstellungsort: Nekropole, wohl Bestandteil einer Grabanlage
B: Aus zwei Drittel der Höhe eines hochrechteckigen Blocks wurde die Schattenfläche als Teil einer kreisrunden Hohlkugel herausgeschnitten, ihn umgibt ein etwa 2,3 cm breiter erhabener Limbus. Erhalten sind neun Stunden- und drei Datumslinien, welche die Spiegelfläche symmetrisch gliedern. Der obere Rand sowie das Gnomonloch sind stark bestoßen, in diesem Bereich sind zwei weitere Stundenlinien zu rekonstruieren. Unterhalb des Zifferblatts rahmen zwei Voluten die Hohlfläche.

Hier schließt die als Kyma reversa gearbeitete Sockelzone an. Die Uhr steht auf einer etwa 3 cm hohen Standleiste mit ebener Standfläche. Gibbs verweist auf die enge Verwandtschaft dieser Uhr zu dem Stück Rom 15.
Inschrift: keine
Datierung: kaiserzeitlich
Literatur: Kenner 1880, 4 Abb. 5. 6; Gatty 1900, 33; Bracchi 1960, 55 Taf. 5 und 67 Anm. 5; Gibbs 1976, 2003G mit 197, 198 Taf. 20.

7.
AO/Inv. Nr.: Aquileia, Archäologisches Museum, Studienkollektion Inv. Nr. 47848
Typ/Mat.: S sphärische Variante / Kalkstein (Gibbs)
Maße: stark fragmentiert, nicht messbar (Gibbs)
FO: unbekannt
Aufstellung: unbekannt
B: Aufgrund der knappen Beschreibung von Gibbs scheint es sich um das Fragment eines sphärischen Zifferblatts zu handeln.
Inschrift: keine
Datierung: kaiserzeitlich
Literatur: Gibbs 1976, 2008 G.

8.
AO/Inv. Nr.: Aquileia, Archäologisches Museum o. Nr.
Typ/Mat.: S sphärische Variante / feinkörniges Gestein, Marmor (?)
Maße: stark fragmentiert, nicht messbar (Gibbs)
FO: unbekannt
Aufstellung: unbekannt
B: Trotz des mangelhaften Erhaltungszustandes wurde das Stück als Uhr erkannt, weil ein Ausschnitt des sphärischen Zifferblatts erhalten ist. Es liegen keine weiteren Informationen vor.
Inschrift: keine
Datierung: kaiserzeitlich
Literatur: Gibbs 1976, 2009 G.

9.
AO/Inv. Nr.: Aquileia, Archäologisches Museum Studienkollektion Inv. Nr. 53625
Typ/Mat.: S sphärische Variante / Kalkstein
Maße: aufgrund des Erhaltungszustandes unbekannt
FO: unbekannt
Aufstellung: Nekropole? ~, das Stück entspricht in Typus und Format exakt jenen Zeitmessern, die aus der Nekropole stammen.
B: Abschnitte von vier Stundenlinien und der Winterwendlinie geben Hinweis darauf, dass es sich bei diesem Fragment um eine Uhr handelt. Die Stundenlinien sind besonders tief eingekerbt.
Inschrift: keine
Datierung: kaiserzeitlich
Literatur: Gibbs 1976, 2010 G.

10.
AO/Inv. Nr.: Aquileia, Archäologisches Museum Studienkollektion o. Nr. (in rot 392 auf Rückseite gemalt laut Gibbs)
Typ/Mat.: S horizontal /weißer Kalkstein
Maße: H 23,5 B 19,2 T 5,7 (Gibbs); Fragment
FO: unbekannt
Aufstellung: Die geringe Tiefe des Stücks weist darauf hin, dass es aus einem architektonischen Kontext stammt.
B: Nur kurze Teilstücke von Datums- und Stundenlinien lassen erkennen, dass es sich bei diesem Fragment überhaupt um einen Zeitmesser handelt. Gibbs gibt keine weiteren Hinweise auf Dekoration.
Inschrift: keine
Datierung: kaiserzeitlich
Literatur: Gibbs 1976, 4003 G.

11.
AO/Inv. Nr.: Privatsammlung Dr. Gregorutti in Baperiano, heute verschollen
Typ/Mat.: S vertikal / Reiseuhr / Bronze
Maße: Dm 3,1 T 0,075
FO: angeblich Aquileia
Aufstellung: Handgerät
B: Auf beiden Seiten der flachen Scheibe befinden sich gefächerte Linien, die von horizontalen gekreuzt werden. Entlang der Unterkante des Fächers wurden paarweise abgekürzte lateinische Monatsnamen eingraviert, so dass die Bogenlinien die Stunden anzeigen. Die beiden Seiten der Scheibe sind Diels zufolge für den 42° bzw. 44° Breitengrad berechnet und mit RO bzw. RA markiert, zeigen also die Zeit in Rom und Ravenna an. De Solla Price vermutet, dass es sich bei der Scheibe um den Bestandteil eines größeren Sets handelt, wie im Fall von Uhr Aquileia 12.

Inschrift: abgekürzte lateinische Monatsnamen; zwei Standorte: RO(ma) und RA(venna)
Datierung: Mitte 2. Jh. n. Chr.
Literatur: Kenner 1880, 18–19; De Solla Price 1969, 248.

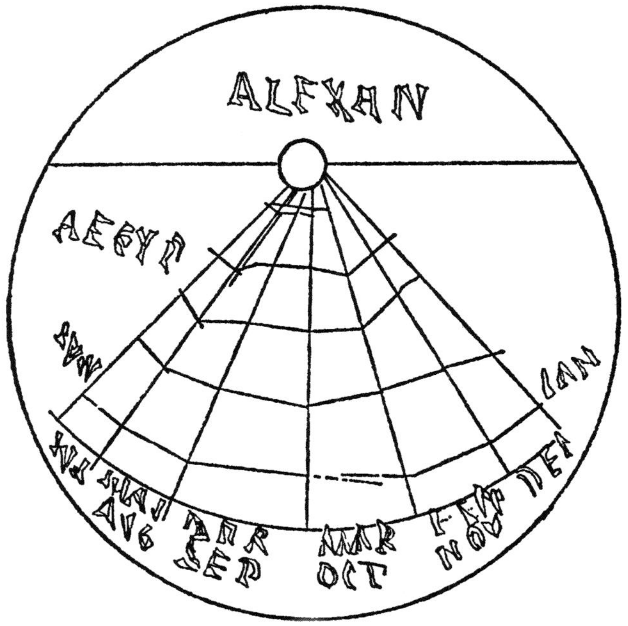

Aquileia 12.1

12.
AO/Inv. Nr.: Wien, Kunsthistorisches Museum, Antikensammlung Inv. Nr. VI 4098; 1934 aus Münzkabinett übernommen
Typ/Mat.: S vertikal / Reiseuhr / Bronze
Maße: Dm 4,1 T 1,6
FO: angeblich Aquileia
Aufstellung: Handgerät
B: Die Reiseuhr hat die Form einer kleinen Dose: Den Deckel bildet der Avers eines Medaillon mit dem nach rechts gewandten Porträt des Antoninus Pius, das eine umlaufende Inschrift rahmt. Die aufgeführte Titulatur weist auf die Entstehung des Medaillons in den Jahren 143/144 n. Chr. Das Revers, das als Boden der Dose dient, zeigt die Darstellung einer Quadriga in Frontalansicht, vgl. zur Legende BMCRE IV (1968) XXXII ff.

Im Innern der Dose befinden sich vier sehr dünne Scheiben, die gegeneinander zu verschieben sind und jeweils auf ihrer Vorderseite einen fächerförmigen Linienverlauf zeigen, den Bogenlinien kreuzen. An den Endpunkten der strahlenförmigen Linien zeigen Beischriften jeweils paarweise die Monatsnamen an. Oberhalb von jedem Strahl wurde die Ortsangabe graviert (s. u.), die sich auf Städte und Regionen von Ägypten bis Britannien beziehen.

Auf der Unterseite der Deckscheibe befindet sich eine stereographische Projektion, die De Solla Price als den Verlauf zweier Meridiane, des Äquators, der Wendekreise von Krebs und Caprikorn, sowie von elf Stundenlinien, die sich auf saisonale Stunden beziehen, deutet. Obwohl diese Anzeige mit erstaunlicher handwerklicher Präzision ausgeführt wurde, ist seiner Berechnung zufolge der Verlauf der Caprikorn-Linie fehlerhaft – wahrscheinlich ein erneuter Hinweis auf die Herstellung eines Zeitmessers nach einer importierten Vorlage.

Aquileia 12.2

Inschrift: lateinische Abkürzungen der Monatsnamen, sowie Ortskürzel:

IUN		MAI	APR	MAR	FEB		IAN
	IUL	AUG	SEP	OCT	NOV	DEC	

obere Scheibe	obv	ROM	Rom
		[EPI]RUS	Epirus
	rev	ANCONIA	Ancona
		TUSCIA	Tuszien
zweite Scheibe	obv	ALEXANDRIA	Alexandria
		AEGYP	Ägypten
	rev	BRITT	Britannien
		GERMA	Germanien
dritte Scheibe	obv	HELLAD	Hellas
		ASIA	Asia
	rev	AFRICA	Afrika
		MRTI	Mauretanien
Boden	obv	HISPANII	Spanien
		[ACH]AIIA	Achaia
	rev	---N--	--
		------	--

Datierung: kurz nach 140–143 n. Chr.
Literatur: De Solla Price 1969, 249–251; Buchner 1971, 457–482; Buchner 1976, 329–348; P. A. Auber, The Cylindrical Box of Antoninus Pius I, BSS 16/3, 2004, 124–132; P. A. Auber, The Cylindrical Box of Antoninus Pius I, BSS 16/4, 2004, 143–145; K. Dahmen, Untersuchungen zur Form und Funktion kleinformatiger Porträts der römischen Kaiserzeit (Münster 2001) 240.

Aquileia 13

13.
AO/Inv. Nr.: Aquileia, Archäologisches Museum Inv. Nr. 844
Typ/Mat.: S sphärische Variante / weißer Marmor
Maße: H 63,5 B_{Basis} 54,3 B_{oben} 67 T 32, 1 (Gibbs)
FO: unbekannt
Aufstellung: vor Rückwand, Villa? ~
B: Das sphärische Zifferblatt der gut erhaltenen Uhr ist derart in elf Stunden- und drei Datumslinien eingeteilt, dass der Meridian 2,4 cm über die Sommerwendlinie herausreicht. Statt eines Gnomon lenkt ein schmaler Schlitz im Scheitel der Sphäre den Lichtstrahl. Zwei je vierblättrige Rosetten mit jeweils vier Punktbohrungen im Zentrum nehmen die beiden oberen Zwickel der Uhrenfront ein, während die beiden unteren mit einem axialsymmetrisch angeordneten, stark stilisierten Blattmotiv dekoriert sind. Unterhalb der Schattenfuge schließt sich ein auf drei Seiten umlaufendes Basisprofil in Form eines lesbischen Kymas an.

Die als ebene Fläche gearbeitete Rückseite der Uhr wurde nur grob geglättet.

Die Uhr ist heute auf einer separat gearbeiteten, niedrigen Basis mit einem auf allen Seiten umlaufenden mehrfachen Fußprofil aus demselben Material aufgestellt, die aber deutlich breiter als der Uhrenkörper ausfällt und deshalb wohl nicht zugehörig ist.
Inschrift: keine
Datierung: 2. Jh. n. Chr.
Literatur: Bracchi 1960, 67 Nr. 5; Gibbs 1976, 2007 G.

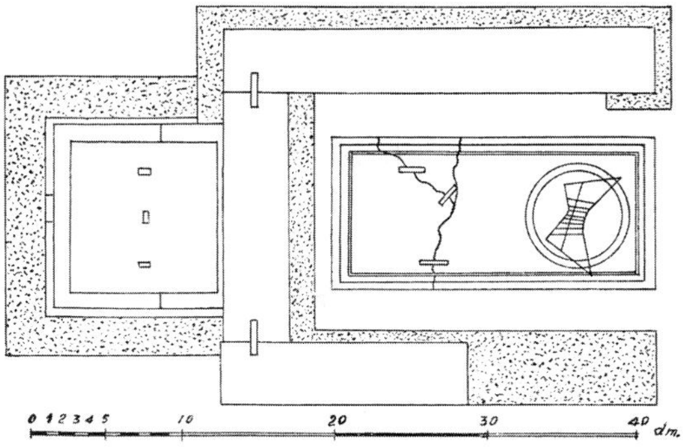

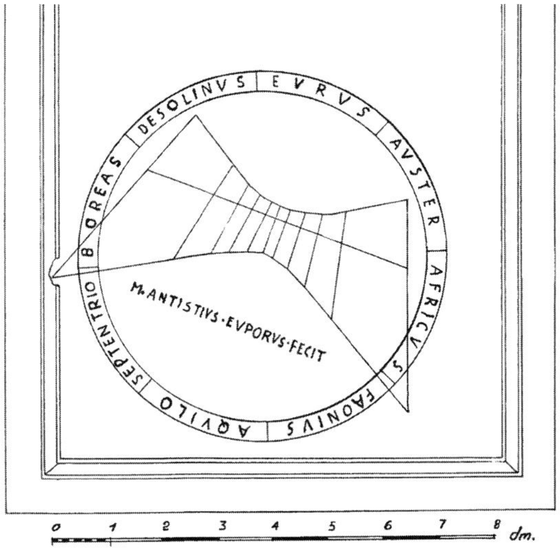

Aquileia 14.1–14.3

14.

AO/Inv. Nr.: Aquileia, Archäologisches Museum, Garten Inv. Nr. 1359

Typ/Mat.: S horizontal / Kalkstein

Maße: H 64 B 100 T 206

FO: 20. 11. 1878 auf der Gemarkung „Le Marignane" der Familie Cassis-Faraone

Aufstellung: auf halber Strecke der Via des Circus gefunden; außer auf der Nordseite dreiseitig umlaufende Bänke, vgl. zum Baubefund: L. Bertacchi, Aquileia. Teatro, anfiteatro e circo, Antichità altoadriatiche 41, 1994, 163–181.

B: Im Zuge der Ausgrabungen im Bereich des südlichen Endes des Circus wurde eine Sitzgruppe freigelegt, die heute im Eingangsbereich des Museums von Aquileia aufgestellt ist. Sie besteht aus einer monolithen Tischplatte mit auf drei Seiten umlaufenden Sitzbänken. Auf der einen Schmalseite ist an die Sitzbank ein etwa 1.10 m hoher, quadratischer Sockel angeschoben. Auf diesem war eine Basis errichtet, von der nur noch das Fußprofil erhalten ist. Das Material von Sitzbänken und Tisch (Marmor) und Sockel (Kalkstein) weicht ebenso deutlich voneinander ab wie die handwerkliche Ausführung der einzelnen Bestandteile. Bänke und Sockel sind nur grob miteinander verklammert, die einzelnen Bauteile greifen an keiner Stelle ineinander. Soweit die heutige Aufstellung eine Beurteilung zulässt, hat es den Anschein, als sei der Sockel eine spätere Hinzufügung.

Die Tischplatte durchziehen zwei Brüche, die bereits antik mit drei Bronzeklammern repariert wurden. Die Kanten der Platte sind rundum profiliert. Etwa ein Drittel der Oberfläche nimmt die Gravur einer horizontalen Sonnenuhr ein: Diese ist derart positioniert, dass sie etwas aus der Längsachse verschoben und so nah wie möglich an der Schmalseite der Platte konstruiert wurde, so dass das äußerste Ende des Zifferblatts die rahmende Profilierung der Tischplatte überschneidet.

Die Uhr besteht aus einem Netz von elf Stunden- und drei Datumslinien, das zwei konzentrische Kreise umgeben. Diese Ringfläche ist in acht Abschnitte aufgeteilt, in welche Bezeichnungen der acht Windrichtungen eingeschrieben sind. Die Lage des Meridians gibt die Ausrichtung der Tischgruppe vor, die mit der Längsachse des Circus zusammenfällt. Die geringe Abweichung dieser Achse von der Nordrichtung hat die leicht exzentrische Positionierung der Uhr auf der Platte zur Folge.

Im unteren Feld befindet sich zwischen Zifferblatt und umlaufendem Schriftband eine Signatur des M. Antistius Euporus.

Auf der Tischplatte fehlt jeder Hinweis auf eine Vorrichtung für den Zeiger. Auber bringt mit ihm schlüssig den getrennt aufgestellten Sockel in Verbindung und rekonstruiert hier anstatt eines stabförmigen Gnomon eine Brennlinse oder eine Lochblende zur Lenkung der Sonnenstrahlen.

Nicht nur die Bronzeklammern, sondern auch Unebenheiten im nördlichen Bereich der Oberfläche der Tischplatte zeugen von ihrer langwährenden Nutzung. Möglicherweise zeigen die ungewöhnliche Positionierung der Uhr auf der Tischplatte und die abweichende handwerkliche Zurichtung des Sockels an, dass der Zeitmesser erst nachträglich in die Sitzgruppe integriert wurde. Tatsächlich erstreckt sich die von Heucker und Humphrey anhand der literarischen Quellen rekonstruierte Nutzungsdauer des aquileianischen Circus von der frühen Kaiserzeit bis in das dritte Viertel des 4. Jhs. n. Chr. Sollte der schwere Tisch zur Erstausstattung der Anlage gehören, hätte es dort etwa 400 Jahre in situ überdauert (vgl. C. Heucke, Circus und Hippodrom als politischer Raum (Stuttgart 1994) 381–383 und J. H. Humphrey, Roman Circusses (London 1986) 621–625).

Den Berechnungen von Grablovitz und Tognin zufolge wurde das Liniennetz der Uhr nicht für Aquileia, sondern für eine Ortsbreite zwischen Pesaro und Ancona entworfen. Das in Venetien anstehende Material, die Anpassung an die Bedürfnisse der lokalen Aufstellung und nicht zuletzt der Fundort des großen Monolithen weisen auf die lokale Fertigung nach einer Vorlage.

Inschrift: nach G. Lettich, Itinerari Epigrafici Aquileisi Bd. 3 (Triest 2003) 1232–1234 Nr. 3494:

Eurus | Auster | Africus | Faonius | Aquilo | Septentrio | Boreas | Desolinus | M(arcus) Antistius Euporus fecit

Datierung: Donderer: 2. Jh. n. Chr.; Kenner: Commodus 180–192 n. Chr.

Die oben vermutete Zweiphasigkeit würde die Schwierigkeiten früherer Bearbeiter in der chronologischen Einordnung der Sitzgruppe erklären: Wahrscheinlich gehören Tisch und Bankreihen zur republikanischen Ausstattung des Circus, in die erst im letzten Viertel des 2. Jhs. n. Chr. die Sonnenuhr integriert wurde, deren Datierung paleographische und typologische Argumente nahelegen.

Literatur: C. Gregorutti, Lettera a G. Henzen, RM Bulettino 1879, 28–30; Kenner 1880, 7–18 Abb. 7–10; Weiß 1880, 21–23; G. Grablovitz, Sull'orologio solare nel monumento scoperto il novembre 1878, nel fondo Cassis alle Marignane d'Aquila, Archeografo Triestino 13, 1887, 209–225; E. N. Legnazzi, Del catasto romano e di alcuni strumenti antichi di geodesia (Verona 1887) o. S.; Gatty 1900, 44; Löschner 1905, 36–38; Rehm 1916, 68 Abb. 10; Diels 1920, 182–184 Abb. 60. 61; Drecker 1925, 46–47; G. Brusin, Il museo archeologico di Aquileia (Rom 1936) 33 Abb. 94; Bracchi 1960, 62–65; Gibbs 1976, 4002 G mit 330 Taf. 53; D. Tognin, Aquileia e il tempo. La meridiana solare orizzontale di M. Antistius Euporus, AquilNost 64, 1993, 193–238 Abb. 3. 4; Donderer 1998, 178–180 mit Abb. 9. 10 und weiterer Literatur; P. Auber, La meridiana orizzontale di Aquileia – Il plintho di Euporus, Gnomonica 7, 2000, 27–38.

Aquileia 15

15.
AO/Inv. Nr.: Aquileia, Archäologisches Museum Inv. Nr. 1052
Typ/Mat.: S sphärische Variante / lokaler Kalkstein
Maße: H 73,5 B 59,9 T 40,4 (Gibbs), aus mindestens vier Fragmenten zusammengesetzt
FO: unbekannt
Aufstellung: unbekannt
B: Das dekorlose Stück ist entlang der Oberseite und des rechten Randes stark bestoßen ist. Erhalten sind die Linien der Stunden zwei bis zehn, sowie drei Datumslinien. Den unteren Abschluss der Sockelzone bildet ein Kyma reversa. Als Parallele nennt Gibbs das Stück hier Aquileia 16.
Inschrift: keine
Datierung: Ende 2. – Anfang 3. Jh. n. Chr.
Literatur: Bracchi 1960 67, Anm. 5; Gibbs 1976, 2005 G.

Aquileia 16

16.
AO/Inv. Nr.: Aquileia, in situ an der Via Sacra
Typ/Mat.: S sphärische Variante / Kalkstein aus Carso
Maße: H 71,7 B 58,5 T 46 (Gibbs)
FO: auf einem Feld östlich des heutigen Aufstellunsgortes in Bereich des Hafens
Aufstellung: Nekropole, wohl Bestandteil einer Grabanlage

B: Elf Stunden- und zwei Datumslinien gliedern die sphärisch geschnittene, im Durchmesser etwa 56,5 cm große Schattenfläche der ausgezeichnet erhaltenen Uhr. Diese umgibt ein 3,4 cm breiter Limbus unterhalb dessen der schräge Uhrenkörper anschließt. In den Scheitel der Uhr wurde in der Achse der Sphäre ein schmaler Schlitz gebrochen, der den Lichtstrahl auf das Zifferblatt lenkt. In den Zwickeln befinden sich vier 10–11 cm hohe Büsten männlicher Figuren im Relief, welche die vier Windgötter darstellen.

Unterhalb der Schattenfuge schließt ein ca. 10 cm hohes Kyma reversa an, auf das eine ebenso hohe Standleiste folgt.

Die Uhr ist heute auf einer modernen 1,80 m hohen Ziegelsäule aufgestellt.

Inschrift: keine
Datierung: Ende 2. – Anfang 3. Jh. n. Chr.
Literatur: G. Brusin, Gli scavi di Aquileia (Udine 1934) 115 Nr. 10 Taf. 17; Bracchi 1960, 65–66 Taf. 9; Gibbs 1976, 2002 G mit 196.

Aquinum

1.
AO/Inv. Nr.: Aquino Museum o. Nr.
Typ/Mat.: S sphärische Variante / Travertin
Maße: H 22 B 28 T 20; Fragment, erhalten ist etwa ein Drittel der ursprünglichen Breite von ca. 60
FO: unbekannt
Aufstellung: unbekannt
B: Das Fragment umfasst etwa ein Drittel des äußeren Randes einer sphärisch geschnittenen Sonnenuhr mit den Abschnitten zweier Stundenlinien sowie der Sommerwendlinie. Aufgrund des großen Abstandes der Teilstücke der Stundenlinien vermutet Severino, dass auf dem Zifferblatt überhaupt nur die dritte, sechste und neunte Stunde ausgeführt war. Dieses Merkmal, das sich auf der Uhr Bettwiller 2 wiederholt, führt ihn zu der Datierung des Fragments ins 2. bzw. 3. Jh. n. Chr.
Inschrift: keine
Datierung: 2.–3. Jh. n. Chr.
Literatur: N. Severino, Ancora sulla meridiana romana del museo archeologico di Aquino, Studi Cassinati 4, 2003, 258–264.

Ariminum

1.
AO/Inv. Nr.: Museo Civico Archeologico di Verucchio o. Nr.
Typ/Mat.: S sphärische Variante / Marmor
Maße: unbekannt
FO: unbekannt
Aufstellung: unbekannt
B: Bis auf geringe Beschädigungen entlang des oberen Abschlusses ist das Stück gut erhalten: Es besteht aus einem hochrechteckigen Block, in den eine Sphäre eingetieft wurde. Als Gnomon diente ein heute bestoßener schmaler Schlitz auf der Oberseite des Blocks. Der Schattenkreis der Uhr ist in elf Stunden- und drei Datumslinien unterteilt, ihn umgibt ein etwa 2 cm breiter, leicht erhabener kreisrunder Limbus. In den Zwickeln des Uhrenkörpers befinden sich keine weiteren Dekorationen. Unterhalb der Schattenfuge schließt sich ein durchlaufendes Profil in Form eines Kyma reversa an.
Inschrift: keine
Datierung: 2. Jh. n. Chr. (?)
Literatur: Severino 2003.

Arsinoïtes Nomos (Fayum)

1.
AO/Inv. Nr.: verschollen
Typ/Mat.: Stiftung *horologion* / W ~
Maße: unbekannt
FO: unbekannt
Aufstellung: öffentlich? ~
B: Die Stiftung des jüdischen Hegemon Eleazaros Nikolaos, der eine Uhr und einen φρέαρ stiftet, könnte sich aufgrund der gemeinsamen Nennung von Uhr und (Druck-)Wassertank auf eine öffentlich aufgestellte Wasseruhr zu beziehen sein; vgl. Diskussion unter Kapitel IV 1.6. S. 125 f.
Inschrift: Ἐλεάζαρος Νικολάου | ἡγεμὼν ὑπὲρ ἑαυτοῦ | καὶ Εἰρήνης τῆς γυναι|κὸς τὸ ὡρολόγιον | καὶ τὸ φρέαρ.

„Eleazaros Nikolaos, Hegemon, und seine Frau Eirene (weihen) das Horologion und den Wassertank."
Datierung: 2./1. Jh. v. Chr.
Literatur: G. Lefebvre, Inscriptions grècques d'Égypte, BCH 26, 1902, 454 Nr. 16; F. Priesigke – F. Bilabel – E. Kiessling, Sammelbuch griechischer Urkunden aus Ägypten I (Strassburg 1915) Nr. 27; J.-B. Frey, Corpus inscriptionum iudaicarum (Rom 1952) II 1531; E. Bernard, Recueil des inscriptions grècques du Fayoum 2 (Paris 1975) 206.

Aspira

Aspira 1

1.
AO/Inv. Nr.: Izmir, Archäologisches Museum 5404
Typ/Mat.: S konisch / grauer Marmor
Maße: H 31 B 36 T 19
FO: Aspira (?)
Aufstellung: unbekannt
B: Das Zifferblatt nimmt etwa die oberen zwei Drittel der Blockhöhe ein. Es ist in elf Stunden- und drei Datumslinien unterteilt, oberhalb derer jeweils eine griechische Beischrift verläuft.

Unterhalb des Schattenkreises weicht der Uhrenkörper als schräge Fläche bis an die Schattenfuge zurück. Den unteren Bereich der Basis flankieren stilisierte Löwentatzen, die über die Schattenfuge hinaus reichen und deren Glieder als Rundstäbe gebildet sind. Im Mittelteil ist der Uhrenkörper als profilierte Zone gestaltet.
Inschrift: χειμερινός | ἰσημερινός | θερινός
Datierung: 2. Jh. n. Chr.
Literatur: Gibbs 3060 G.

Ateste

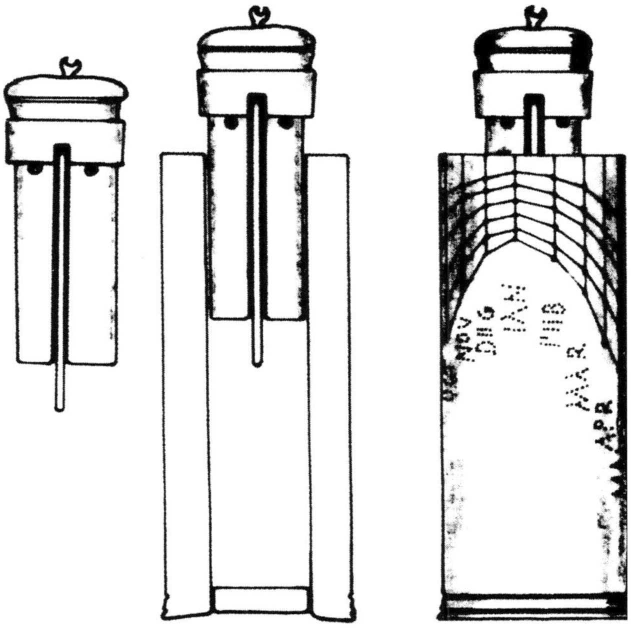

Ateste 1

1.
AO/Inv. Nr.: Este, Museo Nazionale Atestino
Typ/Mat.: S zylindrisch / Reiseuhr / Elfenbein
Maße: H 6,2 / 3 Fragmente
FO: 1884 in sog. Grab des Physikers (zum Befund: S. Bonomi, Tomba romana del medico a Este, AquilNost 55, 1984, 77–107).
Aufstellung: Handgerät
B: Die Uhr ist die älteste nachgewiesene zylindrische Reiseuhr; sie setzt sich aus drei Elementen zusammen:

Ihren Körper bildet ein länglicher Zylinder, der auf der einen Seite als schmaler, profilierter Standring endet und auf der anderen Seite gerade abschließt. An diesem Ende sind vom Rand aus zwölf senkrecht verlaufende Linien eingeritzt, die sechs graphenförmige Linien schneiden. In der Verlängerung der parallelen Striche sichern abgekürzte lateinische Monatsnamen die korrekte Zuordnung von Feld und Monat. Dabei fällt auf, dass nur zehn statt der üblichen zwölf Monatsnamen ausgeführt sind; es fehlen die der Monate Juli und August.

Das zweite Element bildet ein knubbenartiger Deckel, der am gravierten Ende des Zylinders genau einpasst und dessen Position flexibel variiert werden kann.

Ein schmaler Bronzestift, der als Gnomon dient und im Zentrum des Deckels eingelassen ist, kann außerdem in der Höhe verschoben werden.

Inschrift: abgekürzte lateinische Monatsnamen, es fehlen die Monate Juli und August
Datierung: t. a. q. 50–100 n. Chr. für das sog. Grab des Physikers;

Das Fehlen der Namen der zwei Monatsnamen ist am ehesten als unmittelbare Folge der Umbenennung der Monate Juli und August zu erklären, dann wäre die Uhr kurz nach 8 v. Chr. entstanden und als Erbstück in das Grab gelangt.

Literatur: H. Higton, Sundials. An Illustrated History of Portable Dials (London 2001) 13–16 mit Abb. S. 14; Arnaldi – Schaldach 1997, 107–117; Schaldach 2001, 43 Abb. 28.

Athen

Athen 1

1.
AO/Inv. Nr.: Athen, Agora Nr. P 2084
Typ/Mat.: W, Kurzzeitmesser / Ton
Maße: H 23,2 Dm_{Basis} 11,7 Dm_{Rand} rest. 28 / aus mindestens sieben anpassenden Bruchstücken zusammengesetzt
FO: Agora, Brunnenfund 2 m südöstlich der Umfassungsmauer der Tholos
Aufstellung: erhöht, zwei Niveaus erforderlich
B: Das Profil des Gefäßes entspricht der Form eines Skyphos mit steiler Wandung und beidseitigen Henkeln, der als Besonderheit in Bodennähe einen kleinen Ausguss mit eingelassener bronzener Tülle aufweist. Bis auf einen Streifen dunklen Firnis' entlang der als Rundstab verdickten Lippe ist das Gefäß innen und außen tongrundig. Unmittelbar unterhalb des Randes hat sich der Bruchschatten eines Henkelansatzes erhalten, so dass Young wohl zutreffend zwei Henkel rekonstruiert. Zwischen ihnen verläuft die aufgemalte Inschrift, die zu Ἀντιοχ(ίδος) ergänzt wurde und dieses Gefäß als Eigentum der Phyle Antiochis ausweist. Unterhalb der Schriftzone zeigen zwei flüchtig aufgemalte Marken in Form von XX das Fassungsvermögen des Skyphos an, das einem Inhalt von zwei Choen – also 6,4 l – entspricht. Diesen Füllstand garantiert ein kleines Loch, das vor dem Brand in Randnähe durch die Wandung gebohrt wurde. Die Bearbeiter kalkulieren für den Durchlauf der maximalen Füllmenge eine Spanne von ungefähr sechs Minuten.
Inschrift: Ἀντιοχ(ίδος) | XX
Datierung: um 400 v. Chr.
Literatur: Young 1939; Camp Agora 126 f. 127 Abb. 85.

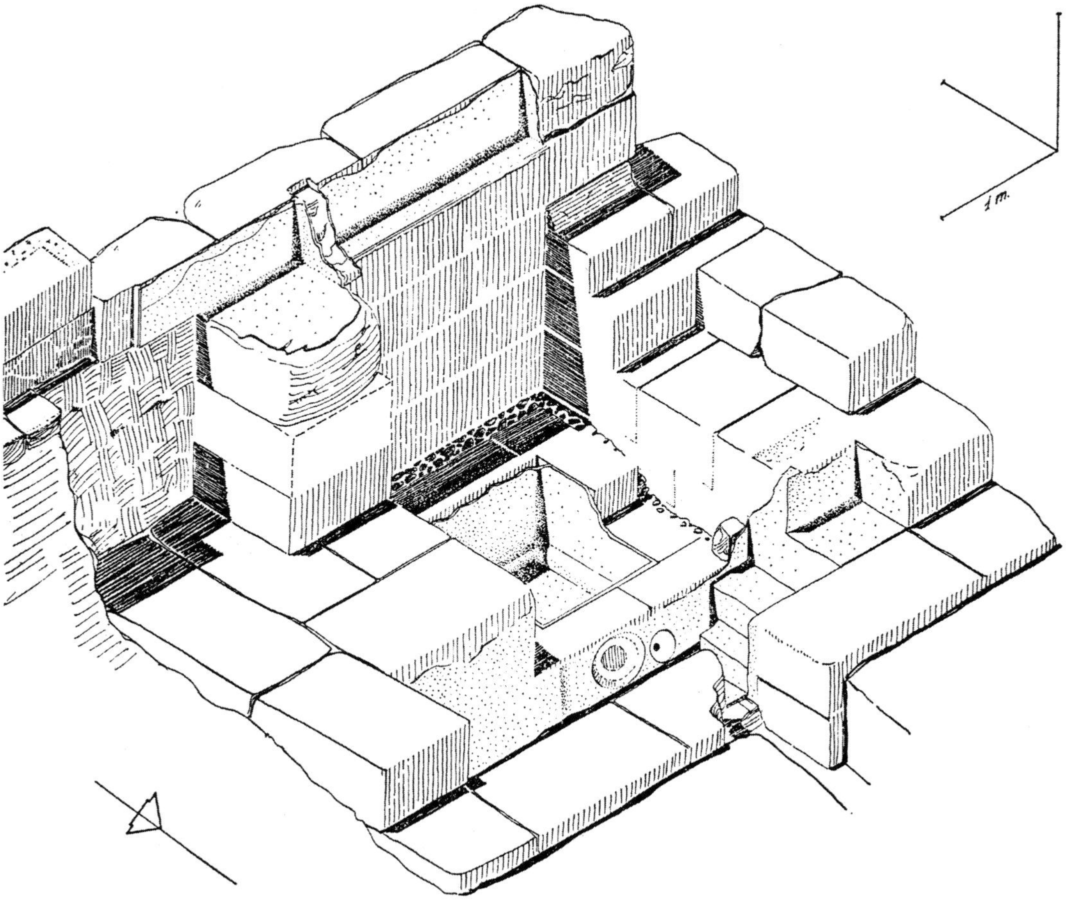

Athen 2

2.

AO/Inv. Nr.: Agora, vor Heliaia

Typ/Mat.: Auslaufuhr, Einlaufuhr / Kalkstein, Marmor, Bronze

Maße: Fundament 3,90 m × 5,35 m; Wassertank innen H Bestand 70 B 97 T 97

FO: griechische Agora, an der NW-Ecke der Heliaia

Aufstellung: s. FO, Zugang von N

B: Im SW der Agora unmittelbar außerhalb jener Umfriedung, die seit der Mitte des 6. Jhs. v. Chr. als Gerichtshof diente, und diese als Rückwand nutzend, befindet sich eine Konstruktion, die aus einem mit hydraulischem Mörtel abgedichteten Wassertank besteht, der in Bodennähe mehrfach veränderte Auslauf-Vorrichtungen besitzt. Die Funktion dieser Installation wird von den Ausgräbern mit einer Wasseruhr in Verbindung gebracht.

Diese Funktionszuweisung erfolgt weitgehend über den Vergleich mit der besser erhaltenen Uhr Oropos 1, mit der sie mehrere konstruktive Faktoren teilt. Beide Installationen bestehen aus vier Elementen: dem zentralem, im Querschnitt quadratischen Wassertank, dessen Wände mit hydraulischem Mörtel abgedichtet sind und der einen kleinen Bronzetrichter als Auslauf besitzt, umgebenden hohen Wänden sowie einer Treppe und Wartungszone. Aufgrund dieser Übereinstimmungen erkennen die Ausgräber in der ersten Phase des Athener Zeitmessers eine Auslaufuhr. Demzufolge wäre Wasser von Südwesten zur Struktur geleitet, der zentrale Tank gefüllt und das Wasser anschließend sukzessive über eine kleine Öffnung in Bodennähe abgelassen worden. Eine zweite, größere Öffnung diente vermutlich zur Reinigung des Beckens. Über eine Treppe, deren Stufen deutlich abgetreten sind, ist der Auslaufbereich zugänglich.

Einige der freigelegten Mauerstrukturen stehen mit dieser Konstruktion in keiner Verbindung und fehlen auch am Parallelbau in Oropos. Deshalb gehen die Ausgräber davon aus, dass zu einem nicht näher zu bestimmenden Zeitpunkt im Laufe des 3. Jhs. v. Chr. der ehemals als Auslaufuhr konzipierte Zeitmesser zu einer Einlaufuhr umgerüstet wurde.

Mit dieser zweiten Phase verbinden sie v. a. drei zusätzliche Wassertanks und eine nachträgliche senkrechte Abarbeitung der ehemals schrägen Innenwände des Tanks. Nun sei das Wasser zunächst in einem Sinkbecken gestaut, anschließend in zwei Vorbecken geleitet worden, die dann einen gleichmäßigen Einlauf in den Haupttank garantierten. Es wäre denkbar, dass die beiden Becken ein Hinweis darauf sind, dass die Uhr nun ganztägig in Betrieb war.

Eine abschließende Beurteilung des Befundes, der als einziger einen Umbau vom früheren zum späteren Typus der Wasseruhren belegt, erschwert sein mangelhafter Erhaltungszustand. Dieser sichert an vielen Stellen kaum mehr als die rückwärtige Wandung der verschiedenen Tanks, weder aber ihre Verbindungen untereinander noch irgendwelche Messskalen.

Deshalb sind im Detail verschiedene Rekonstruktionen der Anlage theoretisch denkbar, jedoch ist keine beweisbar. Die aufgezeigten strukturellen Merkmale legen nahe, dass es sich einmal um einen gleichmäßigen Wasser*ab*- und das andere Mal um einen kontrollierten Wasser*zu*fluss handeln muss.

Die Ausgräber schlagen vor, dass in der zweiten Phase die Anzeige der im Jahresverlauf zwischen ca. 47 min und über 74 min schwankenden Saisonalstunden über saisonal wechselnde Füllmengen des Einlaufs geregelt wurde. Diese Lösung ist m. M. nach wenig wahrscheinlich: Weder sind für dieses Vorgehen Paralleln bekannt, noch funktionierte die Uhr der ersten Phase in dieser Weise. Außerdem wäre ein solcher Mechanismus wesentlich komplizierter zu realisieren als die Kompensation der wechselnden Stundenlängen über ein entsprechend gestaltetes Zifferblatt.

Die starke Abnutzung der schmalen Treppenstufen in Oropos und Athen belegt die regelmäßige Wartung und Reinigung der Uhr, die nur bei ihrer kontinuierlichen, wenn nicht sogar täglichen Nutzung erforderlich ist. Ob darüber hinaus im geschützten sog. service area in der zweiten Phase auch das Zifferblatt aufgestellt war, ist am Befund nicht zu klären.

Inschrift: keine

Datierung: 320/10 – 175 v. Chr., also ca. 120 Jahre in Betrieb, 2. Bauphase im Verlauf des 3. Jhs. v. Chr. Der Wasserzulauf von SW setzt die Errichtung des großen SW-Brunnenhauses zwischen 350 und 325 v. Chr. voraus. Keramik, insbesondere Fragmente attischer Kantharoi, die um 320/10 v. Chr. entstanden (vgl. Armstrong – Camp 1977, 151 mit Anm. 4), liefern einen t. p. q. für die Errichtung der ersten Phase der Wasseruhr.

Die präzise Datierung des Umbaus ist anhand des archäologischen Befundes unmöglich. Die Ausgräber schlagen einen Zeitansatz im 3. Jh. v. Chr. allein aufgrund von typologischen Überlegungen und Vitruvs Zuweisung dieses Uhrentyps an Ktesibios vor.

Die Aufgabe der Uhr erfolgte jedoch spätestens während des ersten Viertels des 2. Jhs. v. Chr. mit dem Baubeginn der sog. Mittel-Stoa, deren Fundamente die Kanäle des Wasserzuflusses der Uhr unterbrechen. Fortan fehlt jeder Hinweis, wo nun auf der Agora Normzeit angezeigt wurde. Vorstellbar wäre, dass von nun an eine druckwasserbetriebene Uhr in einer der Vorhallen der umgebenden Stoen aufgestellt war.

Literatur: Armstrong – Camp 1977; Agora 14, 64 f. und 202 Anm. 55; Heliaia Agora 14, 62–65.

Athen 3

3.

AO/Inv. Nr.: Dionysostheater, in situ o. Nr.
Typ/Mat.: S konisch / pentelischer Marmor
Maße: H 86 B 123 T 82 (Außenmaße der Uhr, nicht Grundfläche!)
FO: in situ
Aufstellung: Die Uhr befindet sich seit der Antike unverändert oberhalb des Dionysos-Theaters unmittelbar östlich des Thrasyllos-Monumentes. In den dort anstehenden, sehr steilen Felsabhang wurde eine ebene Stufe zur Aufnahme eines undekorierten quadratischen Kalksteinblocks eingearbeitet. Weitere Bearbeitungsspuren im Felsen lassen vermuten, dass dieser Block ursprünglich gemeinsam mit mindestens einem weiteren, östlich anschließenden, die Basis für die aus weißem Marmor gefertigte Uhr bildete. Basis und Uhr sind exakt nach Süden ausgerichtet und die Unterkante der Uhr fluchtet mit der Oberkante des Architravs des Thrasyllos-Monumentes.
B: Die Sonnenuhr aus pentelischem Marmor ist eine der größten bekannten: Bis auf geringe Beschädigungen an den Eckpunkten des Schattenkreises und einiger Verwitterungsspuren v. a. auf der Westseite und den fehlenden Gnomon ist das Stück sehr gut erhalten. Der Zeiger war in ein relativ großes, im Querschnitt rechtwinkliges Loch eingesetzt, zu dem von der Schattenfläche aus ein Gusskanal führt.

Die völlig dekorlose Uhr setzt sich aus funktional bestimmten geometrischen Teilformen zusammen. Die große, vorzüglich lesbare Schattenfläche dominiert das Instrument, indem im Profil der Körper als kurze schiefe Ebene zurücktritt, so dass von der Schattenfuge die Schattenfläche zusätzlich betont wird. Diese wird von elf Stunden- und drei Datumslinien gegliedert, die mit außergewöhnlich tiefem, im Querschnitt u-förmigem Profil sorgfältig eingekerbt wurden. Schaldach schlug vor, dass in diese Linien zur besseren Lesbarkeit Metallbänder eingelegt waren.

Seiner mathematischen Prüfung zufolge ist die Anzeige der Uhr für Athen präzise berechnet.
Inschrift: keine
Datierung: Die Aufstellung der Sonnenuhr setzt die Errichtung des Thrasyllos-Monumentes im Jahr 320/319 v. Chr. voraus. Die unmittelbare Nachbarschaft beider Denkmäler an prominenter Stelle bei Einhaltung gemeinsamer Fluchtlinien könnte auf eine bewusste Bezugnahme hinweisen. Ob die aufwendige Aufstellung des schweren Uhrenblocks in luftiger Höhe mit den inschriftlich bezeugten Veränderungen, die Thrasikles nach seinem Sieg im Jahr 271/270 v. Chr. am Weihgeschenk seines Vaters vornahm, zu verbinden ist, kann zwar nicht bewiesen werden, ist jedoch aufgrund von Ausführung und Position wahrscheinlich: letztes Drittel 3. Jh. v. Chr.
Literatur: Gibbs 1976, 3008 G; Schaldach 2006, 2.

4. Athen 4.1

AO/Inv. Nr.: sog. Turm der Winde, Westrand der römischen Agora, in situ

Typus: acht vertikale Sonnenuhren und eine zylindrische an den Außenwänden sowie eine Wasseruhr im Innern

Maße: s. Zeichnung

FO: wie AO

Aufstellung: s. Text

B: Der sog. Turm der Winde im Zentrum Athens zählt zu den wenigen seit der Antike aufrecht stehenden Gebäuden. Mit einem achteckigen Grundriss von nur 3,25 m Kantenlänge erheben sich über einem zweistufigen Unterbau Wände aus pentelischem Marmor, die mit einem Relief der gegen den Uhrzeigersinn fliegenden acht Windgötter abschließen. Ritzungen auf den Wandquadern unterhalb des Frieses weisen darauf hin, dass ursprünglich die Außenfassaden des Baus als Schattenflächen von Sonnenuhren dienten. Während alle Außenflächen ansonsten leicht gepickt sind, wurde nur der Bereich beiderseits der geritzten Stunden- und Datumslinien sorgfältig geglättet, um die Lesbarkeit zu steigern. Die heute sichtbaren Gnomones wurden modern ergänzt.

Drei Anbauten an das Oktogon geben ihm eine deutliche und präzise Ausrichtung in der Nord-Südachse. Auf der Südseite des Gebäudes befindet sich ein runder Anbau. Dieser dient als Wasserreservoir des im Innern aufgestellten Zeitwerks, von dem verschiedene Einlassungen im Pflaster des Raums stammen. Kienast erkannte, dass der Durchbruch zwischen Innenraum und rundem Annex auf eine Reparatur des Druckwasserbehälters zurückzuführen ist, während in einer ersten Phase das Wasser unterirdisch eingeleitet worden war und dann auf zwei Ausgabestellen verteilt wurde. Davon zeugen zwei kleine runde Einlassungen, zwischen denen sich eine weitere, dritte, befindet. Die Mittelpunkte dieser drei Vorrichtungen schneidet eine Kreislinie, deren Zentrum mit dem des Innenraums zusammenfällt und entlang derer ursprünglich eine schmale

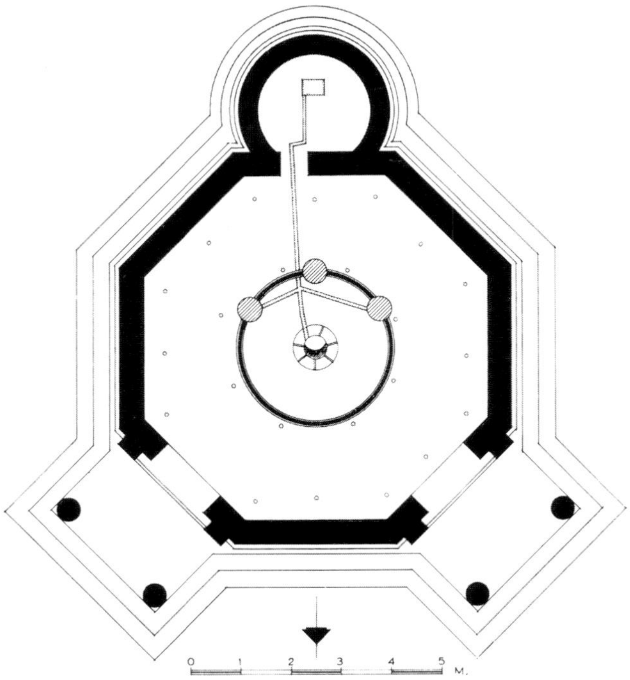

Athen 4.2

Athen 4.3–4.5

hüfthohe Marmorbrüstung verlief. Ein senkrechter Schacht im Zentrum des Gebäudes schafft die Verbindung zu einem Abwasserkanal. Wie der Mechanismus, der über diesen Installationen errichtete war, im Einzelnen funktionierte und welche Zeitfunktionen er erfüllte, ist letztlich nicht zu klären. Kienast stellt sich ein Planetarium in Form beweglicher Astrolabien vor.

Im NO und NW schützen überdachte Vorbauten mit kleinen Giebeln die Eingänge zum Gebäude. Vorrichtungen auf den Schwellen weisen darauf hin, dass Metallgitter den Zugang ins Innere versperrten.

Der achteckige Grundriss und die auf allen Seiten angebrachten Uhren sind funktional redundant: Es wäre völlig ausreichend gewesen die Südseite des Baus mit einem Zeitmesser zu versehen. Auf dieser – naturgemäß der Hauptseite eines Uhrenmonuments – überzieht die Außenwände des Wassertanks eine Variante des zylindrischen Uhrentyps, dem als Schattenzeiger das vorstehende Gesims dient. Korres konnte nachweisen, dass auf dieser Seite des Monumentes eine breite Strasse verlief. Die Eingänge des Turmes der Winde liegen demzufolge auf seiner Rückseite.

Im Verhältnis zu seiner geringen Grundfläche hebt sich der Zeitmesser mit einer Höhe von fast 13.00 m turmartig von der umgebenden Bebauung ab.

Inschrift: Namen der Windgötter auf Architrav; Baumarken

Datierung: Die Datierung dieses einzigartigen Gebäudes – ob es im dritten Viertel des 2. Jhs. v. Chr. oder in der Mitte des 1. Jhs. oder gar noch später entstand – ist in der Forschung bislang umstritten und unter anderem Ziel der von Kienast durchgeführten Bauanalyse. Kienast deutet in Vorberichten an, dass er eine Entstehung in der Wende des 2. zum 1. Jh. v. Chr. für wahrscheinlich hält.

Textstelle	Quelle	Datierung
ut Athenis in horologio, quod fecit Cyrrestes	Varro, de re rust. III 5, 17	ca. 37 v. Chr.
Athenis turrem marmoream octagonon	Vitruv I 6,4	ca. 25 v. Chr.
οἰκίαν τὴν λεγομένην Κυρρήστου	IG II2 1035	10/9–3/2 v. Chr.

Die mehrfache Erwähnung des Gebäudes in späteren Schriftquellen ist ein Kennzeichen für die langanhaltende Wertschätzung des außergewöhnlichen Baus. Sie führen seine Errichtung wiederholt auf Andronikos aus Kyrros zurück, der in dem Epigramm der Sonnenuhr Tenos 1° geehrt wird.
150–100 v. Chr.; Reparatur Ende 1. Jh. v. Chr.
Literatur: Noble – De Solla Price 1968; Gibbs 1976, 5001 G; Freeden 1983; Kienast 1993; Kienast 1997a; Kienast 1997b; Kienast 2000; Schaldach 2006, 61–89; dazu demnächst mit Bauaufnahme und ausführlicher Diskussion H. Kienast, Der Turm der Winde in Athen. Mit einem Beitrag zur mathematischen Analyse der Sonnenuhren von K. Schaldach. Archäologische Forschung (voraussichtlich Wiesbaden 2014).

Athen 5

5.
AO/Inv. Nr.: Athen, Nationalmuseum 3159
Typus: S Hohlform / Marmor
Maße: H 12,5 B 25 T 10 (Außenmaße, nicht Grundfläche) / rundum stark bestoßen
FO: Dionysostheater; Streufund?
B: Der Zeitmesser ist unmittelbar unterhalb des im Relief abgesetzten Limbus gebrochen, außerdem entlang seiner Außenkanten. Das tiefe Gnomonloch ist ringsum ausgebrochen. Die Schattenfläche gliedern elf Stunden- und drei Datumslinien, die recht unregelmäßig gearbeitet wurden.

Die ebene Rückseite wurde sorgfältig geglättet und stimmt mit der Oberflächenbehandlung von Schattenfläche und Uhrenkörper überein. Trotz des Erhaltungszustandes ist erkennbar, dass der Körper einen Kubus bildete, den keine weiteren Dekorelemente gliederten.
Inschrift: keine
Datierung: Während Locher die Uhr als hellenistisch bezeichnet, vermutet Schaldach aufgrund der unpräzisen Stundenlinien eine spätantike Entstehung. Beide Bearbeiter könnten recht haben, denn wahrscheinlich wurden die Linien einer älteren Uhr nachgezogen.

spätantik (Schaldach), hellenistisch (Locher)
Literatur: Locher 1989, 60–62; Hüttig 1999, 282; Schaldach 2006, 6.

Athen 6.1–6.2

6.

AO/Inv. Nr.: Athen Agora Nr. ST 780

Typ/Mat.: S konisch / pentelischer Marmor

Maße: H 25 B 32 T 22

FO: griechische Agora, obere Schuttverfüllung eines römischen Hauses, Fund 4. August 1970

Aufstellung: Aufgrund der Proportionierung von Schattenfläche zu niedrigem Körper ist eine relativ hohe Basis wahrscheinlich. Die dekorierten Seitenflächen legen eine zumindest auf drei Seiten freie Aufstellung fest.

B: Bis auf geringe Bestoßungen an den Außenkanten der Schattenfläche ist die Uhr gut erhalten. Ein im Relief deutlich abgesetzter Limbus umgibt die Schattenfläche, auf der elf Stunden- und drei Datumslinien angegeben sind. Die Uhr ist für Athen präzise konstruiert.

Unterhalb der Schattenfläche weicht eine kurze Körperpartie als ebene Fläche zurück, um dann in scharfem Knick als Basis nach außen umzubiegen. Dieser Bereich wird von vierzehigen Löwentatzen flankiert, deren Spitzen etwas über die Grundfläche vorstehen und die sehr ähnlich denen von Athen 9 gearbeitet sind.

Die Besonderheit der Uhr sind ihre reich dekorierten Seitenflächen: Aus den unorganisch zur Seite geführten beinartigen Verlängerungen der Löwentatzen entwickeln sich vegetabile Akanthus-Ranken. Auf Höhe der Schattenfläche münden die ‚Beine' in einem Blattkranz, aus dem ein spiralförmig eingedrehter und in sich gedrechselter Rankenstrunk entspringt, der in einem Blattknoten mündet. Das Motiv wird als angedeutete Helix fortgesetzt, deren Zentrum eine Blüte einnimmt.

Bis auf die nur grob geglättete Rückseite sind alle Partien der Uhr in gleicher Weise sorgfältig bearbeitet. Eine vergleichbare Dekoration der Seitenflächen weisen Korinth 1 und Delos 23 auf.

Inschrift: keine

Datierung: augusteisch?, wie Athen 9

Literatur: Gibbs 1976, 3011 G; Schaldach 2006, 19.

Athen 7

7.
AO/Inv. Nr.: Athen, Nationalmuseum 3156
Typ/Mat.: S konisch / weißer Marmor
Maße: H 49,5 B 43 T 30
FO: Dionysostheater
Aufstellung: unbekannt
B: Bis auf geringe Beschädigungen ist die Sonnenuhr gut erhalten und ihr Schattenkreis in elf Stunden- und drei Datumslinien unterteilt. Der Schattenkreis ist von einem erhabenen Limbus gegenüber dem Uhrenkörper abgesetzt (wie Athen 5). Der Uhrenkörper schwingt zur Standfläche hin konvex vor und wird beidseitig von ornamental geführten Löwenbeinen, die in zierlich geformten Tatzen enden, begrenzt.

Die Rückseite und die Seitenflächen wurden nur grob geglättet und sind ansonsten unbearbeitet.
Inschrift: keine
Datierung: die Löwenbeine weisen auf eine Entstehung in augusteischer Zeit
Literatur: Heydemann a. O. 285 Nr. 776; Rayet 1875, 72–74; Gibbs 1976, 3015 G; Schaldach 2006, 3.

Athen 8

8.
AO/Inv. Nr.: Athen, Agora Nr. ST 147
Typ/Mat.: S konisch / pentelischer Marmor
Maße: H 16 B 13 T 12
FO: griechische Agora, im Brunnenfund 6 NO, 22. Mai 1936 gefunden

Aufstellung: Wie für Athen 10 legt die geringe Tiefe und die Behandlung der Rückseite es nahe, dass beide Uhrenfragmente sekundär als Bausteine verwendet wurden.
B: Die Uhr ist eine der kleinsten im Katalog geführten Sonnenuhren; die geringe Größe schränkt ihre Funktionalität erheblich ein. Gibbs sah zehn, Schaldach nur neun Stundenlinien, die von zwei Datumslinien geschnitten werden. Wahrscheinlich verursachte die Kürze der Linien den Bearbeitern Messprobleme, so dass Schaldach der Uhr eine geringe Ganggenauigkeit bescheinigt.

Der auf der Rückseite spitz zugeschnittene und nur grob bearbeitete Werkblock ist unterhalb der Schattenfläche als konkav zur Standfläche eine ausschwingende Basis gearbeitet, die von stilisierten Füßen gerahmt wird, die denen von Athen 13 ähnlich sehen.
Inschrift: keine
Datierung: frühes 1. Jh. n. Chr.
Literatur: Gibbs 1976, 3010 G; Schaldach 2006, 15.

Athen 9

9.
AO/Inv. Nr.: Athen, Nationalmuseum 3157
Typ/Mat.: S konisch / pentelischer Marmor
Maße: H 29,5 B 33,5 T 26 (Außenmaße, nicht Grundfläche)
FO: Dionysostheater, während der Grabungen
Aufstellung: ebenda
B: Die Uhr besteht aus zwei anpassenden Fragmenten. Den Schattenkreis gliedern elf Stunden- und drei Datumslinien. Nur der Meridian wurde über die Winterwendlinie hinaus bis an das Gnomonloch geführt, in dem sich noch Reste des Bleivergusses befinden. Der Schattenkreis ist gegenüber dem Uhrenkörper nicht abgesetzt. Auffällig ist die unterschiedliche Behandlung der grobgespitzten Oberflächen von Körper und Basis gegenüber dem äußerst sorgfältig geglätteten Schattenkreis. Löwentatzen, deren vier Glieder in tiefem Relief gegeneinander abgesetzt sind, enden in spitzen Krallen und flankieren beiderseits den Körper, indem sie etwas gegenüber der rechteckigen Grundfläche hervorstehen.
Inschrift: keine
Datierung: Dekor der Löwenbeine eng verwandt mit Athen 6, erste Hälfte 1. Jh. n. Chr.
Literatur: H. Heydemann, Die antiken Marmor-Bildwerke (Berlin 1874) 102 Nr. 268; L. von Sybel, Katalog der Skulpturen zu Athen (Marburg 1881) 128 Nr. 931; Gibbs 1976, 3005 G; Schaldach 2006, 4.

Athen 10

10.
AO/Inv. Nr.: Athen, Nationalmuseum 3158
Typ/Mat.: S konisch / pentelischer Marmor
Maße: H 22 B 24,2 T_{Basis} 15
FO: Dionysostheater
Aufstellung: vgl. Athen 8
B: Bis auf leichte Bestoßungen ist die Sonnenuhr inklusive ihres pyramidalem Gnomon aus Bronze sehr gut erhalten. Unterhalb des deutlich abgesetzten Schattenkreises ist auf Höhe der vierten Stundenlinie eine Fehlstelle im Marmor sichtbar, deren Fortsetzung auf der linken Seite als kubische, gespitzte Fläche gearbeitet wurde, die auf eine antike Ergänzung aus Stuck hinweist. Unterhalb des Zifferblatts flankieren als Kyma reversa gebildete Konsolen, die asymmetrisch und holzschnitthaft ausgeführt sind, den Körper.

Die Oberfläche im Bereich des Schattenkreises mit elf Stunden- und drei Datumslinien ist wesentlich sorgfältiger geglättet als jene des restlichen Uhrenkörpers. In der Summe weisen die technischen Details darauf hin, dass die Uhr bis auf die Schattenfläche ursprünglich stukkiert war. Dass es sich um eine qualitativ hochwertige Arbeit handelt, bestätigen die Berechnungen Schaldachs, der eine hohe Messgenauigkeit nachweisen konnte.
Inschrift: keine
Datierung: frühes 1. Jh. n. Chr.
Literatur: Heydemann a. O. 285 Nr. 776; von Sybel a. O. 128 Nr. 903; Bassermann 1922, 18 Abb. 7; Gibbs 1976, 3001 G; Schaldach 2006, 5.

Athen 11

11.
AO/Inv. Nr.: Leiden, Rijksmuseum van Oudheden RO III 65 / 1826 von Colonel B. E. A. Rottiers (vgl. R. B. Halbertsma, Scholars, Travellers, and Trade: The Pioneer Years of the National Museum of Antiquities in Leiden, 1818–1840 (London 2003) 49–54) angeblich in Athen gekauft

Typ/Mat.: S konisch / pentelischer Marmor
Maße: H 23 B 26 T 19
FO: angeblich nahe der Akademie?
Aufstellung: unbekannt
B: Elf Stunden- und drei Datumslinien gliedern die Schattenfläche, indem jeweils die dritte, sechste und neunte Stundenlinie über die Sommerwendlinie hinausgeführt wurde. Ungewöhnlicherweise zeigen schmale Linien in der unteren Hälfte des Bereichs zwischen Äquinoktium und Winterwendlinie Halbstundenabstände an. Diese Striche sind deutlich unregelmäßiger als die extrem sorgfältig geritzten Stundenlinien ausgeführt, was auf ihre spätere Hinzufügung weisen könnte.

Unterhalb des Schattenkreises tritt der Uhrenkörper als schräge Fläche zurück. Die Schattenfuge ist nur zwischen den stilisierten Löwenbeinen ausgeführt, die Fortsetzung dieses Bereiches ist bis an die etwa 5 cm hohe Standplatte als Kyma reversa gebildet. Die stilisierten Beine bestehen aus einer Folge von Hohlkehlen und stehen als rechtwinklige Klötzchen vor.
Inschrift: keine
Datierung: Bastet bezeichnet die Uhr als kaiserzeitlich, wahrscheinlich wurden die Linien der Halbstunden später hinzugefügt.
Literatur: L. J. F. Janssen, De Grieksche, Romeinse en Etrurische Monumenten van het Museum van Ouheden te Leyden (Leyden 1848) 73 Nr. 442; Gatty 1900, 31 f.; Drecker 1925, 37; Gibbs 1976, 3007; F. L. Bastet - H. Brunsting, Corpus Signorum Classicorum – Catalogus van het klassieke beeldhouwwerk in het Rijksmuseum van Oudheden te Leiden (Zutphen 1982) 196 Nr. 361, Taf. 106.

Athen 12

12.
AO/Inv. Nr.: Athen, Agora Nr. ST 209
Typ/Mat.: S konisch / pentelischer Marmor
Maße: H 22 B 16 T 11
FO: griechische Agora, Haufen von Marmor-Bruchstücken
Aufstellung: unbekannt
B: Wie Athen 22 schlecht erhaltenes Fragment, das als Werkstein zugerichtet wurde. Erhalten ist nur der Ansatz des Gnomonloches, vier Linien des Vormittags, zwei des Nachmittags sowie Ansätze dreier Datumslinien. Ursprünglich war die Sonnenuhr recht präzise gearbeitet. Es sind keine Aussagen über die Gestaltung von Körper und Basis möglich. Schaldach weist auf die ungewöhnliche Größe des Gnomonloches hin, die Anzeichen für eine antike Reparatur sein könnte. Ob ursprünglich ein Limbus die Schattenfläche begrenzte, ist am Bestand nicht zu ermitteln.
Inschrift: keine
Datierung: kaiserzeitlich
Literatur: Gibbs 1976, 3013; Schaldach 2006, 17.

Athen 13

13.
AO/Inv. Nr.: Athen, Agora Nr. 1870
Typ/Mat.: S konisch / pentelischer Marmor
Maße: H 12 B 16,5 T 18
FO: griechische Agora, nördlich des Ares-Tempels in einem Marmorhaufen am 2. Juli 1951
Aufstellung: unbekannt (s. Athen 12)
B: Dieses stark bestoßene Fragment einer Sonnenuhr wurde wie Athen 12 und 22 als handlicher Werkstein bzw. für den Kalkbrennofen zugerichtet.

Erhalten ist ein Teil vom unteren Randes des Schattenkreises, den ein flacher Limbus gegenüber dem Körper abgrenzt. Dieser schwingt konkav zur Grundfläche hin aus und wird von (ursprünglich als Hohlkehle?) stilisierten Füßen flankiert, die denen von Athen 8 stilistisch nahestehen.
Inschrift: keine
Datierung: kaiserzeitlich
Literatur: Gibbs 1976, 3014 G; Schaldach 2006, 14.

Athen 14

14.
AO/Inv. Nr.: Athen, Attalos-Stoa A 1769
Typ/Mat.: S konisch / pentelischer Marmor
Maße: H 30 B 24 T 23,5
FO: griechische Agora, in einem Marmorhaufen am 12.04.1951 gefunden
Aufstellung: unbekannt (s. Athen 12)

B: Die Zurichtung dieses Fragmentes einer Sonnenuhr als tragbares Werkstück ist der von Athen 12, 13 und 22 vergleichbar. Erhalten ist die zweite bis fünfte Stundenlinie und Abschnitte zweier Datumslinien, die für Athen relativ präzise Werte ergeben. Unterhalb der Schattenfläche setzt der (konkav gewölbte?) Körper unmittelbar an, der von einem stilisierten Bein begrenzt wird. Auf der linken Seitenfläche sind Überreste einer im flachen Relief angegebenen dreiblättrigen, liegenden Palmette erkennbar, die von einem fleischigen Hüllblatt umgeben ist.

Die wenigen unbestoßenen Partien der Uhr erwecken den Eindruck einer sehr sorgfältigen Arbeit.

Inschrift: keine

Datierung: kaiserzeitlich

Literatur: Gibbs 1976, 3002; Schaldach 2006, 12.

Athen 15

15.

AO/Inv. Nr.: Hadriansbibliothek BA 506

Typ/Mat.: S / Marmor (? oder eher Kalkstein)

Maße: H 19 B 18 T 15

FO: Streufund nördlich der Hadriansbibliothek, Oktober 1989

Aufstellung: unbekannt (s. Athen 12)

B: Am werkstückgroßen Fragment einer Sonnenuhr sind die Linien der siebten bis elften Stunde erhalten und außerdem zwei Datumslinien; alle Marken sind relativ tief in den Stein eingeschnitten. Die in diesem Bereich erhaltene antike Oberfläche wurde nur grob geglättet. Entlang der Oberkante und an der rechten Seite des Stücks sind noch Partien der ursprünglichen Außenfläche erhalten. Im rechten Bruch liegen zwei zur Oberkante annähernd parallele runde Löcher, die ehemals zur Befestigung des Gnomon dienten.

Die weit ausschwingende Schattenfläche trennt ein gegenüber dem kurzen Körper deutlich abgesetzter Limbus. Der Bruchschatten im rechten Bereich verrät, dass diese Partie ursprünglich beidseitig von (Löwen-?) Beinen begrenzt war.

Inschrift: keine

Datierung: kaiserzeitlich

Literatur: Schaldach 2006, 20.

Athen 16

16.
AO/Inv. Nr.: Hadriansbibliothek BA 1400
Typ/Mat.: S Hohlform / Marmor
Maße: H 13 B 24,5 T 19
FO: Hadriansbibliothek, Nordflügel als Spolie in byzantinischer oder nachbyzantinischer Mauer, September 1999
Aufstellung: römische Agora (s. Athen 12)
B: Erhalten ist überwiegend der untere Teil einer Sonnenuhr, der aus schlichter Basis und einem als Hohlkehle gebildeten Körper besteht. Diese Partie war beiderseits von stilisierten Beinen in Form eines wellenartigen Profils begrenzt. Das Dekorelement stößt unvermittelt im rechten Winkel auf den Körper und schließt bündig mit den Seitenflächen ab.

Ohne abgrenzenden Limbus sind oberhalb dieser Zone noch wenige Zentimeter vom Ansatz der Schattenfläche mit drei Stundenlinien – der Stunden sechs bis acht – erkennbar, die jedoch von keiner unteren Datumslinie begrenzt werden.

Die Seitenflächen des Stücks sind wie die Front bearbeitet, während die Rückseite eine grob geglättete, ebene Fläche bildet.
Inschrift: keine
Datierung: kaiserzeitlich
Literatur: Schaldach 2006, 21.

Athen 17

17.
AO/Inv. Nr.: Athen, Nationalmuseum 3220
Typ/Mat.: S Hohlform / weißer Marmor
Maße: H 21,5 B 42,5 T 20
FO: unbekannt
Aufstellung: unbekannt

B: Von der Sonnenuhr ist ein Großteil der Schattenfläche und der anschließende Körper mit Basis erhalten. Der obere Rand, der Limbus und die Kanten des Schattenkreises fehlen. Teilweise sind diese Beschädigungen – insbesondere jene entlang des unteren Randes des Schattenkreises – auf die sekundäre Verwendung des Stücks als Brunnenmund zurückzuführen. Davon zeugt eine ca. 2,5 cm starke Durchbohrung, die von der Unterseite des Stücks bis zur Unterkante des Meridians reicht. Unterhalb dieser Mündung wurde der Limbus intentionell als gerade Linie gearbeitet.
Den Schattenkreis bildet eine leicht ungleichmäßige Wölbung, auf der neun der ursprünglich wohl elf gleichmäßig gezogenen Stundenlinien erhalten sind. Als Folge der Beschädigungen in den entsprechenden Partien fehlen Hinweise auf Datumslinien.

Den Körper flankieren zwei zoomorph gestaltete Beine, die in summarisch ausgeführten vierzehigen Tatzen enden. Auf den sorgfältig geglätteten Seitenflächen wurden diese stilisierten Tierbeine als ornamental geschwungener Schwanz weitergeführt, der neben den Zehen in einer Quaste endet. In der Frontalansicht stützt eine niedrige Mittelkonsole die Schattenfläche. Als Standfläche dient eine wenige Zentimeter hohe, undekorierte Leiste.
Die Rückseite des Stücks wurde nur grob geglättet.
Inschrift: keine, ursprünglich vielleicht auf der ebenen Konsolenfläche?
Datierung: kaiserzeitlich
Literatur: Gibbs 1976, 3003 G; Schaldach 2006, 7.

Athen 18

18.
AO/Inv. Nr.: Athen, Epigraphisches Museum 9818
Typ/Mat.: S konisch / weißer Marmor
Maße: H 30 B 30,5 T 22
FO: unbekannt
Aufstellung: unbekannt
B: Die Sonnenuhr ist in voller Höhe erhalten; es fehlt die rechte Seite des Schattenkreises, außerdem ist der Bereich der Basis stark bestoßen. Gibbs beobachtete auf der Oberkante ein ausgebrochenes Gnomonloch mit Eisenpartikeln.

Auf der Schattenfläche sind die Linien der Stunden eins bis sieben relativ regelmäßig gezogen und reichen jeweils bis an den unteren Rand der Fläche heran und somit über die Datumslinien hinaus. Die linke, bestoßene, Kante wurde nachträglich geglättet, um die Linie der ersten Stunde über die Beschädigung hinweg fortführen zu können. Diese Maßnahme erkannte Schaldach zutreffend als eine nachlässig ausgeführte antike Reparatur. Die Schattenfläche wird von einem relativ breiten Limbus gegenüber dem Körper abgesetzt. Anhand des Bruchschattens ist zu erkennen, dass ursprünglich wohl stilisierte Beine die Basis flankierten.

Inschrift: Die erste Zeile der Inschrift folgt dem Verlauf des Limbus', die beiden anschließenden befinden sich in der Mittelzone der Basis. Aufgrund des schlechten Erhaltungszustandes dieses Bereichs ist die Lesung ungewiss.

Σεβαστῷ | Ἀνθεσ|τή[ρι]ος

IG III² 3857 Buchstabenform eher spätantik, Platz wäre für mindestens eine weitere Zeile.

Die von Schaldach vorgeschlagene Übersetzung der Inschrift „Dem Augustus als Geschenk am Anthesterion Tag" und die damit verbundene Interpretation mit den feierlichen Prozessionen am 12. Tag des Monats Anthesterion ist nicht haltbar.

Datierung: Uhr: hohe Kaiserzeit; Inschrift: spätantik. Aufgrund der Anordnung der Zeilen sind Uhr und Inschrift wohl nicht gleichzeitig entstanden.

Literatur: Gibbs 1976, 3004 G; Schaldach 2006, 11.

Athen 19

19.

AO/Inv. Nr.: Athen, Agora Nr. ST 589

Typ/Mat.: S sphärisch / pentelischer Marmor

Maße: H 30,5 B 31 T 19,5

FO: griechische Agora, Streufund

Aufstellung: unbekannt (s. Athen 12)

B: Das Fragment ist auf allen Seiten derart gebrochen, dass sich nur ein Teil des Schattenkreises mit Abschnitten der Linien der Stunden sieben bis neun erhalten hat. Schaldach beobachtete zwei Datumslinien, die Sommerwendlinie fehlt. Offenbar wurde das Stück sekundär als Werkstein genutzt.

Inschrift: keine

Datierung: hochkaiserzeitlich

Literatur: Schaldach 2006, 18.

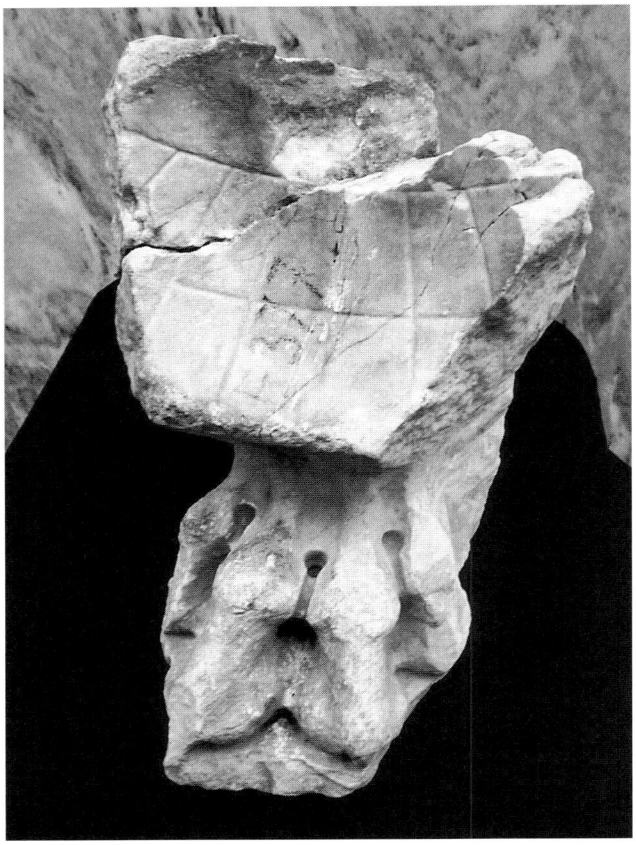

Athen 20

20.
AO/Inv. Nr.: Athen, Nationalmuseum 13366
Typ/Mat.: S sphärisch / Marmor, 2 Fragmente
Maße: H 23,5 B 19 T 24
FO: unbekannt
Aufstellung: unbekannt
B: Die Uhr ist aus zwei anpassenden Bruchstücken zusammengefügt. Sie besteht aus einem Schattenkreis, der auf einem mittig positionierten Standfuß ausbalanciert wurde: In die sorgfältig geglättete Fläche des Zifferblatts wurden die Stunden- und Datumslinien präzise eingeritzt, von denen die dritte bis achte Stunde und außerdem zwei Datumslinien zu erkennen sind.

Der Standfuß ist unmittelbar unterhalb des Schattenkreises als große vierzehige Löwentatze gebildet, die in ihrer rückwärtigen Verlängerung als glatter Schaft den Hohlkörper stützt. Die Tatze setzt sich aus massig geformten Einzelgliedern zusammen, die untereinander tiefe Punktbohrungen und Bohrkanäle trennen. Alle Zehen enden in spitzen, gekrümmten Krallen.
Inschrift: keine
Datierung: Mitte 2. Jh. n. Chr. aufgrund der stilistischen Nähe zu einem Tischfuß aus Kos vgl. Stefanidou-Tiberiou 1993, Taf. 97.
Literatur: Schaldach 2006, 9.

Athen 21

21.

AO/Inv. Nr.: London, Brit. Museum Nr. 2544

Typ/Mat.: S vier vertikale Zifferblätter, die sich zu zwei Vertikaluhren ergänzen und v-vertikal/cremefarbener Marmor

Maße: s. Skizze H 50,8 B 99,16

FO: ?, Dionysostheater – zu Spons Zeit in der Kirche Panagia Gorgopiko

B: Der rechteckige Block wurde derart zugeschnitten, dass in der Aufsicht zwei würfelförmige Elemente im rechten Winkel aufeinander treffen. Dadurch werden zur Front hin vier gleichgroße senkrechte Flächen gebildet, die als Zifferblätter von drei Sonnenuhren dienen.

Während diese Seitenflächen zur Anzeige der Vormittags- bzw. der Nachmittagsstunden dienen, stoßen die beiden mittleren derart aufeinander, dass ihre Zifferblätter sich zu einer Tagesuhr ergänzen und der Winkel zwischen ihnen dem Verlauf des Meridians entspricht. Drei Datumslinien kreuzen jeweils die der Stunden.

Unterhalb des linken Zifferblatts befindet sich die zweizeilige Inschrift, die den Stifter/Hersteller des Geräts nennt.

Inschrift: Φαῖδρος Ζωΐλου Παιανιεὺς ἐποίε[ι]

nach Donderer a. O. 176: „Phaidros, der Sohn des Zoilos, aus dem Demos Paiania stammend, stiftete/fertigte es." IG III 427, auf der linken, der SW-Seite des Zeitmessers; CIG 522. Dieselbe Person ist auch aus IG III 239 bekannt.

Datierung: um 300 n. Chr.?; aufgrund der Datierung des Zoilos, unter dessen Archonat die späteste Ausbauphase der Bühnenwand des Dionysos-Theaters entstand

Literatur: J. B. J. Delambre, Histoire de l'astronomie ancienne 2 (Paris 1817) 504–509; Gattty a. O. 40 f. (Zeichnung); A. H. Smith, A Catalogue of Sculpture in the British Museum (London 1904) 412–413; Loewy, Inschriften griechischer Bildhauer Nr. 450; Gibbs 1976, 5002 G; Donderer 1998, 176 mit Abb. 4 (und weiterer Literatur).

Athen 22

22.
AO/Inv. Nr.: Athen, Agora Nr. ST 148
Typ/Mat.: S konisch / pentelischer Marmor
Maße: H 17 B 16 T 11 / Fragment, es fehlt die Nachmittagsseite
FO: griechische Agora, Haufen spätrömischer Spolien, gefunden am 9. Juni 1939
Aufstellung: unbekannt (s. Athen 12)
B: Das Fragment einer Sonnenuhr umfasst etwa die Vormittags-Hälfte des Schattenkreises und den Ansatz des Körpers. Aufgrund des Erhaltungszustandes sind nur noch sechs Stundenlinien zu erkennen, die zwei deutlich schwächer ausgearbeitete Datumslinien kreuzen. Ein mehrere Zentimeter breiter Limbus grenzt die Schattenfläche gegenüber dem Körper ab. An Basis und Kanten ist das Stück stark bestoßen.

Die annähernd quadratische Kontur des Stücks könnte auf seine sekundäre Verwendung als Baustein hinweisen. Die etwas holzschnittartige Profilierung unterhalb des Schattenkreises ist m. M. die Folge der schlechten handwerklichen Ausführung und verweist tendenziell auf die späte Entstehung des Zeitmessers.
Inschrift: keine
Datierung: spätantik?
Literatur: Gibbs 1976, 3012 G; Schaldach 2006, 16.

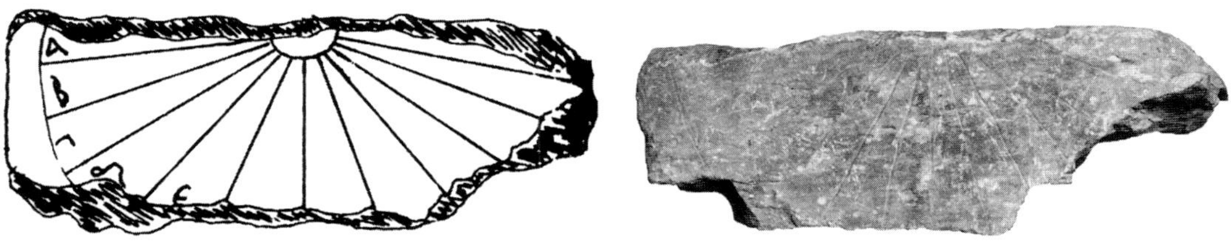

Athen 23.1–23.2

23.
AO/Inv. Nr.: Athen, Agora Nr. A 1869
Typ/Mat.: S vertikal / hymettischer Marmor
Maße: H 15,5 B 55 T 23
FO: griechische Agora, nördlich des Ares-Tempels, 25. Juni 1951 (also etwa gemeinsam mit Nr. 13)
Aufstellung: muss in einem Gebäude verbaut gewesen sein (s. Athen 12)
B: Von dem ringsum bestoßenen Fragment einer Horizontaluhr lassen sich elf Stundenlinien rekonstruieren, die von zwei Datumslinien begrenzt werden. Entlang der Oberkante ist keine Vor-

richtung für den Gnomon erkennbar, die ursprüngliche Uhr bestand also aus mindestens einer weiteren, oberhalb anschließenden Platte. Die Linien der einzelnen Stunden sind nicht besonders präzise geritzt.

Zwischen die Endpunkte der drei ersten Stundenlinien sind in alphabetischer Folge Buchstaben in die Segmente eingetragen.

Inschrift: gr. Stundenzählung in Endpunkten der Radialen.
Datierung: aufgrund der Buchstabenform: spätantik
Literatur: Gibbs 1976, 5003; Schaldach 2006, 13.

Athen 24

24.
AO/Inv. Nr.: Athen, Nationalmuseum 13365
Typ/Mat.: S vertikal / Marmor
Maße: H 23 B 31 T 0,3
FO: unbekannt
Aufstellung: Die Uhr muss aufgrund der geringen Plattenstärke an einer Wand befestigt gewesen sein. Diese Art der Aufstellung ist auf der Südseite mehrerer byzantinischer Kirchen anzutreffen.
B: Das entlang seiner Kanten leicht bestoßene Stück wurde aus einer nur 3 cm dicken Marmorplatte gearbeitet. Diese hat die Form eines leicht überlängten Halbkreises, der in elf Stundenlinien und je eine Horizontal- und Datumslinie aufgeteilt ist. Alle Stundenlinien schneiden sich in einem Punkt auf halber Strecke der Horizontallinie. An dieser Stelle ist ein kreisrundes, etwa 1,2 cm tiefes Gnomonloch eingelassen.

Ein zweites Loch auf der Meridianlinie, etwa 5 cm unterhalb des ersten bezeugt, dass der schräg zur ebenen Platte eingesetzte Gnomon von einem Metallstift gestützt wurde.
Inschrift: keine
Datierung: spätantik
Literatur: Schaldach 2006, 8.

Augusta Emerita

Augusta Emerita 1

1.
AO/Inv. Nr.: Merida, Nationalmuseum Inv. Nr. 37405
Typ/Mat.: S sphärisch / Marmor
Maße: H 47,3 B 61 G 38,5
FO: römisches Theater
Aufstellung: Scenae frons
B: Von der relativ großen Uhr ist die Seite der Nachmittagsstunden als drei anpassende Fragmente erhalten, die fehlende Seite wurde modern in Gips ergänzt. Der Schattenkreis ist in drei Datums- und elf Stundenlinien unterteilt, die jeweils zwischen Winter- und Sommerwendlinie verlaufen. Den Berechnungen von Almagro Gorbea und Raya Román nach wurde die Uhr für den 38. Breitengrad konstruiert. Diese nur geringfügige Abweichung gegenüber der tatsächlichen Ortsbreite von Merida mit 38°55‘ führt den Bearbeitern zufolge zu einer im Sommer um 6,76 %, also 20 Minuten und im Winter 11,26 %, also sogar 27 Minuten fehlerhaften Anzeige.

Unterhalb des Schattenkreises weicht der Uhrenkörper im Profil als dekorlose schräge Fläche zurück, um dann im Gegenwinkel wieder nach vorn vorzutreten. In diese Zone wurde ein rechteckiges Feld leicht eingetieft; wahrscheinlich war hier eine Inschrift aufgemalt.

Die ungewöhnlich schmale Standleiste der Uhr weist darauf hin, dass ursprünglich eine Basis zur Aufstellung gehörte.
Inschrift: nicht erhalten, aber eingetieftes Inschriftenfeld (?)
Datierung: Da die Ausstattung des Theaters überwiegend aus augusteischer Zeit stammt, spricht nichts gegen eine Entstehung der Uhr im letzten Drittel des 1. Jhs. v. Chr.
Literatur: J. R. Mélida, El teatro romano de Mérida, Revista de Archivos, Bibliotecas y Museos 9, 1915, 36 Taf. 5; Gibbs 1976, 1071, 1043; Gumà i Marquès 1992, 151–153; A. Almagro Gorbea – J. M. Raya Román, Estudio fotogramétrico del reloj romano de Mérida, Anas 9, 1996, 79–89; Bonnin 2010, 193.

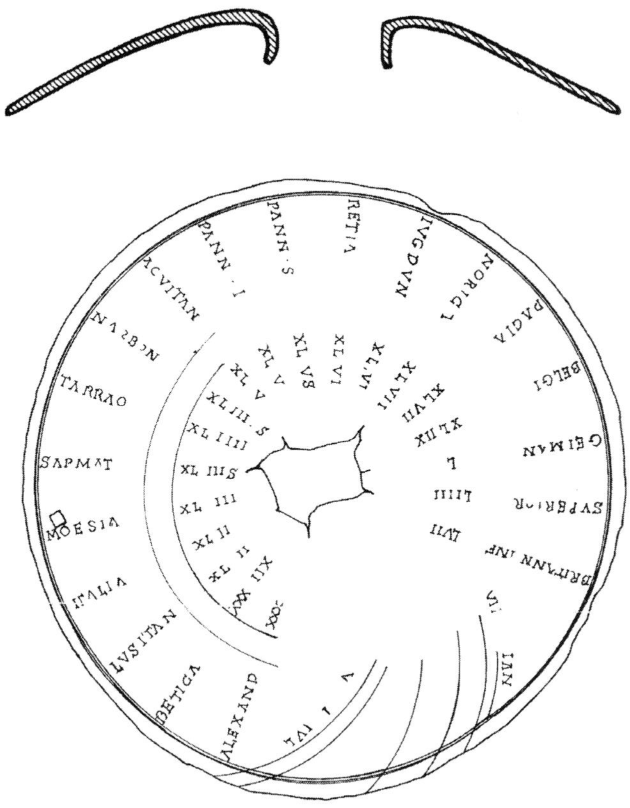

Augusta Emerita 2

2.

AO/Inv. Nr.: Merida, Museo Nacional de Arte Romanos

Typ/Mat.: S vertikal / Reiseuhr / Bronze

Maße: Dm 13 T 0,4

FO: Streufund?

Aufstellung: Handgerät

B: Der erhaltene Teil einer Reiseuhr ist eine flache, gewölbte Bronzescheibe, deren Mittelpunkt durchbohrt und heute ausgebrochen ist. Auf ihrer einen Seite sind 19 Orts- und Regionennamen und zugehörige Zahlzeichen gegen den Uhrzeigersinn mit Schriftrichtung von außen nach innen angeordnet. Die Liste nach Arce umfasst die lesbaren Namen von 17 Provinzen und Alexandria:

ALEXAND[RIA]	XXX	30
BETICA	XXXIIX	30 oder 32 x
LUSITAN[IA]	XLII	42
ITALIA	XLII	42
MOESIA	XLIII	43
SARMAT[IA]	XLIII S	43 ½ oder 1/3
TARRAC[ONENSIS]	XLIIII	44
NARBON[ENSIS]	XLIII[I]S	44 ½ oder 1/3
AQUITAN[IA]	XLV	45
PANN[ONIA] I	XLV	45
PANN[ONIA] S	XLVS	45 ½ oder 1/3
RETIA	XLVI	46

LUGDUNENSIS		46
NORIC[UM]	XLVII	47
Dacia		47
BELGI[CA]	XLIIX	47 x
GERMAN[IA]	L	50
(Germania) SUPERIOR	LIII	53
BRITANNIA INF[ERIOR]	LVIII	58

Im unteren Segment befindet sich ein Bereich, dessen Randzone sechs parallele Bogenlinien gliedern. Die beiden äußeren weisen lateinische Beischriften auf, die als VII [KAL(endas)] IAN[VARIAS] und V[III KAL(endas)] IVL[IAS] lesbar sind. Diese Datumsangaben beziehen sich auf den 25.12. bzw. den 24.06., also die Zeitpunkte von Winter- und Sommerwende. Die zwischen diesen Bogen ausgeführten Linien zeigen somit das Äquinoktium, bzw. den Eintritt der Sonne in weitere Zodiakalzeichen an.

Die andere Seite der Scheibe, ihre Hauptseite mit dem Zifferblatt, ist derart korrodiert, dass keine Gravuren zu erkennen sind. Es fehlen alle weiteren Bestandteile.

Inschrift: röm. Provinz- und Ortsnamen, lat. Zahlzeichen, sowie abgekürzte lat. kalendarische Beischriften

Datierung: Die Erwähnung der Provinz Britannia Inferior weist die Entstehung der Uhr in den Zeitraum zwischen den Severern und der Gebietsreform des Diokletian, also etwa in die zweite Hälfte des 3. Jhs. n. Chr.

Literatur: J. Arce, Viatoria pensilia. Un nuevo reloj portátil del siglo III d. C. procedente de Augusta Emerita, in: B. Magnusson – S. Renzetti (Hrsg.), Ultra terminum vagari. Festschrift C. Nylander (Rom 1997) 3–8; Bonnin 2010, 193.

Augusta Treverorum

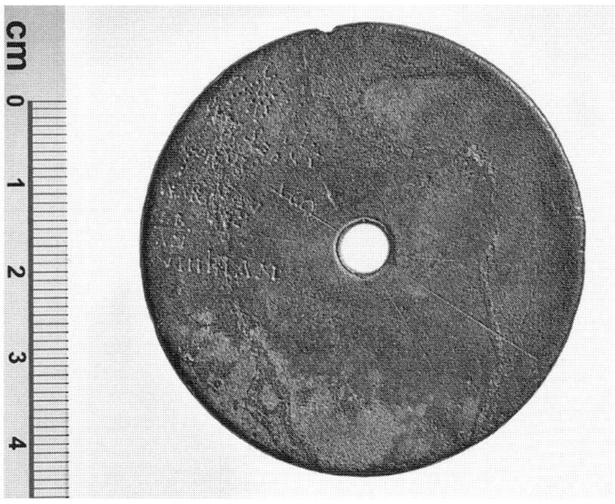

Augusta Treverorum 1.1

1.

AO/Inv. Nr.: Trier, Rheinisches Landesmuseum EV 1971, 25

Typ/Mat.: S vertikal / Reiseuhr / Bronze

Maße: Dm 5,3 T 0,3 $Dm_{Bohrung}$ 0.6 Gewicht 46,2g

FO: Trier, im Uferbereich der Römerbrücke

Aufstellung: Handgerät; Nekropole, Grabbeigabe ~

B: Von der Reiseuhr ist die plane Hauptscheibe aus Bronze erhalten. Auf ihrer Rückseite sind vier konzentrische Kreise zu erkennen, die rings um die zentrale Bohrung angeordnet sind. Wahr-

Augusta Treverorum 1.2–1.3

scheinlich weisen sie darauf hin, dass der heute verlorene Drehschieber ursprünglich durch die Mittelbohrung geführt und auf der Rückseite mit einer flachen Schiene verbunden war, die zur vertikalen Aufhängung der Uhr diente.

Die Vorderseite der Bronzescheibe gliedert ein Linienfächer aus zwei Radialen, die sich im Winkel von 60° schneiden. Den Fächer teilt eine horizontale Linie in zwei identische Abschnitte, die bis an den Scheibenrand heranreicht und welche die Beischrift AEQ- als Tagundnachtgleiche ausweist.

Auf der linken Seite des Fächers wurden Kurzformen lateinischer Monatsnamen paarweise radial angeordnet. Eine Skala aus 24 regelmäßig entlang des linken Randes eingepunzten Punkten führt Cüppers auf die ergänzende Unterteilung der Monate in Hälften zurück.

Cüppers a. O. legt die Reiseuhr gemeinsam mit anderen Stücken vor, die bei Baumaßnahmen im Bereich der Römerbrücke in Trier gefunden wurden. Dazu zählen auch mehrere Grabsteine, die darauf hinweisen, dass sich hier ein Gräberfeld erstreckte. Wahrscheinlich ist die Uhr Teil eines Grabinventars wie Mogontiacum 1.

Inschrift:

VIII K	IUL	
IUL	AUG	
IUN	SEP	
MAI		
	OCT	AEQ
APR		
MAR	NOV	
FEB		
IAN		
VIII K	IAN	

Datierung: Die Reiseuhr aus Trier ist typologisch eng mit Metz 1 und Aquileia 15 verwandt, die aus der Mitte des 2. Jhs. n. Chr. stammen. Die gewählte Aufhängung auf der Rückseite der Scheibe teilt diese Reiseuhr jedoch mit den deutlich späteren Fundort unbekannt 9 und 16, sowie Aphrodisias 4; sie könnte für eine leicht spätere Entstehung als die beiden frühen Stücke sprechen, deshalb: 2. Hälfte 2. Jh. n. Chr.

Literatur: H. Cüppers, Ausgewählte römische Moselfunde, TrZ 37/38, 1974/1975, 149–151. 164–167 Abb. 13.

Baelo Claudia

Baelo Claudia
1.1–1.2

1.
AO/Inv. Nr.: Madrid, Nationalmuseum Inv. Nr. 33.185
Typ/Mat.: S sphärische Variante / Marmor, Bronze
Maße: H 85,09 B 72,39 T_{oben} 59,7 Dm Sphäre 60,4
FO: Baelo, Wohnhaus, Küche
Aufstellung: Die Uhr stammt aus der Küche (!) eines Hauses – des sog. Hauses der Sonnenuhr. Sie wurde für die Ortsbreite von 41°30‘ gearbeitet. Deshalb war sie wohl entweder in Rom aufgestellt oder – wohl wahrscheinlicher – sie entstand nach einer stadtrömischen Vorlage.
B: Das Zifferblatt der sphärischen Uhr ist in elf Stunden- und drei Datumslinien unterteilt und wird von einem rahmenden Limbus umgeben. Unterhalb des Rahmens tritt der Uhrenkörper im Profil als schräge Fläche zurück. In die beiden oberen Zwickel sind flache, vierblättrige Rosetten eingestellt. Unterhalb der Schattenfuge begrenzen stilisierte Löwenbeine die Basis. Die mit spitzen Krallen bewehrten vierzehigen Löwentatzen sind besonders differenziert gearbeitet, ebenso wie die von symmetrisch angeordneten Fellbüscheln bedeckten Ansätze der Läufe. Die zur flachen Standplatte hin abgeschrägte Basis wurde sehr sorgfältig geglättet, vielleicht befand sich hier eine aufgemalte Inschrift. Eine flache Standplatte schließt die Basis ab.

Die Besonderheit der gut erhaltenen Uhr ist eine Vorrichtung auf der Oberseite der Sphäre: Hier wird das Loch, das den Sonnenstrahl auf das Zifferblatt lenkt, von einer Bronzeblende eingefasst. Diese verringert den Durchmesser der Lichtöffnung auf unter 1 cm, so dass die Genauigkeit der Anzeige erheblich zunimmt.
Inschrift: keine
Datierung: frühes 1. Jh. n. Chr.
Literatur: P. Paris – G. Bonsor, Fouilles de Belo (Paris 1923) 142 Abb. 48. 166 Abb. 64; Museo Arqueologico Nacional (Madrid 1965) 59 Nr. 59; Gibbs 1976, 2020; J. M. Raya Roman, Reloj solar de Belo, BMusMadr 2, 1984, 103–115; Gumà i Marquès 1992, 153; Bonnin 2010, 192; E. Farre I Olive, Rellotges de sol romans de la Catalunya, La Busca de Paper, Societat Catalana de Gnomonica, Barcelona http://www.gnomonica.cat/indexfarre.cfm (zuletzt gesichtet 18.6.2010).

Bagacum Nerviorum

1.
AO/Inv. Nr.: Bavai, Grabungsdepot ?; ILTG 362
Typ/Mat.: Stiftung *horologium* / W / Kalkstein
Maße: sechs anpassende Fragmente: H 40 B 36 T 4; letzte zwei Zeilen auf zugehörigem Fragment der unteren li Ecke: H 16 B 18 T 3
FO: Bavai, am Fuß des Walls im nordöstlichen Bereich des Grabungsgebietes
Aufstellung: Forum
B: Die fragmentierte Inschrift, deren Buchstaben in roter Farbe nachgezogen wurden, belegt die Stiftung eines *horologium* und einer Wiegestation in Bagacum. Möglicherweise ist der Inschriftenträger – eine mindestens 60 cm hohe Kalksteinplatte – ein Hinweis darauf, dass *horologium* hier eine Wasseruhr benennt. Die gemeinsame Stiftung zweier Ordnungsinstrumente und der Fundort der Inschrift legen es nahe, dass beide auf dem Markt von Bagacum aufgestellt waren.

Das Forum wurde den Bearbeitern zufolge (vgl. H. Cüppers, Die römischen Fora in Bavai und Trier, TrZ 28, 1965, 53–67) in augusteischer Zeit angelegt und in flavischer Zeit umfassend neu gestaltet. Vielleicht gehört die Stiftung in diese zweite Phase.
Inschrift: nach ILTG 362: -]ni[---] | [--- ho]norib[us functus] | [--- horolo]gium et pon[derarium] | [---] absumptum [---] || [---]ia[---] | [---]re[-
Datierung: letztes Viertel 1. Jh. n. Chr.?:
Literatur: P. Wuilleumier, Inscriptions latins des trois Gaules (Paris 1963) 150 = ILTG 362.

Bettwiller

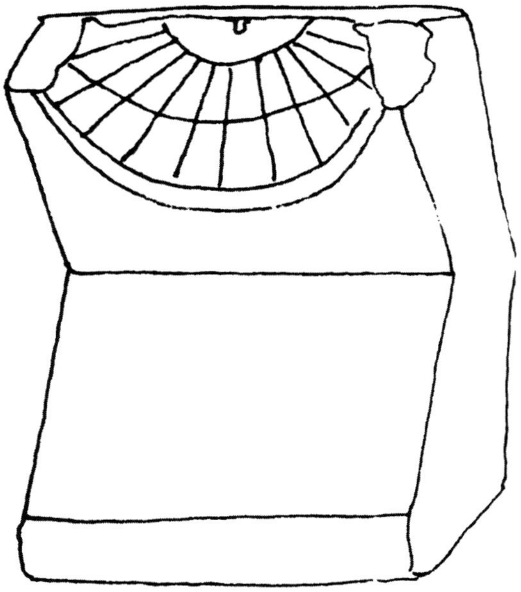

Bettwiller 1.1

1.
AO/Inv. Nr.: Aix-les-Bains
Typ/Mat.: S konisch / weißer Marmor
Maße: unbekannt
FO: aus der Nähe der Bäder von Bettwiller
Aufstellung: Therme ~
B: Die Schattenfläche der undekorierten Uhr nimmt etwa ein Drittel ihrer Höhe ein und ist in drei Datums- sowie elf Stundenlinien unterteilt. Unterhalb eines schmalen Limbus weicht der Uhrenkörper bis an die Schattenfuge zurück und bricht dann schräg zur Front um. In dieser Zone ist die Basis undekoriert und wird bis an eine etwa 5 cm hohe Standleiste herangeführt, die auf einer Linie mit der Unterkante des Limbus liegt.

Inschrift: keine
Datierung: 1. Jh. n. Chr.
Literatur: s. o.; Gibbs 1976, 3097.

Bettwiller 2.1–2.4

2.
AO/Inv. Nr.: Strassburg, Archäologisches Museum Inv. Nr. MAS 2409
Typ/Mat.: S sphärisch / Vogesensandstein
Maße: H 54 B 20
FO: Bettwiller, 1879 auf einem Privatgrundstück an der Hauptstrasse
Aufstellung: unbekannt
B: Von der großen Uhr ist der untere Bereich ihres Schattenkreises sowie der Großteil ihrer vierseitig mit plastischen Figuren dekorierten Basis erhalten: Das Zifferblatt ist so in elf Stunden- und drei Datumslinien eingeteilt, dass sich nur die Linien der Stunden drei, sechs und neun über die gesamte Fläche des Schattenkreises erstrecken; alle anderen werden von der Winterwendlinie und dem Rand der Sphäre begrenzt. Unterhalb des Schattenkreises setzt die rechteckige Basis an, die auf allen Seiten gleich breit ist.

Mit dem Zeitmesser wurde ein Viergötterstein kombiniert, der unterhalb des Schattenkreises die Basis bildet. Seine Figuren sind nicht eindeutig bestimmbar: Auf der Vorderseite stützt die Sonnenuhr mit erhobenen Händen eine unbekleidete Tänzerin, die Hatt als Hore deutete. Auf der Rückseite steht Merkur unbekleidet mit dem Schlangenstab in seiner Linken. In der langhaarigen männlichen Figur auf der linken Seite erkennen die Bearbeiter Apollon, weil er in der rechten Hand eine Schlange hält – im Keltischen ein häufiges Attribut des hier als Heilgott verehrten Apollon. Ein zweites Attribut, das er vor seine Körpermitte hält, ist aufgrund des Erhaltungszustandes nicht zu identifizieren. Unbenannt ist die bärtige Gestalt auf der rechten Seitenfläche.

Der Fundort liegt außerhalb der Siedlung Marcabettum, so dass in Verbindung mit den nur knapp dokumentierten Fundumständen keine Aussage darüber möglich ist, in welchem Kontext das außergewöhnliche Stück aufgestellt war.
Inschrift: keine
Datierung: Anfang 2. Jh. n. Chr., trajanisch
Literatur: J. J. Hatt, Strasbourg. Musée Archéologique. Sculptures antiques regionales. Collections publiques Françaises 9 (Paris 1964) Nr. 18 ; R. Rohr, Le cadran solaire romain de Bettwiller, Cahiers alsaciens d'archéologie, d'art et d'histoire 10, 1966, 47–57; Römer am Rhein, Katalog Köln 1967 (Köln 1967) A 36 Taf. 32 ; R. Rohr, Les cadrans solaires ancien d'Alsace (Colmar 1971); Gibbs 1976, 1049; J.-M. Homet – F. Rozet, Cadrans solaires des Alpes-de-Hautes-Provence (Aix en Provence 2002).

Bosquet

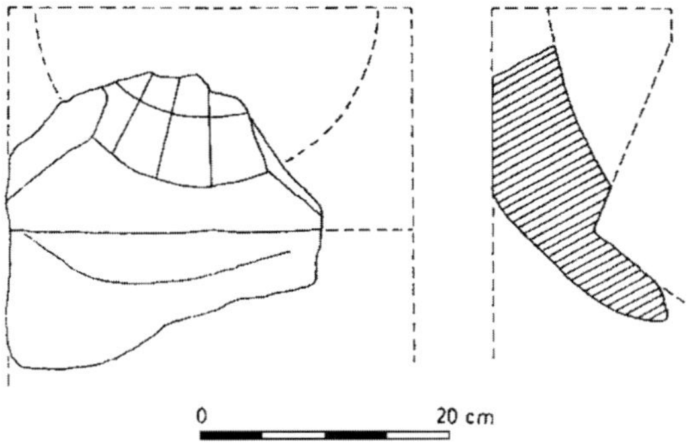

Bosquet 1

1.
AO/Inv. Nr.: Sant Pere de Ribes (?)
Typ/Mat.: S konisch / grauer Kalkstein
Maße: (nach Zeichnung) erhalten: H_{max} 23,2 B_{max} 26 T 15; rekonstruiert auf: H 30 B 32,5 T 17
FO: römischer Gutshof in Bosquet, an der Gemarkung Era del Moro am Rand der Gemeinde Sant Pere de Ribes 1984 in Fossa 9

Die Notgrabung legte Abschnitte eines dreiräumigen Gebäudes frei, auf dessen Nordseite zahlreiche Gruben eingetieft sind. Diese sind nach Meinung der Ausgräber mit der agrarischen Funktion der Anlage als Weingut zu verbinden. Auf der Rückseite des Gebäudes befinden sich in einigem Abstand zwei separate, größere Gruben, die als Fossa 1 und 9 bezeichnet werden. Aus der näher zum Haus gelegenen, größeren der beiden stammt das Fragment der Sonnenuhr.

Die Füllung der Grube 9 umfasst Material aus dem frühen 2. Jh. v. Chr. bis in die Wende des 1. zum 2. Jh. n. Chr. – also der gesamten Spanne der Besiedlung am Ort.

Aufstellung: Die Front des Gebäudes ist nach Nordwesten in Richtung der Terrasse mit den in Reihe eingetieften Behältern ausgerichtet. Hier ist eine Aufstellung des Zeitmessers aufgrund der Ausrichtung und der geringen zur Verfügung stehenden Fläche unwahrscheinlich. Günstig, aber spekulativ wäre eine Aufstellung des Zeitmessers im Zwickel zwischen dem Raum 3 und dem Becken 4, der nicht nur in Richtung Süden, sondern auch an einem der Laufwege der Anlage liegt.
B: Das Fragment umfasst den unteren Teil des Schattenkreises mit kurzen Abschnitten der Stundenlinien vier bis sechs, der anschließenden horizontalen Schattenfuge sowie des Ansatzes der dekorlosen Basis. Die Stundenlinien schneidet eine Bogenlinie auf Höhe der Äquinoktiallinie, vermutlich bildet der untere Rand des Schattenkreises die Sommerwendlinie. Das Stück weist weder einen Limbus noch andere Dekorelemente auf.
Inschrift: keine
Datierung: Die Fundumstände liefern den chronologischen Rahmen für die Entstehung der Uhr: Dieser erstreckt sich vom frühen 2. Jh. v. Chr. bis an das Ende des 1. Jhs. n. Chr. Aufgrund der Proportionierung von Uhrenkörper zu Basis und der lokalen Herstellung ist eine Entstehung eher gegen Ende der Nutzungszeit des Weinguts wahrscheinlich. 1. Jhs. n. Chr.
Literatur: Gumà i Marquès 1992, 156; J. Bosch Argilagos – J. Miret Mestre, L'excavatio de la villa romana del Bosquet (Sant Pere de Ribes), Miscellania Penedesenca 13, 1989, 135–166, bes. 150–151 zum Inhalt der fossa 9.

Boutae

1.
AO/Inv. Nr.: Talloires, verbaut in der alten Krankenstation des Klosters CIL XII 2522 = ILH Savoie 105 = ILN-05–03, 739= ILS 5624
Typ/Mat.: Stiftung *horologium* / W ~ / weißer Kalkstein
Maße: H 86 B 210

FO: Talloires nahe Annecy, im 16. Jh. in den Fundamenten der Benediktiner-Abtei wiederverwendet
Aufstellung: in einem Gebäude mit Gitter; Forum ~
B: Der Legionssoldat Caius Blaesius Gratus stiftet aus eigenen Mitteln ein *horologium* mit zugehörigem Gebäude. Die Stiftung umfasst außerdem einen Sklaven zur Wartung des Zeitmessers. Der hohe gestiftete Betrag von 4.000 Sesterzen für den Wartungssklaven lässt De Kisch vermuten, dass der Betrieb des Instruments über einen längeren Zeitraum hinweg gewährleistet werden sollte. Mit *horologium* muss deshalb hier eine innerhalb eines Gebäudes öffentlich – wahrscheinlich auf dem Forum der Stadt – aufgestellte Wasseruhr gemeint sein, die von einem Gitter geschützt wurde.
Inschrift: nach ILH Savoie 105:

Horologium cum suo aedificio et | signis omnibus et clatris | C(aius) Blaesius C(ai) fil(ius) Voltinia Gratus ex HS n(ummum) X(milibus) | et eo amplius ad id horologium adminis|trandum serv(u)m HS n(ummum) IIII(milium) d(e) s(ua) p(ecunia) d(edit)

„Dieses horologium mit dem zugehörigen Gebäude und dessen Statuen und Umfassung stiftet Caius Blaesius Gratus, Sohn des Gaius aus der Tribus Voltinia für eine Summe von 10.000 Sesterzen und darüber hinaus zum Betreiben der Uhr einen Sklaven für 4.000 Sesterzen."
Datierung: 1. Jh. n. Chr.
Literatur: Y. de Kisch, Tarifs de donations en Gaule romaine d'après les inscriptions, Ktema 4, 1979, 275 Nr. 12; P. Broise, Le vicus gallo-romain de Boutae et ses terroirs (Annecy 1984) 285–286 Abb. 71; Lewis 2000, 368; Harvey 2004, 91 Nr. 58; Hannah 2009, 134 Anm. 58.

Brigantium

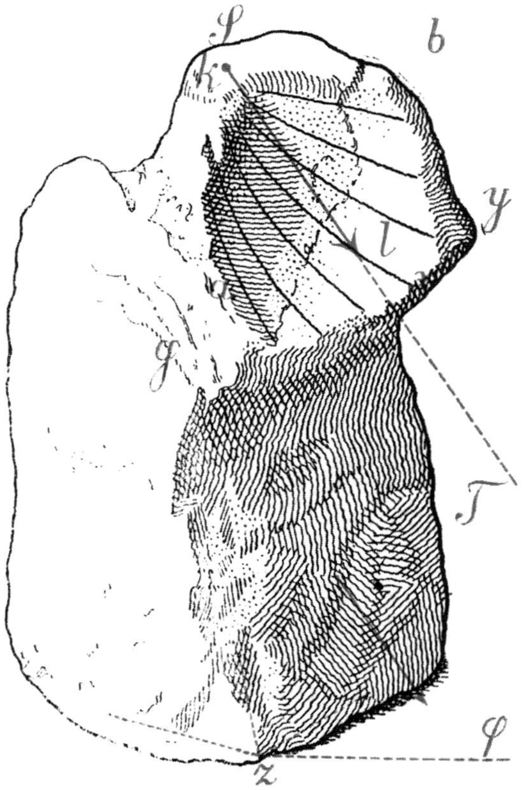

Brigantium 1.1–1.2

1.
AO/Inv. Nr.: Bregenz, Vorarlberger Landesmuseum
Typ/Mat.: S konisch / lokaler Sandstein
Maße: H 57 B 39 T 32

FO: Raum M der sog. Basilika, gemeinsam mit Eichblock. Jenny vermutet, dass es sich bei dem Gebäude um den Amtsitz des Gerichts am Forum handelt. Der knapp 5 auf 4 m große, gepflasterte Bereich M ist wahrscheinlich ein kleiner Innenhof, in dem die Normgeräte aufgestellt waren.
Aufstellung: Zapfloch auf der Unterseite, muss erhöht aufgestellt gewesen sein.
B: Die dekorlose Sonnenuhr ist auf der linken Seite der Vormittagsstunden gebrochen, so dass von den ursprünglich elf Stundenlinien nur noch sieben erhalten sind. Weil die Datumslinien fehlen, vermutet Jenny, dass die Endpunkte der Stundenlinien, die im regelmäßigen Abstand zum ausgebrochenen Gnomonloch enden, die Winterwendlinie anzeigen.

Das Zifferblatt nimmt etwas mehr als das obere Drittel der Blockhöhe ein. Unterhalb dessen tritt der Uhrenkörper als schräge Fläche bis an die Schattenfuge zurück. Es schließt sich eine grob bearbeitete, dekorlose Basiszone an. Die Uhr ist der aus dem hispanischen Rubi sehr ähnlich.

Den Berechnungen von Jenny zufolge wurde die Uhr für die Breite von Bregenz berechnet.
Inschrift: keine
Datierung: Obwohl die Mehrheit der Fundmünzen aus der 2. Hälfte des 1. Jhs. n. Chr. stammt, spricht die Proportionierung von Uhrenkörper zu Zifferblatt sowie die Nähe zu Rubi 1 für eine Entstehung im späten 2. bzw. frühen 3. Jh. n. Chr.
Literatur: S. Jenny, Bauliche Überreste von Brigantium, Mitteilungen der KK Central- Comission zur Erforschung und Erhaltung der Kunst und Historischen Denkmäler 8, 1882, 99.

Bulla Regia

1.
AO/Inv. Nr.: Tunis, Arch. Museum
CIL VIII 25532 und 25533 = Bardo 248 und 249
Typ/Mat.: Stiftung *horologium*
Maße: H 60, der Skizze des CIL nach könnte es sich um einen Architrav handeln
FO: Bulla Regia, im Schutt des Apollon-Tempels
Aufstellung: Forum ~
B: Die Inschrift bezeugt die private Stiftung von Säulen aus Marmor, einem *horologium*, einer Rostra und baulichen Veränderungen an einer Portikus aus Marmor. In der Summe könnten die aufgeführten Baumaßnahmen auf eine architektonische Umgestaltung des Forums hinweisen. Dafür spricht auch der Fundort des Blocks, der sich nur wenige Meter nördlich des Forums befindet (vgl. A. Beschaouch u. a., Les ruines de Bulla Regia (Paris/Rom 1977) 83–88. 121).

Die Informationen geben keinen eindeutigen Hinweis auf den Typus des erwähnten *horologium*. Da Livineius ansonsten durchwegs aufwendige bauliche Maßnahmen finanziert, könnte jedoch eher eine Wasseruhr gemeint sein.
Inschrift: [Livi]neius [-filius Quir.] Victor exornavit idemque dedicavit:[---colum]nis omnibus marmoreis et horologio et rostra et frons et [porticus – mar]moribus et opere albario.

„Livineius, Sohn des ?, aus der Tribus Quirinia hat aus eigenen Mitteln folgendes gestiftet: Säulen aus Marmor, ein *horologium*, die Rostra, eine Gebäudefassade (?) und eine Portikus aus Marmor und andere wohltätige Werke.“
Datierung: 1. Jh. n. Chr.
Literatur: Mastino – Porcheddu 2006, 157; AE 1907, 23.

Caesaraugusta

1.
AO/Inv. Nr.: Zaragossa, Museum des Theaters o. Nr.
Typ/Mat.: S sphärisch / Marmor?
FO: Theater Caesaraugusta
Maße: H 9,5 B 7,9 T 5 Fragment
Aufstellung: unbekannt
B: Raya Román gelang es nachzuweisen, dass das kleine Fragment Teil des Schattenkreises einer sphärischen Sonnenuhr ist. Erhalten ist ein Teil der linken Vormittagsseite mit Abschnitten der Stundenlinien eins bis vier, die von einer Bogenlinie geschnitten werden. Diese erkennt Raya Román als Datumslinie zur Anzeige der Tagundnachtgleichen.
Inschrift: keine
Datierung: 1. Jh. n. Chr. Die zeitliche Einordnung des kleinen Fragments orientiert sich an der Baugeschichte des Theaters von Caesaraugusta, das in der ersten Hälfte des 1. Jhs. v. Chr. errichtet und gegen Ende des Jahrhunderts erneuert wurde (vgl. F. De Asís Escudero – M. Pilar Galve, Edificios de espectáculos, in: F. Beltrán Lloris (Hrsg.), Zaragosa. Colonia Caesar Augusta. Ciudades Romanas de Hispania 4 (Rom 2007) 57–70 mit 60 Plan Abb. 3).
Literatur: J. M. Raya Román, Reloj solar de Caesaraugusta, AEspA 83, 2010, 199–202.

Cannstatt

Cannstatt 1.1–1.2

1.
AO/Inv. Nr.: Stuttgart, Württembergisches Landesmuseum R 193.3
Typ/Mat.: S hemisphärisch / Bimsstein (?)
Maße: Dm$_{\text{Schale außen}}$ 21 Dm$_{\text{Schale innen}}$ 16 H 9
FO: 1843 Mäurach, Flur Heidenschloss
Aufstellung: unbekannt
B: Das horizontal gelagerte hemisphärische Zifferblatt wurde in ein zylindrisch geformtes Werkstück eingetieft, das Haug als ‚Schale' bezeichnet. Aufgrund der unebenen Oberfläche des lokalen, weichen Gesteins sind die elf Stunden- und drei (?) Datumslinien nur schwach erkennbar. Auf der Unterseite der Schale befindet sich ein rechteckiger Zapfen, mit dem die Uhr mit dem Sockel verbunden war. Das Material legt eine lokale Produktion nahe.

Entlang des Außenrandes verläuft die Inschrift, die wahrscheinlich den Namen des Stifters der Uhr nennt.

Inschrift: Lici]nius Ta[rentinus (?) vgl. CIL XIII 6444 oder nach Haug a. O. 425 [L(ucius) Mart]inius Ta[citus]
Datierung: 2. Jh. n. Chr.
Literatur: A. v. Schlieben, Römische Sonnenuhren in Wiesbaden und Cannstatt, NassAnnalen 20, 1888, 316–333; Gibbs 1976, 1067 G; F. Haug – G. Sixt, Die römischen Inschriften und Bildwerke Württembergs (Stuttgart 1914) 424–425.

Casalnuovo della Daunia

1.
AO/Inv. Nr. unbekannt
Typ/Mat.: S konisch / Kalkstein?
Maße: B 20 H 18
FO: unbekannt
Aufstellung: unbekannt
B: Die dekorlose Uhr ist an den Enden des Schattenkreises sowie entlang der Schattenfuge gebrochen. Das konisch geschnittene Zifferblatt wurde in elf Stundenlinien eingeteilt, die bis an das Gnomonloch heranreichen. Zwei Bogenlinien verlaufen in so geringem Abstand zueinander, dass sie sicherlich nicht zur Datumsanzeige dienen. Das Gnomonloch ist auf der Oberkante ausgebrochen.
Inschrift: keine
Datierung: 2. Jh. n. Chr.
Literatur: Scheidt 1997, 388. 389 mit Abb. 2.

Cherchel – ALG

Cherchel 1.1–1.2

1.
AO/Inv. Nr.: Cherchel, Archäologisches Museum o. Nr.
Typ/Mat.: S sphärisch / Marmor
Maße: H 57 B 57
FO: 1901, nahe Cherchel
Aufstellung: Nekropole? ~
B: Das Zifferblatt der gut erhaltenen Uhr nimmt etwas mehr als die obere Blockhälfte ein und wird von elf Stundenlinien gegliedert, die ausgehend vom Gnomonloch bis zum unteren Rand des Zif-

ferblattes verlaufen. Drei Datumslinien, die nicht parallel zur Unterkante des Zifferblatts angelegt sind, schneiden diese Linien.

Unterhalb des Zifferblattes tritt der Uhrenkörper im Profil als schräge Fläche zurück; in deren Zwickel sind zwei je achtblättrigen Rosetten eingestellt, die eine zentrierte Mondsichel flankieren. Ein Rundstab trennt diese Zone von der Basis, die schräg nach vorn vortritt und deren Unterkante in einer Ebene mit der des Zifferblatts liegt.

Inschrift: keine

Datierung: 1. Jh. n. Chr.

Literatur: V. Waille, Rapport sur les fouilles de Cherchel, Revue Africaine 47, 1903, Taf. 2; M. Durry, Musée de Cherchel, musées de l'Algérie (Paris 1924) 19; Gibbs 1976, 1059 Skizze 174.

Chios

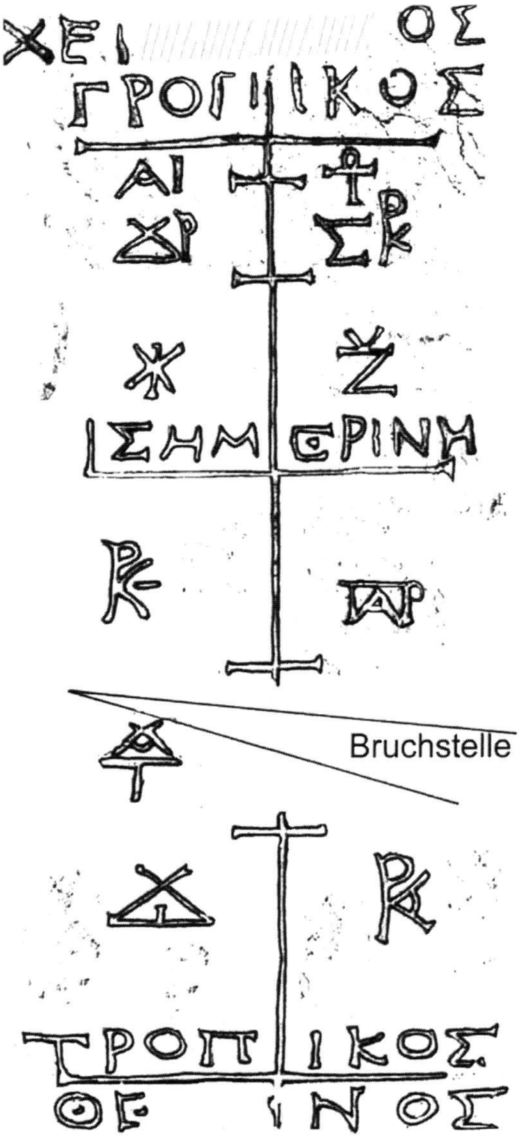

Chios 1

1.

AO/Inv. Nr.: Chios, Archäologisches Museum

Typ/Mat.: S Meridian, vertikal? / rötlicher lokaler Marmor

Maße: H 88,90 B_{oben} 20,32 B_{unten} 24,13; Rekonstruktion Schaldach: H 91, Oberfläche 280 × 225

FO: Hunt sah die Platte in sekundärer Verbauung als Einfassung eines Brunnenbeckens, das sich zwischen zwei kleinen Kirchen im Dorf Agiasmata im äußersten Norden von Chios befindet (Agiasmata = „agiasmata nera, heilende Quellen", in der Nähe befinden sich noch heute eisenhaltige Quellen gegen Knochen- und Arthrosebeschwerden); erst 2007 gelangte das Stück ins Archäologische Museum Chios
Aufstellung: Schaldach weist die freie Aufstellung des Zeitmesser auf einer Basis nach. Hinweise auf einen antiken Bäderkomplex vor Ort, von dem Krumbacher berichtet, fand Hunt nicht. Aufgrund der auch in der Antike abgeschiedenen Lage und der örtlichen Heilquellen wäre auch ein extraurbanes Heiligtum in diesem Bereich denkbar.
B: Erstmalig dokumentierte Hunt die trapezoid geschnittene Marmorplatte, die oben und unten mit einem Profil abschließt. Auf ihrer Mittelachse verläuft eine senkrechte Linie, die mehrere waagerechte Striche kreuzen. Beiderseits der Schnittpunkte befinden sich griechische Beischriften. In größeren Lettern sind die Wendelinien und die Tagundnachtgleichen markiert, dazwischen jeweils angegebene Kürzel beziehen sich auf den Zodiakus.

Zutreffend bezeichnet Hannah das Stück als Meridian, weil ausschließlich die Mittagslinie ausgeführt ist. Da die Platte oben und unten profiliert ist, liegt es nahe, dass sie senkrecht aufgestellt war, in Art einer Stele (die Stärke der Platte ist unbekannt) oder an einer Fassade. Der Gebrauch des lokalen rötlichen Marmors zeigt an, dass das Stück auf Chios entstand.

Sollte die aufgrund von paleographischen Argumenten vorgeschlagene Datierung von Hunt zutreffen, dann wäre dieser Meridian eine der frühesten Vertikaluhren.

Erst nachdem das Stück aus der neuzeitlichen Verbauung herausgelöst worden war, zeigte seine erneute Untersuchung durch Schaldach, dass auch die Seitenflächen als Zifferblätter dienten: deren Gravur wurde mehrfach korrigiert und ist deutlich ungenauer als der für den Standort Chios präzise berechnete Meridian. Vielleicht sind diese in ihrer handwerklichen Ausführung abweichenden Gravuren der Seitenflächen Folge einer nachträglichen Ergänzung. Diese Zweiphasigkeit würde auch die von Schaldach für die seitlichen Zifferblätter rekonstruierte Ortsbreite von 45° erklären, die von der des Hauptblattes abweicht.
Inschrift: IG XI Chios 508 (mit partiell fehlerhafter Transkription), hier Transkription Hunt:

	ΧΕΙ(μερι)ΝΟΣ	
	ΤΡΟΠΙΚΟΣ	
Αἰ(γόκερως)		Το(ξότης)
Ὑδρ(οχόος)		Σκορ(πίος)
Ἰχ(θύες)		Ζυ(γός)
	ΙΣΗΜΕΡΙΝΗ	
Κρι(ός)		Παρ(θένος)
Ταῦ(ρος)		[Λέ(ων)]
Δίδυ(μοι)		Καρ(νίκος)
	ΤΡΟΠΙΚΟΣ	
	ΟΕ(ρι)ΝΟΕ	Θερινός

Datierung: Eine Entstehung im 2. Jh. v. Chr. schlägt Hunt aufgrund von paleographischen Beobachtungen (Mittelstrich des E leicht abgerückt, A mit Apix) vor.

Edmunds-Morgan 2000, 6. 11 weisen darauf hin, dass erst seit Geminos der Begriff Ζυ(γός) (vgl. G. Aujac, Geminos: Introduction aux Phenomènes (Paris 1975) Buch 1 Z 2) statt Ζύλαι (so noch bei Arat und Hipparch) gebräuchlich war, so dass die Datierung der Uhr wahrscheinlich auf die zweite Hälfte des 1. Jhs. v. Chr. zu korrigieren ist.
Literatur: D. W. Hunt, An Archaeological Survey of the Classical Antiquities of the Island of Chios, BSA 41, 1940–1945, 29–52, bes. 41–42; Hannah 2009, 81. 89; K.-H. Schaldach, Eine seltene Form antiker Sonnenuhren: Der Meridian von Chios, AKorrBl 41, 2011, 73–83.

Chios 2

2.
AO/Inv. Nr.: Chios, Archäologisches Museum
Typ/Mat.: S konisch / weißer Marmor
Maße: H 36 B 38 T 20
FO: vor 1969 in den Ruinen einer byzantinischen Basilika in Palaia Phylaka auf Chios
Aufstellung: Möglicherweise wurde eine ältere Uhr in der byzantinischen Basilika wiederverwendet.
B: Das Zifferblatt der gut erhaltenen Uhr nimmt weniger als das obere Drittel des hochrechteckigen Blocks ein und ist nur an den Enden des Schattenkreises sowie an den Rändern der Standleiste leicht bestoßen.

Den Schattenkreis gliedern zwei Datums- und elf Stundenlinien, die unmittelbar vom Gnomonloch ausgehen und bis an den Rand der Fläche reichen. Dieser fällt wahrscheinlich mit dem Verlauf der Winterwendlinie zusammen. Die Schattenfläche umrahmt ein etwa 3 cm breiter Limbus, unterhalb dessen der Uhrenkörper als schräge Fläche bis an die Schattenfuge zurückweicht.

Die recht hohe Basiszone ist bis an eine etwa 5 cm hohe Standleiste als Kyma reversa gearbeitet. Diese Zone wird von vierzehigen Löwentatzen flankiert, deren ungewöhnlicherweise obere Abschlüsse jeweils als annähernd rundplastisch gebildete Gesichter enden. Beide sind frontal ausgerichtet und symmetrisch aufgebaut. Jeweils rahmen drei plattenförmige Haarkompartimente die Gesichter. In den Zwischenraum wurde ein einzelnes, großes, aufrecht stehendes Akanthusblatt eingestellt. Eine 3 cm hohe Standleiste schließt die Uhr ab.
Inschrift: keine
Datierung: Gibbs verweist auf die Ähnlichkeit im Aufbau mit dem Stück 1056 G, dem kein Fundort zugewiesen werden kann. Die Proportionierung von Schattenkreis zu Uhrenkörper entspricht Traianopolis 1.
2. Jh. n. Chr.
Literatur: A. Stephanou, Νησοί Αιγαίου. Τυχαία Ευρήματα, ADelt Chron 21, 1966, 385 Taf. 406ζ; Gibbs 1976, 3041 mit Skizze.

Compsa

1.
AO/Inv. Nr.: Conza della Campania, Museo Comunale, nahe Avellino
Typ/Mat.: S Hohlform / Marmor
Maße: H 48,5 B 33,5 T 22 (Basis und oberer Abschluss)
FO: Villa rustica, Conza della Campania 1979, località Serro Renna am linken Ufer des Ofanto

Aufstellung: Aufgrund der geringen Tiefe des Stücks liegt seine Aufstellung im architektonischen Verbund nahe.
B: Der Schattenkreis wurde derart in den schmalen, hochrechteckigen Block eingetieft, dass er weniger als ein Drittel seiner Höhe einnimmt. Das Zifferblatt wurde in elf Stunden- und drei Datumslinien eingeteilt. Severino und Hüttig führen Unregelmäßigkeiten der Form des Zifferblatts auf nachträgliche Korrekturen zurück, vielleicht handelt es sich aber eher um ein Merkmal des Zeitstils – ähnliche Abweichungen sind auch an anderen Uhren zu beobachten, z. B. Thessaloniki 2.

Unterhalb des Zifferblatts rahmt eine doppelte Leiste den Schattenkreis, die an den Enden zu den Seitenflächen hin umbiegt und mit diesen bündig abschließt. Im Profil weicht der Uhrenkörper von hier an als schräge Fläche bis an die Schattenfuge zurück, das Stück weist an dieser Stelle nur eine Tiefe von 7 cm auf. Anschließend tritt die Front im Gegenwinkel als oblique Fläche vor, deren seitliche Begrenzung symmetrisch angelegte, plastisch ausgeführte Zungenmotive bilden. Eine 12 cm hohe Standleiste schließt das Stück ab.

Auf den Abbildungen hat es den Anschein, als wären die Seitenflächen im Gegensatz zur Front nur grob geglättet. In Zusammenhang mit der geringen Tiefe des Stücks könnte dies ein Indiz dafür sein, dass es ursprünglich im Mauerverbund aufgestellt gewesen ist.

Nach den Berechnungen von Hüttig wurde das Stück für eine Ortsbreite von 39°17‘ gearbeitet, die von Vitruv für Tarent überliefert wird und somit annähernd mit dem Fundort der Uhr übereinstimmt.
Inschrift: keine
Datierung: Die Villa wurde nach Einschätzung der Ausgräber im Zeitraum vom 2. Jh. v. bis ins 1. Jh. n. Chr. bewohnt; aufgrund der Proportionierung des Zifferblatts gegenüber dem Uhrenkörper und der handwerklichen Ausführung wurde das Instrument wohl eher gegen Ende dieser Zeitspanne der Ausstatung der Villa hinzugefügt.
späteres 1. Jh. n. Chr.
Literatur: M. Barbera – R. Rea, Compsa e l'alta valle dell'Ofanto. Contributi per una carta archeologica dell'Irpina (Rom 1994); Severino 2003, s. v. Conza della Campania.

Concordia Sagittaria

Concordia Sagittaria 1

1.
AO/Inv. Nr.: Concordia Sagittaria, in der Stadtverwaltung von Portogruaro
Typ/Mat.: S sphärische Variante / Kalkstein
Maße: H 65 B 53

FO: Concordia Sagittaria
Aufstellung: unbekannt; Nekropole? ~
B: Das Zifferblatt der gut erhaltenen Uhr bildet eine Hohlkugel, die in drei Datums- und elf Stundenlinien unterteilt ist und auf die der Sonnenstrahl durch ein Loch im oberen Teil der Sphäre gelenkt wird. Diesen Schattenkreis umgibt ein knapp 2 cm breiter, kreisrunder Limbus.

Unterhalb der Schattenfuge tritt der Körper als schräge Fläche zur Front hin vor. Diese Zone wird eingefasst von plastischen scheibenförmigen Profilen, die mit den Seitenflächen bündig abschließen und zur Front hin gegenüber der Standleiste vorstehen. Aufgrund der einheitlichen Zurichtung der Oberfläche scheint diese ungewöhnliche Profilierung zum Endstadium der Bearbeitung zu gehören. In Proportionen und Ausführung ist dieses Instrument eng mit einigen Stücken aus Aquileia verwandt.
Inschrift: keine
Datierung: 2. Jh. n. Chr.
Literatur: P. Croce da Villa, Il Museo Nazionale Concordiese di Portogruaro. Itinerario archeologico di Concordia Sagittaria (Portogruaro 1992); Severino 2003, s. v. Concordia Sagittaria mit Verweis auf M. Hüttig.

Curubis

1.
AO/Inv. Nr.: verschollen / CIL VIII 978
Typ./Mat.: Stiftung *horologium* / W ~
Maße: unbekannt
FO: Curubis
Aufstellung: auf dem Forum? ~
B: Eine Gruppe von fünf Amtsträgern lässt ein *horologium* errichten. Lassère vermutet, dass die Personen außer ihrer offiziellen auch eine verwandschaftliche Beziehung verbindet. Ihre gemeinsame Nennung, die Ausweisung ihrer Titel und die Erwähnung der Uhr im Zusammenhang mit anderen Baumaßnahmen legen es nahe, dass der Begriff *horologium* hier auf eine Wasseruhr auf dem Forum der Stadt zu beziehen ist.
Inschrift: M(arco) Appuleio | P(ublio) Silio co(n)s(ulibus) | Cn(aeo) Domitio | Malchion[e] | duovir(o) quin(quennali) | L(ucius) Sertorius Al[ex]an(der) | L(ucius) Vitruvius Alexan(der) | aed(iles) | pluteum perpetu[um] | scholas II I | [h]orologium | [via]m muni[endam(?)] | [---]p[-.
„Unter dem Konsulat des Marcus Appuleius und des Publius Silius, und unter dem Duumvir quinquennalis Cnaius Domitius Malchio haben Lucius Sertorius Alexander und Lucius Vitruvius Alexander, Ädilen, ein dauerhaftes Wetterdach, drei (oder vier?) Galerien und das Horologium errichtet, (und außerdem haben sie) die Strasse (gepflastert?)…“
Datierung: 20 v. Chr.
Literatur: CIL VIII 978; J. Lassère, Manuel d’épigraphie romaine I (Paris 2005) 360 Nr. 216 A; Mastino – Porcheddu 2006, 157.

Darró

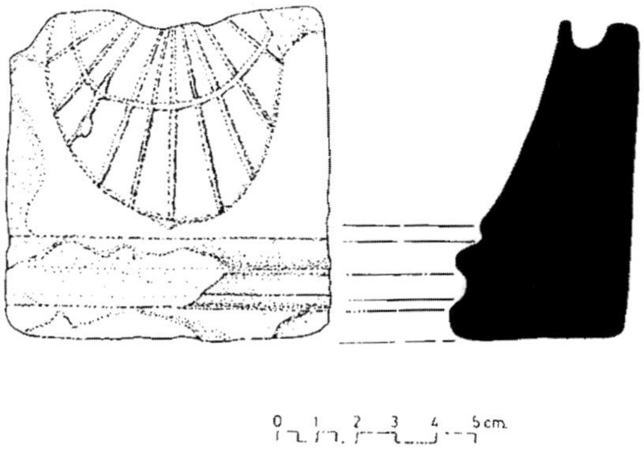

Darró 1

1.

AO/Inv. Nr.: Vilanova i la Geltrú o. Nr.
Typ/Mat.: S konisch / lokaler Kalkstein
Maße: H 8,1 B 8,1 T 4,5 / Miniatur
FO: Darró, Zone 0, Haus 3 = Wohnbebauung innerhalb der Siedlung, dort aus Zerstörungsschicht. Das Haus 3 befindet sich im Nordwesten des Grabungsareals und wurde nur partiell freigelegt (vgl. zum Befund: A. Lopez Mullor – X. Fierro Macia, L'epoca iberica a Darro, hipotesis i evidencies proporcionades per les darreres excavations, Miscellania Penedesenca 11, 1988, 117–142). Das Gebäude grenzt im Süden an eine breite Straße, von der aus jener Raum zu betreten ist, in dem die Uhr gefunden wurde. Da die Eingänge von allen drei Hauseinheiten auf der Südseite liegen und in diesem weitgehend freigelegten Bereich von Haus 2 kein zweiter Zugang im Steinplan zu erkennen ist, handelt es sich bei diesem Eingang vermutlich um den Hauptzugang. Eine Aufstellung des kleinen Zeitmessers in diesem Bereich (einem Fenster?) wäre nach Ausrichtung und Fundort gut denkbar und fände in Tanis 1 eine Parallele.

Der ergrabene Bereich der sog. Zone 0 umfasst ein annähernd rechtwinklig angelegtes Wohnviertel mit deutlich produktivem Charakter, von dem Öfen, große Zisternen und siloartige Strukturen zeugen. Die Ausgräber datieren die Aktivitäten im Viertel aufgrund der Keramik und der Kleinfunde in das 2. Jh. und die erste Hälfte des 1. Jhs. v. Chr. Eine durchgängige Zerstörungsschicht aus der Jahrhundertmitte versiegelt das Areal.

Aufstellung: Der sehr kleine Zeitmesser muss erhöht aufgestellt gewesen sein, vielleicht war er an einem Fensterbrett o. ä. montiert.

B: Die Uhr wurde aus einem rechteckigen Block gearbeitet, der halb so tief wie hoch ist. In der Front nimmt der Schattenkreis etwa zwei Drittel der Höhe ein und ist als unregelmäßige konkave Form geschnitten, deren Oberfläche elf Stunden- und zwei Datumslinien gliedern. Die das Zifferblatt umgebende Partie ist bis an einen unterhalb des Schattenkreises horizontal verlaufenden Rundstab als schräge Fläche gearbeitet. Der Bereich der Basis ist unterhalb des Rundstabs bis zur Standfläche mehrfach horizontal profiliert.

Das Besondere der Uhr ist ihre geringe Größe, nur die etwa zeitgleich entstandenen Uhren Jerusalem 1, Naukratis 1 und Tanis 1 sind noch kleiner.

Inschrift: keine
Datierung: 150–50 v. Chr. (Befund); 1. Hälfte 1. Jh. v. Chr. (Sonnenuhr)
Literatur: Gumà i Marquès 1992, 145–158; Bonnin 2010, 190 f.

Delos

1.

AO/Inv. Nr.: IG XI, 2 137 Z. 6 gleichlautend mit IG XI, 2 145, diese zweite Fassung wird hier aufgrund ihrer besseren Erhaltung zitiert

Typ/Mat.: Inventarliste nennt Klepsydra

Maße: unbekannt

FO: unbekannt

Aufstellung: unbekannt, Apollon-Heiligtum ~

B: Die Inventarliste führt die Stiftung einer Stierprotome und einer Klepsydra durch Amyntas auf.

Inschrift:

Z 47 (...) Ἀμύντα ἀνάθημα· [β]οὸς προτομή, Ἀμ[ύν]|τα ἀνάθημα· κλεψύδρα I· (...)

Datierung: 313–302 v. Chr. (Inschrift), t. a. q. für die Klepsydra

Literatur: IG XI, 2 137 Z. 6 gleichlautend mit IG XI, 2 145.

2.

AO/Inv. Nr.: IG XI 154 Z. 26 s. hier Delos 1

Typ/Mat.: Inventarliste führt *κλεψύδρα* (aus Bronze?)

Maße: unbekannt

FO: unbekannt

Aufstellung: unbekannt

B: Auch in diesem Inventar wird die Klepsydra geführt, die von Amyntas gestiftet wurde. Wahrscheinlich beziehen sich dieser und der Eintrag der Liste, hier Delos 1, auf dasselbe Objekt.

Hier wird die Klepsydra unter anderen Gefäßweihungen geführt mit Angabe ihres Gewichts von umgerechnet ungefähr 200 g. Die Gewichtsangaben der Gefäße dienen in diesem Abschnitt der Festlegung ihres Materialwerts, der nur für toreutische Arbeiten sinnvoll ist. Deshalb ist es wahrscheinlich, dass auch diese Stiftung des Amyntas aus Metall gearbeitet war.

Inschrift:

Z 25 (...) θημα ὁλκὴ τριακόσιαι ὀ[γδοή]κοντα· φιάλη Ἀμύντα ἀνάθημα, ὁλκὴ ἑκα|τὸν πεντήκοντα τρεῖς· κλεψύδρα [ἧ]ς ὁλκὴ τετταράκοντα πέντε· κυμβί[ον] | Μενύλλου ἀνάθημα ὁλκὴ τριάκοντα μία· κυμβίον Εὐμήδους ἀνάθη- (...)

„Eine Schale als Stiftung des Amyntas mit einem Gewicht von 153, eine Klepsydra mit einem Gewicht von 45, ein kleiner Becher als Stifung des Menyllos mit einem Gewicht von 301; ein kleiner Becher als Geschenk des Eudemos (...)"

Datierung: 296 v. Chr. (Inschrift), t. a. q. für die Klepsydra, die aber aufgrund von Delos 1 bereits vor 313–302 v. Chr. gestiftet worden sein muss.

Literatur: IG XI 154 Z. 26.

3.

AO/Inv. Nr: IG XI, 2 287

Typ/Mat.: Lohnliste, erwähnt *ἡλιοτρόπιον*, S / Marmor, Holz

Maße: unbekannt

FO: Apollon-Heiligtum

Aufstellung: nahe Apollon-Heiligtum(?)

B: Die Abrechnung belegt u. a. die Lohnauszahlung an einen Handwerker, der eine Brüstung um das *ἡλιοτρόπιον* gebaut hat.

Inschrift:

Z 145 (...) Τὰ δρύϊνα κατεχρήσθη εἰς τὸ ἡλιοτρόπιον. Κτησίαι τῶι ἐργωνήσαντι | ποιῆσαι τὸ κοιλόσταθμον καὶ τὰς θύρας ἔδομεν μετὰ τοῦ ἀρχιτέκτονος καὶ ἐπιμελητῶν· ξύλα τῶν κεδρίνων ΠΙΙΙ· πτελέϊνα ΙΙΙΙ· φάλαγγας πυξίνας ΔΙ̣ (...)

„(...) Die hölzerne Umfassung für das Heliotropion. Die nach den Bausachverständigen zum Bau benötigten Dinge: für die Holzverstrebungen und die Türlaibung entsprechend den (Vorgaben) des Architekten und der Aufseher: acht Hölzer aus Zedern-, vier aus Ulmenholz, elf Balken aus Buchsbaum (...)"
Datierung: um 250 v. Chr. (Inschrift), t. a. q. für das Heliotropion
Literatur: IG XI, 2 287 A Z. 117 und B Z. 145.

Delos 4

4.
AO/Inv. Nr.: Delos, Archäologisches Museum, Portikus Nr. B 2929–8545
Typ/Mat.: S hemisphärisch / weißer Marmor
Maße: H 7 (?) B 25,5 (Gibbs); H 18 B 22 Dm Sphäre rek. 20 (Deonna) / es fehlt eine Hälfte
FO: westlich des Grabungshauses
Aufstellung: unbekannt
B: Die dekorlose Hemisphäre ist in der Mitte gebrochen, ihre eine Hälfte fehlt. Gibbs sah am Fragment elf Stunden- und vier Datumslinien. Keine Vorrichtung zur Befestigung eines Gnomon. Es fehlt die Standplatte.
Inschrift: keine
Datierung: frühes 2. Jh. v. Chr.
Literatur: Deonna 1938, 190 Taf. 547; Gibbs 1976, 1071 G Abb. 16.

Delos 5.1

5.
AO/Inv. Nr.: Delos, Archäologisches Museum, Magazin B 4367
Typ/Mat.: S sphärisch mit zwei Zifferblättern / weißer Marmor
Maße: L 44,8 B 31,7 H 18
FO: Gymnasion GD 76, südwestlicher Bereich, 1911
Aufstellung: s. o.
B: Die außergewöhnliche Uhr mit zwei Zifferblättern ist bis auf wenige Bestoßungen sehr gut erhalten. In die Längsseiten des Blocks wurden gegengleich Hemisphären eingeschnitten. Auf das Zifferblatt der einen Seite sind die fünf Vormittags-, auf die Gegenseite die Nachmittagsstunden eingeritzt, die drei jeweils inschriftlich benannte Datumskurven schneiden. Das relativ große und tiefe Gnomonloch auf Mitte der Schmalseite gibt die Orientierung der Uhr vor: diese Seite muss nach Süden ausgerichtet gewesen sein.

Diese Südseite wurde plastisch als Rammsporn eines Schiffs gestaltet. Sowohl die Hemisphäre als auch die Außenflächen der Uhr wurden bis auf den Schiffsschnabel sorgfältig geglättet. Möglicherweise steht diese besondere Oberflächenbehandlung in Verbindung mit dem ungewöhnlich großen und tiefen Gnomonloch, für das Deonna a. O. 192 Anm. 2. 3 als Parallelen auf Herakleia am Latmos 1 und Ioulis 1 verweist.

Während Deonna und Salviat dieses Merkmal als Argument für die Verbindung dieser Uhr mit dem im Inventar des Kallistratos ID 1417 Z. 140–141, hier Delos 6*, aufgeführten *ὡρολόγιον* ansahen, auf das ein kleinformatiger Triton montiert war, wies Moretti eine andere Kombination nach:
In dem erwähnten Inventar wird in Z. 149 eine zweite Uhr des Gebäudekomplexes aufgelistet, die auf einer Säule aufgestellt war. Moretti beobachtete an der vorderen Unterkante der Uhr zwei Dübellöcher, die in Größe, Tiefe und Abstand zueinander ihr Pendant in Einarbeitungen auf der Oberseite eines Kapitells haben, das ebenfalls aus GD 76 stammt. Auf diesem Kapitell befindet sich die Inschrift IG XI 4, 1154, die es als Basis der Stiftung des delischen Gymnasiarchen Xenomedes Aristodemou an Apollon und Hermes ausweist.

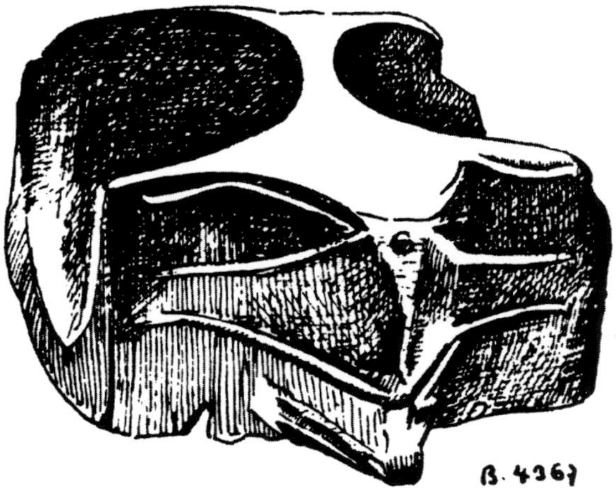

Aus dieser Zuweisung folgt für den Zeitmesser, dass er anfangs im älteren Gymnasion GD 67, der sog. palestre du lac, und nach ca. 90 v. Chr. in dem Neubau GD 76 aufgestellt war. Damit liegt hier einer jener seltenen Fälle vor, der die hohe Wertschätzung derartiger Objekte belegt: Nicht nur, dass der mindestens drei Generationen alte Zeitmesser beim Umzug ins neu errichtete Gymnasium noch berücksichtigt wurde. Darüber hinaus gehören die Zeitmesser außer Wasserbecken im Inventar von 156/155 v. Chr. zu den einzigen Objekten, die neben Statuenstiftungen überhaupt aufgeführt werden. Delos 5.2–5.3

Inschrift: auf der Ostseite: τροπαὶ | ἰσημερία | τροπαὶ θεριναί

auf der Westseite: τροπαὶ | ἰσημερία | [τροπαὶ] θεριν[αί])

am Kapitell: IG XI 4, 1154:

Ξενομήδης Ἀριστοδή[μου] | γυμνασιαρχήσας | Ἀπόλλωνι καὶ Ἑρμεῖ

„Xenomedes Aristodemos (stiftete dies) als er Vorsteher des Gymnasions war."

Datierung: Die Stiftung zeigt an, dass die Uhr aus der Phase der Unabhängigkeit der Stadt stammt, also vor 156/155 v. Chr. Dieser Zeitansatz wird durch ihre Auflistung im Inventar bestätigt, das den Zeitraum von 314–156 v. Chr. erfasst; wahrscheinlich entstand die Sonnenuhr in der ersten Hälfte des 2. Jhs. v. Chr.

Literatur: A. Plassart, Inscriptions du gymnase, BCH 36, 1912, 393 Nr. 8 Taf. 5; Deonna 1938, 192 Abb. 229 Taf. 548. 549; Gibbs 1976, 1072 G Abb. 17. 18; F. Salviat, Au gymnase de Délos: la cour de la balle et l'horologe, in: M. Cl. Amouretti – P. Villard (Hrsg.), EYKPATA. Mélanges offerts à Claude Vatin (1994) 189–200; J. C. Moretti, Les inventaires du gymnase de Délos, BCH 121.1, 1997, 125–152.

6.

AO/Inv. Nr.: Delos ID 1417, gleichlautend mit ID 1412, gleichlautend mit ID 1423

Typ/Mat.: Inventarliste der attischen Besatzer / Marmor

Maße: unbekannt, Stele

FO: Gymnasion

Aufstellung: der Uhr: Gymnasion GD 67, in der Exedra und den Eckräumen (?)

B: Das Inventar des Kallistratos aus dem Gymnasion führt zwei Uhrenstiftungen auf: Das Horologion a) – *ἐν τῆι σφαιριστρᾶι* – steht in Verbindung mit einem kleinen Triton und der Zeitmesser während b) in einer Exedra bzw. einem der benachbarten Räumen auf einer Säule aufgestellt war (zum Begriff Sphairistra vgl. J. Delorme, Sphairisterion et gymnase à Délos, BCH 112, 1982, 583–589; M. - Chr. Hellmann, Recherches sur le vocabulaire de l'architecture grecque, d'après les inscriptions de Délos, BEFAR 278 (Paris 1992) s. v. σφαιρίστρα).

Die Frage, ob der Zeitmesser a) eine Wasser- oder Sonnenuhr ist, hängt eng mit der Interpretation des Raumtyps der Sphairistra zusammen. Folgt man dem Vorschlag von Deonna und erkennt darin einen Innenraum für Boxübungen, den Salviat 1994, 190 in den Räumen F und B lokalisiert, dann muss es sich bei dem *ὡρολόγιον* um eine Wasseruhr handeln.

Schließt man sich hingegen F. Salviat an, der einer Begriffsbestimmung von G. Roux folgend den Ausdruck mit dem Hof des Gymnasions als Freifläche für das Ballspiel verbindet, so wäre eine Sonnenuhr eher wahrscheinlich. Auch über den Ort dieser Spielfläche herrscht in der Forschung keine Einigkeit: Während Salviat sie mit dem Peristylhof gleichsetzt, lokalisiert Delorme sie hinter dem Gymnasion in der Nähe der Xyste, vgl. zusammenfassend: Salviat 1994, 191. Auf der Terrasse der Xyste befindet sich wohl auch in Delphi der Ballspielplatz und außerdem auf einer der Terrassen in Pergamon, vgl. Roux a. O.

Das *ὡρολόγιον* b) war hingegen mit Sicherheit eine Sonnenuhr und kann deshalb nicht innerhalb des überdachten Peristyls aufgestellt gewesen sein. Gleich, ob es sich um ein Wurfspiel oder um eine dem heutigen Rugby vergleichbare Spielart handelt, ist es unwahrscheinlich, dass derart geschätzte, fragile Apparate sich im Umkreis des Spielfeldes befanden.

Zwischen diesen beiden Positionen eine Entscheidung zu fällen, gelang weder Audiat (J. Audiat, Le gymnase de Délos et l'inventaire de Kallistratos, BCH 54, 1930, 121–123) noch Hellmann (Hellmann a. O. 398–399), noch zuletzt Moretti.

M. M. nach ist es – wie auch schon J. Treheux und G. Roux vermuteten (vgl. Salviat a. O. 193) – naheliegend, dass mit a) eine Wasseruhr gemeint ist:

1. Alle Hinweise auf diesen Zeitmesser konzentrieren sich auf GD 67. Wenn die eine Uhr b) in den Neubau umzieht, die andere aber nicht, so könnte die Ursache darin liegen, dass sie weder transportabel noch funktionstüchtig war.

2. Die Kombination einer Sonnenuhr mit einer auf ihrer Oberfläche montierten Skulptur (hier Triton) ist aufgrund der Verschattung des Zifferblatts problematisch und ohne Parallele. Kleine Figuren sind im Zusammenhang mit Wasseruhren hingegen gut belegt.

Die Sonnenuhr b) ist mit hoher Wahrscheinlichkeit mit Delos 5 gleichzusetzen. Als Stiftung eines Gymnasiarchen wurde sie zunächst in GD 67 aufgestellt und fand nach dem Umzug in GD 76 ihren Platz.

Der Begriff *ὡρολόγιον* wird hier also sowohl auf unterschiedliche technologische Typen, als auch auf eine private Stiftung und eine öffentliche Aufstellung bezogen.

Inschrift: (nach ID 1417)

zu a) in Z 139 (...) λαμπάδας μικρὰς δύο, ἀνάθεμα ἡ μὲν Διοτίμου τοῦ Βερενικίδου, | ἡ δὲ [Εὐμέν]ους· ἐν τῆι σφαιριστρᾶι ἐπὶ τοῦ ὡρολογίου· τριτωνίσκο[ν] | μικρὸν καὶ (...)

„(...), zwei kleine Lämpchen; Stiftung des Diotimos, Sohn der Berenike, und des Eumenos: In die Sphairistra beim Horologion: einen kleinen Triton und (...)"

zu b) in Z 148 (...) ἐν τοῖς ἐξεδρίοις καὶ συγγωνίοις· | ὡρολ̣όγιον ἐ̣π̣ὶ̣ κιονίου· (...)

„(...) In die Exedren und die benachbarten (Räume?): ein Horologion auf einer Säule: (...)"

Datierung: 156/155 v. Chr. (Inschrift), t. a. q. für den Zeitmesser

Literatur: J. Audiat, Le gymnase de Délos et l'inventaire de Kallikrates, BCH 54, 1930, 98–100; Durrbach-Roussel, Inscriptions de Délos Nr. 1417, A I, Z. 149; Deonna 1938, 187; G. Roux, Apropos des gymnases de Delphes et de Délos, BCH 104, 1980, 127–149; Veuve 1982, 24; F. Salviat, Au gymnase de Délos: la cour de la balle et l'horologe, in: M.-C. Amouretti – P. Villard (Hrsg.), EYKPATA: Mélanges offerts à Claude Vatin (Aix en Provence 1994) 189–200; J. C. Moretti, Les inventaires du gymnase de Délos, BCH 121.1, 1997, 125–152.

7.

AO/Inv. Nr.: Delos, ID 1442

Typ/Mat.: Inventarliste des Metrophanes, wohl Kurzzeitmesser aus Ton

Maße: unbekannt

FO: unbekannt

Aufstellung: Tempel der Isis

B: Im Inventar des Isis-Heiligtums wird unter anderen Weihgeschenken eine Wasseruhr aus Ton – wohl eine als *ὡρολόγιον* bezeichnete Klepsydra – aufgeführt, die Poseidonios aus Rhamnous ins Heiligtum stiftete.

Inschrift:

Z 74 (...) ὃν ἀνέθηκεν Ποσιδώνιος Ῥαμνούσιος· ὡρολόγιον τὸ ἐπὶ τοῦ ἔξ[ω] κεράμου, ἀνάθημα τοῦ αὐτοῦ· τύπια παντοδα|πά, ὧν ὁλκὴ ἐπὶ τὸ αὐτὸ ΔΔΔΔΠΗΙΙΙ· φιάλιον [ἔχο]ν ἐπιγραφήν· ἱερὸν Σαράπιδος, οὗ ὁλ. ΔΔΠΗ.

„(...) Das, was Poseidonios aus Rhamnous stiftete: ein Horologion aus Ton, Bildwerke von allerlei Gestalt, mit einem Gewicht von 148: eine Phiale mit der Inschrift „Dem Heiligtum des Serapis", (....)"

Datierung: 146/5 – 145/4 v. Chr. (Inschrift), t. a. q. für den Zeitmesser

Literatur: ID 1442; Roussel-Launey IdD S. 235, l. 73 f.; Deonna 1938, 187 Anm. 6.

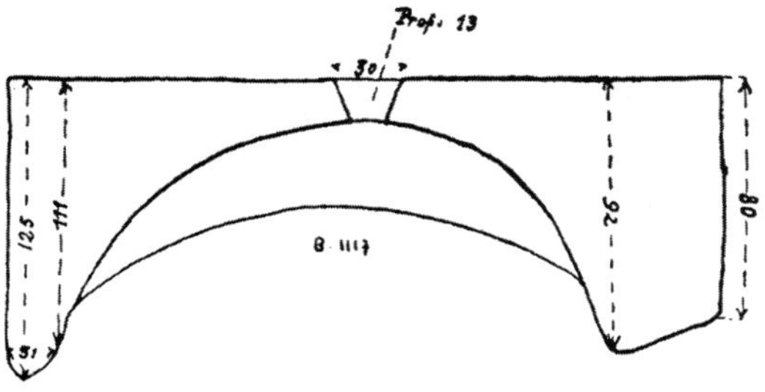

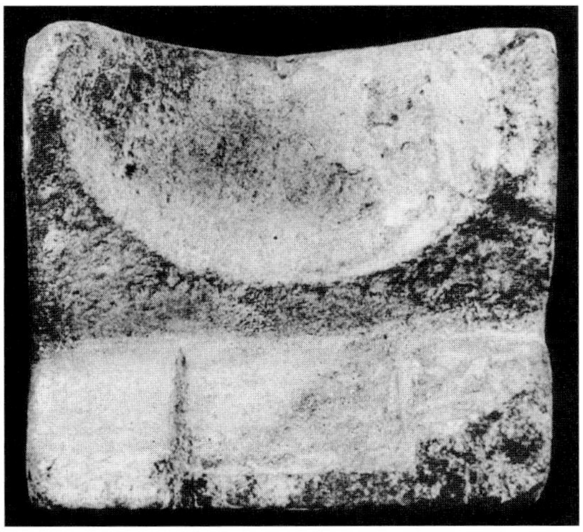

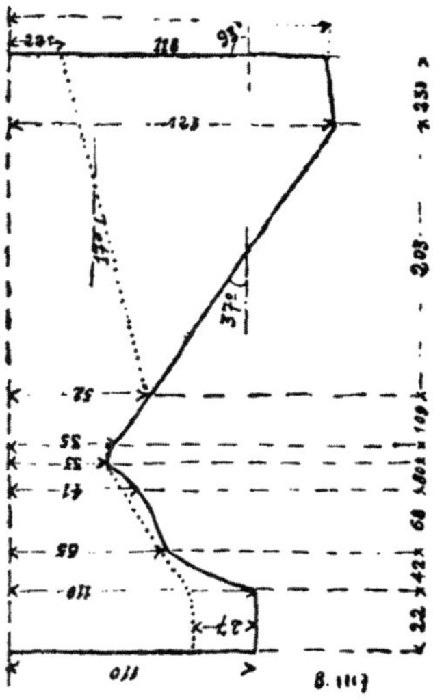

Delos 8.1–8.3

8.

AO/Inv. Nr.: Delos, Archäologisches Museum B 1117–7810

Typ/Mat.: S konisch / weißer Marmor

Maße: H 23,5 B 26 T_{OK} 12 T_{Basis} 11

FO: südlich des Artemis-Tempels

Aufstellung: Heiligtum

B: Die dekorlose Uhr ist bis auf Bestoßungen auf der linken Seite von Schattenkreis und Basis gut erhalten. Unterhalb des unregelmäßig gewölbten Zifferblattes, dessen Einteilung der Dokumentation von Deonna nicht zu entnehmen ist, bricht der Körper unmittelbar um und tritt dann wieder zur Standfläche hin vor. Die stilisierten ‚Füße' sind in diesem Bereich als vorgeblendete Kymatien gearbeitet. Die durchweg ungeglättete Oberfläche des Stücks und das Fehlen von Stundenlinien und Dekorelementen könnten dafür sprechen, dass die Uhr ursprünglich stukkiert war.

Inschrift: keine

Datierung: 2. Jh. v. Chr.

Literatur: Deonna 1938, 190–191 Abb. 223–224. Taf. 544; Gibbs 1976, 3033.

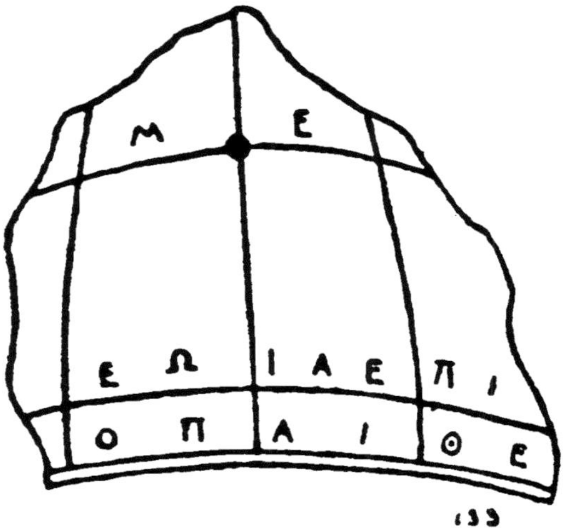

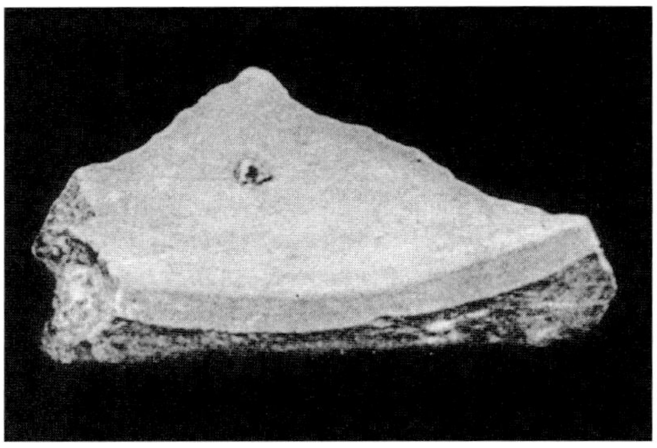

Delos 9.1–9.2

9.

AO/Inv. Nr.: Delos, Archäologisches Museum Nr. 133

Typ/Mat.: S sphärisch / blauer Marmor (Verwendung auf Delos seit 3. Jh. v. Chr.)

Maße: H 14 B 15,5 / stark fragmentiert

FO: am 9.7.1903 auf der Agora der Delier, „an dem Platz, der nördlich an das Tetragon grenzt“

Aufstellung: Agora

B: Allseits gebrochenes Fragment einer Hohlform-Sonnenuhr aus blauem Marmor. Beiderseits des Meridians ist je eine weitere Stundenlinie erhalten, diese kreuzen drei Datumslinien. Parallel und jeweils oberhalb zu diesen verläuft eine Beischrift, welche deren kalendarische Funktion ausweist. Außer den Wendelinien ist hier der Aufgang des Frühjahrspunktes für die Zeit zwischen Äquinoktium und Sommerwende angegeben. Dürrbach und Jardé vermuteten irrtümlich, dass es sich hier um eine Richtungsangabe handelt.

Im Schnittpunkt von Meridian und der Linie der Tagundnachtgleiche befindet sich ein Bohrloch mit Metallresten. Dürrbach und Jardé schlugen vor, dass hier der Gnomon eingesetzt war. Das ist aufgrund der sphärischen Form des Zifferblatts jedoch ausgeschlossen.

Inschrift: [ἰση]με[ρία] | ἑῴα ἐπι[τολή] | [τρ]οπαὶ θε[ριναί].

Datierung: 2. Jh. v. Chr.

Literatur: F. Dürrbach – A. Jardé, Fouilles de Délos – Inscriptions II. Décrets d'Athéniens et d'étrangers, BCH 29, 1905, 250–253 (Zeichnung); P. Tannery, Mémoires scientifiques vol. 14 (Paris 1937) 277–283 (Zeichnung); Deonna 1938, 191–192 Abb. 228. Taf. 546; Gibbs 1976, 1001.

Delos 10

10.

AO/Inv. Nr.: Delos o. Nr.

Typ/Mat.: S hemisphärisch, zwei Zifferblätter / weißer Marmor

Maße: H 33 B 47, unvollendet
FO: Südseite der Italiker-Agora
Aufstellung: Agora
B: Während die Außenflächen der Uhr mit dem Spitzeisen geglättet wurden und ein grob zugerichtetes Basisprofil die Vorderseite anzeigt, wurde der konkave Umriss des Schattenkreises nur markiert, hingegen die Hohlform aber nicht ausgeführt, so dass die Konturen immer noch der Form eines rechteckigen Blocks entsprechen.
Inschrift: keine
Datierung: 2. Jh. v. Chr.
Literatur: Deonna 1938, 191 Taf. 543; Gibbs 1976, 1064.

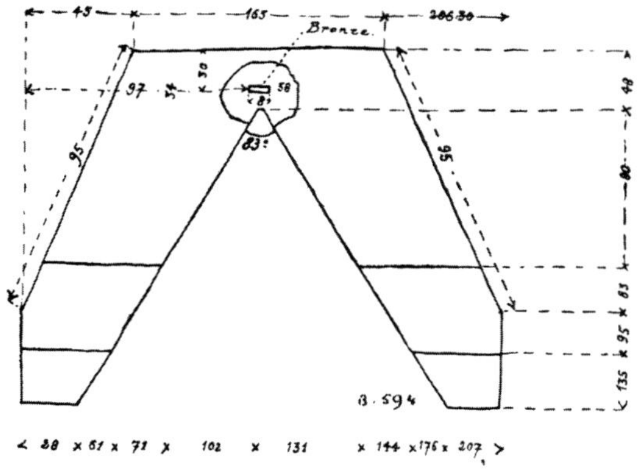
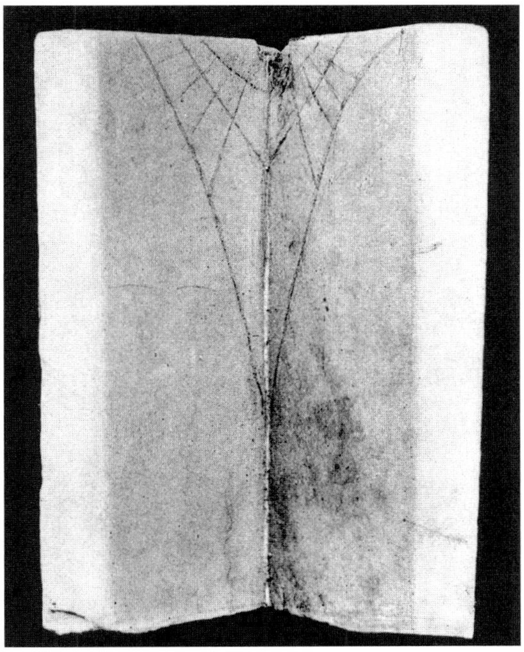

Delos 11.1–11.2

11.
AO/Inv. Nr.: Delos, Archäologisches Museum, Studienkollektion im Portikus B 594
Typ/Mat.: S v-vertikal / weißer Marmor
Maße: H 29,5 B 21 Deonna: H 30 B 22 / gut erhalten
FO: südlich des oikos des Dionysos
Aufstellung: Der Zuschnitt der Uhr legt fest, dass ihre eine Seite nach SO, die andere nach SW auszurichten ist. Eine erhöhte, rundum zugängliche Aufstellung ist aufgrund der geringen Größe naheliegend. Heiligtum ~
B: In den hochrechteckigen Block wurde ein V-förmiger Keil eingeschnitten, dessen Flächen im Winkel von 83° aufeinander treffen. Auf die beiden Schenkelflächen verteilt sich symmetrisch das Zifferblatt mit elf Stunden- und drei Datumslinien, die Winkellinie bildet den Meridian.
Der von Deonna publizierte Querschnitt dieser Vertikaluhr zeigt, dass ihre rückwärtigen Seitenflächen parallel zum Zifferblatt abgeschrägt wurden. Im Zusammenhang mit der geringen Höhe des Stücks macht dieses Detail eine freie Aufstellung in Augenhöhe des Betrachters wahrscheinlich. Deonna 195 Anm. 1. 2 nennt zwei Parallelen für diesen Uhrentyp.
Inschrift: keine
Datierung: 2. Jh. v. Chr.?
Literatur: Deonna 1938, 194–195 Abb. 232–233. Taf. 545; Gibbs 1976, 5008 G.

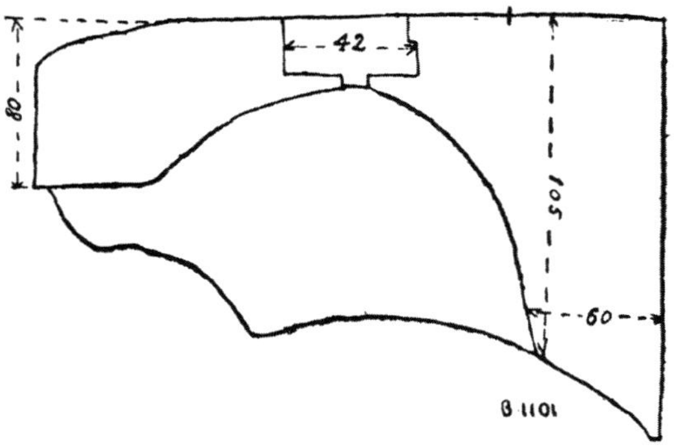

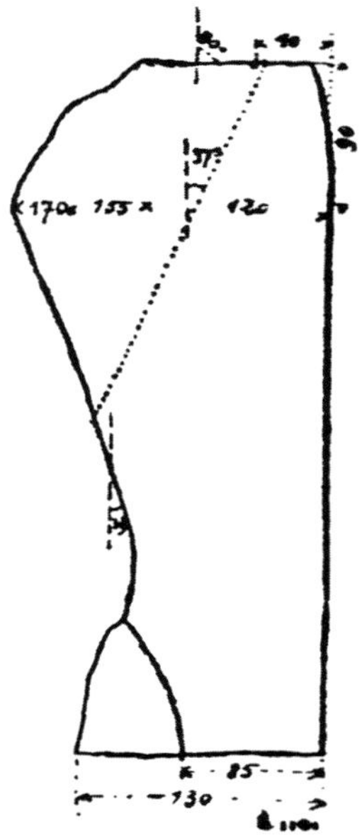

Delos 12.1–12.3

12.

AO/Inv. Nr.: Delos, Archäologisches Museum B 1001–5941
Typ/Mat.: S konisch / weißer Marmor
Maße: H 28 B 28,2
FO: nördlich der Agora des Theophrast
Aufstellung: Agora?, im Architekturverbund
B: Die Uhr ist auf ihrer rechten Seite stark beschädigt, hier fehlt ein vom Schattenkreis bis zur Mitte der Basis reichendes Bruchstück. Das Zifferblatt war ursprünglich in drei Datums- und elf Stundenlinien unterteilt, von denen noch sieben zu erkennen sind. Im Profil bricht der Schattenkreis ohne Überleitung in den konkav zurückschwingenden Körper um, der erst relativ weit unten wieder nach außen vortritt. Der Bruchschatten auf der linken Seite der Uhr verrät, dass hier stilisierte Füße die Basis flankierten. Keine Standfläche.
In Deonnas Schnittzeichnung 191 Abb. 227 verblüfft die geringe Tiefe der Uhr, die Aufstellung im Mauerverbund ist deshalb vorauszusetzen.
Inschrift: keine
Datierung: 2. Jh. v. Chr.
Literatur: Deonna 1938, 191, Abb. 226. 227. Taf. 542; Gibbs 1976, 3030 G.

Delos 13

13.
AO/Inv. Nr.: Delos, Archäologisches Museum, Magazin o. Nr.
Typ/Mat.: S sphärisch / heller Kalkstein stukkiert
Maße: H 25 B 35 / zwei anpassende Fragmente
FO: unbekannt (Gibbs + Deonna)
Aufstellung: s. o.
B: Die Uhr besteht laut Deonna aus Marmor, laut Gibbs aus tuffartigem Material, beide sind sich einig, dass sie auf allen Seiten mit Stuck überzogen ist. Ein Bruch auf Höhe des Meridians teilt die Uhr in zwei anpassende Fragmente. Die dekorlose Uhr ist im Aufbau mit Delos 8 und 12 verwandt, im Vergleich zu diesen wurde sie jedoch deutlich breiter proportioniert. Der Schattenkreis ist in drei Datumslinien eingeteilt. Alle Stundenlinien wurden jeweils über die Linien der Solstitien hinausgeführt. Gibbs sah in den Linien der Winterwende Überreste roter Farbe.

Unterhalb des Schattenkreises weicht der Uhrenkörper unmittelbar zurück, der erst im unteren Drittel der Uhrenhöhe wieder nach außen vortritt. In dieser Zone befinden sich weder ‚Füße' noch eine Standplatte.
Inschrift: keine
Datierung: 2. Jh. v. Chr.
Literatur: Deonna 1938, 191 Taf. 541; Gibbs 1976, 1002 G.

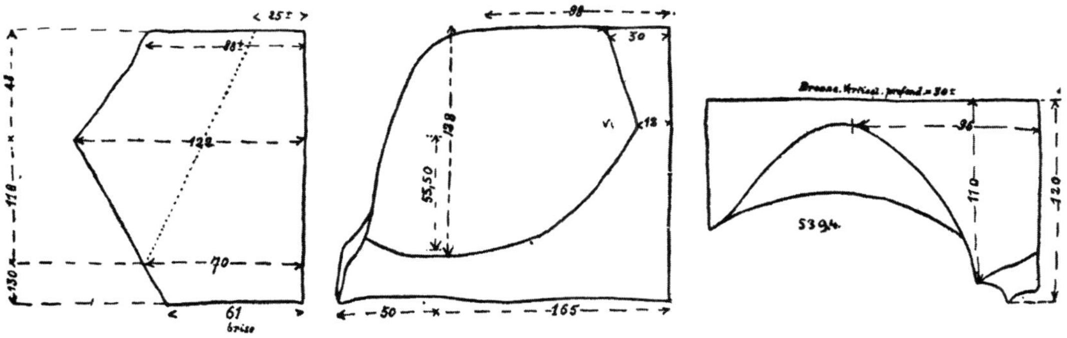

Delos 14

14.
AO/Inv. Nr.: Delos, Archäologisches Museum, Portikus Nr. 5394
Typ/Mat.: S konisch / weißer Marmor
Maße: H 13,1 B 16 (Gibbs); H 12 B 16 (Deonna)
FO: unbekannt
Aufstellung: unbekannt
B: Von dieser konischen Sonnenuhr ist die Hälfte mit den Vormittagstunden verloren, Gibbs sah noch die fünfte bis elfte Stundenlinie sowie drei Datumslinien. Die Aufsicht Abb. Delos 14 rechts oben zeigt eine für den Schattenkreis relativ unregelmäßig ausgearbeitete Hohlform. In der Zeich-

nung von der linken Ansichtsseite der Uhr ist zu erkennen, dass unmittelbar unterhalb des Schattenkreises der Körper zurücktritt und keine Basis, Standplatte oder Füße ausbildet.
Inschrift: keine
Datierung: 2. Jh. v. Chr.
Literatur: Deonna 1938, 191 Abb. 225; Gibbs 1976, 3029 G.

Delos 15

15.
AO/Inv. Nr.: Delos, Gibbs: unlocated 1971 o. Nr.
Typ/Mat.: S konisch / weißer Marmor
Maße: H 25 (Gibbs); H 20 B 25 T_{oben} 11,5 T_{unten} 10 (Deonna) / die rechte Seite ist gebrochen
FO: unbekannt
Aufstellung: aufgrund der geringen Tiefe des Stücks war die Uhr wohl im Mauerverbund aufgestellt.
B: Die dekorlose Uhr ist auf ihrer rechten Seite bis zum Gnomonloch gebrochen sowie am linken Ende des Schattenkreises. Die Einteilung des Zifferblatts der heute verschollenen Uhr war bereits für Deonna aufgrund des Erhaltungszustandes nicht zu ermitteln.

Der Uhrenkörper tritt unterhalb des Limbus als glatte Fläche deutlich zurück, so dass im Bereich der Schattenfuge die Uhr weniger als 10 cm tief ist. Als Kyma reversa gebildete, blockartig vorstehende Füße flankieren ein geschwungenes Profil. Die Uhr hat keine angearbeitete Standplatte.
Inschrift: keine
Datierung: 2. Jh. v. Chr.
Literatur: Deonna 1938, 190 Taf. 539; Gibbs 1976, 3032.

16.
AO/Inv. Nr.: Delos o. Nr.
Typ/Mat.: S Hohlform? / weißer Marmor
Maße: L 32 T 20
FO: in einem Wohnhaus östlich des Reservoirs des Inopos
Aufstellung: Wohnhaus
B: Bei dem Fragment handelt es sich um den unteren Teil einer Sonnenuhr mit stilisierten Füßen.
Inschrift: keine
Datierung: 2. Jh. v. Chr.?
Literatur: Deonna 1938, 191.

17.
AO/Inv. Nr.: Delos o. Nr.
Typ/Mat.: S sphärisch / weißer Marmor
Maße: H 17 B 25

FO: unbekannt
Aufstellung: unbekannt
B: Es fehlt der obere Teil der Uhr mit dem Schattenkreis. Erhalten ist der Bereich der Basis, die von stilisierten Löwenbeinen flankiert wird. Diese laufen nach oben hin in Kanneluren aus.
Inschrift: keine
Datierung: 2. Jh. v. Chr.
Literatur: Deonna 1938, 191.

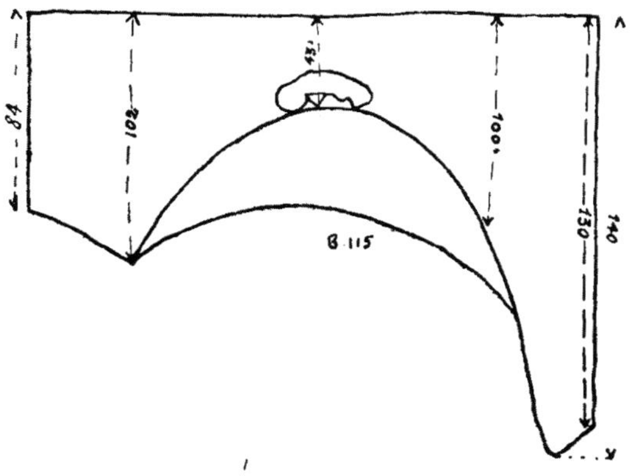

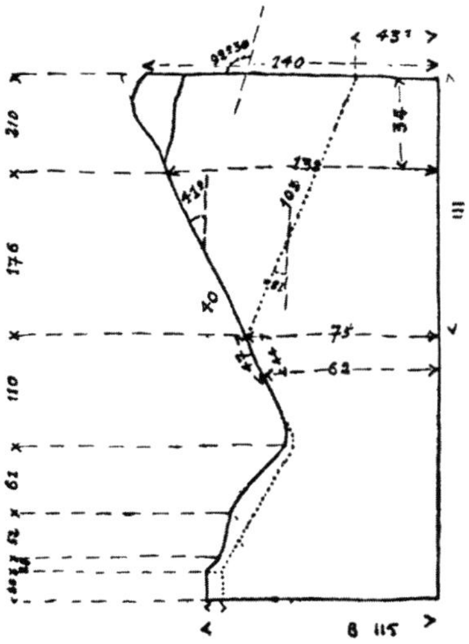

Delos 18.1–18.3

18.
AO/Inv. Nr.: Delos, Museum Inv. Nr. B 115–6243
Typ/Mat.: S sphärisch / weißer Marmor
Maße: H 22 B 23 T_{oben} 14 T_{unten} 10
FO: nordwestlich des oikos des Dionysos
Aufstellung: Heiligtum? ~
B: Die relativ kleine Uhr ist bis auf einen Bruch am äußersten linken Rand ihres Schattenkreises gut erhalten. Sie besteht aus einem sphärisch geschnittenen Zifferblatt, das die oberen zwei Drittel ihrer Höhe einnimmt und das in elf Stundenlinien unterteilt ist. Deonna erwähnt keine Datumslinien.

Unterhalb des Schattenkreises bricht der Uhrenkörper als schräge Fläche bis an die Schattenfuge um. Den anschließenden Bereich der Basis, der aus einer schräg nach vorn verlaufenden Fläche besteht, begrenzen beiderseits Profile in Form stilisierter Löwenbeine.

Die ursprüngliche Position des Gnomon wird auf der Oberseite von einem runden Zapfloch angezeigt, in dem sich noch Überreste des Bleivergusses befinden.
Inschrift: keine
Datierung: 2. Jh. v. Chr.
Literatur: Deonna 1938, 190 Abb. 218. 219 Taf. 538.

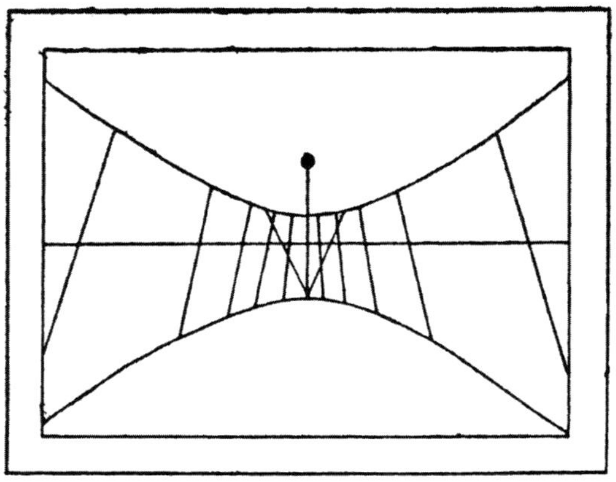
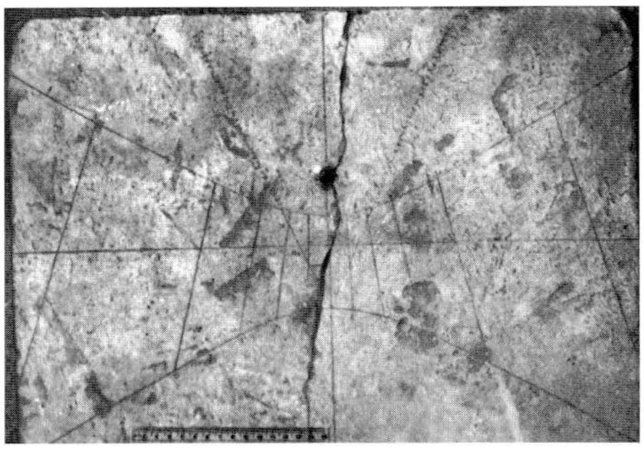

Delos 19.1–19.2

19.

AO/Inv. Nr.: Delos, Archäologisches Museum, Studienkollektion o. Nr.

Typ/Mat.: S horizontal / blauer Marmor

Maße: H 36,6 B 50 T 7 (Deonna) / zwei anpassende Fragmente

FO: in einem hellenistischen Peristylhaus während der Grabungen von Couvé 1894

Couvé a. O. 461–462 berichtet, er habe während der Kampagne fünf Häuser freigelegt, die innerhalb des Stadtgebiets verstreut sind: Es handelt sich um zwei Häuser am Heiligen See, eines westlich oberhalb des Sees, eines entlang der Strasse vom Philipps-Tor zum Theater und ein weiteres unterhalb des Inopos. Weil die Funde aus diesen Kontexten gesammelt publiziert wurden, ist die Zuordnung der Uhr an einen dieser Fundorte unmöglich.

Aufstellung: als Tischplatte?

B: Die dekorlose Horizontaluhr ist in zwei Fragmente gebrochen, ihre äußeren Ecken sind leicht bestoßen. Die flache, rechteckige Platte trennt die waagerechte Äquinokiallinie in zwei gleich große Bereiche, oberhalb bzw. unterhalb derer die Sommer- bzw. Winterwendlinie gegengleiche Parabeln bilden. Zwischen diesen verläuft als senkrechte Mittellinie der Meridian, in dessen oberer Verlängerung das Gnomonloch eingetieft wurde. Links und rechts dieser Linie sind je fünf weitere Linien zur Angabe der Vormittags- bzw. Nachmittagsstunden zu erkennen.

Eine Besonderheit dieser äußerst präzise gearbeiteten Uhr sind zwei weitere Linien, die vom Schnittpunkt des Meridian mit der Sommerwendlinie im Winkel von 25° ausgehen. In deren Fortsetzung ist auf der linken *ποῦ χρόνος πάσης ἡμέρας παρήκει* und auf der rechten Seite *ποῦ χρόνος πάσης ἡμέρας λοιπός* zu lesen. Außerdem geben weitere Beischriften jeweils die Funktion der drei Datumslinien an. Laut Deonna wurde die Uhr für den 37. Breitengrad konstruiert, also in nur 27' Abweichung zu Delos.

Inschrift: von der Sommerwendlinie führen zwei Inschriftenlinien jeweils im 25° Winkel nach außen ab:

auf der linken Linie: ποῦ χρόνος πάσης ἡμέρας παρήκει
auf der rechten Linie: ποῦ χρόνος πάσης ἡμέρας λοιπός
entlang der Sommerwendlinie: τροπαὶ θ[ερι]ναί
entlang der Äquinoktien: ἰσημερία
entlang der Winterwendlinie: τροπ[α]ὶ χ[ε]ι[με]ριναί.

Datierung: 2./1. Jh. v. Chr. aufgrund des Fundkontextes?

Literatur: L. Couvé, Fouilles de Délos, BCH 19, 1895, 476 Nr. 1; T. Reinach, BCH 29, 1905, 251; Deonna 1938, 193–194 Abb. 230; Gibbs 1976, 4001 G.

20.

AO/Inv. Nr.: Delos, ID 2087

Typ/Mat.: Inventarliste von Weihungen im Serapeion C / Stiftung *ὡρολόγιον* / Marmor

Maße: unbekannt

FO: Nähe Serapeion C

Aufstellung: Serapeion C
B: Aufgelistet wird ein *ὡρολόγιον* unter jenen Geschenken, die eine Stiftergemeinschaft bestehend aus Vater, Mutter, zwei Kindern und Mitbewohner außer Altären, der Pflasterung sowie einer Sphinx an Serapis, Isis, Anubis und Harpokrates weiht. Ob es sich um eine Sonnen- oder Wasseruhr handelt, ist anhand der Formulierung nicht zu entscheiden.
Inschrift: [ὁ δεῖνα Νικίου] | [----ρεὺς μελα]|[ν]ηφόρο[ς ὑπὲρ ἑαυτοῦ] | καὶ τῆς [γυναικὸς Πατρο]|φίλας κ[αὶ τῶν τέκνων] | Νικίου κ[αὶ Ἀπολλωνίας] καὶ τοῦ οἰκε[ίου Κλέωνος | τοῦ Κλέων[ο]ς τοὺς βω|μοὺς καὶ τὸ λιθόστρωτο[ν] | καὶ τὰς σφίγγας καὶ τ[ὸ] | ὡρολόγιον Σαράπιδι, [Ἴσι]|δι, Ἀνούβιδι, Ἁρποκράτ[ει], | Ὑδρείωι ἀνέχεκ[εν] ἐκ τῶν ἰδίων, | ἐπὶ ἱερέως Ἀρτ[εμιδώ]|ρου τοῦ Ἀπολλοδώρ[ου] | [Λ]αμπτρέ[ως, κα]νηφορού|σης Θεοφίλ[ης] τῆς Ἀρ|τεμιδώρου Λαμπτρέως | θυγατρός, ζακορεούντος | εὐόδου.

„Der tüchtige Nikias, Sohn des (...), der Schwarztragende, und dessen Ehefrau Patrophila und ihre Kinder Nikias und Apollonia sowie der zum Haushalt gehörende Kleon, Sohn des Kleon, stiften aus eigenen Mitteln die Altäre, die Pflasterung, die Sphingen und das Horologion an Serapis, Isis, Anubis, Harpokrates am Wasserbecken, als Artemidoros, Sohn des Apollodoros, Lamptreos und die korbtragende Theophila, Tochter des Artemidoros Lamptreos auf glückliche Weise Tempeldiener waren."
Datierung: Anfang 1. Jh. v. Chr.
Literatur: ID 2087; Deonna 1938, 187; L. Vidman, Quelques remarques sur les inventaires des Sérapées de Délos, in: International Congress of Greek and Latin Epigraphy 5, 1967 (Oxford 1971) 93 ff.; J.-C. Moretti, Les inventaires de Délos, BCH 121, 1997, 125–152.

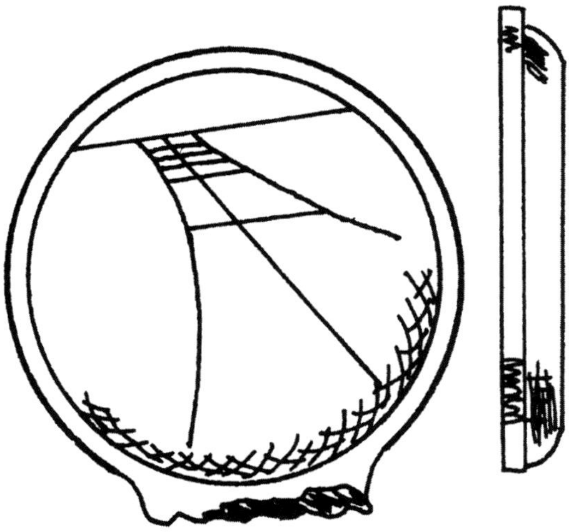

Delos 21

21.^Rom 2
AO/Inv. Nr.: Paris, Cabinet des antiques (?)
Typ/Mat.: S vertikal mit rundem Zifferblatt / Marmor
Maße: Dm 50,8
FO: nahe Apollon-Tempel
Aufstellung: auf Tisch / Untersatz
B: Im Querschnitt verjüngt sich das runde Zifferblatt der Uhr etwas auf der Rückseite. Für die eine Seite des Zifferblatts dokumentiert Gibbs drei Datums- und sechs Stundenlinien. Der untere Rand des Spiegels ist entlang des Zapfens gebrochen.
Inschrift: keine
Datierung: Anfang 1. Jh. v. Chr.
Linienführung, Typus und Scheibenform teilt diese Uhr nur mit Rom 2: Jeweils wird der Lichtstrahl durch einen Lochgnomon auf die Skalen der jeweiligen Tageshälfte gelenkt. Fundort, ausgefallener Typus, dekorlose Form und die handwerklich vorzügliche Ausführung sind Merkmale, die in der Summe für die Entstehung beider Stücke in hellenistischer Zeit sprechen. Wie Tenos 1° setzt die Konstruktion der Uhr die Kenntnis der planispärischen Projektion voraus.

Literatur: J. B. J. Delambre, D'un cadran trouvé à Délos, et par occasion de la Gnomonique des Anciens, Analyse des travaux de la classe des sciences mathematiques et physiques de l'Institut Royal de France, Paris 1814, 29–39; C. K. Cockerell, Letter and Drawing auf den 28.8.1815 datiert und mit Francesco Peters, Di un antico orologio solare, Rom 1815, gemeinsam publiziert; Deonna 1938, 188; Gibbs 1976, 5010.

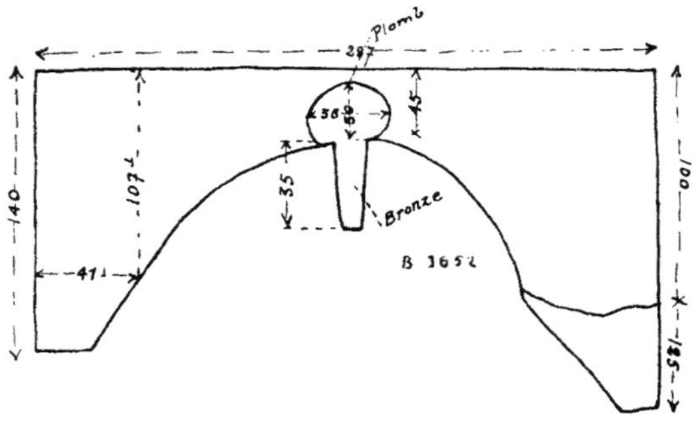

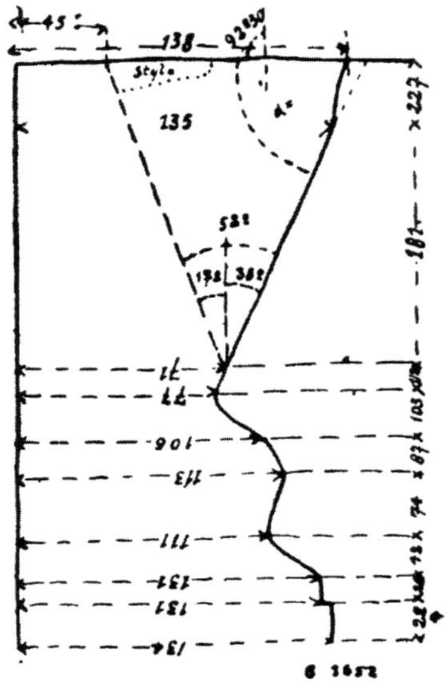

Delos 22.1–22.3

22.
AO/Inv. Nr.: Delos, Archäologisches Museum, Studienkollektion Nr. B 3652–11023
Typ/Mat.: S konisch / weißer Marmor
Maße: H 23 T_{oben} 13,8 T_{unten} 13,5 B 22 / sehr gut erhalten inkl. Bronzegnomon
FO: 1910 nordwestlich des Heiligen Sees
Aufstellung: Wohnhaus? ~
B: Das Stück ist bis auf geringe Bestoßungen am linken Rand der Schattenfläche und des linken Fußes sehr gut erhalten, sogar der pyramidal geschnittene Bronzegnomon befindet sich noch in seiner originalen Position. Das Zifferblatt, dessen Hohlform recht unregelmäßig geformt ist (vgl. Abb. 22.1), wird von elf Stunden- und drei Datumslinien gegliedert. Deonna sah in den Linien Reste roter Farbe, die auch am Rand des Limbus noch erkennbar ist. Der Limbus ist gegenüber dem Körper platisch abgesetzt. Stilisierte, recht schmale Füße begrenzen beidseitig die zu einer schmalen Standfläche hin vorspringende, glatte Fläche der Basis.
Inschrift: keine
Datierung: 1. Jh. v. Chr.
Literatur: Deonna 1938, 190 Abb. 220–222. Taf. 540; Gibbs 1976, 3024 G (Frontispiz).

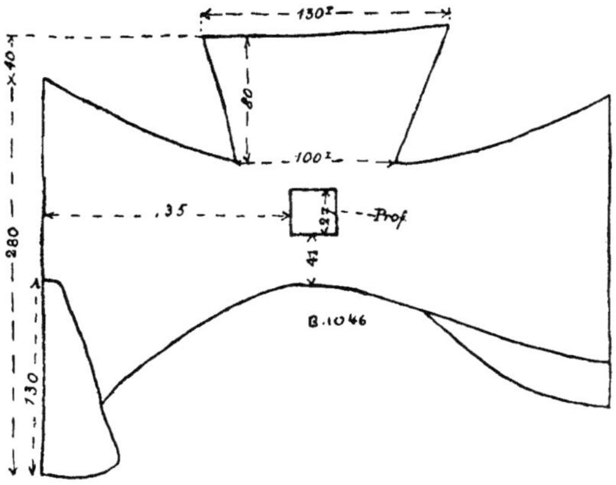

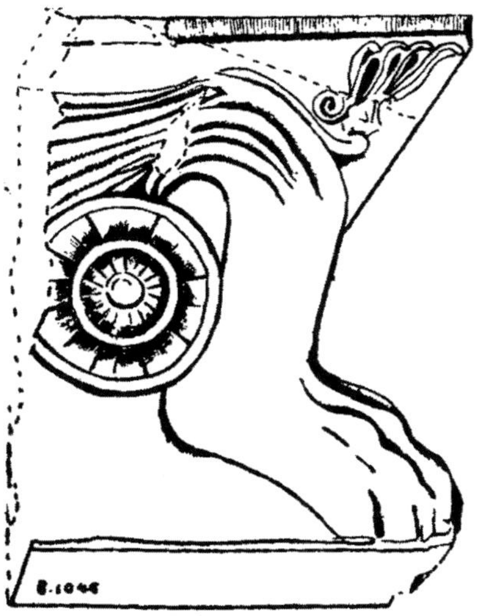

Delos 23.1–23.3

23.
AO/Inv. Nr.: Delos, Archäologisches Museum 1046–6047
Typ/Mat.: S konisch / pentelischer Marmor
Maße: H 31,8 B 31 (Gibbs); H 27 B 27 (Deonna)
FO: nördlich der Agora des Theophrast
Aufstellung: Agora?
B: Die relativ gut erhaltene Sonnenuhr ist auf ihrer linken Seite gebrochen, so dass der Schattenkreis, den ursprünglich elf Stundenlinien gliederten, von der neunten Stunde an bis zum Gnomonloch beschädigt ist. Das sehr sorgfältig gearbeitete Zifferblatt zeigt ferner Abschnitte dreier Datumslinien. Der Limbus ist gegenüber dem Körper als breiter Rand abgesetzt. Unterhalb dessen schließen unmittelbar zoomorph gestaltete Beine an, die in viergliedrigen Löwenpranken enden. Die Basis verläuft zwischen den Tatzen als ebene Fläche. Die gesamte Uhr ruht auf einer angearbeiteten, etwa 2 cm hohen Standplatte.

Die Beine werden in der Seitenansicht im Relief fortgeführt und laufen in einen vegetabilen Stiel aus, der in einer achtblättrigen Rosette endet. In dem Zwickel oberhalb des ‚Knies' ist eine Palmette eingestellt.

Abb. 23.1 gibt an, dass zwei unregelmäßige Keile auf der Rückseite des Stücks ausgespart wurden. Ob diese Anzeichen dafür sind, dass die Uhr ursprünglich im Mauerverbund aufgestellt war oder Folge einer Zweitverwendung sind, lässt sich nicht entscheiden.
Inschrift: keine
Datierung: 1. Jh. v. Chr.
Literatur: Deonna 1938, 190 Abb. 216. 217. Taf. 536; Gibbs 1976, 3027 G Taf. 34.

24.
AO/Inv. Nr.: Delos, Archäologisches Museum, Portikus Lagerraum o. Nr.
Typ/Mat.: S hemisphärisch / weißer Marmor
Maße: H 28 B 15 (Gibbs); H 29 B 18 (Deonna) / es fehlt die Vormittagsseite
FO: unbekannt
Aufstellung: unbekannt
B: Das Fragment umfasst die rechte Hälfte einer konischen Sonnenuhr. Aufgrund der Bemerkung Deonnas „pied est brisé" fehlt offenbar der untere Teil der Uhr. Weder Deonna noch Gibbs liefern eine Abbildung des Stücks.
Inschrift: keine
Datierung: 1. Jh. v. Chr.
Literatur: Deonna 1938, 191; Gibbs 1976, 1070 G.

Delos 25

25.
AO/Inv. Nr.: Delos, Archäologisches Museum, Portikus Nr. 7683
Typ/Mat.: S konisch / weißer Marmor
Maße: H 19 B 19
FO: Die kleine konische Sonnenuhr wurde im 19. Jh. auf Mykonos gefunden und gelangte erst Anfang des 20. Jhs. (zurück?) nach Delos.
Aufstellung: Ob die Uhr ursprünglich auf Mykonos oder Delos aufgestellt war, ist unbekannt. Da zahlreiche delische Fundstücke als Spolien nach Mykonos gelangten, wird dieses Stück hier unter Delos geführt.
B: Auf der linken Seite der Uhr weisen grobe Pickungen auf ihre spätere Verwendung als Spolie hin. Unterhalb des Schattenkreises, dessen Enden bestoßen sind, tritt der Uhrenkörper unmittelbar zurück. Von der originalen Oberfläche des Zifferblattes ist so wenig erhalten, dass der Verlauf der elf Stundenlinien nicht erkennbar ist. Vom Schattenkreis leitet eine Hohlkehle zur Basis über, die von zwei als kyma reversa gebildeten Füßen flankiert wird. Zwischen ihnen befindet sich in großen Lettern die dreizeilige Inschrift, die den zur Verfügung stehenden Platz voll ausnutzt.

Ob diese Inschrift erst im Zug einer Zweitverwendung angebracht wurde, ist nicht eindeutig zu klären: Die Buchstabenform weist jedenfalls auf eine spätere Entstehung als die der Uhr hin. Aufgrund des zur Verfügung stehenden Platzes zwischen den Füßen ist eine Rasur unwahrscheinlich.

Inschrift: IHNΩ | NΩNI | [H]POI
Datierung: 1. Jh. v. Chr.
Literatur: E. Preuner, Aus alten Papieren II, AM 49, 1924, 15; Deonna 1938, 190 Taf. 537; Gibbs 1976, 3025 G Taf. 33.

Delos 26.1–26.2

26.
AO/Inv. Nr.: Delos, Archäologisches Museum, Magazin o. Nr.
Typ/Mat.: S konisch / weißer Marmor
Maße: H 40 B 46 (Gibbs); H 39,5 B_{oben} 27 B_{unten} 25,7 (Deonna)
FO: unbekannt
Aufstellung: s. o.
B: Die verhältnismäßig große Uhr ist bis auf Bestoßungen entlang des Schattenkreises, der stilisierten Füße und der Basis relativ gut erhalten. Unterhalb des Schattenkreises, den elf Stunden- und drei Datumslinien gliedern, grenzt ein ca. 2,5cm breiter Limbus diesen gegenüber dem Uhrenkörper ab. Naturalistisch geformte Löwenbeine, deren Details aufgrund von Beschädigungen nicht zu erkennen sind, begrenzen diese Zone. Die Uhr ruht auf einer angearbeiteten Standplatte.

In der Seitenansicht entwickelt sich aus dem Löwenbein ein Akanthusknoten, aus dem in zwei Registern übereinander Ranken sprießen, die jeweils in zwei Rosetten und einer Spirale enden.
Inschrift: keine
Datierung: 1. Jh. v. Chr.
Literatur: Deonna 1938, 190 Abb. 215. Taf. 535; Gibbs 1976, 3026 G.

27.
AO/Inv. Nr.: Delos, Archäologisches Museum B 4669
Typ/Mat.: S sphärisch? / weißer Marmor
Maße: max. Breite 25
FO: im Bereich der Synagoge 1912

Aufstellung: Synagoge, Peristyl ~
B: Das Fragment war bereits zu Deonnas Zeit verschollen, so dass keine Angaben vorliegen.
Inschrift: keine
Datierung: 1. Jh. v. Chr.?
Literatur: Deonna 1938, 191; M. Trümper, The Oldest Original Synagogue Building in the Diaspora, Hesperia 73, 2004, 513–598.

28.
AO/Inv. Nr.: Delos o. Nr., verschollen
Typ/Mat.: S sphärisch / Marmor
Maße: unbekannt, Fragment
FO: Synagoge
Aufstellung: Synagoge, Peristyl~
B: Aufgrund einer Beschreibung des Stücks in der Festschrift Holleaux schließt Deonna aus, dass es sich bei Delos 27 und 28 um ein und dieselbe Uhr handelt. Letztere ist rundum gebrochen, erhalten hat sich ein Teil des Schattenkreises, auf dem drei Stundenlinien und jeweils ein Abschnitt der Solstitien und der Äquinoktiallinie erhalten ist.
Inschrift: keine
Datierung: Wie für Delos 27 muss die Datierung vage bleiben: Trümper rekonstruierte zuletzt die Baugeschichte der sog. Synagoge, innerhalb derer die Uhren aus formtypologischen Erwägungen am ehesten der zweiten Bauphase nach 88 v. Chr. zuzuordnen sind. 1. Jh. v. Chr.
Literatur: Deonna 1938, 191; Mélanges Holleaux 211; M. Trümper, The Oldest Original Synagogue Building in the Diaspora, Hesperia 73, 2004, 513–598, bes. 518 f.

29.
AO/Inv. Nr.: Delos, ID 1770
Typ/Mat.: Stifterinschrift für *ὡρολόγιον* / weißer Marmor
Maße: H 41 B 24 T 15, obere linke Ecke eines Blockes, dessen Rückseite gebrochen ist
FO: im Norden der Agora des Theophrast in einer neuzeitlichen Mauer, 21.06.1907
Aufstellung: Agora der Kompetaliasten (?)
B: Die Kompetaliasten weihen eine Uhr und einen Altar an Zeus Eleutherios und Dionysos. Hatzfeld und Roussel vermuten, dass es sich in der siebten Zeile um den Überrest einer Signatur handelt.
Inschrift: [Κο]μπεταλια[σταὶ γενό]||[μ]ενοι Δία Ἐλ[ευθέριον καὶ] | [Δι]όνυσον ἀν[έθηκαν] | καὶ καθειέρωσ[αν, οἳ τὸν] | [να]ὸν ? καὶ τὸ ὡρ[ολόγιον] | καὶ τὸν βωμόν. | ΓΟ̣Ν̣Λ.

„Die Angehörigen der Kompetaliasten stiften und weihen dem Zeus Eleutherios und dem Dionysos die (?) den Tempel und das Horologion und den Altar.“
Datierung: 1. Jh. v. – 1. Jh. n. Chr. (nach Roussel-Launey)
Literatur: zur Inschrift: J. Hatzfeld – P. Roussel, Fouilles de Délos. Inscriptions, BCH 33, 1909, 505 Nr. 21; Roussel-Launey ID 1770; zur Aufstellung: BCH 36, 1912, 172; Deonna 1938, 187.

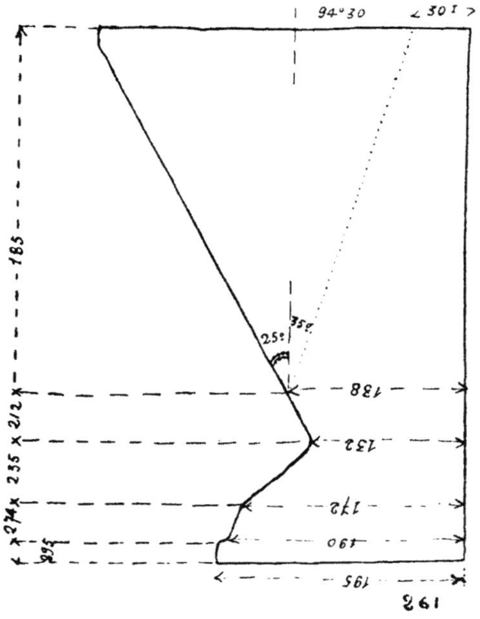

30. Delos 30.1–30.2

AO/Inv. Nr.: Delos, Archäologisches Museum, Magazin Nr. 261
Typ/Mat.: S konisch / weißer Marmor
Maße: H 29 B 39 (Gibbs); H_{oben} 21,5 H_{unten} 19 (Deonna)
FO: unbekannt
Aufstellung: s. o.
B: Die Uhr ist bis auf geringe Bestoßungen sehr gut erhalten: Sie besteht aus einem Schattenkreis, der fast horizontal ausgerichtet ist, so dass der mehrere Zentimeter breite Limbus annähernd der Form eines Halbkreises entspricht. Gibbs beobachtete, dass das Zifferblatt in drei Datums- und elf Stundenlinien aufgeteilt wurde, in denen sie noch Reste roter Farbe sah.

Im Querschnitt wird ersichtlich, dass der Körper von der Oberkante an auf drei Viertel der Gesamthöhe im Winkel von 25° abnimmt und dann für die flache Basis und angearbeitete Standplatte wieder tiefer wird.

Die Front des Uhrenkörpers ist mit einem zentralen Akanthusmotiv dekoriert in Form von symmetrisch den Limbus flankierenden Ranken. Beiderseits des Mittelmotivs schließt sich der 2,5fache Rapport eines Pfeifenfrieses an.

Inschrift: keine
Datierung: 1./2. Jh. n. Chr.
Literatur: Deonna 1938, 189 Abb. 214. Taf. 532; Gibbs 1976, 3031 G.

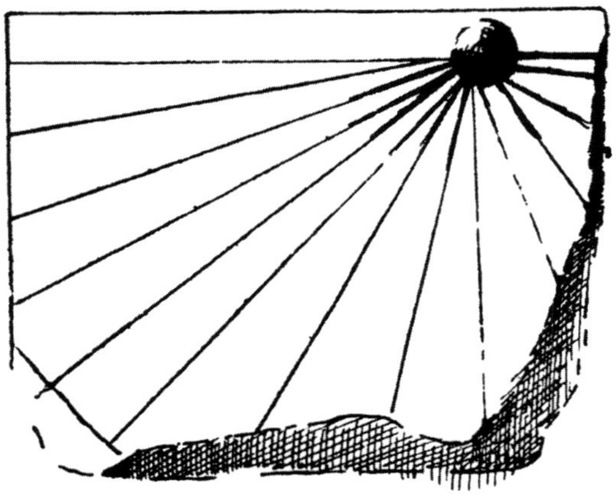

Delos 31

31.
AO/Inv. Nr.: Gibbs: verschollen
Typ/Mat.: S vertikal / weißer Marmor
Maße: L 16 B 14
FO: 1930 in einem Wohnhaus südöstlich vom Heiligen See
Aufstellung: s. FO
B: Die ursprünglich rechtwinklige Platte ist auf ihrer rechten Seite und entlang der unteren Kante gebrochen. Zu erkennen sind 14 Stundenlinien, die strahlenartig von dem runden Gnomonloch ausgehen und an einer halbkreisförmigen Linie enden.
Inschrift: keine
Datierung: Deonna 1938, 194 Anm. 5 nennt zahlreiche Beispiele für diesen Typ der Vertikaluhr mit mehr als elf Stundenlinien. Er ist besonders in byzantinischer Zeit verbreitet und an der Südfassade zahlreicher mittelbyzantinischer Kirchen vertreten.
Literatur: Deonna 1938, 194 Abb. 231; Gibbs 1976, 5009.

Didyma

1.
AO/Inv. Nr.: Didyma, nach Gibbs verschollen, Inv. Nr. 72
Typ/Mat.: S sphärisch / Marmor, zwei anpassende Fragmente
Maße: H 29 B 47 T 47
FO: vor der Ostfront des Tempels 1907
Aufstellung: Apollon-Heiligtum
B: Die heute verschollene Sonnenuhr beschreibt Rehm als Fragment, das den unteren Bereich eines Schattenkreises mit kurzen Abschnitten der Linien umfasst.

Die Inschrift, die das Stück als Stiftung eines didymäischen Amtsträgers ausweist, befindet sich auf der abgeschrägten Basis des Uhrenkörpers, es fehlen von ihr die ersten Zeilen mit dem Namen des Tamieusen. Dieser weiht das Stück in das Apollon-Heiligtum, wo es dem Fundort zufolge vor der Ostfront des Tempels aufgestellt war.
Inschrift: [............... τ]αμιεύσας | [κα]ὶ πα[ρεδεύσας ἐ]ν τῶι ἱερῶ[ι] | Ἀπόλλ[ωνι] Διδυμεῖ | Ἀπόλλων [ι Δι]δυμεῖ.
Datierung: frühes 2. Jh. v. Chr.
Literatur: A. Rehm, Didyma. Die Inschriften (Berlin 1958) 115 Nr. 85; Gibbs 1976, 8002.

Diluntum

1.
AO/Inv. Nr.: Sarajevo, Museum Inv. Nr. 327
Typ/Mat.: S Hohlform / lokaler Kalkstein
Maße: H 27,5 B 18 T 14,5
FO: Diluntum, Stadtgebiet (?) 1894
Aufstellung: Säule
B: Erhalten ist die linke Seite der Vormittagsstunden einer mit der rekonstruierten Breite von 36 cm recht großen Sonnenuhr. Die senkrechte Abarbeitung entlang ihrer rechten Seite legt es nahe, das der Block sekundär als Werkstein verwendet worden ist.

Die Linien der Stunden eins bis sechs wurden gleichmäßig tief und im regelmäßigen Abstand in den Schattenkreis eingetieft. Datumslinien sind nicht vorhanden.

Tadic a. O. versucht nachzuweisen, dass der Zuschnitt des Schattenkreises einer zylindrischen Hohlform entspricht. Es ist jedoch wahrscheinlicher in der handwerklich recht unpräzise ausgeführten provinzialrömischen Uhr aus Diluntum keine Sonderform, sondern einen typischen Vertreter jener spätkaiserzeitlichen Uhren zu erkennen, deren Schattenkreis keiner geometrischen Grundform exakt entspricht.

Unterhalb des Schattenkreises verläuft die Oberfläche des Blockes frontparallel. Ein Bereich an der linken Außenkante wurde so abgetieft, dass im Mittelfeld der Eindruck eines trapezoid geschnittenen Kapitells entsteht. Diese Zurichtung ist ein Hinweis darauf, dass der Zeitmesser ursprünglich ähnlich dem Stück Palmyra 3 auf einer Säule aufgestellt war.
Inschrift: keine
Datierung: 3. Jh. n. Chr.
Literatur: M. Tadic, Rimski cilindricni suncanik iz Diluntuma (Stolac), GlasSarajevo 45, 1990, 147–154.

Dimale

Dimale 1

1.
AO/Inv. Nr.: Tirana, Archäologisches Museum Inv. Nr. 1478
Typ/Mat.: Mehrfachzifferblatt: S konisch kombiniert mit S vertikal / Marmor
Maße: H 20 B 23 T 14, rekonstruierte Gesamtmaße 46 × 60
FO: Dimale 1963, Agora
Aufstellung: öffentlich ~ ?
B: Erhalten ist die Nachmittagsseite einer konischen Sonnenuhr mit sechs Stundenlinien und einer (?) Datumslinie. An den Schattenkreis schließen sich ebene Flächen an, auf denen sich rechts

neben dem Zifferblatt und unterhalb von ihm Inschriften befinden. Diese bezeugen, dass der Hersteller/Stifter der Uhr aus Tarent stammte.

Unterhalb des konischen befindet sich der Ansatz eines zweiten, vertikalen Zifferblatts, dessen Meridian auf einer Linie mit dem der oberen Uhr verläuft. Von dieser Vertikaluhr ist der obere Ansatz der Nachmittagsseite erhalten.

Ein kleines Stiftloch im Scheitelpunkt der oberen Uhr nahm den verlorenen Gnomon auf, der seinen Schatten auf das untere Zifferblatt warf.

Inschrift: nach SEG 45, 685: Φιλ[---] | ΠΟΛΟΘΕ[---] | [φυ]λαρχήσα[ς] | [--]Ταραντῖνος ἐποίησ[ε] | [---] ΑΛΟΝΗ μιμῆται.

Datierung: nach Donderer hellenistisch; nach Buchstabenform 2. Jh. v. Chr. (L. Robert), Uhr: spätes 3. Jh. v. Chr. (B. Dautaj); Da die Positionierung der Inschriften dafür spricht, daß sie gleichzeitig mit den Uhren entstanden, ist eine Datierung ins 2. Jhr. v. Chr. wahrscheinlich.

Literatur: B. Dautaj, Studime Historike 2,2, 1965, 100 (104) Taf. F; J. und L. Robert, BE 1967, 346; Donderer 1998, 177 mit Abb. 6; B. Dautaj, Iliria 24, 1994, 130–132 Nr. 6 mit Taf VIII. 6.

Diokletianopolis

1.
AO/Inv. Nr.: Hisarya, Provinz Plovdiv
Typus/Mat.: S Hohlform / lokaler Kalkstein
Maße: unbekannt
FO: Therme
Aufstellung: Therme
B: Die Sonnenuhr ist offenbar gut erhalten und wird in mehreren Publikationen beiläufig erwähnt, ohne dass eine umfassende Dokumentation vorläge.
Inschrift: keine
Datierung: 4.-6. Jh. n. Chr.
Literatur: D. Tonchev, Hisarskite balni, GodMuzPlov 1935/1936, 185 Abb. 97 (non vidi); N. Tancheva-Vassileva, A Roman Sundial from Kabyle, ABulg 8, 2004, 52.

Dion

Dion 1

1.
AO/Inv. Nr.: Archäologisches Museum, Inv. Nr. 35
Typ/Mat.: S konisch / Marmor

Maße: H 31,5 B 30 T 15,5 / drei anpassende Fragmente
FO: Dionysos-Heiligtum nach N. Ch. Kotsias (also in unmittelbarer Nähe des Theaters), fehlerhafte Angaben zum FO von K. Locher
Aufstellung: Heiligtum Dionysos
B: Die Schattenfläche der Uhr, die in elf unregelmäßig eingetiefte Stunden- und drei Datumslinien aufgeteilt ist, nimmt das obere Drittel des Steins ein. Daran schließt sich der Uhrenkörper an, der im Profil als schräge Fläche zurücktritt. Unterhalb der Schattenfuge folgt die Basis, die beidseitig knubbenartig stilisierte Löwenbeine flankieren. Innerhalb dieses Bereichs befinden sich zwei erhaben gerahmte Inschriftenfelder. Die Basis schließt mit einer schmalen Standleiste ab.

Der Zeitmesser war die private Stiftung eines Römers (?) in das Heiligtum des Dionysos. Kotsias vermutet, dass Titus Granitus Felix in diesem Heiligtum selbst als Ädil fungierte.
Inschrift: oberes Inschriftenfeld: T[itus] Granius Felix

unteres Inschriftenfeld: Aed[ilis] Lib[ero] Patri et | thiaso d(e) s(uo) f(aciendum) c(uravit)

„Titus Granius Felix hat als Ädil dem Liber Pater (= Dionysos) und seinem Thiasos dies auf eigene Kosten machen lassen."
Datierung: nach 169 v. Chr.
Literatur: N. Ch. Kotsias, Λείβηθρα, Πίμελεια, Πιερίς, η πατρίς του Ορφέως, AEphem 1948/49 (1951) Chron, 37 Nr. 7; Locher 1993, 300–302; Schaldach 2006, 40.

Dmeir (auch Dumayr)

Dimale 1

1.
AO/Inv. Nr.: Paris, Louvre Inv. Nr. AO 3025
Typ/Mat.: S hemisphärisch / Marmor
Maße: unbekannt, nach Foto ca. 1,40 m
FO: Dmeir, Nordsyrien
Aufstellung: Der Zeitmesser stammt wohl aus einem Heiligtum, da es unwahrscheinlich ist, dass der schwere, mehrgliedrige Altar weit von seinem ursprünglichen Standort verschleppt worden ist bevor der Zeitmesser sekundär in seine Oberfläche eingeritzt wurde.
B: In die ebene Oberfläche eines sechsseitigen nabatäischen Altars, der sich aus Basis, Schaft und figürlichem Kranzfries zusammensetzt, ist das hemisphärisch geformte Zifferblatt einer Sonnenuhr eingetieft. Der Schattenkreis befindet sich am äußersten Rand des Altars, so dass er etwa ein Viertel seiner Oberfläche einnimmt und von ihm das Kopfprofil durchbrochen wird. Die Positionierung spricht dafür, dass die Uhr erst zu einem Zeitpunkt angebracht wurde, als der Altar bereits außer Funktion war.

Der Schattenkreis ist in elf Stunden- und drei Datumslinien unterteilt und das Gnomonloch, das sich links oberhalb des Kopfes von einer der Friesfiguren befindet, ist ausgebrochen.
Inschrift: nabatäische Weihinschrift
Datierung: Den Altar weist die nabatäische Inschrift als Stiftung des Jahres 94 n. Chr. aus, vgl. CIS II 161, 190–193 Taf. 23.

Das Datum liefert einen t. p. q. für die Sonnenuhr auf der Oberseite, deren Entstehung vielleicht mit der römischen Eroberung im Jahr 106 n. Chr. zu verbinden ist, vgl. J. Starcky, Un royaume aux confins du désert. Petra et la Nabatène (Lyon 1979) 94 f. Die (spätantike) Wiederverwendung von Altären als Grundlage für eine horizontale Sonnenuhr ist auch mit Aphrodisias 7 und Sardis 1 bezeugt.

nach 106 n. Chr. – spätantik?

Literatur: G. Clermont-Ganneau, Album d'Antiquités orientales. Recueil des monuments inédits où peu connus (Paris 1837) Taf. 42; Gibbs 1976, 1066 G; G. Hellenkemper-Salies (Hrsg.), Die Nabatäer. Erträge einer Ausstellung im Rheinischen Landesmuseum Bonn (Bonn 1981) Taf. 66–67; J. F. Healey, A Nabatean Sundial from Madain Salik, Syria 66, 1989, 334–336.

Durostorum

Durostorum 1.1–1.2

1.

AO/Inv. Nr.: Silistra, Archäologisches Museum Inv. Nr. 517

Typ/Mat.: S sphärische Variante / weißer Kalkstein

Maße: H 88 B 83 T 29,6

FO: Durostorum

Aufstellung: Nekropole ~

B: Die Uhr wurde aus einem hochrechteckigen Block gearbeitet, dessen Rückseite nur grob geglättet ist und einer halbrunde Kontur folgt.

Auf der Vorderseite wurde das konische Zifferblatt in das obere Drittel des Blocks eingetieft. Der Schattenkreis ist in elf Stunden- und drei Datumslinien aufgeteilt. Dabei setzen die Stundenlinien unmittelbar am ausgebrochenen Gnomonloch ein und enden ungewöhnlicherweise etwa auf halber Strecke zum Rand des Schattenkreises. Nur die Linien der dritten, sechsten und neunten Stunde wurden bis an die Sommerwendlinie, die im unteren Drittel des Zifferblatts verläuft, verlängert. Das Zifferblatt umgibt ein etwa 2 cm breiter Limbus.

Unterhalb des Zifferblatts schließt senkrecht die Vorderseite der Uhr an. Sie begrenzen seitlich von zwei unkannelierten Säulen, die unten von einer Basis mit doppeltem Rundstab und oben von einem korinthisierenden Kapitell abgeschlossen werden. Auf der Deckplatte der Kapitelle befindet sich jeweils eine kleine Büste, von denen die linke Isis und die rechte Serapis zeigt.

Im zentralen Bildfeld zwischen den Säulen und unterhalb des Zifferblatts ist der sitzende Orpheus musizierend in parkähnlicher Landschaft unter zahlreichen Tieren dargestellt. Die Kombination von einer Uhr mit einer szenischen Darstellung ist in dieser Form einzigartig. Das gewählte Thema ist wohl ein Indiz dafür, dass die Uhr Teil eines Grabmonumentes war.

Inschrift: keine

Datierung: Wende 2./ 3. Jh. n. Chr.

Literatur: I. Mladenova, Solnechnye Chasy s rel'efom Orfeya iz Durostorum, SlovA 4, 1961, 274–278; Gibbs 1976, 1054 G; P. Valev, Le cadran solaire de Durostorum, ArcheologijaSof 26.2, 1984, 84–92; P. Valev, Algorhythm of the Sundial from Durostorum, Interdisciplinarni Izsledvanija 14, 1986, 153–171; M. C. Budischovsky, sezione VI, in: E. A. Arslan (Hrsg.), Iside: il mito, il mistero, la magia, Katalog Mailand 1997 (Mailand 1997) mit Abb. 25 S. 566.

Empurias

1.
AO/Inv. Nr.: unbekannt / IRC-03, 38
Typus/Mat.: Stiftung *horologium* / S ~ / Marmor?
Maße: unbekannt
FO: Empurias, Stadtgebiet
Aufstellung: öffentlich ~, Heiligtum? ~
B: Das Inschriftenfragment bezieht sich wahrscheinlich auf die Stiftung einer Sonnenuhr: Darauf weist die gemeinsame Nennung von Uhr und Sitzen hin, die möglicherweise auf die Errichtung einer Exedra – in einem der örtlichen Heiligtümer (?) – zu beziehen ist.
Inschrift: -] horolo[gium(?)] | [cum s]edib[us
Datierung: 1. Jh. n. Chr.
Literatur: M. Almagro, Las inscriptiones Ampuritanas griegas, ibericas y latinas (Barcelona 1952) 76 = IRC III 38 = IRC V 85 = HEph 4, 1994, 406.

Enserune

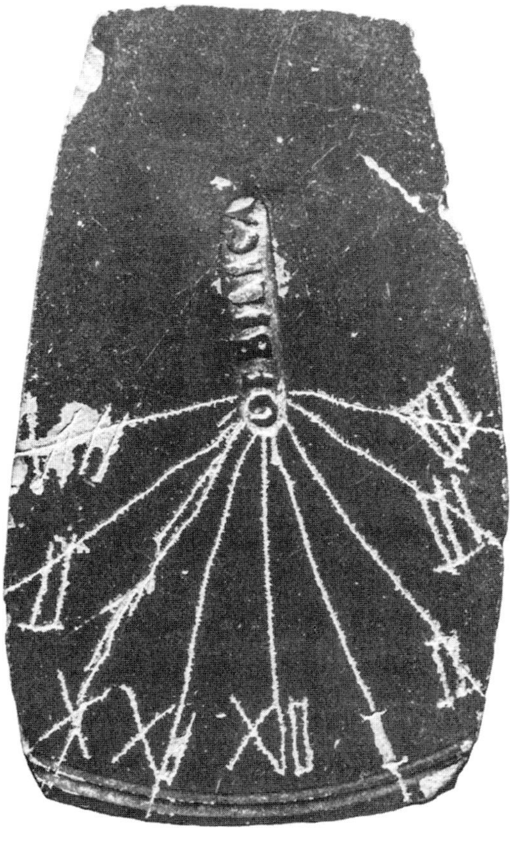

Enserune 1

1.
AO/Inv. Nr.: Enserune, Museum
Typus/Mat.: S horizontal? Miniatur / Keramik, Fragment
Maße: klein, ca. H 8 B 4

FO: offenbar Stadtgebiet Enserune
Aufstellung: unbekannt
B: Das Randfragment eines Tellers ist auf drei Seiten derart gebrochen, dass sich eine regelmäßige hochrechteckige Form ergibt, deren Unterkante der mit einer doppelten Rille begrenzte Tellerrand bildet. Im Zentrum des Fragments befindet sich der hochkant gestellte Stempel „OFBILICA“. Vom Anfangsbuchstaben gehen neun regelmäßig angeordnete geritzte Radiale aus, an deren Ende jeweils lateinische Zahlzeichen eingeritzt sind.

Ebenso wie die geringe Anzahl der Strahlen Unsicherheiten in der Konstruktion einer Sonnenuhr verraten, so ist auch die Anordnung der Ziffern unsinnig, die in der Folge von VIII VII X XI XII I II II IIII sortiert sind. Das Graffito diente nie zur Zeitanzeige, sondern als Anschauungsobjekt oder Muster. Es ist das einzige Beispiel für die Verwendung von römischen Ziffern.
Inschrift: Produktionsstempel “OFBILICA” und röm. Stundenziffern
Datierung: Während die Ware für eine Entstehung im 1. Jh. n. Chr. spricht, ist nicht zu bestimmen, wann das Graffito auf die Scherbe kam; weitere Angaben zum Fundkontext liegen nicht vor.
Literatur: H. Gallet de Santerre, Ensérune (Paris 1978) 25 mit Abb.

Enserune 2.1–2.3

2.
AO/Inv. Nr.: Quarante, Musée Archéologique und Gipsabguss in Nissan-lez-Enserune, Kirchenmuseum
Typ/Mat.: S sphärisch / Kalkstein
Maße: H 31 B 25 T 23 T_{Basis} 30,5
FO: 1962 in der römischen Villa ‚les Curatiès 31‘
Aufstellung: Villa rustica
B: Das Zifferblatt der gut erhaltenen Uhr ist in drei Datums- und elf Stundenlinien aufgeteilt, die sich nicht über die gesamte Fläche des Schattenkreises erstrecken, sondern als ein zum Rand parallel verlaufendes Band angeordnet sind. Bemerkenswerterweise ist der originale Gnomon aus Bronze mit einem pyramidalen Zuschnitt erhalten. Den Schattenkreis des dekorlosen Stücks umgibt ein breiter, zur Front hin ebenenparalleler Limbus, der im mittleren Abschnitt zäsurlos in den anschließenden Uhrenkörper übergeht.

Dieser verläuft bis zur Schattenfuge zur Front hin senkrecht, um dann als schräge Fläche vorzutreten. Eine schmale Standleiste schließt die Zone ab.

Die Rück- und Seitenflächen wurden nur grob mit dem Zahneisen bearbeitet, während die Front deutlich sorgfältiger geglättet wurde. Für die gleichmäßig tiefen wie breiten Linien sowie die Oberfläche des Schattenkreises wurde die höchste Sorgfalt verwandt.

Die Berechnungen von Parès ergaben, dass die Uhr mit einer Abweichung von 10’ für die Ortsbreite der Villa mit 43°20’ gearbeitet wurde.
Inschrift: keine

Datierung: Einen Anhaltspunkt für die Datierung gibt die Nutzungsdauer der Villa (vgl. H. Gallet de Santerre, Ensérune (Paris 1978) 3: Der antike Name des Oppidums ist nicht bekannt.). Eine nähere zeitliche Eingrenzung des undekorierten Stücks ist nicht möglich.
3./4. Jh. n. Chr.
Literatur: Gibbs 1976, 1047; J. Parès, Le cadrans solaires romains de Quarante et de Lunel-Viel (Hérault), RANarb 27/28, 1994/1995, 283–286; Severino 2003, s. v. Nissan-les Enserune.

Ephesos

Ephesos 1

1.
AO/Inv. Nr.: Wien, Kunsthistorisches Museum Inv. Nr. I 1639
Typ/Mat.: S konisch / Marmor
Maße: H 97,7 B 13,2 T 14 / zwei anpassende Fragmente
FO: während Grabungen in Ephesos vor 1907
Aufstellung: unbekannt, Agora?; auf Pfeiler
B: Das Wiener Stück ist eine der größen bekannten konischen Sonnenuhren und gehört jener typologischen Untergruppe an, die besonders auf Rhodos und Kos verbreitet ist. Erhalten sind die Linien der Stunden drei bis neun, sowie drei Datumslinien, oberhalb derer griechische Beischriften verlaufen. Der Zeitmesser ist ansonsten undekoriert. Unterhalb des großen Zifferblattes ist das Auflager für einen schmalen rechteckigen Pfeiler angearbeitet.
Inschrift: Die Datumslinien sind jeweils bezeichnet; nach IEph 433:
[χε]ιμερ[ινή] | [ἰσημ]εριν[ή] | [θε]ρινή
Datierung: 2. Jh. v. Chr.?
Literatur: R. Noll, Griechische und lateinische Inschriften der Wiener Antikensammlung (Wien 1962) 36 Nr. 64; Ephesos 3370; Gibbs 1976, 3058 G mit 279 Abb. 42; K. Gschwandler u. a., Funde aus Ephesos und Samothrake (Wien 1978) 103 Nr. 128.

2.
AO/Inv. Nr.: Ephesos, IEph 3004
Typ/Mat.: Stiftung *ὡρολόγιον* / Marmor
Maße: unbekannt
FO: Agora
Aufstellung im Zentrum der Agora, W ~
B: Die Stiftung des Agoranomen Timon Artemidorou an Artemis und den Demos betrifft die Erneuerung der Pflasterung in einem Teilbereich der hellenistischen Agora: Das spezielle Areal befindet sich außerhalb des Platzzentrums und grenzt unmittelbar an den Standort des sog. *ὡρολόγιον*. Die Inschrift sichert die Lage der hellenistischen Agora am Ort der späteren Tetragonos-Agora.

Aufgrund der späteren Baugeschichte dieses Bereiches des Platzes und des wohl als Nachfolgebau anzusprechenden *ὡρολόγιον* Ephesos 5 ist die Passage auf eine Wasseruhr zu beziehen. Dafür spricht auch, dass der Begriff hier als Ortsangabe verwendet wird, was tendentiell auf eine gebaute Struktur hinweist.

In der erwähnten Platzanlage ist die hellenistische, wohl unter Lysimachos entstandene Phase der im 1. Jh. n. Chr. völlig veränderten sog. Tetragonos-Agora zu erkennen. Deren Niveau liegt mehr als 3 m höher als das hellenistische, das sich unterhalb des heutigen Grundwasserspiegels befindet und somit nur selten von Grabungen erreicht wurde. Diese wenigen Tiefschnitte betreffen nur den Westteil des Platzes, so dass über die Gestaltung des hellenistischen Zentrums archäologisch keine Informationen vorliegen.

Inschrift: Τίμων Ἀρτεμ[ι]|δώρου νεώτε|ρος ἀγορανομῶν | ἐν τῷ ἐπὶ πρυτά|νεως Μανδρ[ύ]λου ἐνιαυτῶι τὸ στρῶ|μα τὸ μετὰ τὸ μέ|σον τῆς ἀγορᾶς, ἐν ᾧ τόπῳ τὸ ὡρο|λόγιον ἕστηκ[ε]ν, καὶ τὴν π[α]ραστά|δα Ἀρτέμιδι [καὶ] τῷ δήμωι ἀνέ|θηκεν.

„Timon Artemidorou, der jüngere unter den Agoranomen, hat unter der Prytanie des Mandylos das Pflaster jenseits des Zentrums der Agora – dort, wo sich das Horologion befindet – sowie die Vorhalle der Artemis und dem Demos gestiftet."

Datierung: 66 v. Chr.–1. Jh. n. Chr. (t. a. q. Neubau der Tetragonos-Agora); vermutlich kurz nach 66 v. Chr.

Literatur: R. Heberdey, Vorläufiger Bericht über die Ausgrabungen in Ephesos 1902/3, ÖJh 7, 1904 Beiblatt, 48; FiE III no. 4 (PH).

Ephesos 3

3.

AO/Inv. Nr.: Ephesos, in situ

Typ/Mat.: Wasseruhr (?) in Monopteros / Marmor

Maße: Dm Fundament 7,45 m

FO: Kreuzung von Theater- und Kuretenstrasse vor dem südlichen Markttor

Aufstellung: im Innern des Monopteros

B: Im Stadtkern von Ephesos, an der Kreuzung der sog. Marmor- mit der Kuretenstrasse befindet sich auf dem Vorplatz zur Agora ein Rundsockel mit einem Dm von 7,45 m (zum Aufmaß des Sockels, vgl. W. Jobst, ÖJh 54, 1983, 186–190).

In drei Schichten liegen hier Polsterquader aus Kalkstein ohne Mörtelverbund über einem Bruchsteinfundament auf. Der Bau befindet sich auf der Geländestufe zwischen höhergelegener Straße und Platz, so dass im Osten die Oberkante der dritten Quaderschicht ungefähr der Höhe des Straßenpflasters entspricht. Bearbeitungsspuren legen nahe, dass sich über dieser Steinlage noch mindestens eine weitere angeschlossen haben muss.

Alle Bauglieder, die Hueber diesem sog. Hellenistischen Rundbau zuordnete, und zu denen Säulen, Basen, Kapitelle sowie Teile des Gebälks und des Daches zählen, weisen versinterte Durchbohrungen oder Schlitze auf, die er mit der Installation einer Wasseruhr im Innern eines hexastylen Monopteros erstmals in Verbindung brachte.

Von dem ursprünglich wohl aus Bronze gearbeiteten Leitungssystem ist nichts erhalten und der vorläufige Publikationsstand des Gebäudes erlaubt keine abschließende Beurteilung des Befundes. Gebäudetypus und -lage, sowie die einzigartige Zurichtung der Bauglieder sprechen m. E. für eine hydraulische Installation im Innern des Monopteros – ob für einen Springbrunnen, einen Automaten oder eben einen Zeitmesser ist nicht zu entscheiden: Fraglich ist auch, wo sich der dafür jeweils erforderliche Druckwassertank befand, der weder innerhalb des Fundaments, noch im aufgehenden Mauerwerk untergebracht gewesen sein kann. Entweder war dieser – wie wohl auch in Priene – in einem der angrenzenden, höhergelegenen Gebäude auf der Ostseite der Marmorstraße untergebracht oder das hydraulische Objekt im Innern der Kleinarchitektur war an die in mehreren Strängen verlaufende Druckwasserleitung angeschlossen. Sollte im Zuge der geplanten erneuten Untersuchung des Gebäudes durch Ursula Quatember die zweite Lösung nachgewiesen werden, so wäre die Aufstellung einer Wasseruhr – auch aufgrund des Parallelbefundes von Athen 4° – eher unwahrscheinlich. In diese Richtung weisen auch die beobachteten Vorrichtungen im Bereich des Daches der Kleinarchitektur, die im Zusammenhang mit einer Wasseruhr singulär wären.

Inschrift: keine

Datierung: Die Ausgräber datieren die Keramik aus der Fundamentaufschüttung des Rundsockels in späthellenistische Zeit. Im Laufe seiner Ausführungen grenzt Hueber diesen Zeitansatz ohne weitere Begründung auf die Mitte des 1. Jhs. v. Chr. ein. Gebäude und Wasserinstallationen müssen jedenfalls gleichzeitig entstanden sein.

Der Bau wurde entweder im Zuge eines Erdbebens zur Mitte des 1. Jhs. n. Chr. zerstört oder kurz später bei der Errichtung der neronischen Halle (bereits als Ruine?) abgeräumt, vgl. P. Scherrer – E. Trinkl, Die Tetragonos Agora in Ephesos. Grabungergebnisse von archaischer bis in byzantinische Zeit – ein Überblick. Befunde und Funde klassischer Zeit, FiE XIII 2 (Wien 2006) 31–36.

Literatur: R. Heberdey, ÖJh 10, 1907, 70; W. Wilberg – J. Keil, Die Agora von Ephesos. FiE III (Wien 1916); W. Jacobs, ÖJH 54, 1983, 186; F. Hueber, AW 15, 1984, 3–23; F. Hueber, Österreichische Zeitschrift für Kunst- und Denkmalpflege 43, 1989, 111–143; F. Hueber, Zur städtebaulichen Entwicklung des hellenistisch-römischen Ephesos, IstMitt 47, 1997, 251–267.

4.

AO/Inv. Nr.: Ephesos, Museum o. Nr.

Typ/Mat.: S konisch / weißer Marmor

Maße: H 30 B 36 T 27

FO: sekundär im Raum B von Hanghaus 1 verbaut

Aufstellung: Wohnhaus?

B: Die Schattenfläche der gut erhaltenen konischen Uhr ist in elf Stunden- und drei Datumslinien unterteilt. Keine der Stundenlinien reicht über die Datumslinien hinaus. Unterhalb des sorgfältig geglätteten Zifferblattes schließt sich unmittelbar der abgeschrägte Uhrenkörper an, der ebenso wie alle anderen Flächen der Uhr mit dem Zahneisen grob geglättet und von einem schmalen

Randschlag gerahmt wird. Das Zifferblatt nimmt gegenüber dem Uhrenkörper etwa zwei Drittel der Gesamthöhe ein. Unterhalb der Schattenfuge befindet sich ein Profil in Form einer schmalen Leiste und anschließendem Kyma reversa, das bündig mit den Seitenflächen abschließt. Eine schmale Standleiste begrenzt das Profil.

Aufgrund der Fundumstände sowie formtypologischer Gemeinsamkeiten mit den Sonnenuhren Pompeji 24 und Eretria 1 weist C. Lang-Auringer das Stück der hellenistisch-augusteischen Vorgängerbebauung des Hanghauses 1 zu, wo sie die Uhr auf der Nordbalustrade des Peristyls installierten möchte. Weder der eine noch der andere Vorschlag erscheint plausibel: Die von ihr als Vergleich herangezogene Uhr aus Pompeji stammt aus einem gesicherten hochhellenistischen Kontext und weist sowohl eine abweichende Proportionierung des Zifferblatts gegenüber dem Uhrenkörper auf, als auch eine im Vergleich zum ephesischen Stück deutlich andere Profilierung der Standleiste. Der ephesischen Uhr steht vielmehr die Sonnenuhr aus Eretria nahe, die von dem Ausgräber S. Schmid aufgrund des Fundkontextes als kaiserzeitlich eingestuft wird. Diesen Zeitansatz bestätigen stilistisch weitere Vergleiche wie die Uhr Paphos 2. Damit ist die von Lang-Auringer vorgeschlagene Zuweisung des ephesischen Stücks an die hellenistische Vorgängerbebauung des Grundstücks hinfällig. Für die Entscheidung, ob die Spolie überhaupt mit den Hanghäusern, oder mit einem der nahegelegenen öffentlichen kaiserzeitlichen Bauten zu verbinden ist, fehlen bislang aussagekräftige Indizien.

Inschrift: keine

Datierung: Die Errichtung der Mauer B, in deren unteren Lagen die Uhr sekundär verwendet wurde, ergibt einen t. a. q. für die Nutzung der Uhr. Diese fällt nach Einschätzung der Ausgräber in die Periode 5, die in den Zeitraum von 370–420 n. Chr. Die Uhr enstand vielleicht noch in augusteischer Zeit.

Literatur: C. Lang-Auringer, das Hanghaus 1 in Ephesos. Der Baubefund, FiE VIII/3 (Wien 1996) 110 Abb. 113; dies., Die Sonnenuhr aus dem hellenistischen Peristylhaus in Ephesos, Forum Archaeologicae 43/VI/2007, 1–7.

5.

AO/Inv. Nr.: Ephesos, Tetragonos-Agora in situ

Typ/Mat.: Fundament einer Wasseruhr ~ / Kalkstein

Maße: 10 m auf 5,87 m

FO: Nord-Süd orientiert, wenig westlich des Zentrums der Agora

Aufstellung: Agora

B: Bereits Heberdey verknüpfte das rechteckige Fundament im Zentrum der Agora mit dem in der Inschrift Ephesos 2 erwähnten Horologion. Das einzige bislang freigelegte große Quaderfundament, das unmittelbar über einem Kanal liegt, gehört sicher nicht der hellenistischen Bauphase der Platzanlage an. Vielleicht bezeugt es einen Nachfolgebau des inschriftlich ausgewiesenen hellenistischen Horologions.

Inschrift: keine

Datierung: Die Erneuerung der Tetragonos-Agora fällt in die Mitte des 1. Jhs. n. Chr.

Literatur: FiE III, 1–168; H. Hörmann, Das Westtor der Agora in Ephesos, ÖJh 25, 1929, 22–53; ÖJh 1993, G 12–14; P. Scherrer – E. Trinkl, Die Tetragonos Agora in Ephesos. Grabungergebnisse von archaischer bis in byzantinische Zeit – ein Überblick. Befunde und Funde klassischer Zeit, FiE XIII 2 (Wien 2006) 15–18.

6.

AO/Inv. Nr.: Selçuk, Archäologisches Museum, Magazin

Typ/Mat.: ägyptische Wasserauslaufuhr / Diorit

Maße: H_{erh} 19 B_{erh} 35,7 H_{rek} 18,2 Wandstärke am Auslauf 3,85; dieser liegt 2,75 cm oberhalb des Gefäßbodens / Fragment / Hölbl zufolge ist es die kleinste bislang publizierte ägyptische Wasseruhr

FO: am Fuß der Westhalle der Tetragonos-Agora, 39,5 m nördlich der SW-Ecke aus augusteisch-frühkaiserzeitlichen Schuttschichten
Aufstellung: Heiligtum ägyptische Götter ~
B: Erhalten ist ein Fragment der mittleren Wandungszone einer ägyptischen Wasseruhr aus Diorit. Ihre äußere Wandung ist in drei umlaufende Friesregister unterteilt, von denen die beiden unteren, schmaleren, Inschriftenbänder füllen und das obere Ausschnitte von Ritualszenen zeigt. Hölbl erkannte im Vergleich mit der besser erhaltenen, zeitgleich entstandenen Uhr in St. Petersburg – hier Fundort unbekannt 1 – in der äußerst rechten Figur neben der Namenskartusche des Ptolemaios II. die Göttin Techi als Schutzgöttin des ersten Monats des bürgerlichen Jahres. Auf diese folgt nach links der Pharao vor Ptah, im Anschluss steht der König vor Hathor und die letzte erhaltene Gruppe zeigt Ptolemaios mit Sachmet. Inschriftenkolumnen und Figurengruppen sind bei beiden Uhren so identisch angeordnet und ausgeführt, dass sie vielleicht sogar aus einer Werkstatt stammen könnten. Jeweils korrespondieren die Personifikationen der Monatsgötter auf der Außen- mit den Monatsskalen auf der Innenseite.

Die obere Zeile des Inschriftenbandes übersetzt Hölbl als „Ein Worte-Sprechen (sic. Rezitation), welches dauert im Munde des Thot: Es erwacht der Tempel für seinen Herrn. Übergeben ist der Tempel seinem Herrn in ht-ntr...“ und verweist darauf, dass dieses Mundöffnungsritual mit der Einweihung eines Tempels in hat-ntr zusammenhängt. Diese Ortsangabe ist seiner Meinung nach am ehesten auf das ägyptische Toponym für Krokodilopolis im Fayum zu beziehen. Deshalb vermutet er, dass die Uhr ursprünglich für eine Aufstellung dort produziert wurde und erst später, als bereits gebrauchtes Stück, nach Ephesos gelangte.

Die untere Zeile übersetzt Hölbl als: „Die Stunden erkennen durch Thot, wenn sich der Himmel mit Wolken bezogen hat, (den) Herrn von Hermoupolis, Erster...“. Genannt wird also die Funktion der Uhr, die bei schlechter Witterung eingesetzt werden soll.

Nahe der unteren Bruchkante befindet sich das Auslaufloch, oberhalb dessen auf der Außenseite die plastisch gestaltete Figur eines Pavians als Erscheinungsform des Thot hockt.

Entlang der inneren Wandung sind Überreste von Stundenskalen zu erkennen, die den einzelnen Monaten zugeordnet sind. Von diesen Punktlinien ist jeweils die unterste als kleine erhabene Halbkugel gebildete Markierung erhalten, sowie die Symbole von Glück, Dauer und Leben.

Die Ausführung der Skalen berücksichtigt nicht die seit den 270er Jahren v. Chr. wirksame astronomische Verschiebung der Winterwende auf den dritten Monat des Jahres. Die Uhr ging also entweder kurz nach oder bereits zum Zeitpunkt ihrer Produktion falsch.
Inschrift: s. Beschreibung; Schriftbänder in zwei Registern entlang der äußeren Wandung, sowie Namenskartusche Ptolemaios II. Philadelphos und Beischriften im Fries
Datierung: Einen t.p.q. für die Herstellung der Uhr liefert die Namenskartusche des Ptolemaios II. Philadelphos, die Ausführung der Stundenskalen weist auf die ersten Jahre seiner Regierungszeit; einen t.a.q. für ihre Nutzung liefert die Datierung der Fundschicht in spätaugusteische bzw. tiberische Zeit. Zu welchem Anlass das Stück nach Ephesos gelangte, ist ungewiss: Auszuschließen ist jedoch, dass diese Auslaufuhr zur Ausstattung des als Serapeion bekannten Baukomplexes gehörte (entgegen Koester a. O.), der neueren Forschungen zufolge erst um 100 n. Chr. errichtet wurde und möglicherweise als Mouseion diente (vgl. Scherrer a. O. bes. 130 Anm. 46).

Bislang wurde keine ägyptische Auslaufuhr aus einem hellenistischen Kontext außerhalb Ägyptens bekannt. So spricht auch die ungenaue Zeitanzeige, die das Stück mit Rom 8 und 9 teilt, tendentiell eher für eine frühkaiserzeitliche Neuaufstellung an einem unbekanntem Ort in Ephesos.
Literatur: H. Vetters, AnzWien 119, 1982, 70 f.; G. Langmann – M. G. Firneis – G. Hölbl, Eine ägyptische Wasserauslaufuhr in Ephesos I-III, ÖJh 55, 1984, Beiblatt 1–64; G. Hölbl, Eine ägyptische Wasserauslaufuhr in Ephesos, AW 17, 1986, 59–60; J. Dorner, Die Skalen der ägyptischen Auslaufuhr aus Ephesos, in: M. Kubelik (Hrsg.), Von der Bauforschung zur Denkmalpflege. Festschrift für A. Machatschek (Wien 1993) 45–50; S. Friesen, Ephesos A, in: H. Hendrix – H. Koester (Hrsg.), Archaeologica Resources for New Testament Studies 2 (Valley Forge 1995) No 27–28; H. Koester, The Cult of the Egyptian Deities at Asia Minor, in: ders. (Hrsg.), Pergamon. Citadel of the Gods (Harrisburg

1998) 111–136; P. Scherrer, Das sogenannte Serapeion von Ephesos: ein Mouseion, in: A. Hoffmann (Hrsg.), Ägyptische Kulte und ihre Heiligtümer im Osten des römischen Reiches. Kongress Bergama 2003 (Istanbul 2005) 109–138.

Ephesos 7

7.
AO/Inv. Nr.: Selçuk, Archäologisches Museum, Depot Nr. 374
Typ/Mat.: S konisch / weißer Marmor mit grauen Einschlüssen
Maße: H 23,8 B 31,5 T_{Basis} 25,8 nach Gibbs
FO: Laut Gibbs an den Hängen des Hügels, auf dem die Basilika des Hl. Johannes steht.
Aufstellung: Villa
B: Aufgrund der beschädigten Seitenflächen fehlen die Stundenlinien eins und elf, während die übrigen vom Gnomonloch bis an den Limbus reichen. Offenbar sind drei Datumslinien vorhanden, die aber weniger tief eingeritzt sind. Ein breiter, abgeschrägter Limbus trennt die Schattenfläche von der Basis, welche seitlich zwei stämmige Löwenbeine begrenzen. Der Bereich der rechten Tatze ist abgebrochen. Die Uhr ruht auf einer etwa 2 cm dicken Standleiste.
Inschrift: keine
Datierung: 1. Jh. n. Chr.
Literatur: Gibbs 1976, 3056 G, 279 Taf. 4.

8.
AO/Inv. Nr.: Selçuk, Archäologisches Museum, Depot Nr. 1391
Typ/Mat.: S konisch / cremefarbener Marmor
Maße: H 29,2 B 34,4 T_{Basis} 20,6
FO: 3.8.1961 während der Ausschachtungsarbeiten für das Tusan-Motel nahe Ephesos
Aufstellung: im Bereich der Nekropole. Grabbau
B: Gibbs beschreibt summarisch eine Sonnenuhr mit elf Stunden- und drei Datumslinien. Im Bereich der Basis, die von vierzehigen Löwentatzen begrenzt wird, befindet sich ein rundes Loch und auf der linken Seite des Stücks noch ein weiteres Klammerloch – ob diese Vorrichtungen auf eine antike Reparatur des Stücks hinweisen oder vielleicht eher Folge seiner (Wieder-)verwendung sind, ist beim augenblicklichen Stand der Information nicht zu entscheiden.
Inschrift: keine
Datierung: 1. Jh. n. Chr.?
Literatur: Gibbs 1976, 3057 G.

Eretria

1.

Eretria 1.1–1.2

AO/Inv. Nr.: Eretria, Museum Inv. Nr. 18 910

Typ/Mat.: S konisch / sehr heller, feinkristalliner Marmor

Maße: H 23,5 B 31,1 $T_{\text{Standfläche}}$ 20,5

FO: Spolie in neuzeitlichem Haus auf Grundstück 815 im nördlichen Teil der Unterstadt, nahe dem Südfuß der Akropolis

Aufstellung: Schmid vermutet aufgrund der nachlässigen Bearbeitung der Rückseite, dass das Stück im Mauerverbund aufgestellt war. Villa

B: Das Zifferblatt einer als Hohlkegel geschnittenen Uhr nimmt mehr als die obere Hälfte eines breitrechteckigen Marmorblocks ein. Nur an den Enden des Schattenkreises ist das Stück bestoßen, außerdem befinden sich als Folge seiner sekundären Verwendung als Spolie geringe Mörtelspuren im Bereich der Front. Der Schattenkreis ist in elf Stunden- und drei Datumslinien aufgeteilt, die sehr gleichmäßig und fein gezogen wurden.

Unterhalb des Schattenkreises tritt der Uhrenkörper als oblique Fläche zurück, ohne dass ein Limbus die Flächen gegeneinander abgrenzt. Unterhalb der durchgehenden Schattenfuge setzt die niedrige Basis als schräge Fläche an. Eine schmale undekorierte Standleiste schließt das Stück ab.

Inschrift: keine

Datierung: kaiserzeitlich

Literatur: Schmid 2002, 101–105 Taf. 25.4; 25.5.

Erythrai

Erythrai 1

1.
AO/Inv. Nr.: Erythrai, Museum Inv. Nr. 9373
Typ/Mat.: S konisch / Marmor
Maße: H 40 B 30 T 25
FO: Erythrai, Stadtgebiet
Aufstellung: unbekannt
B: Die gut erhaltene Sonnenuhr ist nur an den Enden ihres konischen Schattenkreises gebrochen. Dieser ist in elf Stunden- und drei Datumslinien eingeteilt, geringe Überreste von Beischriften entlang der Datumslinien sind noch zu erahnen.

Unterhalb des Schattenkreises tritt der Uhrenkörper abgeschrägt bis zu einer relativ tief angesetzten horizontalen Schattenfuge zurück. Deren Unterkante wird von einem Profil begrenzt, das mit der schmalen, frontparallelen Standleiste abschließt.
Inschrift: griechische Beischriften oberhalb der Datumslinien.
Datierung: 1. Jh. v. Chr.
Literatur: unpubliziert

2.
AO/Inv. Nr.: Erythrai, Museum Inv. Nr. 190
Typ/Mat.: Stiftung? / Marmor
Maße: zwei aufgrund von Schrift und Material zugehörige Fragmente
FO: Erythrai, Stadtgebiet
Aufstellung: unbekannt
B: Das schlecht erhaltene Inschriftenfragment könnte sich auf die Stiftung eines Zeitmessers beziehen.
Inschrift:].βα[|]μεθα π[| παρ]μενίσκου. [|]μβρι.[|].ροσκο[| μ]ενων ω[|].φρυ[|]ριστ[
Datierung: kaiserzeitlich
Literatur: H. Engemann – R. Merkelbach, Die Inschriften von Erythrai und Klazomenai Bd. 1. Inschriften griechischer Städte aus Kleinasien 1 (Bonn 1972) 281 Nr. 190.

Espelt

1.
AO/Inv. Nr.: Igualada, Museu Comarcal
Typ/Mat.: S konisch(?) / Kalkstein
Maße: H 19 B 18 T 23 Fragment; rekonstruierte Maße: H 30 B 38 T 23
FO: römische Villa von Espelt, Gemeinde Odena
Aufstellung: Villa rustica

B: Auf dem ringsum bestoßenen Fragment einer Sonnenuhr sind Abschnitte der Linien der Stunden sechs bis zehn erkennbar. Das gewählte Material ist ein Hinweis auf die lokale Herstellung des Zeitmessers.
Inschrift: keine
Datierung: kaiserzeitlich
Literatur: www.gnomonica.cat (zuletzt gesichtet 25.5.2012); E. Farré i Olivé, Rellotges de sol de la Catalunya romana, Bulletí de la Societat Catalana de Gnomonica 33, 1999, 18–24; Bonnin 2010, 190.

Evelette

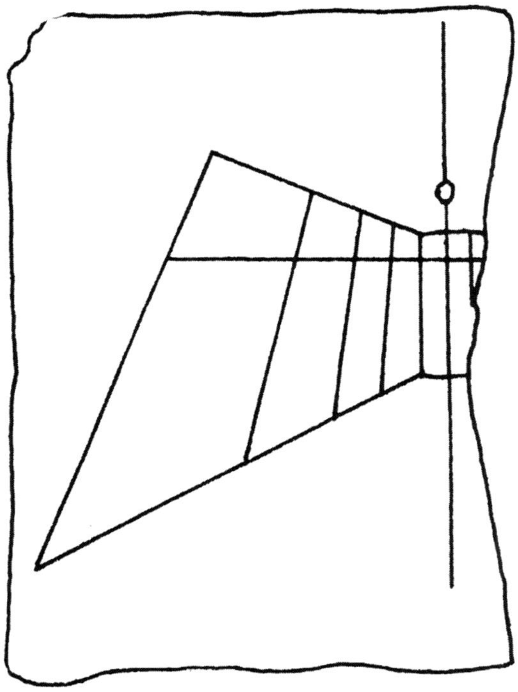

Evelette 1

1.
AO/Inv. Nr.: unbekannt
Typ/Mat.: S horizontal / Kalkstein
Maße: H 27,5 B_{rek} 37 T 2
FO: römische Villa in Evelette 1961
Aufstellung: Villa
B: Auf der Oberfläche der dünnen Platte ist die Vormittagsseite einer Sonnenuhr erhalten mit den Linien der Stunden eins bis sieben und drei Datumslinien. Die Führung der Linien entspricht dem Augenschein nach dem Liniennetz auf dem Forum von Timgad. Der Meridian ist oberhalb der Winterwendlinie bis an den Rand der Platte fortgeführt und reicht auch auf der Gegenseite deutlich über die Wendelinie hinaus.

Der Fuß eines Gnomon aus Eisen befindet sich in seiner ursprünglichen Position.
Inschrift: keine
Datierung: 1. Jh. n. Chr.?
Literatur: H. Michel, Un cadran solaire gallo-romain, Ciel et terre 82, 1966, 3–7 Abb. 1; Gibbs 1976, 4012.

Falerio Picenus

1.
AO/Inv. Nr.: Ancona, Museo Archeologico di Marche
Typ/Mat.: S konisch / Marmor
Maße: H 46 B 40 D 35
FO: 200 m westlich des Amphitheaters
Aufstellung: Amphitheater?
B: Die Sonnenuhr gehört dem konischen Typus an, ihr Zifferblatt ist in elf Stunden- und drei Datumslinien unterteilt. Die bislang publizierten Erwähnungen zum Stück lassen nicht entscheiden, ob der Bereich der Basis dekoriert ist.
Inschrift: keine
Datierung: kaiserzeitlich
Literatur: C. Alberto, Orologi solari di epocha romana nel Piceno, Atti del VI seminario nazionale di Gnomonica. S. Benedetto del Tronto 1994, 163.

Grand

1.
AO/Inv. Nr.: Grand, Archäologisches Museum
Typ/Mat.: anaphorische Wasseruhr / Bronze
Maße: etwa faustgroße Fragmente
FO: Grand, gallo-römisches Heiligtum
Aufstellung: Heiligtum ~
B: Es handelt sich um mehrere Fragmente einer Bronzescheibe, die ähnlich Iuvavum 1 zu dem Zifferblatt einer großen anaphorischen Uhr zu ergänzen sind. Die Oberfläche der Scheibe ist mit verschiedenen Symbolen und Figuren überzogen, die Personifikationen der Zodiakalzeichen sein könnten. Die Beschreibungen weichen jedoch erheblich voneinander ab, so dass eine Beurteilung momentan unmöglich ist.
Inschrift: keine
Datierung: 2. Jh. n. Chr.?
Literatur: Lewis 2000, 366; M. Nordon, El reloj anaforico de Grand, en Lorena, Arbor 149 Teil 586–7 (Okt-Nov 1994) 13–52.

Guimera

1.
AO/Inv. Nr.: unbekannt
Typ/Mat.: S konisch / lokaler Kalkstein
Maße: H 34 B 30 T 20
FO: Villa rustica im Tal des Río Corb
Aufstellung: Villa rustica
B: Die Sonnenuhr ist an den Enden ihres Schattenkreises sowie an der Basis mehrfach gebrochen. Das Zifferblatt nimmt knapp die halbe Blockhöhe ein: Es ist zu erkennen, dass der Schattenkreis in elf Stundenlinien aufgeteilt war, die vom Gnomonloch ausgehen und bis an den Rand heranreichen; es fehlen Hinweise auf Datumslinien. Die erhaltenen Linien sind besonders tief, aber schon dem Augenschein nach unregelmäßig in das lokale Gestein geritzt.

Unterhalb des Zifferblatts schließt sich ein kurzer Abschnitt des Körpers an, der bis zu einer durchgehenden Schattenfuge reicht. Über die Gestaltung der Basis ist nichts bekannt.
Inschrift: keine

Datierung: 2. Jh. n. Chr.
Literatur: J. Duch i Mas, Localization de un reloj de sol romano en el Guimera, Ilerda 37, 1976, 215–227; www.gnomonica.cat. (zuletzt gesichtet 25.5.2012); Bonnin 2010, 190.

Guissona

Guissona 1

1.
AO/Inv. Nr.: Guissona (Segarra), Museu Eduard Camps
Typ/Mat.: S Hohlform / Alabaster:
Maße: H 30 B 34 T 18
FO: Villa romana La Malesa in Florejacs, in der Nähe der römischen Siedlung Iesso
Aufstellung: Villa rustica
B: Der Zeitmesser besteht aus einem Schattenkreis, der eine unregelmäßige Fächerform aufweist. In die Oberfläche des weichen Gesteins wurden elf Stundenlinien eingeritzt, deren Tiefe und Länge erheblich schwankt. Jede Linie setzt an der Winterwendlinie an und endet an einem Bohrloch. Die Rückseite des Uhrenkörpers folgt der Kontur des Schattenkreises, an dessen Fuß die Uhr ihre schmalste Stelle erreicht. Die Hohlform der Schattenfläche ist bis an die Standfläche verlängert, die im unteren Teil von wulstartig gebildeten stilisierten Beinen gesäumt wird.

Vielleicht war das Stück ursprünglich stukkiert.
Inschrift: keine
Datierung: 3. Jh. n. Chr.
Literatur: E. Farré i Olivé, Rellotges de sol de la Catalunya romana, Arte y Hora 134, 1999, 15; Societat Catalana de Gnomònica (Hrsg.), Rellotges de sol de Catalunya (El Papiol 2004) 21.

Hegra

Hegra 1

1.
AO/Inv. Nr.: Istanbul, Ancient Orient Museum Inv. Nr. 7664
Typ/Mat.: S sphärisch, Viertelsphäre / lokaler Sandstein
Maße: H 42 B 35,5 T 28
FO: Madain Salih, innerhalb des Stadtgebiets (vgl. zum Grabungsbefund: J. Bowsher, The Frontier Post of Medain Salok, in: P. Freeman – D. Kennedy (Hrsg.), The Defense of the Roman and Byzantine East (Oxford 1996) 19–30).
Aufstellung: unbekannt
B: Der Zeitmesser besteht aus einem Schattenkreis, der etwa die obere Blockhälfte einnimmt und in elf Stundenlinien unterteilt ist, die eine Datumslinie kreuzt. Ob sich diese, dem Augenschein nach ungewöhnlich positionierte Linie, tatsächlich auf die Anzeige des Äquinoktiums oder eines anderen Tages bezieht, wurde bislang nicht mathematisch untersucht. Der vorhandene Gnomon ist die Folge einer modernen Reparatur, da zum Zeitpunkt der Auffindung des Stücks ein Zeiger fehlte. Ihn umgibt ein halbkreisförmiger Bereich, der im Gegensatz zum sorgfältig geglätteten Zifferblatt leicht eingetieft und gepickt ist. Von hier aus reichen die Stundenlinien bis an den Rand des Schattenkreises.

Dessen Form folgt die Außenkontur der Uhr, so dass auf der Vorderseite ein frontparalleler halbkreisförmiger Streifen limbusartig das Zifferblatt umgibt. Dieser Bereich setzt sich als Steg zur rechteckigen Basis hin fort, in die das Inschriftenfeld eingetieft ist. Die Buchstaben der Inschrift sind erhaben, so dass sie in einem Zug mit der Uhr ausgeführt worden sein muss.

Während die sichelförmige waagerechte Rahmung des Schattenkreises, der Verbindungssteg und der Basisbereich abschließend geglättet wurden, weicht der Uhrenkörper zwischen diesen Elementen unorganisch und asymmetrisch zurück.

Diese Partie erweckt den Eindruck, als sei die Uhr unvollendet bzw. die unausgegorene Form eine Folge einer Kombination des Vorbilds einer Uhr im koisch/rhodischen Typ – bei dem sich ein runder Fuß an den Schattenkreis anschließt – mit einer Basis. Ein weiterer Hinweis auf Unsicherheiten in der Ausführung könnte die unkanonische Anordnung der Datumslinie sein.
Inschrift: nabatäisch: mnšʿ br ntn šlm, wahrscheinlich ein Name jüdischer Provenienz. Zur Lesung der Inschrift vgl.: M. Lidzbarski, Ephemeris für semitische Epigrafik III (Giessen 1915) 87–88

Datierung: 1. Jh. n. Chr. Die Bearbeiter halten die Entstehung der Inschrift nur vor der römischen Eroberung der nabatäischen Besitzungen im Jahr 106 n. Chr. für möglich.
Literatur: A. Jaußen – R. Savignac, Mission archéologique en Arabie I (Paris 1909) 302–304 Abb. 113; H. T. Bossert, Altsyrien (Tübingen 1951) 95; Gibbs 1976, 1246; J. F. Healey, A Nabatean Sundial from Madain Salik, Syria 66, 1989, 331–336.

Helvia Ricina

Helvia Ricina 1

1.
AO/Inv. Nr.: Ancona, Museo Archeologico Nazionale delle Marche Inv. Nr. 24898
Typus/Mat.: S Hohlform / lokaler Kalkstein
Maße: H 32 B 30 T 22
FO: Villa Potenza (Macerata)
Aufstellung: in Zusammenhang mit Isis-Kultstätte
B: Die Uhr ist aus mindestens vier anpassenden Fragmenten zusammengesetzt. Es fehlt die obere linke Ecke und das rechte Ende des Schattenkreises. Dieser war ursprünglich in elf Stunden- und drei Datumslinien aufgeteilt, von denen die der Stunden vier bis neun erhalten sind. Alle Stundenlinien verlaufen im Raum zwischen den Bogenlinien der Solstitien. Das Zifferblatt umgibt ein relativ breiter Limbus.

Unterhalb des Schattenkreises tritt der Uhrenkörper bis an die Schattenfuge, die etwa auf halber Blockhöhe verläuft, als schräge Fläche zurück, in die Zwickel ist jeweils eine vierblättrige Rosette eingestellt. Die Basis verläuft als schräge Fläche bis an die relativ hohe Standleiste, auf der sich die zweizeilige Weihinschrift befindet.
Inschrift: nach RICIS II 509/201 = AE 1972, 168: Isidi Regi(nae) [oder: Rici(nensi)] horolog(ium) | [---] qar[-]i[---]lem et font(em)
Datierung: 101 n. Chr. / 200 n. Chr.
Literatur: L. Mercando, Ritrovamenti in propietà AGIP, NSc 1971, 402–417 Nr. 62 Abb. 10; M. C. Budischovsky, La diffusion des cultes isiaques autour de la mer adriatique I (Leiden 1977) 32–33; M. Malaise, Documents nouveaux et points de vue récents sur les cultes isïaques en Italie, in: M. B. de Boer – T. A. Edridget (Hrsg.), Hommages à Maarten J. Vermaseren (Leiden 1978) 678; M. C. Guidotti, La diffusion del culto isiaco nell'Italia centrale, in: E. A. Arslan (Hrsg.), Iside: il mito, il mistero,

la magia. Katalog Mailand 1998 (Mailand 1998) 488; S. M. Marengo, Les cultes polytheistes dans l'Adriatique romaine (Bordeaux 2000) 217; L. Bricault, Atlas de la diffusion des cultes isïaques (Paris 2001) 141; Encarnacao 2006, 87; Mastino – Porcheddu 2006, 159–160.

Herakleia am Latmos

1.
AO/Inv. Nr.: Paris, Louvre Inv. Nr. MNB 694 (n° usuel MA 2820)
Typ/Mat.: S konisch mit zwei Zifferblättern / weißer Marmor
Maße: H 30,2 B 44,5 T 40,5
FO: 1873 in Herakleia am Latmos, Agora
Aufstellung: Agora
B: Die beiden Zifferblätter der konischen Sonnenuhr sind nach Norden und Süden gewandt und in einen als Parallelogramm geschnittenen Block eingetieft. Die Uhr der Nordseite ist wesentlich flacher als die der Südseite. Von den elf Stundenlinien reicht jeweils nur der Meridian über die Sommerwendlinie hinaus. Diese Stundenlinien kreuzen sieben Datumslinien. Das Stück ist völlig undekoriert und handwerklich sehr gut gearbeitet, so dass es dem hier als Tyndaris 1 geführten besonders nahe steht.
Inschrift: Βασιλεῖ Πτολεμάιῳ Ἀπολλώνιος Ἀπολλοδότου | Θεμισταγόρας Μενίσκου Ἀλεξανδρεὺς ἐποίει.
„Dem Ptolemaios (II.?) der Apollonios Apollodotou. | Themistagoras, der Sohn des Meniskos, aus Alexandria stammend, fertigte es."
Datierung: Donderer: 1. Hälfte des 3. Jhs. v. Chr.; in der Atlas-Datenbank des Louvre wird die Uhr kommentarlos auf das Jahr 264 v. Chr. datiert. Die gewählte Formulierung kann aber entweder auf Ptolemaios III. Euergetes, der zwischen 246–241 v. Chr. sein Einflussgebiet auf mehrere kleinasiatische Städte ausdehnte, oder Ptolemaios IV. Philopator, der von 221–205 v. Chr. die Region beherrschte bzw. schließlich auf Ptolemaios V. Epiphanes, unter dem zwischen 203–201 v. Chr. diese Gebiete den Ptolemaiern wieder verloren gingen, bezogen werden – fällt also allgemein in die zweite Hälfte des 3. Jhs. v. Chr.
Literatur: E. Loewy, Inschriften griechischer Bildhauer (Leipzig 1885) 298; Rayet 1875, 61–66 Taf. 1; Diels 1920, 176–177 Abb. 55. 56. 57; Daremberg-Saglio s. v. horologium Bd. 3, 259 Abb. 3886; Gibbs 1976, 3049 G; Donderer 1998, 174; Hannah 2009, 92.

Herakleia Lynkestis

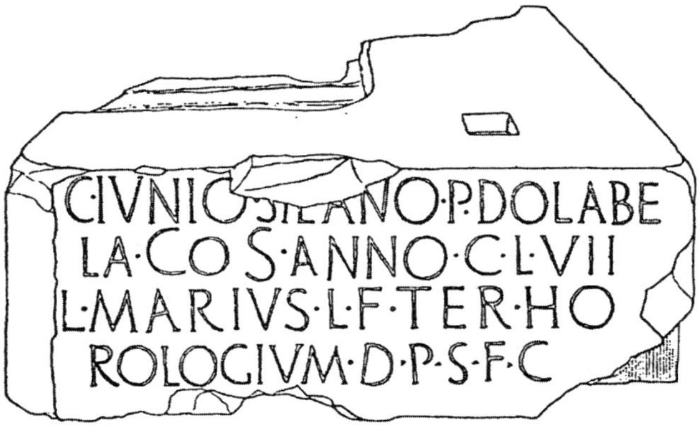

Herakleia Lynkestis 1

1.
AO/Inv. Nr.: IG X 2,2 111 = AE 1973, 489; außerdem AE 1978, 732 und AE 1982, 855
Typus/Mat.: Stiftung *horologium* / S v-vertikal / Marmorblock
Maße: H 51 B 39 T 18,5

FO: in röm. Haus in sekundärer Verwendung in Vitola 1964
Aufstellung: Forum ~
B: Auf der Ansichtsseite des annähernd kubischen Blocks befindet sich die vierzeilige Stifterinschrift, welche die öffentliche Aufstellung einer Uhr bezeugt. Auf der oberen rechten Seite des Blocks wurde nahe der Vorderkante ein Zapfloch eingetieft, ferner wurde an der rückwärtigen linken Ecke ein Bereich ausgespart. Das Zapfloch könnte den Gnomon aufgenommen haben, der seinen Schatten auf zwei senkrecht und im rechten Winkel zueinander aufgestellte Platten warf, die das Zifferblatt bildeten. Diese Ausrichtung der Sonnenuhr hätte zur Folge, dass die Hauptseite mit der Inschrift nach Südwesten ausgerichtet gewesen sein müsste.

Die Positionierung der Inschrift auf dem Stein zeigt an, dass sich nach unten weitere Blöcke angeschlossen haben.

Unsicher ist die Rekonstruktion der dritten Zeile der Inschrift, die zu Ter(entia tribu) oder zum Cognomen Ter(tius) aufgelöst werden kann. Die Aufstellung einer lateinischen Inschrift von einem Angehörigen der lokalen Nobilität in der griechischen Stadt ist für M. Malavolta a. O. ein Anzeichen für deren weitreichende Romanisation zu diesem Zeitpunkt.
Inschrift: C(aio) Iunio Silano P(ublio) Dolabe|l(l)a co(n)s(ulibus) anno CLVII | L(ucius) Marius L(uci) f(ilius) Ter(entina tribu) ho|rologium d(e) p(ecunia) s(ua) f(aciendum) c(uravit).

„Unter dem Konsulat des Caius Iunius Silanus und des Publius Dolabella im Jahr 157 der Provinz hat Lucius Marius, Sohn des Lucius, aus der Tribus Terentina das Horologium auf eigene Kosten errichten lassen."
Datierung: 10 n. Chr., die Jahreszählung der Inschrift ist auf den makedonischen Kalender zu beziehen.
Literatur: T. Janakiewski, Postament za horologium so latinski natpis od Heraclea Lynkestis, ZivaAnt 21, 1971, 691–694 Abb. 1.1; M. Malavolta, in: L. Gasperini, Scritti storico-epigrafico in memoria di M. Zambelli (Rom 1978) 215–220.

Herculaneum

Herculaneum 1

1.^Fundort unbekannt 6
AO/Inv. Nr.: Rom, Museo Nazionale Romano, Hof
Typ/Mat.: S mit zwei Zifferblättern: zylindrische und sphärische Variante / Marmor
Maße: H 31,8 B 35,1 T_{max} 8,6
FO: Villa Scipio bei Herculaneum 1769

Aufstellung: aufgrund der geringen Tiefe des Stücks ist zu vermuten, dass sie in die Nordwand des griechischen Peristyls integriert war

B: Die Front des Uhrenmonuments teilt eine horizontale profilierte Leiste in zwei annähernd gleiche Teilbereiche: In der oberen Zone befindet sich eine konische Sonnenuhr, die von Volutenbändern gerahmt wird, und in der unteren ein zweites, hemisphärisch geschnittenes Zifferblatt, dessen erhaben gearbeiteter Limbus von antithetisch angeordneten, geflügelten Genien gehalten wird. Beide Uhren sind nach Süden ausgerichtet. Das außergewöhnliche Stück wurde bislang unzureichend dokumentiert und ist seit 2006 offenbar verschollen. Eine sehr enge Parallele stellt FO unbekannt 6 dar.

Inschrift: keine

Datierung: spätes 1. Jh. v. Chr.

Literatur: Gatty 1900, 42; Drecker 1925, 41, Abb. 67; Gibbs 1976, 7004 G, 381–382 Abb. 65.

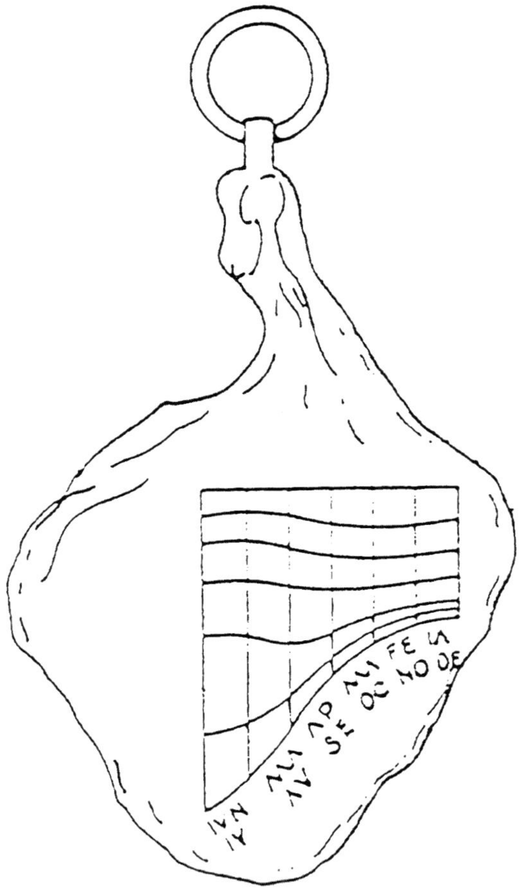

Herculaneum 2

2.

AO/Inv. Nr.: Neapel, Nationalmuseum 25494

Typ/Mat.: S vertikal / Reiseuhr / versilberte Bronze

Maße: H 11,6 B 8 T 1,7

FO: 11.06.1755, Herculaneum

Aufstellung: Handgerät

B: Die in der Literatur als sog. Herkulaner Schinken geführte Miniaturuhr verdankt diesen Spitznamen ihrer unregelmäßigen äußeren Kontur, die an einen hängenden Schinken erinnert. Bereits De Solla Price führte diese Form auf den Erhaltungszustand des Stücks zurück: So ist das flache, ursprünglich wohl scheibenförmige Metallinstrument an einigen Stellen derart korrodiert, dass von dem originalen Außenrand nur eine kleine Partie entlang seines oberen Randes mit einer kleinen Öse zur Aufhängung erhalten ist.

Das Zifferblatt besteht aus einem Raster, das je sieben eingravierte Stunden- und Datumslinien bilden. Diese ergänzen sich bei korrekter Ausrichtung des Geräts zu einem Jahreskalendarium, wie die abgekürzten lateinischen Monatsnamen entlang des unteren Randes verdeutlichen. Die regelmäßigen Abstände der Stundenlinien zeigen, dass saisonale Stunden gemessen wurden. Während diese Linien im oberen Bereich rechtwinklig aufeinander stoßen, verlaufen die drei unteren Stundenlinien nicht horizontal, sondern sind geschwungen, so dass der Schatten der Wintersonne weiter vom Gnomonloch entfernt ist als im Sommer, was wesentlich zur Lesbarkeit beiträgt.

De Solla Price gelang der mathematische Nachweis, dass der gemeinsam mit dem Uhrenkörper gegossene Gnomon sich ösenartig auf der linken Schmalseite des Zifferblatts befunden haben muss und ausschließlich für die Breite von Herculaneum berechnet war.

Inschrift: lateinische Monatsnamen in Kurzschrift

Datierung: 27 v.–79 n. Chr.

Literatur: De Solla Price 1969, 244–246; CIL X.2 954 Nr. 8071.

3.

AO/Inv. Nr.: CIL XIV 713, heute in Großbritannien (?)

Typ/Mat.: S konisch / unbekannt

Maße: unbekannt

FO: Herculaneum

Aufstellung: Villa ~

B: Die aus zwei Werksteinen gearbeitete Uhr besteht aus hochrechteckiger Basis mit Inschrift und konischer Sonnenuhr. Elf Stunden- und drei Datumslinien gliedern das Zifferblatt, das der Limbus deutlich gegenüber dem Körper absetzt.

Unterhalb der Schattenfuge begrenzen als rechteckige Klötzchen stilisierte Füße die Basis, die undekoriert mit einer schmalen Standleiste abschließt. Die Ausführung ist extrem sorgfältig.

Wohl zugehörig ist der schlichte Schaft mit Kopf- und Fußprofil, in dessen oberer Bereich die Inschrift verläuft.

Inschrift: Ἓξ ὧραι μόχθοις ἱκανώταται· αἱ δὲ μετ´ αὐτάς | γράμμασι δεικνύμεναι ΖΗΘΙ λέγουσι βροτοῖς. „Sechs Stunden Arbeit genügen; die folgenden Stunden des Tages rufen mit deutlicher Schrift „Lebe!" den Sterblichen zu."

Obwohl der Text übereinstimmt, entspricht die Abbildung der in den IG nicht dem von Pfohl dokumentierten Stück. Offenbar gab es zwei Uhren mit derselben Inschrift, die heute beide verschollen sind.

Datierung: vor 79 n. Chr.

Literatur: IG XIV 713 = Pfohl 161, AP X, 43.

Herculaneum 4

4.

AO/Inv. Nr.: Herculaneum, in situ

Typ/Mat.: S sphärisch / weißer Marmor

Maße: H 27,35 B 40,8 T_{oben} 24,1 T_{Basis} 13,4

FO: Casa dell'atrio a mosaico, Garten
Aufstellung: Villa urbana
B: Das Zifferblatt der gut erhaltenen Uhr nimmt mehr als zwei Drittel ihrer Gesamthöhe ein: Es ist äußerst präzise gearbeitet und in elf Stunden- und drei Datumslinien unterteilt, die bis auf den Meridian alle zwischen Winter- und Sommerwendlinie verlaufen. Nur die Mittagslinie wurde bis an den Gnomon heran verlängert.

Im Profil weicht unterhalb des großen Zifferblatts der Uhrenkörper bis an die Schattenfuge als schräge Fläche zurück, um anschließend im Gegenwinkel bis an die Standleiste ein kurzes Stück vorzutreten. Alle Bereiche, auch die Seitenflächen, sind undekoriert.

Die geringe Tiefe des Stücks spricht dafür, dass die Uhr in eine Architektur integriert war.
Inschrift: keine
Datierung: vor 79 n. Chr.
Literatur: Rayet 1875, 81 Nr. 407; A. Maiuri, Ercolano: I nuovi scavi 1927–1958 (Rom 1932) 290–293; Gibbs 1976, 1031 G; W. F. Jashemski, The Gardens of Pompeji, Herculaneum and the Villas Destroyed by Vesuvius (New Rochell, NY 1979) 262 Abb. 289.

5.
AO/Inv. Nr.: Herculaneum, in situ
Typ/Mat.: S konisch / weißer Marmor mit grauen Adern
Maße: H 56, 1 B 46 T_{oben} 33,2 T_{Basis} 21
FO: Casa della Gemma (Angabe wie Herculaneum 4, hier aber von Gibbs ausdrücklich als ‚provenance' gekennzeichnet)
Aufstellung: Villa urbana
B: Konische Sonnenuhr, auf deren Zifferblatt elf Stunden- und drei Datumslinien erhalten sind. Offenbar wird die Basis von zwei Löwenfüßen flankiert. Die summarische Beschreibung von Gibbs lässt keine weitere Beurteilung zu.
Inschrift: keine
Datierung: vor 79 n. Chr.
Literatur: Gibbs 1976, 3074 G.

Herdade da Olivã

Herdade da Olivã 1

1.
AO/Inv. Nr.: Musée Municipal de Campo Maior
Typ/Mat.: S Hohlform / Marmor?

Maße: unbekannt
FO: Villa rustica im ager Augusta Emerita, in der Nähe von Campo Maior
Aufstellung: Villa rustica
B: Das Zifferblatt der schlichten, gut erhaltenen Uhr nimmt etwa das obere Drittel der Blockhöhe ein. Der Schattenkreis ist in elf Stundenlinien aufgeteilt; ob Datumslinien vorhanden sind oder aufgemalt waren, ist anhand der Fotografie nicht zu entscheiden. Alle Stundenlinien verlaufen ausgehend vom ausgebrochenen Gnomonloch bis an den Rand des Schattenkreises.

Unterhalb des Schattenkreises tritt der Uhrenkörper bis an die horizontale Schattenfuge schräg zurück, um dann wieder als ebene Fläche bis an die Standleiste vorzuspringen.
Inschrift: keine
Datierung: 3. Jh. n. Chr.
Literatur G. Cardoso, APort IV,5, 1987, 223; Encarnacao 2006, 82–83.

Herdonia

1.
AO/Inv. Nr.: Ordonia (?) oder Foggia (?), Inv. Nr. 79–OR-167
Typ/Mat.: S sphärisch / kristalliner Kalkstein
Maße: B 18,5 H 20 T 15 / erhalten ist die rechte Seite der Nachmittagsstunden, entlang der Schattenfuge bestoßen
FO: Herdonia 1979, nahe des Nord-Ost Tores
Aufstellung: Nekropole
B: Die sphärisch geschnittene Uhr ist entlang der Meridianlinie und der Schattenfuge derart gebrochen, dass nur die Nachmittagsstunden erhalten sind. Auf der Oberseite befindet sich ein ausgebrochenes Gnomonloch. Das rechte Ende des Schattenkreises ist bestoßen, doch sind Teilstücke der Linien der Stunden sechs bis elf, sowie zweier Datumskurven – die Äquinoktium und Winterwendlinie anzeigen – erkennbar. Eine Linie für die Sommerwendlinie fehlt, sie könnte ungefähr mit der äußeren Kontur des Schattenkreises zusammenfallen.

Scheidts Analyse zufolge wurde die Uhr nicht für Herdonia berechnet, so dass hier die Zeit nur relativ ungenau angezeigt wurde. Kurze waagerechte Teilstriche könnten ein Hinweis darauf sein, dass die fehlerhafte Datumsanzeige nachträglich korrigiert wurde.

Das dekorlose Stück folgt in seiner Kontur dem Umriss des rechteckigen Blockes, unterhalb des Schattenkreises bricht die vordere Fläche ohne Limbus schräg nach hinten weg.
Inschrift: keine
Datierung: Scheidt verweist auf die Blütezeit der Siedlung im späten 1. Jh. n. Chr., während dieser Phase wurde vermutlich auch der Zeitmesser aufgestellt.
Literatur: Scheidt 1997, 383–406; J. Mertens, Herdonia – scoperta di una città (Bari 1995) 85; N. Severino, Ancora sulla meridiana romana del museo archeologico di Aquino, Studi Cassinati 4, 2003, 262.

Ialysos

1.
AO/Inv. Nr.: Ialysos, in situ
Typ/Mat.: S konisch / lartischer Marmor
Maße: ca. H 18 B 17 T 16
FO: Ialysos, Filerimos, vor der W-Ecke des Athena-Tempels
Aufstellung: Heiligtum
B: Die relativ kleine, undekorierte Uhr ist ein Vertreter des konischen Typs: Ihr Zifferblatt nimmt etwa zwei Drittel der Blockhöhe ein und ist in elf Stunden- und drei Datumslinien unterteilt.

Unterhalb des Schattenkreises schließt sich unmittelbar die Schattenfuge an, von der aus die Basis als schräge Fläche bis an die niedrige Standleiste reicht.
Inschrift: keine
Datierung: 1. Jh. v. Chr.
Literatur: unpubliziert

2.
AO/Inv. Nr.: Rhodos, Od. Ippoton 1 (A 914, ar. arn. 5149–11)
Typ/Mat.: S sphärisch / lartischer Marmor
Maße: keine Maßangaben
FO: Ialysos, Filerimos 13.11.1976, etwa 100m östlich des dorischen Brunnenhauses
Aufstellung: Heiligtum
B: Das Fragment einer sphärischen Sonnenuhr umfasst ein Stück der gekrümmten Rückseite und einen Bereich des Zifferblatts mit zwei erhaltenen Stunden- und drei Datumslinien.
Inschrift: keine
Datierung: 1. Jh. v. Chr. (?)
Literatur: unpubliziert

Iasos

1.
AO/Inv. Nr.: Iasos Nr. 77
Typ/Mat.: Dekret betreff der Auszahlung des Ekklesiastikon / Marmor / Wasser läuft aus Keramiktopf aus
Maße: H 44 B 54,5 T 10
FO: Tarandos, Salih Adasi in neuzeitlichem Haus als Fenstersims
Aufstellung: Agora, vor der Ekklesia
B: Das Dekret machte erstmals B. Haussoulier bekannt, der den Stein in sekundärer Verbauung in einem neuzeitlichen Haus auf Salih Adasi entdeckte. Aufgrund der Nennung von Neopoiai und der Angabe des Termins der Volksversammlung am sechsten Tag des Monats erkannte er die Herkunft der Marmorplatte aus Iasos, weil dort sowohl dieses Amt als auch die genannten kalendarischen Daten durch andere Inschriften belegt sind. Gauthier edierte die verschollene Inschrift auf der Grundlage eines Abklatsches erneut:

Das Dekret gibt Normen für die formalen Abläufe der Ekklesia von Iasos vor: Es legt u. a. fest, dass an einem jeden sechsten des Monats ein mit Wasser gefüllter Maßtopf aus Ton (*κεράμιον μετρητιαῖον*) für jedermann sichtbar so aufzustellen sei, dass eine Höhe von sieben Fuß, also etwa 1,82 m eingehalten wird.

Der Füllstand des recht großen Gefäßes wird in der Inschrift auf einen *μετρητής* festgelegt. Dieses Maß entspricht der Menge von zwölf Choen (Heron Mech. De mensuris 19,1), also umgerechnet 39,39 l, so dass die Auslaufzeit ungefähr 72 min beträgt, vgl. hier Kapitel V 1. An Versammlungstagen wurde von Sonnenaufgang an Wasser aus einem kleinen Loch (dem kyamos) in Bodennähe des Gefäßes abgelassen. Jedem Bürger, der nicht bis zum Leerlauf eintraf, wurde das Sitzungsgeld von ungefähr drei Obolen nicht ausgezahlt.

Das Dekret ist die einzige Inschrift, welche die Verwendung eines Kurzzeitmessers beschreibt, der zur Gruppe der Auslaufuhren gehört. Obwohl in Iasos wie auch andernorts der Versammlungsbeginn auf den Sonnenaufgang festgelegt war, wird mittels des Zeitmessers eine zeitlich normierte Toleranzspanne für die Ankunft der Stimmberechtigten gewährt. Die Sorge um das Instrument – seine Pflege, Aufstellung und Befüllung – liegt für diese Vorgänge in Iasos bei den Neopoiai.
Inschrift: nach Gauthier a. O. 435:

[1. Zeile fehlt]|[------ἵνα-----τ]ὸ ἐκκ[λησιαστικό]ν διδ[ῶνται?] | [nomen Εὐ]θυδήμου, Ἐπικρά[της Ἑρμο]κρέοντος, | [nomen Ἡρα]κλείτου, Ἑστιαῖος Ἀπολλωνίδου, | [nomen Μι]ννίωνος, Φορμίων Ἱερουκλέους· τοὺς μὲ[ν] | [ταμίας διδόν]αι τοῖς [ν]εωποία(ι)ς ἑκάστου μηνὸς τῆι νουμηνία[ι] | [δραχμὰς (?) ἑκα]τὸν ὀγδοήκοντα ἐκκλησιαστικόν, τοὺς δ[ὲ] | [νεωποίας] ἑκάστου μηνὸς ἕκτηι ἱσταμένου καὶ ταῖς vacat | [ἀρχαιρ]εσίαις (?) ἐκτιθέναι ἅμα τῆι ἡμέραι κεράμιον μετρητιαῖον | [ὕδατο]ς πλῆρες, τρύπημα ἔχον κυαμιαῖον ἀπέχον ἀπὸ τῆς γῆς | [μὴ ἔλασ]τον ποδῶν ἑπ[τ]ά· ἀφίεσθαι δὲ τὸ ὕδωρ ἅμα τῶι ἡλίωι | [ἀν]ατέλλοντι καὶ τοὺς νεωποίας καθῆσθαι καὶ παρακεῖσθαι | [ἑκά]τοστωι κιβώτιον ἐσφραγισμένον ὑπὸ τῶν προστάτων, ἔχον | [ca. 10–13] στό[μ]α μῆκος διδάκτυλον πλάτος vacat | [δάκτ]υλον καὶ ἐπιγεγράφθω τῶι κιβωτίωι τῆς φυλῆς τοὔνομα· | [τῶν δ]ὲ εἰς τ[ὴν ἐκκλησί]αν πορευομένων διδότω ἕκαστος πεσσὸν | [τῶι νεωπ]οί[ηι] τῆς αὐτοῦ φυλῆς, ἐπιγράψας τὸ αὐτοῦ ὄνομα | [πατρ]όθε[ν καὶ ca. 10]· ὁ δὲ νεωποίης ἐμβαλλέτω | [καὶ πεσσὰ ?] | [εἰς τὸ κιβώτιον καὶ γρα]φέσθω τὰ ὀνόματα πατρόθεν 5–7 oder vacat | [-------------]σθων (?) πεσσὸν παραχ[ρῆμα ?-------------] | [--------τ]ὰς [σφρα]γῖ[δ]ας (?) τῶν κιβωτ[ίων --------------] | [-----------------------] κ[ιβ]ωτίου [-----------------] [letzte Zeile fehlt]

nach Gauthier a. O., übertragen aus dem Französischen:

„--- damit das Ekklesiastikon eingezahlt wird (?): ..., Sohn des Euthydemos, Epikrates, Sohn des Hermokreon, ..., Sohn des Herakleitos, Hestiaios, Sohn des Apollonides, ..., Sohn des Minnion, Phormion, Sohn des Hierokles. Dass die Kassenwarte an die Neopoiai am ersten Tag eines jeden Monats 180 Drachmen (?) als Ekklesiastikon einzahlen, (und) dass die Neopoiai am sechsten Tag eines jeden Monats und nach den Archairesien (?) bei Morgendämmerung ein mit Wasser gefülltes Tongefäß mit einem Fassungsvermögen von einem Metretes und einer bohnengroßen Öffnung in der Mindesthöhe von sieben Fuß vom Boden aufstellen, (und) dass das Wasser bei Sonnenaufgang abgelassen werden soll, und dass die Neopoiai auf ihren Plätzen sind und dass dicht bei einem jedem von ihnen eine Schachtel steht, die von den Prostatai (zuvor) versiegelt wurde, und die ... einen zwei Finger langen und einen Finger breiten Schlitz aufweist und dass im Innern der Schachtel der Name der Phyle aufgeschrieben wurde, dass jeder von denen, die sich zu der Versammlung begeben, einen Pessos beim Neopoies seiner Phyle abgibt, nachdem (jeder Anwesende) seinen Namen, sein Patronym und ...; dass der Neopoies die Pessos in die Schachtel steckt und dass Namen und Patronyme notiert wurden (?) ... ; ... außerdem ein Pessos (?) ..., die Siegel (?) der Schachteln ... von der Schachtel ..."

Datierung: 330–325 v. Chr. (Gauthier a. O. 423 f.)

Literatur: B. Haussoulier, Inscription de l'île de Karyanda, BCH 8, 1884, 218–222; E. L. Hicks, Iasos, JHS 8, 1887, 104–111; Young 1939, 278 Nr. 27; W. Blümel, Die Inschriften von Iasos. Inschriften griechischer Städte aus Kleinasien 28, 1–2 (Bonn 1985) Nr. 77; BE 18, 1987, 273; P. Gauthier, L'inscription d'Iasos relative à l'ekklesiastikon (I. Iasos 20), BCH 114, 1990, 417–443; F. Delrieux, Iasos à la fin du IVe siècle a. C. Les monnaies aux fruits de mer, des fils de Théodotos au versement de l'ekklesiastikon, REG 114, 2001, 160–189; Hannah 2009, 102; K. Konuk, The payment of the ekklesiastikon at Iasos in the light of new evidence, in: R. van Bremen (Hrsg.), First International Symposion on Hellenistic Caria, Kongress Bordeaux 2006 (Paris 2010) 59–68.

Igaeditani, Municipium

1.

AO/Inv. Nr.: Museum Idanha-a-Velha, Castelo Branco HAE 1063; ILER 2082 = 5846a

Typ/Mat.: Stiftung orarium / W ~ / Block ohne Abschlußprofile / lokaler Granit

Maße: H 33 B 44 T 10

FO: Idanha-a-Velha

Aufstellung: Forum ~

B: Quintus Tallius aus Augusta Emerita stiftet den Einwohnern von Igaeditani ein orarium, dessen öffentliche Aufstellung die örtlichen Magistrate bestimmen.

Singulär ist hier die Wortwahl *orarium*, in der Etienne die Verbindung der Worte *solarium* und *horologium* erkennt und deshalb in der Stiftung eine Sonnenuhr vermutet. Abweichungen von der üblichen Schreibweise begegnen auch an anderen Stellen der Inschrift.

Die geringe Stärke der Inschriftenplatte von nur 10 cm spricht m. M. nach für die getrennte Aufstellung von Inschrift und Uhr, wie sie für Wasseruhren die Regel ist, die in einem Gebäude untergebracht sind, während in Verbindung mit Sonnenuhren dieser Aufstellungsmodus nicht belegt ist.

Die Inschrift ist der früheste Ausweis der Civitas Igaeditanorum im Jahr 16 v. Chr. Seit diesem frühen Zeitpunkt unterstanden die keltischen Einwohner in der neu eingerichteten Provinz Lusitanien der römischen Administration und waren mit den normativen Funktionen eines Zeitmessers vertraut.

Die Marmorplatte stammt aus dem Bereich des Forums, dessen früheste Bauphase von Carvalho a. O. 130 f. aufgrund von neueren Ausgrabungen in augusteische Zeit datiert wird. So hat es den Anschein, als ginge mit der Erhebung des Ortes zur Civitas die Einrichtung des neuen administrativen bzw. politischen Zentrums einher, zu dessen Ausstattung u. a. der Zeitmesser gehört.

Inschrift: Q(uintus) Tallius Sex(ti) f(ilius) Papi(ria) Augu(sta Emerita) | orarium donavit | Igaiditanis. L(ocus) a(dsignatus) f(uit) per mag(istros) | toutoni Arci(i) f(ilii) | Malgeini Manli(i) f(ilii) | Celt(i) Arantoni f(ilii) | Ammini Ati(i) F(ilii) | L(ucio) Domitio Aenobarbo | P(ublio) Cornelio Scipione Co(n) [s(ulibus)]

„Q(uintus) Tallius, Sohn des Sextus, aus der Tribus Papiria, Bürger von Augusta Emerita, hat den Igaeditanern die Uhr geschenkt. Der Platz dafür wurde von den Magistri Toutonius, Sohn des Arcius, Malgeinius, Sohn des Manlius, (von) Keltius, Sohn des Arantonius, (und von) Amminius, Sohn des Atius unter dem Konsulat des L(ucius) Domitius Ahenobarbus und des P(ublius) Cornelius Scipio zugewiesen."

Datierung: Frühjahr 16 v. Chr. (Konsuln)

Literatur: F. de Almeida, Egitania. Historia e Arqueologia. Fac. Letras, univ. Lisboa 2 (Lissabon 1956) 140–141 Nr. Abb. 105; V. Mantas, Orarium donavit Igaiditanis: epigrafia e funções urbanas numa capital regional lusitana, in: G. Pereira Menaut (Hrsg.), Actas 1. Congreso peninsular de historia antigua Bd. 2 (Santiago de Compostela 1988) 421–423; R. Étienne, L'horologe de la civitas Igaeditanorum et la création de la province de Lusitanie, REA 94, 1992, 355–362; J. M. Abascal, Fasti consulares, fasti locales y horologia en la epigrafía de Hispania, AEspA 75, 2001, 269–286; Encarnacao 2006, 84; P. C. Carvalho, O Forum dos Igaeditani e os primeiros tempos da Civitas Igaeditanorum, AEspA 82, 2009, 115–131; Bonnin 2010, 186.

Ilion

Ilion 1

1.
AO/Inv. Nr.: Troia, Grabungsdepot Inv. Nr. I 53 / SEG 50, 1198 bis
Typ/Mat.: S / Marmor
Maße: Fragment: H 18 B 36
FO: unbekannt
Aufstellung: unbekannt
B: Schleifspuren entlang des Randes zeugen davon, dass dieses Fragment einer ursprünglich sehr großen Sonnenuhr in einer späteren Verwendung als Brunnenmund diente.

Erhalten ist der Teil des Schattenkreises, in dem Sonnen- und Winterwendlinie verlaufen. Ungewöhnlich ist die Aufteilung der an die Datumslinien grenzenden Stundenlinien, deren Intervalle im oberen Bereich deutlich breiter angelegt sind als im unteren.
Inschrift: θερ[ινός] | χιμε[ρινός]
Datierung: Die überaus präzise Linienführung, die Form der Buchstaben, die Schreibweise χιμε[ρινός] statt χειμε[ρινός] (vgl. u. a. Ephesos 2) sowie die vermutete Anzeige von Temporalstunden spricht für eine Entstehung der Sonnenuhr im 2. Jh. v. Chr.
Literatur: C. B. Rose, Post-Bronze Age Research at Troia, StTroica 10, 2000, 66–67 mit Abb. 12; SEG 50, 1198 bis.

2.
AO/Inv. Nr.: Troia, Grabungsdepot Inv. Nr. A 68
Typ/Mat.: S / Marmor
Maße: unbekannt
FO: spätrömisches Gebäude H 17
Aufstellung: unbekannt
B: Rose erwähnt dieses kleine Fragment, das aus einer späteren Verwendung innerhalb der spätantiken Wohnbebauung stammt, in einer Fußnote.
Inschrift: [θερ]ινός | [χιμερ]ινός auf der westlichen Seite: [ἰσημε]ρίν[ος]
Datierung: (spät-)hellenistisch
Literatur: C. B. Rose, Post-Bronze Age Research at Troia, StTroica 10, 2000, 66 Anm. 87.

Imbros

Imbros 1

1.
AO/Inv. Nr.: Athen, Epigraphisches Museum Inv. Nr. 2922
Typ/Mat.: S konisch / weißer Marmor mit grauen Partikeln
Maße: H 27 B 30 T 17
FO: aufgrund der in der Inschrift genannten Megaloi Theoi und des Breitengrads, für den die Uhr berechnet wurde, vermutet Gibbs ihre Herkunft aus Imbros
Aufstellung: Heiligtum
B: Der Schattenkreis der schlichten Uhr wurde auf der rechten Seite angestückt. Auf der linken Seite ist der Schattenkreis bis zur dritten Stunde gebrochen. Schattenkreis und wellenförmig profilierte Basis sind jeweils gleich hoch. Während die Datumslinien kaum zu erkennen sind, sehen die eingeritzten elf Stundenlinien so aus, als seien sie nachträglich vertieft worden. Auf dem tiefsten Abschnitt der als Kyma gestalteten Basis befindet sich die zweizeilige griechische Inschrift.
Inschrift: Λυσαγόρας Ἡγ[η]σίνου | Φυλάσ[ιος] | Θεοῖς Μεγάλοις.
„Lysagoras, Sohn des Hegesinos, Phylasios (stiftet dies) den Theois Megalois."
Datierung: Gibbs vermutet aufgrund der Buchstabenform eine Entstehung im 2./1. Jh. v. Chr.
Literatur: P. Fouchard, Inscriptions des Clerouches Athéniens d'Imbros, BCH 7, 1883, 164; P. Graindor, Inscriptiones Grècques, RA 6, 1917, 1 Taf. 1; IG XII 8, 71; Gibbs 1976, 3044 G, 264 Abb. 37.

Ioulis

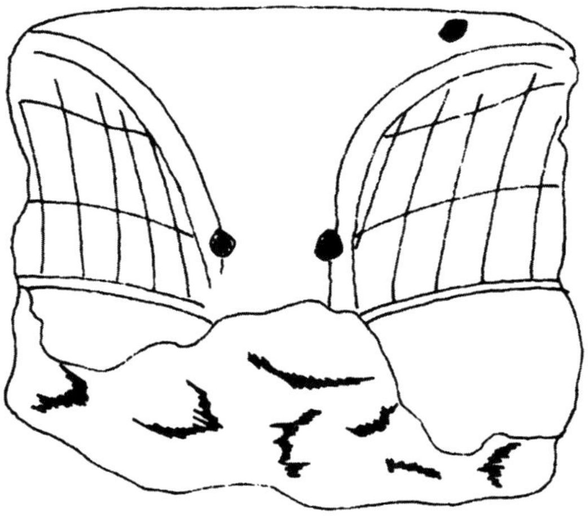

Ioulis 1

1.
AO/Inv. Nr.: unbekannt
Typ/Mat.: S sphärisch mit zwei Zifferblättern / lokaler weißer Marmor

Maße: H 33 B 26 / der Block ist an seiner linken und rechten Kante, sowie entlang seiner Unterseite bestoßen bzw. gebrochen.
FO: entlang einer Strasse von Ioulis
Aufstellung: öffentlich? ~
B: Der Block wurde symmetrisch so in zwei Viertelsphären aufgeteilt, dass die eine die Vormittags- und die andere die Nachmittagsstunden anzeigt. Je Seite haben sich fünf Stunden- und drei Datumslinien erhalten. Die kalendarischen Funktionen werden jeweils von Beischriften ausgewiesen. Der Vormittagsuhr weist Gibbs ein Gnomonloch zu, der des Nachmittags zwei. Unterhalb der Zifferblätter folgt eine glatte Fläche ohne Dekorelemente. Gibbs verweist auf die Ähnlichkeit mit Samothrake 1.

Auf der Oberseite des Blocks befinden sich mehrere (mindestens drei) Stiftlöcher. Während Gibbs diese der sicheren Befestigung des Gnomon zuschreibt, ist es eher wahrscheinlich, dass sie wie in Sparta 1 zur Befestigung eines Aufsatzes aus Bronze dienten, der vielleicht die Funktion einer Windfahne hatte.
Inschrift: entlang der Datumslinien der Ostseite: [τροπὴ χειμερινή] | ἰσημερί[α] | [κύων ἐκφανής] ? | [τρ]οπὴ θερι[νή]

entlang der Datumslinien auf der Westseite: [τροπὴ χειμερινή] | ἰσημερία | κύων ἐκφανής | [τρο] πὴ [θ]εριν[ή]
Datierung: 2. Jh. v. Chr.
Literatur: Rehm, RE VIII 2425; Gibbs 1976, 1073; IG XII 5.1, 645 und S. 334.

Isthmia

Isthmia 1.1

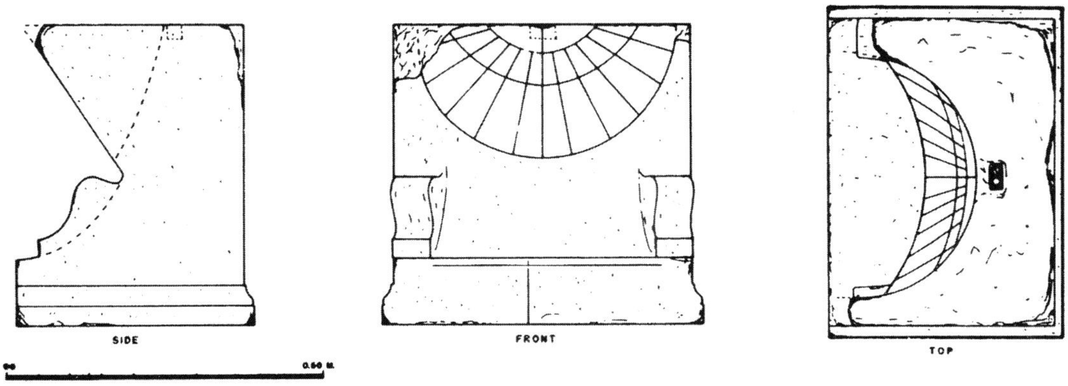

Isthmia 1.2

1.
AO/Inv. Nr.: Isthmia, Magazin IM 70.39
Typ/Mat.: S konisch / Marmor
Maße: H 46,5 B 47 T 29,5

FO: aus kaiserzeitlichen Füllschichten östlich des Poseidon-Heiligtums im April 1970
Aufstellung: Heiligtum
B: Die relativ große Uhr ist bis auf geringe Bestoßungen der Oberfläche und ein kleines Fehlstück am linken Ende des Schattenkreises sehr gut erhalten. Eine abgeschrägte, gepickte Fläche am rechten Ende des Schattenkreises verrät, dass der Block zu klein gewählt worden war, so dass er an dieser Stelle in Stuck ergänzt werden musste. Die einheitliche Glättung von Seitenflächen und Rückseite spricht für eine freie Aufstellung des Stücks.

Das überaus sorgfältig geglättete Zifferblatt wurde derart in elf Stunden- und zwei Datumslinien eingeteilt, dass der Meridian bis zum zentral positionierten Gnomonloch fortgeführt ist, während die anderen Stundenlinien nur wenig über die Winterwendlinie hinausreichen.

Unmittelbar unterhalb des Schattenkreises weicht der Körper als glatte Fläche zurück, um dann wenig unterhalb des tiefsten Punktes des Zifferblatts wieder hervorzutreten. Diese Zone flankieren zwei blockhaft gebildete Profile in Form von Kymata reversae, die in Ausführung und Breite erheblich voneinander abweichen. Die Uhr ruht auf einer dekorlosen, etwa 10 cm hohen, angearbeiteten rechteckigen Standplatte.
Inschrift: keine
Datierung: 1. Jh. n. Chr.
Literatur: P. Clement, Isthmia Excavations. East Field, ADelt 26, 1971 Chron B1, 94–111. Zeichnung 106. Taf. 83; Gibbs 1976, 3019 G; Schaldach 2006, 28.

Isthmia 2

2.
AO/Inv. Nr.: Isthmia, Archäologisches Museum IM 2124
Typ/Mat.: S sphärisch / Kalkstein
Maße: H 14 B 23 T 14,5
FO: Palaimonion, Bruchsteindepot, Lot 1215 (darin früheste Stücke 2. Jh. n. Chr.)
Aufstellung: unbekannt
B: Die Uhr ist bis auf das ausgebrochene waagerechte Gnomonloch gut erhalten. In einen relativ kleinen rechteckigen Quader, der unregelmäßig geschnitten ist, wurde als Schattenkreis eine Viertel-Hohlkugel eingetieft. Alle Außenflächen sind nur grob mit dem Zahneisen bearbeitet.

Auf das Zifferblatt verteilen sich neun tief eingekerbte Linien zur Anzeige der zweiten bis zehnten Stunde. Die erste und elfte Stunde bildet wohl der Schnittpunkt der Hohlform mit der Oberfläche des Blocks. Alle Linien sind ungenau ausgeführt und positioniert. Es fehlen die Datumslinien.
Inschrift: keine
Datierung: spätantik?
Literatur: Schaldach 2006, 27.

Istros

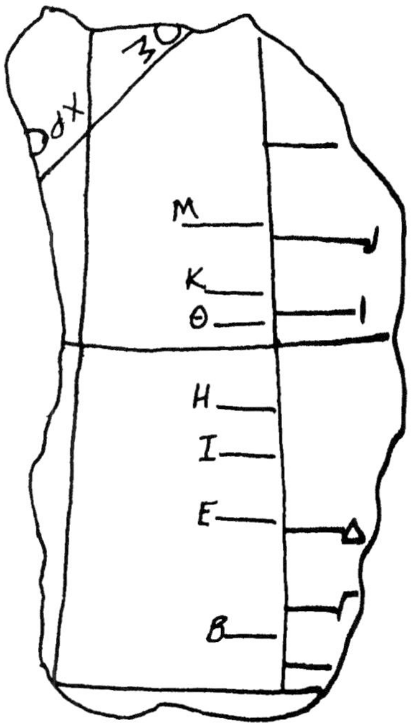

Istros 1.1–1.2

1.
AO/Inv. Nr.: Bukarest, Archäologisches Nationalmuseum Nr. L 2023
Typ/Mat.: S sphärisch / weißer Marmor
Maße: H 12,15 / ringsum gebrochenes Fragment eines Schattenkreises
FO: Istros, Stadtgebiet
Aufstellung: unbekannt
B: Erhalten ist nur der Bereich des Meridians eines sphärisch geformten Zifferblattes. Die Mittagslinie wird geschnitten von der Äquinoktiallinie und der Sonnenwendlinie, und ist ferner beiderseits von 13 kurzen Strichmarken flankiert, die mit griechischen Buchstaben beziffert sind. Ein Teilstück der fünften Stundenlinie ist zu erkennen, sowie des eingeschriebenen Dreiecks mit der Beischrift [– –]ος χρό[νος].

Aufgrund der Buchstabenform wurde das Fragment dem 3. Jh. v. Chr. zugewiesen und wäre damit eine der frühesten sphärischen Sonnenuhren.
Inschrift: griechische Zahlzeichen entlang der Datumslinien, unterhalb der linken Linie Überreste einer Inschrift: [– –]ος χρό[νος]
Datierung: Aufgrund der Buchstabenform schlägt Ionescu-Carligel eine Datierung ins ausgehende 4. oder den Anfang des 3. Jhs. v. Chr. vor.
Literatur: C. Ionescu-Carligel, Cadrane solaire grecesti si romane in Dobrogea, Pontice 2, 1969, 199–201 Abb. 1. 2, 206–207 Abb. 5; Ionescu-Carligel 1970, 121–125 Abb. 2, 133–137 Abb. 10. 11; Gibbs 1976, 69. 158 Nr. 1044; Edwards 1984, 12; Hannah 2009, 88.

Iuvavum

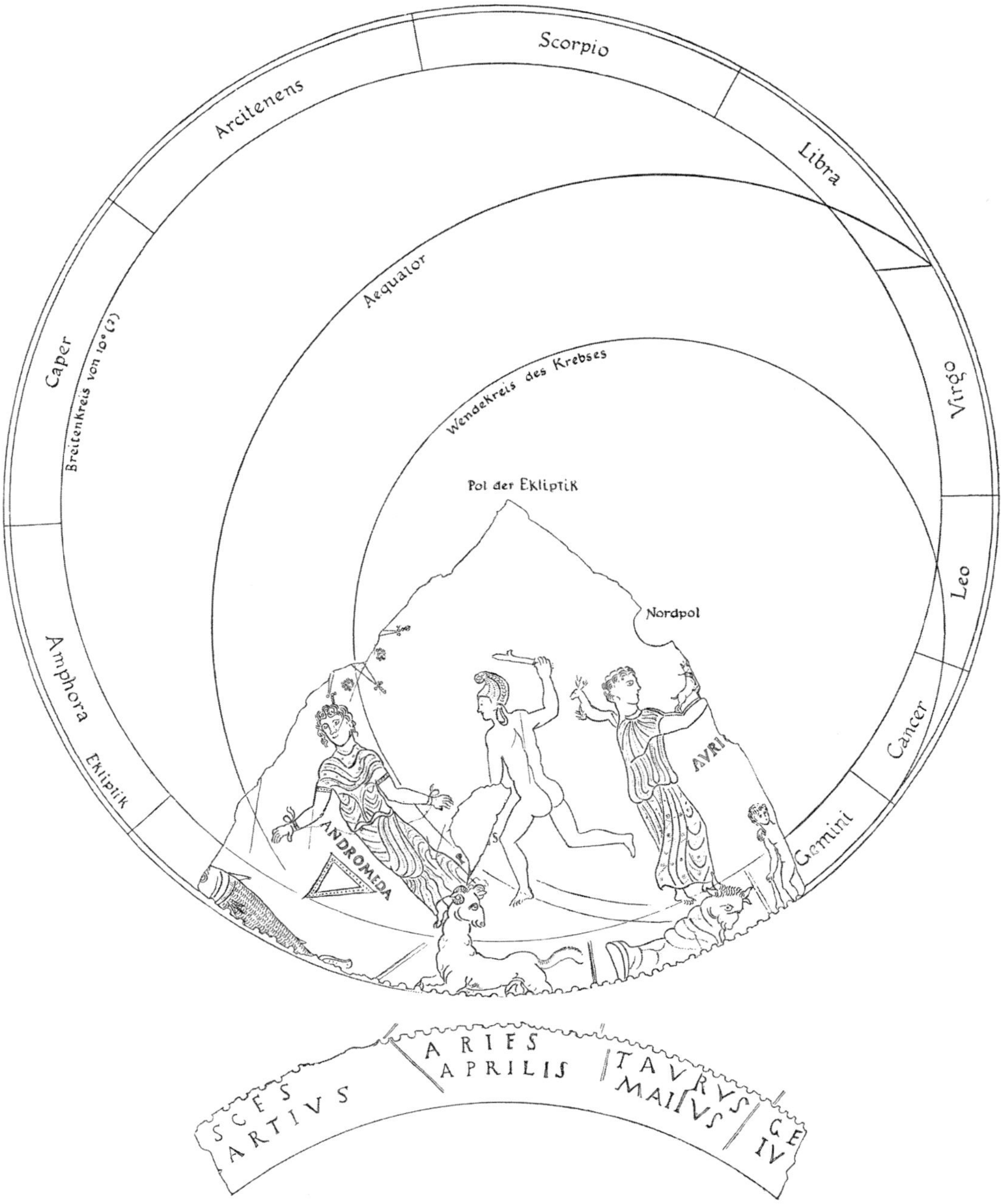

Iuvavum 1

1.

AO/Inv. Nr.: Salzburg, Museum Carolino-Augusteum Inv. Nr. 3985

Typ/Mat.: W anaphorisch (?) / Bronze

Maße: r 40,6; Bogenlänge 55; T 3; Gewicht 5,5 kg, Fragment; $Dm_{rek.}$ 1,20 m

FO: stammt vielleicht aus einer (Raub-?)Grabung in der römischen Nekropole am Kapuzinerberg

Aufstellung: in Gebäude, Forum ~

B: Erhalten ist etwa ein Viertel einer flachen Bronzescheibe, die auf ihrer Vorder- und Rückseite Überreste von Gravuren aufweist, die das Fragment als Teil eines kalendarischen Zifferblatts kennzeichnen. Den Rand markiert eine nicht besonders regelmäßige Reihe von 45 kleinen Perforierungen, wies sie auch an Fundort unbekannt 12° begegnen.

Auf der Vorderseite befinden sich zwei getrennte Systeme figürlicher Darstellungen: Entlang des Randes wird eine Folge von bogenförmig angeordneten Symbolen des Tierkreises von der Lochreihe auf etwa mittlerer Höhe durchbrochen. Erhalten ist der Abschnitt der Fische bis zu den

Zwillingen, somit der Monate März bis Juni. Radial verlaufende Kerben trennen jeweils das eine Tierkreiszeichen vom nächsten.

Oberhalb des Zodiakos sind frei positionierte, große Einzelfiguren einziseliert, in denen die Bearbeiter die Sternzeichen Andromeda, Herakles und die Hand eines als Apollon dargestellten Zwillings, Stier und Fisch sowie Wagenlenker und Perseus erkennen. Diese vorgeschlagenen Benennungen werden von partiell erhaltenen Beischriften und Attributen gestützt.

Wird das Fragment auf dieser Grundlage zu einem vollständigen Tierkreis ergänzt, so bildet der erhaltene Teil etwa ein Viertel der ursprünglichen Scheibe mit einem Durchmesser von über 1,20 m.

Außer den figürlichen Darstellungen befinden sich eingravierte Kreislinien auf der Scheibe: Eine bildet die Obergrenze des Zodiakos und entlang des 10. Breitengrads verläuft eine weitere, von der eine Bogensehne hinter der Andromeda sichtbar ist, und welche die Bearbeiter als Wendekreis des Krebses interpretieren. Das kurze Stück vor der Hand der Andromeda gehört zur Äquatorlinie. Diese funktionale Interpretation von Bogenlinien und Figuren legt die Position des Fragments im unteren Viertel der Bronzescheibe fest. Außerdem ist dann die Durchbohrung, die sich etwa auf halber Strecke der rechten Bruchkante befindet, das ursprünglich zentrierte Montageloch des Mechanismus.

Auf der Rückseite der Scheibe korrespondieren mit den Tierkreiszeichen der Vorderseite Beischriften. Diese sind so auf zwei Zeilen verteilt, dass die obere die entsprechende Station des Tierkreises und die untere den zugehörigen Monatsnamen nennt.

Der Zeitmesser kombiniert die zweidimensionale Sternkarte eines Planisphäriums, welche die astronomische Position im Jahr anzeigt, mit einer Zodiakal- und Tagesanzeige.

Bilfinger und Rehm verknüpfen die weitere Rekonstruktion des Mechanismus mit einer Sonderform der Einlaufuhr, deren Beschreibung Vitruv De arch. IX 8 überliefert. Sie vermuten, dass die Bronzescheibe Teil eines wassergetriebenen Mechanismus ist: Vor das erhaltene Blatt war ursprünglich eine gitterartige Struktur geblendet, die in einer Kreisbewegung die Tagesstunden in Relation zum monatskonformen Sternbild und Tierkreis anzeigte.

Den Antrieb beschreibt Vitruv, (Übersetzung nach Rehm a. O.): „Rückwärts ist der Mitte der Scheibe eine drehbare Achse eingefugt und um diese Achse ein weicher Bronzedraht gewunden, an dessen einem Ende ein Schwimmer hängt, der vom Wasser gehoben wird, am anderen ein Sandsack von gleichem Gewicht wie der Schwimmer. So viel nun der Schwimmer durch das Wasser gehoben wird, um ebenso viel dreht der Sandsack, nach unten ziehend, die Achse, die Achse aber die Scheibe. Die Drehung der Scheibe bewirkt dann, dass bald ein größerer, bald ein kleinerer Abschnitt des Tierkreises bei den Umdrehungen je nach der Jahreszeit die verschieden langen Stunden bezeichnet. (...)“

Während die frühen Bearbeiter des Stücks die kleine Lochreihe auf eine nachträgliche Umarbeitung der Bronzescheibe zurückführten, tendiert Künzl dazu, mit Vitruv die im Ganzen auf 15 Löcher pro Monat zu ergänzende Reihe als Einsatzpunkte von kleinen Stiften zu interpretieren. Diese *bullae* würden somit den jeweiligen Tag anzeigen und von einer Wartungskraft bedient, welche die Marken jeden zweiten Tag versetzt. In seinem Modell erklärt sich auch die ansonsten redundante Beschriftung auf der Rückseite der Scheibe, die dann der Wartungskraft zur korrekten Positionierung der Stecker dient. Der abweichende Schriftduktus von Vorder- und Rückseite – die Buchstaben der einen sind nicht nur wesentlich größer, sondern auch sorgfältiger ausgeführt als auf der anderen – könnte ein weiterer Hinweis auf die visuelle (und räumliche) Trennung beider Seiten sein.

Nach den Berechnungen von Künzl wurde das Stück für den 48. Breitengrad konstruiert und ist damit für Iuvavum korrekt berechnet. Eine ursprüngliche Aufstellung der ca. 1.20 m großen Scheibe innerhalb eines (wohl öffentlichen) Gebäudes des Municipiums ist anzunehmen. Ikonographische Vergleiche für das Motiv des liegenden Widder fand Künzl in hellenistischen Ägypten, so dass er ein ägyptisches Vorbild für die Darstellung des Zodiakos vermutet.

Aufgrund von ikonographischen und technischen Details der Bronzebearbeitung weisen die Bearbeiter das Stück dem 2. Jh. n. Chr. zu. Die im Wort Maius zu beobachtende longa, die besonders häufig im 1. und 2. Jh. n. Chr. auftritt, ist nach Rehm ein weiteres Argument für diesen Zeitansatz. Unter welchen Umständen und wann das Zifferblatt entlang der Tageslöcher gebrochen wurde, bzw. wann es Teil eines Grabinventars (?) wurde, erschließt sich aufgrund des Fehlens aller weiteren Angaben zum Fundort nicht.

Inschrift: auf der Vorderseite zwischen den Sternzeichen: Andromeda, Auri[...
auf der Rückseite:

[Pi]sces	Aries	Taurus	Ge[mini]
[M]artius	Aprilis	Mai|us	Iu[nius]

Datierung: 2. Jh. n. Chr.

Literatur: E. Maas, Salzburger Bronzetafel mit Sternbildern, ÖJh 5, 1902, 196–197; A. Rehm – E. Weiß, Zur Salzburger Bronzescheibe mit Sternbildern, ÖJh 6, 1903, 32–49; Diels 1920, 213–217; Künzl 2005, 88–91.

Jerusalem

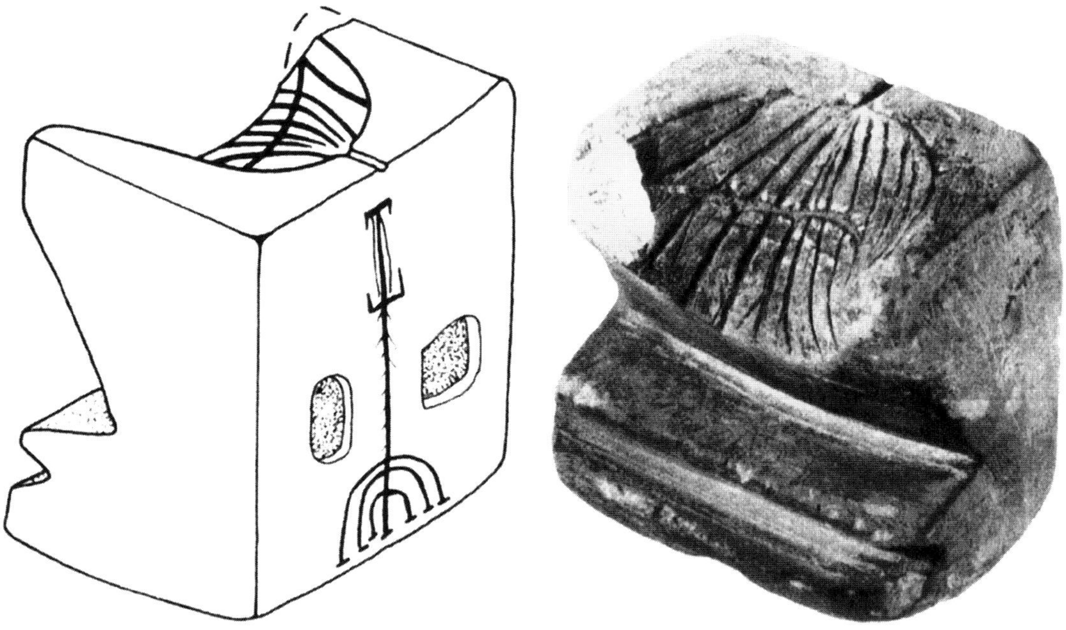

Jerusalem 1.1–1.2

1.
AO/Inv. Nr.: Haifa, Hecht-Museum Inv. Nr. IAA 1986–243
Typ/Mat.: S konisch / Miniatur / Kalkstein
Maße: H 9,2 B 7,2 T 5
FO: sog. Haus des Herodes im Zentrum der Stadt
Aufstellung: Wohnhaus
B: Die Miniaturuhr stellt aufgrund ihres Formats eine Besonderheit dar und gehört mit Darro 1 und Tanis 1 zur Gruppe der kleinsten Uhren.

Ihr Zifferblatt ist in elf Stundenlinien unterteilt, die unregelmäßig in den Schattenkreis eingeritzt wurden. Eine weitere Bogenlinie, welche die Stundenlinien auf etwa mittlerer Strecke schneidet, wurde so krumm gezogen, dass sie kaum eine Messfunktion als Datumslinie erfüllt haben kann.

Unterhalb des winzigen Uhrenkörpers verläuft durchgängig die Schattenfuge, auf die eine profilierte Basis folgt. Diese schließt bündig mit den Seitenflächen ab.

Auf der Rückseite der ansonsten undekorierten Sonnenuhr befindet sich die Darstellung einer auf dem Kopf stehenden Menora, die beiderseits zwei Einlassungen flankieren.
Inschrift: keine
Datierung: 2. Hälfte 1. Jh. v. Chr.
Literatur: R. A. S. Macalister – J. Garrow Duncan, Excavations on the Hill of Ophel, Jerusalem 1923–25 (London 1926) o. S.; S. Adam, Sundials in Israel, BSS 97.3, 1993, 3; Severino 2003, s. v. Palestina; H. Kenzler u. a. (Hrsg.), 2000 Jahre Varusschlacht – Imperium. Ausstellungskatalog Haltern 2009 (Stuttgart 2009) 343 Kat. Nr. 6. 29.

Jerusalem 2

2.
AO/Inv. Nr.: Jerusalem, Hebrew University Nr. 3018n Fg 616.93
Typ/Mat.: S konisch / Kalkstein
Maße: k. A. kleines Fragment des Randes eines Schattenkreises
FO: in der Nähe der Mauer des Tempelberges in einem herodianischen Kontext
Aufstellung: unbekannt
B: Ansätze dreier Stunden- und einer Datumslinie sind auf dem Fragment zu erkennen, dessen Rand von einem Flechtband umgeben ist.
Inschrift: keine
Datierung: 2. Hälfte 1. Jh. v. Chr.
Literatur: Gibbs 1976, 3092.

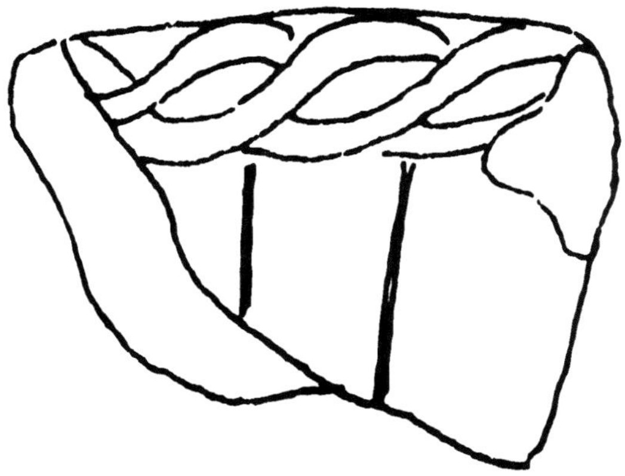

Jerusalem 3

3.
AO/Inv. Nr.: Jerusalem, Hebrew University Nr. 684b Fg 6
Typ/Mat.: S konisch / Kalkstein
Maße: k. A. / kleines Fragment des Randes eines Schattenkreises
FO: an der Mauer eines herodianischen Kanals
Aufstellung: unbekannt, vielleicht Wohnhaus?
B: Sehr ähnlich dem Fragment Jerusalem 2, auch mit einem Flechtband am Rand dekoriert.
Inschrift: keine
Datierung: 2. Hälfte 1. Jh. v. Chr.
Literatur: Gibbs 1976, 3093.

Kabyle

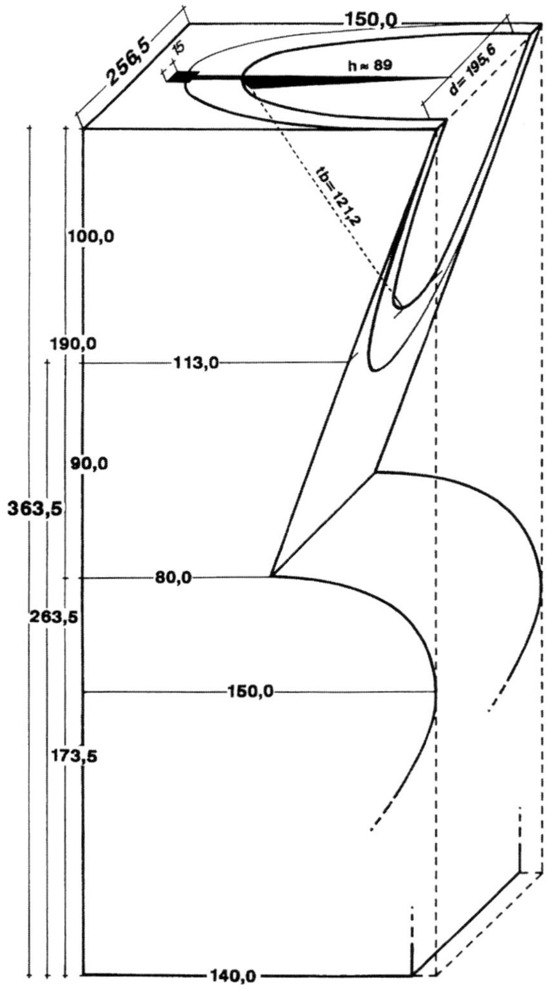

Kabyle 1.1–1.2

1.

AO/Inv. Nr.: in situ (?)

Typ/Mat.: S konisch / Marmor

Maße: H 36,3 B 25,5 T 15

FO: Kabyle, römisches Militärlager, heutiger Bezirk Yambol in Südbulgarien, wiederverwendet für den Bau des Bischofspalastes, gefunden 1995 (zum Befund vgl. V. Velcov, Zum Militärwesen der römischen Provinz Thrakien. Das Militärlager Cabyle, Chiron 8, 1978, 433–439; T. Ivanov, Kabile 1 (Sofia 1982) 15–44).

Aufstellung: Militärlager

B: Das offenbar in seiner ursprünglichen Funktion wiederverwendete Stück besteht aus einem hochrechteckigen Block, dessen oberes Drittel die konische Eintiefung des Schattenkreises einnimmt. Diesen gliedern elf Stunden- und drei Datumslinien. Während Äquinoktial- und Sommerwendlinie den tatsächlichen Daten entsprechen, verläuft die oberste Linie deutlich falsch. Sie wird aber von Valev nicht – wie von Hannah verstanden – als Anzeige der dies natalis interpretiert, sondern als Fehler. Alle Stundenlinien reichen über die Sommerwendlinie hinaus bis an den Rand des Schattenkreises.

Valevs Berechnungen zufolge wurde die Uhr für die Breite von Kabyle konstruiert.

Ungewöhnlicherweise rahmt ein etwa 2 cm breiter Limbus nicht nur den unteren, sondern auch den oberen Rand des Schattenkreises. Auf der Vorderseite tritt anschließend der Uhrenkörper bis an eine durchgängige Schattenfuge schräg zurück, die etwa auf halber Höhe der Uhr verläuft. Zwei asymmetrisch gestaltete, jeweils vierblättrige Rosetten schmücken diesen Bereich.

Die auf der Basis zentral positionierte fünfblättrige Palmette wird von stilisierten Löwenbeinen flankiert. Während die seitlichen Blätter im Umriss lanzettförmig geschnitten sind und jeweils eine Mittelrippe angedeutet ist, endet das mittlere in einem runden Abschluss. Zwischen Mittelrippe und anschließendem Lanzettblatt sprießt jeweils eine spiralförmig eingerollte Ranke.
Inschrift: keine
Datierung: Der Vorschlag, die Uhr mit den dies natalis des Antoninus Pius zu verbinden, ist nicht haltbar. Aufgrund der Geschichte des Militärlagers ist eine Entstehung im Laufe des 2.–3. Jhs. n. Chr. naheliegend, so dass Tancheva das 2. Jh. n. Chr. vorschlägt.
Literatur: N. Tancheva-Vassileva, A Roman Sundial from Kabyle, ABulg 8, 2004, 51–54; P. Valev, Mathematical and Astronomical Study of a Roman Sundial from Kabyle, ABulg 8, 2004, 55–62; Hannah 2009, 89 Anm. 75.

Kallipolis

Kallipolis 1

1.
AO/Inv. Nr.: Lidoriki, Archäologisches Museum 19834
Typ/Mat.: S konisch / Marmor
Maße: H 19,5 B 20 T 10,5
FO: spätrömische Thermenanlage, P. Themelis im Juni 1970
Aufstellung: Therme
B: Die Uhr ist bis auf Brüche an den Enden der Schattenfläche und geringfügiger weiterer Beschädigungen gut erhalten. Schaldach beobachtete, dass in die Deckfläche der Uhr zwei Stiftlöcher eingetieft sind, die Folge einer Reparatur sein könnten.

Das Zifferblatt gliedern elf Stunden- und zwei Datumslinien, die relativ gleichmäßig gearbeitet wurden. Schaldach weist auf die Besonderheit hin, dass die Winterwendlinie als Kreissegment um den Gnomonfuß konstruiert ist. Als Folge dieses Entwurfs verlaufen Winterwendlinie und Äquinokiallinie nicht parallel zueinander.

Während unterhalb des Zifferblatts der Körper als abgeschrägte Fläche gebildet ist, wird es im Bereich der vierten bis achten Stunde von einem 2 cm breiten Streifen begrenzt. Diese Zone flankieren stilisierte Löwenfüße, die in dreizehigen Tatzen enden. Die Uhr ruht auf einer angearbeiteten, etwa 5 cm hohen Standplatte.
Inschrift: keine
Datierung: spätantik
Literatur: Schaldach 2006, 37.

Kamen Bryag

1. 2.
AO/Inv. Nr.: zwischen Kavarna und Shabla im römischen Kastell Kamen Bryag, in situ
Typus/Mat.: S / unbekannt
Maße: unbekannt
FO: römisches Kastell, Region Tolbuhin
Aufstellung: unbekannt
B: Valev erwähnt kurz zwei (?) Sonnenuhren, die aus dem römischen Kastell von Kamen Bryag stammen sollen. Die knappe Formulierung lässt keine Beurteilung der Stücke zu.
Inschrift: keine
Datierung: Die Befunde innerhalb des Kastells stammen aus dem 2. und 3. Jh. n. Chr.
Literatur: Valev 1990, 165 Nr. 11.

Kamiros

1.
AO/Inv. Nr.: Kamiros, in situ
Typ/Mat.: S konisch / weißer Marmor
Maße: H 45,4 B 37 T 29,5 / re Seite fehlt; rek. B: ca. 74
FO: untere Agora, sog. Heilige Agora
Aufstellung: Heiligtum
B: Die große Uhr ist auf der rechten Seite derart gebrochen, dass von den ursprünglich elf Stundenlinien nur sechs erhalten sind. Die drei Datumslinien verlaufen parallel zueinander und zum unteren Rand des Schattenkreises.

Eine Besonderheit des Zifferblatts sind vier kleine Stiftlöcher: Jeweils eins befindet sich im Schnittpunkt von Meridian und Winterwendlinie, bzw. von Meridian und Äquinokiallinie, ein weiteres auf der Äquinokiallinie etwa 9,6 cm vom Meridian entfernt, sowie eins auf dem Solstitium, in 16,3 cm Abstand von der Mittellinie. Vielleicht waren an diesen Stellen Bleibänder befestigt.

Unterhalb des Zifferblatts schließen sich der flache Uhrenkörper und die stark beschädigte, wahrscheinlich zylindrische Basis an.

Vermutlich war die Uhr in der Achse einer großen Exedra aufgestellt (vgl. zum Befund der Agora zusammenfassend: L. M. Caliò, Il santuario di Camiro, Orizzonti. Rassegna di archeologia 2, 2001, 145–167).
Inschrift: keine
Datierung: 2. Jh. v. Chr.
Literatur: E. Dyggve – V. Poulsen, Lindos III.2 (Kopenhagen 1960) 307 Anm. 54; Gibbs 1976, 3037 G.

Karthago

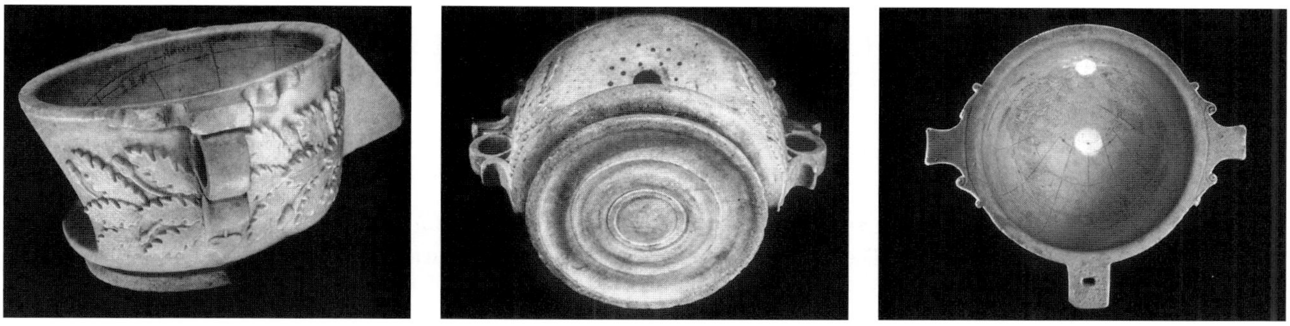

Karthago 1.1–1.3

1.
AO/Inv. Nr.: Paris, Louvre Inv. Nr. MNE 1178 (n° usual Ma 5074)
Typ/Mat.: S sphärische Variante / weißer, griechischer (?) Marmor
Maße: H 30 Dm (inkl. Griffe) 73
FO: angeblich aus Karthago, 1999 Ankauf Louvre über Kunsthandel
Aufstellung: gearbeitet für den 41. Breitengrad
B: Die große Sonnenuhr besitzt die Form eines tiefen Skyphos, dessen innere Wandung als Zifferblatt dient. Somit ist die Orientierung des Gefäßes festgelegt, dessen Lippe senkrecht zur Nord-Südachse stehen muss. Zwei Griffplatten setzen unmittelbar am Gefäßrand an. Ein durchbohrter Zapfen an der Unterkante des Randes dient zur Montage des Zeitmessers auf einer Basis.

Die Innenfläche wurde in elf Stunden- und sieben Datumslinien eingeteilt, die abgekürzte griechische Beischriften lateinischer Monatsnamen erklärend begleiten (s. u.). Auf der Oberseite befindet sich ein Loch mit einem Durchmesser von 5 cm, durch das der Lichtstrahl auf das Zifferblatt gelenkt wird. Eine Reihe kleinerer Durchbohrungen rund um das Sonnenloch, in denen sich teilweise noch Metallreste befinden, interpretiert Pasquier als Befestigung für eine Bronzeblende, die den Lichtstrahl – vielleicht auch ergänzt von einer eingesetzten Linse – präzise führte.

Die Außenfläche des Skyphos ist im Relief mit einem Geflecht aus Eichen- und Eisenhutranken dekoriert, das stilistisch und motivisch mit den Bechern des Boscoreale-Schatzes eng verwandt ist (vgl. J. Gorecki, Metallgefässe und -objekte aus der Villa des N. Popidius Florus im J. Paul Getty Museum, in: J. Arce – F. Burkhalter (Hrsg.), Bronces y religion romana. Actes del XI congreso internacional de bronces antiguos. Kongress Madrid 1990 (Madrid 1993) 229–246 und A. L. Kuttner, Dynasty and Empire in the Age of Augustus: the Case of the Boscoreale Cups (Berkeley 1995) 23–55). Dass für die Form des Zeitmessers auf ein Vorbild aus Metall zurückgegriffen wurde, lassen ferner die Form der Henkelattaschen und die konzentrischen Kreise auf der Unterseite des Gefäßbodens erkennen.

D. Savoie und R. Lehoucq weisen darauf hin, dass die Uhr mit 41° für die Ortsbreite von Rom konstruiert wurde, während Karthago nach Claudios Ptolemaios auf dem 32°40‘ Breitengrad liegt. Eine so erhebliche Abweichung ist unter der Gruppe der besonders großen und aufwendig gestalteten Zeitmesser – zu denen auch dieses Stück gehört – untypisch, so dass m. E. die Idee der gut erhaltenen Uhrenschale in Rom nach lokal verfügbaren Vorbildern entstanden sein muss, und als Aufstellung am Ort vorgesehen war.

Im Gegensatz zum exzeptionellen Entwurf der Uhr und ihrer präzisen handwerklichen Ausführung steht die Beobachtung, dass zahlreiche der griechischen Beischriften fehlerhaft sind (z. B. *τροπ**ρ**ικος* statt *τροπικος*, *Αυγ**ύ**στων* statt *Αυγο**ύ**στων*). Offenbar verursachte die Übertragung der lateinischen Monatsnamen ins Griechische Schwierigkeiten, weil dafür auf kein unmittelbares Vorbild zurückgegriffen werden konnte. Der repräsentative Zeitmesser ist das Ergebnis einer Kombination von stadtrömischem Formgut und fremden astronomischen Kenntnissen. Unabhängig von der Frage, ob sein Fundort im Kunsthandel falsch angegeben wurde oder ob das außergewöhnliche Stück tatsächlich irgendwann nach Karthago gelangte – seine Entstehung ist unbedingt mit stadtrömischen Werkstätten zu verbinden.

Sicher ist, dass der Zeitmesser zur Anzeige von Tagesstunden und römischem Kalender zwar voll funktionsfähig, aber fehlerhaft ist: Während er mittags die Zeit korrekt anzeigt, fällt der Fehler zu den übrigen Stunden mit einer maximalen Abweichung von acht Minuten ins Gewicht. Dass geringfügige Schwankungen in Kauf genommen wurden, zeigt auch der asymmetrische Verlauf der Solstitien gegenüber dem Äquinoktium an.

Inschrift: griechische Abkürzungen lateinischer Monatsnamen entlang der Datumslinien (vgl. Savoie-Lehoucq a. O. 31–32):

Linie	Beischrift	Übers.	Dat.
1	ΚΥΚΛΟΣ ΘΕΠΙΝΟΧ ΤΡΟΠΡΙΚΟΣ Π(ρο) Η(=οκτω) Κ(αλανδων) ΙΟΥΛΙΩΝ	Sommerwende 8 Tage vor Start Juli	24.6.
2	ΠΗΚ ΙΟΥΝΙΩΝ ΠΗΚ ΑΥΓΘΣΤΩΝ	8 Tage vor Start Juni 8 Tage vor Start August	25.5. 25.7.
3	ΠΗΚ ΜΑΙΩΝ ΠΗΚ ΣΕΠΤΕΜΒΡΙΩ	8 Tage vor Start Mai 8 Tage vor Start Sep.	24.4. 5.8.
4	ΠΗΚ ΑΠΡΙΛΙ[Ω]Ν ΠΗΚ ΟΚΤΩΒΡΙΩΝ ...]ΝΟΧ ΚΥΚΛ[...	8 Tage vor Start April 8 Tage vor Start Okt. Äquinoktium	25.5. 24.9.
5	ΠΗΚ ΜΑ...ΤΙ .ΗΚ ΝΟΕΜΒΡΙΩ	8 Tage vor Start März 8 Tage vor Start Nov.	22.2. 25.10.
6	Π.. ΩΝ .ΗΚ ΔΕΚΕΜΒΡΙΩΝ	vor 8 Tage vor Start Dez.	25.1. 24.11.
7	ΚΥ ΚΛΟΧ [...] ΝΟΧ ΤΡΟΠΙΚΟΧ ΠΗΚ ΙΑΝΑΡΙΩΝ	Wintersonnenwende 8 Tage vor Start Januar	25.12.

Datierung: t. p. q. 8 v. Chr. mit dem Wechsel der Monatsnamen von Sextilis zu August; setzt den Typus der Boscoreale Becher voraus, 8 v. Chr. – 50 n. Chr.

Literatur: D. Savoie – R. Lehoucq, Etude gnomonique d'un cadran solaire découvert à Carthage, RArcheom 25, 2001, 25–34; A. Pasquier, Du soleil dans une coupe: une nouvelle horloge romaine au Musée du Louvre, Comptes rendus des séances de l'année de l'Académie des inscriptions et belles-lettres 2, 2000, 643–655; A. Pasquier, Un cadran solaire d'exception pour le département des Antiquités grecques, étrusques et romaines. Un don des Amis du Louvre, RLouvre 2000.3, 13–15, Abb. 1–3.

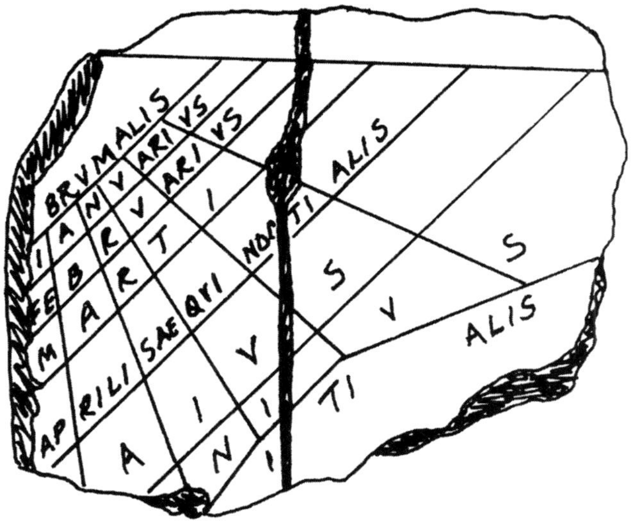

Karthago 2

2.
AO/Inv. Nr.: Karthago, Musée Lavigerie de Saint-Louis Nr. 1899
Typ/Mat.: S v-vertikal / weißer Marmor
Maße: H 54 B 61 / zwei anpassende Fragmente – es fehlen alle Stunden links der Mittagslinie
FO: südöstliche Flanke des Hügel Saint Louis nahe Karthago; möglicherweise Teil der Fassadengestaltung eines großen Grabbaus
Aufstellung: Nekropole ~
B: Die aus zwei anpassenden Bruchstücken zusammengesetzte Marmorplatte ist bis auf den rechten Rand auf drei Seiten bestoßen und der Meridian fehlt.

Diese Aufteilung weist darauf hin, dass das Stück ursprünglich aus zwei symmetrisch gearbeiteten Platten bestand, von denen die des Nachmittags erhalten ist. Alle vergleichbar gearbeiteten Zifferblätter – z. B. Pautalia 1 – gehören durchweg zur Gruppe der sog. v-vertikalen Sonnenuhren. Diese kennzeichnet ihre freie Aufstellung, bei der die zwei Platten von Vor- und Nachmittag im rechten Winkel aufeinander treffen. Die Fuge fällt mit dem Meridian zusammen.

Auf der erhaltenen, rechten Platte kreuzen die Stundenlinien Überreste von sieben Datumslinien, die mit den lateinischen Namen der Monate der ersten Jahreshälfte und den drei astronomischen Grunddaten bezeichnet sind.
Inschrift: Monatsnamen verlaufen auf ganzer Breite des Stücks und jeweils oberhalb der zugehörigen Datumslinie; nach CIL VIII Suppl. 24677:

[B]rumalis | [I]anuarius | Februarius | Marti[us] | Aprilis Aequinoctialis | [M]aius | [Iu]nius | [solst]itialis
Datierung: 1. Jh. n. Chr. (?)
Literatur: R. P. Delattre, Musées de l'Algérie et de la Tunisie 8, 2: Musée Lavigerie de Saint Louis (Paris 1899) 85 Taf. 20.5; P. Tannery, Le cadran de Carthage, CRAI 27, 1899, 38–48; P. Tannery, Mémoires Scientifiques 3 (Paris 1915) 1–11; Drecker 1925, 54 Taf. 82; Gibbs 1976, 5021.

3.
AO/Inv. Nr.: Karthago, Museum o. Nr.
Typ/Mat.: S konisch / weißer Marmor
Maße: H 34,5 B 24 T 20
FO: Karthago, Stadtgebiet
Aufstellung: unbekannt
B: Die relativ große Sonnenuhr wird von Gibbs nur als kurze Notiz erwähnt: danach handelt es sich um einen Zeitmesser, dessen Zifferblatt in elf Stunden- und drei Datumslinien eingeteilt ist. Offenbar ist die Basis weder dekoriert noch befindet sich in dieser Zone eine Inschrift.

Inschrift: keine
Datierung: kaiserzeitlich
Literatur: Gibbs 1976, 3088.

Kephalos

Kephalos 1.1–1.2

1.
AO/Inv. Nr.: Thirrion, Archäologisches Museum Inv. Nr. 98
Typ/Mat.: S sphärisch / Marmor
Maße: H 31 B 32 T 20,5 / oberhalb der Äquinoktiallinie gebrochen
FO: frühchristliche Basilika
Aufstellung: unbekannt
B: Die Sonnenuhr ist so stark beschädigt, dass der gesamte Bereich oberhalb der Äquinokiallinie modern in Gips ergänzt wurde. Erhalten sind vom Zifferblatt die dritte bis achte Stundenlinie, die Äquinokiallinie, sowie der untere Abschluss. Unmittelbar unterhalb des Zifferblatts ist der Körper als schräge Fläche geschnitten.

Ungewöhnlich ist die Dekoration der Basis: Zwischen zwei stilisiert dargestellten Tierbeinen, deren Tatzen nicht erhalten sind, befindet sich ein 20 auf 11 cm großes Relieffeld. Es zeigt zwei antithetisch angeordnete Figuren beiderseits eines großen Kelchkraters. Aus der Mündung des Gefäßes wächst ein vegetabiles Motiv, das sich zu den Seiten hin als ornamentale Ranke fortsetzt. Die beiden Figuren wenden sich im Ausfallschritt dem Kelch zu und halten jeweils einen Arm erhoben. Die linke Figur greift mit der gesenkten Rechten eine kurze Sichel. Beide Figuren sind bis auf einen Helm nackt dargestellt, hinter der rechten bauscht sich eine kurze Chlamys. Die Reliefzone ist oben und unten mit einem glatten Streifen eingefasst. Parla erkennt in den Darstellungen Mithras, zahlreiche andere heroische Paare wären aber ebenfalls denkbar.

Die Uhr ruht auf einer angearbeiteten, ca. 5 cm hohen undekorierten Standfläche.
Inschrift: keine
Datierung: 2. Jh. n. Chr. (Dekoration)
Literatur: C. N. Parla, Ergon 1966, 91 f.; dies., Ανασκαφή Κεφάλου Αμβρακίου, Prak 1966, 99 f. Abb. 88 b; Gibbs 1976, 3045; M. Hüttig, The Conical Sundial from Thyrreion – Reconstruction and Error Analysis of a Displaced Antique Sundial, ArchHistExactSci 55, 2000, 163–176; Schaldach 2006, 38.

Keramos

1.
AO/Inv. Nr.: Keramos, in situ?
Typ/Mat.: Stiftung / S ~ / Säule grauer Marmor; viereckiges Zapfloch auf der Oberseite
Maße: H 69 Dm 60
FO: Kemerdere (Ören), Streufund auf Feld
Aufstellung: Nekropole ~
B: Die Stiftung des Philistos umfasst eine Hermes-Statuette und eine Uhr, die gemeinsam auf einer kleinen Säule aufgestellt waren. Die Bearbeiter des SEG und Varinlioğlu vermuten, dass der hellenistischen Inschrift in der frühen Kaiserzeit die ersten drei Zeilen vorangestellt wurden.

Die Formulierung der Zeilen 6–7 deutet darauf hin, dass in Verbindung mit dem Epigramm ein astronomischer Zeitmesser aufgestellt war. Diesen Schluss legt außerdem das kleinflächige Auflager des Inschriftenträgers hin, das nur für eine Sonnenuhr ausreichend Platz bietet.

Das Toponym Kasion setzt Varinlioğlu mit dem weithin sichtbaren Berg östlich von Alexandria bei Pelusium gleich, der den östlichsten Punkt der ägyptischen Mittelmeerküste markiert. Trifft diese Vermutung zu, so muss der (bronzene) Hermes als Stiftung des Philistos anfangs dort plaziert, auf unbekannten Wegen nach Karien gelangt und in Keramos aufgrund eines Gelübdes von Theon in der Nekropole wieder aufgestellt worden sein. Da das Zusammenspiel von Inschrift, Zeitmesser und Topographie am neuen Standort nicht gewahrt blieb, kann das Stück im Rahmen seiner Neuaufstellung nur eingeschränkt als Zeitmesser gedient haben. Eine topographische Übersicht zur Lage der Nekopolen von Keramos bietet Spanu a. O., der in seine Überlegungen jedoch die Grabinschriften nicht einbezieht.

Das Gelübte des Theon, der selbst aus Ägypten stammt, könnte auf eine direkte familiäre Beziehung zwischen ihm und Philistos hinweisen, so dass die Sonnenuhr als memento mori weiterhin an verstorbene Familienmitglieder am neuen Ort erinnerte.
Inschrift: Θέων Ἀλεξαν|δροεὺς εὐξάμε|νος ἐκόσμησε. | ἔστασέμ με Φίλιστος ἐπάκοον ἐσθλὸν ὁδίταις | Ἑρμᾶν τοῖς ὁσίοις ἄγγελον εὐτυχίας· | ἔνθεν ἰσαμερίας ἀτρεκὴς δρόμος, ἀλίου εὖτ᾽ἄν | ἀκτὶς ἀκροτάτου λάμπηι ὑπὲρ Κασίου.

nach Varinlioğlu: „Theon aus Alexandria hat dies auf Grund eines Gelübdes kunstvoll hergerichtet. Philistos hat mich, den Hermes, den edlen (Gott), der erhört hat, aufgestellt, als Boten des guten Gelingens für die frommen Wanderer. Von hier beginnt der exakte Lauf der Tag- und Nachtgleiche, sobald der Strahl des Helios über dem Kasion(hügel) leuchtet."
Datierung: zweiphasig u. a. aufgrund der abweichenden Steinmetzarbeit und Form des Σ: die Z 4–Schluss hellenistisch, Zeile 1–3 kaiserzeitlich (nach Varinlioğlu a. O.)
Literatur: E. Varinlioğlu, Epigramm aus Keramos, Epigr Anat 3, 1984, 133–134; SEG 34, 1069; E. Varinlioğlu, Die Inschriften von Keramos. Inschriften griechischer Städte aus Kleinasien (Bonn 1986) 22–23 Nr. 11; M. Spanu, Keramos di Caria. Storia e Monumenti (Rom 1997) 164–175.

2.
AO/Inv. Nr.: Keramos, in situ?
Typ/Mat.: Stiftung *ὡρολόγιον* / S ~/ Marmor
Maße: unbekannt
FO: in der Nähe des modernen Ortes Kemerdere
Aufstellung: weißer Marmorblock; öffentlich ~
B: Die Inschrift belegt die Stiftung einer Marmorsäule, auf der eine Uhr aufgestellt war, an den Demos und die Theoi Mgealoi von Keramos. Die Bearbeiter des SEG vermuten, dass der Stifter als Gymnasiarch amtierte.
Inschrift: [...........]IYMI | [ ] κίονα καὶ τὸ ἐπ᾽αὐτοῦ | ὡρολόγιον τῶι δήμω̣[ι καὶ] | Θ̣ε̣οῖς Κε̣ρ̣α̣μιήτ[αις μεγάλοις].

Datierung: Vergleichbare Stiftungen an den Demos sind in Keramos aus dem ersten Drittel des 2. Jhs. n. Chr. bekannt.
Literatur: E. Varinlioğlou, in: V. Ruggieri (Hrsg.), Il golfo di Keramos: dal tardo-antico al medioevo bizantio (Rom 2003) 396–397 Nr. 8a; SEG 53, 2003, 1207.

Kisamos

1.
AO/Inv. Nr.: Kisamos, Archäologisches Museum
Typ/Mat.: S konisch / Marmor
Maße: H 30 B 34 T 20 (nach Inv. Buch)
FO: Streufund, Grundstück *Χοχλάκη*
Aufstellung: römische Villa, aus Zerstörungsschicht
B: Die undekorierte Uhr besteht aus einem konisch geformten Zifferblatt, das mehr als die Hälfte der Blockhöhe einnimmt und in elf Stundenlinien unterteilt ist.

Unterhalb des Schattenkreises schließt sich der bis an eine horizontale Schattenfuge als schräge Fläche gestaltete Uhrenkörper an. Die Basis ist bis auf eine schmale Standleiste undekoriert.

Die leicht aufgeraute Oberfläche des Stücks könnte ein Hinweis darauf sein, dass es ursprünglich bemalt bzw. stukkiert war.
Inschrift: keine
Datierung: Die höchste Bauaktivität in diesem Stadtviertel datiert Markoulaki in das frühe 2. Jh. n. Chr.; sicher vor dem Erdbeben von 365 n. Chr.
Literatur: zum Befund: S. Markoulaki – G. Christoudoulakos – Ch. Frangonikolaki, Η αρχαία Κισσαμός και η πολεοδομική της οργάνωση, in: M. Livadiotti (Hrsg.), Creta romana e protobizantina. Kongress Iraklion 2000 (Padua 2005) 355–375.

Klaros

Klaros 1

1.
AO/Inv. Nr.: Izmir, Vorplatz des Archäologischen Museums
Typ/Mat.: S konisch / Marmor
Maße: H 78,8 B 110 T_{oben} 75,2 T_{unten} 50
FO: Apollon-Tempel, nördlich des Altars
Aufstellung: Heiligtum
B: Die sehr große Uhr besteht aus einem konischen Schattenkreis, der etwa vier Fünftel der Blockhöhe einnimmt und in elf Stunden- und drei Datumslinien unterteilt ist. Die Stundenlinien verlaufen jeweils zwischen den präzise gezogenen Linien von Sommer- und Winterwende. Oberhalb der Datumslinien befinden sich griechische Beischriften, deren genauer Wortlaut aufgrund der verwaschenen Oberfläche nicht zu entziffern ist.

In geringem Abstand grenzt an den Tiefpunkt des Kreisbogens des Zifferblatts die horizontale Schattenfuge, an die ein durchlaufendes Profil anschließt, das in einer schmalen Standleiste endet. Auf dieser befindet sich die zweizeilige Inschrift, welche die Uhr als Stiftung eines Agoranomen an Dionysos ausweist.
Inschrift: griechische Beischriften oberhalb der Datumslinien; Stiftungsinschrift einem Agoranomen an Dionysos
Datierung: frühes 2. Jh. v. Chr.
Literatur: R. Martin, Manuel d'architecture grècque I (Paris 1965) Taf. 15.4; E. Akurgal, Ancient Civilizations and Ruins of Turkey (Istanbul 1970) 139; Gibbs 1976, 3051 G.

Knidos

Knidos 1

1.
AO/Inv. Nr.: Knidos, in situ
Typ/Mat.: S konisch / weißer Marmor
Maße: H 71 B 57 T 53
FO: am Fuß der östlichen Treppe des korinthischen Tempels in Schuttschicht, August 1967
Aufstellung: Heiligtum Dionysos ~
B: Diese große Uhr besteht aus einem Schattenkreis, der in elf Stundenlinien eingeteilt ist, die jeweils an der Sommerwendlinie enden. Ob noch weitere Datumslinien vorhanden sind, ist unsicher.

Unterhalb des Zifferblatts tritt der Uhrenkörper bis an die Standplatte als abgeschrägte Fläche zurück. Ihn begrenzen ungewöhnliche, im Querschnitt rechteckige Löwenbeine, die vom Rand des Schattenkreises bis auf die Standplatte reichen und deren Kontur im Flachrelief auf den Seitenflächen fortgesetzt wird. Vom Rand der Zifferblatts aus entwickelt sich auf den Seitenflächen außerdem ein vegetabiles Motiv, das in einer Volute endet. In den Winkel zwischen Volute und Blattstamm ist eine Palmette eingestellt.

Schlichte Kopf- und Fußprofile entlang der Seitenflächen und der Rückseite zeigen an, dass die Uhr für die rundum freie Aufstellung vor dem Eingang zum Tempel konzipiert war. Für den Bau schlägt Mert a. O. 18–22 nun eine Entstehung in spätantoninischer bzw. in severischer Zeit vor und erkennt (a. O. 21) ihn als Ort des Kaiserkults. Uhrenstiftungen sind in diesem Zusammenhang auch aus anderen Städten Kleinasiens bekannt, vgl. Aphrodisias 3 und Nikaia 1.
Inschrift: keine
Datierung: 1. Jh. n. Chr.
Literatur: M. J. Mellink, Archaeology in Asia Minor, AJA 72, 1968, 138 Taf. 56 Abb. 13; Gibbs 1976, 3052; I. H. Mert, Der korinthische Tempel von Knidos, AA 2002, 9–22.

Konstantinopel

Konstantinopel 1

1.
AO/Inv. Nr.: Istanbul, Topkapi, Museum
Typ/Material: S sphärisch / Marmor
Maße: unbekannt
FO: 1978, Nähe Irenenkirche
Aufstellung: unbekannt
B: Die Uhr besteht aus einem sphärisch gewölbten Zifferblatt, das anstatt der üblichen Temporalstunden in gleichlange Stunden eingeteilt wurde. Diese werden von zehn-Minuten-Marken ergänzt. Bei der Herstellung dieses bislang einzigartigen Zifferblatts unterlief dem Steinmetz ein grundsätzlicher Fehler, indem er die Stundenlinien an der West- statt an der Ostseite der oberen waagerechten Ebene beginnen ließ und die Uhr somit nicht funktionsfähig war.

Bis zur Unterkante des Zifferblatts weicht der Uhrenkörper als schräge Fläche zurück, die dann zur Standleiste hin parallel zur Front verläuft. Zwei klötzchenartig gebildete Füße begrenzen diese Zone seitlich.
Inschrift: keine
Datierung: der Fundkontext spricht für eine Entstehung der Uhr im 6. Jh. n. Chr.
Literatur: Rohr 1982, 19; W. Meyer, İstanbul'daki güneş saatleri (Istanbul 1985).

Korinth

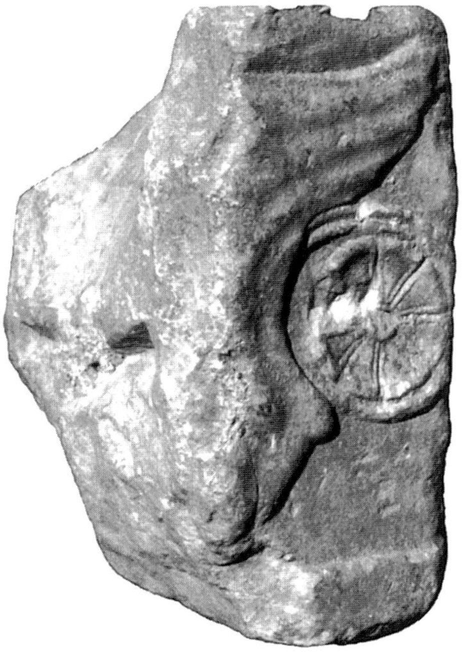

Korinth 1

1.
AO/Inv. Nr.: Korinth, Archäologisches Museum A 866
Typ/ Mat.: S konisch / feinkristalliner weißer Marmor

Maße: H 26,6 B 26,2 T 12,5 / Front stark bestoßen, rechte Hälfte fehlt
FO: nahe des Odeions in einer westlich gelegenen Mauer am 4. Mai 1927
Aufstellung: unbekannt
B: Auf der schlecht erhaltenen Schattenfläche sind noch die Linien der Stunden vier bis elf sowie drei Datumslinien zu erkennen. Ein etwa 2 cm breiter Limbus grenzt das Zifferblatt gegenüber der Basis ab, die ebenso wie die linke Seite im Zuge der Wiederverwendung des Stücks als Spolie grob abgearbeitet wurde. Auf der rechten Seitenfläche sind die Überreste eines geflügelten (Löwen-?) Beins zu erkennen. Unterhalb des Flügels entspringt aus dem Bein eine Helix, die in einer achtblättrigen Rosette mündet. Die im flachen Relief angegebenen Blätter der Rosette sind jeweils doppelt umrandet. Eine sehr ähnliche Dekoration der Seitenflächen findet sich auf Athen 6.
Inschrift: keine
Datierung: spätes 1. Jh. v. Chr.
Literatur: Gibbs 1976, 3016 G; Schaldach 2006, 29.

Korinth 2

2.
AO/Inv. Nr.: Korinth, Archäologisches Museum A 924
Typ/Mat.: S konisch / weißer Marmor
Maße: H 34 B 35,4 T 20 / erhalten ist der untere Teil des Zifferblatts und ein Teil der ursprünglichen Tiefe. Die Zurichtung legt die sekundäre Verwendung des Stücks nahe.
FO: unbekannt
Aufstellung: unbekannt
B: Im unteren, erhaltenen Teil des Schattenkreises sind Überreste von Linien der Stunden vier bis elf sowie einer Datumslinie zu erkennen. Unterhalb des Zifferblattes schließt unmittelbar die senkrecht verlaufende Front der Basis an, die seitlich von stämmigen Löwenbeinen flankiert wird.

Im Zentrum der Basis befindet sich eine flache, doppelreihige Rosette, die aus acht Blättern gebildet wird. Die Basis schließt eine etwa 5 cm hohe Standfläche als gerade Leiste ab. In die Unterkante dieser Leiste wurde sekundär ein Loch gearbeitet – möglicherweise diente die Uhr als Brunnenmund. Auf der westlichen Seitenfläche befindet sich eine Spirale und ein Blütenkelch an der östlichen.
Inschrift: keine
Datierung: 1. Jh. n. Chr.
Literatur: Gibbs 1976, 3018 G; Schaldach 2006, 30.

Korinth 3

3.
AO/Inv. Nr.: Korinth, Archäologisches Museum A 930
Typ/Mat.: S konisch / pentelischer Marmor
Maße: H 33,5 B 26,4 T 15,5 / es fehlen die äußeren Enden der Schattenfläche, sowie die vordere Ecke des linken Fußes.
FO: im Zuge der Grabungen von T. L. Shear im Jahr 1928
Aufstellung: unbekannt
B: Obwohl die Schattenfläche zahlreiche Beschädigungen aufweist, sind Ansätze von elf Stundenlinien zu erkennen, während Datumslinien fehlen. Das Zifferblatt begrenzt ein schmaler Limbus, an den sich unvermittelt die senkrecht verlaufende Basis anschließt.

Deren Oberfläche wurde nur grob geglättet, ebenso wie die schräg ausgestellte Standleiste von etwa 5 cm Höhe. Seitlich wird diese Zone von stark stilisierten Löwenbeinen begrenzt. Das Fehlen der Datumslinien, sowie die Oberflächenbehandlung der Basis könnten ein Hinweis darauf sein, dass die Uhr ursprünglich stukkiert und bemalt war. Schaldach erwähnt, dass die Rückseite der Uhr zylindrisch gewölbt sei.
Inschrift: keine
Datierung: 1. Jh. n. Chr.
Literatur: Gibbs 1976, 3017 G; Schaldach 2006, 31.

Korinth 4

4.
AO/Inv. Nr.: Korinth, in situ
Typ/Mat.: S vertikal / Kalksandstein
Maße: H 18 B 20 (Schaldach)
FO: Odeion, Südwand
Aufstellung: s. FO; Höhe des Gnomonlochs 1,35 m über Laufniveau
B: Während die Stundenlinien des Vormittags durchwegs erhalten sind, fehlen die des Nachmittags und alle Datumslinien.
Inschrift: keine
Datierung: Gibbs und Schaldach verweisen auf die Baugeschichte des Odeions, von der beide Bearbeiter einen t. p. q. für die Entstehung der Uhr ableiten: So müssen die Aufgänge zu den Zuschauerrängen bereits zerstört gewesen sein, bevor die Sonne vormittags überhaupt den Fundort der Uhr erreichte. Die Aufgänge waren bereits um 200 n. Chr. nicht mehr benutzbar; Broneer weist die private Nutzung des Odeions bis ins 5. Jh. n. Chr. nach.

Denkbar wäre auch die sekundäre Verschleppung der Platte ins Odeion, die das Fehlen der Nachmittagsstunden erklären würde. Sollte sich diese Vermutung bestätigen, so würde die Baugeschichte des Odeions zwar Anhaltspunkte für den Zeitpunkt der Wiederaufstellung liefern – dann aber nicht für die Entstehungszeit. 2. Jh. n. Chr.?
Literatur: O. Broneer, The Odeum. Korinth 10 (Cambridge 1932) 140; Gibbs 1976, 5004 G; Schaldach 2006, 32.

Kos

1.
AO/Inv. Nr.: Kos, Archäologisches Museum Magazin
Typ/Mat.: S konisch / Marmor
Maße: H 30,2 B 33 T_{Basis} 22
FO: unbekannt
Aufstellung: unbekannt
B: Die knappe Beschreibung von Gibbs lässt erkennen, dass die Uhr einem auf Rhodos und Kos weit verbreiteten Typus folgt, dessen konisch gewölbter Schattenkreis auf einem schmalen, undekorierten Stumpf aufliegt. Nur der Meridian reicht über die Sommerwendlinie hinaus. Sehr ähnlich den rhodischen Parallelen, hier Rhodos 16. 19. 20.
Inschrift: keine
Datierung: 2. Jh. v. Chr.
Literatur: Gibbs 1976, 3038 G.

2.
AO/Inv. Nr.: Kos, Archäologisches Museum Magazin
Typ/Mat.: S konisch / Marmor
Maße: H 30,8 B 29 T_{Basis} 13,2
FO: unbekannt
Aufstellung: unbekannt
B: Die dekorlose Uhr folgt ebenso wie Kos 1 dem sog. rhodischen Typus. Wie alle entsprechenden Vertreter sind außer dem Zifferblatt die weiteren Flächen der Uhr ungeglättet und waren vermutlich stukkiert.
Inschrift: keine
Datierung: 2. Jh. v. Chr.
Literatur: Gibbs 1976, 3039 G, 264 Abb. 36 li.

Kos 3

3.
AO/Inv. Nr.: Kos, Archäologisches Museum - Kreuzritterburg Hl. Johannes
Typ/Mat.: S konisch / Marmor
Maße: H 28 B 39 H_{Basis} 17,5 B_{Basis} 18,5
FO: während der italienischen Grabungen auf Kos:
Aufstellung: unbekannt
B: Im Gegensatz zu den meisten Uhren des rhodischen Typs steht diese auf einer rechteckigen Basis, in deren Unterseite ein rechtwinkliges Zapfloch eingelassen ist. Wie bei allen Vertretern dieses Typus zu beobachten, schneiden elf Stunden- die drei Datumslinien. Erneut ist nur der Meridian über die äußeren Datumslinien hinweg fortgeführt.
Inschrift: keine
Datierung: 2. Jh. v. Chr.
Literatur: Gibbs 1976, 3040 G, mit Taf. 264 re.

4.
AO/Inv. Nr.: unbekannt
Typ/Mat.: Stiftung *ὡρολόγιον* / S / Marmor
Maße: unbekannt
FO: Haus von Hussein Tschausch; dokumentiert wurde nur die sichtbare Seite mit der Inschrift, so dass die Blockmaße nicht bekannt sind
Aufstellung: unbekannt; Nekropole? ~
B: Die Inschrift wurde von R. Herzog dokumentiert, der sie in einem neuzeitlichen Haus auf Kos verbaut sah. Die Stiftung des Philippos Autophontos an den Agathos Daimon und andere Dämonen erwähnt ein horologion, so dass bereits Herzog den Block als Basis einer Sonnenuhr erkannte.

Die Adressaten der Stiftung könnten ein Hinweis darauf sein, dass der Inschriftenblock wie Keramos 1 und Sillyon 1 die Basis einer Sonnenuhr bildete, die auf einem Grab aufgestellt war.
Inschrift: nach CIG 2510: [Φί]λιππο Αὐτοφώντο[ς] τὸ ὡρολόγιον Τύχαι | Ἀγαθᾶι καὶ Ἀγαθῶι | Δαίμονι καὶ τῷ δάμωι

„Philippos Autophontos (stiftet) das Horologion zu Glück und Heil dem Agathos Daimon und den Dämonen."
Datierung: ca. 1. Jh. v. Chr. (Herzog aufgrund der Buchstabenform)
Literatur: R. Herzog, Koische Forschungen und Funde (Leipzig 1899) 137 Nr. 57; H. Collitz (Hrsg.), Sammlung der griechischen Dialekt-Inschriften III, 1 (Göttingen 1899) 3650; Gibbs 1976, 8003 G; W. R. Paton – E. L. Hicks, The Inscriptions of Cos [2](Hildesheim 1990) Nr. 57.

Kourion

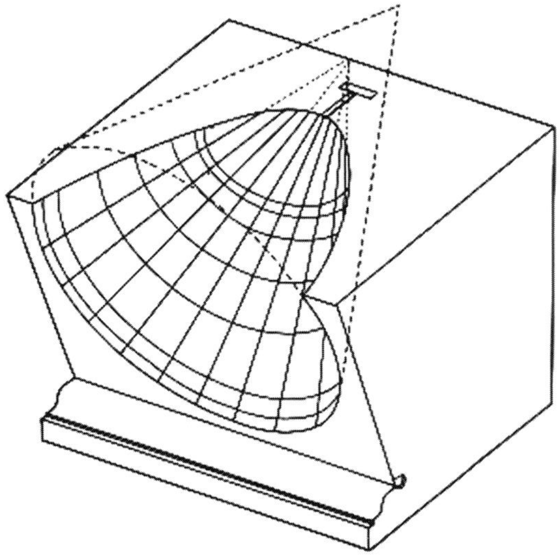

Kourion 1

1.
AO/Inv. Nr.: Kourion, Archäologisches Museum Hof Inv. Nr. 150
Typ/Mat.: S sphärisch / Marmor
Maße: H 33,8 B 55,7 T_{Basis} 35,5
FO: Agora von Kourion
Aufstellung: Agora
B: Der Schattenkreis der großen, gut erhaltenen Uhr nimmt etwa drei Viertel ihrer Höhe ein und ist in elf Stunden- und sieben Datumslinien unterteilt. Unterhalb des Schattenkreises setzt unmittelbar die profilierte Basis an, die als ein Kyma recta gebildet ist. Eine flache Standleiste schließt den Uhrenkörper ab.

Kanellopoulos wies nach, dass sie für die Ortsbreite von 30° gearbeitet wurde, da Kourion aber auf 34° 40' liegt, vermutet er ihren Import aus Nordägypten nach Zypern.
Inschrift: keine
Datierung: Die Aufstellung der Uhr in Kourion ist abhängig von der Errichtung der Agora, deren Hauptbauphase in die Zeit um 200 n. Chr. fällt, ihre enge Verwandtschaft mit Klaros 1 spricht für eine hellenistische Entstehung.
Literatur: Severino 2003, s. v. Kourion.

Kyrene

1.
AO/Inv. Nr.: Kyrene, in situ?
Typ/Mat.: Stiftung *ὡροσκόπιον* / W ~ ? / li Seite einer Marmorplatte, auf der Rückseite geglättet
Maße: H 25,5 B 22 T 5,5
FO: unbekannt
Aufstellung: Agora ~

B: Eine Gruppe von Ephoren stiftet in Kyrene ein *ὡροσκόπιον*. Sollte je Zeile eine Person genannt sein, so würde sich die Gruppe der Stifter aus sieben Männern zusammensetzen, obwohl in Kyrene ansonsten ein Kollegiat von nur fünf Ephoren üblich ist. Fraser interpretiert das geweihte Gerät mit einem Verweis auf Strab. 119 C als Sonnenuhr.

Gegen seine Vermutung spricht, dass in allen vergleichbaren Fällen, in denen der Inschriftenträger eine Platte ist, und der Zeitmesser von einem mehrköpfigen Kollegium finanziert wird, eine Wasseruhr gestiftet wird. Der Begriff *ὡροσκόπιον* bezeichnet sowohl Wasser- als auch Sonnenuhren und ist ein Hinweis darauf, dass der so benannte Zeitmesser außer den Tagesstunden weitere astronomische Daten anzeigte.
Inschrift: nach SEG 18, 739: Ἔφοροι οἱ ἐ̣[φ' ἱαρεῦς τοῦ δεῖνος] | Φιλόξην[ος – –] | Τελεστικρά[της – –] | Δαμάνθης [– –] | Φιλόξηνος [– –] | Σῶσις Πο[– –] | Φιλύτας [– –] | Ἀργησίστρατος [– –] | τ̣ὸ ὡροσκόπιο[ν ἀνέθηκαν ?] | vacat
Datierung: Mitte 2. Jh. v. Chr.
Literatur: P. M. Fraser, Inscriptions from Cyrene, Berytus 12, 1956–1958, 108–111 Nr. 3 Taf. 12.3.

Laebactium, Pagus

1.
AO/Inv. Nr.: Municipio Castellavazzo / CIL V 2035
Typ/Mat.: Stiftung *horilogium* / W ~? / lokaler Kalkstein
Maße: Basis: B 100,5 H 62,5 T 62; Schriftfeld: B 65 H 46
FO: in Longarone in der Valle Cardore im Altarbereich der Kirche St. Helena, in neuzeitlicher Verbauung
Aufstellung: in Kombination mit Gebäude?
B: Die Inschrift bezeugt die Stiftung eines Zeitmessers von zwei Brüdern (?) zu Ehren des Kaisers Nero in den Pagus Laebactium.

Die gemeinsame Erwähnung von *horilogium* (sic!) und Sitzen interpretiert Bassignano als Hinweis auf die Errichtung eines Zeitmesser mit Sitzen im Innenraum, dann also einer Wasseruhr.
Inschrift: nach CIL V 2035: In honorem | [[Neronis]] Claudi | Caesaris Augusti | Germanici | Sex(tus) Paeticus Q(uinti) f(ilius) | Tertius et | Sex(tus) Paeticus Sex(ti) f(ilius) | Firmus | horilogium cum sedibus | paganis laebactibus | dederunt

„Zu Ehren des Kaisers Nero haben Sex(tus) Paeticus, Sohn des Q(uintus), Tertius und Sex(tus) Paeticus Firmus, Sohn des Sex(tus) das Horologium mit Sitzen den Einwohnern des laebaktischen Gaus gestiftet."
Datierung: 54–68 n. Chr.; Tarpini a.O. 54/55 n. Chr.
Literatur: CIL V 2035 = AE 2000, 592 = AE 2007, 571; M. Tarpini, Vici et pagi dans l'occident romain (Rom 2002) 400; M. S. Bassignano, Bellunum – Pagus Laebactium, Supplementum Italica 22, 2004, 214–215.

Lambaesis

1.
AO/Inv. Nr.: Lambaesis, Forum in situ
Typ/Mat.: S horizontal / Kalkstein
Maße: riesig
FO: Forum
Aufstellung: Forum ~
B: Bei dem unzureichend dokumentierten Befund handelt es sich um einen weiteren Zeitmesser in der Art Thamugadi 1, der in das Plattenpflaster des örtlichen Forums geritzt worden ist. Er scheint einen Großteil der Forumsfläche einzunehmen, wahrscheinlich war wie in Thamugadi der Gnomon separat aufgestellt.

Inschrift: keine
Datierung: 1./2. Jh. n. Chr.
Literatur: G. Bel, Le gnomon du capitole de Lambèse, RAfr 73, 1932, 319–323.

2.
AO/Inv. Nr.: CIL VIII 3294 = CIL VIII 18177 = ILS 5605
Typ/Mat.: Stiftung *horologium* / Marmor
Maße: unbekannt
FO: Lambaesis, nw des Amphitheaters
Aufstellung: unbekannt; öffentlich
B: Die Inschrift befindet sich auf einer Platte in Form einer tabula ansata, deren linke Seite fehlt. Die ersten drei Zeilen bilden die linke, die restlichen die rechte Kolumne.

Der Text belegt die gleichzeitige Stiftung eines Tisches (?) mit Maßen und Gewichten und eines *horologiums* durch einen Ädil quinquennalis.
Inschrift [C]ertus q(uin)q(uennalis) aedil(is) | [---] mensuras | [--- cu]m exagio || et ho[rologium ---] | ricu[-
Datierung: aufgrund der Stadtgeschichte wohl im Verlauf des 2. Jhs. n. Chr.
Literatur: L. Renier, rec 25, Nr. 189; H. Dessau, Inscriptiones Latinae Selectae (Berlin 1892–1916) Nr. 5605.

Lambaesis 3

3.
AO/Inv. Nr.: Paris, Louvre Inv. Nr. MA 1775
Typ/Mat.: S sphärisch / weißer Marmor
Maße: H 39 B_{Basis} 29,6 T 18,2 / Die äußeren Enden der Schattenkreise fehlen, außerdem geringe Beschädigungen an der Basis. Bruch unterhalb der Standfläche der Uhr und entlang der Oberkante der Basis – hier wurden die beiden (möglicherweise nicht zugehörigen) Teile zusammengesetzt.
FO: 1874 während der Grabungen von Héron de Villefosse in Lambaesis gefunden
Aufstellung: unbekannt
B: In den oberen Teil des Blocks wurde ein Schattenkreis eingetieft, der in elf Stunden- und drei Datumslinien unterteilt ist. Ohne die Angabe eines Limbus bricht dieser Bereich in einen glatten, undekorierten Schaft um. Es fällt schwer anhand des Fotos von Gibbs beurteilen, ob dieser Zeit-

messer tatsächlich zu der einzigartigen Basis gehört: Über einer rechtwinkligen, etwa 10 cm hohen Standfläche, deren Front wie eine Kassette doppelt gerahmt ist, schließt sich eine Folge von vier Stufen (!) an, die seitlich von einer Schräge begrenzt werden. Gibbs berichtet, dass die Seitenflächen jeweils mit vierblättrigen Rosetten dekoriert sind.

Die Gestaltung der Sonnenuhr wirkt wie die Kombination einer konventionellen Sonnenuhr mit einer ägyptischen Stufenuhr – ob hier ein bewusstes Zitat vorliegt oder die Blöcke nur zufällig auf diese Weise zusammengefügt wurden, ist anhand des Fotos nicht zu entscheiden.

Inschrift: keine, vielleicht ursprünglich im Bereich der Kassette aufgemalt

Datierung: 2. Jh. n. Chr.

Literatur: Gibbs 1976, 1058 G, 176 Abb. 11; Musée africain du Louvre 19 Nr. 254.

Lanuvium

Lanuvium 1

1.

AO/Inv. Nr.: London, British Museum Reg. Nr. 1873, 0713.13, Inv. Nr. 2547

Typ/Mat.: S konisch / Kalkstein

Maße: H 27,5 B 23,5 T_{oben} 18,4 T_{Basis} 11,2 Gewicht 14 kg

FO: Città Lavinia 1891

Aufstellung: Villa? ~

B: Das Zifferblatt gliedern elf Stunden- und drei Datumslinien, wobei die Linie des Sommersolstitiums mit der Außenkante des Schattenkreises zusammenfällt. Keine weiteren Angaben zur Dekoration des Stücks.

Inschrift: keine

Datierung: 1. Jh. n. Chr.

Literatur: Gatty 1900, 31; F. A. B. Ward, Handbook of the Collections Illustrating Time Measurement, Historical Review (London 1947) 17 Taf. 2; Gibbs 1976, 1017 G; Scheidt 1997, 6.

Larium

1.

AO/Inv. Nr.: Larino, Kathedrale o. Nr.

Typ/Mat.: S sphärisch / unbekannt

Maße: unbekannt

FO: Villa Equitis des Blasus Aloysii, vor 1891 in die Kathedrale gebracht

Aufstellung: unbekannt

B: keine weiteren Angaben bei Gibbs

Inschrift: keine

Datierung: 1. Jh. n. Chr.

Literatur: Gibbs 1976, 1015; DAI Rom Negativ Nr. 2194.

Lemnos

1.
AO/Inv. Nr.: Limnos, Archäologisches Museum (?)
Typ/Mat.: Stiftung *ὡρολόγιον* / S ~ / Marmor (?)
Maße: unbekannt
FO: Kabirion
Aufstellung: Heiligtum
B: Die schmale kleine Marmorbasis schließt oben und unten mit einem Dekorband ab und trägt im Zentrum die unten aufgeführte Weihinschrift an die limnischen Götter. Wahrscheinlich diente der Block als Basis einer Sonnenuhr.
Inschrift: Δέξιππος Παγχάρου Παιανεὺς | γενόμενος κοσμητὴς Θε[οῖς Μεγάλοις] | τὸ ὡρολόγιον [ἀνέθηκεν].

„Dexippos Pancharou aus Paiania hat diesen Zeitmesser als Kosmet den Theois Megalois gestiftet."
Datierung: nach Inschrift: 1. Jh. v. Chr.
Literatur: S. Accame, Iscrizioni del Cabirio del Limno, ASAthene 3–5, 1941–43, 99 Nr. 17 Abb. 18 (Foto); Gibbs 1976, 8004.

Leontopolis (Tell Yahudiya)

Leontopolis 1

1.
AO/Inv. Nr.: London, British Museum Reg. Nr. 1873, 0812.1
Typ/Mat.: ägyptische Wasserauslaufuhr / Diorit
Maße: H_{max} 35,2 B_{max} 27 / Randfragment, fast vollständiges Profil
FO: Tell Yahudiya; zum Fundort vgl. M. Bietak, Tell el Yahudiya, in: K. A. Bard (Hrsg.), Encyclopedia of Ancient Egypt (London 1999) 791–792; A. Geissen – M. Weber, Untersuchungen zu den ägyptischen Nomenprägungen VIII. 11. unterägyptischer Gau: Leontopolites, ZPE 158, 2006, 271–275, bes. 272–273 zur Gleichsetzung des seit dem 7. Jh. v. Chr. bezeugten Löwengottes in hellenistischer Zeit mit dem König, sowie seiner Verbindung mit dem Sonnengott Re.
Aufstellung: Heiligtum
B: Das große Fragment umfasst das fast vollständige Profil eines Steingefäßes, das nur entlang seines äußeren Randes bestoßen und etwa auf Höhe seines Ausgusses gebrochen ist.

Die Reliefs der Außenseite zeigen den Pharao bei verschiedenen Opferhandlungen vor jenen Göttern, die den zwölf Monaten zugeordnet sind. Erhalten sind die Darstellungen mit den Göttern Sachmet und Min des vierten und fünften Monates. Auf der rechten Seite opfert der Herrscher einer dritten Gottheit, von der nur noch die Füße erkennbar sind, und bei der es sich um Hathor, dem Eponym des dritten Monats, handeln muss.

Zwei Hieroglyphenbänder begrenzen diese Figurenszenen oben und unten. Die ägyptische Wasseruhr ist der frühen ptolemäischen Zeit aufgrund der in das Reliefband integrierten Namenskartusche des Philipp III. Arrhidaios zuzuweisen, dessen Nennung sich im oberen Inschriftenband wiederholt. Ferner ist laut Borchardt in den Inschriften die Rede „vom Hundsstern im Tempel der Geliebten des Sonnengottes Re, der Zauberin", gemeint ist wohl ein besonderer Aspekt im Kult der Isis.

Die Zuordnung der Monate wird durch Beischriften auf der Innenseite bestätigt. So steht über der Skala des fünften Monats die Zuordnung 1. Monat der prt-Jahreszeit: Also fällt wie bei der Uhr Ephesos 6 in den ersten Monat des Jahres das Frühjahrs-Äquinoktium. Die zugehörigen Stundenskalen bilden erhabene Punktreihen.

Die Besonderheit dieser ansonsten konventionell aufgebauten Uhr besteht darin, dass am Rand oberhalb des fünften Monats eine lateinische Inschrift später hinzugefügt wurde, die diesen Monat als OCT, Oktober ausweist – vgl. auch Fundort unbekannt 2 (Borchardt 1920 8 f. Uhr. Nr. 8). Vom Folgemonat ist rechts des Oktober gerade noch das N für November zu lesen. Im Gegensatz zur ägyptischen Lesepraxis, von der über der fünften inneren Skala kursiv die Angabe „erster Monat der Winterjahreszeit" zeugt, wurden diese lateinischen Monatsnamen von außen gelesen. Deshalb korrespondieren mit diesen lateinischen Beischriften jeweils die Skalen der gegenüberliegenden Innenseite. Aufgrund der Nennung von Monatsnamen des iulianischen Kalenders kann die lateinische Beischrift nach dem dritten Viertels des 1. Jhs. v. Chr. hinzugefügt worden sein.

Inschrift: s. Beschreibung; Schriftbänder in zwei Registern entlang der äußeren Wandung, sowie Namenskartusche des Philipp III. Arrhidaios und rituelle Beischriften im Fries

Datierung: aufgrund der Namenskartusche Regierungszeit des Philipp III. Arrhidaios: 323–317 v. Chr., t. p. q. für die Ergänzung der lateinischen Monatsnamen: spätes 1. Jh. v. Chr.

Literatur: Borchardt 1920, 8 Nr. 6; G. Hölbl, Die ägyptische Auslaufuhr aus Ephesos, ÖJh 55, 1984 Beiblatt 58–60 mit Abb. 12–14; La gloire d'Alexandrie. Katalog Musée du Petit Palais 1998 (Paris 1998) 63 Abb. 29; K. Lippincott, The Story of Time (London 1999) 124 Abb. 34.

Leontopolis 2.1–2.2

2.

AO/Inv. Nr.: London, British Museum, Reg. Nr. 1871, 0619.179; zugehörig: Paris, Musée Guimet E. G. 110

Typ/Mat.: ägyptische Wasserauslaufuhr/ Diorit

Maße: H 36 B 35 Wandungsstärke 6 / Randfragment

FO: Tell Yahudiya, angekauft von Rev. Greville John Chester

Aufstellung: Heiligtum

B: Das große Fragment einer ägyptischen Auslaufuhr ist auf voller Höhe erhalten und aus drei anpassenden Bruchstücken zusammengesetzt, es fehlt ein Teilstück des Randes bis auf mittlere Höhe der Frieszone.

In die steile äußere Wandung des Steingefäßes ist ein Friesband geritzt, das in zwei Figurenszenen untergliedert ist: In beiden Darstellungen wird der Pharao beim Opfer gezeigt, der nicht in den Beischriften benannt, sondern in dem zweizeiligen Hieroglyphen-Band unter der Frieszone als Alexander III. identifiziert ist. In der rechten Szene reicht er Khons, dem thebanischen Mondgott, ein Wassergefäß. Eine weitere männliche Gottheit hinter Alexander ist nicht identifizierbar.

Borchardt konnte von den Inschriftenbändern, die das Friesband rahmen, nur noch Teilstücke entziffern: „... Stunde, in der aufgehet.....der in ihnen ist. Jede Gestalt ist in ihrer Stunde .....", „um damit die Nachtstunden festzulegen (?), wenn die Dekansterne nicht sichtbar sind, damit nie die richtige Zeit (?) der Opfer überschritten wurde...".

In der linken Szene wird der König von einer weiblichen Gottheit begleitet, welche die Beischriften als Ipet ausweisen, die häufig auch als weibliches Flusspferd dargestellt wird. Hier reicht Alexander einen brennenden Gegenstand an eine Gottheit, die ebenfalls nicht identifiziert werden kann.

Auf der inneren Wandung befinden sich zwölf senkrechte Markierungen, deren Fußpunkt jeweils mit hieroglyphischen Beischriften versehen war, von denen noch drei erhalten sind: zu erkennen sind ein was, djed und ankh, bei denen es sich um die Symbole für den neunten bis elften Monat handelt.

Inschrift: s. Beschreibung; Schriftbänder in zwei Registern entlang der äußeren Wandung, sowie Namenskartusche des Alexander III. und rituelle Beischriften im Fries

Datierung: aufgrund der Namenskartusche während der Regierungszeit des Alexander III.: 331–323 v. Chr.

Literatur: E. A. W. Budge, A Guide to the Egyptian Galleries (Sculpture), British Museum (London 1909) Kat. Nr. 948; Borchardt 1920, 8 Nr. 3; S. Walker – P. Higgs (Hrsg.), Cleopatra: Regina d'Egitto (Mailand 2000) 64. 38; B. Porter – R. Moss, Topographical Bibliography of Ancient Hieroglyphic Texts, Reliefs and Paintings IV (Oxford 2004) 58.

Leptis Magna

Leptis Magna 1

1.

AO/Inv. Nr.: Tripolis, Archäologisches Museum (?)

Typ/Mat.: S sphärisch / lokaler Kalkstein

Maße: H 39,5 B 35 T 30,5

FO: Leptis Magna

Aufstellung: unbekannt

B: Das obere Drittel des Uhrenkörpers nimmt der sphärisch geschnittene Schattenkreis ein, in den zwischen zwei Bogenlinien zwölf besonders tief und regelmäßig eingekerbte Stundenlinien verlaufen. Der Uhrenkörper tritt schräg bis an die Schattenfuge zurück. Dieser Bereich, in den die neopunische Stifterinschrift eingeritzt wurde, ist deutlich nachlässiger geglättet als der Schattenkreis.

Ein Rundstab trennt Uhrenkörper und undekorierte Basiszone, deren Unterkante in einer Ebene mit der Oberkante des Schattenkreises liegt.

Inschrift: ‘YDH ‘RŠM BN B’LŠK | HBN‘ BTS’TM BTM T HPN/T ST

Übersetzung nach della Vida: „‘RŠM Sohn des B’LŠK hat als Konstrukteur diese Sonnenuhr auf seine Kosten aufgestellt.“

Datierung: Aufgrund der Buchstabenform schlägt della Vida eine Datierung ins 1. Jh. n. Chr. vor.

Literatur: G. L. della Vida, Un inedita inscriptione neopunica da Leptis Magna. Studia orientalia in memoriam C. Brockelmann, Wissenschaftliche Zeitschrift der Universität Halle 17, 1968, 127–132; Gibbs 1976, 1041; G. L. della Vida – M. G. Amadasi Guzzo, Iscrizione puniche della Tripolitania (1927–1967) (Rom 1987) 100 f. Nr. 67.

Leptis Magna 2.1–2.3

2.

AO/Inv. Nr.: Leptis, Archäologisches Museum (?)

Typ/Mat.: S sphärisch / lokaler Kalkstein

Maße: H 50,5 B 52,5 T ca. 25

FO: Leptis Magna, Stadtgebiet

Aufstellung: unbekannt

B: Die sphärisch geschnittene Sonnenuhr ist nur leicht an den Enden ihres Schattenkreises bestoßen. Dieser nimmt recht genau die Hälfte der Blockhöhe ein und ist in elf Stundenlinien und drei Datumslinien aufgeteilt. Nur der Meridian wurde über die Sommerwendlinie hinaus bis an das ausgebrochene Gnomonloch verlängert.

Unterhalb des Schattenkreises tritt der Uhrenkörper bis an die Schattenfuge, die mit einem Rundstab verblendet wurde, schräg zurück. Der Bereich der Basis wurde als Kyma reversa gearbeitet und schließt mit einer relativ hohen Standleiste ab.

Während die Oberfläche der Rückseite dieser Sonnenuhr unbearbeitet ist, wurden Front- und Seitenflächen sorgfältig geglättet. Im Bereich des Zifferblatts auftretende Störstellen im porösen lokalen Kalkstein weisen darauf hin, dass diese Partien ursprünglich stukkiert und bemalt waren.

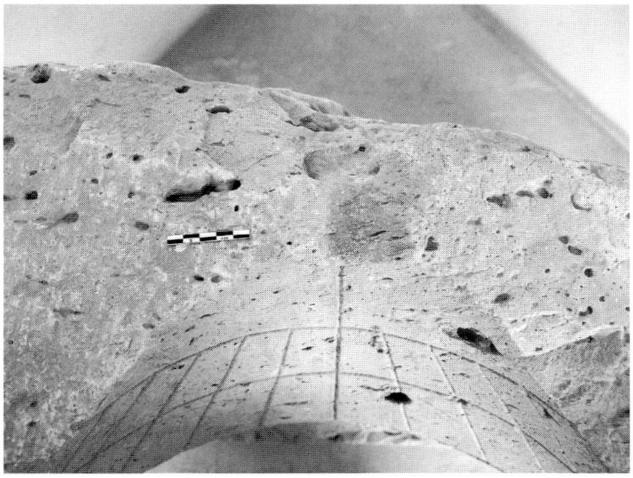

Leptis Magna 2.4

Inschrift: keine
Datierung: aufgrund der Proportionierung von Uhrenkörper gegenüber dem Schattenkreis und der Nähe zu der Sonnenuhr Leptis Magna 1: 1. Jh. n. Chr.
Literatur: unpubliziert

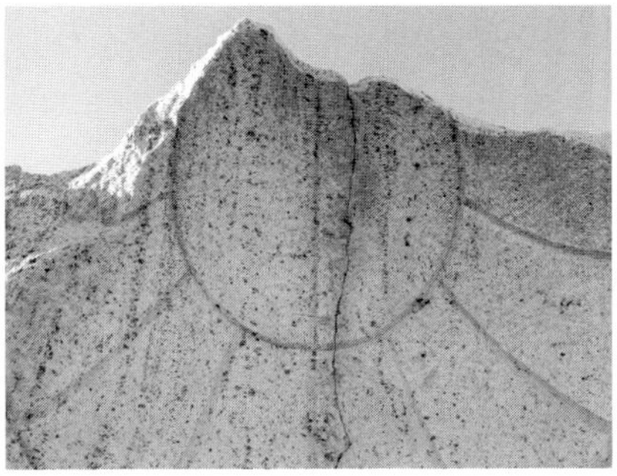

Leptis Magna 3.1–3.3

3.
AO/Inv. Nr.: Leptis, Portikus post scaenam, Nordflügel
Typ/Mat.: S sphärische Variante / lokaler Kalkstein
Maße: ca. H 60 B 55 T_{max} 41
FO: Leptis Magna, Theater
Aufstellung: unbekannt; s. FO
B: Die große Sonnenuhr wurde aus drei anpassenden Fragmenten zusammengesetzt und ist v. a. im oberen Bereich des Schattenkreises gebrochen. Im sphärisch geschnittenen Zifferblatt sind noch die Linien der Stunden drei bis zehn zu erkennen, die zwischen den Bogenlinien von Sommer- und Winterwende verlaufen. Nur der Meridian wurde bis an das Gnomonloch verlängert. Alle Linien wurden gleich breit und tief in den lokalen Kalkstein gearbeitet.

Unterhalb des Zifferblatts, das etwa zwei Drittel der Blockhöhe einnimmt, reicht die Basis bis an die ca. 3 cm hohen Standleiste. Ursprünglich ragte der Schattenkreis also deutlich gegenüber dem Uhrenkörper vor, so dass eine Aufstellung über Kopfhöhe des Betrachters erforderlich ist.

Auf eine erhöhte Aufstellung weisen auch Zurichtungen auf der Oberseite des Stücks hin, die noch vom Transport des Blocks stammen.

Wahrscheinlich ist die einheitlich mit dem Zahneisen bearbeitete Oberfläche ein Hinweis darauf, dass die Vorderseite der Uhr ursprünglich stukkiert und bemalt war.

Leptis Magna 3.4

Inschrift: keine
Datierung: spätes 1. / frühes 2. Jh. n. Chr. aufgrund der handwerklichen Nähe zu Leptis Magna 1 und 2, sowie zu Aquileia 13 in der Konstruktion der Sphäre
Literatur: unpubliziert?

Licenza

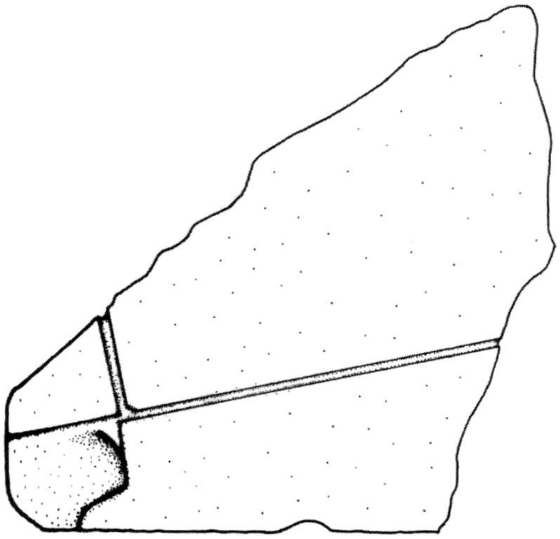

Licenza 1.1–1.2

1.
AO/Inv. Nr.: Tivoli, Heiligtum des Herkules Victor, Magazin SAL, Kassette Nr. 270
Typ/Mat.: S sphärisch / Marmor
Maße: ca. H 10 B 15 / Fragment
FO: sog. Villa Sabina des Horaz während der Grabungen von Pasqui 1911–1914; genaue Fundstelle unbekannt

Aufstellung: C. Gleason und E. Macaulay vermuten, dass der Zeitmesser aus dem Garten der weitläufigen Villa stammt. Hier wurde während der Ausgrabungen von Pasqui zu Beginn des 20. Jhs. ein Bereich nordöstlich der piscina freigelegt.

Anhand eines Computermodells gelang Gleason der Nachweis, dass kein Bereich der Villa ganz*tägig* und ganz*jährig* in der Sonne liegt. Der vorgeschlagene Standort in der zentralen Achse der Gartenanlage würde zwischen Juni und September zumindest den ganzen Tag in der Sonne liegen, also im Zeitraum der Nutzung der Villa durch den Patron.

B: Es handelt sich um das kleine Fragment einer Sonnenuhr, das vom unteren Randbereich des Schattenkreises stammt und auf dem zwei Stunden- und Ansätze zweier Datumslinien zu erkennen sind.

Inschrift: keine

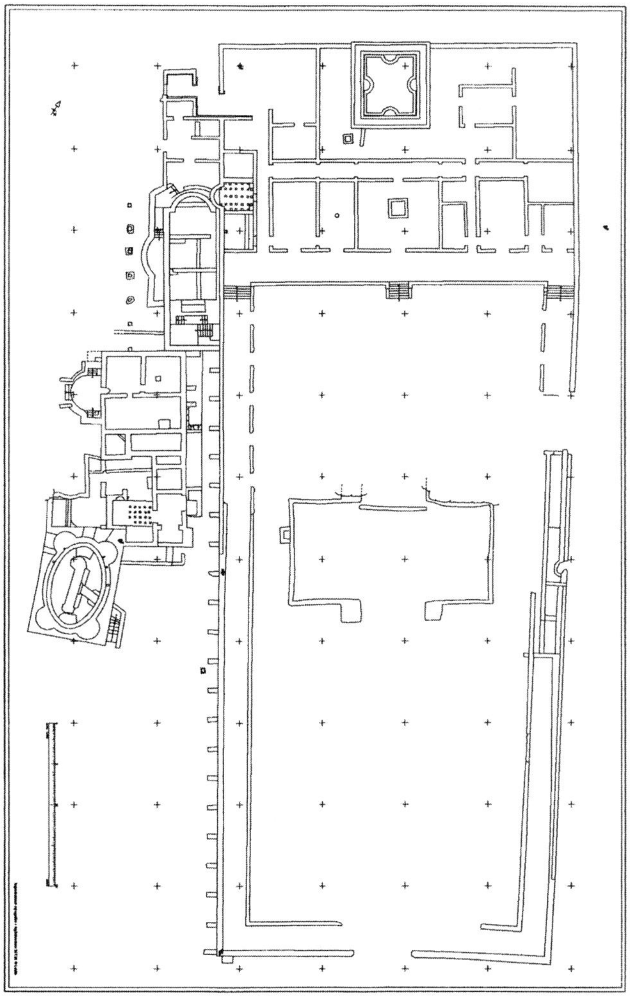

Licenza 1.3

Datierung: Macaulay ordnet aufgrund des verwendeten Materials den Zeitmesser der flavischen Phase zu, in der überwiegend Marmor verwendet wurde.

2. Hälfte des 1. Jhs. n. Chr.

Literatur: E. B. Macaulay, Garden Material, in: The Horace's Villa Project 1997–2003 Bd. 1 (Oxford 2006) 92. 193–194; Bd. 2 Abb. 13–15. Abb. 32.

Lindos

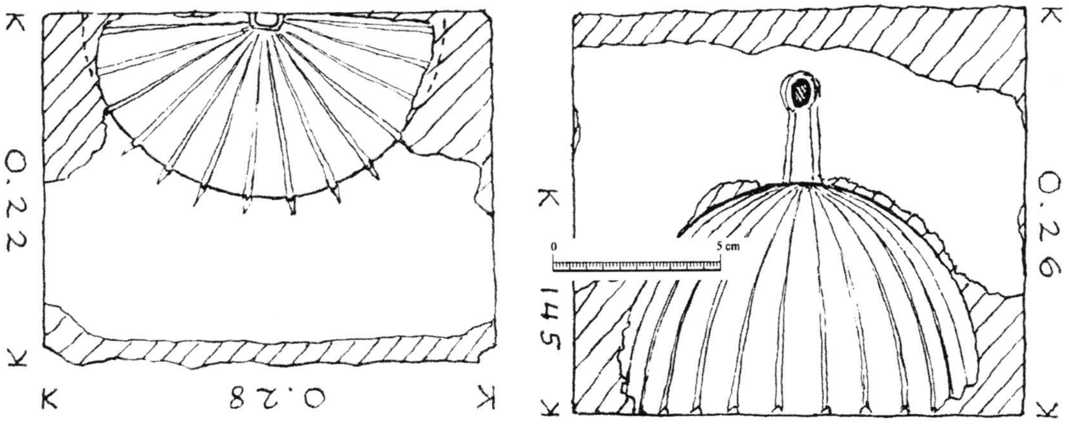

Lindos 1

1.
AO/Inv. Nr.: Lindos, Akropolis Lapidarium
Typ/Mat.: S sphärisch / Marmor
Maße: H 22 B 28 T 26
FO: Akropolis Lindos, Heiligtum der Athena Lindaia
Aufstellung: im Heiligtum
B: Der Skizze von Dyggve zufolge wurde die Uhr aus zwei anpassenden Fragmenten zusammengesetzt. Der Schattenkreis ist in elf Stundenlinien unterteilt, zumindest auf der Skizze sind keine Datumslinien zu erkennen.

Unterhalb des Zifferblatts setzt sich der Uhrenkörper als schlichter Block fort, weder ein Limbus noch sonstige Dekorelemente sind auf der Zeichnung erkennbar.

Das Stück ist offenbar ein Streufund aus dem Bereich des Heiligtums. Es gehört sicherlich zur Gruppe der hellenistischen Uhren, eine engere zeitliche Eingrenzung ist jedoch nicht möglich.
Inschrift: keine
Datierung: hellenistisch
Literatur: E. Dyggve – V. Poulsen, Lindos III.2 (Kopenhagen 1960) 309 Anm. 54. 344 Abb. 7 Nr. 25.

Lunel-Viel

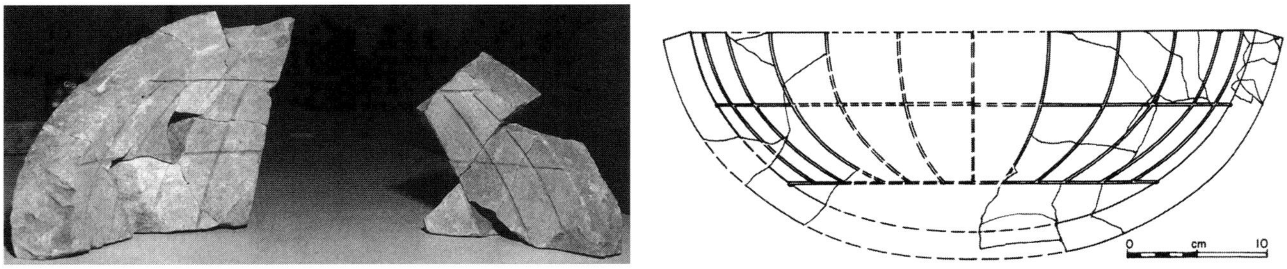

Lunel-Viel 1.1–1.2

1.
AO/Inv. Nr.: Quarante, Musée Archéologique
Typ/Mat.: S sphärisch / Kalkstein
Maße: rek: H 16,2 B_{max} 45, fünf anpassende Fragmente auf der Vormittagseite und sieben anpassende Fragmente auf der Nachmittagsseite, der Mittelteil fehlt, insgesamt etwa 2/3 der Uhr erhalten
FO: sekundär zur Unterfütterung einer Strasse (der Via Domitia?) des 2. Jhs. n. Chr. verwendet
Aufstellung: unbekannt
B: Die zahlreichen Fragmente der Uhr ergänzt Parès zu einem konkaven Zifferblatt, das in elf Stunden- und zwei Datumslinien unterteilt war. Die dritte Datumslinie wird von dem äußeren Rand

des Schattenkreises bildet, den ein relativ breiter Limbus umgibt. Aufgrund des Erhaltungszustandes fällt es schwer zu entscheiden, wie der Uhrenkörper geformt war. Die Bruchkanten weisen auf einen schmalen zylindrischen Fuß hin.
Inschrift: keine
Datierung: 50–150 n. Chr. nach Parès
Literatur: Severino 2003, s. v. Lunel-Viel; J. Parès, Les cadrans solaires romains de Quarante et de Lunel-Viel, RANarb 27/28, 1994/1995, 283–286.

Lykao Savatra

1.
AO/Inv. Nr.: MAMA 8 233
Typ/Mat.: S vertikal, 3 getrennte Zifferblätter / Marmor
Maße: unbekannt, hochrechteckiger Block, dessen obere Hälfte fehlt
FO: Lykao Savatra = Yali Bayat
Aufstellung: unbekannt
B: Erhalten ist die untere Hälfte eines im Querschnitt annähernd quadratischen, hochrechteckigen Blocks. Seinen unteren Abschluss bildet ein Fußprofil, das sich aus Rundstab, Kyma reversa und Standleiste zusammensetzt. Der Bereich oberhalb wurde auf drei Seiten mit dem Spitzeisen bearbeitet und die bis an die Oberkante des Blocks reichende Fläche sorgfältig geglättet.

In dieser Zone befinden sich auf drei Seiten des Blocks die Zifferblätter eines Zeitmessers, dessen Datumslinien mal unter- mal oberhalb der Linie Beischriften aufweisen.

Ungewöhnlich ist die Verteilung dieser Datumsangaben, die auf die vertikalen Radialen, die gemeinhin die Funktion der Stundenlinien übernehmen, bezogen sind. Auf der Westseite sind noch Abschnitte dreier Radiale zu erkennen, die als Winter-, Sonnenwendlinie, sowie Äquinoktium ausgewiesen sind. Auf die Südseite entfällt der Teil mit dem Meridian und der Beischrift der Sommerwendlinie, auf die Ostseite jene Fläche, die gegengleich zur Westseite gearbeitet ist.

Das dekorlose Stück ist in Konstruktion und Oberflächengestaltung eng verwandt mit Tenos 1°. Die Bildung des Theta mit durchgezogenem Querschnitt liefert einen Anhaltspunkt für die Datierung.
Inschrift: θερινή | ἰσημερία | [χ]ειμε[ρινή] | θερινή | ἰσημερία | χειμ[ερινή]
Datierung: 2. Jh. v. Chr.
Literatur: MAMA 8 233.

Mampsis

Mampis 1

1.
AO/Inv. Nr.: Mampsis (?), Grabungsinventar Inv. Nr. 5001
Typ/Mat.: S Hohlform / lokaler Kalkstein

Maße: H 20 B 28,5 T 38
FO: Mampsis, Ostkirche
Aufstellung: Kirche
B: In den Block wurde ein konisches Zifferblatt so eingetieft, dass es etwa zwei Drittel der Höhe einnimmt. Vom ausgebrochenen Gnomonloch verlaufen elf Stundenlinien bis an den Rand des Schattenkreises. Die Vorderseite des blockförmigen Uhrenkörpers ist wie Mylasa 1 mit einem Kreuzsymbol geschmückt, das sich in der Verlängerung des Meridians befindet. In die Zwickel des Uhrenkörpers ist ein Palmwedel-Motiv eingestellt.

Die blockhafte Form der Uhr erinnert an ein Kapitell. Vergleichbare Dekorationen befinden sich an den Architekturgliedern der Kirche, deren Entstehung der Ausgräber dem 4. Jh. n. Chr. zuweist.
Inschrift: keine
Datierung: spätantik, zweites Viertel 4. Jh. n. Chr. wie Abu Mina 1
Literatur: A. Negev, The Architecture of Mampsis II (Jerusalem 1988) 95–96 Foto 97; J. Kosciuk, A Conical Sundial from Abu Mina, BACopt 31, 1992 Anm. 40.

Marcianopolis

Marcianopolis 1

1.:
AO/Inv. Nr.: heute Devnya
Typ/Mat.: S konisch/ unbekannt
Maße: unbekannt
FO: Marcianopolis Stadtgebiet
Aufstellung: unbekannt
B: Der kurzen Notiz von Valev ist zu entnehmen, dass aus Marcianopolis, der Hauptstadt der Provinz Moesia Inferior, mehrere Zeitmesser stammen, über deren Gestaltung aber nichts Näheres bekannt ist.
Inschrift: keine
Datierung: 2.–4. Jh. n. Chr.
Literatur: A. Angelov – I. Ivanov, Slancev casovnik ot Marcianopol, Interdisciplinarni izsledovanija 10, 1983, 111–115; P. Valev, Ancient Sundials from Moesia and Thracia, Balcanica Posnaniensia 5, 1990, 163–181.

Maroneia

Maroneia 1

1.

AO/Inv. Nr.: Maroneia, Archäologische Sammlung AKM 451

Typ/Mat.: S sphärisch / weißer Marmor

Maße: H 14 B 22 T 8

FO: innerhalb des Stadtgebiets von Maroneia 1972, Gemarkung Paleochora, Grundstück Adamidis

Aufstellung: Wohnhaus

B: Der Streufund ist das Fragment einer Sonnenuhr, die auf der rechten Seite gebrochen ist. Auf ihrem Schattenkreis sind die Stundenlinien des Vormittages regelmäßig verteilt und außerdem eine Datumslinie zu sehen.

Inschrift: oberhalb der Datumslinie Beischrift: [-------]ναι

Datierung: Die enge Verwandtschaft der Buchstabenform mit den Beischriften der Uhren aus Ioulis 1 und Tenos (auch Rhodos: IG XII 1,139) führen die Bearbeiter zu einer Datierung in die hellenistische Zeit. Die genannten Vergleiche stammen alle aus dem 2. Jh. v. Chr.

Literatur: D. Triandaphyllos, ADelt 29, 1973/74 Chron 794 Nr. κα; SEG 30, 692; L. Loukopoulou – A. Zournatzi – G. Parisaki, Επιγραφές της Θράκης του Αιγαίου (Paris 2005) E 364 mit Taf. 77.

Marruvium

Marruvium 1

1.

AO/Inv. Nr.: San Benedetto di Marsi; CIL I 3209a

Typ/Mat.: Stiftung *horologium* / W ~ / Marmor

Maße: ca. L_{Block} 1,35 m

FO: Forum von Marruvium, im Zuge von Ausgrabungen in den 1970er Jahren

Aufstellung: in Gebäude

B: Die zweizeilige Stifterinschrift befindet sich auf der Vorderseite eines monolithen Türsturzes, der im Zuge von Ausgrabungen im Bereich des Forums von Marruvium zutage trat (vgl. zur Baugeschichte des Forums: P. Sommella, Récentes fouilles archéologiques dans les villes romaines d'Italie centrale, BAntFr 1991, 197–211).

Die Inschrift bezeugt die private Stiftung eines *horologium* von zwei Amtsträgern der Stadt Marruvium. Die Positionierung der Inschrift auf dem Bauglied könnte darauf hinweisen, dass die Stiftung Veränderungen bzw. die Errichtung eines Gebäudes umfasste. Somit liegt die Vermutung nahe, dass es sich bei dem *horologium* um eine in dessen Innern aufgestellte Wasseruhr handelt.

Inschrift: Q(uintus) Fadius T(iti) f(ilius) Q(uintus) Munantius N(umeri) f(ilius) Marssus IIIIvir(i) iur(e) d(icundo) | horologium de sua pecunia fac(iendum) coer(averunt).

„Q(uintus) Fadius, Sohn des T(itus) und Q(uintus) Munantius, Sohn des (Numerius), Quattuorviri iure dicundo haben aus eigenen Mitteln das Horologium bezahlt."

Datierung: Mitte 1. Jh. v. Chr.

Literatur: CIL I 3209a = EMarsi 57 = AE 1975, 306.

Matilica Matilicatis

Matilica Matilicatis 1.1

1.

AO/Inv. Nr.: Macerata, Museo Piersanti im Palazzo Finaguerra o. Nr.

Typ/Mat.: S Globus / weißer Marmor (kleinasiatisch?)

Maße: Dm 29,3

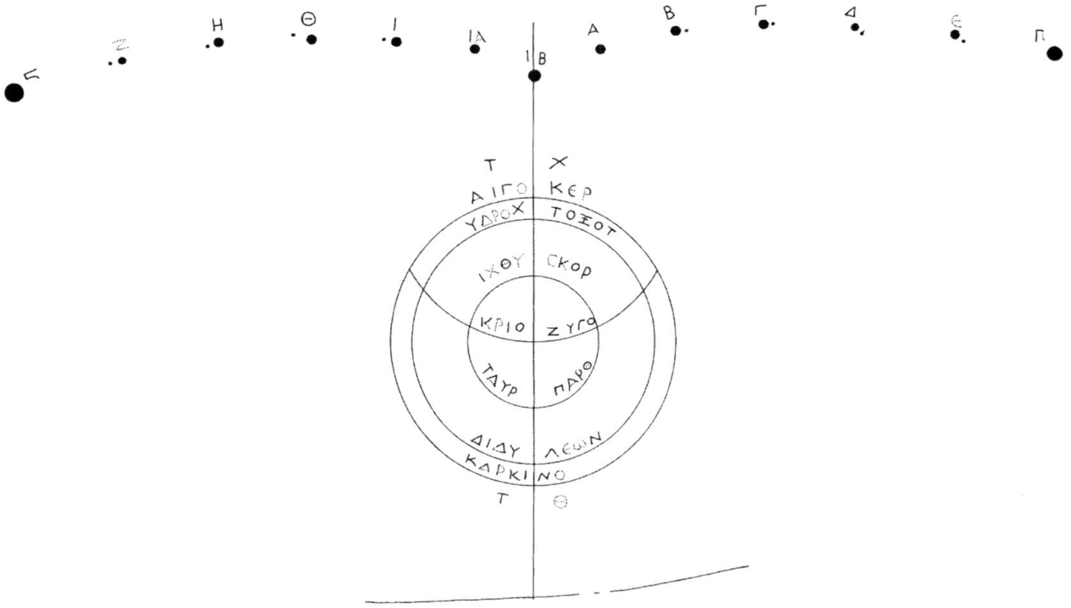

Matilica Matilicatis 1.2

FO: 1985, während Ausschachtungsarbeiten im Fundamentbereich des Palazzo Pretorio aus dem 13. Jh. im Bereich des Zentrums der römischen Stadt (zum Stadtplan vgl. M. Luni, Matelica, in B.T.C.G. IX (Pisa/Rom 1991) 485–487).

Aufstellung: Forum

B: Der sog. Globus besteht aus einer Marmorkugel, auf deren Oberfläche Linien graviert und 13 Stiftlöcher gebohrt sind. Sie werden von griechischen Beischriften begleitet. Die Hauptlinie verläuft senkrecht auf dem Kugelumfang. Auf ihr liegt sowohl der Mittelpunkt dreier konzentrischer Kreislinien als auch der eines Stiftlochs, das sich außerhalb des Außenkreises befindet. Dessen Position bildet den Mittelpunkt eines weiteren Kreises, von dem nur im Bereich der drei anderen Kreise eine Bogenlinie ausgeführt wurde und dessen Radius den gemeinsamen Mittelpunkt dieser drei Kreise schneidet. Jeweils sechs weitere Stiftlöcher wurden in regelmäßigem Abstand und symmetrisch zum mittleren Loch in die Kugel gebohrt, so dass sie auf gegengleichen Bogenlinien verlaufen. Sowohl den Stiftlöchern als auch den drei parallelen Kreislinien sind Beischriften zugeordnet, die Stunden und Stationen des Zodiakus benennen. Diese Verteilung legt fest, dass im Gegensatz zu den meisten Sonnenuhren und auch der Zeitkugel Prosymna die Hauptseite dieses Instruments nach Norden ausgerichtet gewesen sein muss.
Eine weitere Kurve schneidet den Mittelpunkt aller Kreislinien im Winkel von 90 Grad, sie zeigt die Äquinoktien an.

Bei einer Ausrichtung der umlaufenden Kreislinie in Nord-Südrichtung bewegt sich der Rand des Kugelschattens ganzjährig derart über die südliche Oberfläche, dass sein Schnittpunkt mit dem jeweiligen Stiftloch die Uhrzeit anzeigt. So entspricht die umlaufende Kreislinie dem Meridian, die westlich davon angeordneten Löcher den Stunden eins bis sechs bzw. auf der Gegenseite den Nachmittagsstunden. Die griechischen Buchstaben kennzeichnen entsprechend die Stundenzählung. Die Konstruktion dieser Stundenpunkte als Stiftlöcher dient offenbar der präziseren Lesbarkeit der Uhrenfunktion.

Diese wird ergänzt von jenen drei konzentrischen Kreisen, deren Zwischenräume vom gemeinsamen Mittelpunkt ausgehend gleichmäßig in zwölf Abschnitte unterteilt sind. Ihre Funktion besteht in einer kalendarischen Jahresgliederung, indem zur Mittagszeit der Kugelschatten je nach Jahreszeit in einen dieser Abschnitte fällt, die Beischriften als Stationen des Tierkreises ausweisen.

Rätselhaft ist wie das Instrument das Forum von Matelica erreichte, da sowohl die Wahl griechischer Beischriften als auch der griechische Marmor sowie die Aufstellung der einzigen bekannten Parallele in Prosymna eine Entstehung des Stücks in Griechenland nahelegen.

Der ungewöhnliche Entwurf setzt die niedrig gesockelte Aufstellung dieses kugelförmigen Zeitmessers auf einer nach Süden hin offenen Freifläche voraus. Diese Beobachtung lässt im Zusammenhang mit dem Fundort des Instruments darauf schließen, dass es zur Ausstattung des Forums von Matilica gehörte.

Inschrift: Griechische Buchstabenzählung entlang der Stundenlöcher, sowie Abkürzungen der Stationen des Zodiakus, nach SEG 42, 1992, 908 und 48, 1998, 1271:

Ζ Η Θ Ι ΙΑ ΙΒ Α Β Γ Δ Ε

τ(ροπαί) χ(ειμεριναί) | αιγ[ό]κερε(ως) | υδ[ρ]οχ(οός) τοξότ(ης) | ι[χ]θ[ύ](ες) [σ]κόρ(πιος) | κ[ρ]ιό(ς) ζυγό(ς) | ταύρο(ς) παρθ(ένος) | δίδυ(μοι) λέ[ω]ν | καρκίν[ο](ς) | τ(ροπαί) [θ(εριναί)]

Datierung: Wende 2./1. Jh. v. Chr.

Literatur: Severino 2003; F. Azzarita, UAI Astronomia 6/7, 1988, 13–17; F. Azzarita, UAI Astronomia 7, 1989, 10–15; A. Carusi – D. Baldini, Il globo di Matelica, L'Astronomia 92, 1989, 30–38; F. Azzarita in: Archeologia e astronomia. Colloquio internazionale Venezia 1989. Rivista di Astronomia Suppl. 9 (Rom 1991) 96–99; G. Fantoni, Due orologi solare greci: I globi di Prosymna e di Matelica, in: Archeologia e Astronomia. Colloquio internazionale Venezia, Rivista di Astronomia Suppl. 9 (Rom 1991) 100–106; S. M. Marengo, Orologio solare sferico da Matelica, in: G. Paci (Hrsg.), Epigrafia romana in area adriatica. Actes de la IXe rencontre franco-italienne sur l'épigraphie du monde romain, Kongress Macerata 1995 (Pisa 1998) 161–175.

Mayen

1.

AO/Inv. Nr.: Mayen, Eifelmuseum Inv. Nr. 62, 202 / CIL XIII 11978a = AE 2001, 1545; zwei Fragmente

Typ/Mat: Stiftung *horologium* / W ~ / Kalkstein

Maße: linkes Fragment: H 70 B 47 T 22, rechtes Fragment: H 67 B 33 T 22

FO: Mayen, Stehbachstr. in neuzeitlicher Verbauung

Aufstellung: Forum ~

B: Die fragmentierte Inschrift besteht aus zwei zugehörigen, aber nicht anpassenden Platten aus lokalem Kalkstein, die innerhalb des Vicus in neuzeitlicher Verbauung gefunden wurden. Format und Zurichtung des Inschriftenträgers, der ungefähr auf die Maße 70 × 100 × 22 zu rekonstruieren ist, weist darauf hin, dass er ursprünglich in ein Bauwerk eingelassen war.

Der Rahmen des Inschriftenfeldes wird beiderseits von Eroten gehalten. Die Inschrift belegt, dass drei Mitglieder einer Familie – zu rekonstruieren sind nach Wiegels die Namen von Eltern und Sohn – dem Vicus ein *horologium* und ein Gebäude stifteten. Die gewählte Formulierung der Bauinschrift lässt Wiegels und Matijevic mit Verweis auf Uhrenstiftungen in Apulum, Marruvium und Herakleia Lynkestis vermuten, dass beide Elemente auch baulich miteinander in Zusammenhang stehen. Dafür spricht ferner die große Kalksteinplatte, die sicherlich im Eingangsbereich angebracht war.

Eine Gebäudestiftung mit Zeitmesser ist nur dann sinnvoll, wenn die Architektur zur Aufbewahrung des Instruments dient. Deshalb ist es wie beispielsweise für Boutae 1 naheliegend, dass die Inschrift auf die Stiftung einer öffentlichen Wasseruhr zu beziehen ist.

Inschrift: nach Wiegels a. O.:

In h(onorem) d(omus) [d(ivinae) ---] [d(iuinae) ---] | horo[logium pecunia s]ua | et aed[em cum ornamentis suis] | omn[ibus et signis Marcius?] | Iuncun[dus et Bictoria? Restitua] | [parentes et] Iuc[undinus filius d(ono) d(ederunt)].

„Zu Ehren des göttlichen Kaiserhauses haben Marcius (?) Iucundus und Bictoria (?) Restitua und Iucundinus der Sohn aus eigenen Mitteln ein Horologium und ein Gebäude mit seinem Schmuck und Statuen gestiftet."

Datierung: Wiegels erkannte erstmals den Zusammenhang mit einer zweiten Inschrift aus Mayen, CIL XIII 7676, die im Aufbau der Uhrenstiftung entspricht. Er vermutet, dass es sich bei den in dieser Grabinschrift genannten Personen um Mitglieder derselben Familie handelt und grenzt in Verbindung mit stilistischen Erwägungen die Enstehungszeit beider Zeugnisse auf die 2. Hälfte des 2. Jhs. n. Chr. ein.

Literatur: CIL XIII 11978a = AE 2001, 1545; H. Wegner, Trier, TrZ Beiheft 23 (1997) 235–242; R. Wiegels, Stiftung einer römerzeitlichen Uhr in Mayen, Kreis Mayen-Koblenz, Berichte zur Archäologie an Mittelrhein und Mosel 5, 1997, 235–245; K. Matijevic, Religion im unteren Moselraum: Mayen und Kottenheim, in: C. Auffarth (Hrsg.), Religion auf dem Lande. Entstehung und Veränderung von Sakrallandschaften unter römischer Herrschaft (Stuttgart 2009) 43–44 Abb. 2,2 und 2,3.

Megara

Megara 1

1.
AO/Inv. Nr.: Megara Magazin, Inv. Nr. 42
Typ/Mat.: S konisch / pentelischer Marmor:
Maße: H 40 B 40 T 20 / zwei anpassende Fragmente, geringe Bestoßungen auf der linken Seite der Basis
FO: Megara, Stadtgebiet
Aufstellung: unbekannt
B: In das Zifferblatt der Sonnenuhr wurden elf Stunden- und zwei Datumslinien sehr sorgfältig eingetieft. Außerdem wurden die Stundenintervalle zwischen der Äquinokiallinie und der Außenkante des Schattenkreises in Halbstundenlinien unterteilt, die erneut bei Athen 11 begegnen, dort aber sicher Folge einer (neuzeitlichen) Überarbeitung sind.

Unterhalb des Zifferblatts tritt der Uhrenkörper als schräge Fläche bis an die Schattenfuge zurück. Daran schließt die profilierte Basis an, die sich aus Rundstab, Hohlkehle, schmaler Leiste und Standfläche zusammensetzt. Diese Partie begrenzen beidseitig profilierte Löwenbeine, deren Beine knubbenartig gebildet sind. Oberhalb der Standleiste verlaufen auf den Seitenflächen wellenförmige Linienreliefs. Auf dem Unterlager befindet sich kein Zapfloch.
Inschrift: keine
Datierung: 1. Jh. v. Chr.
Literatur: Gibbs 1976, 3020 G, 241 Abb. 30; Schaldach 2006, 26.

Melos

1.
AO/Inv. Nr.: Melos, Archäologisches Museum o. Nr.
Typ/Mat.: S konisch / weißer Marmor
Maße: unbekannt / Der Skizze von Gibbs nach ist das Stück stark fragmentiert: Es fehlen die linke Seite, große Teile der Basis sowie das äußere Ende des Schattenkreises auf der rechten Seite.
FO: unbekannt
Aufstellung: unbekannt
B: Abschnitte von fünf Stunden- und drei Datumslinien sind auf diesem Fragment einer konischen Sonnenuhr erhalten. Gibbs gibt an, dass es sich um die Stunden sechs bis zehn handelt, ihrer Zeichnung handelt es sich eher um die fünfte bis neunte Stunde. Den Schattenkreis umgibt ein schmaler Limbus, unterhalb dessen eine schräge Fläche bis an die Schattenfuge zurücktritt.

Soweit erhalten, ist die Basis als ebene Fläche gearbeitet, die bis zur Standleiste vorspringt.
Inschrift: keine
Datierung: 2. Jh. v. Chr.
Literatur: Gibbs 1976, 3043.

2.
AO/Inv. Nr.: Melos, unbekannt
Typ/Mat.: Stiftung *ὡρολόγιον* / S ~/ grauer Marmor
Maße: B 42 H 9,5
FO: in neuzeitlicher Verbauung
Aufstellung: Agora ~
B: Die Inschrift befindet sich auf dem Abakus eines römischen dorischen Kapitells aus grauem Marmor, das im Zuge der Ausgrabungen in Trypiti an der Stelle D gefunden wurde. Zugehörig ist ein Säulenfragment mit einer Höhe von 68 cm, das am Eingang zu einer Höhle auf dem Grundstück von P. Vichos gefunden wurde.

Die Inschrift weist das Stück als Stiftung eines Archonten namens Soreinianos aus, als er zum dritten Mal Archon war.
Inschrift: [nomen-]ιος Σωρεινιανὸς | [..]ω[....]τος ἄρχων Μηλίων τὸ γ' | ἐκ τῶν ἰδίων ἐν τῷ ἰδίῳ τόπῳ τὸ ὡρο|λόγιον ἀνέθηκεν.

„---ios Sorinianos, Sohn des ---, hat als er zum dritten Mal Archon der Melier war, an dieser Stelle das Horologion aufstellen lassen."
Datierung: Inschrift und Architekturglied weisen auf eine Entstehung in der Kaiserzeit. Im Vergleich mit anderen von Smith publizierten Inschriften aus Melos entsprechen die Buchstaben am ehesten denen aus der 1. Hälfte des 1. Jhs. n. Chr.
Literatur: IG XII 3 1101; C. Smith, Inscriptions from Melos, JHS 17, 1897, 17. 38.

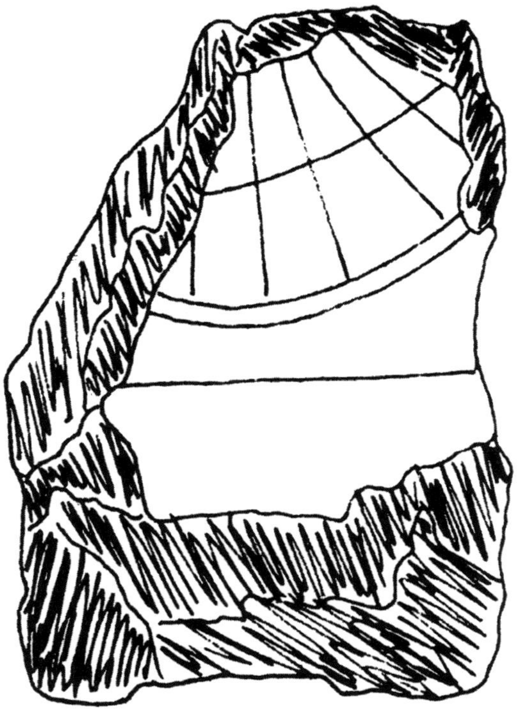

Melos 3

3.
AO/Inv. Nr.: Melos, Archäologisches Museum o. Nr.
Typ/Mat.: S konisch / weißer Marmor
Maße: unbekannt / offenbar stark fragmentiertes Stück
FO: unbekannt
Aufstellung: unbekannt
B: Von der fragmentierten Uhr sind die Linien der Stunden zwei bis sechs erhalten, ebenso drei Datumslinien. Die Schattenfläche umgibt ein schmaler Limbus. Die Basis wird von zwei Löwenfüßen flankiert. Auf den Seitenflächen sah Gibbs zwei runde Scheiben im Relief, bei denen es sich möglicherweise um stilisierte Rosetten handelt.
Inschrift: keine
Datierung: 1. Jh. n. Chr.?
Literatur: Gibbs 1976, 3042.

Memphis

1.
AO/Inv. Nr.: unbekannt
Typ/Mat.: S konisch / Sandstein
Maße: unbekannt / Nachmittagsseite erhalten
FO: Hawara, römischer Friedhof von Memphis
Aufstellung: Nekropole ~
B: Nur die rechte Seite des Schattenkreises ist erhalten, die fünf Linien der Stunden sieben bis elf gliedern. Diese kreuzen kurze Abschnitte von drei Datumslinien. Auf der Oberseite befinden sich weitere Ritzlinien, von denen Petrie und Kosciuk vermuten, dass sie der korrekten Justierung des Gerätes entlang der Nord-Süd Achse dienen.
Inschrift: keine
Datierung: kommentarlose Datierung bei Gibbs ins 1. oder 2. Jh. n. Chr.

Literatur: W. M. F. Petrie, Roman Portraits and Memphis. British School of Archaeology in Egypt and Egytian Research Account 20 (London 1911) 20–21 Taf. 15. 23; Gibbs 1976, 3087 mit Skizze; J. Kosciuk, A Conical Sundial from Abu Mina, BACopt 31, 1992, 45 Anm. 13.

2.
AO/Inv. Nr.: St. Petersburg, Ermitage (verschollen)
Typ/Mat.: S vertikal / Reiseuhr / Bronze
Maße: unbekannt, Miniatur
FO: Nekropole Memphis von Tischendorf 1860
Aufstellung: Handgerät
B: Die Reiseuhr besteht aus einer flachen Bronzescheibe, die beiderseits graviert ist. Auf ihrer Vorderseite ist ein kleiner drehbarer Schieber befestigt, der als Gnomon dient.

Dieser Schieber erstreckt sich über vier fächerförmige Skalen, die eine weitere in einem Bogensegment entlang des Randes ergänzt. Die vier fächerförmigen Skalen zeigen jeweils das Datum nach ägyptischen Monatsnamen an. Warum diese Anzeige vierfach – und somit funktional redundant – ausgeführt wurde, ist ungeklärt. Die randnahe Skala bezieht sich auf Tageseinteilungen.

Die Oberfläche der Rückseite ist in 36 Radiale aufgeteilt, die im Uhrzeigersinn Ortsnamen mit den dazugehörigen Breitengraden aufführen. Diese reichen von Indien mit dem 8. bis zum 45. Breitengrad, also Norditalien.
Inschrift: griechische Kurzschrift der ägyptischen Monatsnamen

ΤΥ	ΜΕΧ	ΦΑΜΕΝ	ΦΑΡΜΟ	ΠΑΧ	ΠΑ
ΕΠ	ΜΕΣ	ΘΩΘ	ΦΑΩΦ	ΑΦΥ	ΧΟ

Ortsliste nach De Solla Price 1969, 260 (ergänzt um Argos, das bei De Solla Price fehlt, aber gut lesbar ist):

ΙΝΔΙΑ	Η	India	8
ΜΕΡΟΗ	ΙϛΕ	Meroe	16,5
CΟΗΝΗ	ΚΓ <	Syene	23,5
ΒΕΡΟΝΙΚΗ	ΚΓ <	Beronike	23,5
ΜΕΜΦΙC	Λ	Memphis	30
ΑΛΕΧΑΝΔΡΙ	ΛΑ	Alexandria	31
ΠΕΝΤΑΠΟΛΙC	ΛΑ	Pentapolis	31
ΒΟCΤΡΑ	ΛΑ <	Bostra	31,5
ΝΕΑΠΟΛΙC	ΛΑΓ$_0$	Neapolis	31,66
ΚΕCΑΡΙΑ	ΛΒ	Caesaria	32
ΚΑΡΧΗΔωΝ	ΛΒΓ$_0$	Karthago	32,66
....	ΛΒ <	....	32,5
....	...	....	...
....	ΛΓΓ$_0$	....	33,66
ΓΟΡΤΥΝΑ	ΛΔ <	Gortyna	34,5
ΑΝΤΙΟΧΙΑ	ΛΕ <	Antiochia	35,5
ΡΟΔΟC	Λϛ	Rhodos	36
ΠΑΜΦΥΛΙΑ	Λϛ	Pamphylia	36

ΑΡΓΟΣ	Λς <	Argos	36,5
ΣΟΡΑΚΟΥΣΑ	ΛΖ	Syrakus	37,5
ΑΘΗΝΑΙ	ΛΖ	Athen	37
ΔΕΛΦΟΙ	ΛΖΓ$_0$	Delphi	37,66
ΤΑΡΣΟΣ	ΛΗ	Tarsus	38
ΑΔΡΙΑΝΟΥΠΟΛΙΣ	ΛΘ	Adrianopolis	39
ΑΣΙΑ	Μ	Asia	40
ΗΡΑΚΛΕΙΑ	ΜΑΓ$_0$	Herakleia	41,66
ΡωΜΗ	ΜΑΓ$_0$	Rom	41,66
ΑΓΚΥΡΑ	ΜΒ	Ankyra	42
ΘΕΣΣΑΛΟΝΙΚΗ	ΜΓ	Thessaloniki	43
ΑΠΑΜΙΑ	ΛΘ	Apamia	39
ΕΔΕΣΑ	ΜΓ	Edessa	43
ΚωΝΣΤΑςΤΙΝΟΥΠΙ	ΜΓ	Konstantinopel	43
ΓΑΛΛΙΑΙ	ΜΔ	Gallia	44
ΑΡΑΒΕΝΝΑ	ΜΔ	Ravenna	44
ΘΡΑΚΗ	ΜΑ	Thrakien	41
ΑΚΥΛΗΙΑ	ΜΕ	Aquileia	45

Datierung: 4. Jh. n. Chr.
Literatur: L. F. C. Tischendorf, Notitia editionis codicis bibliorum sinaitici ... accedit catalogus codicum nuper ex oriente Petropolin perlatorum (Leipzig 1860) 73 Taf. 2; De Solla Price 1969, 257–259 Abb. 6; Field – Wright 1985, 107–110.

Metz

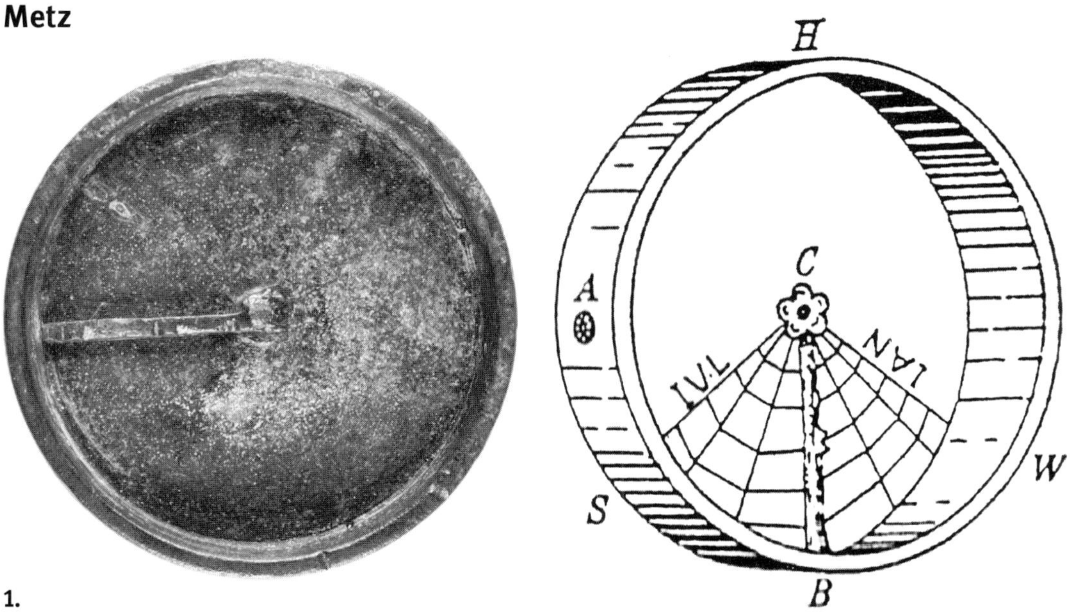

Metz 1.1–1.2

1.
AO/Inv. Nr.: Metz, Archäologisches Museum Inv. Nr. 2767
Typ/Mat.: S vertikal / Reiseuhr / Bronze
Maße: Dm 4,9 D 1,2
FO: Mount Herapel nahe Forbach, südwestlich von Saarbrücken

Aufstellung: Handgerät; Nekropole? ~

B: Die auf beiden Seiten gravierte Bronzescheibe umgibt eine Wandung, die auf beiden Seiten etwa 0,5 cm vorsteht und deren Rand nach außen aufgebogen ist. Diese Wandung wurde an zwei Stellen so durchbohrt, dass das eine Loch zur Befestigung einer Aufhängung, das andere zur Lenkung des Lichtstrahls dient. Dieser fällt punktgenau auf das winzige Zifferblatt mit Datumsangaben, das in das untere Viertelsegment der Scheibenfläche graviert ist. Im Zentrum dieser Seite der Scheibe liegt ein kleiner, heute stark verbogener Bronzezeiger, auf dessen korrodierter Oberseite ursprünglich die Stundenskala befand.

Zur Benutzung der Uhr wird die Scheibe so senkrecht gehalten, das der Lichtstrahl durch das seitliche Loch den Gnomon erreicht. De Solla Price a. O. 248 verweist auf die ungenaue Fertigung der Skalen, die auf eine Berechnung zwischen dem 53. und dem 56. Breitengrad hinweisen, also ungefähr das Gebiet Britanniens.

Inschrift: Offenbar sah Diels 1920, 185 noch beiderseits des Datumsfächers die Beischriften IVL und IAN.

Datierung: Sollte die von Field 1990, 122 f. vorgeschlagene Datierung der drei Reiseuhren mit lateinischen Ortsangaben ins 3. Jh. n. Chr. – hier Rom 17, Fundort unbekannt 11 und 13 – zutreffen, dann ist die Uhr aus Metz formtypologisch früher als diese Gruppe und setzt die verwandten Reiseuhren Fundort unbekannt 8 und Aquileia 12 voraus. Wie Fundort unbekannt 8, die aus Bithnien stammt und nach 134 n. Chr. entstand, wurde das Zifferblatt auch hier nur für eine Ortsbreite berechnet. Mitte 2. Jh. n. Chr.

Literatur: G. de la Noe, Note sur une montre solaire gallo-romain, Bulletin et memoire de la société nationale des antiquitaires des France ser. VI (Paris 1893) 151–162; Diels 1920, 185; Bassermann-Jordan 1925, 60; De Solla Price 1969, 247–248.

Mevania

Mevania 1.1–1.2

1.

AO/Inv. Nr.: Perugia, Museum (?)

Typ/Mat.: S Hohlform / poröser Kalkstein

Maße: H 43,8 B 40 T_{max} 26,5 T_{min} 17,5

FO: Località Madonna del Core, Bevagna

Aufstellung: möglicherweise aus neuzeitlicher Verbauung; öffentlich ~

B: In die obere Hälfte eines porösen Kalksteinquaders wurde ein Schattenkreis eingetieft, der in elf Stundenlinien aufgeteilt ist. Im Abstand von 4 cm zum ausgebrochenen Gnomonloch ist der Ansatz einer Bogenlinie erkennbar. Ob es sich dabei um eine Datumslinie oder um die obere Begrenzung der Stundenlinien handelt, ist unsicher.

Unterhalb des Schattenkreises weicht der Uhrenkörper als schräge Fläche zurück, die unterhalb einer durchgehenden Schattenfuge im Gegenwinkel wieder zur Front hin vortritt. Es hat den Anschein, als sei im Abstand von ca. 1 cm parallel zum Rand des Schattenkreises eine Bogenlinie eingeritzt und somit ein Limbus angedeutet.

Das Stück fand bislang aufgrund seiner linksläufigen, umbrischen Inschrift besondere Beachtung, die sich auf dem ca. 10 cm hohen Sockel befindet. Sie nennt zwei Magistrate, die den Quaestores fararii angehören, ein Amt, das aus anderen Quellen unbekannt ist und das wohl mit der Lebensmittel-Versorgung der etruskischen Stadt im Zusammenhang steht.

Die Bearbeiter gehen aufgrund der einheitlichen Oberflächengestaltung im Bereich von Uhr und Inschrift von ihrer gleichzeitigen Entstehung aus.

Inschrift: im Bereich des Sockels linksläufige, zweizeilige umbrische Stifterinschrift:
p.]Nurtinus.ia t. uferie[r | cvestusr.farariur
transkribiert zu:
[.]P(ublii?) (filius) Nortinus. Ia(ntus) | T(iti) (filius) Aufidius | quaestores far(r)arii (=frumentarii?)
Nortinus und Aufidius sind auch aus anderen Inschriften aus Mevania als Magistrate bekannt, vgl. Filippetti a. O.

Datierung: zwischen der Mitte des 2. Jhs. v. Chr. und 90/89 v. Chr. – i. e. vor der Änderung der Ämterbezeichnungen

Literatur: E. Macchia, Le antiche ore umbre, Pegaso. Notiziario dell'associazione astronomica Umbra, 18/19, 1993, 174; S. Filippetti, La meridiana di Bevagna. Una nuova proposta di cronologia e di analisi, AnnPerugia 33, 1997–2000, 49–64; www.astronomiainumbria.org/meridiane/bevagnaromana.htm (zuletzt gesichtet 23.5.2012).

Milet

Milet 1.1–1.2

1.

AO/ Inv. Nr.: Berlin, Staatliche Museen, Antikensammlung SK 1594

Typ/Mat.: S sphärisch / weißer Marmor

Maße: H 37 B 38 T 25 / Enden des Schattenkreises gebrochen

FO: Südmarkt

Aufstellung: Agora

B: Die schlichte Uhr ist nur an den Enden ihres Schattenkreises und an der Basis bestoßen. Das Zifferblatt gliedern elf Stunden- und drei Datumslinien, die besonders gleichmäßig geritzt sind. Jeweils oberhalb der Datumslinien befinden sich Beischriften, welche die Anzeige ausweisen. Ein flacher, knapp 2 cm breiter Limbus rahmt das Zifferblatt.

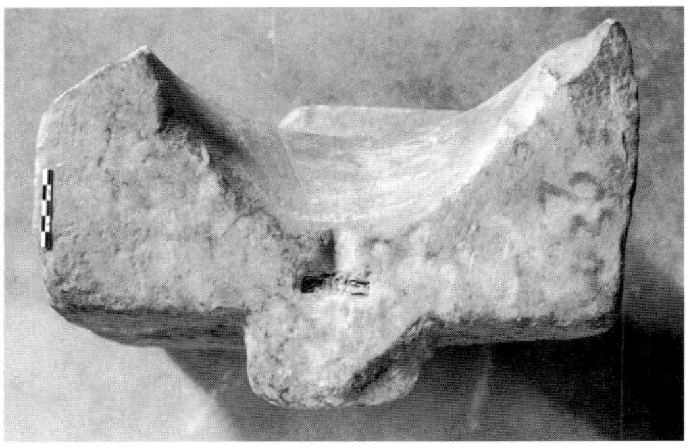

Milet 1.3

Der Körper der Uhr weicht unterhalb des Schattenkreises schräg zurück und geht mit einer Hohlkehle in den Bereich der Basis über, den ein Rundstab horizontal gliedert. Eine knapp 5 cm hohe Standleiste schließt das Stück ab. Gegenüber dem äußerst sorgfältig geglätteten Schattenkreis sind die restlichen Oberflächen deutlich nachlässiger mit dem Zahneisen bearbeitet.

Auffällig ist ein etwa 7 cm breiter Zapfen im oberen Bereich der ansonsten nur bossierten Rückseite, der wahrscheinlich wie auch bei Pergamon 2 mit der Befestigung der Uhr in einer Wand bzw. in einer Nische in Verbindung steht.

Inschrift: Beischriften entlang der Datumslinien

Datierung: 1. Jh. v. Chr.

Während das Zifferblatt der Uhr mit zahlreichen Stücken des 2. Jhs. v. Chr. eng verwand ist, weisen Limbus und Rundstab, der Rhodos 9, 10 und Paphos 1 nahe steht, auf eine etwas spätere Entstehung hin.

Literatur: Königliches Museum. Abteilung antiker Skulpturen und Gipsabgüsse. Inventar der Skulpturen II Nr. 1001–2000 (1884–1993) 89 Nr. 1594.

Milet 2.1–2.2

2.

AO/ Inv. Nr.: Milet, Museum

Typ/Mat.: S sphärisch / weißer Marmor

Maße: H 41 B 30 T 25 / Enden des Schattenkreises sowie untere rechte Ecke gebrochen

FO: unbekannt

Aufstellung: unbekannt, Nekropole ~

B: Das Zifferblatt der sphärischen Sonnenuhr nimmt etwa das obere Drittel eines hochrechteckigen Blocks ein. Nur kurze Abschnitte der Stundenlinien sind erkennbar, die vom quadratischen Zapfloch, das den Gnomon aufnahm, bis an den Rand des Zifferblatts reichen. Dieses wird von einem breiten, erhabenen Limbus eingefasst. Bis an die Schattenfuge tritt der Uhrenkörper schräg zurück. In die Zwickel dieser Zone ist beiderseits eine fünfblättrige Palmette, im Zentrum eine Kithara dargestellt, die Tauben flankieren. Die Kombination von Vögeln und Saiteninstrument begegnet besonders häufig in Orpheus-Darstellungen, auf die hier offensichtlich angespielt wird. Darauf verweisen auch die reich dekorierten Seitenflächen der Uhr, die ein Rankenfries überzieht, in den Vögel, eine Heuschrecke und unterschiedliche Blütenstände eingestellt sind.

Unterhalb der Schattenfuge schließt sich ein weiteres Dekorband an, das axialsymmetrisch als Akanthusfries gebildet und von zwei schmalen Leisten begrenzt wird. Dieser Bereich gehört zur ansonsten undekorierten Basis, die stilisierte Löwentatzen rahmen.

Inschrift: keine
Datierung: 1. Jh. n. Chr.
Literatur: unpubliziert

3.
AO/Inv. Nr.: Milet, Museum?
Typ/Mat.: S konisch / Marmor
Maße: unbekannt
FO: Heroon B
Aufstellung: Nekropole; Grabbau
B: Nach Auskunft von B. Weber im Jahr 2001 gehört zum Baubefund des Heroon B auch eine Sonnenuhr. Diese konnte bei einem Besuch im Museum Milet 2005 nicht identifiziert werden, es handelt sich sicher nicht um die hier unter 1. geführte.
Inschrift: keine
Datierung: 1. Jh. n. Chr.
Literatur: B. Weber, Die römischen Heroa von Milet. Milet I. 10 (Berlin 2004).

Milet 4

4.
AO/Inv. Nr.: Berlin, Staatliche Museen, Antikensammlung SK 1593
Typ/Mat.: S konisch mit Bauinschrift für *ὡροσκόπιον* / blauer Marmor

Maße: H 47 B 59 T 58 H_{Basis} 11
FO: 1902 beim Theater
Aufstellung: Theater
B: Der Schattenkreis der recht großen Sonnenuhr ist an den Enden so gebrochen, dass nur die Linien der Stunden zwei bis neun sowie drei Datumslinien erhalten sind. Außerdem ist das Gnomonloch so weit ausgebrochen, dass der Verlauf der Sommerwendlinie nur auf kurzer Strecke zu verfolgen ist. Ein knapp 2 cm breiter Limbus rahmt das Zifferblatt.

Der Uhrenkörper weicht schräg bis an die Schattenfuge zurück, an die sich die Basis anschließt, die durchgängig entlang ihrer Unterkante gebrochen ist und in deren oberen Bereich sich die zweizeilige Stiftungsinschrift befindet. Sie weist einen Elpidephoros Moschion, wohl einen Einheimischen, als ‚Architekten' und Stifter der Uhr aus.

Die 1902 in der Nähe des milesischen Theaters gefundene Uhr wird heute in den Berliner Museen aufbewahrt. Ihr Fundort, die Stiftungsinschrift sowie die unbearbeitete Rückseite des Stücks sprechen dafür, dass der Zeitmesser wie in Augusta Emerita 1 zur Ausstattung der Scenae frons gehörte.
Inschrift: nach SEG 48, 1998, 1418: Ἐλπιδηφόρος Ἀγαθίου Μοσχίων | [ἀρ]χιτέκτων τὸ ὡροσκόπιον. „Elpidephoros Moschion, Sohn des Agathias, (hat) als ‚Architekt' die Sonnenuhr (gestiftet)" (vgl. M.-Ch. Hellmann, Les signatures des architects en langue grecque, ZPE 104, 1994, 151–178 zur Bezeichnung Architekt und hier Kapitel VI 2).
Datierung: 2. Jh. n. Chr. (Donderer und Herrmann nach Buchstabenform)
Literatur: Donderer 1998, 181–182 mit Abb. 12; P. Herrmann, Die Inschriften von Milet. Milet VI.2 (Berlin 2006) 116 Nr. 909.

5.
AO/Inv. Nr.: Inv. Nr. (Grabung) 193, heute verschollen
Typ/Mat.: Stiftung *ὡρολόγιον* / S ~/ Marmor
Maße: H 18 B 58 T 62
FO: In der Ostwand eines neuzeitlichen Hauses bei Ahmed Aga Horaitis.
Aufstellung: unbekannt
B: Der Block, auf dessen Front sich die Stiftungsinschrift befindet, ist annähernd so breit wie tief. Diese Proportionierung könnte ein Hinweis darauf sein, dass er als Basis zur Aufstellung einer Sonnenuhr diente.
Inschrift: ΦΑΠ[– –] | τὸ ὡρολόγιον vacat
Datierung: kaiserzeitlich
Literatur: P. Herrmann, Die Inschriften von Milet. Milet VI.2 (Berlin 2006) 115 Nr. 908.

Modena

1.
AO/ Inv. Nr.: Modena, Museo Civico Archeologico
Typ/Mat.: S konisch / Kalkstein
Maße: H 23 B 15 T 13,5/ Fragment aus drei anpassenden Bruchstücken
FO: loc. Collegara, Landgut Scartazza
Aufstellung: Villa rustica
B: Erhalten ist die Nachmittagsseite einer konischen Sonnenuhr, deren Zifferblatt ursprünglich in elf Stunden- und drei Datumslinien unterteilt war. Der Schattenkreis nimmt mehr als zwei Drittel der Blockhöhe ein.

Unterhalb des Schattenkreises ist nur ein Teilbereich des Uhrenkörpers erhalten, an den sich eine mehrfach profilierte Basis (Rundstab und Hohlkehle?) anschließt.

Severino erwähnt Rosetten, die anhand der Aufnahme nicht zu erkennen sind.
Inschrift: keine

Datierung: Der Fundkontext verweist den Zeitmesser in das 1. Jh. n. Chr.
Literatur: Parra 1983, 72. 85 Abb. 65; Severino 2003, s. v. Modena 7.

2.
AO/Inv. Nr.: Modena, Museo Civico Archeologico Inv. Nr. 92261
Typ/Mat.: S horizontal / Kalkstein
Maße: unbekannt
FO: Castelfranco Emiglia, loc. Gaggio, pod. Adele
Aufstellung: Villa
B: Bis auf eine kurze Erwähnung von Tarpini ist über die Sonnenuhr nichts bekannt. Sie zählte im Sommer 2011 nicht zu den ausgestellten Stücken des Museums.
Inschrift: keine
Datierung: 1. Jh. n. Chr.
Literatur: R. Tarpini, La misurazione del tempo (1997) 224–226 Abb.

Mogontiacum

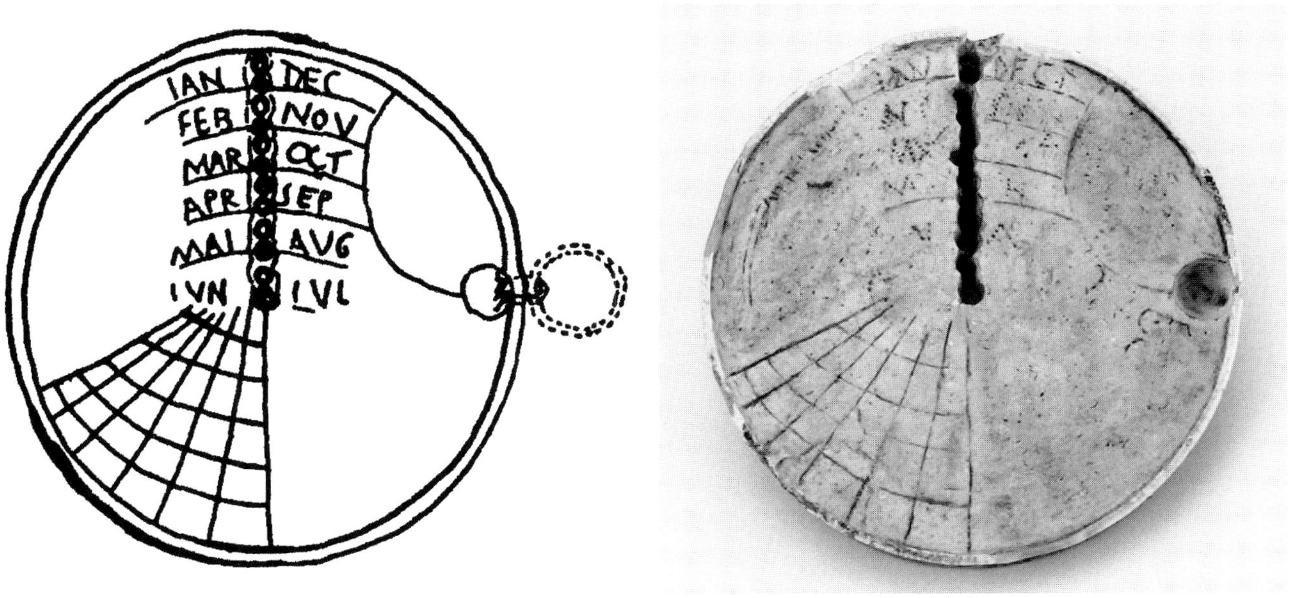

1.
AO/Inv. Nr.: Mainz, Mittelrheinisches Landesmuseum R 2321 (verschollen), Kopie in Oxford, Museum for the History of Science Inv. Nr. 83410

Mogontiacum 1.1–1.2

Typ/Mat.: S vertikal / Reiseuhr / Elfenbein
Maße: Dm 6,8 D 1 H_{Rand} 0,02
FO: Mainz, Linsenberg
Aufstellung: Handgerät; Nekropole, Grabbeigabe ~
B: Die Uhr besteht aus einer kleinen Elfenbeinschale mit aufgebogenem Rand, in die entlang eines Radianten zwölf kleine Löcher gebohrt sind. Beiderseits dieser Lochreihe befinden sich bogenförmige Markierungen, die lateinische Beischriften als Monatsfolge ausweisen.

In der Verlängerung des Radianten spannt sich auf der Gegenseite ein Liniennetz auf, das zur Anzeige der Tagesstunden dient. De Solla Prices Berechnungen zufolge wurde die Uhr für die Breite von Rom gearbeitet und zeigt somit in Mainz mit erheblichem Fehler die Zeit an. Schaldach o. O. 123 bezweifelt, aufgrund der mangelhaften Präzision der Ausführung, dass der Breitengrad überhaupt ermittelbar ist.
Inschrift: lateinische Abkürzungen der Monatsnamen des iulianischen Kalenders entlang der Lochreihe:

IAN	FEB	MAR	APR	MAI	IVN
DEC	NOV	OCT	SEP	AVG	IVL

Datierung: 3. oder 4. Jh. n. Chr.
Literatur: CIL XIII 3 10,032; K. Körber, Inschriften des Mainzer Museums (Mainz 1900) 119–120; De Solla Price 1969, 246–247 mit Abb. 2; H. Mikler, Die römischen Funde aus Bein im Landesmuseum Mainz. Monographies instrumentum 1 (Montagnac 1997) Taf. 14,9; Schaldach 2001, 114–123.

Mons Claudianus

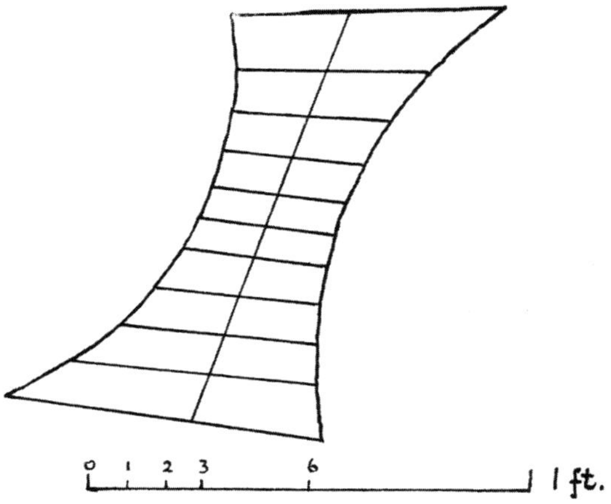

Mons Claudianus 1.1–1.2

1.
AO/Inv. Nr.: Wadi Umm Hussein, in situ
Typ/Mat.: S horizontal / Granit
Maße: H ca. 35 B ca. 18
FO: innerhalb des sog. Quarry 90 (No. 7) des Mons Claudianus, nordöstlich des Kastells, Fundgruppe G von Meredith
Aufstellung: auf Felsblock
B: Das gut erhaltene horizontale Zifferblatt befindet sich mittig auf der Oberfläche eines Blockes, der im Bereich der Transportrampe des sog. Quarry 90 gefunden wurde (vgl. D. P. S. Peacock – V. A. Maxfield, Survey and Excavation: Mons Claudianus I. Topography and Quarries (Kairo 1997) 226. 232). Der Block liegt somit nicht in situ, so dass der funktionale Zusammenhang des Zeitmessers unbekannt ist.

Erhaltungszustand und Position der Sonnenuhr auf dem Block legen nahe, dass sie erst nach dem Bruch in die Oberfläche geritzt wurde und für eine nahegelegene Aufstellung, wahrscheinlich in der benachbarten Siedlung, vorgesehen war. Es fehlt ein Gnomonloch.
Inschrift: keine
Datierung: Wende 1. / 2. Jh. n. Chr. (?) Typus und Ausführung der Sonnenuhr sowie die Lage des Quarry 90 legen es nahe, dass sie aus der frühen Phase der Nutzung der Brüche stammt.
Literatur: D. Meredith, Eastern Desert of Egypt, ChronEg 29, 1954, 119 Nr. 49; D. Meredith, Eastern Desert of Egypt: Notes on Inscriptions: Corrigenda, ChronEg 30, 1955, 129; Gibbs 1976, 4015 mit Skizze.

Montagnana

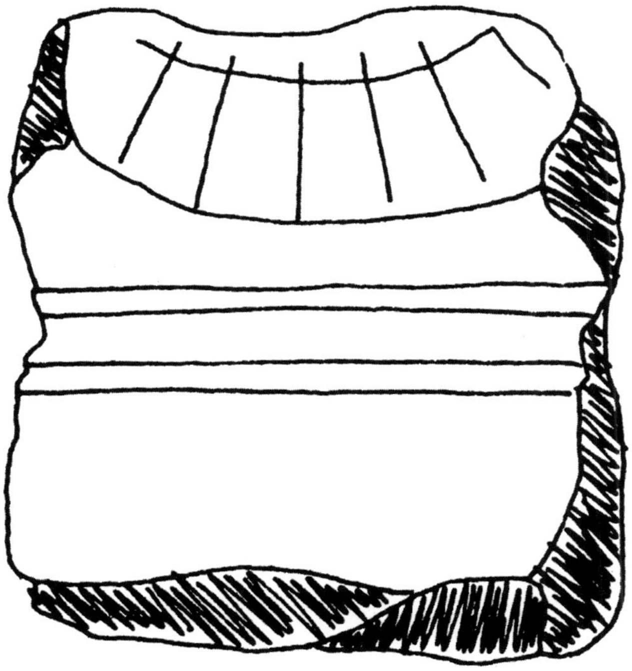

Montagnana 1

1.
AO/Inv. Nr.: Merlara, o. Nr.
Typ/Mat.: S konisch / Kalkstein
Maße: unbekannt / erhalten ist der untere Teil des Schattenkreises sowie die Basis.
FO: Gibbs zufolge in den Feldern von Montagnana.
Aufstellung: unbekannt; Der Fundort könnte ein Hinweis darauf sein, dass die Uhr aus der Nekropole von Montagnana stammt.
B: Von der Uhr sind Abschnitte der vierten bis neunten Stundenlinie sowie zweier Datumslinien erhalten.

Unterhalb der Basis schließt sich eine mächtige, mehrfach profilierte Basis an. Anhand von Gibbs' Skizze sind keine genaueren Angaben über das Profil möglich.
Inschrift: keine
Datierung: kaiserzeitlich
Literatur: Gibbs 1976, 3082.

Montanensium

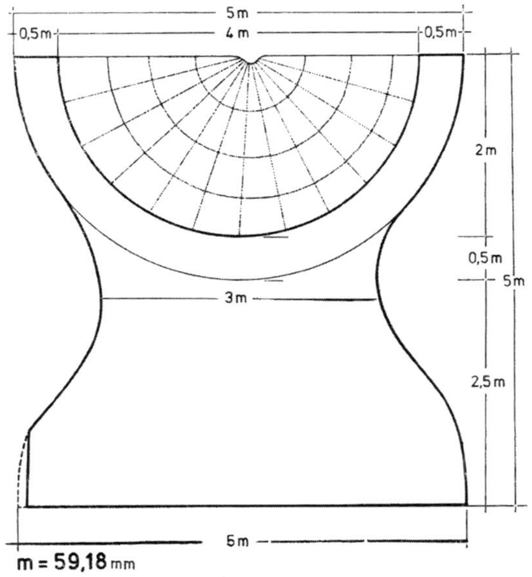

Montanensium 1.1–1.2

1.
AO/Inv. Nr.: Montana, in situ?
Typ/Mat.: S konisch / Marmor
Maße: H 29,59 B 29,59 T 14,79:
FO: Villa rustica 2, horreum 2 (vgl. zum Befund: G. Aleksandrov, Anticna villa No 2 kraj Montana, IzvMuzJuzBalg 4, 1980, 9–64).
In dem Raum wurde gemeinsam mit der Uhr ein Münzhort mit Kupferemissionen gefunden.
Aufstellung: Der Fundkontext legt nahe, dass die Uhr zu Lagerzwecken in das horreum gebracht worden ist und zuvor andernorts innerhalb der weitläufigen Gutsanlage – möglicherweise in einem der Wirtschaftshöfe – aufgestellt war.
B: Die Uhr wurde aus einem Quader gearbeitet, der ebenso breit wie hoch, jedoch nur halb so tief ist. In der Front nimmt das sorgfältig gearbeitete Zifferblatt, das elf Stunden- und drei Datumslinien gliedern und das ein breiter Limbus umgibt, etwa die Hälfte der Blockhöhe ein. Alle Stundenlinien sind breit und tief graviert und reichen unmittelbar vom Gnomonloch bis an den Rand des Schattenkreises. Der Verlauf des Meridians wurde zu Arbeitsbeginn von einer senkrechten Markierung auf dem Limbus festgelegt. P. Valevs Berechnungen zufolge wurde die Uhr für die Ortsbreite von Montanesium konstruiert.

Abweichungen von wenigen Tagen in der Datumsanzeige zwischen dem tatsächlichen Zeitpunkt der Solstitien und den ausgeführten Datumslinien erkennt Valev als Folge intentioneller Berechnungen, um Feiertage anzuzeigen. Die ungenaue Anzeige des Datums ist jedoch an vielen Sonnenuhren zu beobachten und deshalb auch in diesem Fall wahrscheinlich, während für die Anzeige spezieller Festtage keine Parallelen bekannt sind.

Unterhalb des Zifferblatts tritt der Uhrenkörper zunächst deutlich zurück, während seine Standplatte auf einer Ebene mit der Unterkante des Zifferblatts liegt. Im Querschnitt weist diese Partie eine S-förmig geschwungene Kontur auf, deren Oberfläche nur grob bearbeitet wurde. Möglicherweise ist dies ein Hinweis darauf, dass das Stück in halbfertigen Zustand aufgestellt wurde.
Inschrift: keine
Datierung: Eckdaten für die Aufstellung der Uhr liefert die Baugeschichte der Villa, die in der Wende des 2. zum 3. Jh. n. Chr. errichtet und 378 n. Chr., im Zuge der zweiten Goten-Invasion, zerstört wurde. Aus diesem Zeitraum stammen auch die Münzen des Hortes, die alle aus der Regierungszeit Konstantin I. und Julian Apostatas 306–363 n. Chr. stammen.

ca. 200–370 n. Chr.; Montanensium wurde 161 n. Chr. Municipium.

Literatur: P. Valev, Ancient Sundials from Moesia and Thrace. The Sundial Found at Montana, in: W. Pajakowskiego – L. Mrozewicza, Etnogeneza, historia I kultura ludów balka´nskich w starozytno´sci (Poznan 1990) 163–181; G. Aleksandrov, Dva slancev casovnika ot Montana, IzvMuzJuzBalg 2, 1978, 33–38.

Mylasa

1.
AO/Inv. Nr.: Mylasa, verschollen
Typ/Mat.: Stiftung *ὡρολόγιον* / S konisch? / unbekannt
Maße: unbekannt
FO: in neuzeitlicher Verbauung
Aufstellung: unbekannt; Kirche
B: Die Konturen des von Blümel reproduzierten Wiener Abklatschs lassen erkennen, dass die dokumentierte Inschrift sich unterhalb des Schattenkreises auf dem Körper einer Sonnenuhr angebracht ist. Diese Anordnung findet sich z. B. bei den spätantiken Instrumenten Thessaloniki 2 und Traianopolis 1 wieder, die beide konische Zifferblätter aufweisen.

In Mylasa dokumentiert die Inschrift die Stiftung der Uhr in eine Kirche, das Kreuzsymbol begegnet erneut bei Mampsis 1.
Inschrift: Ὡρ(ο)|λόγ(ιον) λ ἱε|ρὸν τῆς ἁγ(ίας) | ἐκκλ(ησίας) †
Datierung: 6. Jh. n. Chr.
Literatur: H. Grégoire, Recueil (1922) Nr. 239.5; W. Blümel, Die Inschriften von Mylasa I (Bonn 1987) 232 f. Nr. 625.

Mytilene

1.
AO/Inv. Nr.: Mytilene, Museum
Typ/Mat.: S konisch / Marmor
Maße: ca. H 50 B 45 T 45
FO: unbekannt
Aufstellung: unbekannt
B: Der Zeitmesser wurde 2008 im Eingangsbereich des Museums in Mytilene stand.
Die große Uhr ist im Aufbau der rückwärtigen Seite von Tenos 1° verblüffend ähnlich, sogar das Delphin-Dekor wiederholt sich in gleicher Weise.
Inschrift: keine
Datierung: 2. Jh. v. Chr.
Literatur: unpubliziert

Naga

1.
AO/Inv. Nr.: Naga, Sudan in situ?
Typ/Mat.: S konisch und S vertikal, zwei Zifferblätter / nubischer Sandstein
Maße: H 44 B 48 T 48
FO: Amun-Tempel
Aufstellung: Heiligtum
B: In den annähernd quadratischen Block aus lokalem Sandstein wurde auf der einen Seite ein konischer Schattenkreis eingetieft und auf der anderen befinden sich Überreste eines vertikalen Zifferblatts.

Die konische Schattenfläche der Uhr war ursprünglich nach Süden ausgerichtet und ihr Zifferblatt ist in elf Stundenlinien aufgeteilt, die jeweils vom Gnomon bis an den Rand des Schattenkreises heranreichen. Unterhalb des Randes weicht der Uhrenkörper als abgeschrägte Fläche nur wenig bis an die Basis zurück, die in Form von drei abgetreppten, unterschiedlich hohen Profilen gearbeitet ist.

Auf der nach Norden gewandten Rückseite wurden in den Block die Umrisse einer Kelchform eingetieft. Die vertikale Oberfläche innerhalb der Form weist in ihrem oberen Bereich Ritzungen auf, die strahlenförmig von einem zentralen Punkt an der Oberkante des Blocks ausgehen und etwa bis auf die Hälfte der Blockhöhe fortgeführt wurden. Es hat den Anschein, als ob die Länge dieser Stundenlinien variiere.

Während die Oberfläche des konischen Zifferblatts geglättet wurde, ist die des vertikalen erheblich unebener und gestört von tiefen Einschlüssen. Scheidt wies nach, dass aufgrund der gewählten Ausrichtung diese Seite jährlich nur im Zeitraum von März bis Oktober funktionierte.

Aufgrund des deutlichen Qualitätsunterschiedes beider Seiten und der unfunktional gewählten Kombination der Typen ist zu überlegen, ob die Zwillingsuhr als solche konzipiert wurde oder ob nicht vielmehr die zwei Zifferblätter nacheinander gearbeitet wurden.

Inschrift: keine

Datierung: Eine zeitliche Einordnung ist aufgrund des provinziellen Charakters der Arbeit problematisch; der Fundkontext weist auf eine Entstehung im 1. Jh. n. Chr.

Literatur: Scheidt 2005; K. Kroeper – L. Krzyzaniak, The Amun Temple Complex. Preliminary Report, Season 1 and 2, Archéologie du Nil moyen 8, 1998, 183–230.

Narbo Martius, Colonia

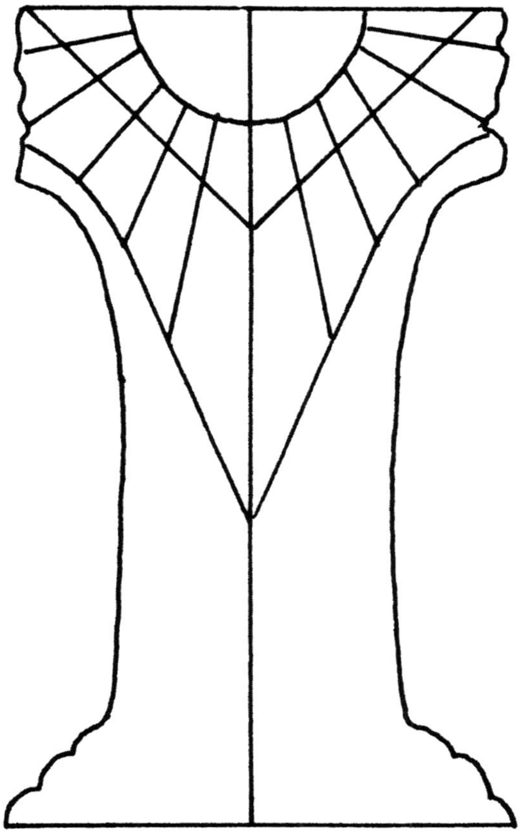

Narbo Martius 1

1.

AO/Inv. Nr.: Narbonne, Musée Lapidaire, Ancien Eglise Lamourguier Inv. Nr. 869–I09–I

Typ/Mat.: S v-vertikal / weißer Kalkstein aus Estaillades

Maße: H 77,4 B 34 T 6,4
FO: 1869 während Ausgrabungen innerhalb der Nekropole
Aufstellung: Nekropole
B: Auf der von Gibbs publizierten Skizze hat es den Anschein, dass es sich um eine sehr große v-vertikale Uhr auf einem hohen Sockel handelt. Nicht zu erkennen ist, ob Uhr und Sockel als ein Stück gearbeitet wurden. Damit ist diese Uhr neben Chios 1 und Pautalia 1 eine der wenigen dieses Typs, die nachweislich nicht an einem Gebäude installiert, sondern für eine freie Aufstellung mit eigenem Sockel konstruiert war.
Inschrift: keine
Datierung: 2. Jh. n. Chr.?
Literatur: Bulletin de la société nationale des antiquitaires de France 1896, 225–226; Gibbs 1976, 5020.

Naukratis

Naukratis 1

1.
AO/Inv. Nr.: London, Brit. Mus. Nr. 1909 2–16 10
Typ/Mat.: S sphärisch / Miniatur / Kalkstein
Maße: H 6,5 B 7,8 T_{oben} 5 T_{Basis} 3,4
FO: stammt aus Naukratis 1883
Aufstellung: unbekannt
B: Diese Miniaturuhr hat eine gerundete Rückseite. Zwölf Stundenlinien gehen von einer Datumslinie in der Nähe des Gnomonlochs aus. Eine weitere Datumslinie begrenzt die Schattenfläche. Gibbs sah Reste von Buchstaben entlang des Randes der Sphäre. Die Uhr gehört mit Darro 1, Jerusalem 1 und Tanis 1 in die Gruppe der kleinsten bekannten Sonnenuhren.
Inschrift: Offenbar befanden sich in den Zwischenräumen der Stundenlinien Zahlzeichen.
Datierung: 2. Jh. v. Chr.
Literatur: Gibbs 1976, 1040 G.

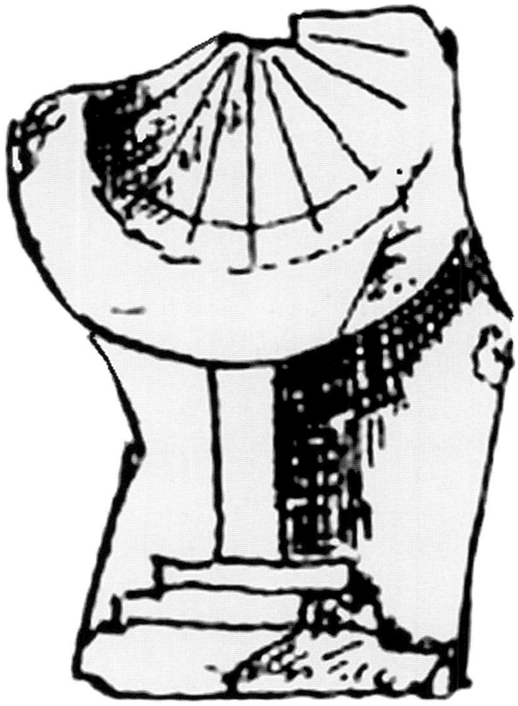

Naukratis 2

2.
AO/Inv. Nr.: verschollen
Typ/Mat.: S sphärisch / Miniatur / Kalkstein
Maße: auch Miniaturuhr?
FO: Naukratis
Aufstellung: unbekannt
B: Die von Petrie veröffentlichte Skizze stimmt nicht mit der Beschreibung von Gibbs überein, so dass es sich offenbar um zwei verschiedene Sonnenuhren handelt. Leider erlaubt die Skizze wenig mehr als die typologische Zuordnung des Stücks, das offenbar wie Naukratis 1 besonders klein ist.
Inschrift: keine
Datierung: wie Naukratis 1?, 2. Jh. v. Chr.
Literatur: W. M. F. Petrie, Naukratis I (London 1886) 16 Taf. 18.6; J. Kosciuk, A Conical Sundial from Abu Mina, BACopt 31, 1992, 45.

Nemausus

1.
AO/Inv. Nr.: CIL XII 3100 = ILS 4845
Typ/Mat.: Stiftung *horologium* / S ~/ unbekannt
Maße: unbekannt
FO: unbekannt
Aufstellung: Heiligtum? ~
B: Sextus Utullius verfügt, dass aus seinem Nachlass ein Zeitmesser an den Gott von Nemausus gestiftet werden soll.
Inschrift: Deo Nem[auso] | [Se]x(tus) Utullius | Perseus | horologium | et cerulas II | argenteas | t(estamento) p(osuit).

„Sex(tus) Utullius Perseus weiht dem Gott von Nemausus testamentarisch ein Horologium und zwei silberne Kerzenleuchter."
Datierung: 1. Jh. n. Chr.
Literatur: CIL XII 3100 = ILS 4845.

Nikaia

1.
AO/Inv. Nr.: Ik Iznik 726 = Ik Kios 7 = IG Rom 3, 1397
Typ/Mat.: Ehreninschrift für W~ / große Giebelstele / Marmor
Maße: H 176 B 56
FO: Keramet, heute verschollen
Aufstellung: Forum ~
B: Die Inschrift ehrt Aurelius Marcianus, der zahlreiche öffentliche Ämter in Kios ausübte und der u. a. auch Aufgaben im Kaiserkult und in der Rechtssprechung wahrnahm.

Unterschiedlich wird die in diesem Zusammenhang interessante Formulierung der Zeilen 7–9 beurteilt: Während Mendel in der Erstpublikation die Rekonstruktion *ὡρολογιάρχης* vorschlug, schließt sich Corsten der Meinung Şahins an, der *ὁ σύλλογος ὁ ὡριολογιακός* ergänzt und darunter eine Vereinigung von vier Orten beim Erntedankfest erkennt.

Die Nennung des Uhrenaufsehers (?) ist in dieser Inschrift ebenso singulär wie die Vereinigung der vier Städte. Eine Entscheidung für eine der beiden Lesungen ist unmöglich, weil die Größe der Fehlstelle des heute verschollenen Stücks nicht bekannt ist.
Inschrift: ἀγαθῇ [τύχῃ]. | ἔτους δ' τῶν [κυρίων ἡ̣]-|μῶν Αὐτοκρατ[όρων Γαΐου] | Οὐα[λ]ερί[ου Διοκλητια]|ν[οῦ καὶ Μ. Αὐρ. Οὐαλ. Μα]|ξιμιανοῦ εὐ[σεβῶν εὐτυ]|χῶν Σεβαστ[ῶν ...]|ΟΣΟΩΡΟΛΟΓΙΑ[... τής] | τετρακομίας [ἐτείμη]|σεν Αὐρ. Μαρκια[νὸν ἐ]|γδίκου βου<λ>ο[γράφου], | οἰνοποσιάρχου, [βει]|θυνιάρχου καὶ [εὐερ]|γετοῦντα τὸν δ[ῆμον] | σὺν τῇ γυνεκί α[ὐτοῦ Αὐ]|ρηλίᾳ Στεφάνῃ [μετὰ τῶν] | τέκνων αὐτῶν, [{vacat}] | ἐπιμελησαμέν[ων] | Χρήστου γραμ[μ]ατέως | τοῦ δήμου καὶ Αὔ|λου προθύτου.

nach Corsten 1985, 82: „Zum guten Gelingen! Im Jahre 4 unserer Herren, der Kaiser Gaius Valerius Diocletianus und Marcus Aurelius Maximianus, der Frommen und mit Glück gesegneten Augusti, ... der Vierdorfgemeinschaft (oder Mendel: der Uhrenaufseher) ehrt Aurelius Marcianus, den Rechtsbeistand, Boulographos, Oinopsiarches (Vereinstrinkwart / Präsident des Weinfestes), Bithyniarches (Kaiserpriester und Vorsteher des Festes der Griechen in Bithynien) und Wohltäter des Volkes, mit seiner Frau und ihren Kindern, dafür haben gesorgt der Schreiber Chrestos und der Prothytes (Priester im Kaiserkult) Aulos."
Datierung: 287/288 n. Chr.
Literatur: G. Mendel, Inscriptions de Bithynie, BCH 24, 1900, 385–388 Nr. 41; S. Şahin, Katalog der antiken Inschriften des Museums von Iznik (Nikaia). Inschriften griechischer Städte aus Kleinasien 9 (Bonn 1980) Bd. 2, 726; T. Corsten, Die Inschriften von Kios. Inschriften griechischer Städte aus Kleinasien 29 (Bonn 1985) 7; T. Pekary, Kaiser Marc Aurel, die Stadt Nikaia und der Astronom Hipparchos, EpigrAnat 21, 1993, 121–123.

Nikopolis

1.
AO/Inv. Nr.: ursprünglich in Venedig im Museum Nani, heute verschollen
Typ/Mat.: Stiftung *ὡρολόγιον* auf Säule / S~ / Marmor
Maße: auf Säulenfragment H 170
FO: Nikopolis
Aufstellung: Uhr auf Säule, Heiligtum
B: Die Inschrift berichtet von der Stiftung einer Uhr durch Sextus Kominius Superbus und Claudia Neikephoris ins Heiligtum der Artemis Kelkaia. Dieses befindet sich etwa auf halber Strecke zwischen Forum und Hafen und ist einer der zentralen Kultorte von Nikopolis.
Inschrift: SEG 37, 527, 4: Ἀρτέμιδι Κελκ[α]ίαι Σ(έξτος) | Κο[μ]εί[ν]ιος Σούπερ|βος καὶ Κλαυδία Νεικη|φορίς τὸ ὡρολόγιον | καὶ τὸν κείονα καὶ τὴν | βάσιν ἐκ τῶν ἰδί[ω]ν | κατεσκεύασαν | ὑποδιακονοῦν[τ]ες | ἐπ[ὶ ἱ]ερείας Κλαυδίας | Ζω[σ]ο[ῦ]ς, ἐπιμελητοῦ δ[ὲ] | Ἰουλίου Θεαγένο[υ].

„Sextus Kominius Superbus und Claudia Neikephoris haben der Artemis Kelkaia das Horologion, die Säule und die Basis aus ihren eigenen Mitteln aufgestellt unter der Amtszeit der Priesterin Claudia Soso, der Aufseher war Iulius Theagenos."
Datierung: erste Hälfte 2. Jh. n. Chr.
Literatur: CIG 1947; P. Cabanes, L'empereur Hadrien à Nikopolis, in: E. Chrysou (Hrsg.), Nikopolis I. Proceedings of the First International Symposion on Nicopolis (Preveza 1987) 162 Nr. 2; D. Samsaris, Η ακτία Νικοπόλη και η χώρα της (Thessaloniki 1994) 16.

Nola

1.
AO/Inv. Nr.: CIL X 1236=CIL I 3127=D 5392 = ILS 5392= ILLRP 116
Typ/Mat.: Stiftung *solarium* / W~ / unbekannt
Maße: unbekannt
FO: in neuzeitlicher Verbauung außerhalb der Stadtmauern
Aufstellung: Forum ~
B: Außer anderen Baustiftungen schenkt ein Quattuorvir dem Genius der Kolonie und zur Ehre ihrer Bewohner aus eigenen Mitteln ein umzäuntes Solarium. Der Begriff bezeichnet in diesem Zusammenhang einen Zeitmesser, der wohl auf dem Forum von Nola aufgestellt war. Aufgrund seiner Positionierung und Umzäunung ist wahrscheinlich, dass hier eine Wasseruhr gemeint ist.
Inschrift: C(aius) Catius M(arci) f(ilius) IIIIvir campum publice | aequandum curavit maceriem | et scholas et solarium semitam | de s(ua) p(ecunia) f(aciendum) c(uravit) | Genio coloniae et colonorum | honoris causa | quod perpetuo feliciter utantur.

„Caius Catius, Sohn des Marcus, Quattuorvir hat aus eigenen Vermögen dem Genius der Kolonie und zu Ehren der Kolonen einen öffentlichen Platz planieren und Vereinslokale und ein eingefriedetes Solarium zum dauerhaften und glücklichen Gebrauch (errichten lassen)."
Datierung: 1. Jh. v. Chr.
Literatur: CIL X 1236=CIL I 3127=D 5392 = ILS 5392= ILLRP 116.

Nomentum

1.
AO/Inv. Nr.: CIL XIV 3947 = EE 09, S. 485
Typ/Mat.: Stiftung *horologium* / W ~/ Marmor
Maße: unbekannt
FO: Nomentum in neuzeitlicher Verbauung
Aufstellung: Forum ~
B: Das Textfragment überliefert, dass zwei(?) Prokuratoren ein *horologium* zu Ehren des Kaisers Tiberius stiften. Uhrenstiftungen von einem oder mehreren Amtsträgern beziehen sich oft auf die öffentliche Aufstellung einer Wasseruhr (vgl. beispielsweise in Apulum, Igaeditanorum und Nikaia).
Inschrift: C[---] | ai[---] | Fla[---] | Prae[//] | vigilum | Ti(berii) Caesa(ris) | procur(ator) | provinc(iae) | horologium | [-
Datierung: Mitte 1. Jh. n. Chr.
Literatur: C. Pala, Nomentum. Forma Italiae I 12 (Rom 1976).

Novaesium

Novaesium 1.2

1.

AO/Inv. Nr.: Neuss, Clemens Sels Museum Inv. Nr. N 2783
Typ/Mat.: S hemisphärisch / Kalksandstein
Maße: H 12,7 B 29,6 T 42,8
FO: 1957 an der Kölner Strasse 306, Ostteil des Lagers K in Schnitt 945
Aufstellung: relativ niedrige horizontale Lagerung, Forum ~
B: Der Zeitmesser wurde als Halbkugel in die Oberseite eines flachen, rechteckigen Blocks eingetieft. Scheidt weist darauf hin, dass die Abmessungen des Blocks römischen Maßeinheiten entsprechen und vermutet deshalb, dass er vormals als Werkstein zugerichtet worden war.

Am Grund der Halbkugel befindet sich das ausgebrochene Gnomonloch. Daraus ergibt sich eine horizontale Lagerung des Blocks, dessen Anzeige dann von oben anzulesen war.

Die Innenfläche der Halbkugel ist mit einem Liniensystem überzogen, das aus elf Stunden- und sieben Datumslinien besteht. Den Berechnungen von Scheidt zufolge wurde die Uhr für den 26° Breitengrad konstruiert, war also für den italischen Raum konstruiert worden und somit für eine Aufstellung in Novaesium (51°) kaum geeignet: Scheidt schlägt vor, dass bei einer leicht schrägen Aufstellung zumindest die Datumsanzeige in Novaesium befriedigend funktioniert haben könnte. Die Anzeige der Tagesstunden wird hingegen immer erheblich ungenau gewesen sein.

Wahrscheinlich ist die Uhr älter als ihre Fundsituation – eine Offiziersunterkunft des Neusser Legionslagers – vermuten lässt. Möglicherweise war sie für den italischen Raum konzipiert und zunächst dort aufgestellt, bevor das Stück nach Novaesium gelangte.
Inschrift: keine
Datierung: deutlich vor 100 n. Chr. (Aufgabe des Lagers)
Literatur: H. v. Petrikovits, Novaesium – Das römische Neuss (Köln/Graz 1957) Kat. Nr. 102; H. G. Horn – M. Tauch (Hrsg.), Das römische Neuss (Stuttgart 1984) Kat. Nr. 116, Abb. S. 141; H. Schumacher, Die römische Sonnenuhr in Neuss am Rhein, Fachkreis Freunde alter Uhren, Dt. Gesellschaft für Chronologie 24, 1985; Scheidt 1997a.

Numlulis

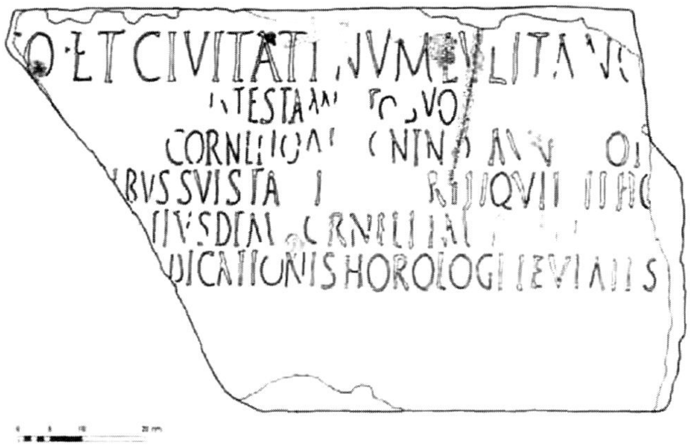

Numlilius 1

1.

AO/Inv. Nr.: El Maatrîa, seit 1999 verschollen

Typ/Mat.: Stiftung *horologium* / W ~/ Kalkstein

Maße: H 63 B 109 T 20, es verläuft ein diagonaler Bruch von der oberen linken Ecke bis auf etwa ein Drittel der Breite

FO: El Maatrîa, 5 km nördlich von Téboursouk, 1998 als Streufund in der Nähe eines punischen Saturn-Tempels

Aufstellung: Porcheddu vermutet, dass die Uhr auf dem Forum von Numlulis vor dem Capitol aufgestellt war. Archäologisch wurde eine Uhr bislang nicht nachgewiesen. W ~

B: In der testamentarischen Verfügung stiftet Cornelius Antoninus (?) die Bewirtungskosten für die Jahresfeier der Uhrenstiftung dem Pagus und der Civitas der Numlulitani. Die Nennung von beiden Institutionen könnte Mastino zufolge ein Hinweis darauf sein, dass die Stiftung sogar noch vor dem Zeitpunkt der Einrichtung des Municipiums anzusetzen ist, also vor der Regierungszeit des Septimius Severus. Es ist relativ wahrscheinlich in Cornelius Antoninus auch den Stifter der Uhr zu erkennen.

Inschrift: ------|[pa]go et civitati Numlulitano[rum]|[---] ex testame[n]to suo [---]|[---] + Cornelio An[t]onino A++o+[---]|[hered]ibus suis TA ++++ reliquit II (milia) HS [n(ummum) ---]|[---]eiusdem Cornelii An[tonini]|[ut die de]dicationis horologi epulatis [---].

Datierung: 2. Hälfte des 2. Jhs. n. Chr., vor 193 n. Chr. (Nennung von Pagus und Civitas); 150–193 n. Chr.

Literatur: Mastino – Porcheddu 2006, 123–162.

Obachs

1.

AO/Inv. Nr.: unbekannt

Typ/Mat.: S Hohlform / Kalkstein

Maße: unbekannt

FO: Obachs in der Nähe der Gemeinde Ciutadilla, Provinz Lleida

Aufstellung: Villa rustica

B: Bis auf eine kurze Erwähnung ist die Sonnenuhr unpubliziert. Offenbar handelt es sich um ein kleines Fragment einer konischen Sonnenuhr aus lokalem Kalkstein.

Inschrift: keine

Datierung: 2. Jh. n. Chr.

Literatur: Gumà i Marquès 1992, 154 f.

Ocriculum

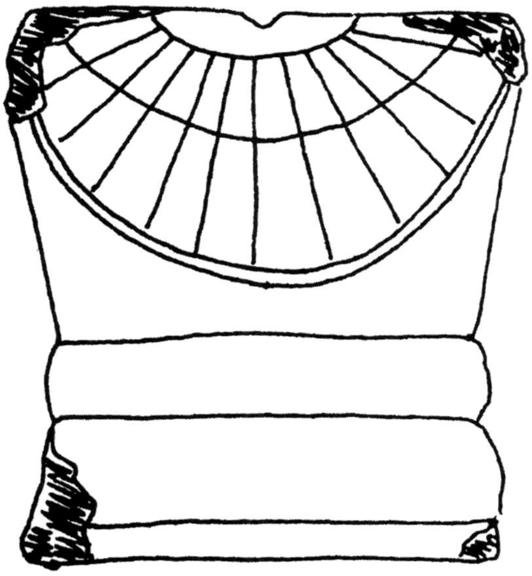

Ocriculum 1

1.
AO/Inv. Nr.: unbekannt, befand sich 1787 im Museo Pio Clementino
Typ/Mat.: S Hohlform / unbekannt
Maße: : unbekannt
FO: unbekannt
Aufstellung: unbekannt
B: Der Schattenkreis der gut erhaltenen Uhr ist in elf Stunden- und drei Datumslinien unterteilt, indem die Winterwendlinie mit der Oberkante des Limbus zusammenfällt. Unterhalb dessen tritt der Uhrenkörper bis an die Schattenfuge schräg zurück.

Daran schließt sich die Basiszone an, die aus einem auf voller Breite der Uhr verlaufenden Rundstab und anschließender schräger Sockelzone zusammengesetzt ist. Eine schmale Standleiste schließt das Stück ab.
Inschrift: keine
Datierung: kaiserzeitlich
Literatur: G. A. Guattani, Monumenti antichi inediti 2 (Rom 1787) 35 Taf. 2; G. Settele, Memoria sopra la forma della line orarie indicanti le ore ineguale degli antichi sopra gli orologi solari (Rom 1816) 18; Gibbs 1976, 3081 mit Skizze.

Oinoanda

1.
AO/Inv. Nr.: Oinoanda SGO 17/06/07
Typ/Mat.: Stiftung *γνώμον* / wohl S mit Nemesis-Statue / Inschriftenblock: lokaler Kalkstein
Maße: H 0,77 B 0,34 T 0,32
FO: Oinoanda, 20 m östlich der Südstoa
Aufstellung: Gymnasion ~ (Staab), Nekropole ~ (Winter)
B: Aus dem Zentrum von Oinoanda stammt dieser zur Wiederverwendung zugerichtete hochrechteckige Block aus lokalem Kalkstein, der entlang seiner Oberkante gebrochen ist. Auf der Vorderseite befinden sich die erhaltenen 13 Zeilen einer ursprünglich wohl 16-zeiligen Versinschrift, welche die Aufstellung einer Sonnenuhr im Zusammenhang mit dem erhaltenen Block belegt. Staab interpretiert den Text als Beleg für die Stiftung von einer Sonnenuhr und Nemesis-Statue ins Gymnasion von Oinoanda.

Ungewöhnlich für eine Stifterinschrift in den öffentlichen Raum ist, dass das Alter des Stifters bzw. Geehrten genannt wird. Vielmehr weist auch die Metrik der Zeilen darauf hin, dass es sich hier um ein Grabepigramm handeln könnte, das aus der benachbarten Nekropole stammt. Für diese Vermutung sprechen die Maße des Kalksteinblocks, der wahrscheinlich als Basis der auf ihm positionierten Sonnenuhr in der Art von Sillyon 1 und Keramos 1 gedient hat. Die gewählte Anspielung auf Nemesis ist in diesem Zusammenhang wie in der Inschrift aus Sillyon als Hinweis auf die ewige Erinnerung zu verstehen, die dem im Alter von 80 Jahren Verstorbenen zuteil werden sollte.

Die mehrgliedrige Aufstellung einer Sonnenuhr auf einem Inschriftenstein und die davon getrennte einer Statue ist nicht belegt und aus kompositorischen Gründen eher abzulehnen. Obwohl keine Darstellung einer Nemesis mit Zeitmesser bekannt ist – ihr werden wenn, dann Globen als Attribut beigefügt, vgl. Staab a. O. 136 – entfällt auch die Aufstellung einer kleinformatigen Nemesis-Statue auf dem Inschriftenträger, weil dann das Instrument zu klein ausfallen würde, um noch als realer Zeitmesser zu funktionieren.

Inschrift: Text und Übersetzung nach Staab a. O. 1:

Z 1–3 (verloren) | ..]MONI[......|Y την εἰ θύδικον | Νέμεσιν· | τὴν μὲν, ὅτ'ὀγδοί|κοντα διεκπεράσας | ἐνιαυτοὺς πάντας | [ἀ]μωμήτῳ πλῆσεν | ἐν ἠρεμίῃ, | γνώμονα δ',ὅτι τοι | ΟΥ .. ΙΣΕΝΟΣ ΙΣΕΝΕΣ | IICI ὥρη δαίτης καὶ | λιπαρῶν ἤθ.ε.α | γυμνασίων.

„[X stellte auf (zum Dank) oder Y stellte auf zur verehrenden Erinnerung an X] [eine Sonnenuhr?...] die [---] rechtschaffene Nemesis; die [sc. Nemesis], weil er 80 Jahre vollbracht, alle in untadeliger Ruhe erfüllt hat, eine Sonnenuhr aber, weil [er/ihn] wahrlich ... Zeit/Stunde die Gewohnheit des Mahles und der ölglänzenden Gymnasien. (ODER Zeit/Stunde des Mahles und Gewohnheiten der ölglänzenden Gymnasien ODER des Mahles und der in den Gewohnheiten üppigen Gymnasien.)“

Datierung: frühestens 2. Jh. n. Chr.

Literatur: G. Staab, Epigramm auf eine Nemesisweihung und Sonnenuhr aus Oinoanda, EpigrAnat 42, 2009, 135–141.

Olisipo

Olisipio 1

1.

AO/Inv. Nr.: Freiria, in situ

Typ/Mat.: S Hohlform / lokaler Kalkstein, zwei anpassende Fragmente

Maße: H 22 B 31 T 21,5

FO: Freiria (S. Domingos de Rana, Cascais), Villa auf der Olisipo-Halbinsel, also in der Nähe von Lissabon bei Grabungen 1985 und 1987 innerhalb einer römischen Villa. Die Uhr wurde nach Aussage der Ausgräber in sekundärer Verwendung als Baustein in einer Trockenmauer gefunden, die nach dem 4. Jh. n. Chr. entstand.

Aufstellung: Villa rustica ~
B: Das ringsum gebrochene Fragment einer konischen Sonnenuhr besteht aus einem Schattenkreis, von dessen Vormittagsseite die untere Hälfte fehlt. Das Zifferblatt ist in elf Stundenlinien aufgeteilt, die alle am ausgebrochenen Gnomonloch beginnen und über die Winterwendlinie hinaus bis an den Rand des Schattenkreises reichen. Die Rückseite der Uhr folgt – soweit erkennbar – der Kontur des Zifferblatts.

Unmittelbar unterhalb des Schattenkreises ist der Uhrenkörper gebrochen. Den Berechnungen von Cardoso zufolge wurde die Uhr für die Breite des Fundorts konstruiert.
Inschrift: keine
Datierung: 1./2. Jh. n. Chr.
Literatur: G. Cardoso, Quarante solar de Freiria, APort IV, 5, 1997, 219–224; Encarnacao 2006, 81–82.

Olympia

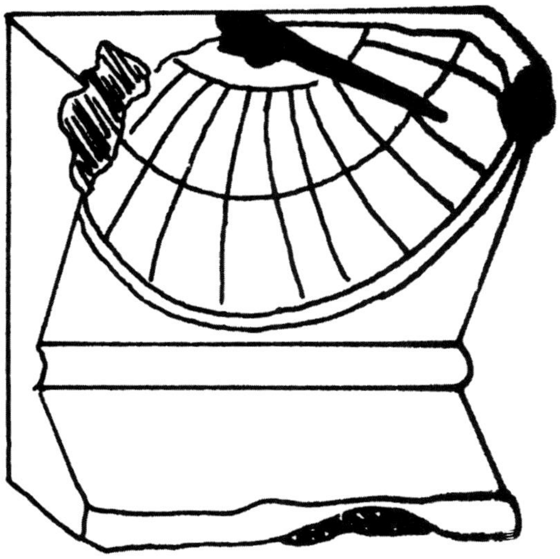

Olympia 1

1.
AO/Inv. Nr.: Olympia, Archäologisches Museum Hof (laut Gibbs; nicht auffindbar)
Typ/Mat.: S sphärisch / weißer Marmor
Maße: unbekannt / bis auf geringe Bestoßungen an den äußeren Enden der Schattenfläche gut erhalten
FO: Schaldach bezweifelt unter Berufung auf K. Herrmann, dass in Olympia jemals Sonnenuhren im Grabungsgebiet gefunden wurden.
Aufstellung: unbekannt
B: Der Schattenkreis ist sehr präzise gearbeitet und in zwölf Stunden unterteilt, deren Linien drei Datumsangaben kreuzen. Unterhalb der Schattenfläche weicht der Uhrenkörper unmittelbar als schräge Ebene zurück, mündet in einen breiten Rundstab und tritt dann wieder ein kurzes Stück nach außen vor. Die Basis endet als schmale Standleiste.
Inschrift: keine
Datierung: 1. Jh. n. Chr.
Literatur: Gibbs 1976, 1003 mit Skizze; R. Moore – N. Kazantzakis, Reflections on Greece (New York 1971) Foto = Schaldach 2006, 143 Abb. unten links.

Olympia 2

2.
AO/Inv. Nr.: Olympia, Archäologisches Museum Hof (laut Gibbs; nicht auffindbar)
Typ/Mat.: S konisch / pentelischer Marmor
Maße: unbekannt
FO: unbekannt
Aufstellung: unbekannt
B: Die Uhr ist im Aufbau identisch mit der hier als Olympia 1 geführten. Die einzigen Unterschiede sind die Symbole X O X eingeritzt entlang der dritten, sechsten und neunten Stundenlinie, sowie Sonnen- und Halbmondsymbole entlang der schräg nach hinten tretenden Fläche unterhalb des Schattenkreises. Beide Uhren stehen eher den Sonnenuhren aus den Vesuvstädten als festlandsgriechischen Vertretern nahe, so daß hier eine Verwechslung der Herkunftsangabe durch Gibbs wahrscheinlich ist.
Inschrift: Glyphen auf der 3., 6. und 9. Stundenlinie
Datierung: 1. Jh. n. Chr.
Literatur: Gibbs 1976, 3022; R. Moore – N. Kazantzakis, Reflections on Greece (New York 1971) Foto = Schaldach 2006, 143 Abb. unten re.

Oplontis

Oplontis 1

1.
AO/Inv. Nr.: Oplontis, in situ Inv. Nr. 1257
Typ/Mat.: S sphärisch / Marmor
Maße: H 34 B 27
FO: Villa A der Poppea 1973, Peristyl-Garten Nr. 32
Aufstellung: Villa urbana

B: Die gut erhaltene Uhr wurde ringsum sorgfältig geglättet und ihr Zifferblatt in elf Stunden- und drei Datumslinien unterteilt. Alle Stundenlinien verlaufen innerhalb des Bereichs, den Sommer- und Winterwendlinie begrenzen, nur der Meridian reicht bis an das Gnomonloch heran.

Unterhalb des Schattenkreises tritt der Uhrenkörper als schräge Fläche bis an die Schattenfuge zurück. In den Zwickeln und in der Verlängerung der Mittagslinie befinden sich runde Embleme, die ausgehend von ihrem Mittelpunkt in sechs radiale Felder eingeteilt sind. Entlang der Außenkonturen dieses Bereichs wurde eine schmale Leiste eingetieft. Diese Umrandung und die geometrischen Rosetten, sowie die Stunden- und Datumslinien waren ursprünglich mit roter Farbe akzentuiert.

Die Basis bildet ein durchgehender Rundstab, an den sich ein Kyma reversa anschließt und in einer schmalen Standleiste ausläuft.

Die Uhr stammt aus dem nordöstlichen Bereich des sog. Peristylgartens der Villa, einem Bereich von knapp 5 auf 8 m. Sollte die Uhr überhaupt funktionstüchtig gewesen sein, so müsste sie auf einer hohen Säule aufgestellt gewesen sein, auf die jedoch jeder Hinweis fehlt. Jashemski a. O. rekonstruiert den dichten Bewuchs des Gartens, in dem auch ein großer Walnussbaum stand. Enge und Bepflanzung müssen die Anzeige der Uhr erheblich eingeschränkt haben.

Innerhalb der Villa war offenbar noch eine zweite Sonnenuhr aufgestellt, die N. Lanciano, Due orologi solari di Oplontis non presenti nell'opera di Gibbs, Atti del VIII seminario nazionale Gnomonica La Spezia 1996 (non vidi) erwähnt, über die aber keine weiteren Informationen vorliegen.
Inschrift: keine
Datierung: 50/60 n. Chr.
Literatur: S. de Caro, The Sculptures of the Villa of Poppea at Oplontis: A Preliminary Report, in: E. B. MacDougall (Hrsg.), Ancient Roman Villa Gardens (Washington D. C. 1978) 77–134 bes. 118–120; W. F. Jashemski, The Gardens of Pompeji, Herculaneum and the Villas Destroyed by Vesuvius Bd. 2, Appendices (New York 1993) 293 f. Abb. 327.

Oropos

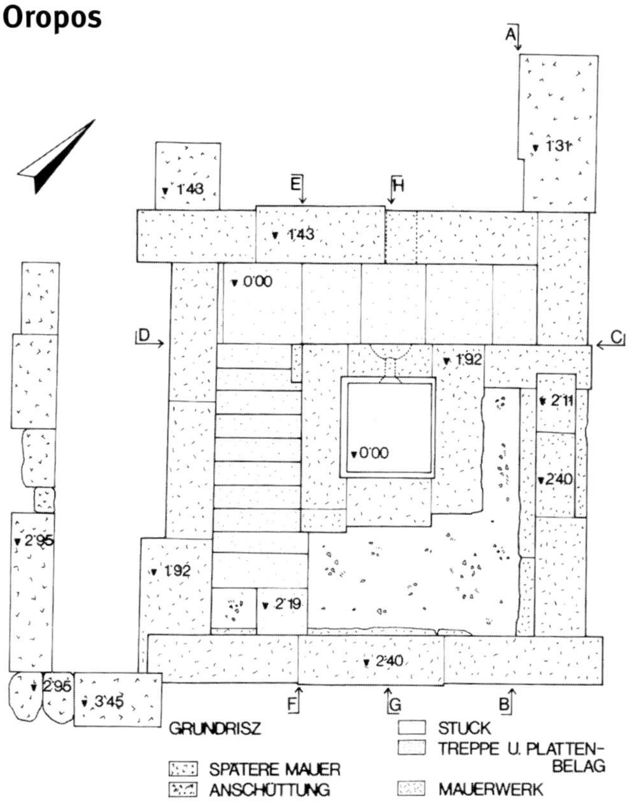

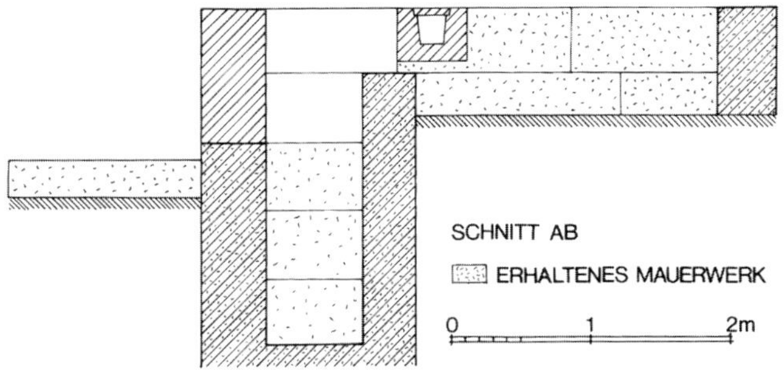

1. Oropos 1.1–1.2
AO/Inv. Nr.: Oropos, Amphiareion in situ
Typ/Mat.: W / Kalksteinquader

Maße: Fundament außen 291 × 323 Becken 75 × 77
FO: nördlicher Bereich des Heiligtums, auf der rechten Seite des Bachbettes
Aufstellung: unbekannt
B: Das annähernd quadratische Fundament, dessen Ecken in die vier Himmelsrichtungen weisen, ist bis in die vierte Lage hoch erhalten und umschließt ein 1,92 m tiefes Becken. Eine ca. 75 cm breite Treppe führt auf der Südwestseite über zehn Stufen bis auf den Grund eines ummauerten Schachtes hinab.

Die Innenflächen der Schachtwände sind mit hydraulischem Mörtel verputzt. Knapp 20 cm über dem Boden ist auf der nordwestlichen Seite ein 16 cm langes Bronzerohr mit einem Durchmesser von 9 cm eingelassen, das auf der Außenseite ein Bronzeblech umgibt. Die Wandflächen sind zum Rohr hin trichterförmig abgeschrägt. Eine annähernd quadratische Öffnung in der Außenmauer dient als Ausfluss.

Glaser erkennt in einer Aussparung auf Höhe der obersten Lage der nordöstlichen Umfassungsmauer einen Zuleitungskanal, dessen Position die Höhe des maximalen Füllstandes nachweist. Er vermutet, dass mit dieser Rinne ursprünglich eine Tonrohrleitung in Verbindung stand, die von Nordosten an die Konstruktion heranführt. Vom Oberbau der Anlage ist nichts erhalten.

Goette schreibt ihr eine flache Platte, auf der sich in regelmäßigem Abstand zwölf waagerechte Striche befinden, als Zifferblatt zu.

Glasers Interpretation des Befundes als Auslaufuhr fand in der Forschung überwiegend Zustimmung. Er rekonstruiert den Mechanismus, in den über die Zuleitung Wasser bis zum maximalen Füllstand in den quadratischen Tank einläuft. Auf der Wasseroberfläche befindet sich ein Schwimmer, der mit einer Vorrichtung zur Anzeige verbunden ist. Über das Bronzerohr fliesst das

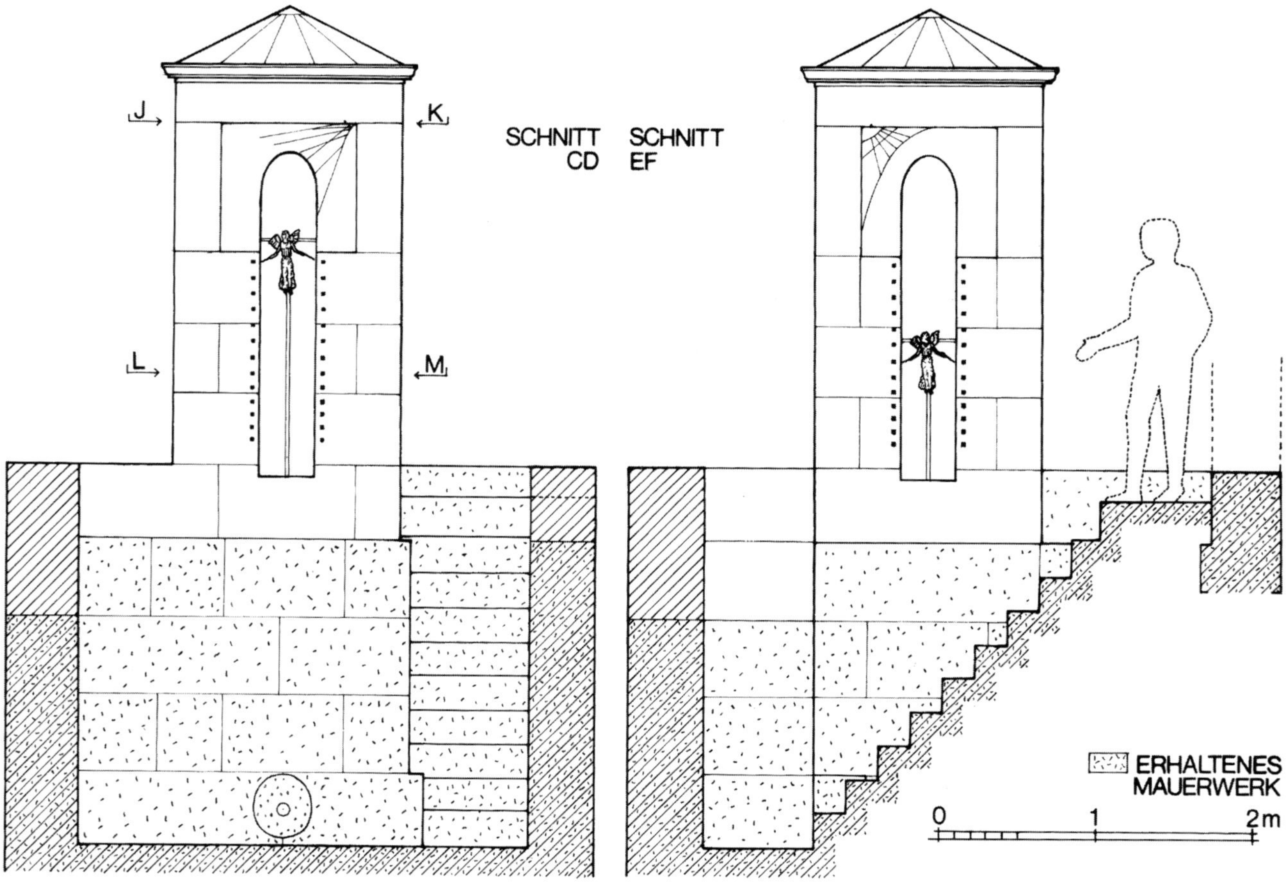

Oropos 1.3–1.4

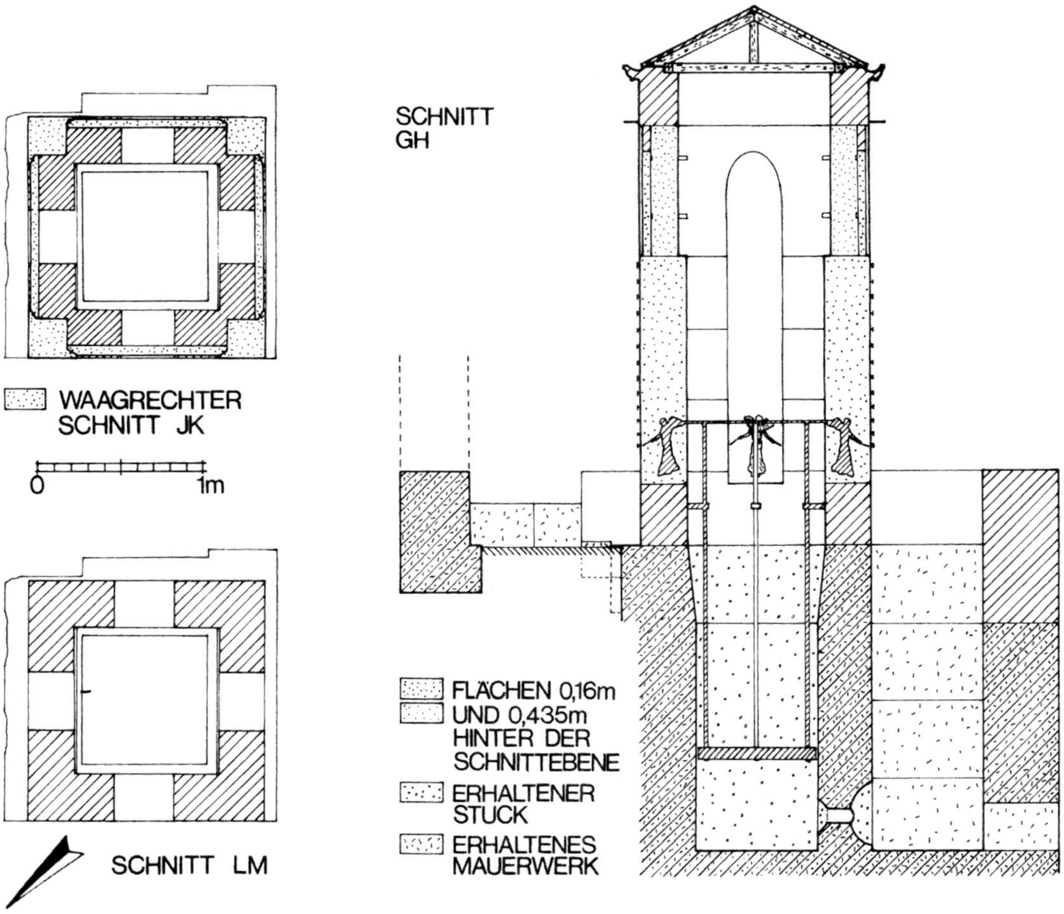

Oropos 1.5–1.6

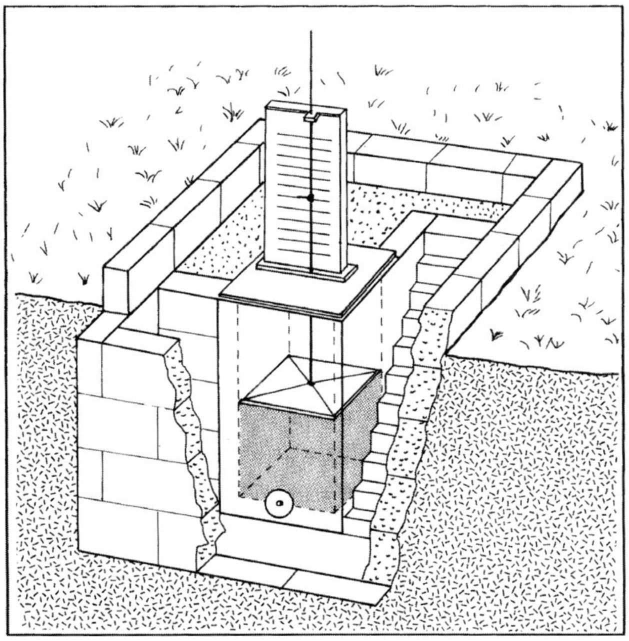

Oropos 1.7

Wasser nun innerhalb von zwölf Stunden aus dem Tank, das Absinken des Schwimmers wird auf dem Zifferblatt als fortschreitende Stundenanzeige umgesetzt.

Vom Oberbau der Wasseruhr hat sich bis auf die erwähnte Marmorplatte mit den waagerechten Strichmarken nichts erhalten. Sollte sich diese Platte tatsächlich als zugehörig erweisen, dann wäre der Zeitmesser einer der wenigen, die gleichlange Stunden anzeigten.

Glaser rekonstruierte das Gebäude nach dem Vorbild des Turmes der Winde in Athen, über dessen Seitenflächen sich vertikale Sonnenuhren erstreckten, denen Glaser die Fragmente Oropos 2 und 4 zuschreibt. Schaldach weist diese Rekonstruktion aufgrund der Ausrichtung des Fundamentes zurück, das die Funktionalität von Sonnenuhren erheblich einschränken würde. Über den weiteren Aufbau des Oberbaus, der die Apparatur schützte, ist nichts bekannt. Die Ausrichtung des Gebäudes, dessen Ecken in die vier Himmelsrichtungen weisen, könnte ein Hinweis darauf sein, dass sich auf dem Dach eine Anzeige der Windrichtung befand.

Inschrift: keine

Datierung: 4. Jh. v. Chr., nach Leonardos aufgrund des Materials und der Ausführung sowie der Nähe zu der frühen Phase der Wasseruhr auf der Agora in Athen des späten 4. Jhs. v. Chr.

Literatur: B. Leonardos, Αμφιάρειον, AEphem 1918, 110–113; B. Petrakos, Ο Ὠρωπος και το ἵέρον του Αμφιαράου (Athen 1968) 113–117; Gibbs 1976, 3081; F. Glaser, Die Klepsydra im Amphiareion bei Oropos, in: Pro Arte Antiqua. Festschrift für H. Kenner Bd. 1. Sonderschrift 18 des ÖAI Wien (Wien 1982) 130–136 mit Taf. 32–36; G. Argoud, Hydraulique et siphons béotiens, in: P. Roesch (Hrsg.), Actes du 3ème congrès international sur la Béotie antique 1979 (Paris 1985) 137–143.

Oropos 2

2.

AO/Inv. Nr.: Piräus, Archäologisches Museum Inv. Nr. 235

Typ/Mat.: Stiftung einer zweiseitigen Äquatorialsonnenuhr / weißer Marmor

Maße: H 56,5 B 36 T 2–5 / sechs anpassende Fragmente, von denen Schaldach vermutet, dass das hier als Oropos 3 geführte Fragment zugehörig ist. Ursprüngliche Gesamtmaße: H 56,5 auf über 80 cm Breite (ohne Basis)

FO: Fünf Fragmente wurden 1886 hinter dem Tempel des Amphiareions in Oropos gefunden, ein weiteres 1984.

Aufstellung: Die Winterseite, auf der sich die Inschrift befindet, ist präziser gearbeitet als die Hauptansichtsseite. Aufgrund der besonderen Konstruktionsweise muss der Meridian in Nord-Südrichtung ausgerichtet gewesen sein, die Flügel der Uhr verlaufen also in Ost-West Richtung.
B: Nach Schaldachs Berechnungen handelt es sich um eine zweiseitige Äquatorialsonnenuhr in Form eines überdimensionierten Tischtennis-Schlägers mit halber Schlagfläche. Diese diente beidseits zur Anzeige der Stunden. Der ‚Griff' der abgeschrägten Konstruktion war als Stelenfuß in eine Basis eingelassen.

Um konstruktionsbedingte Nachteile bei der Datumsanzeige zu kompensieren, nimmt die Stärke der Marmorplatte zum Bereich der Tagundnachtgleichen hin allmählich zu, ein Kunstgriff, der sich an Delos 21 wiederholt. Primäre Bedeutung fällt der Winterseite der Uhr zu: Hier befindet sich die Inschrift und hier sind die zehn Stunden- und drei Datumslinien besonders präzise gearbeitet. Schaldach macht darauf aufmerksam, dass diese Uhr die einzige ist, die für zehn gleichlange Stunden – statt der üblichen Aufteilung in zwölf – konzipiert wurde. Die Sommerseite ist vergleichsweise nachlässig gearbeitet: Unsichere Linienführung, das Fehlen der Sommerwendlinie sowie das Durchziehen der Stundenlinien bis an den Rand der Schattenfläche – einen Bereich, den die Sonne niemals erreicht – kennzeichnen die Hierarchie beider Seiten.

Ob die hohe Anzahl von Uhren, die aus diesem extraurbanen Heiligtum stammen, sowie deren konstruktive wie metrische Extravaganz darauf hinweist, dass messbaren Zeitspannen im Kult des Heros eine besondere Rolle zufällt, möglicherweise auch ein Schwerpunkt der Riten im Winter stattfand, ist nicht beweisbar. Die Nähe dieser Inschrift zu den Stiftungen Amastris 1 und Samothrake 1 verdeutlicht die Beliebtheit des Standortes Heiligtum für die öffentliche Demonstration astronomischer Kenntnisse.
Inschrift: Die Inschrift befindet sich auf der Winterseite unterhalb des Schattenkreises und verteilt sich auf drei lange, rahmende Zeilen, sowie zwei kurze zentrierte.

[.. ὅταν μὲν τοῦ κ]ύκλου τοῦ ἐνγὺς τοῦ γνώμονος ἡ σκιὰ πο̣[ρεύη|ται, ἐν τούτῳ τῷ μέρει τοῦ ὡρολογίου τὰς τροπὰς τὰς τοῦ ἡλίου | σημαίνει χειμεριν]άς· ὅταν δὲ τοὺς μεγίστους κύκλους αἱ σκι[αὶ πορεύωνται τὰς ἰσημερίας σημαίνουσιν· τοῦτο τὸ μέρος | σημαίνει τὴ]ν σκιὰν τοῦ γνώμονος, ὅταν μέν φθινοπωρι|[νὴ παρῇ ἰσημερία, ὅταν δὲ ἐαρινή, ἡ σκιὰ ἀφανίζεται.] | Θεόφιλος Θ[– –] | [[– –]] | [[– –]] | Ἀθηναῖος Γ[– –]

„Wenn am Kreis nahe dem Gnomon der Schatten verläuft, wird der Tag des Wintersolstitiums angezeigt. Wenn die Schatten die größten Kreise berühren, werden die Äquinoktien angezeigt. Diese Seite zeigt den Schatten des Gnomon, sobald das herbstliche Äquinoktium da ist, zum Frühjahrsäquinoktium verschwindet er." (Übersetzung / Urschrift K. Hallof – K.-H. Schaldach)
Datierung: aufgrund der Inschrift 350–322 v. Chr.
Literatur: T. Mitsos, Εργασίαι εν Αμφιαρείω του Ωρώπου, Prak 1951, 128; O. Neugebauer, The Astronomical Origin of the Theory of Conic Sections, Proceedings of the American Philosophical Society 92.3, 1948, 136–138; Gibbs 1976, 8005 G, 352 Abb. 56; Petrakos 286 f. Nr. 359; K. Schaldach, The Arachne of the Amphiareion and the Origin of Gnomonics in Greece, JHistA 35, 2004, 435–445; Schaldach 2006, 23.

3.
AO/Inv. Nr.: verschollen
Typ/Mat.: S äquatorial / Marmor
Maße: unbekannt
FO: unbekannt
Aufstellung: vgl. Diskussion unter Oropos 2
B: Schaldach vermutet, dass dieses nur von Gibbs dokumentierte Fragment, das heute verschollen ist, Bestandteil der unter Oropos 2 diskutierten Äquatorialuhr ist.
Inschrift: keine
Datierung: vgl. Diskussion unter Oropos 2.
Literatur: Gibbs 1976, 5007 G.

Oropos 4

4.
AO/Inv. Nr.: Oropos, Museum Magazin
Typ/Mat.: S v-vertikal / weißer Marmor
Maße: H 82,2 B 36,3 T 7,5 / drei anpassende Fragmente, möglicherweise zugehörig: Oropos 5
FO: unbekannt
Aufstellung: nach SW orientierte Schattenfläche für die Nachmittagsstunden, möglicherweise bildete das heute verschollene Stück Oropos 3 das Pendant auf der Gegenseite.
B: Aus der Zurichtung von Ober- und Unterkante der Marmorplatte ist ersichtlich, dass sie auf voller Höhe erhalten ist. Die linke Kantenfläche, die gleichzeitig den Meridian bildet, ist doppelt abgeschrägt: Zunächst wurde sie gegenüber der Front um 40–45° auf einer Länge von 6,8 cm und anschließend um weitere 3,5 cm geneigt. Die rechte Außenkante ist stark bestoßen, nur auf Höhe des mittleren Teilstückes hat sich der Ansatz eines Rundbogens erhalten. Auf der nachlässig bearbeiteten Rückseite befindet sich auf Höhe des Bruches zwischen den oberen beiden Platten, sowie im oberen Drittel der nächsten Platte jeweils ein Klammerloch. Außerdem wurde ein kleines, rundes Loch in die Außenecke der oberen Abschlussfläche eingetieft.

Glaser interpretierte die Uhr als Bestandteil der Außendekoration jenes Gebäudes, dass er oberhalb der Wasseruhr des Amphiareion vermutet, s. hier Oropos 1.

Schaldach weist diese These mit dem Argument zurück, dass der Standort des Gebäudes an einem SO-Hang zur Folge hätte, dass eine Uhr hier früh morgens im Schatten liegt, obwohl sie

gerade die Vormittagsstunden anzeigt. Darüber hinaus erhebt er zutreffend chronologische Bedenken, weil die Wasseruhr bereits im 4. Jh. v. Chr. entstand, während er die Sonnenuhr 150 Jahre später ansetzt. Für spätere Um- und Ausbauten fehlen im Befund der Wasseruhr seiner Meinung nach Hinweise. Deshalb rekonstruiert er mit Blick auf die Uhr Delos 11 den Zeitmesser als Vertreter des v-vertikalen Typs.
Inschrift: keine
Datierung: laut Schaldach: 2. Jh. v. Chr.
Literatur: Gibbs 1976, 5005 G 552 Abb. 56; F. Glaser, Die Klepsydra im Amphiareion bei Oropos, in: Pro Arte Antiqua. Festschrift für H. Kenner 1. Sonderschrift 18 des ÖAI Wien (Wien 1982) 130–136 mit Taf. 32–36; Schaldach 2006, 22.

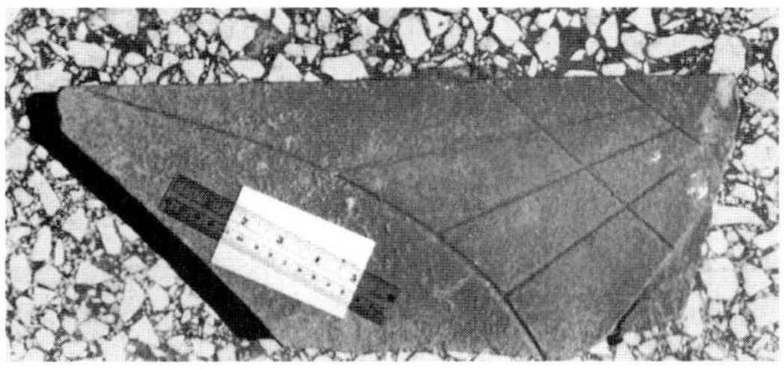

Oropos 5

5.
AO/Inv. Nr.: laut Gibbs im Amphiareion, Portiko, nach Schaldach und Glaser verschollen
Typ/Mat.: S vertikal / Marmor
Maße: allseitig bestoßenes Fragment, Stärke der Platte: 6,3
FO: unbekannt
Aufstellung: unbekannt
B: Zu diesem Stück vgl. Diskussion unter Oropos 4. Es handelt sich vermutlich um ein weiteres Fragment der dort diskutierten Vertikaluhr.
Inschrift: keine
Datierung: s. Diskussion Oropos 4
Literatur: Gibbs 1976, 5006 G 352 Abb. 57.

Oropos 6

6.
AO/Inv. Nr.: Piräus, Archäologisches Museum Inv. Nr. 584
Typ/Mat.: S konisch / pentelischer Marmor:
Maße: H 24, 5 B 34,8 T_{max} 17,7 / Brüche entlang der äußeren Enden der Schattenfläche, sowie entlang der Basis; ausgebrochenes Gnomonloch.
FO: Kirche des Ag. Georgios in Oropos, 1958 geborgen
Aufstellung: Heiligtum; in unmittelbarer Nachbarschaft des Altars, der nach Pausanias I 34, 3 Herakles, Zeus und Apollon Paion geweiht war.

B: Die Schattenfläche der Uhr gliedern elf Stunden- und drei kaum erkennbare Datumslinien. Unterhalb des Schattenkreises weicht der Uhrenkörper als schräge Fläche zurück, bevor er als schmale Basis wieder vortritt.

Diesen Teil begrenzen zwei Konsolen, deren Detailaufbau aufgrund des schlechten Erhaltungszustandes dieser Partie nicht erschlossen werden kann. Schaldach berichtet, dass die Rückseite der Uhr nur grob bearbeitet wurde. Auf der Unterseite befindet sich ein rechteckiges Stiftloch.
Inschrift: Auf der Basis die zentrierte zweizeilige Weihinschrift:

Ἰάσων Ἰάσονος Ἀζηνι[εύς] Ἑρμῆι

„Iason Sohn des Iason aus dem Demos Azenia an Hermes."

Strabon 9, 398 überliefert den attischen Demos Azenia, der zur Phyle Hippothontis gehörte. Wo sich dieser Demos an der Südspitze Attikas befindet, ist unsicher.
Datierung: letztes Viertel 1. Jh. v. Chr.; Während die Form der Buchstaben im Zeitraum vom 1. Jh. v. bis 1. Jh. n. Chr. entstanden sein könnten, schränkt Petrakos den Zeitpunkt der Stiftung aufgrund historischer Argumente auf die augusteische Zeit ein.
Literatur: C. Wordsworth, Athens and Attica (London 1855) 18; A. Orlandos, DC 4, 1927, 32; M. Mitsos, AEphem 1968 Chron 7,1; B. Petrakos, AAA 1, 1968, 72; Gibbs 1976, 3021 G, 241 Abb. 31 (Detail der Inschrift); B. Petrakos, Επιγραφικά του Ορωπού (Athen 1980) 19 Nr. 8; B. Petrakos, Οι επιγραφές του Οροπού (Athen 1997) 380 f. Nr. 463; P. Roesch, Teiresias 17, 1987, 8; Schaldach 2006, 24 mit Abb.

Ostia

1.
AO/Inv. Nr.: Ostia Antica, Magazin Inv. Nr. 15903
Typ/Mat.: S konisch / Travertin
Maße: H 35 B 33,6 T_{oben} 24,2 T_{Basis} 12,3 / Die rechte Seite ist beschädigt und die Oberfläche bestoßen.
FO: bei Reinigungsarbeiten im Bereich der vier Tempel in Ostia
Aufstellung: Heiligtum
B: Die erhaltenen Linien der Stunden eins bis sieben teilen die Schattenfläche in unregelmäßige Abschnitte. Nur die Sommerwendlinie war für Gibbs eindeutig zu sehen, aufgrund von letzten Spuren vermutet sie aber weitere Datumslinien. Eine Profilierung in Form einer Hohlkehle trennt die Schattenfläche von der abgeschrägten Basis.
Inschrift: keine
Datierung: Der Aufbau des Stücks ist einigen Beispielen aus Pompeji sehr ähnlich, deshalb 1. Jh. v. Chr.
Literatur: Gibbs 1976, 3061 G.

2.
AO/Inv. Nr.: Ostia Antica, Museum Inv. Nr. 1447
Typ/Mat.: S sphärisch / Travertin
Maße: H 27 B 25,8 T_{oben} 17,5 T_{unten} 11
FO: auf dem Decumanus Maximus in der Nähe der Neptun-Bäder
Aufstellung: Therme
B: Die Schattenfläche ist in elf Stunden- und drei Datumslinien unterteilt. Eine Profilierung in Form eines Rundstabes trennt den Bereich des Zifferblattes von der abgeschrägten Basis.
Inschrift: keine
Datierung: 1. Jh. n. Chr.
Literatur: R. Calza – M. F. Squarciapino, Museo Ostiense (Rom 1966) 17; Gibbs 1976, 1032 G.

3.
AO/Inv. Nr.: Ostia Antica, Magazin Inv. Nr. 1498
Typ/Mat.: S konisch / grobkristalliner griechischer Marmor nach Gibbs
Maße: H 25,3 B 28,5 T 12,7
FO: gefunden auf der südöstlichen Seite der Kreuzung von Decumanus und dem Platz der Laren-Altäre
Aufstellung: Forum ~
B: Auf der Schattenfläche ist keine Angabe von Linien erkennbar, wahrscheinlich waren diese ursprünglich aufgemalt. Ein 1,8 cm breiter Limbus umgibt dieses Zifferblatt. Stilisierte Löwenbeine flankieren die Basis.

Über die Seitenflächen verläuft diagonal eine 3 cm breite erhabene Leiste, deren Enden auf der Rückseite in einem Winkel von 43,2° aufeinander treffen.
Inschrift: keine
Datierung: 1. Jh. n. Chr.
Literatur: Gibbs 1976, 3062 G.

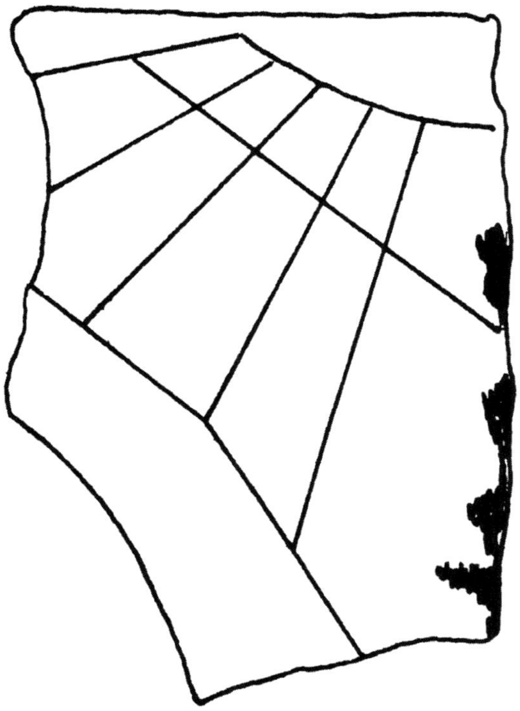

Ostia 4

4.
AO/Inv. Nr.: Ostia Antica, Piccolo Mercato, Lapidario
Typ/Mat.: S v-vertikal / weißer griechischer Marmor
Maße: H 23,3 B 13,5 T 4,5 / fragmentiert
FO: unbekannt
Aufstellung: freistehend
B: Auf dem Fragment sind Abschnitte von fünf tief eingeritzten Stundenlinien sowie von der Äquinokial- und Winterwendlinie zu erkennen. Der Meridian ist nicht erhalten.
Inschrift: keine
Datierung: 1. Jh. n. Chr.
Literatur: Gibbs 1976, 5013 G.

5.
AO/Inv. Nr.: Ostia Antica, Magazin Inv. Nr. 1892
Typ/Mat.: S vertikal / Marmor
Maße: H 42 B 25,6 T 6,4 / erhalten sind die obere und die rechte Kante des Fragments, möglicherweise auch das Teilstück eines Bogens im mittleren Bereich, ähnlich der Uhr in Oropos
FO: am 21.05.1962 als Pflasterstein des Decumanus in der Nähe der Bäder
Aufstellung: nach Südosten ausgerichtet; frei stehend
B: Gibbs gibt eine kurze Beschreibung: danach ist die Marmorplatte entlang ihrer linken und unteren Seite gebrochen, während den oberen und rechten Abschluss die originalen Kanten bilden. Auf dem Fragment ist die Vormittagsseite einer Vertikaluhr mit fünf Stunden- und drei Datumslinien erhalten. Die Skizze von Gibbs erweckt den Eindruck, als fiele der Verlauf der rechten Kante der Platte mit dem Meridian zusammen, so dass es sich um eine Sonnenuhr des v-vertikalen Typs in der Art Narbo Martius 1 handelt.
Inschrift: Buchstabe B am linken Ende der Oberkante
Datierung: 1. Jh. n. Chr.
Literatur: Gibbs 1976, 5014 G.

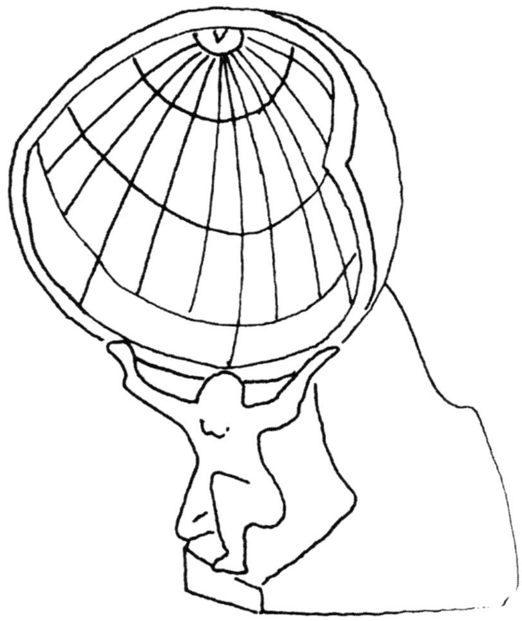

Ostia 6

6.
AO/Inv. Nr.: unbekannt
Typ/Mat.: S sphärisch / unbekannt
Maße: unbekannt
FO: laut Gibbs in der Nähe der Porta Paterno im Jahr 1790
Aufstellung: Nekropole ~
B: Der Skizze von Gibbs nach handelt es sich um ein außergewöhnliches Stück: Im oberen Teil der Hohlform sind elf Stunden- und drei Datumslinien derart eingearbeitet, dass die dritte, sechste und neunte Stunde bis an den Rand des Schattenkreises verlängert wurde.

Das Zifferblatt ruht auf einem schmalen Ständer. Auf der Vorderseite stützt eine kniende Figur im Typus des Atlas Farnese den Zeitmesser.
Inschrift: keine
Datierung: spätes 1. Jh. n. Chr.
Literatur: Gatty 1900, 36; G. Settele, Memoria sopra la forma linee orarie indicanti le ore ineguali degli antichi sopra gli orologi solare (Rom 1816) 81 mit Zeichnung Frontispiz; Gibbs 1976, 1034.

7.
AO/Inv. Nr.: Ostia Antica, Magazin Inv. Nr. 14463
Typ/Mat.: S sphärisch / cremefarbener Marmor
Maße: H 23,9 B 25,8 T_{oben} 21 T_{Basis} 10,2 / obere linke Ecke gebrochen
FO: unbekannt
Aufstellung: unbekannt
B: Erhalten sind neun Stundenlinien, sowie die drei Datumslinien. Nur der Meridian reicht über die Winterwendlinie bis zum Gnomon hinaus. Gibbs gibt keine weiteren Angaben zu Aufbau und Dekor.
Inschrift: keine
Datierung: frühkaiserzeitlich
Literatur: Gibbs 1976, 1033 G.

8.
AO/Inv. Nr.: Rom, Vatikanische Museen, Museo Chiaramonte Inv. Nr. 2534
Typ/Mat.: S sphärisch / Travertin
Maße: H 27,8 B 32 T 21,5
FO: 1858 angeblich in Ostia
Aufstellung: unbekannt
B: Die grob bearbeitete Rückseite der Uhr folgt in ihrem Umriss dem Zifferblatt, das in elf Stunden- und zwei Datumslinien unterteilt ist.
Inschrift: keine
Datierung: kaiserzeitlich?
Literatur: Gibbs 1976, 1061 G; Scheidt 2005, 24 Abb. 5.

9.
AO/Inv. Nr.: Ostia Antica, Magazin Inv. Nr. 14382
Typ/Mat.: S konisch / weißer Marmor
Maße: H 30 B 29,2 T_{oben} 25,6 T_{Basis} 9,2
FO: unbekannt
Aufstellung: unbekannt
B: Die kurze Notiz von Gibbs lässt keine Beurteilung der undekorierten Sonnenuhr zu, deren Zifferblatt offenbar gut erhalten ist und auf dem Stunden- und Datumslinien zu erkennen sind.
Inschrift: keine
Datierung: kaiserzeitlich?
Literatur: Gibbs 1976, 3063 G.

Ostia 10

10.
AO/Inv. Nr.: Ostia Antica, Piccolo Mercato, Lapidario (auf dem Foto von Gibbs ist die Nr. S0137 zu erkennen)
Typ/Mat.: S vertikal / cremefarbener kristalliner Marmor

Maße: H 14,3 B 32,4 T 2,7
FO: unbekannt
Aufstellungsort: unbekannt
B: Dem Foto bei Gibbs nach handelt es sich um eine rechteckige Platte, die außer der Oberkante auf allen Seiten gebrochen ist.

In die Platte wurde ein hängender Halbkreis eingeritzt, dessen Mittelpunkt die rechteckige Einlassung für den am oberen Rand befestigten Gnomon bildet. Von hier gehen elf radial angelegte Stundenlinien aus, die am äußeren Halbkreis enden. Der undekorierte Zeitmesser verfügt über keine Datumslinien. Kein weiteres Dekor. Gibbs dokumentiert in drei Skizzen Querschnitte durch die Halterung des Gnomon.
Inschrift: keine
Datierung: spätantik?
Literatur: Gibbs 1976, 5012 G 364 Abb. 58.

Oum el Ahmed

Oum el Ahmed 1

1.
AO/Inv. Nr.: Paris, Louvre Inv. Nr. AO 4823
Typ/Mat.: S konisch / Kalkstein
Maße: H 41 B 23 $T_{max.}$ 22 / besteht aus zwei Fragmenten, von denen offenbar nur das eine im Louvre aufbewahrt wird
FO: Stadtgebiet
Aufstellung: unbekannt

B: Das Fragment bewahrt den Ausschnitt eines konisch geschnittenen Zifferblatts mit dem Ansatz einer undekorierten Basis.

Unmittelbar unterhalb der Sommerwendlinie befindet sich ein Abschnitt einer neuphönizischen (Stifter-)Inschrift.

Inschrift: neuphönizische Inschrift, die dem Verlauf der Sommerwendlinie folgt

Datierung: 150–100 v. Chr. anhand der Inschrift

Literatur: E. Renan, Trois inscriptions phéneciennes trouvées à Oumn el Awamid, JA 20, 1862, 378–380; F. Woepcke, Note de M. Woepcke sur le cadran solaire de M. Renan, JA 1, 1863, 292–294; E. Renan, Mission de Phénecie (Paris 1874) 729–744; Catalogue officiel des collections du conservatoire des Arts et Métiers 3 (Paris 1880) Nr. 8280, 107 (Foto); Gatty 1900, 36–37; M. Dunand – R. Duru, Oum el'Amed (Paris 1962) 79. 110. 185 Taf. 39.1; Gibbs 1976, 3094 G, 310 Taf. 49; CIS I, 33–34; D. Giorgetti, Orologio solare fenicio da Oum el-Ahmed, Antiqua 2, 1977 Nr. 6, 38–40 Abb.

Paestum

1.

AO/Inv. Nr.: Paestum, Magazin (?)

Typ/Mat.: S sphärisch / Marmor

Maße: unbekannt

FO: unbekannt

Aufstellung: Kirche?

B: Erhalten ist die linke Seite des Schattenkreises mit den Ansätzen der ersten bis siebten Stunde. Ungewöhnlicherweise sind die Stundenlinien derart in den Schattenkreis eingetieft, dass die Fläche zwischen den Linien konkav gewölbt ist, so dass sich eine muschelförmige Kontur entlang des Außenrandes ergibt.

Unterhalb des Schattenkreises, der die volle Breite des Blockes ausnutzt und etwa die Hälfte seiner Höhe einnimmt, schließt sich der bis an eine Standleiste senkrecht verlaufende Uhrenkörper an, dessen unterer Teil von zwei wulstig gebildeten Löwenbeinen flankiert wird. In der Mitte dieser Zone befindet sich eine schlichte, konkav gewölbte Scheibe, die sechs doppelt geführte radiale Linien zu einer Rosette gliedern. Die etwa 5 cm hohe Standleiste tritt gegenüber dem Uhrenkörper deutlich nach vorne vor und folgt in der Aufsicht der Form eines Hufeisens.

Inschrift: keine

Datierung: spätantik

Literatur: N. Severino, IGB 9, 2004, Deckblatt; Severino 2003.

Palmyra

Palmyra 1

1.
AO/Inv. Nr.: unbekannt
Typ/Mat.: S hemisphärische Variante, drei Zifferblätter / Kalkstein
Maße: H 45 B 30 / erhalten ist die Hälfte einer Hemisphäre; rek. Maße mindestens H 100 B 70
FO: März 1925 in einem der Häuser innerhalb des Baal-Tempels von Palmyra
Aufstellung: Heiligtum ~
B: Der rechtwinklige Block ist bis auf seine linke Kante auf allen Seiten gebrochen. In den oberen Bereich dieses Blocks wurde eine große Sphäre eingetieft, von der die Vormittagsseite erhalten ist mit den Linien der Stunden eins bis sechs sowie sechs Datumslinien. Die unterste dieser Linien kennzeichnet die griechische Beischrift als Sommerwendlinie, zwischen der vierten und fünften Datumslinie wird die Tagundnachtgleiche ausgewiesen, sowie die oberste als Winterwendlinie benannt. Der Meridian ist über die unterste Datumslinie hinaus bis an den Bruch zu verfolgen.

Auf der linken Seite ist ein schmaler Streifen des Uhrenkörpers erhalten: Hier stehen in der Verlängerung der Datumslinien griechische Monatsnamen für den Zeitraum von Dezember bis Juli.

Der Zeitmesser kombiniert mehrere Zifferblätter: In der unteren linken Ecke ist der Ansatz eines zweiten mit den Ansätzen von vier Stunden- und drei Datumslinien zu erkennen. Weil auf dieser Seite die Monatsnamen nicht über die Blockkante hinausreichen, schloss hier wohl kein zweiter Stein an, so dass das zweite Zifferblatt ausschließlich die Nachmittagsstunden anzeigte. Da

ein symmetrischer Aufbau des Zeitmessers naheliegt, muss ein drittes Zifferblatt zur Anzeige der Vormittagsstunden auf der rechten, heute verlorenen Seite, ergänzt werden.
Der Ansatz eines vierten, Schattenkreises ist gerade noch im zentralen Bereich der unteren Bruchkante sichtbar.

Inschrift: Ἀπελλᾶι(ος) | Δειõς | Ὑπερβερε(τᾶιος) | [Γ]ορπιᾶιος Λώος [Π]άνημος
entlang der Sommerwend-, der Äquinokial-, sowie der Winterwendlinie:
Θερινός | ἰσ[η]με[ρινός] | [χειμ]εριν[ός]

Datierung: 1. Jh. v. Chr.

Literatur: Gibbs 1976, 1074; H. Ingholt, Palmyra, Berytus 3, 1936, 112–114 mit Foto.

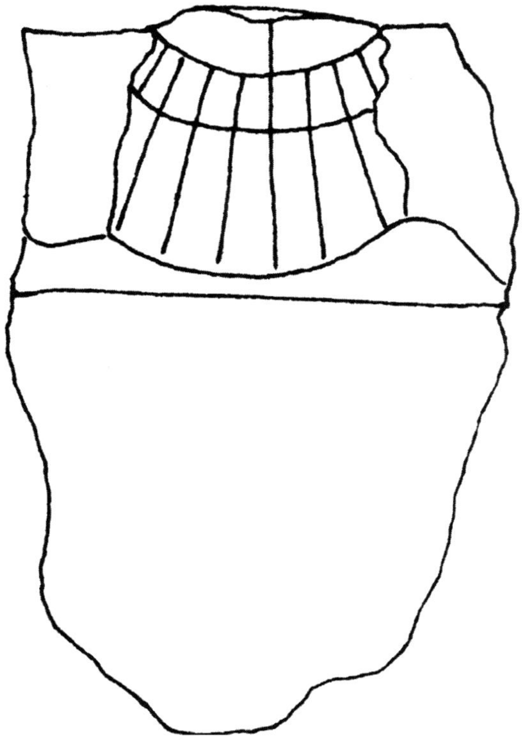

Palmyra 2

2.

AO/Inv. Nr.: Palmyra, Bereich des Tetrapylons

Typ/Mat.: S konisch / Kalkstein

Maße: H 63 B 44,5

FO: Nördlich der letzten Säule in der Via Principalis des Diokletianslagers, in der Nähe eines Gebäudes, das Puchstein als Praetorium interpretierte.

Aufstellung: öffentlich, Verwaltung; Forum

B: Im Zuge der Grabungen entlang der Via Principalis wurde eine unkannelierte Säule freigelegt, die ursprünglich auf einem Sockel aufgestellt war und die mit einem korinthischen Kapitell abschloss. Diesem Säulenmonument schreiben die Ausgräber ein freistehendes Fundament von 1,55 m auf 1,32 m Seitenlänge zu.

Die Säule setzt sich aus zehn Trommeln unterschiedlicher Höhe zusammen: In die drittunterste Trommel ist ein Inschriftenfeld eingetieft, der fünften Trommel eine Konsole mit der Sonnenuhr angearbeitet und an der achten Trommel ein Bildfeld angebracht.

Die Uhr dieser einzigartigen Komposition befindet sich in etwa 3 m Höhe über dem Laufniveau der Hauptstrasse (UK Konsole: 228) und bestimmt die Orientierung der drei Dekorationslemente in Richtung Süden. Auf dem konisch geformten, sorgfältig geglätteten Zifferblatt, von dem die äußeren Enden fehlen, sind acht Stunden- und zwei Datumslinien erhalten. Das Loch für den horizontalen Gnomon wurde in das Oberlager der Trommel eingetieft.

Das unorganische Aufeinandertreffen von Zeitmesser und Konsole könnte darauf hinweisen, dass ursprünglich die Ausführung als Kapitell geplant war.

Die Inschrift weist das Monument als private Stiftung von zwei Einheimischen an die Palmyrener aus.

Inschrift: Die bilingue Inschrift befindet sich auf der dritten Säulentrommel, von der hier nur der griechische Part wiedergegeben wird:

[.....]ουσατ[...] | [......]τας· ν[...] | [Σαλαμ]άλλαθου· [Ἰαριβωλέους τοῦ | Νουρ]βήλου· τοῦ· ἐπικαλ[ουμένο]υ[..]α[.]ι[.] | [Παλ]μυρηνὸν φυλῆς τῆς αὐτῆς εὐσεβῆ καὶ | [ἀρέσαντα· αὐτοῖς ἐν πολλοῖς πράγμασιν | [ἐ]ν τε κτίσμασιν καὶ ἀναθήμασιν | ἀναλώμασι τε οὐκ ὀλίγοις τειμῆς | ἕνεκεν (ἔ) το(υ)ς· ετόμηνος Περειτίτου.

„ ---, Sohn des Salamallanthos, und Iariboleos, Sohn des Nurbilos, stiften dem allerberühmtesten (?) Stamm von Palmyra mit Frömmigkeit und zum Gefallen: (...)“

Datierung: 64 n. Chr. nach Inschrift

Literatur: Gibbs 1976, 3096; J. Cantineau, Inventaire des inscriptions de Palmyre II (Beirut 1930) 22–23 Nr. 1; CIS II, 3966; T. Wiegand – D. Krencker, Palmyra (Berlin 1932) 89–91. 153. 160 Foto und Zeichnung.

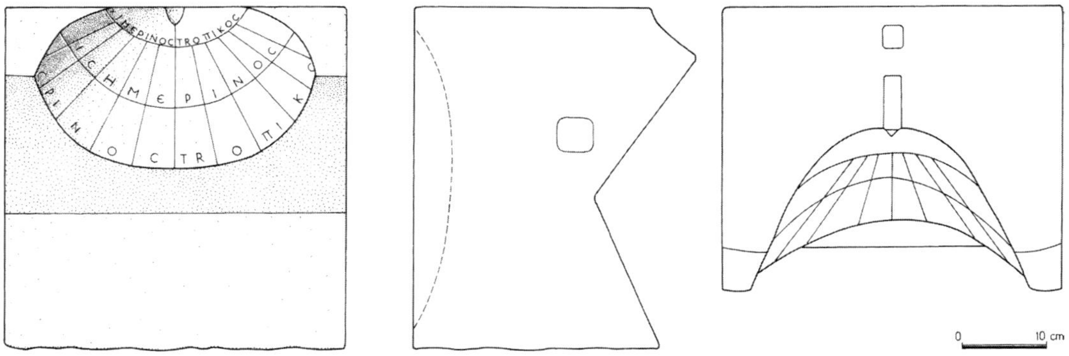

Palmyra 3

3.

AO/Inv. Nr.: Palmyra, Archäologisches Museum Inv. Nr. 25/92 G/1982 914

Typ/Mat.: S konisch / grauer Marmor

Maße: H 40 B 40 $T_{max.}$ 33,3 $T_{min.}$ 21,11

FO: Der Zeitmesser wurde in einem Baukomplex am Rande eines großen Freiplatzes gefunden, der von den Ausgräbern als Karawanserei gedeutet wird. Dieses Gebäude befindet sich etwa 3,5 km außerhalb des Stadtgebietes von Palmyra unmittelbar gegenüber dem Turmgrab von Atenatan und am Rand des Wadi al Qubur an einer Straßenkreuzung.

Der einzige Zugang zu der Anlage befindet sich im westlichen Abschnitt auf der Südseite des Gebäudes und wird von einem verschließbaren, 4 m breiten tunnelartigen Durchgang gebildet, den zwei angrenzende Zimmer flankieren. Im östlichen, als Raum 10 bezeichneten, wurde die Uhr gefunden.

Aufstellung: Der überdachte Raum 10 ist als Aufstellungsort einer Sonnenuhr ebenso auszuschließen wie der Transport des gut erhaltenen, schweren Stücks über eine weite Strecke. Die Fundumstände legen vielmehr nahe, dass die Uhr intentionell geborgen wurde. Sie wurde so konstruiert, dass der Schattenkreis nach Süden ausgerichtet gewesen sein muss, so dass ihre Aufstellung im nur wenige Meter vom Fundort entfernten Eingangsbereich der Karawanserei naheliegt. Dieser Bereich wurde im Zuge der Grabungen nicht freigelegt, vgl. Bylinski Taf. 32 a.

B: In den dekorlosen Quader wurde eine sphärische Form eingeschnitten, die ungefähr die Hälfte seiner Höhe einnimmt. Bis auf geringe Bestoßungen an den Enden des Schattenkreises, der in elf Stunden- und drei Datumslinien eingeteilt ist, ist das Stück unbeschädigt. Der Meridian reicht über die Winterwendlinie bis an das ausgebrochene Gnomonloch heran. Oberhalb von jeder Datumslinie weist eine Beischrift ihre jeweilige Funktion aus.

Unterhalb des Schattenkreises weicht der Uhrenkörper ohne Limbus als schräge Fläche zurück, um dann nach der Schattenfuge wieder als schräge Ebene zur Front hin vorzutreten. In dieser Zone befindet sich keine Standleiste und keine weitere Dekoration.

Inschrift: entlang der Datumslinien:

χιμε[ρι]νός τ[ρ]οπι[κ]ός | θερινός [τ]ρο[πικ]ός

Die Schreibweise χι- begegnet auch noch bei anderen Stücken z. B. Aphrodisias 7.

Datierung: Die Baugeschichte der Karawanserei liefert Eckdaten für die Datierung der Uhr: Bylinski a. O. 226 f. berichtet, dass der Komplex im Laufe der ersten Hälfte des 3. Jhs. n. Chr. errichtet wurde und dem Münzbefund zufolge seine Hauptnutzungsphase in die Spanne zwischen der Jahrhundertmitte und 273 n. Chr. fällt.
ca. 220–270 n. Chr.

Literatur: Locher 1995, 159–161 mit Abb. 1.2; J. Bylinski, A IIIrd Century Open-Court Building in Palmyra, DaM 8, 1995, 213–230.

Paphos

Paphos 1

1.

AO/Inv. Nr.: Nea Paphos, Archäologisches Museum Inv. Nr. 1997
Typ/Mat.: S konisch / Marmor
Maße: unbekannt / Fragment
FO: stammt aus Kato Paphos
Aufstellung: Villa?
B: Erhalten ist der obere rechte Rand einer konischen Sonnenuhr mit Teilstücken der achten und neunten Stundenlinie, sowie zweier Datumslinien. Auf der Deckfläche befindet sich die fragmentierte Inschrift, die auf den Hersteller der Uhr hinweist.
Inschrift: auf der re. Deckfläche des Uhrenkörpers: [..............] ἐποίει.
Datierung: laut Donderer: Ende 3./ Anfang 2. Jh. v. Chr.
Literatur: I. Nicolaou, RDAC 1970, 156 Nr. 11 Taf. 28; J. und L. Robert, BE 1972, 576; Donderer 1998, 178 mit Abb. 7.

2.

AO/Inv. Nr.: Paphos, Museum Inv. Nr. MTT 1504
Typ/Mat.: S konisch / Kalkstein
Maße: ca. H 28 B 30 T 20
FO: unbekannt
Aufstellung: unbekannt
B: Das Zifferblatt der gut erhaltenen Uhr, von der das linke Ende des Schattenkreises in Gips ergänzt wurde, ist in elf Stunden- und vier Datumslinien aufgeteilt. Auf welchen Tag sich die vierte

Datumslinie bezieht, ist unklar. Eine identische Aufteilung weist der Zeitmesser Kourion 1 auf, der annähernd identisch mit diesem Stück ist.

Unterhalb des Schattenkreises weicht der Uhrenkörper schräg bis an die Schattenfuge zurück, um dann in einer durchgehend profilierten Basis in der Folge von Kyma reversa und Rundstab bis zur Standleiste vorzutreten.

Inschrift: keine
Datierung: 1. Jh. v. Chr.
Literatur: Gibbs 1976, 3048, 273 Abb. 38.

3.
AO/Inv. Nr.: Palaio Paphos, Heiligtum, Kouklia, im Eingangsbereich zum Museum in der Festung
Typ/Mat.: S konisch / Marmor
Maße: unbekannt
FO: Kouklia Schnitt AB an der NO-Mauer
Aufstellung: Heiligtum
B: Die Uhr ist an den Enden des Schattenkreises beschädigt. Dieser wurde in elf Stunden- und drei (?) Datumslinien unterteilt.

Unterhalb des Zifferblatts schließt sich der Uhrenkörper als zur Front parallele Fläche an, die eine tiefe Rundkehle von der Basis trennt. Diese ist profiliert und schließt bündig mit den Seitenflächen ab. In der Mitte der Basis befindet sich eine Durchbohrung, möglicherweise diente die Uhr in einer späteren Verwendung als Brunnenmund.

Inschrift: keine
Datierung: 1. Jh. n. Chr.
Literatur: Severino 2003, s. v. Paphos.

Paphos 4

4.
AO/Inv. Nr.: Palaio Paphos, Heiligtum, Kouklia, im Eingangsbereich zum Museum in der Festung
Typ/Mat.: S konisch / Marmor
Maße: unbekannt
FO: Kouklia
Aufstellung: Heiligtum
B: Die Uhr ist nur stark fragmentarisch erhalten und unvollendet: So wurde das Zifferblatt in elf Stundenlinien unterteilt, die zwischen zwei bogenförmigen Linien verlaufen. Der Uhrenkörper ist hingegen unbearbeitet.
Inschrift: keine
Datierung: kaiserzeitlich; aufgrund der Proportionierung des relativ großen Schattenkreises gegenüber dem gedrungenen Uhrenkörper ist eine Entstehung in der Kaiserzeit wahrscheinlich.
Literatur: Severino 2003, s. v. Paphos.

Paros

Paros 1

1.
AO/Inv. Nr.: Paros, Archäologisches Museum, Hof
Typ/Mat.: Uhrenentwurf / parischer Marmor
Maße: ca. H 35 B 35 T 3
FO: sekundär im Kloster Katapoliani verbaut
Aufstellung: unbekannt, öffentlich ~
B: In die Oberfläche einer flachen quadratischen Marmorplatte sind innerhalb eines quadratischen Feldes zahlreiche Linien einheitlich breit und tief eingeritzt. Sie bilden das leicht nach rechts aus der Achse verschobene Konstruktionsnetz einer Sonnenuhr mit elf Stunden- und zwei Datumslinien.

Auf die Funktion der Platte als fehlgeschlagener Entwurf für die Herstellung einer vertikalen (?) Sonnenuhr weist sowohl der experimentelle Charakter der Linien hin, von denen manche unterschiedlich weit über die Rahmung hinausreichen, als auch zwei v-förmige Konstruktionslinien, welche die Lage der Datumslinien festlegen. Außerdem fehlt eine Vorrichtung zur Befestigung des Gnomon.

Das Stück ist der bislang einzige bekannte Entwurf einer Sonnenuhr und weist auf die Konstruktion und Fertigung derartiger Uhren in Paroikia hin.

Die Platte ist eine Spolie aus dem Stadtgebiet, so dass der Fundort weder Informationen zur Lokalisierung der Werkstatt noch zur Datierung des Stücks liefert.
Inschrift: keine
Datierung: 2. Hälfte 2. Jh. v. Chr.? Die handwerkliche Ausführung von Plattenzuschnitt und Linienführung weicht deutlich gegenüber den hier als Paros 2 und 3 geführten Sonnenuhren sowie zahlreicher anderer parischer Arbeiten des 1. Jhs. v. Chr. ab. Insbesondere die leicht gepickte Oberfläche der Platte und der v-förmige Querschnitt der akkurat gezogenen Linien verbindet dieses Stück mit Tenos 1°.

Sollte diese Vermutung zutreffen, dann würde der zeitliche Abstand zwischen dieser Platte und den beiden konischen Sonnenuhren aus Paroikia auf eine längerwährende Uhrenproduktion auf Paros hinweisen.
Literatur: A. K. Orlandos, Ευρήματα κατα την αναπαλαίωσιν της Καταπολιανής Πάρου, AEphem 1960 (1965) Chron 3 Nr. 17 Taf. Z Abb. a, b.

Paros 2

2.^3
AO/Inv. Nr.: Paros, Archäologisches Museum I 236
Typ/Mat.: S konisch / parischer Marmor
Maße: ca. H 25 B 30 T 20
FO: auch Baustein aus dem Kloster Katapoliani?
Aufstellung: Wohnhaus? ~
B: Das Stück befindet sich heute im Museum von Paros und ist allein anhand seines abweichenden Erhaltungszustands von der als Paros 3 geführten Uhr zu unterscheiden. Beide Sonnenuhren sind einander so ähnlich, dass von einer Herstellung in derselben Werkstatt auszugehen ist.

Obwohl beide Uhren als Spolien für den Bau des Klosters Katapoliani wiederverwendet wurden und somit ihr ursprünglicher Aufstellungsort unbekannt ist, lässt die Lage des Klosters im Zentrum der antiken Siedlung vermuten, dass die beiden Zeitmesser nicht von weither stammen.

Der Schattenkreis des relativ kleinen Zeitmessers nimmt etwa zwei Drittel der Blockhöhe ein. Er ist auf der Seite des Vormittags stark beschädigt und es fehlt sein äußeres rechtes Ende, so dass nur Abschnitte der fünften bis zehnten Stunde und drei Datumslinien zu erkennen sind. Das untere Ende des Meridians wurde deutlich über die Sommerwendlinie hinaus verlängert.

Unterhalb des Zifferblatts weicht der Körper ein kurzes Stück bis an die Schattenfuge als schräge Fläche zurück.

Die Basis ist als Kyma reversa gearbeitet und verläuft im Bereich zwischen zwei stilisierten Löwentatzen, von denen nur die rechte erhalten ist. Es fehlt die Standfläche.
Inschrift: keine
Datierung: 1. Jh. v. Chr.
Literatur: unpubliziert

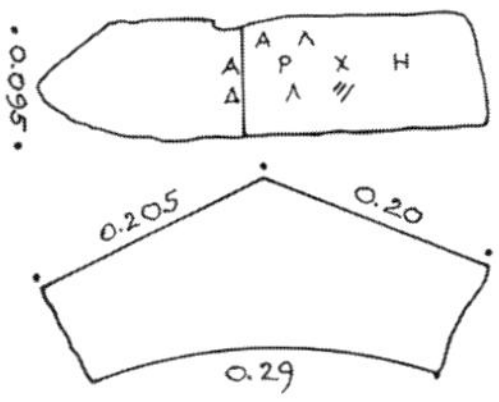

β. Θραῦσμα μαρμαρίνου ἡλιακοῦ ὡρολογίου.

γ. Θραῦσμα σηκώματος.

Paros 3

3.^2
AO/Inv. Nr.: Paros, Archäologisches Museum
Typ/Mat.: S konisch / parischer Marmor

Maße: H 24,2 B 15 T 15
FO: im Kellergeschoss des Klosters Katapoliani in sekundärer Verwendung
Aufstellung: unbekannt
B: Erhalten sind von der konischen Sonnenuhr die linke Seite mit den sechs Vormittagsstunden sowie zwei weitere Bruchstücke, die Orlandos als zugehörig erkennt. Das größe von ihnen wurde entlang der Mittagslinie im Zuge seiner späteren Wiederverwendung als Mauerstein abgearbeitet. Das Stück ist am Rand des Schattenkreises, sowie im Bereich des Gnomonloches derart gebrochen, dass von den ursprünglich wahrscheinlich drei Datumslinien nur zwei erhalten sind.

Unterhalb des Schattenkreises tritt der Uhrenkörper als schräge Fläche bis an die Schattenfuge heran zurück. Auf der linken Seite ist gerade noch der Ansatz eines stilisierten Fußes zu erkennen, den Bereich der Basis bildet eine oblique Fläche.

Orlandos stellt als Zeichnung ein weiteres Fragment vor, das nicht anpasst und das Bruchstück einer dritten Uhr dieser Serie sein könnte: Auf seiner Vorderseite befinden sich geringe Überreste von Beischriften der Datumslinien.
Inschrift: [...]αλ[– –] | [– –]αρχη[ ] | [– –]δα[– –]
Datierung: keine Datierung bei Orlandos, 1. Jh. v. Chr. aufgrund der Nähe zu Paros 2
Literatur: A. K. Orlandos, Ευρήματα κατα την αναπαλαίωσιν της Καταπολιανής Πάρου, AEphem 1960 Chron, 3 Nr. 17 Taf. 7 Nr. 17 a. b.

Patras

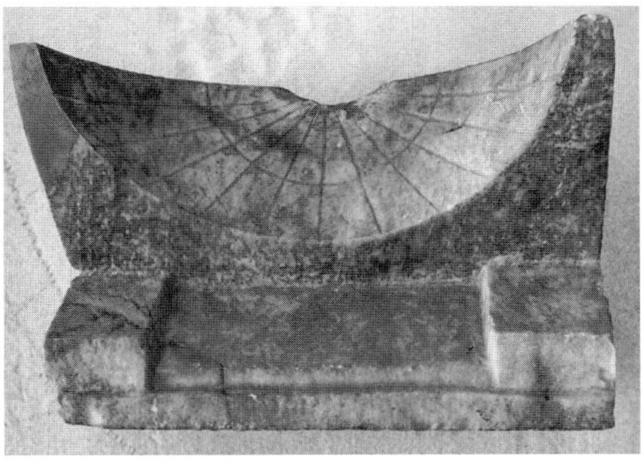
Patras 1

1.
AO/Inv. Nr.: Patras, Archäologisches Museum Inv. Nr. L 2481
Typ/Mat.: S zylinderförmige Hohlsonnenuhr / pentelischer Marmor
Maße: H 21,5 B 33,5 T 25
FO: Patras Grundstück P. Zeri; Kreuzung der Straßen Byronos 2 und Platia Psilalonion 19 im März 1982 als Spolie in den jüngeren Mauern eines römischen Gebäudes im Stadtzentrum.
Aufstellung: Aufgrund der nur geringfügig bearbeiteten Seiten- und Rückfläche vermutet Kotsaki, dass die Uhr ursprünglich im Mauerverbund aufgestellt war.
B: Die gut erhaltene Schattenfläche der Uhr wurde derart in den Block geschnitten, dass sie etwa die Hälfte seiner Höhe einnimmt. Das Zifferblatt gliedern elf akkurat geführte Stundenlinien, sowie eine Bogenlinie, die Kotsaki als Äquinoktial- Hüttig hingegen wohl zutreffend als Konstruktionslinie interpretierte. Nur der Meridian wurde über das Gnomonloch hinaus über die Deckfläche der Uhr fortgesetzt. Das sorgfältig geschnittene rechtwinklige Dübelloch auf dieser Seite führt Kotsaki auf den Einsatz eines mobilen Gnomon zurück. Diese These ist deshalb zurückzuweisen, weil für eine solche Praxis weder Parallelen bekannt sind, noch die erforderliche präzise Justierung des Gnomon zu gewährleisten ist. Den Analysen von Hüttig und Schaldach zufolge wurde die Uhr für Patras relativ präzise konstruiert.

Unterhalb des Schattenkreises tritt der Uhrenkörper unmittelbar zurück, kein Limbus grenzt die Flächen gegeneinander ab. Die Partie mündet in einer durchgehenden Schattenfuge, an die

sich die Basis anschließt. Diese ist derart aufgebaut, dass stilisierte Füße seitlich eine abgeschrägte Fläche flankieren, die nach unten in eine schmale, zur Front parallele Leiste ausläuft. Auf dieser befinden sich die von Kotsaki beobachteten Buchstaben, die wahrscheinlich die unlesbaren Überreste einer Stiftungsinschrift sind. Die Uhr schließt mit einer schmalen Standleiste ab.
Inschrift: Auf der schmalen Leiste der Basis zwischen den stilisierten Füßen sah Kotsaki einzelne lateinische Buchstaben: 3 × E, 2 × S, V, N (Reihenfolge der Buchstaben nicht angegeben und auf den Fotos nicht zu erkennen).
Datierung: aufgrund der Inschrift und der historischen Entwicklung von Patras vermutet Kotsaki eine Entstehung zwischen dem späten 1. Jh. v. Chr. und dem beginnenden 1. Jh. n. Chr.
Literatur: M. Kotsaki, Το ηλιακό ρολόι της Πάτρας, ADelt 35, 1980, Mel, 131–146; M. Kotsaki, ADelt 37, 1982 Chron 142–144; Hüttig 1999; M. Kotsaki, Response to the Study by M. Hüttig, ADelt 54, 1999, Mel 284; F. de Vries, Kegelzonnenwijzer of elliptische Zylinder Zonnenwijzer?, Bulletin van de Zonnenwijzerkring 2, 2002, 24–37; Schaldach 2006, 36.

Pautalia

Pautalia 1

1.
AO/Inv. Nr.: unbekannt / IG Bulg V 5779
Typ/Mat.: Stiftung *ὡροσκόπιον* / Basisblock für S v-vertikal / Marmor
Maße: H 51 B 144,5 T 113
FO: Kjustendil
Aufstellung: in der Nordwestecke des Forums von Pautalia (Kjustendil)
B: Erhalten ist ein flacher, langrechteckiger Basisblock mit einer Inschrift auf der einen Breitseite. Auf seiner Oberfläche befinden sich Einlassungen, die auf die Aufstellung eines zweigliedrigen Objekts im rechten Winkel weisen. Die Aufstellung einer zweiteiligen Vertikaluhr bestätigt die Inschrift, die von der Stiftung eines *ὡροσκόπιον* der Brüder Laomedon und Glaukias berichtet.
Inschrift: ἀγάθῆι τύχήι | οἴκῳ θείῳ καί τῆι πόλει | ἀρχιτέκτονες Λαομέδων καὶ Γλαυκίας | οἱ Στράτωνος vacat τὸ ὡροσκόπιον.

„Dem heiligen Tempel der Agathe Tyche und der Stadt (stiften) die Architekten Laomedon und Glaukias, Söhne des Straton, eine Sonnenuhr."
Datierung: aufgrund der Schriftform: spätes 2. oder frühes 3. Jh. n. Chr.
Literatur: P. Valev, The Sundial from Pautalia, ArcheologijaSof 42.3, 2001, 57–62; L. Ruseva-Slokoska, Nadpis za slancev casovnik ot Pautalija, MuzPamKul 2/3, 1974, 2–3. 60–65 Abb. 1.

Pergamon

1.
AO/Inv. Nr.: AvP VIII. 2 Nr. 183 = SEG 28, 967
Typ/Mat.: Basisblock für Wasseruhr / bläulicher Marmor
Maße: H 48 B 40,4 T 38,5
FO: unterhalb der großen Rundnische sw vom großen Altar, zehn anpassende Fragmente

Aufstellung: obere Agora, an oder in einer Nische mit einem Brunnen, der den Nymphen geweiht war
B: „Auf der Vorderseite um die Inschrift herum, sowie auf jeder der beiden Schmalseiten befindet sich in flachem Relief ein mit Tänien umwundener Kranz. Oben und unten läuft auf den drei Seiten ein einfaches Profil um. An die Rückseite schloss eine besondere Platte an, die mit je zwei von oben und unten eingelassenen Klammerlöchern sowie zwei flachen Dübeln am Hauptblock befestigt war. Die Kränze der Seitenflächen griffen auf diese Platte über. Drei zum Teil noch mit ihrem Bleiverguss erhaltene Eisendübel verbanden den Block mit einem Untersatz. In der Oberseite ein 18,5 cm langes, 19 cm breites, 6 cm tiefes hinten offenes Einsatzloch und in dessen Mitte sowie daneben rechts in der Ecke noch ein besonderes Zapfloch."

Die hier zitierte Beschreibung von Schuchhardt a. O. lässt in Verbindung mit der ebenda vorgelegten Zeichnung verstehen, dass der erhaltene Bereich des Zeitmessers ein ungewöhnlich zugerichteter Basisblock ist: Seine Besonderheit besteht darin, dass verschiedene Einarbeitungen auf den Einsatz von Metallelementen hinweisen. Im Detail ist die Funktionsweise dieses Zeitmessers wie die von Priene 2 nicht rekonstruierbar. In beiden Fällen dient die monolithe Basis zur Aufstellung eines (figürlichen) Zeitanzeigers, und beide Mechanismen standen ursprünglich mit einer Druckwassertank in Verbindung.

Der Agoranom Apelles stiftet während seiner zweiten Amtsperiode (?) in Erinnerung an seine ‚denkwürdige' erste Amtszeit eine Statuette des Hermes an die Quellnymphen. Die Inschrift belegt die konkrete Funktion des Zeitmessers: Hermes – gemeint ist hier nach Kirchhoff wohl eine Bronzestatuette – soll über die Gesetze des Marktes wachen und mit Hilfe des Instruments die Öffnungszeiten anzeigen. Peek a. O. vermutet, dass sich auf der Agora in der Nähe der Stiftung ein Brunnen befand.

Inschrift: mit Ergänzungen der Versinschrift nach Peek:

Ἀγ[ρ]ονόμο[ς δά]μου πάσαι χ[ώραι τότ'] Ἀπελλῆς | [ἦν, ὅ]τ' ἀειμνά[σ]του, ξεῖν', ἀ[γορα]νομίας | [μάρτυρα κρηναί]αις με διάκτορον εἵσατο Νύμφαις | [Ἑρμῆ]ν εὐνομίας ἀΐδιομ φύλακα· | [τᾶς] ἕνεκ' εὐόλβου κέραος ῥύσις ἅδ' ἀγοραίοις | μανύσει τακτοῦ τέρμα χυθεῖσα χρόνου.

Conze a. O. zitiert Kirchhoff: „Aus dem Inhalt der vier letzten Verse scheint hervorzugehen, dass die Inschrift auf der Basis der Statue eines Hermes stand, welcher ein Füllhorn hielt, aus welchem zu bestimmten Zeiten Wasser floss. Diese Zeitangaben hatten den Zweck, den Besuchern des Marktes (ἀγοραίοις) die Einhaltung gewisser Bestimmungen zu ermöglichen oder zu erleichtern, welche den Besuch und die Benutzung des Marktes regelten, beizutragen. Aus den vorhergehenden, nicht sicher zu ergänzenden Versen dürfte immerhin so viel gefolgert werden können, dass das Denkmal von einem Agoranomen, namens Apelles in oder nach seinem Amtsjahre als Erinnerungszeichen errichtet worden war."

Datierung: 3./2. Jh. v. Chr. aufgrund der Buchstabenform (Fränkel), späthellenistisch (Peek)
Literatur: E. Conze, Sitzungsberichte der Berliner Akademie 1884, 10; M. Fränkel, Inschriften von Pergamon AvP VIII.1 (Berlin 1890) 113–114 Nr. 183; E. Ohlemutz, Die Kulte und Heiligtümer der Götter in Pergamon (Berlin 1940) 238; W. Peek, Griechische Weihgedichte, in: S. Şahin (Hrsg.), Studien zur Religion und Geschichte Kleinasiens. Festschrift für Friedrich Karl Dörner (Leiden 1978) 704 Nr. 111.

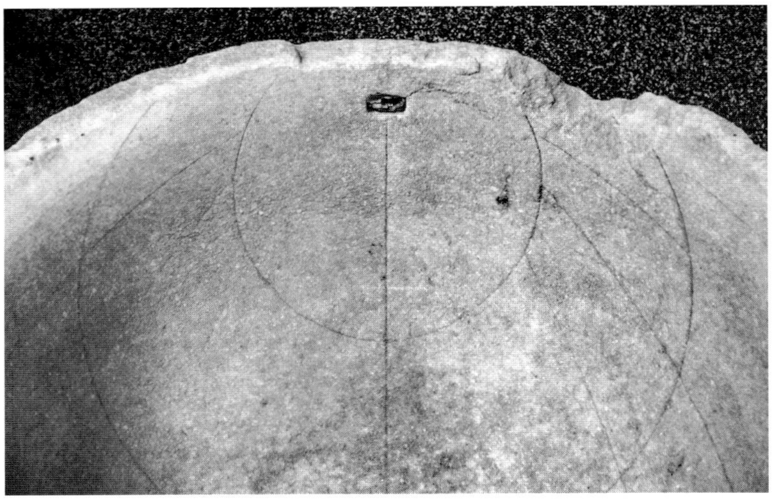

Pergamon 2.1–2.2

2.

AO/Inv. Nr.: Bergama, Archäologisches Museum, Portikus Inv. Nr. 1539

Typ/Mat.: S hemisphärisch mit zwei Zifferblättern / weißer Marmor

Maße: H 22,35 Dm der Hemisphäre 32,3

FO: vor Saal M des oberen Gymnasions bei Ausgrabungen Dörpfelds 1907

Aufstellung: frei stehend, öffentlich ~

B: In den Block wurde derart eine Halbkugel eingetieft, dass zwei Uhrensysteme auf ihrer Innenfläche Platz finden: Diese teilen die Form in zwei gleichgroße Bereiche auf, so dass die von separaten Gnomones beschatteten Zifferblätter nach Norden bzw. nach Süden ausgerichtet waren. Eine kleine Durchbohrung auf dem Grund der Halbkugel dient dem Wasserabfluss.

Form und Position eines grob gepickten Zapfens an der Außenseite der Doppeluhr zeigen an, dass sie ursprünglich leicht vorkragend in eine Mauer eingelassen war.

Rehm wies nach, dass die ungenaue Berechnung dieser Doppeluhr die Funktionalität beider Zeitmesser erheblich eingeschränkt haben muss. Da das Instrument auf Grundlage des attischen Fußes für den 41. Breitengrad konstruiert wurde, vermutet Rehm seine Herstellung in Athen, denkbar wäre auch die Verwendung einer attischen Vorlage.

Thema der Doppeluhr sind die Möglichkeiten der Übertragung astronomischer Gesetzmäßigkeiten auf die geometrische Form, nicht die präzise Zeitanzeige.

Inschrift: keine

Datierung: 2. Jh. v. Chr.

Literatur: P. Jacobsthal, Die Arbeiten zu Pergamon 1906–1907, AM 33, 1908, 426; A. Rehm, Zwillingsonnenuhr aus Pergamon, AM 36, 1911, 251–268; U. Suheyl-Unver, Sur les cadrans solaires horizontaux et verticaux en Turquie, Archives Internationales d'histoire de Science 7, 1954, Abb. 14. 15; Gibbs 1976, 1069 G.

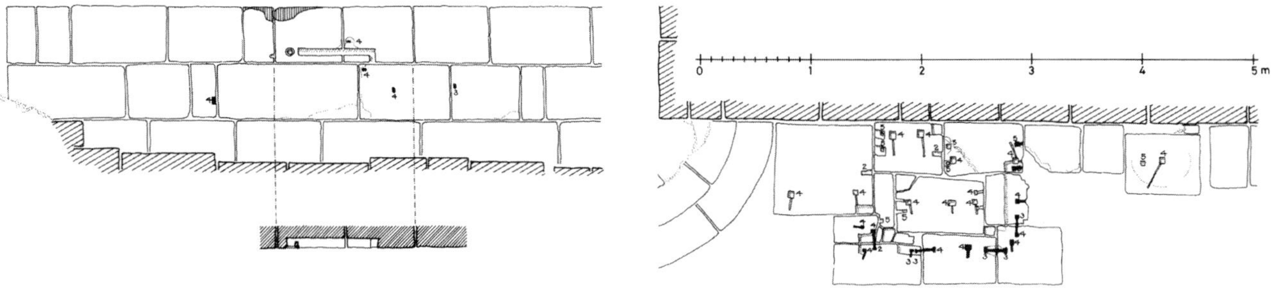

Pergamon 3

3.
AO/Inv. Nr.: Pergamon, in situ
Typ/Mat.: Wasseruhr / Marmor, Bronze
Maße: Becken: H ca. 70 B 160 T 100, nach O anschließend Fortsetzung
FO: Nordwand der mittleren Terrasse im Gymnasion, östl. des Aufgangs ins Innere der Nordhalle
Aufstellung: Gymnasion, Schnittstelle zwischen dem heiligen Bezirk und der westlichen Freifläche der Terrasse mit unbestimmter Funktion (sportliche Funktion, Garten)
B: In die Andesitquader der rückwärtigen Terrassenverkleidung sind längliche Schlitze eingearbeitet, in denen Radt Reste von Kalkmörtel beobachtete. Zentral vor dieser Installation befindet sich ein 1,60 m auf 1 m großes Wasserbecken, den Verlauf der verlorenen Brüstung zeigen Standspuren an. Radt folgert aufgrund eines Dübellochs, das in 0,6 m Höhe eine der seitlichen Platten mit der Rückwand verband, dass die Einfassung etwa 0,7 m hoch war. Putzreste beobachtete Radt in der SW-Ecke des Beckens.

Den Beckengrund bilden Quader unterschiedlicher Formate, die Spuren von früherer Verwendung aufweisen. Neben dem Becken liegen zwei Steinquader, die zur Zeit der Ausgrabung gemeinsam von einer profilierten Steinplatte überdeckt waren. Hier vermutet Radt den Standort des Druckwasserbehälters.

Aus diesen Überresten rekonstruiert Radt eine Einlaufuhr, die er nicht der Erstausstattung der mittleren Terrasse zurechnet, sondern die erst nach der Errichtung des Gymnasions in der ersten Hälfte des 2. Jhs. v. Chr. aufgestellt worden sei. Aufgrund der präzisen Arbeit schlägt er eine Entstehung des Zeitmessers entweder zu diesem Zeitpunkt oder in der Wende vom 1. zum 2. Jh. n. Chr. vor. Eine lückenlose Rekonstruktion des archäologischen Befundes ist v. a. aufgrund der fehlenden Anzeige unmöglich. Wenn Radts Deutung der hydraulischen Installation als große Einlaufuhr zutrifft, dann wäre diese Uhr unter freiem Himmel aufgestellt gewesen. Dieser Typus und Aufstellungsmodus sind eher in hellenistischer Zeit üblich, während typologisch jüngere Wasseruhren wie Priene 2 an Drucksysteme angeschlossen und wie die kaiserzeitlichen meist überdacht aufgestellt worden sind.
Inschrift: keine
Datierung: um 150 v. Chr. (?)
Literatur: W. Radt, Eine antike Wasseruhr im Gymnasion von Pergamon, IstMitt 55, 2005, 179–190.

4.
AO/Inv. Nr.: IGR 4, 293.
Typ/Mat.: Ehrendekret für Diodoros Pasparos / Marmor, erwähnt S
Maße: unbekannt
FO: Wände im Gymnasion der Neoi
Aufstellung: Gymnasion
B: Das Dekret zu Ehren des Diodoros Pasparos an den Mauern des Gymnasions führt im Rahmen seiner Leistungen als Gymnasiarch die von ihm finanzierten Renovierungen im oberen Gymnasium auf. Die genannten Arbeiten lassen u. a. auf die Verblendung des Osttraktes nach 70 v. Chr. mit Marmor und dessen Umbau zum Badebereich schließen.

Außerdem erwähnt die Inschrift eine Exedra, die mit Marmor verkleidet wurde. Diese wird als erster oikos erreicht, wenn man von der ‚Schattenuhr' aus die Halle betritt. Obwohl weder Uhr noch zugehörige Basis archäologisch belegt sind, grenzt Radt die Ortsangabe aufgrund der Reihenfolge der aufgeführten Bauabschnitte auf die Südostecke der Anlage ein und lokalisiert die Ehrenexedra im rückwärtigen Raum B der Stoa (vgl. W. Radt, Pergamon (Darmstadt 1999) 125 f. mit weiterer Literatur); diese Verknüpfung von Raum B mit der Exedra für Diodoros Pasparos wurde jüngst zurückgewiesen.

Die gewählte Formulierung – Schattenuhr – kennzeichnet das Horologion als Sonnenuhr, die auf der Platzfläche aufgestellt gewesen sein muss. Der genaue Aufstellungsort der Uhr ist von der Lokalisierung der Exedra, dem Sonnenstand bzw. der Höhe der umgebenden Hallen abhängig.

In dem Dekret dient der Zeitmesser als Ortsangabe, um das Ausmaß der Großzügigkeit des Diodoros räumlich darzustellen. Deshalb muss die Uhr allgemein bekannt und demzufolge schon längere Zeit an prominenter Stelle platziert gewesen sein. Diese Indizien legen es nahe, die Uhr der ursprünglichen Ausstattung des Gymnasions zuzurechnen und grenzen ihren Standort – da eine ganzjährig unbehinderte Sonneneinstrahlung nur an einem Standort vor dem östlichen Abschluss der Nordhalle gewährleistet ist – auf den Bereich des Eingangs ein, so dass der Zeitmesser hier auch zur Regulierung der Öffnungszeiten der Anlage gedient haben könnte.

Der Versuch, eine der archäologisch aus Pergamon bekannten Sonnenuhren diesen Informationen zuzuordnen, schlägt fehl:

Obwohl Pergamon 2 aus demselben Bereich der Grabungen stammt, eignet sie sich aufgrund ihrer unpräzisen Zeitanzeige nicht zur zeitlichen Normierung der Abläufe im Gymnasion. Vielmehr verweist hier das Nebeneinander von zwei Sonnenuhren auf derselben Terrasse wie die annähernd zeitgleichen Befunde aus den Gymnasien von Ai Khanoum und Delos auf zwei verschiedene funktionale Aspekte der Zeitmesser, die in diesem Kontext der Veranschaulichung astronomischer bzw. mathematischer Gesetzmäßigkeiten, und als Normgerät dienen.

Inschrift Z. 34–37: (...), κατασκευασθῆναι δὲ αὐτῶι ἐν τῶι τῶν νέ||[ων γυμνασ]ίωι καὶ ἐξέδραν, εἰσπορευομένων ἀπὸ τοῦ σκιακοῦ ὡρολογ[ί]ọυ | [εἰς τὴν σ]τοὰν καθ'ὃν τόπον ἐστὶν ὁ πρῶτος οἶκος, ὑπεγλυθέντος ṭοῦ τοίχου | [καὶ ἀντε]νσταθέντων τῶν τε κιόνων καὶ τῶν παραστάδων μαρṃạρίνων, (...)

„(...), es wurden außerdem die (Räume) im Gymnasion der Neoi erneuert und jene Exedra, die als erster oikos an jener Stelle ist, wenn man von der Sonnenuhr (aus gesehen) in die Stoa hineingeht, indem ihre Wand mit (Marmorgesimsen?) überformt, die Säulen ausgetauscht und die Parastaden aus Marmor, (...)"

Datierung: 2. Viertel 1. Jh. v. Chr. (Inschrift); somit t.a.q. für die Aufstellung der Sonnenuhr. Sollte diese der Erstausstattung des Gymnasions aus der ersten Hälfte des 2. Jhs. v. Chr. zuzurechnen sein, so hätte dieser Zeitmesser bereits 100 Jahre vor der Abfassung des Dekrets an diesem Ort gestanden.

Literatur: H. Hepding, Inschriften aus Pergamon II, AM 32, 1907, 259 Nr. 8; ders., AM 35, 1910, 411 Nr. 4; IGR 4, 293.

5.

AO/Inv. Nr.: Berlin, Staatliche Museen, Pergamonmuseum ArD 2; zugehörig (?): AvP VII 441, verschollen

Typ/Mat.: S konisch / weißer Marmor

Maße: H 25 B 17 T_{oben} 12 (Fragment Berlin)
H 25,5 B 11,8 T 19 (Fragment Bergama)

FO: Burgberg

Aufstellung: unbekannt

B: Das stark bestoßene Berliner Fragment umfasst die Nachmittagsseite mit Abschnitten der sechsten bis neunten Stundenlinie sowie zweier Datumslinien, welche die Äquinoktien und die Winterwende anzeigen. Das Zifferblatt rahmt ein ca. 2 cm breiter Limbus, unterhalb dessen der Uhrenkörper bis an eine horizontale Leiste schräg zurück weicht. Diese charakteristische Leiste ist auch gut auf der Zeichnung bei Winter a. O. zu erkennen, so dass beide Fragmente wahrscheinlich zur selben Uhr gehören.

Die leicht ausgestellte Basis flankieren stilisierte Löwentatzen und schließt eine etwa 6 cm hohe Standleiste ab.

Inschrift: keine

Datierung: Fehlende Beischriften sowie die Gestaltung der Löwentatzen weisen auf eine Entstehung in der 1. Hälfte des 1. Jhs. n. Chr.

Literatur: F. Winter, Die Skulpturen mit Ausnahme der Altarreliefs AvP VII. 2 (Berlin 1908) 348 Abb. 441 (um 90 Grad verdreht).

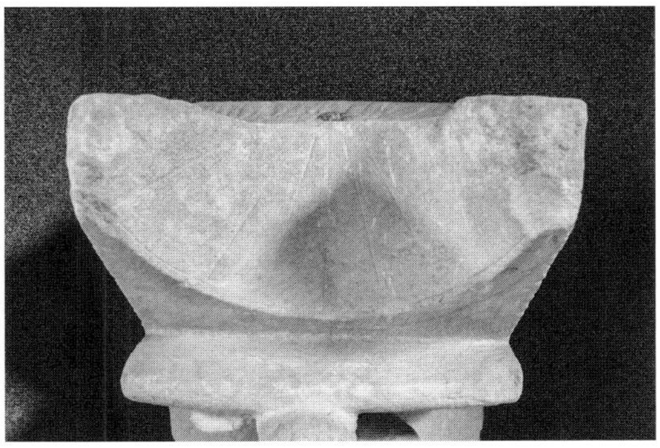

Pergamon 6.1–6.2

6.

AO/Inv. Nr.: Bergama, Archäologisches Museum Portikus

Typ/Mat.: S konisch / weißer Marmor

Maße: H 78,5 B 35,9 T_{oben} 29

FO: unbekannt

Aufstellung: unbekannt

B: Die Uhr nimmt das obere Drittel des hochrechteckigen Blocks ein. Ihre Schattenfläche ist in elf Stunden- und drei Datumslinien aufgeteilt. Der Bereich des Gnomonlochs wurde offenbar nachträglich erweitert.

Das Zifferblatt begrenzt ein schmaler Limbus, unterhalb dessen der Körper als glatte Fläche zurückweicht und in Form einer schmalen Leiste abschließt. Auf der Vorderseite stützt eine Figur im Typus des Atlas Farnese den Uhrenkörper. Die Figur kniet auf der Standfläche dieser Partie. Die Seitenflächen des Stücks sind mit Blattranken überzogen.

Inschrift: keine

Datierung: spätes 1. Jh. n. Chr.

Literatur: Gibbs 1976, 3054 G.

Pergamon 7

7.
AO/Inv. Nr.: Paris, Louvre MA 2880
Typ/Mat.: S konisch / weißer Marmor
Maße: H 56,5 B 19,6 T 17,1 / erhalten ist die Uhr mit zugehöriger Basis
FO: aus Pergamon
Aufstellung: unbekannt
B: Die sehr gut erhaltene Uhr setzt sich aus Schattenfläche mit angearbeiteter Basis, sowie einem ebenso hohen Sockel zusammen. Alle drei Elemente wurden aus einem Stein gearbeitet. Die Schattenfläche ist in elf Stunden- und zwei Datumslinien aufgeteilt.

Plastisch geformte vierzehige Löwenfüße begrenzen beiderseits die Basis, von deren Zentrum aus Weinreben und Blumen symmetrisch zu den Seiten ranken. Die Seitenflächen bedeckt jeweils ein Relieffeld innerhalb einer hochrechteckigen Rahmung, deren untere Leiste mit der Standfläche zusammenfällt. Das Dekor ist als ornamentale Blütenranke gestaltet, die mit einer siebenblättrigen Palmette abschließt.

Das Stück steht auf dem Foto von Gibbs auf einem hochrechteckigen Sockel, dessen Kopf- und Fußprofil mehrfach profiliert ist. Die Seitenansicht lässt die Front nicht erkennen. Die ansonsten seltene Arbeit von Sockel und Uhr aus einem Block wiederholt sich an Pergamon 6.
Inschrift: keine
Datierung: kaiserzeitlich

Literatur: F. de Clarac, Musée de sculpture (Paris 1841–50) Taf. 254 Nr. 800; Ardaillon 257 Abb. 3884 (Zeichnung); F. Winter, Die Skulpturen mit Ausnahme der Altarreliefs AvP VII. 2 (Berlin 1908) 348 Abb. 441a; Gibbs 1976, 3053 G 273 Abb. 39.

8.
AO/Inv. Nr.: Bergama, Archäologisches Museum, Inv. Nr. 1929, 23
Typ/Mat.: Stiftung *ὡρολόγιον* / hier (Wasser-)Uhr des Ailios Ingenous / weiße, profilierte Marmorplatte
Maße: H 40,5 B 83,5 T 3, rechts Bruch
FO: nördlich auf Höhe der Vorhalle des Asklepios-Tempels
Aufstellung: Heiligtum ~
B: P. Aelius Ingenuus stiftet aus eigenen Mitteln eine Uhr ins Asklepieion. Habicht führt auf, dass alle Träger des Namens Publius ihre Civität unmittelbar Hadrian verdanken. Die Erwähnung der Mechanik des Instruments kennzeichnet die Stiftung als Wasseruhr.

Vermutlich war das Instrument in einer der umgebenden Stoen untergebracht, für die Wasserzu- und -abflüsse belegt sind. Die Marmorplatte war deshalb wahrscheinlich in die vordere Stoenwand eingelassen.
Inschrift: Π. Αἴλιος Ἰνγένους [Ἀσκληπιῶι ?] | τὸ ὡρολόγιον συν τῇ [μηχα]|νοποιία κατασκευ[άσας ἐκ τῶν] ἰδίων ἀνέθη[κεν]

„P(ublius) Aelius Ingenuus stiftet das Horologion mit seiner Mechanik dem Gott Asklepios (?) aus eigenen Mitteln."
Datierung: erste Hälfte 2. Jh. n. Chr., hadrianisch
Literatur: E. Fabricius – C. Schuchhardt, Inschriften von Pergamon. AvP III (Berlin 1890) Nr. 103; T. Wiegand, Ausgrabungen in Pergamon (Asklepieion) 1928–32, Abhandlungen der Preussischen Akademie der Wissenschaften 5, 1932, 33 Nr. 3; C. Habicht, Die Inschriften des Asklepieions. AvP VIII.3 (Berlin 1969) 123 Nr. 103; Gibbs 1976, 8006.

9.
AO/Inv. Nr.: AvP VIII.3 Nr. 30, Inv. Nr. 1932, 9
Typ/Mat.: Ehrendekret, erwähnt *ὡροσκόπιον* / Marmor
Maße: H 64 B 60 T 58
FO: unbekannt
Aufstellung: öffentlich, Forum
B: Die Inschrift ehrt den Ritter Tiberius Claudius Nikomedes aufgrund seiner Taten als Kommandant während verschiedener militärischer Einsätze. Außerdem machte er sich im Kaiserkult und mit Stiftungen im Bereich der Agora verdient, zu denen die Errichtung eines Torbaus zur Agora, die Stiftung eines *ὡροσκόπιον* und die Einrichtung einer Maß- und Gewichtsstation gehören.

Das im Text genannte Markttor kann bislang keinem Gebäude zugeordnet werden, so dass bereits Wiegand a. O. im Ausschlussverfahren und aufgrund des Fundorts der Inschrift diese Gebäudestiftung mit einer bislang unbekannten dritten Agora in der Nähe des Asklepieions in Verbindung brachte. Es ist naheliegend, dass die gestifteten Norminstrumente zur Ausstattung der Agora gehörten und in diesem Zusammenhang wie bereits Pergamon 1 zur Einhaltung der Marktordnung dienen.
Inschrift: die ersten zwei Zeilen befanden sich auf einem getrennt gearbeiteten Block:

[ἡ βουλὴ καὶ ὁ δῆμος] | [τῆς μητροπόλεως τῆς Ἀσίας] | καὶ δὶς νεωκόρου πρώτης | Περγαμηνῶν πόλεως | ἐτίμησεν | Τιβ. Κλ. Νεικομήδους υἱὸν Κυρείνᾳ Πῖον, | χειλίαρχον σπείρης ἱππικῆς Ῥωμαίων πολιτῶν, | χειλίαρχον λεγιῶνος δ′ Σκυθικῆς, χειλίαρχον | λεγιῶνος γ′ Γαλλικῆς, ἔπαρχον εἴλης Φρυγῶν, | ἀρχιερέα Ἀσίας ναῶν τῶν ἐν Περγάμωι, κτίστην | ἔργων· προπύλου τοῦ πρὸς τῆι ἀγορᾶι καὶ ὡροσκο|πίου καὶ ζυγοστασίου, ἀγωνοθέτην δι' αἰῶνος | τῶν σεβαστονεικηφορίων κοινῶν τῆς Ἀσίας | ἐκ τῶν ἑαυτοῦ χρημάτων vacat πατέρα | Τ. Οὐιβίου Πίου ἐπάρχου σπείρης Σπανῶν πρώ|της, χειλιάρχου σπείρης [--] αὐθαιρέτων πολι|τῶν καὶ χειλιάρχου λεγιῶνος ζ Κλαυδίας, | [— — —]ΟΥ [ἐπάρ]χου εἴλης ΑΒΑΡΒΑΝ̣ (noch weitere zwei Zeilen unlesbar)

„Der Rat und das Volk der Stadt Pergamon, Metropolis Asiens, zwei Neokorien und die Erste, ehren Tib(erius) Cl(audius) Pius, Sohn des Nikomedes, aus der tribus Qu[i]rina, tribunus militum der cohors civicum Romanorum equitata, tribunus militum der legio IV Scythica, tribunus militum der legio III Gallica, praefectus der ala Phrygum, Oberpriester des Kaiserkults als der Landtag seine Tagung in Pergamon abhielt des Koinon Kleinasiens, aufgrund der (folgenden) Stiftungen:

Das Propylon zur Agora und das Horoskopion und die Maß- und Gewichtsstation, ferner übernahm er die Kosten für Spiele im Rahmen des Kaiserkults des Koinons Kleinasien und wurde Agonothet auf Lebenszeit [---] dem Vater T(itus) Vibius Pius, praefectus der der cohors I Hispanorum (--), tribunus militum der cohors [ ] voluntariorum civicum Romanorum und tribunus militum der legio VI[I] Claudia [--], praefectus der ala ABAPBAN[---].“

Datierung: Inschrift: 120–215 n. Chr. (nach Wiegand, Zeitraum der zweiten Neokorie)

Wahrscheinlich setzte Titus Vibius Pius die Ehren zugunsten seines Vaters Tiberius Claudius Pius gemäß Ratsbeschluss um. Die Familie erhielt die Civität unter Claudius und Vater wie Sohn absolvieren eine militärische Laufbahn während derer sie mehrere Patente erhalten. Trotz der zahlreichen aufgeführten Ämter fällt die engere zeitliche Einordung der Inschrift schwer: Die legio IV Scythica ist bis 56 n. Chr. im syrischen Antiocheia stationiert, die legio III Gallica befindet sich ebenfalls im syrischen Raum und wird anschließend nach Raphanae verlegt, und bei der genannten ala Phrygum könnte die VII gemeint sein, die in diesen Jahren ebenfalls in Syrien lag. Damit verdichten sich die Hinweise, dass der Pergamener Tiberius Claudius Pius nach seinem Militärdienst in Syrien in seine Heimatstadt Pergamon zurückkehrte und dort den Ausbau der Agora förderte. Die Inschrift entstand erst nach der Verleihung der zweiten Neokorie an Pergamon im Jahr 113/114 n. Chr. (vgl. M. Fränkel, AvP 2, 207 und C. Habicht, AvP VIII 3, 159) und steht möglicherweise mit dem Ausbau des Asklepieions in hadrianischer Zeit in Verbindung.

Literatur: T. Wiegand, Ausgrabungen in Pergamon 1928–32. Das Asklepieion, Abhandlungen der Preussischen Akademie der Wissenschaften, Hist.-Phil. Klasse 5, 1932, Nr. 4 mit Abb. 18; AvP VIII.3 Nr. 30 Taf. 12.

Pergamon 10

10.

AO/Inv. Nr.: Bergama, Magazin der dt. Grabung Nr. S 387

Typ/Mat.: S sphärisch / Marmor

Maße: H 16 B 13 T 17

FO: Gymnasion, im oberen Palästrahof, 23.10. 1905

Aufstellung: Gymnasion?

B: Erhalten ist die Nachmittagsseite einer Sonnenuhr mit Abschnitten der siebten bis elften Stunde sowie der Bogenlinien von Winterwende und Äquinoktien. Der rechte Rand des Schattenkreises ist bestoßen, der Überrest eines Stiftloches in der Bruchkante könnte auf eine antike Reparatur hinweisen. Das tiefe, im Querschnitt rechteckige Gnomonloch ist ausgebrochen, die Form legt den Einsatz eines großen (Eisen-)Zeigers nahe, wie er an kaiserzeitlichen Uhren, beispielsweise Patras 1, üblich ist.

Größe und Form des dekorlosen Fragments deuten darauf hin, daß die Uhr sekundär als Werkstein zugerichtet wurde. Deshalb muss die Sonnenuhr nicht unbedingt im oberen Gymnasion aufgestellt gewesen sein.
Inschrift: keine
Datierung: 2. Jh. n. Chr.
Literatur: Fundtagebuch Pergamon 1904/05, 251 Nr. 322.

Perge

1.
AO/Inv. Nr.: Perge, Grabungsdepot
Typ/Mat.: S konisch / Kalkstein
Maße: H 21 B 40 T 28 / zwei anpassende Fragmente
FO: nordöstliches Stadtviertel im Haus V 10
Aufstellung: Villa
B: In den Block wurde die konische Form derart eingetieft, dass der Schattenkreis mehr als zwei Drittel der Blockhöhe einnimmt. Das Zifferblatt ist in elf Stunden- und zwei Datumslinien unterteilt, die tief und breit in den Stein geritzt sind. Die Kontur des ursprünglichen Blockes ist auf allen Seiten weiterhin erkennbar. Unterhalb des Schattenkreises setzt sich der Uhrenkörper als ebene Fläche fort. Hier verläuft die Inschrift bogenförmig entlang des unteren Abschlusses des Schattenkreises.
Inschrift: Σεξτείλιος ἀρχιτέκτων.
Datierung: nach Donderer: 1./2. Jh. n. Chr.
Literatur: Donderer 1998, 182 mit Abb. 13; S. Şahin, Die Inschriften von Perge 1. Inschriften griechischer Städte aus Kleinasien 54 (Bonn 1999) 296 Nr. 279.

Petres

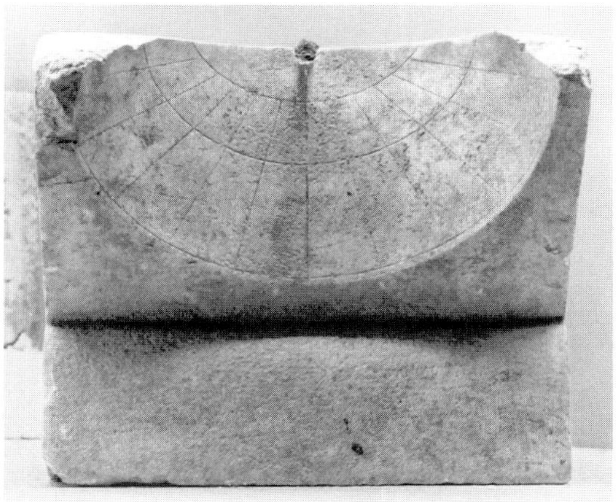

Petres 1

1.
AO/Inv. Nr.: Florina, Archäologisches Museum
Typ/Mat.: S konisch / Marmor
Maße: H 24,5 B 29,5 T 24

FO: Petres, Zeus-Heiligtum
Aufstellung: Heiligtum
B: Die extrem akkurat gearbeitete Uhr besteht aus einem Schattenkreis, der die oberen zwei Drittel der Blockhöhe einnimmt. Die Blockbreite nutzt der Zeitmesser maximal aus, so dass auf den Seiten nur schmale Stege zu den glatt bearbeiteten Seitenflächen überleiten. Die Schattenfläche ist mit dünnen Ritzungen in elf Stunden- und drei Datumslinien aufgeteilt, die präzise für die Breite von Petres berechnet wurden. Ein zentral positioniertes Stiftloch auf der Oberkante bezeugt die Lage des Gnomon.

Wenige Millimeter unterhalb der Sommerwendlinie tritt die Front des Uhrenkörpers als schräge Ebene zurück, kein Limbus trennt die Flächen voneinander. Unterhalb der Schattenfuge ist die undekorierte Basis konkav nach vorn gewölbt. Spuren einer Bearbeitung mit dem Zahneisen, die ausschließlich in dieser Zone auftreten, könnten darauf hinweisen, dass die Basis ursprünglich stukkiert (und bemalt?) war. Eine abschließende Standleiste fehlt.

Eine von Schaldach publizierte Ansicht der Westseite der Uhr zeigt, dass die obere rückwärtige Partie als oblique Fläche gearbeitet wurde, die offenbar parallel zum schräg zurücktretenden Uhrenkörper der Front verläuft. Anhand des Fotos fällt es schwer zu entscheiden, ob diese Beobachtung eine Folge der ursprünglichen Blockform ist oder ob es sich um einen intendierten Zuschnitt handelt, der dann zu einer zusätzlichen Betonung des Zifferblattes, wie häufig an frühen Uhren zu beobachten, zur Folge hätte.

Eine freie Aufstellung ist aufgrund der sorgfältig geglätteten Seitenflächen wahrscheinlich.
Inschrift: keine
Datierung: Petres wird bereits um die Mitte des 1. Jhs. v. Chr. aufgegeben; 2. Jh. v. Chr.
Literatur: P. Adam-Veleni, Petres of Florina (Thessaloniki 1998) 50 Abb. 31; Schaldach 2006, 39.

Philippeville

1.
AO/Inv. Nr.: Philippeville, Museum
Typ/Mat.: S konisch / Marmor
Maße: H 92
FO: unbekannt
Aufstellung: öffentlich ~
B: Gibbs beschreibt die Uhr nur knapp: Sie erwähnt, dass Front und Seitenflächen der Uhr mit Rankenmotiven und Akanthus dekoriert sind. Offenbar handelt es sich um ein außergewöhnlich großes Stück.
Inschrift: keine
Datierung: kaiserzeitlich
Literatur: A. H. A. Delmare, Exploration scientifique de l'Algérie (Paris 1850) Taf. 160 Abb. 4–6; S. Gsell, Exploration scientifique d'Algérie (Paris 1912) 141; Gibbs 1976, 3090.

Philippi

1.
AO/Inv. Nr.: Philippi
Typ/Mat.: Grabinschrift / Marmorstele
Maße: H 126 B 64 T 4
FO: 1936, in der Palästra der Basilika B
Aufstellung: S auf Agora
B: Die Grabinschrift für Aurelia Montana überliefert ein Vereinshaus, das sich am Forum von Philippi gegenüber dem Horologion befand. Obwohl der Platz weitgehend freigelegt wurde, kann bis

heute kein Befund mit dieser Ortsangabe verbunden werden und auch die Lage des genannten Vereinshauses ist unbekannt.

Inschrift: (Zeile 1–10), dann:

Z. 16–21 Οὐαλερία Μοντάνα κα|τὰ κέλευσιν τοῦ ἀνδρὸς Αὐρη|λίου Ζιπύρωνος Δίζανος ἔδω|κα συνποσίῳ Θεοῦ Σουρεγέθου | πρὸς τὴν ἀγορὰν παρὰ τὸ ὡρο[λ]όγιν ΠΝ ...

Datierung: Die Grabinschrift stammt nach Einschätzung der Bearbeiter aus dem späten 2. bzw. der Mitte des 3. Jhs. n. Chr., und liefert so einen t. a. q. für die Aufstellung der Uhr.

Literatur: P. Lemerle, Le testament d'un thrace à Philippes, BCH 60, 1936, 336. 339; Hannah 2009, 123; P. Pilhofer, Philippi 2. Katalog der Inschriften von Philippi (Tübingen 2009) Nr. 273 / G 413.

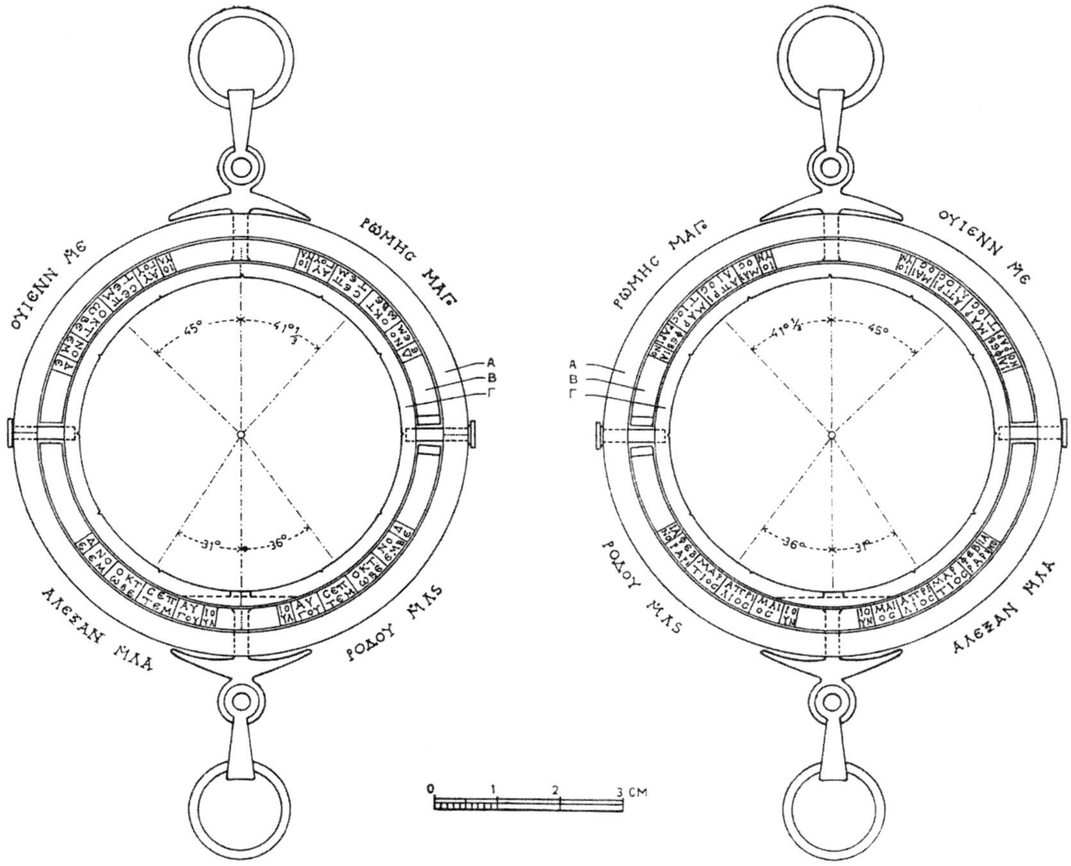

Philippi 2.1

2.

AO/Inv. Nr.: Philippi, Archäologisches Museum

Typ/Mat.: S vertikal / Reiseuhr/ Bronze

Maße: Dm 7,3 T 0,38 B 0,5 (Außenring)

FO: Philippi, Stadtgebiet; Die Uhr stammt aus einem Abflusskanal, der mit der Errichtung der sog. Paulus-Basilika angelegt wurde. Der Fundort befindet sich im Abschnitt zwischen der großen Zisterne im Baukomplex des Oktogons und dem nordöstlich verlaufenden Hauptkanal, vgl. S. Pelekanidis, Ανασκαφή Φιλίππων, Prak 1975, Taf. F.

Aufstellung: Handgerät

B: Die Reiseuhr setzt sich aus drei ineinander gestaffelten Bronzeringen von annähernd quadratischem Querschnitt zusammen, die auf ihrer horizontalen Mittelachse miteinander verbunden sind. An zwei gegenüber liegenden Punkten des Außenrings wurde jeweils eine Aufhängung befestigt.

Der äußere Ring ist unbeschriftet; kurze horizontale Striche am Außenrand deutet Gounaris als Markierungen zur Konstruktion der Befestigung des Innenringes, der auf dieser Achse frei beweglich ist. Seine innere Ringfläche wurde gleichmäßig in zwölf Felder aufgeteilt. Im Scheitelpunkt des Bogens der Drehachse befindet sich eine kleine Durchbohrung, die als Lochgnomon der

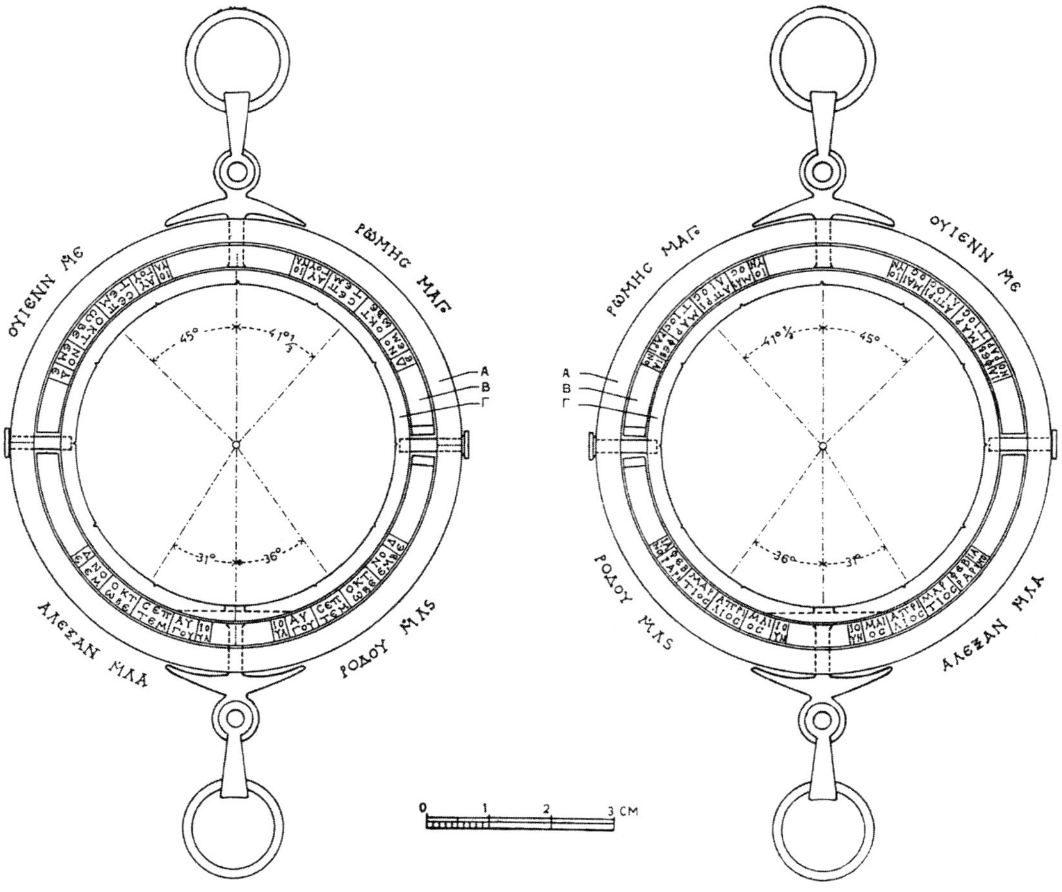

Philippi 2.2

Reiseuhr dient. Zwischen diese beiden Ringe wurden zwei halbkreisförmige Bogen eingespannt: Diese teilen Gravuren so auf, dass auf jeden Viertelsektor ein Stadtname entfällt, dem jeweils eine Skala der Monatsnamen zugeordnet wurde.

Wenn das Gerät bei gleichzeitiger Ausrichtung der Horizontalachse in Ost-Westrichtung senkrecht gehalten wird, dann lenkt nach Einstellung der korrekten Ortsbreite der Lochgnomon den Lichtstrahl auf die Stundenmarke auf der inneren Wandung des Innenrings, so dass sich das Datum auf dem mittleren Ring ablesen lässt. Gounaris a. O. 186 weist darauf hin, dass über diese Zeitfunktionen hinaus zur Mittagszeit Azimuthhöhe und Ortsbreite mit dem Instrument bestimmbar sind.

Inschrift: auf den mittleren Teilringen je zwei (verkürzte) Ortsnamen in ihrer griechischen Schreibweise:

ΑΛΕΧΑΝ[δρεια]	Alexandria	ΛΑ	31°
ΡΟΔΟΥ	Rhodos	ΜΛΣ	36°
ΡΩΜΗΣ	Rom	ΜΑΓ	41° 1/3
ΟΥΙΕΝΝ[ης]	Vienne	ΜΕ	45°

Den vier Standorten ist jeweils eine Skala der zwölf Monatsnamen des iulianischen Kalenders zugeordnet, die auf Vorder- und Rückseite der Ringfläche verteilt wurde. Gounaris führt die ungewöhnliche Schreibweise OKTOBE für Οκτώβριος darauf zurück, dass dem Graveur eine lateinische Fassung als Vorlage diente:

IA NO	ΦΕΒ ΡΑΡΙ	ΜΑΡ ΤΙΟΣ	ΑΠΡΙ ΛΙΟΣ	ΜΑΙ ΟΣ	ΙΟ ΥΝ
Δ Ε	ΝΟ ΕΜ	ΟΚΤ ΩΒΕ	ΣΕΠ ΤΕΜ	ΑΥ ΓΟΥ	ΙΟ ΥΛ

Datierung: 300–350 n. Chr. nach Gounaris a. O. 189–191 aufgrund von Schriftform und Fundort. Seiner Meinung nach stehen die Formen der Buchstaben denen der Kodices näher als den Inschriften. Dies könnte ein Hinweis darauf sein, dass die Reiseuhr nach einer schriftlichen Vorlage/Skizze angefertigt wurde.
Literatur: G. Gounaris, Χάλκινο φορτητό ηλιακό ωρολόγιο από τους Φιλίππους, AEphem 1978 (1980), 181 ff. = ders., Anneau astronomique solaire portative antique découvert à Philippes, Annali dell'instituto e museo di storia della scienza di Firenze 5.2, 1980, 3–18; Field – Wright 1985, 88 f.

Piräus

1.
AO/Inv. Nr.: Piräus, Meletopoulos Sammlung
Typ/Mat.: S konisch / Marmor
Maße: H 22 B 19 T 15,5 T_{Basis} 12,5 / es fehlt die vordere rechte Ecke der Basis
FO: unbekannt
Aufstellung: unbekannt
B: Die Schattenfläche der Uhr ist sehr gut erhalten und in elf Stunden- und drei Datumslinien aufgeteilt. In den Linien befinden sich noch Spuren von roter Farbe. Der Meridian ist bis an das Gnomonloch verlängert, dessen Zeiger ein ausnahmsweise erhaltenes dreieckiges Prisma aus Bronze bildet. Den Schattenkreis umgibt ein 1,9 cm breiter Limbus.

Die Basis reicht unmittelbar an diesen heran und tritt bis zur Standleiste schräg nach vorne vor. Diesen Bereich begrenzen zwei schmale Leisten. In den Zwickeln zwischen Limbus und Leisten befindet sich jeweils ein senkrecht gestelltes Lanzettblatt.

Paris sah auf der Rückseite und den Seitenflächen Markierungen, die er auf Eigenheiten der Konstruktion zurückführte. Gibbs und Schaldach erwähnen diese nicht.
Inschrift: keine
Datierung: frühes 1. Jh. n. Chr.
Literatur: J. Paris, Gnomonica, Un cadran solaire ancien du Pirée, MusBelge 18, 1914, 121–130 Abb. 1; Gibbs 1976, 3023 G, 245 Abb. 32; Schaldach 2006, 25.

Pithekoussai

Pithekoussai 1

1.
AO/Inv. Nr.: Lacco Ameno
Typ/Mat.: Graffito mit Sternbild / Tonscherbe
Maße: H 5,6 B_{max} 6

FO: nahe der Kirche S. Restituta in Lacco Ameno 1994 im dortigen Nekropolengebiet; Coldstream vermutet, dass das Fragment von der Akropolis herabgefallen sei
Aufstellung: Akropolis?
B: Auf der Innenseite eines Randfragmentes eines großen, euböisch-spätgeometrischen Kraters befinden sich Ritzungen. Diese bilden eine lineare Struktur, die zwei Sternsymbole und den Buchstaben B miteinander verbinden, ferner führen zwei Linien über die Bruchkanten der Scherbe hinaus. Dies weist darauf hin, dass nur ein Teil des ursprünglichen Graffitos erhalten ist, so dass keine schlüssige Zuordnung von Strichzeichnung an ein Sternbild möglich ist.

Coldstream vermutet, dass die Zeichnung in Kombination mit den Bruchkanten des Stücks als Maske zur Erkennung des Sternbildes des Boötes oder Arctophylax diente, das frühen Seefahrern als Orientierung galt (zu dieser Praxis vgl. A. Fresa, La navigazione astronomica per la Magna Grecia, Annali dell'Istituto Universitario Navale di Napoli 8, 1969, 3–18). Seine Einschätzung ist insofern problematisch, als dass Keramik und Graffito nicht zeitgleich entstanden sein müssen, sondern die kontextlose Scherbe nur einen t. p. q. für die Sternkarte angibt.
Inschrift: geritzte Sternsymbole und Buchstabe B
Datierung: um 700 v. Chr. (Fragment); Graffito zu einem unbestimmten späteren Zeitpunkt
Literatur: Coldstream – Huxley 1996, 221–224; Künzl 2005, 48.

Pola, Colonia Pietas Iulia Pola

Pola 1

1.
AO/Inv. Nr.: Pula, Archäologisches Museum (Arheoloski Muzej Istre)
Typ/Mat.: S sphärische Variante / Kalkstein
Maße: H 66,4 B 48,5 T_{oben} 41,6 T_{Basis} 36
FO: unbekannt
Aufstellung: Aufgrund der lokalen Aufstellungstradition könnte die Uhr aus der Nekropole stammen.
B: Der obere Teil und die Seiten der Uhr wurden Gibbs zufolge restauriert. Vom originalen Bestand haben sich noch Teilstücke der Linien der Stunden drei bis neun erhalten, sowie drei Datumslinien. Unterhalb des Schattenkreises schließt sich offenbar ein 1,1 cm breiter Limbus an.
Inschrift: keine
Datierung: kaiserzeitlich
Literatur: Gibbs 1976, 2012 G.

2.
AO/Inv. Nr.: Pula, Archäologisches Museum
Typ/Mat.: S sphärische Variante / Kalkstein
Maße: H 50,3 B 44,1 T_{oben} 34,5 T_{Basis} 24,2
FO: in der Nähe von Pula 1940
Aufstellung: s. Pola 1
B: Gibbs beobachtete auf dem Zifferblatt der stark restaurierten Uhr kurze Abschnitte der Linien der Stunden drei bis neun, sowie von drei Datumslinien. Offenbar umgibt ein 1 cm breiter Limbus als Rahmung die Schattenfläche. Es liegen keine weiteren Aussagen zum Aufbau vor.
Inschrift: keine
Datierung: kaiserzeitlich
Literatur: Gibbs 1976, 2013 G.

Pompeji

Pompeji 1

1.
AO/Inv. Nr.: Neapel, Archäologisches Museum Inv. Nr. 2541
Typ/Mat.: S konisch / Travertin
Maße: H 43 B 50,5 T_{Basis} 23
FO: in der Nähe der Stabianer Thermen 1854, VII 2
Aufstellung: Therme
B: Elf Stunden- und drei Datumslinien gliedern das Zifferblatt. Unterhalb des Zifferblattes schließt sich die Basis an, in deren Zentrum eine oskische Inschrift verläuft, die seitlich von Löwenbeinen flankiert wird. Die Seitenflächen der Uhr sind mit sprießenden Ranken und Blütenmotiven dekoriert.
Inschrift: oskisch, von Gibbs transkribiert als:

Mr. Atiniis Kvaisstur eitiuvad | multasikad Kombennieis tangi[n(ud)] | amanaffed

„M. Atinius hat als Quästor dies für die Freiheit der Versammlung gemacht."

Datierung: 2. Jh. v. Chr.
Literatur: B. Quaranta, L'orologio a solare di Beroso (Neapel 1854); I. Zvetaiff, Inscriptiones Italiae inferioris dialecticae (Moskau 1886) 52 Nr. 146; Diels 1920, 175. 176 Taf. 14.2 (Zeichnung); Gibbs 1976, 3071 G, 292 Abb. 46 mit Foto der Inschrift; Scheidt 1997, 7.

Pompeji 2

2.
AO/Inv. Nr.: Pompeji, Granario Inv. Nr. 34219
Typ/Mat.: S sphärisch / Travertin
Maße: $H_{frag.}$ 20 B 29 T_{oben} 19,3 / entlang der Schattenfuge gebrochen
FO: unbekannt
Aufstellung: unbekannt
B: Die Uhr ist entlang der Schattenfuge gebrochen, so dass nur der Schattenkreis mit einer Einteilung in elf Stunden- und drei Datumslinien erhalten ist. Diese Linien wurden mit dunkelroter Farbe nachgezogen. Die Stundenlinien reichen alle unmittelbar bis an das Gnomonloch heran.

Unterhalb des Schattenkreises schließt sich ohne Limbus unvermittelt der undekorierte Uhrenkörper an. Es sind keine weiteren Dekorelemente erkennbar.
Inschrift: keine
Datierung: 1. Jh. v. Chr.
Literatur: Gibbs 1976, 1027 G 144 Abb. 6; Severino 2011, 26.

3.
AO/Inv. Nr.: Pompeji, Granario
Typ/Mat.: S sphärisch / Travertin
Maße: erhaltene H 46 B 37,9 T_{Basis} 21,9
FO: unbekannt
Aufstellung: unbekannt
B: Die Vorder- und Seitenflächen sind stark beschädigt. Offenbar war die gesamte Oberfläche der Uhr ursprünglich stukkiert. Abschnitte von acht Stundenlinien sind zu erkennen, aber keine Datumslinien. Möglicherweise waren diese aufgemalt. Zwei schematisierte Füße flankieren die Basis.
Inschrift: keine
Datierung: 1. Jh. v. Chr.
Literatur: Gibbs 1976, 1021 G.

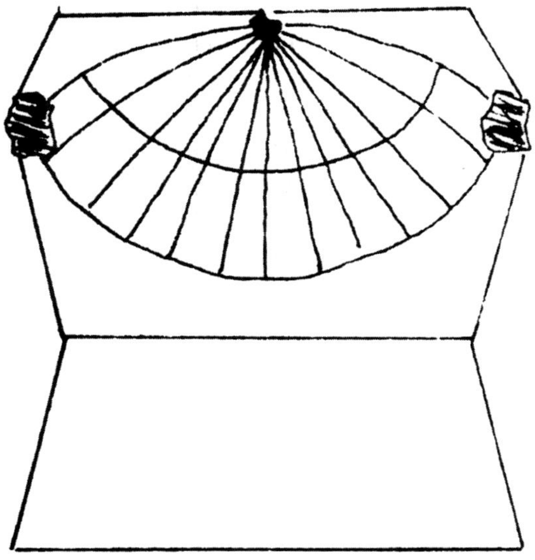

Pompeji 4

4.
AO/Inv. Nr.: unbekannt, Neapel?
Typ/Mat.: S konisch / weißer Marmor
Maße: unbekannt
FO: Pompeji 1762, Via dei Sepolchri
Aufstellung: Nekropole
B: Die dekorlose konische Sonnenuhr ist heute verschollen. Auf Zeichnungen des 18. Jhs. ist sie nur geringfügig entlang der Ränder des Schattenkreises bestoßen, den elf Stunden- und eine Datumslinie gliedern.

Unterhalb des Zifferblatts tritt der Uhrenkörper unmittelbar bis an die Schattenfuge schräg zurück, bevor er dann zur Standfläche hin wieder an Tiefe gewinnt. Die Uhr besitzt offenbar weder eine Basis noch eine Standleiste.
Inschrift: keine
Datierung: 1. Jh. v. Chr.
Literatur: H. Martini, Abhandlung von den Sonnenuhren der Alten (Leipzig 1777) 57 Taf. 1 Abb. 3; C. Antonini, Manuale di varii ornamenti (Rom 1781–90) Nr. 3; Gibbs 1976, 3975.

Pompeji 5

5.
AO/Inv. Nr.: Pompeji, Inv. Nr. 20495
Typ/Mat.: S sphärisch / Travertin und Stuck
Maße: H 19 B 15,8 T 15,1
FO: unbekannt

Aufstellung: unbekannt
B: Erhalten ist ein Fragment mit den Linien der Stunden sieben bis elf sowie der Ansätze dreier Datumslinien. Diese sind äußerst akkurat in den Stucküberzug eingetieft und anschließend mit roter Farbe nachgezeichnet. Alle Linien verlaufen zwischen den Solstitien. Soweit anhand des fragmentarischen Zustandes zu beurteilen, war der gesamte Uhrenkörper ursprünglich weiß stukkiert.
Inschrift: keine
Datierung: vor 79 n. Chr.
Literatur: Severino 2011, 19.

6.
AO/Inv. Nr.: Pompeji, in situ
Typ/Mat.: S sphärisch / weißer Marmor
Maße: H 42,3 B 33,7 T 21,5
FO: I 10, 4 oder Haus des Menander bzw. Haus des Q. Poppaeus Sabinus und der Vatinia Primigenia, im Garten (vgl. Eschebach 1993, 52–53).
Aufstellung: Villa
B: Die Stundenlinien der Uhr reichen vom Gnomonloch bis an den Rand des Schattenkreises. Sie kreuzen zwei Datumslinien. Ein Rundstab trennt die Schattenfläche von der Basis, die seitlich von jeweils vierzehigen Löwentatzen begrenzt wird. Ein Klammerloch befindet sich im Zentrum der vorderen Unterkante der Basis, ein Dübelloch in der Mitte der Unterseite des Blocks.
Inschrift: keine
Datierung: aufgrund der Nutzungszeit des Hauses 80 v. Chr. – 14 n. Chr.
Literatur: Gibbs 1976, 1028 G; Severino 2011, 30.

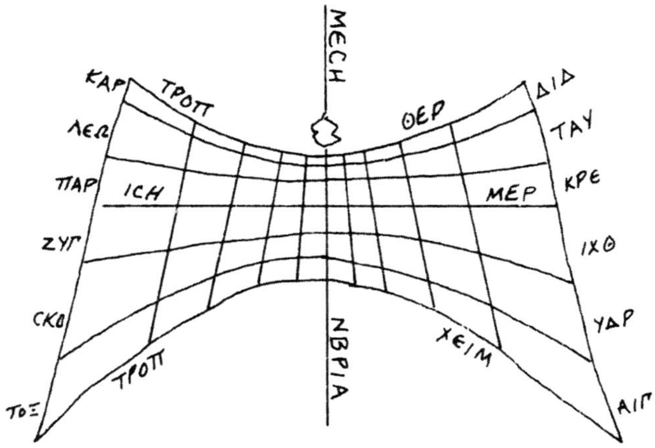

Pompeji 7

7.
AO/Inv. Nr.: Neapel, Archäologisches Museum (?)
Typ/Mat.: S horizontal / unbekannt
Maße: H 53 B 34,5
FO: Pompeji 1865
Aufstellung: unbekannt, öffentlich? ~
B: Das Zifferblatt der relativ großen Uhr spannt sich zwischen elf Stunden- und sieben Datumslinien auf. Nur der Meridian ist über die Sonnenwendlinien hinausgeführt. Die Besonderheit der Uhr besteht darin, dass nicht nur die Sonnenwendlinien bezeichnet, sondern auch die Zodiakalnamen am seitlichen Rand des Zifferblatts entlang der Datumslinien aufgeführt werden. Dadurch ergibt sich ein ganzjähriger Monatskalender.
Inschrift:

entlang der Ostseite des Meridians: μεση βρία
oberhalb der Sommerwendlinie: τροπ(ικὸς) θερ(ινός)
oberhalb der Äquinoktiallinie: ἰσημερ(ινός)

oberhalb der Winterwendlinie: τροπ(ικὸς) χειμ(ερινός)

jeweils zwischen den Tageskurven:

καρ(κῖνος) δίδ(υμοι) | λέω(ν) ταῦ(ρος) | παρ(θένος) κρε(ιός) | ζυγ(ός) ἰχθ(ύες) | σκο(ρίος) ὑδρ(οχόος) | τοξ(ότης) αἰγ(όκερως)

Datierung: 2. Hälfte 1. Jh. v. Chr.

Literatur: G. Fiorelli, Giornale degli scavi di Pompei 3 (Neapel 1865) 14–16 mit Zeichnung; Gatty 1900, 46; IG XIV 705 mit Zeichnung; Diels 1920, 169–170; Gibbs 1976, 4007 mit Skizze.

Pompeji 8

8. ^ 9. ^ 10. ^ 11.

AO/Inv. Nr.: Pompeji, Museum Inv. Nr. 14131

Typ/Mat.: S horizontal / weißer Marmor

Maße: H 41 B 27,7 T 4

FO: Insula westlich des Hauses des Fabius Rufus, VII 16 a = Therme Suburbanae

Aufstellung: Therme

B: Auf die Oberfläche der sorgfältig geglätteten Marmorplatte, die entlang beider Schmalseiten gebrochen ist, sind elf Stunden- und drei Datumslinien eingeritzt. Dabei wurde die Meridianlinie von einer zur anderen Längsseite durchgezogen und schneidet im oberen Drittel im rechten Winkel eine ebenfalls durchgehende waagerechte Linie. Alle weiteren Stundenlinien verlaufen im Feld zwischen Sommer- und Winterwendlinie.

Das Stück ist die einzige Horizontaluhr, deren originaler Gnomon erhalten ist: Er besteht aus einem dreiseitig geschnittenen, 5,5 cm langen Bronzeprisma, das mit Bleiverguss im Gnomonloch befestigt wurde.

Inschrift: keine

Datierung: frühaugusteisch aufgrund der Nähe zu Pompeji 11

Literatur: Severino 2011, 16 f.

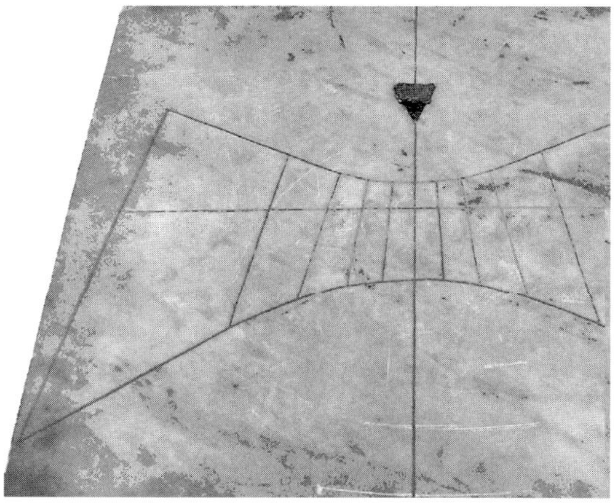

Pompeji 9

9. ^ 8. ^ 10. ^ 11.

AO/Inv. Nr.: Pompeji, Museum Inv. Nr. 53946

Typ/Mat.: S horizontal / weißer Marmor
Maße: H 47,9 B 47,6 T 3,2
FO: unbekannt
Aufstellung: unbekannt
B: In die trotz ihrer geringen Stärke vorzüglich erhaltene große, quadratische Marmorplatte ist der Länge nach die Meridianlinie eingeritzt, die auf halber Strecke die Äquinoktiallinie im rechten Winkel kreuzt. Dem Augenschein nach entspricht dieses Konstruktionsprinzip demjenigen der Uhr Pompeji 8.
Inschrift: keine
Datierung: frühaugusteisch aufgrund der Nähe zu Pompeji 11
Literatur: Severino 2011, 20.

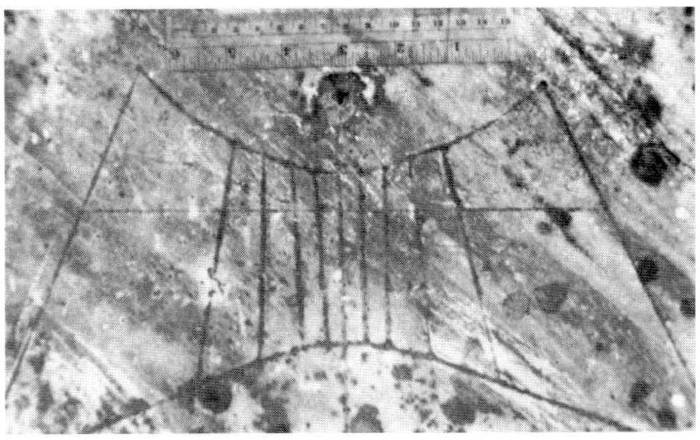

Pompeji 10

10. ^ 8. ^ 9. ^ 11.
AO/Inv. Nr.: Pompeji, in situ
Typ/Mat.: S horizontal / Travertin
Maße: H 19,3 T 43; Säule H 74 Dm 40
FO: 1832 in der Casa degli capitelli figurati, VII 4, 57 Peristyl t
Aufstellung Die Horizontaluhr befindet sich auf dem Auflager einer Säule mit einem Durchmesser von 40 cm, Villa
B: Die Horizontaluhr besteht aus drei Datums- und elf Stundenlinien, die gleichmäßig in die Oberfläche einer kleinen Säule eingeritzt wurden. Nur der Meridian setzt sich über die Datumslinien hinaus in beide Richtungen hin fort. Keine weiteren Dekorelemente.

Die Uhr wurde nach den Berechnungen von Severino für eine Ortsbreite von 50° konstruiert, also für einen Standort nördlich der Alpen.
Inschrift: keine
Datierung: Die chronologische Einordnung der schmucklosen Horizontaluhr orientiert sich an den Untersuchungen von Staub Gierow: Ihr zufolge (a. O. 73. 77) wurde die Ausstattung im Peristyl t in frühaugusteischer Zeit umfassend erneuert, so dass wahrscheinlich bei dieser Gelegenheit auch der Zeitmesser aufgestellt wurde.
Literatur: F. M. Avellino, Descrizione di una casa pompeiana (Neapel 1837) 29. 60 Taf. 3 Abb. 5 (Zeichnung); G. Bilfinger, Die Zeitmesser der antiken Völker (Stuttgart 1886) 36 (Zeichnung); Diels 1920, 181 Abb. 59 (Zeichnung); Gibbs 1976, 4005 G, 330 Abb. 54; M. Staub Gierow, Casa del Granduca VII 4, 56 und Casa dei capitelli figurati VII 4,57. Häuser von Pompeji 7 (München 1994); Severino 2011, 28.

16.
AO/Inv. Nr.: Pompeji, Granario Inv. Nr. 34222
Typ/Mat.: S sphärisch / Travertin
Maße: H 23,8 B 28,3 T_{oben} 18,7 T_{Basis} 11,6
FO: unbekannt
Aufstellung: unbekannt

B: In dem von tiefen Poren durchsetzten Gestein sind im Bereich der Schattenfläche nur geringe Überreste von elf Stunden- und drei Datumslinien erhalten. Bemerkenswert an dem ansonsten undekorierten Stück sind die Konstruktionslinien, die sich auf der Oberseite in Fortsetzung des Meridians und auf den Seitenflächen befinden.
Inschrift: keine
Datierung: vor 79 n. Chr.
Literatur: Gibbs 1976, 1019 G 137 Abb. 3; Severino 2011, 26.

17.
AO/Inv. Nr.: Pompeji, Granario
Typ/Mat.: S sphärisch / Travertin
Maße: H 26 B 31 $T_{frag.}$ 17
FO: unbekannt
Aufstellung: unbekannt
B: Abschnitte der Stundenlinien eins bis sieben sowie von drei Datumslinien sind erhalten. An der Kreuzung von Äquinoktium und Meridian sah Gibbs noch Reste roter Farbe. Bis 1960 war die Uhr vollständig, auf Gibbs' Aufnahme fehlt bereits die rechte Hälfte. Es liegen keine weiteren Angaben zum Aufbau und zur Dekoration des Uhrenkörpers vor.
Inschrift: keine
Datierung: vor 79 n. Chr.
Literatur: Gibbs 1976, 1023 G.

18.
AO/Inv. Nr.: Pompeji, Granario
Typ/Mat.: S sphärisch / weißer Marmor mit grauen Adern
Maße: H 31,2 B 32,3 T_{oben} 19,2 T_{Basis} 13,4
FO: unbekannt
Aufstellung: unbekannt
B: Überreste von orange-roter Farbe sind in den elf Stunden- und drei Datumslinien verblieben. Die Schattenfläche trennt unterhalb der Schattenfuge ein durchlaufender Rundstab von der abgeschrägten Basis. Es liegen keine weiteren Angaben über Aufbau und Dekordetails vor.
Inschrift: keine
Datierung: vor 79 v. Chr.
Literatur: Gibbs 1976, 1024 G.

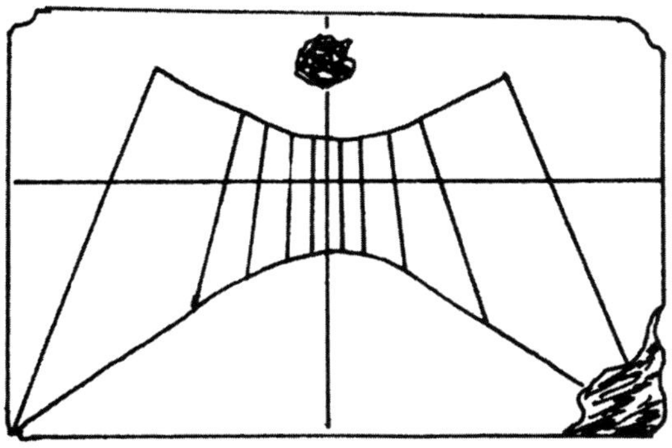

Pompeji 11

11. ^ 8 ^ 9 ^ 10
AO/Inv. Nr.: Pompeji, Museum Inv. Nr. 49725
Typ/Mat.: S horizontal / weißer Marmor
Maße: H 36 B 23,1 T 9,2
FO: unbekannt
Aufstellung: unbekannt, Tisch?

B: Der Meridian und die Äquinoktiallinie gliedern die flache Platte in Quadranten, zwischen denen sich die Linien der weiteren zehn Stunden und zwei Datumslinien symmetrisch verteilen. Ein großes rundes Gnomonloch liegt außerhalb dieses Liniennetzes. Die Schnittpunkte von der Sommerwendlinie mit der ersten und letzten Stundenlinie treffen mit den unteren Ecken der Marmorplatte zusammen.
Inschrift: keine
Datierung: frühaugusteisch aufgrund der Nähe zu Pompeji 10
Literatur: Gibbs 1976, 4004 G; Severino 2011, 20.

12.
AO/Inv. Nr.: Pompeji, in situ
Typ/Mat.: S sphärisch / Travertin
Maße: $H_{frag.}$ 48 B 65 T_{Basis} 27
FO: IX 14.2, 4b bzw. Haus des M. Obelli Firmi bzw. del conte di Torino / im viridarium (vgl. Eschebach 1993, 451)
Aufstellung: Villa
B: Die Oberflächen der sehr großen Sonnenuhr aus Travertin sind mit rötlich bemaltem Stuck überzogen. Im Bereich des Schattenkreises haben sich die Linien der Stunden drei bis neun, sowie die Äquinokiallinie erhalten. Die Oberkante und die Seitenflächen des Blocks sind gebrochen. Auf der linken Seite schließt sich eine gefächerte Profilierung an.
Inschrift: keine
Datierung: aufgrund der Nutzungszeit des Hauses 30 v. Chr. – 32 n. Chr.
Literatur: Gibbs 1976, 1029 G; Severino 2011, 29.

13.
AO/Inv. Nr.: Pompeji, Museum Inv. Nr. 49744
Typ/Mat.: S konisch / weißer Marmor
Maße: nur Angaben zu den Abständen der Datumslinien, keine Gesamtmaße des Stücks, das relativ klein zu sein scheint / Es fehlt die linke Seite des Blocks.
FO: unbekannt
Aufstellung: unbekannt
B: Von der Uhr ist die rechte Seite mit den Nachmittagsstunden, also die Stunden fünf bis elf erhalten. Zwei Datumslinien verlaufen parallel zur unteren Kante der Schattenfläche. Zwei Löwenbeine mit Füßen flankieren die Basis, die noch Überreste einer rasierten Inschrift aufweist.
Inschrift: Rasur auf der Basis
Datierung: vor 79 n. Chr.
Literatur: Gibbs 1976, 3068; Severino 2003.

14.
AO/Inv. Nr.: Pompeji, Granario
Typ/Mat.: S sphärisch / Travertin
Maße: H 24,4 B 13,5 T_{oben} 22,5 T_{Basis} 13 / Nachmittagsseite erhalten / $B_{rek.}$ ca. 27
FO: unbekannt
Aufstellung: unbekannt
B: Überreste von Stuck an verschiedenen Stellen der Sonnenuhr lassen erkennen, dass sie bis auf die Unterseite vollständig stukkiert war. Erhalten sind außer der rechten Hälfte, also der Nachmittagsseite des Zifferblattes mit den Stunden sieben bis elf, zwei Datumslinien, die des Äquinoktiums und des Wintersolstitiums.

Unterhalb des Zifferblattes ist der Uhrenkörper bis zur Schattenfuge abgeschrägt, anschließend tritt die Basis zur Front vor. In diesem Bereich sind rote Farbreste erkennbar. Die Basis schließt mit einer glatten und relativ hohen Standleiste ab. Auf der Oberseite des Zeitmessers verläuft parallel zur rückwärtigen Kante eine Konstruktionslinie.

Inschrift: keine
Datierung: vor 79 n. Chr.
Literatur: Gibbs 1976, 1030 G 165 Abb. 7; Severino 2011, 25.

Pompeji 15

15.
AO/Inv. Nr.: Pompeji, Granario Inv. Nr. 52789
Typ/Mat.: S sphärische Variante / weißer Marmor
Maße: H 55 B 53 / Fragment / Brüche auf beiden Seiten
FO: unbekannt
Aufstellung: unbekannt
B: Die fragmentierte Uhr besteht aus einem an beiden Enden gebrochenen Schattenkreis, in dem Abschnitte der Linien der Stunden vier bis zehn sowie von drei Datumslinien zu erkennen sind. Auf der nur grob bearbeiteten Rückseite folgt der Block dem Verlauf des Schattenkreises. Am unteren Rand dieser kelchartigen Partie befindet sich der Ansatz der Basis. Gibbs kalkulierte, dass das Zifferblatt ursprünglich um 26° gegenüber der Basis vorragte. Am rechten Rand des Kelches weist eine unregelmäßige Bruchkante darauf hin, dass sich hier vielleicht weitere Dekorelemente anschlossen. Der Typus der Uhr entspricht dem häufig in Aquileia beobachteten, bei dem ein Schlitz innerhalb der oberen Wölbung den Lichtstrahl auf das Zifferblatt lenkt.

Die Uhr ist nicht für die Breite von Pompeji berechnet, sondern für eine Aufstellung in Norditalien.
Inschrift: keine
Datierung: vor 79 n. Chr.
Literatur: Gibbs 1976, 2019 G 221 Abb. 25; Severino 2011, 26.

19.
AO/Inv. Nr.: Pompeji, in situ (?)
Typ/Mat.: S sphärisch / Travertin
Maße: H 32,8 B 32,1 T_{oben} 28,3 T_{Basis} 22,9
FO: II 11, 7. Dieser kommentarlos von Gibbs angegebene Fundort ist nicht eindeutig auf ein Gebäude zu beziehen, vgl. Eschebach 1993, 99f.: Entweder handelt es sich um II 9, 5–6 oder um die große Palästra.
Aufstellung: Villa (oder Palästra?)
B: Alle elf Stunden, sowie drei Datumslinien sind gut erkennbar und zusätzlich mit roter Farbe auf dem Stuck, der die Oberfläche der Uhr vollständig bedeckt, nachgezogen. Keine weiteren Angaben bei Gibbs.
Inschrift: keine
Datierung: vor 79 v. Chr.
Literatur: Gibbs 1976, 1025 G.

20.

AO/Inv. Nr.: Pompeji, Granario Inv. Nr. 49729

Typ/Mat.: S konisch / grauer Kalkstein

Maße: H 30,6 B 29,2 T_{oben} 16,5 T_{Basis} 15,3

FO: unbekannt

Aufstellung: unbekannt

B: Abschnitte von elf Stundenlinien werden begrenzt von der Winterwendlinie und dem Rand des Schattenkreises. Außerdem ist die Äquinoktiallinie erhalten. Zwei schmale als kyma reversa profilierte Beine flankieren die Basis.

Inschrift: keine

Datierung: vor 79 n. Chr.

Literatur: Gibbs 1976, 3065 G; Severino 2003.

Pompeji 21

21.

AO/Inv. Nr.: Pompeji, Granario (1971) heute auf dem Forum von Pompeji aufgestellt

Typ/Mat.: S konisch / weißer Marmor mit grauen Einschlüssen

Maße: H 38,3 B 55 T_{oben} 30,8

FO: unbekannt

Aufstellung: unbekannt

B: Die sehr gut erhaltene Uhr besteht aus einem großflächigen Zifferblatt, das zwei Drittel der Blockhöhe einnimmt. Elf Stundenlinien verlaufen unmittelbar vom Gnomonloch aus bis an den Rand der Schattenfläche, die ein etwa 2 cm breiter Limbus umgibt. Dessen unterer Scheitelpunkt tangiert die Schattenfuge, unterhalb derer die Basis schräg nach vorn vorsteht. Zwei stilisierte Füße flankieren diese Partie.

Inschrift: keine

Datierung: vor 79 n. Chr.

Literatur: Gibbs 1976, 3066 G 288 Abb. 44; Severino 2011, 27.

Pompeji 22

22.
AO/Inv. Nr.: Pompeji Inv. Nr. 20588
Typ/Mat.: S konisch / weißer Marmor
Maße: H 31 B 33 T_{oben} 22,6
FO: VI 16, 7. 38 bzw. Peristyl der sog. Casa degli amorini dorati
Aufstellung: im Peristyl, Nordseite
B: Die Schattenfläche der Uhr wird von elf Stundenlinien gegliedert, die sich zwischen drei Datumslinien aufspannen. Die Datumslinien sind dabei beiderseits über die Solstitien hinausgeführt. Unterhalb des Schattenkreises weicht der Uhrenkörper als schräge Fläche bis zur Schattenfuge zurück. Die Bogenform des Schattenkreises nimmt in diesem Bereich ein plastisch geformter Limbus auf. Die Basis der Uhr wird flankiert von stilisierten Löwenbeinen. Außerdem dekorieren Ranken, die in mehrere Register unterteilt sind, die Seitenflächen, indem sie mit lanzettförmigen Blättern zum Ende des Schattenkreises hin in einer Blüte auslaufen. Diese Seitenflächen begrenzt eine ca. 1,5 cm breite erhabene Leiste.

Obwohl Severino in seiner Diskussion des Stücks dessen heutigen Gnomon für original hält, ist es m. E. wahrscheinlicher, dass es sich um eine moderne Reparatur handelt, da der Bronzestift in eine Gipsbettung eingelassen wurde.
Inschrift: keine
Datierung: Der Skulpturenschmuck des Peristyls wurde nach Seiler a. O. 128 in claudisch-neronischer Zeit zusammengestellt. Dazu gehört wohl auch die Sonnenuhr, die demzufolge in den 30er/40er Jahren des 1. Jhs. n. Chr. entstanden wäre.
Literatur: A. Sogliano, NSc 1907, 588 Nr. 14; A. Maiuri, Pompeii (Rom 1970) 147 Taf. 33; Gibbs 1976, 3064 G; W. F. Jashemski, The Gardens of Pompeji, Herculaneum and the Villas Destroyed by Vesuvius (New Rochell, NY 1979) 112 Abb. 183; F. Seiler, Casa degli Amorini Dorati. Häuser von Pompeji 5 (München 1992) 118. 128. 131 f. Kat. Nr. 14; A. Coppola, Orologi solare e meridiane a Napoli (Napoli 2002) 28 unten; Severino 2011, 18.

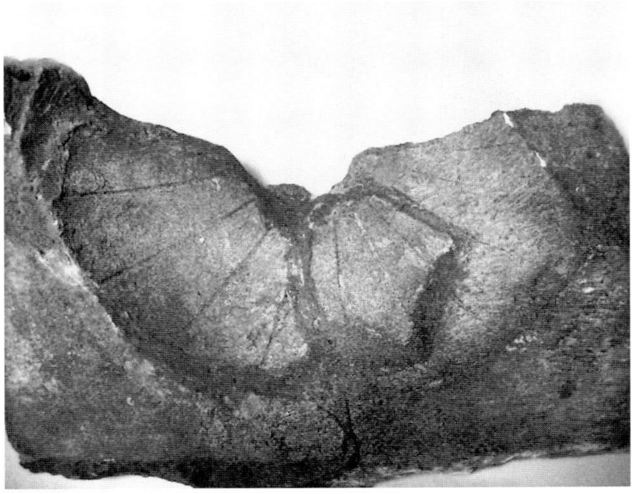

Pompeji 23

23.
AO/Inv. Nr.: Pompeji, Museum Inv. Nr. 1171
Typ/Mat.: S sphärisch / stukkierter Travertin
Maße: H 23,9 B 44 / erhalten ist der Schattenkreis ohne Basis in zwei anpassenden Fragmenten
FO: I 7 Nr. 3 bzw. Haus des M. Fabius Amandio (vgl. zum Befund Eschebach 1993, 38)
Aufstellung: unbekannt
B: Erhalten ist ein Teil des Schattenkreises mit Abschnitten der Linien der Stunden zwei bis elf, die ursprünglich mit roter Farbe nachgezeichnet waren. Das Stück ist unmittelbar unterhalb des Schattenkreises gebrochen, die weitere Fortsetzung von Uhrenkörper und Basis fehlt.
Inschrift: keine
Datierung: Mitte 1. Jh. n. Chr.?
Literatur: Severino 2011, 17.

24.
AO/Inv. Nr.: Pompeji, Museum Inv. Nr. 49786
Typ/Mat.: S konisch / weißer Marmor
Maße: H 18 / erhalten ist die obere rechte Hälfte des Zifferblattes.
FO: unbekannt
Aufstellung: unbekannt
B: Die Abschnitte von sechs Linien der Stunden sechs bis elf und dreier Datumslinien sind auf diesem Fragment erhalten. Das Zifferblatt umgibt ein recht breiter Limbus, unmittelbar unterhalb dessen das Fragment auf allen Seiten gebrochen ist.
Inschrift: keine (Basis nicht erhalten)
Datierung: vor 79 n. Chr.
Literatur: Gibbs 1976, 3069; Severino 2011, 23.

25.
AO/Inv. Nr.: Pompeji, laut Gibbs verschollen
Typ/Mat.: S horizontal / unbekannt
Maße: unbekannt
FO: unbekannt
Aufstellung: unbekannt; Tischplatte?
B: Diese Uhr war Gibbs nur von einem Foto in der Enciclopedia Italiana bekannt und konnte mit keiner der ihr bekannten Uhren gleichgesetzt werden.
Inschrift: keine

Datierung: vor 79 n. Chr.
Literatur: Enciclopedia Italiana (Rom 1935–1943) s. v. Meridiana (J. Gabba – L. Jacono) 903 (Foto, dort 2. von li); Gibbs 1976, 4006.

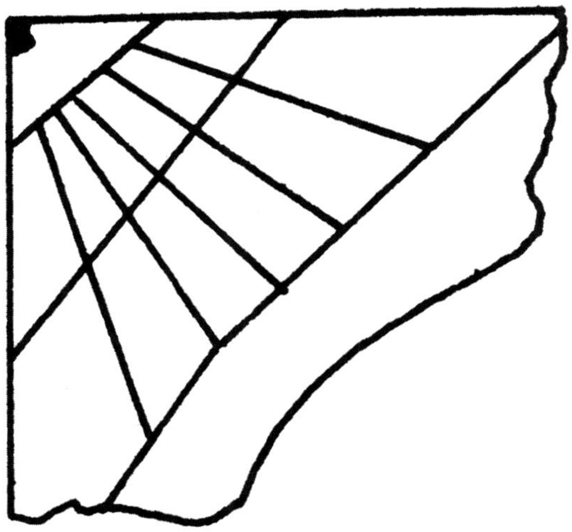

Pompeji 26

26.
AO/Inv. Nr.: Pompeji, o. Angabe
Typ/Mat.: S vertikal / unbekannt
Maße: unbekannt
FO: unbekannt
Aufstellung: unbekannt
B: Wieder handelt es sich um ein Stück, das in der Enciclopedia Italiana geführt wird, aber von Gibbs nicht ausfindig gemacht werden konnte.
Inschrift: keine
Datierung: vor 79 n. Chr.
Literatur: Enciclopedia Italiana (Rom 1935–1943) s. v. Meridiana (J. Gabba – L. Jacono) 303 (Foto, dort 3. von li); Gibbs 1976, 5015.

27.
AO/Inv. Nr.: Pompeji, Museum Inv. Nr. 44295
Typ/Mat.: S konisch / unbekannt
Maße: H 44,5 B 32
FO: unbekannt
Aufstellung: unbekannt
B: Erhalten ist ein ungegliedertes Zifferblatt und Verdickungen an beiden Seiten der Basis, so dass es nahe liegt, dass das Stück ursprünglich auf allen Seiten stukkiert war.
Inschrift: keine
Datierung: vor 79 n. Chr.
Literatur: Severino 2003, s. v. Pompeji.

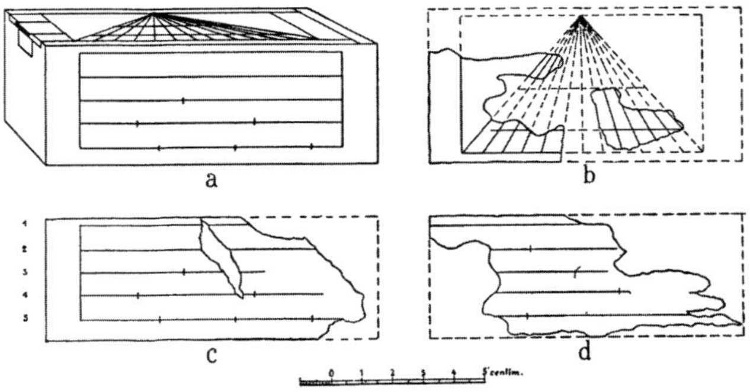

Pompeji 28.1–28.2

28.

AO/Inv. Nr.: Neapel, Arch. Mus.

Typ/Mat.: S horizontal / Miniatur / Elfenbein

Maße: H 10,6 B 5,2 T 3,8

FO: I 6, 3; 1912 in der Werkstatt des faber aearius Verus. Dorther stammen auch ein Visierinstrument, Schreibgerät sowie andere technische Utensilien (vgl. Eschebach 1993, 33 f.)

Aufstellung: Tischgerät

B: Von einer kleinen, rechteckigen Schachtel – einer theca aus Holz – sind Bruchstücke der Verkleidung von Oberseite und den beiden Langseiten aus Elfenbein erhalten, die Liniengravuren aufweisen.

Auf den Flächen der beiden Langseiten befinden sich jeweils vier bzw. fünf parallele Linien, die in Strecken von einem und zwei digiti bzw. uncia eingeteilt sind. Aufgrund dieser Angabe von Längenmaßen auf den Seitenflächen liegt es nahe, auch die Markierungen auf der schlecht erhaltenen Oberseite der theca als Normgerät zu interpretieren:

So werden kurze Striche auf den drei anpassenden und zwei zugehörigen kleinen Fragmenten der Oberseite zu zwölf Strahlen eines Linienfächer rekonstruiert, den mindestens vier waagerechte Linien schneiden. Es ist keine Vorrichtung erhalten, die als Gnomon gedient haben könnte.

Der Erhaltungszustand erschwert die Entscheidung, ob das Objekt überhaupt als Sonnenuhr oder zur Veranschaulichung mathematischer Verhältnisse der Streckenteilung benutzt wurde. Letzteres ist deshalb wahrscheinlicher, weil bislang keine andere horizontale Sonnenuhr bekannt ist, deren Datumslinien in dieser Weise geführt sind.

Inschrift: keine

Datierung: unmittelbar vor 79 n. Chr.

Literatur: H. Schulten, s. v. Groma, PW 7.2 (Stuttgart 1912) 1881–1886; E. Nowotny, Groma, Germania 7, 1923, 22–29; M. della Corte, Groma, MonAnt 28, 1922, 5–100 bes. 85–88; J. P. Adam, Groma et chorobate, MEFRA 94, 2, 1982, 1003–1025; I. Bragantini, I 6,3 Bottega di ferramenta, PPM I (Rom 1990) 278; O. A. W. Dilke, The Roman Land Surveyors (Amsterdam 1992) 70–72; Turner 1994, 48 f.; A. Coppola, Orologi solare e meridiane a Napoli (Napoli 2002) 29; G. Barata, Misurare per mestiere, in: Angeli Bertinelli – Donati 2006, 242. 245; Severino 2011, 32.

Pompeji 29

29.^ 30. ^ 32. ^ 36.^ Riano ^ Todi 1
AO/Inv. Nr.: Pompeji, Museum, Inv. Nr. 6100 (zuvor Inv. Nr. 2020/L) in Regal D III 2C
Typ/Mat.: S sphärisch / pentelischer Marmor
Maße: : H 34,1 B 33,5 T_{oben} 25,6 T_{Basis} 11,8
FO: außerhalb VIII 3,8, dem sog. Haus des Wildschweins
Aufstellung: Villa
B: Das Zifferblatt gliedern elf Stundenlinien, die von der Äquinokiallinie und einer doppelt ausgeführten Sommerwendlinie geschnitten werden. Die Linie der dritten, sechsten und neunten Stunde wurden mit roter Farbe zusätzlich betont.

Unterhalb des Schattenkreises tritt der Uhrenkörper als schräge Fläche zurück. In die Zwickel dieser Zone wurden stilisierte sechsblättrige Rosetten emblemartig eingestellt.

Unterhalb der Schattenfuge trennt ein etwa 2 cm breiter Rundstab den Uhrenkörper von der Basis, die zur Front schräg vortritt. Eine schmale Standleiste schließt die Zone ab.
Inschrift: keine
Datierung: Obwohl das Gebäude nach 62 n. Chr. neu ausgestattet wurde (vgl. Eschebach 1993, 364), scheint die Uhr aufgrund ihrer Ähnlichkeit zu Pompeji 32, 36 und Riano 1 aus dem 1. Jh. v. Chr. zu stammen.
Literatur: Gibbs 1976, 1022 G; Severino 2011, 15.

Pompeji 30

30. ^ 29. ^ 32. ^ 36. ^ Riano 1 ^ Todi 1
AO/Inv. Nr.: Neapel, Archäologisches Museum Inv. Nr. 23825
Typ/Mat.: S konisch / weißer Marmor

Maße: H 43,2 B 35,6 T_{oben} 35 T_{Basis} 22
FO: VII 4, 31; am 14.07.1832 in der sog. Casa degli Capitelli figurati
Aufstellung: unbekannt
B: Drei ungelenk eingekerbte Datums- und elf Stundenlinien gliedern das Zifferblatt dieser sehr gut erhaltenen Uhr. Die Oberfläche des Steins wurde durchweg sorgfältig geglättet, so auch die schräge Fläche unterhalb des Zifferblattes. Hier wurde beiderseits des Schattenkreises noch oberhalb der Fuge ein plastisches Winkelmotiv eingestellt. Deonna a. O. 472 vermutete, dass dieses Motiv von ägyptischen Talismanen übernommen wurde und hier ebenso wie bei Pompeji 36 und Riano 1 auf eine Astralsymbolik verweist. Die Schattenfuge überdeckt ein als Rundstab gebildetes Profil, an das die Basis nach vorne schräg anschließt.
Inschrift: keine
Datierung: 200–80 v. Chr. aufgrund des Baubefund des Hauses, das aus der samnitischen Periode stammt
Literatur: F. M. Avellino, Descrizione di una casa pompeiana (Neapel 1837) 32. 60 Taf. 10. 12; G. Bilfinger, Die Zeitmesser der antiken Völker (Stuttgart 1886) 27 Abb. 2; W. Deonna, Ex-voto Déliens, BCH 56, 1932, 470. 472; Gibbs 1976, 3072 G, 305 Abb. 47; Severino 2011, 21.

Pompeji 31

31. ^ 33.
AO/Inv. Nr.: Pompeji, Granario Inv. Nr. 44295
Typ/Mat.: S sphärisch / Travertin
Maße: H 30,3 B 43,9 T_{oben} 27,4 T_{Basis} 17,2 / Bestoßungen am rechten und linken Rand des Schattenkreises, hier ist die Stukkierung beschädigt
FO: unbekannt
Aufstellung: unbekannt
B: Das Stück war laut Gibbs ursprünglich komplett stukkiert. Überreste roter Farbe sind sowohl in den elf Stunden- als auch den drei Datumslinien erhalten. Auch auf der abgeschrägten Basis sah Gibbs noch rote Farbe. Unterhalb des Schattenkreises deutet eine schmale Linie den Verlauf des Limbus an, unterhalb dessen der Uhrenkörper gegenüber der Front zurückweicht. Unterhalb der Schattenfuge tritt die Basis schräg bis an eine ungewöhnlich hohe Standleiste vor.
Inschrift: keine
Datierung: vor 79 v. Chr.
Literatur: Gibbs 1976, 1026 G 144 Abb. 5; A. Coppola, Orologi solare e meridiane a Napoli (Napoli 2002) 28 oben; Severino 2003.

Pompeji 32

32. ^ 29. ^ 30. ^ 36. ^ Riano 1 ^ Todi 1
AO/Inv. Nr.: Pompeji, Granario Inv. Nr 14330
Typ/Mat.: S konisch / weißer Kalkstein
Maße: H 25,5 B 24,1 T_{oben} 17,2
FO: Insula westlich des Hauses N des Fabius Rufus, VII 16a = Therme Suburbanae
Aufstellung: Therme
B: Die elf Stundenlinien verlaufen zwischen Winter- und Sommersolstitium. Ferner kreuzt die Äquinoktiallinie die Stundenlinien, von denen die dritte, sechste und neunte zusätzlich im unteren Drittel mit den Symbolen X-O-X markiert ist (Ebenso bei Riano 1, Pompeji 5, Olympia 2, Rom 3, sowie Gibbs 1976, 1056, 2023, 3080). Unterhalb der Schattenfläche bricht der Uhrenkörper unmittelbar als schräge Ebene um, bevor er dann wieder als niedrige Basis hervortritt. Dieser Abschnitt wurde nur oberflächlich mit dem Zahneisen behandelt, während das Zifferblatt sehr sorgfältig geglättet wurde. In den Zwickeln zwischen Zifferblatt und Schattenfuge befindet sich im flachen Relief je eine sechsblättrige Rosette.

Gibbs berichtet von Konstruktionslinien, die sich auf der rechten Seite des Stücks erhalten haben. Ein durchlaufender plastischer Rundstab wie er auch an den Stücken Pompeji 29 und 36 zu beobachten ist, trennt Uhrenkörper und Basis.
Inschrift: keine
Datierung: 1. Jh. v. Chr.
Literatur: Gibbs 1976, 3067 G = 3070; Enciclopedia Italiana (Rom 1935–1943) s. v. Meridiana (L. Gabba – L. Jacono) 903; Severino 2011, 19; zum Befund: M. Grimaldi, La casa di Marco Fabio Rufo a Pompeji, in: B. Perrier – F. Zevi (Hrsg.), Villas, maisons, sanctuaries et tombeaux tardo-republicaines. Kongress Vienne 2007 (Rom 2007) 133–156.

Pompeji 33

33. ^ 31.
AO/Inv. Nr.: Pompeji, Granario Inv. Nr. 34221
Typ/Mat.: S sphärisch / Travertin

Maße: H 32,3 B 40,3 T_{oben} 23,8 T_{Basis} 14,8
FO: an der Via di Nola, V 3, 6; Haus der Ceia L. F. Helpia oder Casa die Narcissos (zum Befund vgl. Eschebach 1993, 138)
Aufstellung: unbekannt
B: Die schlichte Uhr ist sehr gut erhalten: Ihren Schattenkreis gliedern elf Stundenlinien, die zwischen drei Datumslinien verlaufen. Eine Linie, die parallel zur Unterkante des Zifferblattes verläuft, deutet einen schmalen Limbus an, unterhalb dessen der Uhrenkörper als Schattenfuge schräg zurückweicht und anschließend im Gegenwinkel zur Standleiste hin vortritt. Die schmale Standfläche und der weit nach vorn gezogene Schattenkreis zeigen an, dass die Sonnenuhr ursprünglich erhöht (auf einer Säule?) aufgestellt war.
Inschrift: keine
Datierung: 1. Hälfte 1. Jh. v. Chr.
Literatur: Gibbs 1976, 1020 G 137 Abb. 4; Severino 2011, 24.

34. ^ 35.
AO/Inv. Nr.: CIL X 802
Typ/Mat.: Stiftung *horologium* / S ~ / Marmor
Maße: unbekannt
FO: s. 35, selbe Personen, in aede Veneris incisa
Aufstellung: Die Inschrift befindet sich auf einer ionischen Säule aus Marmor vor dem Apollon-Tempel.
B: s. Nr. 35
Inschrift: L(ucius) Sepunius L(uci) f(ilius) Sandilianus | M(arcus) Herennius A(uli) f(ilius) Epidianus | duovir(i) i(ure) d(icundo) scol(am) et horol(ogium) | d(e) s(ua) p(ecunia) f(aciendum) c(uraverunt)
Datierung: augusteisch
Literatur: Hannah 2009, 133 Anm. 56.

35. ^ 34.
AO/Inv. Nr.: CIL X 831 = ILS 5619 Pompeji
Typ/Mat.: Stiftung *horologium* / S ~/ Marmor
Maße: unbekannt
FO: Nähe Herkules-Tempel = dorischer Tempel am Foro triangolare
Aufstellung: Forum Triangolare
B: Zwei Duumvirn lassen auf eigene Kosten ein *horologium* und eine Schola errichten. Die Bearbeiter bringen diese Stiftung mit den Überresten einer Schola aus Travertin in Verbindung, die sich nordwestlich des Monopteros am Forum Triangolare befindet. Die Inschrift wurde wortgleich zweimal ausgeführt und am Herkules und am Apollon-Tempel aufgestellt.
Inschrift: L(ucius) Sepunius L(uci) f(ilius) Sandilianus | M(arcus) Herennius A(uli) f(ilius) Epidianus | duovir(i) i(ure) d(icundo) scol(am) et horol(ogium) | d(e) s(ua) p(ecunia) f(aciendum) c(uraverunt)

„Lucius Sepunius, Sohn des Lucius, Sandalianus und Marcus Herennius, Sohn des Aulius, Epidianus, finanzierten als Duumvirn eine schola und ein horologium aus ihren eigenen Mitteln."
Datierung: augusteisch
Literatur: T. Mommsen, Inscriptiones regni neapolitani Latinae (Leipzig 1852) Nr. 2227; CTP II 311; H. B. Van der Poel, Corpus Topographicum Pompeianum II (Rom 1977) 134; De Vos 1982, 32; Gibbs 1976, 8007; A. de Simone – A. Varone (Hrsg.), Pompei, l'informatica al servizio di una città antica I (Rom 1988) 24 f.; Eschebach 1993, 395; Diekmann 2005, 44.

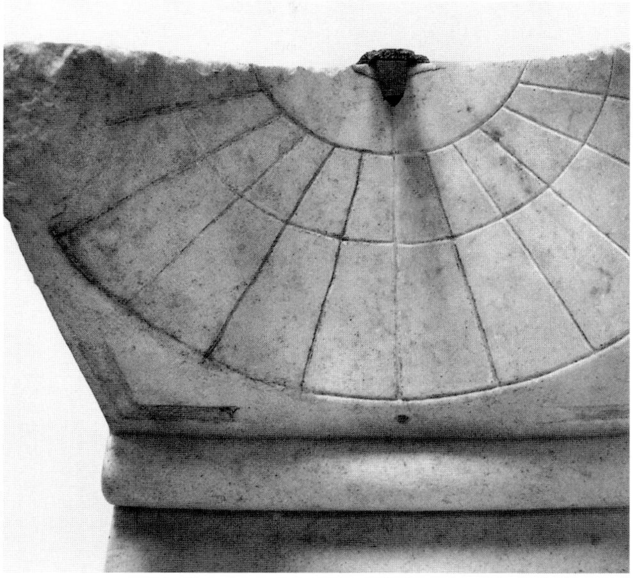

Pompeji 36

36. ^ 29. ^ 30. ^ 32. ^ Riano 1 ^ Todi 1
AO/Inv. Nr.: Pompeji, Museum Inv. Nr. 24544
Typ/Mat.: S konisch / weißer Marmor
Maße: H 25,5 B 26 T 15
FO: IX 13, 1–3 bzw. sog. Casa di CC Julii Polybius
Aufstellung: Villa, Peristyl
B: Der Aufbau der Uhr ist identisch mit Pompeji 29. Erneut haben sich Reste roter Farbe in den Stundenlinien erhalten, eine intendierte Betonung bestimmter Stunden ist nicht festzustellen. Im Gegensatz zu Pompeji 29 wurde hier der Meridian bis an das Gnomonloch verlängert – ein Hinweis, dass zum Zeitpunkt dieser beiden sicher gleichzeitig entstandenen Uhren beide Versionen (Verlängerung des Meridians bis an das Gnomonloch und Abschluss dessen mit der Sommerwendlinie) üblich waren.

Die Uhr ist eines der wenigen Stücke des Kataloges, bei dem der originale Gnomon erhalten ist: Der Bronzestift ist auf einer Länge von 14,5 cm als dreiseitiges Prisma geschnitten und mit Bleiverguss eingesetzt.

Unterhalb des Schattenkreises befindet sich in den Zwickeln ein Dekorelement in Form schmaler, im rechten Winkel aufeinandertreffender Bänder, die ebenfalls mit roter Farbe gefasst sind. Die geringe Tiefe beider Uhren von stellenweise weniger als 11 cm sowie ihre ungeglätteten Seitenflächen könnten darauf hinweisen, dass sie im Mauerverbund aufgestellt waren.
Inschrift: keine
Datierung: 1. Jh. v. Chr.
Literatur: Severino 2011, 15.

Praeneste

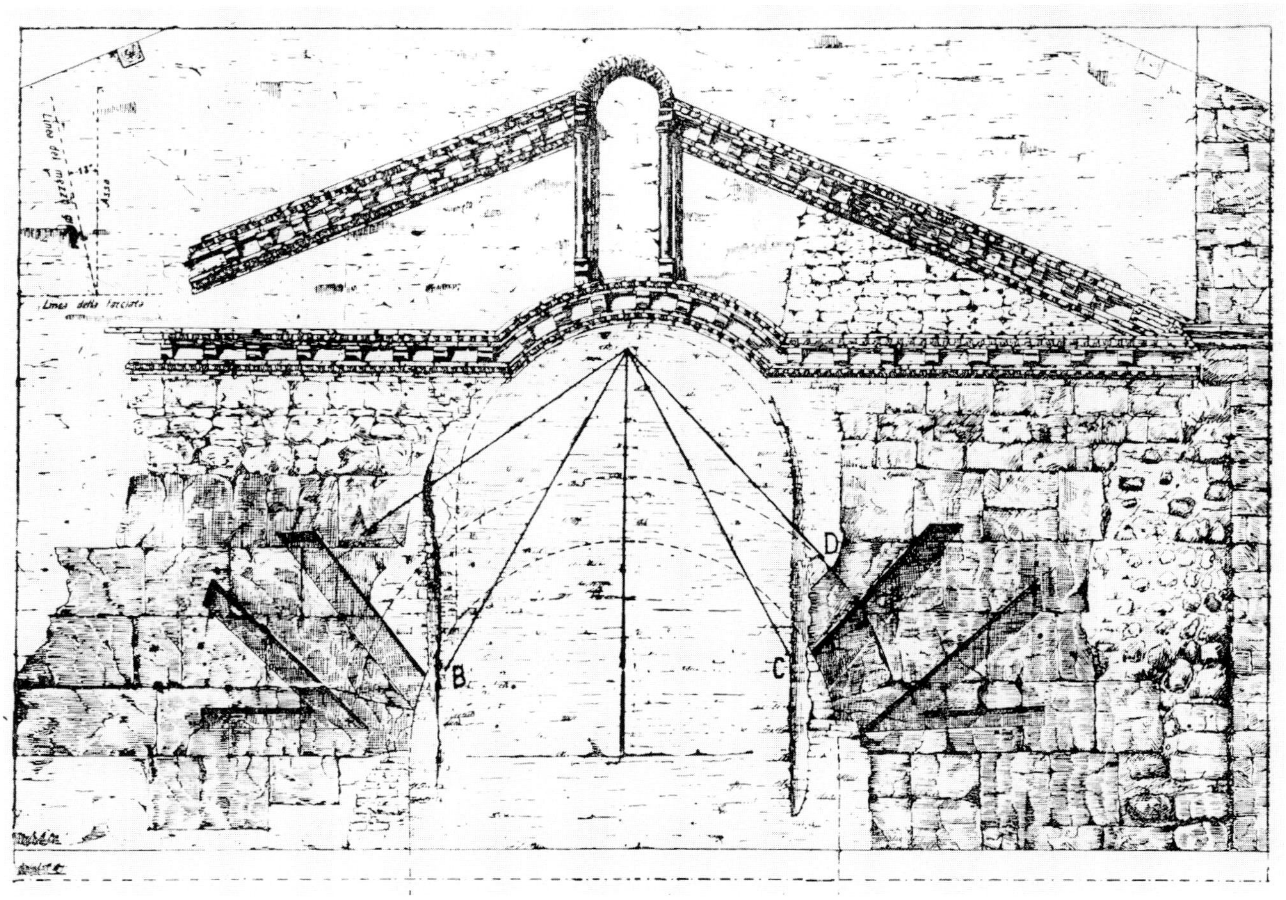

Praeneste 1

1.
AO/Inv. Nr.: Palestrina, Südfront der Kathedrale St. Agapio
Typ/Mat.: S vertikal / Marmor
Maße: unbekannt
FO: südliche Gebäudefront
Aufstellung: Basilika, Forum
B: Am Fuß des Heiligtums der Fortuna Primigenia, im Bereich des Forums von Praeneste befinden sich mehrere geritzte Linien an der Südfassade der Kathedrale St. Agapio. Diese Mauer geht zurück auf eine republikanische Basilika, die den Nordabschluss der Platzanlage bildete.

Lotrecht zum Giebel verläuft eine senkrechte Linie, die auf Höhe der Attikazone einsetzt. Von diesem Punkt gehen beiderseits zwei weitere Strahlen aus, die sowohl zueinander als auch zur Mittellinie unterschiedliche Winkel bilden. Marucchi interpretiert das Liniennetz als Angabe des Meridians und der dritten Stunde auf der rechten Seite, sowie die der neunten Stunde auf der Gegenseite. Die ungleichen Winkel erklärt er damit, dass die Fassade um 13° nach Westen gegenüber der Südrichtung abweicht. Sollten Marucchis Vermutungen zutreffen und es sich tatsächlich um ein antikes Liniennetz handeln, so wäre die Uhr in Richtung des Forums orientiert und würde den Nutzern dort die Zeit anzeigen.

Auf dem Forum von Palestrina waren auch die Fasti Praenestini des Verrius Flaccus aufgestellt, von denen zahlreiche Fragmente in diesem Bereich gefunden wurden (vgl. CIL I[2] 230). Diese Kalenderlisten machen nur in Verbindung mit einem astronomischen Zeitmesser Sinn. Diese Vertikaluhr ist sicherlich nicht das von Sueton für Praeneste überlieferte *hemicyclicum*, könnte aber allein aufgrund von Positionierung und Dimension die Präsenz von Zeitmessern im praenestinischen Alltag anzeigen.
Inschrift: keine

Datierung: Mitte 1. Jh. v. Chr. (nach Datierung der umgebenden Bebauung, die in der sullanischen Erneuerungsphase entstand)
Literatur: O. Marucchi, Nuovi studi sull'antichissimo orologio solare di Palestrina, RendPontAc 6, 1928, 77–84 Taf. 1; ders., Palestrina. Nuovi Lavori e nuovi studi sopra un antichissimo orologio solare NSc 6, 1928, 175–180; AA 1929, 119; Gibbs 1976, 5017.

2.
AO/Inv. Nr.: Rom, Vatikanische Museen, Cortile Ottagono Inv. Nr. 949
Typ/Mat.: S konisch / feinkristalliner grauer Marmor
Maße: H 43,5 B 41,8 T 23,5
FO: Palestrina 1786
Aufstellung: unbekannt
B: Die erste und elfte Stundenlinie dieser Uhr sind beschädigt. Noch gut zu erkennen sind jedoch die drei Datumslinien, die parallel zur Äquinoktiallinie und zum unteren Rand der Schattenfläche verlaufen. Ein Profil in Form eines Rundstabes dekoriert die Basis.
Inschrift: keine
Datierung: 1. Jh. n. Chr.
Literatur: Gibbs 1976, 3084 G.

Praeneste 3

3.
AO/Inv. Nr.: Liverpool, Museum Inv. Nr. 1959. 148. 128; zuvor: Ince Blundell Hall Nr. 336
Typ/Mat.: S sphärisch / lunensischer Marmor
Maße: H 22; aus mindestens drei Fragmenten zusammengesetzt
FO: Palestrina vor 1787
Aufstellung: unbekannt
B: Die sphärisch geschnittene Sonnenuhr ist bis auf geringe Bestoßungen am Rand des Schattenkreises sowie den äußeren Ecken der Basis sehr gut erhalten. Das Stück wurde an mehreren Stellen neuzeitlich geflickt: Während seine Rückseite unbearbeitet blieb, sind die seitlichen Flächen oberflächlich geglättet.

Das Zifferblatt nimmt etwa die halbe Blockhöhe ein und ist in elf Stunden- und drei Datumslinien unterteilt. Unterhalb des Schattenkreises weicht der Uhrenkörper unmittelbar als schräge Fläche bis an die Schattenfuge zurück, an die sich die Basis als abgeschrägte Fläche bis an eine relativ hohe Standleiste anschließt.

Die Besonderheit der Uhr ist eine kleine (Porträt-)Büste, die in einem Stück mit der Uhr als Zentrum der Basis gearbeitet wurde. Sie zeigt in Frontalansicht einen männlichen Kopf mit Vollbart, der eine kappenartige Kopfbedeckung trägt. Ein ornamental geführtes Manteltuch umschlingt seinen Hals und dient zugleich als Rahmung des Porträts. Zur Benennung der Figur schlug Ashmole vor, in der Büste das Bildnis des Pherekydes von Syros, des von Diog. Laert. I. XI. 116–122 überlieferten Lehrers des Pythagoras, zu erkennen. Die dargestellte Barttracht und Kopfbedeckung entsprechen jedoch einem geläufigen Typus des Philosophen-Bildnisses, so dass hier einer allgemeineren Lesart der Darstellung, die auf die mit dem technischen Instrument verbundenen Kenntnisse verweist, gegenüber der Zuweisung an eine historische Person vorzuziehen ist.
Inschrift: keine
Datierung: 2. Jh. n. Chr. nach der Büstenform
Literatur: A. Michaelis, Ancient Marbles in Great Britain (Cambridge 1882) 297. 39–41; Gatty 1900, 33–34; B. Ashmole, A Catalogue of the Ancient Marbles at Ince Blundell Hall (Oxford 1929) 55 Nr. 128 Taf. 28; Gibbs 1976, 1018 G mit unkenntlicher Skizze.

Priene

Priene 1

1.
AO/Inv. Nr.: Priene, in situ
Typ/Mat.: S konisch / grobkristalliner weißer Marmor
Maße: H 65 B 55 T 25
FO: oberes Gymnasion, Streufund
Aufstellung: Gymnasion
B: Der Schattenkreis der relativ großen Uhr nimmt etwa die obere Blockhälfte ein. Das Zifferblatt wurde in elf Stunden- und drei Datumslinien unterteilt. Buchstabenfragmente entlang der Datumslinien weisen darauf hin, dass diese ursprünglich beschriftet waren.

Unterhalb des Schattenkreises weicht der Uhrenkörper unmittelbar bis an die Schattenfuge zurück und tritt anschließend von hier aus bis zur ca 5 cm hohen Standfläche wieder vor. Die Partie wird von stilisierten Löwenbeinen flankiert.
Inschrift: Beschriftung der Datumslinien
Datierung: 2. Jh. v. Chr.
Literatur: unpubliziert

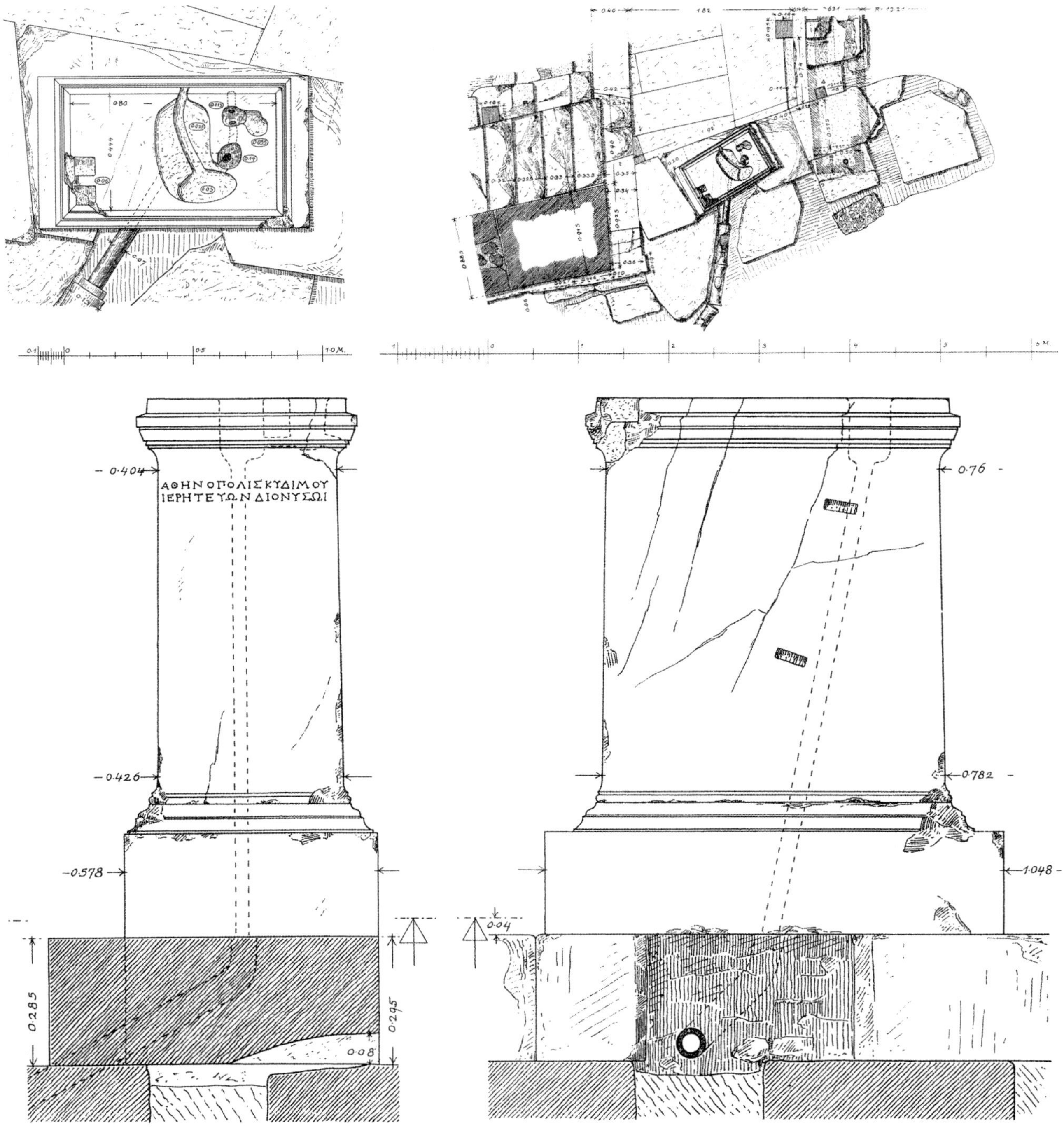

2. Priene 2.1–2.4

AO/Inv. Nr.: Priene, Theater Orchestraumgang in situ

Typ/Mat.: Wassereinlaufuhr / Marmor

Maße: Basis auf H der Plinthe 104,8 × 57,8 H_{Plinthe} 91,5 H_{Sockel} 29,5 $\text{GesamtH}_{\text{rek}}$ 121

FO: Theater, vor der östlichen Stirnseite des westlichen Analemma im Orchestraumgang

Aufstellung: Theater

B: Im Eingangsbereich des westlichen Orchestraumgangs befindet sich eine über 1 m hohe, rechtwinklige Basis. Sie besteht aus einem Schaft, der oben und unten mit einem Profil abschließt. Sein Auflager misst 44,4 × 80 cm und weist zahlreiche Einlassungen auf, in denen erstmals Wolters Zuleitungen für eine Wasseruhr erkannte. Die Bearbeitungen dienen zur Positionierung eines Aufsatzes aus Metall, sowie der Verlegung von Wasserzu- und -ableitungen. Von Gerkan führt zwei

Priene 2.5–2.6

rechteckige, parallel angelegte Zapflöcher in der SW (?)-Ecke ebenso wie die rohe Abarbeitung auf dieser Seite auf sekundäre Verwendungen des Sockels zurück.

Es überrascht die konstruktiv wie ästhetisch unsachgemäße Führung der Leitungen, die partiell das Kopfprofil schneiden und die außerdem Versinterungen verursachten. Auf der Südseite des Sockels befindet sich eine zweizeilige Inschrift, in diese Richtung muss auch das Zifferblatt der Uhr gewiesen haben.

Unmittelbar mit dem Wasserzufluss stehen die Einlassungen A und B in Verbindung, während die als C bezeichnete Rinne als Ausfluss diente. A und B sind mit dem Bleirohr einer Druckleitung verbunden, die von S an den Sockel herangeführt wird und schräg durch den Sockel bis auf die Oberseite reicht. Der Verlauf dieser Leitung bestimmte maßgeblich den Standort des Geräts, das den westlichen Orchestraumgang und folglich den Zugang zu den dahinter liegenden Rängen versperrt:

Diese Stelle garantierte nicht nur eine kontinuierliche Zeitanzeige in Sichtweite von Eingang und Skene, sondern hier konnte in einem nach der Absenkung der Ostseite des Theaters aufgelassenen Abwasserkanal problemlos eine Druckwasserleitung eingezogen werden: Von der westlichen Parodos kommend führt diese unter dem Stylobat des seitlichen und dem ersten Joch des Proskenions durch. Von Gerkan beobachtete an dieser Leitung, die er aufgrund der Beschaffenheit ihrer Tonrohre in hellenistische Zeit datiert, eine Reparatur aus römischer Zeit. Diese Beobachtung und die erwähnten Versinterungen weisen jedenfalls auf eine lang anhaltende Nutzung des Zeitmessers. Wo sich der zugehörige Wassertank befand, ist ungeklärt.

Auf der Südseite des Sockels, die der westlichen Parodos zugewandt ist, befindet sich die Inschrift, die das Instrument als Stiftung eines Bürgers von Priene an Dionysos ausweist. Dieser Athenopolis, Sohn des Kydimos, ist aus zwei weiteren Inschriften bekannt und wird dort aufgrund seiner zahlreichen Leistungen – wie auch andere Mitglieder derselben Familie – für die Stadt geehrt.

Werden die Aussagen der Inschrift mit der Baugeschichte des Theaters verknüpft, dessen Hauptabwasserkanal um die Mitte des 2. Jhs. v. Chr. aufgegeben wird und Voraussetzung für die Positionierung der Uhr ist – weisen sie auf einen Zeitpunkt der Aufstellung des Zeitmessers wenig nach der Mitte des 2. Jhs. v. Chr., also kurz nach jenem verheerenden Erdbeben, das sich nach den Erkenntnissen von F. Rumscheid im Jahrzehnt 140/130 v. Chr. ereignete.

Das Instrument gehört nicht zur Erstausstattung des Theaters, sondern zu jener Phase, in der außerdem Prohedriesessel, Altar sowie fünf Statuen errichtet wurden. Darunter sind Uhr, Altar und Sessel – jeweils funktionale Elemente – repräsentative Stiftungen innerhalb weniger Jahre von Mitgliedern einer Familie und die einzigen inschriftlich ausgewiesenen Weihungen an Dionysos. Die vorgeschlagene Datierung der Uhr und ihre langanhaltende Nutzung zeigen an, dass der unter freiem Himmel aufgestellte und somit per se störanfällige Zeitmesser mindestens 130 Jahre in Betrieb war.

Inschrift: IvP 177, BH 1,5:

Ἀθηνόπολις Κυδίμου | ἱερητεύων Διονύσωι.

Blümel/Merkelbach: „Athenopolis, Sohn des Kydimos, (hat dies) dem Dionysos (geweiht), als er sein Priester war."

Der Stifter ist ein Großneffe des Pythotimos, der den Altar im Theater stiftete (IvP 268) und Bruder des Moschion, der auf zahlreichen Inschriften in Priene begegnet (IvP 107, 108). Athenopolis selbst wird auf IvP 162, 174 als Ersteigerer des Priestertums des Dionysos Phleos genannt. Wahrscheinlich handelt es sich um dieselbe Person, die ein etwa 130 v. Chr. auf der Westwand der nördlichen Markthalle angebrachtes Dekret (IvP 107) ehrt.

Datierung: kurz nach Mitte 2. Jh. v. Chr. / 140/130 v. Chr.

Literatur: Th. Wiegand – H. Schrader, Priene (Berlin 1904) 239–240 Abb. 235; A. von Gerkan, Theater von Priene als Einzelanlage und in seiner Bedeutung für das hellenistische Bauwesen (München 1921) 81; D. F. McCabe, Priene. Inscriptions (Princeton 1987) 182; F. Rumscheid, Priene (Istanbul 1998) 173.

3.

AO/Inv. Nr.: Priene, in situ

Typ/Mat.: S konisch / weißer Marmor

Maße: H 22 B 25 T 20

FO: unteres Gymnasion

Aufstellung: unbekannt

B: Die dekorlose kleine Uhr besteht aus einem annähernd kubisch geschnittenen Block, in den ein Schattenkreis als konische Fläche eingetieft wurde. Auf ihn verteilen sich unregelmäßig elf Stundenlinien, die vom Rand des Zifferblatts bis an das ausgebrochene Gnomonloch reichen.

Unterhalb des Zifferblatts schließt sich bis an die Unterkante des Blocks eine frontparallele, undekorierte Partie an.

Inschrift: keine

Datierung: Obwohl das Stück im unteren Gymnasion gefunden wurde, weist seine Machart doch auf seine recht späte Entstehung hin. Wahrscheinlich stammt es aus einem der höher gelegenen spätantiken Wohnbezirke des Stadtgebietes. spätantik

Literatur: unpubliziert

Prosymna

Prosymna 1

1.
AO/Inv. Nr.: Nauplia, Archäologisches Museum
Typ/Mat.: Globus / weißer Marmor
Maße: Radius des Globus = 26,2 Dm_{rek} 53
FO: Prosymna
Aufstellung: Tischhöhe
B: Drei voneinander unabhängige Liniennetze überziehen die Steinkugel. Sie sind so auf der Oberfläche angeordnet, dass ein Liniensystem in den nach Süden gewandten oberen Teil reicht, ein zweites in einen südlichen unteren, sowie auf die Nordseite. Auf der Unterseite befindet sich ein konisch geformtes Loch mit einem Durchmesser von 10 cm, das zur Befestigung der Kugel auf einem Sockel diente.

Auf der oberen Südseite erstrecken sich elf Stundenlinien der Sommer- und der Winterwendlinie. Fünf weitere Datumslinien kreuzen die Stundenlinien. Dreizehn kleine Stiftlöcher, die mit griechischen Buchstaben markiert sind, verlaufen parallel zum oberen Vertikalkreis des Globus. Sie sind derart angeordnet, dass das erste und das letzte Loch auf der Kreuzung von Horizont und der ersten Vertikalen liegen. Die anderen Löcher fallen jeweils mit den Schnittpunkten mit den Stundenlinien zusammen. In den Zwischenräumen der Datumslinien benennen griechische Beischriften die Stationen des Zodiakus.

Da bislang keine detaillierte mathematische Analyse des Objekts vorliegt, ist die Funktion der anderen Markierungen kaum zu beurteilen. Wahrscheinlich weist das Liniendreieck wie Delos 19 die Tageslänge aus.

Unterhalb des Zifferblatts befindet sich auf der Nordseite die nachträglich hinzugefügte Weihinschrift.
Inschrift: obere Südseite entlang der Stundenlinien: Σ Ε Δ Γ Β Α (ΙΒ) ΙΑ Ι Θ Η Ζ Ζ
zwischen den Datumslinien: καρκίνος δίδυμοι | λέων ταῦρ(ος) | παρθέν(ος) κριός | ζυγός ἰχθύε(ς) | σκόρπι(ος) ὑδρηχό(ος) | τοξότης αἰγόκε(ρως)

Aus Platzgründen wurden die Bezeichnungen der Tierkreiszeichen abgekürzt.

unter der Nordseite nach SEG 11, 304:

Ἥρης ἱροπόλος με θεῆς ἀνέθεκε Θάλεια | ἠλιακῶν ὡρῶν ἄγγελον ἡμερίοις

„Thalia, Priesterin der Hera, hat mich geweiht, um den Sterblichen die Sonnenstunden anzuzeigen."

M. Guarducci, Epigrafia Greca IV (Rom 1978) 210.
Datierung: Blegen weist die Entstehung des Globus aufgrund von paleographischen Überlegungen der Beischriften auf der Südseite dem 2. Jh. v. Chr. zu. Die Stiftungsinschrift der Thalia wurde nach seiner und Guarduccis Meinung erst im 2. Jh. n. Chr. hinzugefügt.

Der erhebliche zeitliche Abstand mehr als 200 Jahren zwischen Herstellung und Weihung des Globus ist ein Indiz für die langanhaltende Ausstellung dieses (exzeptionellen) astronomischen Instruments.

Literatur: C. W. Blegen, Prosymna. Remains of Post Mycenean Date, AJA 43, 1939, 443 f. und Abb. 31 Fotografie; Gibbs 1976, 7002G, 378 Abb. 62–64; S. M. Marengo, Orologio solare sferico da Matelica, in: G. Paci (Hrsg.), Epigrafia romana in area adriatica. Actes de la IXe rencontre franco-italienne sur l'épigraphie du monde romain, Kongress Macerata 1995 (Pisa 1998) 168–171.

Puteoli

1.

AO/Inv. Nr.: CIL IX 2324
Typ/Mat.: Bauinschrift *horologium* / W ~ / Marmor
Maße: unbekannt
FO: unbekannt
Aufstellung: Forum~
B: Die Inschrift belegt die städtische Renovierung eines Zeitmessers, der Puteoli von Kaiser Tiberius gestiftet wurde. Die Erwähnung der späteren Reparatur durch die Stadt legt nahe, dass Tiberius eine Wasseruhr stiftete, die dann wohl auf dem zentralen Platz der Stadt installiert war.

Erneut wird die lange Nutzungsdauer mancher Instrumente deutlich: Die Uhr wurde während der Regierungszeit des Tiberius errichtet, Horster datiert die Reparaturinschrift in die Mitte des 2. Jhs. n. Chr., so dass für die Uhr eine Nutzungsdauer von über 120 Jahren gesichert ist.

Inschrift: nach Alföldy a. O.: [Ti(berius) Caes(ar) A]ug(ustus) horolog(ium) po[suit ---] | [---] res public(a) refec(it) | [-
„Kaiser Tiberius hat das Horologium aufgestellt, (...) und die Stadt hat es reparieren lassen (...)."
Datierung: Mitte 2. Jh. n. Chr. (Inschrift nach Horster bzw. Reparatur der Uhr); 14–37 n. Chr. (Errichtung Uhr durch Tiberius)
Literatur: G. Camodeca, Un nuovo decreto decurionale puteolano con concessione di superficies agli Augustali e le entrate cittadine da solarium, in: Il capitolo delle entrate nelle finanze municipali in Occidente ed in oriente. Actes de la Xe rencontre franco-italienne sur l'épigraphie du monde romain, Kongress Rom 1996 (Rom 1999) 1–23; M. Horster, Bauinschriften römischer Kaiser (Stuttgart 2001) 77. 288–289 Nr. Ib 8,1; G. Alföldy, Epigrafica 64, 2002, 128 Nr. 19; Mastino – Porcheddu 2006, 157.

Qumran

1.

AO/Inv. Nr.: Jerusalem (?), Israel Museum (?)
Typ/Mat.: S äquatorial / Kalkstein
Maße: Dm 14,5 / entlang des Randes bestoßen
FO: Qumran 1954
Aufstellung: transportabel
B: 1954 wurde in Qumran ein rundes Steinobjekt mit konkavem Querschnitt geborgen. Im Zentrum der Innenseite befindet sich eine kleine runde Mulde, um die vier Rillen konzentrisch verlaufen. Diese sind derart über die innere Wandung verteilt, dass der Abstand zwischen der zweiten und dritten Rinne etwa dreimal breiter ist als die übrigen Intervalle. In diesen breiten Zwischenraum sind zwei weitere Kreislinien eingeschrieben. Aufs Ganze gesehen ergeben sich damit sieben annähernd gleich breite Ringstreifen, die von unterschiedlich tiefen Linien getrennt werden. In den vierten, sechsten und dem dem randnahen siebten Ring wurden in relativ regelmäßigem Abstand senkrechte Striche eingeritzt; den Scheitelpunkt des vierten Kreises umgibt außerdem

das Symbol O. Die Bearbeiter erwähnen nicht, ob es sich bei diagonal geführten Querstrichen zwischen einzelnen Marken um gesonderte Zeichen oder um Beschädigungen handelt.

Seitdem Pfann 1997 erstmals vorschlug, das Objekt als Zeitmesser mit mobilen Gnomon im Zentrum zu interpretieren, wurde dessen Handhabung divers diskutiert, ohne dass bislang Einigung erzielt wurde:

Ursache für die interpretatorische Unsicherheit ist die für astronomisches Gerät überraschend unpräzise Ausführung und die damit verbundene Frage, ob diese auf mangelnde handwerkliche oder technologische Kenntnisse zurückzuführen ist. Außerdem ist die kreisförmige Anordnung und Anzahl der Strichmarken überaus ungewöhnlich, für die bislang keine überzeugende Systematisierung gelang.

Konsens besteht unter den Bearbeitern darin, dass es sich um eine Sonnenuhr zur Stundenanzeige handelt. Während Hollenback sie typologisch der Gruppe der äquatorialen Uhren zuordnet, deren Gnomon zum Nordpunkt hin auszurichten sei und die demzufolge gleichlange Stunden anzeige, weisen die anderen Bearbeiter das Stück der Gruppe der Horizontaluhren zu. Deren präzise Ausrichtung sei möglich, weil das schalenförmige Objekt zu diesem Zweck mit Wasser gefüllt werden könne. Während Albani und Glessmer dazu tendieren, die mehrfachen Kreislinien als jahreszeitlich gebundene Anzeigen zu verstehen, vermutet Hollenback, dass die Stundenanzeige von der Angabe von Teilstunden (Halb-, Viertel- und Drittelstunden) in den folgenden Ringen ergänzt wurde. Thiering bemerkt zutreffend, dass beide Thesen von einer Skala für Tag- und Nachtstunden ausgehen – eine Voraussetzung, die für eine *Sonnen*uhr unsinnig ist.

M. E. ist angesichts der unpräzisen Ausführung grundsätzlich zweifelhaft, ob die Anzeige von Teilstunden – zumal sie an einem antiken Zeitmesser hier singulär wäre – überhaupt als Lösung in Betracht kommt.

Theising sucht einen Ausweg, indem sie das kleinformatige Instrument als Reisebegleiter von Mitgliedern der Essener Gemeinde versteht, das die zurückgelegte Wegstrecke im Verhältnis zur verstrichenen Zeit anzeigt. Unabhängig von der unter den Bearbeitern deutlich voneinander abweichenden Lesung der Marken ist dieser Vorschlag deshalb unwahrscheinlich, weil im Verbreitungsgebiet der Glaubensgemeinschaft überwiegend nachts gereist wurde und zudem eine von Theising errechnete Wegstrecke von 1km/h wohl kaum anhand eines Zeitmessers angezeigt werden konnte.

Angesichts der flüchtigen Ausführung, der einzigartigen Aufteilung und Anordnung der Markierungen sowie der problematischen Ausrichtung des Objekts ist seine Deutung als Zeitmesser in der Summe m. E. eher abzulehnen.

Inschrift: kreisförmig angeordnete, überwiegend strichförmige Marken

Datierung: Qumran Phase Ib oder II, ca. 103 – 68 v. Chr.

Literatur: M. Albani – U. Glessmer, Un instrument de measures astronomiques à Qumran, RB 104, 1997, 88–115; M. Albani – M. Glessmer, An Astronomical Measuring Instrument from Qumran, in: D. W. Parry – E. Ulrich (Hrsg.), The Provo International Conference on the Dead Sea Scrolls: Technological Innovations, New Texts and Reformulated Issues (Leiden 1999) o. S.; S. J. Pfann, The Writings in Esoteric Script from Qumran, in: L. H. Schiffmann – E. Tov (Hrsg.), The Dead Sea Scrolls Fifty Years After Their Discovery 1947–1997 (Jerusalem 2000) o. S.; G. M. Hollenback, The Qumran Roundel: an Equatorial Sundial?, Dead Sea Discoveries 7.2, 2000, 124–129; B. Thiering, The Qumran Sundial as an Odometer Using Fixed Length of Hours, Dead Sea Discoveries 9.3, 2002, 347–363; G. M. Hollenback, More on the Qumran Roundel as an Equatorial Sundial, Dead Sea Discoveries 11.3, 2004, 289–292.

Rabat

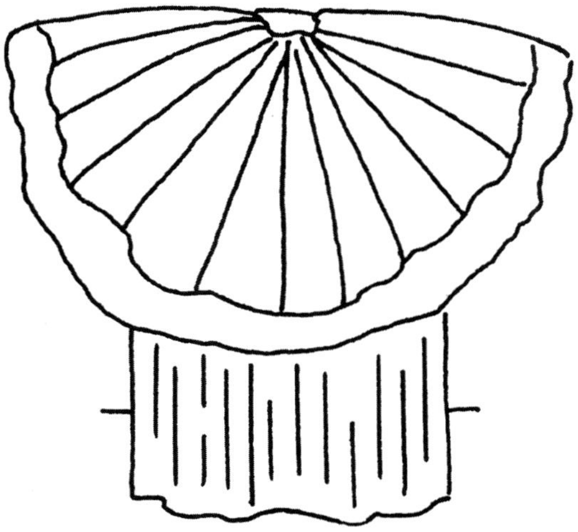

Rabat 1

1.
AO/Inv. Nr.: Rabat, Musée Archéologique
Typ/Mat.: S konisch / Marmor
Maße: B 22, keine weiteren Angaben
FO: unbekannt
Aufstellung: unbekannt
B: Die Schattenfläche ruht auf einer Basis in Form einer kannelierten Säule. Offenbar ist die Schattenfläche in elf Stundenlinien eingeteilt, aber es sind keine Datumslinien vorhanden. Keine weiteren Angaben.
Inschrift: keine
Datierung: kaiserzeitlich
Literatur: Gibbs 1976, 3091 mit Skizze.

Ravenna

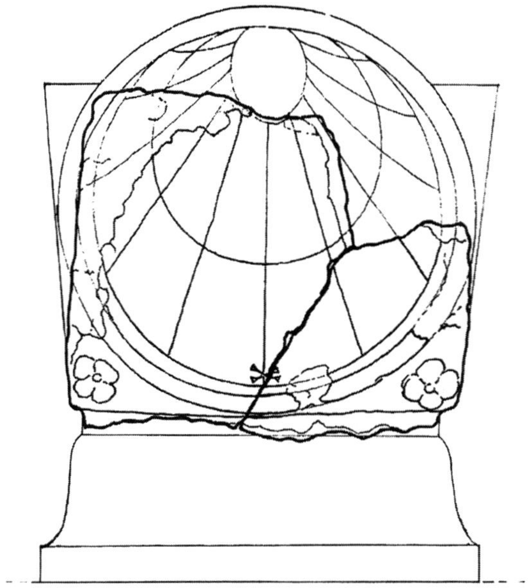

Ravenna 1

1.
AO/Inv. Nr.: Museo Nazionale di Ravenna
Typ/Mat.: S sphärische Variante, Aquileia Typus / Kalkstein / zwei anpassende Fragmente

Maße: H 38 $B_{erh.}$ 32 Dm Sphäre 40
FO: unbekannt
Aufstellung: unbekannt
B: Die beiden anpassenden Fragmente gehören zu dem Zifferblatt einer sphärischen Sonnenuhr. Diese zeigte die Zeit an, indem in Loch in der nicht erhaltenen oberen Partie den Lichtstrahl auf den Schattenkreis lenkte. Auf diesem haben sich die Linien der Stunden vier bis acht, sowie dreier Datumskurven erhalten. Den Schattenkreis umgibt rahmenartig ein schmaler Limbus. Im Bereich des abgeschrägten Uhrenkörpers befinden sich kleine Rosetten in den unteren Zwickeln.

Die Fragmente sind entlang der Schattenfuge gebrochen.

Nach Arnaldi wurde die Uhr für den 45. Breitengrad konstruiert und ist somit für eine Aufstellung in Ravenna geeignet.
Inschrift: keine
Datierung: 1. Jh. n. Chr. (Arnaldi)
Literatur: M. Arnaldi, Due frammenti di orologio solare romano al Museo nazionale di Ravenna, RavStRic 3, 1996, 14–28.

2.
AO/Inv. Nr.: zerstört 1591, bis dahin auf der Piazetta dell'Aquila
Typ/Mat.: sog. Herkules Orario hält S sphärische Variante / Marmor
Maße: überlebensgroße Figur
FO: unbekannt
Aufstellung: Forum ~
B: Das Uhrenmonument wird ausschließlich von renaissancezeitlichen Quellen überliefert, die von Arnaldi zusammengetragen und ausgewertet wurden. Demzufolge hatte es die Form eines überlebensgroßen Herakles im Typus eines knieenden Atlas, der mit seiner linken Schulter eine große Sonnenuhr stützt. Die Figur war auf einem quadratischen Sockel aufgestellt, auf dessen Front sich ein allseits profiliertes Inschriftenfeld befand. Der Text der Inschrift ist unbekannt, wahrscheinlich war hier jedoch die Stiftung ausgewiesen.

Die Benennung des ungewöhnlichen Zeitmesser in den neuzeitlichen Quellen als Herkules Orario sichert die Deutung der Atlas-Figur als Herakles. Zum Motiv vgl. Pergamon 6.
Inschrift: ursprünglich Stiftungsinschrift auf Sockel, Text nicht erhalten
Datierung: frühes 2. Jh. n. Chr.
Literatur: G. Passeri, Dissertatione III: Sopra il colosso di Ercole Orario sostenente sugli omeri l'orologio solare e lunare; P. Coronelli, Ravenna antica, 28 il tempio di Ercole; M. Arnaldi, Il Conchincollo. L'antico orologio di Ravenna (Ravenna 1996).

Rhodos

1.
AO/Inv. Nr.: Rhodos, Od. Ippoton A 201
Typ/Mat.: Wasserauslaufuhr / grauer Marmor
Maße: T 76 B 47 B47
FO: unbekannt
Aufstellung: unbekannt
B: Auf der Außenseite des relativ gut erhaltenen Gefäßes aus lokalem Marmor befindet sich im unteren Drittel ein gewölbter Vorsprung, innerhalb dessen eine rechtwinklige Öffnung eingearbeitet wurde.
Auf der inneren Wandung sind noch Überreste von Stundenmarkierungen zu erkennen.
Inschrift: keine
Datierung: hellenistisch
Literatur: unpubliziert

2.
AO/Inv. Nr.: Rhodos, Od. Ippoton A 202
Typ/Mat.: Wasserauslaufuhr / lartischer Marmor
Maße: H 17,4 L 26 B 13,5 / Fragment
FO: unbekannt
Aufstellung: unbekannt
B: Fragment einer Wasseruhr
Inschrift: keine
Datierung: hellenistisch
Literatur: unpubliziert

3.
AO/ Inv. Nr.: Rhodos, Od. Ippoton A 203 a, b
Typ/Mat. Wasserauslaufuhr / lartischer Marmor, Metall (?)
Maße: H 22,5 Dm 38 B 8, Fragment
FO: unbekannt
Aufstellung: unbekannt
B: Das Fragment umfasst den unteren Teil der Wandung mit einem rechteckigen Vorsprung für den Ausfluss. Dessen Maße von H 19,5 und B 21,5 weisen darauf hin, dass es sich ursprünglich um ein relativ großes Gefäß gehandelt haben muss.
Inschrift: keine
Datierung: hellenistisch
Literatur: unpubliziert

4.
AO/Inv. Nr.: Rhodos, A 1113
Typ/Mat.: S horizontal / Kalkstein / Miniatur
Maße: H 5,5 B 5,5 T 7, ursprüngliche B ca. 9
FO: OTE-Grundstück 1967, Tagebuch 28 S. 297, PBE 2883
Aufstellung: Wohnhaus?
B: Die kleine Horizontaluhr weist Beschädigungen entlang der Seiten und der Oberkante der flachen Platte auf. Ihre Unterkante ist vielleicht als bogenförmiger Abschluss gearbeitet. Auf dem Zifferblatt sind heute sechs Stunden- und drei Datumslinien sichtbar.
Inschrift: keine
Datierung: späteres 2. Jh. v. Chr.
Literatur: unpubliziert

Rhodos 5

5.
AO/Inv. Nr.: Rhodos, Arch. Mus. A 426
Typ/Mat.: S konisch mit zwei Zifferblättern / pentelischer Marmor

Maße: H 35 B 37 T 12
FO: in frühchristlicher Basilika 1968
Aufstellung: unbekannt
B: Die Tagesstunden dieser konischen Sonnenuhr sind auf zwei getrennte Zifferblätter verteilt, die in der Aufsicht jeweils einen Viertelkreis beschreiben. Die ungewöhnliche Uhr ist aus zwei anpassenden Fragmenten zusammengesetzt. Soweit anhand des Fotos von Gibbs zu beurteilen, ist die Uhr gut erhalten, lediglich ringsum leicht bestoßen. Beide Schattenkreise sind jeweils in sechs Stunden- und drei Datumslinien eingeteilt. Die Nahtstelle zwischen Zifferblatt und unterer Uhrenbegrenzung bildet die Winterwendlinie.

Die Vorderseite der Uhr ist mit einer frontal dargestellten, weiblichen Figur mit Polos dekoriert, deren Oberkörper einem Akanthusmotiv entspringt. Die Hände ihrer symmetrisch seitlich ausgestreckten Arme legt sie auf vegetabile Spiralen, aus denen Ranken sprießen, die in dem zentralen Blattmotiv enden.
Inschrift: keine
Datierung: 1. Jh. v. Chr.
Literatur: ADelt Chron 24, 1969, 466 Taf. 471 c; Gibbs 1976, 3106 G.

6.
AO/Inv. Nr.: Rhodos, Od. Ippoton 172
Typ/Mat.: S sphärisch / lartischer Marmor
Maße: H 24 L 47 D 32,5
FO: Haus der Familie Sakika-Moski 7.8.1973
Aufstellung: unbekannt, Heiligtum?
B: Die hemisphärische Uhr ist an beiden Enden des Schattenkreises und am unteren Teil der Hemisphäre gebrochen. Auf der rechten Seite ihrer rückwärtigen Oberfläche befindet sich ein großer voluminöser Vorsprung mit annähernd rechteckiger Form mit den Maßen H 21, B 20 und D 0,95, bei denen es sich um eine Verklammerung handelt. Verkröpfung und Zapfloch weisen darauf hin, dass der Zeitmesser nicht auf einem Sockel aufgestellt, sondern in eine nach Süden ausgerichtete Mauer eingesetzt war.

Der Fundort befindet sich am Rande der Akropolis und könnte anzeigen, dass der Zeitmesser aus einem der umliegenden Heiligtümer stammt.
Inschrift: keine
Datierung: hellenistisch
Literatur: unpubliziert

7.
AO/Inv. Nr.: Rhodos, Od. Ippoton A 607
Typ/Mat.: S? / lartischer Marmor
Maße: H 16 L 18,5 B 9 / Fragment
FO: Haus der Familie Soixan Minetou, 8. 2. 1974
Aufstellung: unbekannt
B: Das Fragment ist deshalb als Sonnenuhr zu erkennen, weil drei Abschnitte der Stundenlinien auf der einen Seite des schwer beschädigten Fragments zu erkennen sind. Seine Form ist ungewöhnlich und nur unter Vorbehalt dem sphärischen Typ zuzuordnen.
Inschrift: keine
Datierung: hellenistisch
Literatur: Tagebuch 61, S. 107, unpubliziert

8.
AO/Inv. Nr.: Rhodos, Od. Ippoton A 800
Typ/Mat.: S sphärisch / Marmor
Maße: unbekannt

FO: unbekannt
Aufstellung: unbekannt
B: Der Eintrag ist offenbar auf eine weitere sphärische Sonnenuhr zu beziehen, über die keine weiteren Angaben vorliegen.
Inschrift: keine
Datierung: hellenistisch?
Literatur: unpubliziert

9.
AO/Inv. Nr.: Rhodos, Od. Ippoton A 947
Typ/Mat.: S konisch (?) / lartischer Marmor
Maße: H 41 B 28 L 44
FO: im Schutt bei der Freilegung des Grundstücks S. Gianna, od. Sarandaporou 9
Aufstellung: Der Fundort befindet sich in jenem Bereich der Stadt, in dem besonders großräumige Wohnhäuser freigelegt wurden.
B: Der ursprünglich als Altar verwendete Block mit umlaufendem Kranz wurde sekundär zu einer Uhr umgearbeitet, indem auf der Vorderseite eine konische Vertiefung eingearbeitet wurde, deren Oberfläche zwölf strahlenartig verlaufende Linien überziehen. Auf der Oberfläche des Zifferblatts an manchen Stellen leichte Bestoßungen. Wie im Fall von Aphrodisias 7 wurde der hellenistische Altar wohl aufgrund passender Abmessungen für die Uhr ausgewählt, ohne dass seine ursprüngliche Funktion beibehalten wurde
Inschrift: keine
Datierung: Altar: 2. Jh. v. Chr.; Uhr: kaiserzeitlich
Literatur: unpubliziert

10.
AO/Inv. Nr.: Rhodos A 1104
Typ/Mat.: S sphärisch / lartischer Marmor
Maße: H 22 B 30,5 D 27 / Basis: H_{Front} 3,5 B_{Front} 13,5 D_{Front} 13,5 / Zapfloch: T 3 H_{OK} 6 B 5
FO: Haus der Familie Roussaki, Parthenopis-Strasse 7.5.1991
Aufstellung: Wohnhaus
B: Das Stück weist Fehlstellen rechts und links vom Körper auf sowie leichte Bestoßungen auf der linken Seite des unteren Schattenkreises. Die Oberfläche des Zifferblatts ist eben und geglättet, während die Rückseite nahezu unbearbeitet blieb; möglicherweise war die Uhr in eine Mauer eingelassen. Der Schattenkreis weist neun erhaltene Stunden- und drei Datumslinien auf. Die Stundenlinien setzten an der Sommerwendlinie ein und reichen bis zur Winterwendlinie, nur der Meridian ist über diese hinausgeführt. Im Zentrum der Deckfläche befindet sich ein unregelmäßig gebrochenes Loch, das ursprünglich den Gnomon aufnahm.
Die Basis ist niedrig und ihre Kontur folgt der Form eines Parallelogramms mit gekrümmter Rückseite. Die Vorderseite gliedert ein Rundstab, in die Unterseite wurde ein rechteckiges Zapfenloch eingetieft.
Inschrift: keine
Datierung: (spät-)hellenistisch
Literatur: unpubliziert

11.
AO/Inv. Nr.: Rhodos, Ephorie A 1105
Typ/Mat.: S konisch / lartischer Marmor
Maße: H 28,5 B 30 $T_{Körper}$ 15 T_{OK} 9
Basis: H 5 B 15 T 12,5 $H_{Rück}$ 13
Zapfloch: T 3 Dm 3,5
FO: im Hof der Ephorie
Aufstellung: unbekannt

B: Die konische Sonnenuhr ist auf der linken Seite des Schattenkreises derart gebrochen, dass weniger als die Hälfte des Zifferblatts erhalten ist, v. a. die rechte Seite des Stücks ist stark beschädigt. Während Front und Seiten sorgfältig geglättet wurden, ist die Rückseite nur grob bearbeitet. Auf dem Zifferblatt haben sich sieben Stunden- und drei Datumslinien erhalten, von denen die Linie des Meridians tiefer eingeritzt wurde als die anderen.

Die Form der Basis entspricht der von Rhodos 10. Wieder ist sie wie ein Parallelogramm mit schräger Vorderseite gearbeitet. Im Zentrum der Unterseite sind Spuren eines runden Zapflochs sichtbar, von dem aus eine eingetiefter Gußkanal auf die Rückseite des Stücks führt.
Inschrift: keine
Datierung: (spät-)hellenistisch
Literatur: unpubliziert

12.
AO/Inv. Nr.: Rhodos, A 1110
Typ/Mat.: S horizontal oder vertikal?/ lartischer Marmor
Maße: H 9 B 36,5 T 12
FO: unbekannt
Aufstellung: unpubliziert
B: Die Horizontaluhr ist auf allen Seiten stark bestoßen. Am unteren rechten Rand sind noch Überreste von fünf Linien zu sehen, die strahlenartig von einem Mittelpunkt ausgehen und an einer Linie enden, die einen Halbkreis beschreibt.
Inschrift: keine
Datierung: hellenistisch
Literatur: unpubliziert

13.
AO/Inv. Nr.: Rhodos, A 1111
Typ/Mat.: S konisch / lartischer Marmor
Maße: H 32 B 44 T 20 / Basis: H 5 B 22,5 T 20,5 /
Zapfloch: T 4,5 Dm 3,5
FO: unbekannt
Aufstellung: unbekannt
B: Die konische Sonnenuhr ist an beiden Enden des Schattenkreises derart gebrochen, dass nur die Linien der Stunden zwei bis elf erhalten sind. Drei Datumslinien kreuzen diese Linien, von denen nur der Meridian über die Sommerwendlinie hinausreicht. Der Schattenkreis ruht auf einem undekorierten, als gerade Fläche zurücktretenden Körper ohne Basis.

Die rückwärtige Seite ist unbearbeitet. In der Mitte der Unterseite befindet sich ein rundes Zapfloch.
Inschrift: keine
Datierung: hellenistisch
Literatur: vielleicht: Gibbs 1976, 3036 G.

14.
AO/Inv. Nr.: Rhodos, A 1112
Typ/Mat.: S sphärisch / lartischer Marmor
Maße: H 43,5 B 65 T 9 / Basis: H 1,5 B 35,5 T 17,5; Zapfen T 4 Seiten 5 × 8
FO: unbekannt
Aufstellung: unbekannt
B: Die Enden des Schattenkreises sind bestoßen, außerdem durchzieht ein tiefer Bruch etwa ein Viertel der rechten Seite des Zifferblatts der erhaltenen Uhr. Im Gegensatz zur Front sind ihre Ober- und Rückseite nur grob geglättet. Im Zentrum der Oberseite befindet sich eine runde Einlassung für den Gnomon. Das Zifferblatt lässt noch sieben Stundenlinien erkennen, die drei Datumslinien schneiden.

Der Körper der Uhr ist so gebrochen, dass der Schattenkreis fast bis auf die Unterkante des Fragments reicht.
Inschrift: keine
Datierung: hellenistisch
Literatur: unpubliziert

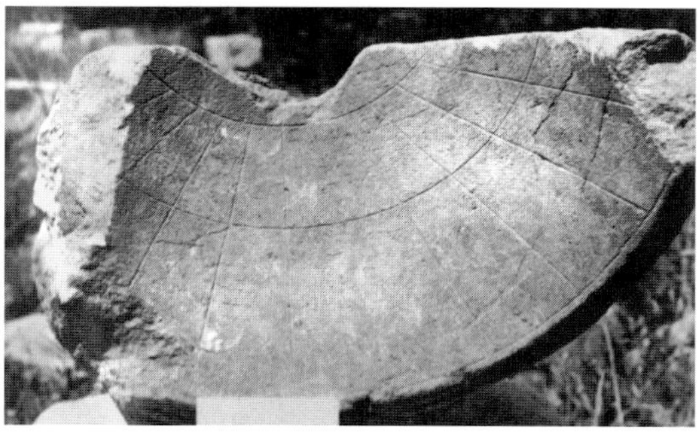
Rhodos 15

15.
AO/Inv. Nr.: Rhodos, Studienkollektion o. Nr.
Typ/Mat.: S konisch / weißer Marmor
Maße: H 22 T_{Basis} 10,2
FO: Mela Strasse bei Bauarbeiten 26.5.1966
Aufstellung: Wohnhaus?
B: Die konische Uhr gehört zu einer auf Kos und Rhodos häufig vertretenen Gruppe, deren tellerartiger, gut bearbeiteter Schattenkreis auf einem nur grob bearbeiteten Standfuß ruht, der in diesem Fall gebrochen ist. Es fehlt das äußerste linke Ende des Schattenkreises, sowie ein größeres Stück auf der rechten Seite, etwa von der neunten Stunde an. Das Gnomonloch ist ausgebrochen.

In die sorgfältig geglättete Oberfläche des Schattenkreises sind elf Stundenlinien akkurat eingetieft, die drei Datumslinien schneiden. Alle Stundenlinien gehen leicht über das Solstitium hinaus. Nur der Meridian reicht über die Winterwendlinie bis an das Gnomonloch.
Inschrift: keine
Datierung: hellenistisch
Literatur: Gibbs 1976, 3035 G.

16.
AO/Inv. Nr.: Rhodos, Archäologisches Museum, Studienkollektion
Typ/Mat.: S konisch / poröser grauer Kalkstein
Maße: H 32,7 B 46 T_{Basis} 21
FO: unbekannt
Aufstellung: unbekannt
B: Die Kontur der ungeglätteten Rückseite folgt der Form des Schattenkreises. Von den ursprünglich elf Stundenlinien haben sich zehn erhalten, nur die erste ist weggebrochen. Gibbs sah noch drei Datumslinien. Nur der Meridian setzt sich über die Winterwendlinie hinaus fort. Auf der Oberseite Hinweise auf ein rechtwinkliges Gnomon-loch, in dem sich Überreste von Blei befinden.
Inschrift: keine
Datierung: hellenistisch
Literatur: Gibbs 1976, 3034 G.

17.
AO/Inv. Nr.: Rhodos, A 1106
Typ/Mat.: S konisch / lartischer Marmor
Maße: H 23 B 30 T 34 / Basis: H 5 B 16 T_{max} 12,5
FO: im Hof der Ephorie

Aufstellung: unbekannt
B: Von der konischen Sonnenuhr fehlt auf ihrer rechten Seite etwa ein Viertel des Schattenkreises; außerdem weist sie Bestoßungen auf der Oberseite und am linken Ende des Schattenkreises auf. Im Zentrum der Oberseite befindet sich die Einlassung für den Gnomon.

Während das Zifferblatt sorgfältig geglättet wurde, sind Ober- und Vorderseite, sowie die Seitenflächen der Basis nur flüchtig bearbeitet. Die Rückseite der Basis steht in Bosse.

Vom Zifferblatt sind neun Stunden- und eine Datumslinie erhalten. Aufgrund des schlechten Zustandes der Oberfläche fallen die Linien nicht besonders gleichmäßig aus.

Die niedrige Basis ist undekoriert und ihre Vorderseite abgeschrägt. Auf der Unterseite der Basis befindet sich ein quadratisches Zapfloch mit T 2 und B 2,5.
Inschrift: keine
Datierung: frühkaiserzeitlich
Literatur: unpubliziert

18.
AO/Inv. Nr.: Rhodos, A 1107
Typ/Mat.: S konisch / lartischer Marmor
Maße: H 25 B 35 T 26 / Basis: H 5,5 B 21,5 T 11,5
FO: unbekannt
Aufstellung: unbekannt
B: Von der konischen Sonnenuhr fehlt auf ihrer rechten Seite etwa ein Viertel des Schattenkreises. Auf der Oberseite befindet sich eine beschädigte Vertiefung, die ursprünglich zur Befestigung des Gnomon diente. Der Schattenkreis ist in sieben erhaltene Stunden- sowie drei etwas tiefer eingekerbte Datumslinien unterteilt. Während das Zifferblatt, die gesamte Front und die vorderen Bereiche der Seitenflächen sorgfältig geglättet wurden, sind die rückwärtigen Seiten nur grob bearbeitet, die Rückseite völlig unbearbeitet.

Unterhalb des Zifferblatts tritt der Körper als schräge Fläche zurück, die von zwei halbrund geschnittenen Vertiefungen flankiert wird; vielleicht war hier dekorative Elemente in Stuck angesetzt.
Inschrift: keine
Datierung: frühkaiserzeitlich
Literatur: unpubliziert

19.
AO/Inv. Nr.: Rhodos A 1108
Typ/Mat.: S sphärisch / lartischer Marmor
Maße: H 32 B 21 T 20,5 / Basis: H 6,5 B 9 T 17
FO: unpubliziert
Aufstellung: unpubliziert
B: Erhalten ist nur der mittlere Teil des Zifferblatts und ein kurzes Stück der Basis, die Rückseite ist gebrochen. Den Schattenkreis gliedern sechs erhaltene Stundenlinien, die von zwei Datumslinien geschnitten werden. Die dritte Datumslinie fällt vermutlich mit dem Rand des Zifferblatts zusammen.

Der zur Schattenfuge hin abgeschrägte Körper der Uhr ist undekoriert und schwingt zur Basis hin als Rundung aus. Auf der Unterseite sind Reste eines Dübellochs zu erkennen.
Inschrift: keine
Datierung: frühkaiserzeitlich
Literatur: unpubliziert

20.
AO/Inv. Nr.: Rhodos, A 1109
Typ/Mat.: S sphärisch / lartischer Marmor
Maße: H 28 B 40 T 25 / Basis: H 4 B 20 T 19

FO: unbekannt
Aufstellung: unbekannt
B: Vom sphärisch geschnittenen Zifferblatt ist der Bereich der Stunden drei bis neun erhalten, in dem drei Datumslinien verlaufen. Die Stundenlinien setzen an der Winterwendlinie an und enden an der Sommerwendlinie, nur der Meridian reicht über diese hinaus.

Der niedrige Körper tritt bis an die Schattenfuge schräg zurück und ist undekoriert. Auf der Rückseite befindet sich eine quadratische Einlassung.
Inschrift: keine
Datierung: frühkaiserzeitlich
Literatur: unpubliziert

Riano

1. ^ Pompeji 29 ^ 30 ^ 32 ^ 36 ^ Todi 1
AO/Inv. Nr.: Rom, Museo Nazionale Romano, Studienkollektion, Inv. Nr. 12 55 96
Typ/Mat.: S sphärisch / weißer Marmor
Maße: H 49 B 46,5 T 35,5
FO: Riano, im Juni 1949
Aufstellung: unbekannt
B: Die Oberfläche dieser Uhr ist im oberen Bereich stark beschädigt, Gibbs erkannte noch Abschnitte von elf Stunden- und drei Datumslinien. Die dritte, sechste und neunte Stundenlinie weist besondere Markierungen auf, die Gibbs in einer Skizze darstellt. Offenbar sollen diese betont werden, so dass die Vierteilung des Tages leichter erfasst wird.

Unterhalb der Schattenfläche wird die Basis gegenüber dem Uhrenkörper von einem Rundstab abgesetzt, die Basis flankieren zwei Löwenbeine. Dazwischen(?) befindet sich ein rechtwinkliges Relieffeld.
Inschrift: keine
Datierung: 1. Jh. v. Chr.
Literatur: Gibbs 1976, 1016 G.

Rigomagus

1.
AO/Inv. Nr.: Bonn, Rheinisches Landesmuseum Inv. Nr. 15880 / CIL XIII 7800 = ILS 9363 = AE 1903, 139 = 1803, 280 Rigomagus
Typ/Mat.: Reparaturinschrift für *horolegium* / W ~ / Kalksteinplatte
Maße: unbekannt
FO: Kastell Remagen
Aufstellung: Hauptplatz?
B: Die Inschrift belegt die Reparatur einer öffentlichen Uhr – ungewöhnlich hier die Variante *horolegium* – zu Ehren des Kaisers Macrinus von einem Kohortenpräfekten namens Petronius Athenodorus der Cohors I Flavia, einer ursprünglich aus Spaniern zusammengestellten Truppe im Kastell Remagen. Alföldy vermutet, dass es sich bei Petronius um einen Orientalen handelt.

Der Hinweis auf die Unterbrechung der Stundenanzeige des aus Altersgründen reparaturbedürftigen Zeitmessers legt nahe, dass es sich um eine Wasseruhr handelt.
Inschrift: ---- Diadumeniano] | [[nobil[issimo Caesare]]] | sub c[ura] [----] | leg(ati) Au[g(usti) n(ostri)] pr(o) pr(aetore), agens Pe|tronius Athenodorus prae[f(ectus)] | coh(ortis) I Fl(aviae) horolegium ab ho|ris intermissum et vetus|tate co(n)labsum suis inpendi(i)s | restituit [[Imp(eratore) d(omino) n(ostro) Macrino Aug(usto) II co(n)s(ule)]].

„Zu Ehren des Kaisers Macrinus und des Caesars Diadumenianus: Unter dem Statthalter (der Provinz Germania Inferior) hat Petronius Athenodorus, der Präfekt der Cohors Flavia, ein Horologium, das aufgrund seines hohen Alters zusammengestürzt und dessen Stundenanzeige unterbrochen war, auf eigene Kosten wieder in Stand gesetzt als der Kaiser Macrinus zum zweiten Mal Konsul war."
Datierung: 218 n. Chr. (Inschrift nach Alföldy und Reparatur der Uhr) t. a. q. für die Aufstellung
Literatur: G. Alföldy, Die Hilfstruppen der römischen Provinz Germania Inferior, in: EpStud 6 (Düsseldorf 1968) 60 f. 114. 204, Nr. 126; M. Scholz, Cervesam commilitones non habunt quam rogo iubeas nutti: So lebten die römischen Soldaten, in: Badisches Landesmuseum (Hrsg.), Imperium Romanum: Roms Provinzen an Neckar, Rhein und Donau (Stuttgart 2005) 239 mit Abb.

Rom

1.
AO/Inv. Nr.: Rom, Basilica Aemilia
Typ/Mat.: Wasser(einlauf)uhr
Maße: s. B
FO: in situ
Aufstellung: in Taberna 9 (?), Forum Romanum
B: Plinus nat. 7, 215 berichtet davon, dass P. Cornelius Scipio Nasica während seiner Amtszeit als Censor eine überdachte Wasseruhr aufstellen liess. Da alle von Plinius in dieser Passage erwähnten Gebäude sich auf dem Forum Romanum befinden, muss der Zeitmesser hier aufgestellt gewesen sein. Weitere Nachrichten zu diesem Instrument finden sich bei Varro, l. l. 6 und Censorius, 23,7. (zur Diskussion hier auch Kapitel VIII 2).

Diese Aufstellung des Jahres 159 v. Chr. bringt Freyberger mit dem Befund in der Taberna 9 der als Basilica Aemilia bezeichneten Baustruktur in Verbindung, deren Boden durchgängig ein hydraulischer Mörtel bedeckt. Unklar bleibt, wie die Uhr in dem Raum konstruiert und aufgestellt gewesen sein soll. Freyberger nimmt an, dass sich in dem Raum verschiedene miteinander kommunizierende Tanks befanden. Der einheitliche Fußbodenbelag, auf dem Luftbildaufnahmen aus dem Anfang des 20. Jhs. keine Spuren weiterer Installationen erkennen lassen, ist mit dieser Interpretation aber nicht zu vereinbaren. Eher wäre vorstellbar, dass der Raum selbst als Druckwasserbehälter für eine Anzeige diente, die außerhalb der Taberna montiert war.

Die Taberna 9 befindet sich neben einem der Zugänge zum Innern der Basilica und an deren westlichen Ende, also in unmittelbarer Nähe von Rostra und Comitium.

Obwohl die Lokalisierung der Wasseruhr in der Taberna 9 aus archäologischer Sicht vage bleibt, so ist der Zeitpunkt der Errichtung des Zeitmessers auffällig. Seit dem Jahr 169 v. Chr. residiert der Stadtprätor im südlichen Bereich der Basilica Aemilia, wo nun ein Tribunal und ein Brunnen, das sog. Puteal Scribonianum, eingerichtet werden. Auch dieser Standort würde also sowohl die technischen wie funktionalen Voraussetzungen für die zehn Jahre spätere Errichtung des Zeitmessers bieten.

Zurückzuweisen ist die von Freyberger 2007, 510 Abb. 18 angedeutete Einbeziehung einer Sonnenuhr in die Fassadengestaltung des Obergeschosses der Basilika: Weder finden sich unter dem archäologischen Material für diese Positionierung Parallelen, noch in den Schriftquellen Hinweise auf eine Sonnenuhr in diesem Bereich eines Gebäudes.
Inschrift: keine
Datierung: 159 v. Chr.
Literatur: Freyberger 2007 (mit früherer Literatur); zur Laufbahn des Stifters T. R. Shannon, The Magistrates of the Roman Republic Bd. 1 (Cleveland 1968) 438.

Rom 2

2.^ Delos 21
AO/Inv. Nr.: Rom, Nationalmuseum, verschollen
Typ/Mat.: S vertikal / Marmor
Maße: Gibbs k. A.
FO: unbekannt
Aufstellung: unbekannt
B: Die Uhr besteht aus einer flachen Marmorscheibe, in die beiderseits Zifferblätter eingeritzt wurden, indem die Stunden des Vormittags auf die eine und die des Nachmittags auf die Gegenseite verteilt wurden. Datumslinien schneiden jeweils diese Stunden.

Statt des üblichen Gnomon wurde hier nahe des oberen Randes ein ovales Loch durch die Scheibe gebohrt, so dass der Lichtstrahl in der Art der Uhren der sphärischen Variante die Zeit anzeigt.
Inschrift: keine
Datierung: Anfang 1. Jh. v. Chr.
Die Datierung beruht auf der engen Verwandtschaft mit Delos 21.
Literatur: Gibbs 1976, 5024.

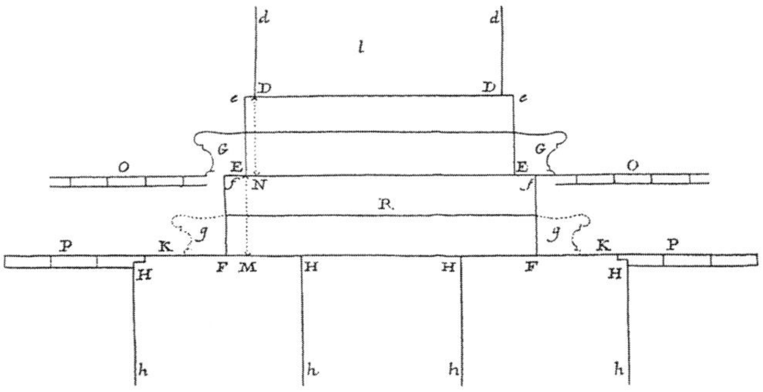

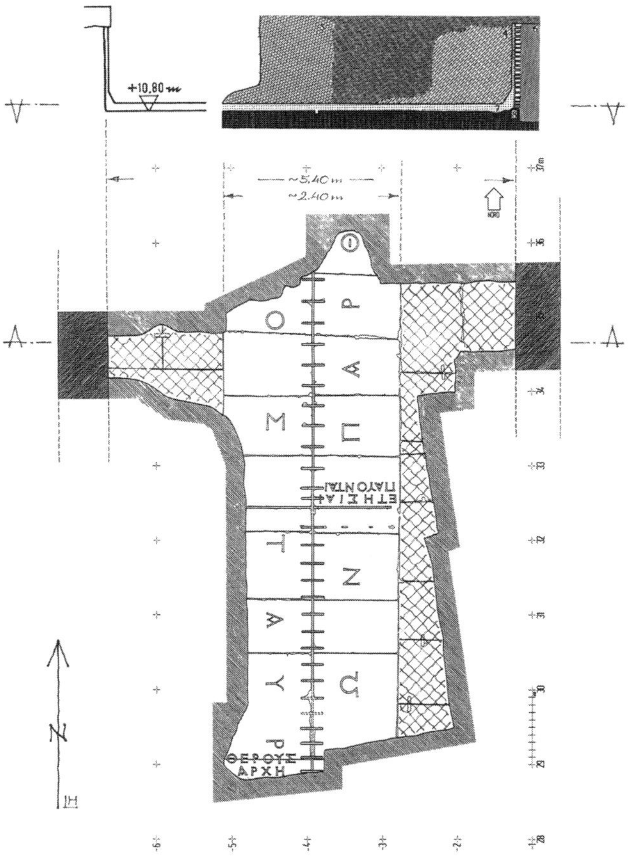

Rom 3.1–3.2

3.

AO/Inv. Nr.: Rom, Piazza Montecitorio (Obelisk seit 1792); Sockel und Liniennetz: in situ; Pyramidion (nicht sicher zugehörig): Rom, Kapitolinische Museen = Helbig[4] II Nr. 1578 und 1581
Typ/Mat.: S horizontal / Liniennetz: Marmor mit Bronzeeinlagen; Obelisk: Assuan-Granit
Maße: Sockel B und Tiefe jeweils: ca. 7,50 m Gesamthöhe: 31 m Länge Meridian: ca. 62 m
FO: Via Campo Marzio 48
Aufstellung: Marsfeld
B: Der riesige Zeitmesser auf dem Marsfeld besteht aus zwei räumlich getrennten Elementen: dem als Gnomon dienenden Obelisken, sowie der Skala. Das Verständnis von diesem Instrument wurde in der Forschung lange Zeit durch die Arbeit Buchners bestimmt, dessen Aussagen jedoch in den vergangenen Jahren v. a. von Schütz mathematisch widerlegt und zuletzt von Heslin umfassend geprüft und zurückgewiesen wurden. Die aufgrund des archäologischen Befundes gewonnenen Informationen erweitert maßgeblich die ausführliche Nachricht des Plinius nat. 36, 72 f., deren Wortlaut deshalb im Anschluss an die B hier wiedergegeben wird. Im Folgenden steht die zusammenfassende Vorstellung des Befundes im Vordergrund, die der Abfolge seiner Einzelelemente folgt – dem Sockel und dessen Unterbau, der Basis mit Inschrift, den Füßen sowie dem Obelisken und dem Pyramidion:

Die Überreste des Zeitmessers wurden erstmals 1748 bei Abbrucharbeiten von Häusern im Bereich des Marsfeldes freigelegt, an die sich Ausgrabungen im päpstlichen Auftrag anschlossen. Bereits 1792 wurde der rekonstruierte Obelisk in der Nähe seines ursprünglichen Standortes wiederaufgerichtet. So bilden Granitpfeiler und zugehörige Basis bis heute das Zentrum der Piazza Montecitorio vor dem italienischen Parlament, während aufgrund der dichten Bebauung des Viertels die Beurteilung des ursprünglichen Standorts und somit auch des Unterbaus des Obelisken einzig auf den Nachrichten des 18. Jhs. beruht.

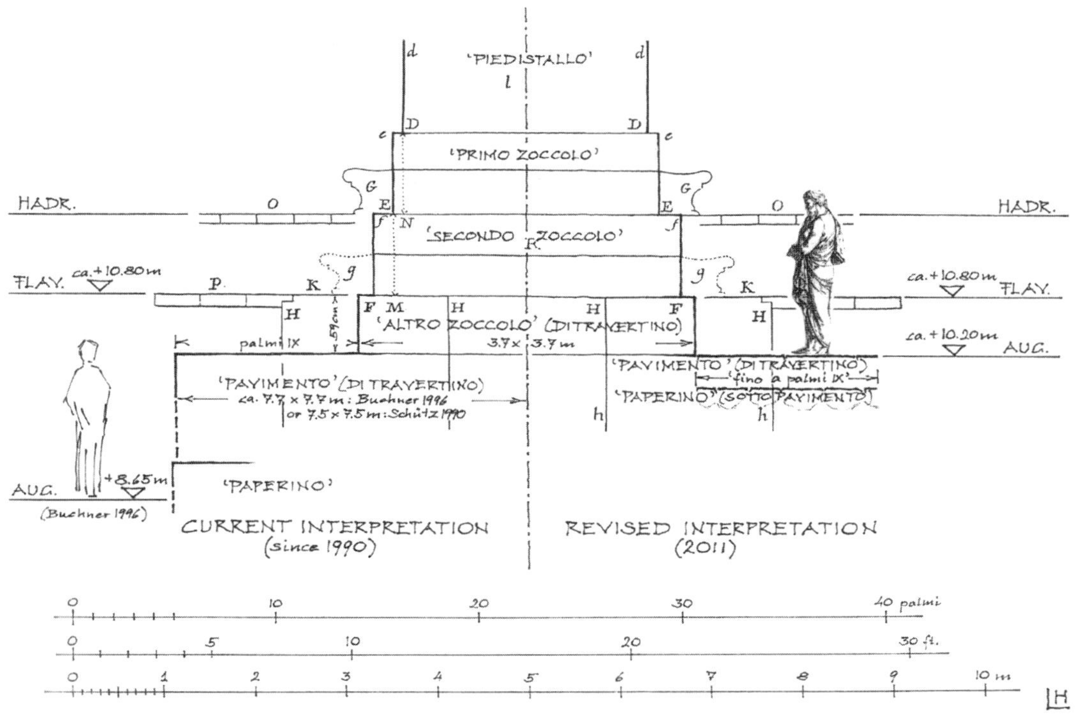

Rom 3.3

Die Informationen zum Aufbau des Sockels, zu seiner Fundamentierung sowie zum genauen Fundort sind widersprüchlich und werden in der modernen Forschung abweichend beurteilt; nach den Arbeiten von Schütz und Heslin a. O. 6–8 stellt sich die Situation folgendermaßen dar:

Eine Ansicht der Fundsituation des Sockels ist in zwei zeitgenössischen Zeichnungen überliefert. Obwohl diese teilweise nur eingeschränkt dokumentarische Qualität aufweisen und in zahlreichen Details voneinander abweichen, stimmen sie darin überein, dass der Unterbau in mehrere Stufen gegliedert war. Während Stuart von zwei Stufen berichtet, beobachtet de Marchis (vgl. Schütz a. O. 440) noch drei weitere, die sich aus sechs Travertinblöcken zusammensetzen und in der obersten Lage eine Seitenlänge von 3,70 m haben. An diese schließt sich seinem Bericht nach eine zweite mit einer Seitenlänge von 7,50 m an. Unterhalb dieser Schicht befand sich eine dritte, die er als Paperino-Stein bezeichnet, die wiederum untrennbar mit dem Fundament verbunden war. Bis auf diese beiden untersten Lagen wurden alle anderen im Zuge der Arbeiten entfernt. Bandini zitiert Pomponius Laetus, eine Quelle des 15. Jhs., in der von einem insgesamt siebenstufigen Unterbau berichtet wird. In der Gegenüberstellung der Nachrichten von Stuart und de Marchis wird deutlich, dass Buchners Rekonstruktion des Unterbaus mit nur zwei Stufen eindeutig zu niedrig veranschlagt wurde, ob der Bereich aus drei (oder sieben?) Stufen bestand, muss jedoch letztlich offen bleiben. Die Achse dieser Überreste war nach Stuart um 15 Grad gegenüber der Nordrichtung gedreht. Die genaue Lage dieser Fundamentreste ist heute archäologisch nicht bekannt.

Über diesem Unterbau legten die frühen römischen Grabungen eine zugehörige Basis frei, auf deren Ost- und Westseite sich wortgleich die lateinische Stiftungsinschrift des Augustus befindet, vgl. unter Inschrift 2.

Ob – wie Buchner vermutete – sich zwischen Unterbau und Obelisk tatsächlich Füße befanden, ist letztlich nicht auszuschließen, aber eher unwahrscheinlich: Während die heute noch in ihrer antiken Aufstellung gesicherten Obelisken in Istanbul und auf dem Petersplatz Füße aufweisen, erwähnen die Berichte des 18. Jhs. das Element für den Obelisken auf dem Marsfeld nicht. Da die Grabungen Sockel wie Obelisk trafen, kann dieses Zwischenglied ihnen wohl kaum entgangen sein.

Auf diesem mehrgliedrigen Unterbau war der Obelisk errichtet: Er ist aus Assuan-Granit gearbeitet und wurde während der Regierungszeit Psammetich II. (594–589 v. Chr.) erstmals in Heliopolis aufgestellt. Seine vier Flächen sind durchgängig mit Hieroglyphen beschriftet.

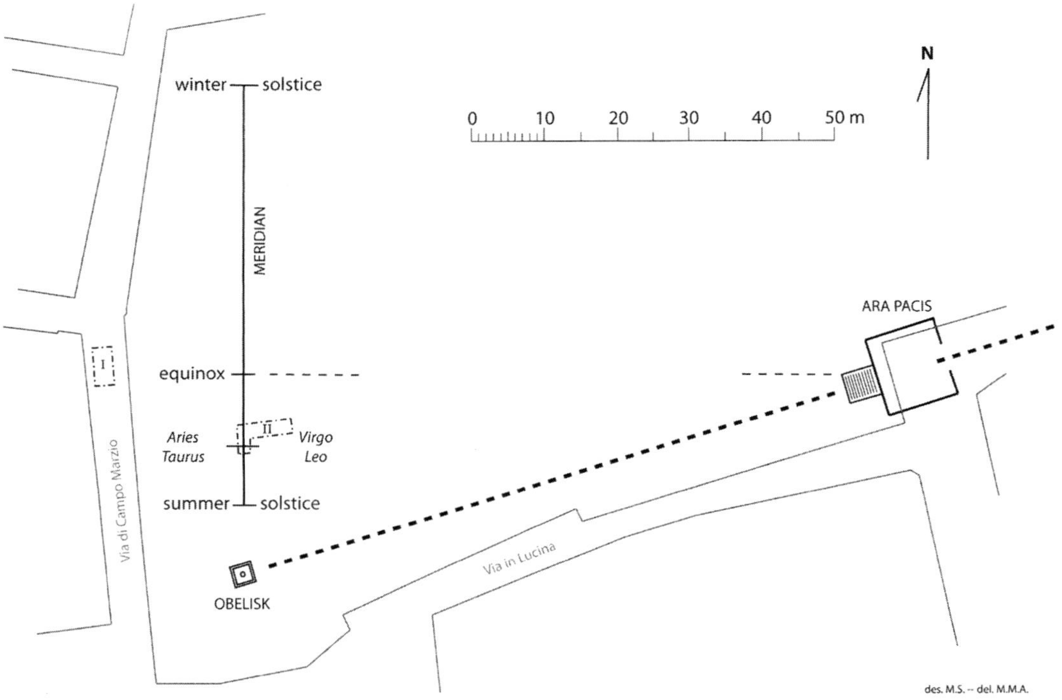

Rom 3.4

Für die neuzeitliche Wiederaufstellung wurde der Obelisk aus fünf Bruchstücken auf die Höhe von 21,79 m rekonstruiert. Ein Fragment war zu diesem Zeitpunkt derart beschädigt, dass statt dessen ergänzend Material von der Säule des Antoninus Pius und der Faustina eingesetzt wurde, vgl. auch C. D'Onofrio, Gli obelischi di Roma (Rom 1965) 289.

Plinius berichtet, dass eine vergoldete Kugel den Abschluss des Obelisken gebildet habe, die auch zur Erhöhung der Messgenauigkeit des Instruments diene. Buchner weist dem Monument eine Bronzekugel mit stiftartigem, im Querschnitt pyramidalem Aufsatz zu, die heute in den Kapitolinischen Museen aufbewahrt wird (G. Buchner, Horologium solarium Augusti, in: M. Hofter (Hrsg.), Augustus und die verlorene Republik. Ausstellungskatalog Berlin (Berlin 1988) 241–245 Kat. Nr. 11). In den Grabungsberichten des 18. Jhs. ist von diesem Element keine Rede. Die Zuweisung ist auch deshalb unwahrscheinlich, weil der hohe Materialwert der (hohlen) Bronzekugel mit einem Durchmesser von 80 oder mehr Zentimetern, spätestens im 8. Jh. n. Chr., als der Obelisk umstürzte, sicherlich zu ihrer Wiederverwendung geführt hätte. Außerdem bezeichnet Plinius die Kugel als „vergoldet" – eine Formulierung, die Buchner a. O. 244 mit Blick auf die kapitolinische Kugel auf Oxidationsprozesse von Bronze bezieht. Aufgrund der ansonsten detailgetreuen Überlieferung des Plinius ist vielmehr von einer heute verlorenen, ursprünglich vergoldeten Bronzekugel als Abschluss des Obelisken auszugehen – die Kapitolinische Kugel würde dann das Pyramidion eines anderen Obelisken sein.

Die bisherige Zusammenführung der Informationen zeigt, dass der Aufbau des monumentalen Zeigers weitgehend gesichert ist, während seine rekonstruierte Höhe als Näherungswert anzusehen ist.

Erst nach der Veröffentlichung von Buchners Interpretation des Obelisken als Zeiger einer monumentalen Sonnenuhr, deren Zifferblatt sich ihm zufolge über eine Fläche von umgerechnet vier Fußballfeldern erstreckte, setzte die feldarchäologische Suche nach diesem Liniennetz unter der Leitung von F. Rakob ein. Er legte 1980 im Keller des Hauses in der Via Campo Marzio 48 auf einer Länge von 6. 60 m einen Abschnitt einer Skala frei, die in Bronze in ein Pflaster aus Travertinplatten eingelassen war. Die Zugehörigkeit von Obelisk und Befund wurde sofort durch die außerordentliche Größe der Skala nahegelegt.

Diese besteht aus einer in Nord-Südrichtung verlaufenden Linie, die 27 Querstriche in von Süden nach Norden zunehmenden Abständen kreuzen. Beiderseits der Skala befinden sich Fragmente von 23 cm hohen griechischen Buchstaben, die zu den Bezeichnungen der Tierkreiszeichen Löwe/Jungfrau bzw. Stier/Widder zu ergänzen sind. Außerdem kennzeichnet die Beischrift entlang eines längeren Querstrichs diese Markierung als Zeitpunkt, an dem die Etesien enden. Eine weitere markiert den Sommeranfang.

Weder Bohrungen noch Suchgrabungen erbrachten in späteren Kampagnen den Nachweis für weitere Teile des Zifferblatts, so dass mit Sicherheit nur eine, von Norden nach Süden verlaufende Messlinie dem Monument sicher zugewiesen werden kann – das deshalb als Meridian und nicht als Sonnenuhr gedient haben muss.

Schütz gelang die Rekonstruktion dieses Meridians und die Bestimmung des Aufstellungsortes des zugehörigen Gnomon auf mathematischem Weg (s. u.), indem er den freigelegten Abschnitt der Linie mit astronomischen Gesetzmäßigkeiten in Beziehung setzte. Aus seinen Berechnungen folgt, dass das Zentrum des Obelisken ursprünglich 17.50 m südlich der Grenzlinie Löwe – Jungfrau lag. Die auf der Skala gekennzeichneten Daten, das Ende der Etesien und der Sommeranfang, betreffen den 23./24. August bzw. den 7./8. Mai. Die waagerechten Querstriche auf der Skala beziehen sich auf die 360 Grad-Einteilung des Zodiakos und nicht auf eine Tagesgliederung. Der monumentale Meridian zeigt also Mittagspunkt und Nordrichtung sowie eine Mischung von astrologischen, astronomischen und klimatischen Terminen im Sonnenjahr an (Schütz a. O. 433–435).

Unsicherheiten entstehen in Schütz Berechnungen aufgrund der ungesicherten Höhenrekonstruktion des Gnomon sowie der Tatsache, dass der freigelegte Abschnitt der Skala um 1,60 m höher liegt als das Niveau augusteischer Zeit, auf dem außer eventuell zugehörigen Bettungen keine Hinweise auf eine Skala gefunden wurden. Da bereits bei Plinius von der ungenauen Anzeige des Gnomon die Rede ist, die er nicht auf fehlerhafte Berechnungen des Facundus Novius, sondern die regelmäßigen Überschwemmungen im sumpfigen Gebiet des Marsfeldes zurückführt (vgl. G. L. Aldrete, Floods of the Tiber in Ancient Rome (Baltimore 2007) 41), erklärte Buchner den Niveauunterschied mit einer Restaurierung der Skala.

Nach Vorlage der Fundkeramik aus flavischer Zeit (vgl. F. Rakob, Die Urbanisierung des nördlichen Marsfeldes: Neue Forschungen im Bereich des Horologium Augusti, in: L'urbs: Espace urbain et histoire. Actes du colloque internat. organisé par le Centre National de la Recherche scientifique et l'Ecole Française de Rome (Rom 1987) 700), der besseren chronologischen Zuordnung der Niveaus in diesem Gelände sowie der Tatsache, dass der im Jahr 79 n. Chr. verstorbene Plinius zwar von beträchtlichen Messfehlern, nicht aber von einer Reparatur des Instruments berichtet, muss es als gesichert gelten, dass die Maßnahme in domitianische Zeit fällt. Dabei wurden die Materialien des augusteischen Meridians, also Buchstaben und Travertinblöcke, wiederverwendet, so dass diese für den Umbau keine chronologischen Anhaltspunkte liefern.

Die Funktion des Messinstruments als Meridian, aber nicht als Stundenuhr, bestätigen darüber hinaus die unabhängig von Schütz entstandenen Überlegungen von E. Rodríguez-Almeida: Er nutzte die Lage zweier Cippi, von denen der eine aus vespasianischer, der andere aus hadrianischer Zeit stammt, um die Grenze des Pomeriums nachzuweisen. Sie verläuft quer zum westlichen Teil jener Fläche, die Buchner für das Zifferblatt der Sonnenuhr veranschlagt, so dass für die flavische Erneuerungsphase seine Interpretation des Befundes als monumentale Sonnenuhr mit Sicherheit auszuschließen ist. Dasselbe gilt m. E. auch für die augusteische Phase des Zeitmessers, weil trotz intensiver Bemühungen archäologisch keine weiteren Bestandteile nachgewiesen werden konnten und Plinius dessen Funktion eindeutig als Instrument zur Erfassung der Tageslänge im Jahresverlauf beschreibt – und keine Stundenlinien oder Tageszeiten erwähnt.

Bereits Stuart wies darauf hin, dass Unterbau und Obelisk um 15, den neueren Berechnungen zufolge wohl eher um 18 Grad von der Nordrichtung abweicht. Außerdem ergab der von Schütz und Schaldach a. O. 2001, 90–92 neu ermittelte Standort des Zeigermonuments, dass dessen Mittelachse mit jener der benachbarten Ara Pacis zusammenfällt. Somit sind die früheren Thesen Buchners, der die Beziehung beider Monumente als astrologische Anspielung auf den Geburtstag des Augustus verstand und davon weitreichende Interpretationen ableitete, aufgrund des neuen Standorts des Obelisken nicht haltbar.

Das Ende der Nutzung des Meridians legt die Überbauung der Skala mit einem um 200 n. Chr. errichteten Wasserbecken fest.

Inschrift: 1. entlang der Seitenflächen des Obelisken Hieroglyphen

2. gleichlautend auf der Ost- und Westseite der Basis, CIL VI 701 bzw. 702:

Imp. Caesar divi f. | Augustus | : pontifex maximus, | imp. XII, cos. XI, tr. pot XIV | Aegypto in potestatem | populi Romani redacta | Soli donum dedit

„Imperator Caesar Augustus Sohn des vergöttlichten (Caesar) Pontifex Maximus, Imperator zum 12. Mal, Konsul zum 11. Mal, Inhaber der tribunizischen Gewalt zum 14. Mal, nachdem Ägypten unter die Gewalt des römischen Volkes gebracht worden war, gab er (diesen Obelisken) der Sonne/dem Sol als Geschenk."

vgl. G. Alföldy, Der Obelisk auf dem Petersplatz in Rom: Ein historisches Monument der Antike, *SB Heidelberg 1990.

3. entlang der Skala:

Westseite N > S:	[κρι]ός, ταῦρ[ος]
Ostseite S > N:	[λέ]ων, παρθ[ένος]
Westseite nach N:	θέρους | ἀρχή
Ostseite nach S:	ἐτησίαι | παύονται

IGUR IV 1647; SEG 30. 1195

Quelle: Plin. n. h. 36, 72 f.:

Ei [obelisco], qui est in campo, divus Augustus addidit mirabilem usum ad deprehendendas solis umbras dierumque ac noctium ita magnitudines, strato lapide ad longitudinem obelisci, cui par fieret umbra brumae confectae die sexta hora, paulatimque per regulas, quae sunt ex aere inclusae, singulis diebus descresceret ac rusus augesceret, digna cognitu res, ingenio Facundi Novi mathematici.

is apici auratam pilam addidit, cuius vertice umbra colligerentur in se ipsam, alias enormiter iaculante apice, ratione, ut ferunt, a capite hominis intellecta.

haec observation XXX iam fere annis non congruit, sive solis ipsius dissono cursu et caeli aliqua ratione mutate sive universa tellure a centro suo aliquid emote (ut deprehendi et aliis in locis accipio) sive urbis tremoribus ibi tantum gnomon intorto sive inundationibus Tiberis sediment molis facto, quamquam ad altitudinem inpositi oneris in terram quoque dicuntur acta fundamenta.

„Dem Obelisken auf dem Marsfeld gab der göttliche Augustus die bemerkenswerte Verwendung, die Schatten der Sonne – und so auch die Länge der Tage und Nächte – zu erfassen, auf einem der Größe des Obelisken entsprechenden Steinpflaster, dem der Schatten am Tag der Winterwende zur sechsten Stunde gleich werden und allmählich längs eines Massstabes aus eingelegter Bronze von Tag zu Tag abnehmen und wieder zunehmen sollte, dieser Einfall ist das Ergebnis einer ingeniösen Erfindung des Mathematikers Facundus Novius.

Er fügte der Spitze eine vergoldete Kugel hinzu, durch deren Scheitel der Schatten in sich selbst gesammelt werden sollte, da die Spitze sich sonst unregelmäßig bewegen würde, eine Erkenntnis, die er, wie es heisst, vom Kopf des Menschen gewonnen habe.

Wie auch immer, diese Anzeigen stimmten seit ca. 30 Jahren nicht mit dem Kalender überein; entweder ist der Lauf der Sonne selbst außer der Reihe oder etwas hat sich im Verhalten der Himmelsgestirne etwas verändert, oder die Erde hat sich aus der dem Zentrum bewegt. Ich hörte davon, dass dieses Phänomen sich auch an anderen Orten ereignet hat. Es könnte auch sein, dass ein lokales Beben den Gnomon verrückt hat, oder die Maße hat sich aufgrund der Überschwemmungen des Tiber abgesenkt, trotz der Tatsache, dass seine Fundamente so weit in die Erde getrieben wurden wie der Obelisk auf der Spitze hoch ist."

Datierung: 10.12.10 – 9.12.9 v. Chr. für die Aufstellung in Rom nach Basisinschrift (nach Amtsjahr der Volkstribunen) – damit der erste von Ägypten nach Rom transportierte Obelisk überhaupt (gleichzeitig mit dem vom Circus Maximus); Reparatur: kurz nach 79 n. Chr., ca. 81–96 n. Chr.; Erstaufstellung in Heliopolis unter Psammetich II. (595–589 v. Chr.); Aufgabe des Meridians ca. 200 n. Chr.; Obelisk stand bis ins 8. Jh. n. Chr. aufrecht

Literatur: E. Rodríguez-Almeida, Il campo marzio settentrionale: solarium e pomerium, RendPontAc 51/52, 1978–1980, 195–212; E. Buchner, Die Sonnenuhr des Augustus. Nachdruck aus RM 1976

und 1980 und Nachtrag über die Ausgrabung 1980/81 (Mainz 1982); E. Della Riccia, Tornata alle luce la meridiana di Augusto, StrennaRom 46, 1985, 149–156; G. Buchner, Horologium solarium Augusti, in: M. Hofter (Hrsg.), Augustus und die verlorene Republik. Ausstellungskatalog Berlin (Berlin 1988) 241–245 Kat. Nr. 110; Schütz 1990, 432–457; E. Buchner, Neues zur Sonnenuhr des Augustus, NüBlA 10, 1993/94, 77–84; Schaldach 2001, 78–93; Lohmann 2002, 43–60; R. M. Schneider, Nicht mehr Ägypten, sondern Rom. Der neue Lebensraum der Obelisken, StädelJb 19, 2004, 155–179; F. W. Maes, Die Sonnenuhr des Kaisers Augustus: Aufstieg und Niedergang einer Hypothese, Deutsche Gesellschaft für Chronometrie Jahresschrift 2005, 168–184; P. Heslin, Augustus, Domitian and the So-Called Horologium Augusti, JRS 97, 2007, 1–20.

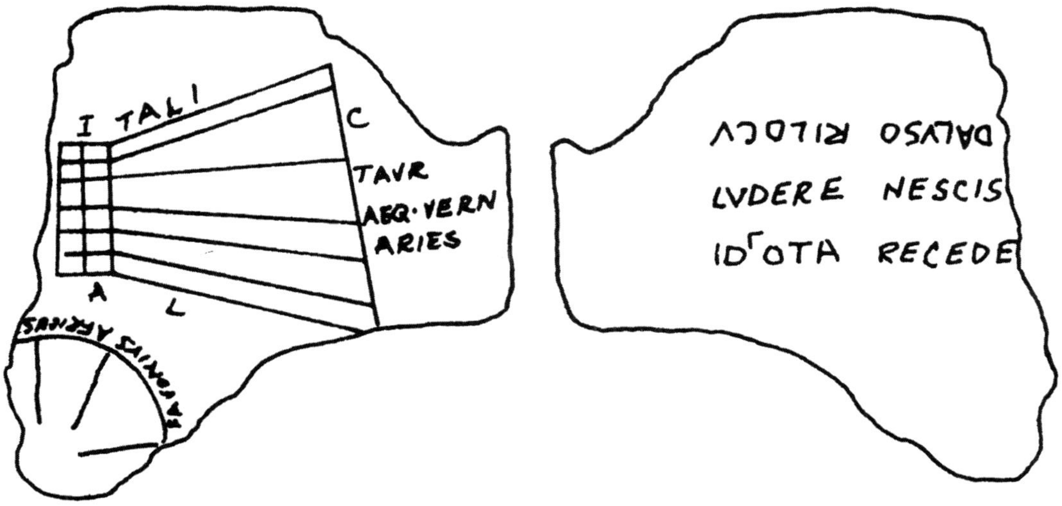

Rom 4

4.

AO/Inv. Nr.: unbekannt

Typ/Mat.: S horizontal / Marmor

Maße: unbekannt / Fragment

FO: Mausoleum des Augustus, Februar 1883

Aufstellung: Wohnhaus ~

B: Die entlang der Ränder bestoßene Marmorplatte diente auf der einen Seite als Sonnenuhr, auf der anderen als Spielbrett. Beide Seiten tragen Inschriften: Von der Sonnenuhr sind sieben Stunden und drei Datumslinien erhalten, an deren Endpunkten lateinische Beischriften Wendedaten, Äquinoktien und Zodiakalstationen ausweisen. Unterhalb des Meridians ist außerdem ein Viertelkreis von einer getrennt angeordneten Windrose mit zwei Windnamen erhalten.

Die sekundäre Verwendung der Marmorplatte als Spielbrett und der Typus der horizontalen Sonnenuhr machen deutlich, dass sie nicht zur ursprünglichen Ausstattung des Augustus-Mausoleums gehörte. Vielmehr legen die Kontexte anderer Uhren dieser Art ihre Aufstellung im Bereich eines Wohnhauses im ausgehenden 1. Jh. n. Chr. nahe. Der Fundort der Spolie ist wahrscheinlich Folge einer erneuten, möglicherweise sogar neuzeitlichen Wiederverwendung.

Inschrift: im Bereich der Sonnenuhr:

[solst]itali[s] | aeq[uinoctialis] | vern[alis] | [brum]al[is] | g[emini] | taur[us] | aries

im Bereich der Windrose: Favonius Africus

Datierung: spätes 1. Jh. v. Chr.

Literatur: Atti della Reale Accademia dei Lincei 11, 1883, 127 (Zeichnung); Gibbs 1976, 4010 mit Skizze.

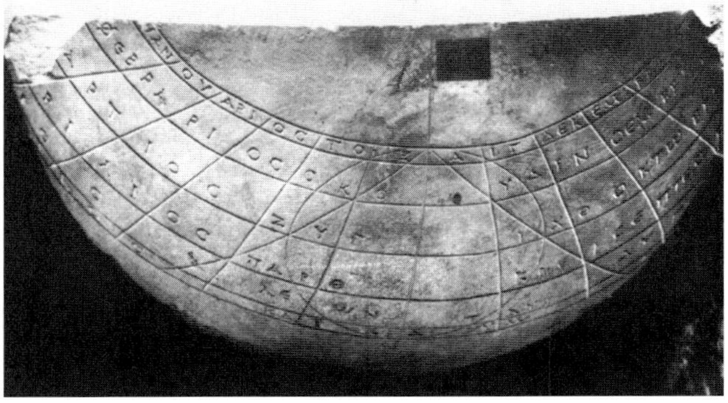

Rom 5

5.

AO/Inv. Nr.: Rom, Vatikanische Museen, Galleria dei Candelabri Inv. Nr. II 90 24 39
Typ/Mat.: S hemisphärisch / lunensischer Marmor
Maße: H 25,6 B 51,3 T 23
FO: Via Palombara, Esquilin 1805
Aufstellung: in den hortis Palombara (?)
B: Der rechtwinklige Block, in dessen Oberseite eine sphärische Form eingetieft ist, weist auf der Vorderseite Bruchkanten auf. Dieses Merkmal, das in auffälligem Gegensatz zu der ansonsten sorgfältigen Bearbeitung steht, sowie das Fehlen eines Gnomonlochs führte Gibbs zu der wohl zutreffenden Vermutung, dass der vordere Teil der Hemisphäre fehlt. Den sorgfältig geglätteten Schattenkreis gliedern elf Stundenlinien, die sieben Tageslinien schneiden. Nur der Meridian wurde über die erste Tageslinie hinaus fortgesetzt. Jeweils oberhalb der zweiten bis siebten Tageslinie befindet sich eine Beischrift, die paarig Monatsnamen und Zodiakalzeichen – diese überwiegend abgekürzt – angibt.

Eine Besonderheit der Uhr ist die Angabe eines Kreises, dessen Mittelpunkt mit dem Schnittpunkt von Meridian und Äquinoktiallinie zusammenfällt und dessen Radius sich aus dem Abstand zur ersten bzw. letzten Tageslinie ergibt – eine Figur, die Gibbs als den von Vitruv überlieferten menaeus interpretiert. Darüber hinaus begrenzt eine Dreiecksfigur wie an Delos 19 und Prosymna 1 diesen Bereich, sie zeigt die Zunahme des Tageslichts von der Winter- zur Sommerwendlinie hin an.
Inschrift: Oberhalb der Tageslinien Beischriften nach IGUR IV 1645:

ἰανουάριος τοξ(ότης) αἰγ(όκερως) δεκέμβριος | φεβράριος σκό(ρπιος) ὑδρ(οχόος) νοέμβριο[ς] | [μ]άρτιος ζυγ(ός) ἰχθ(ύες) ὀκτώβρι[ος] | [ἀπ]ρίλιος παρθ(ένος) κρει(ός) σεπτέμβ[ριος] | [μα]ίος λέων ταῦρ(ος) ἀυγο[ῦστος] | [ἰούν]ιος καρκῖ(νος) δίδυμ(οι) ἰ[ούλιος]

Datierung: Die Nennung des Monats August liefert den t.p.q. 8 v. Chr. für die Uhr.
Literatur: IG XIV 1307 (mit Zeichnung); CIG III 6179; S. Piale, Memorie Enciclopediche Romano 5 (1805) 102–109 (mit Zeichnung); Gatty 1900, 34–35; Diels 1920, 168–170; G. Lippold, Die Skulpturen des Vatikanischen Museums. Galleria dei Candelabri 2 (Berlin 1956) 223 Nr. 90 Taf. 102; Gibbs 1976, 1068 G, 188 Taf. 15.

6.

AO/Inv. Nr.: Stockholm, Nationalmuseum NM Sk 237 / CIL VI 10237 = CIL XIV 417 = AE 2007, 183
Typ/Mat.: Stiftung *horologium* / S ~/ Marmor
Maße: H 79,5 B 37–37,5 T 23
FO: nahe der Via Labicana
Aufstellung: Nekropole?~
B: Die Inschrift befindet sich auf einer rundum profilierten, großen Giebelstele, deren Enden Voluten schmücken. Im Zentrum des Giebelfelds ist eine bulla eingestellt. Im unteren Teil befindet sich abgesetzt von der hier besprochenen Bauinschrift ein carmen.

Thomasson bezieht die in der Inschrift aufgeführten Bauelemente, zu denen auch ein *horologium* gehört, auf die Ausstattung einer Parkanlage, innerhalb derer die ustrina lagen.
Inschrift: TT(iti) Coccei Gaa et | patiens quaest(ores) III | mensam quadratam in trichil(a) | abacum cum basi horologium | labrum cum fulmentis marmor(eis) | put<e=U>al{e} crustas supra parie-

tem | itineris medi cum tegulis columel/lam sub horologio Tiburtina(m) | protectum ante porticum truti|nam et pondera d(e) d(ecurionum) s(ententia) posuerunt | et locum post maceriam ulteriorem | emendum ustrinasque de consaepto | ultimo in eum locum traiciendas et | iter ad eum locum ianuamque bene|ficio et liberalitate T(iti) patroni faci|enda curaverunt | idemque vitium pomorumq(ue) et florum | viridiumque omnium generum | seminibus ea loca quae T(itus) p(atronus) decuri|onibus suis adtribuerat ex pecu|nia publica adornaverunt | Sisenna Tauro L(ucio) Scribonio Libone co(n) s(ulibus) | impensae causam titulum qui perlegis audi | et iustam quaeso pietatis percipe curam | qui(bu)s vera ut cupiant concorde vivere mens est | hos animos spectent atq(ue) haec exempla sequantur | haec loca dum vivent libeat bene cuncta tueri | post obitumq(ue) suum tradant tum deinde futuris | ne deserta vacent ignotis devia busta | sed tuta aeterno maneant si dicere fas est.
Übersetzung nach Thomasson 2007, 34:

(Z. 1–27) „(Die Freigelassenen) Titus Cocceius Gaia und Titus Cocceius Patiens, zum dritten Mal Quästoren, (haben) mit Genehmigung der Dekurionen einen viereckigen Tisch in der Laubhütte, den Prunktisch mit Basis, die Uhr, das Marmorbecken mit Stützen, die Brunneneinfassung, die Marmorplatten an der mittleren (od. Haupt-)Strasse, die kleine Travertinsäule unter der Uhr, das Wetterdach vor dem Portikus, die Waage und die Gewichte aufgestellt und den äußeren Platz, hinter der Mauer, kaufen lassen und die Leichenbrandstätten von der äußersten Umzäunung nach diesem Platz versetzen und dank der Freigebigkeit des Patron Titus den Weg zu diesem Platz und den Eingang bauen lassen. Sie haben auch diese Plätze, die der Patron Titus seinen Dekurionen überlassen hatte, durch Pflanzung von Weinreben und Obstbäumen und von aller Art Blumen und Grün auf öffentliche Kosten verschönert, als Sistenna Taurus und Lucius Scribonius Libo Konsuln waren. (...).“

Datierung: 1. Hälfte des 1. Jhs. n. Chr. (Thomasson) Die genannten Konsulardaten beziehen sich auf das Jahr 16 n. Chr.

Literatur: F. Buecheler, Carmina Latina epigraphica (Leipzig 1895) 371; B. E. Thomasson, A Survey of Greek and Latin Inscriptions on Stone in Swedish Collections (Stockholm 1997) 109–110 Nr. 184; B. E. Thomasson, Ein stadtrömisches Carmen in Stockholm, in: P. Kruschwitz (Hrsg.), Die metrischen Inschriften der römischen Republik (Berlin 2007) 341–346.

7.

AO/Inv. Nr.: Petersburg, Ermitage 2507 b
Typ/Mat.: ägyptische Wasserauslaufuhr / Diorit
Maße: unbekannt
FO: wahrscheinlich Marsfeld, Iseum Campense
Aufstellung: Heiligtum Isis
B: Hölbl erkennt in dieser gut erhaltenen Uhr die engste Parallele zu Ephesos 6. Aufgrund der Namenskartusche des Ptolemaios II. Philadelphos sind beide Uhren annähernd gleichzeitig entstanden.

Ihre Ritualszenen im Hauptfriesband auf der Außenwandung sind identisch aufgebaut: Im Gegensatz zu dem Stück aus Ephesos sind auf dem Petersburger Stück auch die Randzeilen der Szenen lesbar, von denen die erste hinter Techi von Hölbl übersetzt wird mit: „Ich gebe Dir Gesundheit, Leben, Freude wie Re ewiglich.“ In der König-Ptah Gruppe liest er: „Huldigen mit dem Wasserkrug ... alle Dinge wie Re ewiglich.“ und hinter der Hathor endet die Kolumne mit „(Ich gebe Dir Leben und Glück), indem Du erschienen bist auf dem Throne des Horus in Ewigkeit.“ Jeweils spricht der Gott zum Pharao.

Inschrift: s. Beschreibung; Schriftbänder in zwei Registern entlang der äußeren Wandung, sowie Namenskartusche des Ptolemaios II. Philadelphos und rituelle Beischriften im Fries
Datierung: aufgrund der Namenskartusche Regierungszeit des Ptolemaios II. Philadelphos 285/284 bzw. 282–246 v. Chr. / Neuaufstellung in Rom: Domitian (?) nach K. Lembke, Das Iseum Campense in Rom (Heidelberg 1994) 84 f.
Literatur: Borchard 8 Uhr Nr. 7; A. Roullet, The Egyptian and Egyptianizing Monuments of Imperial Rome. EPRO 20 (Leiden 1972) Nr. 328 Taf. 227; G. Hölbl, Die ägyptische Auslaufuhr aus Ephesos, ÖJh 55, 1984 Beiblatt 46–48.

Rom 8

8.

AO/Inv. Nr.: Turin, Ägyptologisches Museum Inv. Nr. Suppl. 8, zuvor Museo Kircheriano

Typ/Mat.: ägyptische Wasserauslaufuhr / Diorit / Randfragment

J. Capart, Horologes egyptiennes, BMusBrux 3, 1938, 53 vermutete aufgrund des auffällig roten Granits, dass das Turiner und ein weiteres Fragment in Brüssel, Musées Royaux d'Art et d'Histoire E 4782 von ein und derselben Wasseruhr stammen. Hölbl a. O. 60 sieht stilistische Unterschiede unter den beiden nicht anpassenden Bruchstücken. Größenrelation und Materialbeschaffenheit beider stimmen jedoch überein, außerdem stammt das Brüsseler Stück aus dem Besitz des Kardinals Lambruschini, so dass auch für dieses seine stadtrömische Herkunft wahrscheinlich ist.

Maße: H 20

FO: hinter S. Maria sopra Minerva, also Marsfeld, Ausstattung des Iseum Campense

Aufstellung: Heiligtum Isis

B: Das dreieckige Randfragment wurde gemeinsam mit verschiedenen Bruchstücken von Obelisken im Bereich des Collegio Romano auf dem Gelände des Iseum Campense gefunden. Entlang des Randes verläuft ein Inschriftenband und darunter ein Reliefband, von dem noch die Darstellung des ithyphallischen Gottes Min, der Personifikation des fünften Monats, zu erkennen ist. Hier befindet sich die Namenskartusche, die den opfernden Pharao als Ptolemaios II. Philadelphos ausweist. Im Innern treten die Stundenskalen als erhabene Punktreihen vor.

Inschrift: s. Beschreibung; Schriftband in einem Register entlang der äußeren Wandung, sowie Namenskartusche des Ptolemaios II. Philadelphos und rituelle Beischriften im Fries

Datierung: aufgrund der Namenskartusche Regierungszeit des Ptolemaios II. Philadelphos: 285/284 bzw. 282–246 v. Chr.; Wiederaufstellung: wohl domitianisch

Literatur: Borchardt 1920, 8 Uhr Nr. 5; M. Malaise, Inventaire préliminaire de documents égyptiens découverts en Italie. EPRO 2 (Leiden 1972) 202 (Rom Nr. 383); A. Roullet, The Egyptian and Egyptianizing Monuments of Imperial Rome. EPRO 20 (Leiden 1972) 146 Nr. 330 mit Lageplan Abb. 347; G. Hölbl, Die ägyptische Auslaufuhr aus Ephesos, ÖJh 55, 1984 Beiblatt 60 Anm. 69; V. Cortese, Frammento di clessidra, in: E. A. Arslan (Hrsg.), Iside. Il Mito. Il Mistero. La Magia. Katalog Ausstellung Mailand 1997 (Mailand 1997) 394 V.12; J. F. Quack, Zum ägyptischen Ritual im Iseum Campense in Rom, in: C. Metzner-Nebelsick (Hrsg.), Rituale in der Vorgeschichte, Antike und Gegenwart. Interdisziplinäre Tagung FU Berlin Februar 2002 (Rahden 2003) 57–66.

Rom 9

9.

AO/Inv. Nr.: Rom, Museo Barracco Inv. Nr. 27

Typ/Mat.: ägyptische Wasserauslaufuhr / Diorit, Metall

Maße: H 36,4 / Randfragment, fast vollständiges Profil

FO: 1856 Marsfeld, im Bereich des Iseum Campense, ursprünglich aus Alexandria

Aufstellung: Heiligtum Isis

B: Die aus mindestens fünf anpassenden Bruchstücken zusammengesetzte Wasserauslaufuhr ist entlang ihres Randes gebrochen.

Den Hauptteil der äußeren Wandung des Steingefäßes nimmt ein zentrales Friesband ein, auf dem der Pharao, den seine Namenskartusche als Ptolemaios II. Philadelphos ausweist, in sechs Szenen jeweils vor einer Monatsgottheit Ritualhandlungen vollzieht. Von diesen Szenen sind drei, nämlich die des ersten Monats vor Ptah und Tehi, sowie vor Osiris gut erhalten. Oberhalb der Frieszone verlaufen zwei Schriftbänder im Wechsel mit Sternsymbolen, unterhalb von ihr ein weiterer, gleichartiger Rapport.

Borchardt übersetzt die Begleittexte der Reliefdarstellungen als: „Ptolemaios II. ... hat das Gefäß aus Diorit mit Wasser zu füllen machen lassen, dessen obere Weite sechs Handbreiten, dessen (untere)...".

Das Ausflussloch ist ausgebrochen; Borchhardt sah noch zwei Auslaufstifte aus Metall. Er vermutet deshalb, dass der auf der Bruchfläche oberhalb des Loches angebrachte Pavian in der Erscheinungsform des Thot wohl auch aus Metall gefertigt war.

Die innere Wandung ist im regelmäßigen Abstand mit Reihen kleiner Markierungen versehen, die zur Stundenanzeige dienen und von denen sieben erhalten sind.

Die konventionell aufgebaute Wasseruhr ist im späthellenistischen System geeicht, in dem der dritte Monat mit der Winterwende zusammenfällt. Es wird also die Verschiebung der Jahresgliederung berücksichtigt, die um 270 v. Chr. wirksam wurde. Dies ist nicht der Fall an Ephesos 6 und Rom 8, die ebenfalls von Ptolemaios II. Philadelphos gestiftet wurden, so dass sie vielleicht gegenüber Rom 9 früher entstanden sind.

Inschrift: s. Beschreibung; Schriftbänder in zwei Registern entlang der äußeren Wandung, sowie Namenskartusche des Ptolemaios II. Philadelphos und rituelle Beischriften im Fries

Datierung: aufgrund der Namenskartusche Regierungszeit Ptolemaios II. Philadelphos 285/284 bzw. 282–246 v. Chr.; Wiederaufstellung: wohl domitianisch

Literatur: G. Hölbl, Die ägyptische Auslaufuhr aus Ephesos, ÖJh 55, 1984 Beiblatt 28 Anm. 7; G. Careddu, Museo Barracco di scultura antica. La collezione egizia (Rom 1985) 31–21 Nr. 36; Cotterell

– Dickinson – J. Kamminga 1986, 49; P. Mengoli, VicOr 6, 1986, 193–218; K. Lembke, Das Iseum Campense in Rom. Studien über den Isiskult unter Domitian (Heidelberg 1994) 247 Nr. 53; L. Sist, Museo Barracco. Arte egizia Bd. 3 (Rom 1996) 71–74; M. Nota Santi, Clessidra ad aqua, in: E. A. Arslan (Hrsg.), Iside. Il Mito. Il Mistero. La Magia. Katalog Ausstellung Mailand 1997 (Mailand 1997) 395 V.13; L. Sist, Museo Barracco. Arte egizia Bd. 3 (Rom 1996); J. F. Quack, Zum ägyptischen Ritual im Iseum Campense in Rom, in: C. Metzner-Nebelsick (Hrsg.), Rituale in der Vorgeschichte, Antike und Gegenwart. Interdisziplinäre Tagung FU Berlin Februar 2002 (Rahden 2003) 57–66; H. Whitehouse – J. Baines, Wasseruhr aus der Regierungszeit Ptolemaios II., in: H. Beck – P. C. Bol – M. Bückling (Hrsg.), Griechenland. Ägypten. Rom. Katalog Ausstellung FFM 26.11.2005–26.02.2006 (Frankfurt a. Main 2005) 573.

10.
AO/Inv. Nr.: Rom, Kapitolinisches Museum Depot
Typ/Mat.: ägyptische Wasserauslaufuhr / Diorit
Maße: H_{max} ca. 9,2 B_{max} ca. 12 / Randfragment
FO: Regio III, dort auch Tempel für Isis und Serapis, gegenüber dem Kloster der St. Lucia
Aufstellung: Heiligtum Isis
B: Das Randfragment einer Auslaufuhr weist auf seiner äußeren Wandung kein Friesdekor auf, ihm dienen untereinander durch Linien verbundene Punktreste auf der inneren Wandung als Stundenzählung.

Die Besonderheit der Uhr besteht darin, dass auf ihrem Rand und nach außen orientiert die griechischen Bezeichnungen der Monatsnamen des alexandrinischen Kalenderjahres stehen. Zu erkennen sind die Namen der Monate Φαμενώθ' und Φαρμοῦθι. In dem Teil des Randes, der zu Φαμενώθ' gehört, ist vor die senkrechte Grenzlinie zum nächsten Monat ἰχθύ(ες) für das Tierkreiszeichen der Fische eingetragen. Diese Beischriften stehen mittig zwischen den innenwandigen Skalen und beziehen sich jeweils auf die unterhalb liegenden Stundenpunkte, sind aber von außen ablesbar. Die Teilpunkte der inneren Skalen sind mit Linien untereinander verbunden.

Außerdem markiert die Grenzlinie zwischen den beiden Monaten die senkrecht gestellte Buchstabenfolge ΙΣ[ημερια] ΕΑΡ[ινη], das Frühjahrsäquinoktium. Im regelmäßigen Abstand sind unterhalb der griechischen Beischriften und somit unmittelbar entlang des Randes kleine Bohrungen eingelassen, die den Monat nochmals in Abschnitte zu je fünf Tagen untergliedern.

Diese Aufteilung wiederholt sich an der in Frankfurt aufbewahrten Auslaufuhr, Fundort unbekannt 12. Borchhardt 1920, 3 Anm. 3 weist darauf hin, dass die in halbe Dekaden aufgeteilte, sog. fünftägige astronomische Woche auch im P. Oxy. 3, 126–137 genannt wird.
Inschrift: [– –] Φαμενώθ' ἰχθύ(ες) [ἰ]σ(εμηρία) ἐαρ(ινή) Φαρμουθί [– –]
griechische kalendarische Beischriften enlang des Randes
Datierung: Das mit Linien verbundene Skalennetz und der fehlende Dekor könnten ein Hinweis auf die relativ späte Entstehung des Stücks sein. 1. Jh. v. Chr (?)
Literatur: IG XIV 1307a; IGUR IV 1646; G. Gatti, NSc 1889, 14 f.; Borchardt 1920, 9 Uhr Nr. 12; A. Roullet, The Egyptian and Egyptianizing Monuments of Imperial Rome. EPRO 20 (Leiden 1972) 35 f.; G. Hölbl, Die ägyptische Auslaufuhr aus Ephesos, ÖJh 55, 1984 Beiblatt 62 Anm. 75.

11.
AO/Inv. Nr.: Berlin, Ägyptisches Museum
Typ/Mat.: ägyptische Wasserauslaufuhr / Diorit
Maße: unbekannt / Fragment
FO: Fortunatempel an der Porta Portese in der Vigna Bonelli
Aufstellung: Heiligtum Fortuna
B: Die ägyptische Auslaufuhr weist nur eine Frieszone auf ihrer äußeren Wandung auf. Außerdem fehlen die üblichen Stundenskalen auf der Innenseite, so dass die Uhr unvollendet ist.

Damit konnte sie zwar als 12–Stunden-Messer und als Symbol einer Uhr eingesetzt werden, jedoch niemals die einzelnen Stunden messen. Bislang sind keine Beispiele bekannt, deren Skalen aufgemalt gewesen sind.
Inschrift: keine
Datierung: 1. Jh. n. Chr. (?)
Literatur: H. Schäfer, Amtliche Berichte aus den königlichen Kunstsammlungen 31, 1909/1910, 160 mit Abb. 80; Borchardt 1920, 9 Uhr Nr. 11; M. Malaise, Inventaire préliminaire de documents égyptiens découverts en Italie. EPRO 2 (Leiden 1972) 231 (Rom Nr. 425); A. Roullet, The Egyptian and Egyptianizing Monuments of Imperial Rome. EPRO 20 (Leiden 1972) Nr. 326; G. Hölbl, Die ägyptische Auslaufuhr aus Ephesos, ÖJh 55, 1984 Beiblatt 62 Anm. 75.

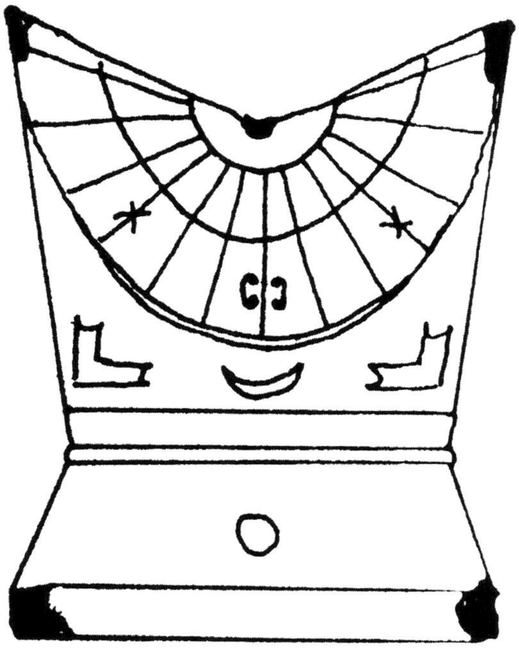

Rom 12

12.
AO/Inv. Nr.: unbekannt, 1816 im Archigimnasio della Sapienza
Typ/Mat.: S konisch / weißer Marmor
Maße: unbekannt
FO: an der Via Appia, nahe des Circus des Maxentius
Aufstellung: möglicherweise Teil eines Grabmonuments
B: Der Skizze von Gibbs zufolge nimmt der Schattenkreis etwa die halbe Blockhöhe ein. Er ist in 13 (!) Stunden- und drei Datumslinien unterteilt, von denen die beiden äußeren Stundenlinien das Zifferblatt begrenzen. Die dritte, sechste und neunte Stunde sind betont, indem kleine x-Zeichen, bzw. im unteren Teilstück des Meridians ein Schlaufenmotiv die Linien betonen, vgl. Riano 1.

Unterhalb des Limbus weicht der Uhrenkörper als schräge Fläche zurück, diese Zone ist mit einem Halbmond und Winkelmotiven dekoriert. Die Schattenfuge wurde mit einem doppelten Rundstab verblendet, unterhalb dessen die Basis als ebene Fläche vortritt, die eine schmale Standleiste abschließt.
Inschrift: keine
Datierung: kaiserzeitlich
Literatur: G. Settele, Memoria sopra la forma della linee orarie indicanti le ore ineguale degli antichi sopra gli orologi solare (Rom 1816) 19; Gibbs 1976, 3076 mit Skizze.

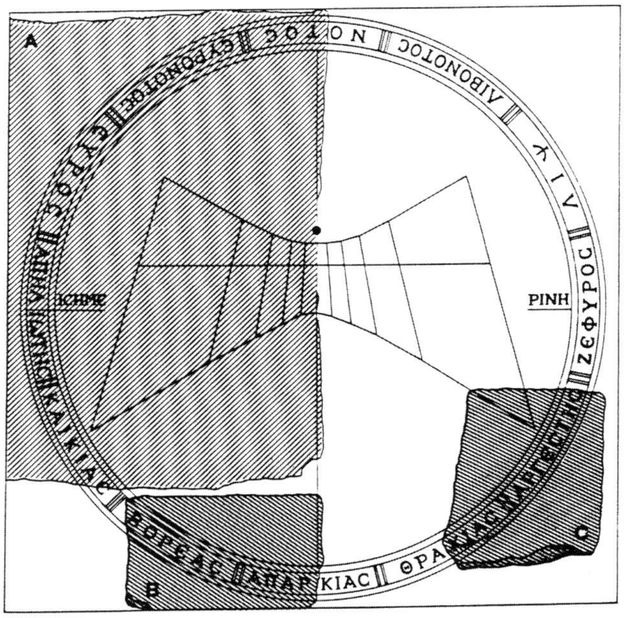

Rom 13

13. ^ Aquileia 14 ^ Rom 14

AO/Inv. Nr.: Rom, Vatikanische Museen / Lateran Sammlung Inv. Nr. 10446

Typ/Mat.: S horizontal / cipollinischer Marmor

Maße: H 54 B 35 T 36 / drei zugehörige Fragmente, bestoßen entlang der Unter- und Oberkante

FO: Vigna Cassini nahe der Via Appia 1814

Aufstellung: Nekropole ~

B: Auf der ebenen Platte ist v. a. der Bereich der Vormittagsstunden einer horizontalen Sonnenuhr erhalten. Er besteht aus sechs Stunden- und drei Datumslinien, die zwei jeweils doppelt ausgeführte Kreislinien umgibt. Außerdem weist eine griechische Beischrift beiderseits des Zifferblatts den hier verlaufenden kurzen Horizontalstrich als Tag- und Nachgleiche aus. In den ringförmigen Zwischenraum wurden die griechischen Namen der Windrichtungen eingeschrieben, von denen die zwei weiteren zugehörigen Fragmente Bogensegmente überliefern.

Auf der linken Seite endet die Platte unmittelbar mit Abschluss des Kreises.

Ungewöhnlich ist die Tiefe des verwendeten Blocks, der seine einzige Parallele in der Tischuhr Aquileia 14 findet, mit der auch Aufbau und Beschriftung des Zifferblatts eng verwandt sind. Im Unterschied zu dem maximal 50 Jahre später entstandenen Stück aus Aquileia sind hier die Winde mit griechischen Namen bezeichnet.

Möglicherweise wurde für beide Uhren auf dieselbe Vorlage zurückgegriffen: Dafür spricht außer ihrer engen Verwandtschaft in Aufbau und Format auch, dass nur bei dieser Horizontaluhr die innerhalb des Zifferblatts verlaufende Horizontallinie nicht zur Anzeige der Tagundnachtgleiche dient.

Inschrift: entlang des Außenkreises umlaufend:

Ἀπηλιώτης. Καικίας. Βορέας. Ἀπαρ[κίας. Θρα]κίας. Ἀργέστης. [Ζέφυρος. Λιψ. Λιβόνοτος. Νό]τος. Εὐρόνοτος. Εὖρος.

am Schnittpunkt der ersten senkrechten Linie und der Horizontalen: ἰσημε[ρινή]

Datierung: Buchstabenform nach Peter etwa aus der Zeit des Antoninus Pius, ca. 138 n. Chr.

Literatur: IG XIV 1308; IGUR IV 1649; F. R. Peter, Di un antico orologio solare. Diss. dell'accademia Roma di archeologia I, 2 (Rom 1815); Kenner 1880, 12; P. G. Lais, Pubblicazioni della Specola Vaticana Bd. 4 (Rom 1894) 1; Gatty 1900, 45–46; Diels 1920, 182 Taf. 15.2; Gibbs 1976, 4008 mit 352 Taf. 55.

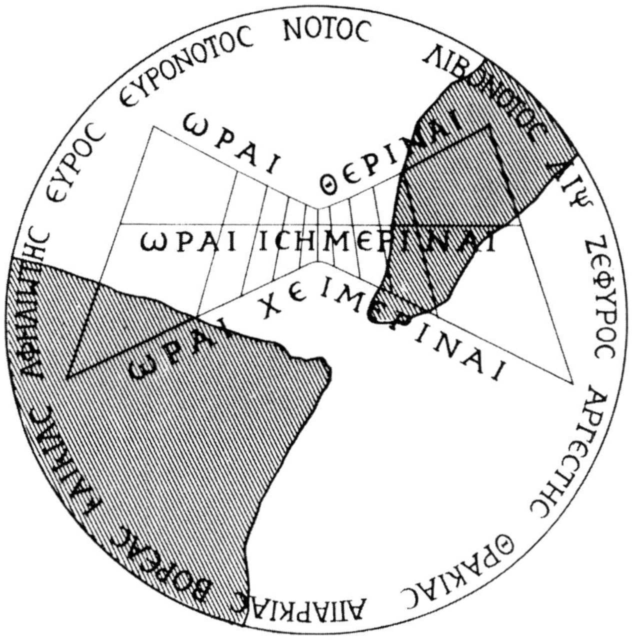

Rom 14

14. ^ Aquileia 14 ^ Rom 13
AO/Inv. Nr.: Rom, Nationalmuseum Inv. Nr. 40621. 40642
Typ/Mat.: S horizontal / Marmor
Maße: zwei Fragmente:
Inv. Nr. 40621: H_{max} 22 B_{max} 22,5 T_{max} 3,8
Inv. Nr. 40642: H_{max} 32,5 B_{max} 21 T_{max} 3,2
FO: unbekannt
Aufstellung: unbekannt
B: Die beiden nicht anpassenden Fragmente gehören trotz unterschiedlicher Dicke zu ein und derselben Uhr. Das eine Bruchstück ist das untere Teilstück der ersten bzw. zweiten Stundenlinie, die von einem Segment einer beschrifteten Windrose umgeben wird. Das zweite Fragment zeigt Überreste der oberen, rechten Ecke der Schattenfläche. Offenbar waren ursprünglich die drei Datumslinien, sowie die Windrose beschriftet. Die Skizze von Gibbs erweckt den Eindruck, als entspräche die Kontur der Platte einem Kreis. In Verbindung mit der geringen Dicke der Platte führt diese Beobachtung zu der Schlussfolgerung, dass die dünne Platte mit einem Durchmesser von 80 cm ursprünglich nur als Medaillon in einen Fußboden eingesetzt gewesen sein kann.
Inschrift: entlang der Windrose Frag. 40621: [ἀπαρκία]ς βορέας καικίας ἀφηλιώτ[ης] |
entlang der Windrose Frag. 40642: [– –] [λιβ]όντος λ[ίψ] rekonstruiert auf: Ἀφηλιώτ[ης. Εὖρος. Εὐρόνοτος. Νότος. Λιβ]όνοτος. Λιψ. Ζέφυρος. Ἀργέστης. Θρακίας. Ἀπαρκίας. Βορέας. Καικίας.
entlang der Datumslinien: [ὧραι θερι]ναί | [ὧραι ἰσημερ]ιναί | ὧραι [χειμ]ερ[ιναί]
Datierung: sehr ähnlich Rom 13, Antoninus Pius, ca. 138 n. Chr.
Literatur: L. Moretti, Iscrizioni greche inedite di Roma, ArchCl 8, 1956, 71–79; Gibbs 1976, 1071, 4009 mit Skizze; IGUR IV 1650.

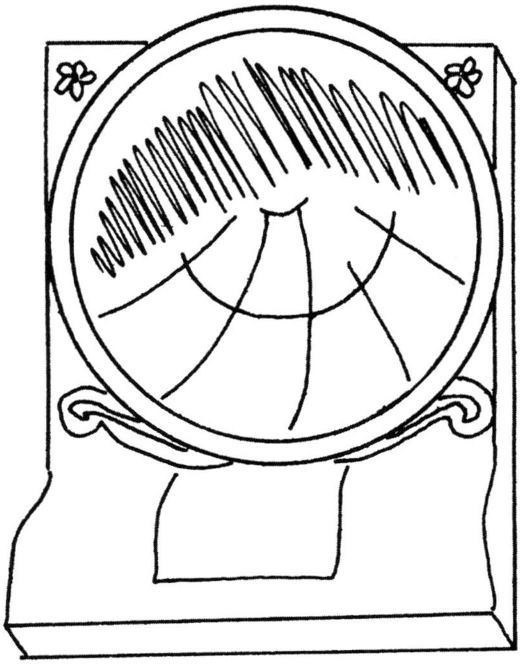

Rom 15

15.
AO/Inv. Nr.: Rom, Palatin Antiquarium, 1971 nicht auffindbar
Typ/Mat.: S sphärische Variante / unbekannt
Maße: unbekannt
FO: unbekannt
Aufstellung: unbekannt
B: Die Uhr ist dem Stück Aquileia 16 sehr ähnlich: In die oberen Zwickeln des Uhrenkörpers sind fünfblättrige Rosetten eingestellt. Der Limbus setzt das Zifferblatt gegenüber dem Körper ab, die Unterkante des Schattenkreises wird von flachen Voluten gerahmt, möglicherweise befindet sich im Zentrum der leicht ausschwingenden Basis ein Inschriftenfeld.
Inschrift: keine
Datierung: 2. Jh. n. Chr.
Literatur: P. Portaluppi, Gnomonica Atellana (Mailand 1968) 19; Gibbs 1976, 2022 mit Skizze; L. Gabba – L. Jacono, Meridiana in: Enciclopedia Italiana (Rom 1935–43) 903.

16.
AO/Inv. Nr.: Rom, Nationalmuseum Inv. Nr. 651 65, zuvor Museo Kircheriano, Skizze CIL XV 7203
Typ/Mat.: S vertikal / Reiseuhr / Metall Bronze?
Maße: Dm 5 H ca. 1,5
FO: Übergabe an das Museum durch Luigi Vescovati (Mitte 19. Jh.?) unbekannt
Aufstellung: Handgerät
B: Das Instrument setzt sich aus zwei Elementen zusammen, von denen das eine den Deckel und das andere eine Dose bildet. Auf der Oberseite des Deckels befindet sich ein Porträt des Commodus nach rechts im Profil mit umlaufender Namenslegende. In den Innenboden der Dose wurde ein Liniennetz graviert, dessen sechs fächerförmig von einem Mittelpunkt ausgehende Linien Abschnitte von fünf Bogenlinien schneiden.

Unterhalb des Zifferblatts sind in doppelter Reihe die Monatsnamen angeordnet, oberhalb befindet sich die Beischrift Rom. Im flachen Rand der Dose befindet sich zur Regulierung des Lichtstrahls ein ovales Loch. Um das Gerät korrekt auszurichten, dient ein beweglicher Zeiger im Zentrum der Strahlen.

Nach den Berechnungen von Severino ist das Gerät für die Ortsbreite von 42°, also für Rom konstruiert.

Inschrift: auf der Außenseite rund um das Commodus-Portrait:

M(arcus) Commodus Antonius Pius Felix Aug(ustus) Brit(annicus) vgl. BMCRE IV (1968) CLI.
auf der Innenseite oberhalb des Zifferblatts: Rom(a)
unterhalb des Zifferblatts: lat. Monatsnamen

Datierung: kurz nach 189 n. Chr.; Titulatur des Commodus gibt t. p. q.

Literatur: A. Schlieben, Ann. d. Vereins für Nassauische Altertumskunde 23, 1891, 115 ff.; Drecker 1925, 60 Abb. 88; De Solla Price 1969, 248–249; N. Severino, Un antico orologio solare romano conservato al museo Kircheriano, in: Unione Astrofili Italiani. Sezione quadranti solare, Atti di IV seminario di gnomonica (Crespano di Grappa 1992) 53–55; E. Lo Sardo (Hrsg.), Athanasius Kircher - il museo del mondo. Ausstellung Rom, Palazzo di Venezia, 28.02. – 22.04.2001 (Roma 2001); Schaldach 2001, 46 Tabelle Nr. IV.3; P. Alberi-Auber, The Cylindrical Box of Antoninus Pius, BSS 16.3, 2004, 143–145.

17.

AO/Inv. Nr.: verschollen
Typ/Mat.: S vertikal / Reiseuhr / Bronze
Maße: unbekannt
FO: angeblich im frühen 18. Jh. in der Nähe von Rom
Aufstellung: Nekropole?; dann hier Grabbeigabe / Handgerät
B: sehr ähnlich der Reiseuhr Fundort unbekannt 13, zum Verhältnis beider Uhren zueinander vgl. ebenda

Die Beschreibung der heute verschollenen Bronzescheibe stützt sich v. a. auf die von Diels publizierte Zeichnung von Baldini.

Danach handelt es sich um eine beiderseits gravierte Bronzescheibe: Auf der einen Seite verläuft entlang des Durchmessers eine Horizontallinie, welche die Beischrift AEQ als Äquinoktium ausweist. An ihren Enden befinden sich jeweils Linienfächer. Diese sind auf der linken Seite ober- und unterhalb der Skala mit VIIIKIUL (ante diem VIII Kal. Iul.). – Sommersonnenwende – und VIIIKIAN (ante diem VIII Kal. Ian.) – Wintersonnenwende – beschriftet. Ihre Skalen sind in Randnähe unterteilt, möglicherweise handelt es sich um eine Einteilung in Dekaden.
Auf der Rückseite befinden sich die Namen von 16 Standorten in ihrer lateinischen Schreibweise.

Inschrift: lateinische Ortsnamen

AETIOPI	XXX	Äthiopien	30
AEGYPTI	XXXIII	Ägypten	33
HISPAN	XXXX	Hispania	40
BABYLON	XXX	Babylon	30
ILLYRI	XXXVII	Illyrien	37
SYRIAE	XXXVIII	Syrien	38
ARABIA	XXVIIII	Arabien	29
APHRICE	XXXX	Africa	40
MAURE	XXX	Mauretanien	30
BITHYNI	XLI	Bithynien	41
ITALIAE	XLII	Italien	42
NARBON	XLIII	Narbonensis	43
ANCON	XLV	Ancona	45
GALLIAE	XLVIII	Gallien	48
GERMA	L	Germanien	50
BRITAN	LVII	Britannien	57

Datierung: Die drei Reiseuhren mit lateinischen Ortsangaben – hier Rom 7, Fundort unbekannt 11 und 13 – stehen einander in Buchstabenform, Städtelisten und Breitengraden so nahe, dass sie wahrscheinlich in geringem zeitlichen Abstand entstanden sind. Field 1990, 122 f. weist diese Gruppe dem 3. Jh. n. Chr. zu.
Literatur: G. Baldini, Sopra un'antica piastra di bronzo, che si suppone un'orologio da sole, Saggi di dissertazioni accademiche pubblicamente lette nella nobile Accademia Etrusca dell'antichissima citta di Cortona 3 (Rom 1741) 185–194; Diels 1920, 189; De Solla Price 1969, 257; Field 1990, 109. 113–117; Schaldach 2001, 46 Tabelle Nr. VI.3.

Rubí

Rubí 1

1.
AO/Inv. Nr.: Rubí, Ecomuseu Urbà de Rubí, Inv. Nr. 14003
Typ/Mat.: S konisch / lokaler Sandstein
Maße: H 40 B 29 T 27
FO: Finca de Can Feliu en el terme de Rubí
Aufstellung: Therme einer Villa rustica
B: Der dekorlose Zeitmesser ist bis auf Bestoßungen an den Enden seiner Schattenfläche gut erhalten und derart in den hochrechteckigen Block eingetieft, dass sein Schattenkreis etwa ein Drittel der Höhe einnimmt. Dieser ist in elf Stunden- und drei Datumslinien eingeteilt, die bis auf den Meridian alle im Bereich zwischen den Solstitien verlaufen. Nur die Mittagslinie ist bis an das ausgebrochene Gnomonloch heran verlängert.

Unterhalb des Schattenkreises weicht der Uhrenkörper ein kurzes Stück bis an die durchgehende Schattenfuge zurück, um dann bis auf die Standleiste als langgestreckte schräge Ebene hervorzutreten.
Inschrift: keine
Datierung: spätes 2./3. Jh. n. Chr. (Datierung des Villenbefundes); eng verwandt mit Brigantium 1 und Traianopolis 1
Literatur: E. Farré I Olivé, Notes sobre rellotges de sol al Museu de Rubí, Bulletí G. C. Museu de Rubí 34, 1991, 134–135. 164; Gumà i Marquès 1992, 155; Societat Catalana de Gnomònica (Hrsg.), Rellotges de sol de Catalunya (El Papiol 2004) 20; Bonnin 2010, 191 mit Abb. 3.

2.
AO/Inv. Nr.: Rubi, Museum
Typ/Mat.: S konisch / lokaler Sandstein
Maße: H 20 B 20 T 16; rek.: H 30 B 40 T 20
FO: an der Gemarkung Orioli can San Juan
Aufstellung: unbekannt; Streufund
B: Nur die Seite mit den Nachmittagsstunden ist von dieser konischen Sonnenuhr erhalten. Das Fragment weist keine Datumslinien auf.
Inschrift: keine
Datierung: Für die Datierung dieser Uhr orientiert sich Gumà i Marquès an der chronologischen Einordnung aller Befunde aus dieser Gegend, die aus dem 2. bzw. 3. Jh. n. Chr. stammen.
Literatur: Gumà i Marquès 1992, 155–156.

Salacia Imperatoria, Urbs

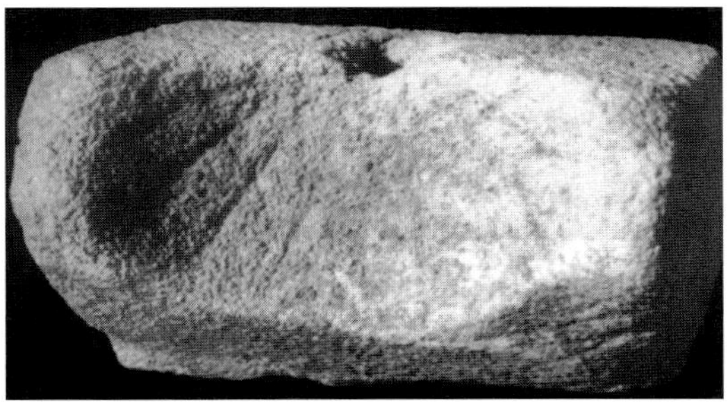

Salacia Imperatoria 1

1.
AO/Inv. Nr.: in situ?
Typ/Mat.: S konisch / lokaler Kalkstein; Fragment
Maße: H 19 B 29,5 T 18
FO: Santa Catarina de Sítimos von J. C. Lazaro Faria in neuzeitlicher Verbauung
Aufstellung: Villa rustica
B: Das Fragment umfasst den Schattenkreis einer Sonnenuhr, der in elf Stundenlinien unterteilt ist, die alle vom ausgebrochenen Gnomonloch bis an den Rand verlaufen.

Unterhalb des Zifferblatts tritt der Uhrenkörper als schräge Fläche zurück, das Fragment ist entlang der horizontalen Schattenfuge gebrochen.
Inschrift: keine
Datierung: 2. Jh. n. Chr.
Literatur: Encarnacao 2006, 82–83; Bonnin 2010, 193.

Salona

1.
AO/Inv. Nr.: Split, Archäologisches Museum o. Nr.
Typ/Mat.: S sphärisch / Travertin
Maße: H 48 B 45,4 T_{oben} 35,3 T_{Basis} 22,4
FO: aus Salona:
Aufstellung: unbekannt
B: In den schrägen Uhrenkörper wurde ein sphärisches Zifferblatt eingetieft, auf dem sich Abschnitte der Linien der Stunden drei bis elf sowie von drei Datumslinien erhalten haben. Den Bereich umgibt ein Limbus von 2,4 cm Breite, in dessen Scheitel sich ein ausgebrochenes Gnomonloch befindet.

Die Basis wurde offenbar als mehrfach profiliertes Kyma gestaltet, in den oberen Zwickeln befindet sich jeweils ein Dekorelement, das Gibbs als ‚Horn' bezeichnet und das wahrscheinlich richtiger ein Blattmotiv darstellen soll.
Inschrift: keine
Datierung: 2. Jh. n. Chr.
Literatur: Gibbs 1976, 2016 G.

Salvia, Urbs

1.
AO/Inv. Nr.: Magazin der Soprintendenza archeologica delle Marche; AE 2000, 487
Typ/Mat.: Stiftung *horologium* / W ~ / Marmor?
Maße: H 55 B 82 T 14
FO: in Picenum, unbekannt
Aufstellung: unbekannt; Forum ~(?)
B: Der stark fragmentierte Text ehrt eine (verstorbene?) Person, die in der Colonia Narbo Martius (oder in der Umgebung) ein Magistrat ausübte. Diese namenlose Person liess der Urbs Salvia in schwierigen Zeiten allerlei Vergünstigungen zukommen, die in der Inschrift aufgelistet werden. Zu diesen zählt eine Säulenkolonnade am Magna Mater Tempel und eine Stiftung an Minerva. Gemeinsam mit diesen Baustiftungen wird in Z. 6 ein *horologium* erwähnt. Möglich wäre, dass auch hier die Aufstellung einer Wasseruhr in einem Gebäude gemeint ist.

Aus Marengos chronologischer Einordnung der Inschrift in die Mitte des 1. Jhs. n. Chr. schließt Sensi a. O. 577 im Zusammenhang mit der Stadtgeschichte, dass die Stiftungen des namenlosen Euergeten sich auf den Ausbau Salvias in augusteischer Zeit beziehen.
Inschrift: nach AE 2000, 487:

[---]++ius Con+[---|---]r(---) IIII Narbonensis [---|----urbi S]alviae munificentia o+[---|---v]alvis insignib(us) a solo fec(it) don[um dedit? ---|---]ris deum et porticibus horreis [---|---]+erv(---) horolog(---) distylis signisq(ue) as s[---|---]s sterilitatium termporib(us) in patriam [---|---]us fil(ius) vac. [---]ilia et Li[---].
Datierung: Mitte 1. Jh. n. Chr. (Inschrift) t. a. q. für Uhr; Sensi für Uhr: augusteisch
Literatur: S. M. Marengo – L. Sensi, Evergetismo e lavori pubblici in una nuova iscrizione di Urbs Salvia, in: G. F. Paci (Hrsg.), Epigrafai. Miscellanea epigrafica in onore di L. Gasperini Bd. 2 (Tivoli 2000) 561–577; Mastino – Porcheddu 2006, 158.

Samaria/Sebaste

1.
AO/Inv. Nr.: unbekannt, Samaria-Sebaste
Typ/Mat.: S vertikal / heller Kalkstein
Maße: H 13 B 12 / auf allen Seiten bestoßenes Fragment, etwa die Hälfte des Zifferblatts ist erhalten
FO: in der Nähe des Altars des herodianischen Tempels 1908
Aufstellung: Fundort, Format und Typus legen nahe, dass der Zeitmesser ringsum frei auf einem Sockel aufgestellt war ähnlich wie Pautalia 1*.
B: Von den ursprünglich elf Stundenlinien sind auf der stark fragmentierten Platte Abschnitte der Stunden vier bis zehn erhalten, die von einem gemeinsamen Punkt ausgehend strahlenförmig verlaufen und von vier konzentrischen Kreislinien geschnitten werden. Die Bogenstrecken dieser Linien wurden mit roter Farbe ausgefüllt. Nach der Skizze von Gibbs zu urteilen, liegen die erste und zweite, bzw. die dritte und vierte dieser Linien ungewöhnlich nah beieinander – möglicherweise handelt es sich bei den beiden äußeren jeweils um Begrenzungen des Zifferblatts.
Inschrift: keine

Datierung: t. p. q. Mitte 1. Jh. v. Chr.
Literatur: C. S. Fisher – D. S. Lyon – G. A. Reisner, Harvard Excavations at Samaria (Cambridge 1908–1910) 26. 15 Nr. 34; Gibbs 1976, 5023 mit Skizze; B. Mahieu, The Foundation of Samaria-Sebaste and its Chronological Implications, AncSoc 38, 2008, 183–196.

Samos

Samos 1

1.
AO/Inv. Nr.: Pythagoreion, römische Thermen Inv. Nr. 322
Typ/Mat.: S konisch / weißer Marmor
Maße: Uhr: H 33 B 38,5 T 26: Sockel: H 139 B_{unten} 45 B_{oben} 39 T_{unten} 37 T_{oben} 26
FO: Pfeiler: in Hafennähe 1899; Uhr: an der Straße Pythagorion-Vathy um 1910
Aufstellung: unbekannt
B: Die heute in den römischen Thermen in Pythagorion aufgestellte Uhrenstiftung wurde von Buchner aus zwei getrennt gearbeiteten Werkstücken zusammengesetzt: der hochrechteckigen Marmorbasis und der Sonnenuhr.

Diese ist bis auf leichte Bestoßungen an den äußersten Enden des Schattenkreises und dem entlang der Oberkante ausgebrochenen Gnomonloch sehr gut erhalten. Sie besteht aus einem Schattenkreis, dessen verwaschene Oberfläche in elf Stunden- und drei Datumslinien unterteilt ist. Deren Funktionen weisen begleitende Inschriften aus, deren Lesung nach Hallof unten aufgeführt wird. Ungewöhnlich und sachlich falsch ist die Bezeichnung [ἰ]σημερινὴ τροπή, Tagundnachtwende, die hier einmalig begegnet und tendentiell ein Hinweis auf eine späthellenistische Entstehung des Zeitmessers ist.

Das Zifferblatt umgibt ein 3 cm breiter Limbus, unterhalb dessen setzt sich der Uhrenkörper als zurücktretende schräge Fläche bis zu einem Rundstab fort, an den sich die zunehmend breiter werdende Basis mit stilisierten Löwenfüßen anschließt.

Die Vorderseite der hochrechteckigen Basis rahmt auf den Längsseiten und entlang der Unterkante ein schmales Profil. Dieses fehlt auf der Oberkante und ist in Verbindung mit der im Gegensatz zu den anderen Flächen nur grob geglätteten Oberseite der Pfeilerbasis ein Hinweis darauf, dass diese nachträglich abgearbeitet wurde. Auf eine mehrphasige Nutzung der Basis deuten auch Anordnung und Buchstabenformen der Inschrift, die sich aus der Stiftung des Aristomenes und der Signatur zusammensetzt.

Die von Buchner vermutete Zugehörigkeit von Uhr und Basis ist nicht nur aufgrund von abweichendem Fundort beider Elemente und ihrer unorganischen Zusammenfügung fragwürdig, sondern auch, weil ihre Maße zwar in der Breite nicht aber in der Tiefe übereinstimmen. So wird der Pfeiler mit der Arbeit des ansonsten unbekannten Boithos aus Kappadokien wohl eher eine andere Stiftung des Aristomenes getragen haben als die heute auf ihr aufgestellte Sonnenuhr. Diesen Schluss legt auch der Text des hier unter Samos 2 geführten Dekrets nahe, das den Agoranomen Aristomenes u. a. aufgrund seiner Stiftung von mehreren Zeitmessern ehrt. In diesem Zusammenhang erscheint die Aufstellung einer Sonnenuhr, deren Liniennetz so falsch ausgewiesen wurde, völlig unpassend. Somit wird der am Hafen gefundene große Marmorpfeiler, der zu einem unbestimmten Zeitpunkt (vor der Verschiffung?) abgearbeitet wurde, wohl von der weiter landeinwärts gelegenen Agora stammen. Der ursprüngliche Kontext der Sonnenuhr ist unbestimmt.

Inschrift: IG XII 6, 1, 972; Samos 678. Samos 208 a; oberhalb der Datumslinien jeweils griechische Beischrift: Θερινὴ τροπή | [ἰ]σημερινὴ τροπή | χειμερινὴ τροπή

Ἀριστομένης | Ἀριστίππου | ἀγορανομῶν | τῶι δήμωι. |

Βόϊθος Μηνοδώρου Ἀριαραθεὺς | ἐποίει.

Datierung: nach Inschrift: 1. Hälfte 2. Jh. v. Chr.

Literatur: B. D. Theophanides, ADelt 12, 1929, 236–237 (Foto); Tölle 1969; Gibbs 1976, 3047; G. Dunst – E. Buchner, Aristomenes-Uhren auf Samos, Chiron 3, 1973, 119–129.

2.

AO/Inv. Nr.: Tigani, Kastro-Mag. Inv. Nr. 507, IG XII 6.1, 13

Typ/Mat.: Dekret für Agoranomen / Marmor

Maße: H 40 B 39 T 16 (bei Auffindung), rechte Hälfte der Platte fehlt, im unteren Teil stark bestoßen

FO: neuzeitliches Haus in Pythagoreion

Aufstellung: Agora ~

B: Das Dekret zu Ehren des Agoranomen Aristomenes Aristippou führt zahlreiche Stiftungen auf, die dieser während seiner Amtszeit der Stadt Samos zukommen ließ. Dazu zählt ein architektonisch aufwendig gestaltetes Agoranomion mit einem hellen Vorbau – gemeint ist wahrscheinlich der Eingangsbereich aus Marmor (vgl. A. Orlandos, Λεξικόν αρχαίων αρχιτεκτονικών ορών (Athen 1986) s. v. πυλών) – und dessen Ausstattung. Zu dieser gehören mehrere Bildwerke – Standbilder und Reliefs – sowie mehrere (?) Zeitmesser vor den Archivräumen. Der Standort im Freien vor dem Archiv wurde sicherlich zutreffend von allen früheren Bearbeitern auf die Aufstellung einer Sonnenuhr bezogen. Entscheidend für das Verständnis dieser nur fragmentarisch erhaltenen Textstelle der Zeilen 9 und 10 ist die Bedeutung der Formulierung τὸ μὲν ... τὸ δὲ, um die Anzahl der Instrumente zu bestimmen. Deutlich trennt die Formulierung zwei Elemente, von denen das eine die Monate, das andere die Stunden anzeigt. Sprachlich ist nicht zu entscheiden, ob eine mit mehreren Zifferblättern oder zwei getrennte, benachbart aufgestellte Sonnenuhren (so Buchner-Dunst a. O. 124) gemeint ist. Dieser Aufstellungsmodus wäre im archäologischen Befund singulär, während Mehrfachzifferblätter mit unterschiedlichen Anzeigefunktionen für die Entstehungszeit der Inschrift gut belegt sind, vgl. Chios 1 und Tenos 1°.

Im Vorbau zum Agoranomion wurde auf Kosten des Aristomenes außerdem eine Wasseruhr aufgestellt. Der Apparat bestand u. a. aus einer Delphinfigur aus Bronze, von der aus das Wasser in den mit der Zeitanzeige verbundenen Wassertank geleitet wurde. Die parallele Aufstellung von Sonnen- und Wasseruhr begegnet erneut in den Gymnasia von Delos und Pergamon.

Die Zweckbestimmung der Instrumente in Samos ist anhand des weiteren Inschriftentextes, des Aufstellungsorts und des Amtes des Stifters indirekt zu erschließen: So werden Rechtsverfahren sowie der Vollzug von Opfern für Nemesis durch den Agoranomen erwähnt, so dass der Einsatz der Zeitmesser zur Bestimmung von Gerichtstagen und Verhandlungszeiten wahrscheinlich ist.

Inschrift: nach IG XII 6, 1, 13 (Edition und Übersetzung: K. Hallof):

ἐπὶ Δημέου, Κυανο[ψιῶνος ἐπειδὴ Ἀριστομένης Ἀριστίππου ἀγορανόμος ....] | [..] | ατότε ἐπηγγελμένον ὑφ´ ἑαυτοῶ ἀγορανόμιον τῶι [δήνωι ἀνατέθεικεν 16 μετὰ τὸ] | τὸν πλεῖστον τῆς ἀρχῆς χρόνον κεχρῆσθαι ἀυτὸν .... τῆς] | πόλεως καὶ τῆς ἑαυτοῆ γιὰ προγόνων πρὸς τὸν [δῆμον εὐνοίας ....] | τῶι φέροντι εἰς τὴν στοάν, ὃν ἀνατέθεικεν, λευκ[ῶι πυλῶνι ....]|ου κατασκευῆς ἵνα ὡς ἐπιφανέστατον ὑπ´ ἀρχη 31] | ἀνατέθεικεν δέ ἐν τῶι αγορανομίωι καὶ ἀγάλματ[α ....] | ἐν ταῖς ἐντοιχίοις θυρίσιν Δήμητρα καὶ Διόνυσον .... κα]|τάγλυφον· ἀνατέθεικεν δὲ καὶ πρὸ τοῦ ἀρχείου [ὡρολόγια .... χά]|ριν τοῦ τὸ μὲν αὐτῶν σημαίνειν τοὺς μῆνα[ς τὸ δὲ τὰς ὥρας· ....] | τοῦ εἰς τὴν στοὰν φέροντος λευκοῦ πυλῶνος. [..............................] | τọῖς ἐν τῆι στοᾶι φημαίνῃ ὁ μὲν τοὺς μῆ[νας, ... εὐ]|ρυχόρωι δελφῖνα κάλκεον ἐπὶ παραστά[δος, ... τοῦ δελ]|φῖνος ὕδωρ χάριν τοῦ σημαίνειν τὴν [ὥραν· ....] | ἐπιδεξάμενος καὶ τὴν εἰς τοῦτο δα[πάνην· .... ὥσ]|[τε] γενέσθαι εἰς ὃ ἐπηγγείλατο καὶ τὸ δ[.................................] | [τὰ] τε ἄ<λ>λα τὰ πρὸς τὴν συνκόσμησιν ἀ[νηκοντα ....] | [κ]ατασκευάσας καὶ ἀναθείς, καὶ τὰ πρὸς τὴν χ[.................... τοὺς] | κατοικοῦντας τὴν πόλιν τῶν δικαίων [..........................] ας Ἀριστομένης χάριν τῶν τῆς πατρίδος [συμφερόντων .... Νε]|[μ]έσει θυσίας ἐπετέλεσεν βοϊκάς, εφ´ οὗ καθ[..................... ὑπὲρ] | [το]ῦ σύμπαντος δήμου ὁμονοίας κα[ὶ .... τοῖς] | πολίτạις πᾶσιν καὶ τοῖς υἱοῖς αὐτ[ῶν ....] | [.........] βῳμοῦ θυσίας [............................] | [..]

b [..........] [...........] | [.......] τῆς πόλεω[ς ....] | [πρὸ τοῦ?] ἀρχείου ἀνατέ[θεικεν ......] | [......]HTATHI τῶν ἀρχό[ντων ....] | [.....]IN $^{\upsilon}$ εἰς ἃ δὴ πάντα ANY[......] [.... τῶ]ν ἐνδόξων ἐπιδέδεκτ[αι ....] | [..... ἐ]ν τῶι ἀγορανομίωι βω[μ ....] | [.......]. Η εὐημερίας τὰ ἄρ[ιστα .....] | [.......]οις πᾶσι τοῖς ἀλειφ[ομένοις ....] | [.......]μηι ὑπὲρ τε τῆς τ[..........] | [........].. Η μόνον του[..........] | [..........]vestigia[.............]

c [.........]ΨET[........] | [.......]. ωι στ . [.......] | [.......] ς. Κατα . [.......] | [ταύτο]υ τοῦ χρόν[ου ......] | [......] στεφανω. [.........] | [.... ενδ]όξων ἀρετη [........] | [......]νων ἀγῶνο[ς ....] | [.......]ἀνὰ μέσον [........] | [......]ν Ἀριστομ[εν ....] | [......]. ΛOMEP[.........] | [......]ειωι εξ[...........] | [......].... [...........] | [...................]

„Unter Demeas, am .. Kyanopsion: - - - Da Aristomenes, Sohn des Aristippos, Agoranomos, - - - | vacat minimum 0,055 und das von ihm versprochene Agoranomion dem Volk gestiftet hat - - - | so dass er es den größen Teil seiner Amtszeit benutzen konnte - - - | der Stadt und seines durch Generationen geübten Wohlverhaltens gegenüber dem Volk - - - | der in die Säulenhalle führt, der weiße Pylon, den er gestiftet hat, - - - | der Ausstattung, damit auf das trefflichste wäre - - - | er hat in dem Agoranomion auch Standbilder gestiftet - - - | in den Wandnischen Demeter und Dionysos - - - | Reliefs; er hat auch vor dem Archivgebäude Sonnenuhren gestiftet - - - | damit die eine von ihnen die Monate anzeige, die andere die Stunden - - - | bei dem weißen Pylon, der in die Säulenhalle führt, - - - Wasseruhren, | damit den Besuchern der Säulenhalle die eine (Scheibe?) die Monate zeige, - - - in dem Pylon(?),| dem weiträumigen, einen Bronzedelphin auf dem Wandpfeiler, - - - leitete aus dem | Delphin Wasser, um die Stunde anzuzeigen - - - | er übernahm auch die dafür notwendigen Kosten - - - | damit das geschieht, wozu er sich öffentlich verpflichtet hat, und das - - - | und alles übrige, was sich für die Gesamtausstattung geziemt - - - | hat er ausgestattet und gestiftet, und das für die - - - | die die Stadt bewohnen, von den Rechtsverfahren - - - die Opfer (?),| die Aristomenes wegen des Nutzens für die Heimat - - - | der Nemesis vollzog er Rinderopfer, wobei er - - - Fürbitten aussprach | für die Eintracht des gesamten Volkes und für - - - | allen Bürgern und ihren Kindern - - - | - - - des Altares, Opfer - - - | - - - | - - - der Stadt - - - | - - - vor dem Archivgebäude hat er gestiftet - - - | - - - der Magistrate - - - | - - - wofür alles - - - | - - - von den führenden Leuten hat er angenommen - - - |- - - (auf dem Altar?) des Agoranomions - - - |- - - Glück, das Beste - - - |- - - allen (Epheben), die sich salben - - -.“

Datierung: 1. Hälfte 2. Jh. v. Chr. (K. Hallof)
Literatur: P. F. Girard, Inscriptions de Samos, BCH 5, 1881, 478–480 Nr. 2; Tölle 1969, 170; G. Dunst – E. Buchner, Aristomenes-Uhren auf Samos, Chiron 3, 1973, 119–129.

Samos 3

3.
AO/Inv. Nr.: Samos, Archäologisches Museum Inv. Nr. 323 (verloren?)
Typ/Mat.: S konisch / weißer Marmor
Maße: H 33 B 36,5 T 22
FO: an der Straße Pythagorion-Vathy um 1910
Aufstellung: Nekropole? ~
B: Das Zifferblatt der schlichten konischen Uhr ist in elf Stunden- und drei Datumslinien unterteilt. Außerdem gibt eine Dreiecksfigur die Tageslichtbereiche an. Alle Stundenlinien reichen über die Winterwendlinie bis an das ausgebrochene Gnomonloch heran. Ein schmaler Limbus grenzt das Zifferblatt gegenüber dem schräg abfallenden Uhrenkörper ab.

Unterhalb dieser Zone schließt sich eine mehrfach profilierte Leiste an, die sich über die gesamte Vorderseite der Uhr erstreckt. Eine schmale Standleiste, auf der sich eine senkrechte Konstruktionsmarke befindet, schließt die Basis ab.
Inschrift: keine
Datierung: späthellenistisch
Literatur: Tölle 1969, 164–171; Gibbs 1976, 3046 mit Skizze; G. Dunst – E. Buchner, Aristomenes-Uhren auf Samos, Chiron 3, 1973, 119–129.

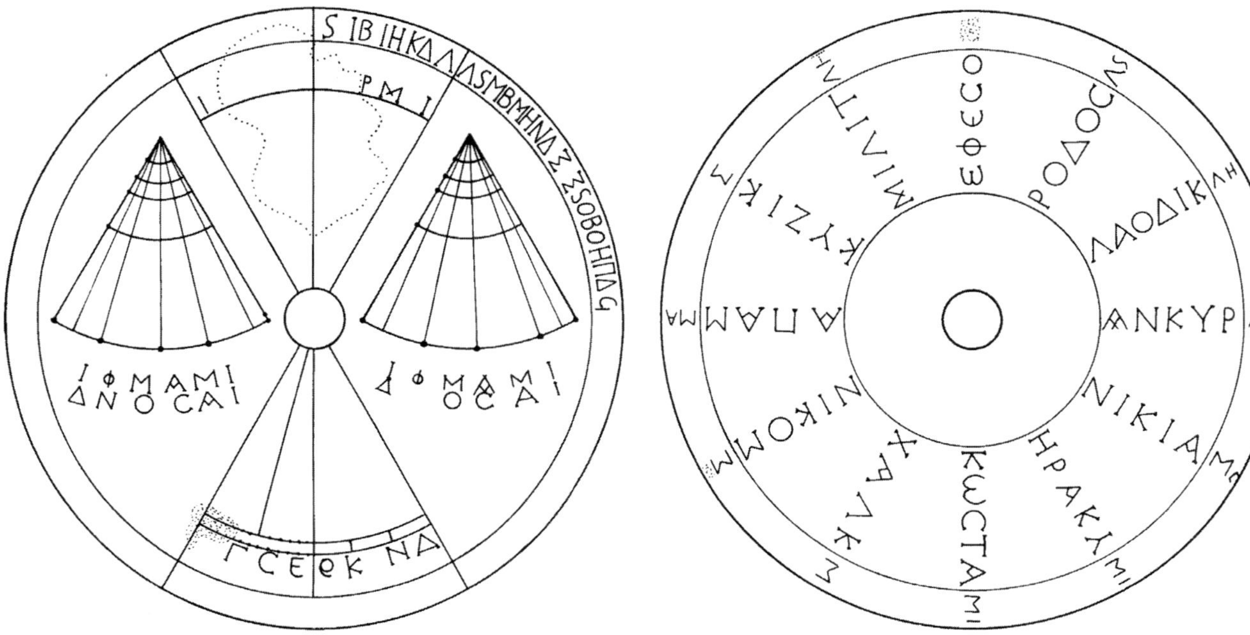

Samos 4.1–4.2

4.

AO/Inv. Nr.: Vathy Arch. Mus., Inv. Nr. 328, Bronze-Inv. B 1760
Typ/Mat.: S vertikal / Reiseuhr / Bronze
Maße: Dm 6,8 Dm Mittelloch 0,7
FO: unbekannt, bis zum 18. Jh. im Kloster Stavros auf Samos
Aufstellung: Handgerät
B: Die Uhr besteht aus einer flachen Bronzescheibe, die in der Mitte durchbohrt ist.
Drei konzentrische Kreise gliedern die Rückseite der Scheibe. Zwischen der zweiten und dritten dieser Kreislinien sind radial die Namen von zwölf Städten in ihrer griechischen Schreibweise angeordnet, die in Randnähe die alphanumerische Angabe ihrer Ortsbreite ergänzt. Ungewöhnlich ist die von Tölle vorgeschlagene dreifache Lesung der Ortsbreite MI, also 40+10, Wiederholungen in dieser Weise sind von anderen Reiseuhren nicht bekannt. Aufgrund der erheblichen Korrosionsschäden des Stücks bestehen auch an anderen Stellen Unsicherheiten in der auf E. Fabricius und L. Burchner zurückgehenden Lesung.

Auf der Vorderseite teilen zwei Diagonalen die Scheibe in vier Sektoren auf: In die beiden größeren ist jeweils eine fächerförmige Struktur eingraviert, deren sieben gerade Linien fünf Bogenlinien schneiden. Unterhalb des untersten Bogens befinden sich Abkürzungen der zwölf Monatsnamen. Ausgehend von der Mittelachse der Scheibe verläuft entlang des Randes eine Folge von Zahlzeichen, die vielleicht zur Angabe der Kalendertage dient. Eine weitere fächerartige Struktur befindet sich im unteren Segment der Scheibe und gilt möglicherweise einer weiteren Monatsanzeige.

Wahrscheinlich gehört die Uhr zu jenem Typus, auf dessen Vorderseite sich ein drehbarer Schieber befindet.

Da eine Öse zur Aufhängung fehlt, ist davon auszugehen, dass die Scheibe ursprünglich von einem weiteren Element eingefasst war.

Inschrift:

Vorderseite (unterhalb des rechten und linken Fächers):
IΦMAMI | ΔNOΣAI
Rückseite:

ΡΟΔΟC	ΛΣ	Rhodos	36
ΛΑΟΔΙΚ[ΕΙΑ]	ΛΗ	Laodikeia	38
ΑΝΚΥΡ[Α]	ΛΘ	Ankyra	39
ΝΙΚΑΙΑ	ΜΙ?	Nikaia	40+10?
ΗΡΑΚΛ[ΕΙΑ]	ΜΙ?	Herakleia	40+10?
ΚωΣΤΑ[ΤΙΝΟΠΟΛΙC]	ΜΙ?	Ko/nopel	40+10?
ΧΑΛΚ[ΕΔωΝ]	Μ	Chalkedon	40
ΝΙΚΟΜ[ΕΔΕΙΑ]	Μ	Nikomedeia	40
ΑΠΑΜ[ΕΙΑ]	ΜΑ	Apameia	41
ΚΥΖΙΚ[ΟΣ]	Μ	Kyzikos	40
ΜΙΛΙΤ	ΛΗ	Milet?	38
ΕΦΕΣΟ[C]	....	Ephesos	

entlang des unteren Fächers:
Γ Σ Ε|Ρ Κ Ν Δ
ferner Zahlzeichen entlang des Randes, nach Tölle:
ΙΒ ΙΗ ΚΔ Λ ΛΣ ΜΒ ΜΗ ΝΔ σσ ΣΟΒΟΗΠΔ
Datierung: 330–620 n. Chr., weil Erwähnung Konstantinopel und Ankara; aufgrund der Parallelen zu Aphrodisias 6: wahrscheinlich 4. Jh. n. Chr.
Literatur: R. Tölle, Eine spätantike Reiseuhr, AA 1969, 309–317; Field 1990, 122–124.

Samothrake

1.
AO/Inv. Nr.: Samothrake, Grabungsmuseum Inv. Nr. 70.894
Typ/Mat. S hemisphärisch / dunkelbrauner Kalkstein
Maße: unbekannt
FO: innerhalb des Heiligtums
Aufstellung: unbekannt
B: Das Stück ist eng mit Delos 5 verwandt. Beide Viertelsphären sind in sechs Stunden- und sieben Datumslinien unterteilt, von denen sich noch wenige Spuren von Beischriften erhalten haben. Es liegen keine weiteren Angaben über Dekoration und Form des heute verschollenen Stücks vor.
Inschrift: entlang der Äquinoktiallinie (unbekannt auf welcher Seite): ἰσημερινός
offenbar noch Überreste weiterer Beischriften
Datierung: sehr ähnlich der Uhr Ioulis 1, frühes 2. Jh. v. Chr.
Literatur: Gibbs 1976, 1075.

2.
AO/Inv. Nr.: verschollen, Inschrift überliefert durch Cyriacus von Ancona
Typ/Mat.: Inschrift auf „triangularis basis" von S ~/ unbekannt
Maße: unbekannt
FO: unbekannt
Aufstellung: unbekannt
B: Die heute verschollene Inschrift ist Teil eines Epigramms, das vermutlich wie Amastris 1, Alexandria 1 und Oropos 2° die Stiftung einer Sonnenuhr, die hier von einem Hodios gestiftet wurde, ergänzte.

Inschrift: nach Wilhelm a. O.:
Auf der Vorderseite:

Τοῦ γνώμονος ἡ | [σκι]ὰ ἐπιοῦσα ἐπὶ τὰ|ς γραμμὰς ση|μαίνει τὰς ὥρας | τοῦ ἐνιαυτοῦ καὶ | τῆς ἡμέρας. | Τροπῶν θερινῶν ἡ | πρώτη, ἰσημερι[ν]ῶν ἡ μέση, | [χει]μερι[ν]ῶν ἐσχάτη. |

„Wenn der Schatten des Gnomon sich den Buchstaben nähert, dann zeigt er die Stunden des Tages an. Die erste (Linie ist) die der Sommerwende, die mittlere die der Äquinoktien und die unterste die der Winterwende."

Auf der Rückseite:

[Στ]ῆσε Ὁδιός με Αἴ|σωνος ἔχοντα μέρη | δεκαπέντε, ἠ[ε]λιον δὲ [γρ]άφων | γνώμονα τόνδε δ[έκα].
„Hodios, der Sohn des Aison, stellte mich auf, die ich in 15 Abschnitte eingeteilt bin; er zeichnete (das Liniennetz) dieser Sonnenuhr als Zehnten."

Datierung: Donderer: hellenistisch, frühes 2. Jh. v. Chr. aufgrund der Parallelen zu Amastris 1 und Alexandria 1

Literatur: Wilhelm 1937, 135–148; IG XII 8, 240; M. Guarducci, Epigrafia greca III (Rom 1974) 86; Gibbs 1976, 8008; Donderer 1998, 182; CIL III Suppl. S 1328 zu Nr. 7367; E. Ziebarth, AM 31, 1906, 408.

Sardis

Sardis 1

1.

AO/Inv. Nr.: am Fundort

Typ/Mat.: S horizontal / weißer Marmor

Maße: B ca. 120

FO: Südostecke des Thermengymnasions

Aufstellung: s. FO; sekundär auf dem Oberlager einer Statuenbasis

B: Die horizontale Sonnenuhr wurde flüchtig in das Oberlager eines hochrechteckigen Sockels mit sechseckiger Grundfläche eingeritzt.

Den Sockel begrenzt ein schlichtes Fuß- und ein ionischer Fries als Kopfprofil. Seinen Schaft rhythmisiert eine Quadergliederung in vier Schichten, deren Höhe wechselt. Vor seine Kanten wurden korinthische Miniatursäulen geblendet.

Ursprünglich diente der aufwendig gearbeitete und prominent positionierte monolithe Marmorsockel wie zahlreiche andere in unmittelbarer Nachbarschaft wohl als Statuenbasis. Erst nach Entfernung von Plastik und Plinthe wurde in kursorischer handwerklicher Ausführung die Sonnenuhr eingeritzt. Obwohl es unmöglich ist, den Zeitpunkt dieser sekundären Verwendung näher zu bestimmen, ist die Uhr somit ein Zeugnis für die öffentliche Nutzung dieses Bereichs in der Spätantike. Der Befund ist mit dem von Aphrodisias 7 vergleichbar, der aufgrund paleographischer Erwägungen dem 5. oder 6. Jh. n. Chr. zugeordnet wird. Aus dieser Zeitspanne sind für den Baukomplex in Sardis zahlreiche Umbauten bekannt, die offenbar mit seiner merkantilen Nutzung in Verbindung stehen.
Inschrift: keine
Datierung: t.p.q. erstes Drittel 3. Jh. n. Chr. (aufgrund der umgebenden Bebauung und der Dekoration des Schaftes); t.a.q. 616 n. Chr. Eroberung von Sardis durch die Sassaniden
Literatur: unpubliziert?; F. K. Yegül, The Bath-Gymnasium Complex at Sardis. Sardis 3 (Cambridge/Mass. 1986) 16 zur Chronologie und Funktion der Baubefunde.

Sarmizegetusa, Ulpia Traiana

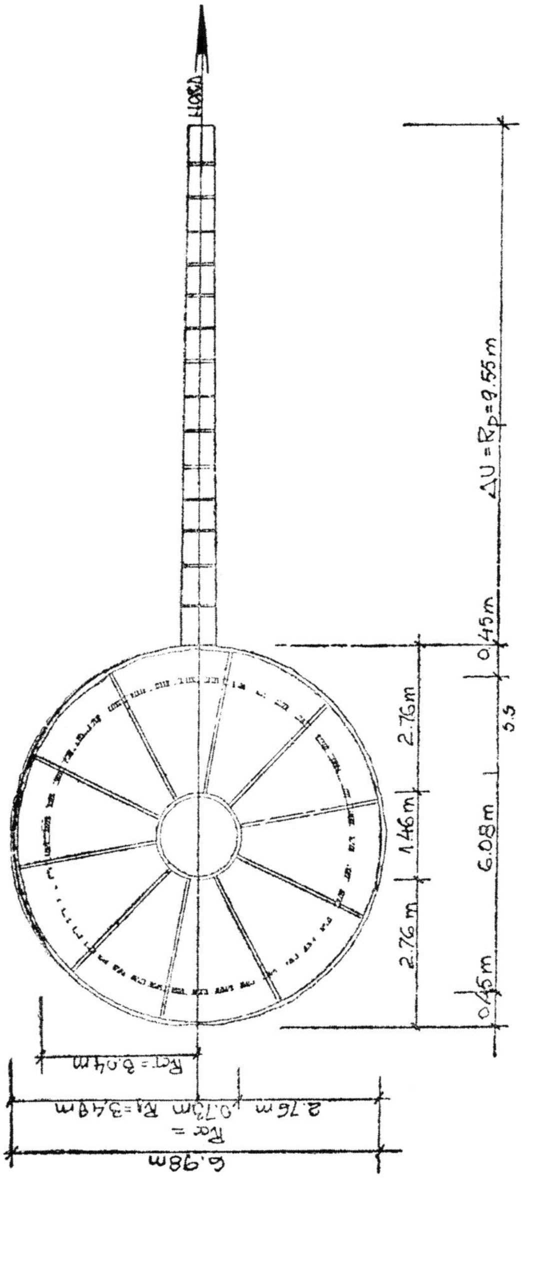

Sarmizegetusa, Ulpia Traiana 1

1.
AO/Inv. Nr.: Sarmizegetusa, in situ
Typ/Mat.: S horizontal, Meridian / Kalkstein - Andesit
Maße: Dm_{Kreis} 698 L_{Skala} 955
FO: Sarmizegetusa, Stadtgebiet, Area Sacra Ausgräber bezeichnen den Ort als Sarmizegetusa-Regia
Aufstellung: ebene Terrasse im Heiligtumsgebiet
B: Innerhalb des Stadtgebietes der dakischen Verwaltungshauptstadt befindet sich in der Zone der Heiligtümer ein gepflasterter Bereich, den die Ausgräber aufgrund von Grundriss, Ausrichtung und Position als Altar und astronomisches Bauwerk interpretieren.

Dabei handelt es sich um eine kreisförmige Plattform mit einem Durchmesser von knapp 7 m, an die sich in nördlicher Verlängerung ein fast 10 m langer, aber recht schmaler gepflasterter Streifen anschließt. Im Bereich der runden Plattform sind die Andesit-Quader derart zusammengefügt, dass in regelmäßigem Abstand zehn radial verlaufende Stoßfugen entstehen.

Ob der Befund als großer, ebenerdiger Meridian zu interpretieren ist, bleibt fraglich: Solange weder Gnomon noch Skalen nachgewiesen sind, ist die Deutung dieser Installation als Zeitmesser unbegründet.
Inschrift: keine
Datierung: Die Datierung der Anlage geben einzig die Eckdaten der Stadtgeschichte vor, also zwischen 80 v. Chr. und 106 n. Chr.
Literatur: F. C. Stanescu, Astronomical Significances of the Sacred Precinct at Sarmizegusa-Regia (Romania), Archeometry in Romania 2, 1985, 2–30; F. C. Stanescu, Un posibil cadran solar de tip discus in planitia la Sarmizegetusa, ActaMusNapoca 33, 1996, 449–467; zur Lage: W. Eck – Th. Lobüscher, Ein neuer Stadtplan der Colonia Ulpia Traiana Dacica Sarmizegetusa, ZPE 137, 2001, 263–266.

Seleukia am Kalykadnos

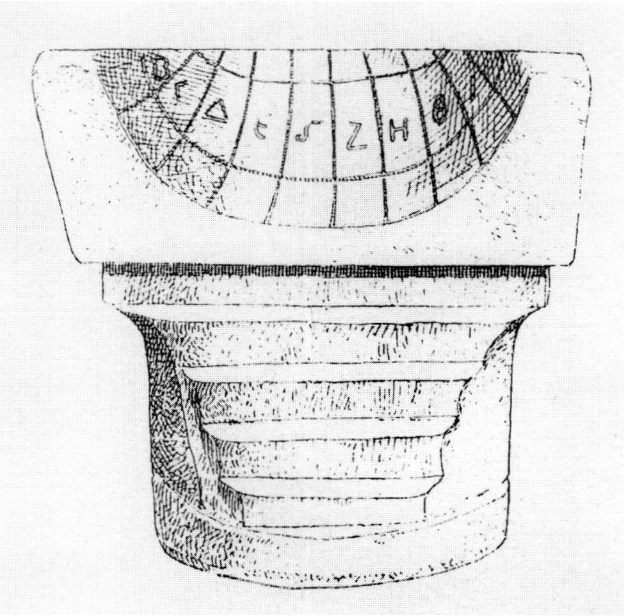

Seleukia am Kalykodnos 1

1.
AO/Inv. Nr.: Istanbul, Archäologisches Museum
Typ/Mat.: Mehrfachuhr: S sphärisch (Hauptuhr), zwei kleine seitliche Sphären, Rückseite zwei kleine Vertikaluhren / weißer Marmor
Maße: Schattenkreis sphärische Hauptuhr H 22 B 55 T 45; GesamtH 56

FO: aus Seleukia, in neuzeitlicher Verbauung
Aufstellung: unbekannt
B: Für das ungewöhnliche Stück wurden Kapitell und große Hauptuhr aus einem Block gearbeitet. Auf Mendels Zeichnung ist zu erkennen, dass von einem runden Unterlager auf der Vorderseite vier Abtreppungen in den Säulenstumpf gearbeitet wurden, so dass dieser mit einem rechteckigen Oberlager endet. Die Zeichnung zeigt, dass diese Kapitellform nur auf der Vorderseite ausgearbeitet wurde, während auf den anderen Seiten die Säule bis an die Unterkante des Zeitmessers heranreicht.

Diese Hauptuhr ist als sphärisches Zifferblatt gebildet, in dem die neun Stundenlinien von zwei Datumslinien geschnitten sind und in die Felder alphanumerisch die Stundenzählung eingeschrieben wurde. Mendel beschreibt noch vier weitere Zifferblätter, von denen zwei sphärische auf den Seitenflächen befinden, und von denen das eine die Vormittags- die andere die Nachmittagsstunden anzeigt. In die Rückseite wurden zwei Vertikaluhren eingearbeitet, deren äußere Kontur jeweils ein Halbrund bildet.
Inschrift: IG XII 8 Nr. 240 wohl an der Horizontaluhr (?) Zahlzeichen Sigma für 6
Datierung: Ohne genauere Kenntnis der seitlichen und rückwärtige Zifferblätter ist die chronologische Einordnung nur unter Vorbehalt möglich: Die seltene Kombination von vertikalem und sphärischem Uhrentypus begegnet nur bei hellenistischen Instrumenten: vgl. Aspendos 1, Chios 1, Tenos 1, Lykao Savrata 1. Für diese zeitliche Einordnung spricht auch die Aufteilung der Vormittags- und Nachmittagsstunden auf zwei getrennte Schattenkreise wie in Ioulis 1 und Sparta 1. Die horizontale Abtreppung der Vorderseite wiederholt sich an der hellenistischen Uhr Alexandria 4.

späthellenistisch?
Literatur: G. Mendel, Catalogue des sculptures II (Istanbul 1914) 566 Nr. 774; Wilhelm 1937, 146.

Serdica

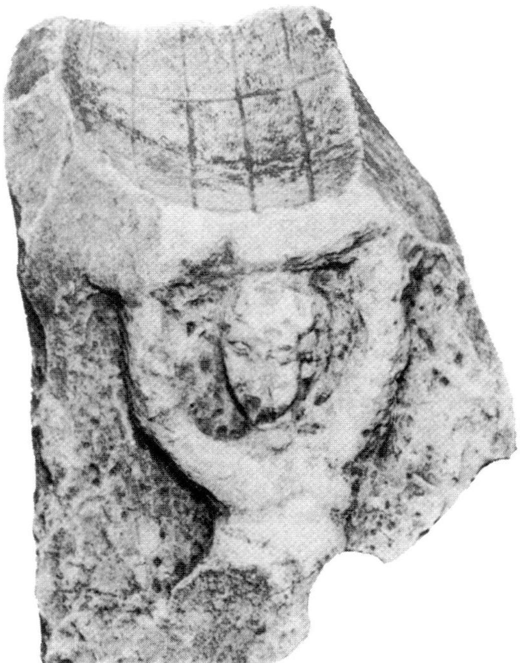

Serdica 1.1–1.2

1.
AO/Inv. Nr.: Sofia
Typ/Mat.: S sphärische Variante / Marmor
Maße: unbekannt
FO: Streufund in der Nähe von Serdica bei Lozen

Aufstellung: Stanceva vermutet, dass die Uhr Teil der Ausstattung entweder eines nahe gelegenen Zeus-Heiligtums oder einer Villa rustica war.
B: Der untere Teil des hochrechteckigen Blocks wurde im Querschnitt prismatisch zugeschnitten. Bis auf etwa halbe Höhe ist die Basis erhalten, die auf ihrer Vorderseite mit dem Relief einer jugendlichen männlichen Figur dekoriert ist. Diese stützt mit ihren beiderseits erhobenen Armen den Limbus einer Sonnenuhr und ist etwa auf Hüfthöhe gebrochen. Die summarische Ausführung der provinzialrömischen Arbeit liefert keinen Anhaltspunkt für eine präzise Datierung, so dass Valevs Datierung in die Mitte des 3. Jhs. n. Chr. auf den allgemeinen historischen Rahmenbedingungen beruht.

Oberhalb der Figur ist etwa ein Viertel des Schattenkreises einer Sonnenuhr erhalten, den ein breiter Limbus umgibt. Den Berechnungen Valevs zufolge handelt es sich um jenen sphärischen Typus, bei dem ein Loch im Zenith des Daches den Lichtstrahl auf das Zifferblatt lenkt.
Inschrift: keine
Datierung: Mitte 3. Jh. n. Chr.
Literatur: M. Stanceva, Cadran solaire des environs de Serdica, ArcheologijaSof 30.2, 1988, 39–42; P. Valev, Etude astronomique de cadran solaire de la région de Serdica, ArcheologijaSof 30.2, 1988, 42–50.

Shoumen Kastell

1.
AO/Inv. Nr.: in situ?
Typ/Mat.: Hohlform / unbekannt
Maße: unbekannt
FO: Kastell
Aufstellung: unbekannt
B: Valev berichtet in einer kurzen Notiz von dieser spätantiken Sonnenuhr, die aus dem Bereich des Kastells stammen soll. Das Stück ist bislang unpubliziert.
Inschrift: keine
Datierung: ca. 4.-6. Jh. n. Chr.
Literatur: Valev 1990, 165 Nr. 11.

Side

Side 1

1.
AO/Inv. Nr.: Side, im Theater
Typ/Mat.: S sphärisch zwei Zifferblätter, S v-vertikal / Marmor
Maße: unbekannt

FO: Stadtgebiet
Aufstellung: Zu dem Stück muss eine hochrechteckige Basis gehören, die heute verloren ist.
B: In die Schmalseiten des rechteckigen Blocks wurden zwei Viertelsphären so eingetieft, dass der Tag in eine Vormittags- und eine Nachmittagsseite aufgeteilt wird, die jeweils sechs Stunden- und drei Datumslinien aufweisen. Am nördlichen Ende der Sphäre befand sich jeweils ein kleiner Gnomon. Auf der Nordseite des Blocks wurde ein drittes Zifferblatt eingearbeitet: Dieses entspricht dem v-vertikalen Typ, dessen Meridian mit der Mittelachse des Blockes zusammenfällt und die eine Seite den Vormittags- die andere den Nachmittagsstunden gilt. Auf dem schmalen Steg zwischen den beiden Viertelsphären befindet ein großes Zapfloch.

In der Art hellenistischer Mehrfachzifferblätter von Tenos 1° veranschaulicht auch dieser ansonsten undekorierte Zeitmesser die Projektion des Sonnenschattens auf verschiedene geometrische Grundformen.

Für seine Entstehung in hellenistischer Zeit spricht auch der Ansatz eines rechteckigen, schmalen Pfeilerkapitells, das auf der Unterseite des Stücks zu erkennen ist und das auf die ursprünglich erhöhte Aufstellung des Zeitmessers hinweist.

Der Fundkontext legt nahe, dass die außergewöhnliche Uhr (erneut) im Kontext des römischen Theaters erneut aufgestellt worden war.
Inschrift: keine
Datierung: 2. Jh. v. Chr.; Wiederaufstellung: 2. Jh. n. Chr. (?); aufgrund der Baugeschichte des Theaters (vgl. U. Pappalardo, La cultura theatrale antica (Neapel 2007) 218 f.).
Literatur: unpubliziert

Side 2

2.
AO/Inv. Nr.: Side, Archäologisches Museum, Inv. Nr. 1391
Typ/Mat.: S konisch / weißer Marmor
Maße: H 24,7 B 42,8 T_{unten} 19,2 T_{oben} 23
FO: aus dem Stadtgebiet von Side
Aufstellung: im Mauerverbund?
B: Elf Stundenlinien erstrecken sich von der Sommerwendlinie bis an den unteren Rand des Zifferblatts. Gibbs kennt nur diese konische Uhr, bei der nur eine Datumslinie ausgeführt wurde. Die von Gibbs als ‚very simple' charakterisierte dekorlose Uhr wurde im Innenhof des Museums auf einer nicht zugehörigen schmalen Säule um 90 Grad gedreht aufgestellt.

Die nur mit dem Zahneisen zugerichteten Seitenflächen des Instruments könnten ein Hinweis darauf sein, dass es ursprünglich im Mauerverbund aufgestellt war.
Inschrift: keine
Datierung: kaiserzeitlich?
Literatur: Gibbs 1976, 3059 G.

Sillyon

1.
AO/Inv. Nr.: Yaniköy, Haus 151 in situ
Typ/Mat.: Grabaltar mit zwei Inschriften / Marmor
Maße: H 81 B 35 T 35 / Zapfloch auf Oberseite
FO: In sekundärer Verbauung im heutigen Yaniköy, ursprünglich aus der Nekropole von Sillyon
Aufstellung: an der rechten Ecke eines Grabmonuments
B: Zwei Seiten des kleinen Grabaltares sind auf Ansicht gearbeitet und tragen die von Wiemer als a und b bezeichneten Epigramme. Diese belegen u. a., dass auf dem Grabmonument eine Sonnenuhr aufgestellt war. Wiemer vermutet aufgrund der geringen Abmessungen, dass auf dem Altar eine Sonnenuhr (aus Metall) aufgestellt war.

Wiemer verweist auf die Funktion von Uhren im Grabkontext als *memento mori*. Die konkrete Funktion der Uhr besteht darin Reisenden die Zeit anzuzeigen, fordert zum dauerhaften Gedenken der Verstorbenen auf und zeigt den Bildungsanspruch des Kidramyas an.
Inschrift: Edition und Übersetzung nach Wiemer a. O. Seite a:

Κιδραμυας | καὶ ϲ̣ῆμα κα̣ὶ | ὡρο[λο]γῖον | ἔτευξε | ἀντὶ φιλαν|δρείης δαίμο|σι Ζωβαλινας. | [ὥ]ρας δ' ἀθρή|[σ]ας καὶ τὸν τά|φον, ὦ ξένε, λέ|[ξ]ον· μνησ|θ̣είην αὖ ἡ | [Κι]δραμυου | γαμέτις.

„Kidramyas hat sowohl das Grabmahl als auch die Uhr herstellen lassen als Entgeld der Gattenliebe für die Totengeister der Zobalima. Wenn Du die Stunden und das Grab betrachtet hast, Fremder, (dann) sprich: Ich, Gattin des Kidramyas, möchte, das man sich meiner wiederum erinnert."
Seite b:

σημαίνειν ἕστηκα πό|σον δρόμον ἤνυκεν | Ἠὼς καὶ τάφος ὡς | ἔστιν ἐνθάδε Ζωβαλι|μας. Εἰ δὲ ποθεῖς τὸ̣ν | θ̣έ̣ν̣τ̣α μαθεῖν, ξένε, ῥᾷ|στα μαθήσῃ. θυμη|ρεῖ γαμετῇ θῆκέ με | Κιδραμυας.

„Ich stehe hier, um anzuzeigen, welche Wegstrecke Eos vollendet hat, und dass hier das Grab der Zobalima ist. Wenn Du erfahren willst, wer (mich) aufgestellt hat, Fremder, so wirst du es leicht erfahren: Für seine geliebte Gattin hat mich Kidramyas aufgestellt."
Datierung: 50 – 200 n. Chr. (Buchstabenform und Wortverwendung)
Literatur: H.-U. Wiemer, Zwei Epigramme und eine Sonnenuhr in kaiserzeitlichen Sillyon, EpigrAnat 30, 1998, 149–152.

Smitthus

Smitthus 1

1.
AO/Inv. Nr.: Museum Chemtou
Typ/Mat.: S Hohlform / Marmor
Maße: unbekannt

FO: Ain Drahan
Aufstellung: unbekannt
B: Die Uhr besteht aus einer großen Hohlform, deren Kontur die rückwärtige Form des Zifferblatts aufnimmt. In die obere Hälfte des Schattenkreises wurden elf Stundenlinien eingraviert, die zwischen zwei Datumslinien verlaufen, von denen die untere – wahrscheinlich zeigt sie das Äquinoktium an – horizontal verläuft. Im unteren Teil des Zifferblatts befinden sich keine Linien.

Aufgrund der ungewöhnlichen Einteilung des Schattenkreises entsteht der Eindruck eines rings um das Zifferblatt verlaufenden schmalen Limbus.

Unterhalb des Schattenkreises verbindet das Zifferblatt ein schmaler Steg mit der flachen, blockartig gestalteten und ansonsten dekorlosen Basis.
Inschrift: keine
Datierung: kaiserzeitlich
Literatur: Mastino – Porcheddu 2006, 156.

Sparta

Sparta 1.1–1.2

1.
AO/Inv. Nr.: Sparta, Archäologisches Museum, Inv. Nr. 6193
Typ/Mat.: Gibbs: konische Variante Schaldach: Vielfachsonnenuhr / weißer Marmor
Maße: H 28 B 41 T 54,5
FO: aus Sparta
Aufstellung: öffentlich
B: Die außergewöhnliche Uhr besteht aus vier sphärisch geschnittenen Zifferblättern, die in einen als Bug eines rhodischen Kriegsschiffs gestalteten Uhrenkörper integriert sind. Dabei handelt es sich um einen hellenistischen Schiffstyp, der in römischer Zeit nicht mehr in Gebrauch war. Diesem Typ entspricht beispielsweise auch der Unterbau der Nike von Samothrake (vgl. H. Knell, Die Nike von Samothrake (Darmstadt 1995) 11 Abb. 8. 98 Abb. 76. Zum Schiffstyp vgl. L. Casson, Ships and Seamanship in the Ancient World (Baltimore 1995) 97–135). Auf den Seitenflächen der

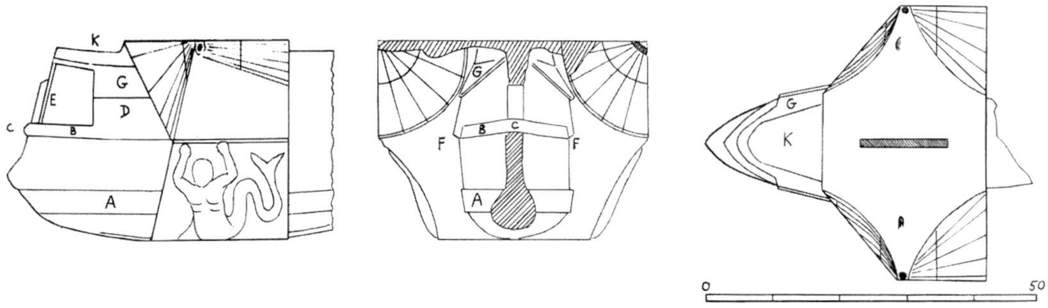

Sparta 1.3

Mehrfachuhr befindet sich im Flachrelief ein bärtiger Triton, der mit erhobenen Armen den Rumpf des Schiffes stützt.

Seitlich des nach Süden ausgerichteten Rammsporns befinden sich zwei Schattenflächen, die sich zu einer kegelförmigen Hohlsonnenuhr mit zehn Stunden- und drei Datumslinien ergänzen, indem die rechte die Vormittags- und die linke die Nachmittagsstunden anzeigt. Gegengleich sind die flacher gestalteten Schattenflächen der Nordseite aufgeteilt. Im Zwickel zwischen Süd- und Norduhr befindet sich jeweils ein Stiftloch zur Aufnahme eines Gnomon, der auf beide Zifferblätter seinen Schatten warf.

Auf der nur grob geglätteten Oberseite des Stücks wurde mittig ein von Norden nach Süden verlaufendes, 13,5 cm langes Zapfloch 5 cm eingetieft. In der Aufsicht ist unverwitterter rechteckiger Bereich mit zwei Dübellöchern erkennbar, der wohl als Standfläche diente. Aufgrund von Parallelen dieses Uhrenkörpers zum Unterbau der Nike von Samothrake vermutet Basch, dass hier die Bronzefigur einer Nike aufgestellt war (vgl. auch L. Basch, Samothrace. Un naivre consacré aux dieux, DossAParis 183, 1993, 24–31), während Schaldach hier ein Segel einsetzen will. Beide Vorschläge hätten zur Folge, dass eine voluminöse Form an dieser Stelle die Gnomones verschatten und somit die Anzeigefunktion der Uhr beeinträchtigen würde. Vielleicht sind die ungewöhnliche Breite und Tiefe des Zapfloches, die auf eine besonders stabile Installation hindeuten, eher Indizien dafür, dass hier ein erhöhter Aufsatz zur Anzeige der Windrichtung montiert war.

Zwei annähernd in Nord-Südrichtung ausgerichtete Dübellöcher in der Bodenfläche des Instruments deuten darauf hin, dass es auf einem hochrechteckigen Sockel aufgestellt war. Um die Zeit in Augenhöhe abzulesen, ist die Höhe des Sockels auf mindestens 1.50 m zu ergänzen.

Inschrift: keine

Datierung: Basch datiert das Stück aufgrund von stilistischen Parallelen der kleinformatigen Tritone zu jenen des Odeions in Athen in die Mitte des 2. Jhs. n. Chr. – erkennt in ihm aber die exakte Kopie eines hellenistischen Figurentypus, den er zeitgleich mit der Nike von Samothrake ansetzt.

Von den kaum 10 cm hohen Tritonen eine stilistische Datierung in die Kaiserzeit abzuleiten, ist m. E. problematisch, zumal Aufsatz und Mehrfachzifferblätter das Stück mit den Uhren Ioulis 1 und Prosymna 1 verbinden, die beide aus hellenistischer Zeit stammen. Römische Kopien früherer Sonnenuhren sind im Material nicht belegt. Zieht man außerdem die Laufzeit des formgebenden Schiffstyps hinzu, so spricht die Summe der Indizien eher für eine Entstehung der Sonnenuhr in der Mitte des 2. Jhs. v. Chr.

Literatur: L. Basch, Trois modèles de naivres en marbre au musée de Sparte, AntCl 38, 1969, 430–446; Gibbs 1976, 3107 G; Schaldach 2006, 33.

Sparta 2

2.

AO/Inv. Nr.: Sparta, Archäologisches Museum, Inv. Nr. 10632

Typ/Mat.: S konisch / bläulicher Parnonas Marmor

Maße: H 16,5 B 28 T 12,5 / es fehlen die Enden der Schattenfläche sowie ein großer Teil der Basis

FO: unbekannt

Aufstellung: unbekannt

B: Die Schattenfläche ist in elf Stunden und drei Datumslinien aufgeteilt, von denen nur die der Stunden vier bis acht bis an den Limbus heranreichen. Während der Meridian bis an das ausgebrochene Gnomonloch verlängert wurde, enden alle anderen Stundenlinien an der Winterwendlinie. Alle Linien sind relativ tief und breit geritzt. Den Schattenkreis umgibt ein etwa 2 cm breiter Limbus, an den auf einer Ebene der Uhrenkörper anschließt. Im erhaltenen Abschnitt ist diese Fläche mit einem von Schaldach wohl zutreffend als Fischschwarm interpretierten Flachrelief dekoriert. Das Relief nimmt auf den Zeitmesser in besonderer Weise Bezug, indem das Motiv unterhalb der Vormittagsseite des Zifferblatts negativ erscheint – also die Kontur der Fische in den Block eingetieft ist – während es auf der Nachmittagsseite positiv umgesetzt wurde, so dass es plastisch hervortritt.

Offenbar folgt die Kontur des Stücks auf der rückwärtigen Seite der Form des Schattenkreises.

Inschrift: keine

Datierung: 1. Jh. n. Chr. (?)

Literatur: Schaldach 2006, 35.

Sparta 3

3.

AO/Inv. Nr.: Sparta, Archäologisches Museum, Inv. Nr. 7628

Typ/Mat.: S sphärisch / bläulicher Parnonas Marmor

Maße: H 28 B_{Basis} 26 T_{Basis} 23,5

FO: bei Ausschachtungsarbeiten für einen Neubau 1986 von E. Kourinou

Aufstellung: Villa

B: Der Schattenkreis dieser Uhr ist nach Schaldach als kugelförmige Hohlform geschnitten, die elf tief eingeritzte Stunden- und zwei (Pseudo-)Datumslinien gliedern. Auf der rechten Seite ist das Stück bis zum Ansatz der zweiten Datumslinie gebrochen. Der Schattenkreis, dem auch die Außenkontur des Stücks folgt, wird von einem etwa 2 cm breiten Limbus gegenüber der Basis abgesetzt, die weit hinter das Zifferblatt zurücktritt. Diese Zone flankieren zwei Delphine, die den Körper der Uhr stützen, indem sie sich über die gesamte Fläche der Seiten erstrecken und deren Köpfe auf der Vorderseite vollplastisch gebildet sind. Unterhalb der Basis schließt eine 2,5 cm hohe Standplatte das Stück ab.
Inschrift: keine
Datierung: Schaldach: spätantik oder römisch; aufgrund der Dekoration: kaiserlich
Literatur: Schaldach 2006, 34.

Stabiae

Stabiae 1.1

1.
AO/Inv. Nr.: Villa San Marco, Atrium Inv. Nr. 62405
Typ/Mat.: S konisch / Travertin
Maße: unbekannt, nach Foto etwa H 45 B 40
FO: Atrium der Villa San Marco, vor dem lararium
Aufstellung: s. FO; vgl. Barbet-Miniero a. O. Bd. 2; D* in Abb. Stabiae 1.2
B: Das Zifferblatt der Uhr ist besonders sorgfältig in elf Stunden- und drei Datumslinien unterteilt. Der Gnomon wurde modern ergänzt. Das Zifferblatt rahmt ein relativ breiter Limbus derart, dass er bereits Teil der schrägen Fläche des Uhrenkörpers ist. Diese Zone wird von einem ebenso breiten, erhabenen Rahmen eingefasst. In die sich aus dieser Verteilung ergebenden Zwickel ist jeweils ein stilisiertes Blattmotiv eingestellt.

Unterhalb der Schattenfuge tritt die schräge Fläche der Basis zur Front hin vor. Das Stück schließt mit einer relativ breiten Standleiste ab. Offenbar sind die Seitenflächen der gut erhaltenen Uhr nicht dekoriert.
Inschrift: keine
Datierung: Der Kernbereich der Villa und seine Ausstattung entstand nach Einschätzung der Ausgräber im letzten Viertel des 1. Jhs. v. Chr. und wurde in tiberisch-claudischer Zeit erneuert. Der ausgezeichnete Erhaltungszustand sowie die erhabene Leiste, die den oberen Bereich des Uhrenkörpers rahmt, könnten darauf hinweisen, dass die Sonnenuhr dieser zweiten Phase zuzurechnen ist: 40/50er Jahre 1. Jh. n. Chr.
Literatur: A. Barbet – P. Miniero (Hrsg.), La Villa San Marco (Neapel 1999) Bd. 1, 310. Bd. 2 Abb. 696; N. Severino, Ancora sulla meridiana romana del museo Archeologico di Aquino, Studi Cassinati, 4, 2003, 262; A. Babet, Villa San Marco in: A. Pesce – G. C. Ascione (Hrsg.), In Stabiano (Neapel 2004) 55–58 (zur Baugeschichte und Ausstattung).

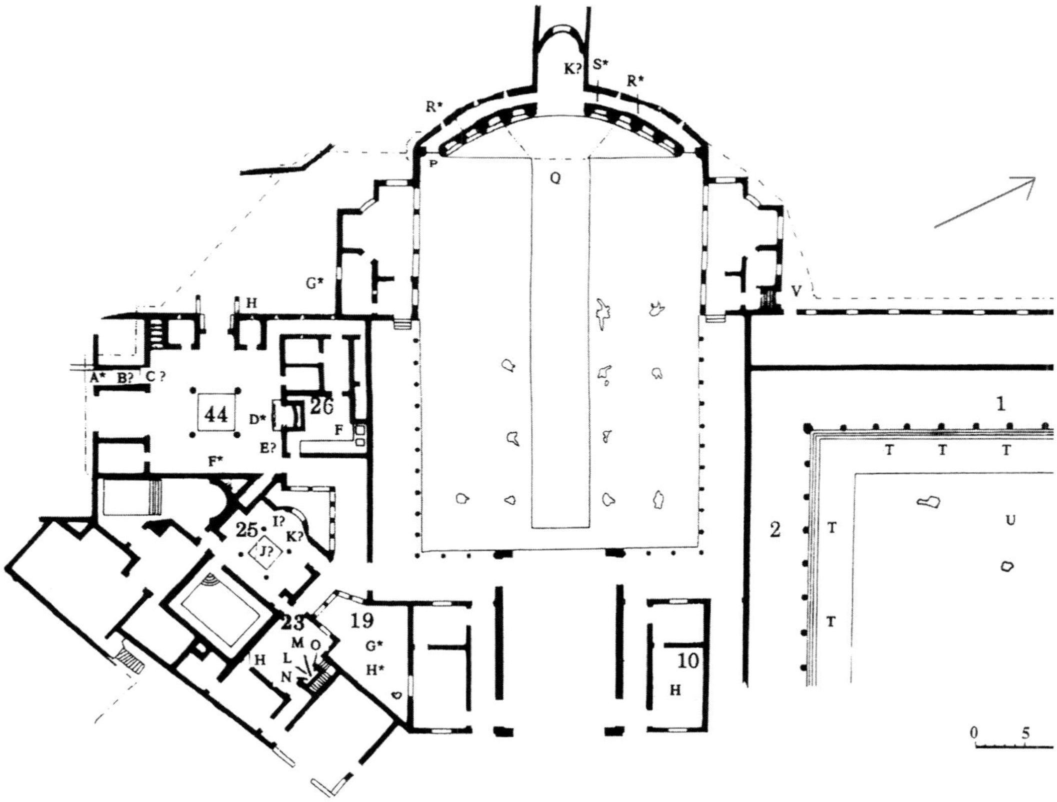

Stabiae 1.2

Sulci

1.

AO/Inv. Nr.: ILSard I 35=CIL X 7515

Typ/Mat.: Stiftung *horolocium* / W ~, zwei anpassende Fragmente / unbekannt

Maße: unbekannt

FO: Die Fragmente stammen aus dem Zentrum von Sulci, aus einem Bereich, in dem Bonello Lai auf der Grundlage von Ausgrabungen das Forum ansiedelt.

Aufstellung: Forum ~

B: L. Aemilius Saturninus stiftet dem Kaiser Tiberius ein *horolocium* – eine Wortwahl, die nur aus dieser Inschrift bekannt ist. Bonello Lai vermutet, dass die Stadt zum Zeitpunkt der Stiftung erst kürzlich den Rang eines Municipiums erhalten hat und somit diese Inschrift, welche die Tribus Quirinia nennt, unmittelbar nach dem Statuswechsel entstand.

Wie in Igaeditanorum 1 wird auch hier gleichzeitig mit der Verleihung des Municipiums eine öffentlich (auf dem Forum) aufgestellte Uhr gestiftet.

Inschrift: [Ti(to) Cl]aud(io) Caesar[i] Aug(usto) Germanico | [Trp] VIII Imp(eratori) XV[I] Cos IIII | [horol]ocium L(ucius) Aemil[ius] L(ucio) f(ilius) Quir(inia) Saturninus | dedicavit

„Dem Kaiser Tiberius als er die Tribunitia potestas zum 8. Mal (inne hatte), Imperator zum 16. Mal, Konsul zum 4. Mal war, hat Lucius Aemilius Saturnius, Sohn des Lucius, aus der Tribus Quirinia ein Horolocium gestiftet."

Datierung: 48 n. Chr.

Literatur: M. Bonello Lai, Sulla data della concessione della municipalità a Sulci, in: M. Bonello Lai (Hrsg.), Sardinia antiqua. Studi in onore di Pietro Meloni in occassione del suo settantesimo compleanno (Cagliari 1992) 390–396.

Sulmo

Sulmo 1.1

1.
AO/Inv. Nr.: Chieti, Museum Inv. Nr. 36 291
Typ/Mat.: S konisch / Kalkstein
Maße: H 32 B 34 T 17
FO: Im extraurbanen Terrassen-Heiligtum des Herkules Curinus wurden zwei Sonnenuhren – hier Sulmo 1 und 2 – in unmittelbarer Nachbarschaft gefunden. Ihr Fundort liegt hinter dem Propylon auf der Hangseite des von NW nach SO orientierten Heiligtums. Der Fundort von Sulmo 1 liegt etwa 1 m nördlich von Sulmo 2 (im Plan Sulmo 1.2 bezeichnen die Ziffern 71 und 72 die Sonnenuhren).
Aufstellung: Vor den nordwestlichen Abschluss des von einschiffigen Hallen umgebenden Freiplatzes wurde nachträglich eine knapp 2 m tiefe und etwa 14 m lange, dabei recht schmale Fun-damentierung eingezogen. An ihrem westlichen Ende befindet sich eine halbkreisförmige Installation, deren Schenkel diese frühere Fundamentierung schneiden, indem die Innenseite des Halbrunds sich nach Osten und damit in Richtung der Halle öffnet. Aufgrund von Wasserleitungen, die mit dieser Struktur in Verbindung stehen, vermuten die Bearbeiter, dass es sich um ein Wasserbecken handelt.

Aus dem Zwickel zwischen dem Halbrund und der Südseite des Propylons stammen zwei Sonnenuhren, deren Schattenflächen nach Süden ausgerichtet gewesen sein müssen. Ein funktionskonformer Standort im Verbund mit der halbrunden Struktur ist somit auszuschließen, weil eine Aufstellung auf der langgestreckten Fundamentierung eine voneinander deutlich abweichende Orientierung beider Strukturen zur Folge haben würde, und außerdem angesichts der linearen Struktur der Fundamentierung und der blockhaften Form der Uhren unwahrscheinlich ist. Vielleicht ist die abgetrennte Zone nahe des Eingangsbereichs des Heiligtums eher mit rituellen Reinigungszeremonien oder Öffnungszeiten zu verbinden, worauf auch der Fund einer pelvis in diesem Bereich hinweisen würde.

Die Kartierung der Fundstücke aus dem Bereich des Herkules-Heiligtums – hier Sulmo 1.2 – von R. Tuteri zeigt an, dass die Mehrheit der Stiftungen aus dem gepflasterten Bereich östlich des Naiskos und seines vorgelagerten Altares stammt, ihre Aufstellung in der Nähe des Propylons, dem Standort der Uhren, jedoch unüblich war. (vgl. R. Tuteri, Cronaca di uno scavo trent'anni doppo, in: E. Mattiocco, Della villa di Ovidio al Santuario di Ercole. Katalog Sulmona 1989 (Sulmona 1989) 87– 114, bes. 112–114 Abb. 43).

Diesen charakterisiert sowohl die Nähe zum Eingang als auch, dass ausschließlich hier die Sonnenstrahlen ganztägig auf die nach Süden, zur Platzmitte hin ausgerichteten Zifferblätter fallen. Die Zeitmesser dienten wohl also primär einer konkreten Funktion innerhalb des Heiligtumsgeschehens.

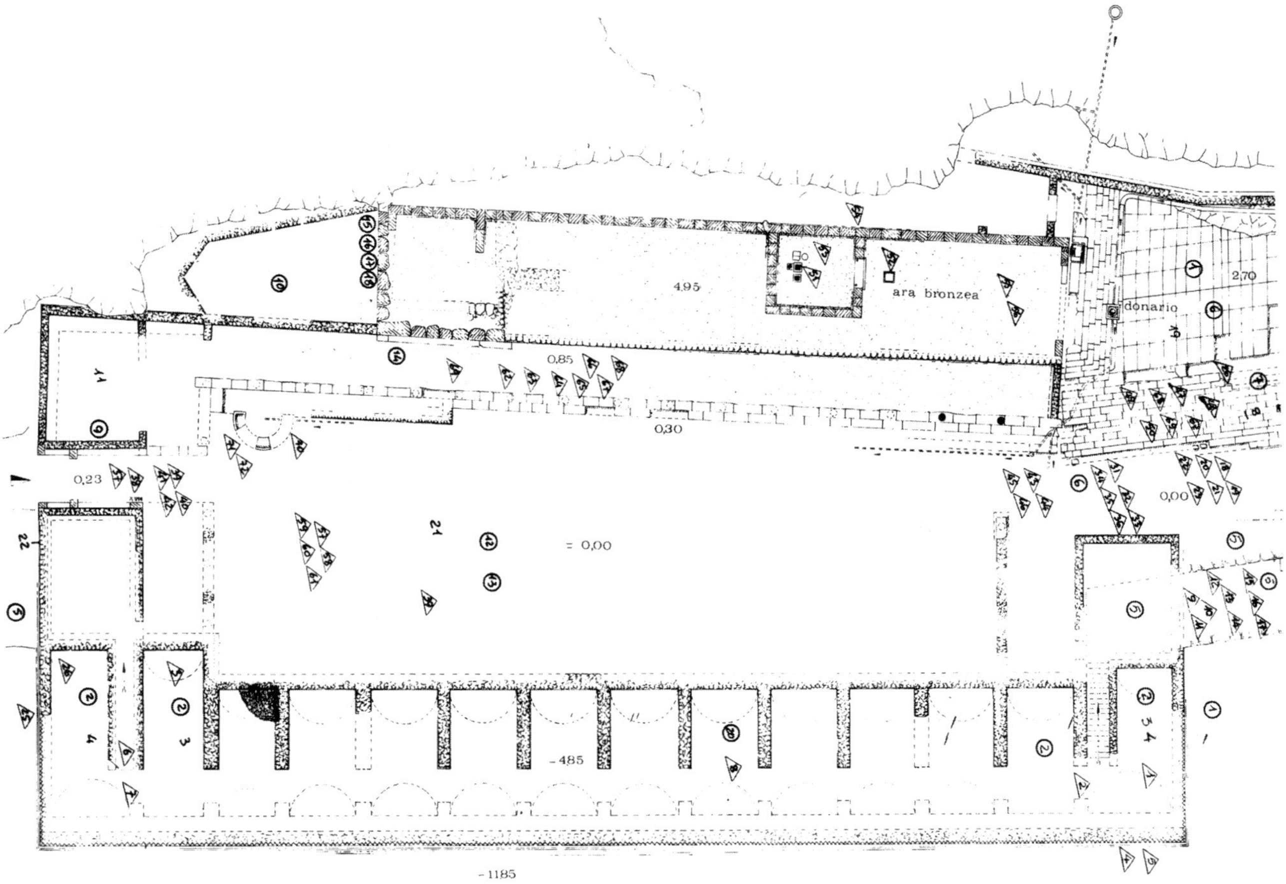

Sulmo 1.2

B: Die Uhr ist bis auf leichte Beschädigungen entlang des Randes ihres Schattenkreises sowie der unteren Standleiste gut erhalten. Der rechteckige Quader wurde so aufgeteilt, dass die waagerechte Schattenfuge etwa die horizontale Mittelachse bildet. Der Schattenkreis wurde wie auch die gesamte Oberfläche sorgfältig geglättet und in elf Stundenlinien unterteilt, die vom ausgebrochenen Gnomonloch bis an den Rand des Schattenkreises heranreichen.

Der Uhrenkörper bricht unterhalb des Schattenkreises unmittelbar als schräge Fläche bis an die Schattenfuge um. Der untere Teil ist eine dekorlose schräge Ebene, die bis an die recht hohe Standleiste heranreicht.

Unterhalb der Nachmittagsstunden lassen parallele, waagerechte Linien erkennen, dass die Form ausgesägt wurde.

Inschrift: keine

Datierung: Einen zeitlichen Rahmen für die Datierung der Uhren liefert die Baugeschichte des Heiligtums: Die Einrichtung des Municipiums Sulmo im Jahr 89 v. Chr. liefert nach Einschätzung der Bearbeiter einen t. p. q. für die architektonische Ausgestaltung des Heiligtums im Bereich der Hallen und des Propylons. Eine weitgehende Aufgabe dieser Zone war die Folge eines Erdrutsches im 2. Jh. n. Chr.

Literatur: E. Mattiocco, Della villa di Ovidio al Santuario di Ercole. Katalog Sulmona 1989 (Sulmona 1989) Abb. 23–24; Scheidt 1997, 387.

Sulmo 2

2.
AO/Inv. Nr.: Chieti, Museum Inv. Nr. 36 292
Typ/Mat.: S konisch / Kalkstein
Maße: H 23,5 B 30,5 T 17,5
FO: s. Nr. 1
Aufstellung: s. Sulmo 1
B: Sulmo 2 ist wesentlich schlechter erhalten als Sulmo 1: Es fehlt ein großer Teil der Vormittagsseite, sowie der obere Teil der Nachmittagsstunden des Schattenkreises, so dass jeweils nur der untere Abschnitt der sechsten bis elften Stunden erhalten ist. Diese Linien sind im Vergleich zur anderen Uhr deutlich tiefer und breiter eingeritzt und reichen an der Außenseite des Zifferblatts bis an das Teilstück einer Bogenlinie heran, die ursprünglich die Sommerwendlinie anzeigte. Außer dieser Datumslinie ist sowohl ein Abschnitt der Äquinoktiallinie zu erkennen als auch oberhalb davon eine dazu parallele Bruchkante, die den ursprünglichen Verlauf der Winterwendlinie anzeigt.

Unterhalb des Zifferblatts tritt der Uhrenkörper ein kurzes Stück zurück, bildet eine Mulde und läuft anschließend zur Basis hin in zwei klötzchenartig stilisierten Beinen aus. Die Fläche zwischen den Beinen bildet eine frontparallele dekorlose Ebene.

Obwohl die beiden Uhren in ihren Abmessungen nur geringfügig voneinander abweichen und somit ihre paarige Aufstellung gut denkbar ist, unterscheiden sie sich in Funktion und Gestaltung erheblich: Während die eine die Säsonalstunden unabhängig von der Jahreszeit anzeigt, verbindet die andere die Stunden- mit einer Datumsanzeige – sie ist nicht nur präsziser, sondern ergänzt die andere Uhr um eine zusätzliche Zeitfunktion.

Die Andeutung von stilisierten Füßen zeigt ferner ein formtypologisch fortgeschritteneres Stadium an.
Inschrift: keine
Datierung: s. Sulmo 1
Im Herkules-Heiligtum begegnet der archäologisch bislang einzigartige Fall, dass eine Uhr um eine zweite mit erweitertem Funktionsspektrum ergänzt wurde. Obwohl beide Uhren annähernd maßgleich sind, zeigt die funktionale und formtypologisch fortschrittlichere Entwicklungsstufe Sulmo 2, dass sie wenig später entstand. Beide Zeitmesser müssen aber über einen längeren Zeitraum hinweg in unmittelbarer Nachbarschaft gestanden haben.
Literatur: E. Mattiocco, Dalla villa di Ovidio al Santuario di Ercole. Katalog Sulmona (Sulmona 1989) Abb. 23–24; Scheidt 1997, 387.

Sulmo 3

3.

AO/Inv. Nr.: Sulmona, Kernbereich des Herkules-Heiligtums, in situ
Typ/Mat.: Wasseruhr (?) / pietra biancha di Mariella
Maße: geschätzt 110 auf 100 H ca. 65
FO: gepflasterte Terrasse vor dem Aufgang zum Naiskos, schneidet in die unterste Stufe ein
Aufstellung: s. FO
B: Die Bearbeiter bezeichnen den Befund als Brunnen, doch vielleicht handelt es sich hier um eine Wasseruhr:
Am Fuß der Freitreppe, die zum einzigen Kultbau im Heiligtum des Herkules führt, befindet sich in zentraler Position eine monolithe, annähernd kubische Basis mit Kopf- und Fußprofil. Ihre Rückseite wurde bis an die zweite Antrittstufe der Treppe geschoben. Während die Seitenflächen sorgfältig geglättet wurden, ist die Oberfläche des Blocks gepickt und weist in der Mitte eine große vertikale Bohrung auf, die bis auf seine Unterseite reicht. Diesen Zylinder umgibt eine flache runde Lehre, die in eine ebenso flache, erhabene quadratische Fläche eingeschrieben ist.

Auf der Front befindet sich etwas oberhalb der Mitte des Stücks eine zweite, jetzt vertikale Durchbohrung, die mit der horizontalen in Verbindung steht. Eine grob gepickte, runde Vertiefung umgibt dieses Loch. Auf dieser Seite befindet sich oberhalb des Fußprofils, wenig nach rechts aus der Mitte verschoben, eine Folge von drei kleinen Stiftlöchern.

Vom Hang her führt eine Druckwasserleitung an die Installation heran und von dort anschließend weiter zur große Terrasse, wo sie an der halbkreisförmigen Installation (vgl. unter Sulmo 1) mündet.

Zu- und Ableitungen, muffenartige Zurichtungen und die miteinander kommunizierenden röhrenartigen Strukturen sowie das Fehlen eines angeschlossenen Beckens verraten, dass es sich bei dieser Installation in zentraler Lage vor dem Kultbau eher um eine Wasseruhr als um einen Brunnen handelt. vgl. Sulmo 4.
Inschrift: keine
Datierung: nach Stufenanlage
Literatur: G. F. La Torre, Il santuario di Ercole Curino, in: E. Mattiocco, Della villa di Ovidio al Santuario di Ercole. Katalog Sulmona 1989 (Sulmona 1989) 115–150, bes. 140.141. 143 Abb. 55.

Sulmo 4

4.
AO/Inv. Nr.: Sulmona, Kernbereich des Herkules-Heiligtums, in situ
Typ/Mat.: W~ / Kalkstein
Maße: unbekannt
FO: s u.
Aufstellung: Heiligtum
B: Am Ende der Stufenflucht, die von der gepflasterten Terrasse zur nächst höheren leitet, auf der sich auch Altar und Kultbau befinden, bildet auf der Hangseite eine Ante das südliche Ende der Stützmauer. Unmittelbar südöstlich und bündig vor dieser Ante wurde ein hochrechteckiger, stelenförmiger Block auf einem separat gearbeiteten Fußprofil aufgestellt. Wenige cm unterhalb der Oberkante der Stele befindet sich eine runde Durchbohrung.
Die Installation umgibt ein rechteckiges, nur etwa 5 cm tiefes Becken. Dass auch diese Konstruktion mit Wasser gespeist wurde, verraten außer dem Becken erneut Druckwasserleitungen: Diese führen vom Hang zu der Installation und von dort aus zum Treppenfuß, wo sie sich mit den Ableitungen aus 3. vereinigen und weiter zur eingangs (s. Sulmo 1.) erwähnten halbrunden Struktur führen.
Inschrift: keine
Datierung: später als Sulmo 3.
Literatur: G. F. La Torre, Il santuario di Ercole Curino, in: E. Mattiocco, Della villa di Ovidio al Santuario di Ercole. Katalog Sulmona 1989 (Sulmona 1989) 115–150, bes. 140.141. 143 Abb. 54.

Surrentum

1.
AO/Inv. Nr.: Sorrento, Museo Correale / AE 1902, 40 = SIP Surrentum 4
Typ/Mat.: Reparatur *horologium* / W ~ / Marmor, Bronze
Maße: Block: H 75 B 111
FO: Sorrent, Piazza Tasso
Aufstellung: Forum

B: Titus lässt das *horologium* der Stadt mit all seinem Zubehör renovieren, nachdem es durch ein Erdbeben beschädigt worden war. Der Hinweis auf das Zubehör (zugehörige Gebäude?) des Zeitmessers, Fundort und Größe der Inschrift sowie die Person des Stifters legen den Schluss nahe, dass hier eine Wasseruhr auf dem Forum von Surrentum wiederhergestellt wurde.
Inschrift: Imp(erator) Titus Caesar [divi]| Vespasiani f(ilius) Vespasia[nus]|Aug(ustus) pon(tifex) max(imus) tr(ibunicia) pot(estate) I[X imp(erator) XV]| co(n)s(ul) IIX censor p(ater) p(atriae) horologi[um cum suis]| ornamentis terrae motib(us) [conlapsum restituit]

„Kaiser Titus, Sohn des vergöttlichten Vespasian, Vespasianus Augustus, Pontifex Maximus, Inhaber der Tribunitischen Gewalt zum 9. Mal, Imperator zum 15. Mal, Konsul zum 8. Mal, Censor, Pater Patriae hat das Horologium mit allem Zubehör wiederhergestellt, nachdem es durch Erdbeben zerstört worden war."
Datierung: 80–81 n. Chr. (Inschrift), liefert t. a. q. für den Zeitmesser
Literatur: A. Sogliano, NSc 1901, 363–364; M. Horster, Bauinschriften römischer Kaiser (Stuttgart 2001) 292; G. Alföldy, Roms Kaiser als Bauherren, JRA 15, 2002, 489–498; G. Alföldy, Zu kaiserlichen Bauinschriften aus Italien, Epigraphica 64, 2002, 141; M. M. Magalhaes, Storia, istituzioni e prosopografia di Surrentum romana (Castellamare di Stabia 2003) 129 Nr. mit Foto.

Syrakus

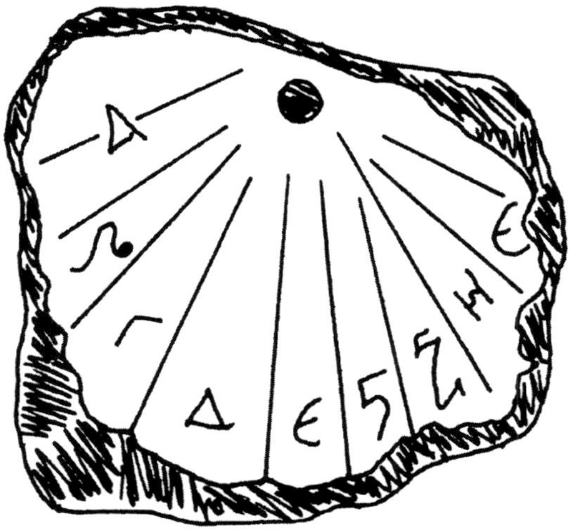

Syrakus 1

1.
AO/Inv. Nr.: Syrakus, Museo Archeologico Paolo Orsi Inv. Nr. 45870
Typ/Mat.: S vertikal / weißer Kalkstein
Maße: H 14,5 B 17,2 T 3
FO: aus Palazzolo (?)
Aufstellung: unbekannt
B: Die an allen Kanten bestoßene Platte weist auf einer Seite zehn radial angeordnete Linien auf, die von einem gebohrten Loch ausgehen und in deren Zwischenräume Ziffern in Form griechischer Buchstaben eingestellt sind. Die Buchstabenform weist auf die späte Entstehung hin.
Inschrift: Stundenbezeichnungen
Datierung: spätantik
Literatur: Gibbs 5018 G.

Tanis

Tanis 1

1.
AO/Inv. Nr.: London, Brit. Mus. Dep. of Ancient Egypt and Sudan Inv. Nr. EA 68475
Typ/Mat.: S konisch / Miniatur / Flusspferd-Elfenbein
Maße: H 2,8 B 5,1 T 3,1 / 17 anpassende Fragmente
FO: Tanis, spätptolemäisches Privathaus M innerhalb der Umfassungsmauern des Tempels wenig nördlich des Pylons
Aufstellung: unbekannt
B: Elf Stunden- und sieben Datumslinien, die mit roter Farbe zusätzlich nachgezeichnet wurden, gliedern den Schattenkreis dieser Miniaturuhr, deren stark fragmentierter Zustand darauf zurückzuführen ist, dass sie aus einer Brandschicht stammt. Unterhalb des Schattenkreises ist ihre Front als schräge Fläche gearbeitet, in die leicht gegenüber der Mittelachse nach rechts versetzt die Inschrift ἰσημερ[ία] graviert wurde. Die Bearbeiter vermuten, dass die Sonnenstrahlen diesen Bereich der Uhr nur im Zeitraum zwischen Sommer- und Winteräquinoktium erreichten und er somit zusätzlich der ungefähren Anzeige dieser kalendarischen Daten dient. Unterhalb dieser Zone schließt sich eine schmale Standleiste an, die leicht schräg gegenüber der Front vortritt. Damit folgt der Aufbau des kleinen Zeitmessers dem seiner größeren Vorbilder aus Stein, ohne dass hier die Standleiste tatsächlich einen sicheren Stand gewährleisten würde.

Stattdessen befinden sich auf der Unterseite des Stücks die Überreste eines Nagels, der offenbar zu seiner stationären Befestigung diente. Dafür wurde zunächst ein kleines Loch in die Unterseite gebohrt und erst anschließend, um Absplitterungen des fragilen Geräts zu vermeiden, der Nagel in ein Bleibett eingeführt. Außerdem beobachteten die Bearbeiter Überreste weiterer, nicht lesbarer Markierungen entlang der horizontalen Oberfläche der Uhr.

Aufgrund der präzisen Ausführung der als Bogen geführten Datumslinien gelang den Bearbeitern ihre Zuordnung an konkrete Daten, die ihnen zufolge
w: Winterwendlinie = Anfang Capricorn
2: Anfang Wassermann oder Schütze
3: Anfang Fische oder Skorpion
e: Äquinoktien = Anfang Aries oder Libra
5: Anfang Stier oder Jungfrau
6: Anfang Zwilling oder Löwe
s: Sommerwendlinie = Anfang Krebs
anzeigen, bilden also im Jahresverlauf einen vollständigen Tierkreis ab, und halten auch der mathematischen Überprüfung stand. Offenbar wurde das Stück für eine Breite zwischen 31–33° gearbeitet, also für den Bereich von Tanis.

Während Petrie den Fundort in der Publikation als Haus M und die Uhr als Bestandteil von dessen verbranntem Inventar bezeichnet, führte er ihn in früheren Listen als Haus/Fund 15. Im Gegensatz dazu wird in den Registern des British Museum die Herkunft der Fundgruppe unter Haus 66 geführt.

Aufgrund der Übereinstimmung von identifizierbaren Objekten unter den verschiedenen Fundlisten ordnen Evans und Marée alle Stücke einem Befund zu. Diesen interpretieren sie aufgrund von seiner Zusammensetzung und der Lage des Hauses innerhalb der Umfassungsmauern eines tanischen Amun-Heiligtums als privates Wohnhaus eines Priesters, zu dessen Besitz dann auch die Miniaturuhr zu zählen wäre.
Inschrift: Unterhalb des Schattenkreises das Wort ἰσημερία, unlesbare Markierungen auf der Oberfläche der Uhr.
Datierung: aufgrund der Beifunde des Befundes wohl spätes 1. Jh. v. Chr., damit wäre das Stück die wohl früheste Miniaturuhr, weitere vgl. Darro 1, Jerusalem 1 und Naukratis 1.
Literatur: W. M. F. Petrie, Tanis I 1884/84 (London 1885) 20. 34; J. Evans – M. Mareé, A Miniature Ivory Sundial with Equinox Indicator from Ptolemaic Tanis, Egypt, JHistA 39.1, 2008, 1–17; Hannah 2009, 94.

Tarracina

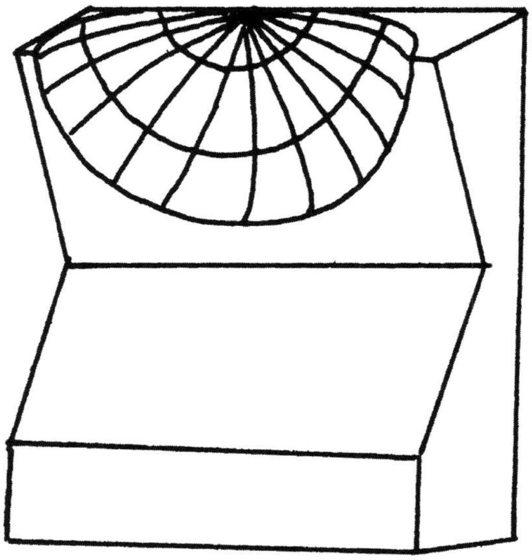

Tarracina 1

1.
AO/Inv. Nr.: Terracina, Museo Civico Pio Capponi
Typ/Mat.: S konisch / Marmor
Maße: bei Severino nur die Länge der Linien
FO: Tempio di Giove Fanciullo (vgl. zum Fundort Lackner 2008, 198 mit Anm. 19)
Aufstellung: freistehend
B: Das Zifferblatt der sehr gut erhaltenen Uhr wurde in elf regelmäßig eingetiefte Stunden- und drei Datumslinien unterteilt. Den Schattenkreis umgibt ein knapp 2 cm breiter Limbus, anschließend tritt der Uhrenkörper deutlich zurück. Diese Zone flankieren plastisch ausgeführte Löwenbeine mit krallenbewehrten Tatzen, deren einzelne Zehenglieder detailliert ausgearbeitet wurden. Die Zone schließt eine undekorierte Standleiste ab, deren Kontur den Löwentatzen folgt. Eine Besonderheit der Uhr ist die Dekoration der Seitenflächen wie sie ansonsten häufiger in Korinth begegnen, auf denen sich aus dem oberen Ansatz des Löwenbeins eine geriefelte Akanthusranke entwickelt, die nach einem Knoten in zwei s-förmig verschränkte Helices ausläuft. Das Zentrum der Spiralen nehmen jeweils achtblättrige Rosetten ein. In den Zwickeln der vegetabilen Form sind weitere Blätter und Blüten eingestellt.
Inschrift: RICIS 502/0702:
Isi(di) restitutri(ci)
Datierung: spätes 2. Jh. n. Chr. (?)
Literatur: M. R. Coppola, Terracina. Il Museo e le collezioni: un catalogo per la realizzazione del Museo Archeologico (Roma 1989) 68 Nr. 67; Severino 2003, s. v. Terracina.

2.
AO/Inv. Nr.: Terracina, Museo Civico Pio Capponi
Typ/Mat.: S konisch / Marmor (?)
Maße: H 15 B 13 stark fragmentiert
FO: unbekannt
Aufstellung: unbekannt
B: Das Fragment zeigt das Teilstück eines Schattenkreises mit Abschnitten der Linien der Stunden eins bis fünf, sowie dreier Datumslinien. Es handelt sich mit Sicherheit um eine andere Uhr als die unter 1 geführte. Unterhalb des Schattenkreises ist nur noch ein kurzes Teilstück des eben zur Front verlaufenden Uhrenkörpers erhalten.
Inschrift: wohl keine
Datierung: spätkaiserzeitlich
Literatur: Severino 2003, s. v. Terracina.

Tarragona

1.
AO/Inv. Nr.: Tarragona, Archäologisches Museum / CIL II 4316 = ILER 5718
Typ/Mat.: Stiftung *horilegium* / Marmor
Maße: unbekannt, Sockel
FO: unbekannt
Aufstellung: Forum ~
B: Wie in Conimbriga Stiftung einer öffentlich aufgestellten Uhr von einem Stadtfremden namens Q. Murrius Thales, der die Uhr dem Kollegium der Fabri stiftet. Auf den öffentlichen Charakter des Normgeräts könnte auch der Begriff *horilegium* hinweisen.
Inschrift: Q(uintus) Murrius | Thales | horilegium | col(legio) fabr(orum) d(ono) d(edit)
„Q(uintus) Murrius Thales hat dem Kollegium Fabrorum (?) ein Horilegium gestiftet."
Datierung: 1. Jh. n. Chr.
Literatur: Encarnacao 2006, 86; Bonnin 2010, 188.

Teanum Apulum

Teanum Apulum 1

1.
AO/Inv. Nr.: Apricena
Typ/Mat.: Stiftung *horologium* / S sphärisch / lokaler Kalkstein
Maße: H 23 B 30 T 18

FO: Poggio Imperiale, Gemarkung Amorusi bei landwirtschaftlichen Arbeiten in den 1960er Jahren
Aufstellung: im Praetorium
B: Das sphärisch gewölbte Zifferblatt der Sonnenuhr nimmt ungefähr zwei Drittel der Blockhöhe ein und ist in elf Stundenlinien aufgeteilt, die alle bis an das ausgebrochene Gnomonloch heranreichen. Recht nah am Gnomonloch verläuft eine unregelmäßig gezogene Bogenlinie.

Eine tief in den Uhrenkörper getriebene horizontale Abarbeitung trennt den Schattenkreis von der Basis, auf deren Vorderseite die dreizeilige Inschrift verläuft. Die abweichende handwerkliche Zurichtung von gleichmäßig geglättenem Zifferblatt und der nur flüchtig zugerichteten Basis sowie die ungewöhnliche Form des Schattenkreises, dessen Seiten und unterer Bereich deutlich verkürzt sind, weisen darauf hin, dass hier eine ältere Uhr wiederverwendet bzw. umgearbeitet wurde.

Die sorgfältig ausgeführte Inschrift gibt darüber Auskunft, dass der Sklave, der die Uhr aufstellen liess, als Dispensator im Praetorium Publilianum diente. Russi vermutet, dass es sich dabei um ein Wohnhaus mit einem gewissen Standard innerhalb der Landdomäne handelt, die nach einem früheren Besitzer Pubilianus benannt wurde.
Inschrift: Euelpistus Aug(usti) n(ostri) disp(ensator) horolo|gium praetorio Publiliano| d(ono) d(edit)

„Euelpistus Augustus, kaiserlicher Kassenwart, hat dieses Horologium dem Praetorium Publilianum gestiftet."
Datierung: Die Uhr ist in ihrem ursprünglichen Zustand in ihren Proportionen gut z. B. mit den Uhren Pompeji 2 und 21 vergleichbar, die um die Zeitenwende entstanden sind. Die Untersuchung der in der Inschrift genannten Namen führt Russi a. O. 1976, 107 f. Parallelen aus den ersten drei Jahrzehnten des 2. Jhs. n. Chr. auf. Demnach wäre in dem landwirtschaftlichen Betrieb ein über 100 Jahre alter Zeitmesser im ersten Drittel des 2. Jhs. n. Chr. erneut aufgestellt worden.
Literatur: A. Russi, Quarta Miscellanea greca e romana (Rom 1975) 281 Nr. 1; AE 1975, 232; A. Russi, Teanum Apulum. Le iscrizioni e la storia del municipio (Rom 1976) 104–108; I. Di Stefano Manzella, Mestiere di Epigrafista (Rom 1987) 96. 288; Severino 2003, s. v. Teano; Encarnacao 2006, 87.

Tenos

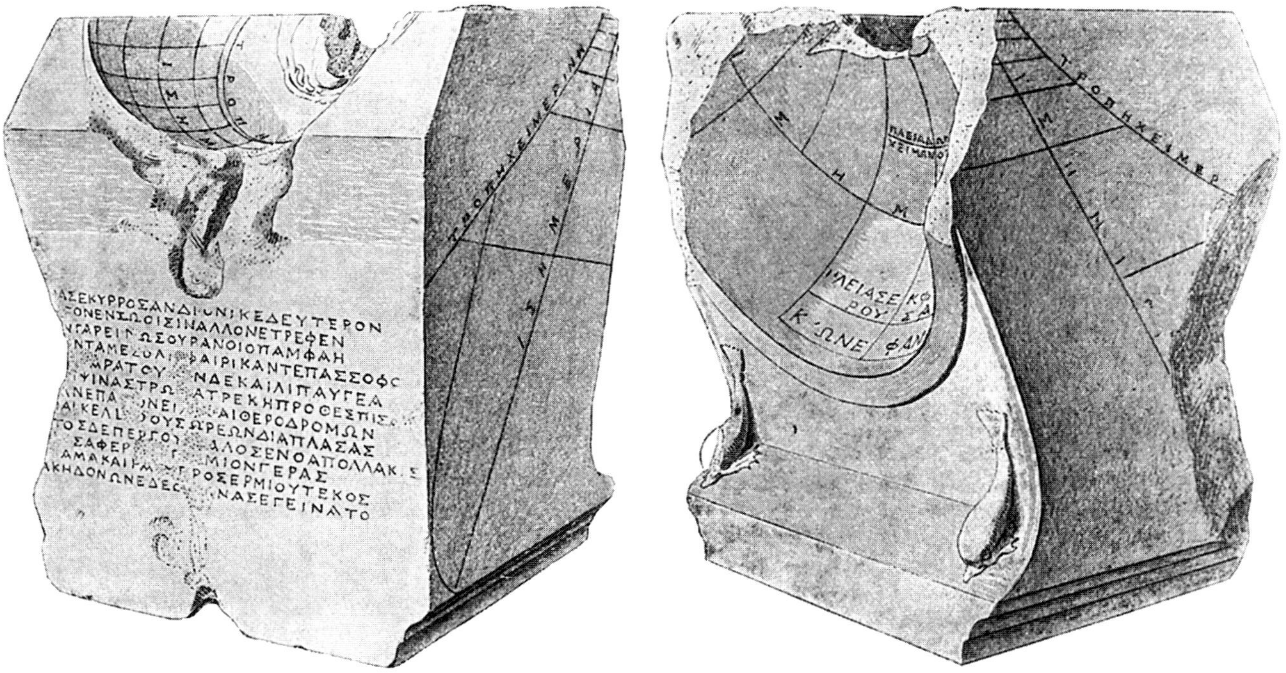

Tenos 1.1–1.2

1.
AO/Inv. Nr.: Tenos, Archäologisches Museum Inv. Nr. A 139
Typ/Mat.: S mit einem sphärischen Zifferblatt, einem der sphärischen Variante und zwei vertikalen Zifferblättern / pentelischer Marmor

Maße: H 68,9 B 58 T_{oben} 56,9 T_{unten} 49,2
FO: 1905 während der Ausgrabungen im Heiligtum des Poseidon und der Amphitrite an der Nord-west-ecke des Altars
Aufstellung: ebenda
B: Im extraurbanen Heiligtum des Poseidon und der Amphitrite auf Tenos wurde im Kernbereich des Heiligtums nahe der Nordwestecke des großen Altares ein Zeitmesser gefunden.

In den Block aus pentelischem Marmor ist auf der Südseite eine Hemisphäre eingetieft, von der die Enden des Schattenkreises sowie die Einlassung für den Gnomon stark beschädigt sind. Ihr Zifferblatt ist in sieben Stundenlinien aufgeteilt, welche die Bogenlinien dreier Datumsanzeigen schneiden, denen die Beischriften a) zugeordnet sind. Während die Markierungen für die Anzeige von Sommer- und Winteranfang zwischen der fünften und siebten Stunde verlaufen, erstreckt sich die Äquinoktiallinie über die gesamte Breite des Zifferblatts. Die Linien der vierten und der achten Stunde enden auf Höhe des Äquinoktiums. Den Schattenkreis rahmt ein schmaler, als Relief abgesetzter Limbus, unterhalb dessen sich die glatte Fläche des abgeschrägten Uhrenkörpers anschließt. Als Überleitung zwischen Uhrenkörper und Basis flankieren zwei plastisch gestaltete Delphinfiguren diese Zone. Die Seite schließt mit einer glatten Leiste ab.

Ein zweiter Zeitanzeiger befindet sich auf der Nordseite des Blocks: Hier wurde eine horizontal gelagerte Hemisphäre angelegt, die ein Liniennetz aus elf Stundenlinien und fünf erhaltenen Bogenlinien überzieht, von denen die oberste und unterste jeweils als Doppellinie ausgeführt sind. Oberhalb dieser beiden, sowie der Mittellinie befinden sich die Beischriften d). Dem Bereich des Scheitels der nördlichen Hemisphäre weist Graindor mehrere wohl zugehörige, aber nicht anpassende Fragmente eines Limbus zu, der die Buchstabenfolge f) trägt.

Als Rahmung des Gnomonlochs ist die schlecht erhaltene Reliefdarstellung eines Gorgonenkopfes zu erkennen. Bruchkanten auf der Oberseite des Blocks legen nahe, dass der heute fehlende Gnomon wohl als Metallstab mit dreiseitig pyramidalen Querschnitt gebildet war und seinen Schatten beiderseits auf die Hemisphären warf.

Unterhalb des Zifferblatts der Nordseite schließt sich eine geglättete Fläche an, auf der sich die zwölfzeilige Stiftungsinschrift e) befindet, die über die volle Breite des Blocks verläuft.

Eine weitere Besonderheit des Zeitmessers sind die Liniensysteme der Seitenflächen, die die Beischriften b) und c) als Datumsanzeigen ausweisen. Ausgehend von der oberen südlichen Ecke verlaufen diese jeweils über die gesamte Fläche des Blocks. Den unteren Abschluss dieser Seitenflächen bildet eine dreifache Profilierung, deren Oberkante auf der Südseite bündig an die glatte Leiste unterhalb der Delphinfiguren anschließt. Auf der Nordseite fehlt hingegen eine Profilierung unterhalb der Inschrift, an dieser Stelle könnte ein von der Unterseite her ausgebrochenes Zapfloch darauf hinweisen, dass der Block mit einem Sockel verbunden war.

Außer der wiederholten Stundenmessung sind die zahlreichen astronomischen Anzeigen dieses Zeitmessers einzigartig (mit Umrechnung auf die modernen Termine:

Sommersonnenwende	1x	21.06.
Äquinoktien	4x	19.–21.03. bzw. 22./23.09. Frühlings- und Herbstpunkt
Wintersonnenwende	2x	21./22.12.
Sommeranfang	1x	5.–14.5.
Winteranfang	1x	5.–14.11.
Sirius-Aufgang	1x	19.–27.07. (= Hundstage, Tollwut, Hitze)

Übertragen auf den modernen Kalender ergibt sich daraus die Anzeige von sieben Kalendertagen, denen das ungefähre Intervall von einem zum nächsten Messtag beigefügt ist:

Frühlingspunkt	19.–21. März	50 Tage
Sommeranfang	5.–14. Mai	41 Tage
Sommerwende	21. Juni	30 Tage
Hundstage	19.–27. Juli	35 Tage

Herbstpunkt	22./23. September	60 Tage
Winteranfang	5.–14. November	35 Tage
Winterwende	21./22. Dezember	90 Tage

Bereits Graindor wies auf die Bedeutung der Weihinschrift sowie des Fragmentes f) für die Frage nach der Person des Andronikos. Er vermutete, dass es sich um denselben Astronomen handeln müsse, der auch für den Turm der Winde verantwortlich sei. Die tenische Inschrift besagt zunächst jedoch, dass es sich bei Andronikos um einen zweiten – ἄλλος Z. 2 – handelt, der von einer anderen, namensgleichen Person geschieden werden soll. Das Patronymikon Hermias legt fest, dass zwischen den beiden Namensvettern mindestens eine Generation liegt, es sich also nicht um den Vater des auf Tenos geehrten Astronomen handelt. Das wohl zugehörige Fragment f) hilft hier nicht weiter: Da seine genaue Position nicht zu bestimmen ist, überliefert es nicht mehr als das Toponymikon des Astronomen.

Dieser stammt auch der Weihinschrift zufolge aus dem makedonischen Kyrros, einem Ort wenige Kilometer nordöstlich von Pella. Diese Herkunft ist auch für den älteren Andronikos überliefert, was die Zugehörigkeit beider zur selben Familie nahezu absichert. Die gewählte Zeitform der Verben (Aorist) der Inschrift legt nahe, dass der Geehrte zum Zeitpunkt der Aufstellung bereits verstorben war. Über Stifter und Anlass der Weihung des tenischen Stücks sagt die Inschrift nichts aus, eine unmittelbare Verbindung von Andronikos und Tenos ist aus anderen Quellen nicht bekannt. Es muss sich allemal um jemanden handeln, der mit astronomischen Berechnungen derart vertraut war, dass ihm zu Ehren das außergewöhnliche Instrument gestiftet wurde – möglicherweise ist in dem Stifter ein Schüler des jüngeren Andronikos zu sehen, der das Stück nach dessen Tod errichten liess.

Die Aufstellung dieses per se auffälligen Weihgeschenkes in einem Heiligtum allein als eine Variation der sonst üblichen Ehrungen – beispielsweise in Form von Inschriftenstelen – anzusehen, greift unter Berücksichtigung der exakten Positionierung des Stücks wahrscheinlich zu kurz: Nach Graindors Aussagen wurde der Block nordwestlich des großen Altares des Poseidon gefunden, also im Randbereich der Freifläche zwischen Altar und Tempel. Hier schließt sich in nördlicher Richtung ein kleiner Hügel an, dessen Fuß im Osten weitere Weihgeschenke säumen. Somit war die Weihinschrift des Zeitmessers also zum Hügel, nicht zum Platz hin ausgerichtet – die Hauptseite ist die der nach Süden justierten kalendarischen Anzeigen. Auf ihnen liegt der funktionale Akzent der Stiftung und ihretwegen soll an Andronikos erinnert werden.

Inschrift: IG XII 5.2, 891 und Suppl. 139

als Beischriften:

a) auf der Delphin-Seite = S: πλειάδων δύσις = Winteranfang

b) auf der linken Seitenfläche = O: τροπή χειμερινή 5.–14.11. ἰσημερία χειμῶνος ἀρχή

c) auf der rechten Seitenfläche = W: ἰσημερία. τροπή χειμερ[ι]ν[ή] | ἰση[μερ]ί[α] πλείας ἐκφανής = Sommeranfang [θέ]ρους ἀρχή. 5.–14.5.

d) auf der Rückseite = N: τροπή θερινή | Κ̣ύων ἐ[κ]φαν̣ή[ς]]. = Sirius-Aufgang ἰσημερία 19.–27.07.

e) auf der Basis der Rückseite = N:
[Πάτ]ρα σε Κύρρος Ἀνδρόνικε δεύτερον | [Ἄρα]τον ἐν ζωοῖσιν ἄλλον ἔτρεφεν· | [σὺ μὲ]ν γὰρ ἔγνως οὐρανοῖο παμφαῆ | [κύκλο]ν ταμέσ̣θ̣α̣ι [σ]φ̣αιρικάν τε πασσόφο[υ] | [τέχναν] Ἀρατου, [σύ]ν δὲ καὶ λιπαυγέα | [ἔκλε]ι̣ψιν ἄστρω[ν] ἀτρεκῆ προθεσπίκα[ι]. | [καὶ πὰ]ν ἔπα[θλ]ο̣ν εἶλ̣[ες] αἰθεροδρόμων | [γραφ]ᾶι κελε̃[ύ]θ̣ους ὠρέων διαπλάσας. | [παν]τός δ’ ἔπ’ ἔργο[υ ζ]άλος, ἔνθα πολλάκις | [νίκασα]ς. ἁ φέρ[ει δ]ὲ̣ [τί]μιον γέρας | [πάτρ]α μάκαιρα [Κ]ύ̣ρρος, Ἑρμίου τέκος, [Μ]α̣κηδόνων ἔδεθ̣[λο]ν, ἅ σ’ ἐγείνατο.

(Übersetzung P. Scholz:) „Das Vaterland Kyrros, hat Dich, Andronikos, einen zweiten Arat, unter den Lebenden als einen weiteren (berühmten Andronikos aus Kyrros) hervorgebracht.

Du nämlich hast Dich darauf verstanden, den hellstrahlenden Himmelskreis einzuteilen und die Sphärenkunst des allwissenden Arat; zugleich aber hast Du auch das Licht erlöschende Verschwinden von Sternen (=Sonnenfinsternis) genau vorhergesagt. Auch hast Du jeden Siegespreis errungen für die Aufzeichnung der Himmelsumläufe, indem Du die Phasen der Jahreszeiten festgelegt hast. Eifer hast Du bei jedem Werk (bewiesen), dort hast Du viele Male gesiegt. (Dies) bringt als kostbares und ehrendes Geschenk das überglückliche Vaterland Kyrros (Dir), Kind des Hermias, der makedonische Grund, der Dich hervorgebracht hat."

f) Randfragment:
[Ἀνδρόνικος] Κυρρήστ[ης] | [ἐποίησεν]; abweichende Ergänzung: SEG 48, 1998, 2196

Datierung: 2. Hälfte 2. Jh. v. Chr.

Literatur: P. Graindor, Horologe d'Andronicos, Musée Belge 10, 1906, 353–61; Rehm 1916, 12–13 Anm.1; Diels 1920, 172–173 Taf. 13; Gibbs 1976, 7001 G; R. Etienne – J. P. Braun, Ténos I (Athen 1986) Plan IV; Donderer 1998, 180.

Tergeste

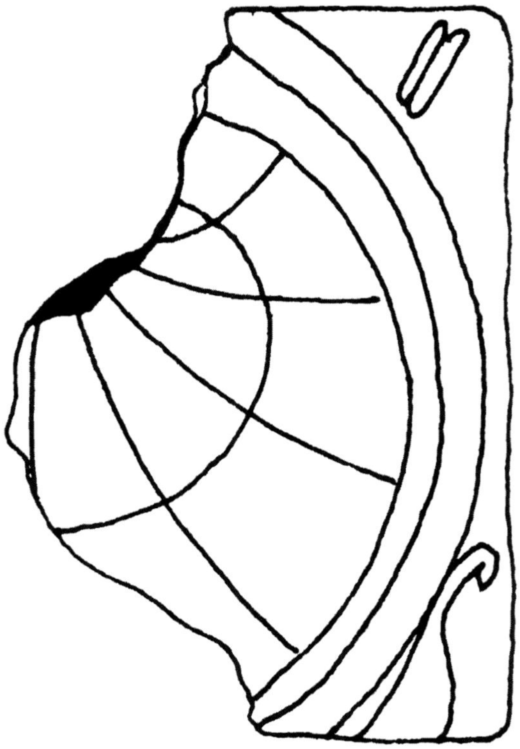

Tergeste 1

1.
AO/Inv. Nr.: Triest, Städtisches Museum, Magazin o. Nr.
Typ/Mat.: S sphärische Variante / Kalkstein
Maße: H 28 r 15,2 / re Seite erhalten, Basis fehlt
FO: San Sabba, in einem röm. „Fulling-establishment"
Aufstellung: unbekannt
B: Von der sphärischen Sonnenuhr hat sich ein Teil der rechten Hälfte mit den Linien der Stunden sechs bis zehn erhalten, sowie Bogensegmente der drei Datumslinien. Das Zifferblatt wird von einem etwa 3 cm breiten Limbus umgeben. Überreste eines Akanthus-Motivs befinden sich in der oberen rechten Ecke, sowie unterhalb des Zifferblatts.

Die Uhr ähnelt den besser erhaltenen Vertretern dieses Typs aus Aquileia, wahrscheinlich war auch hier die Anzeige des Sonnenstandes statt über einen bronzenen Gnomontift über einen Schlitz im oberen Bereich der Uhr geregelt.:

Inschrift: keine
Datierung: 2. Jh. n. Chr. (?)
Literatur: G. Grablovitz, Frammento d'orologio solare rivenuto a S. Sabba, Archeografo Triestino 12, 1886, 401–410 Abb. 1. 2; A. Puschi, Relazione intorno alle scoperte archeologiche di San Sabba, Archeografo Triestino 12, 1886, 389–400; Gibbs 1976, 2015 mit Skizze.

Timgad

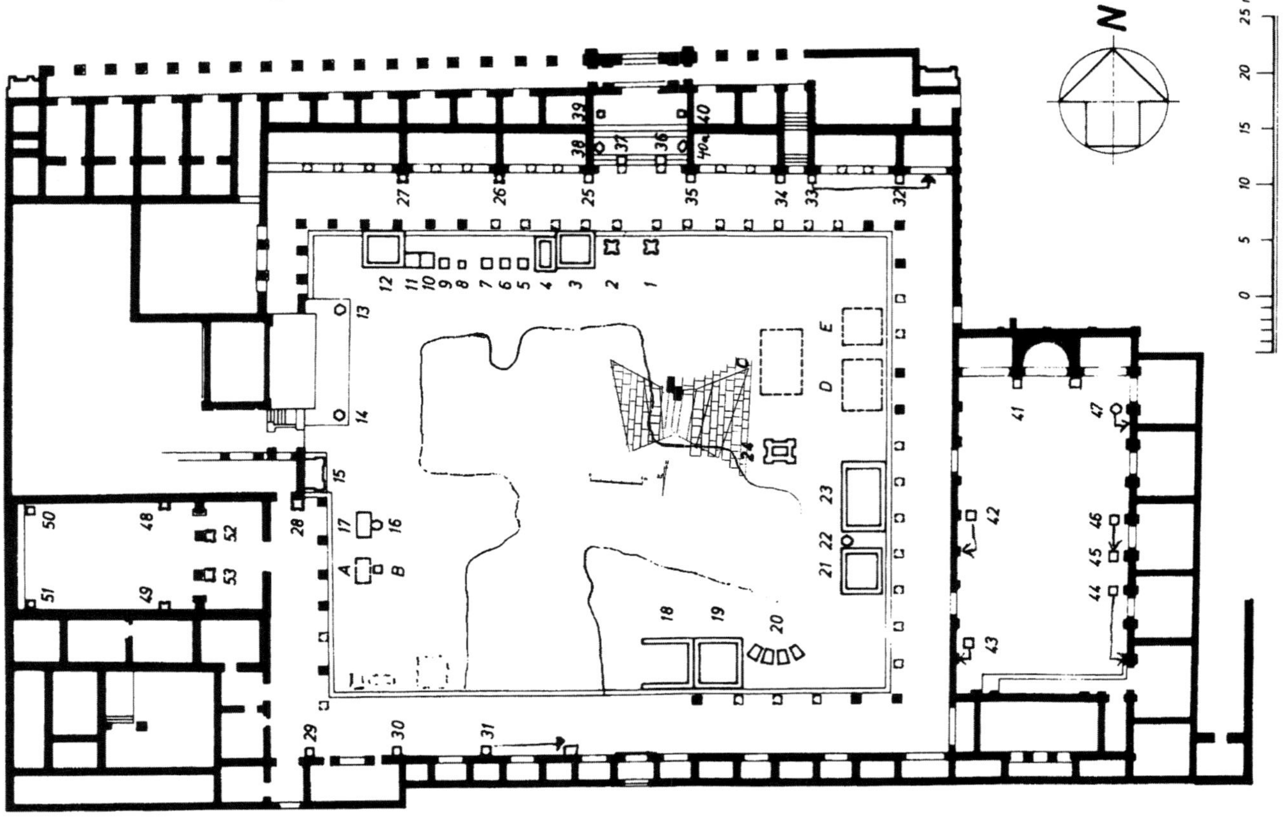

Timgad 1.1

1.

AO/Inv. Nr.: Timgad, Forum in situ

Typ/Mat.: S horizontal / Kalkstein

Maße: Zifferblatt erhalten: ca. 8.70 m auf 8 m

FO: Forum

Aufstellung: s. Fundort

B: Im Zuge der französischen Ausgrabungen in Timgad im 19. Jh. wurden weite Teile des Forums freigelegt. Im nordöstlichen Quadranten dieser mit großen Kalksteinplatten gepflasterten Freifläche befinden sich Teilstücke eines Liniennetzes, das erstmals R. Cagnat als Überreste einer horizontalen Sonnenuhr erkannte und die in den 1990er Jahren von A. Guerbabi erneut untersucht wurden.

Von der Anlage sind Abschnitte von vier senkrechten Linien der Nachmittagsstunden erhalten. Die in das Plattenpflaster gravierte Ziffer VIII zeigt an, dass es sich bei diesen erhaltenen Linien um jene der Stunden sieben bis zehn handelt. Die Endpunkte der Linien sind untereinander derart verbunden, dass sie die Winter- bzw. die Sommerwendlinie bilden, während die Datumskurve der Tag- und Nachgleiche fehlt. Zwei weitere Blöcke des Plattenpflasters, die sekundär im benachbarten byzantinischen Kastell verbaut worden waren, konnte Guerbabi der Uhr zuweisen: Sie passen westlich an den erhaltenen Bestand im Bereich der Winterwendlinie an und verbürgen derart den Verlauf der Linien der fünften und sechsten Stunde, somit des Meridians.

Diese Linie kreuzt nahe der Datumslinie ein ca. 8 cm langer Querstrich. Die Beischrift S, wohl eine Abkürzung für Sagittarius, Schütze, befindet sich im oberen rechten Feld, während ein A – für Amphora oder Aquarius – auf der linken Seite die Funktion der Messmarke anzeigt. Dass diese Beischrift nicht auf die sechste Stunde zu beziehen ist, kann deswegen ausgeschlossen werden, weil die der achten als Zahlzeichen am Endpunkt der entsprechenden Stundenlinie positioniert wurde, vgl. Guerbabi 365 Anm. 20.

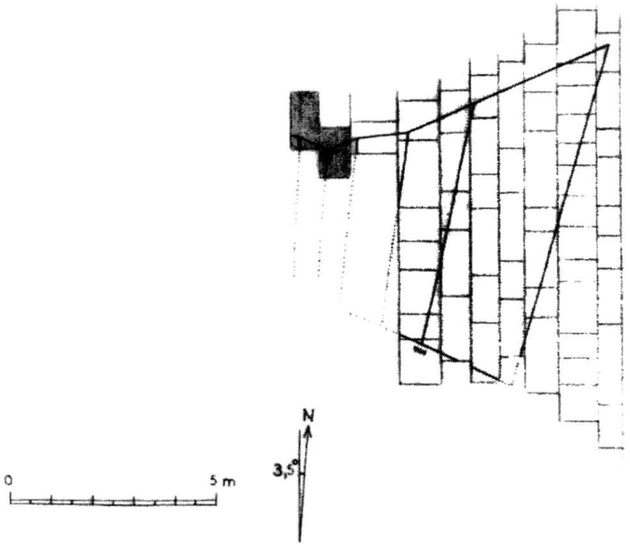

Timgad 1.2

Es handelt sich umgerechnet um den 22. November bzw. den 20. Januar, also jene Tage, wenn die Sonne in diese Sternzeichen eintritt. Wahrscheinlich war diese Skala nach Süden derart fortgesetzt, dass sie dem Verlauf der Zodiakalzeichen im Jahr folgte – der Meridian somit einen vollwertigen Kalender darstellte.

Der erhaltene Bestand dieses Zifferblatts nimmt eine Fläche von ca. 8.70 m auf 8 m ein, ergänzt man die fehlenden Linien der Vormittagsstunden, so erstreckte sich die Uhr ursprünglich auf 8.70 m auf 15 m, also über 130 qm – und damit auf über 10 % der Forumsfläche.

Alles Weitere wurde von Guerbabi aufgrund astronomischer Gesetzmäßigkeiten erschlossen:

Ausgehend vom archäologisch nachgewiesenen Bestand berechnet er den Standort des Gnomon in der südlichen Verlängerung des Meridian, 18 m vom Stylobat der nördlichen Portikus und 20 m von der östlichen entfernt (Guerbabi a. O. 386). Diese Position fällt ungefähr mit der Mitte der Platzanlage zusammen, dem idealen Mittelpunkt der Stadt. Folgt man Guerbabis Überlegungen, so müsste der Zeiger rechnerisch eine Höhe von 3 m, also etwa 10 Fuß besessen haben (Guerbabi a. O. 384). Von einer Basis für einen solchen Gnomon ist in diesem Bereich des Forums nichts erhalten, da hier das Plattenpflaster weiträumig ausgeraubt wurde.

Ungewöhnliche Verschiebungen der Linien auf dem Plattenpflaster gegenüber einem astronomisch konstruierten Idealnetz führt Guerbabi nicht auf unpräzise Berechnungen des exakt nach geometrisch Nord ausgerichteten Messgeräts zurück, sondern erkennt ihren Ursprung in der das Forum umgebenden Bebauung: Diese habe die Platzanlage derart beschattet, dass eine ganzjährige Anzeige nur dann korrekt möglich sei, wenn nicht ein, sondern drei im Abstand von etwa 75 cm aufgestellte Gnomones errichtet würden (Guerbabi a. O. 395). Für diese These könnte sprechen, dass entgegen der üblichen Einteilung gleichartiger Liniennetze hier die Linie der elften Stunde (und möglicherweise auch die der ersten) nicht ausgeführt wurde. Diese Besonderheit ist eine Folge der umliegenden Bebauung, die einen Schattenwurf des Gnomon in diesem Bereich des Forums verschattete (Guerbabi a. O. 389 Abb. 9). Formal stellt sich Guerbabi das Zeigerelement als langrechteckige, altarartige Basis vor, auf der die Strahlen der Sonne durch einen Aufsatz mit drei schlitzartigen (?) Löchern gelenkt wurde.

Eine Folge dieser Beobachtung ist einerseits ein chronologischer Aspekt: Das Messgerät gehört sicher nicht zur Erstausstattung des Forums in der ersten Hälfte des 2. Jhs. n. Chr. (vgl. C. Witschel, Die Entwicklung der Gesellschaft von Timgad im 2. bis 4. Jh. n. Chr., Klio 77, 1995, 266–331), denn die korrekte Justierung des Zifferblatts setzt sowohl die Auslegung des Forums mit einem Plattenpflaster als auch die Errichtung der umgebenden öffentlichen Gebäude voraus. Die Freifläche des Forums wurde erst gepflastert, nachdem die hadrianischen Umbauarbeiten in den Portiken abgeschlossen waren, die Inschriften in die Jahre 121–132 n. Chr. weisen, vgl. C. Witschel, Statuen auf

römischen Platzanlagen unter besonderer Berücksichtigung von Timgad (Algerien), in: K. Stemmer (Hrsg.), Standorte. Kontext und Funktion antiker Skulptur. Katalog Berlin 1995 (Berlin 1995) 356 Anm. 219. Ein weiterer betrifft die Funktion des Messgeräts, dessen Anzeige aller Tagesstunden sekundär gegenüber der ganzjährigen der Tageskernstunden sowie des Kalendariums war.
Inschrift: lateinische Beischriften entlang des Meridians (Buchstabenhöhe 4,2 cm) sowie Zahlzeichen am nördlichen Kreuzungspunkt von Stunden- und Datumslinie
Datierung: Da bislang keine Stiftungsinschrift diesem außergewöhnlichen Denkmal zugeordnet werden kann, lassen sich in der Summe Anhaltspunkte für eine Datierung nur anhand der generellen Beurteilung der Buchstabenform der Beischriften, der Baugeschichte des Forums, sowie allgemeiner Erwägungen zur Stadt- und Sozialgeschichte ableiten. Guerbabi a. O. 366 Anm. 21 verweist auf die Ähnlichkeit der Buchstabenform zu jener in CIL VIII 2391 und schlägt eine Entstehung im späteren 2. bzw. 3. Jh. n. Chr. vor.

Die Baugeschichte des Forums von Timgad ist recht gut bekannt: Nachdem der zentrale Platz der um 100 n. Chr. als Planstadt gegründeten Kolonie zunächst in seinen Grundzügen angelegt wurde, wird sein weiterer Ausbau unter Hadrian fortgesetzt. Dazu zählt auch die Ausgestaltung der umgebenden Portiken, die Bauinschriften in die Jahre 121–132 n. Chr. weisen und deren Abschluss Voraussetzung für die anschließende Pflasterung der Freifläche ist. In die Jahre des allgemeinen Aufschwungs der Stadt in der zweiten Hälfte des 2. Jhs. fällt auch der Neu-, Um- und Ausbau zahlreicher Gebäude im Bereich des Forums. Dazu zählt u. a. die Erneuerung der 152 n. Chr. geweihten Curie, sowie des 168 n. Chr. geweihten riesigen Theaters, dessen Hanggrundstück zwar seit der Stadtgründung projektiert, aber erst jetzt bebaut wurde. Beide Gebäude, Curie wie Theater, müssen bei der Konzeption des Zeitmessers bereits existiert haben: Der aus ihrer extremen Höhe resultierende Gebäudeschatten ist Ursache dafür, dass das Zifferblatt der Uhr nicht wie üblich in elf Stundenlinien aufgeteilt wurde. Auffällig ist ferner, dass die Verlängerung des westlichen Abschnittes der Winterwendlinie mit dem Zugang zur Curie zusammenfällt.

Während sich in der Frühphase der Kolonie Statuenaufstellungen weitgehend auf das Innere der Gebäude beschränkten, werden seit antoninischer Zeit die Portiken und die Ränder des Platzes mit überwiegend großformatigen kaiserlichen Stiftungen ausgestattet (vgl. G. Zimmer, Locus datus decreto decurionum. Zur Statuenaufstellung zweier Forumsanlagen im römischen Afrika (München 1989)). Witschel, Standorte 343 bezeichnet in diesem Zusammenhang die Platzanlage als *locus celeberimus* des Kaiserhauses und der Reichsaristokratie. Mit dieser Entwicklung geht einher, dass um 200 n. Chr. auf Grundlage einer privaten Familienstiftung ein weitläufiges Macellum eingerichtet wird, das wohl die Auslagerung der merkantilen Funktion des Forums zur Folge hatte, vgl. C. de Ruyt, Macellum. Marché alimentaire des Romains (Louvain 1983) 193–195, sowie C. Márquez Moreno, in: A. Mastino (Hrsg.), L'Africa Romana 8. Atti del VIII. Convegno di studi Cagliari 1990 (Sassari 1991) 373–380.

Erst zur Mitte des 3. Jhs. n. Chr. ist ein Rückgang der Bauaktivitäten zu beobachten, mit dem eine Verringerung der Anzahl der Neuweihungen von Statuen einher geht – statt dessen finden sich aus dieser Zeit zahlreiche wiederverwendete und umgewidmete Denkmäler.

Unter der Bevölkerung Timgads treten im zweiten Viertel des 3. Jhs. n. Chr. zwei Bürger besonders hervor: Der Rhetor und Grammatiker P. Flavius Pudens Pomponianus s. Vocontius und Rogatianus, der als Stifter der städtischen Bibliothek vielleicht ein Schüler des Plotin war (vgl. M. le Glay, La vie intellectuelle d'une cité africaine des confins de l'Aurès, in: Hommages à L. Herrmann (Brüssel 1960) 485–491 und Witschel 280 Anm. 80). Obwohl die Einrichtung des Zeitmessers mit keiner der beiden Personen unmittelbar zu verknüpfen ist, zeigen sie für das letzte Viertel des 2. und das erste Viertel des 3. Jhs. n. Chr. ein intellektuelles Klima für Timgad an, im Zuge dessen auch der Zeitmesser entstanden und benutzt worden sein muss.
Literatur: R. Cagnat, Carthage, Timgad, Tébessa et les villes antiques de l'Afrique du Nord (Paris 1909) 75; Guerbabi 1994.

Guerbabi 402, Anm. 86 berichtet von fünf weiteren, unpublizierten Sonnenuhren im Museum von Timgad, zwei vertikalen, zwei konischen sowie einer Hemisphäre.

Timgad 2

2.
AO/Inv. Nr.: Timgad, in situ?
Typ/Mat.: S konisch / Marmor?
Maße: unbekannt
FO: 1958 entdeckt
Aufstellung: Aufgrund der Motivwahl war das Stück wohl in einem Heiligtum aufgestellt.
B: Das Zifferblatt der ungewöhnlichen Uhr ist auf seiner rechten Seite gebrochen. Zu erkennen ist eine Einteilung in elf Stunden- und zwei Datumslinien, die dritte bildet wahrscheinlich den unteren Rand des Schattenkreises. Diesen umgibt ein schmaler Limbus.

Die Uhr ist auf dem Kopf einer bärtigen Figur positioniert. Dieser (mindestens lebensgroße) Kopf zeigt frontal einen langmähnigen, wildgelockten männlichen Kopf mit Backenbart und breitem Schnauzer.

Ikonographische Parallelen weisen den Kopf in den Kreis männlicher Gottheiten und Heroen, eine konkrete Benennung ist jedoch nicht möglich.
Inschrift: keine
Datierung: frühes 3. Jh. n. Chr.
Literatur: Rohr 1982, 18 mit Abb. 12.

Thessaloniki

Thessaloniki 1

1.
AO/Inv. Nr.: Thessaloniki, Archäologisches Museum o. Nr.
Typ/Mat.: S konisch / weißer Marmor
Maße: H 32 B 27 T 27 / es fehlt ein Stück der oberen linken Seite
FO: unbekannt
Aufstellung: unbekannt
B: Von den ursprünglich elf Stundenlinien, welche die Schattenfläche gliedern, haben sich Teilstücke der Linien sechs bis elf erhalten, die ausgehend vom Gnomonloch bis an den Rand der Fläche verlaufen. Eine kurze Bogenlinie schneidet kurz vor dem Rand den Meridian. Das Zifferblatt wird von einem Limbus gegenüber dem Uhrenkörper abgesetzt, der bis zu einer Schattenfuge schräg zurückweicht, um anschließend wieder zur Front hin vorzutreten. Dieser Bereich wird sowohl auf der Front als auch auf den Seiten von naturalistisch gestalteten Löwenbeinen flankiert. Eine schmale Standleiste schließt die Basis ab.
Inschrift: keine
Datierung: 2. Jh. n. Chr.
Literatur: Schaldach 2006, 42.

Thessaloniki 2

2.
AO/Inv. Nr.: Thessaloniki, Magazin (ehem. Archäologisches Museum)
Typ/Mat.: S zylinderförmige Hohluhr / Marmor
Maße: H 39,5 B 24 T 16,5
FO: unbekannt
Aufstellung: unbekannt
B: In den hochrechteckigen Block wurde eine zylinderförmige Hohlsonnenuhr derart eingeschnitten, dass ihre Höhe etwa das obere Fünftel der Blockhöhe einnimmt. Ihre Schattenfläche ist in elf Stundenlinien eingeteilt, die vom ausgebrochenen Gnomonloch bis an eine halbkreisförmige Linie reichen. Den kleinen Schattenkreis umgibt ein 4 cm breiter Limbus, der ihn gegenüber dem Uhrenkörper absetzt.

Die oblique, nach vorn vortretende Fläche der Basis wird beiderseits von schmalen Leisten, deren oberes Ende als schlichtes Kopfprofil gestaltet ist, flankiert. Gibbs vermutet, dass dieser Bereich für eine Inschrift vorgesehen war. Der vordere Teil der westlichen Seitenfläche wurde geglättet, der schmalere, hintere ist ebenso wie die Rückseite unbearbeitet. Auf der östlichen Seite befindet sich im rückwärtigen Bereich eine leichte Rundung. Sicherlich waren diese Partien im Kontext der Aufstellung nicht sichtbar.

Bis auf die Schattenfläche sind alle anderen Bereiche nur grob geglättet, möglicherweise waren diese Flächen ursprünglich stukkiert.
Inschrift: keine
Datierung: Schaldach: spätantik
Literatur: Gibbs 1976, 1053; Schaldach 2006, 41.

Thessaloniki 3

3.

AO/Inv. Nr.: Berlin, Staatl. Museen, Skulpturensammlung und Museum für Byzantinische Kunst, Inv. Nr. 4773

Typ/Mat.: Stiftung *ὡρ̣ολόγιον* / S ~ / Marmor

Maße: H 11 B 30,5 T 28,5

FO: vor Südfassade der Ag. Demetrios Basilika

Aufstellung: Kirche

B: Die Stiftung eines *ὡρ̣ολόγιον* durch einen gewissen Bitalianos ist auf der glatten Vorderseite einer auf den übrigen Seiten profilierten Basis positioniert. Der Text nimmt bis an die Kanten die Fläche vollständig ein. Als heiliger Märtyrer wird in Thessaloniki der Hl. Demetrios bezeichnet, so dass der ursprüngliche Aufstellungsort sich nahe des Fundorts befunden haben muss. Die Profilierung führt Struck zu der Annahme, dass es sich um ein antikes Werkstück in sekundärer Verwendung handelt. Auf der Oberseite des Blocks sind keine Befestigungsspuren erkennbar. Ihre Bearbeitung und Spuren von Mörtel weisen vielmehr darauf hin, dass sich weitere Blöcke anschlossen, weshalb Wulff das Stück als Pfeilerbasis bezeichnete. Wahrscheinlich war hier die Sonnenuhr aufgestellt.

Das Stück gelangte in den Besitz von Struck und befindet sich heute in Berlin.

Inschrift: nach IG X, 2 1 66: ἐγὼ Βιταλιανὸς | δεκανὸς ἀνεθέμην | ὡρ̣ολόγιον τῷ ἁγίῳ Μάρτυρι.

„Ich, Bitalianos, stifte als Dekan dem heiligen Demetrios das Horologion."

Datierung: 5./6. Jh. n. Chr.

Literatur: IG X, 2 1 66; SEG 45, 811; A. Struck, Inschriften aus Makedonien, AM 27, 1902, 308; O. K. Wulff, Altchristliche und mittelalterliche christliche und italienische Bildwerke 1 (Berlin 1909) Nr. 4773; D. Feissel, Recueil des inscriptions chrétiennes de Macédoine du IIIe au VIe siècle, BCH Suppl. 8 (Paris 1983) 93; P. Papakonstantinou-Diamantourou, Inscriptiones deperditae aus IG X 2.2, Tyche 10, 1995, 139–141.

Tibur

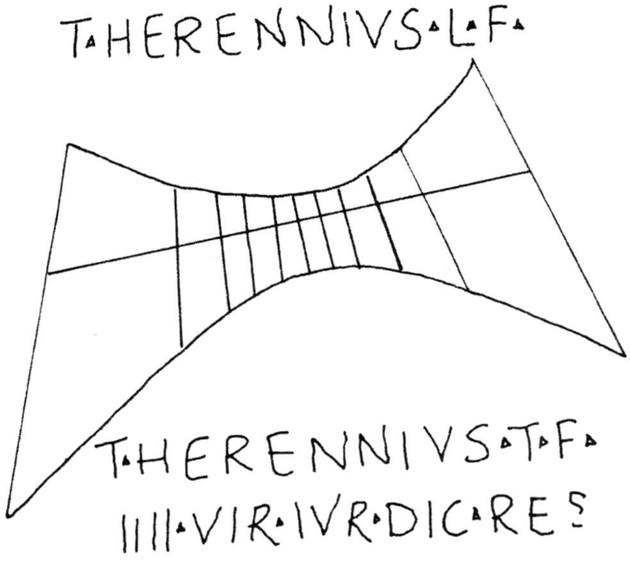

Tibur 1

1.
AO/Inv. Nr.: unbekannt, 1847 in der Villa Gregoriana
Typ/Mat.: S horizontal / Marmor
Maße: H 22 B 18,4 T 7,3
FO: in der Umgebung von Tivoli 1832 an der Via Annia
Aufstellung: Forum?
B: In die dünne Marmorplatte wurde eine horizontale Sonnenuhr eingeritzt, deren elf Stunden- und drei Datumslinien gut erhalten sind. Das Liniennetz ist derart angelegt, dass die Linie des Äquinoktiums horizontal und somit im rechten Winkel zur Mittagslinie verläuft. Ein Stiftloch oberhalb der Sommerwendlinie und in der Verlängerung des Meridians diente zur Befestigung des Gnomon. Zum Namen auch Pompeji 34, 35; es könnte sich um Mitglieder derselben Familie handeln.

Eine Zeile der Inschrift verläuft ober-, die beiden andern unterhalb des Zifferblatts, jeweils parallel zueinander, aber nicht parallel zum Äquinoktium; diese Zurichtung ist wahrscheinlich darauf zurückzuführen, dass die Platte nicht exakt für die Nord-Südrichtung ausgerichtet und aufgestellt, sondern leicht nach Osten verdreht war.
Inschrift: CIL XIV 3660

T(itus) Herennius L(ucius) f(ilius) | T(itus) Herennius T(iti) f(ilius) | IIIvir iur(e) dic(undo) res(tituit)

„Titus Herennius, Sohn des Lucius, und Titus Herennius, Sohn des Tituts haben als Triumvirn (haben) wiederherhestellt."
Datierung: 1. Jh. v. Chr. (?)
Literatur: S. Rossi – G. Settele, Sopra vari monumenti, e particularmente di un antico orologio solare, trovati in Tivoli in occasione degli sterramenti fatti per la deviazione dell'Aniene, BdI 1838, 97–109; Gibbs 1976, 4011 mit Skizze.

Tibur 2

2.
AO/Inv. Nr.: Tivoli, Casa Deangelis 1798
Typ/Mat.: S sphärisch / Palombino Marmor
Maße: unbekannt
FO: unbekannt:
Aufstellung: unbekannt
B: Die Skizze von Gibbs zeigt eine relativ gut erhaltene Uhr, von der nur die äußeren Enden des Schattenkreises bestoßen sind. Dieses Zifferblatt nimmt mehr als die halbe Höhe des Stücks ein und ist in elf Stundenlinien unterteilt. Die Bogenlinien am Ende der Stundenlinien interpretiert Gibbs als Sommer- bzw. Winterwendlinie. Es fehlt die Äquinoktiallinie.

Unterhalb des Schattenkreises weicht der Uhrenkörper bis zu einer Schattenfuge schräg zurück, diese Fläche ist von einer schmalen Leiste gerahmt. Die Basis tritt als oblique Fläche vor und endet in einer schmalen Standleiste, die in einer Ebene mit der Unterkante des Schattenkreises liegt.
Inschrift: keine
Datierung: frühkaiserzeitlich
Die Proportionierung von Schattenkreis gegenüber der Basis teilt diese Uhr mit einigen Beispielen aus Pompeji, die aus der zweiten Hälfte des 1. Jhs. v. Chr. stammen.
Literatur: C. Antonini, Manuale de varii ornamenti 4 (Rom 1781–1790) Nr. 9; Gibbs 1976, 1011 mit Skizze.

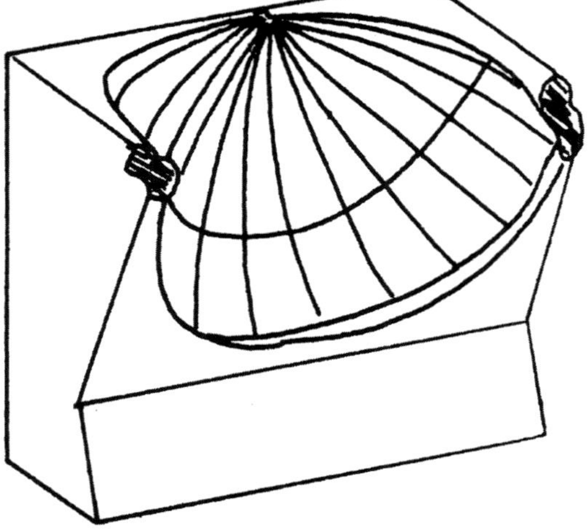

Tibur 3

3.
AO/Inv. Nr.: unbekannt, 1798 Teil der Sammlung von Thomas F. Hill, England

Typ/Mat.: S sphärisch / Travertin
Maße: unbekannt
FO: Osteria di Ponte Lucano nahe Tivoli
Aufstellung: Nekropole (?)
B: Die Schattenfläche der gut erhaltenen Uhr nimmt mehr als die Hälfte ihrer Höhe ein. Die dreizehn Stundenlinien, von denen zwei nahe des Horizonts verlaufen, reichen unmittelbar von Gnomonloch bis an den Rand des Schattenkreises. Die Skizze zeigt zwei Bogenlinien, bei denen es sich um Äquinoktial- und Sommerwendlinie handeln könnte.

Der Uhrenkörper tritt als schräge Fläche zurück, an die sich eine schmale Basis anschließt.
Inschrift: keine
Datierung: frühkaiserzeitlich
Literatur: Gibbs 1976, 1012 mit Skizze; C. Antonini, Manuale de varii ornamenti 4 (Rom 1781–1790) Nr. 16.

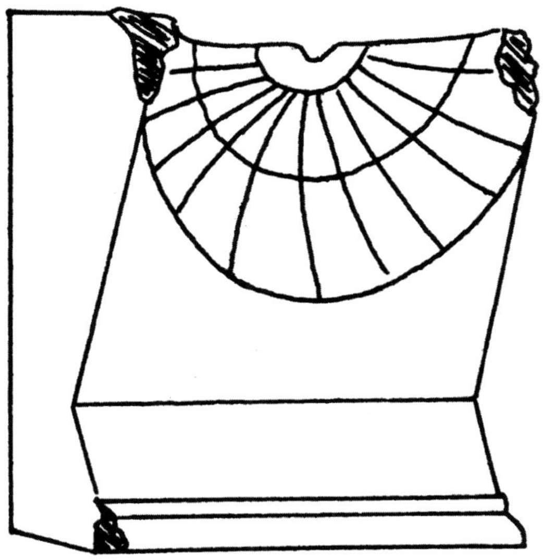

Tibur 4

4.
AO/Inv. Nr.: unbekannt, 1798 in der Casa Beschi in Tivoli
Typ/Mat.: S sphärisch / Travertin
Maße: unbekannt
FO: unbekannt
Aufstellung: unbekannt
B: Der Schattenkreis ist in elf Stunden- und drei Datumslinien untergliedert. Jeweils enden die Stundenlinien an den Wendelinien.

Unterhalb des Zifferblatts setzt der relativ hoch proportionierte dekorlose Uhrkörper an, der gegenüber der Front schräg zurücktritt. Die anschließende Basis ist mehrfach profiliert. Ansonsten sind auf der Skizze von Gibbs keine weiteren Dekorelemente zu erkennen.
Inschrift: keine
Datierung: anhand der Skizze fällt die zeitliche Einordnung schwer; fehlende Dekorierung und die hohe Proportionierung von Uhrenkörper gegenüber dem Zifferblatt könnte für eine Entstehung im 2. Jh. n. Chr. sprechen.
Literatur: C. Antonini, Manuale de varii ornamenti 4 (Rom 1781–1790) Nr. 11; Gibbs 1976, 1013 mit Skizze.

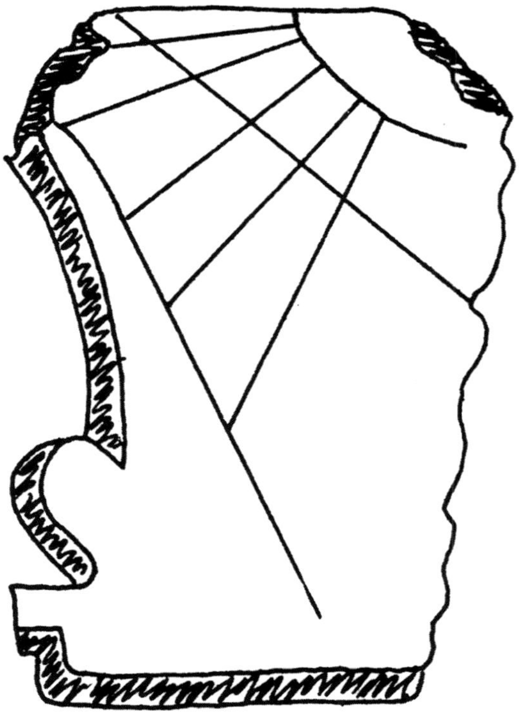

Tibur 5

5.
AO/Inv. Nr.: Tivoli, Casa Deangelis 1798
Typ/Mat.: S vertikal / Marmor
Maße: unbekannt
FO: unbekannt
Aufstellung: ausgerichtet nach Südosten
B: Die Zeichnung von Antonini zeigt eine flache Platte, die auf der rechten Seite gebrochen ist. Erhalten haben sich die Stunden eins bis fünf des Vormittags. Auf der linken Seite begrenzt ein mehrfach geschwungenes Profil die Platte. Nach Gibbs Berechnungen war die Uhr für eine Aufstellung nach Südosten ausgerichtet.
Inschrift: keine
Datierung: neuzeitlich?, aufgrund der ungewöhnlichen Plattenkontur sowie der Ausrichtung
Literatur: Antonini Nr. 10; Gibbs 1976, 5016.

Tire

1.
AO/Inv. Nr.: Tire, Museum / SEG 33, 946 und SEG 36, 1035 Z. 15
Typ/Mat.: Grabinschrift (?) Aufstellung *ὡ̣ρ̣ολόγιον* / S ~/ Marmor / vier Fragmente
Maße: H 84 B 134 T 2,7–1,2
FO: Tire, 55 km nordöstl. von Ephesos, gehört zu Ephesos
Aufstellung: Heroon des Pelops, Grabbau
B: Die Inschrift ließ ein gewisser Pelops in Tire zum Schutz der repräsentativen Grabstätte seiner Familie aufstellen. Eine Abschrift des Textes befand sich außerdem an der Fassade des Grabbaus, in dem seine Ehefrau Nonnia Paula bereits bestattet war. Außer Sanktionen zum Schutz des Familiengrabes wird dessen Inventar detailliert und nach Materialien geordnet aufgelistet. Dazu zählt außer Bildnissen der Nonnia auch ein *ὡρολόγιον* aus Marmor.

Der Kontext des repräsentativen und wertvoll ausgestatteten Grabbaus in der Nähe eines kleinen Dorfes, wohl einer kome von Ephesos, sowie die Materialangabe Marmor lassen erkennen, dass hier der Begriff *ὡρολόγιον* auf die Aufstellung einer Sonnenuhr im sepulkralen Zusammenhang zu beziehen ist.

Inschrift: (zunächst geht es um den Schutz des Grabes, dann ab Z 7:)

Z. 7–17: ἔστιν [δ]ὲ καὶ τῶν [ἐν τ]ῷ ἡρῴῳ προσκο[σμη]|[μάτω]ν καὶ σκευῶν τῶν εἰς | τὴν ὑπηρεσίαν τοῦ [ἡρ]ωισμοῦ [ὑ]πο|γεγραμμένη [ἡ ἀπο]|[γραφ]<ή>, ἥτιςκαὶ ἐν τῷ ἡρῴῳ [ἐ]ν στήλλῃ λιθίνῃ κεχ[άρακ]ται· [ν εἰκόν]ες γραπταὶ Νονν[ί]|[ας Π]αύλης δεκατεῖς, ζῴδ|ια Ἀφροδεισιακὰ δεκ[ατέσσαρα, ἑρμαῖ μ]αρμάριναι τετρ[άγω]|[νοι ἔ]χοντες πρόσωπα χάλκ[ιν]α δύο, ἄλλα ἑρμάδια [μαρμάρινα τετ] ράγωνα δύο, ζῴ[δια] | [δύο] θηβαϊκόν, Ἀλεξανδρειν[ό]ν, λουτῆρες μαρμάρ[ινοι ....]Μ[..]Μ[.....] | [...]α Ἀλεξανδρεινὰ ψηφωτ|ὰ δεκαεννέα, Ἀλεξα[νδρειν. ...] | [...]τα τρειάκοντα ἕξ, λεοντί|δες ἐπι τῷ ἡρῴῳ μαρμ[άρινοι ...]| [...]οι μαρμάρινοι δύο, ὡρολόγιο|ν, στήλλαι ἐπιγεγραμ[μέναι ...] | [δια] φανεῖς δύο, ἀκοντιστῆ|ρες μολυβοῖ δύο, σείφω[νες ...] | [...] τρισκελὴν σιδηροῦν, βά|θρα ξύλινα ἑπτα[...............]· (...) (es folgen weitere 4 Z mit weiteren Bestimmungen)

Die letzten Zeilen führen das Zubehör und die dekorative Ausstattung des Heroons auf, die zum Dienst im Totenkult dienten, und diese werden auch auf einer Steinstele am Heroon wiederholt:

„13 gemalte Porträts der Nonnia Paula (also wohl der Ehefrau des Pelops), 14 Statuetten von ihr aus aphrodisischen Werkstätten, zwei Marmorhermen mit Bronzebüsten, zwei weitere Marmorhermen mit Bronzeporträts, zwei weitere Marmorhermen, zwei Statuetten, die thebanische und alexandrinische Arbeiten sind, -- Marmorbecken, 19 Mosaik(bilder?) alexandrinischer Herkunft, 36 -- aus Alexandria, -- Löwenbildnisse auf dem Heroon, zwei -- aus Marmor, eine Sonnenuhr, -- Inschriftenstelen, zwei transparente --, zwei aktontisteres aus Blei, -- Schöpfkellen (?), -- mit einem Dreifuß aus Eisen, sieben (oder 17) Holzbänke (...)“ .

Datierung: Ende 1. Jh. n. Chr.

Literatur: L. Kubinska, Les monuments funéraires dans les inscriptions grècques de l’Asie Mineure (Warschau 1968) 125–126; C. P. Jones, A Deed of Foundation from the Territory of Ephesos, JRS 73, 1983, 116–125.

Todi

Todi 1

1. ^ Pompeji 29. ^ 30. ^ 32. ^ 36 ^ Riano 1

AO/Inv. Nr.: Soprintendenza Archeologica di Perugia, Kellergeschoss (?)

Typ/Mat.: S konisch / Marmor

Maße: H 37, 6 B_{oben} 17,7 B_{unten} 11,5 T 36,1

FO: Todi, Ponte Rio, 1931 wurde dort im Waschhaus als Waschbrett verwendet (?), bis 1991 in der Kirche S. Maria in Camucia

Aufstellung: unbekannt

B: Das Zifferblatt der gut erhaltenen Uhr ist in elf Stunden- und drei Datumslinien aufgeteilt, die gleichmäßig tief eingeritzt wurden. Der Limbus wurde als sehr schmaler Rand gearbeitet, unterhalb dessen der Uhrenkörper als schräge Fläche zurücktritt. In die Zwickel dieser Zone wurden zwei Kreise eingetieft, in die jeweils eine sechsblättrige Rosette eingefügt ist.

Unterhalb des Meridian befindet sich eine Markierung in Form zweier diagonal sich kreuzender Linien – wohl zur Betonung dieser Mittagslinie, wie sie auch bei anderen Sonnenuhren, beispielsweise aus Pompeji und Riano, zu beobachten ist. Unterhalb dieser Zone schließt sich die Basis an, die aus einem durchlaufenden, als kyma reversa geführten Profil besteht. Eine undekorierte, schmale Standfläche schließt das Stück ab, dessen Seitenflächen mit dem Zahneisen nur grob geglättet wurden.

Inschrift: keine

Datierung: 1. Jh. v. Chr.

Literatur: E. Macchia, o. T., Notiziario dell'Associazione Astronomica Umbra 3–4, 1991, 5. 12; E. Macchia, Meridiane in Umbria, Pegaso, Anno 3, Nr. 11, 1992; Severino 2003, s. v. Todi.

Tomis

Tomis 1

1.

AO/Inv. Nr.: Constanza, Museum

Typ/Mat.: S konisch / Kalkstein?

Maße: längste Stundenlinie etwa 20, Uhr und Stierkopf sind etwa 50 hoch

FO: Cumpana, Dobruza, 1960 als Streufund

Aufstellung: unbekannt, der Fundort liegt innerhalb der römischen Nekropole von Tomis

B: Das Zifferblatt der einzigartigen Uhr liegt zwischen den Hörnern eines rundplastisch gestalteten Stierkopfes, dessen Maul und Hörner bestoßen sind.

Der Schattenkreis der Sonnenuhr ist in elf Stunden- und zwei Datumslinien unterteilt und entlang seiner Außenkanten leicht bestoßen. Die Stundenlinien verlaufen jeweils vom ausgebrochenen Gnomonloch bis an den Rand des Schattenkreises. Ihn rahmt halbkreisförmig und parallel zur Front ein relativ breiter Limbus. Den Beobachtungen Comănescus zufolge verlaufen die Datumskurven recht unpräzise. Da aber weder die Position des Gnomon noch die Ausrichtung des Stierkopfes bekannt ist, kann der Grad der Abweichung nicht bestimmt werden.

Offenbar handelt es sich um es sich um eine Protome, die in eine Architektur eingebunden war, so dass hier wie auch in Tire 1 die Uhr zur Fassadengestaltung des Grabbaus gehörte.
Inschrift: keine
Datierung: 1. Jh. n. Chr.?
Literatur: S. Comănescu, Déchiffrement et interprétation du cadran solaire de Cumpăna (Dobroudja), Acta Antiqua Philippopolitana 1, 1963, 181–184; Ionescu-Carligel 1970, 125–127.

Traianopolis

Traianopolis 1

1.
AO/Inv. Nr.: Komotini, Archäologisches Museum Inv. Nr. 13 58 (früher Kavalla)
Typ/Mat.: S sphärisch / Marmor
Maße: H 42 B 29 T 20
FO: Haus von K. Gnotes in Loutra
Aufstellung: unbekannt
B: In den hochrechteckigen Block wurde die Schattenfläche einer Uhr derart eingeschnitten, dass auf sie etwa ein Drittel seiner Höhe entfällt. Die elf Stunden- und sechs Datumslinien sind tief und breit in die Schattenfläche eingeritzt. Aufgrund der ungenauen Führung erkennt Schaldach in den Datumslinien einen eher symbolischen Charakter. Am Rand des Zifferblattes schließt sich unmittelbar der zur Front plane Uhrenkörper an. In diesem Bereich wurden in die Zwischenräume der Stundenlinien Zahlzeichen eingestellt, die bogenförmig das Zifferblatt begleiten.

Unterhalb des Scheitelpunktes des Zifferblattes schließt sich unmittelbar die Basis an, von der ein schmaler Bereich zunächst zurücktritt, anschließend eine Zone zwischen zwei stilisierten

Löwenbeinen auf einer höheren Ebene liegt. Die Basiszone wird von eigenwillig gestalteten Löwenbeinen flankiert, deren oberer Teil vielleicht bei Anbringung der Inschrift abgeabreitet wurde. Hier befindet sich die unten zitierte zwölfzeilige Inschrift, die von der Errichtung des Stücks durch Diogenes und seiner Ehefrau Arete in seinem Wohnhaus berichtet. Gefertigt wurde das Stück von dem befreundeten Nikomedes.

Inschrift: Auf dem Uhrenkörper:

[Πάσας ὥ]ρας Δ̣ιο[γ]έν[ης ταῖς] | εννέα Μούσαις

[τ]ό[νδ]ε̣ τ̣ου ἡμέριον, Νεικομή|δης, κ̣ά̣μ̣νες Ἀρήτῃ, |

Zwischen den Löwenbeinen auf der Basis:

[φ]ιλῶν, φίλε, ἐ | βίσκοπον | εὐγνώμονά | μ' ἠοῦς | εἵσατο Διο | γένης | οἷσι δόμοις | κτέ[α]ν̣[ου].

nach Peek 1973, 99: „Alle Zeiten (weihte) Diogenes den neun Musen. Diesen Tageweiser, Nikomedes, arbeitetest Du für Arete, aus Freundschaft (zu ihr), Freund, mich, den klugen Beobachter des Tages. Aufgestellt von Diogenes, seinem Haus zum Besitztum."

Datierung: nach Donderer: kaiserzeitlich

Literatur: D. Hereward, Archaeological Notes, AJA 67, 1963, 73 Taf. 20 Abb. 11–12; SEG 24, 642; Gibbs 1976, 1004 G; W. Peek, Inschrift einer Sonnenuhr aus Traianopolis, ZPE 10, 1973, 98–100; Donderer 1998, 175 mit Abb. 3; Schaldach 2006, 43.

Tralles

1.

AO/Inv. Nr.: Tralles, in situ ITralles 162

Typ/Mat.: Stiftung *ὡ̣ρ̣ολόγιον* / S ~ / Marmor

Maße: unbekannt

FO: nach Kontoleon: Μετηνέχθη εκ του πλησίον τουρκικού χωρίου Ισικλή also sekundär verbaut in neuzeitliche Hausmauer

Aufstellung: öffentlich ~, Forum (?)

B: Die Inschrift befindet sich auf der oberen Hälfte eines hochrechteckigen Blocks, der mit einem Kopfprofil abschließt. Da das Fußprofil fehlt, muss sich nach unten hin ein weiterer Block angeschlossen haben.

Der Sockel war sicherlich der Standort der in der Inschrift ausgewiesenen Uhrenstiftung. Aufgrund seiner Abmessungen und Zurichtung muss es sich bei der Uhr um eine Sonnenuhr gehandelt haben. Die Stiftung an die ‚Kollegen' könnte ein Hinweis auf die öffentliche Verwendung des Zeitmessers sein, die vielleicht auf dem Forum aufgestellt war.

Inschrift: Μᾶρκος Σίτριος | Θύρσος τὸ ὡρο|λόγιον τοῖς συν|εργα{στα}σταῖς ἐκ τῶν | ἰδίων ἀνέθηκεν.

„Markus Sitirius Thyrsus hat aus eigenen Mitteln das Horologion für seine Berufsgenossen (?) aufstellen lassen."

Datierung: 2. Jh. n. Chr.

Literatur: N. Contoléon, Varietes, BCH 10, 1886, 517–518, no. 9; M. Pappakonstantinou, Αἱ Τράλλεις ἤτοι Συλλογη Τραλλιανών ἐπιγραφών (Athen 1895) 42 Nr. 57 Taf. 7; J.-P. Walzing, Étude historique sur les corporations professionelles chez les romains depuis les origines jusqu'à la chute de l'empire d'occident Bd. III (Rom 1968) 63, no. 171; F. B. Poljakov, Die Inschriften von Tralleis und Nysa I. Inschriften griechischer Städte aus Kleinasien 36,1 (Bonn 1989) 152 Nr. 162.

Tucci, Colonia Augusta Gemella Tuccitana

1.

AO/Inv. Nr.: Martos, verschollen? / CIL II 1685 = ILS 5623 = CILA III 446 Tucci = HEph 5, 476

Typ/Mat.: Stiftung *horologium* / W ~/ unbekannt

Maße: Basis?, unbekannt

FO: Martos, Prov. Jaen, sekundär verbaut als Mauerstein des mittelalterlichen Kastells
Aufstellung: am Circus ~
B: Marcus Valerius stiftet ein *horologium*, dessen öffentlicher Standort die Zustimmung der res publica erfordert. Aufgrund der offensichtlichen Größe des Inschriftenblocks könnte es sich um ein Architekturglied handeln. Wenn diese Vermutung zutrifft, dann wäre sie in Verbindung mit der die erforderlichen Zustimmung zur Aufstellung ein Hinweis darauf, dass es sich um ein Uhrengebäude mit einer Wasseruhr handelt.
Inschrift: M(arcus) Val(erius) M(arci) f(ilius) Quir(ina) Marc[ellus(?) --- II]vir munic(ipii) Aurgi[t(ani)] | accepto loco a re public(a) horologium omni [impensa sua editis ludis] circensibus et ludis scaenicis [---]

„Marcus Valerius Marcellus, Sohn des Markus, aus der Tribus Quirina, Duumvir des Municipium Aurgitanum, hat an einem von der Stadt genehmigten Standort ein Horologium gestiftet, nachdem er bereits Circusspiele und szenische Aufführungen (geschenkt hatte)."
Datierung: 2. Jh. n. Chr.
Literatur: Mastino – Porcheddu 2006, 158; Bonnin 2010, 187.

Tusculum

1.
AO/Inv. Nr.: Rom, Thermenmuseum
Typ/Mat.: S sphärisch / Travertin
Maße: H 33 B 43 T 26,4
FO: Villa in Rufinella di Frascati
Aufstellung: Giorgetti vermutet, dass die Uhr auf der oberen Terrasse der Villa im dortigen Badebereich aufgestellt war.
B: Um die Mitte des 18. Jhs. brachten Ausgrabungen einer römischen Villa in Rufinella eine Sonnenuhr zutage, die wenig später in einem Artikel bekannt gemacht wurde. Diese Uhr gelangte zunächst ins Museo Kircheriano und wurde von Giorgetti als jenes Stück erkannt, das sich heute im Thermenmuseum befindet.

Die dekorlose Sonnenuhr ist bis auf eine Bestoßung am rechten Ende ihres Schattenkreises und dem ausgebrochenen Gnomonloch gut erhalten. Den sphärisch geschnittenen Schattenkreis gliedern elf Stunden- und drei Datumslinien. Dabei reichen alle Stundenlinien über die Sommerwendlinie hinaus bis unmittelbar an den Rand des Zifferblatts.

Unterhalb dessen tritt die Front ohne rahmenden Limbus bis zur durchgehenden Schattenfuge als schräge Fläche zurück.

Der Bereich der Basis ist als ebene Fläche gestaltet, die bis zur schmalen Standleiste schräg nach vorn verläuft.
Inschrift: keine
Datierung: kaiserzeitlich?
Literatur: D. Giorgetti, Una meridiana da Tuscolo al Museo delle Terme, StRom 24, 1976, 369–375.

Tyndaris

1.
AO/Inv. Nr.: Palermo, Nationalmuseum Inv. Nr. 5587
Typ/Mat.: S Vierfachuhr: konisch und sphärisch / weißer Marmor
Maße: H 26,6 B 48,8
FO: Markierung auf der Uhr: „Tindari 110"
Aufstellung: unbekannt

B: In den undekorierten Block wurden vier Zifferblätter gearbeitet: Die auf der Nord- und Südseite weisen einen konischen Zuschnitt auf, während die auf der West- und Ostseite jeweils eine Viertelsphäre bilden.
Inschrift: keine
Datierung: 1. Jh. v. Chr.
Literatur: Gatty 1900, 41; Drecker 1925, 57; Gibbs 1976, 7003 G.

Tyros

1.
AO/Inv. Nr.: Tyros Inschriften Nr. 72
Typ/Mat.: Stiftung *ὑδρολόγιον* / W / Marmor
Maße: Fragment, ca. $H_{max.}$ 15 B 14
FO: Tyros R 17, 200–150
Aufstellung: Forum ~(?)
B: Die stark fragmentierte Inschrift bezieht sich auf die Stiftung eines *ὑδρολόγιον*. J.-P. Rey-Coquais vermutet, die der Begriff Kyria auf eine Gottheit zu beziehen sei, weil Apollon in Tyros auch als Kyrios bezeichnet wird. Als Stifter der Uhr könnte aufgrund des τε in Zeile 3 eine Gemeinschaft erkannt werden, was er als einen Hinweis auf eine „patronage impérial“ versteht.

Fundort und Begriff zeigen, dass es sich um die Stiftung einer öffentlichen Wasseruhr auf dem Forum von Tyros handelt.
Inschrift: τῆι κυρ[ίαι] | [πατρί] δι ὑδρολόγ[ιον] | [δι]ά (?) τε τὴν τέχν[ην] | καὶ κρατίστ[ην (?)] | ΓΗΝ
Datierung: 1. H. 2. Jh. v. Chr.?
Literatur: J.-P. Rey-Coquais, Inscriptions grècques et latines de Tyr (Beirut 2006) Kat. Nr. 72, 63–64.

Uchi Maius

1.
AO/Inv. Nr.: unbekannt
Typ/Mat.: Stiftung *horologium* / W ~/ Kalksteinbasis
Maße: H 47,5 B 59 T 18
FO: Nordostecke des Forums in Henchir es Douamis
Aufstellung: Forum
B: Der große Kalksteinblock ist bis auf seine Unterseite ringsum gebrochen. Auf der Hauptseite befinden sich die Überreste einer fünfzeiligen Stiftungsinschrift. Da der Block ohne Basisprofil abschließt, muss sich in dieser Richtung mindestens noch ein weiterer Block angeschlossen haben. Ein Magister des pagus civium Romanorum stiftet einen Tempel mit Pronaos und Zisterne sowie ein *horologium* an den Kaiser und löst damit ein zu Amtsantritt abgelegtes Versprechen ein. Es wird sich aufgrund der genannten Bestandteile der Stiftung – Uhr, Gebäude und Zisterne – wahrscheinlich um eine Wasseruhr handeln.
Inschrift: [---]Hadria[---]||[p]ro honorem m[agisterii]||[horol]ogi promisisset, a[edem---]||[cum pronao et cistern[am--]|idemq(ue) dedicavit d(ecreto) [d(ecurionum) p(ecunia) p(ublica)]

„Nach Beschluss des Stadtrates und auf öffentliche Kosten hat (XY) das zu Ehren seines Amtsantritts als magister pagi dem Kaisers (Hadrian oder Antoninus Pius) versprochene Horologium (...) gestiftet.“
Datierung: 150 – 230 n. Chr., vor Einrichtung der Kolonie
Literatur: M. Khanoussi – A. Mastino, Nouvelles découverts archéologiques et épigraphiques à Uchi Maius, CRAI 2000, 1285–1323, bes. 1285–1288; AE 2000, 1730; Mastino – Porcheddu 2006, 157.

Vastrua

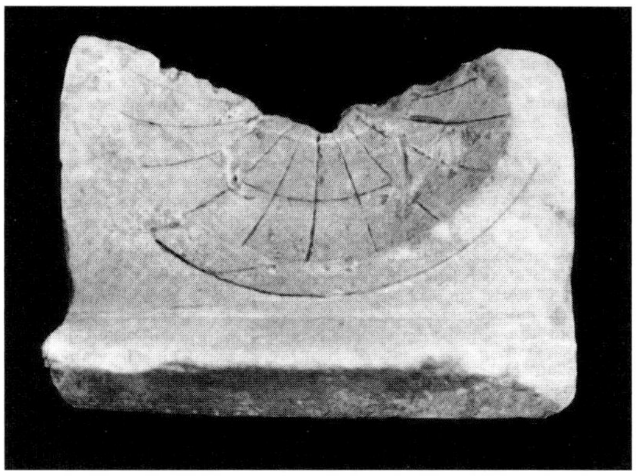

Vastura 1

1.
AO/Inv. Nr.: unbekannt, in situ?
Typ/Mat.: S konisch / Marmor?
Maße: H 23 B 17
FO: unbekannt
Aufstellung: unbekannt
B: Der gut erhaltene Zeitmesser besteht aus einem konisch geformten Zifferblatt, das in elf Stunden- und drei Datumslinien unterteilt ist. Die Stundenlinien reichen jeweils über die Winterwendlinie hinaus und enden an der Sommerwendlinie. Alle Linien sind sehr gleichmäßig tief, breit und gerade gearbeitet.

Unterhalb bricht der Uhrenkörper in einen relativ breiten, erhabenen Limbus um und setzt sich als frontparallele(?) Fläche bis an die horizontale Schattenfuge fort.

Unterhalb der Schattenfuge schließt sich als schräge Ebene eine recht niedrige, dekorlose Basis an.

In der Gegend wurde offenbar bereits zuvor eine weitere Sonnenuhr gefunden.
Inschrift: keine
Datierung: Vorschlag der Bearbeiter: 3./2. Jh. v. Chr. – Der breite Limbus und die Proportionen der Uhr sprechen m. M. nach eher für eine Datierung ins 2. oder frühe 3. Jh. n. Chr.
Literatur: H. Shabani, Un cadran solaire a Vastura de Shales (albanisch), Iliria 17.1, 1987, 239–240.

Veleia

1.
AO/Inv. Nr.: Parma, Museum
Typ/Mat.: Stiftung *horologium* / W ~ / Marmor
Maße: unbekannt, zwei zugehörige Fragmente
FO: aus neuzeitlicher Verbauung im Stadtzentrum
Aufstellung: Forum? ~
B: Wie auch in anderen Orten stiften hier mehrere Amtsträger gemeinsam ein *horologium*.
Inschrift: [---]ci[---] f(ilius) Sabinus pontif(ex) | [---] IIv[ir --- trib(unus)] milit(um) leg(ionis) XXI praef(ectus) | [---] Serranus IIvir | [--- horol]og[i]um dederunt

„(---), (Sohn des ---), Sabinus, Pontifex, Duumvir (...), Militärtribun der 21. Legion, Praefectus, (...) Serranus Duumvir (haben) ein Horologium gestiftet."
Datierung: Die 21. Legion Rapax erscheint nicht mehr nach 90/92 n. Chr. Dieses späteste Datum für den Militärdienst des Sabinus liefert einen t. a. q. für die Aufstellung der Uhr.
Literatur: CIL XI 1187.

Velitrae

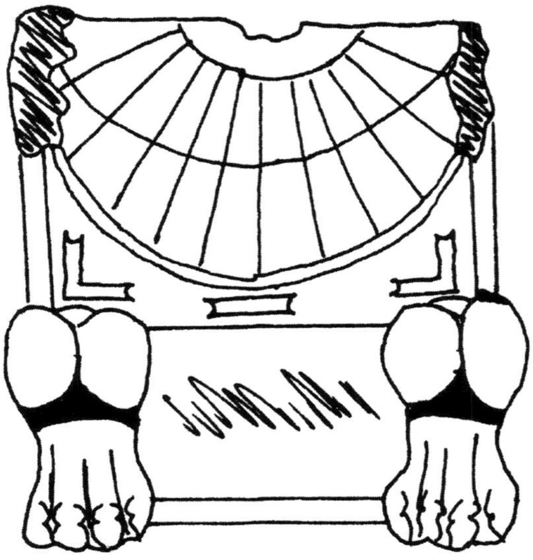

Velitrae 1

1.
AO/Inv. Nr.: Velletri, Museo Civico, Magazin Inv. Nr. 596
Typ/Mat.: S konisch / weißer Marmor
Maße: H 43,3 B 40, 4 T_{oben} 30
FO: unbekannt
Aufstellung: unbekannt
B: Nur die Enden des Schattenkreises, der in elf Stunden- und drei Datumslinien unterteilt ist, sind leicht bestoßen. Der Meridian wurde über die Winterwendlinie hinaus bis an das ausgebrochene Gnomonloch geführt. Das Zifferblatt wird von einem schmalen Limbus gegenüber dem obliquen Uhrenkörper abgesetzt, der mit geometrischen Winkelmotiven dekoriert ist.

Unterhalb dieser Zone schließt sich die konvex gewölbte Basis an, die von zwei naturalistisch geformten Löwenbeinen flankiert wird. Eine schmale Standleiste ist im Bereich zwischen den beiden Tatzen erkennbar. Severino beobachtete auf der rückwärtigen oberen Kante zwei parallel angelegte Klammerlöcher, die vielleicht darauf hinweisen, dass die Uhr ursprünglich im Mauerverbund aufgestellt war.
Inschrift: keine
Datierung: 1. Jh. n. Chr.
Literatur: A. P. Wagner – T. Ashby, Roman Remains in the Town and Territory of Velletri, AJA 17, 1913, 420; Gibbs 1976, 3085 G mit Skizze; Severino 2003, s. v. Velletri.

Vetera

1.
AO/Inv. Nr.: Bonn, Rheinisches Landesmuseum, Inv. Nr. RLMB 33568
Typ/Mat.: S sphärisch / Ton mit weißlichem Überzug
Maße: H 9,7 B 18,2 T 10,8
FO: 1930er Jahre Ostteil des Lagers Vetera I in den Offiziersunterkünften
Aufstellung: unbekannt
B: Abschnitte der Stundenlinien drei bis neun sowie einer Datumslinie lassen erkennen, dass das erhaltene Bodenfragment einer kleinen Keramik ursprünglich Teil einer Sonnenuhr war. Dadurch, dass die Zeitskala noch vor dem Brand in den feuchten Ton der inneren Wandung geritzt worden ist, wird deutlich, dass das Stück intentionell als sphärische Sonnenuhr hergestellt wurde. Scheidt

vermutet, dass diese Linien in dunklerer Farbe nachgezogen waren. Im Boden der Keramik befinden sich zwei Durchbohrungen, die vermutlich zur Justierung des Gnomon bzw. zur Montage der kleinen Uhr dienten.

Obwohl Größe und Material dieses Stück mit Enserune 2 verbinden, liegt hier kein Modell einer Uhr vor, sondern ein kleinformatiger Zeitmesser; für diesen wies Scheidt anhand von Berechnungen an einer ergänzten Kopie des Fragments eine äußerst geringe Ganggenauigkeit nach.

Die Funktion des Zeitmessers entsprach deshalb sicherlich nicht der eines offiziellen Ordnungsinstruments im Kastellbetrieb. Vielmehr könnten sein Fundort im Bereich des als Offiziersunterkunft gedeuteten neronischen Lagergebäudes F, das gewählte Material und sein geringes Format auf die Interpretation als mobiles Gerät im Privatbesitz eines in Vetera stationierten Legionärs hinweisen. Das einzigartige Stück könnte somit im Kontext des Militärlagers als bescheidene Variante jener aufwendigen Instrumente verstanden werden, die in dieser Zeit oft zur Ausstattung römischer Villen gehören, s. Kapitel VII 6. Die Tonuhr zeigt zwar auch ungefähr die Zeit an, v. a. aber den Anspruch seines Besitzers: obwohl Material, Ausführung und Format des Instruments weit hinter den italischen Vorbildern abfallen, werden mit ihm fernab der Heimat die dort aktuellen Inhalte formuliert – und so die antike Trennung von Wertigkeit und Wertschätzung eines Objekts eindringlich bezeugt.
Inschrift: keine
Datierung: 14–70 n. Chr. (Stationierung der Legion in diesem Bereich)
Literatur: N. Hanel, Vetera I. Die Funde aus dem römischen Lager auf dem Fürstenberg bei Xanten (Köln 1995) 73 zu K 24; Scheidt 1995.

Vibium

Vibium 1

1.
AO/Inv. Nr.: Bovino, Antiquario comunale
Typ/Mat.: S Hohlform / Kalkstein (?)
Maße: H 31 B 34,5 T 19,7
FO: Località Casale, weitläufige Villa rustica
Aufstellung: wie Serdica in industriellem (Villen-)Kontext
B: Die vollständig erhaltene Uhr nimmt etwa die Hälfte der Blockhöhe ein. Der Schattenkreis wurde in elf Stunden- und drei Datumslinien unterteilt. Alle Stundenlinien reichen unmittelbar

vom Gnomonloch bis an den Rand des Schattenkreises heran. Unterhalb des Zifferblatts weicht der Uhrenkörper ohne Limbus als schräge Fläche bis an die durchlaufende Schattenfuge zurück, um im Gegenwinkel wieder vorzutreten. Unterhalb der Basiszone schließt sich eine schmale Standleiste an.

Auffälliges Merkmal der Uhr ist ihre nur grob bearbeitete Oberfläche: Scheidt bezeichnet diese als verwittert, m. M. nach hat es jedoch eher den Anschein, als wäre die Oberfläche des Stücks einheitlich grob gepickt als Grundlage für eine Stukkierung.

Inschrift: keine

Datierung: Der Kontext der Uhr stammt aus dem fortgeschrittenen 3. Jh. n. Chr. vgl. Mazzei 38: römische Villa; G. Volpe, Aspetti insediativi del territorio in età romana, in: M. Mazzei (Hrsg.), Bovino. Studi per la storia della città antica (Tarent 1995) Klapptafel vor S. 115 Nr. 3 zur Lage und 118–120 zum Befund. Dafür spricht auch die Nähe zu Brigantium 1 und Rubi 1.

Literatur: M. Mazzei, Bovino in età romana, in: G. Totaro – M. Leone (Hrsg.), Bovino dal paleolithico all'alto medioevo (Bovino 1989) 47; Scheidt 1997, 387 mit Abb. 3.

Vienna

1.

AO/Inv. Nr.: Vienne, Museum Cochard / CIL XII 1893 = ILN – 05–01, 87

Typ/Mat.: Stiftung *horologium* / W ~? / unbekannt

Maße: unbekannt

FO: verbaut in der Kirche St. Pierre

Aufstellung: Forum ~

B: Augustalen (!) stiften ein *horologium* aus eigenem Vermögen, das später von der Stadt repariert wird. Die gemeinsame Nennung von Stiftung und Reparatur weist wahrscheinlich auf die Aufstellung einer wartungsintensiven Wasseruhr hin.

Inschrift: -]| [---]rius Mans[uetus] | [I]IIIIvir Aug(ustalis) | [ho]rologium de su[a pec(unia)] [fec(it)] | res p(ublica) a novo res[tituit]

„Das Collegium der Seviri Augustalis hat ein Horologium auf eigene Kosten aufstellen lassen und die Stadt hat es später wiederhergestellt."

Datierung: 1. Jh. n. Chr.

Literatur: CIL XII 1893 = ILN – 05–01, 87.

Volaterrae

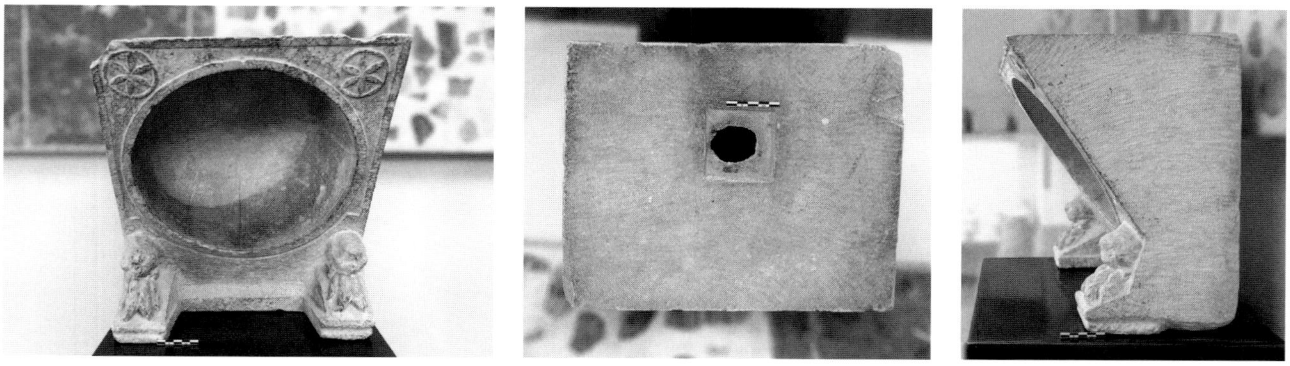

Volaterrae 1.1–1.3

1.

AO/Inv. Nr.: Volterra, Museo Etrusco Guarnacci

Typ/Mat.: S sphärische Variante / weißer Marmor

Maße: H 33,9 B 31,7 T_{oben} 26,5 T_{unten} 17

FO: unbekannt
Aufstellung: öffentliche ~
B: In die annähernd quadratische Vorderseite des Blocks wurde eine sphärische Hohlform eingetieft, die ein etwa 2 cm breiter Limbus gegenüber dem Uhrenkörper absetzt. Das Zifferblatt ist in elf Stunden- und drei Datumslinien eingeteilt, die äußerst präzise geschnitten sind. Die Uhr besitzt – wie Aquileia 1, 3, 4, 6 - 9, 13, 15 und 16 – ein Loch auf der Oberseite zur Führung des Lichtstrahls. An dieser Stelle ist rund um dieses Loch eine quadratische Bettung erkennbar, offenbar war hier eine Lochblende zur präzisen Lichtlenkung eingesetzt wie an Baelo Claudia 1. Die oberen Zwickel des Uhrenkörpers sind mit sechsblättrigen Rosetten dekoriert, die in einen Kreis eingeschrieben sind. Den unteren Teil flankieren stilisierte Löwenfüße, zwischen ihnen verläuft eine schmale Standleiste.

Auf der Rückseite der Uhr befindet sich die dreizeilige lateinische Inschrift, die belegt, dass der Zeitmesser von einem Ädil während dessen Amtszeit (erneut?) aufgestellt wurde.
Inschrift: Q(uintus) Poena | Aper IIIIvir | aed(ilis) d(e) s(ua) p(ecunia) f(aciendum) c(uravit)

„Q(uintus) Poena Aper, Quattuorvir Aedil hat (diese Sonnenuhr) aus eigenen Mitteln aufstellen lassen.“
Datierung: frühes 2. Jh. n. Chr.
Literatur: P. Consortini, Volterra nell'antichità (Volterra 1940) 198 mit Abb.; CIL XI 1749; Gibbs 1976, 2017 G mit Taf. 23. 24.

Volubilis

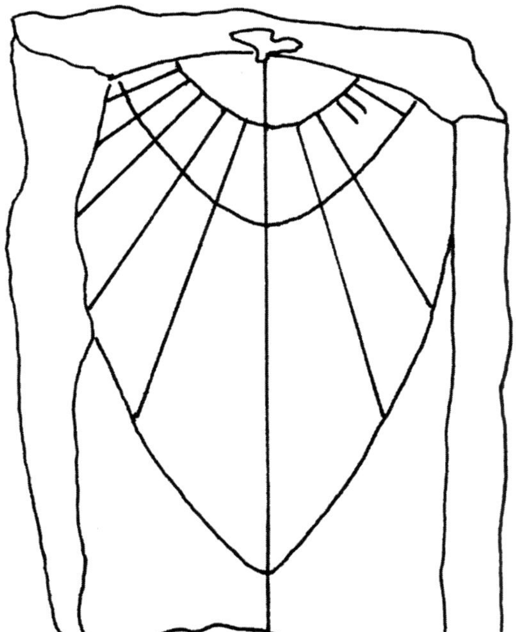

Volubilis 1

1.
AO/Inv. Nr.: Volubilis, Archäologisches Museum
Typ/Mat.: S zylindrisch / weißer Marmor
Maße: unbekannt
FO: unbekannt
Aufstellung: unbekannt
B: Der zylinderförmige Schattenkreis der Uhr wurde in einen hochrechteckigen Block derart eingetieft, dass er dessen gesamte Höhe einnimmt. Offenbar war die Fläche ursprünglich in drei Datums-

und elf Stundenlinien unterteilt, von denen die der Stunden eins bis acht vollständig erhalten sind. Nur der Meridian erstreckt sich vom Gnomonloch bis an die Unterkante des Blockes. Nahc der Skizze von Gibbs sind die Seitenflächen nur grob bearbeitet, möglicherweise ein Anzeichen auf die ursprüngliche Aufstellung des Stücks im Mauerverbund.
Inschrift: keine
Datierung: 1. Jh. n. Chr.
Literatur: Gibbs 1976, 6001.

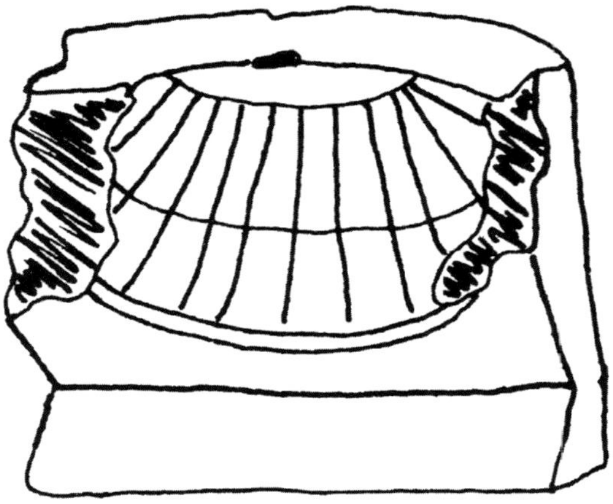

Volubilis 2

2.
AO/Inv. Nr.: Volubilis, Musée Lapidaire en plein air o. Nr.
Typ/Mat.: S sphärisch / heller Kalkstein
Maße: H 46 B 56
FO: unbekannt
Aufstellung: unbekannt
B: Obwohl die Enden des Schattenkreises stark bestoßen sind ist zu erkennen, dass das Zifferblatt ursprünglich in elf Stunden und drei Datumslinien unterteilt war. Dabei fällt die Sommerwendlinie mit dem Rand des Schattenkreises zusammen, den ein schmaler Limbus gegenüber dem Uhrenkörper abgrenzt.

Unterhalb dessen weicht der Uhrenkörper bis an eine Schattenfuge schräg zurück, um anschließend zur Basis hin wieder im Gegenwinkel hervorzutreten. Auf der Skizze von Gibbs ist keine Dekoration zu erkennen.
Inschrift: keine
Datierung: kaiserzeitlich
Literatur: Gibbs 1976, 1039 mit Skizze auf Grundlage von L. Janin.

3.
AO/Inv. Nr.: Volubilis, in situ (?)
Typ/Mat.: S sphärisch / heller Kalkstein
Maße: H 80 B 67 T_{oben} 28
FO: Forum (?)
Aufstellung: unbekannt
B: Offenbar große, aber stark fragmentierte Uhr, für die Gibbs keine B liefert.
Inschrift: keine
Datierung: kaiserzeitlich
Literatur: Gibbs 1976, 1062.

Vulci

1.
AO/Inv. Nr.: Vulci, Museo dell'Abbazia
Typ/Mat.: S sphärisch / lokaler Kalkstein
Maße: H 37 B 25,5 T 37
FO: Vulci, Grabungsgebiet
Aufstellung: unbekannt
B: Der Schattenkreis der Uhr wurde in einen rechteckigen Block derart eingetieft, dass er etwa zwei Drittel der Höhe einnimmt. Das Zifferblatt ist in elf Stunden- und drei Datumslinien aufgeteilt.

Unterhalb des Schattenkreises setzt unmittelbar eine dreifach profilierte Zone ein, deren Form anhand des verschatteten Fotos nicht genau zu erkennen ist.
Inschrift: keine
Datierung: Severino: 2./1. Jh. v. Chr.
Literatur: Severino 2003, s. v. Vulci.

Zarai

1.
AO/Inv. Nr.: CIL VIII 4515
Typ/Mat.: Stiftung *horilegium* / S horizontal ~ / Marmor
Maße: unbekannt, nicht in CIL angegeben
FO: Zarai, Zentrum
Aufstellung: Forum~
B: Zwei Bürger von Zarai schließen sich zu dieser Stiftung eines *horilegium* an die Civitas zusammen. Als Notiz wurde in den CIL vermerkt, dass sich die Inschrift auf einem großen Tisch aus Marmor befindet. Möglicherweise handelt es sich bei dem horilegium um eine öffentlich (auf dem Forum?) aufgestellte horizontale Sonnenuhr wie Aquileia 14, die im Dienst eines Kollegium stand.
Inschrift: Florentissimo | saeculo dd(ominorum) nn(ostrorum) Imp(eratorum) |[[[Caes(aris) Maximini]]]| Pii Felicis [et] | [[[Maximi nobil|(issimi)]]]| Caes(aris) Augg(ustorum) hori|legium quod sua | ex sponte C(aius) Iulius Maxi|m(i) filius Saturn(i)nus | Messapanus et Q(uintus) Can|neius Q(uinti) Cannei Ge|mellini filius Eme|ritus Apeonianus |civibus suis vo|verant de suo | dederunt et | dedicaverunt | VI kal(endas) Apr(i)l(es) per|petuo et Corneliano cons(ulibus).

„Im überaus blühenden Zeitalter unter unseren Kaisern Maximinus Augustus und Maximus Caesar haben Caius Iulius Saturninus Messapanus, Sohn des Maximus, und Quintus Canneius Gemmelinus, Sohn des Quintus Canneius, ihren Mitbürgern das Horilegium, das sie auf ihre Initiative hin versprochen haben, aus ihrem Vermögen errichtet und am 26. März eingeweiht als Perpetuus und Cornelianus Konsuln waren."
Datierung: 237 n. Chr.
Literatur: Mastino – Porcheddu 2006, 157; C. Witschel, Zur Situation im römischen Afrika während des 3. Jahrhunderts, in: K.-P. Johne – T. Gerhardt – U. Hartmann (Hrsg.), Deleto paene imperio Romano. Kongress Berlin 2006 (Stuttgart 2006) 145–222, bes. 201.

Fundort unbekannt

1.
AO/Inv. Nr.: Petersburg, Ermitage Nr. 2507a; Neapel, Nationalmuseum Nr. 2327
Typ/Mat.: ägypt. Wasserauslaufuhr / Diorit
Maße: unbekannt
FO: das Petersburger Fragment befand sich vormals im Museo Gaddiano in Florenz und stammt vermutlich aus Rom

Aufstellung: unbekannt; Heiligtum
B: Die konventionell aufgebaute ägyptische Wasserauslaufuhr besteht aus mehreren Fragmenten, dem Augenschein nach könnten das Petersburger und das Neapler Fragment sogar zur selben Uhr gehören.

Die äußere Wandung überzieht in der mittleren Zone ein Relief aus sechs Figurenpaaren, von denen der Pharao über seine Namenskartusche als Alexander III. ausgewiesen ist. Das Inschriftenband oberhalb des Frieses übersetzt Borchardt mit: „Stundenanzeiger, den der Gott Thot gemacht hat, ...“, die Inschrift unterhalb des Frieses lautet: „...um darin (in den Stunden?) die Opfer darzubringen.“ Nach Angabe auf dem Neapler Stück war die Uhr ursprünglich in einem Osiris-Tempel aufgestellt.

Auf der inneren Wandung sind auf beiden Fragmenten Abschnitte von Stundenskalen erhalten, am Petersburger Stück sah Borchardt, dass das Ausflussröhrchen in einen rechteckigen, wohl metallenen Zapfen eingebettet war.
Inschrift: s. Beschreibung; Schriftbänder in zwei Registern entlang der äußeren Wandung, sowie Namenskartusche des Alexander III.
Datierung: aufgrund der Namenskartusche Regierungszeit des Alexander III.: 331–323 v. Chr.
Literatur: Borchardt 1920, 7 Nr. 2.

Fundort unbekannt 2

2.
AO/Inv. Nr.: Paris, Louvre Inv. Nr. N 664
Typ/Mat.: ägyptische Wasserauslaufuhr / Diorit
Maße: H 9,6 B 10,10 T 2,95 / Randfragment
FO: unbekannt
Aufstellung: unbekannt, Heiligtum
B: Das erhaltene Randfragment dieser ägyptischen Wasserauslaufuhr lässt erkennen, dass die Uhr neben Ephesos 10 eine der kleinsten bekannten dieses Typs war.

Erhalten ist auf der Außenseite ein Ausschnitt von zwei Friesregistern: das obere bildet ein schmales Sternband und das untere, breitere, die auch von anderen Wasseruhren dieses Typs bekannten Reliefszenen, die den Pharao bei Opferhandlungen vor den Monatsgöttern zeigen.

Im Innern sind unterhalb des Füllstrichs nur einzelne eingetiefte Stundenpunkte von einer Stundenskala erhalten. Diese Marken scheinen die Folge einer späteren Überarbeitung zu sein, da sie nicht wie sonst üblich erhaben gearbeitet sind, sondern gebohrt wurden. Auch auf der Außenseite ist der Sterndekor oberhalb der Reliefzone die Folge einer Überarbeitung, weil hier der Reliefgrund abgetieft und erst anschließend die Sterne eingeritzt wurden – ein Vorgehen, dass sich an keiner der anderen Uhr dieses Typs beobachten lässt.

Auf dem Rand, nach außen gerichtet, folgen unmittelbar auf einen senkrechten Strich die Buchstaben AP(rilis), wenige cm weiter rechts befindet sich eine runde Vertiefung, die vielleicht erneut auf Monats- oder Dekanmarkierungen wie an Rom 10 und Fundort unbekannt 16 zu beziehen sind.

Inschrift: s. Beschreibung; Schriftbänder in zwei Registern entlang der äußeren Wandung und rituelle Beischriften im Fries, lateinische Monatsnamen

Datierung: Aufgrund der engen Verwandtschaft mit Rom 10 könnte auch diese Uhr Mitte des 3. Jhs. v. Chr. entstanden sein, kaiserzeitliche Überarbeitung

Literatur: Borchardt 1920, 8–9 Nr. 8.

Fundort unbekannt 3

3.

AO/Inv. Nr.: London, Brit. Mus. 2546; Reg. Nr. 1884, 0615.1

Typ/Mat.: S vertikal / parischer Marmor

Maße: H 34,7 B 29,2

FO: unbekannt / öffentlich ~

Aufstellung: Gibbs berechnet, dass das Stück für eine schräge Positionierung konstruiert ist vgl. Oropos 4, dagegen spricht der Ansatz eines senkrechten Stelenfußes, frei stehend

B: Die schmucklose hochrechteckige Marmorplatte wurde beiderseits derartig in elf Stundenlinien aufgeteilt, dass sie an der Sommerwendlinie einsetzen und jeweils bis an den Rand der Platte reichen. Sowohl die drei Datums- als auch die Stundenlinien wurden äußerst präzise bei gleichmäßiger Breite und Tiefe geritzt. Typus, handwerkliche Ausführung und Material sind eng verwandt mit Paros 1.

Für die bereits von Gibbs vermutete freie Aufstellung spricht außer den zwei Zifferblättern auch der Ansatz eines Stelenfußes.

Inschrift: keine

Datierung: 2. Jh. v. Chr.

Literatur: A. H. Smith, A Catalogue of Sculpture in the British Museum 3 (London 1904) 414 Nr. 2546; Gibbs 1976, 5022 G.

Fundort unbekannt 4

4.

AO/Inv. Nr.: London, British Museum Reg. Nr. 1997,0118.1
Typ/Mat.: S Winkel (?) / Diorit
Maße: H 7,35 B 3.9 T 3,9
FO: Ägypten, 1997 aufgekauft über Tesseract
Aufstellung: unbekannt; Heiligtum
B: Das Fragment einer Sonnenuhr aus Diorit besteht aus dem senkrechten Teil, der als Gnomon dient. Er ist auf zwei seiner senkrechten Flächen mit Reliefs versehen, die Hieroglyphen begleiten. Das Stück ist dem Ra-Horakhty geweiht und trägt auf beiden Seiten den Priesternamen Ahmose.
Inschrift: Hieroglyphen verlaufen auf beiden Langseiten sowie ein umlaufendes Band am Fuß des kleinen Quaders.
Datierung: 2. Jh. v. Chr.
Literatur: K. Lippincott, The Story of Time (London 1999) 108.

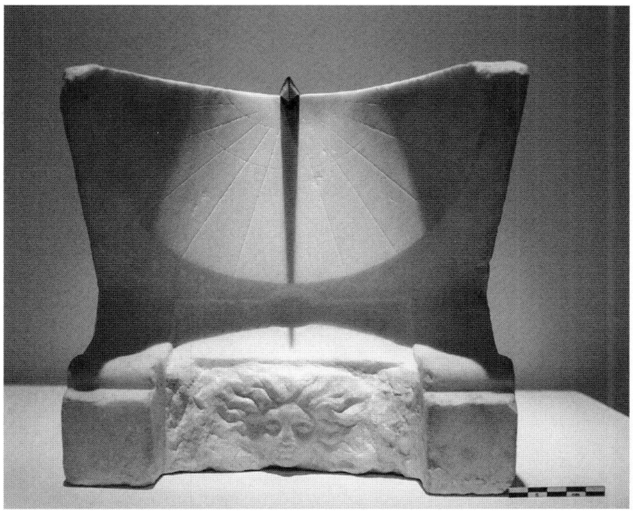

Fundort unbekannt 5.1–5.4

5.

AO/Inv. Nr.: Berlin, Pergamon Museum Antikensammlung Nr. 1048

Typ/Mat.: S konisch / Marmor

Maße: H 21 B 22 T 18

Aufstellung: auf Säule in Dionysostheater ~?

B: Das Stück wurde 1879 von den Berliner Museen erworben und seine Herkunft von Conze als „aus Athen" bezeichnet.

Der Schattenkreis der relativ kleinen Uhr nimmt etwas mehr als die obere Hälfte des Blocks ein. Vom Gnomonloch bis an den Rand des kegelförmigen Schattenkreises reichen elf Stundenlinien, die drei Datumslinien schneiden.

Unterhalb des Zifferblatts tritt der Uhrenkörper bis an eine Hohlkehle zurück. Den Bereich der Basis flankieren profilierte Füße. Ungewöhnlich reich ist die figürliche Dekoration des Stücks: So wurde ins Zentrum der etwa 8 cm hohen Standleiste die Darstellung eines Kopfes eingestellt, der frontal ausgerichtet ist und für den aufgrund von runder Gesichtsform sowie strahlenförmig angeordneten Haarsträhnen die Benennung als Helios oder Gorgo vorgeschlagen wurde. Auf der linken Seitenfläche befindet sich im flachen Relief die Darstellung einer im Profil dargestellten Athena, der auf der Gegenseite das Bild eines jugendlichen Dionysos entspricht. Die ungewöhnliche Eintiefung der drei Reliefs in die Außenflächen des Zeitmessers spricht dafür, dass sie erst nach dessen Zurichtung entstanden. Auffällig ist auch der untereinander abweichende Grad der Ausarbeitung: Während der Grund des westlichen Athena-Reliefs sorgfältig geglättet und in den Zwickel des Schattenkreises eine Palmette eingestellt wurde, ist der Hintergrund der Gegenseite sowie der Basis nur flüchtig zugerichtet und somit unvollendet. Auf eine dritte, wohl früheste Bearbeitungsphase des Blocks verweist die Rückseite des Zeitmessers, auf der das Motiv einer Phiale erscheint, die ein schlaufenförmiges Ornament umgibt. Dessen obere Enden sind volutenartig eingedreht, so dass der Eindruck eines Kapitells entsteht, dessen Körper als plastisch geformter Korb gebildet ist. Diesen Eindruck bestätigt das als runde Fläche geschnittene Unterlager, das für die Aufstellung auf einer schmalen Säule geeignet ist. Offenbar war der Block jedoch für diese Form zu knapp gewählt, denn seine Kanten schneiden asymmetrisch die Voluten, so dass aus ihm (statt dessen?) die Sonnenuhr gearbeitet wurde.

Die Kombination von drei Figuren, in denen Athena, Dionysos und vielleicht Helios oder Gorgo zu erkennen sind, ist im erhaltenen Bestand der Zeitmesser einzigartig und lässt in diesem Zusammenhang keine eindeutige Interpretation zu. Der Hinweis auf die Herkunft des Stücks aus Athen wird nicht durch die von Gibbs a. O. ermittelte Ortsbreite des Stücks bestätigt. Herkunftsangabe und Dekoration sprechen jedoch nicht dagegen, dass auch diese Sonnenuhr eine Stiftung aus dem Athener Dionysostheater sein könnte.

Inschrift: keine

Datierung: späteres 1. Jh. v. Chr.

Diese Datierung des mehrfach umgearbeiteten Stücks entspricht der chronologischen Einordnung der Reliefs, die jedoch nicht unbedingt gleichzeitig mit der Sonnenuhr entstanden sein müssen, sondern lediglich einen t. a. q. liefen.

Literatur: A. Conze, Berichte, AZ 38, 1880, 37; W. S. Kekule, Beschreibung der antiken Skulpturen (Berlin 1891) 417 Nr. 1048 (Zeichnung); Gatty 1900, 33; Diels 1920, 175 Taf. 14; Drecker 1925, 37 Taf. 60; Gibbs 3006 G; D. Grassinger – T. de Oliveira Pinto – A. Scholl (Hrsg.), Die Rückkehr der Götter. Berlins verborgener Olymp (Berlin 2008) 304 f.

Fundort unbekannt 6

6. ^ Herculaneum 1

AO/Inv. Nr.: Rom, Museo della Civilità Romana

Typ/Mat.: S mehrfach / lunensischer Marmor

Maße: H 32 B 39,3 T 21

FO: unbekannt

Aufstellung: im Architekturverbund

B: Das Uhrenmonument setzt sich aus sechs Uhren auf der Front sowie weiteren drei auf der Rückseite zusammen, die verschiedenen Uhrentypen angehören: sphärisch, hemisphärisch und zylindrisch geschnittene Zifferblätter werden an diesem Stück miteinander kombiniert.

Auf der Vorderseite lehnen sich zwei geflügelte Genien beiderseits an eine mittig positionierte, senkrecht ausgerichtete zylindrische Uhr. Über dem Kopf der linken Figur befinden sich zwei Gnomonlöcher: Der eine Bronzestift beschattet das zentrale Zifferblatt, während der zweite einem weiteren, konisch geschnittenen Schattenkreis zuzuordnen ist, der sich hinter dem Rücken des Eroten befindet. Auf der rechten Seite ist ein drittes Zifferblatt gegengleich angeordnet. Diese Zone der drei Zifferblätter und der beiden Figuren endet mit einer waagerechten, profilierten Standleiste, die etwa im oberen Drittel der Blockhöhe verläuft.

Unterhalb dessen wurde eine kreisrunde Sphäre zentral eingetieft, die von zwei jeweils waagerecht positionierten Zifferblättern flankiert wird. Die Unterkanten dieser drei Messfelder verbindet ein gemeinsames Profil, unterhalb dessen sich ein Relieffeld anschließt. Auf den von Gibbs publizierten Abbildungen ist diese dritte Zone kaum zu erkennen: Auf der rechten Seite befindet sich ein Adler mit ausgebreiteten Schwingen und auf der linken die Kombination eines liegenden Halbmondes und mehrerer Sterne.

Auf der offenbar undekorierten Rückseite wurden drei Sphären derart hintereinander gestaffelt, dass die mittig positionierte im Reliefvordergrund steht und von den beiden anderen symmetrisch flankiert wird.

Inschrift: keine

Datierung: 1. Hälfte 1. Jh. n. Chr.

Literatur: P. Portaluppi, Gnomonica Atellana (Mailand 1967) 100–101; Gibbs 1976, 7005 G; G. Vanin, Le meridiane bellunesi (Feltre 1991).

7.

AO/Inv. Nr.: Genf, Musée d'Histoire des Sciences Inv. Nr. 1931

Typ/Mat.: S konisch / weißer Marmor

Maße: unbekannt, nach Foto hochrechteckig

FO: unbekannt; Locher a. O. 161 vermutet eine Herkunft aus den Vesuvstädten

Aufstellung: unbekannt

B: Die Uhr ist auf der linken Seite sowohl im oberen Bereich als auch an der unteren linken Ecke gebrochen, sowie am rechten Ende des Schattenkreises und entlang ihres unteren Abschlusses. In den hochrechteckigen Block wurde eine sphärische Form derart eingetieft, dass sie weniger als die Hälfte der Blockhöhe einnimmt. Dieser Schattenkreis war ursprünglich in elf Stunden- und zwei Datumslinien unterteilt, von denen sich die der Stunden drei bis elf erhalten haben. Alle Stundenlinien reichen unmittelbar bis an das ausgebrochene Gnomonloch heran. Anhand von Lochers Foto hat es den Anschein, als ob das Zifferblatt von einem Limbus eingefasst würde.

Unterhalb des Zifferblatts schließt sich eine reich dekorierte Basis an: Zwischen zwei Löwenbeinen mit kugelförmig stilisierten Oberschenkeln und schmalen Fesseln ist vor einem als wellenartiges Profil geführten Reliefgrund eine siebenblättrige Palmette eingeschrieben. Ihre Blätter enden als runde Wülste und sie entspringt einem dreieckigen Zwickel. Aufgrund von Beschädigungen im unteren Bereich ist nicht zu entscheiden, ob sich an die dekorierte Basis eine Standleiste anschloss.

Die Seitenflächen des recht flachen Stücks wurden nur grob geglättet.

Trotz Lochers Vermutung, das Stück stamme aus den Vesuvstädten, stehen die Dekorationsformen den kaiserzeitlichen Stücken aus Korinth so nahe, dass m. E. eine Entstehung in diesem Umfeld wahrscheinlicher ist.

Inschrift: keine

Datierung: kaiserzeitlich

Literatur: Locher 1995, 161–163 Abb. 3.

Fundort unbekannt 8

8.

AO/Inv. Nr.: Privatsammlung
Typ/Mat.: S vertikal / Reiseuhr / Bronze
Maße: Dm ca 5,2 Gewicht 16,56 g
FO: unbekannt, wahrscheinlich Bithynien aufgrund der Prägung des Medaillons in Claudiopolis und der Verwendung der bithynischen Monatsnamen, Berechnung für Bithynien korrekt mit 41,5°
Aufstellung: Handgerät
B: Die Vorderseite dieser vertikalen Reiseuhr bildet der Avers eines Bronzemedaillons, das eine Büste des Antinoos nach links zeigt. Dieser Typus wurde im bithynischen Claudiopolis um 134 n. Chr. geprägt (vgl. W. Wroth, BMC Pontus etc. 117,3 Taf. 26,2). Unterhalb der Büste befindet sich nach Buchner a. O. 330 die Inschrift:

Η ΠΑΤΡΙΣ ΑΝΤΙΝΟΟΝ ΘΕΟΝ

„Die Heimat (ehrt) Antinoos als Gott."

Die Rückseite der kleinen Scheibe wurde abgedreht – somit ihr Gewicht gemindert – und anschließend über zwei mit der Vorderseite vernietete Stifte der Gnomon und ein kleiner Messarm montiert. Der Gnomon wirft bei senkrechter Aufhängung der Scheibe seinen Schatten auf den Linienfächer, den sieben radiale und sechs Bogenlinien bilden. Unterhalb der einzelnen Sektoren wurden in griechischer Schreibweise die abgekürzten Namen der bithynischen Monatsfolge eingetragen.

Auf dem ursprünglich beweglichen Lineal erkannte Buchner eine Signatur, die er als ΙΟΥΛΙΟΣ Μ[...] ΕΠΟΙΕΙ las.

Größe, Form und Lineal verbinden dieses Stück mit der Reiseuhr aus Metz, beide wurden jeweils für nur einen Standort berechnet. Wie in Metz ist der Rand der Rückseite aufgebogen, so dass das Zifferblatt beschattet wird, der Gnomon jedoch in der Sonne liegt.

Inschrift: s. Beschreibung; bithynische Monatsfolge nach Buchner a. O. 334 in der oberen Reihe von re nach li:

ΔΙΟΝ(ύσιος), ΗΡΑΚ(λείος), ΔΙΟΣ, ΒΕΝΔ(ίδαιος), ΣΤΡΑ(τείος), ΠΡΑ(στίος)

in der unteren Reihe von li nach re:

ΑΠΕΙ(ος), ΑΦΡ(οδίσιος), ΔΗΜ(ήτριος), ΗΡΑΙ(ος), ΕΡΜ(αῖος), ΜΗ(τρῷος)

Datierung: nach 134 n. Chr. (t. p. q. Bronzemedaillon)
Literatur: Buchner 1976, 329–348; K. Dahmen, Untersuchungen zur Form und Funktion kleinformatiger Porträts der römischen Kaiserzeit (Münster 2001) 240.

Fundort unbekannt 9

9.

AO/Inv. Nr.: Mailand, Castello Sforzesco
Typ/Mat.: S vertikal / Reiseuhr / Bronze
Maße: Dm ca. 5 cm
FO: unbekannt
Aufstellung: Handgerät
B: Das Stück wird von Buchner kurz als Parallele zu Fundort unbekannt 8 genannt. Es handelt sich erneut um ein Bronzemedaillon, das auf seiner Vorderseite die Büste des Antinoos zeigt. Auf der Rückseite der Bronzescheibe befindet sich die Reiseuhr, die für eine Ortsbreite gearbeitet wurde.

Offenbar ist der Linienfächer dieser Uhr recht unpräzise gearbeitet, so dass Buchner a. O. 330 jeden ‚Heilungsversuch' für zwecklos hält.
Inschrift: Das Stück ist schlecht dokumentiert. Offenbar befinden sich griechische Beischriften unterhalb des Linienfächers.
Datierung: nach 134 n. Chr. (?)
Literatur: G. Nicodemi, Le monete dell'imperio romano. Raccolte numismatiche del Castello Sforzesco II. Da Adriano ad Elio Cesare (Rom 1940) Taf. 16 Nr. 3849; Buchner 1976, 330 mit Taf. 55 Abb. 3; K. Dahmen, Untersuchungen zur Form und Funktion kleinformatiger Porträts der römischen Kaiserzeit (Münster 2001) 240.

Fundort unbekannt 10

10.

AO/Inv. Nr.: Bologna, Museo Civico Archeologico
Typ/Mat.: S sphärische Variante / Kalkstein

Maße: H 38,5 B 42,5 T 26
FO: unbekannt
Aufstellung: unbekannt
B: Das dekorlose Stück ist an seiner Oberseite und entlang der horizontalen Schattenfuge gebrochen. Auf seinem sehr sorgfältig gearbeiteten sphärischen Schattenkreis sind noch die gleichmäßig dünn gezogenen Linien der Stunden zwei bis zehn, sowie Äquinoktium und Sommerwendlinie erkennbar.
Inschrift: keine
Datierung: 2. Jh. n. Chr.
Literatur: Gibbs 2018; G. Paltrinieri – I. Frizzoni, Meridiane e orologi solare di Bologna e provincia (Bologna 1995) 86.

Fundort unbekannt 11

11.
AO/Inv. Nr.: Oxford, History of Science Inv. Nr. 51358
Typ/Mat.: S vertikal / Reiseuhr / Bronze
Maße: Dm 6,5
FO: angeblich aus der Nähe von Bratislava
Aufstellung: Handgerät
B: Die Uhr besteht aus einer Bronzescheibe, die an ihrem oberen Rand durchbohrt wurde. Auf der Rückseite sind dreissig Ortsnamen mit ihren Breitengraden radial angeordnet. Alle Angaben sind in lateinischen Ziffern aufgelistet. Eine zweite, kleinere Scheibe ist derart an der größeren befestigt, dass sie auf den Breitengrad der jeweiligen Stadt einzustellen ist, um dann ortsgenau Datums- und Tageszeiten anzuzeigen.

Im rechten Winkel zu den Radialen befindet sich eine weitere Skala, die De Solla Price den Solstitien und den Monatsnamen zuordnete, so dass das Instrument außer den Tagesstunden auch eine universale Gliederung des Jahres leistet.

Die Anordnung der Anzeige führt nach De Solla Price zu einer weiteren Funktion des Uhr, indem sie, wenn Ortsbreite und Jahreszeit korrekt eingestellt sind, derart auszurichten ist, dass der Schatten auf das Zifferblatt fällt. Dies ist nur dann der Fall, wenn die Ebene der Schattenfläche der des Meridians entspricht. So zeigt das Gerät nicht nur Zeiten an, sondern auch die Nord-Südrichtung, erfüllt also indirekt auch die Funktion als Kompass.
Inschrift: nach De Solla Price 1969, 254–255:

Hauptliste		Nebenliste	
AEGYPT	XXX		
[A]LYCIAE	XXXI		
SILICIA	XXXI		
ASIAE	XXXI		
		GAL(?)	XLVIII
CAPPAD Cappadocia	XXXI		
[ILLY]RIA oder [SY]RIA nach Talbert	XXXVI		
QVIRINE Cyrene	XXXVIII		
SARDIN	XL		
		NARB	XLIII
SICILI	XLI		
AFRCA	XLI		
ISPAN	XLII		
		BRIT	LV
ITAL	XLIII		
NARB	XLIII		
BELG	XLVI		
GELS Germania Superior	XLVIIII		
GERI Germania Inferior	LI		
		ROMA	XLII
DACIA	LII		
		PANONI	XLII
		MACEDO	XL
		LVGD	XLV
		TRACIA	XLI
		GALATI	XLV
		PHRYGI	XXXVI
		BITVNI	XXXV
		ITAL	XLII

Datierung: ca. 250 n. Chr.
Literatur: De Solla Price 1969, 253–256; F. A. Stebbins, A Roman Sundial, JRACanada 52, 1958, 250–254; Field – Wright 1985, 87–138; Field 1990, 103–135; Wright 2000, 177–178; Talbert 2010, 265–267.

Fundort unbekannt 12.1

12.

AO/Inv. Nr.: Frankfurt a. Main, Archäologisches Museum

Typ/Mat.: Wasserauslaufuhr / Bronze, Gold

Maße: H 21,2 Dm mit Rand 38,9 Stärke der Wandung 0,1 Gewicht 1638 g

FO: Privatsammlung, seit 1997 Archäologisches Museum Frankfurt a. Main

Aufstellung: im Innenraum, OK Gefäß auf etwa 1.50 m Höhe

B: Die Wasseruhr hat die Grundform eines henkellosen Bronzekessels. Im Zentrum des Bodens befindet sich eine runde Durchbohrung, die der konzentrische Abdruck eines Metallringes umgibt, mit dem sie ursprünglich eingefasst war. Ein zweites, nur 0,4 mm winziges Loch, das in Gold gefasst ist, durchbricht die Wandung knapp 2 cm oberhalb des Bodenlochs. Während das eine wohl zum Ablassen des Restwassers und zur Reinigung dient, ist das andere der Ausfluss der Stundenuhr.

Unterhalb des Randes beobachtete Stutzinger an zwei Stellen Überreste von Bleibatzen, die keine Folgen ehemaliger Reparaturen sind, sondern von der Anbringung eines weiteren konstruktiven Elements zeugen (s. u.).

Die Besonderheit des Stücks sind auch verschiedene Markierungs- und Schriftbänder:

Auf die innere Wandung wurden zwölf Reihen kleiner Punkte gelötet, die jeweils als Zwölfergruppe senkrecht untereinander stehen. Obwohl die Punkte selbst an einigen Stellen verloren

Fundort unbekannt 12.2–12.3

sind, lässt sich ihre ursprüngliche Position aufgrund des erhaltenen Abdrucks rekonstruieren. Sie dienen zur Anzeige der Stunden. Bislang liegt zwar noch keine präzise Vermessung der Punktreihen vor, dem Augenschein nach schwankt aber die Länge der Skalen untereinander, während der Abstand der Stundenpunkte einer Skala untereinander gleich ist. Ergänzt werden die punktuellen Stundenskalen von zwölf eingeritzten konzentrischen Kreislinien, die jeweils dieselbe Stunde aller Punktreihen im Jahresverlauf miteinander verbinden. Die Ritzungen liegen jeweils unterhalb der Lötpunkte. Dies ermöglicht eine kontinuierlich präzise Anzeige von Saisonalstunden im Jahresverlauf.

Den nach innen gebogenen Rand des Bronzegefäßes säumt die regelmäßige Folge von 368 kleinen Perforierungen, die vermutlich zur Anzeige der einzelnen Tage im Jahr dienen. Für die Überzahl von drei Löchern gegenüber dem iulianischen Kalender ist keine sinnvolle Ursache zu erkennen, sondern sie muss wohl als Folge nachlässiger Fertigung verstanden werden.

In der senkrechten Verlängerung der entsprechenden Stundenskalen und gegen den Uhrzeigersinn verlaufen vier senkrecht gestellte lateinische Abkürzungen, die jeweils die Breite des schmalen Randbereiches ausnutzen: AEQ[uinoctium] SOL[stitium] AEQ[uinoctium] BR[evitas], diese beziehen sich also auf die vier astronomischen Grunddaten des Jahres, nämlich die Tagundnachtgleichen und den jeweils längsten bzw. kürzesten Tag.

Da die längste Punktskala unterhalb der Sommerwendmarke angebracht wurde, muss die Uhr zur Anzeige der Tagesstunden konzipiert worden sein.

Zwischen diesen astronomischen Anzeigen – aber nun nach außen orientiert – befinden sich die Namen der zwölf Monate des iulianischen Kalenders – und zwar in der nach der Kalenderreform des Augustus üblichen Folge. Bei einheitlicher Orientierung der Schrift sind zwischen die zwölf Monatsnamen jeweils die Abkürzungen für die Äquinoktien und die Wendedaten eingeschoben, s. unter Inschrift 1.

Vor der Marke für den Monat August verläuft ein senkrechter Strich, der möglicherweise den Jahresbeginn markiert, der aber nur in augusteischer Zeit auf den August fällt.

Auf der äußeren Wandung befindet sich wenig unterhalb des Randes die gegen den Uhrzeigersinn laufende Stiftungsinschrift, s. Inschrift 2.

Alle konstruktiven Elemente, die das Bronzegefäß als Wasserauslaufuhr charakterisieren – Lötarbeiten, Gravuren, Drechselungen und Bohrungen – sind die Folge von Arbeitsprozessen, die theoretisch sekundär an einem als konventionellen Bronzekessel hergestellten Metallgefäß durchgeführt worden sein könnten. Deshalb ist Stutzinger zuzustimmen, die eine Aufstellung des Instruments, das nur bei einer präzisen horizontalen Justierung funktioniert, in Analogie zum gewöhnlichen Gebrauch derartiger Kessel auf einem stabilen Dreifuß vermutet.

Aufgrund der minimalen Wandungsstärke wiegt das Gerät nur 1638 g, ist also für eine einzelne Person bequem tragbar und damit transportabel. Erst mit Einfüllung des Wassers gewinnt es an Stabilität.

An der Uhr durchgeführte Metallanalysen zeigten, dass die verwendete Bronzelegierung aus 10 % Zinn und 90 % Kupfer zusammengesetzt ist und die Ausflussdüse aus Gold mit einer geringen Beimischung von Silber besteht.

Die Uhr zeigt primär die Saisonalstunden an. Dafür musste eine Fachkraft sich unmittelbar über das Becken beugen und den Füllstand an den kleinen Stundenmarken bzw. den konzentrischen Linien ablesen. Außerdem funktioniert die Uhr als (Tages-)Kalender: Da die Bohrungen der Einzeltage jedoch zu klein sind, um Teil eines Steckersystems zu sein, wie sie an Tageskalendern und Iuvavum 1 in Gebrauch waren, könnten die beobachteten Bleispuren Hinweise darauf sein, dass das Gefäß von einem Aufsatz ergänzt wurde, dessen beweglicher Zeiger manuell auf den jeweiligen Tag einzustellen war.

Sollte Stutzinger die Formulierung *excitatoriam* korrekt mit Signaluhr übersetzen, dann wäre denkbar, dass der fehlende Metallring rund um das zentrale Bodenloch zur Positionierung einer Metallröhre diente. Würde diese auf Höhe der ersten Stunde enden und in regelmäßigen Abständen bewegliche Elemente aufweisen, die dann in Bewegung gesetzt werden, sobald der Wasserspiegel unter deren Oberkante fällt, so könnten diese ein Glöckchen als akustisches Signal ausgelöst haben.

Die technologische Komplexität des Geräts und seine Fragilität sowie ferner sein Materialwert geben vor, dass die Uhr im Innenraum aufgestellt gewesen sein muss und von sachkundigem Personal gewartet wurde.

Stutzinger ging der Frage nach der Herkunft des Stücks, das das Frankfurter Museum aus einer Privatsammlung ankaufte, v. a. anhand der Stiftungsinschrift nach: Ihr zufolge konzentrieren sich die aus der Namensform des Stifters – Mapilius Mapilianus – und der geehrten Gottheit – Borvo – gewonnenen Hinweise auf den Bereich der Provinz Germania Superior. Der keltische Borvo wird hier mit Apollon in seiner Funktion als Heilgott gleichgesetzt und den zugehörigen Kultstätten häufig ein Badebetrieb angeschlossen. Es ist weder möglich, die Wasseruhr einem dieser Kultorte konkret zuzuordnen noch ihren ursprünglichen Aufstellungsort innerhalb eines dieser vornehmlich während der fortgeschrittenen Kaiserzeit stark frequentierten Heiligtümer näher zu bestimmen, auch, weil Mapilius aus keinem anderen Zusammenhang bekannt ist.

Der Name kennzeichnet den Stifter als einheimischen Gallier, dessen Namensbestandteile Stutzinger zufolge im östlichen Mittelgallien besonders häufig auftreten. Somit fällt das Verbreitungsgebiet der möglichen Aufstellungsorte der Stiftung und die Herkunft des Stifters zusammen. Die Amtsbezeichnung weist Mapilius als *subpraefectus aquarum die Bovonis* aus. Obwohl dieses spezielle Amt, das offenbar mit dem Badebetrieb des Heiligtums in Verbindung steht, einzig hier belegt ist, gehört Mapilius sicherlich der lokalen romanisierten Oberschicht an. Stutzinger vermutet, dass ihm die *cura aquarum* oblag und dieser spezielle Amtsbereich der Magistrate im Verlauf des frühen 2. Jhs. n. Chr. eingerichtet wurde. Die Uhr ist also ein Monument der romanisierten Provinzen. Das wertvolle Material aus Altmetall und Gold, sowie der technologische Aufwand zeugen vom repräsentativen Aufwand der privaten Stiftung.

Herstellungstechnische Merkmale, sowie die Stiftung des Instrument an eine einheimische Gottheit führen zur Datierung der Stiftung in die mittlere Kaiserzeit. Der außerordentlich gute Erhaltungszustand und die Herkunftsangabe aus dem Rhein weisen die Uhr als Teil eines Horts aus, den die Alamannen wohl in den Jahren 275–277 n. Chr. während ihrer Streifzüge zusammenbrachten. Dadurch erklärt sich ferner, dass einige konstruktive Elemente fehlen.

Ungeklärt ist m. M. nach das zeitliche Verhältnis von Kessel, Uhrenfunktion und Inschriften:

Vergleichbare Bronzekessel sind sowohl aus dem Kunsthandel als auch aus stadtrömischen Befunden der Zeitenwende bekannt (vgl. beispielsweise Vergleich: Oxford, Museum for the History of Science Inv. Nr. 31238, Dm 22,5 Bronze W-Uhr mit Bodenloch). Paleographische Unterschiede von kalendarischen Skalen und Stiftungsinschrift könnten zwar auch eine Folge des Buchstabengröße sein, weisen aber vielleicht auch auf einen zeitlichen Abstand zwischen beiden hin. Rüpke trug zuletzt zusammen, dass von den 26 bekannten stadtrömischen Steinkalendern zwölf in augusteischer Zeit entstanden und nur einer aus nachtiberischer Zeit stammt, vgl. Rüpke 2006, 118. Die statistische Verbreitung von Kalendern mit Zodiakalzeichen wie sie im 2. Jh. n. Chr. üblich sind, wäre ein weiterer Hinweis für den technologischen Stand der Uhr in der Zeitenwende. Ein weiteres Indiz für diesen technologischen Zeitansatz betrifft die Lötpunkte der Stundenmarken: Borchardt rekonstruiert für die Veränderungen der Lesemarken ägyptischer Wasseruhren, dass ausgehend von schwer abzulesenden erhabenen Stundenpunkten, über eingetiefte Bohrungen die Entwicklung zu waagerechten Messmarken fortschreitet. Diese Stufe ist seiner Meinung nach im 1. Jh. n. Chr. abgeschlossen. Die erhabenen Stundenlötungen der Frankfurter Uhr liegen auf den Linien der konzentrischen Stundenkreise, so dass also das traditionelle mit dem fortschrittlicheren System kombiniert wurde.

Die Interpretation dieser Beobachtungen hängt auch von der Beurteilung des Ausdrucks *ex aere fracto* ab:

Entweder ließ Mapilius eine Uhr aus Altmetall herstellen, die dann nach dem Vorbild eines früheren Prototyps gefertigt wurde. Sollte der Begriff auch auf eine ältere, defekte Uhr zu beziehen sein, die Mapilius restaurieren und aufstellen liess, dann würde der Befund dieser Lösung eher entsprechen.

Inschrift: AE 2003, 1279:

1. lateinische kalendarische Beischriften:
   Ian(uarius) K(alendae) N(onae) Id(us) Feb(ruarius) K(alendae) N(onae) Id(us) Ma(rtius) K(alendae) N(onae) Id(us) aeq(uinoctium) Apr(ilis) K(alendae) N(onae) Id(us) Mai(us) K(alendae) N(onae) Id(us) Iun(ius) K(alendae) N(onae) Id(us) sol(stitium) VIII K(alendas) Iul(ius) K(alendae) N(onae) Id(us) Aug(ustus) K(alendae) N(onae) Id(us) Sep(tember) K(alendae) N(onae) Id(us) aeq(uinoctium) Oct(ober) K(alendae) N(onae) Id(us) Nov(ember) K(alendae) N(onae) Id(us) Dec(ember) K(alendae) N(onae) Id(us) br(uma)
2. Stiftung:
   Mapil(ius) Mapilianus su(b)pr(a)efect(u)s aquarum die Borvonis ex aere fracto {et} excitatoriam f(ecit) ex voto s(olvit) l(ibens) m(erito)
   nach Stutzinger a. O.

„Mapilius Mapilianus, der Unterpraefect der Wasser des Gottes Borvo, hat aus gebrochenem Metall auch die Signaluhr auf Grund eines Gelübtes machen lassen. Er löste [sein Gelübde] gern und nach Verdienst ein."

Datierung: Stiftung: späteres 2. Jh. n. Chr.; Herstellung: Zeitenwende (?)

Literatur: D. Stutzinger, Eine römische Wasserauslaufuhr (Frankfurt a. M. 2001 passim); AE 2003, 1279.

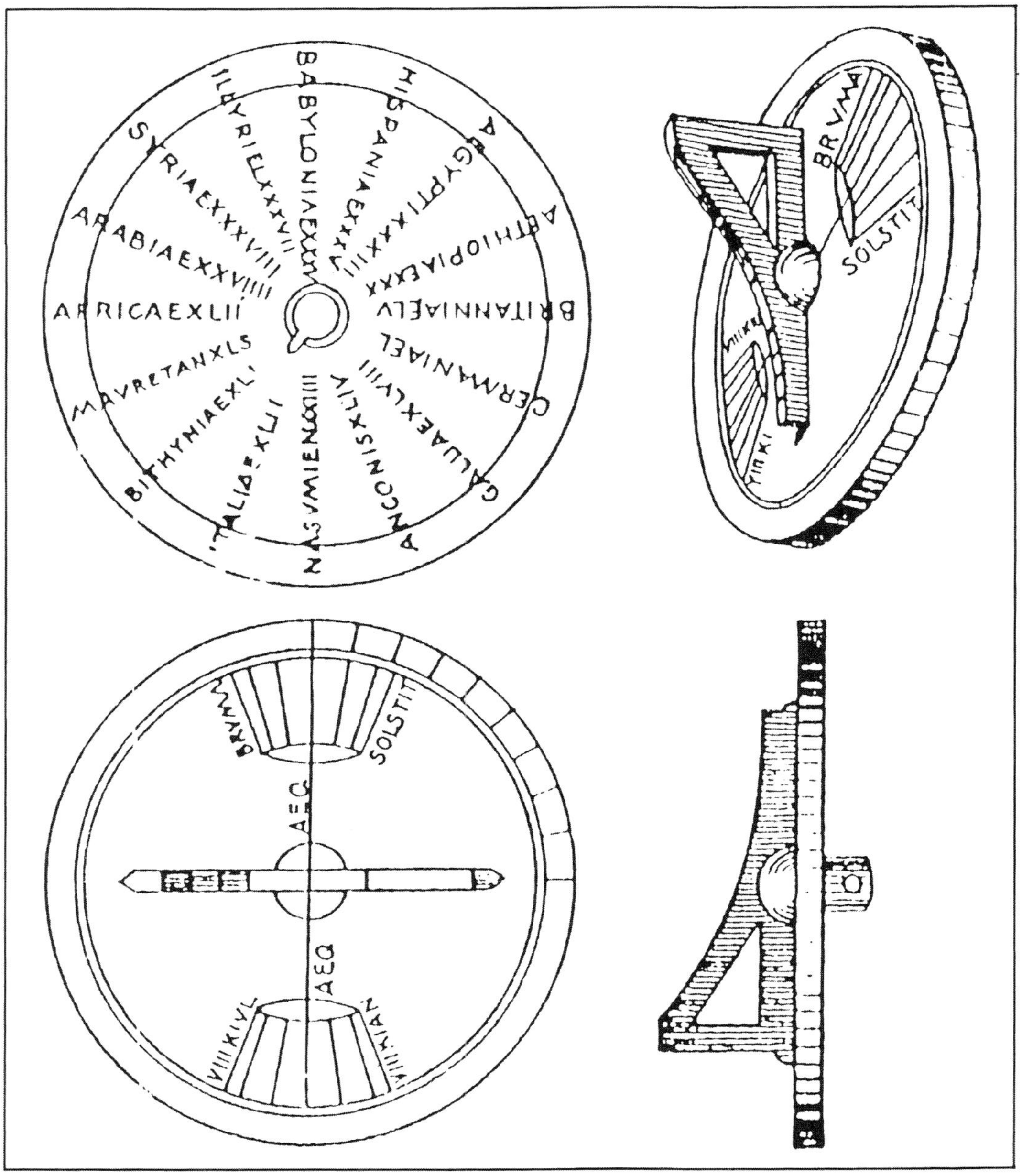

Fundort unbekannt 13

13.

AO/Inv. Nr.: verschollen

Typ/Mat.: S vertikal / Reiseuhr / versilberte Bronze

Maße: Dm 5,65 T 0.03

FO: angeblich Crêt-Chatelard, St. Marcel de Félines (Dep. Loire):

Aufstellung: Handgerät

B: Die kleine versilberte Bronzescheibe ist heute verschollen, so dass die Beschreibung auf der oben wiedergegebenen Zeichnung von Diels beruht.

Auf der einen Seite wurde entlang des Randes eine doppelte Kreislinie graviert, innerhalb derer eine Horizontallinie entlang des Durchmessers verläuft. Beiderseits des verlorenen Drehschiebers, der durch das Mittelloch der Scheibe mit der Rückseite verbunden war, ist diese Horizontallinie mit der Beischrift AEQ als Äquinoktiallinie ausgewiesen. An ihren Enden fächert sich jeweils eine Skala auf, die ober- bzw. unterhalb der äußeren Linie mit VIIIKIUL (VIII. Kal. Iul.) und mit VIIIKIAN (VIII. Kal. Ian.) bzw. auf der Gegenseite mit BRUMA und SOLSTIT ausgewiesen ist. Im unteren rechten Quadranten verlaufen in Randnähe weitere neun radiale Liniengravuren, deren Zweck unbestimmt ist.

Auf der Gegenseite befinden sich die Namen von 16 Standorten in ihrer lateinischen Schreibweise, die radial von außen nach innen angeordnet wurden.

Die Ähnlichkeit zwischen dieser und der ebenfalls verschollenen Uhr Rom 17 überrascht: Abgesehen von kleinen Abweichungen in der (dokumentierten?) Schreibweise der Ortsnamen und in der Angabe der Breiten sowie der von Brumalis und Solstitium auf der Gegenseite sind diese beiden Reiseuhren identisch – auch in der Angabe des ansonsten selten genannten Standorts Ancona. Die Vermutung, dass eine von beiden eine neuzeitliche Fälschung ist, liegt deshalb zunächst nahe: Weil die Uhr aus Crêt-Chatelard detailreicher und in der Schreibweise der Ortsnamen die korrekteren Versionen überliefert, müsste diese dem Urbild näher stehen als die römische Uhr. Diese wurde aber bereits 1741, die aus Crêt-Chatelard erst 1898 publiziert, so dass eine neuzeitliche Fälschung auszuschließen ist. Wahrscheinlich sind deshalb beide Uhren antik und somit ein Hinweis auf die hohe Verbreitung dieser Art von Reiseuhren.

Inschrift:

AETIOPIAE	XXX	Äthiopien	30
AEGYPTIAE	XXXIII	Ägypten	33
HISPANIA	XXXX	Hispania	40
BABYLONIAE	XXXV	Babylon	35
ILLYRIE	XXXVII	Illyrien	37
SYRIAE	XXXVIII	Syrien	37
ARABIAE	XXVIIII	Arabien	28
APHRICAE	XLII	Africa	42
MAURETAN	XLS	Mauretanien	40,5
BITHYNIAE	XLI	Bithynien	41
ITALIAE	XLII	Italien	42
NASUMIEN	XXIIII	Narbonensis?	24
ANCONIS	XLIV	Ancona	44
GALLIAE	XLVIII	Gallien	48
GERMANIAE	L	Germanien	50
BRITANNIAE	LV	Britannien	55

Datierung: Die drei Reiseuhren mit lateinischen Ortsangaben – hier Rom 7, Fundort unbekannt 11 und 13 – stehen einander in Buchstabenform, Ortslisten und Breitengraden so nahe, dass sie wahrscheinlich in nur geringem zeitlichen Abstand entstanden sind. Field 1990, 122 f. weist diese Gruppe dem 3. Jh. n. Chr. zu. Wright a. O. präzisiert diese Datierung aufgrund von paleographischen Argumenten auf die Jahrhundertmitte.

Literatur: V. Durand – G. de la Noe, Cadran solaire trouvé au Crêt-Chatelard commune de Saint-Marcel-de-Félines (Loire), Bulletin de la Société nationale des Antiquitaires de France 1897, 204. 207–208 ; dies., Cadran solaire portatif trouvé au Crêt-Chatelard commune de Saint-Marcel-de-Félines (Loire), Mémoires de la Société nationale des Antiquitaires de France, 57 (= ser. 6 Nr. 7), 1898, 1–38; Diels 1920, 190 ; De Solla Price 1969, 256–257; Field – Wright 1985, 87–138; Field 1990, 103–135; Wright 2000, 177–178.

14.
AO/Inv. Nr.: ehemals Rockford, Illinois, Time Museum Inv. Nr. 1417; heute in Privatbesitz
Typ/Mat.: S vertikal mit Mechanik / Bronze
Maße: Dm 12,1 $D_{Scheibe}$ ca. 3,1 $Dm_{Mittelloch}$ 0,8
FO: unbekannt; angeblich wurde die Scheibe gemeinsam mit vier anderen technischen Geräten gefunden, so dass die Herkunft aus einem Grabkontext wahrscheinlich ist.
Aufstellung: Handgerät
B: Von der Reiseuhr ist die Hauptscheibe erhalten, die auf beiden Seiten graviert ist. Besonders die Hauptseite ist so stark korrodiert, dass präzise Messungen an manchen Stellen unmöglich sind (vgl. Field a. O. 128).

Die Aufteilung des Zifferblatts ist eng mit denen der Reiseuhren aus Samos 4 und Memphis 2 verwandt: Auch hier sind zwei kleine Fächergravuren symmetrisch zum Hauptfächer angeordnet. Sie sind identisch in Abschnitte des iulianischen Kalenders aufgeteilt, denen abgekürzte griechische Monatsnamen beigeordnet sind und die drei Bogenlinien der Datumsanzeige schneiden. Drei Schreibfehler sind hier zu beobachten (ρ statt ι im Monatsnamen Mai, π statt τ im Oktober und ο statt ε im Dezember), weitere finden sich in der Ortsliste der Rückseite. Die Linien und Beischriften des Hauptfächers sind nicht mehr lesbar. Die Randskala, die im Uhrzeigersinn von 0° bis zu 90° läuft, ist in Intervalle zu je fünf Grad unterteilt, die jeweils dreifach unterteilt sind. Field a. O. 129 weist darauf hin, dass die Einteilungen offenbar stärker nach symmetrischen denn nach mathematischen Gesichtspunkten angelegt wurden, also wohl nicht einer Dekanteilung entsprechen.

Die Rückseite der Scheibe ist deutlich schlechter erhalten als ihre Gegenseite. Ihre Oberfläche ist in 30 radiale Felder unterteilt, in die ausgehend vom Rand zur Mitte hin die griechischen Namen der Standorte eingetragen wurden.
Inschrift: Auf der Skala der Standorte werden sieben Städte und 23 Regionen in griechischer Schreibweise und der korrekten Folge der Ortsbreiten aufgeführt; vgl. nach Field 1990, 131:

ΜΕΡΟΗΣ	Iς	Meroë	16
ΣΟΗΝΗΣ	ΚΔ	Syene	24
ΘΗΒΑΙΔΟΣ	ΚΗ	Thebais	28
[Α]ΙΓΥΠΤΟΥ	ΛΑ	Ägypten	31
[ΠΕΝ]ΤΑΠΟΛΣ	ΛΑ	Pentapolis	31
ΑΦΡΙΚΗΣ	ΛΒ	Afrika	32
ΠΑΛΑΙΣΤΙΝ	ΛΒ	Palästina	32
ΜΑΥΡΙΤΑΝΙΑ	ΛΔ	Mauretanien	34
ΚΥΠΡΟΥ	ΛΕ	Zypern	35
ΣΙΚΛΙΑΣ	ΛΕ	Sizilien	35
[ΡΟΔΟΥ]	Λς	Rhodos	26
ΠΑΝ[ΦΥ]ΛΙΑΣ	ΛΖ	Pamphylien	37
ΕΛ[ΛΑΔΟΣ]	ΛΖ	Griechenland	37
ΣΠΑΝ[ΙΑ]Σ	ΛΖ	Spanien	37
ΤΑ[Ρ]ΣΟΥ	ΛΗ	Tarsus	38
ΑΝΤΙΟΧΙΑ	ΛΘ	Antiocheia	39
ΜΑΚΕΔΟΝΙΑ	Μ	Makedonien	40
ΓΑΛΑΤΙΑΣ	Μ	Galatien	40
ΘΕΣΣΑΛΟΝΙ	Μ	Thessaloniki	40

Θ[Ρ]ΑΚΗΣ	ΜΑ	Thrakien	41
ΡΩΜΗΣ	ΜΒ	Rom	42
ΙΤΑΛΙΑΣ	ΜΒ	Italien	42
[Δ]ΑΛΜΑΤΙΑΣ	ΜΒ	Dalmatien	42
ΓΑΛΛΙΑΣ	ΜΒ	Gallien	42
ΚΑΠΠΑΔΟΚΙ	ΜΓ	Kappadokien	43
Κ[Ω]ΝΣΤΑΝΤΙ	Μ[Γ]	Konstantinopolis	43
[Α]ΡΜΕΝΙΑΣ	Μ[Δ]	Armenien	44
Π[Α]ΝΝΟΝΙΑΣ	ΜΔ	Pannonien	44
[ΒΙ]ΘΥΝΙΑΣ	[Μ]Δ	Bithynien	44
ΓΕΡΜΑΝΙΑΣ	[ΜΔ]	Germanien	44

Datierung: 4. Jh. n. Chr. (aufgrund der engen Verwandtschaft mit den Reiseuhren aus Memphis 2 und Samos 4).
Literatur: A. Brieux, Histoire des Sciences. Livres – Instruments – Autographes. Cat. Novembre 1977 (Paris 1977) 112–115 Nr. 9480; Field – Wright 1985, 110–112; Field 1990, 120f. 128–131.

Fundort unbekannt 15

15.
AO/Inv. Nr.: London, Brit. Mus. Reg. Nr. MME 1997, 3–3,1
Typ/Mat.: S vertikal / Reiseuhr / Metalllegierung Zinn, Zink, Blei und Spurenelemente
Maße: Dm 11 T 0,28–0,30 Dm Zentralloch 0,8
FO: unbekannt, seit 1997 Brit. Mus. zuvor Privatsammlung
Aufstellung: Handgerät

B: Der Zeitmesser gehört zur Gruppe jener Reiseuhren, die aus drei Elementen bestehen: Der beiderseits mit Linien und Beischriften gravierten, durchbohrten Metallscheibe, einem beweglichen Zeiger, der mit der Aufhängung kombiniert ist und einem zweiten Zeiger, der durch das Mittelloch montiert ist. (vgl. Aphrodisias 6, Fundort unbekannt 11)

Entlang des Randes ist die Scheibe auf der Vorderseite auf einer Strecke von 90° mit einer Gradeinteilung versehen, die den Tagen gilt und im Zentrum mit einer zweiten, fächerförmig gestalteten, die mit Kürzeln der Monatsnamen des iulianischen Kalenders beschriftet ist.

Auf der Rückseite sind, radial vom Mittelloch aus zum Rand verlaufend, 36 Städtenamen mit ihren Breitengraden kombiniert.

Inschrift: – auf der Vorderseite oberhalb des Fächers: IA ΦΕΒ ΜΑΡ ΑΠΡ ΜΑΙ ΙΟ
– unterhalb des Fächers: ΙΟ ΑΥΓ ΣΕΠ ΟΚΤ ΝΟ ΔΕΚ
auf der Rückseite Liste der Ortsnamen mit Breitengraden in alphanumerischer Notation:

ΣΟΗΝΗΣ	ΚΔ	Syene	24
ΘΗΒΑΙΔΟΣ	ΚΔ	Thebais	24
ΛΙΒΗΙΣ	ΚΔ	Libyen	24
ΑΙ Η ΠΤΟΥ	ΛΑ	Ägypten	31
ΑΛεΧΑΝΔ	ΛΑ	Alexandria	31
ΠΑΛΑΙΣΤ	ΛΒ	Palästina	32
ΠεΝΤΑΠ	ΛΒ	Kyrenaika	32
ΑΦΡΙΚΗ	ΛΔ	Afrika	34
ΚΡΗΤΗΣ	ΛΔ	Kreta	34
ΚΥΠΡΟΥ	ΛΕ	Zypern	35
ΚΟΥΛΗΣ	Λς	Coele Syrien	36
ΣΙΚεΛΙΑΣ	Λς	Sizilien	36
ΠΑΜΦΥΛΙΑ		Pamphylien	36
ΑΧΑεΙΑΣ	ΛΖ	Achaia	37
ΤΑΡΣΟΥΣ	ΛΖ	Tarsos	37
ΣΠΑΝΙΑΣ	ΛΗ	Spanien	38
ΑΝΤΙΟΧΙΣ	ΛΘ	Antiocheia	39
	ΜΑ		41
ΘΕΣΣΑΛΟ	ΜΑ	Thessaloniki	41
ΡωΜΑΣ	ΜΑ	Rom	41
ΘΡΑΚΗΣ	ΜΑ	Thrakien	41
ΒΙΘΥΝΙΑΣ	ΜΑ	Bithynien	41
ΚΥΛΗ|	ΜΑ		41
ΔΑΛΜΑΤ	ΜΒ	Damatien	42
|ΠΡ|Δ	ΜΓ		43
ΙΤΑΛΑΣ	ΜΓ	Italien	43
ΚωΝΣΤΑ	ΜΓ	Konstantinopel	43
|Α ||	ΜΓ		43
Σ|Λ|||	ΜΓ		43

||ΑΓΙΣΟ|	ΜΔ		44
ΑΤΙΚΑ||	ΜΔ		44
ΣΠ||	ΜΕ		45
ΠΑΝΝΟΝΙ	ΜΕ	Pannonien	45
ΜεΛ||	Μς		46
Βε||			
||ΗΣ||			

Datierung: Als t. p. q. dient die Erwähnung von Konstantinopel, als t. a. q. die Nennung der Städte Antiochia, Tarsus und Alexandria. Innerhalb dieses Zeitraumes zwischen 324 und 637 n. Chr. die Entstehung dieser Uhr näher einzugrenzen, fällt schwer: Nach Ackermann (a. O. 20) liefert die Buchstabenform keinen präzisen Anhaltspunkt für eine Datierung; die Uhr steht ihrer Meinung nach in zahlreichen Merkmalen der Uhr aus dem Londoner Science Museum (hier Fundort unbekannt 16) und Aphrodisias 6 besonders nahe, für die eine Datierung ins 5. bzw. frühe 6. Jh. n. Chr. vorgeschlagen wurde.
Literatur: S. Ackermann, Light on Byzantium – a Universal Sundial in the British Museum, in: C. Entwistle (Hrsg.), Through a Glass Brightly. Festschrift D. Buckton (Exeter 2003) 16–21.

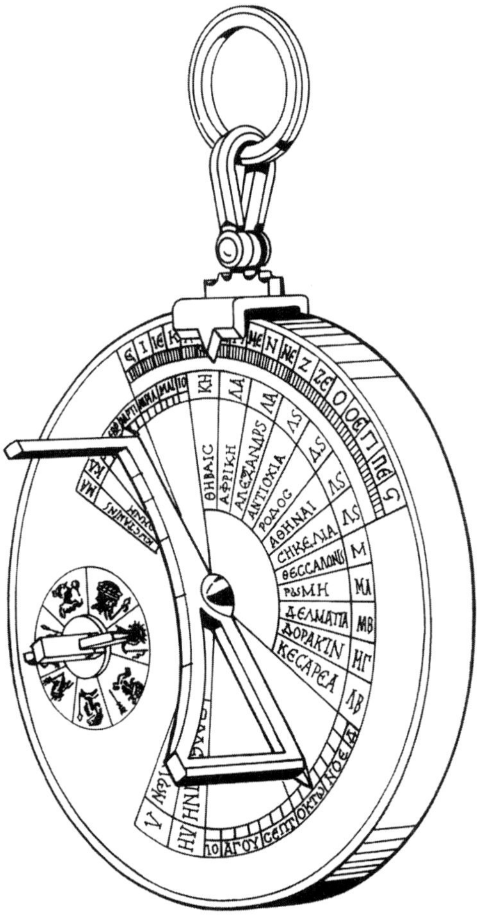

Fundort unbekannt 16

16.
AO/Inv. Nr.: London, Science Museum, Inv. Nr. 1983–1393
Typ/Mat.: S vertikal mit Differenzialgetriebe / Reiseuhr / Bronze Legierung, vier Bestandteile
Maße: Dm 15,3 D 1,5

FO: angeblich Libanon
Aufstellung: Handgerät
B: Vier zugehörige Bestandteile einer Reiseuhr aus Bronze erwarb das Londoner Science-Museum aus dem Kunsthandel. Es handelt sich um eine auf einer Seite gravierte Bronzescheibe mit einem Dm von 15,3 cm, die in ihrem Zentrum durchbohrt ist. Ein zweites Loch befindet sich in Randnähe. Das zweite Fragment wird von den Bearbeitern als Teil der Aufhängung interpretiert, während es sich bei den zwei weiteren um Zahnräder handelt. Sie bezeugen, dass mit dem vom Sonnenstand abgeleiteten Anzeigen ein Getriebe kombiniert war.

Die Gravuren der Scheibe entsprechen weitgehend denen der Reiseuhr Aphrodisias 6. Der Unterschied zwischen beiden Zeitmessern besteht darin, dass auf der Londoner Uhr das exzentrisch angeordnete Loch den Mittelpunkt einer weiteren kreisförmig gravierten Skala bildet, die Bildsymbole der Wochentage – Sonne, Mond, Mars, Merkur, Jupiter, Venus und Saturn – als kalendarische Anzeige kennzeichnen.

Im Vergleich mit anderen Reiseuhren schlagen Field und Wright a. O. folgende Rekonstruktion der Uhr vor: Ihnen zufolge sei eine zweite Bronzescheibe zu ergänzen, welche die Rückseite der Uhr bildete. Im Raum zwischen beiden Scheiben ordnen sie ein Getriebe an, so dass ein Zentralrad über der Mitteldurchbohrung liegt und mit weiteren Zahnrädern, beiden Scheiben, dem Drehschieber und der beweglichen Aufhängung verbunden ist. Ein heute verlorenener Spannring verband wahrscheinlich die beiden Scheiben miteinander. So wird es möglich nach Einstellung der Aufhängung auf die Ortsbreite des Standorts und korrekter Positionierung des als Gnomon dienenden Drehschiebers Uhrzeit, Monats- und Tagesanzeige und außerdem die Mondphase abzulesen. Wie auf der Rückseite die Monatsanzeige und der Stand des Mondes im Zodiakos im Detail zu rekonstruieren sind, bleibt hypothetisch.

Ein weiterer Unterschied zur Uhr aus Aphrodisias besteht darin, dass längere Schreibweisen für die Monatsnamen gewählt werden und dass manche Monatsintervalle dreifach unterteilt sind – wahrscheinlich ein Relikt der ägyptischen Einteilung in Dekane (Field – Wright a. O. 105).
Aufgrund der Doppelung der Scheiben und dem integrierten Getriebe muss diese Uhr wesentlich schwerer als alle anderen Vertreter der Gruppe gewesen sein.
Inschrift: Zehn Städte und sechs Provinzen werden unter ihrer griechischen Bezeichnung auf dem Hauptblatt geführt. Field führt die Schreibweisen darauf zurück, dass der Graveur sich stärker an der Aussprache denn an der offiziellen Schreibweise orientiert habe; nach Field – Wright 1990, 109 Tab. 2:

ΚΩCTANTINς	MA	Konstantinopel	41
COHNH	ΚΔ	Syene	24
ΘΗΒΑΙC	KH	Thebais	28
ΑΦΡΙΚΗ	ΛΑ	Afrika	31
ΑΛΕΞΑΝΔΡς	ΛΑ	Alexandria	31
ΑΝΤΙΟΧΙΑ	Λς	Antiocheia	36
ΡΟΔΟC	Λς	Rhodos	36
ΑΘΗΝΑΙ	Λς	Athen	36
CHKEΛΙΑ	Λς	Sizilien	36
ΘΕΣΣΑΛΟΝΙς	M	Thessaloniki	40
ΡΩΜΗ	MA	Rom	41
ΔΕΛΜΑΤΙΑ	MB	Dalmatien	42
ΔΟΡΑΚΙΝ	MΓ	Dorakion	43

ΚΕCΑΡΕΑ	ΛΒ	Caesarea Stratonis	32
ΠΑΛΕCΤΙΝΗ	ΛΗ	Palästina	38
ΑCΚΑΛΩΝ	Λ	Askalon	30

Datierung: spätes 5.–1. Hälfte 6. Jh. n. Chr. aufgrund der Schriftformen (Field a. O. 123 f.) und der aufgeführten Städte- und Regionennamen, die nur in dieser Phase (fast) alle dem römischen Reich angehören.

Literatur: Field – Wright 1985, 87–138; Field 1990, 103–135; Wright 1990, 65–102; Wright 2000, 177–187.

X Tabellarische Übersicht zu den Einzelaspekten der Zeitmesser

Alle mit * markierten Zeugnisse sind Inschriftenblöcke, die sich auf die Aufstellung eines Zeitmessers beziehen, während im Fall der mit ° markierten Zeugnisse der Zeitmesser selbst als Inschriftenträger fungiert. Ein , – ' zeigt in allen Rubriken an, dass zu dem gewählten Kriterium keine Aussage getroffen werden kann.

Wie im Katalog gibt das Zeichen ~ an, daß die so gekennzeichnete Aussage aus der Summe der vorliegenden Informationen erschlossen wurde.

Für die verwendeten Materialien werden folgende Abkürzungen eingesetzt: Ala Alabaster, B Bronze, Bs Bimsstein, Dio Diorit, E Elfenbein, G Gips, Gr Granit, H Holz, Ks Kalksandstein, K Kalkstein, S Sandstein, St Stuck, T Ton, Tr Travertin. Die verschiedenen Marmorarten werden im Katalog differenziert, hier jedoch einheitlich als Marmor geführt. Alle Angaben beziehen sich auf die für den Zeitmesser verwendeten Materialien, ggf. nicht die des Inschriftenträgers.

Die Kolumne ‚Art der Inschrift' benennt den Inschriftentyp. Außerdem werden folgende Abkürzungen verwendet: Stunde Stundenzählung, Datum Beschriftung der Datumslinien, L Lehrgedicht, M Monate, Z Zodiakos. Unter ‚Begriff' wird der im Inschriftentext genannte Ausdruck für den Zeitmesser geführt.

Unter ‚Typus – technisch' wird der technologische Typus des Zeitmessers vermerkt; dabei steht S für Sonnen- und W für Wasseruhr. Für die Sonnenuhren wurde außerdem nach der Form des Zifferblatts unterschieden: hemi für hemisphärisch, hor für horizontal, kon steht für konisch, kugel für kugelförmig, sphä für sphärisch, sphäV für sphärische Variante, ver für vertikal, zyl für zylindrisch. Ziffern in dieser Rubrik beziehen sich auf die Anzahl der Zifferblätter eines Zeitmessers.

Die unter ‚Typus – Form' aufgeführten Kriterien beziehen sich auf die Gestaltung von Uhrenkörper und Basis. Folgende Abkürzungen wurden eingeführt: H 1/3 Schattenkreis nimmt das obere Drittel der Blockhöhe ein, – kein Dekor, Km Konstruktionsmarken, LT Löwentatzen (-beine), F Fuß, P Profil, Pa Palmette, PDL durchgängiges Profil, R Ranke, F stilisierte Löwentatzen, V Volute. Wenn eine Sonnenuhr in den Wandaufbau integriert wurde, wird dies mit Wa angezeigt.

(Fund)Ort	Nr.	Inv. Nr.	Material	Inschrift	Art der Inschrift
Abu Mina	1	Alexandria, Mus. P 127	KS	–	–
Ai Khanoum	1	Kabul, Arch. Mus.	K	–	–
	1	Kabul, Arch. Mus.	K	–	–
Aisepos	1	IMT Aisep	M	g	Datum
Aletrium	1*	CIL X 5807	?	l	Stiftung
Alexandria	1*	verschollen	–	g	Lehrgedicht
	2	Alexandria, Mus. 15735	G	–	–
	3	Alexandria, Mus. 17483	M	–	–
	4	London, Brit. Mus. 1936, 0309.1	K	g	Stunden
Allifae	1*	CIL IX 2324	–	l	Stiftung
Altinum	1	Altino, Mus. o. Nr.	K	–	–
	2	Altino, Mus. AL 14009	K	–	–
	3	Altino, Mus. AL 10	M	–	–
	4	Altino, Mus. AL 11	M	–	–
Amastris	1*		M	g	Lehrgedicht
Antikythera	1°	Athen, NM	B, H	g	Z, Dat, Parap, ...
Antiocheia O.	1*	AE 1986, 694	–	g	Bauinschrift, Ortsangabe
Aphrodisias	1	InsAPh 8.502 a + b	M	g	Datum
	2	Aphrodisias, Grabung Nr. 1964, 64/415	M	g	Datum
	3°	Selcuk, Mus. 375	M	g	Stunden; Stiftung
	4	Aphrodisias, Grabung Nr. 92/53	M	g	Stiftung
	5	InsAPh 8.214	M	g	Datum
	6	Aphrodisias, Mus Inv. 63-400	B	g	Ortsliste, BG
	7	Aphrodisias, InsAPh 8.409	M	g	Datum
Apulum (Alba Iulia)	1*	IDR III 5 193	–	l	Stiftung
Aquae Mattiacorum	1	Landesmuseum Wiesbaden Inv. Nr. 386	K	–	–
Aquae Sextiae	1*	CIL XII 535	–	l	–
Aquileia	1	Udine, Mus. 174	K	–	–
	2	Aquileia, Mus. o. Nr.	K	–	–
	3	Aquileia, Mus. 3497	M	–	–
	4	Aquileia, Mus. 1088	M	–	–
	5	Wien, KH Mus. Ad I 225	K	–	–
	6	Aquileia, Mus. 1097	M	–	–
	7	Aquileia, Mus. 47848	K	–	–
	8	Aquileia, Mus. o. Nr.	M	–	–
	9	Aquileia, Mus. 53625	K	–	–
	10	Aquileia, Mus. o. Nr.	K	–	–

Begriff	Typus technisch	Limbus	Typus Form	Aufstellung	Datierung
–	S kon	–	PDL, KM	Forum	4. Jh. n. Chr.
–	S sphä	–	LT, P	Gymnasium	vor 150 v. Chr.
–	S zyl	–	–	Gymnasium	vor 150 v. Chr.
–	S hohl	–	–	Heiligtum	3. Jh. n. Chr.?
horologium	–	–	–	Macellum	149/90 v. Chr.
–	S ~	–	–	öffentlich	3. Jh. v. Chr.
–	S kon	–	–	Miniatur; Nekropole	2. Jh. v. Chr.
–	S kon	–	–	–	2. Jh. v. Chr.
–	S hohl	x	horizontale Streifen	Kleop. Nadel	spätes 2. Jh. v. Chr.
horologium	S ~	–	–	Forum ~	1. Jh. n. Chr.
–	S ver	–	–	Nekropole	2. H. 1. Jh. n. Chr.
–	S sphä	–	–	Nekropole	2. H. 1. Jh. n. Chr.
–	S sphäV	–	PDL, Schiff	Nekropole	frühes 2. Jh. n. Chr.
–	S kon	–	P, L	Nekropole	1./2. Jh. n. Chr.
γνώμον	S ~	–	–	öffentlich	2. Jh. v. Chr.
–	mech	–	–	–	vor 120 v. Chr.
ὡροσόπειον	W ~	–	–	Agora	vor 73/74 n. Chr.
–	S sphä	–	–	Theater, Tetrastoon	1.–2. Jh. n. Chr.
–	S hohl	–	–	Stadtgebiet	spätes 2. Jh. n. Chr.
–	S sphä	x	– groß	Forum ~	196–198 n. Chr.
–	S kon	–	PDL; KM	Forum	Ende 2. Jh. n. Chr.
–	S sphä	–	–	Theater	2.–3. Jh. n. Chr.
–	S vert	–	–	Reise; Wohnhaus	um 500 n. Chr.
–	S horiz	–	–	Theater, Tetrastoon	5.–6. Jh. n. Chr.
horologiarium	W ~	–	–	Forum	212–213 n. Chr.
–	S horiz	–	–	Therme	späteres 1. Jh. n. Chr.
horologium	W ~	–	öffentlich ~	Forum ~	5. Jh. n. Chr.
–	S sphäV	–	Blume, Figur	Nekropole	1. H. 1. Jh. n. Chr.
–	S hohl?	x	–, Wa	–	1. Jh. n. Chr.
–	S sphäV	x	R	Nekropole	2. H. 1. Jh. n. Chr.
–	S sphäV	x	V, R	Nekropole	spätes 1. Jh. n. Chr.
–	S sphä	–	–	–	kaiserzeitlich
–	S sphäV	x	PDL, V	Nekropole	kaiserzeitlich
–	S sphäV	–	–	–	kaiserzeitlich
–	S sphäV	–	–	–	kaiserzeitlich
–	S sphäV	–	–	Nekropole	kaiserzeitlich
–	S horiz	–	–	–	kaiserzeitlich

(Fund)Ort	Nr.	Inv. Nr.	Material	Inschrift	Art der Inschrift
Aquileia	11	Privatsammlung	B	l	Monat, Ortsliste
	12	Wien, Inv. Nr. VI, 4098	B	l	Monat, Orte
	13	Aquileia, Mus. 844	M	–	–
	14	Aquileia, Mus. 1359	K	l	Winde; Hersteller
	15	Aquileia, Mus. 1052	K	–	–
	16	in situ	M	–	–
Aquinum	1	Aquino, Mus. o. Nr.	Tr	–	–
Ariminum	1	Verucchio Mus.	M	–	–
Arsenoites N.	1*	verschollen	–	g	Stiftung
Aspira	1	Izmir, Arch. Mus. 5404	M	g	Datum
Ateste	1	Este, Mus.	E	l	Monat
Athen	1	Athen, Agora P 2084	T	g	Maß, Besitzer
	2	Athen, Heliaia	K, M	–	–
	3	in situ	M	–	–
	4	in situ TdW	B, M	g	Winde
	5	Athen, NM 3159	M	–	–
	6	Athen, Agora ST 780	M	–	–
	7	Athen, NM 3156	M	–	–
	8	Athen, Agora ST 147	M	–	–
	9	Athen, NM 3157	M	–	–
	10	Athen, NM 3158	M	–	–
	11	Leiden, RO III 65	M	–	–
	12	Athen, Agora ST 209	M	–	–
	13	Athen, Agora 1870	M	–	–
	14	Athen, Attalos-Stoa A 1769	M	–	–
	15	Hadriansbibliothek BA 506	M	–	–
	16	Hadriansbibliothek BA 1400	M	–	–
	17	Athen, NM 3220	M	–	–
	18	Athen, Epigraph. Mus. 9818	M	g	Stiftung
	19	Athen, Agora ST 589	M	–	–
	20	Athen, NM 13366	M	–	–
	21°	London, Brit. Mus. 2544	M	g	Hersteller
	22	Athen, Agora ST 148	M	–	–
	23	Athen, Agora A 1869	M	g	Stunden
	24	Athen, NM 13365	M	–	–
Augusta Emerita	1	Merida, 37405	M	–	–
	2	Merida	B	l	Datum; Orte, BG

Begriff	Typus technisch	Limbus	Typus Form	Aufstellung	Datierung
–	S vert	–	–	Reise	Mitte 2. Jh. n. Chr.
–	S vert	–	Medaillon	Reise	nach 140–143 n. Chr.
–	S sphäV	–	–	Villa? ~	2. Jh. n. Chr.
–	S horiz	–	–	Circus	175–200 n. Chr.
–	S sphäV	–	PDL	–	Ende 2.–Anfang 3. Jh. n. Chr.
–	S sphäV	x	PDL, Figuren	Nekropole	Ende 2.–Anfang 3. Jh. n. Chr.
–	S sphäV	–	–	–	2.–3. Jh. n. Chr.
–	S sphäV	x	PDL	–	2. Jh. n. Chr.?
ὡρολόγιον	W ~	–	–	öffentlich	2./1. Jh. v. Chr.
–	S kon	–	F	–	2. Jh. n. Chr.
–	S zylin	–	–	Reise, Nekropole	kurz nach 8 v. Chr.
–	W	–	–	Agora	um 400 v. Chr.
–	W	–	–	Heliaia, Agora	320/310 v. Chr.
–	S kon	–	–	Theater	230–200 v. Chr.
–	S vert 8, zyl, W	–	Reliefs	Agora	150–100 v. Chr.
–	S hohl	x	–	Theater	hellenistisch
–	S kon	x	LT, R	Agora	augusteisch
–	S kon	x	LT	Theater	augusteisch
–	S kon	–	F	Agora	frühes 1. Jh. n. Chr.
–	S kon	–	F	Theater	1. H. 1. Jh. n. Chr.
–	S kon	x	–	Theater	frühes 1. Jh. n. Chr.
–	S kon	–	F	Akademie?	kaiserzeitlich
–	S kon	x	–	Agora	kaiserzeitlich
–	S kon	x	F	Agora	kaiserzeitlich
–	S kon	–	F, Pa	Agora	kaiserzeitlich
–	S	x	F	röm. Agora	kaiserzeitlich
–	S hohl	x	F	röm. Agora ~	kaiserzeitlich
–	S hohl	x	LT, Tiere	–	kaiserzeitlich
–	S kon	x	F	–	hochkaiserzeitlich
–	S sphä	–	–	Agora	hochkaiserzeitlich
–	S sphä	–	LT	–	Mitte 2. Jh. n. Chr.
–	S vert 2, v-Vert	–	–	Theater	um 300 n. Chr.
–	S kon	x	–	Agora	spätantik?
–	S vert	–	–	Agora	spätantik
–	S vert	–	–	Kirche?	spätantik
–	S sphä	–	–	Theater	augusteisch
–	S vert	–	–	Reise	2. H. 3. Jh. n. Chr.

(Fund)Ort	Nr.	Inv. Nr.	Material	Inschrift	Art der Inschrift
Augusta Treverorum	1	Trier, Rheinisches Landesmuseum EV 1971, 25	B	l	Datum; Orte
Baelo Claudia	1	Madrid, NM 33.185	B, M	–	–
Bagacum	1*	Bavai, ILTG 362	K	–	Stiftung
Bettwiller	1	Aix les Bains	M	–	–
	2	Straßburg, MAS 2409	S	–	–
Bosquet	1	Sant Pere de Ribes (?)	–	–	–
Boutae	1*	CIL XII 2522	K	l	Stiftung
Brigantium	1	Vorarlberger Landesmuseum	S	–	–
Bulla Regia	1*	CIL VIII 25532	–	l	Stiftung
Caesaraugusta	1	Zaragoza, Arch. Mus.	M	–	–
Cannstatt	1°	Württembergisches LM R 193.3	BS	l	Hersteller (?)
Casalnuovo	1	–	K	–	–
Cherchel	1	–	M	–	–
Chios	1	IG XI Chios 508	M	g	Datum, Zodiakos
Chios	2	Chios, Mus.	M	–	–
Compsa	1	Conza	M	–	–
Concordia S.	1	Portogruaro	K	–	–
Curubis	1*	CIL VIII 978	–	l	Stiftung
Darro	1	Vilanova i Geltru	K	–	–
Delos	1*	IG XI, 2 137 = IG XI, 2 145	B?	g	Inventar Stiftungen
	2*	IG XI, 2 154 = Delos 1*	B?	g	Inventar
	3*	IG XI, 2 287	–	g	Lohnliste
	4	Delos, B 2929-8545	M	–	–
	5	Delos, B 4367	M	g	Datum, Aufsatz Wind; Stiftung
	6*	Delos ID 1417	B	g	Inventar
	7*	Delos ID 1442	–	g	Inventar Stiftungen
	8	Delos, B 117-7810	M	–	–
	9	Delos, 133	M	g	Datum
	10		M	–	–
	11	Delos, B 594	M	–	–
	12	Delos, B 1001-5941	M	–	–
	13	Delos, o. Nr.	Tr	–	–
	15	Delos, o. Nr.	M	–	–
	14	Delos, 5394	M	–	–
	16	Delos o. Nr.	M	–	–
	17	o. Nr.	M	–	–
	18	Delos B 115-6243	M	–	–

Begriff	Typus technisch	Limbus	Typus Form	Aufstellung	Datierung
–	S vert	–	–	Reise; Nekropole	2. H. 2. Jh. n. Chr.
–	S sphä V	x	LT, R	Villa	frühes 1. Jh. n. Chr.
horologium	W ~	–	–	Forum	75–100 n. Chr.
–	S kon	x	–	Therme	1. Jh. n. Chr.
–	S sphä	–	Stützfiguren	–	Anfang 2. Jh. n. Chr.
–	S kon	–	–	Villa rustica	1. Jh. n. Chr.
horologium	W ~	–	–	Forum ~	1. Jh. n. Chr.
–	S kon	–	H 1/3, –	Forum, Basilika	spätes 2./3. Jh. n. Chr.
horologium	–	–	–	Forum ~	1. Jh. n. Chr.
–	S sphä	–		Theater	1. Jh. n. Chr.
–	S hemi	–	–	–	2. Jh. n. Chr.
–	S kon	–	–		2. Jh. n. Chr.
–	S sphä	–	PDL, R	Nekropole?	1. Jh. n. Chr.
–	S vert3	–	–	–	2. H. 1. Jh. v. Chr.
–	S kon	x	LT, Köpfe, Akanthus	–	2. Jh. n. Chr.
–	S hohl	–	H 1/3, -, Wa	Villa rustica	spätes 1. Jh. n. Chr.
–	S sphäV	x		Nekropole	2. Jh. n. Chr.
horologium	W ~	–	–	Forum ~	20 v. Chr.
–	S kon	–	PDL	Miniatur; Villa	1. H. 1. Jh. v. Chr.
κλεψύδρα	W	–	–	Apollon-H.	vor 313–302 v. Chr.
κλεψύδρα	W	–	–	Apollon-H.	vor 313–302 v. Chr.
ἡλιοτρόπιον	S ~	–	–	Apollon-H.	vor 250 v. Chr.
–	S hemi	–	–	–	frühes 2. Jh. v. Chr.
–	S sphä 2	–	–	Gymnasion GD 76	1. H. 2. Jh. v. Chr.
ὡρολόγιον	W 2~, S	–	–	Gymnasion GD 67	vor 156/155 v. Chr.
ὡρολόγιον	W	–	–	Isis–H.	vor 146/145 v. Chr.
–	S kon	–	–	Artemis-T.	2. Jh. v. Chr.
–	S sphä	–	–	Agora Delier	2. Jh. v. Chr.
–	S hemi 2	–	–	Italiker Agora	2. Jh. v. Chr.
–	S v-vert	–	–	Dionysos-H. ~	2. Jh. v. Chr.?
–	S kon	–	F, Wa	Agora Theophrast	2. Jh. v. Chr.
–	S sphä	–	–	–	2. Jh. v. Chr.
–	S kon	x	F, Wa	–	2. Jh. v. Chr.
–	S kon	–	–	–	2. Jh. v. Chr.
–	S hohl	–	F	Wohnhaus	2. Jh. v. Chr.
–	S sphä	–	F, Kannelur	–	2. Jh. v. Chr.
–	S sphä	–	F	Dionysos-H. ~	2. Jh. v. Chr.

(Fund)Ort	Nr.	Inv. Nr.	Material	Inschrift	Art der Inschrift
Delos	19	Delos, o. Nr.	M	g	Datum
	20*	Delos ID 2087	–	g	Inventar Stiftungen
	21	Paris, Cabinet	M	–	–
	22	Delos, B 3652-11023	M	–	–
	23	Delos, 1046-6047	M	–	–
	24	Delos, o. Nr.	M	–	–
	25°	Delos, 7683	M	g	Stiftung?
	26	Delos, o. Nr.	M	–	–
	27	Delos B 4669	M	–	–
	28	Delos o. Nr.	M	–	–
	29*	Delos ID 1770	–	g	Stiftung
	30	Delos, 261	M	–	–
	31	verschollen	M	–	–
Didyma	1°	Inv. Nr. 72	M	g	Stiftung
Diluntum	1	Sarajevo Mus. Inv. Nr. 327	K	–	–
Dimale	1	Tirana Mus. Inv. Nr. 1478	M	g	Hersteller
Diokletianopolis	1	Hisarya	K	–	–
Dion	1°	Dion, Mus. 35	M	l	Stiftung
Dmeir	1	Paris, Louvre AO 3025	M	naba	Stiftung
Durostorum	1	Silistra Inv. Nr. 517	K	–	–
Empurias	1*	I Ampuritanas 76	M	l	Stiftung
Enserune	1	Nissan-lez-Enserune	T	l	Stunden
	2	Quarante	K	–	–
Ephesos	1	Wien, KH I 1639	M	g	Datum
	2*	IEph 3004	–	g	Stiftung
	3	in situ	M	–	–
	4	Ephesos, Mus.	M	–	–
	5	in situ	–	–	–
	6	Selcuk, Museum	Dio	ä	Stiftung
	7	Selcuk, 374	M	–	–
	8	Selcuk, 1391	M	–	–
Eretria	1	Eretria, Mus. 18910	M	–	–
Erythrai	1	Erythrai, Museum Inv. Nr. 9373	–	g	Datum
	2	Erythrai Museum, Nr. 190	–	g	Stiftung
Espelt	1	Igualada, Museu Comarcal	K	–	–
Evelette	1	–	K	–	–
Falerio	1	Ancona, Mus.	M	–	–

Begriff	Typus technisch	Limbus	Typus Form	Aufstellung	Datierung
–	S horiz	–	–	Wohnhaus	2./1. Jh. v. Chr.
ὡρολόγιον	–	–	–	Serapeion C	Anf. 1. Jh. v. Chr.
–	S vert	–	–	Apollon-T.	Anfang 1. Jh. v. Chr.
–	S kon	x	F	Wohnhaus ~	1. Jh. v. Chr.
–	S kon	x	LT, R, V, P	Agora Theophrast	1. Jh. v. Chr.
–	S hemi	–	F	–	1. Jh. v. Chr.
–	S kon	–	F	–	1. Jh. v. Chr.
–	S kon	–	LT, R,V	–	1. Jh. v. Chr.
–	S sphä	–	–	Synagoge	1. Jh. v. Chr.?
–	S sphä	–	–	Synagoge	1. Jh. v. Chr.
ὡρολόγιον		–	–	Agora der Komp.	1. Jh. v.–1. Jh. n. Chr.
–	S kon	x	Akanthus R	–	1./2. Jh. n. Chr.
–	S vert	–	–	Wohnhaus	mittelbyzantinisch
–	–	–	–	Apollon-H.	frühes 2. Jh. v. Chr.
–	S hohl	–	–	Stadtgebiet	3. Jh. n. Chr.
–	S kon, vert	–	–	Agora	2. Jh. v. Chr.
–	S hohl	–	?	Therme	4.–6. Jh. n. Chr.
–	S kon	–	F	Dionysos-H.	nach 169 v. Chr.
–	S hemi	–	–	auf Altar, H.	nach 106 n. Chr.
–	S sphäV	x	H 1/3, Büsten, Relief, Säulen	Nekropole ~	um 200 n. Chr.
horologium	S ~	–	–	H.?	1. Jh. n. Chr.
–	S horiz?	–	–	Stadtgebiet	1. Jh. n. Chr.
–	S sphä	x	–	Villa rustica	3.–4. Jh. n. Chr.
–	S kon	–	Rhodos	Agora	2. Jh. v. Chr.?
ὡρολόγιον	W ~	–	–	Agora	kurz nach 66 v. Chr.
–	W	–	–	Platz	Mitte 1. Jh. v. Chr.
–	S kon	–	PDL	Wohnhaus	augusteisch
–	W	–	–	Agora	Mitte 1. Jh. n. Chr.
–	W	–	ägyp. Typus	H. Ägyp. Götter	Mitte 1. Jh. n. Chr.
–	S kon	x	LT	Villa?	1. Jh. n. Chr.
–	S kon	–	LT	Nekropole	1. Jh. n. Chr.?
–	S kon	x	–, Wa	Villa ~	kaiserzeitlich
–	S kon	–	PDL	Stadtgebiet	1. Jh. v. Chr.
–	–	–	–	Stadtgebiet	kaiserzeitlich
–	S kon	–	–	Villa rustica	kaiserzeitlich
–	S horiz	–	–	Villa	1. Jh. n. Chr.?
–	S kon.	–	–	Amphitheater?	kaiserzeitlich

(Fund)Ort	Nr.	Inv. Nr.	Material	Inschrift	Art der Inschrift
Grand	1	–	B	–	–
Guimera	1	–	K	–	–
Guissona	1	Museu Eduard Camps	Ala	–	–
Hegra	1°	Istanbul, Inv. Nr. 7664	S	nabat	Stiftung
Helvia Ricina	1°	Ancona, Mus. Inv. Nr. 24898	K	l	Stiftung
Herakleia/ Latmos	1°	Paris, Louvre MNB 694	M	g	Stiftung; Hersteller
Herakleia/ Lynkestis	1*	IG X 2,2 111	–	l	Stiftung
Herculaneum	1	Rom, NM	M	–	–
	2	Neapel, NM Reiseuhr 25494	B	l	Monat
	3*	CIL XIV 713	–	g	Lehrgedicht
	4	in situ	M	–	–
	5	in situ	M	–	–
Herdade da O.	1	–	M	–	–
Herdonia	1	Ordonia, 79-OR-167	K	–	–
Ialysos	1	in situ	M	–	–
	2	Rhodos, Magazin A 914	M	–	–
Iasos	1*	Iasos 77	T	g	Dekret
Igaeditani	1*	Idanha-a-Velha HAE 1063	–	l	Stiftung
Ilion	1	Troia, Grabungsdepot I 53	M	g	Datum
	2	Troia, Grabungsdepot A 68	M	g	Datum
Imbros	1°	Athen, Epigraph. Mus. 2922	M	g	Stiftung
Ioulis	1	–	M	g	Datum
Isthmia	2	Isthmia, Arch. Mus. IM 2124	K	–	–
	1	Isthmia, Magazin IM 70.39	M	–	–
Istros	1	Bukarest, NM L 2023	M	g	Datum
Iuvavum	1	Salzburg Nr. 3985	B	l	Zodiakos, Monat
Jerusalem	2	Jerusalem, Hebrew University 3018	K	–	–
	3	Jerusalem, Hebrew University 684B	K	–	–
	1	Haifa, Hecht-Mus. IAA 1986-243	K	–	–
Kabyle	1	in situ	M	–	–
Kallipolis	1	Lidoriki, Arch. Mus. 19834	M	–	–
Kamen Bryag	1. 2	in situ	–	–	–
Kamiros	1	in situ	M	–	–
Karthago	1	Paris, Louvre MNE 1178	M	g	Datum, Monat
	2	Karthago, Lavigerie 1899	M	l	Datum, Monat
	3	Karthago, Mus. o. Nr.	M	–	–
Kephalos	1	Thirrion, 98	M	–	–

Begriff	Typus technisch	Limbus	Typus Form	Aufstellung	Datierung
–	W	–	–	Forum ~(?)	2. Jh. n. Chr. (?)
–	S kon	–	–	Villa rustica	2. Jh. n. Chr.
–	S hohl	–	F	Villa rustica	3. Jh. n. Chr.
–	S sphä	x?	Rhodos	Stadtgebiet	1. Jh. n. Chr.
horologium	S hohl	–	R	Isis-H. ~	101 n. Chr.
–	S kon 2	–	–	Agora	2. H. 3. Jh. v. Chr.
horologium	S v-vert ~	–	–	Forum ~	10 n. Chr.
–	S kon, S hemi	x	Figuren, V, Wa	Villa Scipio	spätes 1. Jh. v. Chr.
–	S vert	–	–	Reise; Stadtgebiet	27 v.– 79 n. Chr.
–	S kon	x	F	Villa	vor 79 n. Chr.
–	S sphä	–	–	Villa, Garten	vor 79 n. Chr.
–	S kon	–	LT	Villa, Garten	vor 79 n. Chr.
–	S hohl	–	H 1/3, HD	Villa rustica	3. Jh. n. Chr.
–	S sphä	–	–	Nekropole	1. Jh. n. Chr.
–	S kon	–	–	Athena-H.	1. Jh. v. Chr.
–	S sphä	–	–	Heiligtum	1. Jh. v. Chr.
κεράμιον	W	–	Keramikgefäß	Agora ~	330–325 v. Chr.
orarium	W	–	–	Forum ~	16. v. Chr.
–	S sphä	–	–	–	2. Jh. v. Chr.
–	S	–	–	–	späthellenistisch
–	S kon	–	PDL	H. Theois Megalois ~	2./1. Jh. v. Chr.
–	S sphä 2	–	–	öffentlich	2. Jh. v. Chr.
–	S sphä	–	–	–	spätantik?
–	S kon	–	F	H.	1. Jh. n. Chr.
–	S sphä	–	–	–	Anfang 3. Jh. v. Chr.
–	W	–	Figuren	Forum ~	2. Jh. n. Chr.
–	S kon	–	Flechtband	Spolie	2. H. 1. Jh. v. Chr.
–	S kon	–	Flechtband	Spolie	2. H. 1. Jh. v. Chr.
–	S kon	–	PDL	Miniatur; Wohnhaus	2. H. 1. Jh. v. Chr.
–	S kon	x	H 1/3, R, F	Kastrum	2. Jh. n. Chr.
–	S kon	–	LT	Therme	spätantik
–	S	–	–	Kastell	2./3. Jh. n. Chr.
–	S kon	–	–	Heiligtum	2. Jh. v. Chr.
–	S sphäV	–	R	–	8 v. Chr.–50 n. Chr.
–	S v-vert	–	–	Nekropole	1. Jh. n. Chr.?
–	S kon	–	–	–	kaiserzeitlich
–	S sphä	–	Relieffeld	–	2. Jh. n. Chr.

(Fund)Ort	Nr.	Inv. Nr.	Material	Inschrift	Art der Inschrift
Keramos	1*	in situ?	M	g	–
	2*	in situ?	M	g	Stiftung
Kisamos	1	Kissamos, Arch. Mus.	M	–	–
Klaros	1	Izmir, Archäologisches Museum	M	g	Stiftung
Knidos	1	in situ	M	–	–
Konstantinopel	1	Istanbul, Topkapi	M	–	–
Korinth	1	Korinth, Arch. Mus. A 866	M	–	–
	2	Korinth, Arch. Mus. A 924	M	–	–
	3	Korinth, Arch. Mus. A 930	M	–	–
	4	Korinth, in situ	KS	–	–
Kos	1	Kos, Arch. Mus.	M	–	–
	2	Kos, Arch. Mus.	M	–	–
	3	Kos, Arch. Mus.	M	–	–
	4°	Weihinschrift	–	g	Stiftung
Kourion	1	Kourion, Mus. 150	M	–	–
Kyrene	1*	in situ?	–	g	Stiftung
Laebactium, Pagus	1*	CIL V 2035	–	l	Stiftung
Lambaesis	1	in situ	M	–	–
	2*	CIL VIII 3294	–	l	Stiftung
	3	Paris, Louvre MA 1775	M	–	–
Lanuvium	1	London, Brit. Mus. 2547	K	–	–
Larium	1	Larino, Kathedrale		–	–
Leontopolis	1°	London, Brit. Mus. Reg. Nr. 1873, 0812.1	Dio	ä, l	Stiftung
	2°	London, Brit. Mus. Reg. Nr. 1871, 0619.179	Dio	ä	Stiftung, Hersteller
Leptis Magna	3	Leptis, in situ	K	–	–
	1°	Tripolis, Arch. Mus.?	K	neopu	Stiftung
	2	Leptis, Archäologisches Museum	K	–	–
Licenza	1	Tivoli, Magazin SAL 270	M	–	–
Limnos	1*	Limnos, Arch. Mus.	–	g	Stiftung
Lindos	1	Lindos, Depot Akropolis	M	–	–
Lunel-Viel	1	Quarante, Mus. Arch.	KS	–	–
Lykao Savatra	1°	MAMA 8, 233	M	g	Datum
Mampsis	1	Mampsis, Arch. Mus. 5001	K	–	–
Marcianopolis	1	Devnya	–	–	–
Maroneia	1	Maroneia, Arch. Smlg. AKM 451	M	g	Datum
Marruvium	1*	CIL I 3209 a	–	l	Stiftung
Matilica	1*	Macerata	M	g	Stunden, Datum, Zodiakos

Begriff	Typus technisch	Limbus	Typus Form	Aufstellung	Datierung
–	S ~	–	–	Nekropole	hellenistisch; kaiserzeitlich
ὡρολόγιον	S ~	–	–	öffentlich	100–130 Jh. n. Chr.
–	S kon	–	–	Villa	frühes 2. Jh. n. Chr.
–	S kon	–	–	Apollon-H.	frühes 2. Jh. v. Chr.
–	S kon	–	F, V, Pa	Dionysos-H.	1. Jh. n. Chr.
–	S sphä	–	–	Irenenkirche	6. Jh. n. Chr.
–	S kon	x	LT, R, V	–	1. Jh. v. Chr.
–	S kon	–	Blüten, R, Spirale	–	1. Jh. n. Chr.
–	S kon	x	F	–	1. Jh. n. Chr.
–	S vert	–	–	Odeion	2. Jh. n. Chr.
–	S kon	–	Rhodos	–	2. Jh. v. Chr.
–	S kon	–	Rhodos	–	2. Jh. v. Chr.
–	S kon	–	Rhodos	–	2. Jh. v. Chr.
ὡρολόγιον	S ~	–	–	Nekropole ~	1. Jh. v. Chr.
–	S sphä	–	PDL	Agora	2. Jh. n. Chr.
ὡροσκόπειον	W ~	–	–	Agora ~	Mitte 2. Jh. v. Chr.
horilogium	W? ~	–	–	öffentlich	54–55 n. Chr.
–	S horiz	–	–	Forum	1./2. Jh. n. Chr.
horologium	–	–	–	–	2. Jh. n. Chr.
–	S sphä	x	Stufen	Stadtgebiet	2. Jh. n. Chr.
–	S kon	–	–	Villa ~	1. Jh. n. Chr.
–	S sphä	–	–	–	1. Jh. n. Chr.
–	W	–	ägypt. Typus	Heiligtum ~	323/317 v. Chr.; 1. Jh. v. Chr.
–	W	–	ägypt. Typus	Heiligtum ~	331–323 v. Chr.
–	S sphä V	–	–	Theater	um 100 n. Chr.
–	S sphä	x	–	–	1. Jh. n. Chr.
–	S sphä	–	PDL	Stadtgebiet	1. Jh. n. Chr.
–	S sphä	–	–	Villa	2. H. 1. Jh. n. Chr.
ὡρολόγιον	S ~	–	–	Heiligtum	1. Jh. v. Chr.
–	S sphä	–	–	Athena-H.	hellenistisch
–	S sphä	x	–	–	50–150 n. Chr.
–	S vert 3	–	–	–	2. Jh. v. Chr.
–	S hohl	–	Kreuz	Ostkirche	2. V. 4. Jh. n. Chr.
–	S	–	–	Stadtgebiet	2.–4. Jh. n. Chr.
–	S sphä	–	–	Wohnhaus	2. Jh. v. Chr.
horologium	W ~	–	–	Forum	Mitte 1. Jh. v. Chr.
–	S kugel	–	–	Forum	um 100 v. Chr.

(Fund)Ort	Nr.	Inv. Nr.	Material	Inschrift	Art der Inschrift
Mayen	1*	Mayen, Eifelmuseum 62, 202	–	l	Stiftung
Megara	1	Megara, Arch. Mus. 42	M	–	–
Melos	1	Melos, Arch. Mus.	M	–	–
	2*	IG XII, 3 1101	M	g	Stiftung
	3	Melos, Arch. Mus.	M	–	–
Memphis	2	St. Petersburg, Ermitage	B	g	Monat; Orte, BG,
	1	unbekannt	S	–	–
Metz	1	Metz, Arch. Mus 2767	B	l	Monat
Mevania	1°	Perugia, Mus.	K	umbri	Stiftung
Milet	1	Berlin SK 1594	M	g	Datum
	2	Milet, Mus.	M	–	–
	3	Milet, Mus.	M	–	–
	4°	Berlin, Staatl. Mus. SK 1593	M	g	Stiftung; Hersteller
	5*	Milet, Inv. Nr. 193	M	g	Stiftung
Modena	2	Modena, Mus. 92261	K	–	–
	1	Modena, Mus.	K	–	–
Mogontiacum	1	Mainz, Landesmus. R 2321	E	l	Monat
Mons Claudianus	1	in situ	Gr	–	–
Montagnana	1	Merlara	K	–	–
Montanensium	1	Montana	M	–	–
Mylasa	1°	Mylasa 625	–	g	Stiftung
Mytilene	1	Mytilene, Arch. Mus.	M	–	–
Naga	1	in situ	KS	–	–
Narbo Martius, Colonia	1	Musée Lapidaire 869-109-I	K	–	–
Naukratis	1	London, Brit. Mus. 1909 2-16 10	K	g	Stunden
	2		K	–	–
Nemausus	1*	Nimes, Stiftung CIL XII 3100	–	l	Stiftung
Nikaia	1*	Ik Iznik 726	–	g	Dekret
Nikopolis	1*	CIG 1947	M	g	Stiftung
Nola	1*	CIL X 1236	–	l	Stiftung
Nomentum	1*	CIL XIV 3947	–	l	Stiftung
Novaesium	1	Neuss, Clemens-Sels-Museum 2783	KS	–	–
Numlulis	1*	verschollen	–	l	Stiftung
Obachs	1	–	K	–	–
Ocriculum	1	–	–	–	–
Oinoanda	1*	SGO 17/06/07	K	g	Grabinschrift
Olsipio	1	Freiria	K	–	–

Begriff	Typus technisch	Limbus	Typus Form	Aufstellung	Datierung
horologium	W	–	–	Forum ~	2. H. 2. Jh. n. Chr.
–	S kon	–	PDL, F	Stadtgebiet	1. Jh. v. Chr.
–	S kon	x	–	–	2. Jh. v. Chr.
ὡρολόγιον	S ~	–	–	Agora ~	1. H. 1. Jh. n. Chr.
–	S kon	x	LT, R, L	–	1. Jh. n. Chr.?
–	S vert	–	–	Reise; Nekropole	4. Jh. n. Chr.
–	S kon	–	–, KM	Nekropole ~	1./2. Jh. n. Chr.
–	S vert	–	–	Reise; Nekropole?	Mitte 2. Jh. n. Chr.
–	S hohl	x	–	öffentlich ~	150–90/89 v. Chr.
–	S sphä	x	Rundstab, Wa	Agora	1. Jh. v. Chr.
–	S sphä	–	R, Kithara, Vögel, Pa	Nekropole ~	1. Jh. n. Chr.
–	S kon	–	–	Nekropole ~	1. Jh. n. Chr.
ὡροσκόπιον	S kon	–	–	Theater	2. Jh. n. Chr.
ὡρολόγιον	S ~	–	–	–	kaiserzeitlich
–	S horiz	–	–	Villa	1. Jh. n. Chr.
–	S kon	–	PDL, R	Villa rustica	1. Jh. n. Chr.
–	S vert	–	–	Reise; Nekropole	3./4. Jh. n. Chr.
–	S horiz	–	–	–	um 100 n. Chr.
–	S kon	–	PDL	Nekropole	kaiserzeitlich
–	S kon	x	–	Villa rustica	3. Jh. n. Chr.?
ὡρολόγιον	S kon	–	–	Kirche?	6. Jh. n. Chr.
–	S kon	–	Delphin	–	2. Jh. v. Chr.
–	S kon, S vert	–	Stufen?	Amun-H.	1. Jh. n. Chr.
–	S vert	–	–	Nekropole	2. Jh. n. Chr.
–	S sphä	–	–	Miniatur	2. Jh. v. Chr.
–	S sphä	–	PDL	Miniatur	2. Jh. v. Chr.
horologium	S ~	–	–	Heiligtum ~	1. Jh. n. Chr.
ὡρολογιάρχης	W ~	–	–	Forum ~	287/288 n. Chr.
ὡρολόγιον	S ~	–	–	Artemis-H. ~	1. H. 2. Jh. n. Chr.
solarium	S ~	–	–	Forum ~	1. Jh. v. Chr.
horologium	W ~	–	–	Forum ~	Mitte 1. Jh. n. Chr.
–	S hemi	–	–	Militärlager	vor 100 n. Chr.
horologium	W ~	–	–	Forum ~	150–193 n. Chr.
–	S hohl	–	–	Villa rustica	2. Jh. n. Chr.
–	S hohl	x	PDL		kaiserzeitlich
γνώμον	S	–	–	Nekropole?	2. Jh. n. Chr.
–	S kon	–	–	Villa rustica ~	2. Jh. n. Chr.

(Fund)Ort	Nr.	Inv. Nr.	Material	Inschrift	Art der Inschrift
Olympia	1	Olympia, Arch. Mus.	M	–	–
	2	Olympia, Arch. Mus.	M	–	Stunden
Oplontis	1	Oplontis, in situ Nr. 1257	M	–	–
Oropos	1	Oropos, in situ	–	–	–
	2°	Piräus, Arch. Mus. 235	M	g	Lehrgedicht
	3	Oropos	M	–	–
	4	Oropos	M	–	–
	5	Oropos	M	–	–
	6°	Piräus, Arch. Mus. 584	M	g	Stiftung
Ostia	1	Ostia, Mus. 15903	Tr	–	–
	2	Ostia, Mus. 1447	Tr	–	–
	3	Ostia, Mus. 1498	M	–	–
	4	Ostia, Piccolo Mercato	M	–	–
	5	Ostia, Mus. 1892	M	–	–
	6	unbekannt	–	–	–
	7	Ostia, Museum 14463	M	–	–
	8	Rom, Vat. Mus. 2534	Tr	–	–
	9	Ostia, Mus. 14382	M	–	–
	10	Ostia, Piccolo Mercato (?)	M	–	–
Oum el Ahmed	1°	Paris, Louvre AO 4823	K	phö	Datum; Stiftung
Paestum	1	Paestum, Magazin	M	–	–
Palmyra	1°	unbekannt	K	g	Datum, Monat
	2°	Tetrapylon, Diokletianskastell	K	g, pal	Stiftung
	3	Palmyra, Mus. 25/92 G 1982 914	M	g	Datum
Paphos	1°	Nea Paphos, Arch. Mus. 1997	M	g	Hersteller
	2	Paphos, Mus. MTT 1504	K	–	–
	3	Palaio Paphos, in situ	M	–	–
	4	Palaio Paphos	M	–	–
Paros	1	Paros, Mus.	M	–	–
	2	Paros, Mus.	M	g	Datum
	3	Paros, Museum	M	–	–
Patras	1	Patras, Arch. Mus. L 2481	M	l	–
Pautalia	1*	IG Bulg V 5779	M	g	Stiftung
Pergamon	1*	Bergama, AiP 183	M	g	Stiftung
	2	Bergama, Arch. Mus. 1539	M	–	–

Begriff	Typus technisch	Limbus	Typus Form	Aufstellung	Datierung
–	S sphär	–	PDL	–	1. Jh. n. Chr.
–	S kon	–	PDL, R	–	1. Jh. n. Chr.
–	S sphä	–	–	Villa	um 50/60 n. Chr.
–	W	–	–	Heiligtum	4. Jh. v. Chr.
γνώμον	S äqui	–	–	Heiligtum	350–322 v. Chr.
–	S vert	–	–	Heiligtum	350–322 v. Chr.
–	S v-vert	–	–	Heiligtum	2. Jh. v. Chr.
–	S v-vert	–	–	Heiligtum	2. Jh. v. Chr.
–	S kon	–	–	Heiligtum	letztes V. 1. Jh. v. Chr.
–	S kon	–	PDL	Heiligtum	1. Jh. v. Chr.
–	S sphä	–	PDL	Therme	1. Jh. n. Chr.
–	S kon	x	F, KM?	Forum ~	1. Jh. n. Chr.
–	S v-vert	–	–	–	1. Jh. n. Chr.
–	S vert	–	–	Therme	1. Jh. n. Chr.
–	S sphä	–	Stützfigur	Nekropole ~	spätes 1. Jh. n. Chr.
–	S sphä	–	–?	–	frühkaiserzeitlich
–	S sphä	–	?	–	kaiserzeitlich?
–	S kon	–	–	–	kaiserzeitlich?
–	S vert	–	–	–	spätantik?
–	S kon	–	–	Stadtgebiet	150–100 v. Chr.
–	S sphä	–	LT, R	Kirche	spätantik
–	S hemi 3	–	-	Heiligtum	1. Jh. v. Chr.
–	S kon	–	-	Forum	64 n. Chr.
–	S kon	–	-	Karawanserei	220–270 n. Chr.
–	S kon	–	?	Villa	um 200 v. Chr.
–	S kon	–	PDL	–	1. Jh. v. Chr.
–	S kon	–	PDL	Heiligtum	1. Jh. n. Chr.
–	S kon	–	–	Heiligtum	kaiserzeitlich
–	S vert	–	unvollendet	Stadtgebiet	2. H. 2. Jh. v. Chr.?
–	S kon	–	F	Stadtgebiet	1. Jh. v. Chr.
–	S kon	–	F	Wohnhaus	1. Jh. v. Chr.
–	S sphä	–	F, Wa	Wohnhaus	10 v./10 n. Chr.
ὡροσκόπιον	S v-vert	–	–	Forum	um 200 n. Chr.
μανύσει τάκτου χρόνου	W ~	–	–	Agora	2./1. Jh. v. Chr.
–	S hemi 2	–	–, Wa	öffentlich	2. Jh. v. Chr.

(Fund)Ort	Nr.	Inv. Nr.	Material	Inschrift	Art der Inschrift
Pergamon	3	Pergamon, in situ	B	–	–
	4*	IGR 4, 293	M	g	Dekret, Ortsangabe
	6 > 5	Berlin, Staatl. Mus., Pergamonmus. ArD 2; AvP VII, 441	M	–	–
	5 > 6	Pergamon, Arch. Mus.	M	–	–
	7	Paris, Louvre MA 2880	M	–	–
	8*	Bergama, Mus. 1929.23	B	g	Stiftung
	9*	AvP III 30	–	g	Dekret
	10	Bergama, Steindepot 387	M	–	–
Perge	1°	Perge, Depot	K	g	Hersteller
Petres	1	Florina, Arch. Mus.	M	–	–
Philippeville	1	Philippeville, Arch. Mus.	M	–	–
Philippi	1*	–	–	g	Ortsangabe
	2	Arch. Mus.	B	g	Monate; Orte
Piräus	1	Piräus, Meletopoulos Smlg	M	–	–
Pithekoussai	1	Grafitto	T	g	Glyphen
Pola	1	Pula, Arch. Mus.	K	–	–
	1	Pula, Arch. Mus.	K	–	–
Pompeji	1°	Neapel, Arch. Mus. 2541	Tr	osk	Stiftung
	2	Granario, 34219	Tr	–	–
	3	Granario	St, Tr	–	–
	4	–	M	–	–
	5	Pompeji, Mus. 20495	St, Tr	–	–
	6	in situ	M	–	–
	7	Neapel, Arch. Mus.	–	g	Datum, Zodiakus
	8	Pompeji, Mus. 14131	M	–	–
	9	Pompeji, Mus. 53946	M	–	–
	10	in situ	Tr	–	–
	11	Pompeji, Mus. 49725	M	–	–
	12	in situ	St, Tr	–	–
	13	Pompeji, Mus. 49744	M	x	Rasur
	14	Granario	St, Tr	–	–
	15	Granario	M	–	–
	16	Granario	St, Tr	–	–
	17	Granario	Tr	–	–

Begriff	Typus technisch	Limbus	Typus Form	Aufstellung	Datierung
–	W	–	–	Gymnasion	150 v. oder 100 n. Chr.
σκιακόν ὡρολογίον	S ~	–	–	Gymnasion	vor 75–50 v. Chr.
–	S kon	x	F	–	1. H. 1. Jh. n. Chr.
–	S kon	x	H 1/3, Stützfigur	–	spätes 1. Jh. n. Chr.
–	S kon	–	LT, R Pa	–	kaiserzeitlich
ὡρολόγιον σὺν τη μηχανοποιία	W ~	–	–	Asklepios-H.	1. H. 2. Jh. n. Chr.
ὡροσκόπιον	–	–	–	Forum	120–215 n. Chr.
–	S sphä	–	–	Spolie	2. Jh. n. Chr.?
–	S kon	–	–	Villa	1./2. Jh. n. Chr.
–	S kon	–	–	Zeus-H.	2. Jh. v. Chr.
–	S kon	–	R, Akanthus	öffentlich	kaiserzeitlich
ὡρολόγιον	S	–	–	Agora	vor Ende 2.–Mitte 3. Jh. n. Chr.
–	S vert	–	–	Reise	300–350 n. Chr.
–	S kon	x	F, Blatt, KM	–	frühes 1. Jh. n. Chr.
–	–	–	–	Akropolis?	nach 700 v. Chr.
–	S sphäV	x	–	Nekropole ~	kaiserzeitlich
–	S sphäV	x	–	Nekropole ~	kaiserzeitlich
–	S kon	–	P, R	Therme	2. Jh. v. Chr.
–	S sphä	–	–	–	1. Jh. v. Chr.
–	S sphä	–	F	–	1. Jh. v. Chr.
–	S kon	–	–	–	1. Jh. v. Chr.
–	S sphä	–	–	–	vor 79 n. Chr.
–	S sphä	–	P, F	Villa, Garten	80 v.–14 n. Chr.
–	S horiz	–	–	öffentlich? ~	2. H. 1. Jh. v. Chr.
–	S horiz	–	–	Therme	frühaugusteisch
–	S horiz	–	–	–	frühaugusteisch
–	S horiz	–	–	Villa	frühaugusteisch
–	S horiz	–	–	–	frühausgusteisch
–	S sphä	–	P?	Villa	30 v.–32 n. Chr.
–	S kon	–	LT	–	vor 79 n. Chr.
–	S sphä	–	–	–	vor 79 n. Chr.
–	S sphäV	–	–	–	vor 79 n. Chr.
–	S sphä	–	–, KM	–	vor 79 n. Chr.
–	S sphä	–	–	–	vor 79 n. Chr.

(Fund)Ort	Nr.	Inv. Nr.	Material	Inschrift	Art der Inschrift
Pompeji	18	Granario	M	–	–
	19	in situ	Tr	–	–
	20	Granario, 49729	K	–	–
	21	Forum in situ	M	–	–
	22	Pompeji, Mus. 20588	M	–	–
	23	Pompeji, Mus. 1171	St, Tr	–	–
	24	Pompeji, Mus. 49786	M	–	–
	25	–	–	–	–
	26	–	–	–	–
	27	Pompeji, Mus. 44295	–	–	–
	28	Neapel, Arch. Mus.	E	–	–
	29	Pompeji, Mus. 6100	M	–	–
	30	Neapel, Arch. Mus. 23825	M	–	–
	31	Granario, 44295	St, Tr	–	–
	32	Granario, 14330	K	–	–
	33	Granario	Tr	–	–
	34*	CIL X 802	–	l	Stiftung
	35*	CIL X 831	–	l	Stiftung
	36	Pompeji, Mus. 24544	M	–	–
Praeneste	1	Palestrina, St. Agapio	M	–	–
	2	Rom, Vat. Mus. 949	M	–	–
	3	Liverpool Mus. 1959.148.128	M	–	–
Priene	2°	in situ	B	g	Stiftung
	1	in situ	M	g	Datum
	3	in situ	M	–	–
Prosymna	1°	Nauplia, Arch. Mus.	M	g	Stunden, Zodiakos; Stiftung
Puteoli	1*	CIL IX 2324	–	l	Stiftung
Qumran	1	Jerusalem	K	–	–
Rabat	1	Rabat, Mus.	M	–	–
Ravenna	1	Ravenna, Museo Nazionale	K	–	–
	2	Ravenna, zerstört	M	l	Stiftung
Rhodos	1	Rhodos, Ephorie A 201	M	–	–
	2	Rhodos, Ephorie A 202	M	–	–
	3	Rhodos, Ephorie A 203 a, b	M	–	–
	4	Rhodos, Ephorie A 1113	K	–	–
	5	Rhodos, Mus. A 426	M	–	–
	6	Rhodos, Ephorie o. Nr.	M	–	–

Begriff	Typus technisch	Limbus	Typus Form	Aufstellung	Datierung
–	S sphä	–	PDL	–	vor 79 n. Chr.
–	S sphä	–	–	Villa	vor 79 n. Chr.
–	S kon	–	F	–	vor 79 n. Chr.
–	S kon	x	F	–	vor 79 n. Chr.
–	S kon	x	F	Villa Peristyl	30/40 n. Chr.
–	S sphä	–	– Farbe	Villa	Mitte 1. Jh. n. Chr.?
–	S kon	–	–	–	vor 79 n. Chr.
–	S horiz	–	–	–	vor 79 n. Chr.
–	S vert	–	–	–	vor 79 n. Chr.
–	S kon	x	–	–	vor 79 n. Chr.
–	S horiz	–	–	Villa, Laden	kurz vor 79 n. Chr.
–	S sphä	–	PDL, R, Wa	Villa	1. Jh. v. Chr.
–	S kon	–	PDL, Winkel	Villa Peristyl	200–80 v. Chr.
–	S sphä	x	–	–	vor 79 n. Chr.
–	S kon		PDL, R; KM	Therme	1. Jh. v. Chr.
–	S sphä	x	–	Villa	1. H. 1. Jh. v. Chr.
horologium	S ~	–	Säule	Forum	20/10 v. Chr.
horologium	S ~	–	–	Forum	20/10 v. Chr.
–	S kon	–	PDL, Winkel, Farbe	Villa Peristyl	1. Jh. v. Chr.
–	S vert	–	–	Forum	Mitte 1. Jh. v. Chr.
–	S kon	–	PDL	–	1. Jh. n. Chr.
–	S sphä	x	Relief	–	2. Jh. n. Chr.
–	W	–	–	Theater	140/130 v. Chr.
–	S kon	–	F	Gymnasion	2. Jh. v. Chr.
–	S kon	–	–	Gymnasion	spätantik
–	S kugel	–	–	Hera-H.	2. Jh. v./2. Jh. n. Chr.
horologium	W ~	–	–	Forum ~	14–37 n. Chr.
–	S	–	–	–	103–68 v. Chr.
–	S kon	–	–	–	kaiserzeitlich
–	S sphäV	x	R	–	1. Jh. n. Chr.
–	S sphäV	–	Figur	Forum ~	frühes 2. Jh. n. Chr.
–	W	–	–	–	hellenistisch
–	W	–	–	–	hellenistisch
–	W	–	–	–	hellenistisch
–	S horiz	–	–	Miniatur; Wohnhaus	späteres 2. Jh. v. Chr.
–	S kon 2	–	Figur, R	–	1. Jh. v. Chr.
–	S sphä	–	–	Heiligtum	hellenistisch

(Fund)Ort	Nr.	Inv. Nr.	Material	Inschrift	Art der Inschrift
Rhodos	7	Rhodos, Ephorie A 607	M	–	–
	8	Rhodos, Ephorie o. Nr.	M	–	–
	9	Rhodos, Ephorie A 947	M	–	–
	10	Rhodos, Ephorie A 1104	M	–	–
	11	Rhodos, Ephorie A 1105	M	–	–
	12	Rhodos, Ephorie A 1110	M	–	–
	13	Rhodos, Ephorie A 1111	M	–	–
	14	Rhodos, Ephorie A 1112	M	–	–
	15	Rhodos, o. Nr.	M	–	–
	16	Rhodos, Arch. Mus.	K	–	–
	17	Rhodos, Ephorie A 1106	M	–	–
	18	Rhodos, Ephorie A 1107	M	–	–
	19	Rhodos, Ephorie A 1108	M	–	–
	20	Rhodos, Ephorie A 1109	M	–	–
Riano	1	Rom, NM 12 55 96	M	–	–
Rigomagus	1*	Bonn, Rheinisches Landesmus 15880	–	l	Bauinschrift; Stiftung
Rom	1	Rom, Basilica Aemilia	–	–	–
	2	Rom, NM verschollen	M	–	–
	3	Rom, Piazza Montecitorio	B, M, Dio	g, l, ä	Zodiakos, Winde; Stiftung
	4	Mausoleion Augustus	M	l	Monat, Datum, Zodiakos; Winde
	5	Rom, Vat. Mus. II 90 24 39	M	g	Monat, Zodiakos
	6*	Stockholm NM SK 237	–	l	Stiftung
	7	Petersburg, Ermitage 2507b	Dio	ä	Stiftung
	8	Turin, Ägypt. Museum	Dio	ä	Stiftung
	9	Rom, Museo Barraco 27	Dio	ä	Stiftung
	10	Rom, Kap. Mus.	Dio	ä, g	Datum, Monat; Stiftung
	11	Berlin, Ägypt. Museum	Dio	–	–
	12	unbekannt	M	–	–
	13	Rom, Vat. Mus. 10446	M	g	Datum, Winde
	14	Rom, NM 40621.40642	M	g	Datum, Winde
	15	Rom, Palatin	–	–	–
	16	Rom, NM 651_65	B	l	Monat
	17	–	B	l	Datum; Orte, BG
Rubi	1	Rubi, Mus. 14003	S	–	–
	2	Rubi, Mus.	S	–	–
Salacia Imp.	1	in situ	K	–	–
Salona	1	Split, Mus. o. Nr.	Tr	–	–

Begriff	Typus technisch	Limbus	Typus Form	Aufstellung	Datierung
–	S?	–	–	Stadtgebiet	hellenistisch
–	S sphä	–	–	–	hellenistisch
–	S kon	–	–	Wohnhaus	kaiserzeitlich
–	S sphä	–	PDL	Wohnhaus	(spät-) hellenistisch
–	S kon	–	–	–	(spät-) hellenistisch
–	S	–	–	–	hellenistisch
–	S kon	–	–	–	hellenistisch
–	S sphä	x	–	–	helllenistisch
–	S kon	–	Rhodos	Wohnhaus	hellenistisch
–	S kon	–	Rhodos	–	hellenistisch
–	S kon	–	–	–	frühkaiserzeitlich
–	S kon	x	–	–	frühkaiserzeitlich
–	S sphä	x	–	–	frühkaiserzeitlich
–	S sphä	–	–	–	frühkaiserzeitlich
–	S sphä	–	LT	Stadtgebiet	1. Jh. v. Chr.
horologium	W ~	–	–	Kastell ~	vor 218 n. Chr.
–	W	–	–	Basilika, Forum	159 v. Chr.
–	S vert	–	–	–	Anfang 1. Jh. v. Chr.
–	S horiz	–	–	Marsfeld	10.12.10–9.12.9 v. Chr.
–	S horiz	–	–	Wohnhaus	spätes 1. Jh. v. Chr.
–	S hemi	–	–	Esquilin, Villa	nach 8 v. Chr.
horologium	S ~	–	–	Nekropole ~	kurz nach 10 n. Chr.
–	W	–	Ägypt. Typus	Isis-H. ~	domitianisch
–	W	–	Ägypt. Typus	Isis-H. ~	domitianisch
–	W	–	Ägypt. Typus	Isis-H.	domitianisch
–	W	–	Ägypt. Typus	Isis-H. ~	1. Jh. n. Chr.?
–	W	–	Ägypt. Typus	Fortuna-H.	1. Jh. n. Chr.?
–	S kon	x	PDL, Mond	Nekropole	kaiserzeitlich
–	S horiz	–	–	Nekropole	138 n. Chr.
–	S horiz	–	–	–	138 n. Chr.
–	S sphäV	x	R, V	–	2. Jh. n. Chr.
–	S vert	–	Medaillon	Reise	kurz nach 189 n. Chr.
–	S vert	–	–	Reise; Nekropole?	3. Jh. n. Chr.
–	S kon	–	1/3 H, –	Therme, Villa Rustica	spätes 2./3. Jh. n. Chr.
–	S kon	–	–	–	spätes 2./3. Jh. n. Chr.
–	S kon	–	–	Villa rustica	2. Jh. n. Chr.
–	S sphä	x	PDL, Blatt	–	2. Jh. n. Chr.

(Fund)Ort	Nr.	Inv. Nr.	Material	Inschrift	Art der Inschrift
Salvia	1*	AE 2000, 487	M?	l	Stiftung
Samaria	1	Sebaste?	K	–	–
Samos	1°	Samos, Arch. Mus. 322	M	g	Datum; Hersteller; Stiftung
	2*	Tigani 507	–	g	Dekret
	3	Samos, Arch. Mus. 323	M	–	–
	4	Samos, Arch. Mus. 328	B	g	Stunden, Monat; Orte, BG
Samothrake	1	Samothrake, Mus. 70.894	K	g	Datum
	2*	IG XII 8 240	–	g	Stiftung; Lehrgedicht; Hersteller
Sardis	1	in situ	M	–	–
Sarmizegetusa	1	in situ	K	–	–
Seleukia/ K.	1	Istanbul, Arch. Mus.	M	g	Stunden
Serdica	1	–	M	–	–
Shoumen	1	in situ?	M	–	–
Side	1	in situ	M	–	–
	2	Side, Arch. Mus. 1391	M	–	–
Sillyon	1*		–	g	Grabepigramm
Smitthus	1	Chemtou, Museum	M	–	–
Sparta	1	Sparta, Arch. Mus. 6193	M	–	Winde
	2	Sparta, Arch. Mus. 10632	M	–	–
	3	Sparta, Arch. Mus. 7628	M	–	–
Stabiae	1	Stabiae, Villa San Marco 62405	Tr	–	–
Sulci	1*	CIL X 7515	–	l	Stiftung
Sulmo	1	Chieti, Mus. 36291	K	–	–
	2	Chieti, Mus. 36292	K	–	–
	3	in situ	K	–	–
	4	in situ	K	–	–
Surrentum	1*	SIP Surrentum 4	–	l	Stiftung
Syrakus	1	Syrakus, Arch. Mus. 45870	K	g	Stunden
Tanis	1	London, Brit. Mus. EA 68475	E	g	Datum
Tarracina	2		M	–	–
	1°	Terracina, Mus. Civico	M	l	Stiftung
Tarragona	1*	CIL II 4316	–	l	Stiftung
Teanum Apulum	1°	AE 1975, 232	K	l	Stiftung
Tenos	1°	Tinos, Arch. Mus. A 139	M	g	Datum; Lehrgedicht, Hersteller
Tergeste	1	Triest, Mus. o. Nr.	K	–	–

Begriff	Typus technisch	Limbus	Typus Form	Aufstellung	Datierung
	W ~	–	–	Forum ~	20/10 v. Chr.
–	S vert	–	–	Heiligtum Altar	nach Mitte 1. Jh. v. Chr.
–	S kon	x	F	Agora	1. H. 2. Jh. v. Chr.
δελφίνος ὕδρωρ	S ~, W ~	–	–	Agora ~	1. H. 2. Jh. v. Chr.
–	S kon	x	PDL, KM	Nekropole? ~	späthellenistisch
–	S vert	–	–	Reise	4. Jh. n. Chr.
–	S hemi	–	–	Heiligtum	frühes 2. Jh. v. Chr.
γνώμον	S ~	–	–	Heiligtum ~	frühes 2. Jh. v. Chr.
–	S horiz	–	–	Thermengymnasium	1. D. 3. Jh. n. Chr.
–	S horiz	–	–	Heiligtum	80 v.–106 n. Chr.
–	S sphä 3, vert 2	–	Mehrfachziff,	–	späthellenistisch?
–	S sphärV	x	Stützfiguren	Villa rustica	Mitte 3. Jh. n. Chr.
–	S hohl	–	–	Kastell	4.–6. Jh. n. Chr.
–	S sphä 2, v-vert	–	–	Stadtgebiet	2. Jh. v. Chr.
–	S kon	–	–	Stadtgebiet	kaiserzeitlich?
ὡρολόγιον	S ~	–	–	Nekropole	50–200 n. Chr.
–	S hohl	x	–	–	kaiserzeitlich
–	S kon 2	–	Schiff, Triton	öffentlich	Mitte 2. Jh. v. Chr.
–	S kon	x	Figuren	–	1. Jh. n. Chr.
–	S sphä	x	Delphin	Villa	spätantik
–	S kon	x	Blatt	Villa	40/50 n. Chr.
horolocium	W ~	–	–	Forum ~	48 n. Chr.
–	S kon	–	–	Herkules-H.	1. Jh. v. Chr.
–	S kon	–	F	Herkules-H.	1. Jh. v. Chr.
–	W	–	–	Herkules-H.	1. Jh. v. Chr.
–	W	–	–	Herkules-H.	1. Jh. v. Chr.
horologium	W ~	–	–	Forum	vor 80–81 n. Chr.
–	S vert	–	–	Stadtgebiet	spätantik
–	S kon	–	PDL	Miniatur; Wohnhaus	spätes 1. Jh. v. Chr.
–	S kon	–	–	–	spätkaiserzeitlich
–	S kon	x	LT, R, Akanthus, Blüten	Jupiter-H. ~	spätes 2. Jh. n. Chr.?
horilegium		–	–	Forum ~	1. Jh. n. Chr.
horologium	S sphä	–	–	Prätorium ~	frühes 1. Jh. v. Chr.
–	S sphä, sphäV, vert 2	x	Delphin	Poseidon-H.	2. H. 2. Jh. v. Chr.
–	S sphäV	x	Blatt	–	2. Jh. n. Chr.

(Fund)Ort	Nr.	Inv. Nr.	Material	Inschrift	Art der Inschrift
Thamugadi	1	in situ	K	l	Stunden, Zodiakos
	2	Forum, in situ	M	–	–
Thessaloniki	1	Thessaloniki, Mus.	M	–	–
	2	Thessaloniki, Mag.	M	–	–
	3*	Berlin, Byz. Mus. 4773	M	g	Stiftung
Tibur	1°	CIL XIV 3660	M	l	Stiftung
	2	Tivoli	M	–	–
	3	Privatsammlung	Tr	–	–
	4	–	Tr	–	–
	5	–	M	–	–
Tire	1*	Tire, Mus.	M	g	Grabinschrift
Todi	1	Perugia	M	–	–
Tomis	1	Constanza, Mus.	K	–	–
Traianopolis	1°	Komotini, Arch. Mus. 1358	M	g	Stiftung
Tralles	1*	ITralles 162	M	g	Stiftung
Tucci	1*	CIL II 1685, Stiftung	–	l	Stiftung
Tusculum	1	Rom, Thermenmuseum	Tr	–	–
Tyndaris	1	Palermo, Nat. Mus. 5587	M	–	–
Tyros	1*	Tyros, Inschriften 72	–	g	Stiftung
Uchi Maius	1*	–	–	l	Stiftung
Vastrua	1	in situ?	M	–	–
Veleia	1*	Parma, Mus., CIL XI 1187	–	l	Stiftung
Velitrae	1	Velletri, Mus. 596	M	–	–
Vetera	1	Bonn, Rheinisches Landesmus. 33568	T	–	–
Vibium	1	Bovino, Mus.	K	–	–
Vienna	1*	CIL XII 1893	–	l	Stiftung
Volaterrae	1°	Volterra, Mus.	M	l	Stiftung
Volubilis	1	Volubilis, Mus.	M	–	–
	2	Volubilis o. Nr.	K	–	–
	3	Volubilis, in situ	K	–	–
Vulci	1	Vulci, Mus.	K	–	–
Zarai	1*	CIL VIII 4515	–	l	Stiftung
unbekannt FO	1	Petersburg 2507 a	Dio	ä	Stiftung
	2	Paris, Louvre N 664	Dio	ä, l	Monat, Stiftung
	3	London, Brit. Mus. 2546	M	–	–
	4	London, Brit. Mus. 1997, 0118.1	Dio	ä	Stiftung?
	5	Berlin, Pergamon-Mus. 1048	M	–	–

Begriff	Typus technisch	Limbus	Typus Form	Aufstellung	Datierung
–	S horiz	–	–	Forum	175–225 n. Chr.
–	S kon	x	bärtiger Kopf	Heiligtum ~	frühes 3. Jh. n. Chr.
–	S kon	x	LT	–	2. Jh. n. Chr.
–	S zyl	x	–	–	spätantik
ὡρολόγιον	S ~	–	–	Kirche	5./6. Jh. n. Chr.
–	S horiz	–	–	Forum	1. Jh. v. Chr.
–	S sphä	–	–	–	frühkaiserzeitlich
	S sphä	–	–	–	frühkaiserzeitlich
–	S sphä	–		–	2. Jh. n. Chr.
–	S vert	–	Profil	–	neuzeitlich?
ὡρολόγιον	S ~	–	–	Nekropole	Ende 1. Jh. n. Chr.
–	S kon	x	PDL, R	–	1. Jh. v. Chr.
–	S kon	x	Stierkopf	Nekropole	1. Jh. n. Chr.
–	S sphä	–	1/3 H, LT	–	kaiserzeitlich
ὡρολόγιον	S ~	–	–	Forum	2. Jh. n. Chr.
horologium	W ~	–	–	Circus ~	2. Jh. n. Chr.
–	S sphä	x	–	Villa	kaiserzeitlich
–	S kon 2 + sphä 2	–	–	–	1. H. 2. Jh. v. Chr.
ὑδρολόγιον	W	–	–	Forum ~	1. Jh. n. Chr.?
horologium	W ~	–	–	Forum	150–230 n. Chr.
–	S kon	x	–	–	2./3. Jh. n. Chr.
horologium	W ~	–	–	Forum? ~	vor 1. Jh. n. Chr.
–	S kon	x	LT, Winkel	–	1. Jh. n. Chr.
–	S sphä	–	–	Kastell	14–70 n. Chr.
–	S hohl	x	1/3 H, –	Villa rustica	spätes 3. Jh. n. Chr.
horologium	W ~	–	–	Forum ~	1. Jh. n. Chr.
–	S sphäV	x	F, R	öffentlich ~	2. Jh. n. Chr.
–	S vert	–	–	–	1. Jh. n. Chr.
–	S sphä	x	–	–	kaiserzeitlich
–	S sphä	–	–	Forum?	kaiserzeitlich
–	S sphä	–	–	Stadtgebiet	2./1. Jh. v. Chr.
horilegium	S hor ~	–	–	Forum ~	237 n. Chr.
–	W	–	ägypt. Typus	H.	331–323 v. Chr.
–	W	–	ägypt. Typus	–	280 v. Chr.
–	S vert	–	–	–	2. Jh. v. Chr.
–	S Winkel	–	Reliefs	Heiligtum	2. Jh. v. Chr.
–	S kon	–	Figuren, Relief	Theater?, Athen?	späteres 1. Jh. v. Chr.

(Fund)Ort	Nr.	Inv. Nr.	Material	Inschrift	Art der Inschrift
unbekannt FO	6	Rom, Museo C. Romana	M	–	–
	7	Genf, Mus. 1931	M	–	–
	8	Privatbesitz	B	g	Monate, Legende, Hersteller
	9	Mailand, Castel Sforzesco	B	l	Monate, Legende
	10	Bologna	K	–	–
	11	Oxford, History of Science 51358	B	l	Datum, Monate; Orte, BG
	12°	FfM	B	l	Datum, Monate; Stiftung Aufsatz Wind
	13	verschollen	B	l	Datum; Orte, BG
	14	Privatbesitz, ehemals Rockford, Time Mus.	B	g	Monate, Datum; Orte, BG
	15	London, Brit. Mus. MNE 1997, 3-3,1	B	g	Monate; Orte, BG
	16	London, Science Mus. 1983-1393	B	g	Monate, Zodiakos; Orte, BG

Begriff	Typus technisch	Limbus	Typus Form	Aufstellung	Datierung
–	S 4	–	Figuren	–	1. H. 1. Jh. n. Chr.
–	S kon	x	LT, Pa	–	kaiserzeitlich
–	S vert	–	Medaillon	Reise	nach 134 n. Chr.
–	S vert	–	Medaillon	Reise	nach 134 n. Chr.
–	S sphäV	–	–	–	2. Jh. n. Chr.
–	S vert	–	–	Reise	250 n. Chr.
–	W	–	–	Therme	späteres 2. Jh. n. Chr.
–	S vert	–	–	Reise	Mitte 3. Jh. n. Chr.
–	S vert	–	–	Reise	4. Jh. n. Chr.
–	S vert	–	–	Reise	um 500 n. Chr.
–	S vert	–	–	Reise	um 500 n. Chr.

XI Literaturverzeichnis

Folgende Abkürzungen und Sigel werden neben den in der Archäologischen Bibliographie 1993, IX ff. und im Archäologischen Anzeiger 1997, 611 ff. sowie im Neuen Pauly (1996) XXXIX ff. (antike Schriftquellen) genannten verwendet. In das Literaturverzeichnis wurden nur die Schriften aufgenommen, auf die im Text häufiger als drei Mal verwiesen wird.

AG — Astronomy and Geophysics: News and Reviews in Astronomy and Geophysics. Royal Astronomical Society (Oxford).

Aboav 2008 — D. Aboav, Euclid's Book on Divisions of Figures: a Conjecture as to its Origin, ArchHistExactSci 62, 2008, 603–612.

Acerbi 2008 — F. Acerbi, Euclid's Pseudaria, ArchHistExactSci 62, 2008, 511–551.

Ackermann 2003 — S. Ackermann, Light on Byzantium – a universal sundial in the British Museum, in: C. Entwistle (Hrsg.), Through a Glass Brightly. Festschrift D. Buckton (Exeter 2003) 16–21.

Alberi 2005 — P. Alberi, Orologi solari romani a semisfera e foro sommitale, Archeogr-Triest 113, 2005, 150–180.

Allen 1996 — D. Allen, A Schedule of Boundaries: An Exploration, launched from the Water-Clock, of Athenian Time, GaR 43, 1996, 157–168.

Amedick 2003 — R. Amedick, Wunder antiker Technik. Automaten, Orgeln, Uhren, Wasserspiele (Stuttgart 2003).

Angeli Bertinelli – Donati 2006 — M. G. Angeli Bertinelli – A. Donati (Hrsg.), Misurare il tempo, misurare lo spazio: atti del colloquio AIEGL-Borghesi 2005 (Faenza 2006).

AoS — Annals of Science

ArchGNat — Archiv für Geschichte der Mathematik, der Naturwissenschaften und der Technik, Würzburg 1, 1928–

Archinard 2005 — M. Archinard, Les cadrans solaires analemmatiques, AoS 62.3, 2005, 309–346.

Archinard 2007 — M. Archinard, Une classification des cadrans solaires, AoS 64.4, 2007, 471–524.

Ardaillon 1900 — E. Ardaillon, Horologium, in: C. Daremberg – E. Saglio (Hrsg.), Dictionnaire des antiquités grecques et romains d'après les textes et les monuments 3 (Paris 1900) 256–264.

Arnaldi – Schaldach 1997 — M. Arnaldi – K. Schaldach, A Roman Cylinder Dial: Witness to a Forgotten Tradition, JHistA 28, 1997, 107–117.

ArchHistExactSci — Archive for the History of Exact Sciences

Armstrong – Camp 1977 — J. E. Armstrong – J. M. Camp, Notes on a Water Clock in the Athenian Agora, Hesperia 46, 1977, 147–161.

Arnaldi 1996 — M. Arnaldi, Il Conchincollo. L'antico orologio di Ravenna (Ravenna 1996).

Arnauld 1984 — P. Arnauld, L'image du globe dans le monde romain, MEFRA 96.1, 1984, 53–116.

Arneth 1866 — J. Arneth, Beschreibung der zum k. k. Münz und Antikencabinete gehörigen Statuen, Büsten, Reliefs, etc. (Wien 1866).

Assmann 1997 — J. Assmann – E. W. B. Hess-Lüttich (Hrsg.), Kult, Kalender und Geschichte. Semiotisierung von Zeit als kulturelle Konstruktion. Ars Semiotica 20 (Tübingen 1997).

Audiat 1930 — J. Audiat, Le gymnase de Délos et l'inventaire de Kallistratos, BCH 54.1, 1930, 95–130.

Aujac 1974 — G. Aujac, L'image du globe terrestre dans la Grèce ancienne, Revue d'histoire des sciences 27, 1974, 193–210.

Aujac 1980 — G. Aujac, Le zodiaque dans l'astronomie grecque, Revue d'histoire des sciences 33, 1980, 3–32.

Aveni – Romano 2000 — A. Aveni – G. Romano, Temple Orientations in Magna Grecia and Sicily, Archeoastronomy 25, 2000, 51–57.

Baccani 1992	D. Baccani, Oroscopi greci. Documentazione papirologica (Sicania 1992).
Bakhouche – Moreau – Turpin 1996	B. Bakhouche – A. Moreau – J.-C. Turpin (Hrsg.), Les astres. Les astres et les mythes. La description du ciel. Kongress Montpellier 1995 (Montpellier 1996).
Basch 1969	L. Basch, Trois modèles de naivres in marbre au musée de Sparte, AntCl 38, 1969, 430–446.
Bassermann-Jordan 1925	E. v. Bassermann-Jordan (Hrsg.), Die Geschichte der Zeitmessung und der Uhren I, Lieferung E: Die Theorie der Sonnenuhren (Berlin und Leipzig 1925).
Bassi 2005	K. Bassi, Things of the Past: Objects and Time in Greek Narrative, Arethusa 38, 2005, 1–32.
Belmonte 2007	J. A. Belmonte – M. Shaltout – M. Fekri, On the Orientation of Ancient Egyptian Temples: Key Points at Lower Egypt and Siwa Oasis, Part II, JHistA 38, 2007, 413–442.
Belmonte 2008	J. A. Belmonte – M. Shaltout – M. Fekri, On the Orientation of Ancient Egyptian Temples: Epilogue in Serabitel Khadim and Overview, JHistA 39, 2008, 181–211.
Bendorff – Weiss – Rehm 1903	O. Bendorff – E. Weiss – A. Rehm, Zur Salzburger Bronzescheibe mit Sternbildern, ÖJh 6, 1903, 32–49.
Bennett 2003	C. Bennett, The Early Augustean Calendars in Rome and Egypt, ZPE 142, 2003, 221–240.
Bennett 2004	C. Bennett, The Early Augustean Calendars in Rome and Egypt: Addenda and Corrigenda, ZPE 147, 2004, 165–168.
Berggren – Sidoli 2007	J. L. Berggren – N. Sidoli, Aristarchus's on the Sizes and Distances of the Sun and the Moon: Greek and Arabic Texts, ArchHistExactSci 61, 2007, 213–254.
Bilfinger 1886	G. Bilfinger, Die Zeitmesser der antiken Völker (Stuttgart 1886).
Bogen 2005	S. Bogen, Schattenriss und Sonnenuhr: Überlegungen zu einer kunsthistorischen Diagrammatik, Zeitschrift für Kunstgeschichte 68, 2005, 151–176.
Bonnin 2010	J. Bonnin, Les Horologia romana de Hispanie, mobilio, histoire et realités archéologiques, AEspA 83, 2010, 183–198.
Bomhard 1999	A.–S. v. Bomhard, Der ägyptische Kalender: Ein Werk für die Ewigkeit (London 1999).
Borchardt 1910	L. Borchardt, Altägyptische Sonnenuhren, ZÄS 48, 1910/11, 9–17.
Borchardt 1920	L. Borchardt, Die altägyptische Zeitmessung = E. v. Bassermann–Jordan, Die Geschichte der Zeitmessung I (Berlin 1920).
Borhy 2006	L. Borhy, Le possibilità della rappresentazione del tempo e dello spazio nell'arte dell'età imperiale, in: Angeli Bertinelli – Donati 2006, 25–55.
Bosticco 1957	S. Bosticco, Due frammenti di orologi solari egiziani, in: Studi in onore di A. Calderini – R. Paribeni II. Studi di papirologia e antichità orientali (Mailand 1957) 33–49.
Bowen 2008	A. C. Bowen, Cleomedes and the Measurement of the Earth, a Question of Procedures, Centaurus 50, 2008, 195–204.
Bromley 1986	A. G. Bromley, Notes on the Antikythera Mechanism, Centaurus 29, 1986, 5–27.
Bromley 1990	A. G. Bromley, Obervations on the Antikythera Mechanism, Antiquarian Horolgy 18, 1990, 641–652.
Bracchi 1960	L. G. Bracchi, Orologi solari di Aquileia, AquilNost 30, 1960, 50–69.
Brack-Bernsen 2000	L. Brack-Bernsen, Über den Ursprung des Tierkreises, Antike Naturwissenschaft und ihre Rezeption 10, 2000, 7–12 (= Centaurus 41, 1999, 280–292).
BSS	Bulletin of the British Sundial Society
Buchner 1971	G. Buchner, Antike Reiseuhren, Chiron 1, 1971, 457–482.
Buchner 1973	G. Buchner – G. Dunst, Aristomenes-Uhren auf Samos, Chiron 3, 1973, 329–348.

Buchner 1976 G. Buchner, Römische Medaillons als Sonnenuhren, Chiron 6, 1976, 330–348.

Buchner 1982 G. Buchner, Die Sonnenuhr des Augustus (Mainz 1982) = Nachdruck aus RM 83, 1976, 319–365 und 87, 1980, 355–373.

Buchner 1993 G. Buchner, Neues zur Sonnenuhr des Augustus, NüBlA 10, 1993/94, 77–84.

Burkert 1962 W. Burkert, Weisheit und Wissenschaft (Nürnberg 1962).

Cadell 1830 W. A. Cadell, On the Hour Lines of the Ancients. Abstracts of the Papers Printed in the Philosophical Transactions of the Royal Society of London, 3, 1830–1837, 17–20.

Camerota 2007 F. Camerota, La linea del sole (Florenz 2007).

Carnabuci 1996 E. Carnabuci, I luoghi dell'amministrazione della giustizia nell foro di Augusto (Neapel 1996).

Clagett 1995 M. Clagett, Ancient Egyptian Science II. Calendars, Clocks and Astronomy (Philadelphia 1995).

Clement 1971 P. Clement, ADelt 26, 1971, B1 Chron 94–111.

Coldstream – Huxley 1996 J. N. Coldstream – G. L. Huxley, An Astronomical Graffito from Pithekoussai, PP 51, 1996, 221–224.

Coppola 2002 R. Coppola, Orologi solari e meridiane a Napoli (Neapel 2002).

Cotterell – Dickson – Kamminga 1986 B. Cotterell – F. Dickson – J. Kamminga, Ancient Egyptian Water-Clocks: a Reappraisal, JASc 13, 1986, 31–50.

Coulson 2000 M. Lee Coulson, Ηλιακά ρολόγια στη βυζαντινή Ελλάδα, Ανάλημμα ή ανάθεμα, Αρχαιολογία και Τέχνες 75, 2000, 46–54.

Culley 1975 G. R. Culley, The Restoration of Sanctuaries in Attica: IG II[2] 1035, Hesperia 44, 1975, 207–233.

Cuomo 2001 S. Cuomo, Ancient Mathematics (London 2001).

Cuomo 2007 S. Cuomo, Technology and Culture in Greek and Roman Antiquity (Cambridge 2007).

De Jong – Nünlist 2007 I. De Jong – R. Nünlist (Hrsg.), Time in Ancient Greek Literature. Studies in Ancient Greek Narrative 2. Mnemosyne 291 (Leiden 2007).

Dekker 2008 E. Dekker, A ‚Watermark' of Eudoxan Astronomy, JHistA 39, 2008, 213–228.

Demandt 2002 A. Demandt, Zeit in der Antike – Vergangenes und Gebliebenes, in: H. Falk (Hrsg.), Vom Herrscher zur Dynastie (Bremen 2002) 138–152.

De Miranda 2007 A. De Miranda, Water Architecture in the Lands of Syria: The Water-Wheels (Rom 2007).

Deonna 1938 W. Deonna, Le mobilier delien. Delos 18 (Paris 1938).

Depuydt 1997 L. Depuydt, Civil Calendar and Lunar Calendar in Ancient Egypt (Leiden 1997).

Depuydt 1998 L. Depuydt, Ancient Egyptian Star Clocks and their Theory (Leiden 1998).

De Solla Price 1959 D. De Solla Price, An Ancient Greek Computer, Scientific American, Juni 1959, 60–67.

De Solla Price 1969 D. De Solla Price, Portable Sundials in Antiquity, Including an Account of a New Example from Aphrodisias, Centaurus 14, 1969, 242–266.

Dicks 1966 D. R. Dicks, Solstices, Equinoxes and the Presocratics, JHS 86, 1966, 26–40.

Diels 1915 H. Diels, Über Platons Nachtuhr, *SB Berlin 1915, 824–830.

Diels 1920 H. Diels, Antike Technik. Sieben Vorträge [2](Leipzig 1920).

Dimitrokallis 1987 G. Dimitrokallis, Πρόσθετα αστρονομικά δεδομένα για την ερμηνεία της οκταετηρίδος, in: Φιλία επή είς Γ. Μυλωνάν (Athen 1987) 205–214.

Dionisotti 1982 A. C. Dionisotti, From Ausonius' Schooldays? A Schoolbook and its Relatives, JRS 72, 1982, 83–125.

Dolan 1972 W. W. Dolan, Early Sundials and the Discovery of the Conic Section, Mathematics Magazine 45, 1972, 8–12.

Donderer 1998 M. Donderer, Signaturen auf Sonnenuhren. Konstrukteure oder Steinmetze?, Epigraphica 60, 1998, 165–182.

Dorner 1993 J. Dorner, Die Skalen der ägyptischen Auslaufuhr aus Ephesos, in: M. Kubelik – M. Schwarz (Hrsg.), Von der Bauforschung zur Denkmalpflege. Festschrift für A. Machatschek (Wien 1993) 45–50.

Drachmann 1954 A. Drachmann, The Plane Astrolabe and Anaphoric Clock, Centaurus 3, 1954, 183–189.

Drecker 1925 J. Drecker, Die Theorie der Sonnenuhren (Berlin 1925).

Duke 2005 D. W. Duke, Hipparchus' Eclipse Trios and Early Trigonometry, Centaurus 47, 2005, 163–177.

Economou u. a. 2000 N. A. Economou – K. Nikoantonakis – P. Nitsiou, Astronomical Measurement Instruments from Ancient Greek Tradition (Thessaloniki 2000).

Edmunds – Morgan 2000 M. Edmunds – P. Morgan, The Antikythera Mechanism: Still a Mystery of Greek Astronomy?, AG 41.6, 2000, 10–17.

Edwards 1984 D. Edwards, Ptolemy's Peri analematos: An Annotated Transcription of Moerbeke's Latin Transcription and of the Surviving Greek Fragments with an English Version and Commentary. (Unpublished PhD thesis, Providence, R. I. 1984).

Encarnacao 2006 J. d'Encarnação, Mesurer le temps, mesurer l'espace dans la Lusitania romaine, in: Angeli Bertinelli – Donati 2006, 79–95.

Eschebach 1993 L. Eschebach (Hrsg.), Gebäudeverzeichnis und Stadtplan der antiken Stadt Pompeji (Köln 1993).

Evans 1999 J. Evans, The Material Culture of Greek Astronomy, JHistA 30, 1999, 237–307.

Evans 2004 J. Evans, The Astrologer's Apparatus: a Picture of Professional Practice in Graeco–Roman Egypt, JHistA 35, 2004, 1–44.

Fano Santi 1991 M. Fano Santi (Hrsg.), Archeologia e astronomia. Kongress Venedig 1989 (Rom 1991).

Feder 2003 F. Feder, Tempus und HA.w – Begriff für Zeit und missliche Umstände in Latein und Griechisch, ZÄS 130, 2003, 213–214.

Feeney 2007 D. Feeney, Caesar's Calendar: Ancient Time and the Beginnings of History (Berkeley 2007).

Field 1990 J. V. Field, Some Roman and Byzantine Portable Sundials and the London Sundial-Calendar, History of Technology 12, 1990, 103–135.

Field – Wright 1985 J. V. Field – M. T. Wright, Gears from the Byzantines: A Portable Sundial with Calendrical Gearing, AoS 42, 1985, 87–138.

Flashar 1996 M. Flashar – H.-J. Gehrke – E. Heinrich (Hrsg.), Retrospektive. Konzepte von Vergangenheit in der griechisch-römischen Antike (München 1996).

Frangoulis 2005 D. Frangoulis u. a., Origins and Applications of Geometry in the Thera Prehistoric Civilization, Centaurus 47, 2005, 316–340.

Freeden 1983 J. v. Freeden, Οικία Κυρρήστου (Rom 1983).

Freeth 2002a T. Freeth, The Antikythera Mechanism 1. Challenging the Classical Research, MAA 2.1, 2002, 21–35.

Freeth 2002b T. Freeth, The Antikythera Mechanism 2. Is it Posidonius Orrery? MAA 2.2, 2002, 45–48.

Freeth u. a. 2006 T. Freeth – Y. Bitsakis – Ch. Moussas, Decoding the Ancient Greek Astronomical Calculator Known as the Antikythera Mechanism, Nature 444, 2006, 587–591.

Freeth u. a. 2008 T. Freeth – A. Jones – J. M. Steele – Y. Bitsakis, Calendars with Olympiad Display and Eclipse Prediction on the Antikythera Mechanism, Nature 454, 2008, 614–617.

Freyberger 2008 K. S. Freyberger, Neue Forschungen zur Basilica Aemilia auf dem Forum Romanum. Ein Vorbericht, RM 113, 2007, 493–551.

Freyburger-Galland 1996	M.-L. Freyburger-Galland, Thalès, astrologue où astronome?, in: B. Bakhouche – A. Moreau – J.-C. Turpin (Hrsg.), Les asters. Kongress Montpellier 1995 (Montpellier 1996) 263–279.
Frothingham 1885	A. L. Frothingham, Di un antichissimo orologio solare recentemente scoperto in Palestrina, AJA 1, 1885, 215–216.
Gallo 1998	C. Gallo, L'astronomia egizia: dalle scoperte archeologiche alla misurazione del tempo (Padua 1998).
Galter 1993	H. D. Galter (Hrsg.), Die Rolle der Astronomie in den Kulturen Mesopotamiens. Breiträge zum 3. Grazer Morgenländischen Symposion 1991 (Graz 1993).
Gatty	M. Gatty, The book of Sundials [4](London 1900).
Gee 2000	E. Gee, Ovid, Aratus and Augustus: Astronomy in Ovid's Fasti (Cambridge 2000).
Geus 2002	K. Geus, Eratosthenes von Kyrene (München 2002).
Gibbs 1976	S. Gibbs, Greek and Roman Sundials (New Haven 1976).
Glaser 1999	F. Glaser, Antike Technik und missverstandene Ironie, in: P. Scherrer (Hrsg.), Wege und Steine. Festschrift D. Knibbe (Wien 1999) 201–203.
Glaser 1982	F. Glaser, Die Klepsydra im Amphiareion bei Oropos. Pro Arte Antiqua. Festschrift H. Kenner Bd. 1 (Wien 1982) 130–136.
Gloy 2008	K. Gloy, Philosophiegeschichte der Zeit (München 2008).
Görgemanns 2000	H. Görgemanns, Sonnenfinsternisse in der antiken Astronomie, in: H. Köhler – M. Baumbach (Hrsg.), „Stürmend auf finsterem Pfad ...". Kongress Heidelberg 1999 (Heidelberg 2000) 61–81.
Goldstein – Bowen 1983	B. R. Goldstein – A. C. Bowen, A New View of Early Greek Astronomy, Isis 74, 1983, 330–340.
Goldstein – Bowen 1989	B. R. Goldstein – A. C. Bowen, On Early Hellenistic Astronomy: Timocharis and the First Callippic Calendar, Centaurus 32, 1989, 272–293.
Goldstein – Bowen 1991a	B. R. Goldstein – A. C. Bowen, The Introduction of Dated Observations and Precise Measurement in Greek Astronomy, ArchHistExactSci 43, 1991, 93–132.
Goldstein – Bowen 1991b	B. R. Goldstein – A. C. Bowen, Hipparchus' Treatment of Early Greek Astronomy: The Case of Eudoxus and the Length of Daytime, Proceedings of the American Philosophical Society 135, 1991, 233–254.
Goldstein – Bowen 1995	B. R. Goldstein – A. C. Bowen, Pliny and Hipparchus' 600–year Cycle, JHistA 26, 1995, 155–158.
Goldstein 2008a	B. R. Goldstein, The Status of Models in Ancient and Medieval Astronomy, Centaurus 50, 2008, 132–147.
Goldstein 2008b	B. R. Goldstein, What Keeps the Earth in its Place? The Concept of Stability in Plato and Aristotele, Centaurus 50, 2008, 305–323.
Grafton – Swerdlow 1985	A. T. Grafton – N. M. Swerdlow, Technical Chronology and History in Varro, Censorinus and Others, ClQ 35, 1985, 454–465.
Gratwick 1979	A. S. Gratwick, Sundials, Parasites and Girls from Boeotia, ClQ 29, 1979, 308–323.
Gray Landels 1989	J. Gray Landels, Die Technik in der antiken Welt (München 1989).
Gregory 2000	A. Gregory, Plato and Aristotle on Eclipses, JHistA 31, 2000, 245–259.
Guerbabi 1994	A. Guebabi, Chronometrie et architecture antiques: le gnomon du forum de Thamugadi, in: A. Mastino – P. Ruggeri (Hrsg.), L'africa romana. Kongress Oristano 1992 (Sassari 1994) 359–402.
Gumà i Marquès 1992	M. M. Gumà i Marques, Un rellotge de sol d'època republicana trobat a Darró, Miscellania Penedesenca 16, 1992, 145–158.
Gundel 1992	H. G. Gundel, Zodiakos: Tierkreisbilder im Altertum: Kosmische Bezüge und Jenseitsvorstellungen im antiken Alltagsleben (Mainz 1992).
Hannah 2001a	R. Hannah, From Orality to Literacy? The Case of the Parapegmata, in: J. Watson (Hrsg.), Speaking Volumes: Orality and Literacy in the Greek and Roman World (Leiden 2000) 139–159.

Hannah 2001b	R. Hannah, The moon, the sun and the stars: Counting the days and the years, in: S. McCready (Hrsg.), The Discovery of Time (London 2001) 56–99.
Hannah 2005	R. Hannah, Greek and Roman Calendars: Constructions of Time in the Classical World (London 2005).
Hannah 2008	R. Hannah, Timekeeping, in: J. Oleson (Hrsg.), The Oxford Handbook of Technology and Engineering in the Ancient World (Oxford 2008) 740–758.
Hannah 2009	R. Hannah, Time in Antiquity (London 2009).
Hölbl 1986	G. Hölbl, Eine ägyptische Wasseruhr aus Ephesos, AW 17, 1986, 59–60.
Holliday 1990	P. J. Holliday, Time, History and Ritual on the Ara Pacis Augustae, ArtB 72, 1990, 542–557.
Haselberger 1999	L. Haselberger, Geometrie der Winde, windige Geometrie, Städtebau nach Vitruv und Aristoteles, in: E.-L. Schwandner – K. Rheidt (Hrsg.), Stadt und Umland. Kongress Berlin 1997 (Mainz 1999) 90–100.
Hesberg 1987	H. v. Hesberg, Mechanische Kunstwerke und ihre Bedeutung für die höfische Kunst des frühen Hellenismus, MarbWPr 1987, 47–72.
Heslin 2007	P. Heslin, Augustus, Domitian and the So-Called Horologium Augusti, JRS 97, 2007, 1–20.
Hueber 1997	F. Hueber, Zur städtebaulichen Entwicklung des hellenistisch-römischen Ephesos, IstMitt 47, 1997, 251–269.
Hübner 1982	W. Hübner, Die Eigenschaften der Tierkreiszeichen in der Antike (Wiesbaden 1982).
Hübner 1989	W. Hübner, Die Begriffe „Astrologie“ und „Astronomie“ in der Antike. Wortgeschichte und Wissenschaftssystematik zu einer Hypothese zum Terminus „Quadrivium“ Abh. Akademie Mainz 7, 1989 (Mainz 1989).
Hüttig 1999	M. Hüttig, The Sundial from Patras. A Second Analysis, ADelt 54, 1999 Mel, 279–284.
Hüttig 2000	M. Hüttig, The Conical Sundial from Thyrreion – Reconstruction and Error Analysis of a Displaced Antique Sundial, ArchHistExactSci 55, 2000, 163–176.
IDR	Inscriptiones Daciae Romanae (Bukarest 1975–).
IGB	International Gnomonic Bulletin, Hrsg. N. Severino
ILLRP	A. Degassi, Inscriptiones latinae liberae rei publicae [2](Florenz 1965).
ILN	Inscriptions Latines de Narbonnaise
ILS	Inscriptiones latinae selectae
Jacobson 1986	D. M. Jacobson, Hadrianic Architecture and Geometry, AJA 90, 1986, 69–85.
Jashemski 1993	W. F. Jashemski, The Gardens of Pompeji I. II (New York 1993).
JHistA	Journal for the History of Astronomy
Ionescu-Carligel 1970	C. Ionescu-Carligel, Contributions a l'étude des cadrans solaires antiques, Dacia 14, 1970, 121–137.
Jones 1999	A. Jones, Astronomical Papyri from Oxyrhynchus (Philadelphia 1999).
Jones – Duke 2005	A. Jones – D. Duke, Ptolemy's Planetary Mean Motions Revisited, Centaurus 47, 2005, 226–235.
Jones 2006	A. Jones, Ptolemy's Ancient Planetary Observations, AoS 63.3, 2006, 255–290.
JRACanada	Journal of the Royal Astronomical Society of Canada
Kaibel 1885	G. Kaibel, Antike Windrosen, Hermes 20, 1885, 614–622.
Kapossy 1969	B. Kapossy, Brunnenfiguren der hellenistischen und römischen Zeit (Zürich 1969).
Kenner 1880	F. Kenner, Römische Sonnenuhren aus Aquileia, Mitteilungen der KK Central-Comission zur Erforschung und Erhaltung der Kunst und Historischen Denkmäler 6, 1880, 1–20 und 21–23.
Kienast 1993	H. Kienast, Untersuchungen am Turm der Winde, AA 1993, 271–275.

Kienast 1997a	H. Kienast, Antike Zeitmessung auf der Agora, AW 28, 1997, 113–115.
Kienast 1997b	H. Kienast, The tower of the winds at Athens, Hellenistic or Roman?, in: M. C. Hoff (Hrsg.), The Romanization of Athens. Kongress Lincoln, Nebraska 1996 (Oxford 1997) 53–65.
Kienast 2000	H. Kienast, Der Entwurf des Turms der Winde in Athen, in: Bericht über die 40. Tagung für Ausgrabungswissenschaft und Bauforschung. Kongress Wien 1998 (Bonn 2000) 96–99.
King 2004	D. A. King, Towards a History from Antiquity to the Renaissance of Sundials and other Instruments for Reckoning Time by the Sun and the Stars, AoS 61, 2004, 375–388.
Kotsaki 1980	M. Kotsaki, Το ηλιακό ρολόι της Πάτρας, ArchDelt 35 Mel, 1980, 131–146.
Kubitschek 1928	W. Kubitschek, Grundriß der antiken Zeitrechnung. Handbuch der Klassischen Altertumswissenschaft 1, Folge 7 (München 1928).
Künzl 2005	E. Künzl, Himmelsgloben und Sternkarten. Astronomie und Astrologie in Vorzeit und Altertum (Mainz 2005).
Kurtz 2002	P. Kurtz, An Astronomer reads Archaeology's Message, Astronomy 30, 2002, 48–53.
Lackner 2008	Republikanische Fora (München 2008).
Laistner 1921	M. L. W. Laistner, The Obelisks of Augustus at Rome, JRS 11, 1921, 265–266.
Langmann u. a. 1984	G. Langmann – M. G. Firneis – G. Hölbl, Eine ägyptische Wasserauslaufuhr aus Ephesos, ÖJh 55, 1984 Beiblatt 1–68.
Lehoux 2004	D. Lehoux, Observation and Prediction in Ancient Astrology, Studies in History and Philosophy of Science 35, 2004, 227–246.
Lehoux 2005	D. Lehoux, The Parapegmata Fragments from Miletus, ZPE 152, 2005, 125–140.
Lehoux 2007	D. Lehoux, Astronomy, Weather and Calendars in the Ancient World: Parapegmata and Related Texts in Classical and Near Eastern Societies (Cambridge 2007).
Leitz 1989	C. Leitz, Studien zur ägyptischen Astronomie (Wiesbaden 1989).
Leitz 1995	C. Leitz, Altägyptische Sternuhren (Leuven 1995).
Levi 1941	D. Levi, Allegories of the Months in Classical Art, ArtB 23.4, 1941, 251–291.
Lewis 2000	M. Lewis, Theoretical hydraulics: Water clocks, in: O. Wikander (Hrsg.), Handbook of Ancient Water Technology (Leiden 2000).
Liu – Fiala 1992	B. L. Liu – A. D. Fiala, Canon of Lunar Eclipses 1500 B. C. – A. D. 3000 (Richmond 1992).
Liritzis 2001a	I. Liritzis, Archaeological Orientation Errors: The Case of two Hellenic Pyramids, Journal of Radioanalytical and Nuclear Chemistry 247, 2001, 723–725.
Liritzis 2001b	I. Liritzis, Archeoastronomical Orientation Errors: The Case of two Hellenic Temples, Journal of Radioanalytical and Nuclear Chemistry 247, 2001, 723–725.
Liritzis – Vassiliou 2002a	J. Liritzis – H. Vassiliou, Astronomical Orientations of Greek Temples at Rhodes and Attica with a Tentative Interpretation, MAA 2.1, 2002, 69–79.
Liritzis – Vassiliou 2002b	I. Liritzis – H. Vassiliou, Archeoastronomical Orientations of seven Significant Ancient Hellenic Temples, Archeoastronomy 27, 2002/2003, 94–100.
Liritzis – Vassiliou 2006	I. Liritzis – H. Vassiliou, Were Greek Temples Oriented Towards Aurorae?, AG 47, 2006, 14–18.
Locher 1989	K. Locher, A further Hellenistic Conical Sundial from the Theatre of Dionysos at Athens, JHistA 20, 1989, 60–62.
Locher 1991	K. Locher, New identifications of ancient Egyptian constellations discussed at the 5th International Congress of Egyptology, in: M. Fano Santi (Hrsg.), Archeologia e astronomia. Kongress Venedig 1989 (Rom 1991) 216–217.

Locher 1993	K. Locher, Two Greco-Roman Sundials from Alexandria and Dion, JHistA 24, 1993, 300–302.
Locher 1995a	K. Locher, Three Further Greco-Roman Conical Sundials from Palmyra, Naples, and Abu Mina, JHistA 96, 1995, 159–163.
Locher 1995b	K. Locher, Observational astronomy in Hellenistic Alexandria with an appendix on the sundial No 15735 in its Museum, in: N. Bonacasa (Hrsg.), Alessandria e il mondo ellenistico-romano. Kongress Alexandria 1992 (Rom 1995) 86–88.
Lohmann 2002	H. Lohmann, Kalender und Zeitrechnung im alten Rom: Wozu diente die sog. Sonnenuhr des Augustus?, in: W. Geerlings (Hrsg.), Der Kalender (Bochum 2002) 43–60.
Long – Sedley 2000	A. A. Long – D. N. Sedley, Die hellenistischen Philosophen (Stuttgart 2000).
Long 1992	C. R. Long, The Pompeji Calendar Mosaics, AJA 96, 1992, 477–501.
Löschner 1905	H. Löschner, Über Sonnenuhren (Graz 1905).
Lovett 1909	E. Lovett, Superstitions and Survivals amongst Shepherds, Folklore 20, 1909, 64–70.
MAA	Mediterranean Archaeology and Anthropology
MacCoull 1989	L. S. B. MacCoull, Philoponus and the London Sundial: Some Calendrical Aspects of the De opificio mundi, ByzZ 82, 1989, 19–21.
Macfarlane – Mills 2005	R. T. Macfarlane – P. S. Mills, Bright and Conspicuous Stars in Ptolemy and Hipparchus: on the Mistranslation of εκφανής, Centaurus 47, 2005, 178–180.
Magini 2001	L. Magini, Astronomy and Calendar in Ancient Rome: The Eclipse Festivals (Rom 2001).
Marengo 1998	S. M. Marengo, Orologio solare sferico da Matelica, in: G. Paci (Hrsg.), Epigrafia romana in area adriatica. Actes de la IXe rencontre franco-italienne sur l'épigraphie du monde romain, Macerata 10.–11. Novembre 1995 (Pisa 1998) 161–175.
Martines 2000	G. Martines, The Relationship between Architecture and Mathematics in the Pantheon, Nexus 2, 2000, 57–61.
Mastino – Porcheddu 2006	A. Mastino – V. Porcheddu, L'horologium offerto al pagus civium romanorum ed alla civitas di Numluli, in: Angeli Bertinelli – Donati 2006, 123–162.
Matzarakis – Katsoulis 2006	A. P. Matzarakis – V. D. Katsoulis, Sunshine Duration Hours over the Greek Region, Theoretical and Applied Climatology 83, 2006, 107–120.
Meerwaldt 1921	J. D. Meerwaldt, De Trimalchionis, Ctesibii, Platonis Automatis, Mnemosyne 49, 1921, 406–426.
Meinel – Weber 2005	C. Meinel – W. Weber, Geschichte der Naturwissenschaft, der Technik und der Medizin in Deutschland (Bochum 2005).
Mengoli 1988	P. Megoli, Some Considerations on Egyptian Star–Clocks, ArchGNat 22–24, 1988, 1127–1150.
Mengoli 1993	P. Mengoli, Le clessidre egizie: A eflusso d'aqua (Rom 1993).
Meyer 2008	J. Meyer, Die Sonnenuhr und ihre Theorie (Frankfurt a. Main 2008).
Michel-Nozière 2000	C. Michel-Nozière, Second Millenium Babylonian Water Clocks: A Physical Study, Centaurus 42, 2000, 180–209.
Mills 1993	A. A. Mills, Seasonal-Hour Sundials on Vertical and Horizontal Planes with an Explanation of the Scratch Dial, AoS 50, 1993, 83–93.
Mills 2000 a	A. A. Mills, Graeco-Roman Sundials I, BSS 12, 2000, 3–11.
Mills 2000b	A. A. Mills, Graeco-Roman Sundials II, BSS 12, 2000, 64–70.
Moretti 1997	J.-C. Moretti, Les inventaires du gymnase de Délos, BCH 121, 1997, 125–152.
Netz 2004	R. Netz, Eudemus of Rhodes, Hippocrates of Chios and the Earliest Form of a Greek Mathematical Text, Centaurus 46, 2004, 243–286.
Neugebauer 1941	O. Neugebauer, Cleomedes and the Meridian of Lysimacheia, AJPh 62.3, 1941, 344–347.

Nikolaidis 19 | Th. Nikolaidis, Η μέτρηση του Βυζάντιο, Αρχαιολοία και Τέχνες 75, 2000, 16–22.

Noble – Price 1968 | J. V. Noble – D. J. De Solla Price, The Water Clock in the Tower of the Winds, AJA 72, 1968, 345–355.

Oestmann 2006 | G. Oestmann – H. D. Rutkin – K. von Stuckrad (Hrsg.), Horoscopes and Public Spheres: Essays on the History of Astrology (Berlin 2006).

Papathanassiou – Hoskin 1994 | M. Papathanassiou – M. Hoskin, Orientations of the Greek Temples on Corfu, JHistA 25, 1994, 111–114.

Paris 1914 | J. Paris, Gnomonica: Un cadran solaire ancient du Pierée, MusBelg 18, 1914, 121–130.

Parker 2007 | G. Parker, Obelisks still in exile: Monuments made to measure?, in: L. Bricault – M. J. Versluys – P. G. M. Meyboom (Hrsg.), Nile to Tiber. Egypt in the Roman World. Kongress Leiden 2005 (Leiden 2007) 209–222.

Parsons 1943 | A. W. Parsons, Klepsydra and the Paved Court of the Pythion, Hesperia 12, 1943, 241–267.

Pattenden 1979 | P. Pattenden, Sundials in Cetius Favenius, ClQ 29.1, 1979, 203–212.

Pattenden 1981 | P. Pattenden, A Late Sundial at Aphrodisias, JHistS 101, 1981, 101–112.

Paulsen 2002 | T. Paulsen, Zeitrechnung und Kalender im Klassischen Griechenland, in: W. Geerlings (Hrsg.), Der Kalender (Bochum 2002) 21–31.

Pfohl 1966 | G. Pfohl, Zeugnisse des privaten und öffentlichen Lebens [2](München 1980).

Pinotsis 2007 | A. D. Pinotsis, The Antikythera Mechanism: Who was its Creator and what was its Use and Purpose?, Astronomical and Astrophysical Transactions 26 Nr. 4–5, 2007, 211–226.

Pogo 1936 | A. Pogo, Egyptian Water Clocks, Isis 25.2, 1936, 403–425.

Popovic 2007 | M. Popovic, Reading the Human Body. Physiognomics and Astrology in the Dead Sea Scrolls and Hellenistic–Early Roman Period Judaism (Leiden 2007).

Poulle 1999 | B. Poulle, Le theatre de Marcellus et la sphere, MEFRA 111, 1999, 257–272.

Purves 2004 | A. Purves, Topographies of time in Hesiod, in: R. M. Rosen (Hrsg.), Time and Temporality in the Ancient World. Kongress Pennsylvania 2002 (Philadelphia 2004) 147–164.

Quack 2002 | J. F. Quack, Zwischen Sonne und Mond. Zeit im Alten Ägypten, in: H. Falk (Hrsg.), Vom Herrscher zur Dynastie (Bremen 2002) 27–49.

Radt 2005 | W. Radt, Eine antike Wasseruhr im Gymnasium von Pergamon, IstMitt 55, 2005, 179–190.

Rayet 1875 | G. Rayet, Les cadrans solaires coniques, Annales de Chimie et de Physique 1875, 52–86.

Rehm 1903 | A. Rehm, Zur Salzburger Bronzescheibe mit Sternbildern, ÖJh 6, 1903, 32–49.

Rehm 1911 | A. Rehm, Zwillingssonnenuhr aus Pergamon, AM 36, 1911, 251–268.

Rehm 1916 | A. Rehm, Griechische Windrosen, SB München 1916, 1–103.

RICIS | L. Bricault, Recueil des inscriptions concernant les cultes isiaques I–III (Paris 2005).

Robertson 1940 | D. S. Robertson, The Evidence for Greek Timekeeping, ClR 54, 1940, 180–182.

Robinson 1943 | H. S. Robinson, The Tower of the Winds and the Roman Market Place, AJA 47, 1943, 291–305.

Rohr 1982 | R. R. J. Rohr, Die Sonnenuhr (München 1982).

Romano 1991 | G. Romano, Significato e valore dei rapporti tra archeologia e astronomia, in: Fano Santi 1991, 7–12.

Rottländer – Heinz 1989 | R. Rottländer – W. Heinz, Untersuchungen am Turm der Winde in Athen, ÖJh 59, 1989, 55–92.

Rüpke 1995 | J. Rüpke, Kalender und Öffentlichkeit (Berlin 1995).

Rüpke 2006 | J. Rüpke, Zeit und Fest. Eine Kulturgeschichte des Kalenders (München 2006).

Russo 2005 L. Russo, Die vergessene Revolution oder die Wiedergeburt des antiken Wissens (Berlin 2005).

Salt – Boutsikas 2005 A. Salt – E. Boutsikas, Knowing when to Consult the Oracle at Delphi, Antiquity 79, 2005, 564–574.

Salbia 1999 G. Salbia, Critiques of Ptolemaic Astronomy in Islamic Spain, Al-Quantara, Rivista de estudios arabes Madrid 20, 1999, 3–25.

Schaefer 2005 B. E. Schaefer, The Epoch Constellations on the Farnese Atlas and their Origin in Hipparchus' lost Catalogue, JHistA 36, 2005, 167–196.

Schaldach – Arnaldi 1997 K. Schaldach – M. Arnaldi, A Roman Cylinder Dial: Witness to a Forgotten Tradition, JHistA 28, 1997, 107–117.

Schaldach 2003 K. Schaldach, Römische Sonnenuhren [3](Frankfurt am Main 2003).

Schaldach 2004 K. Schaldach, The Arachne of the Amphiareion and the Origin of Gnomonics in Greece, JHistA 35, 2004, 436–445.

Schaldach 2006 K. Schaldach, Die antiken Sonnenuhren Griechenlands. Festland und Peloponnes (Frankfurt am Main 2006).

Scheidt 1995 W. R. Scheidt, Eine griechisch–römische Sonnenuhr vom Typ der azentrischen Großkreis–Variante aus dem neronischen Doppellegionslager Vetera I, in: N. Hanel (Hrsg.), Vetera I. Die Funde aus dem römischen Lager auf dem Fürstenberg bei Xanten (Köln 1995) 1–38 und www.wrs-sonnenuhren.de/navi.html (zuletzt gesichtet: 3.5.2012).

Scheidt 1997a W. R. Scheidt, Die Uhrzeit in der mediterranen Antike und die Neusser Sonnenuhr (Eigenverlag 1997) und www.wrs–sonnenuhren.de/navi.html.

Scheidt 1997b W. R. Scheidt, Die azentrische sphärische Sonnenuhr aus Herdonia. Eine Analyse des Fragments 79.OR.167, in: Ordona IX. Rapports et études; Institut historique belge de Rome. Etudes de philologie, d'archéologie et d'histoire anciennes 34 (Rom 1997) 383–406.

Scheidt 2005 W. R. Scheidt, Stationäre Sonnenuhr mit konischer und äquatorialer Anzeigefläche aus Naga/Sudan: www.wrs–sonnenuhren.de/navi.html (zuletzt gesichtet 3.5.2012).

Schmid 2002 S. G. Schmid, Wie gingen die Uhren im römischen Eretria?, in: C. Reusser (Hrsg.), Griechenland in der Kaiserzeit. Festschrift D. Willers (Bern 2002) 101–105.

Schmidt 1912 M. C. P. Schmidt, Die Entstehung der antiken Wasseruhr (Leipzig 1912).

Schmidt 1899 W. Schmidt, Heronis Alexandrini opera quae supersunt omnia (Leipzig 1899).

Schneider 1989 H. Schneider, Das griechische Technikverständnis: von den Epen Homers bis zu den Anfängen der technologischen Fachliteratur (Darmstadt 1989).

Schneider 1992 H. Schneider, Einführung in die antike Technikgeschichte (Darmstadt 1992).

Schreiber 2008 P. Schreiber – G. Fischer – M. L. Sternath, New Light on the Rediscovery of the Archimedean Solids During the Renaissance, ArchHistExactSci 62, 2008, 457–467.

Schürmann 1991 A. Schürmann, Griechische Mechanik und antike Gesellschaft. Studien zur staatlichen Förderung einer technischen Wissenschaft (Stuttgart 1991).

Schürmann 1999 A. Schürmann, Die Wasseruhr im Turm der Winde als gegenständliche Quelle für die Technikgeschichte der Antike. Dresdner Beiträge zur Geschichte der Technikwissenschaften 26, 1999, 14–34.

Schütz 1990 M. Schütz, Zur Sonnenuhr des Augustus auf dem Marsfeld, Gymnasium 97, 1990, 432–457.

Scott 1935 N. E. Scott, An Egyptian Sundial, BMetrMus 30, 1935, 88–89.

Seely 1888 F. A. Seely, The Development of Time-Keeping in Greece and Rome, American Anthropologist 1, 1888, 25–50.

Severino 2011 N. Severino, De monumentis gnomonicis apud graecos et romanos (Rom 2011).

Sidoli 2005	N. Sidoli, Heron's Dioptre 35 and Analemma Modus: An Astronomical Determination of the Distance between two Cities, Centaurus 47, 2005, 236–258.
Simms 1990	D. L. Simms, The Trail for Archimedes's Tomb, JWCI 53, 1990, 281–286.
Steele 2000a	J. M. Steele, Observations and Predictions of Eclipse Times by Early Astronomers (Kluwer 2000).
Steele 2000b	J. M. Steele, A 3405: An Unusual Astronomical Text from Uruk, ArchHist-ExactSci 55, 2000, 103–135.
Steele 2007	J. M. Steele (Hrsg.), Calendars and Years: Astronomy and Time in the Ancient Near East (Oxford 2007).
Stengel 1881	P. Stengel, Die Opfer der Hellenen an die Winde, Hermes 16, 1881, 346–350.
Stengel 1900	P. Stengel, Der Cult der Winde, Hermes 35, 1900, 627–635.
Stefanidou–Tiberiou	Th. Stefanidou–Tiberiou, Τραπεζοφόρα με πλαστική διακόσμηση. Η αττική ομάδα (Athen1993).
Stephenson 1997	F. R. Stephenson, Historical Eclipses and Earth's Rotation (Cambridge 1997).
Stierlin 1988	H. Stierlin, Astrologie und Herrschaft. Von Platon bis Newton (Frankfurt am Main 1988).
Stutzinger 2001	D. Stutzinger, Eine römische Wasserauslaufuhr, Kulturstiftung der Länder Patrimonia 195 (Frankfurt am Main 2001).
Suheyl-Unver 1954	S. Suheyl-Unver, Sur les Cadrans solaires horizontaux et verticaux en Turquie, Archives internationales d'histoire de science 7, 1954, 18–24. Abb. 14. 15.
Tannery 1930	P. Tannery, Pour l'histoire de la science hellène ²(1930) 84–90.
Taub 2003	L. Taub, Ancient Meteorology (London 2003).
Tognin 1993	D. Tognin, Aquileia e il tempo: La meridiana solare orizzontale de M. Antistius Euporus, AquilNost 64, 1993, 194–238.
Tölle 1969a	R. Tölle, Uhren auf Samos, in: P. Zazoff (Hrsg.), Opus Nobile. Festschrift U. Jantzen (Wiesbaden 1969) 164–171.
Tölle 1969b	R. Tölle, Eine spätantike Reiseuhr, AA 1969, 309–317.
Traversari 1991	G. Traversari, Il «pelecinum» – un particolare tipo de orologio solare raffigurato su alcuni rilievi di sarcofagi di età romana, in Fano Santi 1991, 66–73.
Trümpy 1997	C. Trümpy, Untersuchungen zu den altgriechischen Monatsnamen und Monatsfolgen (Heidelberg 1997).
Valev 1990	P. Valev, Ancient Sundials from Moesia and Thracia, Balcanica Posnaniensia 5, 1990, 163–181.
Veuve 1982	S. Veuve, Cadrans solaires gréco–bactriens à Ai Khanoum, BCH 106, 1982, 23–25.
Waerden 1984	B. L. van der Waerden, Greek Astronomical Calendars I–III, ArchHist-ExactSci 29.2, 1984, 101–130.
Waerden 1985	B. L. van der Waerden, Greek Astronomical Calendars IV–V, ArchHist-ExactSci 32.2, 1985, 95–104. 231–239.
Wegener Sleeswyk 1990	A. Wegener Sleeswyk, Archimedes' Odometer and Waterclock, in: Ancient Technology. Kongress Athen 1987 (Helsinki 1990) 23–37.
Weiss 1880	E. Weiss, Horizontaluhren, Mitteilungen der K und k Centralkomission zur Erforschung und Erhaltung der Kunst und historischen Denkmale 6, 1880, 21–23.
Wenskus 1990	O. Wenskus, Astronomische Zeitangaben von Homer bis Theophrast (Stuttgart 1990).
West 1973	S. West, Cultural Interchange over a Water-clock, ClQ 23, 1973, 61–64.
Wilhelm 1937	A. Wilhelm, Inschriften zweier Sonnenuhren aus Amastris und Samothrake, ÖJh 30, 1937, 135–148.

White 1984 — K. D. White, Greek and Roman Technology (London 1984).

Wolkenhauer 2011 — A. Wolkenhauer, Sonne und Mond, Kalender und Uhr. Studien zur Darstellung und poetischen Reflexion der Zeitordnung in der römischen Literatur (Berlin 2011).

Wright 1941 — J. K. Wright – A. K. Lobeck, Man and Time in Ancient Rome: Notes on a Recent Publication, Geographical Review 31, 1941, 659–662.

Wright 2000 — M. T. Wright, Greek and Roman Portable Sundials. An Ancient Essay in Approximation, ArchHistExactSci 55, 2000, 177–187.

Young 1939 — S. Young, An Athenian Clepsydra, Hesperia 8, 1939, 274–284.

Yuste 2005 — P. Yuste, Algebra and Geometry in the old Babylonian Period: Matters Concerning Reeds, Centaurus 47, 2005, 298–315.

Zaccaria Ruggiu 2006 — A. Zaccaria Ruggiu, Le forme del tempo. Aion – Chronos – Kairos (Padua 2006).

Zurcher 2004 — E. Zurcher, La méchanique d'Antikythère et les implications dans le cadre de l'astronomie antique (Nizza 2004).

XII Abbildungsverzeichnis

Abbildungen Bd. 1

Abb. 52 K. Kourouniotes – H. A. Thompson, The Pnyx at Athens, Hesperia 1, 1932, 209 Abb. 67.

Abb. 59 E. Wiedemann – F. Hauser, Uhr des Archimedes und zwei andere Vorrichtungen, Nova Acta. Abh. der Kaiserlich-Leop. Carol. deutschen Akademie der Naturforscher 103.2 (Halle 1918) Abb. 1.

Abb. 60 nach F. Sezgin (Hrsg.), Archimedes and Philo in the Arabic Tradition (Frankfurt am Main 2001) 220.

Abb. 61 H. Diels, Über die von Prokop beschriebene Kunstuhr von Gaza, *SB Berlin 1917.7 Tafel 1 (F. Krischen).

Abb. 64 Winter nach: W. Trapp, kleines Handbuch der Masse, Zahlen, Gewichte und der Zeitrechnung [2](Stuttgart 1998) 54 Abb. 2.8.3-1

Abb. 90 E. B. Macaulay, Garden Material, in: F. Frischer – J. Crawford – M. de Simone (Hrsg.), The Horace's Villa Project Bd. 2 (Oxford 2006) 677 Abb. 31.

Abb. 91 Foto: P. Haag-Kirchner, Speyer, Württembergisches Landesmuseum.

Abb. 95 Foto: Wien, Kunsthistorisches Museum ANSA I 171.

Abb. 97 auf Grundlage von: W. Judeich, Topographie von Athen (München 1905) Einleger.

Abb. 98 H. Kiepert, Forma urbis antiqui (Rom 1996) s. v. Rom.

Abbildungen Bd. 2

(Fund)Ort	Nr.	Inv. Nr.	Abbildung
Abu Mina	1	Alexandria, Mus. 127	1.1 J. Kosciuk, BullCopt 31, 1992, 46 Abb. 1
Ai Khanoum	1	Kabul, Arch. Mus.	1.1 Veuve 1982, 26 Abb. 2
	2	Kabul, Arch. Mus.	2.1 Veuve 1982, 36 Abb. 7
Alexandria	4	London, Brit. Mus. 1936, 3-9.1	4.1 BM Museumsfoto AN 273685_001
Altinum	1	Altino, Mus. o. Nr.	1.1 Gibbs 1971, 355
	3	Altino, Mus. AL 10	3.1 Gibbs 1971, 198 Taf. 19
Antikythera		Athen, Nationalmuseum	1.1 T. Freeth u. a., Calendars with Olympiad display and eclipse prediction on the Antikythera Mechanism, Nature 454, 2008, suppl. notes 4 Abb. 2; 1.2 ebenda, 615 Abb. 2
Aphrodisias	1	Inv.-Nr. 73-58B	1.1; 1.2 Aphrodisias-Datenbank
	4	Grabungs Inv. 92-53	4.1 Aphrodisias-Datenbank
	5	InsAph 8, 214	5.1 Aphrodisias-Datenbank
	6	Reiseuhr	6.1 De Sola Price 1969, Taf. 1
	7	Aphrodisias, o. Nr.	7.1 Aphrodisias-Datenbank
Aquileia	1	Udine, Mus. 174	1.1 Kenner 1880, 6
	5	Wien, KH Mus I 225	5.1 Museumsfoto KH Wien
	6	Aquileia, Mus. 1097	6.1 Gibbs 1971, 198 Taf. 20
	12	Wien, Antikensmlg VI, 4098	12. 1 De Sola Price 1969, 250 Abb. 3; 12.2 Buchner 1976, 338 Abb. 4 a. b; 12.3 ebenda 340 Abb. 5–7; 12.4 ebenda 341 Abb. 8–9; 12.5 ebenda 343 Abb. 10–11; 12.6 ebenda Taf. 58
	14	Aquileia, Mus. Garten	14.2 Bracchi 1960, 64 Abb. 8 oben; 14.3 Bracchi 1960, 64 Abb. 8 unten
Aspira	1		1.1 Gibbs 1971, 288 Taf. 43
Ateste	1	Este, Mus.	1.1 H. Higton, Sundials (London 2001) 14

(Fund)Ort	Nr.	Inv. Nr.	Abbildung
Athen	1	Athen, P 2084	1.1 Young 1939, 274 Abb. 1
	2	Athen, Heliaia in situ	2.1 Agora 14, 62
	4	in situ TdW	4.2 J. Travlos, Bildlexikon zur Topografie des antiken Athen (1971) 283 Abb. 365; 4.3 ebenda 283 Abb. 363; 4.4 ebenda 283 Abb. 364
	5	Athen, NM 3159	5.1 Schaldach 2006, 6
	6	Athen, Agora ST 780	6.1 Schaldach 2006, 19 a; 6.2 Schaldach 2006, 19 b
	7	Athen, NM 3156	7.1 Schaldach 2006, 3a
	8	Athen, Agora ST 147	8.1 Schaldach 2006, 15.1
	9	Athen, NM 3157	9.1 Schaldach 2006, 4
	10	Athen, NM 3158	10.1 Schaldach 2006, 5.3
	11	Leiden, RO III 65	11.1 Museumsfoto Leiden
	12	Athen, Agora ST 209	12. 1 Schaldach 2006, 17
	13	Athen, Agora 1870	13.1 Schaldach 2006, 14.5
	14	Athen, Attalos-Stoa A 1769	14.1 Schaldach 2006, 12.3
	15	Hadriansbibliothek BA 506	15.1 Schaldach 2006, 20
	16	Hadriansbibliothek BA 1400	16.1 Schaldach 2006, 21
	17	Athen, NM 3220	17.1 Schaldach 2006, 7.2
	18	Athen, Epi Mus. 9818	18. 1 Schaldach 2006, 11.2
	19	Athen, Agora ST 589	19.1 Schaldach 2006, 18
	20	Athen, NM 13366	20.1 Schaldach 2006, 9.1
	21	London, Brit. Mus. 2544	21.1 BM Museumsfoto 00273533_001
	22	Athen, Agora ST 148	22.1 Schaldach 2006, 16
	23	Athen, Agora A 1869	23.1 Gibbs 1971, 348; 23.2 Schaldach 2006, 13.4
	24	Athen, NM 13365	24.1 Schaldach 2006, 8.3
Augusta Emerita	1	Merida, Nat. Mus 37405	1.1 A. Almagro Gorbea – J. M. Raya Román, Estudio fotogramétrico del reloj romano de Mérida, Anas 9, 1996, Taf. 10.1
	2	Reiseuhr	2.1 J. Arce, Viatoria pensilia. Un nuevo reloj portátil del siglo III d. C. procedente de Augusta Emerita, in: B. Magnusson – S. Renzetti (Hrsg.), Ultra terminum vagari. Festschrift C. Nylander (Rom 1997) 8 Abb. 1
Augusta Treverorum	1	Trier, Rheinisches LM EV 1971, 25	1.1–1.3 Museumsfoto Rheinisches Landesmuseum
Baelo Claudia	1	Madrid, NM 33.185	1.1 A. Pasquier, Du soleil dans une coupe: une nouvelle horloge romaine au Musée du Louvre, Comptes rendus des séances de l'année de l'Académie des inscriptions et belles-lettres 2, 2000, 650 Abb. 10; 1.2 ebenda 650 Abb. 11
Bettwiller	1	Aix les Bains	1.1 Gibbs 1971, 312 unten
	2	Straßburg, AMS 2409	2.1–2.4 Museumsfoto Straßburg
Bosquet	1	Sant Pere des Ribes	1.1 J. Bosch Argilagos – J. Miret Mestre, L'excavatio de la villa romana del Bosquet (Sant Pere de Ribes), Miscellania Penedesenca 13, 1989, 159 Abb. 6

(Fund)Ort	Nr.	Inv. Nr.	Abbildung
Brigantium	1	Vorarlberger LM	1.1 S. Jenny, Bauliche Überreste von Brigantium, Mitteilungen der KK Central– Comission zur Erforschung und Erhaltung der Kunst und Historischen Denkmäler 8, 1882, 99 Abb. 3; 1.2 Museumsfoto Vorarlbergmuseum
Cannstatt	1	Stuttgart, Württembergisches LM R 193.3	1.1–1.2 Museumsfoto Stuttgart
Cherchel	1	–	1.1 Gibbs 1971, 174; 1.2 Foto V. Barlou
Chios	1	Meridian	1.1 K. H. Schaldach, Eine seltene Form antiker Sonnenuhren: Der Meridian von Chios, AKorrBl 41, 2011, 78, Abb. 3
	2	Chios, Mus.	2.1 Gibbs 1971, 161
Darro	1	Vilanova i Geltru	1.1 Gumà i Marquès 1992, 154 Abb. 4
Delos	4	Delos, B 2929-8545	4.1 Deonna 1938 Taf. 67 Nr. 547
	5	Delos, B 4367	5.1 Deonna 1938, 192 Abb. 229; 5.2 Deonna 1938 Taf. 67 Nr. 548; 5.3 Deonna 1938 Taf. 67 Nr. 549
	8	Delos, B 117–7810	8.1 Deonna 1938, 190 Abb. 223; 8.2 Deonna 1938, 191 Abb. 224; 8. 3 Deonna 1938 Taf. 67 Nr. 544
	9	Delos, o. Nr.	9.1 Deonna 1938, 192 Abb. 228; 9.2 Deonna 1938 Taf. 67 Nr. 546
	10	Delos, o. Nr.	10.1 Deonna 1938 Taf. 67 Nr. 543
	11	Delos, B 594	11.1 Deonna 1938, 194 Abb. 232; 11.2 Deonna 1938 Taf. 67 Nr. 545
	12	Delos, B 1001-5941	12.1 Deonna 1938, 191 Abb. 226; 12.2 Deonna 1938, 191 Abb. 227; 12.3 Deonna 1938 Taf. 67 Nr. 542
	13	Delos, o. Nr.	13.1 Deonna 1938 Taf. 67 Nr. 541
	14	Delos, 5394	14.1 Deonna 1938, 191 Abb. 25
	15	Delos, o. Nr.	15. 1 Deonna 1938 Taf. 66 Nr. 538
	18	Delos, Museum B 115-6243	18.1 Deonna 1938, 189, Abb. 218; 18.2 Deonna 1938, 189, Abb. 219; 18.3 Deonna 1938 Taf. 66 Nr. 538
	19	Delos, o. Nr.	19.1 Gibbs 1971, 325 Taf. 52; 19.2 Deonna 1938, 194 Abb. 230
	21	Paris, Cabinet	21.1 Gibbs 1971, 354 unten
	22	Delos, B 3652-11023	22.1 Deonna 1938, 190 Abb. 220; 22.2 Deonna 1938, 190 Abb. 222; 22.3 Deonna 1938 Taf. 66 Nr. 540
	23	Delos, 1046-6047	23.1 Deonna 1938, 190 Abb. 216; 23.2 Deonna 1938, 190 Abb. 217; 23.3 Deonna 1938 Taf. 66 Nr. 536
	25	Delos, o. Nr.	25.1 Deonna 1938 Taf. 66 Nr. 537
	26	Delos, o. Nr.	26.1 Deonna 1938, 190 Abb. 215; 26.2 Deonna 1938 Taf. 66 Nr. 535
	30	Delos, 261	30.1 Deonna 1938, 189 Abb. 214; 30.2. Deonna 1938 Taf. 65 Nr. 532
	31	verschollen?	31.1 Gibbs 1971, 354 oben
Dimale	1	Tirana Inv. Nr. 1478	1.1 Foto F. Daubner
Dion	1	Dion, Mus. 35	1.1 Schaldach 2006, 40.1
Dmeir	1	Louvre, AO 3025	1.1 J. F. Healey, A Nabatean Sundial from Madain Salik, Syria 66, 1989, 335 Taf. 2
Durostorum	1	Silistra Inv. Nr. 517	1.1 I. Mladenova, Solnechnye Chasy s rel'efom Orfeya iz Durostorum, SlovA 4, 1961, 275 Abb. 1; 1.2 I. Mladenova, Solnechnye Chasy s rel'efom Orfeya iz Durostorum, SlovA 4, 1961, 276 Abb. 2

(Fund)Ort	Nr.	Inv. Nr.	Abbildung
Enserune	1	Nissan-lez-Enserune, Keramik	1.1 H. Gallet de Santerre, Ensérune (Paris 1978) 25 mit Abb.
	2	Nissan-lez-Enserune	2.1 Gibbs 1971, 160; 2.2 J. Parès, Les cadrans solaires romains de Quarante et de Lunel-Viel, RANarb 27/28, 1994/1995, 283 Abb. 1; 2.3 ebenda Abb. 2; 2.4 ebenda Abb. 3
Ephesos	1	Wien KH I 1639	1.1 Gibbs 1971, 279 Taf. 42
	7	Mus. Selcuk 374	7.1 Gibbs 1971, 279 Taf. 41
Eretria	1	Eretria, Mus. 18910	1.1; 1.2 Foto S. G. Schmid 1995
Erythrai	1	in situ	1.1 Foto F. Daubner
Evelette	1	–	1.1 Gibbs 1971, 335
Guissona	1	Museu E. Camps	1.1 Societat Catalana de Gnomònica (Hrsg.), Rellotges de sol de Catalunya (El Papiol 2004) 21
Hegra	1	Istanbul Inv. Nr. 7664	1.1 J. F. Healey, A nabatean sundial from Madain Salik, Syria 66, 1989, 332 Taf. 1
Helvia Ricina	1	Villa Potenza	1.1 Mastino – Porcheddu 2006, 160 Abb. 16
Herakleia Lynkestis	1	in situ (?)	1.1 M. Malavolta, Osservazioni su una nuova iscrizione di Herclea Lyncestis, in: L. Gasperini (Hrsg.), Scritti storico-epigrafico in memoria di M. Zambelli (Rom 1978) 220 Abb. 1
Herculaneum	1	Rom, NM Museo della Civilità Romana	1.1 A. Dosi – F. Schnell, Spazio e tempo. Vita e costume dei romani antichi 4 (Rom 1992) 72 Abb. 46
	2	Reiseuhr, Neapel Nazionalmuseum	2.1 A. Dosi – F. Schnell, Spazio e tempo. Vita e costume dei romani antichi 4 (Rom 1992) 75 Abb. 55
	4	in situ	4.1 W. F. Jashemski, The Gardens of Pompeji II (New York 1992) 262 Abb. 289
Herdade da Oliva	1	Museu Campo Maior	1.1 Encarnacao 2006, 83 Abb. 2
Ilion	1	Grabungsdepot I 53	1.1 C. B. Rose, Post-Bronze Age Research at Troia, StTroica 10, 2000, 66 Abb. 12
Imbros	1	Athen, Epi Mus. 2922	1.1 Schaldach 2006, 10
Ioulis	1	–	1.1 Gibbs 1971, 191
Isthmia	1	Isthmia, Magazin IM 70.39	1.1 Schaldach 2006, 28.6; 1.2 P. Clement, Isthmia, ADelt 26, 1971 Chron B1, 106
	2	Isthmia, Arch. Mus.	2.1 Schaldach 2006, 27
Istros	1	Bukarest, L2023 MNA	1.1 Ionescu-Carligel 1970, 121 Abb. 2; 1.2 Gibbs 1971, 158
Iuvavum	1	Salzburg, Museum Carolino-Augusteum Inv. Nr. 3985	1.1 A. Rehm, Zur Salzburger Bronzescheibe mit Sternbildern, ÖJh 6, 1903, 39 Abb. 18
Jerusalem	1	Haifa, Hecht–Museum IAA 1986-243	1.1, 1.2 H. Kenzler u. a. (Hrsg.), 2000 Jahre Varusschlacht – Imperium. Ausstellungskatalog Haltern 2009 (Stuttgart 2009) 343 Kat. Nr. 6. 29
	2	Jerusalem, Hebrew University 3018	2.1 Gibbs 1971, 308 Mitte
	3	Jerusalem, Hebrew University 684B	3.1 Gibbs 1971, 308 unten
Kabyle	1	in situ	1.1 P. Valev, Mathematical and Astronomical Study of a Roman Sundial from Kabyle, ABulg 8, 2004, 59 Abb. 2a; 1.2 N. Tancheva-Vassileva, A Roman Sundial from Kabyle, ABulg 8, 2004, 53 Abb. 1

(Fund)Ort	Nr.	Inv. Nr.	Abbildung
Kallipolis	1	Lidoriki, Arch. Mus. 19834	1.1 Schaldach 2006, 37.2
Karthago	1	Louvre, MNE 1178	1.1 A. Pasquier, Du soleil dans une coupe: une nouvelle horloge romaine au Musée du Louvre, Comptes rendus des séances de l'année de l'Académie des inscriptions et belles-lettres 2, 2000, 644 Abb. 1; 1.2 ebenda 647 Abb. 6; 1.3 ebenda 649 Abb. 7
	2	Karthago, Lavigerie 1899	2.1 Gibbs 1971, 362
Kephalos	1	Thirrio, Inv. Nr. 98	1.1, 1.2 Schaldach 2006, 38 a und b
Klaros	1	Izmir, Archäologisches Museum	1.1 Foto F. Daubner
Knidos	1	in situ	1.1 M. J. Mellink, Archaeology in Asia Minor, AJA 72, 1968, 138 Taf. 56 Abb. 13
Konstantinopel	1	Istanbul, Tokapi	1.1 Rohr 1982, 19 Abb. 13
Korinth	1	Korinth, Arch. Mus. A 866	1.1 Schaldach 2006, 29
	2	Korinth, Arch. Mus. A 924	2.1 Gibbs 1971, 241 Taf. 29
	3	Korinth, Arch. Mus. A 930	3.1 Schaldach 2006, 31
	4	Korinth, in situ	4.1 Schaldach 2006, 32
Kos	3	Kos, Arch. Mus.	3.1 Gibbs 1971, 264 Taf. 36
Kourion	1	Kourion, Mus. 150	1.1 Severino 2003, s. v. Kourion
Lambaesis	3	Paris, Louvre MA 1775	3.1 Gibbs 1971, 176 Taf. 11
Lanuvium	1	London, Brit. Mus. 2547	1.1 BM Museumsfoto 00259935_001
Leontopolis	1	British Museum, Reg. Nr. 1873, 0812.1	1.1 BM Museumsfoto 185263_001
	2	British Museum, Reg. Nr. 1871, 0619.179	2.1 BM Museumsfoto 144222_001; 2.2 Museumsfoto 3335263_001
Leptis Magna	1	Tripolis, Arch. Mus.	1.1 Gibbs 1971, 156
Licenza	1	Tivoli, Magazin	1.1 E. B. Macaulay, Garden Material, in: B. Frischer – J. Crawford – M. de Simone (Hrsg.), The Horace's Villa Project 1997–2003 Bd. 2 (Oxford 2006) 788 Abb. 13; 1.2 ebenda 789 Abb. 14; 1.3 ebenda 941 Abb. 3
Lindos	1	Lindos, Depot	1.1 E. Dyggve – V. Paulsen, Lindos III.2 (Kopenhagen 1960) 344 Abb. VII 25
Lunel–Viel	1	Quarante, Mus. Arch.	1.1 J. Parès, Les cadrans solaires romains de Quarante et de Lunel-Viel, RANarb 27/28, 1994/1995, 285 Abb. 4; 1.2 ebenda 285 Abb. 5
Mampsis	1	Mampsis, Arch. Mus.	1.1 A. Negev, The Architecture of Mampsis II (Jerusalem 1988) 96 Foto 97 Nr. 108
Marcianopolis	1	Devnya	1.1 Gibbs 1971, 176 Taf. 12
Maroneia	1	Maroneia, Archäologische Sammlung AKM 451	1.1 L. Loukopoulou – A. Zournatzi – G. Parisaki, Επιγραφές της Θράκης του Αιγαίου (Paris 2005) E 364 mit Taf. 77
Matelica	1	Macerata	1.1 Severino 2003 s.v. Matelica; 1.2 S. M. Marengo, Orologio solare sferico da Matelica, in: G. Paci (Hrsg.), Epigrafia romana in area adriatica. Actes de la IXe Rencontre franco-italienne sur l'épigrafie du monde romain, Macerata 10–11 novembre 1995 (Pisa 1998) 167 Abb. 5

(Fund)Ort	Nr.	Inv. Nr.	Abbildung
Megara	1	Megara, Arch. Mus. 42	1.1 Schaldach 2006, 26
Melos	3	Melos, Arch. Mus.	3.1 Gibbs 1971, 262
Metz	1	Metz, Inv. Nr. 2767	1.1 Museumsfoto; 1.2 A. Dosi – F. Schnell, Spazio e tempo. Vita e costume dei romani antichi 4 (Rom 1992) 75 Abb. 54
Mevania	1	Perugia, Mus.	1.1 – 1.2 Severino 2003 s. v. Mevania
	2	Milet, Mus.	2.1–2.2 Foto E. Nagel 2004
Mogontiacum	1	Mainz, Reiseuhr	1.1 De Sola Price 1969, 246 Abb. 2; 1.2 Oxford, History of Science, Replik
Mons Claudianus	1	in situ	1.1 Gibbs 1971, 338; 1.2 D. Meredith, Eastern Desert of Egypt: Notes on Inscriptions: Corrigenda, ChronEg 30, 1955, 129 Fig. B
Montagnana	1	Melara	1.1 Gibbs 1971, 301
Narbo Martius, Colonia	1	Musée Lapidaire 869-I09-I	1.1 Gibbs 1971, 361
Naukratis	1	London, Brit. Mus. 1909 2-16 10	1.1 BM Museumsfoto 00119480_001
	2	–	2.1 W. M. F. Petrie, Naukratis I (London 1886) Taf. 18.6
Novaesium	1	C. Sels Museum Nr. 2783	1.1–1.2 Museumsfoto Neuss
Numlulis	1	verschollen	1.1 Marchino–Porcheddu 2006, nach 123
Ocriculum	1	–	1.1 Gibbs 1971, 300
Olsipio	1	Freiria, in situ	1.1 G. Cardoso, Quarante solar de Freiria, APort IV, 5, 1997, 222 Abb. 1
Olympia	1	Olympia, Arch. Mus.	1.1 Gibbs 1971, 124
	2	Olympia, Arch. Mus.	2.1 Gibbs 1971, 240
Oplontis	1	Oplontis, Villa der Poppaea in situ	2.1 W. F. Jashemski, The Gardens of Pompeji II (New York 1992) 294 Abb. 327
Oropos	1	Oropos, in situ Wasseruhr	1.1 F. Glaser, Die Klepsydra im Amphiareion bei Oropos, in: Pro Arte Antiqua. Festschrift für H. Kenner 1. Sonderschrift 18 des ÖAI Wien (Wien 1982) Taf. 33 a; 1.2 ders., Taf. 33b; 1.3 ders., Taf. 34 a; 1.4 ders., Taf. 34 b; 1.5 ders., Taf. 35 b–c; 1.6 ders., Taf. 35 d; 1.7 H. R. Goette, Athen – Attika – Megaris (Köln 1993) 206 Abb. 74
	2	Piräus, Arch. Mus. 235	2.1 Schaldach 2006, 23
	4	Oropos	4.1 Schaldach 2006, 22
	5	Oropos?	5.1 Gibbs 1971, 352 Taf. 57
	6	Piräus, Arch. Mus. 584	6.1 Schaldach 2006, 24
Ostia	4	Ostia, Piccolo Mercato	4.1 Gibbs 1971, 357
	6	–	6.1 Gibbs 1971, 150
	10	Ostia, Piccolo Mercato (?) Sp 137	10.1 Gibbs 1971, 364 Taf. 58
Oum el Ahmed	1	Paris, Louvre AO 4823	1.1 Gibbs 1971, 310 Taf. 49
Palmyra	1	–	1.1 H. Ingholt, Palmyra, Berytus 3, 1936, Taf. 22.2
	2	–	2.1 Gibbs 1971, 312 oben
	3	Palmyra, Mus. 25/92G 1982 914	3.1 Bylinski 1995, 218 Abb. 3

(Fund)Ort	Nr.	Inv. Nr.	Abbildung
Paphos	4	Palaio Paphos, in situ	4.1 Severino 2003, s. v. Paphos
Paros	2	Paros Mus I 236	2.1 A. K. Orlandos, Ευρήματα κατα την αναπαλαίωσιν της Καταπολιανής Πάρου, AEphem 1960/1961 Chron Taf. 7 Nr. 17 a. b
Patras	1	Patras, Arch. Mus.	1.1 Schaldach 2006, 36
Pautalia	1	Inschrift	1.1 P. Valev, The Sundial from Pautalia, ArcheologijaSof 42.3, 2001, 57 Abb. 1
Pergamon	2	Pergamon, Arch. Mus.	2.1–2.2 Foto J. Friedl 2011
	3	Pergamon, Wasseruhr	W. Radt, Eine antike Wasseruhr im Gymnasion von Pergamon, IstMitt 55, 2005, Abb. 3
	5	Pergamon, Arch. Mus.	5.1 Gibbs 1971, 278 Taf. 40
	6	Paris, Louvre MA 2880	6.1– 6.4 Foto J. Friedl 2011
	10	Bergama, Depot Nr. S 387	10.1 DAI Istanbul Pergamon 63 I 5, 66: PE 2004_O 6
Petres	1	Florina, Arch. Mus.	1.1 Schaldach 2006, 39
Philippi	1	Reiseuhr	1.1 G. Gounaris, Χάλκινο φορτητό ηλιακό ωρολόγιο από τους Φιλίππους, AEphem 1978 (1980) 183 Abb. 1; 1.2 ebenda, 185 Abb. 2
Piräus	1	Piräus, Meletopoulos Smlg	1.1 Schaldach 2006, 25
Pithekoussai	1	Graffito	1.1 Coldstream-Huxley 1996, 221 Abb. 1
Pompeji	1	Neapel, Arch. Mus. 2541	1.1 Gibbs 1971, 292 Taf. 46
	2	Granario, 34219	2.1 Gibbs 1971, 144 Taf. 6
	4		4.1 Gibbs 1971, 296 oben
	5	Pompeji, Mus. 20495	5.1 Severino 2003
	7	Neapel, Arch. Mus.	7.1 CIL XIV, 705
	8	Pompeji, Mus. 14131	8.1 Severino 2003
	9	Pompeji, Mus. 53946	9.1 Severino 2003
	10	in situ	10.1 Gibbs 1971, 330 Taf. 54
	11	Pompeji, Mus. 49725	11.1 Gibbs 1971, 328
	15	Granario	15.1 Gibbs 1971, 221 Taf. 25
	21	Forum in situ	21.1 Gibbs 1971, 288 Taf. 44
	22	Pompeji, Mus. 20588	22.1 A. Coppola, Orologi solare e meridiane a Napoli (Napoli 2002) 28
	23	Pompeji, Mus. 1171	23.1 Severino 2003
	26	–	26.1 Gibbs 1971, 258 oben
	28	kl. Kiste aus Elfenbein	28.1 A. Coppola, Orologi solare e meridiane a Napoli (Napoli 2002) 29 unten; 28.2 M. della Corte, Groma, MonAnt 28, 1922, 87/88 Abb. 19
	29	Pompeji, Mus. 6100	29.1 Severino 2003
	30	Neapel, Arch. Mus. 23825	30.1 Gibbs 1971, 305 Taf. 48

(Fund)Ort	Nr.	Inv. Nr.	Abbildung
Pompeji	31	Granario, 44295	31.1 A. Ciarallo – E. De Carolis (Hrsg.), Pompeji. Life in a Roman Town. Katalog der Ausstellung Homo Faber: natura, scienza e technica nell'antica Pompeji. Museo Archeologico Nazionale di Napoli 1999 (Mailand 1999) 242 Abb. 297
	32	Granario, 14330	32.1 Severino 2003
	33	Granario	33.1 Gibbs 1971, 137 Taf. 4
	36	Pompeji, Mus. 24544	36.1 Severino 2003
Praeneste	1	Palestrina, St. Agapio	1.1 O. Marucchi, Palestrina, NSC 4, 1928, 177
	3	Ince Blundell Hall	3.1 Gibbs 1971, 134
Priene	1	in situ	1.1 Foto B. Schödel 2011
	2	in situ	2.1–2.4 Th. Wiegand – H. Schrader, Priene (Berlin 1904) 239–240 Abb. 235
Prosymna	1	Nauplia, Arch. Mus.	1.1 Gibbs 1971, 378 Taf. 62
Rabat	1	Rabat, Mus.	1.1 Gibbs 1971, 308 oben
Ravenna	1	Ravenna Museum	1.1 M. Arnaldi, Due frammenti di orologio solare romano al Museo nazionale di Ravenna, RavStRic 3, 1996, 17 Abb. 3
Rhodos	5	Rhodos, Mus. A 426	5.1 Gibbs 1971, 325 Taf. 50
	15	Rhodos, o. Nr.	15.1 Gibbs 1971, 255 Taf. 35
Rom	2	Rom, NM	2.1 Gibbs 1971, 367 Taf. 60
	3	Rom, Piazza Montecitorio	3.1 JRA 24, 2011, 49 Abb. 2; 3.2 JRA 24, 2011, 54 Abb. 7; 3.3 JRA 24, 2011, 61 Abb. 10; 3.4 JRA 24, 2011, 79 Abb. 1
	4		4.1 Gibbs 1971, 333 unten
	5	Rom, Vat. Mus. II 90 24 39	5.1 Gibbs 1971, 188 Taf. 15
	8	Turin, Museo Kircheriano	8.1 V. Cortese, Frammento di clessidra, in: E. A. Arslan (Hrsg.), Iside. Katalog Mailand 1997 (Mailand 1997) 394
	9	Rom, Museo Barraco Inv. Nr. 27	9.1 H. Whitehouse – J. Baines, Wasseruhr aus der Regierungszeit Ptolemaios II, in: P. Bol – M. Bückling (Hrsg.), Griechenland. Ägypten. Rom. Katalog Ausstellung FFM (Frankfurt a. Main 2005) 573.
	12		12.1 Gibbs 1971, 296 unten
	13	Rom, Vat. Mus.	13.1 IGUR 1649
	14	Rom, NM 40621.40642	14.1 IGUR 1650
	15	Rom, Palatin	15.1 Gibbs 1971, 217
Rubí	1	–	1.1 Societat Catalana de Gnomònica (Hrsg.), Rellotges de sol de Catalunya (El Papiol 2004) 20
Salacia	1	–	1.1 Encarnacao 2006, 83 Abb. 3
Samos	3	Samos, Arch. Mus. 323	3.1 Gibbs 1971, 265
	4	Samos, Reiseuhr 328	4.1 R. Tölle, Eine spätantike Reiseuhr, AA 1969, 312 Abb. 4; 4.2 ebenda 312 Abb. 5
Sarmizegetusa	1		1.1 F. C. Stancescu, Un posibil cadran solar de tip discus in planitia la Sarmizegetusa, ActaMusNapoca 33, 1996, 462 Abb. 1a

(Fund)Ort	Nr.	Inv. Nr.	Abbildung
Seleukia/ K.	1	Istanbul, Arch. Mus.	1.1 G. Mendel, Catalogue des sculptures II (Istanbul 1914) 566 Abb. zu Nr. 774
Serdica	1	–	1.1 M. Stanceva, Cadran solaire des environs de Serdica, ArcheologijaSof 30.2, 1988, 40 Abb. 1; 1.2 P. Valev, Etude astronomique de cadran solaire de la région de Serdica, ArcheologijaSof 30.2, 1988, 46 Abb. 4
Smitthus	1	Chemtou, Museum	1.1 Mastino – Porcheddu 2006, 156 Abb. 15
Sparta	1	Sparta, Arch. Mus. 6193	1.1–1.2 Schaldach 2006, 33; 1.3 L. Basch, Trois modèles de naivres en marbre au musée de Sparte, AntCl 38, 1969, 433 Abb. 2
	2	Sparta, Arch. Mus. 10632	2.1 Schaldach 2006, 34
	3	Sparta, Arch. Mus. 7628	3.1 Schaldach 2006, 35
Stabiae	1	Stabiae, Villa St. Marco, Inv. Nr. 62405	1.1 E. B. Macaulay, Garden Material, in: B. Frischer – J. Crawford – M. de Simone (Hrsg.), The Horace's Villa Project 1997–2003 Bd. 2 (Oxford 2006) 788 Abb. 12.; 1.2 ebenda Abb. 694 Angabe des Fundorts
Sulmo	1	Chieti	1.1 E. Mattiocco, Della villa di Ovidio al Santuario di Ercole. Katalog Sulmona 1989 (Sulmona 1989) 66 Abb. 23; 1.2 ders., 114 Abb. 43
	2	Chieti, Mus.	2.1 E. Mattiocco, Della villa di Ovidio al Santuario di Ercole. Katalog Sulmona 1989 (Sulmona 1989) 66 Abb. 24
	3	Wasseruhr in situ	3.1 E. Mattiocco, Della villa di Ovidio al Santuario di Ercole. Katalog Sulmona 1989 (Sulmona 1989) 143 Abb. 55
	4	Wasseruhr in situ	4.1 E. Mattiocco, Della villa di Ovidio al Santuario di Ercole. Katalog Sulmona 1989 (Sulmona 1989) 139 Abb. 53
Syrakus	1	Syrakus, Arch. Mus. 45870	2.1 Gibbs 1971, 359
Tanis	1	London, Brit. Mus. EA 68475	1.1 BM Museumsfoto 00214652_001
Tarracina	1	Terracina, Mus. Civico	1.1 Gibbs 1971, 131 unten
Teanum Apulum	1	AE 1975, 232	1.1 A. Rossi, Teanum Apulum (Rom 1976) 107 Abb. 41
Tergeste		Triest, Mus. o. Nr.	1.1 Gibbs 1971, 209
Thamugadi	1	in situ	1.1 K. Stemmer (Hrsg.) Standorte. Katalog Berlin 1994 (Berlin 1995) 347; 1.2 Guerbabi 1994, 365 Abb. 3
	2	in situ?	2.1 Rohr 1982, 18 Abb. 12
Thessaloniki	1	Thessaloniki, Mus.	1.1 Schaldach 2006, 42
	2	Thessaloniki, Mag.	2.1 Schaldach 2006, 41
	3	IG X 2 166, Berlin Inv. Nr. 4773	3.1 Museumsfoto: Berlin, Byzantinische Sammlungen
Tibur	1	–	1.1 Gibbs 1971, 334
	2	Tivoli	2.1 Gibbs 1971, 130 oben
	3	engl. Smlg.	3.1 Gibbs 1971, 130 unten
	4	–	4.1 Gibbs 1971, 131 oben
	5	–	5.1 Gibbs 1971, 358 unten
Tinos	1	Tinos, Arch. Mus. A 139	1.1–1.2 IG XII Suppl. 891

(Fund)Ort	Nr.	Inv. Nr.	Abbildung
Todi	1	Perugia, Ephorie	1.1 Severino 2003, s. v. Todi
Tomis	1	Cumpana?	1.1 Ionescu-Carligel 1070, 125 Abb. 3
Traianopolis	1	Komotini, Arch. Mus. 1358	1.1 Schaldach 2006, 43
Vastrua	1	–	1.1 H. Shabani, Un cadran solaire a Vastura de Shales, Iliria 17.1, 1987, 239 Abb. 1
Velitrae	1	Velletri, Mus. 596	1.1 Gibbs 1971, 303
Vibium	1	Bovino, Mus. Civico	1.1 M. Mazzei, Bovino in età romana, in: G. Totaro – M. Leone (Hrsg.), Bovino dal paleolithico all'alto medioevo (Bovino 1989) 46 Abb. 12
Volubilis	1	Volubilis o. Nr.	1.1 Gibbs 1971, 154
	3	Volubilis, Mus.	3.1 Gibbs 1971, 370
Zagreb	1	–	1.1 Gibbs 1971, 182 Taf. 13
Unbekannter Fundort	2	Paris, Louvre N 664	2.1 Borchardt 1920, 8–9 Nr. 8
	3	London, Brit. Mus. 2546	3.1 Museumsfoto 272743_001
	4	London, British Museum Reg. Nr. 1997,0118.1	4.1 Museumsfoto 0035117_001
	5	Berlin, Pergamon Museum Nr. 1048	5.1 Foto D. Stutzinger
	6	Belluno, Privatsammlung	6.1 Gibbs 1971, 387 Taf. 66
	8	Antinoos-Medaillon, Privatsammlung	8.1 Buchner 1976, Taf. 55.1 Rückseite
	9	Mailand, Reiseuhr	9.1 Buchner 1976, Taf. 55.3
	10	Bologna, Museo Civico	10.1 G. Paltrinieri – I. Frizzoni, Meridiane e orologi solare di Bologna e provincia (Bologna 1995) 86
	11	Oxford, History of Science 51358	11.1 Oxford Science Museum
	12	FfM, Arch. Mus.	12.1–12.3 Museumsfoto Frankfurt am Main
	13	verschollen, Reiseuhr	13.1 A. Dosi – F. Schnell, Spazio e tempo. Vita e costume dei romani antichi 4 (Rom 1992) 75 Abb. 53
	15	London, Brit. Mus.	15.1 S. Ackermann, Light on Byzantium – a universal sundial in the British Museum, in: C. Entwistle (Hrsg.), Through a Glass Brightly. Festschrift D. Buckton (Exeter 2003) Taf. 1.1
	16	London, Science Museum	16.1 Field – Wright 1985, 128 Abb. 20

Wenn nicht anders vermerkt, stammen alle anderen Abbildungen vom Verfasser.

XIII Index

Ortsregister

Personenregister

Sachregister